中山大学学报七十年学术文选

中山大学学报自然科学版
（1955—2025）

生化卷（影印本）

胡建勋　主编
张冰　副主编

中山大学出版社
SUN YAT-SEN UNIVERSITY PRESS
·广州·

版权所有　翻印必究

图书在版编目（CIP）数据

中山大学学报自然科学版：1955—2025. 生化卷 / 胡建勋主编；张冰副主编. -- 影印本. -- 广州：中山大学出版社, 2025.6. (中山大学学报七十年学术文选). -- ISBN 978-7-306-08435-4

Ⅰ. N53

中国国家版本馆CIP数据核字第202520XM21号

ZHONGSHAN DAXUE XUEBAO ZIRAN KEXUE BAN (1955—2025)·SHENGHUA JUAN

出 版 人：	王天琪
策划编辑：	徐诗荣　陈晓阳
责任编辑：	陈晓阳
责任校对：	李先萍
封面设计：	林绵华
责任技编：	靳晓虹
出版发行：	中山大学出版社
电　　话：	编辑部 020-84111996，84113349，84111997，84110779
	发行部 020-84111998，84111981，84111160
地　　址：	广州市新港西路135号
邮　　编：	510275　传　真：020-84036565
网　　址：	http://www.zsup.com.cn　E-mail：zdcbs@mail.sysu.edu.cn
印 刷 者：	恒美印务（广州）有限公司
规　　格：	787 mm × 1092 mm　1/16　48印张　1125千字
版次印次：	2025年6月第1版　2025年6月第1次印刷
定　　价：	188.00元

如发现本书因印装质量影响阅读，请与出版社发行部联系调换

本书编委会

主　　编：胡建勋

副主编：张　冰

编　　委：秦社彩　李志兵　王建华　廖文波
　　　　　陈月琴　叶保辉　汪　波　林永成
　　　　　王海蓉　冯兆永　江　睿

序言

七秩春秋砥砺行，栉风沐雨谱华章。欣逢《中山大学学报（自然科学版中英文）》创刊七十周年，我们编纂了"中山大学学报七十年学术文选"系列丛书，《中山大学学报自然科学版（1955—2025）》分设数理、生化、地学三卷，系统梳理学报七十载在自然科学领域积淀的学术菁华，以期回顾过往成就，传承学术文脉，礼赞创新精神。

作为新中国成立后最早创办的学术期刊之一，《中山大学学报（自然科学版中英文）》自1955年创刊伊始，便肩负着推动基础科学创新、服务国家战略需求的使命。依托中山大学深厚的学术土壤，学报始终坚持政治导向与学术品质并重，秉持根植百年学府、聚焦科技前沿、服务国家需求、专注品质提升、致力学术传播的办刊理念，推出了一系列具有重要科学价值与应用价值的研究成果。许多著名学者如华罗庚、杨振宁等，皆曾在本刊发表力作。本刊的被引频次与影响因子长期稳居全国综合性大学自然科学学报前列，先后被EI、Scopus、CA、SA、AJ、JST、ZR、CSA、MR、Zbl MATH、EBSCO、CAB Abstracts等国际著名数据库收录，多次获得"国家期刊奖""教育部科技期刊一等奖""中国杰出学术期刊""中国精品科技期刊"等荣誉，成为展示中国科技实力、传播学术成果的重要窗口，见证并参与了新中国科学事业从筚路蓝缕到硕果累累的壮阔历程。

本套文选中《中山大学学报自然科学版（1955—2025）》三卷图书的编纂以学科脉络为经、学术贡献为纬，涵盖基础研究突破、应用技术革新及交叉学科探索等，构成一幅多维度的学术长卷。

数理卷精选数学论文33篇，涵盖代数学、分析学、几何学、计算数学及概率论等研究方向，既有华罗庚先生关于辛矩阵的经典论述，也有当代学者在现代数学物理领域的创新；精选物理学论文45篇，其中规范场理论研究独占21篇，展现了郭硕鸿、李华钟团队在该领域的开拓性贡献——他们发表于学报的系列论文，曾助推中国粒子物理研究跻身国际前沿。

生化卷精选生物学与化学论文共97篇。其中生物学研究内容涵盖分类学、生态学、生理学、遗传育种、分子生物学等领域，体现了从传统生物学到应用分子技术、多学科交叉解决农业、医学及生态问题的趋势，推动基础理论与应用实践的融合。化学研究内容涵盖分析化学、无机化学、高分子化学、新功能材料的开发与利用等，勾勒出从基础理论到功能化应用的演进历程，推进化学在能源、医疗、环保、材料等领域的应用创新。"华夏植物区系分类、生态地理与起源演化研究论文集萃"与"南海海洋天然产物化学研究论文集萃"则分别聚焦张宏达、龙康侯两位学术巨擘开创的华夏植物区系学说、南海海洋天然产物化学研究领域的拓荒性学术成果，彰显学报作为原创学术成果首发平台的学术敏锐度。

地学卷精选地理学、地质学、大气科学等领域的48篇文献，既收录早期学者对珠江流域地貌演化及其古代历史地理的奠基性研究，亦纳入南海深海探索、全球城市化进程与环境变化的前沿成果。从20世纪区域地质调查的原始数据记录，到21世纪全球气候变化模型的构建，串联起中国地学研究从经验描述向定量分析、从局部观察到全球视野的发展轨迹。

回望来路，七十年风雨兼程，学报始终与民族复兴同频共振；展望未来，新时代的征程上，我们期待学术薪火继续照亮科技创新之路。愿这套承载着历史厚度的文选，既能成为致敬前辈的纪念碑，更能化作启迪后学的灯塔，在传承中不断超越，续写辉煌。

《中山大学学报自然科学版（1955—2025）》三卷图书编选的文章时间跨度大，分属不同时代，为尊重历史，遵循"原貌影印、学术考古"原则，仅对个别无页眉的论文在首页以页下注形式补录了出版时间；本套文选为黑白印刷，所辑录的文章中，原始文章的图表为彩色的，敬请参阅原文。七十载卷帙浩繁，成果丰富，受编者的学术境界与文选篇幅所限，论文遴选难免有遗漏或不当之处，敬请专家、读者不吝指正。

胡建勋

2025年5月9日

目 录

生 物 篇

☆华夏植物区系分类、生态地理与起源演化研究论文集萃☆

编者按	3
广东高要鼎湖山植物群落之研究……张宏达 王伯荪 张超常 丘华兴	6
雷州半岛的红树植物群落……张宏达 张超常 王伯荪	77
广东植物区系的特点……张宏达	101
中国金缕梅科一新属……张宏达	135
山茶科一新属，猪血木属……张宏达	145
中国金缕梅科植物订正……张宏达	150
圆籽荷属——山茶科一新属……张宏达	168
华夏植物区系的金花茶组……张宏达	171
华夏植物区系的起源与发展……张宏达	177
茶树的系统分类……张宏达	187
从印度板块的漂移论喜马拉雅植物区系的特点……张宏达	200
种子植物系统分类提纲……张宏达	209
大陆漂移与有花植物区系的发展……张宏达	222
云南木兰科新植物……陈宝樑	233
中国发现新的茶叶资源——可可茶 ……张宏达 叶创兴 张润梅 马应丹 曾沛	239
尼泊尔植物区系的起源及其亲缘关系……张宏达 江润祥 毕培曦	242
金沙江流域的红山茶新种……张宏达	254
The Integrality of Tropical and Subtropical Flora and Vegetation ……CHANG Hungta	263

地球植物区系分区提纲	张宏达	275
再论华夏植物区系的起源	张宏达	283
山茶科的系统发育诠析——Ⅰ.金花茶组与古茶组的比较研究	张宏达	292
New *Cycas* from Guangxi	ZHANG Hongda（CHANG Hungta） ZHONG Yecong	299
全球植物区系的间断分布问题	张宏达	304
种子蕨的肉籽类Sarcocarpidiates——古生代具果实的种子植物	张宏达	310

中国牙䗛总科Palpicornia的属及亚属检索表	蒲蛰龙	316
温度和药物对兔球虫卵囊发育之影响	江静波 廖月霞	324
温度对斜纹夜蛾（*Prodenia litura* Fab.）生长发育的影响	蒲蛰龙 朱金亮 陈熙雯 包金才	332
我国新发现的并殖类吸虫和并殖类研究应注意的一些问题	陈心陶	340
卵寄生蜂繁殖利用的理论与实际	蒲蛰龙	348
应用植物激素和施用氮肥提高水稻产量的试验	植物生理遗传学教研室	359
运用对立统一规律防治鱼病	廖翔华	369
增产灵、增产素及苯氧乙酸在水稻生产中的应用	植物生理组 植物生理进修班 同位素实验室	374
合理控制水稻生育期夺取高产的探讨	王永锐 李卓杰	384
遗传工程及其应用前景	罗进贤 温晋	391
应用雄性激素诱导罗非鱼雌鱼雄性化的试验简报	生物学系动物学教研室鱼类组	396
生物学的革命	蒲蛰龙 齐雨藻	399
水稻白叶枯病抗性遗传的初步研究	生物学系遗传学研究室	406
种子活力与植物激素	傅家瑞	414
鱼类在游泳期间的代谢生理研究	D.J.兰德尔 林浩然	421
重组杆状病毒的研究——Ⅰ.含大肠杆菌β-半乳糖苷酶基因的粉纹夜蛾核型多角体病毒	庞义 谢伟东 龙綮新 陈其津 王珣章 蒲蛰龙	427

苏铁在种子植物进化中的位置——分子生物学的证据
.... 屈良鹄　余小强　施苏华　张宏达　430

买麻藤植物系统位置初探——分子生物学的证据
.... 施苏华　张宏达　屈良鹄　余小强　435

基础与实现生态位及其中心点的涵义与测度 .... 余世孝　L.奥罗西　440

河南西峡恐龙18s rDNA片段质疑 .... 屈良鹄　施苏华　周慧　452

植物标本汉英双语数据库管理系统的概念与实践
.... 李鸣光　XU Zhaoran　关朵霏　Robert R. Haynes　张宏达
　　　　　　　　　　任善相　DU Xuemei　谢庆建　石涌岭　457

生物分子分类检索表——原理与方法 .... 屈良鹄　陈月琴　463

冬虫夏草无性型的分子鉴别 .... 赵锦　王宁　陈月琴　李泰辉　屈良鹄　469

哺乳动物核仁蛋白基因编码多个内含子snoRNA .... 周惠　屈良鹄　472

白介素-10对TNF-α介导血管平滑肌细胞增殖的影响
.... 欧阳平　杨红　彭立胜　吴文言　徐安龙　474

斜带石斑鱼雌鱼卵巢发育与血清性类固醇激素的生殖周期变化
.... 赵会宏　刘晓春　刘付永忠　王云新　林浩然　477

斜带石斑鱼神经坏死病毒基因组RNA1和RNA2序列测定及分析
.... 陈晓艳　翁少萍　吕玲　黄剑南　殷志新　何建国　482

生物入侵与入侵生态学 .... 王伯荪　郝艳茹　王昌伟　彭少麟　487

水稻第6染色体S_5区重叠群构建、基因注释与OS-APH的克隆分析
.... 王宏斌　刘兵　黎茵　冯冬茹　何炎明　戚康标　王金发　490

意大利黑麦草菌根际效应研究
.... 辛国荣　孙斌　黎国喜　吴瑾　杨宇洁　王宇涛　杨中艺　495

深圳湾近30年主要景观类型之演变
.... 陈保瑜　宋悦　昝启杰　谭凤仪　李喻春　岳钥　田莉　余世孝　501

复方血栓通胶囊基于原料药材与药效相关联的组方规律研究
.... 刘宏　谢称石　王永刚　李沛波　彭维　龙超峰　苏薇薇　508

DNA双链断裂损伤修复的随机模型研究 .... 孙廷哲　崔隽　515

以化橘红为基源的一类新药柚皮苷的临床前研究
………………李沛波　王永刚　吴忠　彭维　杨翠平　聂怡初　刘孟华
　　　　　　罗钰龙　邹威　柳颖　王声　陈妍　苏畅　方思琪　苏薇薇　521

ZFN, TALEN和CRISPR/Cas9在小鼠*Rosa26*基因定点整合外源基因的效率比较
………………刘小凤　刘蔚　聂宇　丛佩清　刘小红　陈瑶生　何祖勇　526

外来入侵植物的生态控制
………………廖慧璇　周婷　陈宝明　陈恩健　张海杰　彭少麟　534

非编码RNA来源的小肽："微不足道"却"功能强大"
………………陈晓彤　赵文龙　孙林玉　王文涛　陈月琴　545

化　学　篇

☆南海海洋天然产物化学研究论文集萃☆

编者按 ……………………………………………………………………… 561
中国软珊瑚化学成分的研究（一）……………龙康侯　苏镜娱　简志刚　563
中国软珊瑚化学成分的研究（三）……………………巫忠德　龙康侯　569
中国软珊瑚化学成份的研究（五）……………龙康侯　曾陇梅　郑海鸿　572
中国柳珊瑚化学成份的研究（Ⅲ）——新的多乙酰含氯二萜内酯
　　（Praelolide）的分离和鉴定………………罗允康　龙康侯　方正　577
Junceellin的晶体结构和分子结构
………………姚家星　千金子　范海福　施开良　黄胜华　林永成　龙康侯　587
中国柳珊瑚化学成分的研究（Ⅴ）——疏枝刺甾醇的分离及鉴定
………………………………………苏镜娱　龙康侯　简志刚　592
中国南海软珊瑚化学成分的研究（Ⅹ）——一种新喹啉酮衍生物的化学结构
　　及其生理活性………龙康侯　鞠昭年　林永成　许实波　谢琪璇　谢瑞文　597
中国柳珊瑚化学成分的研究（Ⅵ）——*Junceella squamata*中一个新的多乙酰
　　氧基含氯二萜Junceellin B………………………龙康侯　林永成　黄伟雄　605

1,2-环氧柳珊瑚酸的晶体结构

………………………陈小明　施开良　彭映才　龙康侯　周平　石磊　611

柳珊瑚酸类似物合成研究………巫中德　彭映才　陆慧宁　黄红平　龙康侯　615

中国软珊瑚化学成分的研究（十八）——Lochmodoside，从 *Sinularia lochmodes*
　Kolonko分出的一种新甙 ………………………龙康侯　林永成　梁坚　618

环肽Cyclo-[(gly)Thz-Pro-Leu-Val-(*L*和*D*)-(gln)Thz] 的合成

………………………………………………………龙康侯　林永成　623

中国软珊瑚化学成分的研究（十九）——戚氏豆荚软珊瑚的化学成分

………………………………………………李瑞声　邱力　龙康侯　631

7-羟基-8-甲氧基-4 (1H) 喹啉酮及其衍生物的合成…………龙康侯　孔杰　635

海洋环肽Ascidiacyclamide的全合成研究 …………寒敦龙　简志刚　龙康侯　641

中国软珊瑚化学成分的研究（二十五）——一种新的二萜甙 Lemnabourside的
　结构 ………………………………………………………龙康侯　张敏　646

3-甲基-3-丁烯-1-醇溴代的新方法 …………………汪波　李瑞声　龙康侯　650

新植物生长抑制剂的合成

………苏镜娱　李瑞声　方成初　宋瑞金　苏文彬　克振强　653

轨道和电子云界面图的计算…………………………………………陈志行　661

塞曼石墨炉原子吸收法直接测定海水镉——有机基体改进剂的效应探讨

………………………张展霞　刘均焯　林如城　杨秀环　何华煜　665

纤维诱发聚醚醚酮界面结晶效应的研究…………………张志毅　曾汉民　670

不对称铁卟啉的合成及其模拟细胞色素P450对环己烷的羟化作用

…………计亮年　王文雄　计晴　黄锦汪　Hsieh An-Kong　675

钛系负载型催化剂丙烯聚合动力学研究…………张启兴　王海华　林尚安　683

含RE^{3+}，Cu^{2+}杂金属配合物合成与表征

………………………………吴玉銮　童叶翔　杨燕生　陈小明　689

钌多吡啶配合物的合成及与DNA作用研究

………………………………杨光　吴建中　王雷　曾添贤　计亮年　695

DMSO中Y-Co合金膜的电化学制备……………何山　刘冠昆　童叶翔　王宇　700

铈（Ⅲ）与苯甲酰丙酮、邻菲咯啉和丙烯酸四元配合物及其SiO_2复合材料
　　的制备和光致发光性能………安保礼　刘晓岚　叶剑清　龚孟濂　杨燕生　702

新型α-二亚胺合镍催化剂单一乙烯单体合成支化聚乙烯
　　……………………………………………………祝方明　徐卫　刘新星　林尚安　707

扁窦形短指软珊瑚 Sinularia depressa 的甾醇和甾醇甙
　　…………………………………………张广文　马祥全　苏镜娱　曾陇梅　711

Self-assembly of Silver Triflate and 1, 4-Bis(imidazol-l-yl) Xylene (bix) in
　　the Presence of a Diphosphine：Discrete Metallomacrocycle Versus 2D
　　Coordination Polymer………………………………LÜ Xingqiang　ZHANG Li
　　　　　　　　　　　　CHEN Chunlong　TAN Haiyan　KANG Beisheng　714

叔丁基苯咔唑衍生物发光材料的合成与性能研究
　　…………池振国　黎小芳　周林　李海银　许炳佳　周炜　张艺　许家瑞　718

白光LED用高亮度橙色高温相$Ca_3SiO_4Cl_2$：Eu^{2+}荧光粉
　　…………………………………丁唯嘉　林委青　张梅　王静　苏锵　724

以生物质快速裂解液制备酚醛树脂泡沫塑料
　　………………………………………………汤健钊　容腾　容敏智　章明秋　729

南海红树林内生真菌 Phomopsis sp.ZZF08 酰胺类次级代谢产物
　　…………………………陶移文　凌惠平　张建业　佘志刚　林永成　737

不同相容剂改性PLA／微米$CaCO_3$的结晶与力学性能
　　……………李美　谭嘉礼　卢智伟　李浩楠　伍泽雄　麦堪成　743

生物篇

华夏植物区系
分类、生态地理与起源演化研究论文集萃

编者按

张宏达1914年10月出生于广东省揭西县；1935—1939年，进入国立中山大学学习植物学专业，毕业后留校任教，从此开启了从教65周年漫长而辉煌的研究和教学历程。自1937年起，时值抗战全面爆发，张先生随中山大学四处迁辗，先期随前辈董爽秋、吴印禅、任国荣等在广东、云南、湖南等地考察、采集、研究。张先生一生发表论文250多篇，培养硕士研究生、博士研究生100多名，出版教材专著20多部，获国家、省部级教学科研奖20多项，在植物分类学、区系地理学、生态学研究和教书育人等方面，贡献突出，被誉为国际山茶科植物分类学家、区系植物地理学家、生态学家、教育家。

张宏达先生一生建树无数，学术贡献突出，许多重要或关键论文大多是在《中山大学学报》发表的，从1955年发表《广东高要鼎湖山植物群落之研究》，至1999年发表《种子蕨的肉籽类Sarcocarpidiates——古生代具果实的种子植物》，前后历时45年。这里，承载着张先生走过的历程，也是先生展示科学思想，开展学术争鸣的阵地。这些浓墨重彩的文章，可从三个方面概括。

一、山茶科植物分类学研究

这是张先生在《中山大学学报》上发表论文最多的学科专题，也是最重要的分类学专题。早期，张先生发表了一系列关于山茶科新属、新种或分类修订的论文，如《山茶科一新属，猪血木属》（1963）、《圆籽荷属——山茶科一新属》（1976）、《湖南红山茶一新种》（1987）、《中国山茶科植物新种》（1990）、《亚洲热带地区的山茶科新种》（1991）、《中国发现新的茶叶资源——可可茶》（1988）、《金沙江流域的红山茶新种》（1989）、《贵州金花茶一新种》（1997）等。其后，发表了关于《茶树的系统分类》（1981）、《山茶科的系统发育诠析——Ⅰ.金花茶组与古茶组的比较研究》（1996）、《山茶科系统发育诠析——Ⅳ.关于山茶属茶组的订正》（1996）、《山茶科系统发育诠析——Ⅵ.瘤果茶组的订正》（1996）、《山茶科系统发育诠

析——Ⅶ.山茶属秃茶组 *Glaberrima* 的系统分类的问题》（1996）等山茶科专论。据统计，张先生在山茶科共发表新种223种，完成《中国植物志》山茶科（第49卷）以及全球山茶属专著 *Camellias* 的编写。后期，他与学生叶创兴教授一起在《中山大学学报》发表了数篇专论，如《山茶科系统发育诠析——Ⅸ.山茶属的原始特征及其演化趋向》（1997）等。除山茶科外，张先生在《中山大学学报》还发表了《中国桃金娘科一新属》（1975）、《广西苏铁植物新种》（1997）、《中国金缕梅科一新属》（1962）、《中国金缕梅科植物订正》（1973）、《中国木犀科植物新记录》（1982）等论著。

二、华夏植物区系理论与被子植物的起源

1986年，张先生在《中山大学学报》上发表了一项集大成的创新性研究——《种子植物系统分类提纲》，这是中国植物学家发表的关于种子植物单元起源的第一篇完整的分类系统论文。之后，张先生特别关注古植物化石研究，1999年，在《中山大学学报》发表《种子蕨的肉籽类 *Sarcocarpidiates*——古生代具果实的种子植物》。2000年，他在国际古植物学大会上，宣讲了"种子植物新系统"，这是一个涵盖化石植物的更新版，是新系统，在国际上也是一个创新性的分类系统。

建立一个新的分类系统，首先最重要、最直接的研究是要回答植物是从哪里来的，怎么起源的。对此，张先生提出了关于"被子植物的起源"的新观点。植物区系学专题是张先生在《中山大学学报》上发表论文数量第二多的学科专题，也是国际植物学研究特别关注的专题。

1962年，张先生在《中山大学学报》发表了《广东植物区系的特点》一文，这是中国植物学家发表的具有开拓性意义的第一篇较完整的区系学论文，也是第一篇针对省域的论文。1974年，张先生完成了一个针对全球域的论文——《华夏植物区系的起源与发展》，并在1975年《中国植物志》编委会第一次扩大会议上宣讲。据张先生回忆，当时引起不小的轰动，人们普遍接受"被子植物起源于第三纪或晚白垩纪"的观点，而张先生提出是三叠纪，众多同行纷纷反对。1980年，经多次修订后该文在《中山大学学报》上正式发表，明确地提出了"全球被子植物起源于华夏"。张先生认为中生代三叠纪以来在华夏古陆及邻近古陆上发育起来的被子植物区系与晚古生代的华夏植物区系是一脉相承的。张先生为华夏植物区系理论的提出，进行了充分的论证，过程充满智慧和逻辑辩证。首先，他认为"被子植物在白垩纪爆发式起源"是不太可能的。从生物进化论看生物的演化是渐进式的，被子植物在白垩纪已非常丰富，其酝酿必定在三叠纪、二叠

纪，然后在侏罗纪发生。胚是植物界进化的里程碑，其实，植物体的组成分子（如细胞、卵囊、颈卵器、管胞、导管、胚珠、种子、花）的发生，无不经历了漫长的演化。其次，是关于起源地点，之前主流观点有"北极起源论"和"热带起源论"；张先生对此提出质疑，它们均无法解释中国植物区系的现状和实质，在中国自东北至南部低纬度地区存在更丰富和更古老的原始被子植物化石。最后，关于被子植物起源的祖先，张先生认为，现存的都不是最原始的，它们应该存在三叠纪或侏罗纪，华夏既存在丰富的烟叶大羽羊齿、开通类等种子蕨类化石，也存在许多现生的、原始的、古老性的以及进化环节上许多重要类群。张先生在《中山大学学报》所发表的系列专论，如《大陆漂移与有花植物区系的发展》（1986）、《从印度板块的漂移论喜马拉雅植物区系的特点》（1984）、《地球植物区系分区提纲》（1994）等，不愧为高瞻远瞩、振聋发聩之作，对当代和后辈具有科学和哲学启示意义。

三、植物群落学及红树林植被研究

"植被群落学"是张先生在《中山大学学报》发表的第三类重要专题。其中，较有代表性的如：①《广东高要鼎湖山植物群落之研究》（1955），这是中国最早的且比较全面的群落学论文，为中国第一个自然保护区——鼎湖山自然保护区的建立提供了支撑，也是后来开展群落学调查的培训教材。②《雷州半岛的红树植物群落》（1957），为海岸红树林植被研究提供了范例。③在《中山大学学报论丛》发表了长篇论著《香港植被》（1989）。其他如《西沙群岛植被》（1947），《热带雨林》《热带山地常绿林》载于《广东森林》（1990），《广东植被的基本特征》［为1958年撰写的手稿，后刊于《张宏达文集》（1994：510-567）］，《英德植被》［为1959年撰写的手稿，后刊于《张宏达文集》（1994：676-714）］等，因篇幅较长或有其他选择而没有在《中山大学学报》发表。

张宏达先生在分类学、区系学、生态学方面都做出了奠定性的贡献。张先生的论文读来总让人有茅塞顿开之感，内容富于学术争鸣精神和逻辑思辨，充满开拓性、创新性，每每能启迪思想。

（供稿：廖文波）

廣東高要鼎湖山植物羣落之研究

張宏達　王伯蓀　張超常　丘華興

(生物系)

一、引　言

鼎湖山位于廣東省高要縣肇慶鎮的東北，靠近西江北岸，約當東經 112°35′，北緯 23°08′。目前，該地尚有二千畝左右的自然林及兩萬餘畝的人造林，廣東省林業廳在這裡設置有林場進行經營。本文的目的在於初步總結鼎湖山植物羣落的類型、性質、組成特徵、分佈規律及其與環境因子的相互關係，以為今後從事廣東以及華南地區植物羣落及其分佈規律的調查研究工作的起點。

本文取材于中山大學生物系植物專業的先後三次進行生產實習的資料。其中第一次是在1953年9月進行了12天，當時參加的尚有朱婉嘉、馬炳章、蔡少蘭諸先生及實習同學14人。第二次是在1954年8月進行了10天的工作，當時尚有董漢飛先生及實習同學4人參加。第三次是在1955年6月至7月間進行的，先後共20餘天，並有實習同學31人參加工作。因之本文實質上是集體勞動的結果。

野外調查工作是以慶雲寺為中心，東至百丈嶺，西至老鼎及老龍潭一帶，南至廸坑一帶，北至白馬山、石仔嶺一帶，調查區面積約兩萬餘畝。其中則以鼎湖山之主峯三寶峯的自然林為主要對象。調查方法在自然林方面是以 2×50 米的樣帶為主，通過4條路線25個樣帶對鼎湖山自然林的植物羣落進行了調查研究。在荒山及人造林方面則主要以 10×10 米、5×5 米或 2×2 米的樣方，並結合樣線、植物羣落的整體觀察、基本植物的描述，分區進行了調查研究，最後并分別繪製了鼎湖山自然植被圖及鼎湖山半自然植被圖。

二、鼎湖山的自然環境

1. **地質與地形**：鼎湖山的地質構造為鼎湖山系㊀，係由砂頁岩、砂岩及頁岩所構成，根據該系地層層序去推想則應屬于泥盆紀，其構造組成大致可包括三部份：

㊀ 蔣溶，徐瑞麟：廣東西江沿江地質礦產　載於兩廣地質調查所年報　(1932)

下部：厚度約有300米，最下以粗粒灰白色砂岩緊接于礫岩層；再上則為黃褐色、灰白色及褐紅色砂岩，此層厚而堅，砂粒甚粗，有的變質較深而成石英岩，其中并夾有灰、黃色的頁岩薄層。中部：厚約為200米，大致為灰色砂頁岩及頁岩，顏色由淺灰色以至暗灰色，甚至于成為黑色，其中變質較深的則成為板岩石英岩。本層居于上下黃色砂岩之間，而岩石質亦較堅，常於鼎湖山傾斜平緩之構造中，造成湍流及瀑布，如飛水潭、老龍潭等。上部地層則為黃色頁岩及砂岩所組成，厚度亦達200米以上，但岩質疏鬆，侵襲較甚，是為本區之主要特徵，尤其是在鼎湖山之三寶峯及鷄籠山一帶此特徵更為顯著。

鼎湖山背斜層主軸在三寶峯附近，地層平坦，常成懸崖，但由于岩層硬度不同，剝蝕作用亦隨之而異，因而在此平坦之地層中，亦最易發生瀑泉，此亦為飛水潭與老龍潭成因之一。背斜層之曲摺軸走向與鷄籠山等之曲摺走向相同，其北翼為老鼎之斷層所切，故發育不全，而南翼傾斜向東南，形成廸坑及蕉坑兩縱谷。

老鼎與草塘一帶皆發現斷層，并沿慶雲寺去老鼎路上經一分水脊陡下入龍潭溪，溪谷之左為灰色砂頁岩，谷之右為黃、紅、灰色之頁岩。

此外，由山口至慶雲寺之路右旁一帶有分佈于西江兩岸之花崗岩侵入，地層微有變動，以致使鼎湖山背斜層不能向東北延伸。

鼎湖山的地形是大起伏的山嶺地區，其北部鷄籠山高達1006米，南部的二寶峯與三寶峯均高達450米，而鷄籠山、石仔嶺之南坡與三寶峯等之北坡，圍成一條東西走的長谷。而在"牽絲過脈"處被切為東西兩半，因而長谷的水分別向東西兩方面流動，在東端滙成飛水潭，西端形成老龍潭，而分別流入西江。在"牽絲過脈"以東的谷地比較開展，在谷地中央有由鷄籠山及石仔嶺的構成的丘陵地，這裡是人造林及荒山植被，但由於過去人為的破壞較嚴重，致使表土流失，土質多為黃土層，兼具砂礫。谷地南面即為三寶峯的北坡，則為自然林的範圍。在牽絲過脈以西的長谷則較狹窄，谷底是撩荒地，過去曾種植水稻。長谷的南北兩面的低坡為桉樹林；再上為馬尾松林；半山以上為荒山，以崗松、芒萁及金茅草為主。長谷北面的南坡在過去年代因燒山而破壞的情況更嚴重，到現在半山以上還是一片童山。長谷南面的北坡，桉樹林分佈較高，達到半山約三百米處。這裡的桉樹及馬尾松均比北面的南坡生長得整齊。

2. 氣候：鼎湖山本身缺乏氣象資料，故依附近三水鎮（東經112°54′北緯23°06′）的氣象紀錄為依據，如表1及圖1所示：

表1. 三水氣象記錄　　東經 112°54′. 北緯 23°06′. 海拔高度 9.1 米

月份\年限	氣溫 C°			降水量 m.m.	相對濕度 %	陰天日數
	平均	最高	最低			
	1926—38	1924—38	1924—38	1900—38	1924—37	1924—37
1	12.2	15.7	8.6	41.9	80	14.7
2	13.2	16.3	10.2	60.5	84	18.5
3	16.4	19.4	13.3	110.1	85	21.5
4	21.3	24.1	18.3	176.1	88	19.2
5	25.9	29.2	22.8	289.2	86	16.3
6	27.6	30.9	24.7	256.5	84	14.5
7	28.7	32.1	25.6	234.5	82	11.6
8	28.8	32.3	25.8	245.3	82	16.5
9	27.5	30.9	24.2	150.1	79	8.5
10	23.5	27.2	19.1	71.6	75	7.6
11	19.0	23.4	14.6	43.1	71	6.6
12	15.1	19.1	11.0	41.2	74	9.4
全年	21.6	25.1	18.2	1720.7	80	158.9
絕對	絕對最高 42°C (1937.7.)			絕對最低 0.5°C (1933.1.)		

該地降雨量年平均爲1720.7毫米(1900—1938)。每年以三月至九月的雨量較多，平均皆在100毫米以上，其中尤以五月份雨量最多，可達289.2毫米。而十月至二月的雨量較少，尤其是十二月份爲最少，平均爲41.2毫米。

關於氣溫方面，年平均溫度爲21.6°C (1926—1938)。年溫差約在16°C左右。其中以八月爲最高，平均溫度可達28.8°C。而一月份則較低，平均溫度約爲12.2°C。絕對高溫可達42°C (1937年7月)。絕對低溫爲0.5°C (1933年1月)。

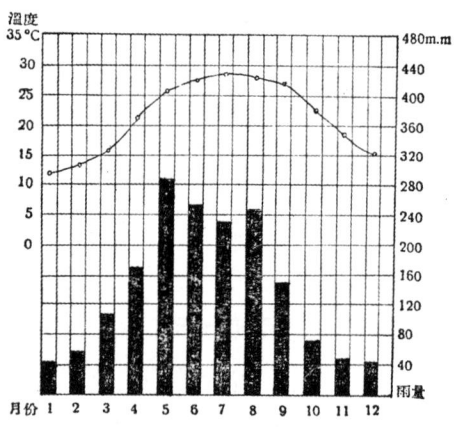

圖一　三水鎭各月平均雨量及溫度

濕度亦較大，全年平均相對濕度爲80%。其中以四月份爲最大，可達88%。十一月份雖較低，但亦達71% (1924—1937)。

至於降霜的現象則不常見，惟1954年12月至1955年1月因寒流南侵，曾有幾次象現霜凍。

該地亦為颱風侵襲可及之處，根據1953年9月觀察，風力較沿海地帶稍弱，但亦在六級左右。

3. 土壤：鼎湖山土壤是紅壤、黃壤、棕色森林土及谷底冲積土複合構成的。一般皆呈酸性反應，pH 約在 4.5—6 之間。土層深度不一。腐植土約 0—5 厘米。淋溶層褐色，厚約 30 厘米。黃土層呈黃褐色，厚約 40—50 厘米。底土則為黃黑色，且常夾有砂礫。其中紅壤一般見於山麓。黃壤一般見於慶雲寺附近，為輕度灰化黃壤，表土多呈灰棕色，具團粒結構；底土則呈棕黃色至黃色，具碎塊狀結構，為粘質壤土。而慶雲寺左側藜蒴林亦為灰化黃壤。棕色森林土則見於山頂，呈灰棕色，土層薄，母岩露頭多。谷底冲積土則見於山麓谷地，自 0—10 厘米為灰色壤質砂土，團粒結構少。其下 10—14 厘米為淺灰色壤質砂土，結構不明顯，且有鐵銹條紋。再下 14—30 厘米為棕黃色澱積層。

三、鼎湖山森林植物的一般概況

1. 森林的歷史和範圍：據高要縣誌載，鼎湖山在唐代中葉卽有僧侶在老鼎湖白雲寺結椽開基。直至明崇禎年間才在現在的慶雲寺寺址建蓮花菴，並墾土植松竹，後改菴名為慶雲寺。從那時候起，鼎湖山的森林便因宗教影响受到保護。鼎湖山慶雲寺的自然林，迄今至少已有四百年的歷史，但在這四百年間幾經破壞，尤其是解放前數十年來，由於政治上的腐敗，鼎湖山森林遭到嚴重的破壞；根據1915年高要縣府在鼎湖山所立的石刻文告看來，為了維護封建統治，偽縣府已明文規定，以分水嶺為界，凡在慶雲寺左右后山山脊以內的林木，皆歸寺僧保管，山脊以外則為百姓所有。由此可見鼎湖山殘存的自然林帶，正如1915年石刻文告所述，已遠非原有狀態。現在鼎湖山自然林，僅限於慶雲寺左右後山脊以內，東至獅山及百丈嶺兩端一帶，西至慶雲寺後山三寶峯，南至二寶峯，北至青龍頭、飛水潭頂及鬼坑一帶，共約一千九百餘畝。但從這殘存自然林局面，仍可觀察到當年森林之面貌，它仍充分地反映出當地的綜合環境因子的特點。至于自然林以外的荒山，大部皆已造林，在山麓地帶以桉樹林為主，雜以馬尾松。桉樹林以上為馬尾松純林，靠近山頂則為荒山草地。

2. 亞熱帶常綠林的一般特徵：鼎湖山恰恰位于北回歸綫之下，氣溫雖高，但振輻頗大，年溫差可達 16°C，冬季氣溫較低。雨量雖充沛，但冬季則較乾旱。由於這些環境條件的限制，鼎湖山森林雖已具有某些熱帶雨林的特徵，但決不屬於眞正的雨林。在另一方面雖然森林的組成成份，主要是樟科植物，但却有許多遠非濶葉常綠林所具有的雨林特徵。因此，鼎湖山森林也絕不是濶葉常綠林。此外本區雖屬季候風區域，但常從海洋吹來的潮濕氣流，夏季濕度又最大；而且本區又是颱風經常吹颳得到的地區，因此夏、秋之間帶來了大量雨水。根據附近三水鎮氣象紀錄來看（表1），一般在夏季相對濕度平均皆在 80% 以上。而降雨量四至八月份間亦皆在240厘米以上。因之，按本區的自然環境條件及森林結構組成的特徵與性質來看，本區應該是亞熱帶常綠林，或者依阿略興 (В. В. Алёхин) 的植被基本類型區分法來區分㊀則應屬於亞熱帶森林，它在某種程度上具有和雨林相類似的各種特徵。

（一）羣落外貌由於不同種類喬木的高度不同，如椎 (*Castanopsis chinensis*)、栲 (*Schima superba*) 最高，生虫樹 (*Cryptocarya concinna*)、銅鑼桂 (*Cryptocarya chinensis*) 及紅皮紫陵 (*Craibiodendron kwangtungense*) 等次之，而蒲桃 (*Syzygium jambos*) 等又次之。因之樹冠上部的界綫不是一條水平的直綫，而形成一條參差不齊的極不規則的鋸齒形的綫條（照片一）。同時森林樹木的葉子顏色也是極不均匀的，各種不同顏色構成了雜色鑲嵌。

（二）有一定數量的藤本植物，如天南星科之大石蒲藤 (*Pothos Seemanni*) 和小石蒲藤 (*Pothos repens*)（照片2），及獅子尾 (*Raphidophora hongkongensis*)，龜背蕉 (*Epipremnum pinnatum*) 等。錫葉藤科之錫葉藤 (*Tetracera scandens*)。番荔枝科之瓜馥木屬 (*Fissistigma*) 兩種。夾竹桃科之白花膠籐 (*Parabarium micranthum*)。胡椒科之蔓胡椒 (*Piper sarmentosa*)。梧桐科之刺果藤 (*Buettneria aspera*)。桑科之無花果屬 (*Ficus*) 三至四種。倪藤科之倪藤 (*Gnetum indicum*)。豆科之包氏豆 (*Bowringia callicarpa*)，鷄血藤屬 (*Millettia*) 之二至三種，驣氏羊蹄甲 (*Bauhinia championi*) 及葛藤 (*Pueraria thunbergiana*) 等。紫金牛科之酸藤子屬 (*Embelia*) 五至六種。菝葜科之馬甲藤屬 (*Smilex*) 之三至四種。茜草科之蔓九節 (*Psychotria serpens*)。蘿藦科之匙羹藤 (*Gymnema alterniflorum*)。葡萄科之崖爬藤 (*Tetrastigma planicaule*) 等數十種。這些極其多種多樣性的藤本植物，攀緣于密林中之喬木、灌木上，構成一特殊層別的景觀。甚至於林下灌木層重重纏繞，使人難以通過。

（三）附生植物以瓜子金藤 (*Dischidia chinensis*) 最為普遍，常附生於喬木之樹幹，以至懸掛樹梢上。此外着生石松 (*Lycopodium phlegnaria*)，福氏星蕨 (*Microsorium*

㊀ 阿略興：植物地理學（中譯本）203頁

fortunei)，小葉伏石蕨 (*Lemmaphyllum microphyllum*) 等，都較普遍附生於樹幹上。

(四)莖花現象在鼎湖山森林中亦不鮮見，其中如酢漿草科之楊桃 (*Averrhoa carambola*)，桑科無花果屬之若干種以及第倫桃科之水東哥 (*Saurauia tristyla*) 等莖幹上生着各種不同顏色的花果，構成特殊的羣落外貌。

(五)板狀根：如人面子 (*Dracontomelon dao*)、木棉 (*Gossampinus malabarica*)，無花果屬若干種，荔枝 (*Litchi chinensis*) 及龍眼 (*Euphoria longan*) 等多種植物皆由樹幹基部生出板狀根。其中尤以人面子之板狀根（照片3），寬達2—3米，高達3—4米，實屬奇觀。

(六)樹蕨林：在鼎湖山森林中，樹蕨常構成眞蕨林。如擬桫欏 (*Gymnosphaera podophylla*) 最高可達3—4米，一般高度亦在2—3米之間。分佈於慶雲寺後山谷及二寶峯北坡的鬼坑一帶，構成擬桫欏羣落 (*Gymnosphaera podophylla Associatio*)。其次如蘇鐵蕨 *Brainia insignis* 雖比較矮小，但高者亦可達1—2米左右。主要分佈於森林已遭破壞的向陽峻坡，如百丈嶺一帶。且常與馬尾松混生，構成馬尾松——蘇鐵蕨羣落 (*Pinus massoniana—Brainia insignis associatio*)。

(七)森林層次結構，在鼎湖山森林來說，也是相當複雜的，一般層次結構可達6—7層；其中喬木可分爲二層、大灌木一層、小灌木一層、草本一層、地面被覆物一層，此外還有藤本與喬木、灌木互相交錯，很難把它歸入喬木或灌木層，而應自屬一特別層次。

(八)植物種類繁雜：在不到二千畝的自然林面積上就有植物六百餘種。其中除了極少數的落葉樹如楓香樹及櫧樹等，和少數具有鱗芽的種類如石南科及某些樟科植物之外，主要是熱帶及亞熱帶森林習見的常綠植物（見表2）。

其中某些種屬往往構成各個羣落或各個層別的優勢植物，如樟科厚殼桂屬 (*Cryptocarya*) 之生虫樹，銅鑼桂和陳氏鈎樟 (*Lindera chunii*) 等；大戟科的大砂葉 (*Aporosa chinensis*)，雲南大砂葉 (*A. yunnanensis*) 及小盤木 (*Microdesmis casearifolia*) 等；梧桐科之假蘋婆 (*Sterculia lanceolata*)；桃金娘科之水榕 (*Cleistocalyx operculatus*) 和蒲桃屬 (*Syzygium*) 之蒲桃，白車 (*S. levinei*) 及紅車 (*S. rehderianum*)；山欖科的鵝兜樹 (*Sarcosperma laurinum*)；棕櫚科之魚尾葵 (*Caryota ochlandra*) 及黃藤 (*Daemonorops mangaritae*)；山毛櫸科之椎，藜蒴；山茶科之柯；石南科之紅皮紫陵；以及桫欏科之擬桫欏等熱帶及亞熱帶植物構成了各個羣落及主

表 2. 鼎湖山森林常見熱帶亞熱帶植物種屬比較表

序號	科名 中名	科名 學名	屬種數 屬	屬種數 種	聚生多度(一)
1	觀音座蓮科	Marattiaceae	1	3	sp¹
2	裡白科	Gleicheniaceae	2	2	sp³
3	桫欏科	Cyatheaceae	1	1	cop²
4	蘇鐵科	Cycadaceae	1	2	sp¹
5	胡椒科	Piperaceae	2	4	cop²
6	山毛櫸科	Fagaceae	3	6	cop³
7	桑科	Moraceae	3	21	cop³
8	防己科	Menispermaceae	2	2	sp³
9	番荔枝科	Anonaceae	4	5	cop³
10	樟科	Lauraceae	9	29	cop³
11	豆科	Leguminosae	20	31	cop³
12	大戟科	Euphorbiaceae	17	35	cop³
13	無患子科	Sapindaceae	6	6	cop¹
14	梧桐科	Sterculiaceae	4	5	cop²
15	山茶科	Theaceae	4	8	cop²
16	籐黃科	Guttiferae	4	6	cop¹
17	秋海棠科	Begoniaceae	1	2	sp²
18	桃金娘科	Myrtaceae	8	12	cop³
19	野牡丹科	Melastomaceae	5	10	cop³
20	五加科	Araliaceae	2	2	cop²
21	山欖科	Sapotaceae	2	3	cop²
22	柿樹科	Ebenaceae	1	3	cop¹
23	蘿藦科	Asclepiadaceae	5	5	cop²
24	紫葳科	Bignoniaceae	1	1	sol
25	苦苣苔科	Gesneriaceae	2	2	sp²
26	茜草科	Rubiaceae	20	34	cop³
27	葫蘆科	Cucurbitaceae	1	2	sol
28	棕櫚科	Palmae	3	3	cop³
29	天南星科	Araceae	9	10	cop³
30	鴨跖草科	Commelinaceae	3	3	sp¹
31	薑荷科	Zingiberaceae	3	3	sp²
32	美人蕉科	Cannaceae	1	1	sol
33	蘭科	Orchidaceae	4	5	sp¹
34	合計		154	267	

要層次的優勢植物。而茜草科之九節木 (*Psychotria rubra*); 紫金牛科羅傘樹屬 (*Ardisia*) 之若干種如五角杜莖山 (*A. quinquegona*), 硃砂根 (*A. crispa*) 以及柳葉

通心花 (*Maesa salicifolia*); 檀香科之梨仔 (*Pyrularia edulis*); 野牡丹科之柏拉木 (*Blastus cochinchinensis*) 等則構成林下小灌木層的優勢植物。真蕨綱植物則構成草本層的優勢植物。這些也都說明了鼎湖山森林種類組成，是有其特殊的景色。

3. 垂直分佈：鼎湖山自然林分佈地區的海拔高度一般不超過 450 米，因此垂直分佈帶並不顯著。一般南方高山常見的從山麓到山頂有規律地分佈着闊葉混交林、竹林、針葉林及石南林等垂直分帶現象在這裡是不存在的。但無論如何在不同高度的綜合因子仍然反映出不同的生態分佈序列。因之，在整個鼎湖山，由山谷到山頂雖全屬闊葉混交林，但在東北坡山谷溪邊潮濕地帶主要分佈的是蒲桃和水榕羣落 (20—50米)。山谷兩側斜坡則為魚尾葵羣落的分佈區 (50—150米)。稍上高約 80—180 米則為糙葉樹＋小盤木＋大砂葉羣落主要分佈地帶。山坡中部以上則為生虫樹、銅鑼桂、紅皮紫陵、椎及桐等主要分佈區域。山頂部分則有椎、藜蒴、黑柃 (*Eurya macartneyi*) 等普遍分佈。北坡 190 米以下則為藜蒴林帶。190—250 米則為擬杪欏羣落主要分佈地帶。190 米以上為生虫樹等植物分佈區。

由此可見，垂直分佈雖無明顯分帶現象，但由於環境因子的綜合影响，在靠近山谷的低濕地區的各個羣落如蒲桃＋水榕羣落，魚尾葵羣落，糙葉林＋小盤木＋大砂葉羣落以及擬杪欏羣落等，則具有一定程度上類似雨林的特徵；而山腰中部及山腰中部以上的生虫樹＋椎＋銅鑼桂＋桐羣落等則很少具有類似雨林的特徵，反而有類似闊葉常綠林的特徵。

灌木的垂直分佈亦有其特點如柏拉木普遍存在於 350 米以下，至于 350 米以上則很少發現它的存在；而紫杜鵑 (*Rhododendron mariae*)，吊鐘花 (*Enkianthus quinqueflorus*)，厚皮香 (*Ternstroemia gymnanthera*)，則較普遍分佈於山頂一帶。其它像黃藤雖普遍分佈于自然林裡，但山麓部份則較為密集。

㈠ 聚生多度：係指各科植物的植株數量，分別以下列各種符號表示：

cop^3 ··· 植物數量很多
cop^2 ··· 植物數量多
cop^1 ··· 植物數量相當多
sp^3 ··· 植物數量不很多
sp^2 ··· 植物數量不多
sp^1 ··· 植物數量較少
sol ··· 植物數量很少

四、植物群落的區分

鼎湖山的植被，可分為自然的與半自然的（人造的）兩類。自然植被能夠很好地反映生物區系的特點，生態環境的綜合作用及它們的相互關係。因此在自然林裡可以清楚地按照環境條件的不同而區分為：1. 生虫樹＋椎樹＋銅鑼桂＋栲樹羣落、2. 藜蒴羣落、3. 糙葉樹＋大沙葉＋小盤木羣落、4. 魚尾葵羣落、5. 水榕＋蒲桃羣落、6. 擬梗欏羣落等。半自然植被包括人造林和荒山，在人為的干涉下，大體上雖按照環境條件作合理的分配，但它有時并不完全和生態環境相符合，同時它的分佈更超出了生物區系的範疇，因此在區分羣落時，對於自然植被就區分得比較細緻，而對於半自然植被則比較廣泛一些。

1. 生虫樹＋椎樹＋銅鑼桂＋栲樹群落 Cryptocarya concinna ＋ Castanopsis chinensis ＋ Cryptocarya chinensis ＋ Schima superba Associatio

本羣落是自然林中最大的羣落，除了谷底及山麓外，它幾乎佔有全部自然林；垂直分佈一般從海拔150米到450米的三寶峯頂。在寒翠橋一帶本羣落一直分佈到山麓海拔約30米之處，和水榕＋蒲桃羣落相接。在慶雲寺前一帶地區，約當150米處，則和魚尾葵羣落及糙葉樹＋大沙葉＋小盤木羣落相連。在寺後北坡190米處則和藜蒴羣落及擬梗欏羣落相連。

地形是大起伏，坡向是北坡或北偏東，日照時間較短，坡度在 30°—60° 之間。林下的砂岩露頭很普遍。土層一般由 30—50 厘米，偶有達 70—100 厘米的。地表的死地被物不超過 1 厘米，淋溶層約 30 厘米，pH 4.5—5.5。

根據我們在本羣落所選擇的四條綫，進行 20 個 100 平方米（50×2 米）樣帶法分析的結果，如表3所示（見另插表），本羣落以生虫樹、椎樹、銅鑼桂及栲樹為最優勢。從生長的多度來看，生虫樹數量最多，在20個樣帶的8790株中有生蟲樹五個級㈠的樹木 4885 株佔總數的54%，平均每一百平方米為 244 株；椎樹總數 222 株，平均每一百平方米為 11 株；銅鑼桂 856 株，平均每一百平方米為 42.8 株；栲樹共103株，平均每百平方米 5.1 株。以多度論應該是生蟲樹最優勢，次為

㈠ 喬木區分為五級： 凡高度在 23 厘米以下的屬第一級幼苗；胸徑在 2.5 厘米以內，高度又超過 23 厘米的屬第二級幼苗； 胸徑在 2.5—7.5 厘米的屬第三級立木； 胸徑在 7.5—24 厘米屬第四級立木；胸徑在 24 厘米以上的屬第五級立木。

銅鑼桂、椎樹及桐樹。

就一級、二級的幼苗與三至五級的立木數比較來看，生蟲樹的幼苗共 4741 株，平均每百方米為 237 株；立木共 144 株，平均每百平方米為 7.2 株。椎樹幼苗 182 株，平均每一百平方米為 9.1 株；立木 40 株，平均每一百平方米為 2 株。桐樹幼苗總數 81 株，平均為 4 株；立木 22 株，平均為 1.1 株。銅鑼桂的幼苗 162 株，平均每百平方米為 38.1 株；立木 94 株，平均為 4.7 株。因此按幼苗與立木的比例看，以生蟲樹第一，銅鑼桂第二，椎樹第三，桐樹最少。

再從基面看，生蟲樹的基面為 20280 平方厘米，佔基面總值的 12%；椎樹的基面為 38931 平方厘米，佔總值的 23%；銅鑼桂的基面為 2164 平方厘米，佔總值的 5.5%；桐樹基面為 18625 平方厘米，佔總值 11.5%；則以椎樹第一，生蟲樹與桐樹次之，銅鑼桂最小。這說明椎樹的四級五級大樹較多，為構成喬木的第一層天蓋的主要分子，而生蟲樹是構成第二層天蓋的主要分子。

從頻度看，生蟲樹的一、二、三的頻度都很大，四級立木的頻度為 55%，五級立木就差了，只有 5%。銅鑼桂的頻度和生蟲樹差不多是一致的。椎樹的情況和前二者恰恰相反，即一、二級幼苗的頻度較小，僅 40% 與 10%；三、四、五級立木的頻度較大。桐樹的各級頻度都不大，顯然表現出它在這一方面也是優勢中較差的一種。

至於其餘的種類，如紅皮紫陵、藜蒴、鴨腳木、黃杞，(*Engelhardtia chrysolepis*) 等雖然五級的幼苗與立木都齊全，但頻度小，多度小，基面值也小。其他如紅車、白車等在多度、頻度、級別、基面等方面，都和上述幾個種相差得很遠，因此，我們決定這個羣落的優勢種是屬於生蟲樹、椎樹、銅鑼桂及桐樹，并作為本羣落的代表植物。

其次，從表 3 裏可以看出本羣落的種類頗為繁雜，在樣帶裏出現的喬木有六十餘種㊀，但具有普遍性分佈，並且各級苗木及立木都發展得很良好的，只限於代表本羣落的幾個優勢種，這裡充分反映出植物與生存條件之間的相互關係的複雜性和多樣性。對於優勢種來說，生存條件的限制是在它的發展過程被統一起來，使它具有更廣泛的選擇能力和適應性，因此能夠在不斷改變的生活環境中把自己的種族蕃衍起來。特別要指出，這種適應性，並不是在一切的優勢種都相等地具有同一的程度，它們之間是有差異的，這就使得各個優勢種在發展過程中，表顯出不一致的現象。

㊀ 表 3 只記載比較主要的四十種，其餘廿餘種從略。

表3 生蟲樹+椎+銅鑼桂+桐羣落20個樣帶中喬木比較表

序號	僑木種類中名	學名	I級 株數	頻度%	II級 株數	頻度%	III級 株數	頻度%	IV級 株數	頻度%	V級 株數	頻度%	小計 株數	頻度%	基面 cm^2
1	生蟲樹	*Cryptocarya concinna*	2923	100	1818	100	104	90	38	55	2	5	4885	100	20280.0
2	椎樹	*Castanopsis chinensis*	88	40	94	10	22	60	7	50	11	50	222	100	38931.4
3	桐樹	*Schima superba*	27	40	54	65	7	35	9	25	6	25	103	95	18625.1
4	銅鑼桂	*Cryptocarya chinensis*	346	95	416	100	80	85	12	40	2	5	856	100	2164.7
5	紅皮紫陵	*Craibiodendron kwangtungense*	45	55	120	90	7	20	7	5	2	10	181	90	833.7
6	紅車	*Syzygium rehderianum*	211	90	199	100	9	30	2	10	0	0	421	100	2283.0
7	白車	*Syzygium levinei*	116	85	148	95	16	35	3	10	0	0	283	95	3048.1
8	紫楠	*Phoebe shearreri*	93	75	133	90	7	20	0	0	0	0	233	100	223.0
9	雲南大砂葉	*Aporosa yunnanensis*	88	40	169	60	19	35	1	5	0	0	277	95	468.0
10	新木薑子	*Neolitsea pulchella*	36	25	250	80	4	15	0	0	0	0	290	80	
11	藜蒴	*Castanopsis fissa*	49	30	39	45	26	20	3	15	1	5	118	55	9402.2
12	大砂葉	*Aporosa chinensis*	27	35	34	50	6	15	0	0	0	0	67	60	364.0
13	烏欖	*Canarium pimela*	14	40	36	55	2	10	0	0	0	0	52	60	
14	輪葉木薑子	*Litsea verticillata*	9	35	33	60	0	0	0	0	0	0	42	65	
15	福氏紅豆	*Ormosia fordiana*	20	20	37	45	6	20	0	0	0	0	63	50	373.0
16	櫻葉石斑	*Photinia prunifolia*	38	25	16	30	0	0	0	0	0	0	54	55	
17	越南山龍眼	*Helicia cochinchinensis*	21	40	21	40	1	5	0	0	0	0	43	55	
18	麥氏鈎樟	*Lindera metcalfiana*	13	15	33	45	5	15	2	10	0	0	53	45	196.0
19	鳳凰楨楠	*Machilus phoenix*	10	35	45	35	2	5	0	0	0	0	57	45	
20	小盤木	*Microdesmis casearifolia*	18	10	45	40	0	0	1	5	0	0	64	40	201
21	宜昌楨楠	*Machilus ichangensis*	9	15	15	45	1	5	0	0	0	0	25	45	
22	山油柑	*Acronychia pedunculata*	6	10	35	25	2	10	3	15	1	5	47	35	1194.1
23	格木	*Erythrophloeum fordii*	8	25	47	30	1	5	1	5	0	0	57	35	
24	鴨脚木	*Schefflera octophylla*	19	15	21	15	3	15	2	10	1	5	46	30	944.2
25	毛達倫木	*Tarenna mollissima*	2	10	19	10	0	0	0	0	0	0	21	25	
26	黃杷	*Engelhardtia thyrsolepis*	5	5	6	20	2	5	1	5	1	5	15	25	
27	赤楊葉	*Alniphyllum fortunei*	42	10	81	20	1	5	0	0	0	0	124	20	
28	黑枪	*Eurya macartneyi*	1	5	11	25	3	15	0	0	0	0	15	25	
29	大葉逼迫仔	*Bridelia balansae*	0	0	8	25	1	5	0	0	0	0	9	25	
30	泡吹	*Meliosma rigida*	4	10	8	10	5	5	0	0	0	0	17	20	
31	白面神	*Breynia officinalis*	2	5	6	25	0	0	0	0	0	0	8	20	
32	柄果木	*Mischocarpa oppositifolius*	1	5	3	15	2	10	0	0	0	0	6	20	
33	臂形果	*Pygeum topengii*	0	0	4	15	0	0	0	0	0	0	4	15	
34	山烏桕	*Sapium discolor*	0	0	10	10	0	0	0	0	0	0	10	10	
35	金龜豆	*Pithecolobium clypearia*	0	0	8	10	0	0	0	0	0	0	8	10	
36	黃毛榕	*Ficus fulva*	2	10	0	0	0	0	0	0	0	0	2	10	
37	喬氏榕	*Ficus championi*	3	5	0	0	0	0	0	0	0	0	3	5	
38	對葉榕	*Ficus hispida*	0	0	2	5	0	0	0	0	0	0	2	5	
39	楨楠	*Machilus thunbergii*	0	0	1	5	0	0	0	0	0	0	1	5	
40	榖木	*Memecylon ligustrifolium*	1	5	0	0	0	0	0	0	0	0	1	5	
	合計		4297		4025		348		93		27		8790		99531.4

椎樹、櫧樹、紅皮紫陵、黃杞、藜蒴等的適應性顯然比不上生虫樹和銅鑼桂。後二者的各級立木及苗木普遍存在于森林內，特別是它們的幼苗數量很多，平均每一百平方米達240株，這說明它們的幼苗的耐陰力很強，能夠在不斷改變的環境中，繼續發展下去；並且它們不僅有強大的耐陰力，同時它們也能在強光照條件的森林邊緣和耐陰力弱的先鋒樹種櫧樹、椎樹、紅皮紫陵等一起把森林的境界不斷往四周擴大。我們在第一綫林緣所作的第六號樣帶（表4），可以看出生虫樹的一、二級苗木

表4. 椎樹、櫧樹在林緣的分佈情況

序號	喬木種類 中名	學名	I級	II級	III級	IV級	V級	小計
1	生虫樹	*Cryptocarya concinna*	116	140	2	0	0	258
2	紅車	*Syzygium rehderianum*	8	27	1	0	0	36
3	新木薑子	*Neolitsea pulchella*	7	25	1	0	0	33
4	格木	*Erythrophloeum fordii*	3	23	0	0	0	26
5	椎樹	*Castanopsis chinensis*	7	12	1	2	3	25
6	銅鑼桂	*Cryptocarya chinensis*	8	13	1	0	0	22
7	白車	*Syzygium levinei*	2	15	1	0	0	18
8	櫧樹	*Schima superba*	4	6	1	4	2	17
9	紅皮紫陵	*Craibiodendron kwangtungense*	4	9	3	0	1	17
10	紫楠	*Phoebe sheareri*	3	9	0	0	0	12
11	褔氏紅豆	*Ormosia fordiana*	3	5	0	0	0	8
12	黃杞	*Engelhardtia thyrsolepis*	0	4	2	0	1	7
13	女兒香	*Aquilaria sinensis*	0	7	0	0	0	7
14	山油柑	*Acronychia pedunculata*	1	2	1	0	1	5
15	密花樹	*Rapanea faberi*	3	1	1	0	0	5
16	輪葉木薑子	*Litsea verticillata*	3	1	0	0	0	4
17	麥氏鈎樟	*Lindera metcalfiana*	4	0	0	0	0	4
18	馬尾松	*Pinus massoniana*	1	0	0	0	0	1
19	山烏桕	*Sapium discolor*	1	0	0	0	0	1
20	大砂葉	*Aporosa chinensis*	1	0	0	0	0	1
21	柿樹	*Diospyros kaki*	0	1	0	0	0	1
	合計		179	300	15	6	8	509

共256株，佔這樣帶幼苗總數479株的53%。椎樹、櫧樹、藜蒴和紅皮紫陵等顯然是沒有這種力量。他們在發展過程中，把森林建成之後，不可能在改變了的環境下繼續適應下去，以是在森林中只有它們的四級和五級立木，却很難找到它們的幼苗，除非在一些因人為干涉所造成的稀疏天蓋之下，才能發現到一些。於是它們只能隨

着森林的發展，逐步往森林邊緣的四周擴展。結果它們是表現出這樣的現象：在森林發展過程，它們一面往邊緣擴張，一面使自己逐漸從森林裏面消逝下去，所以我們叫它們做先鋒樹種。我們從表 28 裏可以看到椎樹及桐樹的一、二級幼苗比數很大，至於其餘的種類，只是和本羣落的優勢種伴隨而生的，它們的適應性顯然更趕不上優勢種。

除了喬木種類的適應性各有不同之外，本羣落在發展過程還表現出一種不平衡的狀態。在四個優勢種及其他幾個主要的種類裏面，它們在發展過程，有先後之分。先鋒樹種之中像椎樹、桐樹及藜蒴的第五級立木較多；而第三級與第四級立木及第一、二級苗木的數量則相對地減少；這說明它們的發展，已達到成熟的階段，並且開始表現衰退走下坡。而生蟲樹、銅鑼桂的苗木的數量極為衆多，立木則以第三級比第四級為多，至於第五級立木則較少；這說明生蟲樹與銅鑼桂在發展過程正在上升，還沒有達到成熟階段。

最後，在本羣落所進行觀測的 20 個樣帶中，有各級喬木總數 8790 株。其中第一、二級苗木佔 8322 株；第三級立木佔 348 株；第四級立木佔 93 株；第五級立木佔 27 株。而第五級立木中最大者胸高直徑達 1 米或更寬，可見整個羣落的年齡是比較老，但在發展過程中由於反覆地受到了人工的干涉及破壞，遂呈現出羣落的各級成份與羣落年齡不相符合的事實。特別是一級與二級幼苗的數目衆多，足以說明這和解放後封山育林的政策分不開。按南方的正常的森林經營，30 年至 40 年的森林，第四級與第五級的立木將佔有極大的優勢，而現在的情況並不這樣。因此在今後封山育林的情況下加強自然林的經營和管理，進行合理的疏伐和整枝，將大大促進自然林的發展。

此外，在20個樣帶中（表 5）有灌木 106 種，共 8695 株，以頻度及多度計，首推梨子、五角杜莖山、柏拉木及九節。梨子及五角杜莖山的總數都超過1600株，平均每一百平方米 80 株，頻度均為100%。其次是柏拉木，總數 951 株，平均每一百平方米 47.6 株，頻度為 85%。再次為九節，頻度是 100%，但總數僅 665 株，平均為 33.2 株。這四種灌木構成了森林下面灌木層的優勢種，它們都是廣泛而普遍地分佈於整個羣落裡；其中柏拉木的分佈顯然是受到海拔的或生態序列分佈的限制，在接近嶺頂 350 米以上地區，柏拉木的數量顯著地下降，因此它的頻度只有 85%。此外，柳葉通心花的頻度也達 95%，多度 262 株，平均每一百平方米 13 株。硃砂根多度達 313 株，頻度 80%。

表5. 生蟲樹＋椎樹＋銅鑼桂＋桐樹羣落的灌木的多度和頻度

序號	中　名	學　名	株數	頻度%
1	梨　子	*Pyrularia edulis*	1614	100
2	五角杜莖山	*Ardisia quinquegona*	1600	100
3	柏　拉　木	*Blastus cochinchinensis*	951	85
4	九　節	*Psychotria rubra*	665	100
5	陳氏鈎樟	*Lindera chunii*	360	85
6	齊氏杜鵑	*Rhododendron championae*	317	45
7	厚葉硃砂根	*Ardisia crispa*	313	80
8	柳葉通心花	*Maesa salicifolia*	262	95
9	竹	*Bambusa sp.*	223	20
10	白背瓜馥木	*Fissistigma glaucescens*	190	70
11	黃　藤	*Daemonorops margaritae*	113	60
12	蔓九節	*Psychotria serpens*	142	75
13	包氏豆	*Bowringia callicarpa*	134	35
14	角　木	*Acmena acuminatissima*	119	60
15	牛栓藤	*Rourea milletti*	113	60
16	光葉菝葜	*Smilax glabra*	83	80
17	狗骨柴	*Tricalysia viridiflora*	80	40
18	錫葉藤	*Tetracera scandens*	79	35
19	圓葉木薑子	*Litsea rotundifolia v. oblongifolia*	78	60
20	長葉木薑子	*Litsea elongata*	74	75
21	毛　柿	*Diospyros eriantha*	64	50
22	匙羹藤	*Gymnema alterniflorum*	72	45
23	酒餅葉	*Desmos cochinchinensis*	64	50
24	白背圓葉菝葜	*Smilax opaca*	61	50
25	三叉虎	*Evodia lepta*	54	70
26	白背長葉菝葜	*Smilax hypoglauca*	52	60
27	常綠莢蒾	*Viburnum sempervirens*	43	20
28	狄氏雞血藤	*Millettia dielsiana*	39	45
29	刺果藤	*Buettneria aspera*	32	15
30	油椎	*Uvaria microcarpa*	29	25
31	凹脈灰木	*Symplocos adenopus*	22	10
32	膜葉山柑	*Capparis membranacea*	21	5
33	毛稔	*Melastoma sanguineum*	20	30
34	瓜子金藤	*Dischidia chinensis*	17	40
35	台灣榕	*Ficus formosana*	18	25
36	算盤子	*Glochidion puberum*	17	40
37	多脈榕	*Ficus nervosa*	16	15

序號	中名	學名	株數	頻度 %
38	雲南普洱茶	Maesa perlarius	14	25
39	黃牛木	Cratoxylon ligustrinum	13	20
40	紫杜鵑	Rhododendron mariae	12	15
41	烏歛莓	Cissus japonica	12	5
42	小石蒲藤	Pothos repens	9	10
43	白紙扇	Mussaenda pubescens	9	25
44	薜荔	Ficus pumila	8	15
45	小葉五味子	Antidesma gracile	8	10
46	吊鐘花	Enkianthus quinqueflorus	8	10
47	無花果藤	Ficus ramentacea	7	5
48	細穗了哥王	Wikstroemia nutans	7	30
49	山柑子	Achronychia pedunculata	7	10
50	樟葉茉莉	Jasminum laurifolium	7	30
51	大石蒲藤	Pothos seemanni	6	10
52	毛冬青	Ilex pubescens	6	20
53	蛇根	Ophiorrhiza cantoniensis	5	15
54	蔞胡椒	Piper sarmentosum	5	15
55	窄葉半楓荷	Pterospermum lanceaefolium	5	20
56	崗稔	Rhodomyrtus tomentosa	5	5
57	水楊梅	Adina pilulifera	4	15
58	廣州野葡萄	Vitis cantoniensis	4	15
59	鼎湖紫珠	Callicarpa tingwuensis	4	5
60	赫氏榕	Ficus harlandi	4	10
61	厚皮香	Ternstroemia gymnanthera	4	10
62	廣州相思豆	Abrus cantoniensis	4	5
63	裂托懸鈎子	Rubus fimbriiferus	4	5
64	倪藤	Gnetum indicum	3	10
65	綠冬青	Ilex triflora Var. viridis	3	10
66	黑面神	Breynia fruticosa	3	10
67	散花衞矛	Evonymus laxiflorus	3	5
68	黃背瓜馥木	Fissistigma oldhami	3	5
69	梔子	Gardenia jasminoides	3	5
70	日本五味子	Antidesma japonicum	2	10
71	山石榴	Randia laeta	2	10
72	懸鈎子	Rubus parvifolius	2	5
73	麤頭婆	Urena lobata	2	5
74	圓莢豆	Caesalpinia nuga	1	5
75	楤木	Aralia chinensis	1	5
76	粵山柑	Capparis cantoniensis	1	5
77	小酸藤子	Embelia parvifolia	1	5

序號	中　　名	學　　　　名	株　數	頻度 %
78	變葉榕	*Ficus variolosa*	1	5
79	直脈榕	*Ficus rectinervia*	1	5
80	褔氏粗葉木	*Lasianthus fordii*	1	5
81	白背長葉菝葜	*Smilax hypoglauca*	1	5
82	窄葉灰木	*Symplocos lancifolia*	1	5
83	了哥王	*Wikstroemia indica*	1	5
84	其他23種		327	
	合　　計		8695	

大灌木的種類以陳氏鈎樟和黃藤爲優勢種，陳氏鈎樟的多度爲360株，平均每一百平方米18株，頻度達80%，其中有6株達到三級立木的程度。黃藤共178株，頻度70%。這兩種灌木是林下第三層的優勢種，陳氏鈎樟的枝條柔弱，葉背的銀白色毛閃閃有光，使灌木層顯出特殊的景色；它的根可以入藥，并供香料之用，一向被大量的伐挖。黃籐的羽狀複葉長達2-3米或更長，下垂且呈蔓生狀，在林中構成獨特的景色；本來它的分佈很普遍，從山頂至山麓都廣泛存在，特別在山麓處更常見，構成灌木林的絕對優勢種；它的莖可供手杖之用，每年被砍伐數目頗可觀，僧侶及當地農民，有操黃藤手杖業而藉以糊口，這大大影响到黃藤的優勢。

籐本當中以白背瓜馥木，狄氏雞血藤的分佈較爲普遍；錫葉藤在較潮濕和蔭蔽的山谷地區較多，在山腰以上則大減。

林下灌木與藤本都是耐陰的，甚至是喜陰的種類。他們的存在和發展是和喬木層分不開的。假如我們把喬木、灌木、草本及至土壤微生物當作生物區系的鏈條的各個環節，它們又是以綜合的姿態和生態環境起作用，則這些灌木在林下出現並佔着優勢，便不是偶然的事，各層的優勢種之間，應該存在着緊密的聯繫；事實上這些優勢的灌木，在森林外面的荒山與人造林則不常見，它們顯然是適應於森林的蔭蔽、潮濕及富於腐植質的土壤。

草本植物的多度，相對地是削減了，在20個樣帶內（表6）有44種，5829株，就整個草本層來說，情況並不很好，這可能與喬木灌木的分層多，蔭蔽度大，加上死地被物的影响使草本組合的發展受到障碍。就中以耳草最多，鉄線草及黑莎草等次之。其次從表6看到，草本植物的頻度不夠大，說明了林下的草本的適應性沒有像灌木那樣廣泛，反過來也足以說明林下的環境的變化和多樣性。此外人工的干涉，恐怕也對草本組合起着一定的破壞作用。

表6. 生蟲樹＋椎樹＋銅鑼桂＋桐樹羣落中草本的多度和頻度

序號	中　　名	學　　名	株數	頻度%
1	耳　　草	Oldenlandia auricularia	1116	85
2	鐵　線　草	Adiantum flabellulatum	1060	90
3	黑　莎　草	Gahnia tristis	576	95
4	山　　薑	Languas sinica	215	85
5	淡　竹　葉	Lophatherum gracile	435	45
6	蛇　舌　草	Oldenlandia effusa	261	50
7	莎草屬一種	Cyperus sp.	270	35
8	汝　　蕨	Rumohra chinensis	301	35
9	鳳　了　蕨	Coniogramme sp.	207	40
10	鯨　口　蕨	Cibotium barametz	198	55
11	禾本科1種		175	60
12	光葉金粟蘭	Chloranthus glaber	94	70
13	過　壇　龍	Adiantum caudatum	179	25
14	馬　鈴　苣苔	Oreocharis benthamii	185	15
15	翠　雲　草	Selaginella uncinata	135	35
16	海　南　實蕨	Bolbitis subcordata	60	45
17	狗　　脊	Woodwardia japonica	25	20
18	烏　毛　蕨	Blechnum orientale	21	20
19	劍　　蕨	Loxogramme salicifolia	71	5
20	鐵　角　蕨	Asplenium normale	37	15
21	芒　　萁	Dicranopteris linearis	30	10
22	甘　草　蕨	Pteris semipinnata	13	5
23	水　龍　骨	Polypodium fortunei	12	10
24	長葉海金沙	Lygodium flexuosum	7	5
25	犁　頭　草	Typhonium divaricatum	24	5
26	石　珍　茅	Neyraudia reynaudiana	21	5
27	秋　海　棠	Begonia laciniata	18	5
28	亨氏胡椒	Piper hancei	3	10
29	岩鳳尾蕨	Pteris deltodon	3	5
30	劍葉鳳尾蕨	Pteris ensiformis	2	10
31	褔氏星蕨	Microsorium fortunei	1	5
32	樓　梯　草	Elatostema lineolatum	1	5
33	其他12種		69	
	合　　計		5829	

　　從表6中還可以看到一個特點，即在草本的種類裡面蕨類植物佔21種，總數2230株。在這些蕨類當中，除了芒萁是陽性植物外，其餘的都具有不同程度的耐陰

力，足以反映出林下蔭蔽度，同時也可以作爲亞熱帶常綠林的一種特徵。至於芒萁的存在於森林內適足以說明天蓋受人工破壞後，陽性植物侵入的表現。

2. 藜蒴群落 Castanopsis fissa Associatio

分佈於飛水潭右側山坡荔枝車一帶，坡向是北偏東 10°，面積約有數百畝左右，成單純羣落。其次在三寶峯山頂林緣和白雲寺後山及右側山亦間有出現。此羣落林木密度很大，但胸徑均不超過 20 厘米。土壤爲灰化黃壤，土層深度極不均匀，由 46—83 厘米。pH 5–5.5。林下有岩石露頭，落葉層厚，其中主要是藜蒴的落葉。根據樣帶分析的結果（表 7），可以看到藜蒴佔有絕對的優勢。樣帶內共有四級立木 6 株，其中藜蒴 5 株佔 83.3%。三級立木共 32 株，藜蒴 16 株佔 50%。一，二級苗木共 247 株，藜蒴佔總數的 27%。其餘的種類像麥氏鈎樟、生虫樹、紅皮紫陵，椎樹等 19 種喬木，多是幼苗狀態。

表 7. 藜蒴羣落樣帶中喬木分佈表

序號	中　　名	學　　名	株　數				
			一級	二級	三級	四級	合計
1	藜　　蒴	*Castanopsis fissa*	47	19	16	5	87
2	麥氏鈎樟	*Lindera metcalfiana*	3	11	4	1	19
3	生　虫　樹	*Cryptocarya chinensis*	20	4	2	0	26
4	紅皮紫陵	*Craibiodendron kwangtunense*	34	11	1	0	46
5	山　竹　子	*Garcinia multiflora*	0	49	1	0	50
6	椎　　樹	*Castanopsis chinensis*	4	4	1	0	9
7	其他 14 種		27	14	7	0	48
	合　計		135	112	32	6	286

灌木層在樣帶內有 30 種（表 8），以柏拉木、五角杜莖山、厚葉碌砂根、九節、常綠莢蒾、牛栓藤和梨子佔優勢。

草本有 11 種（表 9），以蕨類最多，其中以鉄線草和芒萁佔的數目最大。

本羣落是再生的藜蒴林。據鼎湖林場胡維堅同志說從前這裡有過一片藜蒴林，可能是經過人工破壞。這樣一來，它應該是萌生林。萌生的藜蒴密度很大，一百平方米內有三、四級立木 38 株；但萌生的年代還很短，最大的藜蒴胸徑不超過 30 厘米，一般都在 10–20 厘米之間，因此蔭蔽度不大。喬木種類除了藜蒴是陽性樹，許多其他陽性樹像椎樹和紅皮紫陵的苗木及陽性的芒萁也普遍存在於林下。樣帶之外還有柯樹，越南山龍眼（*Helicia cochinchinensis*）、山胆八樹（*Flaeocarpus sylvestris*）、紅車、白車、新木薑子 (*Neolitsea pulchella*)、鴨腳木、白面神等的苗木。

表8. 藜蒴羣落樣帶中灌木分佈表

序號	中　　名	學　　　　名	株　數
1	柏　拉　木	*Blastus cochinchinensis*	92
2	五角杜莖山	*Ardisia quinqueçona*	73
3	厚葉硃砂根	*Ardisia crispa*	48
4	牛　栓　藤	*Rourea milletti*	45
5	九　　節	*Psychotria rubra*	42
6	梨　　仔	*Pyrularia edulis*	26
7	常　綠　莢　蒾	*Viburnum sempervirens*	25
8	光　葉　菝　葜	*Smilex çlabra*	17
9	喬氏杜鵑	*Rhododendron championae*	11
10	其他 22 種		127
	合　　計		506

表9. 藜蒴羣落樣帶中草本分佈表

序號	中　　名	學　　　　名	數　量
1	鐵　線　草	*Adiantum flabellulatum*	223
2	淡　竹　葉	*Lophatherum gracile*	114
3	芒　萁	*Dicranopteris linearis*	112
4	汝　蕨	*Rumohra chinensis*	45
5	黑　莎　草	*Gahnia tristis*	23
6	其他 6 種		21
	合　　計		538

　　本羣落受到的人為破壞頗為嚴重，從樣帶分析可以看到無論喬木、灌木及草本的種類及數量都不算多，因為目前林場方面仍把林下開放，讓農民砍柴，在許多地方林下已一掃而光，這對於森林的更新和發展將起一定程度的障碍。本羣落裡面原有散生的擬杪欏，卽在樣地之內也有枯死了的樹蕨，可見人工的破壞對於小地區自然條件的改變所引起的嚴重後果。

　　藜蒴雖然還很年輕，但前途幷不樂觀，大多數的樹有一種寄生的病害，使藜蒴的枝幹發生瘤狀結節，幷且惡化而腐爛，將嚴重影响藜蒴的發育。假使病害繼續惡化下去，很可能使羣落成份發生重大的變化。

3. **糙葉樹＋大沙葉＋小盤木群落** Gironniera subaequalis＋Aporosa chinensis ＋Microdesmis casearifolia Associatio.

分佈於慶雲寺前面，伸延至飛水潭附近一帶，海拔 40—120 米之間，下接水榕十蒲桃羣落。坡度頗大約爲 60°，多岩石露頭，土層深度約 40—50 厘米左右，含大量腐植質，pH5，土壤水分充足。因構成上層天蓋的大樹較多，形成鬱閉環境，植物種類繁雜。

根據樣帶法來分析的結果（表10），糙葉樹、大沙葉和小盤木等佔優勢，在三至

表10. 本羣落樣帶中喬木分佈表

序號	種類	學名	株數					
			1級	2級	3級	4級	5級	合計
1	糙葉樹	*Gironniera subaequalis*	1	1	2	2	1	7
2	小盤木	*Microdesmis casearifolia*	3	2	0	2	0	7
3	大沙葉	*Aporosa chinensis*	14	7	1	1	0	23
4	假蘋婆	*Sterculia lanceolata*	0	2	0	0	1	3
5	白欖	*Canarium album*	0	3	0	0	1	4
6	鷲兜樹	*Sarcosperma laurinum*	16	14	0	0	0	30
7	生虫樹	*Cryptocarya concinna*	6	8	0	0	0	14
8	其他11種		20	25	2	0	3	50
	合計		60	62	5	6	5	138

五級立木共16株中有9株，佔56.3%。幼苗數目衆多，中以鷲兜樹、大沙葉、生虫樹數目最大。此外尚有白欖、假蘋婆、魚尾葵、紅車、白車、雲南大沙葉、福氏紅豆和蒲桃等。本羣落中尚有 2—3 株高大椎樹散生。

灌木層在樣帶中共有14種（表11），以五角杜莖山、梨仔、牛栓藤、陳氏釣樟和黄

表11. 本羣落樣帶中灌木及藤本分佈表

序號	中名	學名	株數
1	刺果藤	*Buettneria aspera*	69
2	陳氏釣樟	*Lindera chunii*	23
3	五角杜莖山	*Ardisia quinquegona*	18
4	錫葉藤	*Tetracera scandens*	13
5	牛栓藤	*Rourea milletti*	8
6	九節	*Psychotria rubra*	6
7	梨仔	*Pyrularia edulis*	6
8	包氏豆	*Bowringia callicarpa*	5
9	水楊梅	*Adina pilulifera*	13
10	其他12種		17
	合計		207

藤最多。其中陳氏鈎樟和黃藤為大灌木，陳氏鈎樟大者達四級，構成灌木的第一層。

藤本在樣帶中共有7種，中以刺果藤數目最多，有69株，佔33.3%。其他種類有錫葉藤，小石蒲藤，白背瓜馥木，獅子尾等亦相當普遍。這些藤本攀緣大樹上和一些附生植物如瓜子金藤、福氏星蕨在一起。

草本層種類共9種188株（表12），以蕨類植物佔優勢，有7種171株佔89.5%。其中海南實蕨和汝蕨最多。

表12. 本羣落樣帶中草本分佈表

序號	中 名	學 名	株 數
1	海南實蕨	Bolbitis subcordata	84
2	汝 蕨	Rumohra chinensis	62
3	黑莎草	Gahnia tristis	15
4	甘草蕨	Pteris semipinnata	13
5	長葉海金砂	Lygodium flexuosum	4
6	鐵綫草	Adiantum flabellulatum	3
7	鯨口蕨	Cibotium barometz	3
8	岩鳳尾蕨	Pteris deltodon	3
9	山 羗	Languas sinica	1
	合 計		188

本羣落所在的環境有它的特殊的條件，因位置於山麓地區，日照時間短，相對濕度比較大，土壤水份較充足，腐植質的淋溶層較深，地表的死地被物堆積較厚，喬木種類亦比較複雜，除了樣帶內的種類之外還有海紅豆（Adenanthera pavonia）、山荔枝、龍眼、布渣葉（Microcos paniculata）、山竹子（Garcinia multiflora）、細葉麵包樹（Artocarpus bicolor）、焉氏榕（Ficus championi）、榕樹等，樹幹屈曲，樹冠很寬濶，只有少數種類如白欖和木棉，才具挺直樹幹，因此分層不大顯著。附生植物藤本植物和蕨類植物衆多。故本羣落的景觀最具多樣性，能充份反映亞熱帶常綠林的一切特徵。

4. 魚尾葵羣落 Caryota ochlandra Associatio

分佈於慶雲寺左側至半山亭旁的山溪附近一帶，面積不大，海拔高度在30-150米，下與水榕+蒲桃羣落相接，它的上部是生虫樹+椎樹+銅鑼桂+柯樹羣落。

土壤為砂質壤土，深度不均勻，12-37厘米，表土5-10厘米，pH4.5-4.8。落葉層僅1厘米，岩石露頭很普遍，上層天蓋鬱閉，加上地勢低，有山澗通過，土

壤潮濕，構成適合魚尾葵生長和繁殖的天然環境。根據樣帶所得的結果分析 表13），

表13. 本羣落樣帶中喬木分佈表

序號	種類	學名	株數					
			一級	二級	三級	四級	五級	合計
1	魚尾葵	Caryota ochlandra	52	0	1	3	4	60
2	蔦氏榕	Ficus championi	9	1	0	0	1	11
3	假蘋婆	Sterculia lanceolata	0	17	0	0	0	17
4	糙葉樹	Gironniera subaequalis	0	4	1	0	0	5
5	大葉逼迫子	Bridelia balansae	2	4	0	0	0	6
6	鵞兜樹	Sarcosperma laurinum	0	12	0	0	0	12
7	生虫樹	Cryptocarya concinna	18	4	0	0	0	22
8	紅車	Syzygium rehderianum	12	5	0	0	0	17
9	其他15種		38	24	1	1	1	65
	合計		131	71	3	4	6	215

喬木共有23種206株。在三至五級立木共13株中有魚尾葵8株，佔61％；其中五級的佔4株，四級的3株。成爲構成林下陰暗的重要因素，使其幼苗獲得繁殖和生長的條件，樣帶內苗木202株，魚尾葵有52株，佔39％，生長情況亦異常茂盛。尚有蔦氏榕、假蘋婆、糙葉樹、大葉逼迫子、鵞兜樹、山荔枝、紅車、木棉、鴨腳木、紅皮紫陵、小盤木等混生。從立木和苗木情況來看，魚尾葵是佔絕對優勢。

灌木在樣帶內共25種（表14），以五角杜莖山最多。藤本種類亦相當多，樣帶內共有8種，中以剌果藤最多，其次爲錫葉藤、蔓胡椒和小石蒲藤等最多。

表14. 本羣落樣帶中灌木和藤本分佈表

序號	中名	學名	株數
1	剌果籐	Buettneria aspera	114
2	五角杜莖山	Ardisia quinquegona	84
3	錫葉籐	Tetracera scandens	35
4	小石蒲籐	Pothos repens	35
5	蔓胡椒	Piper sarmentosum	21
6	清風籐	Sabia limoniacea	14
7	無花果籐	Ficus ramentacea	13
8	獅子尾	Rhaphidophora hongkongensis	11
9	包氏豆	Bowringia callicarpa	11
10	九節	Psychotria rubra	8
11	其他14種		79
	合計		425

草本在樣帶內有 16 種 321 株（表 15），以仙茅、劍蕨和樓梯草最多，仙茅有 101 株佔 36.5%，劍蕨 71 株，佔 25.7%。

表 15. 本羣落樣帶中草本分佈表

序號	中名	學名	株數
1	仙茅	*Curculigo capitulata*	101
2	劍蕨	*Loxogramme salicifolia*	71
3	樓梯草	*Elatostema griffianum*	45
4	犁頭草	*Typhonium divaricatum*	24
5	淡竹葉	*Lophatherum gracile*	12
6	水龍骨	*Polypodium fortunei*	9
7	狗脊	*Woodwardia Japonica*	8
8	其他 9 種		51
	合計		321

魚尾葵在鼎湖山的分佈，限於山谷陰濕的地區，在慶雲寺後山谷及寺前後的山谷都以絕對優勢出現，它能充分反映出當地的小地區的自然條件。這種魚尾葵究竟是鼎湖山原產，抑係外來種，一時尚無法決定。本種係英人 Hance ㊀ 在鼎湖山探得，它當時被認爲是鼎湖山的原產。1892 年英人畢格烈與小虎克 (Beccari and Hooker f.) 在印度植物誌提到本種 (*Caryota ochlandra*) 可能是分佈於緬甸及馬來亞的 *Caryota obtusa* Griff. 的異名。以後鄧恩及楊捷 Dunn & Tutcher 在廣東及香港植物誌裡提到本種是廣東西部栽培種。假如本種係外來種，並且已在鼎湖山的自然條件下馴化下來，更取得了優勢，則充分反映出本種的生物區系分佈區域因遇到了更有利的生態分佈區域，而大大擴展起來。因此搞清楚魚尾葵的原產地問題，將對於今後引種外來種時有所參攷。

本羣落已發展到成熟階段，但並不表現衰退的現象，它的幼苗的數目衆多，說明它的前途還是極有利的。它的木材極堅硬，可製扁担及筷子，特別是作爲觀賞植物，足以增長庭園的景觀。

5. 水榕＋蒲桃群落 Cleistocalyx operculatus + Syzygium jambos Associatio

分佈於飛水潭至西江農校沿山溪兩岸低濕地方，水榕和蒲桃佔絕對優勢，因溪水沖刷，土溶深度僅 30 厘米，表土層 3 厘米，pH 5.5，兩岸堆積着砂岩的碎片和

㊀ Hance, H. F.: On A New Chinese Caryota in Journ. Bot. 30: 175, 1879.

石塊，枯枝落葉層僅 0.5 厘米。由於土壤淺，石塊多，水榕與蒲桃的根系成鬚狀分枝深入石塊間，或隨溪水飄流於清水中，明晰可見。

根據樣帶分析結果（表16），喬木層種類共 24 種 299 株。三至五級立木共 14 株，水榕與蒲桃有 8 株，佔 57%。在苗木 285 株中，它們有 97 株佔 34%。說明了不論在立木或苗木均佔絕對優勢。蓋因溪旁土壤濕潤，適於它們發展之故。其他種類尚有山竹子、大沙葉、魚尾葵、鴨腳木、白車、椎樹、假蘋婆等混生。天蓋並非很鬱閉，故有桐樹和椎樹等陽性樹幼苗生長。

表16. 本羣落樣帶中喬木分佈表

序號	中　名	學　　名	株　　　　數					
			一級	二級	三級	四級	五級	合計
1	蒲　桃	Syzygium jambos	34	61	0	2	0	97
2	水　榕	Cleistocalyx operculatus	1	1	0	5	1	8
3	山竹子	Garcinia multiflora	0	24	0	1	0	25
4	大沙葉	Aporosa chinensis	10	18	1	0	0	29
5	魚尾葵	Caryota ochlandra	6	7	0	1	0	14
6	鴨腳木	Schefflera octophylla	0	12	0	1	0	13
7	桐　樹	Schima superba	5	18	0	0	0	23
8	椎　樹	Castanopsis chinensis	7	17	0	0	0	24
9	其他16種		12	52	1	1	0	66
	合　計		75	210	2	11	1	299

灌木層種類繁多，共 46 種 519 株（表17）。以五角杜莖山為優勢種有 175 株，佔 33%。其次為錫葉藤、九節、梨子和酒餅葉等。應當指出在此羣落中有水楊梅、梔子、和蛇根等生長於水邊的植物。

表17. 本羣落樣帶中灌木和籐本分佈表

序號	中　名	學　　名	株　數
1	五角杜莖山	Ardisia quinquegona	173
2	錫葉藤	Tetracera scandens	47
3	梨　子	Pyrularia edulis	38
4	九　節	Psychotria rubra	34
5	油　錐	Uvaria microcarpa	26
6	酒餅葉	Desmos cochinchinensis	19
7	蔓九節	Psychotria serpens	18
8	瓜子金籐	Dischidia chinensis	17

序號	中　　名	學　　　　名	株　數
9	刺果藤	Buettneria aspera	10
10	水楊梅	Adina pilulifera	10
11	黃藤	Daemonorops margaritae	8
12	蛇根	Ophiorrhiza cantoniensis	6
13	華栒	Eurya chinensis	6
14	梔子	Gardenia jasminoides	3
15	其他31種		108
	合　　計		519

草本在樣帶內共有13種（表18），以黑莎草，淡竹葉和鐵線草等數目最多，其次尚有光葉金粟蘭，耳草和鳳了蕨等。

表18. 本羣落樣帶中草本分佈表

序號	中　　名	學　　　　名	株　數
1	黑莎草	Gahnia tristis	26
2	淡竹葉	Lophatherum gracile	24
3	鐵線草	Adiantum flabellulatum	15
4	光葉金粟蘭	Chloranthus glaber	8
5	耳草	Oldenlendia auricularia	6
6	鳳了蕨	Coniogramme sp	6
7	露兜樹	Pandanus tectoris	5
8	海南實蕨	Bolbitis subcordata	4
9	其他5種		17
	合　　計		111

本羣落的環境條件，適合蒲桃和水榕的生長，從苗木和立木的分配情況，可以說是相對的穩定，其他樹種中，尚未發現有代替蒲桃和水榕的種類。但蒲桃和水榕也因其要求比較潮濕的環境或近水邊的環境，這樣對他們發展也就有一定的局限性，只能佔據在山溪的兩旁而已。

6. 擬桫欏羣落 Gymnosphaera Podophylla Associatio

主要分佈三寶峯北坡，從仰天羅到鬼坑一帶的山谷中，海拔由150—220米，土層深厚，達80—100厘米，腐植土厚8厘米，pH5.5，死地被物厚1厘米，天蓋疏落，但因位於北坡，日照時間較短，故土壤的濕度仍然很大。

根據樣帶分析結果，在100平方米的面積中有擬桫欏55株，主幹高度都在1—2米，胸徑10—15厘米，少數是幼苗，可見它的密度很大。本羣落曾遭嚴重的破壞，一切喬木差不多已被砍光，只乘下"不成材"的擬桫欏。在天蓋完全被揭去的條件下，擬桫欏的生長仍然很茂盛，並且能由胞子萌發而成幼苗。在蔭蔽條件已改變，而這喜陰的種類，仍然很順利地發展下去，可能是和北坡的日照時間短，強度小，引起大氣溫度較低，土壤濕度較大，有一定的聯繫。

與擬桫欏伴生的尚有椎樹，生虫樹及銅鑼桂等。樣帶內外均有一些四級的椎樹，至於第五級的立木則極罕見。其餘喬木種類都是一、二級的幼苗，就中以生虫樹的幼苗最多，在全部 367 株喬木中有 183 株，佔總數的 50%。其次是銅鑼桂，新木薑子及麥氏鈎樟等，它們都是一些耐陰力較強的種類。

灌木以五角杜莖山，九節和柳葉通心花爲最多，草本以過壇龍、芒其、黑莎草最佔優勢。

此羣落在目前雖以擬桫欏佔優勢，封山之後，生虫樹及椎樹必然繼續發展起來，以後喬木層可能由它們佔優勢。至於擬桫欏的前途，按其生長密度，和它所要求的蔭蔽條件來看，不管上層天蓋是否改變仍將不影响它的發展和存在，並且很可能天蓋愈密，將更有利於它的發展。

7. 馬尾松＋桐樹＋椎樹群落 Pinus massoniana＋Schima superba＋Castanopsis chinensis Associatio

分佈於自然林邊緣，鬼坑一帶，慶雲寺的右側林緣延至百丈嶺，袈裟田及青龍山西南坡一帶，海拔高度在 30—300 米。土壤爲砂質壤土，土層深度不均勻，在 20—50 厘米左右，黃土層 17—33 厘米。鬼坑一帶的腐植土厚達 3—4 厘米，pH 5—5.5，死地被物厚 1 厘米，常見有岩石露頭，植物覆蓋度並非很密，林下仍能投射到大量的陽光。

植物種類比較單純，喬木層由馬尾松、桐樹和椎樹構成，中以馬尾松最優勢。從 8 個 (5×5) 的樣方中得到的結果見表 19 所示，我們可以看到馬尾松不論在數量、覆蓋度和頻度均爲最多。其次是桐樹和椎樹，構成上層天蓋，總蓋度約爲 60—80%，羣落外貌爲濶葉樹與針葉樹混交的景象，在百丈嶺一帶且有藜蒴出現。

灌木層種類共有22種中，據樣方分析（表20），其中崗稔生長良好，高可達 2 米，成爲羣落中灌木層的優勢種。其次三叉虎、崗松、常綠莢迷、厚葉硃砂根和圓葉木薑子等。

草本以芒其爲主，石松和黑莎草次之，生長一般良好。

表19. 本羣落樣方內主要喬木種類分佈表

中名	學名	株數	覆蓋多度	聚生多度	高度（米） 最高	高度（米） 最低	高度（米） 一般	物候	頻度	茂盛度
馬尾松	*Pinus massoniana*	26	25%	cop^3	10.5	5.0	6.9	結果	100%	III
櫧樹	*Schima superba*	17	20%	cop$_2$	7.6	0.3	4.7	長葉	75%	III
椎樹	*Castanopsis chinensis*	7	5%	sp^3	7	3.2	4.2	長葉	62%	III
藜蒴	*Castanopsis fissa*	7	3%	sp^3	2	0.5	1.3	長葉	25%	II
其他4種		4	2.5%	un⊖	2	0.5	1.0		12%	II

表20. 本羣落樣方內主要灌木分佈表

中名	學名	株數	覆蓋多度	聚生多度	頻度	茂盛度
崗稔	*Rhodomyrtus tomentosa*	126	20%	cop^3	100%	III
三叉虎	*Evodia lepta*	57	2%	cop^1	50%	II
崗松	*Baeckia frutescens*	50	3%	cop^1	50%	III
常綠莢蒾	*Viburnum sempervirens*	14	4%	sol	12%	II

本羣落是自然林與人造林相銜接的地帶，所以濶葉樹與馬尾松相混而生，形成了一種過渡性羣落。由於過去人工破壞很嚴重，羣落的覆蓋度小，無論喬木、灌木和草本均爲陽性的植物。自然林與人造林相互滲透的結果，必然使一方向另一方發展。據我們觀察最後濶葉樹將戰勝馬尾松，則自然林將逐漸向外擴大，而本羣落亦必逐漸向外圍推進，所以本羣落就不是一個很穩定的羣落。

8. 馬尾松——蘇鐵蕨群落 Pinus massoniana-Brainia insignis Associatio

分佈於百丈嶺上西南坡，海拔160米，三寶峯東南坡海拔150米處及老鼎湖右側山坡一帶，排水容易，土壤濕度不大。

土壤爲砂質壤土，顏色呈栗黑色，深度約45厘米，表土12厘米，帶有腐植土，pH4.5，底土呈黃栗色，深30厘米，雜有小砂礫，落葉層約2—3厘米，常有砂岩露頭，有些地方山坡的傾斜度很大。

植物主要以人造的馬尾松和野生的蘇鐵蕨爲主，可根據5×5米樣方得的結果（表21）馬尾松構成上層天蓋，覆蓋度80%，高度可達4.5—9米，胸徑5—18厘米，爲本羣落中唯一的喬木樹種，已經發展成爲純林。蘇鐵蕨爲第二層的優勢植物，覆蓋度有80%。生長非常茂盛，（照片4），不論在數量和分佈普遍性均形成獨

⊖ un——植物在樣區內只有一株

立的羣落。其他灌木種類有崗稔、三叉虎等散生於其間。

表 21. 本羣落樣方內優勢植物的分佈表

中 名	學 名	覆蓋多度	聚生多度	高度（米）			物候	茂盛度
				最高	最低	一般		
馬尾松	*Pinus massoniana*	80%	cop³	9.0	4.5	6.0	長葉	II
蘇鐵蕨	*Brainia insignis*	80%	cop³	0.8	0.5	0.6	長胞子	III

草本以芒其爲最多，覆蓋度有些地方達 50—60%，但它們經常受人工的刈割，高度僅 30—50 厘米，破壞嚴重的地方成爲禿淨。其他草本有烏毛蕨，金茅草（*Eulalia sp.*）和山蘭。

本羣落的特點是天蓋疏，環境比較乾燥，土層淺多岩石露頭，馬尾松發育不很良好，羣落中的植物均爲一些陽性樹種，蘇鐵蕨在形態構造上也表現可以適應比較乾燥和陽光強的環境，在三寶峯的山頂的自然林下亦有其踪跡，但數量不多，反之在陽光充足，天蓋已破壞的荒山或人造林之下蘇鐵蕨的生長良好。可能是在森林破壞以後，蘇鐵蕨才強烈地發展起來。

9. 馬尾松—崗稔＋崗松—芒其群落 Pinus massoniana—Rhodomyrtus tomentosa＋Baeckia frutescens—Dicranopteris linearis Associatio

分佈地區較廣，有（1）三寶峯西北面三個山坡，海拔 250—400 米，上接山頂草地，下至慶雲寺往老鼎湖的路邊，右至三寶峯側另一山坡，左接桉樹林，坡度 36°。（2）青龍山南坡，前臨飛水潭，西爲白馬山，南望二寶峯，東南接百丈嶺，海拔高度 300 米左右，坡度不一，爲 45°—70°。（3）百丈嶺的西南坡，坡下爲裂娑田，面對慶雲寺，海拔 100—230 米，坡度爲 40° 左右。

土壤爲砂質壤土，深度不一致，在（1）（2）區較好，達 75—100 厘米，（3）區較淺，僅 30—40 厘米，表土 4—15 厘米，深者有 20 厘米，顏色爲灰褐色，pH4.5，底土層呈黃色，深淺按土層深度而異，pH5，混有砂礫，常見岩石露頭，主要決定於人工破壞和冲刷程度不同，有很大的區別。

植物以馬尾松、崗稔、崗松和芒其佔優勢。根據 10×10 樣方 1 個，5×5 樣方 16 個，所得的結果如表 22 所示，喬木層以人造的馬尾松爲主，其高度和覆蓋度視其栽培年齡長短而定。分佈於（1）區一帶的栽培僅爲四年，高度 1.2—1.5 米之間，成活率達 95% 以上，目前覆蓋度 50% 左右，生長很苗壯，顏色青綠，有發展成林的趨向。(2)、(3) 區栽培年齡在 20 年左右，一般高度在 5 米，最高達 10 米，最低 2.8 米，覆蓋度不一致，約 40-80%，生長情況良好，但比不上 (1) 區，這可能與解放前人工破壞有很大的關係。在第一區裡除了有幾株較大的馬尾松和柯樹之外，其他的種類是不常見的。(2)、(3) 區中散生有柯樹、紅皮紫陵、鴨脚木、柿樹、黎葫、大沙葉、楓香 (*Liguidambar formosana*)、楨楠 (*Machilus thunbergii*)、山烏桕 (*Sapium discolor*) 紅車等。這些種類一般為陽性植物，因為人工的保護較周密，馬尾松天蓋不密，使其他幼苗獲得發展的緣故。

表 22. 本羣落樣方內優勢植物分佈表

中名	學名	覆蓋多度	聚生多度	高度(米)			物候	茂盛度
				最高	最低	一般		
馬尾松	*Pinus massoniana*	40-80%	cop³	10.0	1.2	1.5-5	長葉	III
崗稔	*Rhodomyrtus tomentosa*	50%	cop²	2.0	1.5	1.5	結果	III
崗松	*Baeckia frutescens*	30%	cop¹	1.5	1.0	1.2	開花	II
芒萁	*Dicranopteris linearis*	80%	cop³	1.0	0.8	0.8	長葉	III

灌木以崗稔和崗松佔優勢，崗稔覆蓋度有些地方達 50%，高度 1.5-2 米，生長良好，普遍地分佈於整個羣落。崗松覆蓋度有 30%，高度 1-1.5 米，分佈不像崗稔那樣普遍，接近於山頂部份最為繁茂，以(1)與(3)區比較多。其他灌木有三叉虎、圓葉木薑子 (*Litsea rotundifolia* var. *oblongifolia*) 地稔 (*Melastoma dodecandrum*)、毛稔 (*Melastoma sanguineum*)、裂托懸鈎子 (*Rubus fimbriiferus*)、白紙扇、粗毛榕 (*Ficus hirta*)、紅花山丹 (*Ixora chinensis*)、野桐 (*Mallotus apelta*)、黑面神 (*Breynia fruticosa*)、九節、酒餅葉、森氏山黃麻 (*Trema sampsoni*)、崗柃 (*Eurya groffii*)、木薑子、硃砂根、狄氏鷄血藤、直脈榕 (*Ficus rectinervia*)、華柃 (*Eurya chinensis*)、紅背葉 (*Alchornea trewioides*)、假青梅 (*Ilex asprella*)、白花懸鈎子 (*Rubus leucanthus*)、台灣榕 (*Ficus formosana*)、了哥王 (*Wikstroemia indica*)、山芝麻 (*Helicteres angustifolia*)、黃毛榕 (*Ficus fulva*)、菝葜 (*Smilax china*)、蔓九節、酸藤子 (*Embelia laeta*) 等，中以三叉虎比較普遍分佈於(2)(3)區。其他種類比較稀疏而矮小。

草本以芒萁佔絕對優勢，覆蓋度 70-80%，高度在 1-1.5 米，生長茂盛，廣泛分佈於整個羣落，不論在羣落外貌，數量和覆蓋度來看，均非常明顯。其次尚有金茅草普遍分佈，以(1)區一帶較多，但蓋度和茂盛度則顯得較差。其餘草本種類以蕨類植物最多，一般生長於崗稔、崗松和芒萁之下，計有石松、岩鳳尾蕨、汝蕨、鐵線草、山蘭、海金砂、大棕葉蘆 (*Thysanolaena maxima*)、**無根藤** (*Cassytha filiformis*)、和黑沙草等。

本羣落是經人工破壞後的荒山的自然植被發展到比較老的階段。也就是說在荒地植被的發展過程，它可能是由草地經過芒萁羣落再進入灌木生長階段。在過去人爲不斷破壞的影响下，這一羣落顯然是由於造了林而受到比較周密的保護，放火燒山的現象，在這羣落裡是不常見的。

本羣落的另一特點，凡是山谷低濕的地方，種類比較繁複，小喬木與其他灌木及籐本形成了鬱閉的灌叢，充分反映出小區的自然條件，在馬尾松中造成一種特殊的景色。

10. 馬尾松—崗松—芒萁＋金茅草群落 Pinus massoniana—Baeckia frutescens—Dicranopteris linearis+Eulalia sp. Associatio.

分佈於 (1) 石仔嶺東南坡及白雲山東坑一帶，延長至白雲寺右側北坡，東爲青龍山，南對五棵松，東北接白馬山，可遙望鷄籠山，海拔 300 米左右。(2) 百丈嶺的北端西南坡。坡度大小不一，以石仔嶺一帶坡度較大，約爲 50°，最大可達 73°，百丈嶺則較爲平坦在 35°左右，形成大起伏。

土壤爲黃褐色灰壤土，土層厚度不一，厚者可達 100 厘米，淺者僅 20 厘米，一般爲 50 厘米，表土爲 5—8 厘米，黑褐色，pH4.5，底土呈黃色，pH5，常雜有砂礫，結構較差，濕度尚大，死地被物一般爲 1 厘米，常見有人工破壞的痕跡，如火燒、割草等。

植物種類比較單純，以馬尾松、崗松、芒萁、金茅草爲主，不論在數量、蓋度、茂盛度等均佔優勢。根據樣方分析結果（表 23），喬木層以馬尾松爲主。除百丈嶺北端西南坡已栽種有 20 年左右，覆蓋度 50%，高達 6—9 米，可明顯地分出層別

表23. 本羣落樣方內優勢植物分佈表

中　名	學　　名	覆蓋多度	聚生多度	高度（米） 最高	最低	一般	物候	茂盛度
馬尾松	*Pinus massoniana*	20—50%	cop^1	1.4	0.5	1.0	長葉	III
崗　松	*Baeckia frutescens*	22—30%	cop^1	1.0	0.4	0.7	開花	III
芒　萁	*Dicranopteris linearis*	75—80%	cop^3	1.1	0.2	0.7	長葉	III
金茅草	*Eulalia sp.*	20%	cop^1	1.1	0.3	0.6	長葉	III

外，其他僅栽培 2—3 年，最高有 1.4 米，最低僅 0.5 米，一般在 1 米左右。它的生長情況除個別地區如金茅草佔優勢的草地上，生長稍差外，其餘還算良好，成活率達 95% 以上，青綠茁壯。但因高度小，與崗松、芒萁和金茅草的高度相差不多，層別不明顯，或間有馬尾松突出，但仍不足以成天蓋。

芒萁在羣落中佔覆蓋度相當大，但分佈並非絕對均勻，在石仔嶺東南坡，則分佈較少，以金茅草爲主，佔 90% 的覆蓋度。至於其他植物種類，以灌木和草本爲主，喬木種類很少見。計灌木有崗稔、鬼燈籠 (Clerodendron fortunatum)、山稔、白紙扇、山芝蔴、毛稔等。草本種類有天香爐 (Osbeckia chinensis) 岩鳳尾蕨、鐵線草、海金砂、海南寶蕨、青松、全緣鳳尾蕨、汝蕨、地稔、龍頭蘭 (Habenaria linguella) 等。

從馬尾松的成活率情況看來，在石仔嶺東端北坡的生長較良好，因爲那裏土層較深厚，芒萁保持水份能力較大，且於北坡日照時間短，水分的蒸發較少，所以松樹生長較好。相反地在以崗松和金茅草爲主的南坡，由於土層淺，夾着砂礫，加上放火燒山比較嚴重，使土壤水份和養份流失，成活率大受影響，僅有 30% 左右。這說明造林時要特別注意水土保持和防止人工破壞的現象。

11. 大葉桉＋馬尾松－崗稔－芒萁群落 Eucalyptus robusta + Pinus massoniana — Rhodomyrtus tomentosa — Dicranopteris linearis Associatio

分佈地區有 (1) 百丈嶺南端，西南面對後龍山，海拔高度在 20—260 米之間，形成大起伏，坡度 35° 左右，亦有達 60°，坡向基本上爲南坡。(2) 由廻坑東南方成一帶狀，經米塔嶺和磨熨嶺的北坡，躍龍庵附近一帶至白雲寺東面山的東南坡，"牽絲過脈"到白雲寺一帶狹長的山谷兩側，面積較大，坡向按地形而異，坡度一般在 40°—50°，海拔高度在 30—200 米之間。

土壤爲砂質壤土，結構不算很好，深度不一，一般山頂較淺，僅 20—27 厘米，山腰 60 厘米左右，山腳較厚達 93—100 厘米。表土隨土壤厚度改變，4—12 厘米，棕黑色 pH5.—5.5，底土爲黃色粘土，常混有砂礫，死地被物不厚，多以芒萁的枯枝構成。

植物情況根據 10×10 米樣方 3 個，5×5 米樣方 17 個，所得的結果如表 24 所示，栽培的大葉桉爲天蓋的第一層。栽培已經在 20 年以上，最高達 20 米，胸徑 23 厘米，一般高度在 10 米左右。生長於山腳的樹幹挺直，枝葉茂盛，分枝少；山頂的則樹幹彎曲，背坡傾斜，枝葉稀疏，可能由於陽光的關係發生影響，但亦有因地

表24. 本羣落樣方內優勢植物分佈表

中名	學名	覆蓋多度	聚生多度	高度（米）最高	高度（米）最低	高度（米）一般	物候	茂盛度
大葉桉	Eucalyptus robusta	40—60%	cop²	20.0	4.0	10.0	開花	III
馬尾松	Pinus massoniana	30%	cop¹	8.0	4.0	6.0	長葉	II
崗稔	Rhodomyrtus tomentosa	35%	cop¹	1.5	0.5	0.8	結果	II
芒萁	Dicranopteris linearis	80%	cop³	1.0	0.2	0.5	長葉	III

形不同而有改變。在百丈嶺南端正南面前有一小山，阻擋東面投射來的陽光，山腳部份顯然由於陽光不足，在這裡生長的桉樹，樹幹都現得彎曲。反之，生長在山頂的則挺直。這說明大葉桉生長可能受地形起伏的影响。桉樹林中的馬尾松生長遲於大葉桉，它們有些是野生的，有些可能是桉樹死去後補種上去的，一般高度約6米，構成喬木第二層，因大部份為大葉桉所蓋，陽光缺乏，生長不及桉樹茂盛，但栽種在山頂部份的則生長情況似勝過大葉桉，因為馬尾松所要求的條件不像大葉桉那麼嚴格之故。其他喬木尚有千年桐 (Aleurites montana)，野漆樹 (Rhus succedanea)，鴨腳木、紅皮紫陵、桐樹、椎樹、白車、楨楠、紫楠 (Phoebe shearerii)、山烏桕等種類。

其次，在廸坑後山一帶，幷栽種了十餘畝的杉樹 (Cunninghamia lanceolata)。在躍龍庵一帶也有部分散生的。一般生長情況尚良好。

至於廸坑後山小面積栽種的小葉桉 (Eucalyptus tereticornis)，樹齡不一，最高達14.5米，胸徑13—27厘米，最近種植的高僅2—3米，所以覆蓋度不大，生長情況不很良好。

此外在"牽絲過脈"到白雲寺一帶的狹長山谷的桉樹林，有尖木薑子 (Litsea acutivena) 與它混生。尖木薑子高達5米，佔一定的面積，形成一小灌叢，雜有鴨腳木、白面神、格木等喬木種類。

灌木層以崗稔為最優勢，佔覆蓋度35%，生長良好，尤其是在土層深的地方顯得更茂盛。其次為崗松，在山腰上部有些地方佔優勢，但不普遍。在"牽絲過脈"到白雲寺的長谷，崗柃構成局部的優勢。其他灌木有山稔、三叉虎、九節、山丹、山芝蔴、白紙扇、粗毛蕨、常綠莢蒾、算盤子、黑面神、鐵冬青、黃牛木、圓葉木薑子、毛蕨、紅背葉、酒餅葉、野漆、油錐、酸籐子、鬼灯籠、竹、裂托懸鈎子、二列柃 (Eurya distichophylla)、翼核果 (Ventilago leiocarpa) 等。

草本層以芒萁為主，覆蓋度相當大，達 80% 以上，雖經人工刈割，但仍顯得茂盛。山頂部份常出現金茅草、鷓鴣草和崗松混生，以白雲寺的東南坡最顯著。低窪處常見有烏毛蕨生長，其他草本尚有全緣鳳尾蕨、岩鳳尾蕨、鐵線草、甘草蕨、黑莎草、大棕葉蘆、類蘆、石松、汝蕨、山蘭、海金砂、海南實蕨等種類。

這一羣落佔有廣大的面積，在上述地區 200 米以下的羣落都是本羣落分佈着，凡土壤和水條件良好，陽光充足的地方，桉樹的生長就長得很良好。在坡度大、地勢高或陽光較缺乏的地方，桉樹就長得很差，幹矮小而彎曲，分枝亦多。

馬尾松在較密蔭的桉樹下，生長得不好。在桉樹生長得比較疏落的地方，則生長很茂盛。因二者都是陽性樹，在造林時不能把這兩種樹同時種在一起。

灌木種類像崗稔和崗松，都是陽性種類，也是喜酸性土的種類，它們都能在芒萁地上很茂盛地繁殖下去，在這半自然植被裡，崗稔、崗松和芒萁好像構成了鏈條的環節，它們能同時很好地生長在一起，在這樣的羣落裡栽培馬尾松，在開始時由于馬尾松枝葉疏落，對當地環境不起主導作用，故改變環境條件及植被的作用也不大，等到馬尾松長大起來之後，蔭閉度增大，那時才有可能逐漸地影响到環境條件及植被的改變。至於大葉桉的蔭蔽度大，所以當在這些羣落裡栽培桉樹，結果可以看到林下灌木及草本的陽性種類逐漸被陰性種類所代替。

12. 崗稔＋崗松－芒萁羣落 Rhodomyrtus tomentosa＋Baeckia frutescens－Dicranopteris linearis Associatio

分佈地區有 (1) 百丈嶺西山東南坡，東南臨百丈嶺主峯，西北背青龍山，坡向為東偏南 30°，海拔約為 130 米，坡度不一，山腰處較陡達 60°。(2) 白馬山北端西坡與五棵松相接，面對三寶峯，西北與鷄籠山相接，海坡 320－380 米，坡度 30° 左右。(3) 二寶峯西山北坡，東為三寶峯，面對石仔嶺，南至龍潭，西望老鼎，海拔 280－400 米，坡度為 30°。上述三區均為大起伏地形。

土壤為砂質壤土，一般深度在 50 厘米左右，亦有達 100 厘米以上，中以 (1) 區為最佳，表上為黑褐色，有 5－9 厘米深，pH4－5，底土為黃色，深度視土層厚薄而異，常混有砂礫，岩石露頭多，尤以 (3) 區為甚。

因地方比較分散，範圍較廣，植物生長情況和種類分佈並非完全一致。根據一個 5×5 米樣方和 16 個 2×2 米樣方分析結果如表 25。

喬木種類不多，僅有馬尾松、杉、紅皮紫陵等散生於羣落中。

灌木以崗稔和崗松為主，但其分佈情況並非均勻。崗稔以 (2) 區最佳，覆蓋度

表 25. 本羣落樣方內優勢植物分佈表

中 名	學 名	覆蓋多度	聚生多度	高度（米）			物候	茂盛度
				最高	最低	一般		
崗稔	*Rhodomyrtus tomentosa*	39%	cop¹	2.0	0.1	0.8	結果	III
崗松	*Baeckia frutescens*	31%	cop¹	1.7	0.2	0.7	開花	III
芒萁	*Dicranopteris linearis*	80%	cop³	1.2	0.4	0.5	長葉	III

達 70%；(3)區次之，達 40%；(1)區最少，僅 2%。崗松以 (1)(2) 區生長最好，覆蓋度約爲 40%。總的來說，崗松和崗稔佔的覆蓋度約爲 60%，山脚以崗稔爲多，山頂則以崗松佔優勢，這是一般的規律。至於其他灌木種類尚有：山稔、酸藤子、黑面神、三叉虎、牛栓藤、小葉花椒（*Zanthoxylum avicennae*）、和常綠莢迷等。

草本以芒萁爲最優勢，覆蓋度有些地方達 80—90%，普遍分佈着，在 (3) 區較少，僅 50%，一般生長良好，雖常經人工破壞，但仍顯得繁茂。其他草本有鐵線草、金茅草、石松、烏毛蕨、海南實蕨、大棕葉蘆、岩鳳尾蕨等。

此外在 (2) 區中，在山谷處爲大棕葉蘆佔優勢，形成一個高草的地區。

本羣落是沒有進行造林的荒山植被。在人爲干涉不大嚴重的情況下，發展到比較成熟的階段；它可能是由崗松—芒萁十金茅草羣落進一步發展所形成。凡是芒萁與崗稔生長良好的地區，土質是比較良好，死地被物的覆蓋層較厚，崗松在這裏的生長也比較稀疏，這些地區是好的宜林地。凡崗松生長比較多的地區，土質一般較差，土層薄，多砂礫，表土已被冲刷而流失，土壤顯得比較乾燥，對于造林的結果，可能要差一些。

13. **崗松—芒萁十金茅草羣落** *Baeckia frutescens* — *Dicranopteris linearis* + *Eulalia* sp. Associatio

分佈地區有(1)鼎湖山西端，接三寶峯頂，南面遙望後龍山，米塔嶺和磨熨嶺，西北對石仔嶺，海拔 320—420 米，坡度一般 30—50°，北坡較平坦，南坡較陡有達 70°。(2)位於鬼坑到'牽絲過脈'的路旁北面，與五棵松相對，包括四個山頭，海拔 240—300 米，坡度約32°。(3)白雲寺的右後側至東坑一帶，東北接石仔嶺，西南至老鼎的路旁。

土壤深度按地區不同，深者可達 130 厘米，表土 15 厘米，pH4.5，底土爲黃褐色風化不完全的砂土，雜有許多砂礫，pH4.5—5，死地被物不超過 1 厘米，土壤濕度以（2）區為最好，有些地方的植物因破壞而受到影响，常發現有人工刈割的痕跡。

植物主要是崗松、芒萁和金茅草，分佈不均勻，按地區而異。根據樣方所得結果如表26。

表26. 本羣落樣方內優勢植物情況表

中 名	學 名	覆蓋多度	聚生多度	高度（米） 最高	最低	一般	物候	茂盛度
崗 松	*Baeckia frutescens*	25—45%	cop^2	1.5	0.15	0.5	開花	III
芒 萁	*Dicranopteris linearis*	20—55%	cop^2	0.8	0.07	0.3	長葉	III
金茅草	*Eulalia sp.*	25—65%	cop^2	0.7	0.04	0.4	長葉	III

植物覆蓋度相差數目很大，便說明植物分佈極不均勻。芒萁多生長於比較低濕的地方，在山脚可佔覆蓋度 90%，以（3）區為最多。崗松和金茅草在（1）、（2）區佔很大的面積，可能因芒萁要求的生活條件比較高。在本羣落常有破壞，而金茅草的繁殖很快，故為先驅種類，芒萁可能隨着侵入而形成目前的情况。

植物層別在本羣落中是不明顯的，因三種優勢種高度差不多。至於喬木種類只有少數矮小的馬尾松稀疏地散生於羣落中，其次在（2）區曾栽種小面積的樟樹，海紅豆和台灣相思，已經有三年，但其高度僅 10—30 厘米，生長情况很壞，中以海紅豆更甚，樹苗主莖已枯死，偶有從根頸處再抽新芽的，死亡原因尚待研究。其他小喬木尚有白面神，山油柑等。

灌木種類不多，除崗松外尚稀生有崗稔、山芝蔴、鬼燈籠、毛稔等。

草本植物均為一些比草還要矮小的種，以蕨類植物最多，如烏毛蕨、鳳了蕨、海金砂、鐵線草、海南實蕨和石松等，稀疏地生長於優勢植物之間。

本羣落受着比較嚴重的人為破壞，在崗松盛生的地方，表土流失過甚，地面往往過於乾燥而呈龜裂狀，黃土層完全被暴露出來，這種土壤對於造林顯然不大有利，今後應加強防火及防止破壞的工作，讓地面的覆蓋層增厚，來改變土壤的性質。

五、植物羣落的演替

1. 自然林植物羣落的演替： 鼎湖山森林，最遲也在唐代中葉當老鼎湖開山建菴後，即因宗教影响受到保護而成長起來。到明朝崇禎年間，香火中心的老鼎湖移到慶雲寺以後，至今四百年間，按其規模看來，宗教的影響是逐步擴大，森林也必然受到更周密的保護。至于人爲的破壞可能是在辛亥革命前後才逐漸嚴重。據鼎湖山誌，慶雲寺建築之初，僧侶曾種植松栢四百餘株，但現在已找不到這種殘跡。惟現存的人面子、白欖、烏欖、荔枝、龍眼、韶子 (*Nephelium lappaceum*)、菩提 (*Ficus religiosa*)、木棉以及楊桃等則顯然是栽培的。其中以人面子的樹齡最大，胸圍逾18米以上（連板根突起），可能爲當年開山時栽培。至于現存的自然林則應屬於再生林，而擬桫欏羣落，則應該是原始林破壞後，殘存下來而經過長期人爲保護，隨着再生林的發展而蕃衍起來的。其中蘇鐵蕨是陽性植物常和馬尾松混生，或與芒萁混生，它並不因森林破壞而消失。

再生林過去的面目如何，一時很難考究。不過就目前情況來分析，現階段的森林，可能是由一個以藜蒴爲主的植物羣落，發展起來的。因爲在慶雲寺後的北坡，卽青龍頭後面飛水潭右方的荔枝車一帶，尙存在着一片經過更新的藜蒴林。而在山頂及前山袈裟田一帶仍然可以見到一定數量的散生的老藜蒴樹。而且據鼎湖林場胡維堅同志云及，荔枝車過去確曾有一個老藜蒴林存在過，因之這個推測是有可能的。

在漫長的400年的時間，由于人爲的破壞較嚴重，因此更新的狀況不大淸楚。現在試通過羣落結構圖解㊀ (Phytographia) 來分析一下自然林的現況，以說明現階段自然林狀況，以及各種優勢和主要種所佔的位置。如圖二所示是從自然林六個羣落中，25個樣帶所獲得到的資料裡，可以看到現階段的自然林以生虫樹發展得最好，它的基面總數雖比椎樹略小，但多度却比椎樹大得多。旣然多度大，基面就有逐漸增大的可能。而多度小的椎樹，目前的基面雖最大，但很快就會被生虫樹趕上。桐樹的情况和椎樹差不多，只是基面較小。銅鑼桂的基面雖趕不上桐樹，但它的多度和頻度都勝過桐樹。其他如紅皮紫陵、紅車、白車等就顯得更差了。

上面所舉的種類都是生虫樹＋椎＋銅鑼桂＋桐羣落的優勢種。至於在糙葉樹＋大沙葉＋小盤木羣落裡的優勢種，它們在整個自然林裡就顯得比重並不大。而其他的種類如藜蒴、水榕、蒲桃及魚尾葵等雖然也是各個羣落中的優勢種，但它們的地

㊀ 羣落結構圖解是以自然林各羣落的喬木多度、頻度、等級及基面的百分率爲根據的。其中多度是指各種喬木各級樹木的株數與 25 個樣帶中的各級喬木總株數的百分比；頻度是各種喬木在 25 個樣帶中所出現的頻率；等級是各種喬木在苗木及立木五個等級中所具有的級別率；基面是每一種喬木立木級的基面面積和 25 個樣帶中的總基面面積的百分比。

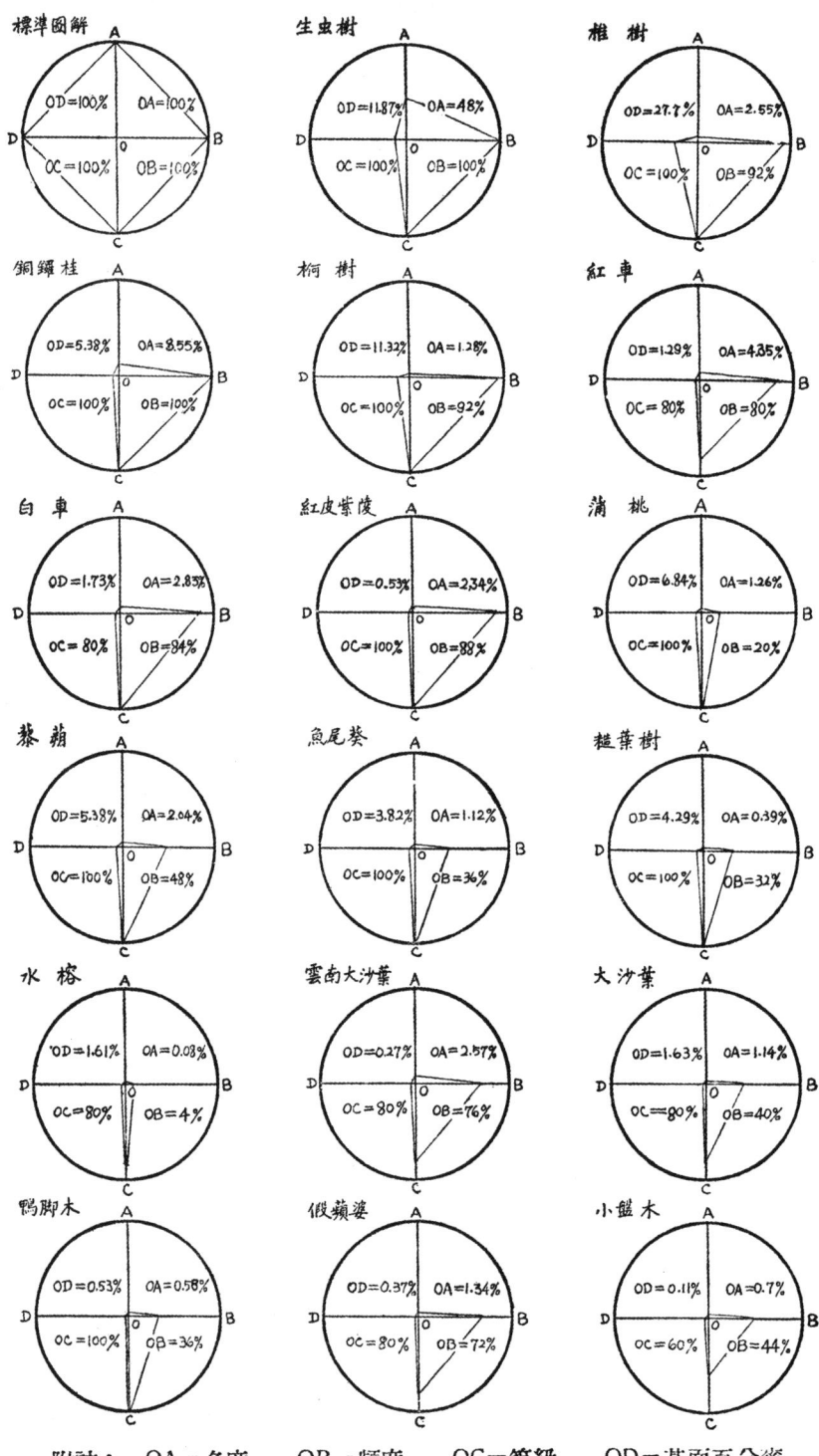

圖二　鼎湖山自然林主要喬木結構圖解

附註：　OA＝多度　　OB＝頻度　　OC＝等級　　OD＝基面百分率

位還比不上生虫樹+椎+銅鑼桂+桐羣落中的紅車、白車及紅皮紫陵等。

　　自然林繼續發展下去將會產生怎樣的後果呢！首先以最大的生虫樹+椎+銅鑼桂+桐羣落來看，前面已經指出本羣落的優勢種中，椎與桐是不耐陰的，它們只能作為先鋒樹種向林緣發展，而不能繼續在森林裡發展下去。同時也指出了本羣落發展的不平衡狀態，就是說椎樹與桐樹已達到成熟的階段，並開始走下坡。另一方面生虫樹與銅鑼桂的耐陰力強，在發展過程中，比椎樹與桐樹要年輕得多。它們多為三級與四級的立木，很少是五級的立木，這說明它們還處在向上發展中。而且從被砍伐過的生虫樹的基面來計算，基面直徑40厘米的五級大樹不過是40年左右。特別是無論在森林中間或森林邊緣，本羣落裡或其他羣落裡，生虫樹的幼苗都是普遍地而且大量地存在着。如表27（見挿表）所示在包括整個自然林所進行的25個樣帶的分析數字中，生虫樹的第一級幼苗有3077株、第二級的幼苗1917株，共4994株。佔了同面積64種喬木的五個等級的45.4%。而它們幼苗頻度都是100%。至于銅鑼桂在25個樣帶中有一、二級的幼苗808株，佔了總數的7.68%。這兩種優勢種的幼苗加起來，佔了全部森林各級喬木總數的53.6%。從這些數字中就可以看出，自然林再發展下去，椎樹與桐樹將日漸走向下坡。而生虫樹與銅鑼桂，則日益繁茂，它們很可能代替了椎樹與桐樹的位置，而成為絕對的優勢種。

　　至于椎樹與桐樹是否一蹶不振，完全從自然林裡消逝掉呢？這又未必盡然，椎、桐與紅皮紫陵等陽性樹種在自然林邊緣將繼續起着先鋒樹種的作用。在邊緣這些先鋒樹種很自然地與馬尾松混生，形成了人造林與自然林互相滲透的現象。其結果，椎、桐等將戰勝馬尾松，使自然林逐步向外擴展。過去的年代裡，這種可能性雖然是存在着，但因人工的不斷破壞，使這種可能性無法實現。解放後的封山育林政策將可能改變舊觀。而且實際上在濶葉林下并找不到松樹的幼苗，僅在松林之下尚可見到它自己的稀疏的幾株幼苗，而椎樹與桐樹的幼苗則無論在濶葉林及松林下都很多。如表28更清楚地顯示出椎樹、桐樹與紅皮紫陵的幼苗，大大地超過了馬尾松的數量。這是因為它們都是陽性樹，松林的天蓋較疏，故松林之下仍有足夠的陽光，可供椎樹、桐樹等的幼苗繼續發育，松樹在這裏并起不了主導的作用。反之，在椎樹及桐樹佔優勢的自然林邊緣之下，天蓋密，蔭蔽過甚，使馬尾松幼苗無法立足，結果必然是椎樹與桐樹等戰勝馬尾松並向馬尾松林方面發展過去，而不是馬尾松向自然林滲透過來。但儘管如此，椎樹與桐樹仍無法恢復當年的優勢，因為無論自然林的範圍怎樣廣大，它們都只能在邊緣取得優勢而已。在森林裏它們只能以五級的

表 27. 自然植被樣帶內喬木種類情況表

序號	中名	學名	一級 株數	一級 多度%	一級 頻度%	二級 株數	二級 多度%	二級 頻度%	三級 株數	三級 多度%	三級 頻度%	四級 株數	四級 多度%	四級 頻度%	五級 株數	五級 多度%	五級 頻度%	小計 株數	小計 多度%	小計 頻度%	基面積	比例%
1	生虫樹	Cryptocarya concinna	3077	27.7	100	1917	18.7	100	118	1.12	80	39	0.36	48	2	0.019	8	5153	48	100	20934.9	11.87
2	椎樹	Castanopsis chinensis	100	0.95	40	116	1.102	20	31	0.284	60	11	0.1045	44	11	0.1045	44	269	2.55	92	43220.7	27.708
3	鋼殼椎	Cryptocarya chinensis	362	3.32	96	446	4.017	100	80	0.76	68	12	0.114	33	2	0.019	8	902	8.55	100	9482.7	5.38
4	椆樹	Schima superba	32	0.289	40	81	0.769	64	8	0.076	32	9	0.085	20	6	0.057	20	136	1.28	92	19975.1	11.32
5	紅車	Syzygium rehderianum	342	2.279	88	226	2.147	100	9	0.085	24	2	0.019	8	0	0	0	479	4.35	100	2283	1.29
6	紫楠	Phoebe shearerii	97	0.92	72	135	2.23	76	7	0.067	16	0	0	0	0	0	0	239	2.25	92	223	
7	紅皮紫陵	Craibiodendron kwangtungense	85	0.807	52	144	1.34	88	11	0.1045	28	7	0.066	4	2	0.019	8	249	2.34	88	957.5	0.531
8	白車	Syzygium levinei	124	1.14	76	155	1.472	84	16	0.15	28	3	0.027	8	0	0	0	398	2.83	84	3048.1	1.73
9	雲南大砂葉	Aporosa yunnanensis	93	0.87	36	175	1.66	52	19	0.18	28	1	0.0095	4	0	0	0	288	2.73	76	468	0.265
10	假蘋婆	Sterculia lanceolata	41	0.37	40	101	0.96	56	1	0.0095	4	1	0.0095	4	0	0	0	144	1.346	72	652.6	0.37
11	鵝兜樹	Sarcosperma laurinum	45	0.407	36	59	0.56	52	6	0.057	8	0	0	0	0	0	0	110	1.045	64		
12	輪葉木薑子	Litsea verticillata	9	0.085	28	30	0.302	48	0	0	0	3	0.028	12	0	0	0	42	0.379	62		
13	大砂葉	Aporosa chinensis	51	0.476	36	60	0.57	52	8	0.076	20	1	0.0095	4	0	0	0	120	1.14	60	364	0.206
14	烏欖	Canarium pimela	16	0.152	36	43	0.387	52	3	0.027	12	0	0	0	0	0	0	62	0.589	56		
15	蕈菇	Castanopsis fissa	96	0.907	28	68	0.646	40	42	0.379	20	8	0.076	20	1	0.0095	4	215	2.04	56	9492.18	5.38
16	麥氏鈎樟	Lindera metcalfiana	21	0.199	24	64	0.606	44	9	0.085	16	3	0.027	12	0	0	0	97	0.916	52	196.04	0.111
17	細氏紅豆	Ormosia fordiana	29	0.27	24	56	0.53	40	6	0.057	16	0	0	0	1	0.0095	4	92	0.87	48	373.4	0.212
18	越南山龍眼	Helicia cochinchinensis	25	0.23	36	24	0.226	36	1	0.0095	4	0	0	0	0	0	0	50	0.0475	48		
19	山竹子	Garcinia multiflora	56	0.53	8	51	0.48	32	2	0.019	8	2	0.019	8	0	0	0	111	1.05	44	1974.15	1.12
20	小盤木	Microdesmis cascarifolia	21	0.1995	16	54	0.52	44	0	0	0	4	0.036	12	0	0	0	79	0.75	44	201	0.144
21	櫻葉石斑	Photinia prunifolia	38	0.35	20	16	0.15	24	0	0	0	0	0	0	0	0	0	54	0.52	44		
22	鳳凰楠	Machilus phoenix	11	0.104	32	46	0.417	32	2	0.019	4	0	0	0	0	0	0	59	0.56	40		
23	山油柑	Acronychia pedunculata	19	0.17	20	15	0.14	32	5	0.048	8	1	0.0095	4	1	0.0095	4	41	0.369	40	1194.1	0.677
24	新木薑子	Neolitsea pulchella	47	0.426	24	277	2.63	68	5	0.048	16	0	0	0	0	0	0	329	3.025	36	157.1	0.09
25	格木	Erythrophloeum fordii	12	0.114	28	51	0.48	32	1	0.0095	4	1	0.0095	4	0	0	0	65	0.61	35	5328	3.304
26	魚尾葵	Caryota ochlandra	84	0.796	28	24	0.226	20	4	0.0095	4	4	0.0095	4	5	0.047	8	118	1.121	35	6750	3.802
27	鴨腳木	Schefflera octophylla	19	0.18	12	35	0.322	20	4	0.036	16	3	0.027	12	0	0	0	62	0.589	32	944.2	0.535
28	宜昌楠	Machilus ichangensis	9	0.085	12	15	0.142	20	1	0.0095	4	0	0	0	0	0	0	25	0.237	32		
29	織葉樹	Gironniera subaequalis	14	0.131	16	16	0.152	28	9	0.085	24	4	0.036	12	1	0.0095	4	44	0.396	32	7746.2	4.39
30	密花樹	Rapanea faberi	8	0.076	16	16	0.142	24	1	0.0095	4	3	0.0275	4	0	0	0	27	0.256	32	6189	3.51
31	大葉逼迫子	Bridelia balansae	2	0.019	4	13	0.123	28	1	0.0095	4	0	0	0	0	0	0	16	0.152	28		
32	白面葉	Breynia officinalis	4	0.036	8	13	0.123	24	1	0.0095	4	0	0	0	0	0	0	18	0.175	24		
33	黑楂	Eurya macartneyi	1	0.0095	4	14	0.131	16	3	0.123	12	0	0	0	0	0	0	18	0.175	24		
34	蒲桃	Syzygium jambos	61	0.58	16	69	0.65	16	0	0	0	3	0.0275	8	1	0.0095	4	134	1.261	24	12058.5	6.836
35	泡木	Meliosma rigida	4	0.036	8	9	0.085	12	5	0.047	4	0	0	0	0	0	0	18	0.176	20		
36	黃杞	Engelhardtia chrysolepis	5	0.047	4	6	0.057	16	2	0.019	4	1	0.0095	4	1	0.0095	4	15	0.142	20	1232	0.7
37	光葉葉樹	Gironniera nitida	3	0.027	12	3	0.025	12	4	0.036	4	0	0	0	0	0	0	11	0.1045	20		
38	赤楊葉	Alniphyllum fortunei	42	0.362	8	81	0.762	16	1	0.0095	4	0	0	0	0	0	0	124	1.176	16		
39	柄果木	Mischocarpa oppositifolius	1	0.0095	4	4	0.027	12	0	0	0	0	0	0	0	0	0	6	0.057	16		
40	毛茛倫木	Tarenna mollissima	2	0.019	8	19	0.189	8	0	0	0	0	0	0	0	0	0	21	0.199	12		
41	白欖	Canarium album	3	0.027	4	8	0.076	8	0	0	0	0	0	0	0	0	0	12	0.114	12	3185	1.8
42	臀形果	Pygeum topengii	1	0.0095	4	4	0.036	12	0	0	0	0	0	0	1	0.047	4	6	0.047	12		
43	野桐	Mallotus apelta	7	0.066	4	2	0.019	4	1	0.0095	4	0	0	0	0	0	0	10	0.095	8		
44	木薑子	Litsea cubeba	0	0	0	10	0.095	8	0	0	0	0	0	0	0	0	0	10	0.095	8		
45	金龜豆	Pithecolobium clypearia	0	0	0	8	0.076	8	0	0	0	0	0	0	0	0	0	8	0.076	8		
46	榜氏榕	Ficus championi	3	0.027	4	1	0.0095	4	0	0	0	1	0.0095	4	0	0	0	5	0.047	4	7088.2	4.02
47	柿樹	Diospyros kaki	0	0	0	3	0.047	4	0	0	0	0	0	0	0	0	0	3	0.047	4		
48	布渣葉	Microcos paniculata	3	0.027	4	0	0	0	0	0	0	0	0	0	0	0	0	3	0.027	4		
49	黃毛榕	Ficus fulva	2	0.019	8	0	0	0	0	0	0	0	0	0	0	0	0	2	0.019	8		
50	水榕	Cleistocalyx operculatus	1	0.0095	4	1	0.0095	4	0	0	0	5	0.047	4	1	0.0095	4	8	0.076	4	2851	1.616
51	鹽麩	Rhus succedanea	1	0.0095	4	0	0	0	0	0	0	0	0	0	0	0	0	1	0.027	4		
52	對葉榕	Ficus hispida	0	0	0	2	0.019	4	0	0	0	0	0	0	0	0	0	2	0.019	4		
53	馬尾松	Pinus massoniana	1	0.0095	4	0	0	0	0	0	0	0	0	0	0	0	0	1	0.0095	4		
54	大葉桉	Eucalyptus robusta	0	0	0	0	0	0	0	0	0	1	0.0095	4	0	0	0	1	0.0095	4		
55	山椰八樹	Elaeocarpus sylvestris	1	0.0095	4	0	0	0	0	0	0	0	0	0	0	0	0	1	0.0095	4		
56	長瓣山竹子	Garcinia oblongifolia	1	0.0095	4	0	0	0	0	0	0	0	0	0	0	0	0	1	0.0095	4		
57	楠	Machilus thunbergii	0	0	0	1	0.0095	4	0	0	0	0	0	0	0	0	0	1	0.0095	4		
58	荔枝	Litchi chinensis	0	0	0	0	0	0	0	0	0	1	0.0095	4	0	0	0	1	0.0095	4		
59	木棉	Gossampinus malabarica	0	0	0	0	0	0	0	0	0	0	0	0	1	0.0095	4	1	0.0095	4	2827.4	1.6
60	楊桃	Averrhoa carambola	0	0	0	1	0.0095	4	0	0	0	0	0	0	0	0	0	1	0.0095	4		
61	山烏桕	Sapium discolor	1	0.0095	4	0	0	0	0	0	0	0	0	0	0	0	0	1	0.0095	4		
62	黑葉蕨木	Memecylon nigrescens	1	0.0095	4	0	0	0	0	0	0	0	0	0	0	0	0	1	0.0095	4		
63	合計		5029			4798			426			131			39			10423			176397.07	

立木而存在。總之，它們不過僅僅是先鋒樹種罷了。

表28. 馬尾松與闊葉林互相滲透的情況

序號	喬木種類 中名	學名	I級	II級	III級	IV級	V級	小計
1	椎樹	*Castanopsis chinensis*	13	16	1	1	1	32
2	生蟲樹	*Cryptocarya concinna*	37	37	0	1	0	75
3	紅皮紫陵	*Craibiodendron kwangtungense*	12	36	1	0	0	49
4	銅鑼桂	*Cryptocarya chinensis*	10	8	0	0	0	18
5	紅車	*Syzygium rehderianum*	9	9	0	0	0	18
6	柯樹	*Schima superba*	5	10	0	0	0	15
7	紫楠	*Phoebe shearerii*	6	8	0	0	0	14
8	馬尾松	*Pinus massoniana*	1	5	3	1	2	12
9	白車	*Syzygium levinei*	8	4	0	0	0	12
10	輪葉木薑子	*Litsea verticillata*	6	3	1	0	0	10
11	糙葉樹	*Gironniera subaequalis*	7	0	0	0	0	7
12	大砂葉	*Aporosa chinensis*	1	5	0	0	0	6
13	山油柑	*Acronychia pedunculata*	2	2	0	0	0	4
14	麥氏鈎樟	*Lindera metcalfiana*	3	0	0	0	0	3
15	山烏柏	*Sapium discolor*	3	0	0	0	0	3
16	雲南大砂葉	*Aporosa yunnanensis*	2	0	0	0	0	2
17	格木	*Erythrophloeum fordii*	1	0	0	0	0	1
18	山竹子	*Garcinia multiflora*	1	0	0	0	0	1
19	小盤木	*Microdesmis casearifolia*	1	0	0	0	0	1
20	山胆八樹	*Elaeocarpus sylvestris*	1	0	0	0	0	1
21	楓香	*Liquidambar formosana*	1	0	0	0	0	1
	合計		130	143	6	3	3	285

黎蒴羣落，在北坡荔枝車一帶雖然還佔着優勢，但它是陽性樹，幼苗的耐陰力顯然不大。我們在黎蒴羣落以外的其他羣落裏，僅發現爲數極其稀少的黎蒴幼苗。因此它的前途將不比椎樹或柯樹等好得多。特別是黎蒴樹上的寄生病菌使幹枝呈瘤狀結節而腐蝕，將嚴重影响到它的發展前途。

至於生在山谷溪邊的水榕＋蒲桃羣落，它們是要求潮濕的環境。它們的發展必然受到水條件的限制，不可能廣泛分佈，目前它們還是相當穩定，尚未發現有任何足以起來代替它們的種類。

魚尾葵羣落及糙葉樹＋大沙葉＋小盤木羣落也已達到穩定的階段，也都要求較潤濕而肥沃的土壤條件。特別是後一羣落的各個優勢種，它們的樹冠寬大，廣泛分枝，使得它們在種間的關係上，在爭取陽光及分佈和發展各方面，都比單軸分枝的樟科，山毛欅科和茶科等植物顯得惡劣，因此它們的發展也將受到本身及環境條件的限制。

2. 人造林的現况、前途和土地利用問題： 人造林主要是馬尾松林和桉樹林，此外鼎湖林場並試種了一些小面積的樟樹（*Cinnamomum camphora*）、海紅豆（*Adenanthera pavonina*）、台灣相思（*Acacia confusa*）及杉（*Cunninghamia lanceolata*）等。其中以馬尾松林的生長情况較良好。杉的面積雖小，生長得也良好。而桉樹的生長頗受到地形起伏及坡向的影響，因爲它要求的生活條件是較前者嚴格些。其他試種的藜蒴、樟樹、海紅豆及台灣相思等，僅藜蒴的生長比較良好些外，其他皆極惡劣。

馬尾松林佔有一萬餘畝的面積，其中青龍山東南坡及百丈嶺北端有一片松林是屬于高要縣八區水坑村農民所經營的。在這些松林中，一部份是最近幾年種下來的，其他部份年齡約在 20 年左右。這些年齡較大的樹木皆是解放前栽植的，但因過去的經營不良，加上人工砍伐，放火燒山，以致生長得很不整齊。現在只有百丈嶺西南坡，青龍山東西側（西坡靠飛水潭）及老鼎湖的龍潭一帶生長得比較良好。但沒有經常地進行整枝，并且尙有放火燒山的現象，如百丈嶺北端及老鼎白雲寺後山等地皆有最近燒山的痕跡，使一部松林遭受損失。

關於馬尾松造林的宜林地問題，是並不怎樣嚴重，鼎湖山一帶皆爲酸性土，土層深厚（30–100 厘米），是適於松樹生長。目前在 500 米以下的荒嶺都種上了松樹，但在某些地區成活率並不高，特別是在崗松—芒萁十金茅羣落，生長並不良好。在金茅與野古草（*Arundinella anomala*）、鴨嘴草（*Ischaemum aristatum*）佔優勢的山坡，馬尾松幼苗的成活率也非常低。根據我們在殘株的栽種穴觀察的結果，野草完全將松樹的幼苗覆蓋起來，有些殘株之下已盛生野草。顯然是由於蔭蔽和野草地下莖的壓迫，使幼苗生長困難。因之，要提高松苗成活率最好能在栽種前把栽種穴的剷除面加寬一些，或進行廣泛割草。在栽植後的第二年進行除草撫育，替松樹幼苗的生長和對野草的鬥爭創造有利的條件。至於在芒萁地上造林，一般成活率是比較高。這可能由於芒萁地有比較厚的腐殖土和枯枝落葉層，替馬尾松幼苗創造了有利的水條件及營養條件。並且芒萁的地下莖匍匐於地面層，生長也較慢，對於松樹幼苗的危害性也比較小。

荒山植被演替過程與造林工作可能有一定的聯系。上面提到了在芒萁地造林比在禾草羣落造林較爲有利。芒萁羣落與金茅羣落之間的演替過程，究竟有什麼樣的關係呢？根據我們的觀察，在放火燒山之後，不管原來植被是那一種羣落，最先侵入火燒地的將是禾本科的種類，如圖三所示，是老鼎湖后山，經過放火燒山之後，首

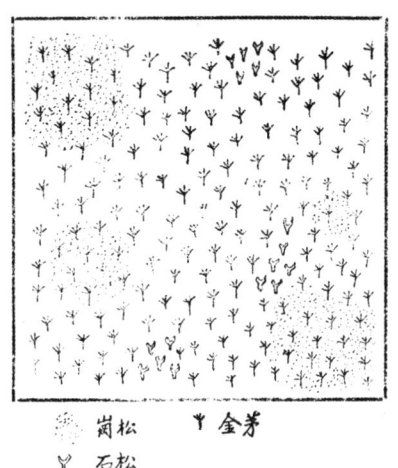
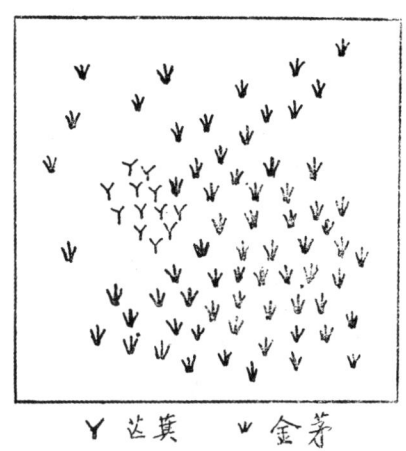

圖三　放火燒山後，金茅草首先侵入的情况。(2平方米)　　圖四　芒萁羣落刈除後金茅侵入的情况。(10平方厘米)

先就恢復到禾草羣落的階段。此外，在芒萁群落裡開闢的防火綫的赤裸地面上，最先侵入的也是禾本科的種類。從圖四所示，它們顯然是由種子萌發出來的幼苗，以絕對優勢而先行侵入。而在芒萁地與草地相互滲透的羣落裡，可以看到禾本科植物的地下部分被壓迫在芒萁的地下莖層之下，且已腐敗不復萌發。我們的初步意見認爲在500咪以下的荒山植被的最初階段是禾草羣落，以後芒萁繼之而至，在許多地方可以見到芒萁壓倒了野草，並代替了野草。芒萁的枯枝落葉堆積了厚厚的一層死地被物，爲灌木及小樹的生長和發展創造了有利的條件，但在過去的年代，由於放火燒山的嚴重破壞，使荒山羣落的演替失去了本來的規律。而在人爲的干涉下，反覆進行着無規律的更新。特別是放火燒山的結果，地面植被及死地被物受到破壞，表土容易被雨水冲刷掉，把底土暴露出來。在這樣的情況下，土壤結構，土壤的水條件，通氣條件，無機鹽條件以及土壤微生物活動都大大地被改變，所以在這樣的草地羣落上進行造林將嚴重地影响到成活率。這就是在野草羣落上進行造林將受到不利影响的原因。因此今後要加強防止燒山和水土保持等工作。

其次鼎湖林場在管理方面，開放了一部份松林，讓農民去割草，這將使松林下的地被物受到破壞。特別是在傾斜度很大的百丈嶺一帶，林下的地被物被割除之後，表土將經不起雨水的冲刷而流失，結果必然影響松林的生長和水土保持工作。因之在這方面，應考慮作出嚴密的規則限制割草的範圍。

至於桉樹林，主要的樹種是大葉桉（*Eucalyptus robusta*）以及細葉桉（*Eucalyptus tereticornis*）。一般是分佈于150米以下的山麓地帶，在老鼎湖老龍潭一帶平坦斜坡上，分佈達400米的地帶，桉樹林很少是純林，多數是和馬尾松混生。其中以百丈嶺南端的，卽林場苗圃一帶的桉樹林生長得比較整齊，成活率較高，大約20多年的植株，胸高直徑可達20－30厘米。一般說來在平坦斜坡或開朗曠地上的桉樹生長情況是比較良好的。在山腰陡坡上生長的，可能由於陽光的關係，樹幹現得矮小，幷且在中部以上卽呈彎曲。在百丈嶺東南向的坦坡上，由於前面有一小山丘，以致山麓地帶靠近小山丘處的樹幹皆向山脊彎曲。反之在山坡頂的桉樹則挺直，這顯然是由於前面小山丘擋住了東南向的陽光而影响山麓地帶樹幹的彎曲。另一限制桉樹生長的因素是土壤的水條件；生長山麓的大葉桉，一般都生長得比較良好，而生長在山腰的顯得細小。這種情況在"牽絲過脈"到老鼎湖一帶的北坡上，表現得很清楚。至於土壤酸度的影響，似乎幷不大。在 pH5 的土壤酸度條件下，一般桉樹生長是正常的。這和廣州康樂中山大學校園的桉樹生長情況是一致的。在中山大學校園裡的 pH 值，都在 4.5－5.5 之間，各種桉樹的生長情況還是良好的。而鼎湖山的土壤酸度的 pH 值一般也在4－5之間，因之土壤的酸度條件的影响是不會大的。

因之在鼎湖山進行桉樹造林，將遇到的限制條件是陽光和水條件。只有在開朗的低地才能滿足桉樹生長的條件，但缺乏經常性的整枝，也將會對桉樹生長產生一定程度的不良影响。

至於在石仔嶺靠近"牽絲過脈"一帶的山麓坦坡上，試種的樟樹、海紅豆及台灣相思等。雖然撫育、除草等管理工作做得尙週到，但生長情況却很惡劣。特別是海紅豆和樟樹的成活率却很低，大部份的樹苗巳枯死，這顯然是由於生活條件不適合的反映。樟樹通常是要求土質疏鬆、肥沃、水濕條件較好的平地或丘陵。在土質堅實，通氣條件不良，貧瘠而乾燥的山嶺地帶，可能是不適合於樟樹生長的。至於 pH 值的影響恐怕不大，它和桉樹同樣地在中山大學校園 pH 值 4.5－5.5 間的土壤酸度條件下，生長得是很好的。海紅豆可能也具有類似的要求。至於明確的原因，則有待進一步的探討。

此外，杉樹雖然只在桉樹林裡栽培有很少的數量，面積也不大，但生長得尙好，是值得考慮在本區推廣的。

就整個環境條件來談，土地利用問題，造林樹種以馬尾松、黎蒴爲宜，前者配合華南的造紙工業原料的供應，特別在運輸方面可以發揮其有利條件，此外在割取松香方面也是一種重要的工業原料，現在有些大樹已在進行割取工作。而藜蒴主要是解決薪炭問題，但亦可供建築及傢俱之用。

關于栽植果樹問題，此地區多爲砂頁岩及砂岩，底土富砂質，排水情況良好，可以試種柑橘類果樹。過去一、二年間曾在桉樹及馬尾松林下進行試種菠蘿。但由於蔭蔽度大，且缺乏施肥，生長情況惡劣，目前似已放棄此種經營，我們認爲要在此地區試種菠蘿，如果經營得法是可以取得成績的。

六、植物資源

鼎湖山的自然林面積雖然不大，但由於種類繁多，其中許多優良的樹種生長的情況可以對今後荒山造林、綠化工作提供寶貴的資料，此外栽培的或野生的果木以及其他經濟植物的數量雖不多，但有些也是值得我們注意的。

1. 主要的材用資源： 椎樹在鼎湖山的森林中佔有相當的數量，其木材堅硬，是內河造船業（供造船弦用）的主要木材。生蟲樹、銅鑼桂等，幹材挺直，木材堅實，向爲廣州商用槁木。格木 (*Erythrophloeum fordii*)、紅皮紫陵及櫻葉石斑 (*Photinia prunifolia*) 等也是極堅硬的木材，爲最優良的農具及傢具用材。紅豆屬 (*Ormosia*) 在這裏有4—5種，皆爲貴重的花梨木。山荔枝的木材是可與進口的坤甸媲美。而杉樹之木材，亦爲建築良材，且可作造紙原料。此外尙有薪炭用的桐樹及藜蒴等，這些優良的樹種都是適于鼎湖山當地自然環境而生長良好的，可以在造林事業中適當推廣。

2. 果用的經濟植物： 人面子及白欖在這裏生長皆良好，每年產量皆達百數十担，此外尙有椎樹、山竹子 (*Garcinia multiflora*)、楊桃、龍眼、荔枝、崗稔等的果實亦皆可食用、至於油料作物主要有油茶 (*Camellia oleosa*) 及廣寧茶 (*Camellia semiserrata*) 等。其中廣寧茶雖僅有零星數株，但在闊葉林中發現它的存在，足以證明在鼎湖山推廣是完全可能的。

3. 橡膠代用植物：白花膠籐 (*Parabarium micranthum*) 在這裡爲數雖不多，但莖頗粗大，攀緣於椎樹上。此外小葉麵包樹 (*Artocarpus bicolor*) 及多型裂葉榕 (*Ficus laceratifolia*) 等，據分析結果，亦皆可提取硬膠。

4. 藥用植物： 鼎湖山的藥用植物種類較多，尤其是關於生草藥方面的，主要的有巴豆 (*Croton tiglium*) 及黃桐 (*Endospermum chinensis* 俗稱雙眼龍) 爲醫治毒蛇飯匙頭的特效藥。陳氏鈎樟為烏藥的代用劑。紫背天葵（*Begonia fimbristipula*）為利尿藥。此外還有一種葫蘆科植物，僧人稱之為羅漢果，果皮被絨毛，據說有治婦科病之效。

5. 工業原料： 鼎湖山的馬尾松，部分已進行割取松香，作為附近農民的副業生產，其木材為造紙原料。陳氏鈎樟的根，具芳香，為製線香的主要原料。

七、區系植物 ⊖

鼎湖山區系植物約達 680 種，其中喬木約 130 種，灌木約 300 種，草本約 250 種，分隸于 129 科，430 屬。其中多數集中于自然林裡，少數見于荒山及半自然植被，各以一定的特性反映出生活條件。此外尚有栽培植物 50 餘種，其中僅有極少數的種類如龍眼、荔枝等，原來就屬于本區系的範圍，可以在林下找到它們的幼苗外，其餘的栽培植物顯然是受到生物區系分佈區域的限制，而沒有完全風土化。

蕨類植物 PTERIDOPHYTA

石松科 Lycopodiaceae

藤石松	*Lycopodium casuarinoides* Spring **	荒山，不常見。
石松	*Lycopodium cernuum* L. *	荒山，常見。
蕉生石松	*Lycopodium phlegmaria* L. **	自然林，樹上，不常見。

卷柏科 Selaginellaceae

翠雲草	*Selaginella uncinata* (Desv.) Spring	自然林，不常見。

觀音座蓮科 Marattiaceae

厚葉觀音座蓮	*Angiopteris crassipes* Wall.	
觀音座蓮	*Angiopteris fokiensis* Hier. **	自然林，不常見。
對葉觀音座蓮	*Angiopteris suboppositifolia* De Vris	

海金砂科 Schizaeaceae

長葉海金砂	*Lygodium flexuosum* (L.) Sw. **	荒山，松林，常見。

裡白科 Gleicheniaceae

芒萁	*Dicranopteris linearis* (Burm. f.) Underw. *	荒山，多數。

⊖ 區系植物是根據中國科學院華南植物研究所歷年在鼎湖山所採得的標本，曾經吳印禪教授初步整理，再由作者把實習中所採得的標本補充起來所做成的。其中在樣方樣帶出內現過的植物則在其學名後附一星點 *，在樣方樣帶外出現的植物，則附以兩個星點 ** 以資區別。此外並在學名後附以多度及分佈等簡單說明。

裏　　　白	*Hicriopteris longissima* (Bl.) Ching *	自然林，常見。

鳳尾蕨科 Pteridaceae

過　壇　龍	*Adiantum caudatum* L. *	自然林，不常見。
鐵　線　草	*Adiantum flabellulatum* L.	自然林，不常見。
鯨　口　蕨	*Cibotium barometz* (L.) J.Sm. *	自然林，多數。
鳳　了　蕨	*coniogramme sp.*	
栗　　　蕨	*Histiopteris incisa* (Thunb.) J.Sm.	
毛　鱗　蕨	*Microlepia hirta* Presl.	
烏　　　韮	*Odontosoria chinensis* (L.) J.Sm. *	自然林，不常見。
蕨	*Pteridium aquilinum* Kuhn *	荒山，少數。
岩鳳尾蕨	*Pteris deltodon* Baker *	自然林，不常見。
浮氏鳳尾蕨	*Pteris fauriei* Hieron.	
	Pteris grevilleana Wall.	
全緣鳳尾蕨	*Pteris insignis* Mett. *	自然林，不常見。
粗　蕨　草	*Pteris quadriaurita* Rezt. *	自然林，少數。
甘　草　蕨	*Pteris semipinnata* L. *	自然林，常見。
林　　　蕨	*Schizoloma pulcherrimum* Ching	

水蕨科 Parkeriaceae

水　　　蕨	*Ceratopteris siliquosa* (L.) Copel. **	山麓，水池，不常見。

桫欏科 Cyatheaceae

擬　桫　欏	*Cymnosphaera podophylla* (HK.) Copel. *	自然林，多數。

叉蕨科 Aspidiaceae

森氏毛蕨	*Abacopteris sampsoni* (Bak.) Ching	
海南實蕨	*Bolbitis subcordata* (Copel.) Ching *	自然林，不常見。
金　星　蕨	*Dryopteris parasitica* (L.) O. Ktze. **	自然林，常見。
鱗　毛　蕨	*Dryopteris prolifera* (Reyz.) C. Chr.	
沙　皮　蕨	*Hemigramma decurrens* (Hk.) Copel.	
牙　　　蕨	*Pteridrys australis* Ching **	
石　　　葦	*Pyrrosia adnascens* (Sw.) Ching **	自然林，常見。
刺　汝　蕨	*Rumohra aristata* (Forst.) Ching **	自然林，不常見。
汝　　　蕨	*Rumohra chinensis* (Ros) Ching *	自然林，常見。
叉　　　蕨	*Tectaria media* Ching **	自然林，不常見。

烏毛蕨科 Blechnaceae

烏　毛　蕨	*Blechnum orientale* L. *	自然林，荒山，桉林，松林，常見。
蘇　鐵　蕨	*Brainia insignis* Hooker *	松林，多數。

| 狗 脊 | *Woodwardia japonica* (L.f.) Sw.* | 自然林，桉林，不常見。|

鐵角蕨科 Aspleniaceae

毛鐵角蕨	*Asplenium crinicaule* Hance	
鐵 角 蕨	*Asplenium normale* Don	自然林，不常見。
蹄 蓋 蕨	*Athyrium bantamense* (Bl.) Milde	

水龍骨科 Polypodiaceae

小葉伏石蕨	*Lemmaphyllum microphyllum* Presl.**	自然林，石上，樹上，常見。
劍 蕨	*Loxogramme salicifolia* Mak.**	自然林，不常見。
福氏星蕨	*Microsorium fortunei* (Moore) Ching**	自然林，樹上，石上，常見。
水 龍 骨	*Polypodium fortunei* Lowe**	自然林，常見。
崖 薑	*Pseudodrynaria coronans* (Wall.) Ching**	自然林，不常見。

裸子植物 GYMNOSPERMAE

鳳尾松科 Cycadaceae

| 鳳 尾 松 | *Cycas revoluta* Thunb.** | 栽培，寺前。|
| 鳳 尾 蕉 | *Cycas circinalis* Linn.** | 栽培，寺後。|

南洋杉科 Araucariaceae

| 南 洋 杉 | *Araucaria cunninghamii* Sweet** | 栽培，山麓苗圃。|

松 科 Pinaceae

| 馬 尾 松 | *Pinus massoniana* Lamb.* | 栽培，多數。|

杉 科 Taxodiaceae

杉	*Cunninghamia lanceolata* Hook.**	栽培，多數。
水 松	*Cryptostrobus pensilis* (Abel.) Koch**	栽培，寺內。
水 杉	*Metasequoia glyptostroboides* Hu & Cheng**	栽培，'牽絲過脈'。

倪籐科 Gnetaceae

| 倪 籐 | *Gnetum indicum* (Lour.) Merr.** | 自然林，常見。|

被子植物 ANGIOSPERMAE

三白草科 Saururaceae

| 蕺 菜 | *Houttuynia cordata* Thunb. | |

胡椒科 Piperaceae

| 豆 瓣 綠 | *Peperomia pellucida* HBK.** | 自然林，常見。|
| 蒟 | *Piper betle* L. | |

享氏胡椒	*Piper hancei* Maxim.*	自然林，常見。
蔞胡椒	*Piper sarmentosum* Roxb.*	自然林，攀緣，常見。

金粟蘭科 Chloranthaceae

光葉金粟蘭	*Chloranthus glaber* (Thunb.) Makino*	自然林，多數。
金粟蘭	*Chloranthus spicatus* (Thunb.) Makino**	栽培。

楊梅科 Myricaceae

楊梅	*Myrica rubra* S. & Z.	

胡桃科 Juglandaceae

黃杞	*Engelhardtia chrysolepis* Hance*	自然林緣，不常見。

山毛櫸科 Fagaceae

珍珠栗	*Castanea henryi* Rehd. et Wils.	
椎樹	*Castanopsis chinensis* Hance*	自然林，多數。
米櫧	*Castanopsis cuspidata* (Thunb.) Schky.	
藜蒴	*Castanopsis fissa* (Champ.) Rehd. & Wils.*	自然林，多數。
苦櫧	*Castanopsis sclerophylla* (Ldb.) Schky.	
胡氏櫟	*Quercus hui* Chun.**	自然林，飛水潭頂，少數。

榆科 Ulmaceae

朴樹	*Celtis sinensis* Pers**	自然林，不常見。
光糙葉樹	*Gironniera nitida* Benth.*	自然林，不常見。
糙葉樹	*Gironniera subaequalis* Planch.*	自然林，多數。
窄葉山黃麻	*Trema angustifolia* Bl.	
毛山黃麻	*Trema orientalis* (L.) Bl.**	荒山，少數。
森氏山黃麻	*Trema sampsoni* (Hance) Merr.*	自然林，少數。

桑科 Moraceae

小葉麵包樹	*Artocarpus bicolor* Merr. & Chun**	自然林，少數。
銀色麵包樹	*Artocarpus hypargyraea* Hance**	自然林，少數。
越南麵包樹	*Artocarpus tonkinensis* A. Chev.	寺後。
構樹	*Broussonetia papyrifera* Vent**	自然林，不常見。
鴦氏榕	*Ficus championi* Benth.*	自然林，常見。
台灣榕	*Ficus formosana* Maxim.	自然林，荒山，常見。
黃毛榕	*Ficus fulva* Dunn et Tutcher*	自然林，常見。
赫氏榕	*Ficus harlandi* Benth.	自然林，不常見。
粗毛榕	*Ficus hirta* Vahl*	松林，自然林緣，常見。
裂葉粗毛榕	*Ficus hirta* Vahl var. *roxburghii* (Miq.) King*	松林，不常見。

凹 脈 榕	*Ficus impressa* Champ.	自然林，攀緣，不常見。
多型裂葉榕	*Ficus laceratifolia* Lev.**	自然林，不常見。
大 葉 榕	*Ficus lacor* Hamilton**	山麓，不常見。
多 脈 榕	*Ficus nervosa* Heyne	自然林，常見。
掌 葉 榕	*Ficus palmatiloba* Merr.**	自然林緣，不常見。
薜 荔	*Ficus pumila* L.	自然林，林緣常見。
梨 果 榕	*Ficus pyriformis* H. et A.**	自然林，少數。
無花果藤	*Ficus ramentacea* Maxim.	自然林，攀緣，常見。
直 脈 榕	*Ficus rectinervia* Merr.*	自然林，不常見。
菩 提 樹	*Ficus religiosa* L.**	栽培，寺前，少數。
變 葉 榕	*Ficus variolosa* Lindl.*	自然林，不常見。

蕁麻科 Urticaceae

苧 麻	*Boehmeria nivea* Gaud.**	寺旁，常見。
濶葉苧麻	*Boehmeria platyphylla* D. Don**	自然林，不常見。
樓 梯 草	*Elatostema griffithianum* (Wedd) Hall.	
走根樓梯草	*Elatostema radicans* (S. et Z.) Wedd.**	自然林，不常見。
水 蛇 麻	*Fatoua pilosa* Gaud.**	自然林，不常見。
蔓 苧 麻	*Memorialis hirta* (Gl.) Wedd.**	自然林，少數。
冷 水 花	*Pilea angulata* Bl.	
衛氏冷水花	*Pilea wightii* Wedd.	

山龍眼科 Proteaceae

越南山龍眼	*Helicia cochinchinensis* Lour.*	自然林，常見。
大果山龍眼	*Helicia erratica* Hook. f.**	自然林，少數。

鉄青樹科 Olacaceae

羊 脆 骨	*Schoepfia jasminodora* S. et Z.**	自然林，少數。

檀香科 Santalaceae

寄 生 藤	*Henslowia frutescens* Champ.**	荒山，松林，常見。
梨 子	*Pyrularia edulis* A. DC.*	自然林，多數。

桑寄生科 Loranthaceae

福氏鞘花	*Elytranthe fordii* (Hance) Merr.**	自然林，不常見。
五瓣寄生	*Helixanthera parasitica* Lour.	自然林，不常見。
	Helixanthera ligustrina Danser	
小葉寄生	*Scurrula gracilifolia* (Sch.) Dans.**	自然林，不常見。
桑 寄 生	*Taxillus chinensis* (DC.) Danser**	自然林，不常見。

馬兜鈴科 Aristolochiaceae

| 細　　辛 | *Asarum caudigerum* Hance　自然林，不常見。 |

蓼　科 Polygonaceae

簇　　蓼	*Polygonum caespitosum* Bl.**
火　炭　母	*Polygonum chinense* L.*　自然林，不常見。
辣　　蓼	*Polygonum hydropiper* L.**　水邊，不常見。
小　　蓼	*Polygonum minus* Huds.
扛　板　歸	*Polygonum perfoliatum* L.**　荒山，不常見。

藜　科 Chenopodiaceae

| 藜 | *Chenopodium album* L.*　荒地，不常見。 |

莧　科 Amaranthaceae

意　　伐	*Aerva scandens* (Roxb.) Wall.
刺　　莧	*Amaranthus spinosus* L.**　寺旁，不常見。
杯　　莧	*Cytula prostrata* Bl.

馬齒莧科 Portulaceae

| 假　人　參 | *Talinum patens* (L.) Willd.**　自然林，不常見。 |

毛茛科 Ranunculaceae

斯氏鐵綫蓮	*Clematis bracteata* Kurz var. *stronachii* (Hance) O. Ktze.**　松林，少數。
威　靈　仙	*Clematis chinensis* Osbeck**　松林，不常見。
飛　燕　草	*Delphinum anthriscifolium* Hance var. *calleryi* Finet et Gagn.
回　回　蒜	*Ranunculus chinensis* Bunge**　水邊，不常見。

防己科 Menispermaceae

| 青　　藤 | *Cocculus sarmentosus* (Lour.) Diels**　自然林，不常見。 |
| 糞箕篤 | *Stephania longa* Lour.*　自然林，不常見。 |

木蘭科 Magnoliaceae

夜　　合	*Magnolia coco* DC.**　自然林，谷底，常見。
荷花玉蘭	*Magnolia grandiflora* L.**　栽培，寺前。
白　　蘭	*Michelia alba* DC.**　栽培，寺前。
含　　笑	*Michelia figo* (Lour.) Spreng.**　栽培，寺前。

臘梅科 Calycanthaceas

| 蠟　　梅 | *Chimonanthus praecox* Link**　栽培，寺前。 |

番荔枝科 Anonaceae

| 鷹　　爪 | *Artabotrys uncinatus* (Lam.) Merr.　栽培。 |

酒　餅　葉	*Desmos cochinchinensis* Lour. *	自然林，多數。
白背瓜馥木	*Fissistigma glaucescens* (Hance) Merr. *	自然林，多數。
黃背瓜馥木	*Fissistigma oldhamii* Merr. *	自然林，不常見。
油　　　椎	*Uvaria microcarpa* Champ. *	自然林，常見。

樟　科 Lauraceae

六　　　駁	*Actinodaphne chinensis* Nees **	自然林，少數。
無　根　藤	*Cassytha filiformis* Linn. **	荒山，不常見。
陰　　　香	*Cinnamomum burmanni* (Nees) Bl. *	自然林，不常見。
樟	*Cinnamomum camphora* Sieb. **	栽培，不常見。
銅　羅　桂	*Cryptocarya chinensis* (Hance) Hemsl. *	自然，多數。
生　虫　樹	*Cryptocarya concinna* Hance *	自然林，多數。
粗皮厚殼桂	*Cryptocarya lenticellata* Lec. **	自然林，不常見。
陳氏鈎樟	*Lindera chunii* Merr. *	自然林，多數。
香　葉　樹	*Lindera communis* Hemsl.	自然林，多數。
廣東鈎樟	*Lindera kwangtungensis* (Liouh.) Chun **	自然林，少數。
麥氏鈎樟	*Lindera metcalfiana* Allen *	自然林，常見。
尖木薑子	*Litsea acutivena* Hayata *	桉松羣落，局部優勢。
華木薑子	*Litsea chinensis* Bl.	
木　薑　子	*Litsea cubeba* Pers **	荒山灌叢，常見。
長葉木薑子	*Litsea elongata* Hk. f. *	自然林，不常見。
潺　膠　樹	*Litsea glutinosa* (Lour.) C. B. Rob.	
假　柿　樹	*Litsea monopetala* (Roxb.) Pers	
圓葉木薑子	*Litsea rotundifolia* Hemsl. var. *oblogifolia* (Nees) Allen *	自然林，多數。
輪葉木薑子	*Litsea verticillata* Hance *	自然林，常見。
短　花　楠	*Machilus breviflora* (Benth.) Hemsl.	
華　　　楠	*Machilus chinensis* Hemsl. **	自然林，不常見。
宜昌楨楠	*Machilus ichangensis* Rehd.	
鳳凰楨楠	*Machilus phoenix* Dunn *	自然林，常見。
楨　　　楠	*Machilus thunbergii* S. et Z. *	自然林，常見。
絨　　　楠	*Machilus velutina* Champ. **	自然林，不常見。
柬埔木薑子	*Neolitsea cambodiana* H. Lec.	
	Neolitsea playfairii (Hemsl.) Chun	
新木薑子	*Neolitsea pulchella* (Meissn.) Merr. *	自然林，多數。
紫　　　楠	*Phoebe shearerii* Gamble *	自然林，多數。

罌粟科 Papaveraceae

| 紫　　　堇 | *Corydalis balansae* Prain. | |

山柑科 Capparidaceae

粵 山 柑	*Capparis cantoniensis* (Lour.) Merr.** 自然林，不常見。
	Capparis hastigera Hance
膜葉山柑	*Capparis membranacea* Gard. et Champ.** 自然林，少數。

十字花科 Cruciferae

薺　　菜	*Capsella bursa-pastoris* (L.) Medik. 荒地，不常見。

茅膏菜科 Droseraceae

茅 膏 菜	*Drosera peltata* Sm.** 荒山，不常見。
落地金錢	*Drosera burmanni* Vahl

虎耳草科 Saxifragaceae

鼠　　刺	*Itea chinensis* var. *oblonga* Wu.* 自然林，不常見。

海桐花科 Pittosporaceae

光葉海桐	*Pittosperum glabratum* Lindl.** 自然林，不常見。
窄葉海桐	*Pittosperum glabratum* Lindl. var. *neriifolium* Rehd. et Wils. 自然林,少數

金縷梅科 Hamamelidaceae

楓　　香	*Liquidambar formosana* Hance * 自然林緣，不常見。
阿 丁 楓	*Altingia chingii* Metc.** 自然林緣，少數。

薔薇科 Rosaceae

蛇　　莓	*Duchesnea indica* (Andr.) Focke ** 荒地，常見。
石　　斑	*Photinia consimilis* Hand.-Mzt.
櫻葉石斑	*Photinia prunifolia* Lindl.* 自然林，常見。
大 葉 櫻	*Prunus macrophylla* S. et Z.** 自然林，不常見。
尖果大葉櫻	*Prunus mocroyhylla* var. *oxycarpa* (Hance) Hand.-Mzt.
桃	*Prunus persica* (L.) Batsch.** 栽培，寺前。
臀 形 果	*Pygum topengii* Merr.* 自然林，常見。
野 梨 仔	*Pyrus calleryana* Desv.** 自然林緣，灌叢，不常見。
春　　花	*Raphiolepis indica* (L.) Lindl.** 荒山，松林，不常見。
金 櫻 子	*Rosa laevigata* Michx.** 荒山，灌叢，不常見。
野 薔 薇	*Rosa multiflora* Thunb.** 荒地，不常見。
麻葉懸鈎子	*Rubus corchorifolius* L. f.** 自然林，不常見。
裂托懸鈎子	*Rubus fimbriiferus* Focke * 自然林，荒山，常見。
白花懸鈎子	*Rubus leucanthus* Hance ** 自然林，不常見。
懸 鈎 子	*Rubus parvifolius* Thunb.** 荒山，常見。
	Rubus reflexus Ker. var. *Hui* (Diels) Metcalf

薔薇葉懸鈎子	*Rubus rosaefolius* Smith **	荒地，不常見。
麻葉繡球	*Spiraea cantoniensis* Lour. **	自然林，不常見。

牛栓籐科 Connaraceae

牛 栓 藤	*Rourea milletti* Pl. *	自然林，荒山，常見。

豆 科 Leguminosae

廣州相思豆	*Abrus cantoniensis* Hance *	自然林，不常見。
金 合 歡	*Acacia farnesiana* Willd. **	荒地，不常見。
海 紅 豆	*Adenanthera pavonina* L. *	自然林，荒山。
天 香 藤	*Albizzia corniculata* (Lour.) Ricker	
楹 樹	*Albizzia chinensis* (Osbeck) Merr. **	荒地，不常見。
脹莢合歡	*Albizzia turgida* Merr. **	自然林，不常見。
紫 雲 英	*Astragalus sinicus* L.	
蕎氏羊蹄甲	*Bauhinia championi* Benth. *	自然林，不常見。
包 氏 豆	*Bowringia callicarpa* Champ. *	自然林，常見。
圓 莢 豆	*Caesalpinia nuga* Ait. *	自然林，不常見。
小 刀 豆	*Canavalia microcarpa* (DC.) Piper	
山 扁 豆	*Cassia mimosoides* L. **	荒地，常見。
決 明	*Cassia tora* L. **	荒地，常見。
亨氏黃檀	*Dalbergia hancei* Benth. *	自然林，松林，不常見。
恆河山綠豆	*Desmodium gangeticum* (L.) DC.	
異果山綠豆	*Desmodium heterocarpum* DC. **	荒地，不常見。
顯脈山綠豆	*Desmodium reticulatum* Champ.	
格 木	*Erythrophloeum fordii* Oliv. *	自然林，常見。
狹氏雞血藤	*Millettia dielsiana* Harms *	自然林，常見。
毛雞血藤	*Millettia pachycarpa* Benth.	
雞 血 藤	*Millettia reticulata* Benth.	自然林，不常見。
凹葉紅豆	*Ormosia emarginata* Benth. var. *lancea* Chun **	自然林，水邊，不常見。
褔氏紅豆	*Ormosia fordiana* Oliv.	自然林，常見。
光 紅 豆	*Ormosia glaberrima* Wu **	自然林，谷底，不常見。
	Ormosia semicastrata Hance **	自然林，不常見。
	Ormosia semicastrata Hance var. *pallida* How	自然林，不常見。
毛排錢草	*Phyllodium elegans* (Benth.) Desv. **	荒地，不常見。
金 龜 豆	*Pithecolobium clypearia* (Jack.) Benth. *	自然林，不常見。
葫 蘆 茶	*Pteroloma triquetrum* (L.) Desv. **	荒地，不常見。
葛 藤	*Pueraria thunbergiana* Benth. **	荒山，不常見。
狗 尾 豆	*Uraria macrostachya* (Wall.) Prain. **	松林，灌叢，少數。

酢漿草科 Oxalidaceae

楊　　　桃	*Averrhoa carambola* L.*	栽培，寺前後。
紫花酢漿草	*Oxalis corymbosa* DC.**	荒地，常見。
黃花酢漿草	*Oxalis repens* Thunb.**	荒地，常見。

芸香科 Rutaceae

山　油　柑	*Acronychia pedunculata* (L.) Miq.*	自然林，常見。
三　叉　虎	*Evodia lepta* (Spreng) Merr.*	自然林，常見。
吳　茱　萸	*Evodia officinalis* Dode**	栽培，少數。
山　柑　仔	*Glycosmis citrifolia* Lindl.**	自然林，少數。
山　　　桔	*Toddalia asiatica* (Lam.) Kurz	
小葉花椒	*Zanthoxylum avicennae* (Lam.) DC.*	自然林，不常見。
兩　面　針	*Zanthoxylun nitidum* DC.*	自然林，不常見。

橄欖科 Burseraceae

烏　　　欖	*Canarium pimela* Koenig**	栽培，少數。
白　　　欖	*Canarium album* Raeusch.*	栽培，常見。

遠志科 Polygalaceae

黃花遠志	*Polygala wattersii* Hance**	自然林緣，少見。
蟬　翼　木	*Securidaca inappendiculata* Hassk.	
莎蘿莽	*Salomonia cantoniensis* Lour.**	濕地，不常見。

大戟科 Euphorbiaceae

紅　背　葉	*Alchornea trewioides* (benth.) Muell.-Arg.**	荒山，不常見。
千　年　桐	*Aleurites montana* (Lour.) Wils.*	栽培，不常見。
五　月　茶	*Antidesma bunius* (L.) Spreng.**	山麓，村邊，不常見。
脆五月茶	*Antidesma delicatulum* Hutch.	
小五月茶	*Antidesma gracile* Hemsl.*	自然林，不常見。
日本五月茶	*Antidesma japonicum* S. et Z.*	自然林，不常見。
毛五月茶	*Antidesma fordiae* Hemsl.**	自然林，不常見。
大　沙　葉	*Aporosa chinensis* (Champ.) Merr.*	自然林，多數。
雲南大沙葉	*Aporosa yunnanensis* (Pax et Hoffm.) Metc.*	自然林，多數。
秋　　　楓	*Bischofia trifoliata* (Roxb.) Hk. f.	荒地，少數。
黑　面　神	*Breynia fruticosa* (L.) Hk. f.*	荒山，多數。
白　面　神	*Breynia officinalis* Hemsl.*	自然林，不常見。
大葉迫逼子	*Bridelia balansae* Tutcher*	自然林，不常見。
土　密　樹	*Bridelia monoica* (Lour.) Merr.*	自然林，不常見。

長葉巴豆	*Croton lachnocarpus* Benth. *	自然林，常見。
巴　豆	*Croton tiglium* L. **	自然林，老鼎湖，少數。
黃　桐	*Endospermum chinense* Benth. **	自然林，少數。
紅背桂花	*Excoecaria cochinchinensis* Lour. **	栽培
白飯樹	*Flueggea virosa* (Willd.) Baill. **	自然林，不常見。
厚葉算盤子	*Glochidion dasyphyllum* K. Koch **	自然林，不常見。
毛果算盤子	*Glochidion eriocarpum* Champ.	
算盤子	*Glochidion puberum* (L.) Hutch. *	荒山，自然林，常見。
白背算盤子	*Glochidion wrightii* Benth. **	自然林，少數。
血　桐	*Macaranga sampsoni* Hance **	自然林，不常見。
白背葉(野桐)	*Mallotus apelta* (Lour.) Muell.-Arg. *	自然林，荒山，不常見。
裂托野桐	*Mallotus barbatus* Muell.-Arg.	自然林，少數。
越南野桐	*Mallotus cochinchinensis* Lour.	
霍氏野桐	*Mallotus hookerianus* (Seem.) Muell.-Arg. **	自然林，少數。
	Mallotus luchensis Metc.	
叢生野桐	*Mallotus paniculatus* (Lam.) Muell.-Arg. **	自然林，少數。
小盤木	*Microdesmis casearifolia* Planch. *	自然林，多數。
葉下珠	*Phyllanthus reticulatus* Poir. **	自然林，不常見。
山烏桕	*Sapium discolor* (Champ.) Muell.-Arg. *	自然林，常見。
圓烏桕	*Sapium rotundifolia* Hemsl.	七星岩，少數。
烏　桕	*Sapium sebiferum* (L.) Roxb. **	荒地，常見。

交讓木科 Daphniphyllaceae

交讓木	*Daphniphyllum calycinum* Benth. **	老鼎湖，自然林，少數。

黃楊科 Buxaceae

黃楊	*Buxus sempervirens* L. **	栽培，寺前。

漆樹科 Anacardiaceae

人面子	*Dracontomelum dao* (Blaco) Merr. **	栽培，寺前。
鹽膚木	*Rhus chinensis* Mill. **	荒山，不常見。
野漆	*Rhus succedanea* L. **	自然林及荒山，不常見。

五列木科 Pentaphylacaceae

五列木	*Pentaphylax euryoides* Gardn. et Champ.	

冬青科 Aquifoliaceae

榕葉冬青	*Ilex ficoidea* Hemsl. *	自然林，少數。
闊葉冬青	*Ilex latifolia* Thunb.	

| 毛冬青 | *Ilex pubescens* H. et A.* 自然林，常見。
| 假鼠李 | *Ilex rhamnifolia* Merr. 荒山，不常見。
| 鐵冬青 | *Ilex rotunda* Thunb.
| 綠冬青 | *Ilex triflora* Bl. var. *viridis* Loes.* 自然林，不常見。

衞矛科 Celastraceae

| 長蘂衞矛 | *Evonymus lanceifolia* Loes.
| 散花衞矛 | *Evonymus laxiflorus* Champ.* 自然林，少數。

省沽油科 Staphyleaceae

| 山香圓 | *Turpinia arguta* Seem.** 自然林，少數。

無患子科 Sapindaceae

| 風船葛 | *Cardiospermum halicacabum* L. var. *microcarpum* (Kunth) Bl Runph.** 荒地，不常見。
| 龍眼 | *Euphoria longan* Lam.** 栽培，寺前。
| 荔枝 | *Litchi chinensis* Sonn.* 栽培，寺前後。
| 柄果木 | *Mischocarpa oppositifolius* (Lour.) Merr.* 自然林，常見。
| 韶子 | *Nephelium lappaceum* L.** 栽培，寺後。
| 無患子 | *Sapindus mukorossi* Daertn.** 栽培，寺前。

清風籐科 Sabiaceae

| 泡吹 | *Meliosma rigida* S. et Z.* 自然林，常見。
| 清風籐 | *Sabia limoniacea* Wall.* 自然林，不常見。

鳳仙花科 Balsaminaceae

| 華鳳仙 | *Impatiens chinensis* L.

鼠李科 Rhamnaceae

| 小勾兒茶 | *Berchemia lineata* (L.) DC.** 荒山，不常見。
| 勾兒茶 | *Berchemia racemosa* S. et Z.** 荒山，不常見。
| 枳椇 | *Hovenia dulcis* Thunb.
| 假凍綠 | *Rhamnella obovatis* Schneid.** 荒山，灌叢，不常見。
| | *Sageretia rugosa* Hance
| 雀梅籐 | *Sageretia theezans* Brongn.** 荒山，不常見。
| 翼核果 | *Ventilago leiocarpa* Bl.** 自然林，少數。

葡萄科 Vitaceae

| 烏歛莓 | *Cissus japonica* Willd.** 自然林，不常見。
| | *Columella corniculata* (Benth.) Merr.

爬崖藤	*Tetrastigma planicaule* (Hk. f.) Gagnep.*	自然林，常見。
	Vitis angustifolia Wall.	
廣州野葡萄	*Vitis cantoniensis* Seem.*	自然林，不常見。
	Vitis flexuosa Thunb.**	自然林，不常見。

杜英科 Elaeocarpaceae

| 亨氏杜英 | *Elaeocarpus henryi* Hance | |
| 山胆八 | *Elaeocarpus sylvestris* (Lour.) Poir.* | 自然林，少數。 |

椴樹科 Tiliaceae

布渣葉	*Microcos paniculata* L.**	自然林，不常見。
癩頭婆	*Triumfetta bartramia* L.**	荒山，荒地，不常見。
毛癩頭婆	*Triumfetta tomentosa* Bojer.**	荒山，不常見。

錦葵科 Malvaceae

黃葵	*Abelmoschus moschatus* (L.) Medic.	荒山，少數。
磨盤草	*Abutilon indicum* (L.) Sweet	荒山，少數。
巴西棉	*Gossypium barbadense* var. *brasiliense* Hutch.**	栽培，寺前。
木芙蓉	*Hibiscus mutabilis* L.**	栽培，寺前。
戟叶木槿	*Hibiscus sagittifolius* Kurz	
木槿	*Hibiscus syriacus* L.**	栽培，寺前。
白背黃花稔	*Sida rhombifolia* L.**	荒山，不常見。
肖梵天花	*Urena lobata* L.**	荒地，常見。

木棉科 Bombacaceae

| 木棉 | *Gosampinus malabarica* (DC.) Merr.** | 栽培，寺前林中。 |

梧桐科 Sterculiaceae

刺果藤	*Buettneria aspera* Colebr.*	自然林，常見。
山芝麻	*Helicteres angustifolia* L,**	荒山，不常見。
半楓荷	*Pterospermum heterophyllum* Hance*	自然林，不常見。
窄葉半楓荷	*Pterospermum lancaefolium* Roxb.*	自然林，常見。
假蘋婆	*Sterculia lanceolata* Cav.*	自然林，多數。

第倫桃科 Dilleniaceae

| 水東哥 | *Saurauia tristyla* DC.* | 自然林，不常見。 |
| 錫葉藤 | *Tetracera scandens* (L.) Merr.* | 自然林，多數。 |

山茶科 Theaceae

| 油茶 | *Camellia oleosa* (Lour.) Rehd.* | 荒山，灌叢，不常見。 |
| 廣寧茶 | *Camellia semiserrata* Chi** | 自然林，少數。 |

華　　　柃	*Eurya chinenlis* R. Br.*	灌叢，常見。
二　列　柃	*Eurya distichophylla* Hemsl.*	自然林，不常見。
崗　　　柃	*Eurya groffii* Merr.*	灌叢，荒山，多數。
黑　　　柃	*Eurya macartneyi* Champ.*	自然林，不常見。
桐	*Schima superba* Gard. et Champ.*	自然林，多數。
厚　皮　香	*Ternstroemia gymnanthera* (W. et A.)* Sprague *	自然林，少數。

藤黃科 Guttiferae

薄葉胡桐	*Calophyllum memtranaceum* Gard.	
黃　牛　木	*Cratoxylon ligustrinum* (Spach,) Bl.*	荒山，灌叢，常見。
山　竹　子	*Garcinia multiflora* Champ.*	自然林，常見。
長葉小竹子	*Garcinia oblongifolia* Champ.**	自然林，不常見。
田　基　黃	*Hypericum japonicum* Thunb.**	荒山，荒地，常見。
金　絲　桃	*Hypericum sampsoni* Hance	

菫菜科 Violaceae

白花菫菜	*Viola diffusa* Ging.**	自然林，不常見。
長萼菫菜	*Viola inconspicua* Bl.**	自然林，不常見。

大風子科 Flacourtiaceae

嘉　賜　樹	*Casearia villilimba* Merr.*	自然林，常見。
天　料　木	*Homalium cochinchinensis* (Lour). Druce **	自然林，少數。

西番蓮科 Passifloraceae

西　番　蓮	*Passiflora foetida* L.	栽培。

秋海棠科 Begoniaceae

紫背天葵	*Begonia fimbristipula* Hance **	自然林緣，不常見。
撕葉海棠	*Begonia laciniata* Roxb.**	自然林，常見。

瑞香科 Thymeleaceae

女　兒　香	*Aquilaria sinensis* (Lour.) Merr.*	自然林，不常見。
了　哥　王	*Wikstroemia indica* (L.) C. A. May *	荒山，不常見。
細穗了哥王	*Wikstroemia nutans* Champ.*	自然林，不常見。

千屈菜科 Lythraceae

紫　　　薇	*Lagerstroemia indica* L.**	栽培。
南　紫　薇	*Lagerstroemia subcostata* Koehne **	自然林，少數。
圓節節菜	*Rotala rotundifolia* Koehne **	荒地，常見。

紅樹科 Rhizophoraceae

竹　節　樹	*Carallia brachiata* (Lour.) Merr.	

桃金娘科 Myrtaceae

角　　　木	*Acmena acuminatissima* (Bl.) Merr. et Perry *	自然林，常見。
崗　　　松	*Baeckia frutescens* L. *	荒山，多數。
水　　　榕	*Cleistocalyx operculatus* (Roxb.) Merr. et Perry *	自然林，多數。
大　葉　桉	*Eucalyptus robusta* Sm. *	栽培，多數。
細　葉　桉	*Eucalyptus tereticornis* Sm. *	栽培，多數。
紅　果　仔	*Eugenia uniflora* L.	栽培。
番　石　榴	*Psidium guajava* L.	栽培。
崗　　　稔	*Rhodomyrtus tomentosa* (Ait.) Hassk. *	荒山，松林，多數。
韓　氏　蒲　桃	*Syzygium hancei* Merr. et Perry **	自然林，不常見。
蒲　　　桃	*Syzygium jambos* (L.) Alston *	自然林，多數。
白　　　車	*Syzygium levinei* (Merr.) Merr. et Perry *	自然林，常見。
紅　　　車	*Syzygium rehderianum* Merr. et Perry *	自然林，常見。

野牡丹科 Melastomaceae

柏　拉　木	*Blastus cochinchinensis* Lour. *	自然林，多數。
野　牡　丹	*Melastoma candidum* Don *	荒山，松林，常見。
地　　　稔	*Melastoma dodecandrum* Lour. *	荒山，常見。
肖　野　牡　丹	*Melastoma normale* D. Don	
多花野牡丹	*Melastoma polyanthum* Bl.	
毛　　　稔	*Melastoma sanguineum* Sims *	自然林，常見。
穀　　　木	*Memecylon ligustrifolium* Champ.	
黑　葉　穀　木	*Memecylon nigrescens* H. et A. **	自然林，不常見。
天　香　爐	*Osbeckia chinensis* L. **	荒山，不常見。
斑葉野牡丹	*Sonerila cantoniensis* Stapf *	自然林，不常見。

柳葉菜科 Oenotheraceae

過　塘　蛇	*Jussiaea repens* L. **	水塘，常見。
草　　　龍	*Jussiaea linifolia* Vahl	水邊，不常見。

小二仙草科 Halorrhagaceae

小　二　仙　草	*Halorrhagis micrantha* (Thunb) R. Br. *	水田中，常見。

五加科 Araliaceae

樤　　　木	*Aralia chinensis* L. *	荒山，不常見。
鴨　脚　木	*Schefflera octophylla* (Lour). Harms *	自然林，灌叢，常見。

繖形科 Umbelliferae

崩　大　碗	*Centella asiatica* (L). Urban **	荒地，常見。
洋　香　荽	*Eryngium foetidum* L. **	自然林，不常見。

假芥菜	*Selinum monnieri* L.	

石南科 Ericaceae

紅皮紫陵	*Craibiodendron kwangtungense* Hu *	自然林，多數。
吊鐘花	*Enkianthus quinqueflorus* Lour. *	自然林，不常見。
騫氏杜鵑	*Rhododendron championae* Hook. *	自然林，不常見。
亨氏杜鵑	*Rhododendron henryi* Hance	
紫杜鵑	*Rhododendron mariae* Hance *	自然林，不常見。
紅杜鵑	*Rhododendron simsii* Pl. *	自然林，不常見。
越橘	*Vaccinium iteophyllum* Hance **	自然林，不常見。

紫金牛科 Myrsinaceae

硃砂根	*Ardisia crenata* Sims *	自然林，不常見。
厚葉硃砂根	*Ardisia crispa* A. LC. *	自然林，多數。
無腺硃砂根	*Ardisia elegans* Andr.	
亨氏硃砂根	*Ardisia hanceana* Mez *	自然林，不常見。
紫金牛	*Ardisia mamillata* Hance	
斑葉硃砂根	*Ardisia punctata* Lindl. **	自然林，少數
五角杜莖山	*Ardisia quinquegona* Bl. *	自然林，多數。
蔓生紫金牛	*Ardisia triflora* Hemsl.	
福氏信筒子	*Embelia fordii* Hemsl.	
酸藤子	*Embelia laeta* (L.) Mez *	荒山，松林，常見。
長葉信筒子	*Embelia longifolia* Hemsl.	
小酸藤子	*Embelia parvifolia* Wall. **	荒山，少數。
突脈酸藤子	*Embelia ribes* Burm. **	荒山，灌叢，少數。
雲南普洱茶	*Maesa perlarius* (Lour.) Merr. *	自然林，不常見。
柳葉通心花	*Maesa salicifolia* Walker *	自然林，多數。
	Maesa tenera Mez	
窄葉密花樹	*Rapanea neriifolia* (S. et Z.) Mez **	自然林，少數。
	Rapanea playfairii Mez	
密花樹	*Rapanea faberi* Mez *	自然林，不常見。

報春花科 Primulaceae

	Lysimachia candida Lindl.	
珍珠菜	*Lysimachia clethroides* Duby	
	Lysimachia decurrens Forst. f.	

山欖科 Sapotaceae

Chrysophyllum roxburghii G. Don

| 鷹 兜 樹 | *Sarcosperma laurinum* (Benth.) Hk.* 自然林，多數。
| | *Sarcosperma pedunculata* Hemsl.

柿 樹 科 Ebenaceae

| 毛　　　　柿 | *Diospyros eriantha* Champ.* 自然林，多數。
| 　　　　　柿 | *Diospyros kaki* L.f. 栽培
| 羅　浮　柿 | *Diospyros morisiana* Hance ** 自然林，不常見。

山 礬 科 Symplocaceae

| 凹 脈 灰 木 | *Symplocos adenopus* Hance
| 少 脈 灰 木 | *Symplocos adenopus* Hance var. *oligophlebius* Merr.* 自然林，常見。
| 窄 葉 灰 木 | *Symplocos lancifolia* S. et Z.** 自然林，不常見。
| 樟 葉 灰 木 | *Symplocos laurina* Wall.* 自然林，少數。

野茉莉科 Styracaceae

| 赤 楊 葉 | *Alniphyllum fortunei* Perk.* 自然林，常見。
| 白 花 籠 | *Styrax faberi* Perk.** 自然林，少數。

木 犀 科 Oleaceae

| 梣　　　　木 | *Fraxinus chinensis* Roxb.** 栽培，公路邊。
| 抱 莖 茉 莉 | *Jasminum amplexicaule* Buch.-Ham.
| 長 葉 茉 莉 | *Jasminum lanceolarium* Roxb.** 自然林，少數。
| 樟 葉 茉 莉 | *Jasminum laurifolium* Roxb.** 自然林，不常見。
| 五 脈 茉 莉 | *Jasminum pentaneurum* Hand.-Mzt.
| 山 指 甲 | *Ligustrum sinense* Lour.** 栽培，寺前。
| 桂　　　　花 | *Osmanthus fragrans* Lam.** 栽培，寺前。
| 牛 矢 果 | *Osmanthus mastumuranus* Hay.** 自然林，少數。

馬 錢 科 Loganiaceae

| 醉 魚 草 | *Buddleia asiatica* Lour.
| 胡 蔓 籐 | *Gelsemium elegans* Benth.** 荒山，松林，不常見。

龍 膽 科 Gentianaceae

| | *Canscora andrographioides* Griff.
| | *Exacum tetragonum* Roxb.
| 金 銀 蓮 花 | *Limnanthemum indicum* (L.) Thw.** 水塘，常見。

夾竹桃科 Apocynaceae

| 黃　　　　蟬 | *Allamanda neriifolia* Hk.** 栽培，寺前。
| 花 皮 膠 籐 | *Ecdysanthera micrantha* A. DC.
| 山　　　　橙 | *Melodinus fusiformis* Champ.

	Melodinus wrightioides Hand.-Mzt.	
白花膠藤	*Parabarium micranthum* (Wall.) Pierre **	自然林，不常見。
雞蛋花	*Plumeria acuminata* (Roxb.) Ait. **	栽培，寺前。
羊角拗	*Strophanthus divaricatus* (Lour.) Hk. et Arn. **	荒山，不常見。
黃花夾竹桃	*Thevetia peruviana* (Pers.) K. Schum. **	栽培，寺前。

蘿藦科 Asclepiadaceae

白葉藤	*Cryptolepis sinensis* (Lour.) Merr.	
瓜子金藤	*Dischidia chinensis* Champ. *	自然林，多數。
匙羹藤	*Gymnema alterniflorum* (Lour.) Merr. *	自然林，不常見。
千金子藤	*Stephanotis yunnanensis* Levl.	
毛娃兒藤	*Tylophora hispida* Decne. *	自然林，不常見。

旋花科 Convolvulaceae

馬蹄金	*Dichondra repens* Forst. **	荒山，不常見。
痲辣仔	*Erycibe obtusifolia* Benth.	
五爪金龍	*Ipomoea cairica* Sw.	栽培。
茉欒藤	*Merremia hederacea* (Burm. f.) Hall. f.	
繖花茉欒藤	*Merremia umbellata* (L.) Hall. f.	

馬鞭草科 Verbenaceae

廣東紫珠	*Callicarpa kwangtungensis* Chun **	自然林，少數。
擬紅紫珠	*Callicarpa pseudorubella* Chang **	荒山，灌叢，少數。
紅紫珠	*Callicarpa rubella* Lindl. *	自然林，荒山，常見
鈍齒紅紫珠	*Callicarpa rubella* Lindl. f. *crenata* Pei. **	荒山，不常見。
鼎湖紫珠	*Callicarpa tingwuensis* Chang **	自然林，不常見。
鬼燈籠	*Clerodendron fortunatum* L. *	荒山，常見。
赬桐	*Clerodendron kaempferi* (Jack.) Sieb.	自然林，不常見。
腺常山	*Clerodendron viscosum* Vent	自然林，少數。
假連翹	*Duranta repens* L. var. *alba* Bail. **	栽培，林塲。
冬紅花	*Holmskioldia sanguinea* Retz	栽培，林塲。
美人櫻	*Lantana camara* L.	荒地。
過江藤	*Lippia nodiflora* L. C. Rich. **	水邊，不常見。
馬鞭草	*Verbena officinalis* L. **	荒地，常見。
牡荊	*Vitex negundo* L. *	荒地，不常見。
五葉牡荊	*Vitex quinata* (Lour.) F. N. Will. **	自然林，少數。
三葉牡荊	*Vitex sampsoni* Hance *	荒地，不常見。

唇形科 Labiatae

金瘡小草	*Ajuga decumbens* Thunb. **	自然林，不常見。
筋骨草	*Ajuga genevensis* L. **	自然林，不常見。
毛水珍珠菜	*Dysophylla auricularia* (L.) Bl. **	水邊，不常見。
錐花	*Gomphostemma chinensis* Oliv.	
益母草	*Leonurus sibiricus* L. **	荒地，不常見。
涼粉草	*Mesona chinensis* Benth.	
一串紅	*Salvia splendens* Ker.	栽培。
塔花	*Satureia gracilis* (Benth.) Nakai	
狹葉韓信草	*Scutellaria barbata* Don	
韓信草	*Scutellaria indica* L. **	自然林，不常見。
青蓮香	*Scutellaria rivularis* Wall.	
石蠶	*Teucrium stoloniferum* Ham.	

茄科 Solanaceae

印度羅陀曼	*Datura metel* L. **	荒地，少數。
雙花茄	*Lycianthes biflora* (Lour.) Bitt. **	自然林，不常見。
顛茄	*Solanum incanum* L.	荒地，不常見。

玄參科 Scrophulariaceae

毛麝香	*Adenosma glutinosum* (L.) Druce **	荒山，少數。
蝴蝶草	*Torenia concolor* Lindl.	
藍豬耳	*Torenia fournieri* Lindl. **	自然林，常見。
水苦蕒	*Veronica agrestis* L.	

紫葳科 Bignoniaceae

| 紫葳 | *Campsis grandiflora* (Thunb.) Loisel. | |

苦苣苔科 Gesneriaceae

| 長蒴苣苔 | *Didymocarpus macrosiphon* (Hce.) Levl. ** | 自然林，少數。 |
| 馬鈴苣苔 | *Oreocharis benthamii* C. B. Clarke * | 自然林，常見。 |

爵床科 Acanthaceae

鴨嘴花	*Adhatoda ventricosa* (Wall.) Nees **	自然林，不常見。
白花香	*Codonacanthus pauciflorus* Nees	
羨氏爵床	*Justicia championi* T. Andr.	
爵床	*Justicia procumbens* L.	自然林，常見。
	Lepidagathis hyalina Nees **	自然林，不常見。
馬藍	*Strobilanthes cusia* (Ham.) O. Ktze.	
翼葉老鴉嘴	*Thunbergia alata* Bojer **	自然林，不常見。

白花老鴉嘴	*Thunbergia fragrans* Roxb.
大花老鴉嘴	*Thunbergia grandiflora* Roxb.
樟葉老鴉嘴	*Thunbergia laurifolia* Lindl.

車前科 Plantaginaceae

| 車　　前 | *Plantago major* L.** 自然林，荒山，常見。 |

茜草科 Rubiaceae

水　楊　梅	*Adina pilulifera* (Lam.) Franch.* 自然林，常見。
双球鐵屎木	*Canthium dicoccum* (Gaertn.) Merr.** 自然林，不常見。
鐵　屎　木	*Canthium pavifolium* Roxb.** 自然林，少數。
柴　杪　利	*Chasalia curviflora* (Wall.) Thwaites** 自然林，不常見。
栀　　子	*Gardenia jasminoides* Ellis** 自然林，不常見。
愛　地　草	*Geophila herbacea* (L.) O. Ktze.** 自然林，少數，草木。
山　　丹	*Ixora chinensis* Lam.* 自然林，常見。
粗　葉　木	*Lassanthus chinensis* Benth.** 自然林，不常見。
福氏粗葉木	*Lasianthus fordii* Hemsl.** 自然林，不常見。
尖尾粗葉木	*Lasianthus tenuicaudatus* Merr.
毛脈粗葉木	*Lasianthus trichophlebus* Hemsl.
雞　眼　藤	*Morinda umbellata* L.** 荒山，不常見。
大葉白紙扇	*Mussaenda erosa* Champ.**
白　紙　扇	*Mussaenda pubescens* Ait. f.* 荒山，自然林，常見。
腺　萼　木	*Mycetia sinensis* (Hemsl.) Craib** 自然林，不常見。
烏　　檀	*Nauclea officinalis* Pierre
耳　　草	*Oldenlandia auricularia* K. Schum.* 自然林，多數。
蛇　舌　草	*Oldenlandia effusa* O. Ktze.* 自然林，多數。
牛　白　藤	*Oldenlandia hedyotidea* (DC.) Hand.-Mzt.** 荒山，不常見。
長葉耳草	*Oldenlandia lancea* (Thunb.) O. Ktze.** 自然林，常見。
蛇　　根	*Ophiorrhiza cantoniensis* Hance* 自然林，不常見。
白　花　丹	*Pavetta hongkongensis* Brem.** 自然林，不常見。
雞　屎　藤	*Paederia scandens* (Lour.) Merr.** 自然林，不常見。
九　　節	*Psychotria rubra* (Lour.) Poir.* 自然林，多數。
蔓　九　節	*Psychotrsa serpens* L.* 自然林，常見。
光葉山黃皮	*Randia canthioides* Benth.* 皮自然林，不常見。
山　石　榴	*Randia spinosa* (Thunb.) Bl.** 自然林，不常見。
六　月　雪	*Serrisa foetida* (L. f.) Comm.** 栽培，寺內。
	Spermacoce semierecta Roxb.

毛達侖木	*Tarenna mollissima* (H.et A.) Merr. *	自然林，不常見。
狗骨柴	*Tricalysia viridiflora* (DC.) Natsum. **	自然林，不常見。
黃狗骨柴	*Tricalysia viridiflora* (DC.) Matsum. var. *lutea* (H.–M.) Chun et How	
水錦樹	*Wendlandia paniculata* DC.	
濶葉水錦樹	*Wendlandia uvariifolia* Hance **	自然林，不常見。

忍冬科 Caprifoliaceae

金銀花	*Lonicera affinis* H. et A. **	灌叢，不常見。
毛莢蒾	*Viburnum fordiae* Hance **	灌叢，不常見。
蝶花莢蒾	*Viburnum hanceanum* Maxim.	
珊瑚樹	*Viburnum odoratissimum* Ker **	自然林，不常見。
常綠莢蒾	*Viburnum sempervirens* C. Koch *	自然林，不常見。

葫蘆科 Cucurbitaceae

老鼠拉冬瓜	*Melothria indica* Lour. **	自然林，不常見。
茅瓜	*Melothria heterophylla* (Lour.) Cogn. **	自然林，不常見。

菊科 Compositae

下田菊	*Adenostemma lavenia* O. Ktze.	
勝紅薊	*Ageratum conyzoides* L. **	荒地，常見。
紫苑	*Aster indicus* L. **	荒山，不常見。
三脈紫苑	*Aster trinervius* Roxb. **	荒山，不常見。
鬼針草	*Bidens biternata* (Lour.) Merr. et Scherff. **	荒地，常見。
毛鬼針草	*Bidens pilosa* L.	
香六耳鈴	*Blumea aromatica* DC.	
聚花六耳鈴	*Blumea glomerata* DC.	
六耳鈴	*Blumea lanceolaria* (Roxb.) Drude	
黃鵪菜	*Crepis japonica* Benth. **	荒地，常見。
細紅背葉	*Emilia prenanthoidea* DC. **	自然林，不常見。
鼠麴草	*Gnaphalium indicum* L. **	荒山，不常見。
旋覆花	*Inula cappa* (Ham.) DC. **	荒山，不常見。
萵苣	*Lactuca indica* L.	栽培。
泥湖菜	*Saussurea carthamoides* (Ham.) Benth.	
稀薟	*Siegesbeckia orientalis* L. **	荒地，不常見。
一枝黃花	*Solidago virgo-aurea* L. **	荒地，不常見。
毛葉鹹蝦花	*Vernonia andersonii* C. B. Clarke	
大葉鹹蝦花	*Vernonia cinerea* (L). Less.	
	Vernonia clivorum Hance	

鹹蝦花	*Vernonia patula* (Ait). Merr.
斑鳩木	*Vernonia solanifolia* Benth.** 自然林。
蟛蜞菊	*Wedelia chinensis* (Osb). Merr.** 荒地，水邊，常見。
蒼耳子	*Xanthium strumarium* L.**

露兜樹科 Pandanaceae

| 露兜樹 | *Pandanus tectorius* Parkins* 自然林，常見。 |

澤瀉科 Alismataceae

| 澤瀉 | *Sagittaria sagittifolia* L. 水田。 |

禾本科 Gramineae

水蔗草	*Apluda mutica* L. 自然林，常見。
野古草	*Arundinella nepalensis* Trin.* 荒山，多數。
孔穎草	*Bothriochloa intermedia* (R. Br). A. Camus
香茅	*Cymbopogon citratus* (DC) Stapf
華馬唐	*Digitaria chinensis* Hornem.
馬唐	*Digitaria sanguinalis* L. 荒山，常見。
稗子	*Echinochloa crus-galli* L.
蟋蟀草	*Eleusine indica* (L). Gaertn.* 荒地，常見。
南方知風草	*Eragrostis amabilis* W. A.
長穗畫眉草	*Eragrostis elongata* Jacq.
卡氏畫眉草	*Eragrostis chariis* (Schmalts) Hitch.
畫眉草	*Eragrostis pilosa* (L). Beauv.** 荒山，常見。
牛虱草	*Eragrostis unioloides* (Retz.) Nees.
假儉草	*Eremochloa ophiuroides* (Munro) Hack.** 荒山，常見。
白茅	*Imperata cylindrica* L.* 荒山，常見。
鴨嘴草	*Ischaemum aristatum* L.* 荒山，常見。
纖毛鴨嘴草	*Ischaemum ciliare* Retz.
	Isachne repens Keng
淡竹葉	*Lophatherum Gracile* Brongn.* 自然林，常見。
稻	*Oryza sativa* L. 栽培。
五節芒	*Miscanthus floridulus* (Labill.) Werb.
芒	*Miscanthus sinensis* And. 荒山，不常見。
石珍茅	*Neyraudia reynaudiana* (Kunth) Keng
多穗縮箬	*Oplismenus compositus* Beauv. 荒山，常見。
鋪地黍	*Panicum repens* L.
雙穗雀稗	*Paspalum distichum* L.

雀 稗	*Paspalum scrobiculatum* L.	
狼 尾 草	*Pennisetum alopecuroides* (L.) Spr.	荒山，常見。
羅 氏 草	*Rottboellia exaltata* L.	
大 密	*Saccharum arundinaceum* Retz.	
甘 蔗	*Saccharum officinarum* L.	栽培。
滑 草	*Sacciolepis indica* (L.) Chase	
短葉裂稃草	*Schizachyrium brevifolium* (Swartz) Nees	荒山，不常見。
毛裂稃草	*Schizachyrium obliquiberbe* (Aack.) A. Camus	荒山，不常見。
紅裂稃草	*Schizachyrium sanguineum* (Retz.) Alston	荒山，不常見。
粱	*Setaria italca* (L.) Beauv.	
黃狗尾草	*Setaria lutescens* (Weigl.) Hubb.	荒山，不常見。
狗 尾 草	*Setaria viridis* L.	荒山，常見。
棕葉狗尾草	*Setaria palmifolia* (Koenig) Stapf	
稗 籠	*Sphaerocaryum pulchellum* (Roth.) Merr.	
鼠 尾 粟	*Sporobolus elongatus* R. Br.	荒山，不常見。
大 菅	*Themeda gigantea* (Cav.) Hack.	荒山，不常見。
大葉棕蘆	*Thysabolaena maxima* (Roxb.) O. Ktze.	灌叢，荒山，多數。

莎草科 Cyperaceae

十 字 薹	*Carex cruciata* Vahl	
	Carex cryptostachys Brongn.	
	Cyperus sp.	
裂穎草	*Diplacrum caricinum* R. Br.	
黑莎草	*Gahnia tristis* Nees *	自然林，多數。
海瀡草	*Hypolytrum latifolium* L. C. Rich.	
銀花湖瓜草	*Lipocarpha argentia* R. Br.	
刺 子 莞	*Rynchospora wallichsana* Clarke **	荒山，不常見。
珍珠茅	*Scleria harlandi* Hance	荒山，常見。

棕櫚科 Palmae

魚尾葵	*Caryota ochlandra* Hance *	自然林，常見。
黃 藤	*Daemonorops margaritae* (Hce.) Beccari *	自然林，多數。
棕 竹	*Rhapis excelsa* (Th.) Henry **	自然林，少數。

天南星科 Araceae

菖 蒲	*Acorus calamus* L. **	自然林，不常見。
粵萬年青	*Aglaonema modestum* Schott *	自然林，不常見。
鞋芋頭	*Alocasia odora* (Roxb.) C. Koch *	自然林，常見。

		Arisaema penscillatum N. E. Brown	
李	頭	*Colocasia antiquorum* Schott	栽培。
麒麟	尾	*Epipremnum pinnatum* (L.) Engl.	寺後，少數。
小石浦藤		*Pothos repens* (lour.) Merr.*	自然林，多數。
大石浦藤		*Pothos seemanni* Schott**	自然林，常見。
獅子	尾	*Rhaphidophora hongkongensis* Schott.**	自然林，不常見。
犂頭	草	*Typhonium divaricatum* Decne.**	自然林，不常見。

穀精草科 Eriocaulaceae

賽穀精草	*Eriocaulon sieboldianum* S. et Z.**	水邊，常見。
穀精草	*Eriocaulon wallichianum* Mart.**	水邊，常見。
	Eriocaulon Wightianum Mart.	

鴨跖草科 Commelinaceae

鴨跖草	*Commelina communis* L.*	自然林，不常見。
聚花草	*Floscopa scandens* Lour.**	自然林，不常見。
水竹草	*Zebrina pendula* Schnizl.**	自然林，不常見。

百合科 Liliaceae

假天冬	*Asparagus cochinchinensis* (Lour.) Merr.	栽培。
山蘭	*Dianella ensifolia* (L.) DC.*	荒山，常見。
山竹花	*Disporum cantoniense* (Lour.) Merr.	栽培。
淡紫百合	*Lilium brownii* N. E. Br.	
黃精	*Polygonatum multiflorum* Allioi**	自然林，少數。
菝葜	*Smilax china* L.*	荒山，常見。
光葉菝葜	*Smilax glabra* Roxb.*	自然林，常見。
白背長葉菝葜	*Smilex hypoglauca* Benth.*	自然林，常見。
	Smilax lancaefolia Roxb.**	荒山，不常見。
白背圓葉菝葜	*Smilax opaca* Norton*	自然林，常見。

石蒜科 Amaryllidaceae

仙茅	*Curculigo capitulata* Kuntze**	自然林，常見。

薯蕷科 Dioscoreaceae

Dioscorea Cirrhosa Lour.

薑荷科 Zingiberaceae

山薑黃	*Curcuma zedearia* (Berg.) Rosc.	栽培。
薑花	*Hedychium ceronarium* Koenig	栽培。
山羌	*Languas speciosa* (Wendl.) Merr.*	自然林，常見。

美人蕉科 Cannaceae

蘧 芋　　　*Canna edulis* Ker　　栽培。**

水玉簪科 Burmanniaceae

水 玉 簪　　*Burmannia disticha* L.

蘭　科 Orchidaceae

玉 鳳 花　　*Habenaria linguella* Lindl.**　　荒山，不常見。
血 藥 蘭　　*Haemaria discolor* Lindl.
　　　　　　Hetaeria cristata Blume.
苞 舌 蘭　　*Spathogolothis pubescens* Lindl.
綬　　草　　*Spiranthes sinensis* (Pers) Ames.　荒山，不常見。

八、提　要

1. 鼎湖山的自然植被屬於亞熱帶常綠林，它具有一定程度上的雨林特徵，但不是雨林，同時也不是闊葉常綠林。

2. 在自然植被方面以生蟲樹＋椎樹＋銅鑼桂＋桐樹羣落爲最主要，其中幾個優勢種發展是不平衡的，椎樹與桐樹已發展到成熟的階段並開始衰退，而生蟲樹與銅鑼桂則正在上升階段，將可能進一步發展取代椎樹與桐樹而成爲絕對優勢植物。

3. 破壞後的荒山，以禾草最先侵入，它們以種子傳播的方式很快地繁殖起來，接着是芒萁羣落繼之而至。在反覆破壞的地區，表土被冲刷而流失，則以崗松佔優勢。芒萁羣落如未受破壞，則由于其死地被物較厚，改良土壤條件，而爲灌木及喬木的發展創造了有利的條件，首先出現的灌木是崗稔、毛稔、崗冷、黃牛木等陽性植物，喬木則爲椎樹、桐樹、藜蒴、及紅皮紫陵等。如果沒有人爲干涉，則將發展爲自然林。

4. 人造林方面，桉樹分佈於山麓地區，它們的要求比較嚴格，要有充足的陽光，坡度又不能太大，也不能種得太高。馬尾松的前途則很樂觀，但要加强經營管理，整枝及防火等工作。

5. 地形起伏對于植物分佈起着顯著作用。在山谷地帶的植被富有雨林的特徵，半山以上的林型則顯著的改變，而具有某些闊葉常綠林的特色。此外，在大起伏的北坡，日照、溫度及濕度與南坡顯然有別，這可由北坡擬桫欏羣落的存在以說明之。至於鷄籠山南坡一帶，因過去人工破壞太甚，使地形起伏影响的因素變得不顯著，今後加强了封山育林的工作，將改變原日的面貌。

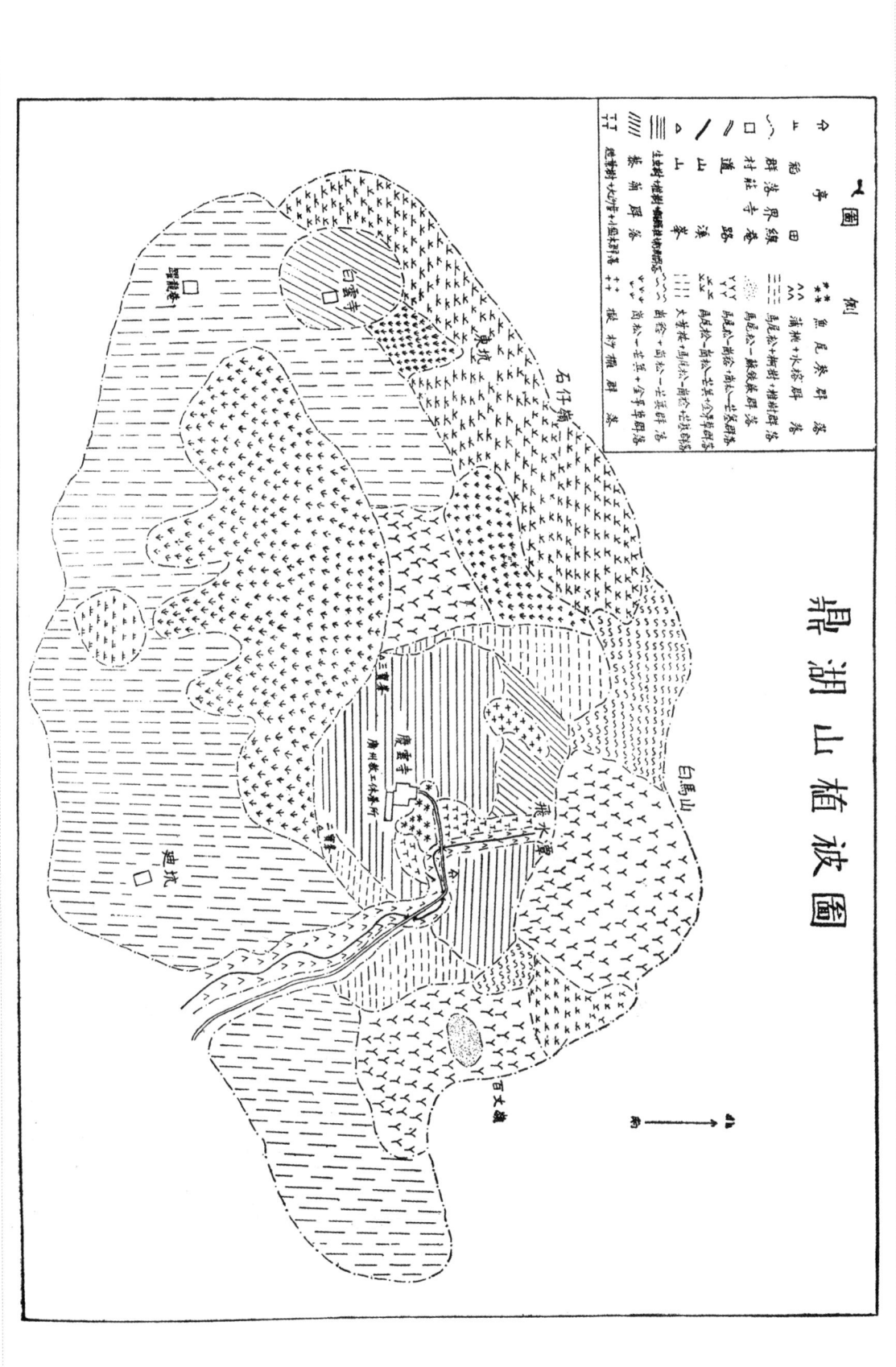

鼎湖山植被圖

1. 鼎湖山森林外貌（慶雲寺右側）

2. 攀援植物——小石蒲藤

3. 人面子的板狀根

4. 馬尾松——蘇鉄蕨羣落

雷州半島的紅樹植物群落

張宏達 張超常 王伯蓀

(生物系)

一 前 言

紅樹林是熱帶及亞熱帶海岸植被的主要羣落，也是熱帶植被的主要特徵。中國南部海岸廣泛生長着紅樹植物，解放以來，由於人民政府重視熱帶植物資源，紅樹植物才引起植物學者及農林業工作者的注意。本文的資料是根據一九五六年度中國科學院華南植物研究所委托中山大學生物系生產實習隊到雷州半島進行植被調查時所搜集的資料加以整理而寫成。由於長時期以來人工對紅樹的干涉過於嚴重，差不多全部紅樹羣落都失去原生面貌，這對于羣落區分及羣落演替的分析不無影响。

本文首先要指出雷州半島沿岸紅樹羣落的一般特徵，因為該地位於北緯20°的地區，是紅樹林在北緯分佈接近它的極限，當然是和東南亞的紅樹林中心分地區——馬來亞的紅樹林——有所區別。然後對不同的羣落加以區分，幷企圖找出它們彼此間的關係和演替的規律及其與生境的相互關係。希望對于華南發展紅樹造林工作有所裨益。

二 紅樹群落的自然條件

紅樹林雖然也和雷州半島一般陸生植物羣落同住在一個自然環境下，但有它特定的條件，紅樹林出現和生存的先決條件當然是緯度、氣溫和海流，而實際決定紅樹林生存和發展的具體生境條件應該是鹽生條件和海岸升降發展及淤泥沉積快慢。特別要強調指出的，紅樹林和一般水生植物一樣具有廣泛分佈的特性，凡是熱帶海岸都有紅樹分佈着，一般說來小氣候的變化對於紅樹的分佈似乎影响不大。

緯度：紅樹雖主要分佈于熱帶海洋，但常受海流的影响；在美洲東岸由於墨西哥暖流的影响，向北一直分佈到北緯32°的弗羅里達 Florida*。在南中國海由於南海暖流經由台灣東部北行，所以紅樹林一直分佈到琉球羣島。而中國東南海岸一帶由於鄂霍次克海的寒流沿着大陸沿海南下一直到達北部灣，因此在福建閩江口北紅樹林似乎不再存在。雷州半島的紅樹林，因緯度稍高（北緯20°左右），故植株矮小，不超過6米，不像馬來亞的紅樹達到30米那麼高。

氣候：氣候條件是受一定的緯度位置所制約。

温度：雷州半島的氣温，年平均最高温度爲28°C，年平均最低温度爲16°—13°C，絕對最高温38°C，絕對最低温 −4°—0°C，年較差爲12—15°C。在水温方面，根據南海水温的數字**，年平均水温爲25—27°C，2月在20°C左右，8月在28°C左右，年較差爲8°C。由於水温的年較差小，低温極限較高，且不隨氣温的急劇升降而起相應的變化，是華南沿岸紅樹林生長的先決條件之一。

雨量：雷州半島的雨量爲 1200—1500 mm，這個數字的雨量，與其說對紅樹林直接發生影響，毋寧說是雨水及河水由陸地流入海洋，改變紅羣落生境的海水的鹽分，使生於海灣及河口的種類顯然有別，生在河口及潮水能漲到的河流下游，水的鹽分較低的紅樹羣落的確是不同於海水經常浸潤的紅樹羣落。前者的實例可以徐聞錦囊附近，調龍河下游的紅樹羣落爲例，這裏真正的紅樹科種類只有秋茄樹(Kandelia Candel)。其他科的種類有海漆(Excoecaria agallocha)，老鼠簕(Acanthus ilicifolius)，金蕨 (Acrostichum aureum)，及所謂"半紅樹"的種類如臭茉莉(Clerodendron inerme) 等則較多。關於不同羣落的海水含鹽量，我們還沒有詳細的數字。根據一般數字，南海海面鹽分爲3.5%，靠近海岸的海水鹽分在 3.2% 以下（見徐俊鳴）。這裏並引北美南部弗羅里達紅樹羣落的海水鹽分以供參攷。在真正紅樹林分子的生境含鹽分爲3.185—3.684%，在半紅樹林的使君子科的Conocarpus 羣落只有0.144%（見 Richards）。

風浪及海潮：風對紅樹的關係，主要表現在由風引起的海浪對紅樹林的影响，在雷州半島地區，經常有4—6級的強風，每年更有5次以上6—12級的颱風，這些強風及颱風所捲起的海浪對於紅樹的生長繁殖，特別胎萌幼苗的札根發生困難。

---

*Richards, The Tropical Rain Forest, 1950.

**徐俊鳴：中國自然地理補充教材，油印本。

因此在正面擋着風浪的東部海岸，紅樹林只分佈在海灣的內部；直接暴露於海浪沖激的海灘上是不可能生長紅樹林。海浪的另一影响是對海灘直接冲激，使淤泥不能在海岸進行沉積作用，因此當風的海岸不是岩石嶙峨，便是一片砂礫，紅樹植物根本無法在這裏生長。最具體的例子可從雷東縣東海島看出來，東海島的東面海岸，由于直接暴露於南海冲激來的海浪，完全是一片流動沙丘，紅樹林只分佈於背風的島的西部，北部及西南部。

海潮似乎對於紅樹林不起破壞作用。相反的，海潮對於紅樹林的分佈起着重大的作用，各種胎萌幼苗，都依靠海潮帶到遠距離的海岸去。雷州半島紅樹羣落中5個主要種，5個次要種，都是東南亞區系的分子，足以說明海潮對紅樹分佈的意義。

海潮對於紅樹形態結構亦起着重大的作用，支柱根、呼吸根和板根的形成及胎萌現象，都和海潮的影响分不開的。

雷州半島潮汐本身具有特殊的現象。半島西海岸面臨北部灣（東京灣），北部灣潮汐是一日一囘潮。東海岸亦受到北部灣潮汐的影響，一年中大多數潮汐每天漲落一次，但這方面對於紅樹羣落的影響，據目前了解尚不大顯著。

地形：雷州半島的陸地上沒有高山，境內只有三數死火山，最高不過200餘公尺，因此海岸很少峻峭的地形。湛江市南面一帶海岸是半島唯一崎嶇海岸。總的來說，半島東西兩岸以及雷東各島的海岸，一般都是傾斜度極小的冲積海灘。海灘的縱深程度不一，在半島南端由於海岸下降運動使海灘變窄。在河流出海的地方，由於河流帶來的淤泥冲積於河口兩岸，形成縱深度較大的冲積海灘，如東海岸的南渡河口、通明港、城月河，西海岸的流沙河、英利河、海康河、樂民河和楊柑河等，這都是紅樹林羣落集中的地區。此外，在東、西、南三面的海岸有許多彎曲的海灣，在那裏不受風浪直接的侵襲，也是紅樹林分佈的地區。

地質與土壤　半島南部包括徐聞全縣和海康縣南部爲玄武岩。海康北部和遂溪南部爲淺海沉積。遂溪北部仍爲玄武岩，雷東各島均爲淺海沉積。由玄武岩風化所成的土壤粘性較重的紅壤，由淺海沉積所風化的爲砂壤土，這是半島陸地部份的地質及土壤的概況。

在粘質紅壤地帶的海岸及海灘，完全由粘壤沉積而成，再加上腐植質形成藍灰色的重粘質鹽土，它在低潮位以下地帶是稀爛的淤泥，在高潮位以上地帶則比較堅固，可以載負行人。

在砂質紅壤地帶的海灘，凡直接暴露於風浪的東部海岸，特別東海島和東莒島是一大片移動沙荒，這裏是完全不生長紅樹羣落。在背風的海岸，特別是海灣，仍然是以藍灰色粘性鹽土爲主，只在小河出口處，多少夾雜一點砂土，這裏仍然是紅樹羣落分佈的場所，像通明港、樂民港、羅靈、曲港和南渡河口等地是。因此紅樹的分佈和母岩性質是沒有直接的關係。

此外，在湛江市西營對面的特呈島的東南，有一片由淺海沉積風化的，在成土過程所沉積的鐵盤所構成的海灘，夾雜着沙質的鹽土，也盛長着紅樹羣落。據初步了解這是島上居民爲了防潮水冲激而保留下來的紅樹林。

紅樹羣落中的各個分子，對於土壤的選擇性是不一致的。白骨壤 (Avicennia marina)、桐花樹 (Aegiceras corniculatum)、秋茄樹 (Kandelia candel) 等要求生長在海潮能夠淹到的海潮上，它們在稀爛淤泥裏特別旺盛，同時也能生長在堅硬的鹽土上。白骨壤甚至能生長在沙土及石隙裡，桐花樹和秋茄樹較常見於河流出口處。木欖 (Bruguiera conjugata) 常生在羣落的內緣，接近高潮綫的邊緣，也可以生於海潮淹不到的海灘上，它能忍受堅硬的鹽土，甚至砂質鹽土上，而不喜歡生於稀爛的淤泥上。其他次要的紅樹林分子如海漆 (Excoecaria agollocha)、金蕨 (Acrostichum aureum)、老鼠簕 (Acanthus ilicifolius)、欖李 (Lumnitzera racemosa) 等常生於較堅硬的鹽土上。半紅樹分子如臭茉莉 (Clerodendron inerme) 草海桐 (Scaevola frutescens) 等則生於乾燥的鹽土上。

三　雷州半島紅樹群落的結構和外貌

雷州半島紅樹羣落的分佈是不連續的，通常都位於海灣及河流出海處，以片斷的小段出現。在雷東縣東海島及海康縣南渡河口有較大片的片斷，面積達千餘畝外，其餘都是較小面積。

紅樹羣落的外貌簡單，爲灌木林或小喬木林（照片1），一般高不過3米，最高的也不過6米，這只在西部海岸海康與徐聞間的馬騮港宋屯村及湛江對面的特呈島可以找到。因林的高度小，就沒有分層現象或分層不清楚，樹冠的寬度大于高度，但密度不大，一般覆蓋度不超過60%，惟特呈島及馬騮港宋屯的兩個羣落覆蓋達85%或更密。

紅樹羣落的種類比較單純，眞正屬於紅樹羣落的不過10種，包括紅樹科的紅茄苳

(Rhizophora mucronata)、木欖 (Bruguiera conjugata)、秋茄樹 (Kandelia candel)、角果木 (Ceriops tagal), 馬鞭草科的白骨壤 (Avicennia marina)、紫金牛科的桐花樹 (Aegiceras corniculatum)、大戟科的海漆 (Excoecaria agallocha) 爵床科的老鼠簕 (Acanthus ilicifolius)、使君子科的欖李 (Lumnitzera racemosa) 及蕨類植物的金蕨 (Acrostichum aureum), 這和世界主要紅樹中心馬來亞相比起來要簡單得多。根據 Watson 的報導*, 馬來亞的紅樹林有主要種類17種, 次要種23種, 則本區僅及馬來亞的四分之一。即與海南島比較, 那裡有主要及次要的紅樹植物16種, 則本區僅及海南島的63%。

紅樹羣落矮小而種類單純的原因, 主要是本區已接近紅樹的緯度分佈極限的北部邊緣, 隨着緯度的升高, 溫度的年較差大, 低溫的季節顯著而且長, 使嗜熱的紅樹種類的分佈及生長受到影响。

其次是人工干涉的影响, 據調查了解過去半島東西海岸及雷東各島有許多大面積成熟而高大的老樹林, 在抗日戰爭期間, 遭受日本人及反動派的砍伐破壞, 遂形成目前雷州半島零星而殘缺的小林, 特別是成熟的老林很少, 絕大部份都是次生的灌木林, 而且是由單獨的先鋒樹種所構成。

林裡面的密度並不大, 除了紅茄苳及秋茄樹有支柱根交織着之外, 其餘種類的支柱根不發達, 故林裏仍可以通過行人 (照片8), 林下情況一般也很單純, 在海潮所能淹沒的林下, 通常只有紅樹植物各種的幼苗, 它們是以紅茄苳幼苗爲主, 在25平方米里紅茄苳幼苗可達200株以上, 其他的幼苗則較稀疏。此外, 在高潮位附近硬地偶有結縷草 (Zoisia matrella) 和鹽地鼠尾草 (Sporobolus hancei)。在海潮淹不到的林下, 只有少數金蕨 (Acrostichum aureum), 臭茉莉 (Clerodendron inerme) 及鹼蓬 (Suaeda australis)。

在羣落的組成分子當中, 白骨壤 (Avicennia marina) 佔很大的比例, 在許多次生羣落裏白骨壤形成單優種羣落, 它不具支柱根, 有粗大的莖, 離地面30厘米高處, 直徑達45厘米, 有無數突出地面長達30厘米的呼吸根 (照片3)。白骨壤的種子亦爲胎萌現象, 但它不像紅樹科的種類, 並不具長柱形的胚軸, 它的種子也在果實裏卽行萌發, 兩片子葉寬大圓形, 在果實裏摺叠起來, 果實脫落後漂浮水面, 着地後很快卽生根。白骨壤似乎是一個先鋒樹種, 它生長在海灘的最外緣。

---

*Richards: The Tropical Rain Forest

紅茄苳 (Rhizophora mucronata)亦爲紅樹植被主要的羣落樹種，在東西海岸都可以找到它的幼年及成熟的單純林，它以支柱根稱著（照片7），往往從離地面一米多的莖幹上，長出無數氣根，直挿入淤泥里，因此它的幹莖不很大，並且往往缺乏主幹，分枝的樹莖與支柱根交織起來，並且在羣落裏多數植株連結在一起，使樹身及至整個羣落成爲堅固不拔的藩籬。它的胎萌現象和其他紅樹科的種類一致，種子在果實裡卽萌發，長出長達25厘米的胚軸，到成熟期胚體與果實分離自行脫落，挿入淤泥里再長根出葉。由於這種合乎目的性的適應性，使紅茄苳幼苗的生長極爲繁盛，每一株母樹周圍不難找到數百株幼苗，如果沒有人工的破壞，很快便可以成林。

　　屬於紅樹科的種類尙有秋茄樹 (Kandelia candel)，木欖 (Bruguiera conjugata) 和角果木 (Ceriops tagal)。在形態結構上，秋茄樹（照片5）很像紅茄苳，支持根非常多，主幹不十分顯著。木欖在幼小時有支柱根，但一般長得低，常靠近根頸處，隨着樹幹增長而逐漸轉變爲板根。秋茄樹是佔優勢的種類，木欖多散生，角果木則較罕見。

　　桐花樹 (Aegiceras corniculatum) 也是一個優勢的種類，也常和白骨壤在一起。偶亦有成單純林的。它也沒有支柱根，它的種子也是具有胎萌現象種子，在彎角狀的果實內卽行萌發，果實脫落後挿入淤泥裏，卽開始生根，桐花樹也似乎是一個先鋒樹種。

　　此外，海漆 (Excoecaria agallocha) 通常生於海潮淹沒不到的海灘上，往往與木欖生長在一起，它沒有支柱根只有板根。欖李 (Lumnitzera racemosa) 無論在東西海岸均爲散生狀態而存在，在紅樹羣落中不佔重要地位。老鼠簕 (Acanthus ilicifolius) 也只是偶見生於紅樹羣落的邊緣，靠近河流的出口處呈散生狀態，並不起重大的作用。

　　在這裏將提到一件甚饒興趣的現象，木欖在年幼時，靠近莖的基部原來也長出一些氣根，以後個體逐漸長大，新的氣根不再形成，原來老的氣根與莖基滙合成爲板根狀，這和木欖喜歡生長於高潮位的邊緣頗有聯系。從這事實使人聯想到熱帶植物板根的形成問題。過去的學者有的認爲是爲了抵抗靜力的壓碎作用或抵抗動力的拉斷作用，或以爲是背地性的作用，也有以爲紅樹缺乏主根只有側根，以是吸收作用的水流引起板根的形成*。作者們從木欖的氣根轉變爲板根的事實，確信一部份

---

*Richards: The Tropical Rain Forest.

的熱帶植物的板根是由氣根發展出來的。在古老的地史時期，地球上的熱帶沼澤長滿了高大的喬木，由於大氣的濕度很大，喬木長出了氣根，其中一部份氣根轉化為板根，這種特性一直遺傳下來。因此，一些較古老的熱帶植物，都還保留着這一特性。現有的陸生植物仍不乏由氣根轉化如板根的例子，如無花果屬的榕樹(Ficus retusa)及高山榕 (F. altissima) 等是。

最後，紅樹羣落的種類都是以種子特別是胎萌種子來傳播。以營養體進行再生的，其中已知的有秋茄樹 (Kandelia candel)、桐花樹 (Aegiceras corniculatum) 及白骨壤 (Avicennia marina) 具有萌生的能力，當它們被砍伐之後，能在莖基部以不定芽再長出新條。

四　紅树羣落的類型

1. 白骨壤羣叢 Avicennia marina associatio

本羣叢分佈於西海岸的馬騮港和置場，東部的錦囊，特呈島的東南岸等地。每一個羣叢片斷的面積大小不一，生境的自然條件也呈多樣多式，在發展的過程中也各處在不同的階段。

馬騮港的羣叢片斷佔有廣大的面積，這裏是深入半島陸地的冲積海灣，距離出海口約10公里左右，海灘很平坦，淤泥比較稀爛只在靠近高潮位附近畧為堅硬。位于高潮位和低潮位之間的海灘縱深約 400 米，寬約 5 公里餘，羣叢片斷斷續地分佈於其間估計面積不下5000畝。白骨壤生於高潮綫以內，在羣叢片斷的外緣有一部份生於低潮位之下，經常浸在海水里，整個羣叢片斷在潮漲時都被淹沒在海水裡。

海灘冲積土皆為藍灰色砂土，或為深藍色其中夾有銹黄色條狀斑紋的砂質粘壤，pH 值約為 ±7.0，常呈爛泥狀的小粒狀結構，土層中殘余植物體及枝葉多已腐爛，且有腐臭的氣味，土層深厚，有各種螺和蟹活動於其間。

本羣叢片斷以白骨壤佔絕對優勢，在 4×4 米的樣方裡有白骨壤142株(表1)，

表1　　　　　馬騮港白骨壤羣叢片斷樣方(4×4米)

種　　　　　類	株數	覆蓋度	高度(米)		茂盛度
			一般	最高	
白骨壤　Avicennia marina	142	60%	1.2	1.5	II
紅茄苳　Rhizophora mucronata	2	2%	1.5	2.0	II

平均每平方米約有9株。一般高度僅在1.2米左右,最高也不超過1.5米,基徑約2—5厘米,覆蓋度約為60%,矮林下幼苗極多,在同一面積的樣方裡有幼苗100株,一般高約20—30厘米。林下沒有別的種類伴生,只有白骨壤的呼吸根,每10方厘米約有24條,一般長不過3—4厘米。在羣叢片斷裡面除了有少數紅茄苳之外,還有一些木欖和桐花樹星散分佈着,在靠近高潮綫附近一帶林下地面則有結縷草(Zoisia matrella)和星散的鹼蓬(Suaeda australis)。

這一羣叢片斷是處在發展過程當中,樹齡最多不超過10年,密度大,外貌整齊而單純,人工干涉尚屬輕微。

特呈島的白骨壤羣叢片斷的自然環境較爲特殊,高潮位以上的海灘是沙土,高潮位以下的海灘是含砂量極大的砂壤,表面只有一層薄薄的淤泥,故土質堅硬。另一部份的海灘且普遍覆蓋着徑逾2米的鐵盤,這種鐵盤是淺海沉積在成土過程沉積出來的。白骨壤卽生長於鐵盤的間隙里,及鐵盤之間的砂土。

海灘的縱深比較小,一般不超過50米,最大的縱深亦不過100米。這是由於海灘位於東南面,由南海冲來的浪潮,雖經東南面的雷東各島的阻擋,仍以一定的強度,冲激在本島的東南岸,故本羣叢片斷的生境多屬沙灘,而白骨壤能在這裏生長是和人工保護分不開,島上居民利用它來防止海潮及海浪的破壞作用。

特呈島的本羣叢片斷已達到成熟的階段(照片2),基徑寬40—60厘米,但樹幹彎曲,高度不超過3米,一般都在2米以下呈侏儒狀,樹冠傘形,寬4—9米,覆蓋度約爲50%,這種侏儒狀的形態,可能是與東南海岸直接蒙受強烈海浪及颱風有關。因爲在西海岸風力較弱地區,白骨壤高達6米餘,而徑寬尚不超過30厘米。林下不具其他種類,以白骨壤佔絕對優勢,在每一植株周圍有無數吸呼根,伸出地面,長者可達40厘米,由於植株較高大,在海潮上漲時猶有一部份露出水面。

在海康西海岸蓋場的羣叢片斷,則生長在河流出口的沙灘上,一般高度在1—1.5米之間,羣落正處在擴展和發展當中。

徐聞東海岸的錦囊的羣叢片斷,面積較小,且有一部份受到流沙的侵襲,使羣叢的發展可能中斷。

本羣叢各個片段發展的情況,及結構是不一致的,也不可能一致的,其中關於人工干擾起着重大的影响,沿海居民多以紅樹充綠肥使用,尤以白骨壤的枝葉要比其他紅樹的種類容易腐爛,因此,農民多採伐白骨壤充當肥料和燃料,遂使本羣叢的發展受到一定的障碍。

本羣叢在作爲一個單優種羣落時，生勢極旺盛，在混合優勢的羣落中時，則多衰退或僅生於前緣，起着先鋒樹種的作用。

2. 桐花樹群叢 Aegiceras corniculatum associatio

本羣叢主要見於遂溪縣樂民港和楊柑港。其次在雷東的西南、南渡河口南岸有片斷分佈，多生長在白骨壤羣叢中的靠岸地帶。

樂民港位於樂民鎮的北面，有四條河溪在這裡出海，其中最大的是樂民河，港灣向北，深入內陸，故風浪一般較平靜，紅樹羣落多長於港灣的西岸，羣落北面、東北及西北面與沙荒地帶相接。土壤含沙質較多，淤泥堆積不見很厚、僅 3—5 厘米，最深達10厘米。亦有局部土壤硬結，成灰黑色，中有不規則的碎石稀疏分佈，桐花樹就生長在這樣的環境，成一片黃綠色，覆蓋度約70%左右，靠近邊的比較矮小，約在1米以下，靠海港一面比較高大，有達3米以上的，胸徑在5厘米左右，桐花樹的分佈是由海岸逐漸向海港減少，可從樂民港的樣方來看（表2,3,4,5）。

表2　　樂民港桐花樹羣叢片斷內緣 4×4 米樣方情況表

種　　類	覆蓋度	高度(米)		茂盛度
		一般	最高	
桐花樹　Aegiceras corniculatum	70%	1.0	2.0	II
紅茄苳　Rhizophora mucronata	2%	0.6	2.0	II

表3　　樂民港桐花樹羣叢片斷中部 4×4 米樣方情況表

種　　類	覆蓋度	高度(米)		茂盛度
		一般	最高	
桐花樹　Aegiceras corniculatum	65%	1.0	3.0	II
紅茄苳　Rhizophora mucronata	20%	1.0	2.0	II
秋茄樹　Kandelia candel	5%	1.2	4.0	II

表4　樂民港桐花樹羣叢片斷靠近外緣 4×4 米樣方情況表

種	類	株數	覆蓋度	高度（米）		茂盛度
				一般	最高	
紅茄苳	Rhizophora mucronata	4	40%	2.0	2.5	II
秋茄樹	Kandelia candel	2	3%	2.0	2.5	II
桐花樹	Aegiceras corniculatum	8	15%	1.0	2.0	II
木欖	Bruguiera conjugata	2	10%	2.0	3.0	II

表5　樂民港桐花樹羣叢片斷最外緣 4×4 米樣方情況表

種	類	株數	覆蓋度	高度（米）		茂盛度
				一般	最高	
紅茄苳	Rhizophora mucronata	3	70%	2.0	3.0	III
木欖	Bruguiera conjugata	2	25%	2.0	3.0	II
白骨壤	Avicennia marina	1	1%	1.0	1.2	II
桐花樹	Aegicaras corniculatum	1	1%	1.0	1.5	II
秋茄樹	Kandelia candel	1	1%	1.0	1.5	II

在（表2）所示桐花樹佔很大的優勢，有 65—70% 的覆蓋度，高度最高可達 3 米，其他種類少，接近純林。離海岸愈遠，逐漸減少，在 120—145 米之間（表3），桐花樹相對的減少，僅佔 65%，紅茄苳增加到 20%。離海岸 145—165 米之間（表4），則以紅茄苳佔優勢，佔 40%，桐花樹僅有 15%。165 米外桐花樹只有 1 株，而紅茄苳和木欖佔絕對優勢。顯然桐花樹羣叢的分佈是限於岸邊，在沙灘稍有淤泥的土壤便可生長，這點可以從桐花樹的果實不大，不一定要插在淤泥中才可生根。相反地在淤泥逐漸增多的地方，逐漸會被秋茄樹和紅茄苳所代替，所以它多與白骨壤混在一起為紅樹羣落的先鋒樹種。

本羣叢的分佈尚有一特點，多在河水和海水相混的地方較良好，像樂民港、楊柑港、南渡河口等港灣均為河流出海的地方，都發現有桐花樹的單優羣落。

3. 白骨壤 + 桐花樹群叢 Avicennia marina + Aegiceras corniculatum associatio

本羣叢位於徐聞東海岸的錦囊市，這是一個海岸彎曲的港灣，靠近海岸是一片狹長的流動沙荒。由于陸地上的地面水不斷把流沙帶着往海岸冲瀉，使沙灘逐漸往海灘方面擴漲，而紅樹羣落也就受到影响。在本羣叢生境中的土壤結構，就比其他羣叢大爲不同。上層是黃褐色細砂，30厘米以下是富有腐植質及混有未完全腐爛的紅樹氣根的黑土，50厘米以下是灰褐色的砂質粘壤，各層的 pH 值在 5—5.8 之間。由於流沙不斷向下冲瀉，紅樹羣落已受到影响，部份植株的莖及枝已被流沙所淹沒。

本羣叢面積約100畝，以白骨壤及桐花樹佔最優勢。桐花樹分佈於羣叢中央部份，在羣叢的內緣和外緣，二者的株數比例差不多相等（表6），在羣落中央部份

表6　　羣叢內緣 4×4 米樣方的種類分佈情況表

種　　　　類	株數	高度（米）		茂盛度
		一般	最高	
桐花樹　Aegiceras corniculatum	30	1.0	2.2	I
白骨壤　Avicennia marina	29	2.2	3.0	I

白骨壤的株數較少（表7），在羣叢外緣二者的分佈又趨於均勻一致，且有散生的秋茄樹（表8）

表7　　羣叢中央 4×4 米樣方的種類分佈情況表

種　　　　類	株數	覆蓋度	物候相	茂盛度	附　註
桐花樹　Aegiceras corniculatum	55	38%	n_1	II	幼苗33株
白骨壤　Avicennia marina	5	12%	$Ц_2$	I	
秋茄樹　Kandelia candel	1	7%	$Ц_2$	II	

表8　　羣叢外緣 4×4 米樣方的種類分佈情況表

種　　　　類	株數	覆蓋度	物候相	茂盛度
桐花樹　Aegiceras corniculatum	10	25%	n_1	I
白骨壤　Avicennia marina	11	6%	$Ц_2$	II
鹼蓬　　Suaeda austnalis	2	0.5%	Ber	II
鹽地鼠尾草　Sporobolus hancei		0.5%	Ber	I

從表上可以看到由於流沙的影响，林下找不到幼苗。其次，白骨壤的生長情況是比不上桐花樹，後者在林下有比較多的幼苗的存在，而白骨壤的幼苗未有發現過，這說明兩者在發展過程中是不平衡的。

4. 桐花樹 + 紅茄苳羣叢 Aegiceras corniculatum + Rhizophora mucronata associatio

本羣叢位於遂溪縣東部東風吹的東、西、南三面的海灘，其次在雷東縣的東海島西南角和樂民港附近有片斷分佈。

東風吹是位於遂溪縣東部的五里山港的西面，前面有神調爲屏障，成爲一個風浪不大的淺灣，面積有500畝左右，對岸的新埠則爲沙灘。紅樹羣落就是沿着東風吹的岸邊成帶狀分佈，寬度不超過50米。表層土壤成藍灰色，含砂質多，淤泥較少，故成堅硬的土壤，可以載負行人，不留脚印，向海面淤泥逐漸增厚。

遠眺本羣叢成一片黃綠色和深綠色相混的灌木林，覆蓋度約50%左右，靠近岸邊大部份爲桐花樹所佔據，一般高度在1米左右，矮小的只有30—40厘米，樹冠非常參差不齊，高低不一。其中夾雜着紅茄苳，尤以外緣爲多，高度1—2米，幼苗很多生長在母樹下，亦常見單株散生的幼苗在桐花樹下。其他種類有秋茄樹、白骨壤、和木欖，但數目不多，在靠近沙灘部份只見有結縷草和鹽地鼠尾草(Sporobolus hancei)生長。

從上述的生境和羣落的情況，可以看出本羣叢是處於一個淺灣，有小河出海的地方，土壤含沙多，畧有淤泥，對於桐花樹的生長條件來說是適合的，所以它是一個先行侵入的樹種，隨着它的存在，改變了環境，淤泥漸多，爲紅茄苳的生長造成了條件，故在外緣紅茄苳侵入而漸有發展的趨勢。另一方面，本羣叢常受人爲的砍伐，故造成目前外貌參差不齊，植株不高的情況，對於羣叢的發展亦有一定的影響。

5. 桐花樹 + 秋茄樹羣叢 Aegiceras corniculatum + Kandelia candel associatio

本羣叢分佈的地區，主要是在雷東縣東海島的西南部，約有數千畝，其次在楊柑港、錦囊和通明河口亦有片斷。

東海島是位於海康縣的東北面。本羣叢分佈地區正與海康縣遙遙相對，是大片面積高地環抱的淺灣，風浪平靜，淤泥大片堆積形成的泥灘，為縱橫交錯的排水溝所分隔，排水溝寬達數米，最深的有2—3米，一般為1—2米，漲潮往往需1—2小時才達海灘。海灘的地形高低不平，排水程度不同，影响淤泥沉積的數量不平均，使土壤成堅硬或稀爛而不均匀的狀態。土壤顏色灰黑色，腐植質豐富，表土稍稀爛，走路時留有腳印，低窪處可以過膝，下層含砂質較堅硬。

羣叢的外貌是一片黃綠色的矮小灌木林，散生着深綠色的小叢，總覆蓋度在50—60%之間，根據我們所做的樣方結果（表9）。

表9　　　　本羣叢 4×4 米樣方種類分佈的情況表

種　　　　類	株數	覆蓋度	高度(米) 一般	高度(米) 最高	茂盛度
桐花樹　Aegiceras conniculatum	98	30%	0.6	1.0	II
秋茄樹　Kandelia candel	78	22%	0.7	1.5	II
白骨壤　Avicennia marina	2	0.8%	0.5	1.0	II

從樣方來分析，顯然是以桐花樹和秋茄樹佔絕對的優勢，構成本羣叢的主要種類。它們的高度一般是不很高，僅在50—70厘米左右，秋茄樹比桐花樹稍為高一些，冠幅亦稍大，在樣方中的株數看來，桐花樹平均每1平方米有6.1株，秋茄樹平均每平方米有5株，其中幼苗佔數目很大約有2/3左右。白骨壤數目不多，生長亦不見很好。其次，紅茄苳生長在低窪淤泥較多的地方，高度一般達2米多，支柱根發達，常見有幼苗圍繞母樹下周圍生長。鹽地鼠尾草在比較乾燥而結實的砂土上生長，結縷草和鹼蓬 (Suaeda australis) 雜於其中。

根據我們觀察和了解，本羣落的存在有着較長的年齡，因為不斷受人為的破壞，大大地限制了羣落的發展。我們發現有些桐花樹被砍伐4—5次而重新萌芽的跡象，有些殘留的樹頭，最粗的直徑達40厘米，而且林下幼苗很多。在調查時也看見農民用船運載砍伐下來的紅樹，作為柴薪或肥料，這樣不斷的破壞，使紅樹羣落多為矮小的灌木，一般只有50—70厘米。

另一方面，羣落中的紅茄苳是廣泛地分佈着，最高達2米多，幼苗常見，如果沒有人為破壞的話，可能使紅茄苳很快地發展起來，不至于仍然停留在秋茄樹和桐花樹的階段。

6. 紅茄苳羣叢 Rhizophora mucronata associatio （照片4）

本羣叢位于海康西部海岸的羅靈，曲港及昌鑑一帶，是一個深入半島陸地的囊形港灣。曲港位于港灣最深入的末端，離出海口15公里。羅靈與昌鑑位于南邊。它們的自然條件也不完全一致，羣叢片斷的結構及外貌也各異。

曲港是一片海灣淺灘，有一條長不過5公里的古溪河，把紅樹羣落分列爲兩部份，古溪河和另外數條小河從陸地不斷地帶來淺海沉積所風化的砂壤，因此整個海灘是以砂壤爲主，呈黃褐色，質地堅實，表面多沙，下層稍粘聚，能負載人體重量，不留脚印，沒有腐植質存在，只在低潮位海水所能淹蓋的海灘，土質較軟而粘爛。

曲港的羣叢片斷的面積約200畝，以紅茄苳佔絕對優勢，偶有木欖、白骨壤及欖李散生于其間；秋茄樹及桐花樹則極罕見。一般高度不超過2米，覆蓋度60%（表10）。

表 10　　　　　曲港紅茄苳羣叢片斷 5×5 米樣方情况表

種　　　類		亞層	株數	高度（米）		物候相	茂盛度	註
				一般	最高			
紅茄苳	Rhizophora mucronata	上層*	5	1.4	1.8	ц	III	
		中層	4	1.0	1.4	ц	III	
		下層	140	0.3	0.5	Ber	III	幼苗

由上表可以看到本羣叢片斷正處在發展當中，上層的鬱閉度并不太密，下層特別是幼苗的數目衆多。根據我們的了解，本羣叢片斷是在人工保護下發展起來的。由於本羣叢片斷正對着曲港市，當地居民利用它來防止海的冲激，所以破壞程度輕微，并能在堅實多沙的沙灘上生長得很茂盛。

羅靈一帶是雷州半島西部的一個小的狹長半島，這個狹長的小半島的西邊是北部灣，東邊是曲港羅靈海灣。本羣叢片斷的生境是背風浪的海灘，過去是鹽田現在已毀棄。狹長小半島本身是沙荒，但生長紅茄苳的海灘都是輕砂質的粘土，藍灰色，富有腐植質，靠近岸邊的較堅硬并雜有小石礫，海灘外緣則較軟鬆稀爛，縱深

---

* 上層高約2米，中層高約1.2米，下層爲60厘米以下的幼苗

約300米，紅茄苳一直生長到低潮位以內的海水裡，整個羣叢片斷的面積約500畝，以紅茄苳佔絕對優勢，間有極少數的木欖與白骨壤，一般高度在70厘米以下，覆蓋度約25％，平均每平方米約3—4株。

据嚮導的當地居民稱，這裏原來是一片高大密蔭的紅樹林，在抗戰期間破壞掉，現在是一片更生的次生的紅茄苳林。

7. 秋茄樹群叢 Kandelia candel associatio （照片5）

本羣叢位於海康東海岸南渡江出海北岸的下嵐村一帶，是一片平坦的海灘。當地農民在海岸的內緣築了一條長達4公里，寬約15米，高達6米的防潮大堤，從大堤到秋茄樹羣叢的生境，是一片以結縷草及鹽地鼠尾草為優勢的海濱草地，當地農民在草地上築堤排鹹灌淡，改造草地，個別小片地段，已在試行開荒，栽種番薯，排灌地段直接和秋茄樹羣落連接在一起。

秋茄樹羣叢從內緣到外緣縱深約200米，沿海岸的長度約2公里是面積最大的一個羣叢，海灘是砂質黏壤所構成，在靠近內緣的海灘比較堅硬，表面有一層薄的淤泥，且有一定的腐植質，由於這裏是位於南渡江口，海水夾雜着一定含坭量，使海水畧帶黃色，因此海灘沖積黏土亦呈淺藍灰色。

本羣叢以秋茄樹佔絕對優勢，此外，偶有桐花樹及紅茄苳，它們都很矮小，一般不超過70厘米，由於人工干涉過甚，外貌不甚整齊，特別是靠近海岸內緣的，較為凌亂，覆蓋度不超過35％。

本羣叢是一個次生幼年林，這裏一帶居民因缺乏薪炭，從較遠地區砍伐得來的紅樹充當柴薪，由於附近紅樹林已斬伐殆盡。

本羣叢的生境面臨南海，直接受到海潮的沖激，但因位於南渡江口，有一定量的淤泥沉積下來，所以次生紅樹林，可能在這裏更生，同時在這裏出現的秋茄樹及桐花樹，都似乎是更喜歡生長於這有淡水泛濫地區的種類。

8. 木欖＋紅茄苳＋桐花樹＋白骨壤羣叢 Bruguiera conjugata＋Rhizophora mucronata＋Aegiceras corniculatum＋Avicennia marina associatio（照片8）

本羣叢位於特呈島東岸、馬騮港、雷東縣東海島的南部、湛江市西營、海安港、樂民港、流沙港及南渡河口的南岸一帶,具有較複雜的種類,羣叢也發展到比較成熟的階段，是一個綜合的羣落，其中尤以特呈島的及馬騮港的最為完整，人工的干涉較輕微，樹齡較老，羣落發展最有規律性，可以作爲比較典型的例子來叙述。

分佈於馬騮港、西營、海安、流沙、南渡河口南岸及樂民港等地的羣叢片斷，都位於港灣的沉積海灘上，在東海島的西南部亦位於沉積的海岸上，這些海灘上因爲風浪不能直接冲激到，所以淤泥積聚較易，土層較深厚，一般爲灰藍色重黏質土，富有機質，在靠近高潮位的邊緣則比較堅硬，海灘的縱深較大，傾斜度小。

在特呈島東岸的本羣叢片斷的土壤比較堅硬，海灘主要是輕黏性沙質鹽土，羣叢片斷的內緣且位于高潮位之上。冲積海灘的縱深較小，約爲 100 米。本羣叢片斷是位於海浪直接冲激所能到達的東面，海岸沉積物又不多，而紅樹林竟能在這裹生長、發展、繁榮起來，主要的原因是由於特呈島的東南角是東海島，因此南海冲來的海浪在到達特呈島之前，已被大大地削弱了，特別主要的是人工的保護，用以防止從東南角冲來的海浪的冲激，以減少海浪，特別是颱風帶來的海浪對該島安全的威脅。

從外貌說，以馬騮港宋屯東角的羣叢片斷的高度最大，這裏生長的木欖、白骨壤和海漆等高達 6 米，覆蓋度達 85%，但這裏的羣叢片斷的面積不大，估計不超過 100 畝，人工干涉比較嚴重。

特呈島的本羣叢片斷面積亦不過 100 餘畝，樹高 3 米餘，由於人工保護週到，故覆蓋度較大，湛江西營的羣叢片斷是處在發展中的羣落，一般高約 1.5—2 米，覆蓋度大。東海島的羣落片斷和西營的差不多，亦經受着人為的干擾。

這一羣叢的各個樹種不是互相混生的，它們隨着海灘面積的擴展而逐步發展起來，因此，具有一定的生態序列，從面對深海的外緣到靠近海岸陸地的內緣，各個種類依照一定生態條件而排列。白骨壤及桐花樹常位于外緣，木欖、海漆位於內緣，紅茄苳，秋茄和角果木等位于中間，各個樹種在從外緣到內緣所佔的面積，則按海灘的縱深而異，一般以中間序列的紅茄苳佔地最多，以內緣的木欖佔地最少。現在試把馬騮港宋屯的羣叢片斷的各個序列的情況分列如下（表 11，12，13，14）

表 11. 馬騮港本羣叢生態序列外緣 4×4 米樣方的情況表

種　　　類		株數	覆蓋度	高度（米）		茂盛度	幼苗株數
				一般	最高		
白骨壤	Avicennia marina	61	70%	1.2	1.4	II	25
桐花樹	Aegieras corniculatum	123	70%	0.7	1.1	II	118
紅茄苳	Rhizophora mucronata	16	70%	0.8	1.7	II	15

表 12. 馬騮港本羣叢生態序列的另一地段 4×4 米樣方情況表

種類	株數	覆蓋度	高度(米) 一般	高度(米) 最高	茂盛度	幼苗株數
白骨壤 Avicennia marina	36	70%	1.2	1.7	II	11
木欖 Bruguiera conjugata	36	75%			II	31
桐花樹 Aegiceras corniculatum	40	75%	0.7	1.4	II	21
紅茄苳 Rhizophora mucronata	52	75%	1.0	1.9	II	41

表 13. 馬騮港本羣叢生態序列中間地段 4×4 米樣方情況表

種類	株數	覆蓋度	高度(米)	茂盛度	幼苗株數
角果木 Ceriops tagal	69	95%	1.8	III	17
紅茄苳 Rhizophora mucronata	5	98%	1.9	II	4

表 14. 馬騮港本羣叢生態序列的內緣 4×4 米樣方情況表

種類	株數	覆蓋度	高度	茂盛度	被砍株數
木欖 Bruguiera conjugata	15	80%	3.5	III	4

從各羣叢片斷的種類來說，凡人工干涉較輕微的，則種類愈多，因此以馬騮港及特呈島種類最複雜，除了上表所舉列的外，還有秋茄樹、欖李、老鼠簕等，其中角果木不大普遍，只見於馬騮港，此外還有臭茉莉、金蕨等半紅樹林的分子，草本尚有鹼蓬 (Suaeda australis)，沙地藤 (Sesuvium partulacastrum)、鹽地鼠尾草和結縷草等。

五 紅樹羣叢的演替

在半島的東西海岸及雷東各島的紅樹林，由於長期以來遭受人工破壞和干涉，已沒有原生羣落，甚至次生成熟林也不多，因此在討論紅樹羣落的發展過程有許多困難。根據我們初步觀察，在裸露的海灘上，最先侵入的是白骨壤 (Avicennia marina)。它的胎萌種子，被包藏在果實裡，隨着海潮漂流，被帶到一個海灘上，或者是由於海潮冲擊而被埋沒在海灘上，跟着繼續萌發生根，就使海灘上形成了一道薄離，逐漸促進了淤泥的沉積，爲以後紅樹科植物具有長筒形胚軸的胎萌種類創造了有利條件。根據調查所得，在全部紅樹羣落裏只要有白骨壤存在的，都可以看到白骨壤總是生長在羣落的最前緣（外緣，遠從海岸的一邊），而成熟白骨壤，只是以個別植株分散於羣落的內緣。此外，白骨壤的呼吸根也幫助了它，使它能夠長期在被淹沒於高潮位下，去完成先鋒樹種的作用。

成熟的白骨壤單優種羣叢可以在湛江對面的特呈島找到。幼齡的白骨壤單優種羣叢，可以在海康西岸的馬騮港、鹽場及湛江港及南渡河口南岸找到。在鹽場的白骨壤羣叢，並且是生長在沙灘上，在特呈島的白骨壤羣叢則生長在海灘石隙裡。

白骨壤的另一形態是葉背密被星毛，這一層毛被顯然有使它在給海水淹沒時形成一層隔離層的作用，因爲白骨壤生長於羣落的最前緣，在海潮上漲時經常被淹沒在海水裡。

和白骨壤在一起也屬於先鋒樹種之一的尚有桐花樹 (Aegiceras corniculatum)，它也偶成單純優勢的羣落，但一般不像白骨壤那麼普遍。它也經常和白骨壤在一起混生。它的胎萌現象也和白骨壤同一性質，種子在果實內萌發，但不形成長筒形胚軸突出果實之外，它比較上不大形成單優種羣落，只在遂溪西岸的楊柑港及樂民港找到。白骨壤和桐樹花樹俱爲先鋒樹種，而桐花樹似乎是更喜歡生長河流出口處，帶有淡水影響下的環境裡。

海灘在先鋒樹種白骨壤和桐花樹的作用下，淤泥逐漸沉積起來之後，眞正紅樹科的種類開始侵入。在雷州半島紅樹羣落的成分比較簡單，在四個種類當中最優勢的是紅茄苳 (Rhizophora mucronata)，它跟着先鋒樹種的後面逐漸發展起來成爲一個暫時佔優勢的羣落。紅茄苳的出現由於它的密緻的支柱根，加速了淤泥的沉積作用，使落羣本身逐步向外緣發展，而白骨壤這時也繼續在前緣繼續推進。

紅茄苳的單優種羣落可在海康西岸的羅靈、曲港及雷東縣的東海島找到。

在先鋒樹種的掩蔽下，亦可能由秋茄樹 (Kandelia candel) 接踵而至，秋茄樹也和紅茄苳一樣是一個過渡階段的羣叢，在以秋茄樹爲主的單優種羣叢裡，往往有一些散生的紅茄苳及木欖存在，單優種秋茄樹羣叢可以在海康東流，南渡河出口北岸的下嵐一帶找到，這裡的海灘是比較堅硬的，粘質鹽土，這樣看來秋茄樹也適於硬質鹽土生長的。

秋茄樹也常和先鋒樹種桐花樹在一起，形成了從先鋒階段到過渡階段的中間型的混合羣落，它的分佈頗廣，在雷東的東海島西南部、徐聞東岸的錦囊、博賒、遂溪的東岸的城月水等處都可以找到。紅茄苳也常和桐花樹組成過渡的羣落，在遂溪縣的東風吹可以找到。

發展的第三階段，可以看到原來的紅茄苳或秋茄樹在一起的散生木欖(Bruguiera conjugata)，跟着紅茄苳之後，在羣落的內緣繼續發展起來，但在數量上說它並不太多，它也沒有成為單優羣落，這一點可能與人工干涉及砍伐有關。在偶然的場合下，在紅茄苳與木欖分佈的交界處，或在木欖林中，也可以找到角果木 (Ceriops tagal)，但它在東西海岸都不是主要的成分，只能作為偶遇的種類來看待。

在木欖林裏同時可以看到海漆 (Excoecaria agallocha) 及欖李 (Lumnitzera racemosa)、金蕨 (Acrostichum aureum)、老鼠簕 (Acanthus ilicifolius) 等。

整個紅樹羣落的演替可以下列圖解表示之：

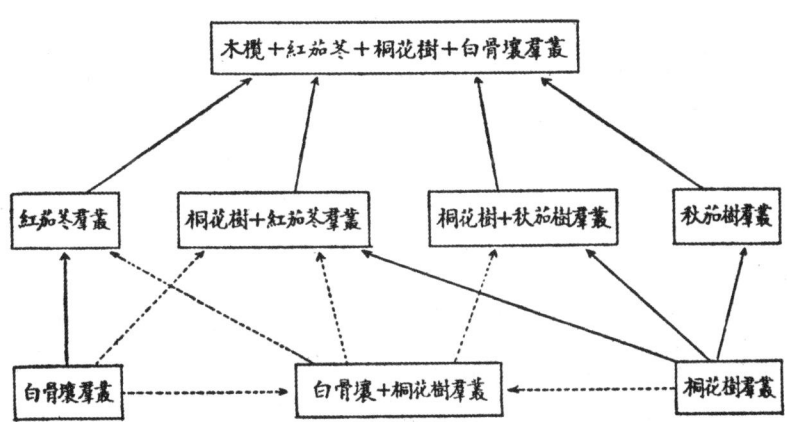

紅樹羣落發展到這一階段已達成熟，由於海灘不斷升高，同時向外發展的紅樹羣落亦繼續向着海灘前緣發展，原來的紅樹羣落的生境逐步讓位給半紅樹羣落的種類，因此靠近紅樹林邊緣的海灘上，常見有臭茉莉 Clerodendron inerme)、黃槿 Hibiscus tiliaceus)、草海桐 (Scaevola frutescens)、烟茜 (Pluchea indica)、露兜 (Pandanus tectorius)、針葵 (Phoenix hanceana) 以及草本植物，厚藤 (Ipomoea pes-caprae)、鹹鹼蓬 (Suaeda salsa)、沙地藤 (Sesuvium partulacastrum)、結縷草 (Zoisia matrella) 及鹽地鼠尾草(Sporobolus hancei) 及其他半鹽生的種類。最後，被海岸灌叢，草地及亞熱帶季雨林的種類所代替。

它的生態分佈序列，可下圖說明之：

六　紅樹的經濟用途及其造林經營問題

紅樹羣落全部的種類，包括紅樹科植物及其他科屬的種類都含有一定量的單寧，其中惟有白骨壤可能由於樹皮太薄，含量特別少（詳見表15）。在這些種類裏面，不獨單寧含量高，而且對於鞣皮來說，具有快速滲入的效能。據稱由殼斗科提取的單寧，鞣皮需六個月*，用紅樹科的單寧只要六週便能完成，則紅樹單寧對於製革工業無論在提高皮革質量及降低成本方面，都有很大的意義。

表 15,　　　各種紅樹的單寧含量

種　　　　　　類	含　　　量
紅茄苳　Rhizophora mucronata	24—16%
木　欖　Bruguiera conjugata	12.7—16.3%
秋茄樹　Kandelia candel	12.4%
角果木　Ceriops tagal	—
海　漆　Excoecaria agallocha	6.8—9.3%
白骨壤　Avicennia marina	0.3%
欖　李　Lumnitzera racemosa	—
桐花樹　Aegiceras corniculatum	8.95%

*侯寬昭、何椿年：中國紅樹科誌，植物分類學報二卷 2 期 1953.8。

在廣東南部包括海南、湛江、合浦專區，約有3000公里以上的海岸綫，目前原有紅樹林約三十萬300,000畝，還有宜林海灘壹百萬畝，因此紅樹利用與造林遂成為開發熱帶資源的重大任務之一。

但在進行造林之前，首先要解決沿海農民的濫伐問題，濫伐的原因，是由於農民缺乏肥料及燃料，當地農民斬伐紅樹的枝葉，特別是喜歡採用白骨壤的枝葉置於窖裏加水使之腐爛，充肥料使用，在農田集中地區，像南渡河出口處的南北兩岸，由於陸地上沒有森林和草地，全部肥料及燃料均取給於紅樹，故南渡河口的紅樹林，蒙受破壞特別嚴重，防止破壞的有效補救方法，一方面介紹農民廣種綠肥植物，特別是作為冬耕作物來進行，同時進行荒地造林，特別是選擇抗鹽樹種進行海濱造林，來代替紅樹作薪炭。據目前了解抗鹽的樹種有黃槿、苦楝、朴樹、木麻黃、鵲腎樹等，它們都能在沙地上正常地生長，為了達成這個任務，還需要通過合作社廣事宣傳，假如得不到農民的支持，一切都無法辦到。

在紅樹造林方面，關於種苗來源問題，一方面可以拔取紅樹林下的幼苗，據估計目前紅樹林每市畝有幼苗1200——2000株*，把幼苗直接進行移植。其次是收集胎萌種子，胎萌種子從每年六月起開始到十二月陸續成熟，成熟後自行脫離，可以在退潮時到紅樹羣落進行拾取被敲落的胎萌種苗，然後移植於海灣淺灘的苗床，或則直接移植於林地上。也可以在海潮上漲時划船進入紅樹林撈取脫離而漂浮於水上的種苗。

關於宜林地的問題，一切帶有淤泥的海灣，都是良好的宜林地，即在沙灘上亦可以造林，在海南島曾經有過這樣的經驗，農民為了防止海浪試行在沙灘上種植紅茄苳，結果證明是良好的。

歸根的問題是在於和沿海農業合作社取得合作，不獨要向他們進行宣傳教育，還要由他們進行種植，在經濟上給予協助，造林是可以成功的。

七 摘 要

1. 紅樹喜生於沒有浪潮直接沖激而富於淤泥的海灘上，不同的種類對沉積鹽上有不同的要求，如白骨壤可以廣泛生長在沙灘和石隙。有些可以在潮水淹沒不到的

---

*由樣方調查估計，每25m的樣方內有幼苗50—80株計算。

地方生長如木欖、海漆等。至於桐花樹較喜歡生長於河流出口處。

2. 雷州半島的紅樹羣落屬於馬來亞的類型，但種類簡單，屬於紅樹科的種類只有木欖 (Bruguiera conjugata)、紅茄苳 (Rhizophora mucronata)、秋茄樹 (Kandelia candel) 和角果木 (Ceriops tagal)。其他科的有海漆 (Excoecaria agallocha)、白骨壤(Avicennia marina)、桐花樹 (Aegiceras corniculatum)、欖李 (Lumnitzera racemosa)、老鼠簕 (Acanthus ilicifolius)、和金蕨 (Acrostichum aureum)。此外尚有所謂半紅樹的種類。一般植株亦矮小，最高不過 6 米。種類簡單而矮小的原因是由於雷州半島已是紅樹林在北緯分佈極限的邊緣，溫度年較差大，低溫的持續時間較長所致。

3. 紅樹植物的形態結構有三個不同的類型。具呼吸根的以白骨壤為代表，具支柱根的以紅茄苳及秋茄為代表，具板根的以木欖為代表。從海灘的外緣到內緣它們順序排成一定的生態序列。

4. 紅樹羣叢可區分為白骨壤羣叢、桐花樹羣叢、白骨壤＋桐花樹羣叢、桐花樹＋紅茄苳羣叢、桐花樹＋秋茄樹羣叢、紅茄苳羣叢、秋茄樹羣叢、木欖＋紅茄苳＋桐花樹＋白骨壤羣叢等八個類型。其中以木欖＋紅茄苳＋桐花樹＋白骨壤羣叢是發展到比較成熟階段的羣落，具有綜合類型的性質，且有較為明顯的生態序列，但由於自然條件及人工干涉的限制，很難繼續往前發展，作為後期的優勢種的木欖，並沒有得到很好的發展。

5. 紅樹林的先鋒樹種是白骨壤與桐花樹，由於它們積聚淤泥，為紅樹羣落發展創造有利條件。主要的佔優勢的羣叢及種類是紅茄苳和秋茄樹。由於紅樹林有積累淤泥的作用，結果使海灘不斷向海面方向發展。紅樹羣落也隨之發展，它的生境也不斷更替，接踵而至的為半紅樹及正常陸生季風林的種類。

6. 雷州半島的紅樹林、經受人工破壞程度很嚴重，成熟的老林不多，一般都是 1—2 米內的幼年林，故目前的利用量不大、首先須停止濫伐，然後再設法繁殖推廣。

圖1. 紅樹羣落外貌

圖2. 白骨壤羣叢

圖3. 白骨壤的呼吸根

圖4. 紅茄苳幼年羣叢

雷州半島的紅樹植物羣落

圖5. 秋茄樹羣叢

圖6. 木欖

圖7. 紅茄苳的支柱根

圖8. 木欖＋紅茄樹＋桐花樹＋白骨壤羣叢

广东植物区系的特点

张宏达

一、前言
二、与植物区系相联系的生态条件
三、植物区系发展的地质简史
四、植物区系成分
　　1. 植物区系的一般性质
　　2. 主要的代表科属或发生成分
　　3. 广东植物区系与毗邻区系的关系
五、广东植物区系的起源与发展
六、广东植物区系的区划
七、结论

一、前言

　　广东地处亚洲热带及亚热带，面临南海，自然条件特别优越，植物区系成分复杂，一方面表现在植物种类的数量众多，同时保存着许多比较原始的代表。在这一点上，亚洲以外无论那一个相应的地带，都难以比拟。研究清楚广东植物区系的组成、起源与发展，不仅具有国民经济上的意义，而且可能对于有花植物的起源问题得到一定的启示。本文只是在一般特征的基础上，对个别问题进行探索性的讨论，全面而深入的分析，有待于今后进一步的努力，特别是古植物及花粉分析的工作亟需开展。

　　远在十七世纪初期，西方航海者已把他们在广东沿海所采到的腊叶标本带到欧洲。随着帝国主义势力的侵入，许多不同国籍的掠夺者，深入广东各地进行掠夺性的调查采集。1861年，边沁 Bentham G. 的"香港植物志"，记载当地输导束植物550属1003种。1912年、邓恩及杜奢尔Dunn & Tutcher的"广东及香港植物志"刊载了广东植物1008属2862种。本世纪二十年代以后，美帝势力大举入侵，前后二十年间，全部地垄断了广东植物区系的研究资料，使我国继起的植物分类工作不能不仰息于外人，并打下深刻的半殖民地的烙印。我国植物学者钟观光教授最先从事广东植物区系的调查工作，他于1918年到达广东西部及海南从事采集。陈焕镛教授自1920起开始海南及广东植物分类的研究工作，以后许多的分类学者在他的指导下，为广东植物区系的研究工作打下了基础。与此同时，辛树帜教授及其同事也对华南植物分类学的工作，做出一定的贡献。解放以

＊本文于1962年3月31日收到

后，党和政府十分重视科学研究工作，在党的正确领导下，广东植物区系的研究获得空前的发展，工作条件改善了，研究资料的积累达到了开展全面整理的水平，在三面红旗的光辉照耀下，海南植物志已接近完成的阶段，广东植物志也基本上写出的初稿，这些巨大的工作成就，为广东植物区系进一步的研究创造了极有利的条件。

二、与植物区系相联系的生态条件

广东大陆及海南位于亚洲热带的北界和亚热带的南界，恰当两大地理带的过渡地带。从南沙群岛计算起，南界为北纬4度左右，北界为25°35′。按气候学的标准，北纬21°30′以南属于热带，这一线以北逐渐过渡到亚热带，气候梯度极为明显。海南岛的南端一月的平均温度在25°C以上，绝对最低温度12.8°C，终年如夏，没有冬季。海南北部只在12月及1月的平均温度低于22°C（1月的平均温度为18°C）。由此往北，湛江每年只有8个月的平均温度超过22°C，1月平均温度为16.4°C。位于中部的广州地区，每年只有6—7个月的夏天，1月平均温度为13.2°C，有霜日1—2天。到了北部的韶关，每年只有5个月的夏天，1月的平均温度在8°—12°之间。最北部的坪石，绝对最低温度为—4°C，偶或短期飘雪和结冰。气候因子的变化，必然在植物区系的分布得到反映。在海南地区，热带的植物区系成分普遍存在，在广东大陆往北则逐渐减少。海南岛常见的许多热带成分已不复存在，代之以华南占优势的山毛榉科，金缕梅科、樟科、山茶科及木兰科的种类。只在森林荫蔽下的沟谷里，矮小的热带灌木才有立足的余地。

太平洋东南季风给广东和海南带来饱和的湿度和充沛的降水量。大陆各地的年平均雨量都在1500毫米以上。个别地区如海南岛的东南部达到2500毫米。另一些地区如海南岛西部的昌感一带年雨量低于1000毫米。降水的分配是不均匀的，每年4月至10月是雨季，11月以后开始进入旱季。雨季和旱季的交替在全省各地是不一致的，粤北地区气旋雨出现得较早，3月已进入雨季，南部的雨季拖延至四、五月间开始。

到了冬季盛行东北季风，冷而干的寒潮一直到达海南岛，使广东全境处在旱季的低温而干燥的条件下，促进了境内落叶树的出现。分布于平地的落叶树如木棉 *Gossampinus malabarica* Merr.，坡牛耙 *Dillenia turbinata* Gagn.，菲律宾合欢 *Albizzia procera* Benth.，大叶合欢 *A. lebbeck* Benth.，楹树 *A. chinensis* Merr.，厚皮树 *Lannea grandis* Engl.，余甘子 *Phyllanthus emblica* L. 等都是典型的印度洋季风区的热带成分。分布于山区的落叶树有枫香 *Liquidambar formosana* Hance，檫树 *Pseudosassafras laxiflora* Nakai，长柄山毛榉 *Fagus longipetiolata* Seem.，亮叶山毛榉 *F. lucida* R.&W.，黄连木 *Pistacea chinensis* Bunge，麻栎 *Quercus acutissima* Carr.，栓皮栎 *Q. variabilis* Bl. 等，它们是中国亚热带的落叶树，是冬季干旱与低温的条件下所形成的产物。

山地森林的气候，无论是光照、温度和湿度都和平地不一样。随着海拔的升高，云量多，湿度增大，在干旱季节里，森林里仍保持着较大的湿度，这里是特有属种孕育和滋长的摇篮。当森林一经破坏，特有种也往往随之消逝，可能其中只有少数能够再次获得恢复的机会。

广东的山区大体属于山地红黄壤，丘陵地带为丘陵红壤，在雷州半岛及海南岛北部的沿海阶地为砖红壤性铁质红壤及黄色土，此外在海南的西南部有热带干旱红棕壤。土壤类型对植物区系分布的作用还不很明确，可能只有生态学及群落学上的作用。至于石灰岩地区，植被已完全遭到破坏，在植物区系上缺乏任何特殊的迹象。惟有红树林区系才表现出土壤的决定作用。

三、植物区系发展的地质简史

在大地构造方面，广东及海南岛均属于震旦纪华南地台的一部分。在寒武纪、奥陶纪及志留纪均有一部分海侵，古陆的范围缩小。由于加里东运动在泥盆纪初地壳上升，但当时钦廉、粤中及粤北仍为海水所泛滥。从古生代后期到中生代初期海浸与海退交替进行着。三叠纪时广东绝大部分已上升为陆地，在海水已经退出的盆地里，气候变得潮湿而温和，以苏铁植物为代表的森林，在盆地上繁殖起来，广东小坪煤系的造煤时期就在这时开始的。此后广东不再有海浸出现。侏罗纪以后，一连串越来越剧烈的地壳运动开始出现，形成一系列轴向为东北——西南的带状山脉，这时候正是有花植物出现的阶段，它们就在这里获得了定居的场所。从侏罗纪末期到白垩纪，地壳运动加剧进行，燕山运动使华南地台进入"活化"的最高阶段，广东境内有广泛的花岗岩侵入，及以流纹岩为主的火山岩喷发。粤东及海南许多峻峭的山峰是在这时期形成的。这时期华南地台的自然景观发生了重大的变化，干燥而炎热的气候代替了侏罗纪时温和而湿润的环境，喜温湿的热带常绿植物（雨林区系）只能在盆地中的湖沼地带生长，在山区有可能促成落叶树的出现，很可能华南热带亚热带的山地落叶树在这个时期就已经出现。

到了第三纪中期，广东又有火山喷发，形成了雷州半岛及海南北部的玄武岩台地。这一地区由于近代人类活动的结果，原始植物区系几乎全部遭到破坏，区系成分表现出比广东任何地区都要单纯，已不容易找到很多的特有种。也很难看到中生代的孑遗植物。

琼州海峡的出现，把海南与大陆分割开来，可能是在第四纪初期。目前我们已知道的许多海南特有种，应该是区域气候的产物，而与海峡的出现没有直接的联系。因为那些在森林植被的庇护下保存在海南岛的马来亚区系成分当中，如毒鼠子 $Dichapetalum$，赤苍藤 $Erythropalum$，感应草 $Biophytum$，何尔肉豆蔻 $Horsfieldia$，奥里木 $Ouratea$，坡垒 $Hopea$，青皮 $Vatica$，叶伦木 $Ostodes$，山柑 $Cansjera$，沙拉木 $Salacia$，及最近发现的牛兰草 $Hemiorchis$，同样也见于大陆，海南的特有属当中，如任氏豆 $Zenia$，新樟属 $Neocinnamomum$，海南樫 $Hainania$，细子龙 $Amesiodendron$，焕镛藤 $Chunechites$，假瓜子金 $Dischidanthus$，钟氏木 $Tsoongia$，观光木 $Tsoongiodendron$ 等，也同时分布于大陆。还有许多属于广东大陆及越南北部的成分，同样可以在海南找到。

马来半岛、苏门答腊及加里曼丹等地在中生代以前系地槽，到第三纪隆起之后和华南地台联在一起。它们与大陆分开也是和琼州海峡的出现同一时期，因此，广东大陆及海南岛保存着一定数量的马来西亚成分，也就容易理解了。

广东植物区系是否蒙受过第四纪冰川的影响，是值得考虑的问题。根据目前资料，粤北的九連山脉有过冰川的遺迹，桂西、桂北，以及桂中的大儸山、大明山等高山地带也有冰川遺迹，冰舌或小型冰汛伸到平地，从而推測到十万大山也可能有冰流的遺迹。由此看来，广东植物可能受到冰川的影响，也許受害的程度不象华中及华北那么严重，在冰后期有可能很快恢复过来。

广东植物区系在近代受到人类活动所蒙受的破坏是很严重的。从目前植被的資料看来，广东残存的原始森林不过三百万亩，仅占广东及海南的总面积的百分之一。广大面积除了耕地外都是次生草地，还有为数不多的次生常綠林的片断。根据潮州府志，在宋代粤东一带到处存在着广大的森林，但目前这一地区連次生林也不多见。原始森林被破坏后必然影响到植物区系成分的改变和貧乏。因为原始林的区系成分不象次生林那象由速生的广布种来組成。它們都是原产种或局限种，要求严格而稳定的生境条件，当森林一經破坏之后，自然条件的变化必然引起这些原产种的消逝，以致无法恢复而絕迹。事实証明，凡是原生植被保存下来的地区，那里的区系成分就显得較为复杂，单位面积的植物密度比較大，特有种也較多。海南島33200平方公里的面积上，約有輸导束植物3300种，絕大部分的种类、尤其是特有种都集中在南部的山地森林。单位面积的密度約为0.1。台湾的单位面积密度亦和海南大致相若。广东大陆面积凡 188,000 平方公里，約有植物5000种，单位面积的密度仅为0.03左右。虽然植物区系的密度将随面积的增大而递减，但由于广东的原生植被碩存无几，显然影响到植物种类的数量。

四、植物区系成分

1. 植物区系的一般性質——广东旣然处在热带与亚热带的过渡地区，自然就存在着許多热带的种类。主要的有木兰科 *Magnoliaceae*(6：34)，番荔枝科 *Anonaceae*(16：47)，樟科 *Lauraceae*(18：150)，蓮叶桐科 *Hernandiaceae*(1：5)，肉豆蔻科 *Myristicaceae*(1：1)，防己科 *Menispermaceae*(14：31)，猪籠草科 *Nepenthaceae*(1：1)，胡椒科 *Piperaceae*(2：11)，白花菜科 *Capparidaceae*(6：22)，辣木科 *Moringaceae*(1：2)，沟繁縷科 *Elatinaceae*(2：3)，粟米草科 *Molluginaceae*(1：2)，野藪木科 *Sonneratiaceae*(1：1)，紫茉莉科 *Nyctaginaceae*(3：6)，山龙眼科 *Proteaceae*(2：15)，錫叶藤科 *Dilleniaceae*(4：7)，海桐花科 *Pittosporaceae*(1：12)，大风子科 *Flacourtiaceae*(10：21)，天料木科 *Samydaceae*(2：13)，西番蓮科 *Passifloraceae*(2：9)，葫芦科 *Cucurbitaceae*(17：38)，秋海棠科 *Begoniaceae*(1：13)，仙人掌科 *Cactaceae*(4：4)，獼猴桃科 *Actinidiaceae*(1：14)，山茶科 *Theaceae*(15：110)，五列木科 *Pentaphylacaceae*(1：2)，水东哥科 *Saurauiaceae*(1：1)，金蓮木科 *Ochnaceae*(2：2)，被鉤藤科 *Ancistrocladaceae*(1：1)，龙脑香科 *Dipterocarpaceae*(2：3)，桃金娘科 *Myrtaceae*(8：45)，玉蕊科 *Lecythidaceae*(1：1)，野牡丹科 *Melastomaceae*(15：56)，使君子科 *Combretaceae*(4：10)，紅树科 *Rhizophoraceae*(5：9)，藤黄科 *Guttiferae*(2：6)，杜英科 *Elaeocarpaceae*(2：23)，梧桐科 *Sterculiaceae*

（13：34），木棉科 *Bombacaceae*（1：1），锦葵科 *Malvaceae*（12：50），金虎尾科 *Malpighiaceae*（3：6），古柯科 *Erythroxylaceae*（2：2），大戟科 *Euphorbiaceae*（59：190），交让木科 *Daphniphyllaceae*（1：10），鼠刺科 *Escalloniaceae*（2：7），毒鼠子科 *Dichapetalaceae*（1：2），含羞草科 *Mimosaceae*（8：26），苏木科 *Caesalpiniaceae*（17：80），桑科 *Moraceae*（12：67），冬青科 *Aquifoliaceae*（1：58），卫矛科 *Celastraceae*（7：61）希藤科 *Hippocrateaceae*（4：9），茶茱萸科 *Icacinaceae*（11：14），牙刷树科 *Salvadoraceae*（1：1），铁青树科 *Olacaceae*（4：6），山柚子科 *Opiliaceae*（1：1），桑寄生科 *Loranthaceae*（6：29），檀香科 *Santalaceae*（4：6），鼠李科 *Rhamnaceae*（13：47），苦木科 *Simarubaceae*（4：6），芸香科 *Rutaceae*（16：80），葡萄科 *Ampelidaceae*（7：52），橄榄科 *Burseraceae*（2：3），楝科 *Meliaceae*（14：31），无患子科 *Sapindaceae*（16：22），漆树科 *Anacardiaceae*（13：21），清风藤科 *Sabiaceae*（2：31），牛栓藤科 *Connaraceae*（4：5），八角枫科 *Alangiaceae*（1：10），五加科 *Araliaceae*（13：47），柿树科 *Ebenaceae*（1：26），山榄科 *Sapotaceae*（4：11），肉子科 *Sarcospermaceae*（1：3），紫金牛科 *Myrsinaceae*（6：63），山凡科 *Symplocaceae*（1：59），马钱科 *Loganiaceae*（8：16），夹竹桃科 *Apocynaceae*（36：67），萝藦科 *Asclepiadaceae*（29：86），茜草科 *Rubiaceae*（56：225），山羊草科 *Goodeniaceae*（1：3），丝滴草科 *Stylidiaceae*（1：1），田基麻科 *Hydrophyllaceae*（2：2），茄科 *Solanaceae*（12：45），旋花科 *Convolvulaceae*（18：62），苦苣苔科 *Gesneriaceae*（21：67），马鞭草科 *Verbenaceae*（18：72），紫葳科 *Bignoniaceae*（14：22），爵床科 *Acanthaceae*（31：72），微草科 *Triuridaceae*（1：1），鸭跖草科 *Commelinaceae*（12：40），须叶藤科 *Flagellariaceae*（1：1），黄眼草科 *Xyridaceae*（1：5），谷精草科 *Eriocaulaceae*（1：15），芭蕉科 *Musaceae*（1：7），蘘荷科 *Zingiberaceae*（10：32），竹芋科 *Marantaceae*（3：7），天南星科 *Araceae*（20：38），薯蓣科 *Dioscoreaceae*（1：20），棕榈科 *Palmaceae*（24：47），露兜科 *Pandanaceae*（1：4），仙茅科 *Hypoxidaceae*（2：5），田葱科 *Philydraceae*（1：1），水玉簪科 *Burmanniaceae*（1：8），帚灯草科 *Restionaceae*（1：1），假兰科 *Apostaceaceae*（1：1），兰科 *Orchidaceae*（73：211）。还有世界性的科，如蝶形花科 *Papilionaceae*（78：292）及山毛榉科 *Fagaceae*（6：146）的热带属，在广东也很丰富。此外，热带的裸子植物及蕨类植物在广东也有广泛的代表，前者在广东有33种，后者凡600种，各占有全世界总数的5%以上。

其次，广东植物区系当中，木本植物占有很大的比例。在广东及海南1708属的种子植物里面，有778个木本属，占总数的45.8%。就全国范围说，它占有全国木本植物的70%以上。使之与邻近的热带地区相比较亦无逊色。此外，还有木本的蕨类植物如刺桫椤 *Cyathea*，黑柄桫椤 *Gymnosphaera* 及苏铁蕨 *Brainea*。这一事实说明广东植物长期以来一直是在比较稳定的条件发展起来的，可能没有遭受过严重的改变和破坏。

广东植物区系另一特点是孑遗植物的数量众多。蕨类植物及裸子植物当中有许多是中生代甚至更古老一些的残遗种，被子植物亦有不少是第三纪的种类。松叶兰 *Psilotum nudum*（L.）*Griseb*，卷柏 *Selaginella spp.*，石松 *Lycopodium spp.*，观音座莲 *Angiopteris spp.*，

原始观音座莲 *Archangiopteris spp.*, 阴地蕨属 *Botrychium spp.*, 七指蕨 *Helminthostachys zeylanica* Hook. 等可能是古生代的残遗。紫萁 *Osmunda spp.*, 芒萁 *Dicranopteris spp.*, 假芒萁 *Stickerus laevigatus*, 里白 *Hicriopteris spp.*, 膜蕨 *Hymenophyllum spp.* 等可能是中生代前期的产物。海金砂 *Lygodium spp.*, 双扇蕨 *Dipteris conjugata* Reinw., 刺桫椤 *Cyathea spp.*, 鲸口蕨 *Cibotium barometz* (L.) J. Sm., 黑柄桫椤 *Gymnosphaera podohylla* (Hook.) Copel., 乌毛蕨 *Blechnum orientale* L., 苏铁蕨 *Brainea insignis* (Hook.) J. Sm. 肯定是侏罗纪时就已经存在了。他如木贼 *Equisetum spp.* 及水龙骨科, 还有许多别的薄囊蕨类至少可以上溯到中生代末期。苏铁 *Cycas spp.* 是从侏罗纪一直遗留下来的, 银杏 *Ginkgo biloba* L. 可远溯到三叠纪。松柏类的水松 *Glyptostrobus pensilis* K. Koch, 穗花杉 *Amentotaxus argotaenia* Pilg., 罗汉松 *Podocarpus spp.*, 建柏 *Fokienia hodginsii* Henry et Th. 等在白垩纪时就已经分化出来。有关华南被子植物的地质年代的资料是非常贫乏, 尽管如此, 我们估计像木兰科中的某些代表, 可能不迟于上白垩纪, 和它同一时期的, 也许还有金缕梅科的原始类型。一般的热带亚热带科属的代表, 在第三纪出现之后, 有可能一直被保留下来, 并在近代获得蕃衍的种系。

广东植物区系拥有大量的特有种, 局限于海南及广东大陆的特有种约有1000种, 占总数的17%左右, 加上广东与其邻近地区所特有的, 则数量更为庞大。这一事实说明了广东植物区系是在当地的特定条件发展起来的。这些特有种当中, 除了一部分的残遗的特有种外, 大多数是新生的。其中有不少是单种的特有属, 主要的代表有水松 *Glyptostrobus*, 海南椴 *Hainania trichosperma* Merr., 陈氏木 *Chunia bucklandioides* Chang, 拟核果茶 *Parapyrenaria hainanensis* Chang, 时珍木 *Lishichenia curyoides* Chang, 钱氏茶 *Chienodendron diplostemoneum* Chang,* 华木兰 *Sinomagnolia cuspidata* Chang,** 任氏豆 *Zenia insignis* Chun, 四药门 *Tetrathyrium subcordatum* Benth., 梅樟 *Lauromerrillia appendiculata* All., 赛木患 *Sapindopsis oligophylla* How et Ho, 焕镛藤 *Chunchites xylinabariopsoides* Tsiang, 假瓜子金 *Dischidanthus urceolatus* Tsiang, 梅乐藤 *Merrillanthus hainanensis* Chun et Tsiang, 扁角苣苔 *Cathayanthe biflora* Chun, 鹿角苣苔 *Ceratoscyphus coeruleus* Chun, 细蒴苣苔 *Raphiocarpus sinicus* Chun, 陈棕 *Chuniophoenix hainanensis* Burret, 都是广东及海南所特有的单种的属。野牡丹科的卷丹花属 *Scorpiothyrsus* 有5个种, 全部局限于海南。另一些与广西、越南、云南及其邻近地区共有的特有属为五列木 *Pentaphylax*, 合药樟 *Syndiclis*, 新樟属 *Neocinnamomum*, 石笔木 *Tutcheria*, 包氏豆 *Bowringia callicarpa* Champ., 壳荣果 *Mytilaria laosensis* Lec., 马蹄荷 *Diplopanax stachyranthus* H.-M., 细子龙 *Amesiodendron chinense* Hu, 胡氏茶薪 *Huthamnus sinicus* Tsiang, 锺木氏 *Tsoongia axilliflora* Merr., 裂果金花 *Schizomussaenda dehiscens* Li! 此外, 还有一些与马来西亚共有的常见单种的属, 如山马蝗 *Catenaria caudata* Schindl., 长柄荚 *Mecopus nidulans* Benn., 重阳木 *Bischofia*

---

* 钱氏茶 *Chienodendron* 是山茶科未发表的新属。

** 华木兰 *Sinomagnolia* 是木兰科未发表的新属。

trifoliata Hook. *f*., 葫芦茶 *Pteroloma triquetrum* Desv., 牛筋藤 *Malaisia scandens* Planch.。与华中及西南共有的特有属，则为观光木 *Tsoongiodendron odorum* Chun, 大血藤 *Sargentodoxa cuneata* R. et W., 伯乐树 *Bretschneidera*, 山桐子 *Idesia polycarpa* Maxim., 南天竹 *Nandina domestica* Thunb., 檫树 *Pseudosassafras laxiflora* Nakai, 蕺菜 *Houttuynia cordata* Thuub., 麦木 *Melliodendron*, 拜锤树 *Sinojackia*, 毛药藤 *Sindichites*, 四棱草 *Schnabelia oligophylla* H-M.。上述单种的属或特有属的情况，说明了广东植物区系与马来西亚区系的联系并不十分紧密，但是它和广西、越南、云南最为密切，同时和中国的亚热带植物区系也有不可分割的联系。

2. 主要的代表科属或发生成分——在广东植物区系当中有58个科具有较多的种，总计4500种，占有整个区系的70%以上。其中超过200种的有蝶形花科、茜草科、菊科、兰科及禾本科。100—200种的有樟科、山茶科、大戟科、蔷薇科、山毛榉科、莎草科。50—100种的有桃金娘科、锦葵科、苏木科、桑科、荨麻科、冬青科、蓼科、卫矛科、芸香科、杜鹃花科、紫金牛科、山矾科、夹竹桃科、萝藦科、旋花科、玄参科、苦苣苔科、爵床科、马鞭草科、唇形科、百合科及竹科。25—50种的有木兰科、番荔枝科、毛茛科、防己科、葫芦科、野牡丹科、梧桐科、含羞草科、金缕梅科、鼠李科、葡萄科、楝科、清风藤科、繖形科、五加科、安息香科、木犀科、柿树科、忍冬科、茄科、鸭跖草科、天南星科和棕榈科。

从上面的数字可以看出，具有200种以上的4个科当中，除了兰科是分布于热带之外，其余3个科都是世界性分布的大科，它们在广东都获得良好的发展。200种以下的各科，除了一部分是世界性的科之外，大部分是热带的，甚至是华南植物区系的代表科属。

试就上述各科，计算它们在全世界植物区系中所占的百分比，则见广东植物区系里种类最多的科，并不一定占有很大的比重，我们将发现另一些科在广东为数虽非最多，但在全世界的植物区系中却占有很大的比重。为了认识广东植物区系的特点，它们的作用可能较之特有属或单种的属更为重要。

科　　　　名	世界区系总数		广东区系总数		百分比
	属	种	属	种	
木兰科 Magnoliaceae	15	140	6	34	25%
金缕梅科 Hamamelidaceae	26	140	13	33	24%
山茶科 Theaceae	29	500	15	120	24%
安息香科 Styracaceae	12	130	8	26	20%
杜英科 Elaeocarpaceae	7	150	2	23	15.3%
卫矛科 Celastraceae	40	400	7	61	15.2%
山矾科 Symplocaceae	1	400	1	59	15%
山毛榉科 Fagaceae	7	1,000	6	146	14.6%
竹科 Bambusaceae	50	600	14	88	14.6%
冬青科 Aquifoliaceae	3	420	1	58	14%
樟科 Lauraceae	50	1,200	18	150	12%
清风藤科 Sabiaceae	4	260	2	31	12%
荨麻科 Urticaceae	40	500	12	57	11.4%
葡萄科 Ampelidaceae	12	500	7	52	10.4%
木犀科 Oleaceae	20	500	8	50	10%
鸭跖草科 Commelinaceae	30	400	12	40	10%
苏木科 Caesalpiniaceae	25	850	17	80	9.4%
忍冬科 Caprifoliaceae	15	400	4	37	9.2%
柿树科 Ebenaceae	6	300	1	26	8.6%
鼠李科 Rhamnaceae	50	600	13	47	8%
芸香科 Rutaceae	100	1,000	15	80	8%
紫金牛科 Myrsinaceae	30	1,000	6	68	6.8%
苦苣苔科 Gesneriaceae	100	1,000	21	67	6.7%
桑科 Moraceae	67	1,000	12	67	6.7%
旋花科 Convolvulaceae	50	1,000	18	62	6.2%
番荔枝科 Anonaceae	50	800	16	47	6%
蓼科 Polygonaceae	40	800	4	47	6%
防己科 Menispermaceae	70	400	14	31	5.7%
五加科 Araliaceae	60	800	13	47	5.6%
马鞭草科 Verbenaceae	80	1,300	18	72	5.5%
葫芦科 Cucurbitaceae	90	1,700	17	37	5.3%
锦葵科 Malvaceae	50	1,000	12	50	5%
蘘荷科 Zingiberaceae	45	800	9	40	5%
莎草科 Cyperaceae	75	3,000	19	152	5%

科　　　　名	世界区系总数		广东区系总数		百分比
	属	种	属	种	
夹竹桃科 Apocynaceae	300	1,500	36	67	4.4%
蘿藦科 Asclepiadaceae	300	2,000	29	86	4.3%
茜草科 Rubiaceae	450	5,500	56	225	4.1%
杜鹃花科 Ericaceae	50	1,300	7	54	4.1%
蔷薇科 Rosaceae	115	3,200	23	131	4.1%
楝　科 Meliaceae	47	800	14	31	4%
梧桐科 Sterculiaceae	50	900	13	34	4%
禾本科 Gramineae	450	6,500	105	244	3.75%
爵床科 Acanthaceae	200	2,000	31	72	3.6%
百合科 Liliaceae	175	2,000	25	66	3.3%
棕榈科 Palmaceae	150	1,500	24	47	3.1%
唇形科 Labiatae	200	3,000	42	89	3%
蝶形花科 Papilionaceae	525	10,000	78	292	2.9%
玄参科 Scrophulariaceae	190	3,000	31	80	2.7%
毛茛科 Ranunculaceae	40	1,500	10	40	2.6%
大戟科 Euphorbiaceae	280	8,000	59	190	2.4%
茄　科 Solanaceae	75	2,000	12	45	2.2%
天南星科 Araceae	100	1,900	20	38	2%
野牡丹科 Melastomaceae	200	3,000	15	56	1.9%
繖形科 Umbelliferae	250	2,000	22	34	1.7%
桃金娘科 Myrtaceae	75	3,000	8	45	1.5%
含羞草科 Mimosaceae	30	1,900	8	26	1.4%
兰　科 Orchidaceae	45	17,000	73	221	1.2%
无患子科 Sapindaceae	143	2,000	16	22	1.1%
菊　科 Compositae	900	23,000	78	218	0.95%

　　从上表指明了，在广东植物区系里，以木兰科、金缕梅科、山茶科、安息香科、杜英科、卫矛科、山礬科、山毛榉科、竹科、冬青科、清风藤科及樟科等在全世界区系里占有較大的比重。它們当中，除去安息香科、卫矛科及清风藤科之外，其余各科是构成华南常綠林的主要成分，它們都具有百分比很高的特有种，許多特有属也存在于这些科里。特别是金缕梅科、木兰科、及山毛榉科的3个热带属如石柯属 Lithocarpus、栲属 Castanopsis 和櫧属 Cyclobalanopsis 的原始类型都位于华南，使我們有理由相信，华南地区不仅是它們的现代分布中心，还可能是它們的原始分布中心。具体的內容将在第五节植物区系的起源与发展的問题加以討論。

3. 广东植物区系与毗邻区系的关系——首先要提到广东区系与中印半岛的关系*。两个地区的关系是最为密切的。在广东及海南1708属与中印半岛1845属当中，有1236属是共通的。但从整体来說，中印半岛具有更多的馬来西亚成分。許多見于广东只有一、二代表的属，在中印半岛却擁有較大数量的种类。例如胡椒属 *Piper* 在那里有37种，广东只有11种。猪籠草 *Nepenthes* 在那里有7种，广东只1种。錫叶藤 *Tetracera* 在那里也有7种，广东只1种。水东哥 *Saurauia* 在那里有9种，广东也只1种。毒鼠子 *Dichapetalum* 在那里有4种，广东只2种。山柚子科 *Opiliaceae* 在那里有4属8种，广东只有 *Cansjera* 1种。黃枝木属 *Xanthophyllum* 在那里有12种，广东只1种。龙脑香科在那里有7属61种，其中双翅龙脑香 *Dipterocarpus* 17种，异翅龙脑香 *Anisoptera* 8种，坡垒 *Hopea* 12种，莎罗双 *Shorea* 13种，*Pentacme* 2种，賽莎罗双 *Parashorea* 5种，青皮 *Vatica* 8种，而广东只有2属3种。至于数量众多的热带科，那里的种类也比广东多。番茘支科在那里有23属147种，广东只有16属47种。梧桐科在那里有17属98种，广东只有13属34种。桃金娘科在那里有12属80种，在广东包括18个特有种在內也只8属45种。大戟科在那里有76属436种，广东只59属190种。桑科在那里有15属135种，其中无花果属 *Ficus* 凡93种，广东只有12属67种。柿属 *Diospyros* 在那里有64种，广东只26种。紫金牛科在那里有6属，109种，其中朱砂根属 *Ardisia* 就有77种，而广东只有6属68种。爵床科在那里有36属226种，广东只有31属72种。馬鞭草科在那里有20属134种，广东只18属72种。蕁麻科在那里有19属103种，广东只12属57种。此外，还有許多分布于中印半岛的科，根本就不見于广东。

其次，就广东植物区系占有重要地位的木兰科、金縷梅科、山茶科等加以比較，則情况有了变化。从下表可以看到这些科在广东占有較大的优势，只有木兰科、杜英科和山毛櫸科例外。必須在这里强調指出，包括越南、老撾及柬埔寨的中印半岛，其面积凡3倍于广东，如果把面积相等的粤桂閩区系省与之相比，則結果将更悬殊。

---

* 中印半岛植物区系是根据 M.H.Lecomte 的越南植物志的資料，只包括越南、老撾及柬埔寨。至于緬甸及泰国的資料沒有計入。

	广东（包括海南）		越南、老挝、柬埔寨	
	属	种	属	种
木兰科 Magnoliaceae	6	34	7	42
樟 科 Lauraceae	18	150	12	71
山茶科 Theaceae	15	120	11	84
金缕梅科 Hamamelidaceae	13	33	5	8
山矾科 Symplocaceae	1	59	1	42
山毛榉科 Fagaceae	6	146	4	202
冬青科 Aquifoliaceae	1	58	1	17
卫矛科 Celastraceae	7	61	9	38
清风藤科 Sabiaceae	2	30	2	10
杜英科 Elaeocarpaceae	2	23	2	24
安息香科 Styracaceae	8	26	2	8
竹 科 Bambusaceae	14	88	14	70

　　至于亚热带及温带的科，则广东远较中印半岛为多。如蔷薇科、蓼科、忍冬科、杜鹃花科等，后者仅及广东的半数，而以中国为中心的槭树科，在广东有20种，中印半岛则仅有2种而已。

　　两个地区相同的种类约有1200种。它们当中极大多数是在热带的广布种，少数是广东与中印半岛共通的特有种，它们只分布到越南及老挝的北部。这些特有种除在上面已提到的壳荣果 Mytilaria, 锺氏木 Tsoongia, 细子龙 Amesiodendron 外，还有木兰科的夜合 Magnolia coco DC., M. paenetalauma Dandy. 金缕梅科的大果马蹄荷 Exbucklandia tonkinensis (Lec.) Steenis, 毛秀柱花 Eustigma balansae Oliver. 樟科的大果樟 Cinnamomum ilicioides Chev., 樟树 C. camphora Sieb., 黄樟 C. parthenoxylon Meissn., 阴香 C. burmanni Bl., 绒毛楠 Machilus velutina Champ., 柳叶楠 M. salicina Hance, 赛短花楠 M. parabreviflora Chang, 紫金楠 Phoebe sheareri Gamble, 亨氏楠 P. henryi Merr., 密花厚壳桂 Cryptocarya densiflora Bl., 园果琼楠 Beilschmiedia balansae Lec., 陈氏钩樟 Lindera chunii Merr., 柬埔新木姜 Neolitsea cambodiana Lec., 变叶木姜子 Litsea variabilis Hemsl.。山毛榉科有竹叶栎 Cyclobalanopsis bambusaefolia Hance, 弗氏槠 C. fleuryi H et C. 蒲兰栎 C. poilanei H et C, 互房栎 C. macrocalyx H et C, 毛果稠 Lithocarpus vestita H et c, 哈氏锥栗 Castanopsis harmandii H et C, 锥栗 C. chinensis Hance, 青栲 C. armata Spach., 栲树 C. hystrix DC. 山茶科则有粤厚皮香 Ternstroemia kwangtungensis Merr., 海南厚皮香 T. pseudoverticillata M et C, 窄叶柃 Eurya stenophylla Merr., 华南毛柃 E. ciliata Merr., 毛叶茶 Camellia assimilis Seem., 冬青科只有谷木叶冬青 Ilex memecylifolia Champ. 及 I. chapaensis Merr.。山矾科也只有越南灰木 Symplocos cochinchinensis Moore 及 S. confusa Brand.

广东与中印半岛的密切联系，其实只限于越南的北部，这主要是同一纬度的缘故。至于半岛的南部则较接近马来亚及苏门答腊。在处理区系分区时，应该考虑把中印半岛的北部与其南部分开，并归入华南植物区系里去。

马来亚及印尼的植物区系与广东的联系，主要是通过在热带的广布科属而体现出来。不过这些科属到达广东的种类已大大减少。马来群岛有番荔枝科29属180种，广东及海南只有16属47种，其中仅吕宋蒙萵子 *Anaxagorea luzonensis* Gray，香加拿楷 *Cananga odorata* Hk.f.et Th，蚁花 *Mezzettiopsis creaghii* Lidl.，毛澄广花 *Orophea hirsuta* King，紫玉盘 *Uvaria purpurea* Bl.，银钩花 *Mitrophora maingayi* Hk.f.et Th.，酒饼叶 *Desmos cochinchinensis* Lour. 同时见于广东。藤黄科在那里有5属74种，广东只2属6种，除海棠果 *Calophyllum inophyllum* L. 之外，全是特有种。龙脑香在那里有14属87种，广东只2属3种。梧桐科在那里有18属54种，广东有15属34种，其中以昂天莲 *Abroma angusta* L.f.，山芝麻 *Helicteres angustifolia* L.，*H. isora* L.，*H. hirsuta* Lour.，*H. viscida* Bl.，银叶树 *Heritiera littoralis* Dry.，面头粿 *Kleinhovia hospida* L.，臭苹婆 *Sterculia foetida* L. 是共通的。胆八树科在那里有30种，广东只18种，只有长柄胆八 *Elaeocarpus petiolatus* Wall. 是相同的。桃金娘科在那里有13属136种，广东只8属45种，仅岗松 *Baeckea frutescens* L. 岗稔 *Rhodomyrtus tomentosa* Hassk. 蒲桃 *Zyzygium jambos* Alston 及棒花蒲桃 *Z. claviflorum* Wall. 是相同的。无患子科在那里有20属56种，广东只16属22种，相同的有帝汶异木患 *Allophyllus timorensis* Radlk.，滨木患 *Arytera litoralis* Bl.，坡柳 *Dodonaea viscosa* Jacq.。楝科在那里有16属87种，广东仅14属，31种，其中相同的有苦楝 *Melia azedarach* L.，多穗山楝 *Aphanamixis polystachya* Merr.，海木 *Heynea trijuga* Roxb.及木果楝 *Xylocarpus granatum* Koenig.漆树科在那里有15属72种，广东有13属22种，全部不相同。大戟科在那里有70属336种，广东59属190种，两地共有的为余甘子，水柳，钝五月茶 *Antidesma ghaesembilla* Gaertn.，小盘木 *Microdesmis casearifolia* Pl.，巴豆 *Croton tiglium* L.，长毛野桐 *Mallotus barbatus* M.A.，菲岛野桐 *M. philippensis* M.A.，中平树 *Macaranga denticulata* M.A.，山乌桕 *Sapium discolor* M.-A.，海漆 *Excaecaria agallocha* L.，黄桐 *Endospermum chinense* Benth.，理查木 *Richariella gracilis* Pax et Hoffm. 及阿陀大戟 *Euphorbia atoto* Forst.f.。桑科在那里有14属110种，广东有12属67种，相同的有牛筋藤 *Malaisia scandens* Lour.，鹊肾树 *Streblus asper* Lour.，假鹊肾树 *Pseudostreblus indica* Bur.，见血封喉 *Antianis toxicaria* Lesch. 及几种榕树 *Ficus spp.*。爵床科在那里有36属164种，广东有31属72种，共通的有老鼠簕 *Acanthus ilicifolius* L.，柔刺草 *Clinacanthus nutens* Lindan.，鳞花草 *Lepidagathis incurva* Don，芦莉草 *Ruellia repens* L.，明尊草 *Rungia pectinata* Nees，灵枝草 *Rhinacanthus nasuta* Kurz 及几种老鸦咀 *Thunbergia spp.*。夹竹桃科在那里有35属123种，广东有36属67种，共通的有海杧果 *Cerbera manghas* L.，洪达木 *Hunteria zeylanica* Gardn. et Thw.，香花藤 *Aganosma acuminata* D.Don，腰骨藤 *Ichnoarpus frutescens* R.Br.。还有许多科在马来群岛具有大量的属种，而在广东仅有个别的代表，如肉豆蔻科在那里有4属45种，广东只有 *Horsfieldia hainanensis* Merr. et Chun.

此外，还有若干马来西亚的成分可以在广东找到的，它们是密花藤 *Pycnarrhena fasciculata* Diels，雷诺木 *Rinorea sessilis* O. ktze.，蚌壳豆 *Sindora glabra* Merr.，三叶藤桔 *Luvunga scandens* Ham.，格他达 *Guettarda speciosa* L.，尼帕 *Nipa fruticans* Wurmb.，鸡毛松 *Podocarpus imbricatus* Bl.，夜花藤 *Hypserpa cuspidata* Miers.，篱山柑 *Capparis sepiaria* L.，魚木 *Crataeva religiosa* Forst.，猪龙草 *Nepenthes mirabilis* Druce，黄牛木 *Cratoxylon ligustrinum* Bl.，水东哥 *Saurauia tristyla* DC.，小山桔 *Glycosmis citrifolia* Lindl.，山黄皮 *Clausena excavata* Burm. f.，赤仓藤 *Erythopalum scandens* Bl.，梦拉木 *Salacia prinoides* DC.，鸦胆子 *Brucea javanica* Merr.，厚叶清风藤 *Sabia limoniacea* Wall.，牛弥荣 *Marsdenia tinctoria* Br.，蔓胡椒 *Piper sarmentosum* Roxb.，刺避霜花 *Pisonia aculeata* L.，假糙苏 *Paraphlomis rugosa* Prain，露兜 *Pandanus tectorius* Soland. 及香根草 *Vetiveria zizanioides* Nask.。

反过来，在广东植物区系占有主要位置的科，除了山毛榉科及樟科之外，在马来群岛则为数不多。如木兰科在那里只有7属12种，全是特有的。清风藤科在那里只有10种，仅1种相同。金缕梅科在那里只有4属7种，亦为特有种。山矾科只有25种，仅 *Symplocos caudata* Wall. 及 *S. adenophylla* Wall. 是共通的，山茶科也只有8属32种，仅有两种枸，*Eurya trichocarpa* Korth 及 *E. nitida* Korth. 是和广东相同的。冬青科在那里有17种，仅 *Ilex triflora* Bl. 是共有的。卫矛科那里有9属31种，仅 *Celastrus paniculatus* Willd. 是共通的。山毛榉科那里有3属171种，无一相同的。安息香科那里只有1属4种罢了。樟科在那里有16属176种，相同的也只有 *Cryptocarya densiflora* Bl.，*Cinnamomum parthenoxylon* Meisn.，*C. glanduliferum* Nees，*C. obtusifolium* Nees 及 *Neolitsea zeylanica* Merr. 等。

菲律宾植物是以东亚热带的广布成分来和广东区系发生联系。除了上述马来亚的广布种之外，还有锡叶藤 *Tetracera scandens* Merr.，菲律宾朴树 *Celtis philippensis* Blanco，长毛野桐 *Mallotus barbatus* M-A，虎克野桐 *M. hookerianus* M-A，菲岛野桐 *M. philippensis* M-A，弓刺 *Harrisonia perforata* Merr.，台湾相思 *Acacia richii* A. Br.，水黄皮 *Pongamia pinnata* Merr.，银树 *Alphitonia philippinensis* Braid.，及吕宋蒙荽子 *Anaxagorea luzonensis* Gray，杜虹花 *Callicarpa pedunculata* R. Br. 等同时见于三个地区。只有菲柞 *Ahernia glandulosa* Merr. 这个单种的属，可能是在海南岛与菲律宾表现为间断分布的唯一例子。

另一方面，属于华南及中国亚热带区系成分分布到菲律宾的，有田繁缕 *Bergia serrata* Blanco，天香炉 *Osbeckia chinensis* L.，凿树 *Photinia serrulata* Lindl.，野葛 *Pueraria thunbergiana* Benth.，园荚野葛 *P. phaseoloides* Benth.，鹿藿 *Rhynchosia volubilis* Lour.，厚皮香 *Ternstroemia gymnanthera* Spr.，珊瑚树 *Viburnum odoratissimum* Ker，吕宋荚蒾 *V. luzonicum* Rolfe，牡荆 *Vitex negundo* L，狗花椒 *Zanthoxylum avicennae* DC，鉄莧荣 *Acalypha australis* L.，八角枫 *Alangium chinense* Rehd.，楹树 *Albizzia chinensis* Merr.，五月茶 *Antidesma bunius* Spreng.，雀梅藤 *Sagretia theezens* Brongn.，假青梅 *Ilex asprella* Champ.，黄运木 *Pistacia chinensis* Bunge，楝叶吴茱萸 *Evodia meliaefolia* Benth., 木防已 *Cocculus trilobus* DC., 野牡丹 *Melastoma candidum* Don, 五加 *Acanthopanax trifoliatus* Merr., 小針葵 *Phoenix hanceana* Naud., 石菖蒲 *Acorus gramineus* Soland., 天門冬 *Asparagus lucidus* Lindl.。另有一些大陆的种到了菲律宾则形成了代替种,如华南的尖叶水丝梨 *Sycopsis dunnii* Hemsl. 与菲島水丝梨 *S. philippinensis* Oliver, 华南的尖尾枫 *Callicarpa longissima* Merr. 与 *C. dolichophylla* Merr. 是。还有一个例子是金缕梅科的 *Embolanthera*, 在巴拉望岛的 *E. spicata* Merr. 与靠近两广边境的越南海宁省的 *E. glabrescens* Li, 表现为間断性分布的代替种。

上述植物多见于菲律宾群岛北部的呂宋島, 这种联系可能是在下第三紀当菲島与亚洲南部大陆脫离之前就已发生,以后一直保持下来。其中个别的种也可能象梅乐尔 E. D. Merrill 所假定的, 是由海鳥从台湾传播去的。

印度—非洲区系与广东的联系并不密切, 在那里具有多数属种的木棉科、楝科、使君子科、漆科等, 在广东区系里并不重要。他如樟科、梧桐科、桑科、茜草科等則各有不同的属种。只有为数不多的代表如刺茉莉 *Azima sarmentosa* Benth., 被鉤藤属 *Ancistrocladus*, 使君子 *Quisqualis indica* L., 格木 *Erythrophloeum*, 蚌壳豆 *Sindora*, 金蓮木 *Ochna*, 弓刺 *Harrisonia*, 厚皮树 *Lannea* 等同时见于两个地区。

澳洲的植物区系与广东的联系有异蕊草 *Thysanotus chinensis* Benth., 薄果草 *Leptocarpus sanaensis* Masam., 水玉簪 *Burmannia disticha* L., 毬兰 *Hoya carnosa* R.Br., 燕茜菊 *Pluchia indica* Loss., 地苋莧 *Deeringea amaranthoides* Merr., 玫瑰木 *Rhodamnia*, 一本芒 *Cladium*, 絲滴草 *Stylidium uliginosum* Swartz, 刺鳞草 *Centropis*, 以及山龙眼科、桃金娘科的一些属, 这些联系可能是第三紀以前澳亚大陆联合在一起的时候, 通过馬来西亚分布于华南地区的, 少数种类如燕茜菊、一本芒等可能属于迁移成分。

新热带区与华南植物区系的联系是比较疏远的, 只能在一些較古老的科属找到綫索, 如木兰属 *Magnolia*, 北五味子属 *Schizandra*, 八角茴香属 *Illicium*, 木姜子属 *Litsea*, 厚壳桂属 *Cryptocarya*, 琼楠 *Belschmiedia*, 馬兜铃属 *Aristolochia*, 胡椒属 *Piper*, 椒草属 *Peperomia*, 雪香兰属 *Hedyosmum*, 商陆属 *Phytolacca*, 馬齿莧属 *Portulaca*, 西蕃蓮属 *Passiflora*, 厚皮香属 *Ternstroemia*, 水东哥属 *Saurauia*, 金叶树属 *Chrysophyllum*, 灰木 *Symplocos*, 九节 *Psychotria* 及其他若干属。这种联系可能在第三紀以前, 南美大陆与澳洲大陆联在一起时就已存在。

现在我們回过头来討論广东与其西部毗邻地区的关系。广东植物区系与广西东南部及云南东南部的关系較之广东与中印半岛的关系还要密切些。这种联系表现在无論是热带广布种,馬来西亚成分,特有属及特有种,代表性的科属(发生成分)各方面都具有共通性。

共通的热带广布种有木棉 *Gossampinus malabarica* Merr., 中平树 *Macaranga denticulata* M-A, 余甘子 *Phyllanthus emblica* L., 酸豆 *Tamarindus indica* L., 水柳 *Homonoia riparia* Lour., 见血封喉 *Antiaris toxicaria* Lesch., 高山榕 *Ficus altissima* Bl., 大叶榕 *F. lacor* Hamilt., 楹树 *Albizzia chinensis* Merr., 尼泊尔鼠李 *Rhamnus nepalensis*

Laws., 大叶鼠刺 *Itea macrophylla* Wall., 刺勒木 *Flacourtia indica* Burm. f., 栲树 *Castanopsis hystrix* DC, 印度锥栗 *C.indica* A.DC., 岗栲 *Eurya groffii* Merr.。共通的马来西亚成分有老人皮 *Polyalthia cerasoides* Benth. et Hk.f., 麻楝 *Chukrasia tabularis* Juss., 樫木 *Dysoxylum binectariferum* Hook.f., 感应草 *Biophytum sensitivum* DC., *B.esquirolli* Levl., 赤苍藤 *Erythropalum scandens* Bl., 坡柳 *Dodonaea viscosa* Jaeq.。

共通的特有属，有观光木 *Tsoongiodendron*，新樟属 *Neocinnamomum*，时珍木 *Lishichenia*, 海南椴 *Hainania*, 任氏豆 *Zenia*, 麻粒木 *Lysidice rhodostegia* Hance, 壳莱果 *Mytilaria*, 繖花木 *Euryocrymbus*, 细子龙 *Amesiodendron*, 马蹄荷 *Diplopanax*, 史他菲属 *Stapfiophyton*, 胡氏茶药 *Huthamnus*, 裂果金花 *Schizomussaenda*, 拟黄树属 *Xanthophytopsis*, 假瓜子金 *Dischidanthus*, 鹿角苣苔 *Ceratoscyphus*, 细萼苣苔 *Raphiocarpus*, 钟氏木 *Tsoongia*, 还有一向被认为局限于香港的四药门属 *Tetrathyrium* 最近也在广西龙津找到了。

共通的特有种就更多了，主要的如黄枝木 *Xanthophyllum hainanense* Hu, 巴兰含笑 *Michelia balansae* Dandy, 香港鹰爪 *Artabotrys hongkongensis* Hance, 蝴蝶树 *Tarrietia parvifolia* Merr. et chun, 陈氏密榴木 *Miliusa chunii* Wang, 云南琼楠 *Beilschmiedia yunnanensis* Hu, 本勒木 *Benettiodendron brevipes* Merr., *B.leprosipes* Merr., 海南大风子属 *Hydrocarpus* Spp., 青皮 *Vatica astrotricha* Hance, 玉蕊 *Barringtonia*, 大果马蹄荷 *Exbucklandia tonkinensis* (Lec.)Steenis, 毛秀柱花 *Eustigma balansae* Oliver, 大叶檵木 *Loropetalum subcapitatum* Chun, 细花红苞木 *Rhodoleia parvipetala* Tong, 毛鼠刺 *Itea homalioides* Chang, 无忧花 *Saraca chinensis* Merr. & chun, 毛果枣 *Zizyphus trichocarpa* Chang, 海南须芯木 *Gomphandra hainanensis* Merr., 两色面包树 *Artocarpus bicolor* Merr. et chun, 杯斗锥栗 *Castanopsis calathiformis* R. et W., 蒙自桦 *Betula alnoides* B.H., 毒鼠子 *Dichapetalum*, 赤扬叶 *Alniphyllum fortunei* var. *hainanensis* Wu等。

广东的代表科属木兰科，金缕梅科，山茶科，清风藤科、樟科、山礬科、山毛榉科等在云南及广西的东南的分布亦毫无逊色，而樟科、木兰科和清风藤科在云南具有较多的种类。木兰科的拟木莲 *Paramanglietia*, 拟含笑 *Paramichelia*, 克末丽 *Kmeria*, 拟克末丽 *Parakmeria*, 及长蕊木兰 *Alcimandra* 是不见于广东的。此外还有蚬木属 *Burretiodendron*, 喙核桃属 *Annamocarya*, 辛氏木属 *Sinia* 也是广东所无的。至于广西的西北部及贵州，和云南东部，植物区系的情况和广东有明显的差别；在那里有铁油杉 *Hesperopeuce longibracteata*; 银杉 *Cathaya*, 鹅掌楸 *Liriodendron*, 拟克末丽 *Parakmeria*, 马尾树 *Rhoiptelea*, 掌叶木 *Handeliodendron*, 茶条木 *Delavaya*, 十萼卫矛 *Dipentodon* 及马桑 *Coriaria* 等。其中铁油杉亦见于广东。

台湾是在第四纪才与大陆分离，因此广东植物区系与台湾基本上是一致的。只是在马来西亚成分方面，台湾有肉豆蔻 *Myristica* 2种，奴草 *Mitrastemon* 2种，莲叶桐 *Hernandia* 1种, 台湾五加 *Boerlagiodendron* 1种，象牙树 *Maba* 1种, 但没有龙脑香科及猪笼草科的代表。其次，木兰科及金缕梅科的代表特别少。由于假繁缕 *Cynocramba*,

台湾杉 *Taiwania*，馬桑 *Coriaria*，繖花木 *Euryocrymbus* 及櫻井草 *Petrosavia* 的存在，使台湾与四川、云南、贵州及广西的植物区系加强了联系。此外，台湾还有华棱 *Sinopanax*，昆栏树 *Trochodendron* 及花栢 *Chamaecyparis* 等特有属。

以上是广东植物区系与其南部毗连的热带地区的相互关系，现在将转而讨论它与北面的华东、华中，及西南等亚热带地区的关系。正如南方热带成分增强了广东植物区系的热带色彩一样，北面的亚热带区系成分也使广东的植物区系变得更加复杂。在地质史上，整个广东北面的亚热带地区也和其南方热带一样，同属于华南地台，并经历着同样的地质变迁，自侏罗纪以后，即联在一起，长期以来，植物区系的相互作用，有着不可分割的关系。第四纪中国（华南）冰川的作用，也许更加促进广东与其北部亚热带植物区系的渗透作用，使广东植物区系在热带—亚热带这个过渡带的性质上表现得更突出。总的说来，在亚热带植物区系成分方面，华中区系对广东区系的影响要比华东区系强烈得多。

属于华东植物区系的，裸子植物有建栢 *Fokienia hodginsii* Henry et Th.，油杉 *Keteleeria fortunei* Carr.，紫杉 *Taxus specioza* Florin，馬尾松 *pinus massoniana* Lamb.，杉 *Cunninghamia lanceolata* Hook.。樟科有樟树 *Cinnamomum camphora* Sieb.，檫树 *Pseudosassafras laxiflora* Nakai，楨楠 *Machilus thunbergii* S.& Z.，泡花 *M.pauhoi* Kanh. 等。山毛榉科有铁槠 *Cyclobalanopsis glauca* Oerst.，面槠 *C.myrsinaefolia* Schattky，石槠 *C.gilva* Oerst.，大叶鈎栗 *Castanopsis tibetana* Hance，苦槠 *C.sclerophylla* Schattky，綿槠 *Lithocarpus henryi* R.&W.。金縷梅科有华腊瓣花 *Corylopsis sinensis* Hemsl.，檵木 *Loropetalum chinensis* Oliver，小叶阿丁枫 *Altingia gracilipes* Hemsl.，蚊母树 *Distylium racemosum* S.et Z.。山茶科的紅皮旃檀 *Stewartia rubiginosa* Chang 則代替了华东的华旃檀 *S.gemmata* Chien et Cheng，此外还有四稜草 *Schnabelia oligophylla* H.-M.，宁波玄参 *Scrophularia ningpoensis* Hemsl. 等。

属于华中区系的，裸子植物有穗花杉 *Amentotaxus argotaenia* Pilg.，三尖杉 *Cephalotaxus fortunei* Hook.，鉄杉 *Tsuga chinensis* Pritz.，小蘖 *Berberis*，野木瓜 *Stauntonia*，大血藤 *Sargentodoxa cuneata* R.&W.，博落回 *Macleya cordata* R.Br.，旌节花 *Stachyurus*，樺木 *Betula*，鵝耳櫪 *Carpinus*，槭树 *Acer*，天师栗 *Aesculus wilsonii* Rehd.，复羽欒树 *Koelreuteria bipinnata* Fr.，伯乐树 *Bretschneidera sinensis* Hemsl.，野鸦椿 *Euscaphis*，桃叶珊瑚 *Aucuba chinensis* Benth.，此外，还有毛茛科、十字花科、石竹科、蔷薇科、胡桃科及忍冬科等亚热带成分。

我国西南部以滇、黔、川为中心的成分，如八角蓮 *Dysosma pleianthus* Woods，梅花草 *Parnasia*，老鸛草 *Geranium*，柰李木 *Neillia*，斯脱木 *Stranvaesia*，白珠树 *Gaultheria* 櫻草 *Primula*，龙胆 *Gentiana* 等也到达广东北部和西部的山区。

此外，广东植物区系里也还有极少数泛北极区系的成分，如升麻 *Cimicifuga japonica* Spr.，黄連 *Coptis chinensis* Fr.，小鸟头 *Isopyrum dalzielii* Drumm. et Hutch.，桔梗 *Platycodon grandiflora* A.DC.，馬先蒿 *Pedicularis*，虎耳草 *Saxifraga stolonifera* Meerb.，及落新妇 *Astilbe davidii* Henry 等。

从上述事实可以看到，广东的植物区系是和四周毗邻地区有着密切的联系，甚至与澳洲区系及热带美洲区系也有一定的关系。这种联系可以分为下面几种不同的性质。与澳洲区系及热带美洲区系的联系，是古地理的原因，可以上溯到第三紀或者白堊紀以前，当南美大陆及澳洲大陆与貢納瓦古陆脱离之前就已存在。至于貢納瓦古陆与华夏地台之間的植物区系的联系，可能有过地脊，或者是有花植物历史发生的原因。与泛北极区系的联系，可能是第四紀中国冰川的影响，促使它們向南迁移的結果。与馬来西亚的联系也是古地理的原因。但华莱士綫以西的爪哇、加里曼丹、苏門答腊及馬来半島等地，与广东的联系显然要比这一綫以东的菲律宾群島、苏拉威西及伊里安等地来得密切，后者在第三紀时已和华莱綫以西各島屿分开，而华莱士綫以西各島屿与华南地台的联系一直保持到第四紀，植物区系上的証据已充分說明了这一事实。問题在于华南区系与馬来半島、苏門答腊、爪哇及加里曼丹的联系，幷不如人們想象的那么密切。許多馬来西亚的代表科属在华南幷不占优势，例如龙脑香科在华南区系里如此貧乏，决不能用梅乐尔 E.D.Merrill 的見解，归因于古地理的关系来解释。作者認为应該从植物区系的历史发展去寻找答案。由于每一个地区的植物区系的形成，以至每一个科的历史发展都有自己特定的条件，可以不受空間甚至时間上的制約。例如山毛榉科及樟科同样是在同一个古地理条件下，却比較紧密地把华南植物区系与馬来西亚区系联系起来。最后，广东植物区系与广西、云南及越南北部的联系是很密切的，植物区系的成分最为接近，全部的占优势的代表科属都是共通的，这不仅是因为地理上的毗邻，或緯度上的一致，最主要的是它們在植物区系的发生方面有着共同的来源。下面将着重討論这个問题。

五、广东植物区系的起源与发展

广东植物区系虽然絕大多数属于古热带的科，但区系成分和馬来西亚的幷不完全一样，而和华中及西南則相差更远。在广东植物区系里，除了一些泛热带的科有它自己的特有种之外，另一些象馬来西亚的成分，在广东只有个別的代表。如肉豆蔻科的属种为 1∶1，猪籠草科 1∶1，辣木科 1∶1，沟繁縷科 2∶3，海桑科 1∶1，粟米草科 1∶2，紫茉莉科 3∶6，錫叶藤科 3∶4，水东哥科 1∶1，金蓮木科 2∶2，龙脑香科 2∶3，藤黄科 2∶6，木棉科 1∶1，金虎尾科 3∶6，古柯科 2∶2，牙刷树科 1∶1，毒鼠子科 1∶2，希藤科 4∶9，茶茱萸科 11∶14，鉄青树科 4∶6，山柚子科 1∶1，檀香科 4∶6，苦木科 4∶6，王蕊科 1∶1，无患子科 16∶22，漆树科 13∶21，牛栓藤科 4∶5，楝科 14∶31，絲滴草科 1∶1，馬錢科 8∶16，蕗草科 1∶1，須叶藤科 1∶1，田葱科 1∶1，帚灯草科 1∶1，橄欖科 2∶3。这种高属系数表明这些馬来西亚成分是迁移来的。如果我們同意上面所說，馬来群島是在第四紀才和华南大陆脱离开来的話，那么这些从南方迁移来的或渗透过来的种类实在不算太多。从植物区系的起源問題着眼，迁移成分不应該是主要的方面，本質上的东西，是那些从当地发展起来的科属。在这里我們将很自然地注意到那些种系蕃衍，在全世界植物区系里占有較高的百分比的一些科，以及許多的特有属和特有种，它們无疑地是在广东特定的自然条件下发展起来的。

首先，我们将探讨金缕梅科的起源与发展问题。这个科共26属，约140种。分为六个亚科。第一个亚科是双花木亚科，唯一的代表双花木属 *Disanthus*，残存于粤湘边境的莽山及江西南部的山地，同时亦见于日本南部的山区，由于地理分布上的不连续，加之习性上表现为落叶灌木，显然是第四纪中国冰川的影响而退到山区的残遗种。第二个亚科是壳荣果亚科，有壳荣果属 *Mytilaria* 及陈氏木 *Chunia* 两个单种属，均在广东。壳荣果 *Mytilaria* 分布于北纬21°30′至23°30′之间，东部到达广东西江北岸的封川，西部止于老挝北部和云南的东南部，以十万大山为中心向东西两侧扩展，横亘1100公里作带状分布。陈氏木 *Chunia* 是和壳荣壳非常接近的近缘属，是一个不具花瓣的局限属，在现代只残存于海南南部保亭县山地雨林里，它显然是脱胎于壳荣果属，往南面扩展，失去了花瓣。

第三个亚科是红苞木亚科。只有红苞木属 *Rhodoleia*. 一共有10个种，4个在云南南部，3个在广东及广西，3个在马来群岛。中心在广东和云南，这些大陆的种类都有长达2—3厘米，宽6—8毫米的花瓣，当它向南扩展，花瓣逐渐变窄，如在海南岛的 *R.stenopetala* Chang，只有宽约2—3毫米的花瓣，到了马来亚及苏门答腊，3个种都只有宽约2毫米的花瓣。

第四个亚科是马蹄荷亚属，亦只有马蹄荷 *Exbucklandia* 一个属，它的出现是在下第三纪或更早，现代分布区集中在华南，西南，喜马拉雅南麓，向南到达苏门答腊。近年来在北美俄勒冈的第三纪地层里也找到它的化石。本属的原始代表应该是具有明显花瓣的长瓣马蹄荷 *E.longipetala* Chang，局限于贵州及广西接壤的地区。近缘种马蹄荷 *E.populnea* R.W.Br. 分布于广西、贵州、云南及喜马拉雅南坡，花瓣已极端简化。另一个不具花瓣的大果马蹄荷 *E.tonkinensis* Steenis 分布于广东福建、湖南、广西、越南北部及云南南部。向南发展到达苏门答腊有多果马蹄荷 *E.tricuspis* Chang，也是一个缺乏花瓣的种类。

第五个亚科是枫香亚科，包括枫香属 *Liquidambar*，半枫荷属 *Semiliquidambar* 及阿丁枫属 *Altingia*，枫香属的分布比较星散。分别见于东亚，小亚细亚及北美和墨西哥。同时在格陵兰及欧洲南部的第三纪地层中也存在着它的化石。在现存的4个种类当中，只有枫香树 *L.formosana* Hance 是具有萼齿的。从我国中南部的缺萼枫香 *L.acalycina* Chang，过渡到小亚细亚的苏合香 *L.orientalis* Mill.，及北美的 *L.styraciflua* L. 萼齿逐渐变短而消失。由此看来，枫香树 *L.formosana* Hance 应该是本属的原始类型，缺萼的种类，是次生性质的，而枫香树 *L.formosana* Hance 在广东常绿林带里，是数量最多的混交落叶树，使我们有理由来推测华南山区是本属的原始分布中心。

半枫荷属 *Semiliquidambar* 是最近才成立的一个新属，它和枫香属 *Liquidambar* 非常接近，叶掌状分裂或卵形具三出脉，蒴果先端斜出具宿存花柱，兼具萼齿，头状果序基部平截。分布区局限于华南，中心在广东北部，这里有三个原始结构的种，向东扩展在福建有2个种，浙江南部也有1种，西部境界到达广西中部的大苗山，南部到达海南岛。从形态上看，这个新属兼具有枫香属及阿丁枫属的特征，很可能是后二者的自然杂交的产物。

阿丁枫属 *Altingia* 11个种，分布了我国南部，东至浙江南部，西至云南的东南部，中心在广东，这里4个种，往南到中印半岛有3种，苏门答腊有1种。

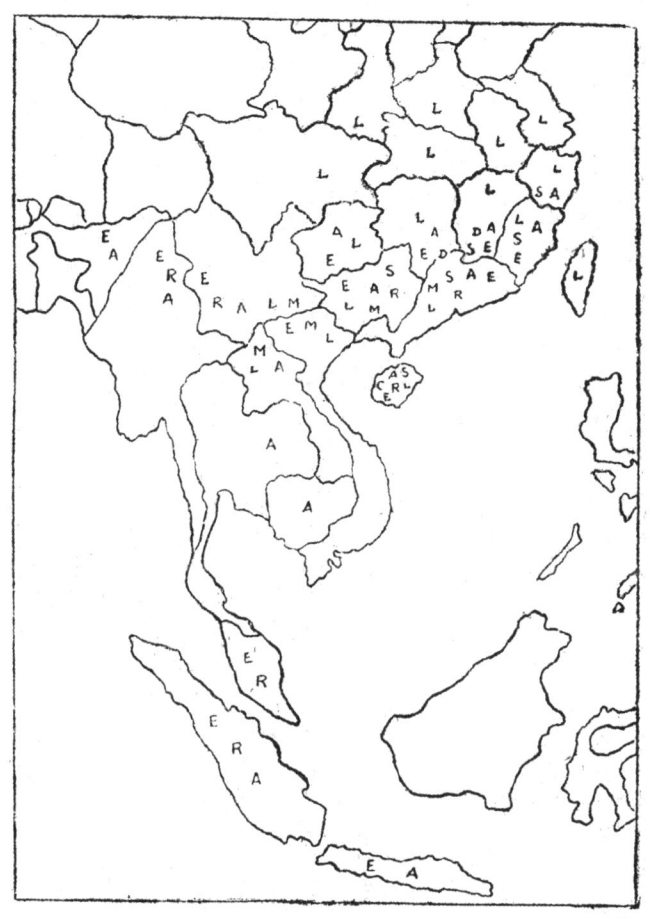

图1：东亚金缕梅科 Hamamelidaceae 5个亚科的分布
（双花木亚科，壳菜果亚科，红苞木亚科，马蹄荷亚科，枫香亚科）
A = *Altingia*, C = *Chunia*, D = *Disanthus*, E = *Exbucklandia*, L = *Liquidambar*,
M = *Mytilaria*, R = *Rhodoleia*, S = *Semiliquidambar*

以上五个亚科有8个代表属，除了枫香属 *Liquidambar* 同时分布到美洲之外，全部均在华南（图1）。其次，这五个亚科都是结构上比较原始的类型，彼此間又并不十分接近，其中有3个还是单种的属，象这样集中而又互相密合的分布区决不是偶然的，我們完全有根据指出，华南不仅是金缕梅科的现代分布中心，而且也是它的起源中心。

现在我們进而讨论第六个亚科金缕梅亚科，这是一群具有单胚珠、种系复杂，在近代获得比較良好发展的一个亚科，包括17个属，分隶于4个族。第一个族是具有綫形花瓣的金缕梅族；一共有7个属，从解剖学及形态学上看来，四药門属 *Tetrathyrium* 是最为原始的代表，它也是一个单种的属，一向是局限于香港，最近才在广西龙津也找到了它的分布。第二个属是 *Maingaya* 分布于馬来亚。檵木属 *Loropetalum* 是和四药門属非常接近，也是本亚科里比较原始的类型，共有4个种。分布于十万大山的大果檵木 *L. lanceum* H.-M., 及滇桂边境的大叶檵木 *L subcapitatum* Chun 都是常綠小乔木，至于落叶的檵木 *L. chinense* Oliver，是亚热带的种类，南界不越过北回归綫，可能是由常綠类型衍生出来的。第4个是金縷梅属 *Hamamelis*, 有3种在北美，3种在日本，2种在华东及华中，在欧洲的白垩紀及北美与日本的第三紀的地层还找到了它的化石，分布区較星散。在中国最南部的界綫为贛南、湘南及桂北，还未发現于广东。第五个是 *Embolanthera*, 分布于两广边境的越北地区及菲律宾，很有可能在两广境內找到它的踪迹。余如毛枝属 *Trichocladus* 分布于非洲, *Dicoryphe*见于馬达加斯卡，这个族还有3个化石的属，见于欧洲的 *Hamamelidanthium*, 见于比利时的 *Hamamelites*, 及法国的 *Hamamelixylon*, 可能是和金縷梅属*Hamamelis* 較为接近。

第二个是秀柱花族，只有秀柱花属 *Eustigma*, 已知道的2个种均见于广东，窄叶的 *E. oblongifolia* G.&C.向东到达贛南、閩南及台湾，南面见于海南島。闊叶被毛的 *E. balansae* Oliver 向西到达滇东及越南北部。

第三个是蜡瓣花族，有蜡瓣花 *Corylopsis* 及牛鼻栓 *Fortunearia* 两个属。前者是东亚广布属，以我国西南部最为集中，原始类型具有上位而游离的子房，都见于四川及湖北，海南島是它的南界。后者是华中及华东特有的单种属。

第四个是和寒紀族有7个属，和寒紀属 *Fothergilla* 在北美，另欧洲有它的化石。*Parrotiopsis* 在阿富汗。*Parrotia* 在伊朗及南高加索，另欧洲有它的化石。*Matudaea* 在墨西哥。余如山白树属 *Sinowilsonia*, 蚊母树属 *Distylium* 及水絲梨 *Sycopsis* 均在我国。蚊母树属与水綫梨属都是以华南为中心的常綠类型，前者有12种，广东占有半数，后者8种广东占60%强。

金縷梅科在第三紀以前已經形成为一个很完整的自然科，无論它在过去的地质年代里，地理分布如何分散，有过多少个分布中心，但从目前它在华南所保存下来的全部原始类型的事实看来，我們完全有根据訊为，它是一直存在于华南，幷且是在稳定的自然条件孕育下，发展出复杂的种系。其中落叶性的灌木类型，在形态結构上及地理分布上都带有明显的次生性質。董爽秋敎授曾采用恩格勒的第三紀植物区系迁移理論来解释金縷梅科的地理分布和发展，从现在的資料看来，是值得重新考虑的。

木兰科已被公訊为最古老的被子植物，約15属，140种。主要分布于东亚的热带和亚热带，在北美及热带美洲有塔婓木*Talauma*, 木兰*Magnolia*及鹅掌揪*Liriodendron*等属是和东亚的木兰科植物作洲际的間断性分布。本科的原始类型已不存在，现代木兰科是从原始类型按三个方向发展出来的。第一个支派以鹅掌揪*Liriodendron*为唯一代表，一种在北美，一种在华中，其南界到达江西南部，广西北部及滇东。在广东还未被发現。第二个支派有木蓮*Manglietia*及木兰*Magnslia*等10个属，木蓮属 *Manglietia* 可能这一支派里比较原始的代表，約有30种，中国西南及南部有22种，广东有7种，中印半島8种有5个特有种，现代分布中心在两广，滇东及中印半島东北部。与木蓮属极为接近的拟木蓮属

Paramanglietia 有 2 个种，一在赣南，一在滇桂之间，很可能在广东找到分布。木兰属 *Magnolia* 约60种，除了不到10种分布于北美及墨西哥之外，全在东亚。其中约有一半落叶的种类分布在长江流域东北及日本，常绿的木兰，以两广及中印半岛为中心，约有16种。印度及马来亚只有少数几个种。塔婆木 *Talauma* 主要分布于马来群岛，中印半岛及菲律宾，约有15种，另热带美洲有4种。广东及海南曾被报导过有2种，现在查明为木兰属的种类。华木兰属 *Sinomagnolia* 是原产于两广边境上的十万大山的新属，是由木兰属 *Magnolia* 演化出来，花托（雌蕊轴）不复存在，心皮数目减少到 5—6 枚，排成轮状，心皮的下半部直接结合起来。从华木兰属 *Sinomagnolia* 再向前发展，心皮减少到一轮，并完全结合起来，形成真正的蒴果，这就是分布于中印半岛南部及马来亚的 *Pachylarnax*。这一支派还有3个属分布于中印半岛北部及云南之间，它们是长蕊木兰 *Alcimandra*，克林丽 *Kmeria* 及拟克林丽 *Parakmeria*，前者是单种的属，后两者是单性花，均只有2个种，它们是较高级的类型。

第三个支派是以含笑属 *Michelia* 等四个属为代表的一群。以含笑属 *Michelia* 为原始的代表，分布于东亚热带亚热带，约有40种，以两广、云南南部及中印半岛北部为现代分布中心，集中分布将近30种。广东省10种、（不计算栽培种），其中 *M. maclurei* Dandy 在粤西一带仍有小片分散的次生纯林，可以想象在过去它曾经构成广东常绿林的主要树种。第二个是观光木属 *Tsoongiodendron*，具有木质心皮在结实时联在一起的特性。这种高大的常绿乔木，目前仍然是粤中及粤北常绿林的主要树种，同时亦分布于海南、广西、湖南及江西各地的残余常绿林里。第三个属是拟含笑属 *Paramichelia* 见于云南。还有 *Elmerrillia* 分布于马来亚、伊里安及菲律宾。

作为一个古老的科，木兰科的分布区是存在着许多有待解决的问题，首先是关于它的起源中心问题，有过各种不同的看法。在第三纪时，本科植物具有比目前更为广大的分布区，鹅掌楸 *Liriodendron* 的化石曾经在北美、格陵兰及法国被发现过，而木兰属 *Magnolia* 有更多的化石散见于北美、格陵兰、欧洲、澳洲及日本。因此原始中心是不易确定的。我们从现代分布区看，云南及中印半岛北部具有最多的属和种，许多比较原始的属种也集中在这一区。在全科15属140种当中，云南有8属55种，中印半岛亦有8属47种，因此这里不仅是现代分布的中心，也可能是起源的中心。塔赫他闾 А. Л. Тахтаджян 曾强调这一地区是被子植物的发祥地，就木兰科方面，将提供极有利的资料。广东的木兰科植物虽较云南略为逊色，但在木莲属 *Manglietia*，木兰属 *Magnolia* 及含笑属 *Michelia* 都有数量众多的特有种，还有华木兰 *Sinomagnolia* 及观光木 *Tsoongiodendron* 两个特有属，足以说明广东的木兰科植物区系是在当地的条件下发展起来的（图2）。

山茶科凡29属500种，大部分集中于亚洲的热带和亚热带。我国有18属约250种，广东有15属110种。在比较原始的山茶族的15个属当中，有10属在我国南部和西南部，其中有8属见于广东。山茶属 *Camellia* 凡130种，有80%集中在我国南部和西南部。广东有40种。石笔木 *Tutcheria* 约12种，是两广的特有属，绝大多数产广东。旌檀属 *Stewartia* 是星散分布于我国、日本及北美的小属，在中欧第三纪的地层还存在着它的化石，现代分布中心虽然不在广东，但具有自己的特有种红皮旌檀 *S. rubiginosa* Chang。赫德木属 *Hartia*

也是中国南部与越北特有的小属，约有14个种，广东有7种，其中以赫德木 *H. sinensis* Dunn 及毛赫德木 *H. villosa* Merr.（*H. kwangtungdnis* chun）是广布于整个属的分布区的普遍种。这个族还有柯树属 *Schima* 及大头茶属 *Gordonia* 在广东亦有自己的代表。最近发现了拟核果茶属 *Parapyrenaria*，是和分布于马来亚及中印半岛的核果茶属 *Pyrenaria* 具有平行的位置，萼片及花瓣比后者为多，但子房3室，花柱合生。另一个新属钱氏茶 *Chienodendron*，雄蕊简化为两轮，具背部着生的花药，似乎是山茶族里颇为特殊的类型。

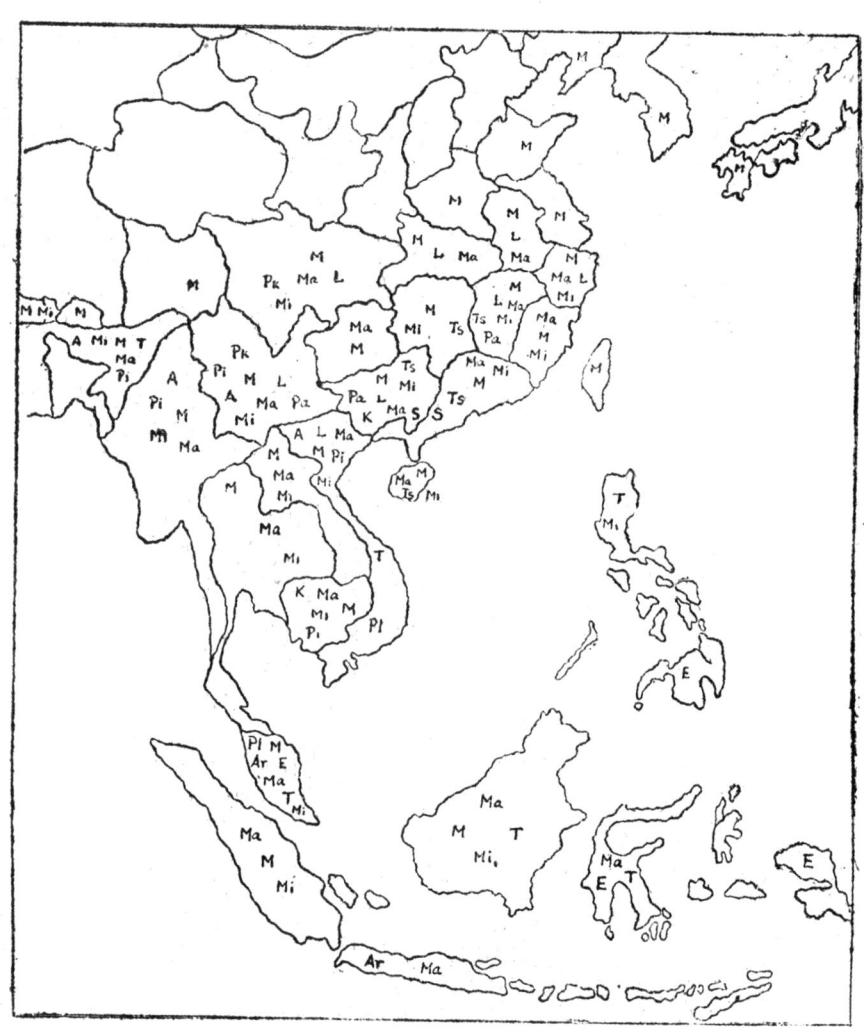

图2：东亚木兰科 *Magnoliaceae* 的分布

A = Alcimandra, *Ar = Aromadendron*, *E = Elmerrillia*, *K = Kmeria*, *L = Liriodendron*, *M = Magnolia*, *Ma = Manglietia*, *Mi = Michelia*, *Pa = Paramanglietia*, *Pi = Paramichelia*, *Pk = Parakmeria*, *Pl = Pachylarnax*, *S = Sinomagnolia*, *T = Talauma*, *Ts = Tsoongiodendron*

厚皮香族 7 个属当中，除了 2 个单种的属之外，其余 5 属在广东均有大量的代表。厚皮香属 Ternstroemia，由于近年来在中南美洲大量被发现，种数已超过100以上。在亚洲30种中，广东占有 6 种。安納士树 Anneslea 是一个只有 4 种的东亚小属，在广东占有 3 种。黃瑞木属 Adinandra 約70种，主要在亚洲，少数见于非洲，我国凡20种，广东占了一半。柃属 Eurya 凡100种，亦集中于亚洲。中国60余种当中，有28种分布于广东。肯柃属 Cleyera 约25种，大部分布于美洲，东亚的种类差不多全在广东，計有 5 种及 2 个变种。在这一族里，最近也发现一个新属时珍木 Lishichenia，它是介乎肯柃 Cleyera 及柃属 Eurya 之間的类型，是在两广的农村旁边被保留下来的高木乔木，显然是第三紀的遺物。

山茶科在亚洲和美洲的热带及亚热带均占有广大的分布区，尤以亚洲为数最多，而以我国南部及西南部最为集中，有如山茶属 Camellia 超过100种的属，还有石笔木 Tutcheria，赫德木 Hartia，安納士树 Anneslea，时珍木 Lishichenia，錢氏茶 Chiendendron 及拟核果茶 Parapyrenaria 等特有属，足以說明华南山茶科的蕃衍种系。

山毛榉科植物在广东植物区系里表现出极强烈的热带性。东亚热带特有的櫧属 Cyclobalanopsis 凡130种，广东有45种，占35%强，是本属在地理分布上最集中的区域，只有毗邻的中印半岛可和本区相娩美，在那里也不过40种左右。特別是这个属的原始代表长果組 Longiglans 当中的各个长花柱亚組的种类，如巨房櫧 C.macrocalyx，广西櫧 C.kouangsiensis，扁斗櫧 C.platycalyx，布拉櫧 C.blakei 及半齿櫧 C.semiserrata 等都集中在这一区域，往南則种类逐漸减少，无論馬来半岛，苏門答腊，加里曼丹或爪哇都不超过10种。至于华萊士綫*以东的苏拉威西及伊里安則根本不存在，菲律宾群岛也仅有一个代表而已（图 3 ）。由此可見，本属在第三紀以前就已存在于华南地台了。从解剖学的特征上看，这个属的多数种类，具有細长和阶状穿孔的导管，有些种类还具有管胞，足見它們的原始性。因此可以設想，櫧属 Cyclobalanopsis 很可能是起源于华南北回归綫附近的山区。

与櫧属最为近緣的櫟属 Quercus，除了一部分是常綠树之外，絕大部分是落叶的种类，它們在解剖上具有較短小及单穿孔的导管，大体上属于次生性質。常綠的櫟树 Quercus 在热带地区固然不多，在广东也只有 4 — 5 种，至于落叶的櫟树在广东也不过 4 — 5 种。

栲属 Castanopsis 凡102种，除却 2 种产北美之外，全部在东亚热带和亚热带，南达爪哇和伊里安，北界于日本南部及四川峨眉山，个別的种如苦櫧 C.sclerophylla schottky 可进入陝南的秦岭以南的山区。包括台湾在內，我国有55种，其中47个是特有种。广东則有29种，中印半岛也有42种，以越南最多（32），其次如广西（30）。因此，两广及越南北部是本属最集中的分布区（图 3 ）。离开这个中心越远，种类就越少，如爪哇只有 5 种，伊里安仅 2 种，菲律宾仅 3 种，日本南部仅 1 种，印度虽有20种，但多为中印半岛的成分，只有 4 个是特有种。这个属分为两个組，比較原始的眞錐栗組 Eucastanopsis 是种系复杂的一个組，共有84种，中有53种分布于华南，因此本属植物是在华南地区发育起来的。它不仅在当地植物区系中占有众多的种类，而且植株数量非常庞大，构成当地常綠林上层的最优势种，沒有任何其他种类，能够和它抗衡的。

---

*华萊士战原从菲律宾以东穿过，經Dickerson及Merrill修改之后，改由菲律宾西岸通过。

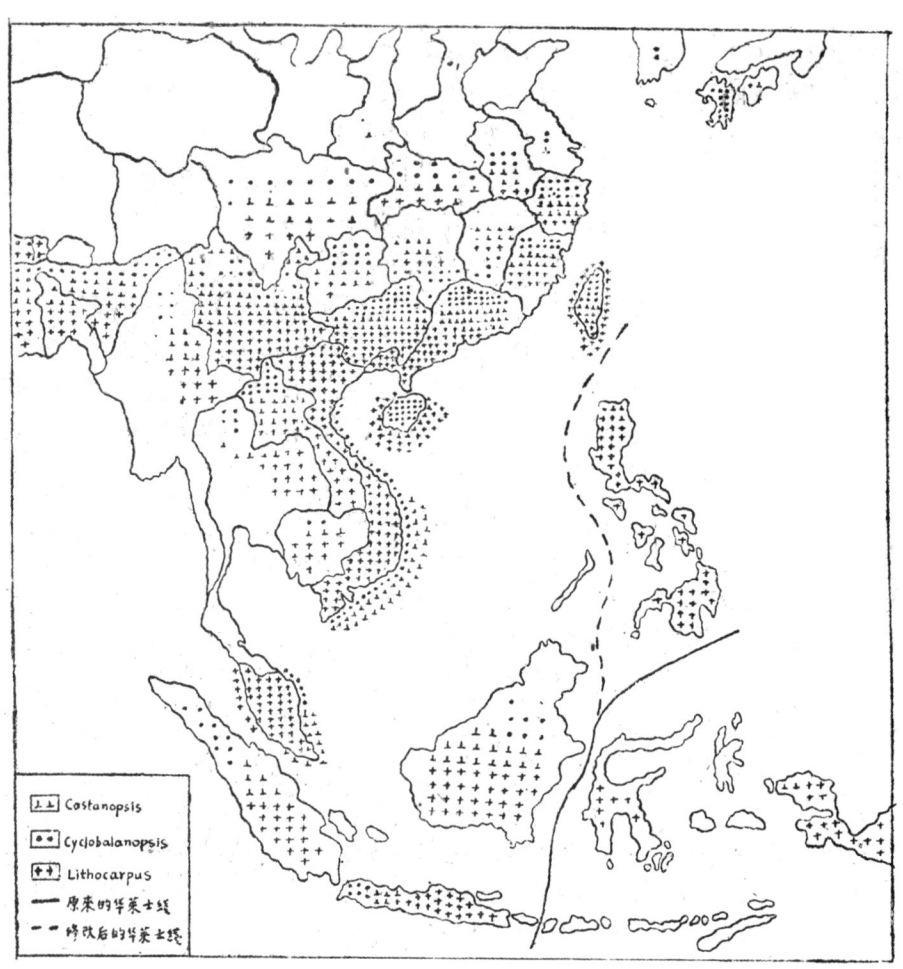

图3：东亚的櫧属 Cyclobalanopsis、栲属 Castanopsis、石柯属 Lithocarpus 的分布

  石柯属 Lithocarpus 是比栲属具有更多的种和更强烈的热带性的大属，凡300种。以中印半岛的数量最多，约120种，其中有92种集中于越南，86%是特有种。中国包括台湾26种在内也有90余种，广东及海南占有56种，中有38个特有种。向南在马来西亚一带仍有大量的种类，如在马来亚有44种，中有31个特有种。加罗曼丹30种，特有种凡21，苏门答腊及爪哇均有19种，特有种分别为6和14个。西里伯7种。伊里安14种，85%是特有种。菲律宾有34种，仅2种与加里曼丹相同。上述数字表明本属植物具有很大的适应性和可塑性，能以形成极复杂的种系。从系统发育上看，本属共有14个亚属，原始的种群集中在马来亚爪哇和加里曼丹。华南的种类多属于 Pasania 及 Pseudocatsanopsis 两个亚属。因此，本属的原始中心可能是在东亚赤道附近的岛屿，现代中心则广泛包括马来群岛，中印半岛及华南，形成了比栲属 Castanopsis 更均匀而密集的分布区，可以肯定，在东亚热带地区再没有任何一个属的植物能象本属这样更紧密地把马来西亚区系与华南区系联系起来（图3）。同样有趣的事实，在北美也有一个种，与东亚石柯区系作

岛状的间断分布。从化石的资料看来，在白垩纪时，北美许多地方如卡罗来纳，堪萨斯，科罗拉多及新墨西哥等地都找到栎属 *Quecus* 的化石，到了第三纪更普遍见于欧亚、及北美大陆，因此山毛榉科植物一直被看成北方起源的，但从上面资料我们看出东亚热带山毛榉科的原始性，使人不能不改变过去一直被认为理所当然的看法。

樟科是新旧大陆热带及亚热带植物区系里一个重要的大科，约有50属1200种。在亚洲26个属当中，广东有18属，它们当中同时分布于新旧大陆的有山胡椒属 *Lindera*，木姜子属 *Litsea*，厚壳桂属 *Cryptocarya*，琼楠属 *Beilschmiedia* 及楠木属 *Phoebe* 等在广东亦有大量的种类。山胡椒 *Lindera* 和木姜子 *Litsea* 都是超过200种的大属，它们在中国都超过55种，并具有类似的分布区，而且在广东也拥有大量的数量和特有种。厚壳桂 *Cryptocarya* 也是超过200种的大属，主要产地在菲律宾及马来群岛一带，我国有12种，几乎全部都产于广东和海南，而且绝大部分是特有种。琼楠属 *Beilschmiedia* 的发展差不多是和厚壳桂属相平行的，主要产地亦在亚洲热带，在我国有22种，亦几乎全部集中于广东及海南，而且90%是特有种。楠木属 *Phoebe* 在新旧大陆的发展差不多是相等的，它在亚洲的分布比较分散，在广东亦有7个种。

分布于东亚热带有各属，在广东均获得很良好的发展。樟树 *Cinnamomum* 有24种，占全属16%，其中有一半是特有种。桢楠属 *Machilus* 约有22种，占全属的22%，也有一半是特有种。还有新木姜子 *Neolitsea* 有17种，占全属的30%，绝大部分是特有种。此外在海南岛还有3个华南特有属，和2个亚洲特有的单种属。

广东樟科具有强烈的热带性，象琼楠 *Beilschmiedia*，厚壳桂 *Cryptocarya*，德哈樟 *Dehaasia*，内药樟 *Endiandra* 梅乐樟 *Lauromerrillia*，桂果樟 *Caryodaphnopsis* 等都是裸芽的常绿树。在具有鳞芽的樟属 *Cinnamomum*，木姜子 *Litsea* 及新木姜子 *Neolitsea* 等，亦广泛分布于赤道附近。它们很可能是亚热带起源，并在热带山区获得发展。至于落叶的属种，只有檫树 *Pseudosassafras laxiflora Nakai*，另山胡椒 *Lindera* 与木姜子 *Litsea* 有个别的种而已。

山矾科约400种，亚洲凡260种，集中于中国（130种），印度（64种），中印半岛（42种）及菲律宾（43种），往南发展经马来亚（25种）、印尼（35种）到达澳洲及新喀里多尼亚（13种）。美洲方面，主要分布于南美，集中于巴西南部及智利（55种），越过赤道到达墨西哥（22种）。这一有趣的分布区貌，使人臆测到，在白垩纪时，本科植物已存在于华夏大陆及贡瓦纳大陆，当南美大陆与澳洲分离之后，在新热带的气候孕育之下，再发展出另一个分布中心。此外，这个单属的科，具有为数众多的特有种，在亚洲260种当中，只有极少数的种类，如 *Symplocos caudata* Wall.，*S. adenophylla* Wall.，*S. fasciculata* Zoll.，及 *S. ferruginea* Roxb. 是广布种之外，其余都是局限于小地区的特有种。

冬青科有3属420种。以冬青属 *Ilex* 种类最多，约有400种，新旧大陆几乎各占一半。欧洲及澳洲只有少数的种类。亚洲方面以中国的数量最多，凡115种，其中广东及海南共58种。云南及广西各有40种。此外，印度及中印半岛各有40种，马来亚17种，印尼包括伊里安有45种，菲律宾21种，日本及琉球约20余种。广东的冬青属 *Ilex* 与广西的联系最密切，两个地区相同的有25种，与越南共有的约12种。其次，广东冬青区系属于热带广布种的有 *Ilex godojam* Wall. 及 *I. triflora* Bl.，属于亚热带广布种的有铁冬青 *Ilex rotunda* Thunb.，毛冬青 *Ilex pubescens* H. et A.，冬青 *I. chinensis* Sims，及钝齿冬青 *I. crenata* Thunb.。

从系统发育方面看，假定那些具有单生的聚繖花序及4数分核的种类是最基本的类型，则广东地区拥有不少这样的种类，如黑叶冬青 *I. maclurei* Merr.，长叶冬青 *I. lancilimba* Merr.，厚毛冬青 *I. dasyphylla* Merr.，甜冬青 *I. suaveolens* Loes.，及其硬叶变种 *var. sterrophylla*，冬青 *I. chinensis* Sims，广东冬青 *I. hwangtungensis* Merr.。此外，在中国的冬青区系两个亚属十个组当中，有八个组在广东均有代表。由此可见，冬青属在广东植物区系里占有相当重要的位置。

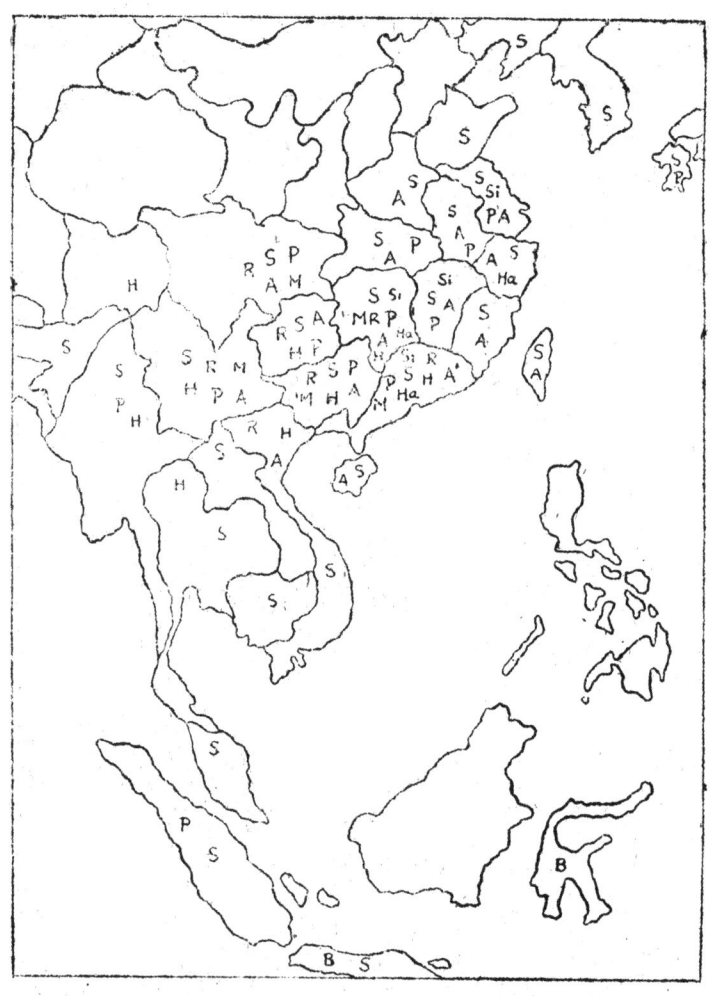

图4：东亚安息香科 *Styracaceae* 的分布

A = *Alniphyllum*, B = *Bruinsmia*, H = *Huodendron*, Ha = *Halesia*, M = *Melliodendron*, P = *Pterostyrax*, R = *Rehderodendron*, X = *Styrax*, Si = *Sinojackia*

安息香科凡13属130种，除了安息香属 *Styrax* 广泛分布于东亚热带及亚热带、北美和南欧，银钟花属 *Halesia* 间断分布于华南及北美之外，其余11属当中有7属在东亚，3个属在南美热带，1个属在非洲。在东亚9个属里面，有8属集中在我国，尤以广东及湖南最为密集，从这个中心无论那一方向推开，其属种的数目都逐渐减少，因此南岭的山区是本科植物在现代分布中的最大中心，广东境内8属26种全部集中在这里。我国特有的4个属如山茱莉 *Huodendron*，椴木 *Melliodendron*，木瓜红 *Rehderodendron* 及秤锤树 *Sinojackia* 也全在这里。木瓜红、椴木及山茱莉则向西扩展，到达黔滇及缅甸，秤锤树则往东北止于江苏（图4）。

清风藤科有4属250种，除了两个单种的属限于南美外，其余两个大属同时见于东亚及热带美洲。我国占有36%以上的种，主要分布于两广及云南三省，各有30种，因此华南无疑是本科植物最集中的地区。其中清风藤 *Sabia* 以云南为数最多，泡吹属 *Meliosma* 则以广东独盛，特别是原始性的单叶类型大都集中于华南。其次华南的泡吹属的种间形态非常接近，显然是在近代获得了长足的发展。

竹科植物凡50属600余种，分布于全世界的热带和亚热带。广东有14属88种，中有51个是特有种，任何地区的竹类区系都不象广东那么集中。这里还有鹤膝竹 *Indosasa* 及单竹 *Lingnania* 两个属是两广与越北的特有属，另有籐竹属 *Bambusa* 在广东为数最多，凡32种，占有全属的45%。广东竹类不仅种类众多，而且在植被方面占有极突出的位置，从河流两岸到山地，竹林构成明显的带状分布，组成亚热带特有的景观。在海南热带林里还有数种藤竹，如 *Pleioblastus actinotrichus* Keng f.，*Bambusa utilis* Mcclure 及 *Lingnania Scandens* Mcclure，使热带雨林别具风格。

下面将谈到特有属、种的问题。广东及海南有18个特有属，它们都是第三纪或更古老的残遗属，占有狭窄的局限分布区。此外还有26个热带及亚热带分布比较广泛的特有属或单种属，它们当中有很多也是第三纪以前的孑遗代表。这足以说明广东植物区系的邃古性。在特有种方面，数量就更加庞大，在107个科中共有1028种是特有的。山茶科69种，茜草科66种，樟科64种，山毛榉科51种，竹科51种，蝶形花科34种，萝藦科32种，大戟科25种，苦苣苔科24种，夹竹桃科、冬青科、莎草科、马鞭草科及兰科各有21种，桃金娘科20种，番荔支科及紫金牛科各有18种，木兰科及山矾科各有17种，木犀科、卫矛科及野牡丹科各有15种，芸香科、蔷薇科及苏木科各有13种，柿树科、金缕梅科、鼠李科及杜鹃花科各有11种，禾本科及葡萄科各有10种，安息香科及五加科各有9种，天料木科、梧桐科、清风藤科、百合科及棕榈科各有8种，山龙眼科、爵床科及菝葜科各有7种，瑞香科、大风子科、椴树科、桑科、楝科及槭树科各有6种，木通科、马兜铃科、旋花科、姜科及玄参科各有5种，白花菜科、胆八树科、八仙花科、茶茱萸科、越橘科、忍冬科及天南星科各有4种，八角科、秋海棠科、锦葵科、含羞草科、薯蓣科、莕藤科、无患子科、桑寄生科、省沽油科、胡桃科、山茱萸科、马钱科、菊科、苋科及唇形科各有3种，金粟兰科、远志科、海桐花科、龙脑香科、毒鼠子科、黄杨科、山柳科、桔梗科和紫葳科各有2种，青藤科、毛茛科、小檗科、马齿苋科、千屈菜科、西番莲科、葫芦科、猕猴桃科、使君子科、藤黄科、交让木科、鼠刺科、樟木科、榆科、铁青科、檀香科、山羊草科、列当科、水鳖科、泽泻科、鸭跖草科、薯蓣科、竹芋科科及刺鳞草科亦各有1种。如果把那些同时分布于广西及越北的特有种也计算在内，数目将达到2500种，也就是说它们将占有全部区系的40%。

从上述数字可以看出，不仅那些代表广东植物区系的樟科、山茶科、竹科、木兰科、金缕梅科、冬青科、山礬科及安息香科等具有大量的特有种，许多属于泛热带分布的科，如茜草科、蝶形花科、萝藦科、大戟科、苦苣苔科、夹竹桃科、马鞭草科、兰科、桃金娘科、番荔枝科、紫金牛科、木犀科、野牡丹科、芸香科及苏木科等也在广东形成许多特有种；许多亚热带的科也不例外；甚至马来西亚及印度—非洲区系的代表科，如棕榈科、楝科、无患子科、马兜铃科、希藤科、龙脑香科、毒鼠子科、西番莲科、使君子科及藤黄科等，在广东植物区系里亦有一定数量的特有种。这些特有种都是在广东特殊的自然条件下，在漫长的岁月里孕育和发展出来的。它们当中有许多是近代的新生种。

其次，在广东植物区系里，有很多的属是具有复杂的种系的，在1708个属当中，达到60种的有山礬属 *Symplocos*、冬青属 *Ilex* 及石柯属 *Lithocarpus*。在40种以上的有无花果属 *Ficus*、山茶属 *Camellia*、椆属 *Cyclobanopsis*、蓼属 *Polygonum* 及鳞毛蕨属 *Dryopteris*。在30种以上的有蒲桃属 *Syzygium*、悬钩子属 *Rubus*、栲属 *Castanopsis*、卫矛属 *Evonymus*、杜鹃花属 *Rhododendron*、硃砂根属 *Ardisia*、耳草属 *Oldenlandia*、飘拂草属 *Fimbristylis*、莎草属 *Cyperus* 及刺竹属 *Bambusa*、在20种以上的有铁线莲属 *Clematis*、樟属 *Cinnamomum*、山胡椒属 *Lindera*、木姜子属 *Litsea*、新木姜子属 *Neolitsea*、楨楠属 *Machilus*、远志属 *Polygala*、柃属 *Eurya*、胆八树属 *Elaeocarpus*、野桐属 *Mallotus*、羊蹄甲属 *Bauhinia*、猪屎豆属 *Crotalaria*、山绿豆属 *Desmodium*、木蓝属 *Indigofera*、红豆属 *Ormosia*、槭树属 *Acer*、柿属 *Diospyros*、素馨属 *Jasminum*、铁角蕨属 *Asplenium*、粗叶木属 *Lasianthus*、荚蒾属 *Viburnum*、茄属 *Solanum*、牵牛属 *Ipomoea*、紫珠属 *Callicarpa*、赪桐属 *Clerodendron*、菝葜属 *Smilax*、薯蓣属 *Dioscorea* 及苔草属 *Carex*。在10种以上的有石笔木属 *Tutcheria* 等103属。这些种系庞大的属占有广东植物区系总的属数的9%，种的数目凡2700余；占全部区系成分的40%。它们当中除了极少数的种系，如紫菀属 *Aster*、蒿属 *Artemisia*、萵苣属 *Lactuca*、千里光属 *Senecio*、茄属 *Solanum*、牵牛属 *Ipomoea*、堇菜属 *Viola*、蓼属 *Polygonum*、大戟属 *Euphorbia*、叶下珠属 *Phyllanthus*、合欢属 *Acacia*、山扁豆属 *Cassia*、猪屎豆属 *Crotalaria*、山绿豆属 *Desmodium*、胡枝子属 *Lespedeza* 等，在广东植物区系里缺乏特有种之外，其余的种系都有一定数量的特有种。其中象金缕梅科、木兰科、山茶科、樟科、山礬科、冬青科、香息安科、山毛榉科等，固然有大量的特有种，他如长蒴苣苔 *Didymocarpus*、鸭脚木 *Schefflera*、木五加属 *Dendropanax*、崖藤属 *Tetrastigma*、假卫矛属 *Microtropis*、红豆属 *Ormosia*、鸡血藤属 *Millettia*、八仙花属 *Hydrangea*、蒲桃属 *Syzygium*、天料木属 *Homalium* 等，特有种的比例达到70%以上。这就说明大多数的种系，在广东植物区系里经过了长期的历史发展过程。只有迁移进来的杂草，由于它们生态学的适应幅度较大，同时它们进入广东植物区系的时间可能不太长久，无论它们的种系是简单还是复杂，才不形成特有种。

最后，在广东植物区系里，无论种系大小，真正属于迁移成分的，除了水生植物，以及上述的杂草之外，还有一部分从邻近地区渗透过来的广布种，根据粗略的估计，大约不超过整个植物区系总数的30％。其余70％的种系，絕大多数是当地发育起来的，这里面也包括一部分是历史上遺留下来的残余种系。前者属于发生成分，后者属于历史成分。在广东植物区系里，要区别这两种成分是有困难的。首先从整个植物区系看，如果把第三紀以前的属种，都归入历史成分，那么这一部分的比例是相当高的。其次，从每一个种系看，这两种成分的界限也可能混淆不清。因此在热带及亚热带的古老植物区系里，划分这两种成分的意义可能不太大。

关于当地起源的种系，究竟是单系起源还是多系起源，是单境起源抑或多境起源，种系的形成与发展是外在的还是内在的因素为主导的問題，有待今后进一步的专题研究。在这里，有关种系起源問題，我们可以指出，在广东植物区系当中，有一些种系是存在着多系起源的。例如柃属植物 Eurya 有3个組的叶形，从耳形基部这一极端过渡到楔形基部另一极端，表现出完全一致的变异系列，并形成3个类似构造的种系＊。关于种系形成和发展的問題，可能存在自然杂交的現象。例如半枫荷属 Semiliquidambar 可能是由枫香属 Liquidambar 与阿丁枫属 Altingia 自然杂交的产物＊＊。类似的现象还可能存在于乌桕属的个别种类。自然杂交不仅对种系的形成具有重大的作用，而且对于热带及亚热带古老种系的复壮，也可能有着特殊的意义。只是有关这方面的資料直到现在仍极端貧乏。

我們将自然地得出結論，广东植物区系从中生代后期就已經在华夏地台的南部开始萌芽，在相对稳定的自然条件下，孕育和形成了一系列复杂的种系，并且把毗邻地区的成分鎔冶于一炉。第四紀华南冰川的破坏作用似乎不太严重，因此有可能从开始到现在一直保持着上升的步伐，組成了现代仍在继續前进的植物区系。

六、广东植物区系的划分

华南植物区系在过去不是被划入古热带区的馬来西亚亚区，就被划入古北极区（狄尔士 Diels, L.），这种籠統的处理是和目前所掌握的具体资料不相符合的。毫无疑問，广东植物区系是属于古热带区的一部分，但和馬来西亚所属的馬来亚、印尼、菲律宾及中印半島南部的植物区系相比較，在成分上显然有别。后者是以胡椒科、龙脑香科、猪籠草科、桃金娘科、藤黃科、楝科、梧桐科、大戟科、桑科、棕櫚科及薑荷科为主要組成代表。它們在广东虽有一定的数量，但不是最主要的。反过来，在广东占有最主要位置的許多科，在馬来西亚也为数不多。再从地质史上看，华南地台自中生代中期，由于海退和活化，大部分的陆地，已成为植物滋长的场所，植物区系的发展历史較为悠久。而馬来亚、苏門答腊及加里曼丹等地，是第三紀以后，才由地槽隆起而形成，尽管它与华

＊　见张宏达著：中国属植物志，植物分类学报，卷3，1—58頁，1955。
＊＊　见张宏达著：中国金縷梅科一新属，載同期学报。

南大陆的联系一直保持到第四纪，但植物区系的发生与分布的因素，经常超越自然条件的制约作用，使两个地区在植物区系上表现出的特殊性，是不容有任何怀疑的。至于海南植物区系，一向被视为更接近马来西亚的，其实不然。首先，海南自侏罗纪以后即与大陆联在一起，直到第四纪才分开，因此海南区系是和大陆区系存在着血肉相联的关系。广东大陆的主要代表，如山茶科、木兰科、金缕梅科、樟科、山毛榉科、清风藤科等，同样地在海南也有大量的种类。其次，海南的特有属大半是和大陆共有的，真正局限于海南的特有属，本质上也是华南区系的成分。再则，海南区系成分与大陆相同的占70%，而与马来西亚相同的不过23%左右。在海南常绿林里，占有重要位置的青皮 Vatica astrotricha Hance, 坡垒 Hopea hainanensis M.et C., 南亚松 Pinus ikedae Yam. 及陆均松 Dacrydium pierrei Hick. 都是大陆的特有种。顺便提到的，华南大陆的青皮 Vatica, 坡垒 Hopea 及双翅龙脑香 Dipterocarpus, 是龙脑香科中3个种系最庞大的属，它们当中有少数的种分布到华南是不可避免的。因此没有理由认为海南区系更接近于马来西亚。至于西沙及南沙群岛的区系，虽然是近代发展起来，又缺乏特有种，但因地理位置关系，可以考虑归入马来西亚。

广东及海南植物区系与其同纬度的中印半岛北部，云南南部，广西东部及南部，福建南部，台湾，及与粤北接壤的赣南和湖南、相当于北纬26°以南的地带的植物区系有不可分割的关系，可以合并划为华南亚区 Austro-Cathaysia, 隶属于古热带区，使之与马来西亚亚区，印度--非洲亚区等相平行。在华南亚区里按成分不同，可以划为海南省、粤桂闽省、台湾省、越北省及滇缅老挝省。

海南省 以泛热带广布科属及华南代表属为主，还有一些马来西亚成分的科属在海南形成的特有种为特征。按区系成分可分为琼南县及琼雷县。

琼南县：包括海南岛南部山地，地形复杂，形成热带雨林气候，海南的特有属如梅乐樟 Lauromerrillia, 拟核果茶 Parapyrenaria, 海南椴 Hainania, 陈氏木 Chunia, 卷丹花属 Scorpiothyrsus, 赛木息 Sapindopsis, 扁蒴苣苔 Cathayanthe, 焕镛藤 Chunechites, 梅乐藤 Merrillanthus, 及陈棕 Chuniophoenix 等均集中在这一地区。泛热带的属有阿芳属 Alphonsea, 哥纳香 Goniothalamus, 密榴木 Miliusia, 蚁花 Mezzettiopsis, 银钩花 Mitrophora, 澄广花 Orophea, 内药樟 Endiandra, 德哈樟 Dehaasia, 荷东肉豆蔻 Horsfieldia, 阿帕麻 Apama, 紫堇木 Ionidium, 雷诺木 Rinorea, 被钩藤 Ancistrocladus, 毒鼠子 Dichapetalum, 山柑 Cansjera, 青皮 Vatica, 坡垒 Hopea 等。

琼雷县：包括海南北部及雷州半岛，是原来联成一起的丘陵地，是以第三纪的玄武岩及第四纪的浅海沉积为特征。可能存在的特有属种已不多见，只有假长叶木姜子 Litsea pseudoelongata Liou 及假轮叶厚皮香 Ternstroemia pseudoverticillata Merr.et Chun 是硕果仅存的代表。在低洼的沼地还保留着残存下来的古热带沼泽草本，如香根草 Vetiveria Zizanioides Nesk, 和薄果草 Leptocarpus Sqnaensis Masam。在中生草原上分布着东亚热带草原常见的灌木和草本。

粤桂闽省 分为粤西、粤中、粤北及粤东四个县。

粤西县：包括广东西部，东界止于西江北岸的德庆、封川，南界于两阳，还有佳南部分。以无忧花 *Saraca chinensis* Merr.et Chun, 华南红荷木 *Rhodoleia austrochinensis* Chang, 壳菜果 *Mytilaria laosensis* Lee, 广西栎 *Cyclobalanopsis kwangsiensis* Chun et Lee, 扁斗栎 *C. platycalyx* Chun et Lee, 钩刺石柯 *Lithocarpus uncinata* A. Camus, 毛果石柯 *L. vestita* A. Camus, 两广楠 *Machilus liangkwangensis* Chun, 赛短花楠 *M. parabreviflora* Chang, 多脉柃 *Eurya polyneura* Chun, 红花安纳七树 *Annelsea rubriflora* Hu et Chang 为代表, 还有特有属马蹄荷 *Diplopanax*, 细萹蓄苔 *Raphiocarpus*, 鹿角萹蓄苔 *Ceratoscyphus*, 华木兰 *Sinomagnolia*, 时珍木 *Liskichenia*, 钱氏茶 *Chienodendron* 等。这一区的特点是和越北省及滇缅老挝有较密切的联系。

粤中县: 以珠江三角洲为中心, 东界惠阳、陆丰、博罗, 北止于清远及花县, 西至高要, 南面也括香港。以水松 *Glyptostrobus pensilis* K. koch, 红荷木 *Rhodoleia Championi* Hook., 四药门花 *Tetrathyrium subcordatum* Benth., 无叶百蕊草 *Thesium Psilotoides* Hance, 龙眼楠 *Machilus oculodracontis* Chun, 厚叶木莲 *Manglietia pachyphylla* Chang, 香港锥栗 *Castanopsis greenii* Chun, 石笔木 *Tutcheria* Spp., 尖叶紫珠 *Callicarpa acutifolia* Chang, 等为代表。

粤北县: 包括湘南及赣南位于北纬 25.5° 以南的植物区系, 代表植物有长柄双花木 *Disanthus cercidifolius* Var. *longipes* Chang, 半枫荷属 *Semiliquidambar* 3个种, 山茉莉 *Huodendron biaristatum* Var. *parviflorum* Rehd., 麦木 *Melliodendron xylocarpum* H.-M., 银钟树 *Halesia macgragorii* Chun, 木瓜红 *Rehderodendron* Spp., 白辛树 *Pterostyrax corymbosa* S. & Z., 秤锤树 *Sinsjackia* spp. 红皮旗檀 *Stewartia rubiginosa* Chang, 槲属 *Cyclobalanopsis* 及栲属 *Castanopsis* 许多特有种, 以及华中区系的许多代表成分。

粤东县: 以韩江流域为中心, 包括福建南部在内。以阿丁枫属 *Altingia* 为最突出, 细叶阿丁枫 *A. gracilipes* Hemsl. 及其变种 Var. *serrulata* Tutch. 在这一区构成常绿林的主要代表, 还有特有种, 窄叶阿丁枫 *A. angustifolia* Chang, 半枫荷属 *Semiliquidambar* 在这里也有两种, 此外还有别的特有种如小叶蚊母树 *Distylium buxifolium* Merr., 钟氏蚊母树 *D. chungii* Cheng, 抱茎柃 *Eurya amplexifolia* Dunn, 少花樟 *Cinnamomum pauciflorum* Chun, 钟氏栎 *Cyclobalanopsis chungii* Chun et Lee 等。

至于隶属马来西亚亚区的西沙群岛及南沙群岛, 面积不大, 植物区系比较年轻, 都是邻近岛屿迁移来的, 区系成分也较贫乏, 总数不过50种, 以避霜花 *Pisonia alba* Span., 紫丹 *Tournefortia argentea* L. f., 格达木 *Guettorda speciosa* L. 等为代表植物。

七、结 论

1. 广东植物区系是在华南地台这块古陆的南部、当侏罗纪后海侵现象不再发生、即在地台的盆地出现。至白垩纪时, 华南地台活化达到最高阶段, 大量的火山喷发, 气候变干热, 在山区可能促进落叶树的出现。第四纪华南冰川的影响并不太强烈, 使华南植物区系一直保持上升发展的步伐。因此, 广东植物区系一方面表现出它的邈古性，同时有許多数量庞大的种系和大量的特有科、属、种。

2. 广东植物区系与其同緯度的毗邻区系的关系最为密切，它們之間有許多共通的代表科、属和特有属、种。与馬来西亚植物区系的联系只限于古热带广泛分布的科属，与华中区系的联系表现在許多亚热带科、属的渗入。尽管南北两方都有大量植物区系成分溶冶到广东区系里，它本身仍保持着植物区系的独特性。

3. 反映广东植物区系独特性的有金縷梅科、木兰科、山茶科、安息香科、山毛榉科、樟科、淸风藤科、山礬科、冬青科及竹科等。它們在全世界的植物区系都占有較大的比重，幷有大量的特有属种。此外，許多古热带广泛分布的科，在广东区系里也形成出不少的特有种。

4. 上述的各个代表性科，都以华南及广东为其现代分布的中心，其中有几个科，可能是以华南为其起源的中心。金縷梅科有五个亚科全部見于华南，第六个亚科的原始类型亦在广东。木兰科亦有类似的情况，只是其中心稍偏于云南与中印半島的北部。山毛榉科的櫧属 *Cyclobalanopsis* 及栲属 *Castanopsis* 的原始类型也集中于华南。安息香科有8个属集中于广东北部，显然是东亚分布中心的焦点。

5. 广东、广西、海南、中印半島北部，云南东南部，福建南部及台湾合在一起，划入华南亚区，使之与馬来西亚亚区、印度——非洲亚区、新西兰亚区、及夏威夷亚区相平行，同隶于古热带区。

参 考 文 献

华南植物研究所：广东植物名录，海南植物名录，广西植物名录（油印本）

昆明植物研究所：云南植物名录（油印本）

吳印禅、张宏达等：广东及海南植物志（未刊稿）

正宗严敬（Masamune）：最新台湾植物总目录。1936

侯寬昭：中国种子植物科属辞典，1958；中国泡花属植物梭訂，中国植物分类学报，卷3，421—452，1955。

侯寬昭、陈德昭：中国楝科志，中国植物分类学报，卷3，1—46；1955。

侯寬昭、何椿年：中国无患子科志，中国植物分类学报，卷3，373—414，1955。

蔣英：两广树木名录（油印本）。

郑万鈞：中国树木名录（油印本）。

錢崇澍、陈煥鏞等：中国植物科属检索表，植物分类学报，卷2，3—4册，1954。

唐燿：中国木材学，1935；金縷梅科木材之系統解剖，静生生物調查所汇报，新1卷，8—63，1943。

吳征鎰、王文采：云南热带亚热带地区植物区系研究的初步报告，植物分类学报，卷6，153—250，267—300，1957。

董爽秋：金縷梅科之研究，国立中山大学理科生物学系丛刊二，1930。

胡先驌：經济植物手册，1955—1957。

张宏达：西沙群岛植被，Sunyatsenia, VII. 75—88, 1948; 中国栲属植物志，植物分类学报，卷3, 1—58, 1955; 中国金缕梅科植物之研究，中山大学第一次科学讨论会，1956; 金缕梅科植物的区系分布，广东省第一次科学工作会议论文报告会，1958。

陈国达：中国地台活化区的实例并着重讨论华夏古陆问题，地质学报，卷30, 239—265, 1956。

敖振宽：试论中国地台南部加里东运动的影响及其大地构造发展史，地质学报，卷36, 273—297, 1956。

孙殿卿：中国第四纪冰川遗迹纪要，1957; 孙殿卿、杨怀仁，大冰期时期中国的冰期遗迹，地质学报卷41, 1961。

狄尔士 (Diels, L.): 植物地理学（董爽秋译），1929.

理查斯 (Richards, P.W.): 热带雨林（张宏达等译），1958.

史密斯 (Smith, G.D.): 隐花植物学，下（陈邦杰等译），1959.

费多罗夫 (Фёдоров, Ан. А.): 中国西南的植物区系及其对于认识欧亚植物界的意义，植物学报，卷8, 161—176, 1959（黄观程译）。

Bentham, G.: Flora Hongkongensis, 1861.

Bentham, G. et Hooker, J. D.: Genera Plantarum, 1862-1880.

Camus A.: Chateigniers monogr. Castanea et castanopsis, 1929, Les chenes monogr. Quercus, Tome I, 1936-1938, Tome III, 1.2, 1952-1954.

Dandy, J. E: The genera of Magnoliaceae, Kew Bull. VII. 257-264, 1927.

Dunn et Tutcher: Flora of Kwangtnng and Hongkong, 1912.

Good, R.: The Past and Present Distribution of the Magnoliaceae, in Ann. Bot. XXXIX. 409, 1925; The geography of flowering plants, 1953.

Harms, H: Hamamelidaceae in Engler, Pflanzenfam. 2 aufl. 18a, 303-345, 1930.

Handel-Mazzetti, H.: Die Pflanzengeographische Gliederung und stellung chinas, Bot. Jahrb. LXID. 309-329, 1931.

Hooker, J. D.: Flora British India, 1875-1897.

Hu, S. Y.: The Genus Ilex in China, Journ. Ann. Arb. XXX, 233-344, 348-387, 1949, XXXI, 39-80, 215-240, 241-263, 1950.

Lecomte, H.: Flore Générale L' Indo-Chine, 1907-1943.

Liou, H.: Laurac'ees de Chine et D' Indochine, 1932.

Merrill, E. D.: An Enumeration of Philippine Flowering plants, 1926; Distribution of the Dipterocarpaceae, in Philippine, Journ. Sci. XXIII. 1-34, 1923; Die pflanzengeographische scheidung von Formosa und den philippinen, Bot. Jahrb. LVIII. 599, 1923.

Merrill, E. D. et Chun, W. Y.: Additions to Our knowledge of the Hainan Flora, Sunyatsenia, I, 49-84, 1930; II. 3-87, 203-332, 1934-1935; V. 1-200 1940.

Ridley, H. N.: Flora of Malay Peninsula, 1922-1924.

Steenis, C. G. G. J. Van: On the origin of the malaysian mountain flora, Bull. Jard. Bot. Buitenz. ser. 3. XIII. 135-262, 289-417, 1933.

Вульф, Е. В.: Историческая География Растений, Глава II, 1944.

Тахтаджян. А.Л.: К вопросу о происхождении умеренной Флоры евразии. Бот. Журн. XLII, 1635-1652, 1957.

中国金缕梅科一新属

张宏达

半枫荷属 *Semiliquidambar*，新属

花单性，雌雄同株，聚成头状花序。雄花多数，花萼及花冠不存，雄蕊多数，花药倒四角锥形，2室，侧面纵裂，花丝极短，近乎无柄。雌花多数，萼筒与子房合生，萼齿缕形，宿存；缺花瓣；不具退化雄蕊，子房半下位，2室，先端2裂，花柱2枚，斜举，柱头有小乳突，常卷曲；胚珠多数，着生于隔膜胎座上。头状果序近乎球形，基底平截，木质，有蒴果多数，具针状的宿存萼齿及斜出的宿存花柱。蒴果木质，上半部游离，沿隔膜裂开为2瓣，每瓣2浅裂。种子多数，有角。

乔木，叶常绿或脱落，革质，具长叶柄，椭圆形或卵形，或掌状3裂，具离基3出脉，边缘有腺状锯齿，托叶缕形，早落。雄花头状花序排成总状，生于枝顶，每一头状花序有苞片3—4枚。雌花头状花序单生于枝顶叶腋内，苞片2—3枚。花序柄长。

新属的特征在于叶的异型性，不分裂或掌状3裂，具离基3出脉，雄花的花药呈倒四角锥形，花丝极短，雌花具萼齿，头状果序近球形，基底平截，蒴果具宿存萼齿及花柱，上半部游离而斜举，种子无翅。它和枫香属 *Liquidambar* 非常接近，但叶常不分裂，花药倒四角锥形，近乎无柄，头状果序的基底平截，蒴果先端斜举。它和阿丁枫属 *Altingia* 的区别在于叶具离基3出脉，雌花具萼齿，蒴果突出头状果序之外，具宿存花柱，种子无翅。3属之间的关系可从下表明显地表示出来：

	枫香属 Liquidambar	半枫荷属 Semiliquidambar	阿丁枫属 Altingia
叶	掌状3—5裂，落叶性	不分裂或掌状3裂，落叶或常绿	不分裂，常绿或落叶
脉纹	3—5掌状脉	离基3出脉	羽状脉
叶柄	长5—9厘米，圆筒形	长2—5厘米，上部有沟	长1—3厘米，上部有沟
托叶	缕形，长1厘米，早落	缕形，长2—3毫米，早落	缕形，长2—4毫米，早落
苞片	雄花序有苞片4枚 雌花序有苞片1枚	雄花序有苞片3—4枚 雌花序有苞片2—3枚	雄花序有苞片3—4枚 雌花序有苞片3—4枚
花	单性，偶有两性花	单性花	单性花
雄花	花药卵形，先端圆而凹入，花丝比花药长	花药倒四角锥形，先端凹入，花丝极短，近乎无柄	花药倒四角锥形，先端平截，花丝极短，近无柄
雌花	有退化雄蕊	无退化雄蕊	有退化雄蕊
萼齿	宿存或缺	宿存	无
花柱	长8—10毫米，伸直，宿存	长4—6毫米，斜举，宿存	长3—4毫米，斜举，脱落
果序	真球形，蒴果上半部突出	基底平截，蒴果上半部突出	基底平截，蒴果上半部不突出
蒴果	先端伸直，尖锐	先端斜举，尖锐	先端平截
种子	有棱角	有棱角	有翅

* 本文于1962年3月31日收到

由此可见，新属的特征是介乎枫香属 *Liquidambar* 与阿丁枫属 *Altingia* 之間，一部分的特征和枫香属很接近，另一些特征则类似阿丁枫。这个兼具后两属的綜合特征的新属，很可能是自然杂交的产物。

由于叶的异型性，引起分类上的困难和混乱。通常不分裂的叶与掌状裂的叶在形态上的变异較大，它們已可以同时存在于同一枝条上，也可以分别出現在不同的枝条上。例如半枫荷的小叶变种 *S. cathayensis* Chang var. *parvifolia* (Chun) Chang (*Altingia chingii* Metc. var. *parvifolia* Chun) 的模式标本，梁向日61283，整个枝条均为不分裂的叶，但它的复份标本（北京植物研究所标本号512712）则大部分为掌状3裂叶，幷具有圆形或平截的基部。又如同一变种的另一标本，譚沛祥58681，全系不分裂的叶子，但采集人的紀录称"間有掌状分裂的"。类似的情况，在本属各种普遍存在着。

本属共有5种，分布于浙江南部、福建、江西南部、广东、海南及广西。分布区与阿丁枫属 Altingia 相拟，但西界及南界则狭窄得多。

标准种：半枫荷 *Semiliquidambar cathayensis* Chang

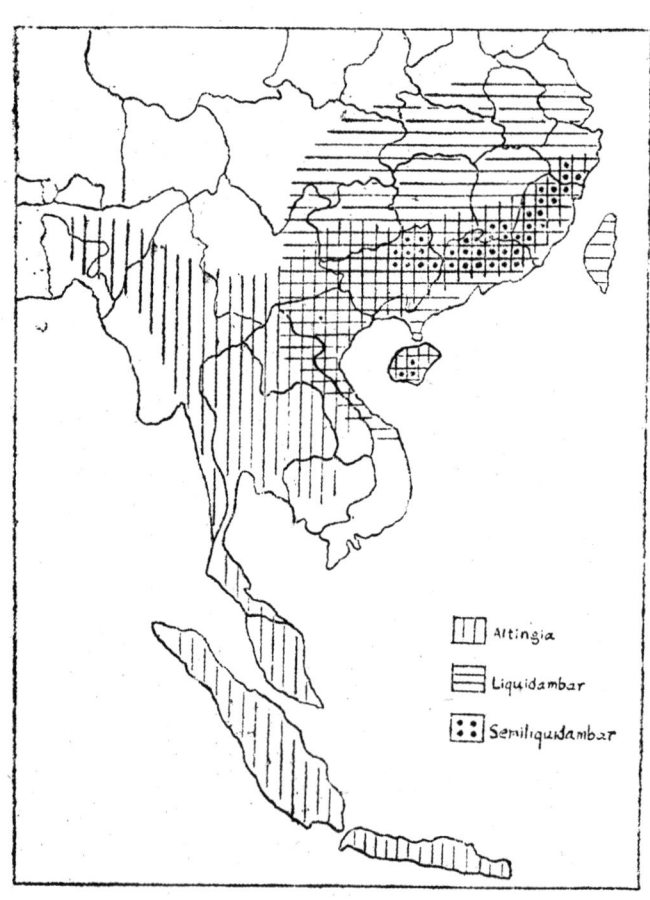

半枫荷属 *Semiliquidambar* 及其近緣属的分布区

分种检索表

1（6） 头状花序及果序有显著萼齿（长2—4毫米），蒴果上半部突出。
2（3） 叶长逾10厘米,叶柄长2.5—4厘米···
···1.半枫荷 *S. cathayensis* Chang
3（2） 叶短于9厘米,叶柄长2—2.5厘米
4（5） 叶矩形、或掌裂叶基部圆形,中脉有侧脉4—5对···
···1a.小叶半枫荷 *S. cathayensis* var. *parvifolia* Chang
5（4） 叶椭圆形,中脉有侧脉6—7对···
···1b.闽半枫荷 *S. cathayensis* var. *fukienensis* Chang
6（1） 头状花序及果序具短萼齿（1—2毫米），蒴果先端稍为突出。
7（10） 叶矩形或椭圆形,先端锐尖,嫩枝无毛。
8（9） 叶薄革质,侧脉4—6对,叶柄纤细,头状果序直径1.5厘米···
···2.秦氏半枫荷 *S. chingii* Chang
9（8） 叶厚革质,侧脉3—4对,叶柄粗壮,头状果序直径2.5厘米···
···3.厚叶半枫荷 *S. coriacea* Chang
10（7） 叶卵形或长卵形,先端尾状渐尖,嫩枝有柔毛。
11（12） 叶长6—10厘米,边缘具疏锯齿,头状果序压扁··
···4.长尾半枫荷 *S. caudata* Chang
12（11） 叶长5—8厘米,边缘具密锯齿,头状果序圆球形···
···5.尖叶半枫荷 *S. cuspidata* Chang

1. 半枫荷，新种

Semiliquidambar cathayensis Chang, sp. nov.

乔木高17米，直径56厘米，树皮灰色，芽体长卵形，略被短柔色。当年枝暗褐色，无毛，老枝灰色。叶簇生于枝顶，革质，卵状椭圆形，长8—12.5厘米，宽3.5—6厘米，先端渐尖，尖头长1—1.5厘米，基部阔楔形或近圆形，稍不等侧，偶为掌状3裂，两侧裂片三角卵形，长2—2.5厘米，中央裂片长3—5厘米，腹面干后暗绿色，无光泽，背面浅绿色，无毛，边缘有具腺细锯齿，主脉3条，两侧的较纤细，离基5—8毫米，中央的主脉复有侧脉4—5对，与网状小脉在腹面不大明显，在背面突起，叶柄长2.5—4厘米，上部有槽，无毛。雄花的头状花序排成总状，长6厘米，花药倒四角锥形，先端凹入，长1.2毫米，近乎无柄。雌花头状花序单生，萼齿针形，长4—6毫米，被短柔毛，不具退化雄蕊，花柱长6—8毫米，先端卷曲，被柔毛，花序柄长4.5厘米，无毛。头状果序直径2.5厘米，有蒴果22—28枚，宿存萼齿比花柱短。

广西：临桂，豌田，船岭，乔木高17米，直径28厘米，1954年6月10日，黎焕琦 400034；临桂，豌田，大竹山，乔木高11米，1954年7月27日，钟济新90961。

广东：乳源，石涌口，廖家山后，乔木高8米，直径10厘米，高锡朋53448（模式标

本，华南所）；乐昌，左景烈70760（*Altingia chingii* Metc. 的副模式标本，华南所）。

海南：吊罗山，1962年1月，武汉大学采集队138038（华南植物研究所标本号300706）。

江西：虔南，西坑障，乔木高13米，直径56厘米，1934年9月1—11日，刘心祈4356（中大，华南所）

本种的叶卵状椭圆形，长达13厘米，稀为掌状3裂，宿存萼齿长3—4毫米，花柱长5—6毫米。

1a. 小叶半枫荷，新组合变种

Semiliquidambar cathayensis Chang var. *parvifolia* (Chun) Chang, comb. nov.

Altingia chingii Metc. var. *parvifolia* Chun in Sunyatsenia, 4:241,1934.

乔木高20米。叶长椭圆形或卵形，长5—8厘米，宽3—4厘米，基部楔形，先端锐尖，或为掌状3裂，基部浑圆或平截，侧面裂片平展，中央裂片较长，边缘有锯齿，3出脉离基2—4毫米，中央主侧有侧脉4—5对，叶柄长2—4厘米。头状果序直径约2.5厘米（不计花柱），蒴果先端突出，萼齿长3—4毫米，花柱长5—6毫米。

广东：连山，上帅乡，乔木高11米，偶有3裂叶，谭沛祥58681（华南所）；英德，温塘山，乔木高20米，1921年10月7日，梁向日61283（模式标本，华南所）。

广西：大苗山、元宝山，小乔木高8米，陈少卿17344（华南所）

1b. 闽半枫荷，新变种

Semiliquidambar cathayensis Chang var. *fukienensis* Chang, var. nov.

乔木高15米，小枝屈曲，叶椭圆形，长6—8厘米，宽3—4.5厘米，先端锐尖或略钝，基部阔楔形，3出脉离基3—4毫米，侧脉6—7对，边缘有密锯齿，叶柄长1.7—2.5厘米。头状果序直径2.2厘米（不计花柱），蒴果上部突出，萼齿长2—3毫米，花柱长3—5毫米。

福建：漳平县，永福，海拔700米，乔木高15米，直径30—50厘米，1942年11月21日，林镕4522（模式标本，北京所）

2. 秦氏半枫荷，新组合种

Semiliquidambar chingii (Metc.) Chang, comb. nov.

Altingia chingii Metc. in Lingn. Sci. Journ. 10:413, 1931.

乔木高30米，嫩枝无毛，干后黑褐色。叶薄革质，多型性，披针状长椭圆形或椭圆形，长6.5—10厘米，宽3.5—5厘米，先端锐尖，基部阔楔形，3出脉离基3—4毫米，或为掌状3裂，基部近圆形，裂片平展，长约2厘米，内角在中部以下，腹面干后暗绿色，略有光泽，背面无毛，侧脉4—5对，边缘有具腺锯齿，叶柄长2—4.5厘米，纤细，上部有槽，托叶早落。头状果序直径1.5厘米（不计花柱），有蒴果14—17枚，宿存萼齿极短，长约1毫米，花柱长5—6毫米，先端弯曲，果序柄长4—6厘米，纤细，无毛。

福建：閩北，秦仁昌2244（*Altingia chingii* Metc. 的模式標本，中大）。

叶卵状椭圓形，或为掌状3裂，叶柄較纖細，头状果序較小，宿存萼齿极短，蒴果稍突出，花柱长6毫米。

3. 厚叶半枫荷，新种
   Semiliquidambar coriacea Chang, sp. nov.

小乔木。嫩枝粗壮，干后黑褐色，无毛，老枝灰褐色。芽长卵形，略有微毛，黑褐色，有光泽。叶厚革質，长椭園形或椭圓形，长7.5—10厘米，宽3.5—5厘米，先端急銳尖，基部闊楔形或略圓，具离基3出脉，腹面綠色，略有光泽，背面淡綠色，无毛，主脉3条，中央主脉在腹背两面均突起，两侧的主脉离基1—4毫米，中央主脉在中部以上有侧脉3—4对，在腹面下陷，在背面突起，靠近边緣相結合，网脉在腹面不明显，在背面稍隆起，边緣有具腺鋸齿，叶柄长2—2.5厘米，上部有沟，粗壮，无毛。花未見。头状果序直径2厘米，有蒴果19—24枚，蒴果稍突出，先端斜举，宿存花柱长3—4毫米，萼齿极短，果序柄长4—6厘米。

广东：乳源，西山乡，茅坪，八宝山，疏林中，1957年11月14日，黃志、李志祐44074，模式標本（华南所）。

本种的叶厚革質，长椭圓形，侧脉較少，蒴果先端稍为突出，萼齿极短，易与其他各种区别。

4. 长尾半枫荷，新种
   Semiliquidambar caudata Chang, sp. nov.

乔木高10米。芽体近乎无毛，褐色有光泽。嫩枝被灰褐色短柔毛，老枝暗褐色，具皮孔。叶簇生于枝頂，脫落性，薄革質，长卵形或披針状长椭圓形，长6.5—10厘米，宽3—4.5厘米，先端尾状漸尖，尾长1.5—2厘米，稍偏斜，基部近乎圓形，稍不等侧，具3出脉，离基部3—4毫米，腹面綠色，干后暗褐无光泽，背面无毛，褐綠色，边緣疏生鈍鋸齿，齿式不規則，相距4—11毫米，中脉下陷，有侧脉4—5对，与网脉在腹面能見，在背面突起，叶柄长3.5—4.5厘米，纖細，上部有沟，上部略膨大。花未見。头状果序压扁，宽2—2.5厘米，高1.5厘米（不計花柱），有蒴果14—21枚，果序柄长2.5—3.5厘米，被柔毛。蒴果稍突出，先端斜举，宿存花柱长5毫米，萼齿刺状，极短，种子褐色，有棱角。

福建：沙县，陈山，长圳，山地灌丛中，乔木高10米，1959年8月20日，复旦大学綜合調查队53260模式標本（复旦大学）。

嫩枝有毛，叶长卵形，先端长尾状，边緣有疏鋸齿，头状果序压扁，萼齿极短，极易識别。

5. 尖叶半枫荷，新种
   Semiliquidambar cuspidata Chang, sp. nov.

乔木高20米，树皮灰白色，芽体卵形，稍被微毛，有光泽。嫩枝被灰褐色柔毛，老枝灰色或灰褐色。叶簇生于枝顶，脱落性，薄革质，卵形或长卵形，长5—8厘米，宽2.5—3.5厘米，先端尾状渐尖，尾长1.5厘米，基部阔楔形或近圆形，有离基3出脉，腹面绿色，有光泽，背面浅绿色，无毛，主脉3条，两侧的较纤细，离基部约5毫米，中央主脉有侧脉4对，在腹面显著，在背面突起，网脉明显，边缘有钝锯齿，叶柄长1.5—3厘米，纤细，托叶缐形，长约4毫米，早落。雌花序圆球形，单生于枝顶叶腋内，有雌花18—24朵，花序柄长3—4厘米，被柔毛，萼齿缐形，长2毫米，花柱长3—4毫米，先端弯曲，被柔毛。头状果序直径1.7厘米，具宿存萼齿及花柱。

浙江：景宁，黄川，山坡林中，乔木，树皮灰白色，枝灰色，1959年5月6日，章绍尧4837（北京所）；同地，乔木高20米，树皮灰白色，叶深绿色，有光泽，1959年10月23日，杭州植物园7303，模式标本（北京所）。

本种与长尾半枫荷 *S. caudata* Chang 的区别，在于叶较细小，锯齿较密，头状果序圆球形。

Semiliquidambar, Novum Hamamelidacearum Genus Sinicum

H. T. Chang

Semiliquidambar, gen. nov.

Flores unisexuales monoeci in capitulis congesti. Flores masculi: calyx et corolla 0; stamina numerosa glomerata, filamentis brevissimis subsessilibus, antheris tetragono-obconiformibus 2-locularibus longitudinaliter dehiscentibus. Flores feminei: calyces confluentes, limbis brevius subulatis; petala 0; staminodia invisibilia; ovarium semi-inferum; 2-loculare apice 2-fidum; styli 2, elongati attenuati divaricati persistentes, stigmatibus papillatis recurvis; ovula numerosa, placentis axi affixis. Capitulum fructiferum globosum induratum multicapsulare basi truncatum, stylis recurvis, limbis calicis horridis productum. Capsulae lignosae, apice exsertae, 2-loculares, septicide dehiscentes, valvis 2-fidis. Semina numerosa compressa angulata, testa crustacea.

Arbor. Folia sempervirentia et decidua petiolata, ovata, elliptica et trilobata, vel rarius inaequilateraliter 2-lobata, basi triplinervia, margine glanduloso-serrata, stipulae lineares caducae. Capitula florifera mascula bracteis 3--4 involucrata, racemosa, in terminis ramulorum suffulta; capitula florifera feminea bracteis 2--3 involucrata, solitaria, in axillis foliorum disposita, longe pedunculata, limbis calicis et stylis persistentibus.

Genus novum *Liquidambari* et *Altingiae* valde affine, a priore foliis saepius indivisis, antheris tetragono-obconiformibus subsessilibus, stylis divaricatis, capitulis fructiferis basi truncatis, a posteriore foliis triplinervis, limbis calicis manifestis, capsulis apice exsertis, stylis persistentibus, seminibus exalatis distinctissimum.

Species 5 notae, australium et orientalium Sinarum incolae.

Clavis specierum

1(6) Limbi calicis manifesti, 2--4 mm longi, capsula longius exserta.
2(3) Folia 8--12 cm longa, petioli 2.5--5 cm longi ············ 1. *S. cathayensis* Chang
3(2) Folia 5--8 cm longa, petioli 2--2.5 cm longi.
4(5) Folia oblonga, nervis lateralibus 4--6 jugis···········
················1a. *S. cathayensis* var. *parvifolia* Chang
5(4) Folia elliptica, nervis lateralibus 6--7 jugis··········
················1b. *S. cathayensis* var. *fukienensis* Chang
6(1) Limbi calicis brevissimi, 1--2 mm longi, capsula brevius exserta.
7(8) Folia oblonga vel elliptica apice breviter acuta, ramuli glabri.
8(9) Folia tenuiter coriacea, nervis lateralibus 4--6 jugis············
················2. *S. chingii* Chang
9(8) Folia crasse coriacea, nervis lateralibus 3--4 jugis············
················3. *S. coriacea* Chang
10(7) Folia longe ovata caudata, ramuli pubescentes.
11(12) Folia 7--10cm×3--4.5cm, margine remote serrata, capitula compressa········
················4. *S. caudata* Chang
12(11) Folia 5--8cm×2.5--3.5cm, margine densius serrata, capitula globosa········
················5. *S. cuspidata* Chang

1. Semiliquidambar cathayensis Chang, sp. nov.

Altingia chingii Metc. in Lingn. Sci. Journ. X: 413, 1931, pro parte, quoad specimen infra citata.

Altingia chingi sensu Hand-Mzt. in Beih. Bot. Centralb. LVI: Abt. B. 478, 1937.

Species foliis majoribus 8 — 13 cm longis, 3.5 — 6 cm latis, stylis et limbis calicis longioribus notabilis.

Arbor 17 m alta, trunco 56 cm in diametro, cortice griseo; gemmis oblongis sparse puberulis. Ramuli hornotini atro-brunnei glabri, annotini cinerei. Folia ad apicem ramulorum disposita, coriacea ovato—elliptica vel rarius trilobata, 8— 12.5 cm longa, 3.5 — 6 cm lata, apice acuminata acuminis 1 — 1.5 cm longis, basi late cuneata vel subrotundata leviter inaequilateralia, supra atro-viridia opaca, subtus pallidiora glabra, costae 3, laterales 2 tenues, 5 — 8 mm suprabasales, nervi e costa media utrinsecus 4 -- 5, ut venuli supra inconspicui subtus prominentes, margine glanduloso-serrulata, petioli 2.5—4 cm longi supra sulcati glabri. **Capitula florifera** mascula racemosa 6 cm longa, stamina glomerata, antheris tetragono-obconiformibus apice emarginatis, filamentis brevissimis subsessilibus. Capitula florifera feminea solitaria, limbis calicis subulatis, 4—6 mm longis puberulis, staminodia 0, stylis 6—8 mm longis apice revolutis puberulis, pedunculis 4.5 cm longis glabris. Capitulum fructiferum 2.5 cm diametro (stylis exclusus), 22-26-capsulare, limbis calicis persistentibus, stylis divaricatis.

Kwangsi: Ling-Kwei Hsien, *H.C.Lee* 400034; ibidem, *Z.S.Chung* 90961.

Kwangtung: Yuyuen Hsien, *S. P. KO* 53448, typus; Lokchang, *C. L. Tso* 70760 (paratypus *Altingia chingii* Metc.)

Hainan: Mt Diao-Lo Shan, *Hainan Exped. Wu-han Univ.* 138038.

Kiangsi: Kien-nan Hsien, *S. K. Lau* 4356.

1a. Semiliquidambar cathayensis Chang var. parvifolia Chang, comb. nov.

Altingia chingii Metc.var. *parvifolia* Chun in Sunyatsenia I: 241, 1934.

A typo differt foliis oblongis minoribus 5—8 cm longis 3—4 cm latis, vel trilobatis basi rotundatis, petiolis brevioribus.

Kwangtung: Lien-shan Hsien, *P.S.Tang* 58681; Yingtak, *H.Y.Liang* 61283, typus.

Kwangsi: Mt. Ta-miao-shan, *S.H.Chun* 17334.

1b. Semiliquidambar cathayensis Chang var. fukienensis Chang, var. nov.

Altingia fukienensis Cheng, sp. nov. in herb.

A typo foliis ellipticis 6—9 cm longis, 3—5 cm latis, apice breviter acutis vel obtusis, nervis lateralibus 6—7 jugis, margine densius serrulatis, petiolis brevioribus differt.

Fukien: Chang-ping Hsien, *Y.Ling* 4522, typus.

2. Semiliquidambar chingii (Metc.) Chang, comb. nov.

Altingia chingii Metc. in Lingn.Sci. Journ. X: 413, 1931.

Descriptio corrigenda et addenda:

Capitula 1.5 cm in diametro, 14—17-capsularia, limbis calicis brevissimis circ. 1 mm longis, stylis persistentibus 4—6 mm longis apice recurvis.

Fukien: *R.C.Ching* 2244 (Typus *Altingia chingii* Metc.)

Planta foliis tenuiter coriaceis oblongo-lanceolatis, ellipticis vel rarius trilobatis, capitulis minoribus, limbis calicis brevissimis.

3. Semiliquidambar coriacea Chang, sp. nov.

Arbor parva. Ramuli hornotini crassi atro-brunnei glabri, annotini cinereo-brunnei, gemmis oblongis puberulis atro-brunncis nitidis. Folia crassius coriacea oblonga vel elliptica 7.5—10 cm longa 3.5—5 cm lata, apice abrupte acuta, basi late cuneata vel subrotundata triplinervia, supra viridia nitidula, subtus pallidiora glabra, costae 3, media utrinque elevata, laterales binae 4 mm suprabasales, nervi e costa media superiore ½ utrinsecus 3—4, supra impressi subtus elevati, prope marginem arcuato-anastomosantes, venuli inconspicui subtus prominuli; margine glanduloso-serrata, petioli 2—2.5 cm longi crassi supra sulcati glabri. Flores ignoti. Capitula 2 cm in diametro, 19—24-capsularia, pedunculis 4—6 cm longis. Capsulae paulo exsertae, apice divaricatae, stylis persistentibus circ. 4 mm longis, limbis calicis brevissimis.

Kwangtung: Yuyuen Hsien, *C.wang* et *C.Y.Li* 44074, typus.

Species foliis crasse coriaceis, nervis lateralibus paucioribus, capsulis breviter exsertis, limbis calicis brevissimis distinctissima.

4. Semiliquidambar caudata Chang, sp. nov.

Arbor 10 m alta. Gemmae oblongae subglabrae brunneae nitidae. Ramuli glabri lenticellati. Folia in terminis ramulorum disposita, tenuiter coriacea, longe ovata vel oblongo-lanceolata, 6.5—10 cm longa 3—4.5 cm lata, apice caudata caudis 1.5—2 cm longis obliquis, basi rotundata leviter inaequalia, supra viridia opaca, subtus glabra in sicco atro-brunnea, margine remote crenato-serrulata, serraturis irregularibus inter se 4—11 mm distantibus, costae 3, media supra impressa, laterales 2 tenues 3—4 mm suprabasales, nervi e costa media utrinsecus 4—5, ut venuli reticulati supra visibiles subtus prominuli, petioli 3.5—4.5 cm longi graciles apice leviter dilatati, supra sulcati glabri. Flores non visi. Capitula fructifera plus minusve compressa 2—2.5 cm lata 1.5 cm alta (stylis exclusis), 14—21-capsularia, pedunculi 2.5—3 cm longi pubescentes. Capsulae paulo exsertae, stylis persistentibus 5 mm longis divaricatis, limbis calicis subulatis circ. 1 mm longis. Semina brunnea angulata.

Fukien: Sha Hsien. *Expeditio Fu-Tan Univ.* 53260, typus.

Species ramulis pubescentibus, foliis longe ovatis caudatis, margine remote serratis, capitulis compressis, limbis calicis bervissimis distinguenda.

5. Semiliquidambar cuspidata Chang, sp. nov.

Arbor circ. 20 m alta, cortice canescente (e collectore). Gemmae ovatae sparse puberulae nitidae. Ramuli hornotini brunneo-pubescentes, annotini cinerei glabrescentes. Folia in apice ramulorum suffulta, decidua, ovata vel elliptico-ovata, tenuiter coriacea, 5—8 cm longa 2.5—3.5 cm lata, apice acuminata vel caudata, acuminis 1.5 cm longis, basi late cuneata vel subrotundata triplinervia, supra viridia nitida, subtus pallidiora glabra, costae 3, laterales 2 tenues circ. 3 mm suprabasales, nervis e costa media 5-jugis supra prominulis subtus prominentibus, venulis reticulatis prominulis, margine crenulata, petioli graciles 1.5—3 cm longi glabri supra sulcati, stipulae lineares 4 mm longae caducae. Capitulum floriferum femineum solitarium axillare 20—27-florum, pedunculo 3—4 cm longo brunneo-pubescente, limbis calicis subulatis 1—2 mm longis, stylis 3 mm longis divaricatis pubescentibus, ut limbis calicis persistentibus. Capitula fructifera globosa 1.6 cm in diametro, basi truncata.

Chekiang: Jing-ning Hsien, 6 May, 1959, *Chang Shao-yao 4837*; ibidem, 23 Oct. 1959, *Hang-chow Bot. Gard. 7303*, typus.

Differt a *S. caudata* Chang foliis minoribus, margine densius serrulatis, capitulis globosis.

山茶科一新屬，猪血木屬

張 宏 达

本文旨在闡明猪血木屬 *Euryodendron* 在厚皮香族 *Ternstroemieae* 的系統位置，并論述它和有关各屬的区別。自从廸堪多 De Candolle 創立厚皮香族以来，經过反复对各属系統关系进行調整和不断的补充，現在已擁有13个屬[1-9]。这些屬的关系可以从表（一）里清楚地看出，它們在形态結构方面非常接近，以致有时难以正确区分。有許多看来似乎是微不足道的特征，但在本族里却被視为分屬的主要标准。甚至營养器官的某些特征，也具有分屬的价值。仔細的观察还可以发現，有好些特征往往是相关联地同时幷存。掌握了这些特征将有助于澄清各屬間的混乱。

各屬的頂芽都有鱗苞，其数目多寡常与叶的排列有关。凡屬兩列叶序的，頂芽具有两片鱗苞，如为多列叶序时，則有多片鱗苞。頂芽一般都較短小，只在肯柃 *Cleyera* 具有长筒形的頂芽及2片窄长披針形的鱗苞，使它和別的屬容易区分开来。例如在楊桐屬 *Adinandra* 的某些种类，只有单列雄蕊，花葯亦有长絲毛，花的形态与肯柃屬 *Cleyera* 基本上是一致的，在这种情况之下，頂芽的形态提供了有效的佐証。同样地，猪血木屬 *Euryodendron* 与肯柃屬 *Cleyera* 的花也极相似，二者的区分亦有賴于頂芽的形态。

---

1. De Candolle, Mem. Sos, Phys. Geneve, 1:407,1822; Prod. 1:523, 1824.
2. Bentham & Hooker, Gen. Pl. 1:182—183, 1862.
3. Szyszylowicz, I.V. in Engler Pflanzenfam. III(6):187, 1895.
4. Urban in Ber. Deutsch. Bot. Gesell. 14: 49, 1896.
5. Engler, A. Nat. Pflanzenfam. nachtr. 1:247,1897.
6. Melchior, H. in Engler Pflanzenfam. 2 aufl. 21a: 140, 1925.
7. Kobuski, C.E. in Journ. Arn. Arb. 16: 347—352, 1935; 18: 118—129,1937; 21: 140, 1940; 32: 403—408, 1951; 37: 152—159, 1956.
8. Airy—Shaw in Hook. Icon. Pl. 34: t.3342,1937.
9. 张宏达：植物分类学报（Act, Phytotax.Sin.），3: 1—2, 1954.

叶的厚度与脉序及叶缘的形态有紧密的联系，并且在各属当中颇为稳定。凡属厚革质的叶，它的侧脉数量多而密，且互相平行，直达叶缘，不表现出网状脉序，同时叶缘不具锯齿，或则仅有微弱而不规则的细齿。反过来，叶子薄的，则具有明显的网脉和显著的锯齿，属于前者有肯柃属 *Cleyera*、杨桐属 *Adinandra* 及厚皮香属 *Tennstroemia* 等。属于后者则有柃属 *Eurya* 及猪血木属 *Euryodendron* 等。

花多为单生或数朵簇生，只有系统位置不大确定的叉序茶属 *Sladenia* 是岐繖花序。凡花朵较大的（长于1厘米），则花梗多粗壮而伸长，且常向下弯曲，萼片厚革质，它的长度几乎与花瓣相等，如杨桐属 *Adinandra*，厚皮香属 *Ternstroemia*、安纳士属 *Annelsea* 以及肯柃属 *Cleyera* 的某些种类都是这样。另一些像柃属 *Eurya*、美洲柃属 *Freziera* 及猪血木属 *Euryodendron* 等，它们的花朵较小，因而花梗也相应地变得短小而直立，同时萼片较薄，而且它的长度远比花瓣短小。绝大多数的属在花梗上部具有宿存的苞片2枚。只有杨桐属 *Adinanara* 的苞片变化最大，有为卵形或綫形的，有为宿存或脱落的。至于肯柃属 *Cleyera*、苞片已经退化，只遗留下一点痕迹。因此苞片的形态也具有分属的意义。

花通常两性，5数，复瓦状排列。只有厚皮香属 *Ternstroemia*、柃属 *Eurya* 及美洲柃属 *Freziera* 是雌雄异株或杂性花。雄蕊多数，一般是20—40枚，稀更多或更少。凡多于40枚的雄蕊群常排成2轮，其外轮的基部常相连合。在30枚以下的常排成单列，而且互相分离。雄蕊的轮数在各属相当稳定，只在杨桐属 *Adinandra* 有为2轮或1轮的。花药与花丝的长度在各属也相当固定，可供分属的参考。此外，在杨桐属 *Adinandra*、肯柃属 *Cleyera* 猪血木属 *Euryodendron* 及叉序茶属 *Sladenia* 的花药或花丝都被有长丝毛。

子房的变化似乎复杂一些。大多数的属具有上位子房，只有安纳士属 *Annelsea*、卫士纳属 *Visnea* 及山矾果属 *Symplococarpon* 是半下位的。各属的子房室数变化较大，甚至在同一属里，子房的室数也不固定。

胚珠数目的变化也颇大。在杨桐属 *Adinandra* 有多达100颗的，在另一些属则只有2-3颗。胚珠的数目多少与胎座的类型有一定的联系。凡胚珠多数的常为中轴胎座，如属少数的则为垂生胎座。凡胚珠多数的，则种子较小，在这些种子的外表常有网状的雕纹，如杨桐属 *Adinandra*、柃属 *Eurya*、肯柃属 *Cleyera* 及猪血木属 *Euryodendron* 等是。

各属的花柱多已结合，但柱头仍然分离，只在卫士纳属 *Visnea*、阿赫波木属 *Archboldiodendron*、大部份的柃属 *Eurya* 种类及少数的杨桐属 *Adinandra* 的种类，仍然保持分离的花柱。另一方面，在猪血木属 *Euryodendron* 及一部份的杨桐属 *Adinandra* 的种类，花柱及柱头均已连合为一。花柱及柱头的分离或结合，在分属上有一定的意义。

猪木血属 EURYODENDRON, 新属

花两性。萼片5枚，大小不相等，复瓦状排列，基部近乎分离，宿存。花瓣5

枚，与萼片互生，复瓦状排列，基部略相连合。雄蕊多数(25)，较雌蕊为短，排成单列，不等长，花丝线形，近乎分离，无毛，着生于花瓣基部，花药卵形，基部着生，先端尖，被长丝毛，2室，纵裂。子房上位，3室，中轴胎座，每室有胚珠12颗，排成2列，花柱短小，单一，脱落性，柱头简单，不分裂，先端钝，直立。果实为浆果状；圆球形，种子每室4—6颗，细小。

大乔木，除顶芽及花朵外秃净无毛。芽体短小。叶常绿，互生，排成多列，薄革质，长椭圆形，两端尖锐，边缘有锯齿，具明显网脉，具短柄；托叶不存。花细小，单生，或2—3朵簇生于叶腋内，具短花梗，小苞片2枚，萼状，位于花梗上部，宿存性。

新属与柃属 *Eurya* 及肯柃属 *Cleyera* 很接近，但习性为高大乔木，花柱与柱头简单，不分裂，此外，它和前者的区别，在于具有两性花及被毛的花药，和后者的区别，在于芽体极短小，苞片细小，绝不为长筒形，叶排成多列，边缘具锯齿，脉序网状，花较细小，柱头不分裂，小苞片显著而且宿存。

1种，产广东及广西。

猪血木*，新种（图版1）
EURYODENDRON EXCELSUM Chang, sp.nov.

乔木高达25米，直径1.5米，树皮灰白色。芽体细小，被短柔毛。嫩枝纤细，近乎圆柱形，无毛。叶薄革质，长椭圆形，长5—10.5厘米，宽2—4.5厘米，先端尖锐，尖头钝，基部楔形，腹面深绿色，稍暗晦，背面浅绿色，无毛，边缘密具锯齿，侧脉5—6对，在腹面背下陷，在背面稍突起，靠近边缘相结合，网脉在腹背两面均明显，叶柄长3—5毫米，上部有浅沟，无毛。花白色，直径约5毫米，花梗长3—5毫米，无毛，小苞片广卵形，长约1毫米，中肋突起，无毛，或近边缘有睫毛，萼片革质，近圆形，长约2毫米，背面无毛，腹面有微毛，先端圆，有睫毛，花瓣椭圆形或倒卵形，长4毫米，内外两侧均无毛，先端圆，雄蕊长短不相等，长1.5—2.2毫米，花丝极纤细，长1—1.6毫米，基部略膨大；花药长0.6毫米。被丝毛，子房球形，有鳞片，花柱长2—3毫米。果实（未成熟）圆球形，直径2.5—3毫米，具宿存花萼。种子褐色。

广西：平南县，思旺圩北，疏林中，大乔木，高25米，直径1.5米，1953年9月8日，杨裕华30096。

广东：阳春县，八甲，村旁小林中，乔木高15米，树皮不规则裂开，1957年10月27日，林万涛31047（模式标本），同地，1963年10月22日，曾沛12303，12304，12305。

本种在广西平南一带亦称檍木，在阳春则叫猪血木，树干挺直，木材极坚硬，

---
*猪血木曾用时珍木 *Lishichenia euryoides* Chang 的名字列载于中山大学学报1962年第一期第6，23，31页。

是造船及建筑上优良的木材。

广西标本，楊裕华30096，叶子較模式标本的为窄而且稍厚，但从脉紋結构，鋸齿形态，及花的各部份的特征看来，仍属于本种。

EURYODENDRON, A NEW GENUS OF THEACEAE

H. T. Chang

EURYODENDRON Chang, gen. nov.
Ternstroemieae——Adinandrinae

Flores hermaphroditi, sepala 5 inaequalia imbricata basi sublibera, persistentia, petala 5 imbricata basi leviter connata, stamina numerosa (25) pistillis paulo breviora, inaequantia, filamentis filiformibus subliberis glabris, basi ad corollam adnatis, antheris ovatis basifixis apice apiculatis sericeo-pilosis 2-locularibus longitudinaliter dehiscentibus, ovarium superum 3-loculare, placentae axi affixae, stylo simplici deciduo, stigmate simplici erecto apice obtuso, ovula in quoque loculo 12, biseriata. Fructus baccatus globosus, semina in quoque loculo 4—6, parva.

Arbor excelsa, gemmis floribusque exceptis glabra. Gemmae parvae. Folia sempervirentia alternata polysticha subcoriacea oblonga vel elliptico-oblonga acuta, margine serrata, distincte reticulata, breviter petiolata exstipulata.

Flores parvi solitarii vel 2-3 in axillis foliorum fasciculati, breviter pedicellati, bracteolae 2 apicibus pedicellorum adnatae persistentes, sepalis similes minores.

Genus novum *Euryae* et *Cleyerae* proximum, ab utroque recedit habitu excelse arborescens, stylo et stigmate simplici, a priore floribus bisexualibus, antheris pilosis, a posteriore gemmis brevissimis, perulis parvis numquam cylindricis, foliis multiseriatis, margine serratis, nervatione reticulatis, floribus minoribus, stylo et stigmate simplici indiviso, manifeste bibracteolatis bracteolis persistentibus satis differt.

Species unica, provinciae Kwangtung et Kwangsi incola.

EURYODENDRON EXCELSUM Chang, sp. nov. . (pl. 1)

Lishichenia euryoides Chang, in Zhongshan Daxue Xuebao（中山大学学报）1962, no. 1, p. 6, 23, 31, in nota, —nomen nudum.

Arbor 25 m alta, trunco 1.5 m in diametro (e collectore), gemmis parvis puberulis, ramulis gracilibus subteretibus glabris. Folia tenuiter coriacea elliptico-oblonga vel oblonga 5-10.5 cm longa 2-4.5 cm lata, apice obtuse acuta basi cuneata, margine dense serrata, supra viridia opaca subtus pallidiora glabra, nervi laterales utrinsecus 5-6, supra leviter impressi subtus elevati arcuati prope marginem anastomosantes, venulae reticulatae utrinque conspicuae; petioli 3-5 mm longi, supra sulcati glabri. Flores circ. 5 mm diametro albi, pedicellis 3-5 mm longis glabris; bracteolae late ovatae circ. 1 mm longae glabrae vel ciliolatae, costis prominentibus; sepala coriacea suborbiculata 2 mm longa extus glabra intus puberula apice rotundata ciliolata; petala elliptica vel obovata circ. 4 mm longa 1.5-2 mm lata, utrinque glabra, apice rotundata; stamina inaequalia 1.5-2.2 mm longa, filamentis gracillimis circ. 1-1.6 mm longis glabris basin versus dilatatis, antheris 0.6 mm longis pilosis; ovarium globosum sparse lepidotum, stylo 2-3 mm longo deciduo. Fructus globosus 2.5-3 mm diametro (immaturus), sepalis persistentibus. Semina brunnea.

KWANGTUNG: Yangchun Hsien, *W.T. Ling* 31047 (Typus); ibidem, P. Tsang 12303, 12304, 12305.

KWANGSI: Pingnan Hsien, *Y.F. Yang* 30096.

中国金缕梅科植物订正

A REVISION OF THE HAMAMELIDACEOUS FLORA OF CHINA

张宏达（H. T. Chang）

1930年在 Engler 主编的第二版《自然植物科志》里，哈姆士记述了全世界的金缕梅科植物23属93种（Harms in Nat. Pflanzenfam. 2Aufl. 18a: 303-345, 1930），分隶于5个亚科。目前已增加到27属130余种，分为6个亚科。在编写中国植物志过程中，作者对这个科的标本和资料进行了全面整理，计有17属77种13个变种。

第 1 亚科

双花木亚科 DISANTHOIDEAE Harms, *l. c.*

1. 双花木属 DISANTHUS Maxim.

Maxim. in Bull. Acad. Petersb. 10:485, 1866.

仅有1种及1变种，分布于日本及中国南部山区。

1. 双花木

DISANTHUS CERCIDIFOLIUS Maxim, *l. c*, 分布于日本。

1a. 长柄双花木，变种

DISANTHUS CERCIDIFOLIUS Maxim. var. LONGIPES Chang in Sunyatsenia, 7:70, 1948.

分布于湘粤交界的莽山及江西定军山。叶较原种短，背面无白粉，果序柄则较长。

第 2 亚科

马蹄荷亚科 EXBUCKLANDIOIDEAE Chang, nom. nov.

Bucklandioideae Niedenzu iu Nat. Pflanzenfam. III. IIa, 121, 1891.
Symingtonioideae Schulze-Menz in Syll. Pflanzenfam. 12 Aufl. 198. 1964. syn. nov.

2. 马蹄荷属 EXBUCKLANDIA R.W.Brown

R.W.Brown in Journ. Wash. Acad. Sci. 36: 348, 1946.

Bucklandia R.Br. in Wall.cat. 7414, 1832; *Symingtonia* Steenis in Act. Bot. Neerland, 1:444, 1952; 張宏达, 海南植物志, II, 332, 1965.

1. 长瓣马蹄荷

EXBUCKLANDIA LONGIPETALA (hang, 中山大学学报, 1959, 第2期, 33頁。

分布于贵州及广西的西北部。叶基部平截, 花瓣長1厘米。

2. 马蹄荷

EXBUCKLANDIA POPULNEA (R.Br.) R.W.Brown, *l.c.*

Bucklandia populnea R. Br. *l.c.*; *Symingtonia Populnea* (R.Br.) Steenis in Act. Bot. Neerl. 1:444, 1952; W. Vink in Fl. Males. ser. 1, 5:375, 1957; 張宏达, 中国高等植物图鑑, Ⅱ. 157, 1972.

分布于我国云南、贵州及广西, 亦见于緬甸、泰国及印度等地。叶基部心形, 蒴果似黄豆大小。

3. 大果马蹄荷

EXBUCKLANDIA TONKINENSIS (Lec.) Steenis in Blumea, 7: 595, 1954, in obs.; 張宏达, 中山大学学报, 1959, Ⅱ, 32.

Bucklandia tonkinensis Lec. in Bull. Mus. Hist. Nat. Paris, 30:392, 1924; *Symingtonia tonkinensis* (Lec.) Steenis, W. Vink in Fl. Males. ser. 1, 5:376, 1958; 張宏达, 海南植物志, Ⅱ. 332, 1965; 中国高等植物图鑑, Ⅱ, 157, 1972.

分布于福建、江西、湖南、广东、海南、广西及云南东南部; 同时亦见于越南北部。叶基都楔形, 蒴果较大, 表面有瘤状突起。

〔附〕

三尖马蹄荷

EXBUCKLANDIA TRICUSPIS (Hall.) Chang, 中山大学学报, 1959, II. 32, in nota, comb. nov.

Liquidambar tricuspis Miq. Fl. Ind. Bat. 1 (1):1097, 1858; *Bucklandia tricuspis* H. Hallier in Meded. Herb. Leid. no. 37, 14, 1918; K. Heyne, Pl. Nederl. India, 1:689, 1927; *Symingtonia Populnea* (R.Br) Steenis in Act. Bot. Nederl. 1:444, 1952; W. Vink in Fl. Males. ser. 1, 5:375, 1957。

馬来半島: H. Woolley 11810; Forest. Dept. Singapore, *s.n.*, 广东植物研究所, 153265, 153266; 苏門答腊, Kuvuing, 广东植物研究所 247986.

本种的叶较小, 先端三淺裂, 托叶狭而長, 長达4厘米寬8毫米, 头状果序有蒴果 8—13个。和亚洲大陆已知3个种容易区别。

第3亚科

红苞木亚科 RHODOLEIOIDEAE Harms, l.c.

3 红苞木属 RHODOLEIA Champ.

Champ. ex Hook. f. in Bot. Mag. t. 4509, 1850.

已知有9种分布于中国及马来西亚及苏门答腊，中国有6种。W. Vink 在马来西亚植物志里（Fl. Malesiana ser. 1, 5：372,1958）认为本属只有1种，把所有的种都括入红苞木 *Rhodoleia championii* Hook. f.，这样处理和本属的系统发育及分布区的发展历史是不相符的。作者认为无论是叶的形状，叶的基部有无三出脉，叶背有无毛被，蒴果有无稜角，花柱宿存与否，都是分种的根据。特别是花瓣的宽度，从中心分布区到分布区的边缘，表现出从宽到窄有规律性的变化，充分体现出种系的前进发展。

1. 红苞木

RHODOLEIA CHAMPIONI Hook. f. l.c.

分布于广东。叶卵形，基部阔楔形，无毛，花長3—4厘米，花瓣寬6—8毫米。

2. 小花红苞木

RHODOLEIA PARVIPETALA Tong in Bull. Dept. Biol. Sunyatsen Univ. 2：35, 1930.

分布于云南，广西及广东西部。叶较薄，矩圆形，花瓣长约1.8厘米，寬5—6毫米。

3. 显脉红苞木

RHODOLEIA HENRYI Tong l.c.

分布于云南。叶有明显的三出脉，侧脉显著下陷，花苞有銹褐色长絨毛。

4. 大果红苞木

RHODOLEIA MACROCARPA chang 中山大学学报，1961年第4期，50页。

分布于云南东南部，叶椭圆形，背面灰白色，有鳞毛，蒴果大，长达2厘米，先端渐尖。

5. 毛红苞木

RHODOLEIA FORRESTII Chun ex Excell in Sunyatsenia 1：97 pl. 26, 1933.

分布于云南西南部及緬甸北部，枝、叶及苞片被銹色絨毛，花瓣长2.8厘米，蒴果有明显的稜。

6. 海南红苞木

RHODOLEIA STENOPETALA Chang，中山大学学报，1959，第2期，31页。

分布于海南及广东西部。叶卵圆形，基部圆形，花瓣狭窄，寬不过2—3毫米。

第4亞科

壳菜果亞科 MYTILARIOIDEAE Chang, subfam. nov.

Flores hermaphroditi in spicas carnosas spiraliter imersi, petala linearia vel nulla, stamina 8—13 perigyna ore pulviniformi receptaculi inserta, antheris 4—locularibus. Ovarium inferum, 2—loculare, ovula in quoque loculo 6. Capsula 2—locularis, loculicide 2—valvis dehiscens. Arbor, folia ovato-orbicularia, stipulae magnae.

花两性，螺旋排列在肉质穗状花序上，花瓣綫形或不存在。雄芯8—13，插生于垫状萼筒边緣，花葯4室。子房下位，2室，胚珠每室6个。蒴果2瓣裂开。乔木。叶卵圆形，托叶大。

4. 壳菜果属 MYTILARIA Lec.

H. Lecomte in Bull. Mus. Hist. Nat. Paris, 30: 504, 1924; Chang in Sunyatsenia, 7: 69, f. 3, 1948; 中山大学学报1960，第1期，42頁。

哈欽遜 Hutchinson 在他的《有花植物属志 Genera of Flowering Plants》里，把本属作为单性花来叙述，我們始終未发现有单性花的现象存在于本属的标本，如果不是我們在工作上有疏忽，就是該书作者弄錯了。

1. 壳菜果

MYTILARIA LAOSENSIS Lec. *l.c.*

分布于云南及两广，未见于海南。亦分布于越南北部及老撾。叶卵圆形，幼树的叶常盾状着生、托叶1片，抱莖，花有花瓣，蒴果外果皮多少带肉质，萌生力极强，在粤西罗定山区常見。

5. 假马蹄荷属 CHUNIA Chang

Chang in Sunyatsenia, 7: 63, *Pl.* 11-12。1948; 中山大学学报，1963，第四期，137頁。

1. 假马蹄荷

CHUNIA BUCKLANDIOIDES Chang, *l.c.*

海南特有。叶卵圓形，托叶2片，圓形革质，花无花瓣。蒴果木质。萌生力强，在吊罗山一带常見。

第五亞科

枫香树亞科 LIQUIDAMBAROIDEAE Harms *l.c.*

6. 枫香树属 LIQUIDAMBAR Linn. Sp. pl. 1: 999, 1753.

第1组 华枫香树组 CATHAYAMBAR Harms, *l.c.*

1. 枫香树

  LIQUIDAMBAR FORMOSANA Hance in Ann. Sci. Nat. ser. 5, 5: 215, 1866.

  从黄河流域到珠江流域，包括台湾及海南，均有分布，亦見于越南。树脂供药用，能解毒止痛，止血生肌，根叶及果亦供葯用。

1a. 山枫香

  LIQUIDAMBAR FORMOSNAA Hance var. MONTICOLA Rehd. et Wils. in Pl. Wils 1: 422, 1913.

  分布于四川、贵州、湖南、广东及广西等省的山地。叶基部平截或圓形，背面有时带灰白色，蒴果的萼齿较短。

第2组　枫香组 LIQUIDAMBAR
Euliquidambar Harms, *l.c.*

2. 缺萼枫香

  LIQUIDAMBAR ACALYCINA Chang，中山大学学报，1959，第1期，33頁。

  分布于广东、广西、贵州、湖南、江苏、江西、湖北、安徽、四川等省的山地。蒴果较松脆易碎，无萼齿，与枫香树同样入葯。

7. 半枫荷属 SEMILIQUIDAMBAR Chang

  張宏达，中山大学学报，1962，第1期，35—41頁。

  本属的种类，根部供药用，有袪风除湿，活血通絡之效。

1. 半枫荷

  SEMILIQUIDAMBAR CATHAYENSIS Chang, 中山大学学报，1962，第1期37頁。

  分布于广东、海南、广西及江西南部。叶异型，掌状3裂或不分裂，叶柄粗状。萼齿长4—6毫米。

1a. 小叶半枫荷

  SEMILIQUIDAMBAR CATHAYENSIS Chang var. PARVIFOLIA Chang *l.c.*

  分布于粵北及桂北，叶短小，异型，萼齿3—4毫米。

2. 细柄半枫荷

  SEMILIQUIDAMBAR CHINGII (Metc.) Chang *l.c.*

  叶异型，叶柄纖細，萼齿长1—2毫米。分布于福建及广东。

3. 厚叶半枫荷

  SEMILIQUIDAMBAR CORIACEA Chang *l.c.*

  分布广东北部及东部。叶通常不分裂，具三出脉，厚革质，萼齿极短。

4. 长尾半枫荷

  SEMILIQUIDAMBAR CAUDATA Chang *l.c.*

  分布于福建北部。叶卵形，長达10厘米，有三出脉，先端尾状渐尖，果序半球形，压扁，萼齿极短。

5. 尖叶半枫荷

SEMILIQUIDAMBAR CUSPIDATA Chang, *l.c.*

分布于浙江。叶長卵形，長約6厘米，先端尾状漸尖。果序圓球形。萼齿极短，長約2毫米。

8. 蕈树属 ALTINGIA Noronha

Noronha in Verh. Bat. Genootsch. 5 : art. II, 9, 1785.

本属各种有树脂，可供葯用及作香料用。

第1组 蕈树组 ALTINGIA

Eualtingia Chang, 中山大学学报, 1959, II, 35; 1960, IV, 52。

1. 蕈树

ALTINGIA EXCELSA Noronha, *l.c.*

分布于云南；亦見于东南亚各地。叶薄，卵形，先端長尖，果序近球形，基部平截，无宿存花粒及萼齿。

2. 赤水蕈树

ALTINGIA MULTINERVIA Cheng in Not. For. Nat. Centr. Univ. Nanking, Dendr Ser. Dec. 20, 1947.

分布于贵州。叶革质，卵形，先端尖，基部圓形，側脉10—13对。

3. 云南蕈树

ALTINGIA YUNNANENSIS Rehd. et Wils. in Pl. Wils. 1 : 422. 1913.

分布于云南，叶革质，椭圓形或長椭圓形，最長达15厘米，两端尖銳，叶柄較前两种短，長約1.5厘米。

4. 窄叶蕈树

ALTINGIA ANGUSTIFOLIA Chang, 中山大学学报, 1961, 第4期, 52頁。

分布于广东东部。叶革质，窄披針形或窄矩圓形寬約2厘米。

5. 海南蕈树

ALTINGIA OBOVATA Merr. et Chun in Sunyatsenia, 2: 238, 1935.

分布于海南，叶革质，倒卵状披針形，先端圓形。

6. 中华蕈树

ALTINGIA CHINENSIS (Champ.) Oliver ex Hance in Journ. Linn. Soc. Bot. 13 : 103, 1873.

分布于华东、华南及西南各省。树皮灰白色，叶革质，長倒卵形或椭圓形，两端尖端。

第2组 少果蕈树组 OLIGOCARPA Chang

張宏达，中山大学学报，1959，第2期35頁；1960，第4期，53頁。

7. 细柄蕈树

ALTINGIA GRACILIPES Hemsl. in Hook. f. Ic. Pl. 9; *t.* 2837, 1903.

Altingia gracilipes Hemsl. var. *uniflora* Chang in Sunyatsenia, 7: 74, 1948. — *syn. nov.*

分布于浙江、福建及广东东部。叶卵状披针形，革质，细小，全缘，果序倒锥形，下半部楔形，有蒴果5—7个。

7a. 细齿萼树

ALTINGIA GRACILIPES Hemsl. var. SERRULATA Tutch. Rep. Bot. et For. Dept. Hongk. 1914, 31, 1915.

分布于广东及福建，和原种的区别在于叶边有钝细齿。原种及变种的树脂均含芳香油，是贵重的定香香料。

8. 薄叶萼树

ALTINGIA TENUIFOLIA Chun ex Chang，中山大学学报，1959，第2期，34页。

分布于贵州及江西南部。叶卵形，薄革质，基部微心形或圆形，边缘有锯齿，果序有蒴果6个，基部尖。

第6亚科

金缕梅亚科 HAMAMELIDOIDEAE Reinsch

Reinsch in Bot. Jahrb. ll: 289, 1890.

本亚科分为5个族，在中国有4个族。另1族有3个属，见于西亚、南亚及北美。

第1族 金缕梅族 HAMAMELIDEAE Niedenzu

Niedenzu in Nat. Pflanzenfam. III, 2a, 121, 1891.

本族包括7个属，中国有3个属。

9. 四药门花属 TETRATHYRIUM Benth.

Bentham, Fl. Hongk. 132, 1861.

1. 四药门花

TETRATHYRIUM SUBCORDATUM Benth. *l. c.*

分布于广东香港及广西龙州。叶卵状椭圆形，基部圆，边缘有小齿突。花5数，花瓣线形，其余和檵花 *Loropetalum*. 相似。仅1种。

10. 檵木属 LOROPETALUM R. Br.

R. Br. in Abel Narr. Journ. China, App. b. 375, 1818.

4种，中国有3种，另1种分布于印度。

1. 檵木

LOROPETALUM CHINENSE (R. Br.) Oliver in Trans. Linn. Soc. 23: 459, *f.* 4, 1862.

分布于中国中部、南部及西南各省，亦见于日本及印度。

但在北回归綫以南地区还沒有发现过。落叶灌木或小乔木，叶小，偏斜，全缘。花4数，花瓣綫形。叶有止血作用，叶与根亦用于跌打損伤，有去瘀生新功效。

1a. 红花檵木，新变型

LOROPETALUM CHINENSE Oliver form. RUBRUM Chang, f. nov.

Folia oblongo-lanceolata, 3—4.5 cm longa, 1.5—1.8 cm lata obliqua. Flores rubri, petala 2 cm longa.

叶矩圓披針形，長3—4.5厘米，寬1.5—1.8厘米，不等側，花紫紅。花瓣長2厘米。

湖南長沙，岳麓山，栽培，張宏达5014。

2. 大果檵木

LOROPETALUM LANCEUM Hand.-Mzt. in Sinensia, 2：123, 1931.

分布于广西十万大山。叶卵状披針形，長4—8.5厘米。先端尾状漸尖。不等側，蒴果長1.2—1.4厘米。

3. 大叶檵木

LOROPETALUM SUBCAPITATUM Chun ex Chang, 中山大学学报，1959，第2期，35頁。

分布于广西西南部及云南东南部。叶卵状椭圓形，長达10厘米，側脉7—9对，叶背有毛。

11. 金缕梅属 HAMAMELIS Gronov.

Gronovius ex Linn. Gen. 2：54, 1743, Linn. Sp. Pl. 1：124, 1753.

8种，中国2种；日本及北美各有3种。

1. 小叶金缕梅

HAMAMELIS SUBAEQUALIS Chang, 中山大学学报，1960，第1期，35頁。

分布于江苏。叶倒卵形，長4—6厘米，寬2—4厘米，先端鈍，側脉4—5对，第一对側脉无第二次分支側脉。叶背有稀疏星毛，蒴果較小，長8—9毫米。

2. 金缕梅

HAMAMELIS MOLLIS Oliver in Hook. f. Ic. Pl. 18：t. 1742, 1888.

分布于四川、湖北、安徽、浙江、江西、湖南、广西等省，叶較大，先端尖，背面被星状絨毛，第一对側脉有第二次分支側脉。蒴果較大。

第2族 蜡瓣花族 CORYLOPSIDEAE Harms, l.c.

本族有2个属，均分布于中国。

12. 蜡瓣花属 CORYLOPSIS Sieb. et Zucc.

Sieb. et Zucc. Fl. Jap. I：45, t. 19, 20, 1835.

本属有29种，中国有20种及6个变种，其余分布于日本及印度。

第1组 原始蜡瓣花组 PROTOCORYLOPSIS Chang, Sect. nov.

Henryanae Harms. l. c.

1. 鄂西蜡瓣花

CORYLOPSIS HENRYI Hemsl. in Hook. f. Ic. Pl. t. 2819, 2820, 1906.

分布于鄂西及川东。嫩枝，顶芽，叶背及花序的总苞均无毛，叶椭圆形，子房萼筒及蒴果均无毛，花瓣，雄蕊及花柱均长 5—6 毫米，子房与萼筒分离，退化雄蕊 2 裂。

2. 短柱蜡瓣花

CORYLOPSIS BREVISTYLA Chang, in Sunyatsenia, 7：71，1948；中山大学学报，1961，第四期，54页。

分布于云南大理地区。嫩枝、顶芽、叶背、托叶及总苞均无毛。叶倒卵形，子房及萼筒，蒴果均无毛，花瓣长 4 毫米，雄蕊长 3 毫米，花柱长 1—1.5 毫米，退化雄蕊 2 裂，子房与萼筒分裂。

3. 星毛蜡瓣花

CORYLOPSIS STELLIGERA Guill. in Lec. Not. Syst. 3：25，1914.

分布于四川、湖北、贵州、湖南等地。嫩枝、芽体，总苞无毛，叶背、子房及萼筒有星毛。花瓣雄蕊、花柱长 5—6 毫米。子房与萼筒分离，退化雄蕊 2 裂。

第2组 蜡瓣花组 CORYLOPSIS

Ovarium semi-inferum cum receptaculo coherens, staminodium simplicium vel bifidum.

子房半下位，与萼筒合生，退化雄蕊简单或 2 裂。

第1系 多花系 MULTIFLORAE Harms, l. c.

4. 大果蜡瓣花

CORYLOPSIS MULTIFLORA Hance in Ann. Soc. Nat. Bot. IV. 15：224，1861.

Corylopsis wilsonii Hemsl. l. c.; C. cavaleriei Levl. in Fedde, Rep. Sp. 11：295，1912；C. cordata Merr. in Journ. Arh. Arb. 24：445，1943；C. stenopetala Hay. Ic. Pl. Form. 4：6，1914, -- syn. nov.

分布于云、贵、两湖、两广、琼、台、闽等省。嫩枝、芽体、托叶、叶背均有毛，总苞有灰白毛。花瓣窄匙形，子房及萼筒无毛。退化雄蕊不分裂，蒴果特别大，硬木质。

4a. 白背大果蜡瓣花

CORYLOPSIS MULTIFLORA Hance var. NIVEA Chang, 中山大学学报，1960，第1期，36页。

分布于福建，叶背有粉白色腊被。

4b. 小叶大果蜡瓣花

CORYLOPSIS MULTIFLORA Hance var. PARVIFOLIA Chang, l. c.

分布于福建。叶片細小，膜质，卵形，長3.5—5.5厘米，寬2—3厘米，无毛。

第2系 少花系 PAUCIFLORAE Harms, *l.c.*

5. 榿叶蜡瓣花

CORYLOPSIS ALNIFOLIA (Levl.) Schneid. in Fedde, Rep. Sp. 12: 379, 1913.

分布于貴州。嫩枝、芽体、叶背、托叶、萼筒、子房、蒴果均无毛。叶近圓形，花柱長3毫米，退化雄蕊不分裂。

6. 闊蜡瓣花

CORYLOPSIS PLATYPETALA Rehd. et Wils. in Pl. Wils. 1: 426, 1913.

分布于湖北及四川。嫩枝、芽体、叶背、托叶及花序等均无毛。花瓣闊卵形，長3—4毫米，寬約4毫米，雄蕊及花柱較短，退化雄蕊簡单。子房及萼筒无毛。

6a. 川西蜡瓣花

CORYLOPSIS PLATYPETALA var. LEVIS Rehd. et Wils. *l.c.*

分布于四川西部、据記载叶比較寬，蒴果較小带灰白色。我們未見到模式及有关的花枝标本，从模式的照片看，可能属于穗花系 *Spicatae* 的一羣，并且和四川蜡瓣花 *C. Willmottiae* Rehd. et Wils. 很接近。

第3系 穗花系 SPICATAE Harms, *l.c.*

7. 华蜡瓣花

CORYLOPSIS SINENSIS Hemsl. in Gard. Chron. ser. 3, 39: *f*, 12, 1916.

分布于長江及珠江流域各省。嫩枝、芽体、叶背、总苞、花序、子房、萼筒、及蒴果均有毛。花瓣、雄蕊、花柱長5—6毫米，退化雄蕊2裂，雄蕊不突出花外。

7a. 小蜡瓣花

CORYLOPSIS SINENSIS Hemsl. var. PARVIFOLIA Chang, *l.c.*

分布于安徽。叶小，長3—5厘米，寬2—4厘米。

7b. 禿蜡瓣花

CORYLOPSIS SINENSIS Hemsl. var. CALVESCENS Rehd. et Wils. *l.c.*

嫩枝及叶背无毛。余同原种特征。分布于四川，湖南，江西及两广的北部。

8. 红药蜡瓣花

CORYLOPSIS VEITCHIANA Bean in Bot. Mag. *t.* 8349, 1910.

分布于安徽，湖北及四川。嫩枝，老叶背面、总苞、无毛。萼筒、萼齿、子房均有毛，雄蕊突出花外，退化雄蕊2裂。

9. 滇蜡瓣花

CORYLOPSIS YNNNANENSIS Diels iu Not. Bot. Gard. Edinb. 5: 226, 1912.

分布于云南。嫩枝，叶背、花序、萼筒及子房有毛。芽体、总苞外側无毛。花瓣匙形，長6—7毫米。雄蕊長4—5毫米，花柱長2—2.5毫米，退化雄蕊2裂。蒴果有毛。

10. 絨毛蠟瓣花

CORYLOPSIS VELUTINA Hand.-Mzt. in Sitzgsang, Akad. wiss. wien, 1925, 130.

分布于云南及四川。嫩枝、叶背、托叶、总苞、花序、萼筒、子房及蒴果均有毛。芽体无毛。花瓣匙形, 長4毫米, 雄蕊長3毫米, 花柱長1.5毫米, 退化雄蕊2裂。

11. 求江蠟瓣花

CORYLOPSIS TRABECULOSA Hu et Cheng in Bull. Fan. Mem. Inst. Biol. new ser. 1: 192, 1948.

分布于滇西北。嫩枝、叶背、果序、萼筒及蒴果均有毛。芽体及总苞外側无毛。花柱長1.5毫米, 退化雄蕊2裂。

12. 圓叶蠟瓣花

CORYLOPSIS ROTUNDIFOLIA Chang, 中山大学学报, 1960, 第1期37頁。

分布于四川。嫩枝、芽体、叶背、托叶、总苞、花序均有毛。萼筒及子房无毛。叶圓形, 花瓣長3毫米, 雄蕊長2毫米, 花柱長1.5毫米, 退化雄蕊2裂。

13. 黔蠟瓣花

CORYLOPSIS OBOVATA Chang in Sunyatsenia, 7:72, 1948.

分布于貴州。嫩枝、芽体、叶背、托叶、果序均有星毛。蒴果无毛, 宿存花柱長2—3毫米, 叶側卵形, 退化雄蕊2裂。

14. 小果蠟瓣花

CORYLOPSIS MICROCARPA Chang, 中山大学学报 *l.c.*

分布于四川西部。嫩枝、芽体、萼筒、子房及蒴果均无毛。叶背及果序有毛。叶較小, 果实長5毫米。花柱長1毫米, 退化雄蕊2裂。

15. 腺蠟瓣花

CORYLOPSIS GLANDULIFERA Hemsl. in Hook. *f.* lc. pl. 29. *t.* 2818, 1906.
C. sinensis var. *glandulifera* Rehd. et Wils. in Pl, Wils. 1: 424, 1913.—*syn. nov.*
C. willmottiae var. *chekiangensis* Cheng in Contr. Biol. Lab. Sci. Soc. China, 10: 125, 1936, ---*syn. nov.*

嫩枝、芽体、托叶、花序軸、总苞、萼筒、子房及蒴果均无毛。叶背及总苞有毛。花瓣及花柱長5—6毫米, 雄蕊略短。退化雄蕊2裂。分布于江西及浙江。

本种与华蠟瓣花 *C. sinensis* 的主要区别在于嫩枝无毛, 托叶及总苞外面无毛, 花序柄, 花軸, 萼筒及子房均无毛, 这些特征是本属的分类依据。特别是萼筒及子房被毛与否, 是眞蠟瓣花系 *Spicatae* 两个不同的群的划分依据, 把本种恢复为种的等級, 更能反映本系里两个群的系統位置。

Corylopsis willmottiae var. *chekiangensis cheng* 在花序及花的形态方面, 完全和本种一致, 特別是总苞、花瓣, 退化雄蕊及花柱的形态, 难以和本种相区别。

15a. 灰白腺蜡瓣花

CORYLOPSIS GLANDULIFERA Hemsl. var. HYPOGLAUCA (Cheng) Chang——comb. nov.

Corylopsis hypoglauca Cheng, *l.c. syn. nov.*

Corylopsis hypoglauca var. *glaucescens* Cheng, *l.c.---syn. nov.*

安徽：黄山，裴鑑3870；C.L. Wu 920, 927；钟补勤3660；郑万鈞4579；贺贤育2353，浙江：陈詩430。

分布于安徽和浙江。除了叶形近圓形，叶背灰白色无毛之外，其余各种特征如芽体、枝条，托叶、苞片及花的各个部分均与腺蜡瓣花 *C. glandulifera* Hemsl. 一致。

16. 澜沧蜡瓣花

CORYLOPSIS GLAUCESCENS Hand.-Mzt. *l.c.*

Corylopsis polyneura Li in Journ. Arn. Arb. 25: 199, 1944---*syn. nov.*

分布于云南西北部。嫩枝、芽体、叶背、萼筒及子房无毛。叶卵圓形，第一对侧脉强烈分支，各侧脉排列紧密，相隔2-4毫米，形似多脉，花瓣長4毫米，寬2毫米，花柱長3毫米，退化雄蕊2裂。

17. 四川蜡瓣花

CORYLOPSIS WILLMOTTIAE Rehd. et Wils. *l.c.*

分布于四川及云南，嫩枝、芽体、老叶背、总苞、托叶、萼筒、子房及蒴果均无毛、花瓣長4毫米，雄蕊及花柱比花瓣略短，退化雄蕊2裂。

18. 峨眉蜡瓣花

CORYLOPSIS OMEIENSIS Yang in Contr. Biol. Lab. Sci. Soc. China, 12: 133, f. 12, 1947.

分布于四川。嫩枝、芽体、叶背、托叶、总苞、萼筒、子房及蒴果均无毛。叶倒心形，先端凹入，花瓣、雄蕊及花柱均長1.5毫米。退化雄蕊2裂。

19. 台湾蜡瓣花

CORYLOPSIS MATSUDAE Kanehira et Sasaki in Trans. Nat. Hist. Soc. 20: 383, 1930.

分布于台湾。小枝，叶背有毛。芽体及蒴果无毛。叶小，卵状椭圓形，長5厘米，寬3厘米。

20. 长穗蜡瓣花

CORYLOPSIS YUI Hu et Cheng, *l.c.*

分布于云南西北部。嫩枝、芽体、叶背、托叶、花序均有毛。萼筒及子房无毛。果穗長于10厘米，退化雄蕊2裂。

13. 牛鼻栓属 FORTUNEARIA Rehd. et Wils. *l.c.*

仅1种，分布于黄河流域及長江流域之間。

1. 牛鼻栓

FORTUNEARIA SINENSIS Rehd. et Wils. *l.c.*

本属只有1种，分布于陕西、河南、四川、湖北、安徽、江西及浙江。外形近似蜡瓣花，但花有花梗，花瓣细小，呈针形，雄蕊近于无柄。

第3族 秀花族柱 EUSTIGMATEAE Harms, *l.c.*

本族只有1属，分布于中国南部及越南北部。

14. 秀拉花属 EUSTIGMA Gardn. et Champ.

Gardn. et Champ. in Kew Journ. Bot. 1:312. 1849. 有2种。

1. 秀柱花

EUSTIGMA OBLONGIFOLIUM Gardn. et Champ. *l.c.*

分布于台、闽、赣、粤、琼、桂。叶长椭圆形、长7-17厘米，常有少数齿缺、无毛，花瓣鳞片状，雄蕊近于无柄、花柱特别伸长、蒴果无毛、萼筒与蒴果等长。

2. 毛秀柱花

EUSTIGMA BALANSAE Oliver in Hook. *f.* Ic. Pl. 20: t.1954, 1891.

分布于广西及越南北部。叶椭圆形，被褐色星状绒毛。蒴果长1.7厘米，被褐色黑毛，萼筒与蒴果等长。

第4族 蚊母树族 DISTYLIEAE Hall.

Hallier iu Beihefte Zum Bot. Centrabl.14(2):252,1903.

本族有4个属、中国有3个属，其中1个是特有属。

15. 山白树属 SINOWILSONIA Hemsl. *l.c.t.* 2817.

1种分布于中国中部。花单性，5数，无花瓣。

Schulze-Menz, G.K. 把这个属归到蜡瓣花族 *Corylopsideae* (Syllabus-Pflanzenfamilien, 12 Aufl. Band 2, 197, 1964)，从花的形态为依据，本文把它留在蚊母树族里。

1. 山白树

SINOWILSONIA HENRYI Hemsl. *l.c.*

分布于陕西、湖北及甘肃等省。落叶木本，嫩枝有灰黄色绒毛，叶膜质、倒卵形，长达18厘米，被毛。雄花序总状，雄蕊无柄。雌花序穗状，萼筒壶形、子房上位，蒴果有宿存萼筒。

16. 蚊母树属 DISTYLIUM Sieb. et Zucc. *l.c.t.* 94.

1. 蚊母树

DISTYLIUM RACEMOSUM S. et Z. *l.c.*

分布于台湾、浙江、福建及广东。亦见于朝鲜及日本。叶椭圆形，长5厘米，全緣，秃淨，先端鈍，側脉不明显、花单性，无花瓣，雄蕊4-8个，子房上位，蒴果无宿存萼筒。

2. 大叶蚊母树

DISTYLIUM MACROPHYLLUM Chang，中山大学学报，1960，第1期，39頁。

分布于广东及广西的北部。叶厚革质，椭圓形，長7—12厘米，寬3.5—6.5厘米，无毛，花单性，无花瓣，蒴果1.5厘米，无宿存萼筒。

3. 杨梅蚊母树

DISTYLIUM MYRICOIDES Hemsl. *l.c. sub. pl.* 2835. 1907.

广泛分布于华中、华东、华南及西南各省。叶長椭圓形，長5—10厘米，寬2—4厘米，先端尖，无毛，上半部有小齿。蒴果長1厘米，无宿存萼筒。

3a. 亮叶蚊母树

DISTYLIUM MYRICOIDES Hemsl. var. NITIDUM Chang，中山大学学报，1960。

分布于浙、皖、赣、湘、粤。叶发亮，无齿缺，先端鈍。

4. 鱗毛蚊母树

DISTYLIUM ELAEAGNOIDES Chang，中山大学学报，1959，第2期，37頁。

分布于两广。叶倒卵矩形，長5—10厘米，枝、叶、及果均有鱗片。

5. 屏边蚊母树

DISTYLIUM PINGPIENENSE (Hu) Walk. in Journ. Arn. Arb. 25: 331, 1944.

分布于云南。枝叶有褐色絨毛，叶薄革质，卵状披針形，長7—11厘米，先端長尾状，基部圓形，全緣。蒴果有褐色星状絨毛。

5a. 鋸齿蚊母树

DISTYLIUM PINGPIENENSE Walk. var. SERRATUM Walk. *l.c*

分布于湖北及貴州。叶較厚，边緣有数个小齿。

6. 尖尾蚊母树

DISTYLIUM CUSPIDATUM Chang，中山大学学报，1959，第2期38頁。

分布于貴州。嫩枝有毛。叶厚革质，長卵形，長5—7厘米，先端長尾状，基部圓，有毛，以后变秃淨，側脉3—4对，有小齿突。

7. 閩粤蚊母树

DISTYLIUM CHUNGII (Metc.) Cheng in Contr. Biol. Lab. Sci. Soc. China, Bot. 8: 140, 1932。

嫩枝有毛。叶卵状長椭圓形，長6—10厘米，基部闊楔形，下面有疏毛或秃淨，全緣或有小齿。蒴果長1.5厘米，有絨毛。分布于閩、粤。

8. 黔蚊母树

DISTYLIUM TSIANGII Chun ex Walker *l.c.*

嫩枝有毛。叶長椭圓形，長10—15厘米，下面有毛，基部楔形，产貴州。

9. 窄叶蚊母树

DISTYLIUM DUNNIANUM Levl. in Fedde Rep. Sp. 11: 67, 1912。張宏达，中山大学学报，1961，第4期，56頁。

嫩枝有毛，叶窄長披針形，長6—10厘米，寬1—2厘米，基部鈍，无毛，全緣，分布于广西及貴州。

10. 中华蚊母树

DISTYLIUM CHINENSE (Fr.) Diels in Bot. Jahrb. 29: 380, 1900。

分布于四川及湖北，嫩枝有毛。叶長2—3厘米，寬1厘米，基部鈍，上半部有数几小齿，无毛。

11. 小叶蚊母树

DISTYLIUM BUXIFOLIUM (Hance) Merr. in Sunyatsenia 3: 251, 1937。

分布于四川，两湖、两广及福建。嫩枝无毛，叶倒披針形，長3—6厘米，寬1—1.5厘米，先端尖，基部窄，无毛，全緣。

11a. 圓头蚊母树

DISTYLIUM BUXIFOLIUM Merr. var. ROTUNDUM Chang，中山大学学报。1960。

分布于浙江、福建及广东。和原种的区别在于嫩枝有毛，叶倒卵長橢圓形，先端圓或鈍，近先端有2个小齿。

12. 台湾蚊母树

DISTYLIUM GRACILE Nakai in Journ. Arn. Arb. 5: 77. 1924。

分布于台湾。嫩枝有毛。叶闊橢圓形，長2—3厘米，寬7—20毫米。先端鈍，基部闊楔形。无毛，全緣，或有1—2个小齿。

17. 水丝梨属 SYCOPSIS Oliver

Oliver in Trans. Linn. Soc. 23: 83, t. 8, 1860。

Distyliopsis Endress in Bot. Jahrb. 90: 1—54, 1970; in Blumea, 19: 105—107, 1971 — — *syn. nov.*

第1亚属 水丝梨亚属 SYCOPSIS

Flores sessiles in spicas paniculasve dispositi, andromonoeci vel androdioeci, bracteae late ovatae, Stamina 10, filamentis longis.

花无柄，排成穗状或圓錐花序，两性花与雌花同株或异株，总苞卵圓形，雄蕊10个，花絲較長。

1. 华水丝梨

SYCOPSIS SINENSIS Oliver in Hook, *f.* Ic. pl. 20: *t.* 1931, 1890; 張宏达，中山大学学报，1961，第4期，54—55頁;

Sycopsis formosana Kanehira et Hatusima in Journ. Jap. Bot. 14: 240, 1938。

分布于云南、四川、湖北、安徽、浙江、江西、福建、台湾、湖南、广东、广西及貴州。葉具羽狀脈，長卵形，短穗狀花序近似假頭狀，有時聚成圓錐花序狀，總苞紅褐色，長 8 毫米，雄蕊長 1 厘米。蒴果下半部托以宿存萼筒。

2. 三脉水丝梨

SYCOPSIS TRIPLINERVIA Chang，中山大学学报，1960，第 1 期 41 頁。

分布于四川。叶基部有三出脉。

属于这一亚属的还有印度的 *S. griffithiana* Oliver. 据 Rehder 等报导（Rehd. et Wils. in Pl. Wils. 1: 431, 1913），云南蒙自亦有分布，作者认为产于蒙自的，具有披針形的标本，仍属于华水絲梨 S. sinensis Oliver.

第 2 亚属　后生水丝梨亚属 METASYCOPSIS Chang, subgen. nov.

Flores sessiles vel pedicellati, in racemos dispositi, andromonoeci, bracteae anguste ovatae, stamina 4--8, filamentis brevibus.

花无柄或有柄，排成总状花序，两性花与雄花同株，且同在一个花序上，总苞窄卵形，雄蕊 4—8 个，花絲較短。

第 1 组　长管组 LONGITUBUS Chang, Sect. nov.

Receptaculum capsulam subaequans, folia triplinervia.

萼管与蒴果等長，叶具离基 3 出脉。

3. 樟叶水丝梨

SYCOPSIS LAURIFOLIA Hemsl. *l. c. t.* 2836.

Distyliopsis laurifolia. Endress, *l. c.* --- syn. nov.

分布于云南及四川雷坡。叶具出三出脉，全緣。蒴果被長毛。萼筒与蒴果等長。

第 2 组　短管组 BREVITUBUS Chang, Sect. nov.

Receptaculum brevi ad basin capsulae adnatum, folia pinnatinervia.

萼筒短，附于蒴果基部，叶具羽狀脉。

4. 尖水丝梨

SYCOPSIS DUNNII Hemsl. *l. c. t.* 2836.

Distyliopsis dunnii Endress, *l. c.* --- syn. nov.

分布于福建、广东、广西、湖南、贵州及云南。叶矩圓形，两端尖，全緣，萼筒長为蒴果的 1/3。Endress 和 W. Vink 一样（Fl. Malesiana, ser. 1, 5: 371, 1955-58）把菲律宾，馬来半島，苏門答腊、新几內亚、緬甸等地的这一类的标本，归入尖水絲梨 *S. dunnii*，作者根据菲律宾巴拉望的标本，认为 *S. philippinensis* Hemsl. 具有卵状披針形的叶，基部圓形，应与中国产的尖水絲梨 *S. dunnii* Hemsl. 分别开来。

5. 滇水丝梨

SYCOPSIS YUNNANENSIS Chang，中山大学学报，1961，第 4 期，55 頁。

分布于云南。近似尖水絲梨 *S. dunnii*，但叶片特别長大，長 9—16 厘米，寬 3.5—6 厘米。

6. 钝水丝梨

SYCOPSIS TUTCHERI Hemsl. *l. c. t.* 2834.

Distyliopsis tutcheri Endress, *l. c.* --- *syn. nov.*

分布于福建、广东及海南。叶椭圆形，先端圆或钝。

7. 圆头水丝梨

SYCOPSIS OBLANCEOLATA Chang, in Sunyatsenia, 7 : 72, 1948.

分布于广东及湖南交界的山地。叶倒披针形，先端圆形。

8. 柳叶水丝梨

SYCOPSIS SALICIFOLIA Li apud Walker in Journ. Arn. Arb. 25 : 341, 1944.

Distyliopsis salicifolia Endress. *l. c.* -- *syn. nov.*

分布于海南岛。叶窄披针形，長 6 — 9 厘米，寬 1 — 1.5 厘米。

  关于本属的系統分类問題，存在着不同的看法。作者在这里把它分为两个亚属。水絲梨亚属 *Sycopsis* 代表本属的原始类型，是沒有出現畸变的种系。后生水絲梨亚属 *Metasycopsis* 代表本属里花的构造起了畸形变异的种系。为了說明两个亚属的关系，下面着重分析花序和花的形态结构及其变化。

  关于花序的結构，在两个亚属里并不是截然分开或各有特定的形态的。它們同时具有穗状花序及圓錐花序。在水絲梨亚属 *Sycopsis* 的种类，一般为腋生穗状花序。但是华水絲梨 *S. sinensis* 亦有为圓錐花序的（王作宾 *T. P. wang* 11227，采自湖北、巴东，南坪）。在后生水絲梨亚属 *Metasycopsis*，有花梗的和无花梗的花同时存在于一个总状花序上，偶而看得到假的圓錐花序（钝水絲梨 *S. tutcheri* Hemsl. 見李启精102，采自鼎湖山）

  至于花在花序上的排列，无論是在水絲梨亚属 *Sycopsis* 或后生水絲梨亚属 *Metasycopsis* 都是螺旋排列的，未发现过2列排列的。在花序顶端都有一个頂生的花，只是在水絲梨亚属 *Sycopsis* 的种类，頂生花无柄，在后生水絲梨亚属 *Metasycopsis* 的种类，頂生花通常是有花梗的。

  果序上的蒴果数目在两个亚属里没有明显的差异。在水絲梨亚属 *Sycopsis* 果实排成紧凑的穗状，果序最基部有1—3朵排列较疏的两性花往往不正常发育，在結实初时即变为败育，那些位于花序上半部的蒴果得到充分的发育，由于它們排列比较紧凑，又缺乏花梗，外表近似头状，常被錯誤地认为是头状果序。在真水絲梨亚属的华水絲梨 *S. sinensis* Hemsl. 每一个果序有蒴果3—7个，具有頂生无柄的果实，在后生水絲梨亚属 *Metasycopsis*，通常只有1—3个蒴果，但在钝水絲梨 *S. tutcheri* 有为3—5个蒴果（李启精102，采自广东鼎湖山）。

  关于花的形态方面，表現出较大的变异。这种变异首先反映到性别方面。花多为杂性，雄花与两性花通常是同株的，甚至在同一个花序上，偶然也有异株的。雄花具有不同程度的退化子房，有一些可能是多少能育的子房，另一些则完全退化和消失，成为典型的雄花。在两性花里，雄蕊的数目常有变化，从4个到10个，其中能育的程度亦有差异，常有一部分的雄蕊是败育的或发育不全的，使两性花在不同程度上表现出雌花的倾向。这种情况在后生水丝梨亚属 *Metasycopsis* 更为常见。在这个亚属里，某些标本上可以发现雄蕊分为两组或多组的情况，表现出异常的两体或三体雄蕊 (Tong: Studien Uber Die Familie Der Hamamelidaceae, 1930, 15, fig. 6)，这是一种畸形变异的现象。由于这种畸变的特性，使这个后生水丝梨亚属 *Metasycopsis* 的种类，在花的形态方面表现出多变的形态。所以根据这些畸形变化的形态，企图把这个亚属从水丝梨属提出来，并提升到属的等级，是不可靠的。尽管这个亚属具有某些畸变，但这个亚属的基本特性，并没有超越出 Oliver 给予水丝梨属 *Sycopsis* 的属的范畴。因此作者主张把这个出现畸变的种系，归入后生水丝梨亚属 *Metasycopsis*，实际上它包括了属于 *Endress* 所分立，而被本文作者所归并了的 *Distyliopsis* 的一群。

水丝梨亚属 *Sycopsis* 与后生水丝亚属 *Metasycopsis* 除了花的形态方面表现出雄蕊的数目及位置某些变异之外，在叶及蒴果的特征上，几乎没有什么不同。蒴果都具有宿存而且离生的萼筒，通常长不过蒴果的1/3，不规则地裂开，只有樟叶水丝梨 *S. laurifolia* Hemsl. 的萼筒才是和蒴果等长的。

环境污染调查与橡胶矿物营养诊断研究

地理系自然地理教研室与有关生产单位协作，结合专业化学地理方向，近期开展了以下研究活动：

一、与广州市卫生防疫站协作，对广州市环境污染问题进行点、面调查研究：①对××化工厂排放"三废"造成环境污染问题的调查；②对广州市"三废"基本情况进行资料整理，绘制广州市废气废水分布图和地面水污染状况图等数幅。在前段工作基础上，已编出《化学地理与环境保护》专辑第一期。

二、与湛江粤西热作试验站协作，对橡胶的矿物营养诊断进行研究，目前已对胶园各类型土壤、各品种胶乳、胶叶的矿物营养元素作了全量分析，为生产建设兵团某部某些橡胶试验地的施肥量提供了数据。

圆籽荷属*——山茶科一新属

张宏达

(生物学系)

APTEROSPERMA——CENUS NOVUM THEACEARUM

Chang Hung-ta

(Department of Biology)

圆籽荷属，新属．

Apterosperma Chang, gen. nov.

  花两性；萼片5，卵圆形，分离，覆瓦状排列，宿存；花瓣5，倒卵形，基部略相连生，覆瓦状排列；雄蕊多数(±23)，排成2列，外轮稍长，花丝扁平，先端尖细，离生，基部着生于花瓣；花药2室，基部叉开，基部着生，侧面直裂；子房上位，5室，花柱极短或不存在，柱头5裂；胚珠每室3—4个，着生于中轴胎座中部；蒴果细小，扁球形，沿室背5片裂开，果片薄；每室有种子3粒，中轴宿存；种子肾形，稍压扁，无翅，种皮角质。

  灌木或小乔木，叶革质，互生，多列，边缘有锯齿，具短柄；花细小，顶生及腋生，有花梗，常排成总状花序；苞片2，细小，早落，生于萼片基部，萼片及花瓣有柔毛，子房圆锥状，被毛，蒴果有宿存萼片。

  新属和木荷属Schima很接近，只是花细小，具短柄，雄蕊较少，2列，花药基部着生，基部叉开，花柱极短，蒴果细小，扁球形，果片薄，种子肾形，稍压扁，无翅。

  1种，产广东。

  Flores hermaphroditi, sepala 5 ovata libera imbricata persistentia; petala 5 obovata imbricata basi leviter connata; stamina numerosa (±23) 2-seriata,

---

* 这个属曾用 *Cheniothea* 为名在中国植物学会三十周年大会上宣讀，并载于论文摘要汇编，100页，1963。

filamentis subliberis planis sursum apicem attenuatis glabris, basi ad corollam adnatis, antheris 2-locularibus basifixis longitudinaliter dehiscentibus; ovarium superum 5-loculare stylo brevissimo stigmatibus 5;ovula in quoque loculo 3—4 ad medium placentarum affixa. capsula oblata loculicide dehiscens 5-valvata, valvis tenuibus, columella persistenti; semina in quoque loculo 3 reniformia exalata.

Frutex vel arbor, foliis alternatis coriaceis multiserialibus serratis petiolatis, floribus parvis terminalibus axillaribusque ad apicem ramulorum racemiformibus dispositis, breviter pedicellatis, bracteolis 2 parvis caducis, sepalis petalisque pubescentibus, ovario conoideo pubescenti, capsula parva.

Genus novum *Schimae* proxima, a qua floribus minoribus breviter pedicellatis, staminibus paucioribus 2-seriatis, antheris basifixis, stylo brevissimo, capsulis parvis oblatis, seminibus reniformibus leviter compressis exalatis recedit

Species unica provinciae Kwangtung incola.

圆籽荷，新种

Apterosperma oblata Chang, sp. nov.

小乔木，高3—10米；嫩枝有柔毛，老枝干后黑褐色，叶聚生于枝顶，革质，长圆形或倒卵状长圆形，长5—10厘米，宽1.5—3厘米，先端渐尖，基部楔形，上面深绿色，干后发亮，下面橄榄绿色，初时有柔毛，以后变秃，侧脉7—9对，靠近边缘弯曲并相联结，边缘有锯齿，叶柄长3—6毫米。花浅黄色，直径1.5厘米，常5—9朵生于枝顶，排成总状花序，花梗长4—6毫米，有柔毛；苞片细小，紧贴在萼片下，早落，萼片5，阔卵形或近圆形，长4毫米，先端圆，外面有短柔毛；花瓣5，基部连生，背面有短柔毛，阔倒卵形，长7毫米，宽6毫米；雄蕊22—24个，长4毫米，花丝扁平，向顶端变尖细，花药椭圆形，基部叉开；子房圆锥形，有毛，5室，每室有胚珠3—4个，花柱极短，顶端5浅裂。蒴果扁球形，宽8—9毫米，高约5毫米，有毛，5片裂开，果片薄木质，宿存中轴长约4毫米；种子肾形，稍压扁，背部较宽，长4毫米，宽3毫米，厚1.5毫米，无翅，种皮褐色；宿存萼片长4毫米。

Arbor 3—10 m alta; ramuli hornotini pubescentes, annotini glabrescentes in sicco atro-brunnei. Folia in apicem ramulorum congesta coriacea oblonga vel obovato-oblonga 5—10 cm longa 1.5—3 cm lata, apice acuminata basi attenuata cuneata, supra atro-viridia nitida, subtus in sicco olivaceo-viridia primo pubescentia deinde glabrescentia, nervis lateralibus utrinsecus 7—9 prope marginem arcuato-anastomosantibus utrinque prominentibus, margine crenulata, petioli 3—6 mm longi. Flores parvi circ. 1.5 cm diam. flavidi, pedicellis 4—5 mm longis pubescentibus, bracteolis 2 parvis caducis; sepala 5, late ovata vel suborbicularia 4 mm longa pubescentia; petala 5 late obovata circ. 7 mm longa 6 mm lata basi connata pubescentia; stamina 22—24, 2-seriata, 4 mm longa, filamentis glabris liberis sursum apicem attenuatis, antheris late ovoideis 1 mm longis basifixis; ovarium tomentosum, stylo brevissimo apice 5-fido. Capsula parva oblata 8—9 mm lata 5 mm alta 5-valvata, valvis tenuibus, columella 4 mm longo; semina in quoque loculo 3 compresse reniformia exalata 4 mm longa 3 mm lata dorso 1.5 mm crassa, testa brunnea.

广东：阳春，八甲，河尾山，海拔460米，灌木，1957年5月26日，华南植物研究所地植物组3220（花模式标本 Typus!）；同地，河尾山往三丫河途中，疏林中乔木，高10米，1957年10月19日，林万涛30955(果)。

模式标本分别保存于中山大学、广东植物研究所及广东农林学院林学系。

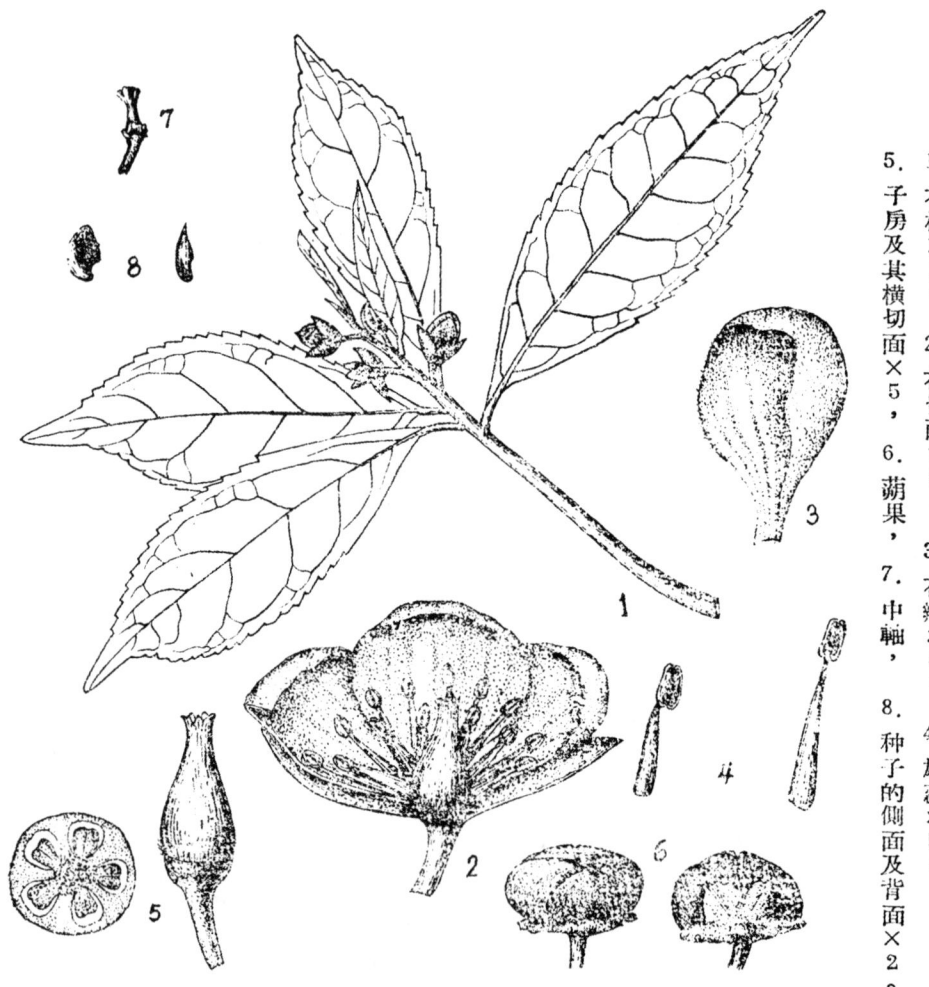

圆籽荷 Apterospema oblata chang, gen, et sp. nov.

1. 花枝×1, 2. 花切面×3, 3. 花瓣×4, 4. 雄蕊×5, 5. 子房及其横切面×5, 6. 蒴果, 7. 中轴, 8. 种子的侧面及背面×2。

华夏植物区系的金花茶组

张 宏 达
（生物学系）

Chrysantha, A Section of Golden Camellias From Cathaysian Flora

Chang Hung-ta

山茶花一般为红色或白色，是园艺上的珍花，在国际上与杜鹃花同享盛名，并设有专门的山茶学会在国际间广泛开展交流。我国是山茶花的原产地，具有攸久的栽培历史，品系繁多，一直为山茶花研究者和鉴尝家所向往。最近又发现了一批金黄色的山茶花种类，益使山茶艺苑增辉。

第一个金花茶 *Thea flara* Pitard 在1910年问世，至1949年显脉金花茶 *Camellia euphlebia* Merr. 的发表，仍未引起重大的反响。1965年 *Theopsis chrysantha* Hu 发表之后，国际上始重视，先后来华参观访问。

金花茶组 *Chrysantha* 已知的7种，分布于广西南部的边境及其毗邻，面积不过15,000平方公里的狭窄地带。我国有5种，其中3种是特有的；越南有4种，有2种是特有种。

金花茶组，新组
Sect. Chrysantha Chang, sect. nov.

花腋生，有柄；苞片5—7，宿存；萼片5—7，宿存；花瓣8—12片，金黄色；雄蕊4轮，花丝稍联生；子房3—5室，花柱3—5条，离生；胚珠每室2—4个。

Flores axillares, pedicellati; bracteis 5—7 persistentibus, sepalis 5—7 persistentibus, petalis 8—12 aureis, staminibus 4-seriatis, filamentis brevius connatis, ovariis 3—5locularibus, stylis 3—5liberis, ovulis 2—4 in quoque loculo.

Typus: *Camellia chrysantha* (Hu) Tuyama

分 种 检 索 表

1. 子房5室，花柱5条……Ser. I, 五室系 **Flavae** Chang
  2. 叶背及子房有毛，叶基部微心形或圆形………
      …………………1. 黄花茶 C.*flava* (Pitard) Sealy
  2. 叶背及子房无毛，叶基部楔形或钝………
      …………………2. 五室金花茶 C.*aurea* Chang
1. 子房3室，花柱3条……Ser. II, 金花茶系 **Chrysanthae** Chang
  3. 叶革质，果皮厚3—5毫米。
    4. 叶长圆形，最大为17×5厘米………
      ………3. 金花茶 C.*chrysantha* (Hu) Tuyama
    4. 叶椭圆形，长10—20厘米，宽5—9厘米，叶脉下陷。
      5. 嫩枝及叶背有毛………
        ……4. 凹脉金花茶 C.*impressinervis* Chang et Liang[*]
      5. 嫩枝及叶背无毛………
        …………5. 显脉金花茶 C.*euphlebia* Merr.
  3. 叶薄，近膜质，果皮厚1—2毫米。
    6. 叶长10—15厘米，花大………
      ………6. 薄叶金花茶 C.*chrysanthoides* Chang
    6. 叶长4—7厘米，宽2.5—3.5厘米，花小………
      ………7. 东兴金花茶 C.*tunghinensis* Chang

I. 五室系，新系

Ser. 1, **Flavae** Chang, ser. nov.

子房5室，花柱5条，离生，雄蕊近离生.
Ovaria 5-locularia, stylis 5 liberis, staminibus subliberis.

1. 黄花茶

Camellia flava (Pitard) Sealy in Kew Bull. 1949. 217.
Thea flava Pitard in Lec. Fl. Gen. Indo Chine, 1:346. 1910.
Camellia cordatula Merr. in Journ. Arn. Arb. 20: 348. 1939.

    嫩枝无毛，叶卵状长圆形，长达15厘米，基部圆或微心形，下面沿中脉有毛，花有柄，苞片6—7片；萼片5—6片，长8—15毫米；花瓣8—12片，长1.5—18厘米，花丝略连生；子房5室，有黄毛，花柱5条，离生，长7—15毫米。

---

[*] Liang为 广西自治区林科所梁盛业

分布于越南北部。

2. 五室金花茶，新种

Camellia aurea Chang, sp. nov.

Subgen. *Thea* Chang, Sect. *Chrysantha* Chang, Ser. *Flavae* Chang

灌木，嫩枝无毛。叶厚革质，长圆形，长10—15厘米，宽3.5—5厘米，先端急短尖，基部楔形或钝，上面发亮，下面无毛，侧脉8—9对，干后稍下陷，边缘有锯齿，叶柄长7—9毫米，无毛。花单生于叶腋，金黄色，花柄长3—5毫米；苞片5，长1毫米；萼片5，近圆形，长4—6毫米，无毛，宿存；花瓣9片，椭圆形至长圆形，长1.5—2.7厘米；雄蕊长1—1.5厘米，离生，无毛；子房5室，无毛；花柱5条，离生，长1.8—2.3厘米，无毛。

A *C. flava* (Pitard) Sealy foliis glabris, basi late cuneatis, sepalis minoribus, petalis longioribus, ovariis stylisque glabris, petalis et stylis plus longioribus differt.

Frutex, ramulis glabris. Folia oblonga 10-15 cm longa 3.5-5 cm lata, apice subito breviter acuta, basi late cuneata vel obtusa, supra nitida subtus glabra, nervis lateralibus utrinsecus 8-9 in sicco leviter impressis, serrata, petiolis 7-9mm longis glabris. Flores axillares solitarii, aurei, pedicellatis, pedicellis 3-5 mm longis, bracteis 5 circ. 1mm longis. sepalis 5 subrotundatis 4-6 mm longis subglabris persistentibus, petalis 9 ellipticis vel oblongis 1.5-2.7cm longis, staminibus 1-1.5cm longis subliberis, ovario 5-loculari glabro, stylis 5 liberis 1.8-2.3cm longis glabris.

越南(Vietnam)：谅山省(Len Cen Prov.)花黄，1965年1月18日，中越考察团(Sino-Vietnam Exped.)1599, Typus (in Herb. Inst. Bot. Austro-Sinica, Acad. Sin.).

上述的黄花茶 *C. flava* 及五室金花茶 *C. aurea* 都具有5室的子房及5条离生的花柱，雄蕊离生，还没有连合起来，代表了原始的性状，可能由它们发展出金花茶系 *Chrysanthae*.

II. 金花茶系，新系

Ser. II, **Chrysanthae** Chang, ser. nov.

子房3室，花柱3条，离生，雄蕊连生。

Ovaria 3-locularia, stylis 3 liberis, staminibus leviter connatis.

3. 金花茶

Camellia chrysantha (Hu) Tuyama, 日本茶花协会，《椿》，no. 15,

Theopsis chrysantha Hu in Acta Phytotax. Sinica 10:139.1965.

广西：南宁，广西药物研究所17530（模式）；高如椿17628；南宁，富庶乡，梁盛业、黄卓民6403506；东兴，马路公社，大旺大队，钟业聪621。

本种的嫩枝无毛；叶长圆形，长达17厘米；花金黄色，花柄长1厘米；苞片5，宿存；萼片5，宿存；花瓣8—10片；子房无毛，花柱3条，偶有4条，离生；蒴果三球形，宽3—4厘米，果皮厚4—5毫米。

4. 凹脉金花茶，新种

Camellia impressinervis Chang et S. Y. Liang, sp. nov.

Subgen. *Thea* Chang, Sect. *Chrysantha* Chang, Ser. *Chrysanthae* Chang

灌木，高3米，嫩枝有短粗毛，老枝变秃。叶革质，椭圆形，长13—22厘米，宽5.5—8.5厘米，先端急尖，基部阔楔形或圆，上面干后橄榄绿色，有光泽，下面黄褐色，被柔毛，有黑腺点，侧脉10—14对，与中脉及网脉在上面陷下，在下面突起，边缘有细锯齿，叶柄长1厘米，上面有沟，下面有毛。花1—2朵腋生，花柄粗大，长6—7毫米，无毛，苞片5，新月形，散生，无毛，宿存，萼片5，半圆形至圆形，长4—8毫米，无毛，宿存，花瓣12片，金黄色，雄蕊离生，无毛，蒴果扁球形或双球形，宽3厘米，2—3室，每室有种子1—2个；果片厚1—1.5毫米，种子球形，宽1.5厘米。

Species *C. chrysanthae* (Hu) Tuyama affinis, a qua differt ramulis hirtellis, foliis ellipticis maximis 22 cm longis pubescentibus, nervis lateralibus 11-14-jugis, petalis 12, valvis capsularum tenuibus 1-1.5mm crassis.

Frutex circ. 3 m altus, ramulis hirtellis. Folia coriacea elliptica 13-22cm longa 5.5-8.5 lata, apice abrupte acuta, basi late cuneata vel subrotundata, supra olivaceo-viridia nitida, subtus pubescentia atropunctata, nervis lateralibus 10-14-jugis ut costa et venula impressis, margine serrata, petiolis 1 cm longis subtus pubescentibus. Flores 1-2 axillares, pedicellis robustis 6-7mm longis glabris; bracteis 5 lunaribus dispersis glabris persistentibus; sepalis 5 semirotundatis vel orbiculatis 4-8mm longis glabris persistentibus; petalis 12 aureis; staminibus liberis glabris; ovariis glabris, stylis 2-3 liberis glabris. Capsula oblata vel bicocca 3cm diam. 2-3 locularis, seminibus 1-2 in quoque loculo, 1.5 cm diam.

广西：龙州，1970年12月13日，梁盛业 700304 (Typus, in Herb. Univ. Sunyatsen);同地，武联乡，板闭村，山谷密林，陈少卿13286；龙津，六区，板闭，谭沛祥57315。

5. 显脉金花茶1

Camellia euphlebia Merr. ex Sealy in Kew Bull. 1949. 216; Rev. Gen. Camellia, 41. 1958.

广西：东兴，马路公社，大旺大队，钟业聪 622。

越南：谅山省接近中国边境，曾怀德 27346（模式标本，存中山大学）。

本种的嫩枝无毛，叶椭圆形，长11—14厘米，宽5—6.5厘米，嫩叶长达20厘米，宽达9厘米，革质，基部钝；花柄长5毫米，苞片7，长2—4毫米；萼片5，近圆形，长5—8毫米；花瓣长约4厘米，8—9片；雄蕊长3—3.5厘米，下半部连生；子房无毛，花柱3条，离生。

6. 薄叶金花茶，新种

Camellia chrysanthoides Chang, sp. nov.

Subgen. *Thea* Chang, Sect. *Chrysantha* Chang, Ser. *Chrysanthae* Chang

灌木，高2.5米，嫩枝无毛。叶近膜质，长圆形或倒披针形，长10—15厘米，宽3—5.5厘米，先端渐尖或急短尖，基部楔形或略钝，上面干后灰绿色，暗晦，无毛，下面浅褐色，无毛，有黑腺点，侧脉9—11对，与中脉在上面陷下，在下面突起，边缘有细锯齿，叶柄长1厘米，无毛。花未见，蒴果腋生，扁三角球形，有3条凹沟，宽4.5厘米，高2.5厘米，无毛，3室，每室有种子1—2个，3片裂开，果片薄，厚不及1毫米，无中轴；种子圆球形或半球形；果柄长6—7毫米，宿存苞片3—4片；萼片5片半圆形至圆形，长4—7毫米，宽5—8毫米，无毛。

A *C. chrysantha* (Hu) Tuyama foliis membranaceis in sicco opacis, nervis lateralibus 10-11-jugis, sepalis minoribus, pericarpio tenui circ. 1mm crasso differt.

Frutex 2.5 m altus, ramulis glabris. Folia submembranacea 10-15cm longa 3-5.5 cm lata, apice acuminata vel abrupte acuta, basi cuneata vel leviter obtusa, supra in sicco opaca subtus glabra atropunctata, nervis lateralibus 10-11-jugis, ut costa media impressis, margine serrulata, petiolis 1cm longis glabris. Flores ignoti. Capsula axillaris compresse delto-globosa vel tricocca 4.5cm diam. 2.5 cm alta glabra 3-locularis, 3-valvata valvis tenuibus haud 1mm crassis, ecolumnaris, seminibus 1-2 in quoque loculo, pedicellis fructiferis 6-7 mm longis, bracteis persistentibus 3-4, sepalis 5 semirotundatis vel orbicularibus 4-7mm longis glabris.

广西：龙津，大青山，1958年9月10日，张肇骞 11847 (Typus, in Herb. Bot. Inst. Austro-Sin. Acad. Sinica).

7. 东兴金花茶，新种

Camellia tunghinensis Chang, sp. nov.

Subgen. *Thea* Chang, Sect. *Chrysantha* Chang, Ser. *Chrysanthae* Chang

灌木，高2米，嫩枝纤细，无毛，叶薄革质或近膜质，椭圆形，长5—7厘米，宽2.5—3.5厘米，先端急锐尖，基部阔楔形，上面绿色，不发亮，下面有黑腺点，无毛，侧脉4—5对，边缘上半部有钝锯齿，叶柄长8—15毫米。花金黄色，腋生，花柄长9—13毫米；苞片6—7片，细小；萼片5，近圆形，长4—5毫米，无毛；花瓣8—9片，基部连生2—4毫米，长1.5—2厘米；雄蕊4—5列，外轮花丝基部连生5—6毫米；子房无毛，3室，花柱3条，离生，长1.5—1.8厘米。

A speciebus ceteris differt foliis minoribus tenuibus 5-7cm longis 2.5-3.5cm latis, nervis lateralibus paucioribus, floribus minoribus, sepalis 4-5mm longis, petalis 15-20 mm longis.

Frutex circ. 2m altus, ramulis gracilibus glabris. Folia tenuiter coriacea vel submembranacea elliptica 5-7cm longa 2.5-3.5cm lata, apice abrupte acuta basi late cuneata, supra viridia opaca subtus atro punctata glabra, nervis lateralibus 4-5-jugis, margine serrulata, petiolis 8-15mm longis. Flores aurei axillares, pedicellis 9-13mm longis, bracteis 6-7 parvis, sepalis 5 subrotundatis 4-5mm longis glabris, petalis 8-9, 1.5-2cm longis basi leviter connatis, staminibus 4-5-seriatis exterioribus basi connatis, ovariis 3-locularibus glabris, stylis 3 liberis 1.5-1.8cm longis. Capsula ignota.

广西：东兴，那梭，牛栏大队，1977年4月，颜素珠77001 (Typus, in Herb. Univ. Sunyatsen).

附录 Additional note

拟核果茶

Parapyrenaria multisepala (Merr. et Chun) Chang, comb. nov.

Tutcheria multisepala Merr. et Chun in Sunyatsenia, 2:41.1934; 胡先骕，海南植物志1:496.1964.

Parapyrenaria hainanensis Chang in Acta Phytotax. Sin. 8:288. 1963. --*syn. nov.*

海南：尖峰岭，梁向日(H. Y Liang)61513, Typus；刘心祈562,3581,5113；同地，曾沛 H6,12437,13029,13035,13143；同地，俞通全，方展翼5；同地，黄全2806,2908；同地，张宏达6491；同地，海南林科所38368,99506。

华夏植物区系的起源与发展

张宏达

(生物学系)

一、前 言

华夏植物区系（Cathaysia-Flora）是指三迭纪以来，在华南地台及其毗邻地区发展起来的有花植物区系。在这以前，这里的古生代蕨类和种子蕨为主的裸子植物区系亦从当地演发出来，并沟通了贡瓦纳和劳亚的植物区系，表现出联合古陆植物区系的统一整本。以往研究中国植物区系的学者，把中国北部的植物归入古北极植物区，把南方热带植物区系划为古热带植物区，事实上，中国北部的植物是华夏植物区系的衍生后裔。华夏植物区系还和各个大陆的植物区系存在着密切的关系。由于华夏植物区系具有最古老的多心皮类植物，并具备系统发育各个阶段的代表科和目，加上在华夏植物区陆续发现许多古植物化石及花粉，不可避免地联系到华夏植物区系和被子植物起源的地点和时代等问题。首先，我们将根据华夏植物区系的特征来探讨所谓被子植物北极起源及热带起源的论点，然后转到关于被子植物究竟是在中生代初期还是后期诞生的问题。北极起源的设想认为有花植物从北极圈开始，然后向南迁移，经过日本到达喜马拉雅山，再折向中国西部和南部，形成中国亚热带植物区系。这种陈旧的理论已逐渐被摒弃。因为早在喜马拉雅出现之前，中国的亚热带植物区系就已经形成。主张热带起源的人，认为被子植物的起源中心在印度阿萨密到西南太平洋的斐济之间，或者说在日本到新西兰之间，他们把中国亚热带植物区系看成热带区系的衍生物。这个设想和中国植物区系的实际恰恰相反，许多表征热带植物的类群，它们的原始代表和分布中心往往在中国亚热带，而不是在热带地区。

关于被子植物起源的地质年代问题，历来的植物区系学者及古植物学者根据化石资料，认定被子植物出现于白垩纪，并在第三纪获得了迅速的发展。近几十年来由于新的植物化石及花粉不断被发现，有力地冲击了白垩纪诞生的理论。植物系统学者都承认被子植物来自种子蕨，而种子蕨从上石炭纪就很发达，许多真正的裸子植物如科达狄目、银杏目甚至松柏目在石炭纪就已出现，那么原始的被子植物也应有可能出现于三迭纪。其次是到了白垩纪时期原始的联合古陆已分割为好几个陆块，怎能解释被子植物完整的系统和构造上严格的一致性呢？如果承认被子植物是单元起源，就不可能坚持白垩纪起源的设想。大陆漂移和板块学说为研究被子植物起源提供新的途径，随着较多的化石和花粉等资料的发现，解决被子植物起源的问题已初露端睨。

华夏植物区系一辞是哈里（Halle, T. G.）使用于东亚古生代以大羽羊齿为代表的植物区系。本文涉及的华夏植物区系是指中生代初期包括几个古陆在内的华南地台上发育起来的被子植物区系。

二、华夏植物区系的特点

从古生代以来，华夏植物区系就和北面的安格拉植物区系以及南面的，后来分离出去的贡瓦纳植物区系形成了一个统一的植物区系。古生代的华夏区系包括华夏、江南、四川及康滇等古陆的植物，具有许多古蕨和种子蕨是包括欧亚古陆在内的四大陆块所共有。它们是鳞木（*Lepidodendron*）、轮木（*Annullaria*）、楔叶（*Sphenophyllum*）、栉羊齿（*Sphenopteris*）、脉羊齿（*Neuropteris*）、美羊齿（*Callipteris*）等。另一些同时分布于南、北古陆的有木贼类的杯叶属（*Phyllotheca*），种子蕨类的贡瓦纳羊齿（*Gondwanidium*）和延座羊齿（*Alethopteris*），近似科达狄的匙叶（*Noeggerathiopsis*）及类似银杏的扇叶属（*Rhipidopsis*）等。古植物的资料表明，华夏植物区系中的裸子植物特别丰富，除了种系稀弱的五道木目（*Pentoxylales*）之外，几乎全部的裸子植物如开通目（*Caytoniales*），苏铁目（*Cycadales*），本内苏铁目（*Bennettitales*），银杏目（*Ginkgoales*），科达狄目（*Cordaitales*），松柏目（*Coniferae*），紫杉目（*Taxales*）及倪藤目（*Gnetales*）等都见于华夏。现代的裸子植物尤其如此。无论是南北两半球的科属，包括银杏科、苏铁科、罗汉松科、松科、杉科、紫杉科、粗榧科、金钱松科、柏科、倪藤科与麻黄科等在华夏都很丰富，唯有南洋杉科只在第三纪以前存在过，现在也找到它的花粉化石。上述各科有许多是特有的科属，同时又是孑遗科属，它们是银杏、粗榧、金钱松、紫杉、白豆杉、穗花杉、榧属、油杉、银杉、水杉、杉属、柳杉、台湾杉、水松及福建柏等。

华夏植物区系的被子植物区系有许多古老的类群，包括木兰目（*Magnoliales*）、毛茛目（*Ranunculales*）、昆栏树目（*Trochodendrales*）、水青树目（*Tetracentrales*）、云叶目（*Eupteleales*）、连香树目（*Cercidiphyllales*）、睡莲目（*Nymphaeales*）、金缕梅目（*Hamamelidales*）等，还有大量在系统发育过程各个阶段具有关键作用的科和目，以及它们的原始代表。它们是五桠果目（*Dilleniales*）、杜仲目（*Eucommiales*）、虎耳草目（*Saxifragales*）、堇菜目（*Violales*）、山茶目（*Theales*）、芸香目（*Rutales*）、卫矛目（*Celastrales*）、泽泻目（*Alismatales*）、百合目（*Liliales*）等，组成了系统发育完整的体系，这种被子植物系统的网络是任何其他大陆都无法比拟的。

木兰目的木兰科被认为是被子植物中最原始的代表，其中的鹅掌楸属（*Liriodendron*）、横裂兰果属（*Talauma*）及木兰属（*Magnolia*）在晚侏罗纪及下白垩纪已分布到格陵兰、北美、阿拉斯加、北欧及澳洲等地。现代木兰科有14个属，集中分布在华夏植物区及其附近。这个科从分布中心向四周扩展，在形态上也起着相应的变化发展。两性花变为单性花，并由雌雄同株（*Kmeria*）发展为雌雄异株（*Parakmeria*）；与此相适应的还有花被由多数到少数，两性花的香木兰（*Aromadendron*）有花被18片，单性花的*Kmeria*只有花被6片；花药由侧向到内向；心皮由多数而旋生到少数而轮生，并互相结合，这些变化由分布于中南半岛及马来西亚的合蕊木兰（*Pachylarnax*）得到反映，最后到达西南太平洋的斐济的单蕊木兰（*Degeneria*）只剩下一个心皮，尽管它在受精之前保留着不完全封闭的心皮。木兰科已经不具管胞，在同目的另一些科，如分布于澳洲、西南太平洋岛屿和南美的 *Drimys* 是具有管胞的，但其他器官则表现为较高级的特征，诸如花被已经分化，雌蕊丛缺乏雌蕊轴，排成轮生，雄蕊的特化水平亦较高。在华夏植物区系，木质部保持原始的管胞的有昆栏树目，水青树目和金粟兰目的草珊瑚(*Sarcandra*)等。

毛茛目常被视为来自木兰目的草本多心皮类，通过它演化出中央子类。这个目除了两个单属的科(*Hydrastidaceae, Glaucidiaceae*)分布于日本和北美之外，其余8个科都集中于华夏植物区系。其中的木通科、大血藤科、南天竹科及星叶科(*Circaeasteraceae*)是华夏植物区系所特有。毛茛科有50属2000种，在华夏植物区系里有42属600余种，原始的类群如黑儿波族(*Helleboreae*)及毛茛族(*Ranunculeae*)的许多属都分布在华夏。这个科还有独叶草(*Kingdonia*)和星叶科的星叶(*Circaeaster*)的叶片还保持着叉状的叶脉。所有这些都是从华夏植物区系的原始多心皮类保留下来的原始特征。由毛茛目演发出来的中央子类，包括石竹目、蓼目和蓝雪目等19个科当中有10个科分布于华夏。

昆栏树目、水青树目、云叶目等都是单种的科和目(云叶有2种)，在系统发育方面十分孤立，它们具两性花，无花被，常排成总状花序，心皮轮生，均分布于华夏。或认为它们来自木兰目，实际上它们和木兰目具有同样原始的特征，还保留着管胞及风媒特性，可能和木兰目具有平行发展的态势。被子植物来自种子蕨，不可能在开头就具虫媒特性，在这个意义上，风媒特征的昆栏树目及水青树目等可能比木兰目保持更多的原始特征。

金缕梅目以金缕梅科为主体，在系统学上可划分为双花木、马蹄荷、红苞木、壳菜果、枫香树及金缕梅六个亚科。前面五个比较原始的双花木亚科等集中分布在华夏，这里无疑是它们的起源中心。第六个亚科—金缕梅亚科的起源中心亦在华夏。在20个属中只有7个属扩展到澳洲、马达加斯加、北美和中美。古植物的资料说明，在侏罗纪时金缕梅科已是一个自然的群，在贡瓦纳和劳亚古陆离开之前就已经分布于整个联合古陆。在系统发育方面，金缕梅目被认为一方面和昆栏树目及水青树目发生联系，同时通过杜仲目演化出荨麻目、木麻黄目、山毛榉目、桦木目、杨梅目及胡桃目等柔荑花序类。

五桠果目是一个泛热带分布的类群，共有18属530种，主要分布于亚洲和南太平洋各岛屿。本目以五桠果属(*Dillenia*)具有比较原始的结构，心皮基本上是离生的，导管非常细长，具阶状穿孔。在系统发育上被认为是和木兰目有联系，另一方面可能演化出山茶目、大风子目、蔷薇目、虎耳草目等。热带和亚热带亚洲许多具有表征性的科，如龙脑香科、藤黄科、水东哥科、猕猴桃科、山茶科等都明显地和五桠果目有联系，在华夏植物区系南部可能是五桠果属的发源地。

山茶目以山茶科为代表，有28属600余种，是全球性热带及亚热带分布的大科。比较原始的山茶亚科有11个属，基本是分布于华夏，其中7个属包括最原始的山茶属(*Camellia*)和石笔木(*Tutcheria*)两个属，还有木荷属(*Schima*)、山赤属(*Parapyrenaria*)、核果茶属(*Pyrenaria*)、圆籽荷属(*Apterosperma*)及摺柄茶属(*Hartia*)或者是华夏所特有或者以华夏植物区系为中心分布区。在解剖学上，山茶科保持了较古老的性状。山茶族和杨桐族(*Adinandreae*)的导管都是非常细长的，顶壁的阶状穿孔多达100。在地质史上，埃及的白垩纪地层有过紫茎(*Stewartia*)的木材化石。在系统学上，山茶目一面和五桠果目有联系，另一方面可能发展出石南目，二者都是华夏植物区系的表征类群。

堇菜目可能是五桠果目通向侧膜胎座的阶梯。这个目的原始代表——大风子科在木质部结构方面仍然具有某些原始的特征。导管有阶状穿孔，甚至在堇菜科、秋海棠科及西番莲科的导管都具有阶状穿孔。大风子科是一个泛热带分布的大科，有83属1300种，华夏植物区系里有13属60种，其中天料木(*Homalium*)、嘉赐树(*Casearia*)、柞木(*Xylosma*)、刺柊(*Scolopia*)是泛热带分布的。现代的分布中心在非洲(32属)、南美(22属)和亚洲热带(17属)。本科具1室的子房，唯有分布于华夏至非洲的刺篱木(*Flacourtia*)具有完全或不完全的2—8室的子房，反映出它和五桠果目或其他的近缘目的关系。

虎耳草目是一个种系复杂的类群。它们当中的木本科属分布于亚热带，尤以华夏最为集中，草本的科属则分散于北温带。木本的科属具有离生的心皮。木质部保留梯状穿孔的导管，在鼠刺科、茶藨子科及八仙花科等可以找到。本目的代表植物虎耳草科有80属1200种，我国有30属500余种，多数是木本的。这个目一方面和五桠果目及蔷薇目有联系，另一方面通过有花盘类(*Disciflorae*)及桃金娘目(*Myrtales*)和合瓣花类相联系。也有认为虎耳草目与侧膜胎座类有亲缘关系，因为鼠刺科及茶藨子科都具有侧膜胎座的特征。

在多心皮类的睡莲目有一个莼菜科，比较原始的莼菜属(*Brasenia*)分布极广，除欧洲之外，广布于中国及全世界亚热带的淡水湖沼。它具有三数的两轮花被，多数的离生心皮和散生的胚珠。这些特征在单子叶植物的花蔺科(*Butomaceae*)也可以找到，因此被认为是多心皮类通向单子叶植物的桥梁。

百合目是陆生单子叶植物的总枢纽，它具有五轮三数的典型结构。其中分布于华夏的樱井草(*Petrosavia*)仍具有离生的心皮，显示出它和原始单子叶植物的联系。百合目的百合科有230属3000种，是世界性分布的大科，华夏植物区系有51属500余种，说明它在这里同样是获得长足的发展。

作为华夏植物区系的表征，还有许多种系繁茂的热带和亚热带代表性科属。它们是樟科、大戟科、山毛榉科、冬青科、山矾科、野茉莉科及竹亚科等。樟科有32属2200种，是泛热带——亚热带分布的大科，华夏有20属400种。这个科的比较原始的两个族，樟族(*Cinnamomeae*)和楠木族(*Perseeae*)的多数属种都见于华夏。它们是樟属(*Cinnamomum*)、黄肉楠(*Actinodaphne*)、檫木(*Sassafras*)、桢楠(*Machilus*)、楠木(*Phoebe*)、莲桂(*Dehaasia*)、琼楠(*Beilschmiedia*)、土楠(*Endiandra*)、油丹(*Alseodaphne*)、赛楠(*Nothophoebe*)、桂果樟(*Caryodaphnopsis*)及新樟(*Neocinnamomum*)等，其中许多还是华夏的特有属。产于四川的楠木属 *Phoebe* 还具有三个离生的合皮，由此可见，樟科在现代是泛热带分布，但原始代表仍在华夏。

大戟科也是泛热带分布的，有300属5000种。华夏有70属450种，占的比重不很大。但本科的原始类群叶下珠亚科的许多属包括木奶果(*Baccaurea*)、银柴(*Aporosa*)、五月茶(*Antidesma*)、算盘子(*Glochidion*)、黑面神(*Breynia*)、一叶萩(*Securinega*)、叶下珠(*Phyllanthus*)、核实木(*Drypetes*)、黑勾叶(*Andrachne*)、守宫木(*Sauropus*)等

在华夏极常见。毫无疑问它们后来在热带地区比在亚热带获得了更大的发展。

山毛榉科是热带及亚热带山地分布的大科,有8属900种,我国有5属350种。较原始的属为石柯(Lithocarpus)及槠属(Cyclobalanopsis)和栲属(Castanopsis)都是东亚的特有属,它们的导管很细长,具有阶状穿孔的顶壁,有的还保留有管胞。栲属的原始类群(Eucastanopsis)有84种,绝大部份集中于华夏,还有槠属也可能起源于华夏。至于石柯属的原始代表多在热带亚洲的山区,马来西亚和加里曼丹可能是它的原始中心,华夏则是它的现代分布中心。

竹亚科有50属600余种,分布于全世界热带及亚热带,华夏有25属200余种,原始类型具有6个雄蕊,多集中在华夏,它们当中有苏麻竹(Dendrocalamus)、簕竹(Bambusa)、箪竹(Lingnania)、鹤膝竹(Indosasa)、慈劳竹(Schizostachyum)、箬竹(Sasa)、慈竹(Sinocalamus)、类箬竹(Sasamorpha)、滇竹(Oxytenanthera)。

华夏植物区系再一个特征是单种的或寡种的特有科属很多。除了前面提到的昆栏树科、水青树科、云叶科、杜仲科之外,还有连香树科、大血藤科(Sargentodoxaceae)、马尾树科(Rhoipteleaceae)、南华木科(Bretschneideraceae)、南天竹科(Nandinaceae)、牡丹科(Paeoniaceoe)、毒药树科(Sladeniaceae)、珙桐科(Davidiaceae)、叨里木科(Torricelliaceae)等,至于单种的属不一一列举。

三、华夏植物区系的起源与发展

华夏植物区系是指中生代初期在华南地台孕育滋长起来的被子植物区系。它包括了长江流域以南广大地区,东部到达江苏、浙江、福建及台湾沿海地带,西部拥川、康、云、贵等地台,还包括第三纪以后上升起来的西藏和喜马拉雅山区,南部则有两广及毗邻的印度支那半岛在内。从前寒武纪以来,这里存在着四川古陆、康滇古陆、江南古陆及华夏古陆。在漫长的地质时代里,这个地区经历着海浸和海退的多次海陆交替现象,并且是蕨类、种子蕨类和真正的裸子植物滋生繁衍的场所。

进到中生代,当三迭纪初,海水最终退出华南地台,川黔地带的陆地面积不断扩大。到了三迭纪中期,位于古陆南部出现了印支运动,使这个古陆迅速扩大它的陆地面积,以后再没有海侵现象,在这片地台上盛长着苏铁类植物的森林,形成了华南地区的造煤时期。云南—平浪、江西萍乡及广东小坪等煤系都是三迭纪末华南造煤时期的产物。

现代被子植物之前,可能有过原始的被子植物,即所谓前被子植物Pro-angiosperms.从三迭纪的前被子植物到侏罗纪出现和现代差不多的多心皮类,其间还可能存在着过渡阶段的中间型产物,即原始的多心皮类。因为现代以木兰科为代表的多心皮类并不是最原始的代表,它具有若干次生性特征,包括由导管组成的木质部、虫媒的传粉特征,有定数的轮生花被,大型而耀眼的花朵,受精之前就已经愈合的心皮,雄蕊已完全脱离了小孢子叶的形态,极端简化的颈卵器和完善的双受精,以及外层花粉壁特有的盖层等。原始的被子植物必然具有和上述次生特征相反的原始特征,在现存的多心皮类中只能分别在某些类群中偶尔保存下来,例如具管胞的木质部仅见于昆栏树、水青树及Drimys等,受精前保持开放的心皮仅见于 Degeneria、风媒的特征仅见于昆栏树及水青树等。至于具有全部或大部份的原始特性的前被子植物或原始多心皮类，一直没有发现过，这就是被子植物系统发育上最难解决的谜。

华夏植物区系的被子植物是从当地起源的前被子植物发展出来的，后者可能在种子蕨出现以后的三迭纪或侏罗纪由种子蕨演化形成的。据资料报导，在华南地台北面的陕北延长层，在下侏罗纪的地层发现过3属8种的种子蕨，越南北部上三迭纪至下侏罗纪也发现过种子蕨化石。华南地区的鄂西香溪煤系及福建长汀下侏罗纪都找到种子蕨（斯行健1956）。

孢粉的资料也提供有效的佐证。四川广元小唐子的晚三迭纪地层曾找到花粉外壁还没有盖层的3沟花粉；在浙江长兴煤层龙潭组的晚二迭纪早期甚至找到了双孔的原始被子植物花粉（欧阳舒1962），这种双孔花粉还在三迭纪地层找到。此外在甘肃灵武县下侏罗纪地层还找到过近似单子叶植物化石 Spirangium sinocoreanum（斯行健1954b），据说这种化石在欧洲及北美的二迭纪、三迭纪、侏罗纪及下白垩纪地层发现过好几种。

还有一种化石果（Carpolithus），被认为是被子植物的果实或种子（Axelrod 1970）。这种化石果在河南平顶山的二迭纪煤层发现过（斯行健1954a），在陕北延长层的上三迭纪植物群也有它（斯行健1956）。此外，在甘肃陇南徽成县的侏罗纪地层里再次找到它（沈光隆1961）。1965年在广东、高明小坪组晚三迭纪地层也找到同样的化石（曹正尧1965）。在德国，这种化石果还被命名为 Magnoliaespermum（Buchheim 1964）。

前被子植物将经过下列几个阶段才能发展出白垩纪——第三纪的被子植物。

1. 萌芽阶段——前被子植物阶段，它出现在三迭纪或晚二迭纪，起源于某种种子蕨或被归入种子蕨的某些半被子植物，上述三迭纪发现的3沟花粉，晚二迭纪的双孔花粉，或者三迭纪发现的化石果，都有可能属于前被子植物的遗骸。这些前被子植物可能和裸子植物具有平行发展的趋势。换句话说，前被子植物非常接近种子蕨。在某些所谓种子蕨当中，可能就混有前被子植物（斯行健1956, P.56, 59），例如开通类的 Sagenopteris 有可能是前被子植物，它的子房在受粉之前是开放的，到了结果实之后才关闭起来，这种特性在现代的 Degeneria 仍被保存下来。

2. 适应阶段：从晚三迭纪到下侏罗纪，前被子植物无论是繁殖器官或营养器官都是不完善的，必须在适应过程逐步获得改造。这种改造包括传粉的方式从风媒到虫媒，花的构造完善化，大小孢子叶完全转为雄蕊和雌蕊。胚囊的进一步简化，包括双受精的出现，木质部的改造从管胞发展为导管，可能还伴随有叶形从等面的小型叶转化为不等面的大型叶等，通过这一系列的改造，前被子植物转化为真正的被子植物——原始多心皮类 Protopolycarpicae。

3. 扩展阶段：从中侏罗纪到下白垩纪属于扩展阶段。被子植物到了下侏罗纪的晚期已获得了完善的结构，就有可能以裸子植物不能比拟的高速度扩展开去，很快在整个联合古陆占有优势。不仅华夏地区及亚洲各地遍布有被子植物，西欧和北美也有被子植物，如在英格兰的中侏罗纪找到了木兰、睡莲及莲的花粉（Buchheim et al.），在瑞典下侏罗纪找到了拟杜仲 Eucommidites 的花粉。

联合古陆从三迭纪末期开始分裂，到晚侏罗纪或白垩纪完全解体为南北古陆。在这以前，前被子植物或原始的多心皮类已经从它的发源地扩散开来，随着联合古陆的解体把被子植物带到南方古陆——贡瓦纳的各个陆块，使全球的被子植物具有一个共同的起源。

4．全盛阶段：从白垩纪开始，被子植物已经遍布于南北古陆各大陆块。在发源地许多较原始的种系如木兰目、毛茛目、昆栏树目、金缕梅目等已经形成了完整的自然系统。并扩展到各大陆块，形成了被子植物系统发育的完整体系。由原始种系进一步的分支发展，使系统发育出现阶段性。在发源地具有较多数而集中的多心皮类的类群，当它的后裔传播到各个次生中心或迁移中心往往演化出新的支系。南美、澳洲及北美等地的多心皮类是华夏多心皮类的后裔，在这些地区所演化出的新支系可能比发源地更为繁盛。番荔枝目在南美及非洲的发育就比亚洲热带及华夏更繁茂，尽管华夏的木兰目远比南美及非洲集中。由多心皮类演化出来的系统发育各阶段的种系，在发源地是比较完整，它们当中一些科或目可以在发源地迅速发展起来，但不一定以同样的速度和支系散布到次生中心。而一些科或目，则从起源中心逸出，并在次生中心发展得比起源中心更为繁茂的支系，这就是为什么金缕梅目、山茶目、山毛榉目在华夏植物区系特别集中而发达；而大风子目、桃金娘目等则在非洲及南美发展得比华夏为强。

四、华夏植物区系与被子植物起源

大陆漂流的理论认为联合大陆是在三迭纪以后才开始分裂。直到侏罗纪末才形成贡瓦纳及劳亚两古陆。劳亚古陆包括北极区或称为欧洲—北美区(*Euramerica*)，安格拉(*Angara*)及华夏(*Cathaysia*)古陆。各个古陆都有自己的表征性植物。贡瓦纳以舌羊齿为代表，北极区系以鳞木(*Lepidodendron*)为代表，安格拉兼有鳞木、舌羊齿及大羽羊齿(*Gigantopteris*)，华夏则以大羽羊齿为表征。

贡瓦纳除了舌羊齿之外，还有恒河羊齿(*Gongamopteris*)、贡瓦纳羊齿(*Gondwanidium*)、*Belmnopteris* 等种子蕨。木贼植物则有杯叶属(*Phyllotheca*)、裂鞘叶属(*Schizoneura*)，及近似科达狄的匙叶(*Noeggerathiopus*)、近似艮杏的扇叶(*Rhipidopsis*)。

北极植物区系除了鳞木之外，还有封印木(*Sigillaria*)、芦木(*Calamites*)、楔叶(*Sphenophyllum*)、轮木(*Annullaria*)等蕨类。还有栉羊齿(*Pecopteris*)、楔羊齿(*Sphenopteris*)、座延羊齿(*Alethopteris*)、脉羊齿(*Neuropteris*)、美羊齿(*Callipteris*)、玛丽羊齿(*Mariopteris*)、矛羊齿(*Lonchopteris*)、准美羊齿(*Callipteidium*)、齿羊齿(*Odontopteris*)、带羊齿(*Taeniopteris*)等种子蕨。后来在巴西的 *Bahia* 也发现了北极区系的座延羊齿，在南罗得西亚亦有北极的长楔叶(*Sphenophyllum oblongifolium*)和栉羊齿等种子蕨和舌羊齿混在一起。

安格拉古陆是现在的西伯利亚一带。那里的植物区系除了鳞木、舌羊齿及大羽羊齿之外，还有 *Iniopteris*，安格拉木(*Angalodendron*)、安格拉叶(*Angalidium*)、*Zamiopteris*；同时也有许多北极成分，如美羊齿、楔羊齿、栉羊齿、脉羊齿、楔叶、轮木、鳞木等。并且还有贡瓦纳的成分，如杯叶、贡瓦纳羊齿、扇叶及匙叶等。

华夏植物除了大羽羊齿之外，还有华夏羊齿(*Cathaysiopteris*)、丁氏蕨(Tingia)、原乌毛蕨（*Protoblechnum*）、织羊齿（*Emplectopteris*）、鳞木、瓣轮木（*Lobatannullaria*）等。这里还有北极成分的轮木，星叶（*Asterophyllites*），楔叶、芦木、栉羊齿、座延羊齿、脉羊齿、网羊齿（*Linopteris*）、楔羊齿、齿羊齿、带羊齿、美羊齿、准美羊齿、科达狄等；同时还有贡瓦纳的舌羊齿。

由此可见。四个古陆具有共通的成分，特别是贡瓦纳与劳亚古陆具有相同的成分。舌羊齿、杯叶、楔叶、栉羊齿、扇叶、座延羊齿、贡瓦纳羊齿、匙叶等同时见于南北古陆。这一事实说明在古生代时期南北古陆的植物区系是有共同起源的，并从而证实南北古陆是曾经联合在一起的。

对于被子植物的起源中心及时代问题，历来都是争论的焦点。根据古植物的资料，长期以来形成了一种概念，认为被子植物诞生于白垩纪。但是半个世纪以来发现的化石及孢粉资料，不断冲击着白垩纪起源的论断，许多来自侏罗纪甚至三迭纪的化石和花粉资料，使人们对这个问题扩大了视野。在美国科罗拉多的三迭纪地层发现了近似轮花草科的被子植物化石；在法国侏罗纪岩层中找到了一种棕榈化石前棕叶（*Propalmophyllum*）。Krassilov.V.A.最近的报导所列举的关于侏罗的化石资料是有说服力的。我国陕北发现的开通类化石 *Sagenopteris*，在二十年代就被认为是最古老的被子植物。最近Krassilov也认为它是前被子植物。在花粉方面，我们在前面已提到过的四川北部广元发现的晚三迭纪3沟花粉及浙江二迭纪的双孔花粉，都预示了被子植物诞生的年代是在三迭纪。最近在捷克举行的国际会议（IAAP）介绍了晚三迭纪和早侏罗纪的具盖层的单沟被子植物花粉，再一次引起了广泛的注意。

被子植物来自种子蕨，后者从上泥盆纪开始出现，到了二迭纪及三迭纪达到发展的高峰。前被子植物出现在三迭纪，无论是在具体的古植物资料或理论上都是站得住脚的。

关于被子植物起源中心的问题，近来也引起了争议，自从北极起源的假设被否定之后，热带地区集中保存了许多较古老的被子植物吸引了系统学者和区系学者们的注意，并提出了热带起源的设想。塔赫他间（Takhtajan）提出从印度阿萨密到西南太平洋的斐济是被子植物起源的中心。史密斯（Smith.A.C.）则认为被子植物起源中心位于日本到新西兰之间。他们都着眼于斐济存在着木兰目的德樫木（*Degeneria vitiensis*）。这种植物具有受精前保持开放的单心皮，是比较原始的性状，但它有许多别的次生特征，包括腋生的单花，退化的雄蕊，单一的心皮和二列的胎座，同时木质部已不存在管胞，这些特征在多心皮及木兰目里还比不上木兰科或昆栏树那样原始。它那保持开放的心皮，可能是在和外界隔绝的孤岛上偶尔保持下来的保守特征罢了。如果那里是被子植物的发源地，必然有更多的原始多心皮类相伴生，它们将会在孤岛上被保存下来，但事实上这种可能性并不存在，而且在地史上，无论从斐济到阿萨密，还是从日本到新西兰，彼此双方各自代表不同的古陆，它们是在不同的时代形成或出现的。印度是南方的贡瓦纳古陆的一部份；斐济则可能是第三纪以后才升起来的海岛，因为它的地层主要是由玄武岩性的火山活动的产物，玄武岩上部不同程度地复盖着珊瑚礁，不可能是南极或澳洲分离出来的碎陆块。日本是安格拉古陆的一部份，新西兰则是第四纪才从澳洲分离开来的海洋岛屿，地质年代绝对地不能协调。在古植物化石方面也找不到可靠的证据，无论从新西兰到日本，或者从阿萨密到斐济，都未发现比上白垩纪更古老的多心皮类化石（Gothan418），这样的地区决不可能成为被子植物的摇篮。

其他象南美、非洲及澳洲的热带地区，从它们的地质史及植物区系成分看，可能性也不大。澳洲古陆在石炭纪末曾被强大的冰川所包围。二迭纪时澳洲的东部和西部又被海洋所淹没，一直到上白垩纪，澳洲北部才逐渐上升，露出水面，原来在陆块中部的海变为湖泊，直到第三纪，南部仍为海洋所淹没。这样的陆块很难成为被子植物的发祥地。

非洲陆块在侏罗纪—白垩纪和澳洲分离。在二迭纪初，非洲也被大冰川所复盖，冰川溶解之后，陆块出现大湖，它的北部及西北部被海水所淹，一直延续到白垩纪。其余部分在这个时期开始上升。前被子植物早在这个时期以前已在地球上出现，因此非洲的被子植物的命运比澳洲更坏些。

南美是在白垩纪或下第三纪才和非洲分离的。据地质资料，南美西部的安达斯山脉从二迭纪以后一直是汪洋大海，到白垩纪之后，才陆续上升。巴西台地则从中生代以来一直保持着陆地状态，所以这里蕴藏有极丰富的植物区系，仅巴西一地就不少于40,000种。可是从现在的区系成分分析看来，多心皮类的代表远不如华夏植物区系，就是比之亚洲古热带区也有逊色。许多系统发育中各阶段的代表，如金缕梅目，毛茛目、山茶目甚至五桠果目也不象东亚那么丰富。特别是它在白垩纪—第三纪才和非洲分离，并没有给非洲留下多大的影响。因此南美也不可能是被子植物发轫的摇篮。

华南地台自古生代以来就存在着几个古陆，到了三迭纪中由于印支运动把几个古陆扩大成为整个华南地台，就在这里孕育着前被子植物，前面提到的古植物化石和花粉可资佐证。这里还保存了地球上最丰富的木兰目及其他多心皮类就是前被子植物的后裔。还有系统发育过程各个阶段上存在着许多关键性的科和目，使华夏植物区系最有可能是被子植物的发源地。继续深入的研究工作，最后将证明这一点。

参 考 文 献

〔1〕斯行健，古生代末华夏植物群与北极圈群、益格兰、恭华那各植物群的关系，古生物学报，1(1953) 224—241.

〔2〕斯行健，陕北中生代延长层植物群，中国古生物志，总139册，1956。

〔3〕徐仁、周和仪，根据孢粉组合推论甘肃酒泉下惠堡系底部的地质时代，古生物学报，4(1956)，49—508，509—524.

〔4〕沈光隆，陇南徽成县一带侏罗纪沔县群植物化石，古生物学报，9(1956)，167—180.

〔5〕张春彬，江苏句容早白垩纪孢粉组合，古生物学报，10(1962)，246—273。

〔6〕欧阳舒，浙江长兴龙潭组孢子花粉组合，古生物学报，10(1962)，76—119。

〔7〕张宏达，广东植物区系的特点，中山大学学报，1962，1，1—34.

〔8〕张璐瑾，河南省渑池县义马含煤岩组中的孢粉组合及其意义，古生物学报，13(1965)，160—196.

〔9〕曹正尧，广东高明小坪组植物化石，古生物学报，13(1965)，510—528。

〔10〕徐仁、江德昕、杨惠秋，甘肃酒泉下新民堡群孢粉组合及其地质时代，植物学报，16(1974)，

365—379.

[11] 徐仁，藏南舌羊齿植物群的发现和其在地质学及古地理学上的意义，地质科学，1976，4，323—331.

[12] Takhtajan, A., Flowering Plants, Origin and Dispersal, English ed., 1969.

[13] Axelrod, D.I., Mesozoic Paleogeography and Early Angiosperm History, *Bot. Rev.*, 36 (1970), 277—319.

[14] Schuster, R.M., Continental Movements, 'Wallice's Line' and Indomalayan-Australasian Dispersal of Land Plants, Some Eclectic Concept, *Bot. Rev.*, 38 (1972), 3—86.

[15] Hickey, L.J., Early Cretaceous Fossil Evidence for Angiosperm Evolution, *Bot. Rev.*, 43(1977), 3—104.

[16] Hughes, N.F., Palaeo-Succession of Earliest Angiosperm Evolution, *Bot. Rev.* 43(1977), 105—127.

[17] Pacltova, B., Cretaceous Angiosperms of Bohemia, Central Europe, *Bot. Rev.*, 43(1977), 128—142.

[18] Krassilov, V.A., The Origin of Angiosperms, *Bot. Rev.*, 43(1977), 143—176.

The Origin and Development of the Cathaysian Flora

Zhang Hongda (Chang Hung-ta)

Abstract

The Cathaysian flora, or the South-China flowering flora is characterized by much primitive angiosperms, e.g. *Magnoliales*, *Trochodendrales* and *Hamamelidales* etc. It arised indigenously from the South-China platform, and not a mixture of the Arctic and tropical flora as suggested by certain authors. Early at the beginning of the Mesozoic era, the Cathaysian flora was arisen on the basis of the Sikong-Yunnan ancient landmass. The proangiosperms seem to be the earliest forms of the angiosperms derived from the *Pteridosperms*, which were previously flourished on this ancient land. In the developmental process of the Cathaysian flora, four stages are demanded, i.e. the early stage, the adaptive stage, the dispersed stage and the flourishing stage.

As the *Pteridosperms* was originated from Devonian, it would be convinced that the dawn of the angiosperm is not later than the Triassic. The fossil of *Sagenopteris* of *Caytoniales* discovered in Shensi, the double-pitted pollen in Chekiang, and the tricolpate pollen in Szechuan are supposing to be the pioneers of proangiosperms.

The originated centre of angiosperm is situated neither from Assam to Fiji nor between Japan and New Zealand, it seems that the Cathaysia, or the South-China platform, is the only birth-place where the flowering plants to have originated.

茶树的系统分类

张宏达

Thea—A Section of Beveragial Tea-Trees of the Genus Camellia

Chang Hung-ta (Zhang Hong Da)

中国人民在三千多年前就已用茶叶作药物和饮料。《尔雅》(600—300BC)把茶树称为"槚"。茶树原产中国，迄今在华南及西南各地山区天然林里仍然普遍分布着野生的茶树，一般胸径为30—40厘米，最大的达到75厘米。近年来有些外国学者，误认为茶树原产在印度，这一讹论，有必要加以澄清（见附图）。

现在作为商品出售的茶叶，均采自普通的茶树 Camellia sinensis (L.) O. Ktze. 及其变种 var. assamica Kitamura。而在我国属于茶树组这一分类系统单位的共有17种之多，其中几个种已为产区人民习用作饮料。茶叶资源如此丰富，大有发掘出来为四个现代化服务的必要，这是本文的又一目的。

茶组 Sect. Thea(L.) Dyer

花1—3朵腋生，白色，中等大小，有花柄；苞片2，生于花柄中部，早落；萼片5—7，宿存；花瓣6—11片，近离生；雄蕊3—4轮，外轮近离生；子房3—5室，花柱离生，蒴果3—5室，有中轴。

17种，全产中国南部及西南部，其中2种扩展到缅甸及越南的北部。

模式种：茶 Camellia sinensis (L.) O. Ktze.

茶组属于茶亚属 Thea Chang 这个亚属各组具有已经分化为苞片和萼片的苞被，二者均宿存，或仅萼片宿存，以及近于分离的花瓣和雄蕊，而与原始山茶亚属 Protocamellia Chang 及山茶亚属 Camellia 相区别；又具有多室兼有中轴蒴果，多轮而近离生的雄蕊，而与具单室并缺中轴的蒴果，1—2轮而通常连生的雄蕊的后生茶亚属 Metacamellia Chang 相区别，虽然后者也具有已分化而又宿存的苞片和萼片。至于茶组 Sect Thea Dyer 只是茶亚属 Subgen. 里8个组之一，它以具有2个脱落的苞片和分离的雄蕊，或中等大的花朵及不太长的花柄而与其他7个组区分开来。

---

*Liang 是广西林业科学研究所梁盛业

分系及分种检索表

1. 子房5(4)室，花柱5(4—7)裂.
   2. 子房无毛……………………系Ser.I, 五室茶系 **Quinquelocularis** Chang
      3. 果皮厚5—8毫米，叶有侧脉9—13对，萼片长8—10毫米，叶长11—17厘米……………
         …………………………1. 广西茶 *C.kwangsiensis* Chang
      3. 果皮厚2—3毫米，叶脉7—12对，萼片长5—6毫米.
         4. 叶革质，长9—12厘米，侧脉7—9对，蒴果球形…………………………
            …………………………2. 五室茶 *C.quinquelocularis* Chang et Liang*
         4. 叶膜质，长12—16厘米，侧脉10—12对，蒴果扁四球形………3. 四球茶 *C.tetracocca* Chang
   2. 子房有毛……………………系Ser.II, 五柱茶系 **pentastylae** Chang
      5. 蒴果球形或卵圆形，子房5室，花柱5数，离生或深裂，花柄长4—6毫米.
         6. 蒴果卵圆形，中轴增厚，果皮厚6—7毫米，花直径6厘米，花瓣9片，花柱5深裂，长1.8厘米
            …………………………4. 厚轴茶 *C.crassicolumna* Chang
         6. 蒴果球形，果皮厚3—4毫米，花直径3—4厘米，花瓣12—13片，花柱5条离生，长8—9毫米
            …………………………5. 五柱茶 *C.pentastyla* Chang
      5. 蒴果扁球形，花柱顶端4—5浅裂，子房4—5室，花柄长7—14毫米.
         7. 叶椭园形或窄椭圆形，果皮厚2—3毫米，花柱无毛.
            8. 花直径6厘米，花柄长12—15毫米，叶阔椭圆形…………………………
               …………………………6. 大理茶 *C.taliensis* Melch.
            8. 花直径4厘米，花柄长8—10毫米，叶窄椭圆形…………………………
               …………………………7. 滇缅茶 *C.irrawadiensis* Barua
         7. 叶披针形，果皮厚4—5毫米，花柱有毛…………………8. 皱叶茶 *C.crispula* Chang
1. 子房3室，花柱3裂或3条.
   9. 子房无毛……………………系Ser.III, 秃房茶系 **Gymnogynae** Chang
      10. 叶革质，花柄长7—14毫米，萼片长3.5—6毫米.
          11. 萼片长5—6毫米，叶椭圆形或狭椭圆形，长9—13.5厘米，果皮厚1.5—7毫米.
              12. 叶椭圆形，宽4—5.5厘米，花柄长1厘米，蒴果大，3室，果皮厚6—7毫米
                 …………………………9. 秃房茶 *C.gymnogyna* Chang
              12. 叶狭长园形或披针形，宽2.5—3.5厘米，花柄长7—8毫米，蒴果宽1.5厘米，1室，果皮厚
                 1.5毫米…………………………10. 突肋茶 *C.costata* Hu et Liang
          11. 萼片长3.5毫米，叶倒披针形，长8—10厘米，果皮厚1毫米
              …………………………11. 榕江茶 *C.jungkiangensis* Chang
      10. 叶膜质，花柄长4—6毫米，萼片长6—7毫米…………12. 膜叶茶 *C.leptophylla* Liang
   9. 子房有毛……………………系Ser.IV, 茶系 **Sinenses** Chang
      13. 叶脉干后强烈下陷，叶狭长圆形，萼长2—3毫米
          …………………………13. 毛肋茶 *C.pubicosta* Merr.
      13. 叶脉干后不下陷，叶长圆形至椭圆形，或为披针形，萼长3—9毫米.
          14. 果皮厚4—5毫米，叶披针形，萼长6—9毫米
              …………………………14. 狭叶茶 *C.angustifolia* Chang
          14. 果皮厚1—2毫米，叶长圆形或椭圆形，或为倒披针形，萼长4—6毫米.

15. 花直径3—4厘米，萼片长4—6毫米。
  16. 叶长圆形或倒披针形，短于10厘米，无毛或有毛。
    17. 叶长圆形，先端短尖，嫩枝及萼多少有毛 ················· 15.茶 *C.sinensis* O.Ktze.
    17. 叶倒披针形，先端尾状渐尖，嫩枝及萼无毛
      ················ 15c长叶茶 *C.sinensis* var. *waldensae* (S.Y.Hu) Chang
  16. 叶椭圆形，先端尖，长10—16厘米，无毛
      ············ 15a.普洱茶 *C.sinensis* var.*assamica* Kitamura
15. 花小，直径1.5—2.5厘米，萼片长3—4毫米。
  18. 叶下面有毛，椭圆形或长圆形，萼长4—5毫米。
    19. 叶膜质，短于10厘米，萼片5
      ············ 15b.白毛茶 *C.sinensis* var.*pubilimba* Chang
    19. 叶革质，长达20厘米，萼片7 ············ 16.毛叶茶 *C.ptilophylla* Chang
  18. 叶下面无毛，倒卵形，长11—19厘米，萼长3毫米
      ················ 17.细萼茶 *C.parvisepala* Chang

第一系　五室茶系

Ser. I, Quinquelocularis Chang

子房4—5室，无毛，花柱4—5(7)裂，蒴果4—5室。

Ovariis 4-5-locularibus glabris, stylis 4-5(7)-fidis, capsulis 4-5-locularibus.

Typus: *Camellia quinquelocularis* Chang et Liang

此系共3种，分布于我国西南部。

1. 广西茶，新种

Camellia Kwangsiensis Chang, sp.nov.

Subgen.*Thea* Chang, Sect.*Thea* Dyer, Ser.*quinquelocularis* Chang

Species *C.pubicostae* Merr. subasimilis, a qua differt ramulis et costis foliorum glabris, sepalis majoribus circ. 1 cm longis 1.4 cm latis, fructus majoribus, pericarpio 7-8 mm crasso, ovariis subglabris 5-locularibus.

Frutex vel arbor parva, ramulis glabris. Folia coriacea oblonga 10-17 cm longa 4-7 cm lata, apice acuminata vel abrupte acuta basi late cuneata, supra opaca vel nitidula subtus glabris, nervis lateralibus 10-13-jugis a costa sub angulo 50°-60° abeuntibus, utrinque conspicuis, margine serrulata, petiolis 8-12 mm longis. Flores terminales albi, pedicellis 8 mm longis robustis; bracteis 2 caducis; sepalis 5 suborbiculatis 6-8 mm longis 8-12 mm latis extus glabris intus seriaceis; petalis et staminibus non visis; ovariis glabris 5-locularibus. Capsula globoba 2-8 cm in diametro (immatura), pericarpio 7-8 mm crasso.

灌木或小乔木，嫩枝无毛。叶革质，长圆形，长11—17厘米，宽4—7厘米，先端渐尖或急锐尖，基部阔楔形，上面不发亮或略有光泽，下面无毛，侧脉10—13对，在上下

两面均稍突起，边缘有细锯齿，齿刻相隔2—2.5毫米，叶柄长8—12毫米，无毛。花顶生，白色，花柄长7—8毫米；苞片2，早落，萼片2，厚革质，近圆形，长8—10毫米，背面无毛；花瓣及雄蕊已脱落；子房秃净，5室。蒴果球形，直径2.8厘米，或更大，果皮厚7—8毫米，宿存花萼直径2.5厘米。

广西：冷家坪，李荫昆560（模式Typus, in Herb. Bot. Inst. Austro-Sin.）；田林，老山，猫鼻梁后山，张恩元、李荫昆P00719。

云南：西畴，海拔1500—1700米，冯国楣11580。

2. 五室茶，新种

Camellia quinquelocularis Chang et Liang, sp. nov.

Subgen. *Thea* Chang, Sect. *Thea* Dyer, Ser. *Quinquelocularis* Chang

A. *C. kwangsiensi* Chang differt foliis minoribus, nervis lateralibus paucioribus, sepalis brevioribus, capsulis minoribus valvis tenuioribus.

Frutex vel arbor parva, ramulis glabris. Folia coriacea oblonga 9–12 cm longa, 3–4.5 cm lata, apice abrupte acuta, basi cuneata, utrinque glabra, nervis lateralibus 7–9-jugis, margine serrulata, petiolis 6–10 mm longis. Flores solitarii terminales albi, bracteis 2 caducis, pedicellis 7–9 mm longis glabris; sepalis 5 semiorbiculatis 5 mm longis 7–9 mm latis glabris, petalis 12–14 obovatis circ. 2 cm longis basi connatis, staminibus 12–14 mm longis extimis basi connatis; ovariis 5-locularibus glabris, ovulis 1-4 in quoque loculo, stylis 13 mm longis apice 5-fidis. Capsula globosa 2.5 cm in diametro, 4-5-valvata dehiscens, valvis 2-2.5 mm crassis, semina globosa circ. 1 cm in diametro.

小乔木，高4米，嫩枝无毛。叶革质，长圆形，长9—12厘米，宽3—4.5厘米，先端急锐尖，基部楔形，两面无毛，侧脉7—9对，边缘有锯齿，叶柄长6—10毫米。花单生于枝顶，白色，直径3—3.5厘米；花柄长7—9毫米，无毛，苞片2，早落；萼片5，近圆形，长5毫米，无毛；花瓣12—14片，倒卵圆形，长2—2.5厘米，基部连生，无毛；雄蕊长12—14毫米，外轮花丝基部稍连合；子房5室，无毛，每室有胚珠1—4个；花柱长13毫米，先端5裂。蒴果圆球形，直径2.5厘米，4—5片裂开，果片厚2—3毫米；种子球形，直径1厘米。

广西：隆林，金钟山，海拔1700米，乔木，高4米，华南植物研究所，地植物组4680（模式Typus, in Herb. Bot. Inst. Austro-Sin.）；隆林，梁盛业40761（果）。

云南：广南，牡宣公社，花果大箐，武全安9818。

3. 四球茶，新种　　（炒青茶，贵州）

Camellia tetracocca Chang, sp. nov.

Subgen. *Thea* Chang, Sect. *Thea* Dyer, Ser. *Quinquelocularis* Chang

A *C. irrawadiensi* Barua foliis membranaceis, nervis lateralibus pluribus 10-12-jugis, pericarpio suberoso glabro differt.

Arbor parva, ramulis gemmisque glabris. Folia tenuia submembranacea oblonga 12-16 cm longa 4-5 cm lata, apice acuta basi cuneata, super opaca subtus glabra, nervis lateralibus 10-12-jugis a costa sub angulo 70°-80° patentibus, margine serrulata, petiolis 4-6 mm longis. Capsula compresse tetracocca 3-3.5 cm lata 1.4-1.7 cm alta, 4-locularis, 4-valvata dehiscens, valvis suberosis 2-3 mm crassis, glabra; semina solitaria in quoque loculo globosa 1.4-1.7 cm in diametro brunnea; sepalis persistentibus suborbicularibus 5-6 mm longis.

小乔木，嫩枝及顶芽均无毛。叶薄，近膜质，椭圆形，长12—16厘米，宽4—5厘米，先端锐尖，基部楔形，上面干后暗晦，下面无毛，侧脉10—12对，以70°—80°开角斜行，边缘有细锯齿，叶柄长4—6毫米。蒴果扁四球形，宽3—3.5厘米，高1.4—1.7厘米，4室，每室有种子1个，果皮木栓质或软木质，无毛，厚2—3毫米，4片裂开；种子近球形，直径1.4—1.7厘米，种皮浅褐色，宿存萼片长5—6毫米，无毛。

贵州：普安，普白林场，贵州农产品采购局02（模式Typus, in Herb. Bot. Inst. Acad. Peijing.）.

第二系 五柱茶系
Ser. II, **Pentastylae** Chang

子房4—5室，被毛，花柱5条，离生，或先端5裂。

Ovariis 4-5 locularibus pilosis, stylis 5 liberis vel apice 5-fidis.

Typus: *Camellia pentastyla* Chang

本系有5种，分布于我国西南部。

4. 厚轴茶，新种
Camellia crassicolumna Chang, sp. nov.

Subges. *Thea* Chang, Sect. *Thea* Dyer, Ser. *Pentastylae* Chang

A *C. taliensi* Melch. differt pedicellis brevioribus circ. 5 mm longis, capsulis ovoideis 4 cm longis, pericarpio crassiore 6-7 mm crasso; a *C. irrawadiensi* Barua floribus majoribus 5-6 cm diam., petalis 3 cm longis, capsulis ovoideis 4 cm longis, pericarpio crassiore recedit.

Arbor parva circ. 10 m alta, ramulis glabris. Folia coriacea oblonga vel elliptica 10-12 cm longa 4-5.5 cm lata, apice abrupte acuta basi late cuneata, supra nitidula subtus glabra, nervis lateralibus 7-9-jugis, margine serata petiolis 6-10 mm longis. Flores solitarii terminales 5-6 cm in diametro albi; pedicellis 5 mm longis robustis pubescentibus; bracteis 2 caducis; sepalis 5 orbiculatis 6-8 mm longis coriaceis pubescentibus; petalis 9 exterioribus 3 ovoideis 1.5 cm longis puberulis, ceteris 6 ovato-ellipticis 3 cm longis 1.5-2 cm latis puberulis basi connatis; staminibus circ. 2 cm longis subliberis glabris ovariis pilosis 5-locularibus, stylis staminibus aequantibus, apice 5-fidis. Capsula ellipsoidea 4 cm longa, 4-5-valvata dehiscens, valvis 6-7 mm crassis, columnella robusta 3 cm longa 4-5-angulata, semina solitaria in quoque loculo.

小乔木，高10米，嫩枝无毛，叶革质，长圆形或椭圆形，长10—12厘米，宽4—5.5厘米，先端急尖，基部阔楔形，上面稍发亮，下面无毛，侧脉7—9对，边缘有锯齿，叶柄长6—10毫米。花单生于枝顶，直径5—6厘米，白色；花柄长5毫米，粗大，有毛；苞片2，早落；萼片圆形，长6—8毫米，革质，有毛；花瓣9片，外面3片卵圆形，长1.5厘米，有毛，其余6片卵状椭圆形，长3厘米，宽1.5—2厘米，有毛，基部连生；雄蕊长约2厘米，近离生，无毛；子房有毛，5室，花柱与雄蕊等长，先端5深裂。蒴果卵圆形，长4厘米，4—5片裂开，果片厚6—7毫米，中轴粗大，长3厘米，4—5角，种子每室1个。

云南：西畴，简卓坡**644**（模式Typus, in Herb. Bot. Inst. Acad.）；麻栗坡，冯国楣**13748,13964**；马关，都龙，老君山，武全安**8132**；金平，毛品—**3107**；金平，李锡文**309**；西畴，昆明植物研究所文山组**313**。

5. 五柱茶，新种

Camellia pentastyla Chang, sp. nov.

Subgen. *Thea* Chang, Sect. *Thea* Dyer, Ser. *Pentastylae* Chang

A *C.taliensi* Melch. pedicellis brevioribus, sepalis longioribus, petalis brevioribus, stylis liberis brevioribus differt; a *C.irrawadiensi* Barua foliis majoribus, petalis pluribus, stylis liberis recedit.

Arbor circ. 10 m alta, ramulis glabris. Folia coriacea elliptica 8-12 cm longa 3.5-5.3 cm lata, apice acuta basi cuneata, supra nitida subtus glabra, nervis lateralibus 7-8-jugis, margine crenulata vel interdum subintegra, petiolis 5-10 mm longis. Flores axillares albi 4 cm in diametro, pedicellis 4-6 mm longis; bracteis 2 caducis; sepalis 5 semiorbiculatis 4-6 mm longis glabris; petalis 12-13 basi connatis glabris; staminibus 8-10 mm longis basi leviter connatis; ovariis pilosis, stylis 5 liberis 8-9 mm longis. Capsula globosa 2.5 cm diam., semina singula in quoque loculo.

乔木。叶革质，椭圆形，长8—12厘米，宽3.5—5.3厘米，先端急尖，基部阔楔形，无毛，侧脉7—8对，边缘有钝齿，或近全缘，叶柄长5—10毫米。花直径4厘米，花柄长4—6毫米；苞片2，早落；萼片长4—6毫米，无毛；花瓣12—13片；雄蕊长8—10毫米；子房有长毛，花柱5条离生，长8—9毫米。蒴果球形，直径2.5厘米。

云南：凤庆，马街，岩房至梅竹途中，海拔2050米，夏丽芳、杨正洪**28**（模式Typus, in Herb. Bot. Inst. Kunming.），**56**。

6. 大理茶

Camellia taliensis (W.W.Sm.) Melch. in Engler, Nat. Pflanzenfam. 2 Aufl. 21: 131.1925; Sealy Rev. Gen. Camellia, 172.1958.

Thea taliensis W.W.Smith in Not. Roy. Gard. Edinb. 10:73.1917.

云南：大理，西山，G.Forrest **13477**；大理，刘慎谔 **17819，17923，21958**；镇康，王启无 **72680**；中苏联合考察队 **147**。

本种嫩枝无毛，叶椭圆形或倒卵形，长9—15厘米，宽4—6厘米，花柄长1.2—1.4厘米；萼片长4毫米；花瓣10—11片，长3厘米；雄蕊近离生；子房有毛，花柱5裂，蒴果扁球形，宽3厘米，5室，果片厚2毫米。

7. 滇缅茶
Camellia irrawadiensis Barua in Camellian, Nov. 1956, 18-21, c.tab.et fig. 1-3; Sealy Rev.Gen.Camellia,125.1958.

Polyspora yunnanensis Hu in Bull. Fan Mem. Inst. Biol. 8:135.1938- syn. nov. *Gordenia yunnanensis* (Hu) Li in Journ. Arn. Arb. 25:307.1944-syn. nov.

云南：文山，蔡希陶 **51511，56805**(*Polyspora yunnanensis* Hu的模式)；元江，尹文清 **1669**；同地，杨增宏 **7530**；景东，李鸣冈 **2025**。

分布到缅甸北部，印度有栽培。

这个种很接近大理茶 *C.taliensis* Melch.只是叶片长圆形，花梗长仅为7—8毫米，花瓣长1.5—2厘米，可能是后者一个变型。

8. 皱叶茶，新种
Camellia crispula Chang, sp. nov.

Subgen. *Thea* Chang, Sect. *Thea* Dyer, Ser. *Pentastylae* Chang

A *C.irrawadiensi* Barua differt foliis lanceolatis vel anguste oblongis 2-3 cm latis, capsula minore, pericarpio crassioribus, stylis pilosis.

Arbor parva, ramulis glabris. Folia tenuiter coriacea in sicco crispula lanceolata vel anguste oblonga 8-10 cm longa 2-3 cm lata, apice acuminata basi cuneata, supra opaca subtus glabra, nervis lateralibus 7-9-jugis, margine serrata, petiolis 5-7 mm longis. Flores axillares albi, pedicellis 1 cm longis; bracteis 2 caducis; sepalis 5-6 mm longis pubescentibus; petalis basi connatis; staminibus subliberis; ovariis pilosis, stylis 1 cm longis albi-pilosis, apice profunde 5-fidis. Capsula oblata 2.5 cm diam., 5-valvata dehiscens, valvis 4-5 mm crassis pilosis.

小乔木，嫩枝无毛，叶拔针形或狭长圆形，长8—10厘米，宽2—3厘米，先端渐尖，基部窄楔形，下延，无毛，侧脉7—9对，边缘有疏锯齿，叶柄长5—7毫米。花腋生，花柄长1厘米；萼片长5—6毫米，被毛；花瓣基部连生；雄蕊近离生；子房被毛；花柱长1厘米，被白毛，5深裂。蒴果扁球形，4—5室，直径2.5厘米，果片厚4—5毫米。

云南：中苏联合考察队 **1344**(模式Typus, in Herb. Bot. Inst. Kunming)；文山，老君山，冯国楣 **22027**。

第三系 秃房茶系
Ser.III, **Gymnogynae** Chang

子房3室，无毛，花柱3裂。

Ovariis 3-locularibus glabris, stylis apice 3-fidis.

本系有4种，分布于我国南部及西南部。

Typus: *Camellia gymnogyna* Chang

9. 秃房茶，新种

Camellia gymnogyna Chang, sp. nov.

Subgen. *Thea* Chang, Sect. *Thea* Dyer, Ser. *Gymnogynae* Chang

species *C. sinensem* O. Ktze. similis, a qua differt foliis majoribus 9-13 cm longis 4-5.5 cm latis glabris, pedicellis longioribus, ovariis glabris.

Frutex, ramulis glabris. Folia coriacea elliptica 9-13.5 cm longa 4-5.5 cm lata, apice abrupte acuta basi late cuneata, supra opace subtus glabra, nervis lateralibus 8-9-jugis, margine serrata, petiolis 7-10 mm longis. Flores axillares albi, pedicellis 1 cm longis; bracteis 2 caducis; sepalis 5 late ovatis 6 mm longis glabris; petalis 7 obovatis 2 cm longis basi connatis; staminibus 1-1.2 cm longis liberis; ovariis glabris, stylis 1.2 cm longis apice 3-fidis. Capsula subglobosa 3-valvata dehiscens, valvis 3-7 mm crassis, columnella 1.4 cm longa.

灌木，嫩枝无毛。叶椭圆形，长9—13.5厘米，宽4—5.5厘米，先端急尖，基部阔楔形，无毛，侧脉8—9对，边缘有疏锯齿，叶柄长7—10毫米。花腋生，花柄长1—1.4厘米；萼片阔卵形，长6毫米，无毛，花瓣7片，倒卵圆形，长2厘米，基部连生；雄蕊离生，长1—1.2厘米；子房无毛，花柱长1.2厘米，先端3裂。蒴果扁球形，3片裂开，果爿厚3—7毫米。

云南：西畴，武全安 **62—243, 7470**。

广西：凌乐，张肇骞 **11123**（模式 Typus, in Herb. Bot. Inst. Austro-Sin.）；东兰，张肇骞 **11421**；隆林，梁畴芬 **32346**；东兰，黄志 **43590**；秦仁昌 **6999**。

广东：高州，邓良 **1852, 1862**。

贵州：雷山，李俊烈 **03**；习水，钟补勤 **296, 272**。

四川：筠连，团结乡，四川经济植物调查队 **328**。

10. 突肋茶，新种

Camellia costata Hu et Liang, sp. nov.

Subgen. *Thea* Chang, Sect. *Thea* Dyer, Ser. *Gymnogynae* Chang

A *C. sinensi* O. Ktze. foliis angustioribus, pedicellis robustis, sepalis majoribus 5-6 mm longis, ovariis glabris differt.

Arbor parva, romulis glabris. Folia anguste oblonga vel lanceolata 9-12 cm longa 2.5-3.5 cm lata, apice acuminata basi cuneata, glabra, nervis lateralibus 7-9-jugis, margine superiore serrata, petiolis 5-8 mm longis. Flores axillares, pedicellis 7-8 mm longis, bracteis 2, sepalis 5.5-6 mm longis; petalis 6-7 glabris; staminibus liberis; ovariis glabris, stylis 3-fidis. Capsula globosa 1.4 cm diam., 3-valvata dehiscens, valvis 1.5 mm crassis.

小乔木，嫩枝无毛。叶狭长圆形或披针形，长9—12厘米，宽2.5—3.5厘米，先端渐尖，基部楔形，上面稍发亮，侧脉7—9对，边缘上半部有疏齿，叶柄长5—8毫米。花腋生，花柄长7—8毫米，萼片长5—6毫米，无毛；花瓣6—7片；雄蕊近离生；子房无毛，花柱3裂。蒴果球形，直径1.4厘米，果爿厚1.5毫米。

广西：昭平，梁盛业 **6505169**（模式 Typus, in Univ. Sunyatsen.）。

云南：金平，石板乡，冯国楣 **5024**。

11. 榕江茶，新种

Camellia yungkiangensis Chang, sp. nov.

Subgen. *Thea* Chang, Sect. *Thea* Dyer, Ser. *Gymnogynae* Chang

A *C. gymnogyna* Chang differt foliis oblanceolatis, sepalis minoribus, pericarpio tenuioribus circ. 1 mm crassis.

Frutex 1.5 m altus, ramulis glabris. Folia oblanceolata 8-10 cm longa 2.5-3.5 cm lata, apice abrupte acuta vel acuminata basi cuneata, glabra, nervis lateralibus 7-8- jugis, margine serrata, petiolis 5-8 mm longis. Flores axillares albi; pedicellis 1-1.4 cm longis; bracteis 2 caducis, sepalis 5 circ. 3.5 mm longis sparse puberulis. Capsula globosa vel dicocca 2 cm diam., glabra.

灌木，嫩枝无毛。叶革质，倒披针形或长圆形，长8—10厘米，宽2.5—3.5厘米，先端急尖或渐尖，基部楔形，无毛，侧脉7—8对，边缘有疏齿，叶柄长5—8毫米。花腋生，花柄长1—1.4厘米，萼片长3.5毫米，无疏毛；蒴果球形或双球形，宽2厘米，无毛，2室，果皮厚1毫米，每室有种子1个。

贵州：榕江，月亮山，简卓坡 **51745**（模式 Typus, in Herb. Bot. Inst. Acad.），**51747**；植物研究所黔南队 **3149**；普安，植物研究所安顺队 **1362**。

云南：河口，槟榔寨，昆明工作站 **5369**。

广西：大苗山，陈少卿 **15569, 15819**。

12. 膜叶茶，新种

Camellia leptophylla S.Y. Liang, sp. nov.

Subgen. *Thea* Chang, Sect. *Thea* Dyer, Ser. *Gymnogynae* Chang

A *C. sinensi* O. Ktze. foliis membranaceis, petalis pluribus, ovariis glabris differt.

Frutex, ramulis pubescentibus mox glabrescentibus. Folia membranacea oblonga vel anguste elliptica 8-9.5 cm longa 3-4 cm lata, apice abrupte acuta basi cuneata, glabra, nervis lateralibus 7-8-jugis, margine serrata, petiolis 1 cm longis. Flores axillares vel terminales albi; pedicellis 4-6 mm longis glabris; sepalis 5, 6-7 mm longis ciliatis; petalis 9 obovatis 9-11 mm longis bari leviter connatis; staminibus liberis; ovariis glabris, stylis 8 mm longis apice 3-fidis.

灌木，嫩枝有毛，很快变秃。叶薄膜质，长圆形，长8—9.5厘米，宽3—4厘米，先端急尖，基部楔形，无毛，侧脉7—8对，边缘有疏齿，叶柄长约1厘米。花腋生或顶生，白色，花柄长4—6毫米；萼片5，近圆形，长6—7毫米，背面无毛，边缘有睫毛；花瓣9片，倒卵形，长9—11毫米，基部略连生；雄蕊近离生；子房无毛，3室，花柱长8毫米，先端3裂。

广西：龙州，大青山顶，梁盛业56(模式Typus, in Herb. Unir. Sunyatsen.).

第四系 茶系
Ser.IV, **Sinenses** Chang

子房3室，被长毛，花柱3裂或3条离生。

Ovariis 3-locularibus pilosis, stylis 3-fidis vel 3 liberis.

本系有5种，分布于我国南部及西南部。

Typus: *Camellia sinensis* O.Ktze.

13. 毛肋茶

Camellia pubicosta Merr. in Journ. Arn. Arb. 23:183.1942, Sealy Rev. Gen. Camellia 129.1958.

小乔木，嫩枝无毛。叶狭长圆形，长9—13厘米，宽2.5—3.5厘米，先端尾状渐尖，基部阔楔形，下面中脉上有毛，侧脉7—8对，下陷，边缘有小齿，叶柄长5毫米，花柄长4—5毫米，萼片5，长2—3毫米，无毛；花瓣6片，倒卵形，长1厘米；雄蕊离生，长6—7毫米；子房3室，被毛，花柱3条离生，长7—8毫米。

越南：永福省，三岛，中越考察团**1943**。

14. 狭叶茶，新种

Camellia angustifolia Chang, sp. nov.

Subgen. *Thea* Chang, Sect. *Thea* Dyer, Ser. *Sinenses* Chang

A *C.sinensi* O.Ktze. ramulis et foliis glaberrimis, foliis angusto-lanceolatis, fructibus globosis, pericarpio 4-5 mm crasso, sepalis longioribus 6-9 mm longis differt.

Frutex, ramulis glabris. Folia coriacea lanceolata 7-11 cm longa 1.8-2.8 cm lata, apice acuminata basi cuneata, glabra nervis lateralibus 6-8-jugis, margine serrulata, petiolis 5-8 mm longis. Flores non visi. Capsula globosa 2.5 cm in diametro, hirsuta, 3-locularis, pericarpio 4-5 mm crasso; sepalis persistentibus 5 suborbiculatis 6-9 mm longis rotundatis glabris; pedicellis 1 cm longis.

灌木，嫩枝秃净。叶革质，披针形，长7—11厘米，宽1.8—2.8厘米，先端渐尖，基部楔形，无毛，侧脉6—8对，边缘有细锯齿，叶柄长5—8毫米。蒴果圆球，直径2.5厘米，被长粗毛，3室，果皮厚4—5毫米，宿萼5片，近圆形，长6—9毫米，无毛，果柄长1厘米。

广西：大瑶山，李荫昆**400644**(模式Typus, in Herb. Bot. Inst. Austro-Sin.).

15. 茶

Camellia sinensis (L.) O.Ktze. in Acta Horti Petrop. 10:195.1887,in obs., et Um die Erde, 500.1888, errore *C.chinensis*; Sealy Rev. Gen. Camellia, 112.1958.

var. **sinensis**

Thea sinensis Linn. Sp. Pl. 1:515. 1753; *Thea bohea* Linn. Sp. Pl.ed. 2:743. 1762; *Thea viridis* Linn. l.c.735; *Thea cantonensis* Lour. Fl. Cochinch. 339.1790; *Thea cochinchinensis* Lour. l.c.338; *Thea oleosa* Lour. 1. c. 339; *Thea chinensis* Sims in Bot. Mag. t. 998.1807; *Camellia thea* Link, Enum. Hort. Berol, 2:73.1822; *Camellia sinensis* var. *sinensis* f. *macrophylla* (Sieb.) Kitamura in Acta phytotax. et Geobot. Kyoto, 14:59.1930--syn.nov.; *C.sinensis* var. *sinensis* f.*parvifolia* (Miq.) Sealy, Rev. Gen. Camellia, 116.1950--syn. nov.

安徽，黄山，贺贤育**2347**；江苏，宝华山，A.N.Steward **2774**；浙江，云和，贺贤育**3732**；天目山，沈儁**77**；福建，唐瑞荣**333**；江西，龙南，刘心祈**4724,4208**，庐山，叶培忠**635**；湖南，云山，张宏达**4507,4580**；四川，峨眉山，杨光辉**57500,49718, 55679**；西藏，科学院青藏队**74-1824**；云南，陈谋**3346**；贵州，梵净山，蒋英**7931**，焦启源**810**；广西，曾怀德**23049,28358**；广东，李学根**200267**，缪汝槐**40075**。

印尼，苏门答腊，C.Hamel**432**；日本，K.Hisanti s.n.中山大学标本号**95892**。

原产中国南部，现世界热带亚热带地区广泛栽培，颇多变异，枝叶及花有毛或无毛，叶片大小不一，通常栽培的植株远较野生的原产种为小。

普洱茶

var. **assamica** (Mast.) Kitamura in Acta phytotax. Geobot. Kyoto, 14:59. 1950.

Thea assamica Masters in Journ. Agric. et Hort. Soc. India, 3:63.1844; *Thea viridis* var. *assamica* (Mast.) Choisy, Mem. Fam. Ternstr. et Camell. 67.1855; *Thea chinensis* var. *assamica* (Mast.) pierre, Fl. For. Cochinch. 2:t. 114.1887.

云南，龙陵，昆明工作站**203**；广西，昭平，梁盛业**6505129**；广东，英德，张宏达**6313**，乳源，曾沛**13841**，海南，曾怀德、冯钦**18062**，*MaClure* **1858,1798**；坝王岭，曾沛**13448,13374,13841,13339**。

越南：大黄毛山，曾怀德**29277**。

这个变种具有秃净的枝、叶和花，叶片较宽大，野生状态为高14米的乔木，胸径35厘米，最粗达75厘米。这个变种实际上是栽培茶树var.*sinensis*的野生种，亦即栽培茶树是从这个变种培育出来的。由于分类法规的局限性，在命名上出现本末倒置，把野生的正种当作栽培种的变种来处理。另一个缺陷是var.*assamica*这个变种名词是不切实际的。原产中国的野生茶却被冠以外国地名。在十八世纪以前，印度的文献没有茶树的记载。1826年英国东印度公司的职员在阿萨姆(Assam)采到茶树的标本，经华里奇Wallich 定名为Camellia? scottiana收进他的植物名录里(Catalogue, no.3668.1829)。稍后，东印度公司派人去阿萨姆进行茶树调查，据参与者C.B.Bruce的报告，阿萨姆的茶树是当地掸族人从远东带回去栽培的。

再从野生茶树以及茶组17个种的地理分布看，有充分的依据实证茶树是我国南部的原产（见附图）。《尔雅》称茶为"槚"，亦作"茶"或"茗"。《唐本草》采用"茶"一词。本文作者不同意郝经生J.Hutchinson的观点，即所谓"茶原产印度，中国人在很久以前深入印度把茶种带回中国"的说法，这是不能成立的。至于J.R.Sealy认为普洱茶 var. *assamica* 的野生种分布于阿萨姆—缅甸—泰国—中南半岛—中国南部的提法，也是不准确的。

白毛茶，新变种

var. **pubilimba** Chang, var. nov.

A typo differt foliis membranaceis ellipticis 5-9 cm longis 3-4 cm latis densius pubescentibus, floribus pubescentibus.

和正种及其余变种的区别在于叶膜质椭圆形，枝、叶及花均被毛。

广西：凌云，广西林科所标本号**4209**（模式Typus; in Herb. Univ. Sunyatsen.）。

长叶茶，新组合

var. **waldensae** (S.Y.Hu) Chang, stat. nov.

Camellia waldensae S.Y.Hu in Wald. et Hu, Wild Fl. Hongk. 61.1977.

和正种及其他变种的区别在于叶片倒披针形，上面多少发亮。至于花的形态并无特殊差异。

香港，大帽山，胡秀英(*S.Y.Hu*)**12573**（模式）；广西，上思，十万大山，莫新礼**46375**；昭平，梁盛业**6505244**；贺县，梁盛业**6505228**。

16. 毛叶茶，新种　　（毛茶，广东龙门）

Camellia ptilophylla Chang, sp. nov.

Subgen. *Thea* Chang, Sect. *Thea* Dyer, Ser. *Sinenses* Chang

A *C. sinensi* O.Ktze. ramulis foliisque pubescentibus, foliis majoribus 12-21 cm longis, bracteis 3, sepalis 7 differt.

Arbor parva, ramulis griseo-brunneo-pubescentibus. Folia coriacea oblonga 12-21 cm longa 4-6.8 cm lata, apice acuminata basi late cuneata supra scabrida ad costam puberula, subtus pubescentia, nervis lateralibus 8-10-jugis, margine serrulata, petiolis 8-10 mm longis. Flores subterminales albi, pedicellis 8-10 mm longis, bracteis 3 caducis; sepalis 7, 4-5 mm longis puberulis; petalis 5, obovatis 1-1.2 cm longis; staminibus 8-10 mm longis liberis; ovariis 3-locularibus pilosis, stylis 1 cm longis apice 3-fidis. Capsula globosa 2 cm diam., 3-valvata dehiscens, valvis 1 mm crassis, semina singula in quoque loculo, 1.7 cm diam.

小乔木，嫩枝有柔毛。叶长圆形，长12—21厘米，宽4—6.8厘米，先端渐尖，上面稍粗糙，中脉有毛，下面被柔毛，侧脉8—10对，边缘有细齿，叶柄长8—10毫米。花柄长8—10毫米，苞片3，萼片7，长4—5毫米，被毛；花瓣5片，长1—1.2厘米；雄蕊近离生，长8—10毫米；子房被毛，3室，花柱长1厘米。蒴果直径1.7厘米，果皮厚1毫米。

广东：龙门，南昆山，曾沛**73, 4011**(模式Typus, in Herb Univ. Sunyatsen.)，**4012, 4013**; 从化，吕田，邓良**8365**。

16. **细萼茶**，新种

Camellia parvisepala Chang, sp. nov.

A *C. sinensi* O. Ktze. foliis majoribus obovatis 11-19 cm longis 5-8 cm latis, floribus minoribus sepalis 3 mm longis, petalis 8-12mm longis differt.

Frutex, ramulis pubescentibus. Folia obovata 11-19 cm longa 5-8 cm lata, apica abrupte acuta, nervis lateralibus 10-13-jugis, glabra, margine serrulata, petiolis 4-7 mm longis. Flores axillares, pedicellis 3-5 mm longis; bracteis 2 oppositis; sepalis 5 ovoideis 3 mm longis ciliatis; petalis 6, 8-12 mm longis basi connatis; staminibus 3-4-seriatis 7-9 mm longis liberis; ovariis griseo-pilosis 3-locularibui, stylis 6 mm longis apice 3-fidis.

灌木，嫩枝有柔毛。叶倒卵形，长11—19厘米，宽5—8厘米，先端急尖，侧脉10—13对，两面无毛，边缘有细锯齿，叶柄长4—7毫米。花腋生，花柄长3—5毫米；苞片2，在花柄中部对生，萼片5，长3毫米，有睫毛；花瓣6片，长8—12毫米，基部稍连生；雄蕊长7—9毫米，离生；子房被柔毛，3室，花柱长6毫米，先端3裂。

广西：凌乐，张肇骞**11110**(模式Typus, in Herb. Bot. Inst. Austro-Sin.); 扶绥，陈少卿**12034, 12129**。

云南：思茅，满金山，冯国楣**14131**。

茶族种类分布图　　（图中代号与上述茶种的标题数碼相同）

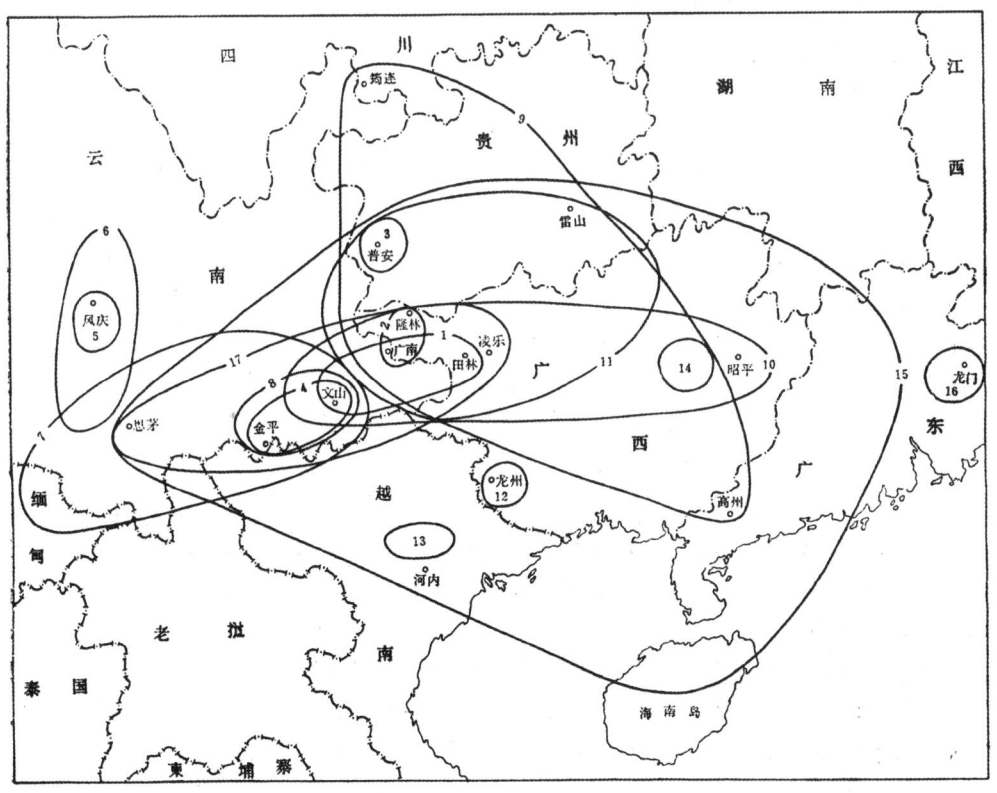

从印度板块的漂移论喜马拉雅植物区系的特点*

张宏达

（生物学系）

摘 要

印度的植物区系有许多特点：①属种丰富，不下20,000种，单位面积的总数超过同面积的任何植物区系；②特有的属和种比任何地区要少，和它的丰富的植物区系很不相称；③有很多中国植物成分，马来西亚成分，北非成分，欧洲及西伯利亚成分，以致印度植物志的主编Hooker认为，"纯印度植物区系是不存在的"；④由于印度所处的地位的特殊性，使它的东西部及平原和山地的植物区系具有明显的差异。

本文着重讨论印度植物与喜马拉雅植物的关系，进而探讨在亚洲植物区系中究竟是印度和喜马拉雅植物左右着中国植物区系，还是中国植物区系影响了印度及喜马拉雅区系。最后简述西藏植物区系是怎样形成的。

一、印度板块的北漂与喜马拉雅的崛起

印度陆块原来是和马达加斯加一起，紧靠在非洲大陆的东部。侏罗纪末或白垩纪初非洲东岸出现了一个Y形裂谷的割切而使印度陆块脱离开来，由于印度洋的不断张开，使印度板块向北漂移，直到新生代，距离现在6,500万年前，印度陆块同亚洲大陆相撞，它的北部边缘的下部插进亚洲板块之下，使当时属于喜马拉雅地槽部份因印度板块的冲击而隆起。

有关喜马拉雅地槽因撞击而隆起和上升的现象，早已被原先生长在地槽里的水生动物和上升后在低海拔生长过的各种高等植物的化石存在于目前高海拔的沉积岩所证实。

既然印度陆块在白垩纪以前附在非洲东岸，不可避免地把晚古生代及中生代的非洲植物区系的代表植物舌羊齿带到亚洲的南次大陆，这些舌羊齿曾经存在于南非、澳洲及南极洲的二迭纪及下三迭纪地层。与此同时，还可能携带了非洲的被子植物往北漂移，因此印度植物区系里存在着非洲成分是可以理解的。

二、印度植物区系的组成

根据印度植物志所载20,000种植物，霍克（J. Hooker）得出结论，印度不存在纯印度的植物成分。我们认为霍克的结论在某种意义上说是正确的。印度植物区系当中一般认

---

* 本文1984年6月收到
  中国科学院科学基金资助的课题

为属于古热带成分的有番荔枝科、防己科、五桠果科、藤黄科等58科1,003属（见下表）。

属于华夏植物区系的成分亦即一般称为东亚成分或喜马拉雅成分的有毛茛科、木兰科、五味子科、八角科、山茶科、樟科、壳斗科等108科。属于地中海和中亚细亚的有紫草科的一部分，柽柳科（2属）、藜科（20属）、石榴科（1属）、唇形科一部分、缴形科一部分、蒺藜科（4属）、Frankenia、Reseda等。

印度植物区系中特有的成分不多，据认为是由于印度植物区系未受过隔离，它的东、西、北三面直接和邻近地区相接触。它在侏罗纪末或白垩纪从非洲分离出来，受非洲植物区系的影响不很大，已缺乏明显的非洲成分，也未形成很多的特有种类。关于这这个问题可能是因为非洲在三迭纪末期普遍出现的火山活动及侏罗纪、白垩纪强烈的剥蚀作用，以及中生代的严酷的干旱气候有联系。再加上印度陆块在离开非洲向北漂移过程中，当新生代初期在其西部边缘横着一条来自赤道附近上地幔的稳定的玄武浆源，熔岩喷出地面，流到印度次大陆，这种喷出的岩浆，可能对当时印度中部及西部的植物区系起着严重的破坏作用。在现代植物区系中，和非洲有联系的一些科如芸香科、楝科、无患子科、椴树科(Grewia)、梧桐科、木棉科、海桐花科、橄榄科、使君子科、漆树科的某些属种，究其实际都是亚洲的成分。

历来所谓印度—非洲植物区系是指印度西部干旱及半荒漠的稀树草原的植物，它们多数是地中海成分，可能是上第三纪以后从欧洲南部经中东迁移到印度半岛的西部，它们并不反映印度植物区系的实际，真正代表印度植物区系的是所谓印度—马来西亚植物区系和喜马拉雅或东亚植物区系。这两个植物区系在垂直空间上互相补充，所谓马来西亚成分一般分布于600米以下的平原及低山地带。600米以上，这些成分让位给亚热带成分，即华夏植物区系。这种情况在中南半岛及海南岛同样是存在的，甚至在赤道附近地区，随着海拔的升高，同样存在着热带成分与亚热带成分的互相补充。这样看来，不应把热带成分与亚热带成分对立或割裂开来，二者在发生上可能是统一的，它们是一个整体。

三、华夏植物区系与印度植物的关系

上面提到的构成印度植物区系的成分主要是华夏植物区系和马来西亚植物区系。它还包括生长在马来西亚及印度尼西亚山区的、Van Steenis 称之为温带植物成分在内。首先在印度植物志所载216科当中，只有 Resedaceae（1属）、Frankeniaceae (1属)、Epacridaceae(1属)、Monimiaceae(3属) 4个科不见于中国。在其余212科2,178属当中，有1,508属是和中国相同的，就是说印度植物有98%的科及70%的属是和中国共有的。

印度植物区系中的热带成分或马来西亚成分也和华夏植物区系中的热带成分具有类似的情况。从地理上看，印度半岛与中南半岛同处在亚洲大陆南端的相同纬度位置上，只是印度在气候上更干旱些，在那里的热带成分同样是作为热带的北缘分布区，双方都不是热带成分的分布中心。其次由于双方都处在亚洲热带的边缘，所以双方的热带科属在分布及数量上都不占很大比重,并且有相似的数量。如番荔枝科有120属,它在中国和印度为22:25属;防己科有65属,在中国和印度为19:19,具体数字如下表所示*。

科　　名		属数	中国	印度	科　　名		属数	中国	印度
番荔枝科	Annonaceae	120	22	25	桃金娘科	Myrtaceae	100	9	11
防己科	Menispermaceae	65	19	19	西番莲科	Passifloraceae	12	2	3
藤黄科	Guttiferae	40	3	5	葫芦科	Cucurbitaceae	110	27	29
大风子科	Flacourtiaceae	93	12	8	山榄科	Sapotaceae	35	13	8
龙脑香科	Dipterocarpaceae	15	4	9	夹竹桃科	Apocynaceae	180	46	39
梧桐科	Sterculiaceae	60	18	17	萝藦科	Asclepidaceae	130	46	53
椴树科	Tiliaceae	50	11	13	马钱科	Loganiaceae	35	8	8
金虎尾科	Malpiphiaceoe	60	4	3	茜草科	Rubiaceae	500	77	91
芸香科	Rutaceae	150	29	23	大花草科	Rafflesiaceae	8	2	1
苦木科	Simaroubaceae	20	5	9	肉豆蔻科	Myristicaceae	18	3	1
橄榄科	Burseraceae	16	3	10	山龙眼科	Proteaceae	62	2	1
楝科	Meliaceae	50	16	19	檀香科	Santalaceae	30	7	8
铁青树科	Olaeaceae	25	5	8	大戟科	Euphorbiaceae	300	68	74
山柑科	Opiliaceae	8	4	3	桑科	Moraceae	53	16	19
茶茱萸科	Icasinaceae	58	13	12	紫草科	Boraginaceae	100	51	32
无患子科	Sapindaceae	150	25	14	马鞭草科	Verbenaceae	75	21	22
漆树科	Anacardiaceae	60	16	21	茄科	Solanaceae	90	24	13
牛栓藤科	Connaraceae	16	5	7	紫葳科	Bignoniaceae	120	23	11
含羞草科	Mimosaceae	40	13	18	天南星科	Araceae	115	35	32
苏木科	Caesalpiniaceae	150	22	19	姜科	Zingiberaceae	45	18	19
蝶形花科	Papilionaceae	400	116	95	兰科	Orchidaceae	735	144	113
红树科	Rhizophoraceae	16	6	10	棕榈科	Palmae	217	16	32
使君子科	Combretaccae	20	5	8					

* 用以比较的数字,印度方面是不完全的,华夏的数字则只限于中国部分,未加入中南半岛,因此也是不完全的。

印度植物区系的亚热带成分,即华夏植物区系成分,比华夏植物区系的属种要少得多,但它们在印度植物区系里占有较大的比重,如毛茛科有18属,十字花科有43属,石竹科有19属,山茶科11属,鼠李科12属,蔷薇科25属,虎耳草科14属,金缕梅科8属,野牡丹科21属,缴形科37属,五加科18属,忍冬科7属,菊科121属,桔梗科13属,石南科8属,紫金牛科11属,龙胆科13属,旋花科13属,玄参科56属,苦苣苔科25属,爵床科45属,唇形科55属,苋科17属,樟科15属,瑞香科11属,荨麻科21属,壳斗科3属,百合科30属,莎草科28属,禾本科131属,竹类15属,此外还有许多的华夏成分,如木兰科(4),五味子科(2),八角科(1),云叶科(1),小蘗科(3),木通科(2),远志科(4),猕猴桃科(2),杜英科(2),卫矛科(9),清风藤科(2),毒空木科(1),小二仙草科(5),粟米草科(4),山茱萸科(4),托里木科(1),紫树科(1),败酱科(4),川续断科(4),乌饭树科(4),鹿蹄草科(1),岩梅科(1),安息香科(1),

木犀科(10)，花葱科(1)，列当科(5)，蓼科(7)，川苔草科(3)，马兜铃科(4)，金粟兰科(2)，星叶科(1)，胡颓子科(2)，蛇菰科(2)，黄杨科(2)，胡桃科(2)，杨梅科(1)，榛科(2)，杨柳科(2)，还有寡属和单属的科如凤仙花科，冬青科，山矾科，秋海棠科大量种类，更显得是亚热带成分。加上所谓热带成分中有许多实际上是华夏成分或者它们同时也分布于华夏的属，那么亚热带成分就占有更大的比重，它们是：梧桐科17属中有14属同时见于中国，芸香科有19属与中国共有，无患子科有9属，漆树科有7属，蝶形花科有65属，含羞草科有7属，苏木科有10属，桃金娘科9属，葫芦科16属，夹竹桃科29属，萝藦科28属，大戟科46属，兰科83属，姜科10属。

就印度植物区系的组成分子而论，亚热带成分比一般所谓的热带成分更占重要地位，这里的热带成分在整个热带区系中不占很大比重，它们占有平地和低丘，是从东面的中南半岛渗透和迁移过来的，具有比较局限的适应性，反映它们不是当地起源的。

亚热带成分也不是当地起源的，因为印度是在第三纪才漂移过来，那时候周围地区早已有了繁茂的植物区系，可以毫不费力地侵移占有中海拔的分布区，它们和热带成分及来自西部的地中海成分，共同组成了印度植物区系。所以Hooker认为印度缺乏纯印度植物成分，不是没有道理的。

四、喜马拉雅植物区系的特点

喜马拉雅植物成分，是印度板块漂移到亚洲大陆后才发生的，它属于第三纪的产物是不容置疑的。据Sahni报导，印度缺乏白垩纪的植物成分，只有第三纪的单子叶植物，及上新世的针叶树，在克什米尔第四纪更新世的花粉中，有雪松、冷杉、柏、松、云杉、麻黄、榿木、桦木、鹅耳枥、榛、桦、胡桃、柳、榆、栎、杜鹃及禾本科等。这些片断的资料，对了解印度及喜马拉雅有一定的帮助。

Hooker认为喜马拉雅植物成分和南欧及西伯利亚南部的植物成分十分相似。Bentham于1879年在印度植物志里，把邪蒿属的一个种定为 *Seseli Sibirica* 就是在这种思想支配下作出的。

首先要弄清楚喜马拉雅植物区系的实质是什么？它有那些特点，J. D. Hooker等人曾认为西伯利亚的特征种 *Paraquilegia microphylla, Ranunculus pseudohirculus Hypecoum parviflorum, Papaver croceum* 一直分布到喜马拉雅润湿地区，还有 *Corydalis sibirica* 及 *Nymphaea tetragona* 也同时分布于这两个地方。J. D. Hooker 还提到喜马拉雅和日本植物区系之间的共同性，他指出 Helwingia, Aucuba, Stachyurus 及 Enkianthus 为两地所共有。最近日人原宽 Hara 除了进一步强调 Hooker 的发现之外，又提出透骨草 *Phryma leptostachys*，水晶兰 *Monotropa uniflora* 及 *Symplocarpus foetidus*, Panax, Paris 等在日本与喜马拉雅两地的间断分布。必须指出，间断分布是现状分布的表象，它无助于解析植物区系的起源，过分强调间断分布，令人们忽视了植物区系的起源和发展的实质问题，强调间断分布的现象，必然否定植物区系的整体性。以中国植物区系而论，它原来是一个整体，是统一在华夏植物区系的整体内，可是历来治植物地理的学者，包括恩格勒Engler及韩迪马泽提 Handel-Mazzetti 等人，都认为中国植物区系不是一个整体,他们把中国北部的植物区系划入古北极区,把南部植物划入古热带区,把中国植物区系看成是古北极区与古热带区的混合物。正是在这种思想指导下,间断分布的现象被过分强调到不适当的地步。我们认为中国植物区系是发轫于华夏植物区系,从三迭纪以来,就已经在华南地台上开始孕育出来,在这个时期,地球的其他部分,正处在冰川或海侵等不稳定的状态之下,唯独华南地台例外,从三迭纪到白垩纪,华夏植物区系经历了前被子植物、原始多心皮类而发展出白垩纪的完整体系的有花植物系统,并占有包括北美在内的整个欧亚古陆。到第三纪,印度板块冲击到亚洲大陆南端,推动了喜马拉雅的崛起,第三纪喜马拉雅植物区系实质上是华夏植物区系分布区的扩张,除了恒河流域及东部的平原和三角洲由所谓"古热带植物区"的成分从中南半岛的迁移所占领之外,整个喜马拉雅山区系的南北两侧都是华夏植物区系的成分所占有,前面所提到的印度亚热带植物区系成分,全部都是华夏植物区系的后裔,所谓间断分布,不过是现代分布区的片断,它们在白垩纪的分布可能是连续的,至于说东亚及喜马拉雅与北美的所谓间断,其实是在喜马拉雅崛起之前,当北美仍然和西欧连成一片的时候,这些植物就已经在欧美大陆和东亚同时存在着。

喜马拉雅植物区系也具有自己的特点,这里不存在特有的科,甚至特有属也不多,因为它不象华夏植物区系那样从三迭纪就开始形成了自己的前被子植物,经过侏罗纪、白垩纪逐步发展出完整的系统体系,在白垩纪以前,整个系统发育的体系就已经完成。到了第三纪,只能在白垩纪或侏罗纪的种系基础上发展出新的后裔,它不可能再出现飞跃式的突变产生新的高级种系,因为在第三纪以后已不再存在产生高级种系的条件,就象现代不存在重复生命起源的条件一样。喜马拉雅植物区系既然是在第三纪才出现的,怎么能想象它能产生出新科、新目一类的高级种系呢?甚至属一级的新种系也不多,它只能发展出种一级的新种系。新种的形成无论在所谓"古热带"的科属,或华夏成分的科属都是普遍的,以番荔枝科为热带成分的例子,印度有25属,没有一个是特有属,全科191种有56种是特有的。又如亚热带的代表山茶科在喜马拉雅植物区系里有10属45种,其中8个属具有特有种15种,它们当中包括一部分错定了的种,包括 Ternstroemia japonica, Eurya japonica 及 Eurya chinensis 都应该是喜马拉雅的特有种。

五、西藏植物区系的特点

根据不完全的资料,西藏植物有164科,1,120属,5,000种。它有几个特点:①全部的科属都是华夏植物区系的成分,除了冬麻豆Salweenia、舟瓣芹Sinolmprichtia、球菊Bolocephalus、被菊Chlamgdites 等属之外,特有的科属不多。横断山脉的许多特有属种往往扩展到西藏,它们是毛冠菊 Nannogloffis、滇芹 Sinodielsia、单球芹 Haplosphoero、马蹄黄Spenceria、黄三七Soulioa、金铁锁Psamunosiline,反映出西藏植物区系是第三纪以后由云南植物区系直接渗透进来形成的;②热带成分显著地减少,番荔枝科只有3属4种(3:4),防己科3:6,胡椒科2:5,大风子科2:2,西番莲科2:2,葫芦科17:22,桃金娘科1:1,使君子科2:2,椴树科3:5,梧桐科7:10,金虎尾1种,大戟科14:25,含羞草科2:4,苏木科2:3,桑科3:19,希藤科1种,茶茱萸科1种,铁青树科1:2，檀香科4:6，芸香科7:20，苦木科2:3，橄榄科1种，楝科6:10，无患子科5:5，柿科1:2，山榄科2:2，紫金牛科4:16，马钱科2:12，夹竹桃科13:16，萝藦科12:30，茜草科23:47，爵床科4:7，姜科8:19，天南星科13:42；③华夏植物区系的成分占重要地位，如樟科10:42，壳斗科3:33，蝶形花科53:188，荨麻科16:57，伞形科35:92，冬青科17种，杜鹃花科8:24，紫草科19:45，茄科14:33，苔苣苔科9:23，兰科30:151，还有云叶科，水青树科，星叶科，小檗科3:18，鬼臼科4:4，透骨草科，其中有些华夏成分，还获得很好的发展，如毛茛科25:186，十字花科54:118，虎耳草科7:93，石竹科18:71，蓼科9:84，蔷薇科35:212，杨柳科2:44，鹿蹄草科3:10，樱草科7:121，龙胆科12:101，桔梗科9:55，玄参科27:174，唇形科47:147，菊科103:450，莎草科15:113，禾本科97:180，其中象马先蒿属Pedicularis 93种，杜鹃花属达195种，金银花属（忍冬属）41种，另一些华夏成分似有下降的趋势，如金缕梅只有3属3种，山茶科为8属12种，槭树科2:13，省沽油科2:2，山茱萸科3:6，旌节花科仅有1种；④代表中亚细亚的成分并不太多，仅有藜科13:32，柽柳科3:13，蒺藜科4:4，马桑科2种，茄科的天仙子属Hyoscysmus。

至于所谓南欧成分则十分不明显，莨菪属(Scopolia)，赛莨菪属(Anisodus)，茄参属（曼陀茄属）Mandragora，沙棘属(Hippophae)及唇形科的一些属勉强算得上。Hooker曾经提到印度与欧洲共有的凡570属，760种，现在查明它们当中大部分仍属于华夏植物区系的成分。

西藏植物区系与喜马拉雅植物区系基本上同属一个体系，其中许多成分是两地共有的，特别是一些表征性的种类如星叶Circaeaster，旌节花Stachyururs，鬼臼Podophylla，托里木Toricellia，邪蒿Seseli，透骨草Phryma，吊钟Enkianthus，把二者紧密地联系起来。由于热带成分比重的减低使华夏成份显得更为突出，象杜鹃花属、马先蒿属、樱草、龙胆、杨柳科及鹿蹄草科等的增加，使亚热带比重大大增加，这些亚热带科属的长足发展，形成了较多的特有种。

上述各种华夏成分或亚热带成分，曾被引用来说明喜马拉雅植物与北美、西伯利亚及日本植物等区的间断分布的例子，并曾经一度为北极起源论的赞许者用以解释东亚特别是中国植物区系的起源与发展。现在已有许多证据足以说明华夏植物区系在喜马拉雅崛起之前就已经在华南地台上出现，并扩展到整个欧洲大陆。喜马拉雅植物区系并不是东亚植物区系最古老的，而是最年轻的，喜马拉雅区系不是形成东亚及中国植物的摇篮，而是华夏植物区系哺育和推动了喜马拉雅植物区系的发展。

在西藏沿着喜马拉雅北麓的定日及定结县一带的晚二迭纪的地层最近找到了舌羊齿及楔叶等化石，曾引起古植物学及植物区系学者的注意，或者认为舌羊齿是冈瓦纳的代表植物，在西藏发现舌羊齿，则西藏应属于印度板块的组成部份。对以往在劳亚古陆及华夏古陆发现到的舌羊齿，一般总是采取否定的态度，根据古地理及古植物学的资料，这些舌羊齿化石，包括浙江发现的舌羊齿和贵州盘县的贵州舌羊齿Glossopteris guizhouensis可以肯定是舌羊齿的化石，在华夏植物区系里出现过舌羊齿完全是可能的。冈瓦纳是在三迭纪以后才从联合古陆分离出去，舌羊齿在二迭纪或上石炭纪就已出现，没有任何条件能把舌羊舌局限于联合大陆的南部，而不存在于古北大陆部分。

六、结 论

1．印度本来属于冈瓦纳古陆的一部份，在侏罗纪以后离开了非洲，向北漂移。在第三纪时与亚洲大陆南部相冲击，构成印度次大陆，尽管是这样，印度植物区系没有打下很深刻的非洲烙印，只是在古植物方面即古生代末期的古蕨化石提出了它和冈瓦纳的联系。

2．印度植物区系是一个混合体。东部的喜马拉雅植物区系是华夏植物区系的一部分，西部为中亚细亚及地中海成分所控制。印度植物区系又是一个年轻的区系，它是在第三纪以后受到华夏植物区系的影响形成的，因此印度植物区系缺乏特有的科，特有的属也很少。

3．印度的低地是所谓热带性的马来西亚成分占统治地位，600米以上的山区则以华夏植物区系为代表，这些马来西亚成分是由中南半岛迁移来的，起源于华夏植物区系。所谓印度—北非植物区系或印度—马来西亚植物区系的提法是和实际的植物区系发生不一致的。

4．喜马拉雅植物不是孕育中国植物区系的摇篮，而是中国（华夏）植物区系的第三纪后裔，亦即起源于华夏。以往所谓喜马拉雅—日本植物成分，或喜马拉雅—西伯利亚成分是不存在的，它们本来就是共同起源于华夏，由于它们形成的年代很迟，所以不存在真正特有科，连特有属也不多。因为在这以前被子植物已形成了完整的系统发育体系。

5．西藏植物区系是华夏植物区系的一个支派，是由云南植物区系直接演化来的。它和喜马拉雅植物区系基本上同一体系，只是"热带"成分更为削弱了，相应地华夏成分则相对地提高了。西藏植物和喜马拉雅区系一样没有明显地受到非洲植物区系的影响。

6．在西藏发现了舌羊齿的化石，不能说明西藏属于南古大陆的一部份，也不能认为它是印度板块前缘的消减部份的产物，舌羊齿不是冈瓦纳所特有，它同样存在于华夏植物区系及劳亚古陆。

参 考 文 献

〔1〕 珠穆朗玛峰地区科学考察报告，地质部份，1974.
〔2〕 珠穆朗玛峰地区科学考察报告，自然地理，1971.
〔3〕 吴鲁夫、仲崇信等译，历史植物地理学，1964.
〔4〕 威尔逊等著，大陆漂移（中译本），科学出版社，1975.
〔5〕 徐仁，藏南舌羊齿植物的发现和其在地质及古地理学的意义,地质学报，1976, 4, 323—331.
〔6〕 西藏自治区科学技术委员会，西藏植物名录，1980.
〔7〕 张宏达，华夏植物区系的起源与发展，中山大学报（自然科学版），1980, 1, 89—98.
〔8〕 张宏达，广东植物区系的特点，中山大学报（自然科学报），1962, 1,
〔9〕 Hooker, J. D., Fl. Brit. India, Vol. 1—7, 1875—1897.
〔10〕 Hara, H., Corresponding Taxa in North America, Gapan and the Himalayas, in Taxonomy Phytogeography and Evolution, 1971.

The Charateristics of Himalayan Flora in the Light of the Drifting of Indian Plate*

Chang Hungta

Abstract

1. The uplift of the Himalayas and the drifting of Indian Plate

The Indian land-mass formerly was a part of African ancient land. During the Period of Jurasic it departed from the latter and drifted northward, and made a stroke upon the south part of Asia at the beginning of Tertiary, thus gave rise to the uplifting of Himalayan Mountain from the geosyncline. This movement is proved by the locus of the drift record on the bottom of Indian Ocean as well as by the hydrofauna formerly survived in the geosyncline, and the plant fossils which were found on the unusual higher level of the deposit beds of Mt Himalaya. Since India is a part of Africa, it is naturally to have some Gondwanan fossil plants.

2. The constituents of Indian Flora

It seems believable that there is no characteristic indigenous plants in Indianflora its tropical genera are the common ones with Asia, and the subtropical genera are nearly the same as those of Cathaysia, very few endemic genera being found in India. Both the tropical and subtropical species are oveolapped and complementary each other in space, the former occupying the lowland and the latter the mountains of the higher level. The so called "India-Africa" elements is less important for the Indian flora, and those of North-Africa and Mediteranean region would not reach India until the seperation of of Arabian Penisula from Africa and drifted to the Middle-East after Tertiary.

●Projects supported by the Science Fund of the Chinese Academy of Sciences

3. The relationships between the Cathaysian and the Indian flora

The subtropical genera of India is a part of Cathaysian flora. Among 216 families of Indian flora only 4 monotypic. i. e. *Resedaceae, Frankeniaceae, Epacridaceae* and *Monimiaceae* (3 genera) are not found in Cathaysia. Of the total number of 2178 genera, 1508 genera belong to the Cathaysian representatives. They are Cathaysiaa origin, and very readily transfer from Himalaya to India during the Tertiary when the latter contacted the south part of the Asian ancient land (Laurasia). On the other hand, the number of the tropical genera of India is nearly the same as that of Cathaysia, the specific proportion of 45 tropical families in both regions is very similar.

4. The charteristics of Himalayan flora

The Himalayan flora is undoubtly the direct descendants of Cathaysian flora, and arose in Tertiary. As shown by the palaobotanical evidence, the Himalayan flora as well as the Indian flora is lack of Jurassic representatives, all the known fossils are monocotyledones of the Tertiary and coniferales of pliocene as reported by Sahni. Most of the palynological evidence found in Kashmir is of Quaternary species. The connection of Himalayan flora between the southern European and Sibirian elements, or the connection with the Japanese and the northern American species as suggested by Hooker and others are actually the descendants of Cathaysian flora, which became disjunct in the course ot historical development. There is neither endemic families nor genera found in the Himalayas, and the characteristic representatives are restricted to the specific level. It seems to be that most of the families and genera were formed before the Quaternary.

5. The characteristics of Tibet flora

The Tibet flora is a part of Yunnan flora, most of Yunnan endemics, such as *Psammosilene, Souliea, Spenceria, Haplosphaera, Sinodielsia* and *Nannoglottis* having extended westward to Tibet along the valleys of Salwin and Mekong Rivers. There are a few endemic genera, i. e. *Salweenia, Sinolimprichtia, Bolocephalus* and *Chlamydites* were found in Tibet. The tropical representatatives are manifestly diminished. The flora is basically Cathaysian origin, with the 20 herbal families, i. e. *Ranunculaceae, Cruciferae, Saxifragaceae, Caryophyllaceae, Polygonaceae, Primulaceae, Gentianaceae, Campanulaceae, Scrophulariaceae, Labiatae, Compositae* and *Umbelliferae* etc. particularly thriving. There are also some southern European Solanaceous species e. g. *Scopolia, Anisodus*, And *Mandragora* etc. occasionally found in Tibet. The existence of *Glossopteris* recently discovered in southern Tibet does not mean that Tibet is a part of Gondwana, or a front part of Indian plate. *Glossopteris* seems to be not endemic to Gondwana. but also existed in Cathaysia and Laurasia.

种子植物系统分类提纲

张宏达

(生物学系)

Outline of Spermatophyta Classification

Zhang Hungta

摘 要

种子植物的胚珠分别来自无孢子叶的顶枝及孕性的孢子叶，并形成了五种不同类型的种子和果实，即银杏型，科达狄一本内苏铁型，紫杉型，苏铁—有花植物型，松柏型。银杏、苏铁、紫杉及罗汉松的成熟的受精胚囊不是简单的种子。银杏的珠领，紫杉及罗汉松的肉质杯状体是和有花植物的心皮等价的有效保护组织，它们是在系统发育早期，在起源上与有花植物的保护组织有截然不同来源，它们是雏型的果实或原始型的果实。买麻藤类是众所周知的盖子植物，它具有双受精，而且不具颈卵器，只有松柏类才是真正的裸子植物。本文不采用传统的种子植物分类法，而把种子植物，包括已知的种子蕨在内，分为下列十个亚门，它们是种子蕨亚门、舌蕨亚门、松柏亚门、银杏亚门、苏铁亚门、开通亚门、中华缘蕨亚门、紫杉亚门、盖子亚门、有花植物亚门。在最后的有花植物亚门，也提出了一个新的系统。

自19世纪60年代确立了裸子植物这一分类单位以来，一直把它和被子植物并列，隶属于种子植物门。直至目前，还没有人对这两个亚门的种子植物系统提出异议。本文试从形态学、胚胎学、古植物学以及系统发育等方面，对种子植物的分类系统进行探讨。

一、形态学的特征

从种子蕨到现代的各类种子植物，它们的胚珠的形式有不同的来源，并发展出多种不同的类型。在种子蕨就可以找到两种不同形式的大孢子囊。一种是大孢子囊生在无叶

本文1985年6月收到。
● 中国科学院科学基金资助课题。

的叉状分枝的顶端，另一种是长在孢子叶的两侧。由此演发出多种不同类型的大孢子囊：（1）银杏科的 *Ginkgo*、*Baiera*、*Trichopitys* 的大孢子囊（胚囊），生长在无叶的枝顶。（2）*Calathospermum*、*Bennettites*、*Lepidopteris*、*Corddaites* 的多数大孢子囊，直接长在简单的轴顶，并且有鳞片包着。（3）紫杉 *Taxales* 与倪藤 *Gnetales* 的胚囊生于分枝的顶端，并托以苞叶。（4）松柏类的胚囊生在简化的孢子叶上。（5）苏铁与有花植物的胚囊生于大孢子叶（心皮）里。大孢子囊在来源和结构上的多样性这一客观事实，是和人为地把种子植物划分为裸子植物及被子植物两大类的分类法不协调的。

二、系统发育的特征

从种子蕨到现代高级种子植物，一直找不到统一的系统关系。它们各自出现在不同的地质年代，彼此在形态结构上又缺乏直接的联系。科达狄 *Cordaites* 出现在上泥盆纪，到二迭纪便趋于消亡，它和松柏类似乎不具直接的亲缘关系。银杏出现在晚石炭纪，它和科达狄或种子蕨都缺乏直接的联系。它和出自上泥盆纪的扇叶 *Rhipidopsis* 也没有直接的联系。另一支出自上泥盆纪的种子蕨类 *Pteridospermae* 被认为是和本内苏铁 *Bennettites*、苏铁类 *Cycadales*、*Nilssoniales* 有着较直接的联系。而五道木类 *Pentaxylales*，*Corystospermae* 和开通类 *Caytoniales* 似乎和种子蕨类不存在直接的联系。侏罗纪出现的麻黄类 *Ephedrites* 及倪藤类 *Gnetopsis* 到目前为止还找不到它们和哪一类有什么亲缘关系。

种子植物在古生代中期开始出现，由于发生的年代久远，除了银杏和苏铁之外，大多数进入中生代中期已经消失。三迭纪是种子植物全盛时期，松柏类、银杏类、*Nilssonia*、苏铁类、本内苏铁类、五道木类、盾子类、开通类、*Corystosperma* 等均在三迭纪获得进展，甚至有花植物也可能出现于三迭纪，可是曾几何时，绝大多数种子植物到了侏罗纪便逐渐消亡，这说明大多数的种子植物在结构上多么不适应，只有少数的残存了下来（银杏、苏铁）。得到长足发展的唯有有花植物和球果类的松柏植物。

由于找不到直接联系的中间类型，因此从事古生代和中生代植物区系研究的人，多认为种子植物在起源方面是多源的。这种设想和种子植物系统发育的事实不完全一致，原始种子植物的多样性和系统上不连续，可能是它们虽有共同起源，但朝着多个不同方向发展，或者通过突变的结果，由于构造上的不完善和不适应而消亡。另一方面，那种认为种子植物之间存在着比较密切的系统关系（Meyer，1984），而把传统的裸子植物类群纳入银杏、苏铁及松柏三个纲里，还把麻黄纳入银杏植物，把倪藤归入苏铁类，把种子蕨也并入银杏类的做法，都是牵强不可取的。

三、胚胎学的证据

种子植物从种子蕨到现代有花植物，除了上述来源不同而发展出不同的胚囊类型之外，各大类在大孢子囊（胚囊）的结构和演化方面存在着截然不同的形式。传统的分类学把胚珠生于闭合心皮的有花植物称为被子植物，其余的种子植物归入裸子植物，这在系统发育研究工作方面曾起过积极的作用。而更多的系统学资料和研究结果显示，这种分类法存在局限性和片面性。例如银杏类的胚珠生在裸枝顶端，缺乏孕性的心皮叶。为了加强对种子的保护，银杏发展出增厚的珠被，它在受精后，珠被分化为3层的果皮，包括厚肉质的中果皮，骨质的内果皮，最外为薄层的外果皮，它比那些由心皮叶关闭起来形成子房所发育出来的真正果实，并无逊色，这是一种原始型的果实，不宜叫做种子，也不能认为银杏雌器的珠领是退化的心皮叶，不能把不同源的组织，强加给银杏。紫杉类和罗汉松类也属于这一类型。紫杉和罗汉松的珠被里有2列维管束，珠被外面有一个杯状体，一向叫它外珠被，或叫它假种皮，都是不恰当的，它和有花植物的假种皮，各有不同的起源。在杯状体内还有维管束组织（管胞）。它和银杏的珠领同一性质，它是不具心皮叶的胚珠的保护组织，以后厚肉质的珠被在受精后，继续发育也分出3层组织，加上杯状体的肉质组织构成了另一类型的果实，它不是简单的种子。这些都是种子植物在发育过程各自形成的独特的果实。在系统发育过程，这种果实是和银杏及苏铁的果实一样，在不具心皮叶这一类保护组织的条件下，发展起来的另一类型的果实。

倪藤被叫做盖子植物，是因为在胚珠外侧有2层盖被，这是另一种保护种子的组织，是不具心皮叶的胚珠在形成果实过程中，特化出来的早期果实的结构。那种以有花植物的果实为标准，把一切早期从不同的途径发育出来的果实叫做"种子"，是不符合系统发育规律的。倪藤和百岁兰都不具颈卵器，倪藤不具管胞，在受精过程有2个精子进入胚囊，是一个雏形的双受精现象，倪藤的营养器官，包括茎和叶的各种结构都和有花植物的没有两样。

来自具有心皮叶的胚珠，也不是全都闭合的，开通类 *Caytonia* 的心皮在受精前是开放的，在受精后才闭合，这是果实的系统发育的前期产物，是未臻完善的结构，它在木兰目的 *Degeneria* 也表现了出来。

苏铁类的胚珠是生在心皮叶上的，但胚珠发育过程，不依靠心皮叶关闭来保护种子，而是沿着银杏果实发育的途径，不过它比银杏进了一步，在厚肉质的珠被里，有了两列维管束，而在银杏则仅有1列，苏铁的果实也和银杏果实的结构相同，有一层外果皮，肉质的中果皮，骨质的内果皮。

由此可见，银杏、苏铁类、紫杉类、倪藤类乃至开通类都不宜叫裸子植物，而是具有雏形被子的种子植物。银杏由于缺乏心皮叶，由加厚的珠被、还有珠领作为保护种子的包被。苏铁类虽然有心皮叶，但在系统发育过程，只能遵循银杏的发展途径，在加厚的珠被发展出2列的维管束。紫杉类加厚的珠被也有2列的维管束，由于不具心皮叶，而发展为杯状体，是肉质果实的先驱。它们以这些原始的组织来对种子加强保护，到了具有心皮叶的有花植物才出现了比较完善结构的子房。这种次生性结构，比起其他种子植物，保护作用要完善得多。

真正的裸子植物，可能只有具球果的松柏类植物，种子只有种衣包围着裸露在种鳞上。其他被归入裸子植物的种子植物，一类是不具孕性的心皮叶，如银杏、紫杉、倪藤等，分别以加厚的珠被、珠领、杯状体发育成果皮来保护种子，或者出现了盖被（倪藤）作为保护组织。另一类是具有心皮叶的，随着系统发育的过程也呈现出不同的变化和结构，苏铁虽有心皮叶，但胚珠的保护组织仍然沿着银杏的发育途径，以加厚的珠被形成果皮，心皮叶不具保护作用。松柏类的心皮叶沿着另一个方向发展，心皮叶托住胚珠，并未完全把它包起来。只有发展到有花植物心皮叶才完全包着胚珠，起着完善的保护作用。从种子及果实的系统发育过程看，它不是沿着一条道路，而是从不同的来源各自沿着不同的方向发展，从而表现了不同的进化阶段，那种把进化阶段截然分为"裸子"与"被子"的分类法，显然是人为的，为了真实反映种子与果实在系统发育的实质，建议广泛地称之为种子植物。

四、有花植物的演化

发轫于三迭纪或更早的原始有花植物，延续到白垩纪获得了有完整体系的发展，原始有花植物在结构上也比现代的有花植物简单而古老，并且经历了一系列的改造，才得臻于完善的结构，并在白垩纪获得迅速的发展，原始的有花植物，花的结构要比现代的真花简单得多。从小孢叶子发展为雄蕊，大孢子叶发展为雌蕊，并由不孕的孢子叶转化为花被或由苞叶转化为花被。原叶体和颈卵器的退化，出现了双受精和次生性胚乳，木质部出现导管、薄壁组织、纤维组织的转化需要有长期的改造，而这种转变和改造，不是一次完成的，只能是经过长时间的历程。因此，研究有花植物的来源及起源的时代，必须有发展的观点，不能以现代有花植物的高级结构为标准去衡量和找寻原始的有花植物。传统的研究，坚持以现代有花植物的结构为标准，否定了三迭纪以来所找到的许多有花植物化石，不承认白垩纪以前存在着有花植物，这只能把后人对有花植物起源的研究引到不可知的道路上去，因而无法解决有花植物的起源和演化的系统问题。

有花植物来自哪一类原始种子植物或蕨类植物，它在系统发育上是否直线单传的单元起源？它的起源时代如何？这些都既不清楚，也有很多争论。从有花植物的子房和胚珠的结构看来，它的祖先只能是具有异形孢子及孢子叶的原始种子植物，而不是不具孢子叶的原始种子植物。经过简单到复杂，不完善到完善的改建，才从原始种子植物发展为原始有花植物，再出现现代的有花植物。这些比较原始的有花植物在种系演替的过程，不断更新，残存的代表都是不连续的，孑遗性的。因此要寻找较原始的有花植物，不能从那些种系繁衍而连续、结构完善而复杂的代表中物色，包括木兰科在内的木兰目各个科，都不是原始有花植物的代表，这个目的各科，在地史上和化石证据都不早于白垩纪，个别的可见于侏罗纪，应该在更古老、种系更残缺的代表去找。在华夏古陆的三迭纪、侏罗纪地层，曾发现不少有花植物的化石和花粉，甚至还有属于二迭纪的遗物*。如浙江长兴二迭纪煤层里发现过双孔的有花植物花粉。四川广元的三迭纪地层发现过3沟花粉，在河南平顶山及广东的三迭纪及侏罗纪地层找到化石果。有人认为这类化石果当中，有的是木兰科的种子。在华北的燕辽平原中侏罗纪地层里，找到现代的毛茛科植物狗尾草 *Setaria* 的化石和大量的中华缘蕨类 *Sinodicotites* 的半被子植物混生在一起*，而水青树的化石据报导存在于新喀里多尼亚(New Caledonia)的三迭纪及印度的侏罗

● 潘广、傅立国，燕辽地区侏罗纪松杉植物一新科——穗实杉科 Amentostrobaceae, 1983（未刊稿）。

  潘广、陈邦余，华北燕辽地区侏罗纪的似倪藤 Gnetites, 1985（未刊稿）。

  吴向午、李佩娟，似麻黄 Ephedrites 在青海下罗侏罗纪小煤沟组的发现，1985（未刊稿）。

纪的地层里，在法国的侏罗纪地层里也存在着原始棕榈的化石，从这些事实可以相信，三迭纪已经存在着有花植物。现代的有花植物，都不可能是最古老的，它们是从最古老的类型通过多条途径发展出来的，属于第二阶段，或第三阶段的产物。流行的系统学把木兰目当作最原始的有花植物，并用系统树来说明全部有花植物都是从木兰目演发出来，这种单元单系的思想是和有花植物的系统发育实际不相符合的。现代生存的类型，不管是木兰目、柔荑花序类、水青树目、昆栏树目、金缕梅目、睡莲目、泽泻目等都是由不同的原始祖先演发出来的，它们之间是不连续的，而且也不是最原始的，因此彼此之间缺乏直接的亲缘关系。木兰目一向被认为是最原始的代表，但无论是木兰科、Winteraceae、Austrobaileyaceae都有某些次生特征。木兰科的种系蕃衍而连续，花的结构很完善，虽然雄蕊及离生心皮是原始的性状，次生木质部却具有明显的次生特征。Winteraceae具有管胞，但种系也比较发达，化石仅见于第三纪，它也和木兰科一样，花从两性分化为单性。Austrobaileyaceae具藤本习性，木质部有明显的次生特征。

单沟型花粉被认为是最原始的特征。在花粉研究者当中，有人认为3沟花粉是最基本的，单沟花粉是从3沟演化来的。特别是孔型的花粉不可能是从沟型演化来的。在多心皮类，花粉都是沟型的，而在柔荑花序类，花粉基本上是孔型的。在多心皮类里，樟科及番荔枝科的花粉多数是无沟无孔的，它不可能是从单沟花粉演化出来。单子叶植物的花粉开口最为多样性，或无沟无孔，或单孔多孔，更多为单沟或多沟，还有环沟及螺旋孔等，反映出单子叶植物在来源方面可能从多个方向发展出来。在浙江长兴二迭纪煤层的双孔花粉，以及四川广元三迭纪地层的3沟花粉，说明了孔型及3沟花粉的邃古性。

关于风媒植物与虫媒植物的原始性问题，德国学派认为风媒花是原始的，多心皮学派则认为虫媒花是原始的。从种子植物系统发育过程看，无论是种子蕨、科达狄、银杏、开通类等都是风媒的，原始的有花植物只能从风媒的种子植物脱胎而来。毫无疑问，花粉是昆虫的重要食物来源，无论是风媒花还是虫媒花，它们的花粉都是昆虫的粮食，从昆虫出现的第一天起，或是花粉出现的第一天起，并不存在昆虫作为传粉媒介这回事。有关昆虫与植物传粉一系列所谓适应机制、适应传粉的结构，诸如分泌细胞、腺体、花形，两蕊异长异熟、昆虫口器的演化问题无疑是次生性的，认为虫媒植物先于风媒植物，风媒植物是从虫媒植物演化而来的说法，都带有明显的主观臆测性，我们认为风媒植物即使不先于虫媒植物，二者至少是齐头并进。

关于单花与花序的原始性问题，在种子植物当中，无论是开通类、科达狄类、银杏类、苏铁类、五道木类，都不是单花，而且它们的花都是单性的，雄蕊与雌蕊集中在一起，组成单花的结构，是从分散到集中的过程，具有明显的次生性。因此认为单花最原始的提法，似乎缺乏足够的证据，同样的，花被的出现，有它的历史过程，为了加强保护而分化出花被，这是第一性的因素，以后才出现所谓引诱昆虫的现象，这是第二性的。

关于柔荑花序类的问题，通常认为它们是单被或无被，而且是单性的。其实在榆科、壳斗科及桦木科，甚至马尾树科都是具有2轮花被的。而榆科、荨麻科、马尾树科是具有两性花的。甚至壳斗科也有两性花的迹象。柔荑花序类基本上是具孔型的花粉，

只有 *Quercus* 有沟型花粉。那种认为孔型花粉来自沟型花粉的说法是缺乏说服力的。柔荑花序不可能从多心皮类演化而来，很有可能是和多心皮类同时由某一原始类型沿着不同的方向，分道扬镳，齐头并进。在东北辽燕地区海层沟组的中侏罗纪地层发现了柔荑花序的化石支持了这一论点。诚然，柔荑花序类的木质部都不具管胞，具风媒花，花被不显眼，但它的花粉同样是昆虫和蝇类的粮食，开花期散出的臭味对昆虫具有吸引作用，人们从孔型花粉、合点受精等特征更能相信它是从另一些非离生心皮的祖先演发出来的。

用木兰植物一词来代表全部双子叶是不能令人满意的，至少柔荑花序类不是从木兰目演化出来。无论合瓣花类是否一个自然类群，把白花丹科和樱草科从合瓣花移到中央子类（石竹亚纲）是不协调的。用百合植物来代表全部单子叶植物，也是牵强的，无论单子叶植物各亚纲是否具有多条发展路线和来源，百合类也不能代表泽泻目和棕榈目。

水青树目 *Tetracentrales* 和昆栏树目 *Trochodendrales* 具有3沟花粉，花被不显眼，从双被到单被，多花排成总状或头状花序，被认为是来自木兰目，并由此演化出柔荑花序。如果承认3沟花粉是有花植物的基本结构，加上木质部还保留着管胞，水青树的化石曾存在于三迭纪及侏罗纪，是目前已知的最古老的化石，它和木兰目可能不是同出自一个祖先，而且比木兰目要古老得多，虽然水青树也具有离生心皮以及染色体数目与木兰科相同（$x = 19$），但不能由此认为是同源的。

金缕梅科被多心皮学派认为是通向柔荑花序类的桥梁。从形态学及花粉结构看来，在金缕梅科六个亚科当中，覃树亚科（*Altingioideae*）完全无花被，单性花，具柔荑花序，花粉是孔型开口，这些特征都和柔荑花序类十分一致，应该把它从金缕梅科分裂出来，成立覃树科（*Altingiaceae*），并置于柔荑花序类里去。金缕梅科其余五个亚科，都具有花被，两性花，花粉3沟型，可能和本文所列的水青树亚纲（*Tetracentriidae*）发生联系。

五、种子植物的亚门、纲、目及科的划分

The Subdivisions, Classes, Subclasses, Orders and Families of Spermatophytes

SUBDIVISION PTERIDOSPERMOPHYTINA

    Class Calamopityopsida
        Order Calamopityales—Calamopityaceae
    Class Callistophytopsida
        Order Callistophytales—Callistophytaceae
    Class Peltaspermopsida
        Order Trichopityales—Trichopityaceae
        Order Peltaspermales—Peltaspermaceae
        Order Cardiolepidales—Cardiolepidaceae

SUBDIVISION GLOSSOPTERIDOPHYTINA

    Class Glossopteridopsida

Order Glossopteridales—Glossopteridaceae

SUBDIVISION CONIFEROPHYTINA

Class Cordaitopsida
　Order Cordaitales—Cordaitaceae, Vojnovskyaceae, Rufloriaceae
　Order Poroxylales—Poroxylaceae
Class Coniferopsida
　Order Voltziales—Lebachiaceae, Voltziaceae, Buriadiaceae, Cheirolepidiaceae, Palissyaceae,
　Order Pinales—Araucariaceae Amentostrobaceae, Pinaceae, Toxodiaceae, Cupressaceae

SUBDIVISION GINKGOOPHYTINA

Class Ginkgoopsida
　Order Ginkgoales—Ginkgoaceae
　Order Leptostrobales—Leptostrobaceae

SUBDIVISION CYCADOPHYTINA

Class Bennettitopsida
　Order Lagenostemales—Lagenostemaceae (Lyginopteridaceae)
　Order Trigonocarpales (Medullosales) —Trigonocarpaceae
　Order Bennettitales—Bennettitaceae, Williamsoniaceae
　Order Pentoxylales—Pentoxylaceae
Class Cycadopsida
　Order Nilssoniales—Nilssoniaceae
　Order Cycadales—Cycadaceae, Dirhopalostachyaceae

SUBDIVISION CAYTONIOPHYTINA

Class Umkomasiopsida
　Order Umkomasiales—Umkomasiaceae (Corystospermaceae)
Class Caytoniopsida
　Order Caytoniales—Caytoniaceae

SUBDIVISION SINODICOTIOPHYTINA

Class Sinodicotiopsida
　Order Sinodicotiales—Sinodicotiaceae

SUBDIVISION TAXOPHYTINA

Class Taxopsida
　Order Podocarpales—Podocarpaceae
　Order Cephalotaxales—Cephalotaxaceae

Order Taxales—Taxaceae

SUBDIVISION CHLAMYDOSPERMOPHYTINA

Class Gnetopsida
    Order Ephedrales—Ephedraceae
    Order Gnetales—Gnetaceae
    Order Welwitschiales—Welwitschiaceae

SUBDIVISION PHANEROGAMOPHYTINA

Class Dicotyledonopsida
Subclass Tetracentriidae
    Order Tetracentrales—Tetracentraceae
    Order Trochodendrales—Trochodendraceae
    Order Eupteleales—Eupteleaceae
Subclass Amentifloridae
    Order Altingiales—Altingiaceae
    Order Eucommiales—Eucommiaceae
    Order Urticales—Urticaceae, Ulmaceae, Cannabaceae, Moraceae
    Order Myricales—Myricaceae
    Order Leitneriales—Leitneriaceae, Didymelaceae
    Order Juglandales—Rhoipteleaceae, Juglandaceae
    Order Fagales—Balanopaceae, Fagaceae, Betulaceae
Subclass Casuarinidae
    Order Casuarinales—Casuarinaceae
Subclass Polycarpiidae
    Order Magnoliales—Winteraceae, Degeneriaceae, Himantandraceae, Magnoliaceae, Anonaceae, Austrobaileyaceae, Lactoridaceae, Myristicaceae, Cannellaceae
    Order Illicales—Illicaceae, Schisandraceae
    Order Ranunculales—Ranunculaceae, Circaeasteraceae, Berberidaceae, Nandinaceae, Podophyllaceae, Sargentodoxaceae, Lardizabalaceae, Menispermaceae
    Order Nymphaeales—Nelumbonaceae, Nymphaeaceae, Cobombaceae, Bardayaceae, Ceratophyllaceae
    Order Laurales—Amborellaceae, Trimeniaceae, Monimiaceae, Gomortegaceae, Calycanthaceae, Lauraceae, Hernandiaceae
    Order Piperales—Chloranthaceae, Saurauraceae, Piperaceae
    Order Aristolochiales——Aristolochiaceae
    Order Papaverales——Papaveraceae, Fumariaceae
Subclass Hamamelididae
    Order Cercidiphyllales——Cercidiphyllaceae
    Order Hamamelidales——Hamamelidaceae, Platanaceae, Myrothamnaceae, Buxa

ceae, Daphniphyllaceae
- Order Saxifragales——Brunelliaceae, Cunoniaceae, Davidsoniaceae, Eucryphiaceae, Escalloniaceae, Hydrangiaceae, Montiniaceae, Columelliaceae, Roridulaceae, Pittosporaceae, Byblidaceae, Bruniaceae, Alseuosmiaceae, Pterostemmonaceae, Saxifragaceae, Crassulaceae, Cephalotaceae, Grossulariaceae, Vahliaceae, Eremosynaceae, Greyiaceae, Francoaceae, Parnassiaceae, Droseraceae, Gunneraceae
- Order Rosales——Rosaceae, Chrysobalanaceae, Neuradaceae
- Order Fabales——Mimosaceae, Caesalpiniaceae, Papilionaceae
- Order Connarales——Connaraceae
- Order Podostemales——Podostemaceae
- Order Nepenthales——Nepenthaceae, Sarraceniaceae
- Order Myrtales——Lythraceae, Sonneratiaceae, Punicaceae, Rhizophoraceae, Anisophyllaceae, Combretaceae, Lecythidaceae, Myrtaceae, Melastomaceae, Oliniaceae, Penaeaceae, Onagraceae, Trapaceae
- Order Hippuridales——Haloragaceae, Hippuridaceae
- Order Rutales——Rutaceae, Simaroubaceae, Zygophyllaceae, Meliaceae, Balanitaceae, Burseraceae, Anarcardiaceae, Julianiaceae, Podoaceae, Coriariaceae
- Order Sapindales——Staphyleaceae, Sapindaceae, Aceraceae, Hipocastanaceae, Stylobasiaceae, Emblingiaceae, Bretschneideraceae, Akaniaceae, Melianthaceae, Sabiaceae
- Order Geraniales——Linnaceae, Erythroxylaceae, Oxalidaceae, Geraniaceae, Balsaminaceae, Tropaoalaceae, Limnanthaceae
- Order Polygalales——Malpighiaceae, Trigoniaceae, Vochysiaceae, Polygalaceae, Krameriaceae, Tremandraceae
- Order Celastrales——Icacinaceae, Aquifoliaceae, Cardiopteridaceae, Medusandraceae, Celastraceae, Salvadoraceae, Corynocarpaceae, Lophopyxidaceae, Hippocrataceae
- Order Rhamnales——Rhamnaceae, Vitaceae, Leeaceae
- Order Elaeagnales——Elaeagnaceae
- Order Euphorbiales——Euphorbiaceae, Pandaceae, Dichapetalaceae, Aextoxicaceae
- Order Thymelaeales——Thymelaeaceae
- Order Santalales——Olacaceae, Opiliaceae, Santalaceae, Misodendraceae, Loranthaceae, Viscaceae
- Order Rafflesiales——Rafflesiaceae, Hydneraceae
- Order Balanophorales——Gynomoriaceae, Balanophoraceae
- Order Proteales——Proteaceae
- Order Cornales——Alangiaceae, Nyssaceae, Cornaceae, Garryaceae
- Order Apiales——Araliaceae, Apiaceae

Subclass Caryophyllidae

Order Caryophyllales——Phytolaccaceae, Achatocarpaceae, Nyctaginaceae, Aizocaceae, Molluginaceae, Tetragonaceae, Cactaceae, Portulacaceae, Basellaceae, Didiereaceae, Holophytaceae, Caryophyllaceae, Amaranthaceae, Chenopodiaceae
　　Order Polygonales——Polygonaceae
Subclass Dilleniidae
　　Order Dilleniales——Dilleniaceae, Crossosomataceae, Paeoniaceae,
　　Order Theales——Ochnaceae, Ancistocladaceae. Dipterocarpaceae, Theaceae, Pentaphylacaceae, Tetrameristaceae, Marcgraviaceae, Asteropeiaceae, Pellicieraceae, Actinidiaceae, Caryocaraceae, Scytopetalaceae, Quiinaceae, Elatinaceae, Medusaginaceae, Guttiferae
　　Order Malvales——Elaeocarpaceae, Tiliaceae, Srerculiaceae, Bombacaceae, Malvaceae
　　Order Violales——Flacourtiaceae, Bixaceae, Cistaceae, Peridisiaceae, Violaceae, Lacistemaceae, Stachyuraceae, Scyphostegiaceae, Tamaricaceae, Frankeniaceae, Dioncophyllaceae, Passifloraceae, Turneraceae, Caricaceae, Cucurbitaceae, Daliscaceae, Begoniaceae, Capparidaceae, Moringaceae, Brassicaceae, Resedaceae, Tovariaceae Bataceae
　　Order Salicales——Salicacea
Subclass Sympetalidae
　　Order Cyrillaceae, Clethraceae, Grubbiaceae, Empetraceae, Epacridaceae, Ericaceae, Pyrolaceae, Diapensiaceae, Monotropaceae
　　Order Ebenales——Sapotaceae, Sarcospermataceae, Ebenaceae, Styracaceae, Lissocarpaceae, Symplocaceae
　　Order Primulales——Myrsinaceae, Theophrastaceae, Primulaceae
　　Order Plumbaginales——Plumbaginaceae
　　Order Oleales——Oleaceae
　　Order Gentianales——Loganiaceae, Desfontainiaceae, Gentianaceae, Menyanthaceae, Apocynaceae, Asclepiadaceae
　　Order Rubiales——Adoxaceae, Valerianaceae, Dipsacaceae, Caprifoliaceae, Rubiaceae
　　Order Loasales——Loasaceae
　　Order Solanales——Nolanaceae, Solanaceae, Convolvulaceae, Cuscutaceae, Polemoniaceae, Hydrophyllaceae
　　Order Lamiales——Boraginaceae, Verbanaceae, Lamiaceae, Callitrichaceae
　　Order Plantaginales——Plantaginaceae
　　Order Scrophulariales——Buddleyaceae, Scrophulariaceae, Globulariaceae, Myoporaceae, Orobanchaceae, Gesneriaceae, Acanthaceae, Pedaliaceae, Bignoniaceae, Lentibulariaceae,
　　Order Campanulales——Pentaphramataceae, Sphenocleaceae, Campanulaceae, Stylidiaceae, Goodeniaceae, Brunoniaceae, Calyceraceae
　　Order Asterales——Asteraceae

Class Monocotyledonopsida
Subclass Alismatidae
  Order Alismatales——Alismataceae, Limocharitaceae, Butomaceae
  Order Hydrocharitales——Hydrocharitaceae
  Order Potamogetales——Aponogetonaceae, Scheuzeriaceae, Juncaginaceae, Posidoniaceae, Potamogetonaceae, Ruppiaceae, Zannichethiaceae, Zosteraceae, Najadaceae
  Order Triuridales——Triuridaceae
Subclass Arecidae
  Order Arecales——Arecaceae
  Order Cyclanthales——Cyclanthaceae
  Order Pandanales——Pandanaceae
  Order Arales —— Araceae, Lemnaceae
Subclass Commelinidae
  Order Commelinales——Commelinaceae, Mayacaceae, Xyridaceae, Rapataceae
  Order Eriocaulales——Eriocaulaceae
  Order Restionales——Restionaceae, Centrolepidaceae, Flagellariaceae
  Order Juncales——Juncaceae, Thuriniaceae
  Order Cyperales——Cyperaceae, Poaceae
  Order Typhales——Typhaceae, Spargoniaceae
Subclass Zingiberidae
  Order Bromeliales——Bromeliaceae
  Order Zingiberales——Strelitziaceae, Musaceae, Lowiaceae, Zingiberaceae, Costaceae, Cannaceae, Marantaceae
Subclass Liliidae
  Order Liliales——Philydraceae, Pontederiaceae, Haemodoraceae, Petrosaviaceae, Liliaceae, Cyanastraceae, Iridaceae, Geosiridaceae, Velloziaceae, Aloeaceae, Agavaceae, Xanthorrhoeaceae, Taccaceae, Stemonaceae, Smilacaceae, Dioscoreaceae, Burmanniaceae, Corsiaceae
  Order Orchidales——Apostasiaceae, Orchidaceae

参 考 文 献

[1] 潘广，燕辽地区侏罗纪杉科一新属，植物分类学报，15(1977)，1，69—71.
[2] 潘广，华北燕辽地区侏罗纪被子植物先驱与被子植物的起源，科学通报，1983，24.
[3] 张宏达，中国金缕梅科志，中国植物志，35卷，2分册，1979.
[4] 朱家楠、杜贤铭，中国始苏铁 *Primocycas chinensis gen. et sp. nov.* 在我国早二叠世的发现及其意义，植物学报，23(1981)，5，401—406，图版 I，II.
[5] 塔赫他间(A. L. Takhtajan)(匡可任等译)，高等植物 I (Telomophyta, I. 1956)，科学出版社，1963.

[6] 古普良诺娃，L. A.（匡可任译自植物学问题，俄文版第1卷），单子叶植物纲系统发育的花粉学论据，1956.

[7] 张金谈，从孢粉形态特征试论植物某些类群与系统发育，植物分类学报，17(1979)，2,1—7.

[8] Meyen S. V., Basic Features of Gymnosperm Systematics and Phylogeny as Evidenced by yhr Fossil Record, Bot. Rev., 50 (1984), 1.

[9] Holmes, S., Outline of Plant Classification, Longman, 1983.

[10] Pan Kuang, Paper for the Second Conference of the International Organization of Paleobotany Edisonton Canada, 1984, Notes on the Jurassic Precusors of Angiosperms from Yanliao Region of North China and the Origin of Angiosperms.

[11] Zavada, M. S., Comparative Morphology of Monocot Pollen and Evolutionary Trends of Apertures and Wall Structures, 1983.

[12] Cronquist, A., An Integrated System of Classification of Flowering Plants, 1981.

[13] Cronquist, The Evolution and Classification of Flowering Plants, 1968.

[14] Bogle, A. and philbrick, C. T., A Generic Altas of Hamamelidaceous Pollens, in Contributuin from the Gray Herbarium, 1980, no. 210.

[15] Takhtajan A. L., Flowering Plants, Origin and Dispersal, 1969.

[16] Engler, A., Syllabus der Pflanzenfamilien, 12 Auflage, Band II, 1964.

[17] Engler. A., Syllabus der Pflanzenfamilien, 12 Auflage, Band I, 1954.

[18] Deleveryas, T., Morphology and Evolution of Fossil Plants, 1962.

[19] Scott, D. H., Studies in Fossil Botany, vol. 2. Spermophyta third edition 1962.

[20] Zimmermann. A., Die Phylogenic der Pflanzen, 1959.

[21] Zhang Jin-tan, The Pollen Morphology of the Families Hamamelidaceae and Altingiaceae, Flora and Systematics of Higher Plants, edit. 13, M-L., 1964, 173-232. (in Russian)

Outline of Spermatophyta Classification

Zhang Hongta

Abstract

The ovules of Spermatophytes are derived from the Rhynia-like telome and the fertile sporophyll respectively, from them five types of seeds and fruits, i.e. Ginkgoales-type, Cordaites-Bennettites-type, Cycadales-Angiosperm-type, Taxales-Gnetales-type and Coniferae-type are developed. The matured fertilized embryo-sacs of Ginkgo, Cycas, Taxus and Podocarpus are not simple seeds, since the collar rim of Ginkgo, and the flesh cups of Taxus and Podocarpus are equivalent to the carpels as an effective protect tissue, they are primary types of fruits, which are originated from different ways in the early phylogeny, and differed from that of flowering plants; additionally, Gnetum is a well known Chlamydosperm with double-fertilization and without archegonium. Only the Coniferae is a real representive of Gymnosperm.

In this paper, the traditional classification of Spermatophytes is rejected. All the Spermatophytes including various Pteridosperm. are divided into the following subdivisions, they are Pteridospermophytina, Glossopteridophytina, Coniferophytina, Ginkgoophytina, Cycadophytina, Caytoniophytina, Sinodictiophytina, Taxophytina, Chlamydospermophytina and Phanerogamophytina. To the last subdivision, Phanerogamophytina, a new system is given also.

● Projects Supported by the Fund of the Chinese Acadamy of Sciences.

大陆漂移与有花植物区系的发展

张宏达

(生物学系)

摘 要

本文依据大陆漂移的理论,探讨了华夏、澳洲、南美、非洲、北美、热带亚洲及印度等古陆和陆块,在中生代各个时期的古气候和地质变迁的生态环境。同时,分别讨论了各个古陆和陆块的有花植物区系的特点,着重分析了它们的植物区系的总量,组成分子,具有哪些远古性的成分,有多少木兰目、番荔支目、毛茛目、金缕梅目及菜英花序类的代表。然后分别讨论了各个古陆或陆块与华夏植物区系的关系。以澳洲为例,它和南极古陆在晚侏罗纪即已脱离了贡瓦纳古陆的主体,竟拥有40%的有花植物属是和华夏植物区系共有的。依次的亲缘关系为印度、热带亚洲、北美、南美及非洲古陆,它们都与华夏植物区系具有很多共有的属。从而推论有花植物是在中生代初期的三迭纪或侏罗纪,就已经在统一的联合古陆(Pangaea)存在着。文章列举了化石及现代植物作为佐证。随着大陆飘移,统一发生的有花植物在各古陆继续发展下去。文章最后提到华夏古陆具有最多而且最古老的有花植物,它们只能是当地起源的。而其他各个古陆或陆块在整个中生代分别处于冰川、海侵及干旱的条件,很难成为原始有花植物的发源地,只有华夏古陆在古生代末期及整个中古代都处于较稳定的状态,在这里有可能是原始的种子植物及有花植物起源的摇篮。

一、大陆漂移学说与植物区系的关系

植物地理学者在达尔文学说问世之前就已经注意到,世界各大陆的植物区系不是孤立的。格雷(A.Gray)继谭巴(Thunberg, 1784)及卡斯特里奥尼(Castiglioni, 1790)等人之后,在1840年提到北美与东亚和日本的植物有许多相同的科属成分。布朗(R.Brown, 1814)编写澳洲植物志时曾指出澳洲植物与印度、南非及南美的关系。19世纪后期恩格勒(A.Engler)总结了前人的工作,包括德国的植物地理学前驱(A.Humberdt, A.Grisebach, D.Drude)的著作,发展了植物地理学,全面论述了北美与东

本文1985年6月收到.

* 中国科学院科学基金资助的课题

亚的植物区系，以及南美与南非，印度与北非及马来西亚、澳洲与南美（南极）、南非与马来西亚的植物区系的联系，并把世界植物区系划分为许多分区及亚区。由于受到了当时科学资料的局限，在海陆不变的思想支配下，对这些植物区系作出了不切实际的解释。例如对东亚与北美的植物区系联系，被认为是经过白令海峡来沟通，或者是什么一度存在着陆桥而互相联系。对澳洲与南非植物区系的联系，霍克（J.D.Hooker）也认为这两个大陆之间曾经有过陆地把它们连接起来。魏格纳（Wegener, 1910）综合前人的工作，发表了著名的《陆地与海洋的起源》。大陆漂移的设想曾引起长期的争论，终究由于地质学，地球物理学，地磁学等方面的成就，以及海底扩张的事实在板块学说中得到充分的发挥，使大陆漂移的理论成为解释世界植物区系的分布与发展的有力依据。对于过去植物地理学方面存在的过时的论点，将逐步得到澄清和订正。

本文在前文[8]的基础上，以大陆漂移学说为理论依据，进一步研究了各大陆植物区系的特点以及它们与华夏植物区系的联系，为有花植物的起源提供新的佐证。

二、澳洲大陆的漂移及其植物区系的发展

统一的联合古陆，在三迭-侏罗纪开始从东部出现分裂，经过6500万年，到了晚侏罗纪或白垩纪初期，南方的冈瓦纳古陆才和北方的劳亚古陆完全分离，它们中间出现一个古地中海（Tethys）。在二者完全分离之前，它们之间的裂谷并没有构成原始被子植物扩散的障碍。冈瓦纳古陆在离开劳亚古陆的同时，它本身也开始瓦解。澳洲-南极陆块首先和南美-非洲陆块分离。接着印度陆块由于裂谷的出现而与非洲分离。到了晚侏罗纪-白垩纪，澳洲完全脱离了非洲古陆。澳洲陆块从古生代起曾经多次被海洋所淹没。石炭纪时曾被强大的冰川所覆盖。到了上石炭纪澳洲才全部现出陆地。但到了下白垩纪和中白垩纪，澳洲的中部、东部、北部及西南部又重新被海洋所淹没。直到上白垩纪，它的北部才逐渐露出水面，中部变成湖泊。最后，在第三纪后半期，澳洲才全部上升为陆地。

澳洲和南极的联系虽然一直持续到第三纪中，但在晚侏罗纪就脱离南美-非洲，再加上在白垩纪前期的海侵，所以在植物区系方面和南美及非洲的联系并不太密切。原始的多心皮类也不多见。只有林仙科的 *Drimys*, *Austrobaileya* 及 *Bubbia*，单种的 *Eupomatiaceae* 和 *Himeniendraceae*，它们从澳洲分布到邻近的新几内亚和新喀里多尼亚一带，其中只有 *Drimys* 同时分布于南美。这些木兰目的成分和北古陆没有多大的联系，有可能是在冈瓦纳脱离劳亚古陆之后，才从原始的被子植物或原始的多心皮类衍出来的。鉴于 *Drimys* 是澳洲和南美所共有，则它的出现可能是在侏罗纪末当澳洲与南美-非洲还是联在一起的时候。

现代澳洲的种子植物区系有2483属，12000种，是比较贫乏的植物区系。其中的特有属为714个，占28.7%。作为一个被海洋所包围的大陆，就显得它的区系更为贫乏。另一方面，它和华夏植物区系共有的植物为988属，占澳洲区系总数的40%。再加上它与北半球及亚洲热带共有的成分为1173属，即占47.3%，这里面只有185属（7.3%）不属于华夏区系的成分。反过来，澳洲成分与南方古陆共有的为559属，即占区系总数的

22.5%。由此可见澳洲植物区系与华夏的联系比整个南古陆及其它大陆更为密切。

在裸子植物方面，澳洲与华夏两地共有的为苏铁属(*Cycas*)、竹柏属 *Podocarpus*，陆均松属(*Dacrydium*)，贝壳杉属(*Agathis*)及南洋杉属(*Araucaria*)，后二者是在北部湾围洲岛的老第三纪地层找到它们的花粉。被子植物方面，在澳洲的毛茛科有7个属，其中6个属同时见于华夏(6/7)。番荔枝科为6/15，樟科为8/9，肉豆蔻科为2/2，小檗科为1/1，罂粟科为4/8，蜡梅科为1/1，猪笼草科为1/1，防己科为4/13，堇菜科为2/5，十字花科为21/55，石竹科为16/25，千屈菜科为2/4，柳叶菜科为4/8，山龙眼科为1/38，海桐花科为1/9，大风子科为5/8，山茶科为1/1，藤黄科为3/7，杜英科为2/5，桃金娘科为3/8，使君子科为3/5，椴树科为4/11，梧桐科为8/21，木棉科为1/7，毒鼠子科为1/1，大戟科为29/55，蔷薇科为12/18，豆科为70/155，金缕梅科为0/2，杨柳科为1/1，桑科为11/15，榆科为4/4，荨麻科为7/14，冬青科为1/1，胡颓子科为1/1，鼠李科为7/18，卫矛科为6/13，希藤科为2/3，茶茱萸科为3/8，葡萄科为4/6，芸香科为9/42，苦木科为3/8，槭树科为1/1，八角枫科为1/1，牛栓藤科为2/2，漆树科为4/10，橄榄科为2/3，伞形科为15/39，合瓣花类的石南科在澳洲有5属，其中2属与华夏共有(2/5)，山矾科1/1，紫金牛科为5/7，马钱科为3/7，木犀科为5/8，山榄科为5/9，萝藦科为14/20，夹竹桃科为12/15，茜草科为26/42，忍冬科为2/3，龙胆科为3/10，山羊草科为2/4，葫芦科为15/16，川续断科为2/2，菊科为71/189，报春花科为2/5，苦槛蓝科为1/2，桔梗科为5/9，紫草科为8/23，旋花科为13/20，玄参科为20/51，爵床科为9/20，马鞭草科为9/27，唇形科为19/35。单子叶植物的鸭跖草科为4/8，百合科为21/60，露兜科为2/2，棕榈科为16/23，姜科为5/6，刺鳞草科为1/7，帚灯草科为1/17，兰科为41/80，禾本科为113/218。

从上述数字可以看到，凡是华夏植物区系的成分在澳洲都有较多的代表。反之，属于澳洲的代表植物，如山龙眼科、木棉科、海桐花科、山羊草科、刺鳞草科、帚灯草科等，在华夏植物区系则为数很微。这些数字说明了下面几个问题。(1)凡是华夏的成分在澳洲都有较多的代表，反映出澳洲植物区系打下了华夏成分深刻的烙印。(2)凡是代表澳洲的成分在华夏为数不多，说明了澳洲区系具有次生性质。(3)某些一向被认为是北温带起源的科，如蔷薇科、报春花科、龙胆科、桔梗科等在澳洲有一定的代表，说明了它们不是北温带成分，而是华夏植物区系的一个组成部分。(4)综合以上各点，那些所谓澳洲大陆在第三纪时一度靠近亚洲的推测是不能置信的，因为代表亚洲热带成分的龙脑香科并不见于澳洲。那些和华夏共有的成分可能是在联合古陆时期就已经在澳洲有了萌芽。

三、非洲大陆的漂移及其植物区系的发展

自从澳洲-南极陆块在侏罗-白垩纪和南美-非洲陆块分离之后，南美陆块也在白垩纪末或早第三纪离开非洲。古地理的资料反映出，从石炭纪末到二迭纪，非洲南部也和澳洲一样被强大的冰川所复盖，并从罗得西亚一带开始向北方伸展。冰川溶解之后，形成了大湖。非洲北部及西北部包括撒哈拉沙漠和利比亚荒漠在白垩纪时则被海洋所淹

没。非洲南部在三迭纪时曾上升为陆地，到三迭纪末火山活动普遍出现。侏罗纪和白垩纪时，南部又出现强烈的剥蚀作用。古气候的资料也表明，非洲南部到北部在中生代出现过比现代更为严酷的干旱气候。从第三纪开始到上新世初曾经出现过潮湿的气候，在上新世中期又重新变得干旱。到上新世末，雨量开始增大。当赤道位于北部时，南部明显地干旱。到了新生代中期，赤道往南移动时，南部的雨量增高，北部显得特别干旱。非洲的古地理和古气候的剧烈变化，必然使非洲的植物区系变得特别贫乏。据估计，偌大的非洲只有13000—15000种种子植物，并且形成了许多旱生性的肉质植物。与此同时，也出现了较大量的特有种属。据恩格勒（A. Engler）的报导，约有898个属是特有的。

非洲植物区系最显著的特点是缺乏原始性的多心皮类。木兰科和它的近缘各科，在这里基本上是绝迹的。只有 Monimiaceae 有两个属（Xymalos, Siparuna）见于中非和西非。番荔支科在这里获得较好的发展。这个科在亚洲有44属800余种，南美有38属740种，非洲则有40属450种，澳洲也有15个属。原始的番荔支科种系如暗萝（Polyalthia）、假鹰爪（Desmos）、鹰爪（Artobotrya）及澄广花（Orophea）的分布中心都在亚洲。整个科共有120属2700种，在亚、非、南美三大植物区明显地比较孤立，各自沿着自己的路线发展，因此，特有属较多。这一事实反映出番荔支科是在各个陆块漂移已经基本结束的第三纪才发展起来，化石的证据也反映出这一事实。其它的多心皮类，如毛茛科等，在非洲极为贫乏，金缕梅科也只有一个毛枝属（Trichoclados），莱藨花序类也很贫乏，五桠果科缺乏原始的五桠果属（Dillenia），山茶科只有厚皮香属2个种。惟有大风子科在这里获得进展，在全科84个属当中，非洲有48属，其中32个属是特有的。

由于非洲在不同时期先后和欧洲、亚洲、南美及印度有过地理上的联系和接触，结果在植物区系方面得到反映，并使非洲的区系显得特别复杂，除了特有种之外，还有泛热带成分，古热带成分，华夏成分，地中海及南欧成分等。属于古热带成分并且和华夏共有的，有毒鼠子属（Dichopetalum），八角枫属（Alangium），山柚子属（Opilia），箭毒木属（Antiaria），无花果属（Ficus），海桐花属（Pittosporum），刺茉莉属（Azima），铁青树属（Olax），西门木属（Ximenia），青皮属（Vatica），藤黄属（Garcinia），木棉属，金叶属（Chrysophyllum），猫尾木属（Markhamia），勾枝藤属（Ancistroclados），鸦胆子属（Brucea），牛筋果属（Harrisonia），青藤属（Illigera），谷木属（Memecylon），蒴莲属（Adenia），橄榄属，倒吊笔属（Wrightia），破布树属（Cordia），红豆属（Ormosia），露兜属（Pandanus），霉草属（Sciaphila），白藤属（Calamus），刺葵属（Phoenix），天麻属。

属于泛热带成分并和华夏共有的，有蝶形花科41属，茜草科21属，爵床科13属，萝藦科11属，夹竹桃科5属，旋花科9属，马鞭草科7属，锦葵科8属，紫金牛科5属，鸭跖草科5属，番荔支科5属，防己科5属，大戟科29属，樟科2属。

和华夏植物区系共有的，除了上述古热带及泛热带成分之外，还有杨梅科，杨柳科，榆科，荨麻科，黄杨科，牡丹科的牡丹，芸香科的花椒、黄皮、柑桔、飞龙掌血、宜母子。椴树科的扁担干。还有小檗、冬青、凤仙花、锡叶藤、老鹳草、鸭脚木以及玄参科、龙胆科、商陆科、桔梗科及秋海棠科的一些属。在广布的科当中，和华夏共有的有唇形科14属，菊科34属，禾本科37属，莎草科11属。此外还有一本芒 *Cladium*，毒瓜 *Bryonopsis*，喃喃果 *Cynometra*，泽泻科的 *Ranalisma*，千屈莱科的虾子花 *Woodfordia*。

非洲缺乏多心皮类的事实，表明非洲植物区系的次生性质。在地史上，非洲和南美连在一起时间最久，直到第三纪初才分开。南美和澳洲尚有林仙科几个属，惟独这里没有。究其原因，很可能是在被子植物处在发展时期的侏罗纪，非洲的环境条件正陷于剧烈的动荡之中，使被子植物得不到应有的发展。某些多心皮类的化石，在北非也仅见于第三纪的地层，如番荔支科的 *Annonaxylon* 及蒙立米科（*Monimiaceae*）的 *Artherospermaxylon*。在南非找到的蒙立米科的 *Protoatherospermaxylon* 及 *Hedycaryoxylon*，也只是见于上白垩纪。此外还有鹰形粉 *Aquilagopollites* 也只见于第三纪的地层。在非洲还没有找到侏罗纪的任何化石及花粉。因此，被子的植物可能是在白垩纪以后才发展起来的。

四、南美大陆的漂移及其植物区系的发展

当澳洲-南极陆块离开非洲之后，南美陆块也从非洲分离出来，到了白垩纪末，约距离现在7000万年，南美与非洲完全分开。由于南大西洋迅速加宽，南美陆块被推着向西漂移。到新生代初期，约距今6500万年，南美的北面出现了同时向西漂移的北美陆块，但二者还没碰在一起，或者联接起来。从白垩纪末到始新世，在北美陆块向西漂移过程，碰上了古太平洋在这里的一条南北延伸的海沟，结果形成了弗朗西斯科褶皱带；附加在西边的加利福尼亚海岸山脉，出现了墨西哥褶皱山脉，但中美与南美还没有联接起来，二者隔离一直持续到上新世。大约在中新世，出现了巨大的火山喷发和地幔向上拱起，才使南美和北美在巴拿马地峡处联接起来。因此，中美的植物区系以北美成分为主，直到第三纪中期以后，南美成分才侵入中美，使中美成为南北美洲植物成分互相渗透的桥梁。

南美大陆西部的安第斯山脉所在处，从二迭纪开始直到整个中生代，都被海洋所淹没。当白垩纪末，南美大陆漂移到现在的位置时，碰到安第斯海沟，才出现安第斯褶皱山脉，它是南美大陆最年轻部份。南美东北角的巴西高原，是中生代以来大片高地的残余，在这里找到的舌羊齿（*Glossopteris*）充分证明了它和非洲曾经联接在一起。只有占据在南美热带的亚马逊河及巴拉那河流域大片低地，才是南美热带植物区系的摇篮。这里拥有世界上最丰富的植物，据统计有3617属，40000种。其中1448属是特有的，1711属是泛热带性分布的。而和古热带共有的有458属。

南美的植物区系也缺乏木兰目的成分。中美的木兰属是北美传播来的，比较原始的多心皮类有同时见于澳洲的林仙（*Drimys*）。此外还有蒙立米科的 *Laurelia* 见于智利，*Mollinedia* 和 *Siparuna* 从墨西哥分布到玻利维亚及巴西。*Peumus* 见于智利和巴拉圭。还有番荔支科38属，肉豆蔻科1属，*Canellaceae* 2属，莼菜科有 *Cabomba*，睡莲科有王莲（*Victoria*），毛茛科只有 *Ranunculus*，*Caltha* 等8个属。金缕梅科则未发现过。总的说来，南美的植物区系虽然很丰富，但比较缺乏原始的代表，它反映出南美植物区系不是最古老的。再从化石的资料也说明了这一点，在多心皮类当中，只有蒙立米科的 *Mollinedia* 和 *Siparuna*，林仙科（*Winteraceae*）的林仙等在南美的第三纪地层找到过。

南美植物区系和华夏区系有一定的联系。除了458属和古热带共有，1711属和泛热带共有之外，它和华夏共有的凡410属。在番荔支科有蒙蒿子（*Anaxagorea*），八角科的八角（*Illicium*）见于西印度群岛及墨西哥。胡椒科有胡椒和草胡椒2属，毛茛科有毛茛属、驴蹄草属、楼斗菜属、唐松草属、野棉花属、铁线莲属，金粟兰科有雪香兰属（*Hedyosum*），莲叶桐科有莲叶桐（*Hernandia*），樟科有楠木属（*Phoebe*）及厚壳桂属（*Cryptocarya*），五桠果科有锡叶藤属，玉蕊科有玉蕊（*Barringtonia*），防己科有锡生藤（*Cissampelos*），马兜铃科有马兜铃属（*Aristolochia*）。此外还有水东哥科的水东哥属以及大花草、奴草（*Mitrastemon*），大风子科的*Xylosma*等5个属。大戟科的芙蓉花（*Dalechampia*）等13个属，含羞草科的榼藤子（*Entada*）等3个属，苏木科的洋紫荆（*Bauhinia*）等4个属，蝶形花科的鱼藤等17个属，鼠李科的蛇藤*Colubrina*等4个属，葡萄科的白粉藤（*Cissus*）等2个属，梧桐科的苹婆（*Sterculia*）等3个属，桃金娘科的蒲桃属（*Syzygium*），古柯科的古柯（*Erythroxylum*），酢浆草科的感应草（*Biophytum*）等2个属，堇菜科的雷诺木（*Rinorea*）等2个属，西番莲科的西番莲属，金莲木科的奥拉木（*Ouratea*），白花菜科的白花菜属等3个属，橄榄科的*Protium*等2个属，远志科的蝉翼木（*Securidrca*）等2属，无患子科的无患子等3属，希藤科的沙拉木（*Salacia*）等2属，牛栓藤科的牛栓藤属，漆树科的盐肤木等2个属，楝科的香椿（*Toona*）属，山榄科的*Pouteria*等2个属，柿树科的柿树属，马钱科的*Mitreola*等3个属，萝摩科的牛皮消（*Cynanchum*）等4属，夹竹桃科的萝芙木等2属，木犀科的李榄属，紫金牛科的硃砂根等2属，茜草科的山黄皮等10个属，旋花科的*Dichondra*等3属，爵床科的鳞花草等8属，马鞭草科的牡荆等5属，兰科的石豆兰（*Bulbphyllum*）等5个属。

中美洲还有许多与华夏共有的成分，可能是北美植物区系在第三纪以后传播来的。它们是厚皮香属、猴欢喜属、小檗属、茶藨子属、五加属、鸭脚木属、树参属、五叶参属（*Pentapanax*）、朴树属、山黄麻属（*Trema*）、枫杨属、胡桃属、桦木属、桤木属、鹅耳枥属、柳属、溲疏属、猫眼草属（*Chrysosplenium*）、凤仙花属、冬青属、山香圆属（*Turpinia*）、商陆属、花椒属、卫矛属、核子木属（*Perrotettia*）、山矾属、杜鹃花科的木藜芦（*Leucothoe*），忍冬科的六道木属、接骨木属及荚蒾属，桔梗科的半边莲属、同瓣草属（*Isotoma*）及铜锤玉带，樱草科的*Anagallis*, *Primula*, 败酱科的*Valeriana*, 龙胆科的*Gentiana*, *Halenia*, 玄参科的*Bacopa*, *Buchnera*等8属，伞形科有*Apium*, *Centella*等8属。此外，全球性分布而又同时见于华夏的有十字花科22属，石竹科9属，蔷薇科6属，苋科7属，菊科31属，唇形科5属，禾本科132属，莎草科9属，紫草科6属。

在古植物方面，南美有樟属、竹柏属、杜鹃花属以及虎耳草科的化石见于第三纪的地层里。

五、北美大陆的漂移及其植物区系的发展

北美是劳亚古陆的一部份，它和欧洲大陆联成一片持续到6500万年前的第三纪。早在距今1.8亿年的三迭纪末，在联合古陆的西部出现了大裂谷，引起大西洋的出现和扩张。到了侏罗纪，大西洋进一步张开，北美的南端开始向西漂移。同时大西洋裂谷向北

伸展。到了白垩纪末，经过7000万年的漂移，大西洋加宽到3000公里，可是北大西洋的裂谷从格陵兰的西侧转向东侧，并受阻于格陵兰的东边，使北美陆块仍然和欧亚大陆保持联系。直到第三纪初，北美才完全脱离欧洲大陆，随后大西洋裂谷一直延伸到北冰洋。

北美与欧亚大陆长期的联系，在植物区系方面得到充分的反映。如木兰属，鹅掌楸属，水青树属，昆栏树属，檫木，枫香，蜡瓣花，槠属，杜仲属等同时见于北美和西欧，甚至格陵兰。而这些化石区系都和现代华夏植物区系直接相联系的。北美与东亚的植物区系的亲缘关系早已为植物地理学者所注意。据Sargent, C.S.估计，两地共有的植物凡155属，再加上北半球的广布种，共有的植物就更多了。在裸子植物方面有侧柏 (*Thuja*)，圆柏 (*Sabina*)，刺柏 (*Juniperus*)，铁杉 (*Tsuga*)，紫杉 (*Taxus*)，榧 (*Torreya*)，肖楠 (*Libocedrus*)，黄杉 (*Pseudotsuga*)，花柏 (*Chamaecyparis*)，麻黄 (*Ephedra*)，还有银杏和水杉的化石。在中国则有落羽杉(*Taxodium*)的化石。

被子植物有下列一些主要的代表。即鹅掌楸属，木兰属，八角属，北五味子属，山荷叶属(*Diphylleia*)，类叶牡丹属(*Caulophyllum*)，鬼臼属(*Podophyllum*)，鲜黄连属(*Jeffersonia*)，十大功劳属，黄连属，莼菜属，商陆属，山胡椒属，檫树属，猫眼草属，落新妇属，帽蕊属(*Mitella*)，黄水枝属(*Tiarella*)，金罂粟属(*Stylophorum*)，枫香树属，金缕梅属，大头茶属，紫茎属，厚皮香属，柃属，鼠刺属，槭属，槠属，杨梅属，胡桃属，山核桃属，椴树属，七叶树属，山毛榉属，栗属，葡萄属，蛇葡萄属，柿属，马醉木属，南烛属，天栌属(*Arctous*)，山小檗属(*Hugeria*)，酸果蔓属(*Oxycoccus*)，银钟花属(*Halenia*)，黄钟花属(*Tecoma*)，透骨草属，岩扇属 *Shortia*，猪獠属，菝葜属。

在古植物化石方面，有横裂木兰(*Talauma*)，水青树属，昆栏树属，云叶属，马蹄荷属，黄杞属，樟属，油桐属，苹婆属，无花果属，铁线莲属，毛茛属及唐松草属。

北美植物区系与华夏植物区系的紧密联系是可以理解的。北美是在第三纪才完全脱离欧亚大陆，在这以前，它和欧亚及华夏的植物区系是处在统一的整体里。欧洲受到了第四纪冰川的严重破坏，已很难找到第三纪以前的植物，但在欧洲第三纪及白垩纪，乃至侏罗纪是可以找到许多与华夏共有的植物化石。除了上面提到的成分之外，还有睡莲，莲，杜仲，金鱼藻，小檗，悬铃木等，完全证实了在第三纪以前欧洲是存在过华夏的成分。至于北美，在白垩纪末期，中央部份被海侵所淹没，到了第三纪—第四纪又出现了几次冰川，只在南部的东西两侧的山地才保存了一部份白垩纪以来的植物，是和华夏共有的古老植物区系。

以往探讨北美与东亚的植物区系关系的学者，由于受到海陆永恒不变的观点所束缚，认为两地的联系是通过白令海峡的接触来实现。或者认为太平洋曾经出现过陆桥，使两地的植物区系互相沟通和渗透。现在看来，这些说法是不成立的。因为北美在新生代才漂移到现在的位置，而两地共有的成分都是白垩纪时期，甚至是侏罗纪时的产物，早就存在于欧亚及华夏古陆，何来等待到第三纪以后才通过白令海峡来沟通。陆桥之说更不可靠，因为环绕太平洋东西两岸都是深海沟，是太平洋板块的边缘，任何陆桥都不可能飞越。何况地史上根本不存在什么陆桥。地史学的资料还证明了北美的西部在第三纪以前是海侵所淹没，而东部的地层比西部要古老得多。东部的阿巴拉契亚山脉在古生代已经形成,从密西西比河到弗罗里达这个北美唯一的阔叶林区是白垩纪-第三纪植物区系的温床。第三纪以后的冰川对它们的破坏远较别处轻微。

北美西海岸在中生代一直被海侵所淹没,直到白垩纪末海水才逐渐退出,到了第三纪中期才完全露出海面。目前北美太平洋沿岸主要是针叶林。

整个北美具有那么多和华夏植物区系相同的成分,充分证明北美和欧亚大陆及华夏古陆在植物区系方面的统一性。但北美没有华夏区系那么多的多心皮类,也缺乏那么完善的系统发育各个阶段的关键科属,反映出北美植物区系有显著的次生性质。

六、亚洲热带岛屿的出现及其植物区系的发展

这个植物区系包括北面的菲律宾,东面的伊里安及其附近岛屿,南面包括爪哇和巽他群岛,西面到达马来半岛及苏门答腊。印度是在第三纪以后从非洲漂移过来,已受到热带亚洲植物区系的影响,也受到华夏区系的渗透。印度支那半岛是印支造山运动兴起来的,它和华夏大陆联成一片,同时在区系方面也受到热带亚洲区系的影响。在地史上热带亚洲岛屿不同于完整的陆块,它是在不同的地史时期先后出现的岛屿。苏门答腊在古生代曾经是华夏古陆的南端的一个组成部份,在中生代因海侵而淹没,它和菲律宾、加里曼丹、伊里安可能是在白垩纪晚期才逐渐露出水面的。马来半岛也可能是中生代中期印支造山运动晚期升起来的。直至目前为止在整个马来西亚植物区系还没有找到多少属于白垩纪的植物化石,已有的大多是第三纪的龙脑香科化石。所谓澳亚古陆实际上不存在,因为澳洲大陆直到第三纪中期才完全脱离南极并向北漂移,停留在现在的位置。那种认为澳亚古陆在第三纪初就已完成的说法显然是不真实的。现在马来西亚植物区系里,澳洲的成分并不占重要的地位。同样地,马来西亚植物区系成分在澳洲也不起重要作用。龙脑香科是早第三纪的产物,分布到伊里安,甚至有2个属到达热带非洲,可是它并不进入澳洲。以靠近澳洲的伊里安植物区系为例,那里有834属,6872种植物,其中特有种竟达4614种,反映出该地区的植物区系的独立性,是长期以来孤立的海洋岛屿。再以华尔勃(Warburg)在伊里安采到753种植物的分析为例,其中207种是特有的,在574个非特有种当中,有527种和马来西亚共有。反过来,和澳洲共有的只有209种,而且这209种中,有55种是海流传播的海岸植物,50种是广布种,它们大多数是杂草,真正属于澳洲成分的只有9种。在伊里安970种蕨类植物当中,据拉姆(Lam)的分析,特有种为207种,属于马来西亚的为249种,属于菲律宾的为179种,共占44%。属于玻里尼西亚的有165种,属于澳洲成分的仅78种。由此可见,澳洲在第三纪以来并没有和亚洲接触过。至于梅里尔(E.D.Merrill)所推测的,菲律宾在白垩纪中属于澳亚古陆的一部份的说法,也难于置信。

据栗特利(Ridley)的研究,马来半岛植物区系主要是由特有成分、巽他成分、喜马拉雅成分,印度-印度支那半岛成分及澳洲成分所组成。这里所谓喜马拉雅成分及印度-印度支那成分,实际上就是华夏成分,或者是华夏起源的。因此,马来半岛的植物区系有很大一部份是属于华夏植物区系。广义的马来西亚植物区系,可能是在华夏古陆南端的印度支那半岛发生和扩展起来的。然后再从马来半岛进入苏门答腊和加里曼丹一带。

与此同时，在爪哇及苏门答腊等地的山区植物，这些曾被范士汀尼(Van Steenis)当作**北温带起源**的植物成分，也是由印支半岛及马来半岛进入马来西亚的山地，这些所谓北温带成分，实际上是地道的华夏成分。

华夏植物区系与热带亚洲的植物区系是一个整体，无论是系统发育或区系发展方面都是一个整体。以往的学者把中国南部的植物区系归入热带亚洲区(古热带区)，而把中国亚热带的植物区系则列入泛北极区。他们在解析中国植物与热带亚洲植物的关系时，都认为是两地互相渗透的结果。即热带成分从马来西亚进入中国南部，而中国的温带成分（其实是华夏成分或亚热带成分），则转移到热带山区。这种提法完全忽视了华夏植物区系的历史发展的背景和过程。热带植物在系统发育上都不是最原始的，而是系统发育中第二阶段的产物，它们只能是从华夏植物区系中更原始的代表——多心皮类或五桠果类发展出来，然后随着气候的变迁各自适应于不同的生境条件，逐步形成了现代不同的分布区。如果认为它们只是一成不变地从那里发育，就只能在那里消失的话，那么，地球上势必将出现许多起源中心，这是不符合客观实际的。

中国有种子植物2600余属，其中有860余属被认为是泛热带、古热带及亚洲热带的成分。究其实质，它们当中只有很少一部份，如龙脑香科，肉豆蔻科，金虎尾科，毒鼠子科，大花草科，猪笼草科等才局限于热带。许多热带成分往往分布于中国的亚热带北端或暖温带的黄河流域。如苦木(*Picrasma quassioides*)分布到华北，胡椒属分布到四川北部，蒲桃*Syzygium*也分布到川西，香椿*Toona*也分布到华北。如果说它们全都起源于热带，然后转移到中国北部，那是十分牵强的。

七、印度陆块的漂移及其植物区系的发展

关于印度与喜马拉雅山的植物区系本文作者已有专文论述。印度陆块从侏罗纪末脱离非洲大陆向北漂移，到第三纪初期靠在亚洲大陆南边，另一方面受到华夏植物区系的支配，同时也受到马来西亚区系的影响。印度植物区系也和亚洲热带及中国南部的热带地区一样，热带成分占有低地及平原，华夏成分则分布于中山以上的山区，并且和中国南部的区系相似，凡是热带成分，无论哪一个科属都只有少数的代表，而华夏区系的成分则有较多的种类。印度植物区系本身很少特有的科属，只有较多的特有种。至于印度西部的干旱地区则受到中东和北非植物区系的影响和渗透。霍克(J.D.Hooker)认为"印度不存在纯粹的印度植物区系，而是从邻近地区迁移和渗透到印度来的成分所组成"的提法，基本上反映了印度植物区系的特点。从古植物化石方面也能说明这个问题，印度除了在离开非洲之前有舌羊齿的化石之外，据不完全的资料报导(Sahni)，印度没有发现白垩纪以前的植物化石，只有第三纪的单子叶植物化石及上新世的针叶树，在克什米尔更新世的花粉中有雪松、冷杉、柏、松、云杉、麻黄、榿木、桦木、**鹅耳枥**、榛、栲树、胡桃、栎、柳、榆、杜鹃花及禾本科的花粉。因此，印度植物区系比马来西亚更为年轻，它受到华夏及马来西亚植物区系的影响和渗透是可以理解的。

八、结 论

种子植物从泥盆纪开始出现之后，遵照着最适者生存的规律和单元起源的法则不断

地演化形成出尔后的高等植物区系。古生代四个古陆的蕨类及种子蕨的地理分布及它们的共有成分完全证实了这一点。有花植物的起源与分布也不例外地遵照这个规律和法则。

有花植物起源的时代应该是三迭纪。它们来自种子蕨,而种子蕨从泥盆纪-石炭纪已开始出现。在许多的种子蕨当中,可能有的就是原始的有花植物。如开通类(Caytoniales)的 *Saginopteris* 已被许多人认为是原始有花植物(Krasilov),还有二迭纪到侏罗纪找到的单沟、3沟及双孔的花粉都是原始有花植物的遗骸。

有花植物发韧的地点可能在华夏古陆,华夏古陆从二迭纪以来找到了许多化石和孢粉,被认为是原始的有花植物,最近在燕辽平原的侏罗纪地层找到了大量的原始被子植物及半被子植物的化石[11],有力地支持了这一观点。

华夏古陆进到中生代以后,海侵停止了,造山运动把华夏古陆和其他古陆联成一片,并趋于稳定,最有条件成为有花植物的发祥地,已找到的各种有花植物的化石和花粉也证实了这一观点。而其他古陆,无论是澳洲、非洲、南美或热带亚洲在进入中生代之后,不是海侵,便被冰川复盖,很不稳定。再从现存的植物区系和出土的化石及孢粉的贫乏,也可以说明它们难于成为有花植物的摇篮。

华夏古陆紧靠着劳亚古陆,所以华夏植物与西欧与北美的关系要比其他大陆更为密切。热带亚洲是华夏古陆的延伸,苏门答腊是古生代华夏的南端组成部分。印度支那半岛及马来半岛是三迭纪及其后继的印支造山运动才兴起来的,在植物区系发育方面是一个整体,由于气候分带才引起植物区系的分化。

地球上各大陆的植物起源的一元性,以及各大陆植物区系发展的特殊性,反映出古生代联合古陆曾经是一个完整的实体。植物区系的统一性,似乎可以反过来为大陆漂移提供佐证。

主 要 参 考 文 献

[1] 斯行健,古生代末华夏植物群与北极圈群、盎格兰、恭华那各植物群的关系,古生物学报,1953, 1, 224—241.
[2] 斯行健,陕北中生代延长层植物群,中国古生物志,总139册,1956.
[3] 沈光隆,陇南徽成县一带侏罗纪沔县群植物化石,古生物学报,1956, 9, 167—180.
[4] 欧阳舒,浙江长兴龙潭组孢子花粉组合,古生物学报,1962, 10, 76—116.
[5] 张宏达,广东植物区系的特点,中山大学学报(自然科学版),1962, 1.
[6] 曹正尧,广东高明小坪组植物化石,古生物学报,1965, 13, 510—528.
[7] 吴鲁夫,历史植物地理学(仲崇信等译).
[8] 张宏达,华夏植物区系的起源与发展,中山大学学报(自然科学版),1980, 1.
[9] 张宏达,从印度板块的漂移论喜马拉雅植物区系的特点,中山大学学报(自然科学版),1984, 4.
[10] 张宏达,植被地理问题初释,西南师范学院学报,1984, 5.
[11] 潘广,华北燕辽地区侏罗纪被子植物先驱与被子植物的起源,科学通报,1983, 24.
[12] Axelrod, D.I., *Bot.Rev.*, 1970, 36, 277—319.
[13] Hickey, L.J., *Bot.Rev.*, 43 (1977), 3—104.
[14] Hughes, N.F., *Bot.Rev.*, 43 (1977), 105—127.

[15] Krassilov, V.A., *Bot.Rev.*, 43 (1977), 143—176.
[16] Boufford, D.E. and Spongberg, S.A., Eastern Asian—Eastern North American Phytogeographical Relationship-in Annals of the Missouri Botanical Garden, 70 (1983), 423—439.

The Continental Drift and the Development of the Flowering Plants*

Chang Hang-ta

Abstract

According to the continental drift theory, the ancient ecology of the climate and geological vicissitude of the Cathaysian, Australian, South American, African, North American, Tropical Asian and Indian ancient lands or landmasses throughout the Mesozoic Period are discussed. Subsequently, the characteristics of the flowering floras of the ancient lands are analysed, the principal questions under discussion is concerning with the total amount, the composition and the antiquitic taxa, such as *Magnoliales, Annonales, Ranunculales, Hamamelidales* and the orders of *Amentiflorae*, etc. And then, the discussed question falls on the relationship between the floras of the ancient lands and the Cathaysian flora. An interest and valuable existing state of affair has shown, that although the Australian and the Antarctic landmasses was broke away from the mainland of Gongwana at the late Jurassic, but more than 40% of genera (998) are coexisting in Cathaysia and Australia; and in the proper order, a large amount of genera are found between the Cathaysia and India、Tropical Asia、north America、south America and Africa also. Thus it can be seen that the flowering plants would be originate at the dawn of Triassic or Mesozoic, in other word, it was originated before the breakdown of the unionized Pangaea, Such assessment is proved by the fossils and the survived flowering plants. Following the drifting landmasses, the flowering plants of all the continents are developed continuously along with the new environment.

Lastly, a suggestion is given, that the Cathaysian flora is originated locally, since there are numerous primary taxa survived here which are not found from other continents, and all the remaining landmasses either covered by the gracial or by the sea transgression, or by the droughty climate throughout the Mesozoic Period, it is imposible to nurse the flowering plants, only the stabilized Cathaysia will become the cradle of the primary spermatophytes as well as of the flowering plants.

*Projects Supported by the Science Fund of the Chinese Academy of Sciences

云南木兰科新植物***

陈 宝 樑

(生物学系)

NEW TAXA OF MAGNOLIACEAE FROM YUNNAN

Chen Baoliang

(Department of Biology)

关键词 木兰属，显脉木兰，木莲属，卵果木莲，马关木莲，薄叶木莲，含笑属，畴阳含笑，短柄苦梓含笑

Keywords Magnolia, M. phanerophlebia; Manglietia, M. ovoidea, M. maguanica, M. tenuifolia; Michelia, M. nitida, M. balansae var. brevipes

1 显脉木兰 新种

Magnolia phanerophlebia B. L. Chen, sp. nov.

Arbor parva glaberrima, c. 3 m alta, 6 cm in diam., cortice incano laevi; ramuli junniores virides in sicco cinerascentes et pruinosi. Folia sempervirentia, lamina rigide coriacea, obovata vel obovato-elliptica 35-43 cm longa, 10-17 cm lata, apice acuta vel breviter acuminata, basi anguste cuneata, supra nitidissima atro-viridis, subtus pallide viridis; costa media et nervis lateralibus supra conspicue impressa, subtus elevata, nervis lateralibus utrinsecus 11-17, ad marginem non attingentibus arcuatim confluentibus, margine revoluta; petioli 1.5-6 cm longi, cicatricibus longitudinem petiolorum 1/3-1/2 aequantibus vel interdum fere ad apicem cicatricatus, basi conspicue dilatatus; stipulae petiolo adnata. Flores terminantes; alabastrum c. 3 cm longum, ovatum, primo in bracteis spathoideis 3, viridibus, in sicco nigrescentibus, dorsaliter crebre granuloso-pallilosis inclusum; pedunculus 2.3 cm longus, 0.4 cm in diam., recurvatus. Perian-

---

本文1987年3月收到
* 国家自然科学基金资助项目
** 云南文山州林业局苏有华、杨绍诚参加野外工作

thium 3-cyclicum, 2-3-merum; tepala 8, concava, 3 exteriora membranacea viridula, 5 cetera carnosa alba. Stamina numerosa. Gynoecium anguste ovatum, carpellis c. 11. Fructus ignoti.

Species M. coco (Lour.) DC. affinis, sed foliis majoribus obovatis vel obovato-ellipticis, 35-43 cm longis, 10-17 cm latis, costis mediis et nervis lateralibus supra conspicue impressis, petiolis 1.5-6 cm longis, cicatricibus longitudinem petiolorum 1/3-1/2 aequantibus differt.

Yunnan: Maguan, in sylvis alt. 725 m, Chen B. L. et Mai C. N. 87T-001 (Typus, Zhongshan University, Guangzhou); eod. loco, Chen B. L. et Mai C. N. 87T-003.

小乔木，全株无毛，高约3米，胸径6厘米，树皮灰色而平滑；幼枝绿色，干时灰色，被白粉。叶常绿，厚革质，倒卵形或倒卵状椭圆形，长35—43厘米，宽10—17厘米，顶端急尖或短尖，基部狭楔形，上面极光亮，深绿，下面淡绿；中脉和侧脉在上面显著凹陷，在下面凸起，侧脉每边11—17条，侧脉不到叶缘，在叶缘附近弯弓连结，叶柄长1.5—6厘米、托叶脱落疤痕为叶柄长的$\frac{1}{3}$—$\frac{1}{2}$，有时几达叶柄顶端，基部显著膨大。花顶生，花蕾长约3厘米，卵形，苞片3枚绿色，干时黑色。背面具颗粒状乳突，花梗长2.3厘米，直径0.4厘米，下弯；花被3轮，2—3数，花被片8枚，凹弯，最外3枚膜质，绿色，其余5枚肉质，白色，雄蕊多数，雌蕊群狭卵形，心皮约11枚。果未见。

本种与M. coco (Lour.) DC. 近缘，但叶较大，倒卵形或倒卵状椭圆形，长35—43厘米，宽10—17厘米，中脉及侧脉在上面显著凹陷，叶柄长1.5—6厘米，托叶痕为叶柄长的$\frac{1}{3}$—$\frac{1}{2}$，易于识别。

云南：马关，海拔725米，陈宝琛、麦炽南87T—001（模式标本，存广州中山大学标本室）；同地，陈宝琛、麦炽南87T—003。

2 卵果木莲 新种

Manglietia ovoidea Chang et B. L. Chen, sp. nov.

Arbor; ramuli juveniores robusti, teretes, indumentis dense appresseque tomentosis, primo ferrugineis, mox cinerascentibus vestiti, demum glabrescentes. Folia coriacea anguste elliptica vel elliptico-oblonga, 13-14 cm longa, 4.3-5 cm lata, apice breviter acuta, basi cuneata vel late cuneata, utrinque glabra, supra atro-viridia, subtus pallide viridia; costa media supra impressa, subtus elevata, nervis lateralibus utrinsecus 12-14, nervulis reticulatis inconspicuis; petioli 1.3-1.5 cm longi, primo ferrugineo-pubescentes, glabrescentes inferne per c.1/2 longitudinem cicatricati; stipulae appresse pubescentes, petioli parti inferiori adnatae. Alabastrum ovatum initio in bractea spathoidea unica inclusum; bractea in pedunculum intervallo nullo sub flore inserta; pedicellus pubescens 1.5-2 cm longus. Perianthium 3-cyclicum, 2-3-merum, tepala 11 carnosa, 3 exteriora obovata, chlorina c. 3.5 cm longa, 2.4 cm lata, interiora spatulato-obovata, flavida infra medium plus minusve purpurata, c. 2.8 cm longa, 1.4 cm lata; stamina numerosa purpurata c. 11 mm longa, axi in fructu c. 7 mm longa affixa. Gynoecium late ovoideum c. 15 mm longum, carpellis c. 22, ovulis in quoque carpello 8-11. Fructus ovoidei vel fere globosi, 3.2-3.6 cm longi, carpellis maturis ellipticis, 1.6-2.2 cm longis. papillosis; pedicellis fructiferis pubescentibus 2.7- 3.2 cm longis. Semina subcordata, 7-9 mm longa, 6-8 mm lata.

Species M. chingii Dandy similima, sed foliis utrinque glabris, pedicello breviter 1.5-2 cm longo differt.

Yunnan: Maguan, in sylvis, alt. 1900 m, Yan H. R. et Chen B. L. Gs86-182 (**Typus**, Zhongshan University, Guangzhou)

乔木，小枝粗壮，圆柱形，被毛，毛被最初为锈色，后来变为灰色，最后脱落。叶革质，狭椭圆形，椭圆状长圆形，长13—14厘米，宽4.3—5厘米，顶端短急尖，基部楔形或宽楔形，两面无毛，上面深绿色，下面浅绿色；中脉在上面凹陷，在下面凸起，侧脉每边12—14条，侧脉及网脉不明显；叶柄长1.3—1.5厘米，初时被锈毛，后秃净无毛，托叶痕约为叶柄长的⅓，托叶被伏贴毛。花芽卵形，苞片紧靠花被片；花梗被毛，长1.5—2厘米。花被3轮，2—3数，花被片11枚，肉质，淡黄绿色，最外轮3枚倒卵形，长约3.5厘米，宽2.4厘米，最内轮2枚匙状倒卵形，带紫色，长约2.8厘米，宽1.4厘米；雄蕊多数，长约11毫米。雌蕊群宽卵球形，长约15毫米，心皮约22枚，胚珠每心皮8—11颗。聚合果近球形，长3.2—3.6厘米；成熟心皮椭圆形，长1.6—2.2厘米，背面具乳头状突起，果柄被毛，长2.7—3.2厘米。种子近心形，长7—9毫米，宽6—8毫米。花期4月，果期10—11月。

本种与仁昌木莲 M. chingii Dandy 近缘，但本种的叶片两面无毛，花梗较短，长1.5—2厘米，可区别。

云南：马关县，海拔1900米，颜亨瑞、陈宝楙Gs86—182（模式标本存广州中山大学标本室）。

3 马关木莲 新种
Manglietia maguanica Chang et B. L. Chen, sp. nov.

Arbor c. 18 m alta., trunco 60 cm in diam., ramuli virides in sicco brunnescentes, glabri. Folia coriacea, lanceolata, oblongo-lanceolata vel elliptica, 24-30 cm longa, 5.6-7.5 cm lata, apice acuta vel acuminata, basi cuneata, supra lucide viridia, subtus pallide viridia, glabra; costa media supra depressa, subtus conspicue elevata, nervis lateralibus utrinsecus 14-18, nervulis laxe reticulatis, in sicco utrinque prominulis; petioli glabri 3.2-3.5 cm longi, cicatricibus longitudinem petiolorum 1/3-1/2 aequantibus; stipulae petioli basi adnatae, glabrae vel apice laxe villosae. Flores ignoti; tepala (ex cicatricibus) 11, bractea (ex cicatricibus) 1. Pedunculus fructiferus robustus, glaber, 2.5-2.9 cm longus, regione staminalium c. 12 mm longa. Fructus ovato-cylindricus, 7.5-11 cm longus, carpellis maturis ellipticis lignosis, 1-2.7 cm longis, papillosis, rostellatis.

Species M. hookeri Cubit. et Smith affinis, quae differt ramulis cinereo-pubescentibus, nervis lateralibus 20-28.

Yunnan: Maguan, in sylvis alt. 1900 m Chen B. L. et Su Y. H. 86s-053 (**Typus**, Zhongshan University, Guangzhou).

乔木，高约18米，直径60厘米。小枝绿色，干后褐色，无毛。叶革质，披针形，长圆状披针形或椭圆形，长24—30厘米，宽5.6—7.5厘米，顶端急尖或渐尖，基部楔形，上面亮绿，下面浅绿，无毛；中脉在上面略凹陷，在下面显著凸起，侧脉每边14—18条，小脉连成疏网状，干后可见，叶柄无毛，长3.2—3.5厘米，托叶痕长约为叶柄的 $\frac{1}{2}-\frac{1}{3}$；托叶顶端被疏毛。花未见。花被片（据痕）11枚，苞片（据痕）1枚。果柄粗壮，无毛，长2.5—2.9厘米，雄蕊脱落后的疤痕带长12毫米。聚合果卵状圆筒形，长7.5—11厘米；成熟心皮椭圆形，木质，长1—2.7厘米，背面具乳状突起，顶端具短喙。果期11月。

本种与中缅木莲 *M. hookeri* Cubit. et Smiith 近缘，但后者小枝被灰色柔毛，侧脉每边20—28条，可区别。

云南：马关县，海拔1900米，陈宝棫、苏有华86s—053（模式标本存广州中山大学标本室）。

4 薄叶木莲 新种

Manglietia tenuifolia Chang et B. L. Chen, sp. nov.

Arbor c. 20 m alta, 55 cm in diam.; ramuli hornotini glabri modice graciles laeves cicatricibus annulatis notati. Folia tenuiter coriacea, elliptica, obovato-elliptica vel obovata, 12.1-18 cm longa, 4.8-7.4 cm lata, apice breviter acuta vel caudato-acuminata, basi cuneata vel late cuneata, utrinque glabra; costa media supra leviter impressa subtus elevata, nervis lateralibus utrinsecus 10-14, cum nervulis tenuibus, in sicco utrinque prominulis, petiolis glabris, 13-20 cm longis, cicatricibus longitudinem petiolorum 1/6-1/4 aequantibus, stipulis petioli basi adnatis. Flores ignoti, tepala (ex cicatricibus) 11, bractea (ex cicatricibus) 1, in pedunclum intervallo nullo sub flore insertae. Fructus ovato-oblongus, 6.8-9.1 cm longus, 5-6 mm in diam., regione staminalium c. 6 mm longa, pedicello fructifero 1.7-2.4 cm longo, 5-6 mm lato, glabro; carpellis maturis ellipticis 0.8-2.7 cm longis Semina in quoque carpello 3-4.

Species M. insigni (Wall.) Blume affinis, sed ramulis glabri, foliis tenuiter coriaceis, brevioribus 12.1-18 cm longis, utrinque glabris, bracteis 1 in pedunculum intervallo nullo sub flore insertis, pedicellii fructiferis glabris differt.

Yunnan: Maguan, in sylvis alt. 1685 m, Chen B. L. et Li B. 86s-195 (Typus, Zhongshan University, Guangzhou). eod loco, Chen B. L. et Yang S. C. Gs86-098, Chen B. L. et Li B. 86s-298.

乔木，高约20米，直径55厘米。当年生小枝纤细无毛。叶薄革质，椭圆形，倒卵状椭圆形或倒卵形，长12.1—18厘米，宽4.8—7.4厘米，顶端短急尖或尾状渐尖，基部楔形或宽楔形，两面无毛，中脉在上面稍凹陷，在下面凸起，侧脉每边10—14条，侧脉及小脉纤细，干后两面可见，叶柄秃净无毛，长13—20厘米，托叶痕长约为叶柄的 $\frac{1}{6}-\frac{1}{4}$。花未见，花被片（据痕）11枚，苞片（据痕）1枚，紧靠花被。聚合果卵状长圆形，长6.8—9.1厘米，直径5—6厘米，雄蕊脱落后的疤痕带长约6毫米，果柄长1.7—2.4厘米，粗5—6毫米，无毛，成熟心皮椭圆形，长0.8—2.7厘米。种子每心皮3—4颗。

果期10—11月。

本种与红花莲 *M. insignis* (Wall.) Blume 近缘，但小枝秃净无毛，叶薄革质，较短，长12.1—18厘米，两面无毛，苞片1枚紧靠花被，果柄无毛，可区别。

云南：马关县，海拔1685米，陈宝棵，李飙86s—195（模式标本存广州中山大学标本室）；同地，陈宝棵、杨绍诚Gs.6-098，陈宝棵、李飙86s—298。

5 畴阳含笑 新种

Michelia nitida B. L. chen, sp. nov.

Arbor ad 20 m alta, trunco 1 m in diam.; ramuli hornotini virides, argenteo-puberuli, cieatricibus stipularum annularibus, vetustiores cortice brunneo, scabrido glabrescentes. Folia rigide coriacea obovato-oblonga vel obovato-elliptica inaequilatera, 14-16 cm longa, 4-4.5 cm lata, apice leviter contracta acumine ipso obtuso vel acutata, basi late cuneata, supra atroviridia, subtus viridula, utrinque nitida glabra in sicco olivacea; costa media supra impressa, subtus elevata, nervis lateralibus utrinsecus 13-15 gracilibus, supra complanis, subtus inconspicuis, in sicco atque venulis utrinque subaequaliter manifestis; petioli c. 1 cm longi, ecicatricati, pubescentes mox glabrescentes; stipulae a petiolo liberae. Alabastrum immaturum anguste ovatum, 2.5 cm longum, 1 cm crassum; bracteae spathoideae 3, coriaceae, extus dense pubescentes ante anthesin unilateraliter fissae; pedicelli c. 5 mm longi, albo-vel argenteo-pubescentes. Perianthium 2-cyclicum, 3-merum; tepala 6, alba subcarnosa, anguste obovata, glabra, subsimilia, 1.6-2 cm longa, 0.6-1 cm lata. Stamina numerosa, filamentis c. 5 mm longis, connectivo ultra antherae loculos in appendicem cuspide acutam producto. Gynoecium anguste ovatum, glabrum, haud ultra androecium protruso, gynophoro 6 mm longo, glabro; carpella 23-28; ovula c. 10. Fructus apocarpus c. 4 cm longus, pedicello fructifero c. 1.2 cm longo, 0.4 cm in diam., gynophoro in fructus 1.8-2.1 cm longo; folliculi pauci (1-2), ovati vel obovati, lignosi, 2.1-2.3 cm longi, 1.4-1.7 cm lati, c. 4 mm crassi, atro-brunnei secus suturam ventralem et dorsalem omnino dehiscentes. Semina 1-2 in quoque carpello.

Species M. chapensi Dandy affinis, quae differt foliis obovatis vel oblongo-obovatis, subtus in sicco laxe sed vix conspicue reticulatis, gynoecio et gynophoro tomentello, fructibus longioribus, c. 10 cm longis.

Yunnan: Sichou, alt. 1400 m, Chen B. L. et Mai C. N. 87T-033 (Typus, Zhongshan University, Guangzhou); eod, loco, Chen B. L. et Yang S. C. 86s-533.

乔木，高20米，胸径1米；当年生小枝绿色，被银灰色毛，具托叶环痕，老枝树皮灰白，粗糙，无毛。叶厚革质，倒卵状长圆形或倒卵状椭圆形，两侧不对称，长14—16厘米，宽4—4.5厘米，顶端稍收缩，具钝的尖头或锐尖，基部楔形，上面深绿，下面淡绿，两面光亮，无毛，干时橄榄绿；中脉上面压扁，下面凸起，侧脉每边13—15条，纤细，上面扁平，下面不显著，干时两面的侧脉和小脉几乎同样明显；叶柄长约1厘米，无托叶痕，被毛。未成熟的花蕾狭卵形，长2.5厘米；苞片3枚，革质，外面被毛；花梗长约5毫米，被白色或银灰色毛；花被2轮，3数，花被片6枚，白色，近肉质，狭倒卵形，无毛，略相似，长1.6—2厘米，宽0.6—1厘米。雄蕊多数，花丝长5毫米，药隔附属物呈锐尖头；雄蕊群狭卵形，无毛，决不超出雄蕊群之上；雌蕊群柄长6毫米，无毛，心皮23—28枚，卵形，胚珠约10颗。聚合果长约4厘米，果柄长约1.2厘米，粗0.4厘米，雌蕊群柄于果时长约1.8—2.1厘米，蓇葖少数（1—2），卵形或倒卵形，木质，长2.1—2.3厘米，宽1.4—1.7厘米，厚约4毫米，深褐色，沿背腹缝完全开裂。种子每心皮1—2颗。花期2—3月，果期8—9月。

本种与乐昌含笑 *M. chapensis* Dandy 相近，但后者的叶片为倒卵形或长圆状倒卵形，干时下面的网脉稀疏且不明显，雌蕊群及其柄被毛，聚合果较长，约10厘米。

云南：西畴，海拔1400米，陈宝椿、麦炽南87T—033（模式标本，存广州中山大学标本室）；同地，陈宝椿、杨绍诚86s—533。

6 苦梓含笑

Michelia balansae (A. DC.) Dandy in Kew Bull. 1927: 263. 1927. -*Magnolia balansae* A. DC. in Bull. Herb. Boiss. ser. 2,4:294. 1904. -*Michelia baviensis* Finet et Gagnep. in Měm. Soc. Bot. France 4:44.t 58. 1906; Merr. in Lingn. Sci. Journ. -6: 276. 1928.

6a 原变种

var. balansae

海南：刘心祈26969，50；黄全2812。

广西：左景烈23510，曾怀德26866，秦仁昌8144。

6b 短柄苦梓含笑 新变种

var. brevipes B. L. Chen. var. nov.

A typo recedit pedicellis brevioribus, c. 1 cm longis, tepalis brevioribus 2.5-2.9 cm longis, luteolis, gynoecio ellipsoideo.

Yunnan: Malipo, in sylvis, alt. 1165 m, Chen B. L. et Mai C. N. 87T-034 (Typus, Zhongshan University, Guangzhou)

本变种与苦梓含笑（原变种）不同之处为，花梗较短，长约1厘米，花被片较短，长约2.5—2.9厘米，淡黄色，雌蕊群为椭圆形。

云南：麻栗坡，海拔1165米，陈宝椿、麦炽南87T—034（模式标本，存广州中山大学标本室）。

·研究简报·

中国发现新的茶叶资源——可可茶

张宏达　叶创兴　张润梅　马应丹　曾　沛**
（生物学系）

关键词　可可茶，可可豆碱，新茶叶资源

摘　要

可可茶（毛叶茶）*Camellia ptilophylla* Chang 在系统上属山茶属、茶亚属、茶组、茶系，由它的一芽两叶制成的茶叶含茶多酚33.26%，游离氨基酸1.017%，儿茶素73.750‰，可可豆碱4.7%，含极微量的咖啡碱，是一新的有利用价值的茶叶资源。

1　关于可可茶被发现的经过

从1982—1987年，我们调查了广东、广西、云南、贵州、四川、湖南等山茶植物重点分布地区，采集了近千号标本，按分析要求制作茶叶样品。通过在实验室对茶叶样品的测试和分析，表明茶氨酸、儿茶素、嘌呤碱是包括近四十种茶组植物具有表征意义的化学成分。对茶组植物茶样进行重复分析后，发现它们的嘌呤碱的种类和含量有极大的差别。茶叶植物含嘌呤类生物碱主要有咖啡碱、可可豆碱和茶碱三种，这些嘌呤碱的含量是决定茶叶品质的因素之一。传统的饮用茶普洱茶（大叶茶）*Camellia assamica* (Mast.) Chang和茶（小叶茶）*Camellia sinensis* (L.) O. Kuntze，它们所含的嘌呤碱主要都以咖啡碱为主，并含微量的可可豆碱和茶碱。和传统的饮用茶不同的是，我们发现了多种以可可豆碱含量为主的茶叶植物，和以茶碱含量为主的茶叶植物。嘌呤碱以可可豆碱为主的其中一种茶树就是可可茶（毛叶茶）*Camellia ptilophylla* Chang，经过反复的研究，已经证明它具有饮用的价值，可以作为新的茶叶植物栽培。

2　可可茶的系统分类位置

茶组Sect. *Thea* Dyer是山茶属*Camellia* L.里一个特殊的类群。茶组植物包括近40

本文1988年3月收到
*国家自然科学基金资助项目
**参加调查研究工作的还有谢庆建；马应丹现在仲恺农业技术学院工作；本文由叶创兴执笔

种，花的结构表现为有较长的花梗，花白色，早落的苞片2—3，宿存的萼5—6片，花瓣从5片直到16片，雄蕊多数，基部近离生，子房3—5室，果扁球形。茶组植物的苞被是整个山茶属苞被发育最简化的形式。茶组植物内部的演化趋向表现为**花梗由短至长，花由大而小，花瓣由多数到定数，子房由5室到3室，由秃净到被毛，果由大至小，果皮由厚到薄**。现用下列的图示说明其内部的亲缘关系：

$$\text{茶组 Thea} \begin{cases} \text{子房5室} \begin{cases} \text{子房无毛——五室茶系 Ser. } Quinquelocularis \text{ Chang} \\ \text{子房被毛——五柱茶系 Ser. } Pentastylae \text{ Chang} \end{cases} \\ \text{子房3室} \begin{cases} \text{子房无毛——秃房茶系 Ser. } Gynogynae \text{ Chang} \\ \text{子房被毛——茶系 Ser. } Sinensis \text{ Chang} \end{cases} \end{cases}$$

可可茶（毛叶茶）*Camellia ptilopyhlla* Chang 与茶和普洱茶同属于子房3室、子房被毛的茶系。在形态特征上，毛叶茶与茶和普洱茶接近，但叶极长大，长宽最大可达27×6.8厘米，而且叶的毛被（白毫）长而密，花果均较茶和普洱茶大，果略成球形，高常大于宽。

3 可可茶的主要化学成分

茶叶作为饮料，其最重要的化学成分是茶多酚、儿茶素、游离氨基酸和嘌呤碱。经分析，可可茶含茶多酚、儿茶素和茶及普洱茶接近，而含不同的嘌呤类生物碱。上述项目试样的准备和制取采用茶叶常规分析法，游离氨基酸、茶多酚和儿茶素采用分光光度法，茶氨酸的分析在日产柴田——600型氨基酸自动分析仪上进行，嘌呤碱应用高压液相色谱法分析。测试结果列于表1。

表1　三种茶的主要化学成分比较

茶样	采集地	茶多酚%	游离氨基酸%	儿茶素‰	咖啡碱%	可可碱%
茶	广东龙门	27.20	1.709	75.57	5.31	0.19
普洱茶	云南梁河	31.31	2.570	82.440	5.10	0.25
可可茶	广东龙门	33.26	1.017	73.750	—	4.70

可可茶含有的无机元素与茶相似，加工后的红茶同样具有茶黄素。

化学成分分析的结果表明可可茶是一种不含咖啡碱的真茶。这种茶叶在其原始分布地区为当地农民所世代饮用，为了使它早日成为与传统饮用茶叶一样的经济作物，我们还在进行繁殖、驯化、改良和加工的试验，同时也将继续进行药理和病理的试验，它的驯化成功，可能改变整个茶叶市场的结构。

A Discovery of New Tea Resource
—— Cocoa Tea Tree Containing Theobromine from China

Chang Hung-ta   Ye Chuangxing   Zhang Runmei
Ma Yingdan   Zhang Pei

Abstract

Camellia ptilophylla Chang belongs to Ser. *Sinensis* Chang, Sect. *Thea* Dyer, Subgen. *Thea* Chang in taxonomy. The tea made from its one bud and two leaves contains tea tannin 33.26%, free amino acid 1.017%, catechin 73.750 per mil, theobromine 4.7%. The pharmacologic experiment shows that cocoa tea possesses evident function of reducing blood pressure such as *Camellia assamica* (Mast.) Chang and *C. sinensis* (L.)O. Kuntze, and the force promoting the contraction of heart muscle is much stronger than the latter. The discovery of cocoa tea and once it entering into the international trade will change the construction of tea market and would be significant in the theory of tea trees origin.

Keywords Cocoa Tea-Camellia ptilophylla-Theobromine-New tea resource

---

·简讯·

杂交水稻杂种优势预测

我校生物系王永锐副教授承担的国家自然科学基金资助项目"杂交水稻生理优势和杂种优势预测",通过了学术评议。参加评议的专家一致认为:该研究应用放射性同位素从运输和分配的角度,着重阐明了杂交水稻优势的生理基础,在国内外处于领先地位。这一研究成果在杂交水稻高产栽培技术上具有理论和生产的重要意义。实验所累积的资料,将为杂交水稻产量优势的预测提供良好的指标。

尼泊尔植物区系的起源及其亲缘关系

张宏达 江润祥 毕培曦
（中山大学）　（香港中文大学）

摘　要

尼泊尔南部多热带成分，北部多高山植物，表现出明显的垂直分带。种子植物1451属，5000种，属于热带的科数不少，但属种不多。反之，亚热带成分则有较多的属和种。裸子植物只有雪松Cedrus是特有。有花植物仅61属不见于中国，特有属只有14属。60%的种与滇、藏共有。热带成分与云南较密切，亚热带成分则与西藏的最接近。

喜马拉雅植物区系只有4000万年的历史。区系成分基本上是华夏的。少数与北极、北美、日本"间断分布"的成分也是华夏的，尼泊尔及喜马拉雅植物区系是华夏植物区系的后裔，而不是传统上所说的，是中国植物区系的摇篮。

关键词　尼泊尔，区系的历史，分布特点，成分分析，区系起源

尼泊尔位于喜马拉雅山南坡，一直被植物学者视为东亚植物的发源地，而吸引着植物学家的重视和向往。十九世纪以来，欧洲的植物采集队络绎不绝进入尼泊尔。D. Don于1825年出版的 Prodromus Florae Nepalensis，记载了当地植物650种。N. Wallich 在 1820 年以后近 30 年间，先后出版了 Tentamen Flora Nepalensis (1824—26), Plantae Asiaticae Rariores(1829—32), 和人们所熟悉的 Wallich's Cataloque (1829—49)。J. D. Hooker于1948年冬季到过尼泊尔东部。Schlagint West兄弟（1857）及J. Scully(1876)也到过加德满都采集。此外还有Burkill, I. H. (1907), Lall. Dhwoj (1908, 1927—37), N. Kisharma 以及 Pollunin 和 Lownles (1949)等人。所有上述的采集活动都限于尼泊尔中部，而且采集的规模也比较小。到了本世纪五十年代，大规模的采集才正式开始。Polumin, Sykes及Williams于1952年到达尼泊尔西部采集。J. D. Stainton, Sykes, Williams 于1954年又到中部采集。特别是Stainton在1954, 1956, 1962—1971以及1974—1975，每年都在尼泊尔境内进行较长期的调查采集，并在1972年出版了尼泊尔森林(Forests of Nepal)。与此同时，亚洲人也接踵而至。日本的原宽(H. Hara)从1960年到1972年先后多次到尼泊尔考

本文1987年8月收到。　国家自然科学基金资助项目

察，在1966年到1975年陆续出版了 The Flora of Eastern Himalaya (Hara et Ohashi)。以后原宽又和英国合作出版了尼泊尔有花植物概览[7]。

本文的作者于1985年7月曾到加德满都北面的山区由 Bogati 经 Dhunche, Zingkomba 到达 Gosainkon 一带进行了考察采集。根据我们对喜马拉雅南坡、尼泊尔境内的植物区系的分析研究，我们认为喜马拉雅是在第三纪以后才崛起的，这里的植物区系受到了华夏植物区系深刻的影响，它是华夏植物区系的后裔。为此对尼泊尔植物区系进行分析，并与邻近地区的植物区系进行对比，提出尼泊尔植物区系的特点和起源等问题的理解。

1 自然条件及其特点

地理位置 尼泊尔位于印度次大陆的北面，约当东经80°15′—88°10′，北纬26°30′—30°10′之间。东西较宽，延伸880公里，南北狭窄，直线为177公里。北面以喜马拉雅分水岭为界，与中国的西藏接壤，南部及西南与印度毗邻，东端有锡金使之与不丹分隔开，面积14万平方公里。南部最低的恒河平原，海拔不过60米。在首都加德满都一线以南为平原及低山丘陵；加德满都一线以北，逐渐过渡到崇山峻岭。珠穆朗玛位于加德满都的东北角。地势从北往南急剧下降，高度落差达8000米。

地貌 北部高山作东南向蜿蜒，海拔6000米以上终年积雪的山峰，在尼泊尔境内有200多座。其中超过8000米的有珠穆朗玛(8848m)和靠近锡金的干城章嘉(8585m)等4座高峰。山顶的冰雪形成各种冰川地貌，一直下延到5200米的夏季积雪线，融化之后沿着陡坡下泻奔湍，切割成无数的深沟峡谷。高山区的地层多为花岗岩及变质岩所组成。

中部谷地有从喜马拉雅山向南流的数以百计的大小河流，在中部谷地汇成干达克河等四大水系，在四大水系的河谷和山坡上是农田区，其中以加德满都河谷盆地最著名。它是高山带向低地过渡的中部谷地带，还有其他大小不等的河盆地构成尼泊尔的农田基地。

在中部的南面为前山低地，海拔在600—1000米之间，是由石灰岩、砂岩及砾岩组成的山地，目前分布有灌丛及次生林。再往南为平原地带，通称德莱平原。平原东西长800公里，南北宽10—15公里，约占全国土地面积20%，大部份是第四纪冲积物，由砂和黏土所组成的黑色砂壤土，肥力较高，海拔一般为200—300米，最低的只有50米。

气温 一年里按季风的转换，10月至翌年4月盛行干燥的东北风，气温下降，属冬季气候。由于喜马拉雅山阻挡了从青藏高原南下的寒风，使中部山地及河谷的气候凉爽而晴朗，南部平原不见冰雪。每年4月至6月是热季，是东北季风和西南季风交替转换季节，南部气温高而缺雨，中部在这个季节里气候最好。6月至9月是雨季，盛行西南风，大量降水。南部低海拔500米以下的南麓最高的雨量可达3000毫米。由于喜马拉雅山体北高南低，南北气候有明显的垂直分带现象，从南到北出现热带、亚热带、温带、寒带和冰冻带，使植物区系也呈现相应的分带现象。

2 植物分布的特点

尼泊尔境内的种子植物有1451属5000种，加上蕨类植物500种，则属与种之比为1:3.8，这个比数和西藏1258属、5766种的比例(4.7)略低，但比云南2136属、14000种的属种比例(1:6.5)则少得多。属与种比值的大小在一定程度上反映出以属为单位的种系在历史发展过程的长短，另一方面还存在着面积与属种的比值等因素。

　　尼泊尔的地貌和气候的特点，在植物分布上充分表现了出来。南部平原多热带植物，北部山区为高山成分，东部湿润地区多中生植物，西部干旱地区多半荒漠及少数荒漠植物。中部为过渡带，是落叶与常绿树混交带。由于河川是北南走向，印度洋季风可以沿着河谷到达亚高山带，许多热带成分沿着河谷上升到海拔1000米以上的低山及中山地带。加德满都位于北纬27°以北，龙脑香科的 *Shorea robusta* 从低海拔一直分布到加德满都以北，约在北纬28°的海拔1100米的山地，并且能进行茂盛的天然更新，组成单优林。由于喜马拉雅山作东西走向的屏障，阻挡了北面青藏高原的寒风，同时又有印度洋季风的影响，使嗜热的龙脑香植物分布到北纬28°的中山山地，这里是龙脑香植物分布的最北界限。

　　东西向的植物水平分布也很具特色。东南部的气温湿润，盛产热带植物。除了龙脑香科之外，还有海桑科的 *Duabanga*，使君子科的 *Terminalia*，蒲桃科的 *Syzygium*，五桠果科的 *Dillenia*，木棉科的木棉，玉蕊科的 *Barringtonia*，四数木科的 *Tetrameles*。西部半干旱和干旱地区则多落叶树及有刺灌木，如柽柳 *Tamarix*，蒺藜 *Tribulus*，黄耆 *Astragulus*，轴藜 *Axyris*，驼绒藜 *Ceratoides*，滨藜 *Atriplex*，沙蓬 *Agriophyllum*，虫实 *Corispermum* 等藜科植物。还有分布于地中海的锦葵科植物 *Levatera*，豆科的 *Arygrolobium* 等。中部及东部的亚热带性山区，植物区系十分接近中国的亚热带，以壳斗科、山茶科、樟科，松属、杜鹃花等最常见。

　　从平地到高山，出现明显的垂直分带。热带植物沿着河谷到达海拔1000米上下的山地。除粗婆罗双外，还有大戟科，豆科的 *Acacia*，*Albizzia*，*Entada*，楝科，无患子科，桑科等。*Ficus religiosa* 毫无例外地与 *F. lacor* 伴种在一起。在亚热带中山地区，则以樟科的 *Machilus*，山茶科的 *Schima*，壳斗科的 *Castanopsis*，*Quercus*，胡桃科的 *Engelhardtia*，山矾科的 *Symplocos*，木兰科的 *Michelia*，*Manglietia*，冬青科的 *Ilex*，和桦木科的 *Alnus*，*Betula*。裸子植物的种类比较简单。西藏长叶松 *Pinus roxburghii* 最常见，它从海拔1000米一直分布到2600米的荒山和阔叶林里。铁杉 *Tsuga dumosa* 则常呈小群聚出现于2000—2600米的常绿林里，并与云杉 *Picea* 林带相接触。杜鹃的种类较多，分布最广。树杜鹃 *Rhododendron arboreum* 分布在海拔1200—2600米的阔叶林里，这一带的中山常绿阔叶林，湿度很大，树上附生着大量的苔藓和松萝，并远比云杉林为多。再往上则树杜鹃被鳞毛杜鹃 *R. lepidotum* 所代替，它往往是云杉林下主要的下层小乔木。由此再往上，海拔3000米以上则为多种落叶杜鹃灌丛呈小群聚出现于高山灌丛和高上草甸的南缘。云杉林主要是 *Picea smithiana* 组成，从海拔2600—3500米，呈纯林状态，间有 *Abies* 及 *Larix* 伴生。林下还有槭树 *Acer*，高山绒毛栎 *Quercus* sp. 等。3500米以上为高山灌丛，除了杜鹃花之外，有小檗 *Berberis* spp. 灌丛等。海拔4000米往上为高上草甸，主要有樱草 *Primula*，点地梅 *Androsace*，虎耳草 *Saxifraga*，泥胡菜 *Saussurea*，苔草 *Carex*，蒿草 *Robressia* 及 *Poa* 等多年生草本，它们一直分布到5600米。在中山地带常绿林被破坏之后落叶的 *Alnus nepalensis* 迅速侵入并形成纯林。在云杉林被破坏之后次生性的高山灌丛及草甸植物如小檗及罂粟科的草本很快就出现于迹地上。

3 植物区系的组成

在尼泊尔1451属和5000种的种子植物当中，热带植物占有一定的数量，分隶于约80个科。由于地处热带边缘，绝大多数的热带科的属和种的数目均不太多，特别是专性的热带成分更是这样。只有少数的科超过10个属。它们是漆树科有12属22种，芸香科13属30种，葫芦科20属25种，茜草科35属106种，夹竹桃科17属20种，萝藦科25属49种，苦苣苔科10属32种，紫葳科10属13种，爵床科31属69种，马鞭草科12属36种，五加科10属17种，樟科12属52种，大戟科28属82种，茄科16属44种，姜科11属36种，紫草科18属50种，旋花科11属41种。兰科的属种最多，但多数是亚热带成分。这些属种较多的科都是热带—亚热带广泛分布的科，即使这样，它们在全球区系中仍然是占少数的。例如爵床科全世界250属2600种，茜草科全世界500属6000种，在尼泊尔分别为31属69种，35属106种，而且每个属的种数皆不多。

绝大多数专性的热带科只有少量的属种。例如番荔支科5属8种，防己科7属14种，白花菜科3属10种，大风子科6属12种，藤黄科2属2种，龙脑香科1属1种，木棉科1属1种，梧桐科4属15种，椴树科3属16种，杜英科2属7种，亚麻科3属4种，金虎尾科2属3种，酢酱草科2属7种，苦木科2属3种，金莲木科1属2种，橄榄科1属1种，楝科9属14种，铁青树科3属3种，山柑科2属2种，茶茱萸科1属1种，葡萄科5属26种，无患子科5属5种，Moringaceae 1属1种，红树科1属1种，桃金娘科6属12种，玉蕊科1属2种，野牡丹科6属13种，千屈菜科6属15种，海桑科1属1种，西番莲科1属3种，秋海棠科1属17种，四数木科2属2种，番杏科2属2种，八角枫科1属3种，Sphenocleaceas 1种，山榄科2属2种，柿树科1属5种，山矾科1属10种，马钱科4属9种，田基麻科1属1种，胡椒科2属16种，紫茉莉科2属5种，马兜铃科2属6种，肉豆蔻科2属2种，山龙眼科2属2种，桑寄生科8属16种，桑科5属42种，檀香科4属7种，胡麻科2属2种，蛇菰科2属4种，大麻科1属1种，交让木科1属1种，狸藻科2属12种。这种情况和西藏的差不多，但和云南比较则少了许多。

属于华夏植物区系的科有星叶科1属1种，牡丹科1属2种，木兰科4属14种，五味子科1属3种，水青树科1属1种，小檗科3属36种，木通科2属3种，虎耳草科12属129种，紫堇科8属58种，堇菜科1属16种，山茶科5属10种，猕猴桃科1属2种，三白草科1属1种，旌节花科1属4种，冬青科1属9种，鼠李科10属28种，七叶树科1属1种，槭树科1属13种，省沽油科3属4种，清风藤科2属9种，马桑科1属2种，金缕梅科1属1种，柳叶菜科3属21种，菱科1属1种，叩里木科1属1种，桔梗科11属49种，杜鹃花科6属60种，马醉木科1种，水晶兰科3属4种，樱草科6属100种，紫金牛科4属14种，安息香科2属3种，龙胆科12属105种，花葱科1属1种，旋花科11属41种，玄参科38属165种，商陆科1属3种，金粟兰科1属1种，胡桃科2属2种，杨梅科1种，桦木科2属4种，榛科2属4种，壳斗科3属16种，杨柳科2属32种，榆科4属11种，黄杨科2属6种，列当科3属8种，毛茛科19属142种，牻牛儿苗科1属13种，兰科89属

209种。从上列数字可以看出，尼泊尔的植物区系和中国的植物区系多么一致，只是属中的种类较少，而且它们当中还有一些是华夏植物区系里的单种属或寡种的属或种，如星叶科、水青树科、连香树科、三白草科、商陆科、马桑科及叨里木科等。

许多草本和亚热带山区的科，为小檗科、紫堇科、虎耳草科、伞形科、杜鹃花科、樱草科、龙胆科、玄参科、毛茛科，尤以高山植物在本区获得最大的发展。另一些木本科，在中国亚热带广泛分布，但在这里并不象在中国那样，属种数目都并不太多。如金缕梅科只1属1种，桦木科2属4种，榛科2属2种，壳斗科3属16种，山茶科5属10种，木兰科5属14种，野茉莉科2属3种，冬青科9种，针叶树的属种也不多，反映出尼泊尔区系之所以缺乏大量古老的种系，是由于尼泊尔区系的年轻性，那些古老的科属在由华夏向喜马拉雅扩展过程，显然比不上第三纪以后的新兴种系如马先蒿、樱草、乌头、虎耳草科那么活跃及那么强的适应性。

在西部干旱及半干旱地区，有利于耐旱种属的发展。例如黄蓍 *Astragulus* 有24种，栒子 *Cotoneaster* 31种，柽柳 *Tamarix* 5种，藜科有9属16种，蓼科8属70种，仙人掌科2属2种，苔草属 *Carex* 64种，莎草属 *Cyperus* 26种，蒿草属 *Kobrassia* 20种，早熟禾 *Poa* 30种，它们的数量都比西藏及云南略多。

世界广布的科属，在这里获得较好的发展的，有蔷薇科29属175种，豆科83属292种，菊科114属288种，唇形科48属148种，禾本科111属355种，莎草科19属176种。

4 与邻近的植物区系的关系

尼泊尔的植物区系与中国的云南和西藏以及南面的印度最为密切。由于它所处的纬度和地形及气候的特点，它的区系更接近云南和西藏。以裸子植物而论，在尼泊尔为数不多，只有8科15属27种。除了雪松 *Cedrus deodora* 之外，基本上和西藏及云南是共有的。尤以松科的6属10种和西藏的完全相同。只是西藏的裸子植物较多，有16属55种，但缺乏苏铁，其中松科有6属27种，并以黄杉 *Pseudotsuga* 为特有属，其余有 *Abies* 11种，*Picea* 4种，*Pinus* 6种，均比尼泊尔为多。在尼泊尔，除雪松之外，*Abies* 有3种，*Picea* 仅2种，*Pinus* 2种及 *Larix* 2种。印度的裸子植物有8科16属37种，仍比西藏的少。其中松科6属10种，与尼泊尔的基本相同。至于云南方面，共有裸子植物10科25属80种。其中 *Abies* 8种，*Pinus* 8种，铁杉 *Tsuga* 4种，苏铁种。只是缺乏雪松。由此推测，云南的裸子植物区系是较古老的，是华夏植物区系一个主要的组成部份，它概括了甚至孕育了西藏及尼泊尔和印度的裸子植物区系。反过来，后面的三个区系都不能概括云南的裸子植物区系。这种揣测是和该地区的地质发展相吻合的，是该地区的植物区系历史发展的必然结果。

在有花植物方面，云南有2136属，14000种，西藏有1258属，5766种，在尼泊尔1436属，近5000种当中，只有107属和2000种不见于云南及西藏，也就是说尼泊尔只有7%的属和40%的种为滇藏所无。在这107个属当中，有46个属散见于中国的西南、西北、东北和南方。结果只有61个属不见于中国。它们是兰科的 *Apotasia*，*Dactylorhiza*，*Galearia*，*Ponerochis*，*Porpax*，*Smitinandia*，*Stelis*，*Trichosma*，姜科的 *Hemiorchis*，石蒜科的 *Milula*，

百合科的 *Dipcadi*, *Urginea*, 天南星科的 *Ariopsis*, *Thomsonia*; 莎草科的 *Paeothryon*, 禾本科的 *Chionachne*, *Caelorachis*, *Calpodium*, 毛茛科的 *Paroxygraphis*, 防己科的 *Tiliacora*, 十字花科的 *Arcyospermum*, *Chrysobraya*, *Desideria*, *Ermania*, *Ermaniopsis*, *Glaribraya*, 楝科的 *Azadachla*, *Sphaerosocme*, 卫矛科的 *Cassine*, *Lophoplatum*, *Reissantia*, 鼠李科的 *Helinus*, 无患子科的 *Scheichera*, 豆科的 *Argyrolobium*, *Indopiptatenia*, *Paracalyx*, 伞形科的 *Corlia*, 五加科的 *Gamblea*, 茜草科的 *Kobontia*, 菊科的 *Breea*, *Caesulia*, *Catamixis*, *Chrysanthellum*, *Notonia*, 桔梗科的 *Legonsia*, 安息香科的 *Bruiusmia*, 萝藦科的 *Leptodenia*, *Caralluma*, *Orthanthera*, *Pergularia*, *Riocreuxia*, *Vincetoxicum*, *Treultera*, 紫草科的 *Anclusa*, 旋花科的 *Rivea*, 爵床科的 *Dossifluga*, *Ecbolium*, *Sympagis*, 藜科的 *Krascheninnikovia*, 樟科的 *Dodecadenia*(∼*Litsea*), 大戟科的 *Arachne*, *Chrozophora*。那些散见于中国各地而不见于云南及西藏的46个属，它们是兰科的 *Corallorhiza*, *Tipularia*, 百合科的 *Gampylandra*, *Gagea*, 鸭跖草科的 *Amischophacelus*（琼），天南星科的 *Scinapus*, 禾本科的 *Axonopia*, *Erianthus*, *Leucopoa*, *Pseudoechinolaena*, *Thamnocalamus*, 毛茛科的 *Caliantherum*, *Isopyrum*, 紫堇科的 *Fumeria*, 十字花科 *Diplolaxis*, *Dontostemon*, 石竹科的 *Spergala*, 锦葵科的 *Lavatera*(疆), 豆科的 *Alhagi*, *Geissapsis*, *Todehagi*, 葫芦科的 *Diplocyclos*（琼），茜草科的 *Meyna*, 菊科的 *Acanthospermum*, *Blumiopsis*, *Echinops*, *Jurinea*, *Scorzonera*, *Soliva*, 水晶兰科的 *Monotropastrum*, 萝藦科的 *Sarcostemon*(琼), 龙胆科的 *Centaurium*, 紫草科的 *Hackelia*, *Microcaryum*, *Maharanga*, 旋花科的 *Anisua*, 玄参科的 *Lancea*, 爵床科的 *Crosiandra*, *Hemigraphis*, *Pseuderanthemum*, *Ruellia*, *Tarphochlamys*, 马鞭草科的 *Gmelina*, *Holmskioldia*, 唇形科 *Hyptis*, 蓼科的 *Eskemukeryia*。

上述不见于中国的61属并非尼泊尔所特有，它们大多数是尼泊尔与另一些邻近地区所共有。真正或勉强属于尼泊尔特有的仅14属，它们是雪松（*Cedrus*, 北非），天南星科的 *Thomsonia*, 毛茛科的 *Paroxygraphis*, 十字花科的 *Arcyospermum*, *Chrysobraya*, *Ermaniopsis*, *Glaribraya*, 豆科的 *Indopiptadenia*(印), 五加科的 *Gamblea*, 菊科的 *Caesulia*, *Catamixis*, 萝藦科的 *Treultera*, 蓼科的 *Eskemukerzea*, 爵床科的 *Sympagis*。它们当中除了 *Sympagis* 有5种分布于东喜马拉雅到阿萨姆之外，其余均为单种的属。从地形的特点来推断，类似喜马拉雅这样高海拔的山体，东西向与南北向气候分异悬殊，理论上应该有更多的特有科属，而实际并不如此。这一事实似乎告诉人们，第三纪以后4000万年的历程，对于具有漫长发展历史，从中生代中期约有1.5亿年的有花植物区系，已踏入高级发展的阶段，不可能产生更多的特有科属。

在尼泊尔与云南及西藏的关系中有一个共同的特点，凡是属于热带性的科属，则尼泊尔与云南较为接近。当然，云南的热带成分远比尼泊尔多。例如尼泊尔有兰科89属208种，其中和云南相同的有77属158种；与西藏相同的只有52属94种，另一些热带科属，如龙脑香科及苏铁等在尼泊尔与云南均有分布，而在西藏则没有。另一种情况是，属于亚热带的区系成分，则尼泊尔与西藏较为接近，而与云南较为疏远。如毛茛科在尼泊尔有19属142种，云南28属256种，两地相同的有16属45种；西藏有22属183种，尼泊尔与西藏两地相同的有16属57种。十字花科在尼泊尔与云南共有的为20属，32种。而与西藏共有的为28属，41种。其他如紫堇属，龙胆属，樱草属，马先蒿属等不仅在尼泊尔与西藏的种类多，而且共有率也较高。还有第三种情况，尼泊尔区系里有些科属和云南及西藏都有较高的共有率。如紫草科、伞形科及五加科（表1）。最后一种情况，就是尼泊尔有些科属无论云南或西藏都不接近。大风子科在尼泊尔有6属12种，云南有13属28种，两地相同的仅有4属4种；西藏有3属3种都是尼泊尔所有。紫葳科在尼泊尔有9属12种，云南有16属33种，两地共有的仅6属7种；西藏有3属8种，与尼泊尔共有的仅1属2种。分析表明，前面3种情况是亚洲（华夏）的热带与亚热带植物区系内部的相互关系表现出比较密切，第四种情况则不同，大风子科及紫葳科显然不是以亚洲为主的区系成分，因而表现出三个地区之间的大风子科与紫葳科的不协调。

尼泊尔植物区系在湿润地区多为亚洲热带成分，在中部及中山地带的亚热带地区多为中国亚热带成分，而在西部干旱地区则与北非及地中海的联系为密切，如百合科的*Urginea*, *Dipcadi*, 防己科的*Tiliacorea*, 大戟科的*Chrosophora*, 十字花科的*Christolea* (*Desideria*), *Ermania*, 鼠李科的*Helinus*, 豆科的*Argyrolobium*, *Paracalyx*, 菊科的*Notonia*, 萝藦科的*Caralluma*, 紫草科的*Maharanga*, 爵床科的*Ecbolium*等把两地的植物区系联系起来。

尼泊尔与美洲的联系有兰科的*Stelis*, 萝藦科的*Gonolobus*, 番杏科的*Anredera*等。

至于喜马拉雅与北极、北美及阿拉斯加的联系有小檗科的山荷叶属*Diphylleia*, 十字花科的*Christolea* (*Desidera*), 桔梗科的*Legonsia*, 兰科的*Dactylorhiza*等。

5 尼泊尔植物区系的起源问题

尼泊尔植物区系的特点是：①年轻性，它是在第三纪以后才发展起来的，距今不过4000万年的历程。②缺少特有性，尼泊尔的地理条件虽很独特，但植物区系与周围的邻近地区十分接近，尤其与云南及西藏的区系更为密切，深受它们的影响。③亚热带成分为主，热带性成分次之，亚热带高山成分很突出。由于区系发展历史短暂，就缺乏更多的特有科属，成分比较单调，受邻近古老的区系的影响大。在1451属当中仅有61属不见于中国，只有14属是特有的。所以尼泊尔的植物区系也和印度的一样，缺乏自己的特有性，这里不仅缺乏特有的科，特有属也不多，只有一定数量的特有种。西藏植物区系也同样缺乏明显的特有科属。因此过去人们认为喜马拉雅是中国植物的摇篮的说法是缺乏根据的。他们的根据只是看到尼泊尔植物区系当中有一些属种同时也见于日本、西伯利亚及阿拉斯加，因此认为它们是从北极迁移喜马拉雅，然后再折向中国本部。其实这少数属种的间断分布现象，是在历史发展过程因气候变化、冰川的作用、或人类活动的结果，使原来连续的分布区变成间断性分布。而另一些间断现象，可能因大陆漂移所促成，如北美与东亚许多间断分布的科属。在联合古陆分裂之前就已广泛分布，当联合古陆分裂和漂流开去之后，才出现间断现象。喜马拉雅植物区系不像传统学派所推测，由于冰川的作用，躲进高山作为避难所以幸存下来，而是在喜马拉雅上升过程由华夏植物区系扩展过去的，以后冰川作用把平地及低山的一些种属消灭了，才出现目前的间断分布现象。中国植物区系保存着许多在中生代就已经出现的古老和孑遗科属，如昆栏树属*Trochodendron*, 水青树属*Tetracentron*, 领春木属*Euptelea*, 连香树属*Cercidiphyllum*, 杜仲

表1 尼泊尔植物区系与云南及西藏植物区系的比较

科　　名	尼泊尔 属Gen	尼泊尔 种sp.	云南 属:种	云南与尼泊尔 共有Coexist	西藏 属:种	西藏与尼泊尔 共有Coexist
百合科 Liliaceae	31	80	39:211	26:45	25:73	22:35
鸭跖草科 Commelinaceae	9	21	10:34	7:14	7:10	6:8
兰科 Orchidaceae	89	208	124:582	77:158	64:187	52:94
莎草科 Cyperaceae	19	176	26:230	18:102	14:119	14:49
禾本科 Gramineae	111	355	160:468	103:171	102:241	71:113
毛茛科 Ranunculaceae	19	142	28:256	16:45	22:183	16:57
石竹科 Caryophyllaceae	16	82	15:117	11:28	18:133	14:47
十字花科 Cruciferae	37	86	29:140	20:32	44:132	28:41
蔷薇科 Rosaceae	29	175	35:461	26:77	29:241	23:79
虎耳草科 Saxifragaceae	12	129	15:190	6:37	13:149	6:70
紫堇科 Papaveraceae	8	56	11:90	7:9	4:127	4:25
荨麻科 Urticaceae	17	59	21:152	16:42	15:58	15:29
桑科 Moraceae	5	42	13:91	5:32	3:18	3:9
杨柳科 Salicaceae	2	32	2:68	2:14	2:87	2:19
大戟科 Euphorbiaceae	28	82	52:186	25:47	15:53	13:14
樟科 Lauraceae	12	54	15:204	11:20	11:41	10:8
豆科 Leguminosae	83	292	108:570	74:141	51:256	48:81
锦葵科 Malvaceae	12	30	12:57	11:24	4:6	3:3
梧桐科 Sterculiaceae	4	15	15:56	9:9	3:6	3:3
椴树科 Tiliaceae	3	16	9:38	3:7	2:2	1:1
芸香科 Rutaceae	13	30	22:93	13:18	8:20	8:9
鼠李科 Rhamnaceae	8	25	14:76	8:16	6:29	5:9
葡萄科 Vitaceae	6	28	8:77	7:24	7:16	6:5
漆树科 Anacardiaceae	12	21	13:43	12:14	4:10	4:7
杜鹃花科 Ericaceae	9	60	13:343	9:26	11:237	9:48
萝藦科 Asclepiadaceae	26	50	36:134	18:21	9:24	8:7
夹竹桃科 Apocynaceae	16	19	35:100	14:11	6:5	2:2
木犀科 Oleaceae	8	28	10:96	7:17	9:30	6:8
报春科 Primulaceae	6	95	5:243	4:18	6:158	5:44
龙胆科 Gentianaceae	12	98	16:176	8:16	12:155	6:40
茜草科 Rubiaceae	35	106	63:239	32:45	24:68	18:25
忍冬科 Caprifoliaceae	6	39	8:98	6:16	6:50	6:22
葫芦科 Cucurbitaceae	20	29	26:91	18:22	20:26	14:14
菊科 Compositae	111	396	123:713	89:175	89:418	67:130
茄科 Solanaceae	16	44	22:54	14:21	13:24	10:14
爵床科 Acanthaceae	31	69	47:147	10:20	31:69	5:7
马先蒿属 Pedicularis		63	141	11	109	34

Eucommia,独叶草*Kingdonia*,星叶属*Circacastes*,金缕梅科的孑遗属*Disanthus*, *Exbucklandia*, *Rhodoleia*, *Mytilaria*, *Chunia*, *Altingia*,木兰科的*Manglietia*, *Magnolia*, *Michelia*, *Alcimandra*, *Tsoongiodendron*。在这些孑遗属当中,只有水青树属,星叶属及鬼臼属*Podophyllum*等扩散到尼泊尔境内。从这一点也足以证实中国植物区系要比尼泊尔区系古老得多。从4000万年的历史过程中形成1451属的植物,完全缺乏特有科,只有14个特有的属的事实看来,科一级的种系都在4000万年以前形成的。属一级的种系可能在第三纪中期前后出现,种级的种系至少也需要几百万年的时间。换句话说,尼泊尔1451个属都是4000万年左右来自中国植物区系,而在5000种植物当中有60%来自中国,其余40%的种是在4000万年连续形成出来的。

再就裸子植物的情况看,松科及杉科在中国植物区系最为发达,松科在中国拥有全部10个属142个种和变种,尼泊尔只有6属10种,杉科在中国有5属7种,占全球的50%,而在尼泊尔完全绝迹,仅有栽培的柳杉*Cryptomeria japonica*。柏科在中国有8属36个种和变种,占全科的属种比例为1/3强及1/5强,而在尼泊尔仅有2属7种,其他如紫杉科,罗汉松科则更为稀少,由此亦可见尼泊尔的松柏类是年轻的,它不可能派生出中国的松柏类。反之,它们只能是中国针叶树的衍生后裔。

怎样来解析喜马拉雅区系与日本、西伯利亚及阿拉斯加之间某些属种的间断分布现象?坚持喜马拉雅区系是东亚区系的摇篮的人,实质上是北极起源论的延伸,他们提出"第三纪北极植物区系迁移"论,认为有花植物起源于北极,由于冰川作用,把北极植物经日本转移到喜马拉雅,然后再折向中国的西部、东部和南部,从而形成了中国及东南亚的植物区系等。从上面的数字可以看出,喜马拉雅植物区系已缺乏中国那么多的孑遗科属,而现代区系成分又都概括在中国植物区系里,而属种又比中国的贫乏得多。它明显地被打下了中国区系的烙印,在地史上又比华夏古陆年轻得多。因此,有充足的理由来论证,在喜马拉雅上升过程,中国植物区系有可能逐渐向西扩展,最终形成了喜马拉雅植物区系。

中国的种子植物区系起源于古生代后期的华夏古陆,一直延续到中生代的侏罗纪,孕育了大量的种子蕨和裸子植物。侏罗纪以后又出现了大批有花植物。直到现在仍然在地球上残留下最丰富的孑遗有花植物。毫无疑问,中国植物只能是从华夏古陆衍发出来。而在尼泊尔至今未找到上述各种的种子蕨和化石裸子植物。

喜马拉雅虽然是在印度板块冲击下出现的,但在植物区系方面已没有多少印度区系的影响,也缺乏非洲区系的痕迹。印度植物区系也没有多少特有的科和属,这已被Hooker以来的植物区系学者所公认。印度区系实际上也受到华夏区系的影响,作者已有专文论及。尼泊尔区系与非洲区系更是疏远,虽然雪松*Cedrus*的存在,使人们相信尼泊尔与北非存在着联系。上面曾经提到另一些两地的联系,例如百合科的*Dipcadi*,防己科的*Tiliacorea*,大戟科的*Chrosophora*等都是北非一地中海的成分。真正代表非洲区系的木棉科,使君子科,梧桐科,橄榄科等,在尼泊尔区系里找不到属于非洲成分的代表。事实上,喜马拉雅是从地槽里崛起来的,所以华夏区系能够在喜马拉雅上升过程逐渐扩展过去,根本不存在原先的印度板块上的植物区系扩展到中国区系里来的迹象。尼泊尔区系是这样,西藏区系也无例外地受到华夏区系的支配。

主要参考文献

〔1〕张宏达，华夏植物区系的起源与发展，中山大学学报（自然科学版），1980，1．
〔2〕张宏达，植被地理问题初释，西南师范学院学报，1984，5．
〔3〕张宏达，从印度板块漂移论喜马拉雅植物区系的特点，中山大学学报（自然科学版），1984，4．
〔4〕张宏达，大陆漂移与有花植物区系的发展，中山大学学报（自然科学版），1986，4．
〔5〕昆明植物研究所，云南种子植物名录（上，下），云南人民出版社．
〔6〕西藏植物名录编辑组，西藏植物名录，西藏自治区科技委员会，1980．
〔7〕H. Hara, W. F. Stearn, L. H. J. Williams, *An Enumeration of the Flowering Plants of Nepal*, 1978.

The Origin and Its Affinity of the Nepalese Flora

Chang Hung-ta *Yung-Cheung Kong* *Paul H. But*

(Sunyatsen University) (The Chinese University of Hongkong)

Abstract

Nepal is situated at longitude 80°15′—88°10′ E, and latitude 26°30′—30°10′ N. The breadth from west to east distanted 880 km, and from north to south about 177 km. The northernmost is the so called 'world roof', and the south part is lower than 100 m above the sea level. The zonation characterized by the climate and geophysiognomy is very distinct, the south part below alt. 1000 m is tropic in nature, the middle lowland from alt. 1000 to 2200 m is subtropic, from alt. 2200 to 4500 m is mountain temperate zone, from alt. 4500 to 5200 m is mountain frigid, and above 5200 m is the high mountain tundra, similar to the arctic climate.

The seeded plants of Nepalese flora consisted of 1451 genera and about 5000 species, and additionally about 500 species of ferns. Among them, 72 families belong to tropical elements, but most of them are represented by minor genera and species (see table 1). Another 54 families belong to subtropical representatives, and most of the herbal families are consisted of greater number of genera and species, ie. *Scrophulariaceae* (38 g: 165 s), *Ranumculaceae* (19:142), *Saxifragaceae* (12:129). and *Gentianaceae* (12:98); contrarily, the woody families are consisted of lesser representatives, as seen in *Magnoliaceae* (4:11), *Theaceae* (5:10), *Fagaceae* (3:16), *Styracaceae* (2:3), *Betulaceae* (2:4), *Corylaceae* (2:4) and *Hamamelidaceae* (1:1).

The cosmopolitan families are usually consisted of numeral genera and species, they are *Leguminosae* (89:289), *Compositae* (114:288), *Orchidaceae* (89:208), *Labiatae* (48:148), *Gramineae* (111:355), *Cyperaceae* (19:176) and *Rosaceae* (29:175).

The gymnospermous flora of Nepal is as poor as those of Xichang (Tibet) and Indian floras, totally 8 families 15 genera and 27 species were recorded, among them, the *Pinaceae* possesed 6 genera and 10 species, and only one species was represented in *Podocarpaceae* and *Taxaceae* respectively, and no *Taxodiaceous* representatives were found. As compard with the Yunnan flora where there are 80 species of gymnosperm belong to 25 genera and 10 families, it is much poorer than the letter.

Vertically, from the lowland to the gracial line, there existed distinct plant zonations. The dipterocarp (*Shorea robusta*) and figs (*Ficus regiosa* and *F. lacor*, etc.) usually lift up to 1200m. The evergreen subtropical trees, such as *Quercus*, *Michelia*, *Machilus*, *Schima*, *Symplocos* and *Ilex* dominated from alt. 1100 to 3600m; simultanously, the asiatic common fern *Dicranopteris linearis*, usually accompanied with the evergreen trees and never exceeed the upper limit, but the deciduous broad-leaved trees such as *Acer* and others would be found at alt. 3000 m under the spruce forest. The lowland pine, *Pinus roxburghii*, togather with hemlock, *Tsuga dumosa*, distributed side by side with the evergreen broad-leaved trees. Spruce forest (*Picea smithiana*), the dominated needle forest, exceeded the evergreen broad-leaved forests distributed from alt. 2500 to 3500 m. Above the needle forest is the high mountain steppe, dominated by *Saxifraga*, *Androsace*, *Primula*, *Pedicularis*, *Iris* and *Carex*, etc.

The species of *Rhododendron* are widely distributed from lowland to Alpine, *R. arboreum*, an evergreen rose-bay, ranged from alt. 1600 to 2500 m, above it from 2400 to 3000 m, it was replaced by shrubby evergreen *R. lepidotum*, and uppermost were replacd by deciduous *Rhododendron*.

The Nepalese flora is closely related to the Cathaysian flora, within 1451 genera of Nepalese flora there are only 107 genera were not found in Yunnan and Xichang, among them 46 genera are scattered in northwest and north-east China or in south China, actually only 61 genera were disappeared in Chinese flora. So far as we know, there are 14 indigenous genera are recorded from Napal, they are *Cedrus* of Pinaeceae, *Thomsonia* of Araceae, *Paroxygraphis* of Ranunculaceae, *Arcyospermum*, *Chrysobraya*, *Ermaniopsis* and *Glaribraya* of Cruciferae, *Indopiptadenia* of Papilionaceae, *Gamblea* of Araliaceae, *Caesulia* and *Gatamixix* of Compositae, *Treutlera* of Asclepiadaceae, *Eckemukerzea* of Polygonaceae, and *Sympagia* of Acanthaceae.

Among the 5000 species of Nepalese flora, there are 2379 species were found from Yunnan, and 1774 species from Xichang, totally more than 60% belongs to the Chinese Flora. Moreover, those of the tropical elements found from Nepalese flora are rather closely related with Yunnan than those of Xichang, and contrarily, the subtropical ones are rather closely affined to Xichang than those of Yunnan. It seems to be, that the Nepalese flora is as young as those of Xichang, and is more younger than those of Yunnan.

Geologically, Himalaya was lifted up during Tertiary, the age of Nepalese flora would not be older than 40 million years, and the numericals cited above tell us that except 61 genera, nearly all of the genera of Nepalese flora are coexisted at China, and togather with the poverty of the gymnospermous flora of Nepal, made us to conclude that the Nepalese flora is the descendants of the Cathaysian flora.

The Nepalese flora is inevitably interfused with other neighbour floras, except 14 endemic genera, the remain 47 genera are coexisted at India, Southeast Asia and Arabis, especially on the western arid region, the xerophylous representatives, such as *Urginea* and *Dipcadi* of *Liliaceae*, *Tiliacorea* of *Menispermaceae*, *Chrosophora* of *Euphobiaceae*, *Christolea* and *Ermania* of *Cruciferae*, *Helinus* of *Rhamnaceae*, *Argrolobium* and *Paracalyx* of *Leguminosae*, *Notonia* of *Compositae*, *Caralluma* of *Asclepiadaceae*, *Maharanga* of *Boraginaceae*, and *Ecbolium* of *Acanthaceae* are coexisted at North-Africa and the region of Mediterranean Sea; another genera, such as *stelis* of *Orchidaceae*, *Gonolobus* of *Asclepiadaceae* and *Anredera* of *Ficoidaceae* are connected with tropical American flora; and *Diphylleia* of *Berberidaceae*. *Desidera* of *Cruciferae*, *Legonsia* of *Campanulaceae*, *Dectylorhiza* of *Orchidaceae* are distributed disjunctively to Arctic and Alaska.

Keywords Nepal, background, distributed character, flora analysis, flora origin

金沙江流域的红山茶新种

张 宏 达

（生物学系）

摘 要

本文报道了中国金沙江流域的山茶属16个红山茶新种。

关键词 山茶属，金沙江红山茶，绵管红山茶，白丝毛红山茶，短蕊红山茶，短柄红山茶，陈氏红山茶，会理红山茶，小叶红山茶，寡瓣红山茶，五瓣红山茶，五列木红山茶，假五列木红山茶，斑枝红山茶，离瓣红山茶，薄壳红山茶，西昌红山茶

金沙江流经横断山脉北坡，穿过滇西北的高山峡谷，蜿延东行，至渡口（攀枝花市）与雅砻江会合并折向北流入长江。在金沙江沿岸，从1200～3600m的高山，随处保存着成片的红山茶林，形成以山茶占优势的群落。作者曾于1983年12月至1985年1月，先后3次从西昌经德昌、米易、会理、会东、渡口至盐边等地进行调查，采得350号红山茶标本。本文报导了新种16个，反映出金沙江流域可能是红山茶的发源地，建议成立保护区，作为生产和科学研究的基地。

1 金沙江红山茶 新种

Camellia jinshajiangica Chang et S.L. Lee, sp. nov.

Subgen. *Camellia*, Sect. *Camellia*, Subsect. *Reticulata*, Ser. *Villosae*

A *C. omeiensi* Chang differt ramulis pilosis. pilis griseo-flavis. floribus minoribus, petalis paucioribus, ovariis 4-5-locularibus.

Frutex 2m altus, ramulis pilosis, glabrescentibus, gemmis pilosis. Folia coriacea elliptica vel ovato-elliptica 9-12 cm longa 4.5-6.3 cm lata, apice abrupte acuta. basi obtusa vel subrotundata. praeter late cuneata, supra in sicco atro-viridia nitidula, subtus brunneo-viridia pilosa vel glabrescentia, nervis lateralibus 6-8-jugis ut venulis reticulatis supra inconspicuis subtus elevatis, margine dense serrulata, petiolis 6-8mm longis plus minusve pilosis. Flores rubri ad apicem ramulorum axillares subsessiles, perulis 10 late ovatis maximis 1.5-2 cm longis coriaceis extus griseo-flavo-pilosis; petalis 6 late obovatis 3.5-4 cm longis. extimis 2-3 utrinque plus minusve sericeis, basi connatis; staminibus 2-2.5 cm longis, tubo filamentorum 1 cm longo ut filamentis liberis pubescenti; ovariis 4-5-locularibus villosis, stylis 3 cm longis glabris, apice 4-5-fidis, lobis 5-6 mm longis Capsula non visa.

Sichuan: Dukou, Xiaobaoding, alt. 1650 m, in thicket, Jan. 17. 1984, *H. T.*

本文1988年11月15日收到

Chang 20125 (Typus, SYS), 20129.

2 绵管红山茶 新种
Camellia lanosituba Chang, sp. nov.

Subgen. *Camellia*, Sect. *Camellia*, Subsect. *Reticulata*, Ser. *Villosae*

A speciebus Ser. *Villosi* differt floribus majoribus, tubis filamentorum longioribus dense albo-lanosis.

Frutex citc. 2 m altus. ramulis glabris, gemmis pilosis. Folia coriacea oblonga 7-9 cm longis, 3-4 cm lata, apice acuminata, basi late cuneata, supra in sicco flavo-viridia nitida, subtus nitidula atro-punctata, nervis lateralibus utrinsecus circ. 7 ut venulis reticulatis supra leviter impressis subtus elevatis, margine densius serrata, petiolis 1-1.3 cm longis glabris. Flores rubelli solitarii terminales sessiles, 7 cm in diametro, perulis 9-10 intimis late obovatis 2 cm longis 2.5 cm latis, extus brunneo-puberulis; petalis 8-9 obovatis 4-5 cm longis, basi connatis, tubo 1 cm longo, extimis 2-3 griseo-pubescentibus; staminibus 3 cm longis, tubo filamentorum 1.5 cm longis densius lanosis, filamentis liberis 1 cm longis, glabris lanosis; ovariis 3-locularibus villosis, stylis 2-2.5 cm longis glabris; apice 3-fidis. Capsula ignota.

Sichuan: Yanbien, Wua Ie Xiang, alt. 3100 m, Feb. 13, 1984; Z. Y. Zuo s. n. *SYS herb.no.*155955 (Typus).

3 白丝毛红山茶 新种
Camellia albo-sericea Chang, sp. nov.

Subgen. *Camellia*, Sect. *Camellia*. Subsect. *Reticulata*, Ser. *Reticulatae*

A *C.brevicolumna* Chang et Xiang differt foliis angustioribus, floribus majoribus, petalis paucioribus, sepalis petalisque albo-sericeis, ovariis 3-locularibus.

Frutex 2 m altus, ramulis pubescentubus demum glabrescentibus, gemmis albo-pubescentibus. Folia coriacea oblonga vel lanceolata 7.5-10 cm longa 3-4 cm lata, apice abrupte acuta, acumene obtuso, basi cuneata vel obtusa, supra in sicco nitidula, subtus flavo-vitidia, juventute pilosa glabrescentia, nervis lateralibus 7-8-jugis supra inconspicuis subtus visibilibus, venulis reticulatis inconspicuis, margine serrulata, petiolis 5-6 mm longis pilosis. Flores rubri terminales sessiles, perulis 8-9 maximi 1.7 cm longis albo-sericeis; petalis 6-7 obovatis 3-3.5 cm longis, basi connatis, extus albo-sericeis; staminibus 2 cm longis, tubo filamentorum 1 cm longo glabro; ovariis 3-locularibus, villosis, stylis 1.5-2 cm longis, apice 3-fidis. Capsula ignota

Sichuan: Dukou (Panzhihua), Xiaobaoding, alt. 1550 m, Jan. 16, 1984, H. T. Chang 20131 (Typus, SYS), 20121, 20123, 20124, 20126, 20132, 20133, 20134, 20135, 20136, 20137, 20138, 20139, 20140。

4 短蕊红山茶 新种
Camellia brevigyna Chang, sp. nov.

Subgen. *Camellia*, Sect. *Camellia*, Subsect. *Reticulata*, Ser. *Reticulatae*

Species foliis oblongo-lanceolatis apice caudatis, nervis lateralibus pluribus utrinsecus 8-10, tubo filamentorum sparse puberulo; stylis brevibus 1.5cm longis distincta.

Frutex 2.5 altus, ramulis glabris, gemmis pubescenttbus. Folia coriacea oblonga vel oblongo-lanceolata, 10-14 cm longa 3-5 cm lata. apice caudata caudis 1.5-3 cm longis, basi cuneata, supra atro-viridia nitidula, subtus luteo-viridia sparse pilosa, nervis lateralibus utrinsecus 8-10, in sicco supra impressis, subtus ut venulis reticulatis inconspicuis, margine acriter serrata, petiolis 1-1.2 cm longis. Flores rubri singulares subterminales sessiles; perulis 8 tenue coriaceis maximis 1.8 cm longis extus pubescentibus vel exterioribus 3-4 glabris; petalis 7-8 obovatis, 3-3.5 cm longis,basi connatis. tubo 3-5 mm longo. glabris; staminibus 2-2.5 cm longis, tubo filamentorum 1-1.3 cm longo sparse piloso, filamentis liberis glabris circ. 1-1.2 cm longis; ovariis 3-locularibus villosis, stylis 1.5 cm longis apice 3-lobatis. Capsulae subglobosae, in sicco 4-5 cm in diametro 3-5-valvato-dehiscentes. valvis 1-1.5 cm crassis.

Sichuan: Yan-bien County Hujia Wan, 1984, Jan. 20, *Chang H.T.* 20209 (Typus, STS), 20207; 1. c. Dabi Cun, *Chang H.T.* 20212, 20227, 20234: L..C.Qiang-Xen Cun, *Chang H.T.* 20164, 20152.

5 短柄红山茶 新种
Camellia brevipetiolata Chang, sp. nov.

Subgen. *Camellia*, Sect. *Camellia*, Subsect. *Reticulata*, Ser. *Reticulatae*

A *C. minori*, Chang foliis ovato-ellipticis, basi rotundatis, 4-5 cm latis, perulis paucioribus, petalis pluribus, capsula minori, pericarpio tenui differt; a *C.chunii* Chang ovariis 3-locularibus, pericarpio tenui recedit.

Frutex, ramulis primo puberulis glabrescentibus. Folia ovato-elliptica 6-9.5 cm longa, 3-5cm lata, apice subacuta, basi rotundata, supra in sicco atro-viridia nitidula, subtus luteo-viridia nitida glabra, nervis lateralibus utrinsecus 6-7 utrinque conspicuis, margine crenulata, petiolis 3-5 mm longis. Flores axillares sessiles 5-6 cm diam, perulis 8 interioribus pilosis 1-1.4 cm longis; petalis rubris 6-7 late obovatis 3-4 cm longis, basi leviter connatis, staminibus petalis brevioribus 2.5 cm longis glabris; ovariis pilosis 3-locularibus, stylis 2.3 cm longis, inclusis, apice 3-lobatis, lobis 8 mm longis. Capsula subglobosa, 2 cm in diam. 3-valvato-dehiscens, valvis 2-3 mm crassis.

Sichuan: Yanbien, Tuanjie Xiang, Huangjia Cun, Jan. 21, 1984, *Chang H.T.* 20260 (Typus, SYS).

6 陈氏红山茶 新种
Camellia Chunii Chang, sp. nov.

Subgen. *Camellia*, Sect. *Camellia*, Subsect. *Ruticulata*, Ser. *Reticulatae*.

A *C.pentaphylacoide* Chang foliis basi rotundatis, petiolis brevioribus, perulis pluribus, ovariis 4-5-locularibus differt; a *C.pentaphylaci* Chang foliis basi rotundatis, petiolis brevioribus, perulis pluribus, petalis paucioribus recedit.

Arbor parva. ramulis primo puberulis glabrescentibus. Foliis coriacea ovata, 7-9 cm longa, 3-4 cm lata, supra atro-viridia nitidula, subtus brunnea sparse villosa, apice acuta, basi rotundata, nervis lateralibus utrinsecus 5-6 supra visibilibus subtus prominentibus, venulis inconspicuis, margine serrulata, petiolis circ. 5 mm longis pubescentibus. Flores rubri, perulis 10-12 coriaceis, interioribus 1.5 cm longis extus sparse pilosis; petalis 7 obovatis 3-3.5 cm longis, basi connatis; staminibus 2 cm longis glabris; ovariis pilosis, 4-5-locularibus, stylis 1.5-2 cm longis apice 4-5-fidis. Capsula globosa 4-5 cm diam, 4-5-valvato-dehiscens, valvis circ. 1 cm crassis.

Sichuan: Yan-bian, Jinshajiang valley, Hujiawan, alt. 1650 m, Jan. 20, 1984, *H.T.Chang* 20203 (Typus, SYS).

7　会理红山茶　新种
Camellia huiliensis Chang, sp. nov.

Subgen. *Camellia*, Sect. *Camellia*, Subsect. *Reticulata*, Ser. *Reticulatae*

Frutex 1-2 m altus, ramulis pubescentibus glabrescentibus. Folia coriacea lanceolata 7-10 cm longae, 2-2.5(-3) cm lata, apice acuminata, basi cuneata, supra in sicco viridia nitida, subtus luteo-viridia glabra, vel ad costam sparse pubescentia, nervis lateralibus utrinsecus 5-6 supra impressis, subtus visibilibus, venulis reticulatis utrinque inconspicuis, margine serrulata, petiolis 5-8 mm longis glabris. Flores rosei, sessiles subterminales 5-8 cm in diametro, perulis 8-10, exterioribus 3-4 parvis 2-5 mm longis glabris, interioribus 5-6 late obovatis 1-1.3 cm longis pilosis; petalis 6 obcordatis 3-5 cm longis, exteriore 2-3 griseo-pubescentibus; staminibus circ. 2 cm longis, tubo filamentoeum 8 mm longo, filamentis liberis 1-1.2 mm longis; glabris; ovariis 3-locularibus pilosis, stylis 1-1.2 cm longis, apice 3-fidis. Capsula globosa 2-2.6 cm in diametro, 3-valvato-dehiscens, valvis 4 mm crassis.

A *C minori* Chang foliis anguste lancnolatis, apice acuminatis, petalis pluribus 5 cm longis differt.

Sichuan: Jinshajiang Valley, Huili County, Fenghe, alt. 620 m, *H.T.Chang* 20064 (Typus, SYS),20044, 20048, 20050, 20055, 20056, 20057, 20058, 20059, 20066.

8　小叶红山茶　新种
Camellia minor Chang, sp. nov.

Subgen. *Camellia*, Sect. *Camellia*, Subsect. *Reticulata*, Ser. *Reticulatae*

A *C.pitardii* Coh.-St. differt foliis minoribus, apice obtusis, petalis paucioribus, capsula minore, pericarpio crassiore; a *C.rubo-anthera* Chang foliis angustioribus, sepalis et petalis pubescentibus, capsula minore recedit.

Frutex 1-1.5 m altus, ramulis primo pubescentibus mox glabrescentibus; gemmis flavo-brunneo-sericeis. Folia coriacea oblonga 5-7.5 cm longa, 2-2.7 cm lata, apice subacuta, basi cuneata, supra in sicco viridia nitidula, subtus primo sparse pilosa glabrescentia, nervis lateralibus utrinsecus 5-6 ut venulis reticulatis utrinque conspicuis, margine serrulata, petiolis 4-5 mm longis pubescentibus.

Flores terminales subsessiles rubri 3-4 cm in diametro; perulis 9-10 intimis 1.2 cm longis, depresse sericeis; petalis 5 obovatis, 2-2.5 cm longis, basi leviter connatis, extus pilosis; staminibus 1.5-2 cm longis, tubo filamentorum 6-7 mm longo glabro; ovariis 3-4-locularibus villosis, stylis 1-1.3 cm longis. Capsula globosa 2-3 cm in diametro, 3-4-valvato-dehiscens, valvis 4-5 mm crassis, seminibus 1-2 in quoque loculo.

Sichuan: Yanbien County, Z.Y. He et X. Chuang 21; Huili County, Zhaojiashan, H.T. Chang 20045 (Typus SYS) 20043, 20176, 20177, 20180, 20181, 20182, 20184, 20185; Yanbien County, Chingganbao, H.T. Chang 20149, 20150.

9 寡脉红山茶 新种

Camellia oligophlebia Chang, sp. nov.

Subgen. *Camellia*, Sect. *Camellia*, Subsect. *Reticulata*, Ser. *Reticulatae*

A C. xichangensi Chang differt foliis lanceolatis, nervis lateralibus paucioribus ut venulis reticulatis supra inconspicuis, capsula minore, pericarpio lignoso.

Frutex 1-1.5 m altus, ramulis glabris depresse pilosis. Folia coriacea lanceolata vel anguste oblonga 7-10 cm longa 2.8-3.5 cm lata, apice acuminata basi cuneata, supra nitidula subtus flavo-viridia glabra, nervis lateralibus utrinsecus 5 ut venulis reticulatis utrinque inconspicuis, margine serrulata, petiolis 1 cm longis. Flores terminales rubelli 6-8 cm in diametro, perulis 8-9 coriaceis obovatis maximis 1.7 cm longis extus flavo-griseo-sericeis; petalis 5-6 obovato-cordatis 3-4 cm longis exteriore 2-3 sparse puberulis, basi 7-9 mm connatis; staminibus 2.5-3 cm longis, tubo filamentorum 8 mm longo ut filamentis liberis glabro; ovariis 3-4-locularibus villosis, stylis 2 cm longis apice 3-fidis. Capsula globosa 3-4 cm in diametro, 3-4-valvato-dehiscens, valvis in sicco 5-7 mm crassis lignosis, seminibus 2-3 in quoque loculo.

Sichuan: Miyi County, Puwei forest plantation, Sharen ping, alt. 2500 m Jan. 22, 1984, H.T. Chang 20286 (Typus, SYS), 20282, 20292, 20297, 20298, 20299, 20300, 20307, 20308; Xichang County, Lojishan, alt. 2050 m, H.T. Chang 20018; Yanbien County, Hungqi forest plantation, alt. 2553 m, H.T. Chang 20141.

10 五瓣红山茶 新种

Camellia pentapetala Chang, sp. nov.

Subgen. *Camellia*, Sect. *Camellia*, Subsect. *Reticulata*, Ser. *Reticulatae*

Frutex, ramulis villosis, ramis glabrescentibus. Folia coriacea, oblonga 7-9 (11) cm longa, 2-3 (-4) cm lata, apice obtusa vel subacuta, basi late cuneata vel subrotundata, supra in sicco atrobrunnea, glabra, subtus brunneo-viridia, primo villosa demum glabrescentia, nervis lateralibus utrinsecus 6-7 utrinque ut venulis reticulatis inconspicuis, margine serrulata, petiolis 6-8 mm longis. Flores rubri solitarii sessiles subterminales 4 cm in diametro, pernlis 8-9 subglabri maximis 1-1.2 cm longis; petisalis 5 obovatis 2.5-3 cm longis glabris; staminibus 1.3 cm longis, tubo filamentorum 6 mm longo, filamentis liberis 6-7 mm longis, glabris;

ovariis 3-locualribus pilosis, stylis 1 cm longis, apice 3-fidis. Capsula globosa 2-2.5 cm in diametro 3-valvato-dehiscens, valvis 8 mm crassis.

A *C. minori* Chang foliis mejoribus, floribus et capsula majoribus, pericarpio 1 cm crasso differt.

Sichuan: Jinshanjiang Valley, Yanbian County, *H.T.Chang* 20192 (Typus, SYS), 20144, 20145, 20146, 20147, 20148, 20151, 20153, 20154, 20156, 20158, 20159, 20160, 20162, 20163, 20165, 20166, 20169, 20170, 20171, 20172, 20174, 20175, 20188, 20189, 20190, 20194, 20199, 20201, 20204, 20213, 20214, 20215, 20216, 20217, 20219, 20220, 20221, 20223, 20224, 20225, 20226, 20227, 20228, 20230, 20233, 20235, 20236, 20237, 20238, 20239, 20240, 20241, 20242, 20245, 20257, 20266, 20267, 20270, 20271, 20273, 20274, 20275.

11 五列木红山茶 新种
Camellia pentaphylax Chang, sp. nov.

Subgen. *Camellia*, Sect. *Camellia*. Subsect. *Reticulata*, Ser, *Reticulatae*

Arbor parva vel frutex, 2-3 m alta, ramulis glabris Folia coriacea ovato-lenceolata, 7-10 cm longa 3-4 cm lata, apice caudato-acuminata, basi subrotundata vel obtusa inaequilateralia, supra in sicco atro-viridia nitida, subtus luteo-viridia glabra, nervis lateralibus utrinsecus 5-6 supra leviter impressis, subtus ut venulis reticulatis prominentibus, margine serrata, petiolis 1 cm longis. Flores rubri subterminales sessiles 7-8 cm diam; perulis 8-10 late obovatis, exteriore glabris, interiore 1.2-1.6 cm longis luteo-brunneo pilosis; petalis 9-10 obcordatis 4-4.5 cm longis, basi connatis, tubo 1.5 cm longo, exteriore 2-3 sepaloideis pilosis, interiore 7-8 glabris; staminibus 2.5 cm longis, basi ad petalam adnatis, tubo filamentorum 3-4 mm longo, filamentis liberis 1.12 cm longis, glabris; stylis 1.5-2 cm longis, apice 4-5-fidis, ovariis 5-locularibus brunneo-pilosis. Capsula globosa 4-6 cm in diametro, 5-valvato-dehiscens, valvis 1 cm crassis, columna persistens robusta 1.6 cm longa.

Sichuan: Xichang County, Loji-Shan, alt. 2100 m, in ravine, *H.T. Chang* 20020, 20023 (Typus, SYS).

Species foliis ovato-lanceolatis, basi rotundatis inaequilateralibus, floribus majoribus, petalis 9-10, ovariis 5-locularibus, pericarpio 1 cm crasso distincta.

12 假五列木红山茶 新种
Camellia pentaphylacoides Chang, sp. nov.

Subgen. *Camellia*, Sect. *Camellia*, Subsect. *Reticulata*, Ser. *Reticulatae*

A *C. pentaphylaci* Chang foliis brevioribus, petalis pauciborius circ. 6-7 ovariis 3-locularibus, capsula 3-valvato-dehiscens, valvis tenuibus differt.

Arbor parva, ramulis glabris. Folia coriacea ovato-lanceolata 6-8 cm longa, 2.5-3.2 cm lata, apice caudato-acuminata, basi subrotundata vel obtusa inaequilateralia, supra in sicco luteo-viridia nitida, subtus luteo-viridia glabra; nervis lateralibus utrinsecus 4-5, ut venulis reticulatis utrinque inconspicuis; margine densius serrulata; petiolis 6-10 mm longis. Flores rosei, 1-2-flori subterminales sessiles 5 cm in diametro, perulis 7-8 coriaceis, exteriore 2-3 glabris, interiore brunneo-pubescentibus, maximis 1.6 cm longis; petalis 6-7 obcordatis 2-3 cm longis, extimis 2-3 extus luteo-sericeis, ceteris glabris; staminibus 2-2.5 cm longis, basi ad petalum adnatis, tubo filamentorum 5-7 mm longo, filamentis liberis 8-10 mm longis, glabris; ovariis 3-locularibus pilosis, stylis 1.5 cm longis, apice 3-fidis. Capsula globosa 2.5-3.5 cm diam., 3-valvato-dehiscens, valvis 8 mm crassis.

Sichuan: Miyi County, Puwi, Lungshu Guo, alt. 2500 m, small tree in broad-leaf evergreen forest, Jan. 26,1984, *H.T.Chang* 20284, 20285 (Typus, SYS), 20279, 20287, 20288, 20291, 20296.

13 斑枝红山茶　新种
Camellia stichoclada Chang, sp. nov.

Subgen. *Camellia*, Sect. *Camellia*, Subsect. *Reticulata*, Ser. *Reticulatae*

A *C.tenuivalvi* Chang foliis latioribus, ovatis, perulis subglabris, floribus albis, pericarpio crassiore differt.

Frutex vel arbor parva, ramulis glabris punctatis. Folia coriacea ovato-elliptica 4-6.5 cm longa 2.5-3.5 cm lata, apice abrupte acuta, basi inaequilateralia snbrotundata, utrinque viridia nitida glabra, nervis lateralibus utrinsecus 5-6 conspicuis, margine acriter serrulata, petiolis 6-8 mm longis. Flores albi, perulis coriaceis 8-9, maximis 1.4 cm longis, interiore 4-5 extus pubescentibus; petalis 5-6 obcordatis, 2.5-3 cm longis. basi paulo connatis; staminibus circ. 2 cm longis, basi petala adnatis, tubo filamentorum 5-7 mm longo filamentis liberis glabris; ovariis villosis 3-locularibus, stylis 1.8 cm longis, apice 3-fidis. Capsulae compresse globosae 2.5-3.5 cm in diametro, 3-valvato-dehiscentia, valvis 6-8 mm crassis; seminibus 1-2 in quoque loculo.

Sichuan: Xichang, Lojishan, alt. 2100 m, December 12, 1983, *Chang H.T.* 20029 (Typus, SYS).

14 离瓣红山茶　新种
Camellia subliberopetala Chang, sp. nov.

Subgen. *Camellia*, Sect. *Camellia*, Subsect. *Reticulata*, Ser. *Reticulatae*,

A *C.rubi-anthera* Chang foliis opacis, apice subobtusis, perulis brevioribus, petalis paucioribus, staminibus brevioribus differt.

Frutex 1-2 m altus, ramulis glabris vel juvenilibus puberulis. Folia elliptica 4-5 cm longa 2.5-3 cm lata, vel oblongo-elliptica 6.5-9 cm longa 3-4 cm lata, apice obtusa vel subacuta, basi lata cuneata, supra opaca griseo-viridia, subtus glabra, nervis lateralibus utrinsecus 4-5 utrinque visibilibus, margine serrulata, petiolis 5-6 mm longis. Flores rubri, subterminales sessiles, 4-5 cm diam., perulis 7-8 maximis 1.4 cm longis, extus glabris ciliatis; petalis 6, obcordatis 2-3.5 cm longis 5 cm latis, apice bilobatis, basi subliberis glabris; staminibus 1.5-1.8 cm longis, basi breviter connatis, tubis 4-5 mm longis; ovariis pilosis, stylis 1.3-1.5 cm longis apice 3-fidis. Capsula subglobosa 2.5-3 cm diam. 3-valvato-dehiscens, valvis 3-4 mm crassis, seminibus 1-2 in quoque loculo.

Sichuan: Jinshanjiang Valley, Huili-Dukao Border, alt. 2050 m 1984, Jan. 24,

H.T. Chang 30311 (Typus, SYS).

15 薄壳红山茶 新种

Camellia tenuivalvis Chang, sp. nov.

Subgen. *Camellia*, Sect. *Camellia*, Subsect. *Reticulata*, Ser. *Reticulatae*.

A *C. minori* Chang ramulis glabris, foliis ovato-lanceolatis, apice acuminatis, floribus majoribus, petalis 7, 2.5-3 cm longis, tubo staminis breviore, valvis fructis tenuibus differt.

Frutex 1-2 m altus. ramulis glabris. Folia coriacea oblongo-lanceolata, 5-7 cm longa, 2-1.5 cm latae, apice acuta, basi late cuneata, supra in sicco atro-viridia nitida, subtus luteo-viridia glsbra glabra, nervis lateralibus utrinsecus 4-5 ut venulis reticulatis utrinque inconspicuis, margine serrulata; petiolis 5-7 mm longis. Flores rubri subterminales sessiles, 4-5 cm diam., perulis 8-9 coriaceis, interiore griseo-sericeis, 9-13 mm longis; petalis 7 late obovatis 2.5-3 cm longis subglabris; staminibus 1.5 cm longis, tubo filamentorum valde brevi, circ. 1-2 mm longo ut filamentis liberis glabris; ovariis 3-locularibus, pilosis; stylis 1 cm longis, apice 3-fidis. Capsula globosa 1.3-2.2 cm diam, 3-valvato-dehiscens, valvis 1-1.5 mm erassis lignosis, semen 1 in quoque loculo, columna 6-8 mm longa.

Sichuan: Jinshajiang Valley, Huili county, Lungzhoushan, alt 2460 m, Jan. 24, 1984, H.T. Chang 20301 (Typus, SYS) 20302.

16 西昌红山茶 新种

Camellia xichangensis Chang, sp. nov.

Subgen. *Camellia*, Sect. *Camellia*, Subsect. *Reticulata*, Ser. *Reticulatae*

Species foliis oblongis, floribus majoribus albis vel rubellis, capsula 3-5-loculare, pericarpio suberoso distincta.

Frutex vel arbor parva, 2-3 m alta, ramulis glabris, gemmis pubescentibus. Folia coriacea oblonga 8-11.5 cm longa 2.5-4 cm lata, apice caudato-acuminata, basi cuneata, supra in sicco atro-viridia nitida, subtus flavo-viridia nitida glabra, nervis lateralibus utrinsecus 6-7, a costa sub angulo 30-35° abeuntibus supra visibilibus subtus elevatis, margine superiore 2/3 acriter serrata, petiolis 1-1.6 em longis glabris. Flores albi vel interdum rubelli terminales solitarii sessiles, 6-9 cm in diametro, perulis 8-9 coriaceis maximis 1.5 cm longis extus depresse sericeis; petalis 8 late obovatis 3-5 cm longis 3.5-4 cm latis, basi connatis, apice emerginatis; staminibus 3 cm longis, tubo filamentorum 1 cm longo ut filamentis liberis glabro; ovariis 3-5-locularibus villosis, stylis 2-2.5 cm longis, spice 3-5-fidis. Capsula compresse globosa 4-6 cm diam. 3-5-valvato-dehiscens, valvis 1 cm crassis suberosis, seminibus 2 in quoque loculo.

Sichuan: Xichang, Lojisnay, in ravine by brook side, alt. 2050 m, clumpy shrub, fl. white or reddish, December 14. 1983, H.T. Chang 20024 (Typus, SYS) 20021, 20022, 20025, 20026, 20030, 20031, 20032.

New Camellias from Jinshajiang Valley

*Chang Hung ta**

Abstract

Along the river side of Jinshajiang River, the upper reaches of Changjiang (Youngtze River), from 1200 to 3600 M on the mountain slopes is flourishing of Camellia forest, dominate by red camellias, Sect. *Camellia*. From the winter of 1983 to the early spring of 1985, the author had thrice visited there and more than 360 number of Camellia specimens were collected. On this paper 16 new species of red Camellia are recorded. It seems that the region of Jinshajiang Valley would be the centre and cradle of red Camellia.

Keywords Camellia, C.jinshajiangica, C.lanosituba, C.albo-sericea, C.brevigyna, C.brevipetiolata, C.chunii, C.huiliensis, C.minor, C.oligophlebia, C.pentapetala, C.pentaphylax, C.pentaphylacoides, C.stictoclada, C. subliberipetala, C.tenuivalvis, C.xichangensis

---

* Department of Biology

The Integrality of Tropical and Subtropical Flora and Vegetation*

Chang Hungta

(Department of Biology, Zhongshan University, Guangzhou)

Abstract The Chinese flora came neither from the Pan-Arctic nor from the tropic. It is also not a mixture of the Pan-Arctic and the tropical floras. They originated on the Cathaysian ancient land during the early Mesozoic. After that period, the north border of the ancient land covered the south parts of North-East (South Manchuria), Inner Mongolia, North slope of Tianshan and Japan proper. The southern border, created by the Indo-China mountain movement which started at the end of Triassic, covered the Indo-China and Malay Peninsulas, Sumatra and Kalimentan, and may extended to Luzon Island and other place. Cathaysia is one of the origin centers of the flowering plants which originated after Triassic-Jurassic. It can be proved with the exist of many relics and primitive taxa as well as the flourish of relic gymnosperms and conifers. During that period, Malesean flora was a part of Cathaysian flora. The tropic and subtropics is an integration. After Cretaeous, there was a drought climate all over the Cathaysia, which can be proved with the exist of "red deposit" distributed over the ancient land, many of plants were compelled to change their areal. The heat-resistance plants, such as dipterocarps which originated after Cretaceous, became dominant in the tropical forest. And the older taxa, such as *Magnoliaceae* and *Hamamelidaceae* were forced to distribute on the tropical and subtropical mountain.

The deciduous trees originated in the tropic and subtropic owing to the drought climate, not in Pan-Arctic or temperature zone because of the lower temperature. Furthermore, the Coniferae also not originated in Pan-Arctic or temperature zone but at subtropic mountain. This can be indicated there are totally 10 genera of *pinaceae* and 8 of the 9 genera of *Taxodiaceae* distriduted at subtropical mountain.

Keywords tropic and subtropic, flora, vegetation, Cathaysian ancient land

The tropical flara is much complicated and flourished than those distributed in other regions. It is characterized with great number of endemics, which are not found in other place except the tropic. Tropical forests also have manifold physiognomy and structure, which are

---

Received March 24, 1993

* This project is supported by the National Foundation of Natural Science and the doctoral degree division foundation from the State Commission of Education

affected by the favorite hacitat condition. All of these are very attractive to the botanists

As to the origin of the tropical flora, many hypotheses were proposed by different botanists. One of these, the theory of Pan-Arctic flora Tertiary immigration, according to the exist fossils of certain tropical and subtropical taxa found in the Arctic region, suggested that the flowering plant originated in Pan-Arctic region. Then after the Tertiary, they were drove by the glaciers to the south region, where they acquired the survived refuge. Some of the other hypotheses insisted that the origin center of the flowering plant located at the tropical regions and then dispersed to the whole world. According to these hypotheses, the Chinese flora is a mixture of tropical and Arctic floras. As we can see from the world floristic regionalization, the northern Chinese flora belongs to Pan-Arctic kingdom. and the southern Chinese flora belongs to Paleotropic. However, once the geological history of the Cathaysian ancient land from the period of Paleozoic to that of Mesozoic have been studied carefully, and the characters of fossils and the survived plants have been compared, togather wtih the paleoclimate, the phylogeny of the spermatophyte and the tropical and subtropical floras, we will have a quite different conclusion that the Chinese flora was originated on Cathaysian ancient land properly during Triassic or Jurassic. Meanwhile, at the end of Triassic, the Indo-China mountain movement happened on the south part of Cathaysia, combined both Indo-China Peninsula and Malay Peninsula with the Cathaysia. Furthermore, Sumatra and Kalimentan or Luzon Island also belong to the ancient land. However, the tropical flora in these regions seems much younger than those on the ancient land, although they are a part of the Cathaysian flora.

1 The Characteristics of Asian Tropical and Subtropical Floras

The Asian tropical flora, which has many endemics that are not found outside the tropic, another bearing broad range of ecological habitat which usually dispersed out and distributed to subtropic. The well known tropical endemic plants are *Dipterocarpaceae, Anonaceae, Myristicaceae, Hernandiacea, Lecythidaceae, Rafflesiaceae, Ancistrocladaceae, Guttiferae, Nepenthaceaed* and *Icacinaceae*, etc.

The endemics in subtropical region are *Trochodendraceae, Tetracentraceae, Eupteleleaceae, Cercidiphyllaceae, Eucommidiaceae, Bretschneideraceae, Coria-*

riaceae, *Circaeasteraceae, Saururaceae, Sargentodoxaccae* and *Styracaceae*, etc. Most of their areal limit in subtropic, and rare extend to tropic or temperate zones.

Many other families, which have broader range of adaptation, distribute on both tropic and subtropic. Among these, some are particularly concentrated at tropic, and others on subtropic mostly. The species of *Piperaceae, Elaeocarpaceae, Sterculiaceae, Tiliaceae, Datiscaceae, Moraceae, Euphorbiaceae, Flacourtiaceae, Myrtaceae, Menispermaceae Saurauiaceae, Melastomaceae, Dilleniaceac, Pittosporaceae, Meliaceae, Sapindaceae, Olacaceae, Anacadiaceae, Sapotaceae, Loganiaceae, Ebenaceae, Rubiaceae* and a number of genera of *Lauraceae* are concentrated in tropic, although some of them disperse to subtropic. on the other hand, the species of *Magnoliaceae, Hamamelidaceae, Theaceae, Fagaceae, Chloranthaceae, Urticaceae, Aquifoliaceae, Ulmaceae, Rhamnaceae, Rutaceae, Aceraceae, Myrsinaceae* anb *Verbenaceae* are mostly concentrated at subtropic, although some of them can be found in tropic.

The endemics and dominant families in tropic, such as *Dipterocarpaceae, Myristicaceae, Icacinaceae* and *Guttiferae*, have complicated genera and species. They are young in phylogeny. The endemics in subtropic, such as *Trchodendraceae, Tetracentraceae, Eupteleaceae, Cercidiphyllaceae, Eucommiaceae, Circaeasteraceae* and *Sargentodoxaceae*, are monotypic and relics in phylogeny. They did not come from *Magnoliaceae* as suggested by some phylogenists. The evidences of morphology and structure clearly shown they are much primary than *Magnoliaceae* and came from the much older and primitive taxa which were perished in the past. As a relic taxon, it declined in ontogeny and phylogeny, and not be a dominant in subtropical forest any more. This means it has given the way to those younger taxa for a long period. such as *Magnolicaceae, Hanamelidaceae, Theaceae, Fagaceae, Aquifoliaceae, Lauraceae, Symplocaceae* and *Euphobiaceae*. But some of these are also going to be the decline taxa. For example, the genera of *Hamamelidaceae*.

Dipterocarpaceae, one of the dominant family in tropic, perhaps came from *Dilleniales* or *Theales*. Other dominant families, such as *Meliaceae* and *Sapindaceae*, might come from the discifloral ancestor such as *Saxifragales*. All of them are younger than those subtropical dominant families. such as *Magnoliaceae, Hamamelidaceae, Lauraceae, Theaaceae* and *Fagaceae*. In short, the dominant families in tropic is much younger than those in subtropic.

There are special physiognomic and structural characteristics in tropical forest, particularly in the low-land rain forest and montane rain forest. These characteristics include buttress, cauliflory, epiphyte, naked buds and woody lianas, especially the climbing bamboos and ferns. All of these are symptomatic characteristic of tropical rain forest and hardly found outside the tropic. Even the subtropical forest rarely show such a physiognomy and landscape. This is owing to the tropical climate but not the characteristics of the tree species. For example, the trees of *Quercus*, *Lithocarpus* of *Fagaceae*, and *Litchi* of *Sapindaceae*, as well as *Schima* of *Thaceae*, show very prominent buttress in tropical forest. But it is hardly to find such phenomena in subtropic.

2 The Characteristics of Vertical And Horizontal Distribution in Tropical and Subtropical Floras

Temperature is one of determinate factors which limit the plant distribution. Regularly, the temperature is getting lower as the altitude increases. This is also true when we move from the lower latitude area to the higher one. The flora and the vegetation compositions change to correspond the variation of temperature. For example, in tropic, there are four or even more vegetation types from the low-land to high mountain. The low-land rain forest distributes on the low-land area, which is dominated by the species of *Dipterocarpaceae*, *Anonaceae*, *Podocrapaceae*, *Verbenaceae*, *Euphorbiaceae*, *Meliaceae*, *Sapindaceae*, *Flacourtiaceae*, *Samydaceae*, *Caesalpiniaceae*, *Mimosaceae*, *Dilleniaceae*, *Sterculiaceae*, *Datiscaceae*, *Apocynaceae*, *Sapotaceae*, *Ebenaceae*, *Loganiaceae* and the others. Above 1000m, there is the montane rain forest dominated by the species of *Magnoliaceae*, *Fagaceae*, *Hamamelidaceae*, *Elaeocarpaceae*, *Tiliaceae*, *Theaceae*, *Myrtaceae*, *Lauraeae*, *Papillionaceae*, *Aquifoliaceae*, *Araliaceae*, *Symplocaceae*, *Rubiaceae* and *Palmae*, etc. Since the affection of the mountain, most trees in mountain rain forest are prominent with lowland rain forest structure, such as buttress, epiphyte, cauliflory and woody lianas, particularly the climbing bamboos.

From 1400m and upward, the tropical montane evergreen broad-leaf forest distribute above the tropical mountain rain forest. The dominant trees are usually the same allies as those of the montane rain sfrest, and co-dominant by the species of *Ericaceae*, *Rosaceae*, *Berberidaceae*, *Pinaceae*, *Betulaceae*, *Aceraceae*, and occasionally the *Populus*. No typical rain forest structure can be found in this type of vegetaion. Although the humidity is higher than that in the rain forest area, the temperature is quite lower as the altitude increases. Obviously, the rain forest structure and the landscape are mainly caused by the temperarure but not the humidity.

Above the montane evergreen broad-leaf forest, that is the tropical high montane scrub, which is dominated by the species of *Theaceae*(*Ternstroemia*), *Ericaceae*, *Vacciniaceae*, *Clethraceae*, *Buxaceae*, *Thymelaceae* (*Wikstroemia*), *Pyrolaceae*. At the uppermost part of the mountain, the mountain grassland distributes. The common species are those from *Carex*, *Primulaceae*, *Saxifragaceae* and *Gentianaceae*.

In subtropic, there are also four to five zonations from the lowland to the high mountain. The evergreen broadleaf forest exists on the lowland. It composed of the species of *Magnoliaceae*, *Hamamelidaceae*, *Lauraeae*, *Theaceae Fagaceae*, *Elaeocarpaceae*, *Tiliaceae*, *Araliaceae*, *Aquifoliaceae*, and *Symplocaceae*. On the southmost part of the subtropical, the species of *Euphobiaceae*, *Moraceae*, *Myraceae* and some tree ferns grow on the underground of the forest. Near the temperate zone, deciduous trees suc as *Tiliaceae*, *Aceraceae*, *Betulacaeae*, *Corylaceae* as well as the deciduous *Fagus* compose the mix-forest with the evergreen trees, or form a deciduous forest.

Above the evergreen forest, there is a bamboo or needle-leaf forest, which is composed of *Pinus*, *Keteleeria*, *Tsuga*, *Cryptomeria*, *Picea* and *Abies*. Above the needle-leaf forest, it is the montane scrub composed of *Ericaceae*, *Clethraceae*, *Berberidaceae*, exceptionally, in the south-west part where it is dominated by *Rhododendron* in the high mountain. The mountain grassland, which distributes on the uppermost part of the mountain, is dominated by *Saxifragaceae*, *Gentianaceae*, *Primulaceae*, *Scrophulariaceae* (*Pedicularis*), *Pyrolaceae*, *Compositae* (*Saussaurea*), *Carex* and *Kobrossia* of *Cyperceae*, and *Poa* of *Poaceae*.

In China, the tropical dominant species of *Dipterocarpaceae* never exceed the line of tropic of Cancer, since the extreme cold current of the Arctic usually flows southward and exceeds to the tropic of Cancer in the winter. If there is a shelter, they will extend northward and exceed the tropic of Cancer. As we have seen on the south slope of Himalaya, *Dipterocrpus* (*Shorea*) extend to 29°N and 1000m by altitude. some other tropical composition, such as the species of *Moraceae*, *Euphobiaceae*, *Myrtaceae* as well as the tree ferns *Cyatha*, distribute to about 28°N in subtropic and form underneath synusia.

The tropical montane rain forest is similar to the subtropical evergreen forest but characterized with more prominent rain forest physiognomy and structure. However, unlike the subtropical forest, there is no needle-leaf forest or deciduous zone above the montane rain forest in tropic, but occasionally some needle-leaf trees and deciduous trees distribute scatterly amid the evergreen broad-leaf zone.

The composition of the subtropical mountain evergreen broad-leaf forest is almost the same as that is tropical montane rain forest. Most of the subtropical dominant species usually distribute southward and disperse to tropical montane region. They also dominant in tropical montane rain forest and mountain evergreen forest with some other tropical composition. The florisic history has proved that the tropical montane rain forest and the subtropical evergreen forest have the same origination. However, it is not suitable to consider that the subtropical evergreen forest derived from the tropical forest. Present evidence has supported such an idea that *Magnoliaceae*, *Hamamelidaceae*, *Theaceae*, *Fagaceae* were originated from subtropical mountains. On the other hand, the subtropical dominant species are not often dispersing to the temperae zone as expected. This is because the temparature in the temperate zone is not so favorable. And only some of the deciduous species, which include *Ouercus*, *Tilia*, *Fraxinus*, *Picrasma*, *Liquidambar*, *Juglans*, *Alnus*, *Populus*, *Acer* and *Ulmus*, disperse to the higher altitude area.

3 The Integratson of Tropical And Subtropical Floras

During the Paleozoic period, the sea transgression frequently flowed over the Cathaysian ancient land. And the sea water made the ancient land divide into many landmasses. During that period, the Cathaysia situated at the east, including the south part of North-east (south Manchuria), Inner Mongolia, North slope of Tianshan in Xinjing. The evidence with fossils shows that the ancient land also cover Japan, east and south China and extend to Malay Peninsula and Sumatra. The west part of Cathaysia includes Xichuan, Huai-yang, Jiang-nan, Kang-dian and other landmasses. And the south part includes North Vietnam and Indo-China landmasses. Until Mesozoic, the sea transgression was ceased by the mountain movement. Cathaysia and other landmasses combined into a unity which had almost the same area as the present territory of China except the utmost west part. At the end of Triassic, the Indo China mountain movement happened and it prolonged until the early Cretaceous. This movement combined the Indo-China and Malay Peninsulas, as well as Sumatra and kalimantan, with the Cathaysia together.

The flowering plants might be originated at the period of Triassic. And Cathaysia was one of the origin center. This can be proved with the existence of relics and primary taxa which we listed above. The components of Cathaysian flora dispersed southward at the same time and occupied the tropical regions. For example, *Magnoliaceae, Hamamelidaceae, Fagaceae, Lauraeae, Theaceae* are Cathaysian endemics. Some of their descendants have been found in Malesian flora and become the dominant species in the tropical montane rain forest. As we know, 11 of the 13 genera in the family *Magnoliaceae*, i.e., *Liriodendron, Talauma, Magnolia, Manglietia, Michelia, Tsoongiodendron, Kmeria, Parakmeria, Paramichelia, Pachylarnax* and *Alcimandra* distribute in south China. And only 6 genera, i.e., *Talauma, Elmerrellia, Michelia, Alcimandra, Aromadendrom, Pachylarnax*, were found in Malesian flora. moreover, all the subfamilies of Hamamelidaceae, especially the five primitive sebfamilies i.e., *Disanthoideae, Rhodoleioideae, Exbucklandioideae, Mytilarioideae* and *Liquidambaroideae* are naturally the Chinese endemics. While only three genera, i.e., *Altingia, Exbucklandia, Rhodoleia*, in Maleslan flora, each is represented with one species only. As to *Theaceae*, especially the primitive subfamily *Theoideae*, there are 11 genera in Asia, and 9 of these genera and more than 300 species were found in south China. But in Malesian flora, only 5 genera and quite a small number of species exist.

As to the primitive taxa, such as *Trochodendraceae, Tetracentraceae, Eupteleaceae* and *Cercidiphyllaceae* did not disperse to Malesia. It is supposed that relic taxa were lesser vigorous on competition with their successors such as *Magnoliaceae, Hamamelidaceae, Fagaceae*, and *Theaceae*. On the other hand, the dominant taxa of the tropical flora, such as *Dipterocarpaceae* did not disperse to the subtropical. Perhaps *dipterocarps* were originated at the end of Cretaceous or even Tertiary, during that period the seasonal variation was much serious and became an obstruction for the heat-resistance plant to enlarge their areal and oppressed them to retain on the tropic.

It has been assumed that the other taxa, such as *Gentianaceae, Primulaceae, Pyrolaceae, Ericaceae, Clethraceae, Saxifraganceae* and *Scrophulariaceae*, were originated from Pan-Arctic or north temperate. Actually, this is not true and they were subtropical mountain origin, since there are many species of these taxa were found in the subtropical mountain regions than that in the temperate region. For example, considering the well known genus *Pedicularis* of *Scrophulariaceae*, about 600 species have been reported on the north hemisphere, and more than 80% of these species distribute on subtropical mountain, particularly in Yunnan, Xichuan and Himalaya. they were originated from subtropical mountain and extended to temperate region, but not originated from the Pan-Arctic and then drove to the south mountain region by the glaciers.

4 The Flora Differentiation Caused by the Climatic Change

During Jurassic, the climate on Cathaysia was quite moist and homogeneous, and the seasonal variation is not so serious. At that period, Cycas dominated in the forest and occupied all over the Cathaysia ancient land. Almost all the Triassic and Jurassic coalbeds on the south China were formed by Cycas. Recently, there are still Cycas forest existed along the Jinshajiang Valley in yannun and Xichuan border. After the mid-Cretaceous there was a drought climate on the Cathaysian ancient land, and this can be proved with the "Red deposit" on the Cathaysia. Such a serious climatic change was very catastrophic and harmful to the survive of the plants. They were compelled to regulate their habitat and adaptation. Therefore, the forth differentiation reaction happened with various originated taxa. Those taxa adapted to the moist climate immigrated to the mountain or the valley. Other taxa, which had broader range of resistane or created during the period of Cretaceous, could endure the disaster climate. There were still some taxa which were compelled to change their ecological characteristics in order to adapt the new environment, otherwise they might be eliminated in the areal. The so-called "Laurisilva" or "Laurignosa", which is very common in the East Asia, might be the result of this adaptation. The survived *Cycas* forist also showed the same adaptation. On the other hand, many tropical and subtropical deciduous species, such as *Bombax*, *Tectona*, *Albizzia*, *Antiaris* and *Liquidambar* have another adaptive pattern. This is easy to explain why the relics like *Tetracentron*, *Coriaria* and *Rhoiptelea* are deciduous, and they did not distribute to tropic as the same as *Trochodendron*, *Euptelea*, *Circidiphyllum* or as the dominant taxa in the subtropical forest. As to the dipterocaps dominated in the tropical forest, which were created at Cretaceous, have very strong vitality and hot resistance. Under the conditions of drought weather, the species of *Magnoliaceae*, *Hamamelidaceae*, *Fagaceae*, and *Theaceae* could not but evacuate from the lowland to the mountain area with higher humidity and dominated in the subtropical montane structure than those subtropical dominant taxa, their ancestor might come from the more primitive taxa of the subtropic. As to those dominant taxa tion of the floristic composition also continued. The cold current from Arctic during the winter limit the tropical plant moving northward. In south China, the tropical plants such as dipterocarps never exceed the tropic of Cancer. If there was no cold current from Siberia, dipterocarps, the Dominant species in the tropic, would disperse northward to the subtropical region. As we can see on the south slope of Himalaya, *Shorea robusta* extends to 29°N and disperse to the mountain with 1100m height. The tropical and subtropical deciduous trees, which could adapt to the lower temperature during the winter, usually extend to the temperate region. These include *Picrasma*, *Liquidambar*, *Betula*, *Toona sinensis*, *Quercus variabilis*, *Q. acutinssima*, *Magnolia liliflora*, *M. denudata* and *M. parviflora*. Such a phenomenon could be proved by the anatomical evidences which show that the deciduous species of *Magnolia*, *Quercus*, *Celtis*, *Salix* and *Tilia* have very advanced and secondary woody structure than that of the evergreen species.

5. Discussion and Conclusion

(1) Essentially, the flora in Asian tropic and subtropic is an integration. They originated at Triassic on the Cathaysian ancient land. The hypotheses of Pan-Arctic origination and the Arctic Tertiary flora immigration cannot be supported with the reality of the Chinese flora and also unable to resolve the problem of the Chinese flora origination. We believe that the tropical and subtropical plants did not come from the Pan-Arctic. Also other taxa such as *Ericaceae*, *Aceraceae*, *Betulaceae*, *Corylaceae*, *Juglandaceae*, *Primulacae*, *Gentianaceae*, *Borraginaceae*, *Caprifoliaceae*, *Pyrolaceae*, *Dipensiaceae* and *Monotropaceae*, which were supposed to come from the pan-Arctic, actually immigrated from the subtropical mountain. For example, nearly 80% species of *Pedicularis* of *Scrophulariacea* distribute on the subtropical mountain. Particularly the primary taxon of this genus was found in subtropic.

(2) Geologically, the Asian tropical peninsulas and archipelago arose during the late Mesozoic but it was unstable. There is not primitive taxa found in this region. Nearly all the species are secondary in phylogeny and might derive from the subtropical primitive taxa. The dominant taxa in tropic came from or derived from the taxa in subtropic. Therefore, the so-called "tropical origin" is subtropical origin in fact. Since the dominant taxa in tropic, such as *Dipterocarpaceae*, have much advanced

rain forest. Such a situation of the adjustment is kept until today.

After Tertiary, the climate zonation was going on and the regula-in the tropical montane rain forest, such as *Magnoliaceae*, *Hamamelidaceae*, *Fagaeae*, and *Theaceae*, were not tropical origin, but derived from the descendants of subtropical dominant taxa during the late Cretaeous since the drought condition. Then they invaded into the mid-mountain area in tropic.

(3) The deciduous trees were not induced by the low temperature but the drought climate. therefore they did not come from the temperate zone. For example, many tropical deciduous trees, such as *Bombax*, *Tectona*, *Albizzia*, *Antiaris* and *Lannea*, were clearly induced with the arid climate. Those trees which can distribute or extend to temperate zone, such as *Quercus*, *Juglans*, *Betula*, *Corylus*, *Alnus*, *Celtis*, *Acer*, *Fraxinus* and *Populus*, were originated from subtropical mountain, They were also induced with the Cretaceous drought climate and than extended to the temperature zone. Wood anatomy has provided the evidence that the xylem structure of evergreen trees, such as *Magnolia* and *Celtis*, are much primitive than those of deciduous. Researches on *Coniferae* also support this. *Pseudolarix* is limited in sudtropic, its deciduous characteristic was not induced with the low temperature. Those common needle leaf genera in temperate, such as *Pinus*, *Picea*, *Abies* and *Larix* were subtropical origin and then extended to the temperate zone.

(4) *Coniferae* did not come from the temperature zone and then drove south ward by the glaciers as the hypthesis supposed by the traditional viewpoint. For example, let us consider the family *Pinaceae*, which is very common in the temperate zone. Four of the ten genera in this family, were found in north temperate zone. These include *Pinus*, *Picea*, *Abies* and *Larix*, and each genus only has a few species in the north region. However, all the 10 genera in this family can be found on the subtropical mountain. Except those 4 genera listed above, the other 6 genera, *Keteleeria*, *Cathaya*, *Pseudolarix*, *Cedrus*, *Tsuga* and *Pseudotsuga*, are subtropical endemics. The last two genera distribute on the subtropicalmoun tain between Asia and north America. All of them were not originated from the north temperate zone nor drove by the glaciers between Tertiary and Quaternary. The situation of *Taxoidiaceae* is nearly the same as *Pinaceae*. All of the 9 genera in this family, *Cryptomeria*, *Cunninghamia*, *Glyptostrobus*, *Taiwania*, *Metasequoia*, *Sciadopitus*, *Taxodium*, *Sequoia* and *Sequoiadendron*, were originated from the subtropic. Among the 17 genera in the family *Cupressaceae*, only one or two species extend to Arctic region. As to *Podocarpaceae*, all the genera and species were originated from subtrepic

in north and south hemispheres.

(5) The flora of tropic and subtropic have the same origin. Both floras combine into an integration. They arose on the Cathaysian ancient land during the period of early Mesozoic. During that period there was no more sea transgression. The Mesozic mountain movement forced all the Cathaysian land mass and its neighbour landmasses combined together. The north border included south Manchuria, Inner Mongolia, North slope of Tianshan and Japan proper. The southern border included Indo-China, Malay Peninsulas, as well as Sumatra and Kalimentan. When the flowering plants originated during the period of Triassic or Jurassic on the ancient land, they could inevitable and commonly distributed on the Cathaysia. After Cretaceous the drought climate happened, and the flora were compelled to regulate its areal. This can be proved with the red deposit commonly covering the Cathaysia during Cretaceous and Tertiary. Since that time the seasonal variation of climate became more prominent, and there was a differentiation between the tropical and subtropic floras.

亚洲热带-亚热带植物区系与植被的整体性*

张宏达**

摘 要 (1)中国植物区系不是来自北方，也不是来自热带，不能把中国植物区系看成是南北植物区系的混合体，它是在中生代起源于华夏古陆。自中生代以来，由于造山运动把华夏古陆与康滇古陆，四川古陆、淮阳古陆、江南古陆、塔里木古陆，华北古陆，北越古陆及印支古陆等联结成一片完整的古陆。北部包括东北南部，内蒙，天山北麓，还有日本本部及朝鲜半岛。南达苏门答腊及加里曼丹。整个亚洲热带和亚热带是一个完整的体系。原始的有花植物从三迭纪以后逐渐在华夏古陆发展起来，白垩纪以后并遍布于现在的热带地区。所谓北极起源的假设不能解析中国植物区系的组成和来源。不仅现代分布于热带和亚热带的植物不可能来自北方，连那些被视为温带成分的，如槭树科，杜鹃花科，忍冬科，榛科，桦木科，胡桃科以及报春花科，龙胆科，紫草科，鹿蹄草科，岩梅科等，都是亚热带山区起源的，例如马先蒿属 *Pedicularis* 有80%分布于亚热带山区。

(2)中国植物区系不是由热带地区扩展过来的。热带地区分布的专性科及优势科，如龙脑香科等在系统发育方面都是后起的，它来自亚热带起源的更原始的科。再从地史上看,亚洲热带的地史既不稳定又是中生代晚期才升起的，那里不可能产生现在占优势的许多热带属的远祖，至于热带山地雨林占优势的壳斗科，山茶科，木兰科，金缕梅科等，它们不是热带起源，而是亚热带起源，再扩展到热带，由于白垩纪后期的干旱以及气候分带加剧，才转移到

---

* 国家自然科学基金和国家教委博士点基金资助项目

** 中山大学生物学系

热带中山地带。

(3)落叶树不是由低温起源的，当然更不是来自北方或起源于北方，它是由于南方的干旱气候促成的，如木棉，柚木，合欢，厚皮树，苦木，箭毒木等都是证明，那些分布到北温带的栎树，枫香，胡桃，榛，榆，朴树甚至杨树等，都是亚热带山区起源，经过白垩纪后期的干旱而形成的，木材解剖的证据说明了常绿的木兰及朴树等的木材结构比落叶树的木兰及朴树原始得多，针叶树也有类似的现象。落叶松 *Larix* 是亚热带起源的，分布于亚热带的金钱松 *Pseudolarix* 只局限于亚热带，它的落叶肯定不是低温促成，也绝对不是来自北方，而是白垩纪后期的干旱造成的。

(4)针叶树的起源问题，历来都认为起源于北方，再向南方迁移，现在看来，也是难以置信的，以北温带最常见的松科为例，松科有10属，全都分布于中国亚热带山区。而在北温带只有冷杉 *Abies*，云杉 *Picea*，落叶松及松 4 个属，因此，亚热带山区10个属的松科植物，不可能由于冰川的作用，和用第三纪北极区系迁移论的假设来解释。因为南方的特有属油杉 *Keteleeria*，银杉 *Cathaya*，雪松 *Cedrus* 及金钱松，以及分布于东亚及北美亚热带的铁杉 *Tsuga* 和黄杉 *Pseudotsuga* 都是当地起源的，*Abies* 见于湘南及浙南，亦有花粉见于 5 万年前的韩江沉积。再从杉科的柳杉 *Cryptomeria*，杉木 *Cunninghamia*，水松 *Glyptostrobus* *Metasequoia*，台湾杉 *Taiwania* 以及北美落羽杉 *Taxodium*，红杉 *Sequoia* 及 *Sequoiadendron* 都是亚热山区起源，不可能从泛北极或北温带迁来的。再以柏科为例，绝大部份的属都是分布于亚热带，能够到达北极圈附近的，只有一些匍匐状的 *Juniperus* 等个别种类。至于紫杉类的紫杉 *Taxus*，粗榧 *Cepholotaxus*，穗花杉 *Amentotaxus* 当然都是亚热带起源的，而南洋杉 *Araucaria*，罗汉松 *Podocarpus* 及陆均松 *Dacrydium* 等则更不必说了。

(5)亚洲热带与亚热带是一个整体，这里的植物区系在起源上是统一的，华夏古陆在三迭纪就已经完整地包括印支半岛，马来半岛，苏门答腊及加里曼丹等地。三迭纪以后，有花植物区系兴起，必然遍布于整个华夏古陆。由于白垩纪以后华夏古陆南部气候变干旱促使植物分布出现重新调整，中国从南到北普遍存在的红层，为这种干旱气候的存在提供佐证，再加上第三纪以后，气候分界和季节分化日趋剧烈，形成了现代热带与亚热带植物分布的格局，喜热的种系留在热带地区，喜温或能抗低温的种系则分布于亚热带和温带，及热带的中山和亚高山。那些白垩纪以后才出现的热带成分如龙脑香科等就只能留在热带，而白垩纪以前的植物如木兰科、金缕梅科，山毛榉科等退到了热带山地，仍有强烈的生命力。至于更古老的种系如昆栏树、水青树等，已处在衰退状态，而残存于一隅。

关键词 亚洲热带—亚热带，植物区系，植被，华夏古陆

地球植物区系分区提纲[*]

张宏达

(中山大学生物学系,广州 510275)

摘要 全球植物区系区划,或植物地理分区,从廿世纪以来有过许多著名的、有影响的区划和著作.它们把中国中部及北部的植物归入泛北极区,而把华南的植物归于古热带区,这种区划是和中国植物区系起源的实际背道而驰的.非洲的热带区系和亚洲的热带区系各有本身的起源和发展道路,把二者归并为古热带植物区,是很不协调的.本文把全球植物区系划分为:劳亚植物界,华夏植物界、澳大利亚植物界、非洲植物界、南美植物界、南极植物界、热带红树植物界.

关键词 植物区系,植物区系区划,地球植物区系区划

分类号 Q948.5

植物区系是指地球上一个大陆,一个地理单元或行政区的植物种类的总和,它们是在植物界发展过程中自然形成的植物类聚.植物区系的形成主要由植物系统发育所制约,同时又受到环境条件的影响,其中最主要的环境因素是温度和雨量.在一定条件下,土壤成因亦左右着植物的分布.因此,在不同的地理单元及不同的气候带必然出现各异的区系成分.植物系统发育与自然条件二者之间既相互作用又相互制约,遂在地球上形成各种植物区系类型,人们根据这些类型进行区划,它们属于自然单元,不受国界及政治范畴的影响,并经常是跨越国界甚至跨越大陆.

自从十九世纪以来,植物地理学家以亚历山大·冯·洪堡(A. Von Humboldf)首先注意到植物分布到分区的问题,给后来的植物地理学者开辟了道路.随后,德国学者狄尔斯(G. Diels,1929)在《植物地理学》一书中[1],把全球的植物区系划分为6大区,称之为植物界.狄尔斯的植物区系分区是比较完整而概括的体系,无形中成为后来从事区系分区的蓝本.

阿·恩格勒(Engler A. 1936)按植物区系发生的原则,进一步把地球植物区系划分为5个带,41个区,102个省,是一个更完善的植物区系区划,也是现代植物区系分区的范例.

古德(Good R,1974)在狄尔斯及恩格勒的区系区划基础上,更具体地把全球植物

收稿日期: 1993-10-20

[*] 国家自然科学基金及国家教委博士点基金资助项目

区系分为6界，37区，127省，使现代植物区系区划达到完善的体系．

塔赫他间（A. L. Takhtajan，1978）在他的世界植物区系区划一书里，沿用了古德的区划原则，把全球植物区系分为相同的6界，下分33区，147省．至此，有关地球植物区系区划已达到最完整、最复杂的体系．

但是，无论是狄尔斯、恩格勒、古德或塔赫他间的区系区划，都是从现状分布为依据，亦即在地球海陆分布守恒为出发点．因此未能充分反映地球植物区系的发生与发展的实质．魏格纳（A. Wegener 1915）的海陆移动论思想在狄尔斯及恩格勒的植物区系分区里没能反映出来．本世纪五十年代出现的板块学说，也未被古德及塔赫他间所接受，遂使他们的区划体系不可避免地暴露出局限性和缺点，从而未能完全如实地反映出地球植物区系发生、发展和分布的实质．以中国植物区系为例，上述各家都把南岭以北或长江流域以北的植物归入古北极界，并把华南的植物归入古热带植物界．这样一来，中国植物区系就成为泛北极与古热带植物区系的混合物．这与中国植物区系的实际大相迳庭．我们目前已研究清楚，在中国植物区系里有许多是从中国南部及西南山区为起源地或为分布中心，它们是木兰科、金缕梅科、山茶科、安息香科、旌节花科、桦木科、榛科、山毛榉科、杨柳科、清风藤科、杜鹃花科，以及孑遗的昆栏科树、水青树科、云叶科、紫荆叶科、杜仲科等，不可能说它们是来自泛北极区或热带区，更不可能把它们分割为热带成分或北极成分．它们是在华夏古陆的范畴发展起来，然后向着热带山区扩散开出，并随后因气候分带及气候变干旱，而以落叶的形式扩散到北方．裸子植物也不例外，尤其是针叶树类，它们并不是如某些人所说的来自北方．以松科为例，全科10个属即，冷杉 *Abies*，银杉 *Cathaya*，雪松 *Cedrus*，油杉 *Keteleeria*，落叶松 *Larix*，云杉 *Picea*，松属 *Pinus*，金钱松 *Psaudolarix*，黄杉 *Pseudotsuga*，铁杉 *Tsuga* 都集中分布于我国西南及南部山区，只有冷杉，云杉，落叶松等4个属扩展到北温带．冷杉 *Ahies* 曾被植物地理学家认为是典型的北温带和寒带植物，其实它在南岭东西部山区不断出现，已知的百山祖冷杉，资源冷杉，元宝山冷杉等，它们决不是由冰川驱逐到南方，而是在华厦南部山区起源的．杉科也不例外，而且更具有亚热带特点，亦属于亚热带山区起源．因此，植物区系的区划必须按种子植物区系形成与发展过程为依据，并参考现状分布，才能如实地反映植物区系分布与区划的实质．

根据大陆漂移的设想，原始的联合古陆（Pangaea）在古生代以前是一个完整的古陆．从三迭纪到白垩纪，逐渐分裂为冈瓦纳（*Gongwana*）和劳亚古陆（Laurasia）南北两古陆．接着风瓦纳古陆再分裂出澳大利亚、南极、南美和非洲等陆块．劳亚古陆分裂为北美—欧洲古陆及安加拉（Angara）古陆．从三迭纪末到第三纪，由于大西洋的不断扩张，把北美从欧洲陆块分割出去．华夏古陆在古生代位于中国大陆的东部，它北部包括日本本部，朝鲜半岛，南部包括印度支那半岛、马来半岛、苏门答腊及加里曼丹等，在华夏古陆的北部有华北古陆、松江古陆，西部则有塔里木古陆、唐古拉古陆、康滇古陆、扬子古陆等，南部则有广西古陆及北越和印支古陆等．这些古陆的北部有准噶尔大兴安地槽，使华夏等古陆与安加拉古陆分隔开来．这些古陆的西部则有昌都地槽及藏南地槽．进到中生代之后，由于燕山运动及印度支那运动，海水从华夏、华北、扬子、康滇、塔里木、唐古拉及松江等古陆之间退出，以是这些古陆块联成一片，形成中生代的新华夏古陆、这个古陆北起黑龙江、内蒙古、准噶尔盆地南部，西部包括第三纪上升起来的喜马拉雅，南部包括印支半岛、马来半岛、苏门答腊及加里曼丹等。台湾是在第三纪末才脱离华夏古陆，从现代植物区系成分看来，可能还有菲律赛的民都洛或巴拉望岛等。

古生代以来，在华夏古陆和相邻的其他古陆上出现了大量的种子蕨类，其中的大羽羊齿类 Gigantopterides，大量存在于这些古陆，目前已知的有 4 属 70 余种，遍布于现代的山西、河南、陕西、河北、吉林、江苏、安徽、浙江、福建、广东、贵州、云南及四川等地，被认为有可能是被子植物的祖先。到了中生代初期，出现了被子植物的新纪元，在华夏大地和北美、欧洲等地先后发现了原始的被子植物，著名的化石有燕辽地区的被子植物群，北美得萨斯及科罗拉多大量出土的被子植物 Sanmiquelia 的化石。在这一地质时期，出现了大陆漂移现象，随着联合古陆的解体，被子植物的原始种群被分别带到南、北古陆的各个陆块，并在各自独特的条件下继续发展出各大陆的植物，因此全球各大陆的种子植物区系，已有共同的来源，又各具本身的特点，并在地球上形成统一的种子植物区系。

根据上述史实，来衡量德国植物地理学派及其后继者，把亚洲热带与非洲热带合并在古热带植物界是不恰当的。事实上，非洲区系是更加接近南美和澳洲，同样的把印度与马来西亚两个植物结合在一起也是从现象出发，因而和植物区系的发生和发展是相违悖的。而好望角植物区系与澳大利亚区系发展及系统发育方面都有许多共同之处，不能把以银桦科等为代表的好望角植物与澳大利亚区系割裂开来。同样地，中国植物区系是从华夏古陆演发出来的，具有明显的遽古性和特征性，而且和其余各大陆的植物区系有密切的联系，更不宜把它分别归到泛北极界及古热带植物界。因此，重新考虑全球的植物区系区划，给予如实的划分。特别是对华夏植物区系应给予恰当的位置。把华夏古陆的面貌和华夏植物区系的实质，尤其是华夏植物区系在全球植物区系中的重要性加以阐述是十分必要的。

传统的植物地理把中国植物区系归入泛北极区及古热带区，是受到北极起源及热带起源的影响，同时也是对华夏植物区系缺乏了解。北极起源论者认为中国植物区系是从北极经日本到达喜马拉雅，然后再折向东部和南部。其实中国植物区系是地球上最古老的，它在中生代初期已形成当地的有花植物体系。其中许多古老的种系仍以孑遗的成分，如昆栏树科、水青树科、云叶科、紫荆叶科、金缕梅科等，保留到现代。而喜马拉雅区系则是第三纪时印度板块碰撞到亚洲板块时，才从喜马拉雅地槽隆起，直到现在仍在上升之中。其植物区系是由中国植物区系扩展过去而形成的，它是中国植物区系的后裔。目前已研究清楚，除了少数特有属和一部份特有种之外，基本上是云南植物区系的成分。中国植物区系的遽古性及起源于当地的事实已被古生代及中生代在华夏古陆上丰富的种子蕨类、前被子植物及原始被子植物的化石植物所证实。至于中国植物来自热带区系的提法，是从中国南部分布着许多热带区系的科属着眼的。其实原产于中国南部的许多原始有花植物要比热带的植物科属古老得多。热带地区缺乏中国南部的古老植物科属，正是这些原始的类型演发出热带植物科属。三迭纪末的印度支那造山运动把印度支那半岛，马来半岛，及苏门答腊和加里曼丹联成一片，在那里许多化石植物的出现为中国植物区系演发出亚洲热带植物区系提供了地史上的佐证。并且在系统发育方面也得出有力的证据。

关于亚洲热带与亚热带的现代植物分布的结局，是白垩纪以后气候分带所引起的区系分化的结果。在这方面不仅有被子植物系统发育的史实，而且在种子蕨和裸子植物方面同样具有充分证据。中国具有丰富的种子蕨，尤其是被认为与被子植物的联系的大羽羊齿 Gigantopterides，被人们认为是代表华夏植物区系的表征性植物，也在印度尼西亚找到 2 个种。此外，中国还有许多孑遗的裸子植物和上述的松柏类植物，都足以说明它们是当地起源的，不是来自泛北极或热带地区。

关于热带海岸红树林植物区系，它具有两重性，一方面它和各大陆块的植物系统及植物区系的发育有关，另一方面，它又是跨大陆，受制于气候和海流。如海桑科的海桑属 *Sonneratia*，它是亚洲热带区系的成分，由于海流的作用，它分布到澳大利亚及西非，逸出了陆生植物区系的范畴。马鞭草科的白骨壤 *Avicennia* 的种类更遍于全球热带各大区的红树林。植物区系方面在全球红树林基本上是共同的，按照传统上分为东方群系与西方群系，主要是属种的多寡有别。牵强一点的提法，东方群系以红树科为表征，西方群系则以使君子科为代表。在植物区系的区划方面，东方群系包括热带亚洲、澳洲及东部非洲。西方群系则包括西非及加勒比海沿岸，弗罗利达及南美的热带。

根据上面的阐述，本文提出了新的地球植物区系分区。使之尽可能符合或接近植物区系发生与发展的规律。

Ⅰ．劳亚植物界 Laurasia Kingdom

　A．北美植物区 North America Region

　　a．加拿大亚区 Canada Subregion：1．加拿大省 Canada Province.

　　b．北美大西洋亚区 North America Atlantic Subregion：2．北美高原省 North America Plateau Province．3．大西洋平原省 Atlantic Plain Province；4．阿巴拉契亚省 Appalachia Province.

　　c．落矶山亚区 Mt. Rocky Subregion：5．锡特卡-俄勒冈省 Sitka-Oregon Province，6．落矶山省 Mt. Rocky Province.

　　d．马德雷亚区 Madrea subregion：7．大盆地省 Great Basin Province，8．加州省 California Province，9．索诺拉省 Sonora Province，10．墨西哥省 Mexico Province.

　B．欧洲-西伯利亚区 Euro-Sibiria Region：1．萨哈林-北海道省 Sachalin-Hokkaido Province，2．西伯利亚省 Sibiria Province，3．北极省 Arctic Province，4．中欧省 Centro-Europe Province，5．北欧省 North Europe Province，6．东欧省 East Europe Province，7．西欧省 West Europe Province，8．巴尔干省 Balican Province，9．高加索省 Caucasus Province，10．阿尔大-萨彦省 Altai-Sajan Province，11．鄂霍次克-堪察加省 Okhotsk-Kamchatka Province

　C．古地中海区 Palaeo-Mediterranian Region：

　　a．马卡罗尼西亚亚区 Macaronesia Subregion：1．亚速尔省 Azores Province，2．加那利省 Canary Province，3．马德拉省 Madeira Province，4．佛得角省 Cape Verde Province

　　b．地中海亚区 Mediterranean Subregion：5．南摩洛哥省 South Morocco Province，6．西南地中海省 South west Mediterranean Province，7．巴利阿里-伊比利亚省 Balearic-Iberia Province，8．利古里亚-第勒尼安省 Liguria-Tyrrhenia Province，9．亚德里亚省 Adriatic Province，10．东地中海省 East Mediterraneau Provinec，11．克里木-诺沃罗西斯克省 Krim-Novorossiysk Province.

　　c．撒哈拉-阿拉伯亚区 Sahara-Arabia Subregion：12．撒哈拉省 Sahara Province，13．埃及-阿拉伯省 Egypt-Arabia Province.

d. 伊朗-土兰亚区 Iran-Turania Subregion：14. 美索不达米亚省 Mesopotamia Province，15. 中安那托利亚省 Central Anatolia Province，16. 亚美尼亚-伊朗省 Armenia-Iran Province，17. 土兰省 Turania Province，18. 土耳其斯坦省 Turkistan Province，19. 北俾路支省 North Beluschistan Province，20. 北疆省 North xinkiang Province，21. 蒙古省 Mongolia Province.

Ⅱ. 华夏植物界 Cathaysia Kingdom

A. 东亚植物区 East Asia Region：1. 日本-朝鲜省 Japan-Korea Province，2. 东北省 Manchuria Province，3. 硫黄列岛-小竺原群岛省 Sulphur-Bonin Archipelago Province，4. 台湾省 Taiwan Province，5. 华北省 North China Province，6. 华中省 Central China Province，7. 华西省 West China Province，8. 康滇省 Kangdian Provinice，9. 缅北-滇南省 North Birma-South Yuunan Province，10. 华南省 South China Province，11. 越南省 Vietnam Province，12. 泰东省 East Tailand Province，13. 东喜马拉雅省 East Himalaya Province，14. 西藏省 Xizang（Tibet）Province，15. 天山省 Tianshan Province.

B. 马来西亚植物区 Malesin Region

a. 马来西亚区 Malesia Subregion：1. 马来亚省 Malaya Province，2. 加里曼丹省 Kalimantan Province，3. 菲律宾省 Philippines Province，4. 苏门答腊省 Somatra Province，5. 苏拉威西省 Sulawesi（Celebes）Province，6. 马鲁古省 Moluccas Province，7. 巴布亚省 Papua Province，8. 俾斯麦省 Bismarck Province.

b. 斐济亚区 Fiji Subregion：9. 新赫布里底省 New Hebrides Province，10. 斐济省 Fiji Province.

c. 波利尼西亚亚区 Polynesia Subregion：11. 密克罗尼西亚省 Microneria Province，12. 波利尼西亚省 Polynesia Province，13. 夏威尔省 Hawaii Province.

d. 新喀里多尼亚亚区 New Caledonia Subregion：14. 新喀里多尼亚省 New Caledonia Province.

C. 印度-喜马拉雅 Indo-Himalaya Region：1. 西喜马拉雅省 West Himalaya Province，2. 恒河平原省 Ganga Plain Province，3. 德干高原省 Deccan Plateau Province，4. 马拉巴尔省 Malabar Province，5. 斯里兰卡省 Srilanka Province.

Ⅲ. 澳大利亚植物界 Australia Kingdom

A. 东北澳大利亚区 North-East Australia Region：1. 北澳大利亚省 North Australia Province，2. 昆士兰省 Queensland Province，3. 东北澳大利亚省 North-East Australia Province，4. 塔斯马尼亚省 Tasmania Province.

B. 东南澳大利亚区 Southeast Australia Region：5. 东南澳大利亚省 Southeast Australia Province.

C. 中澳大利亚（荒漠）区 Central Australia Region：6. 荒漠省 Desert Province.

D. 开普兰植物区 Capland Region：7. 开普兰省 Cape Province.

Ⅳ. 非洲植物界 Africa Kingdom

A. 非洲区 Africa Region

a. 几内亚-刚果亚区 Guinea-Congo Subregion：1. 几内亚省 Guinea Province，2. 刚果省 Congo Province.

b. 苏丹-赞比亚亚区 Sudan-Zambia Subregion：3. 苏丹省 Sudan Province，4. 萨赫勒省 Sahelo Province，5. 阿曼-拉贾斯坦省 Oman-Sindia Province，6. 努比亚-阿拉伯省 Nubo-Arabia，7. 索马利-埃塞俄比亚省 Somalie-Ethiopia Province，8. 南阿拉伯省 South Arabia Province，9. 索科特拉省 Socotra Province，10. 赞比亚省 Zambia Province，11. 卡罗省 Karroo Province，

12. 纳马夸兰省 Namagualand Province，13. 纳米布省 Namib Province.
　　d. 圣赫勒那岛和阿森松岛亚区 Saint Helena-Assumption Subregion，14. 阿森松省 Assamption Province.
　　e. 撒哈拉-阿拉伯亚区 Sahara-Arabia Subregion：16. 撒哈拉省 Sahara Province，17. 埃及-阿拉伯省 Egypt-Arabia Province.
　B. 马达加斯加区 Madagascar Region：1. 东马达加斯加省 East Madagascar Province，2. 桑比拉诺省 Sambirano Province，3. 中马达加斯加省 Central Madagascar Province，4. 西马达加斯加省 West Madagascar Province，5. 南马达加斯加省 South Madagascar Province，6. 科摩罗省 Comoros Province，7. 马斯克林省 Mascarene Province，8. 塞舌尔省 Seychelles Province.

Ⅴ. 南美植物界 South America Kingdom
　A. 加勒比区 Caribbe Region：1. 西印度群岛省 West Indies Province，2. 加拉帕戈斯省 Galapagos Province，3. 中美洲省 Central America Province.
　B. 亚马逊区 Amazon Region：1. 亚马逊省 Amazon Province，5. 委内瑞拉省 Venezuela Province.
　C. 巴西区 Brasil Region：6. 圭亚那省 Guiana Province，7. 卡定加省 Catingas Province，8. 巴西中部山区省 Upland of Central Brasil Province，9. 查科省 Chaguen Province，10. 大西洋省 Atlantic Province. 11. 巴拉那省 Parena Province.
　D. 安第斯区 Andes Region：12. 安第斯省 Andes Province.

Ⅵ. 南极界 Antarctic Kingdom
　A. 胡安-费南德斯区 Juan-Fernandes：1. 胡安-费南德斯省 Juan-Fernandes Province.
　B. 智利-巴塔哥尼亚区 Chile-Patagonia Subregion：1. 北智利省 North Chile Province，2. 中智利省 Central Chile Province，3. 潘帕斯省 Pampas Province，4. 巴塔哥尼亚省 Patagonia Province，5. 麦哲伦省 Magellan Province.
　C. 亚南极群岛区 Sub-Antarctic Region：1. 特里斯坦-达阿孔哈省 Tristan-dcunha，2. 克尔格伦省 Kerguelen Province.
　D. 新西兰区 New Zealand Region：1. 洛德豪岛省 Lord Howe Province，2. 诺福克省 Norfolk Province，3. 克马德克省 Kermadeca Province，4. 北新西兰省 North New Zealand Province，5. 南新西兰省 South New Zealand Province，6. 查塔姆省 Chatham Province，7. 新西兰亚极群岛省 New Zealand-Subantarctic Province.

Ⅶ. 热带红树植物界 Tropical Mangrove Kingdom
　A. 亚洲红树林区 Asia Mangrove Region：1. 马来西亚省 Malesia Province，2. 菲律宾省 Philippine Province，3. 孟加拉省 Bengal Province，4. 印度支那省 Indo-China Province，5. 华南省 South China Province.
　B. 澳大利亚红树林区 Australia Mangrove Region：1. 西南澳大利亚省 South-Westerm Australia Province，2. 西北澳大利亚省 North-Westerm Australia Province，3. 东北澳大利亚省 North Eastern Australia Province，4. 东南澳大利亚省 South Eastern Australia Province，5. 北新几内亚省 Northern New Guinea Province，6. 西部及中部太平洋省 Western-Central Parific Province.
　C. 东非洲红树林区 East Africa Mangrove Region：1. 东非红树林省 East Africa Province.
　D. 西非洲红树林区 West Africa Mangrove Region：1. 西非红树林省 West africa Province.
　E. 热带美洲红树林区 Tropical America Mangrove Region：1. 加勒比省 Caribbees Province，2. 南美省 South America Province，3. 佛罗里达省 Florida Province.

参 考 文 献

1. 狄尔斯（G. Diels 1929）．植物地理学，董爽秋译．上海：商务印书馆．1934
2. 沙菲尔（W. Szafer 1956）．普通植物地理学，傅子祯译自俄文版．北京：高教出版社，1958
3. 阿略兴（Alexin 1944）．植物地理学原理，傅子祯译．北京：高教出版社，1956
4. 张宏达．华夏植物区系的起源与发展．中山大学学报（自然科学版），1980，19（1）：89～98
5. 张宏达．从印度板块的漂移论喜马拉雅植物区系的特点．中山大学学报（自然科学版），1984，23（4）：93～101
6. 张宏达．植被地理问题初析．西南师范学院学报，1984，4：
7. 张宏达．大陆漂移与有花植物区系的发展．中山大学学报（自然科学版），1986，25（3）：1～11
8. 张宏达等．尼泊尔植物区系的起源及其亲缘关系．中山大学学报（自然科学版），1988，27（2）：1～12
9. 张宏达．地球植物区系分区（条目）．中国大百科全书，地理卷．97～98
10. 张宏达．再论华夏植物区系的起源．中山大学学报（自然科学版），1994，33（2）：1～9
11. Tahktajan A L (1978)．世界植物区系区划，黄观程译．北京：科学出版社，1988
12. Good R. The Geography of Flowering Plants, 4th ed. 1974
13. Chang H T. The Integrity of Tropical and subtropical flora and vegetation. Act Sci Nat Univ Sunyatseni, 1993, 33 (3): 55～56
14. Chang H T. Analysis on the Mangrove flora of the world Programme Abstracts. Asia-Paciffc Symposium on Mangrove Ecosystems, Hong Kong, 1994
15. Duke N C. Mangrove Floristics and Biogeography, Chapter 4. 1992. 63～100

An Outline on the Regionalisation of the Global Flora

*Chang Hung Ta**

Abstract All the publications on the regionalisation of the world wide floras were commonly based on the present condition of distribution and neglected the histosical origination and develpment of the flora, As to the primitive and integrated Chinese flora, it seems that they neglected the historical development of the Cathaydian flora, and included the northern China into the Pan-Arctic flora, and southern flora to the Palaeotropic, it is obviously broken the integration of the Cathaysian flora. Moreover, the African flora combined with the Asian tropic as Palaeotropical flora is inadequate, since the first was originated from Gongwana, and the latter was from Cathaysia.

---

* Biology department, Zhongshan University, Guangzhou 510275

In this paper, according to the origination of the global flora, seven floral kingdoms were proposed.

1. Laurasia kingdom. 3 regions, 34 provinces.
2. Cathaysia Kingdom. 3 regions, 33 provinces.
3. Australia kingdon. 4 regions, 7 provinces.
4. Africa kingdom. 2 regions, 25 provinces.
5. South America Kingdom. 4 regions, 12 provinces.
6. Antarctic kingdom. 4 regions, 15 provinces.
7. ropical mangroves kingdom. 5 regions, 16 provinces.

Keywords　flora, regionalisation, global flora regionalisation

再论华夏植物区系的起源*

张宏达

(中山大学生物学系,广州 510275)

摘 要 在古生代时期,中国古陆上存在着由于海侵所分割的华夏、康滇、扬子、华北、松江、塔里木、唐古拉、广西、北越等陆块. 它们的北面有准噶尔大兴安地槽,西部有昌都地槽和藏南地槽. 中生代之后,燕山运动和印度支那运动相继出现,海水从华夏等古陆之间退出,形成了联成一体的华夏古陆. 自泥盆纪以来,在华夏各古陆出现了11群的种子蕨,组成了古生代的华夏植物区系. 它们当中的大羽羊齿类 *Gigantopterides* 及舌羊齿类 *Glossopterides* 到了二迭纪达到了全盛的时期. 它们都和被子植物有较密切的联系,可归入前被子植物. 中生代初期,华夏古陆及北美已出现了和现代被子植物一脉相联的原始被子植物,如北美三迭纪的 *Sanmiguelia lewisii*,福建晚二迭纪的心叶大羽羊齿 *Gigantopteris ? cordata*. 到了侏罗纪,在华夏古陆已存在着许多现代仍然继续生存的昆栏树属 Trochodendron、水青树属 Tetracentron,木兰属 Magnolia、菜蕨花序类、鼠李科及禾本科等. 进到白垩纪早期,现代被子植物各个纲、目和科已遍布于全球. 最后,在福建龙岩找到的心叶大羽羊齿 *Gigantopteris ? cordata* Yabe et Oishi 应从大羽羊齿类分出来,列入到前被子植物纲.

关键词 华夏范畴,古生代被子植物远祖,中生代被子植物
分类号 Q 941.1

传统上一直认为有花植物出现于晚白垩纪甚至第三纪,中国植物则来自泛北极或热带. 因而对中国的有花植物是在侏罗纪或三迭纪发源于华夏古陆的提法难于置信,也不能接受. 而有识之士则认为《华夏植物区系的起源与发展》一文,是从中国植物区系的实际为依据,提出来的创见①. 最近几十年来,古植物学方面不断地在侏罗纪甚至三迭纪的地层里找到有花植物的化石. 例如潘广[1]在燕辽地区中侏罗海防沟组的地层里,找到了大量有花植物化石和种子蕨的化石混在一起,证明了被子植物与种子蕨的关系. 国际上长期以来对有花植物起源的问题一直在争论. 传统的认识始终坚持晚白垩纪起源的观点,不同意也不承认有花植物起源于侏罗纪或三迭纪的事实. Axelrod D. I.[2]于1970年发表了1956年采自科罗拉多三迭纪的 *Sanmiguelia* 作为棕榈类的化石,就遭到各方面的反对,

---

收稿日期:1993-10-06
* 国家自然科学基金和国家教委博士点基金资助项目
① 中国植物学会45周年学术会的总结报告,1978

认为他误把苏铁类作为棕榈. 而1980年, Bruce Cornet[3]在德克萨斯州三迭纪地层里找到大量的 *Sanmiguelia* 的根、茎、叶、花和果实的化石, 有力支持了有花植物起源于三迭纪的事实.

关于现代被子植物存在于白垩纪及侏罗纪亦有过许多报导. Axelrod[4]在50年代曾报导过有36科的被子植物见于白垩纪. Gothan 等[5]提到有62科的被子植物见于白垩纪. 其中单子叶植物15科, 离瓣花类41种, 合瓣花类6科, 遍布于南、北美洲, 欧洲, 格陵兰, 非洲和亚洲, 并提到木兰科的花粉存在于中侏罗纪, 而水青树及昆栏树的花粉则存在于下侏罗. 至于被子植物化石见于侏罗纪及三迭纪的也有过报告. Harris TM 于1932年报导过产于格陵兰晚三迭纪的子植物 *Farcula grandulifera* 的化石. Seward AC[7]于1904年也报导过产于英国 Stonefield Slate, 中侏罗的被子植物 *Phyllites*. 上述的叶化石和印痕有充分的证据属于被子植物或原始被子植物. 可是这些发现并没能改变传统上根深蒂固的认识. 但是更多的化石证据的出土, 最终将证实被子植物起源于侏罗纪或三迭纪, 而前被子植物存在于古生代晚期.

1 华夏古陆的范畴与华夏植物区系的涵义

在古生代时期, 位于现在的中国大陆及其毗邻地区, 存在着被海侵所分割的许多古陆块, 诸为东部的华夏古陆、中部的扬子古陆、西部的四川古陆、康滇古陆、北部有松江古陆、华北古陆, 西北部有塔里木及唐古拉古陆, 南部有广西陆块及北越古陆等. 在这些古陆块的北面有准噶尔大兴安地槽, 使之与北面的安加拉分隔开, 西部有昌都地槽和藏南地槽为界. 中生代以后, 燕山运动及印度支那运动连续出现, 迫使海水从华夏等古陆之间退出, 各陆块联成一片, 出现一个新的华夏古陆. 它的范畴, 北起黑龙江和内蒙, 东北部包括日本的本部和朝鲜半岛, 西北部包括准噶尔盆地中段. 南部包括印支半岛、马来半岛、苏门答腊及加里曼丹. 这些地区都能找到古生代华夏植物区系的化石, 最西部包括第三世上升起来的喜马拉雅山地. 从事古生代植物区系研究者把上述各古陆块的植物区系统称为华夏植物区系 Cathaysian Flora, 而不计入中生代的植物区系. 我们从植物区系的系统发育的角度着眼, 主张把古生代的种子蕨类以及中生代由种子蕨演发出来的原始被子植物, 还有中生代以后的有花植物, 统归入华夏植物区系.

自泥盆纪以来, 在华夏等古陆找到了许多种子蕨化石, 反映出华夏植物区系的繁荣. 它们不仅具有全球各古陆的种子蕨类化石, 还有华夏植物区系特有的代表. 如瓣轮叶 *Lobatannularia*, 齿叶 *Tingia*, 华夏羊齿 *Cathaysicpteris*, 单网羊齿 *Gigantonodea* 以及大羽羊齿 *Gigantopteris*. 它们当中的大羽羊齿类以及中生代地层找到的开通类的 *Sagentopteris*, 被认为是和被子植物有联系的. 特别是大羽羊齿类 *Gigantopteris*, 在19世纪80年代被发现的初期, 各方面对它的系统位置有过不同的看法, 目前大羽羊齿类约有90余种, 有80余种集中于华夏地区, 其中的烟叶大羽羊齿 *Gigantopteris nicotianaefolia* 被认为是和被子植物有联系的. 而另一种被命名为心叶大羽羊齿 *G?cordata Yabe et Oishi* 的化石, 可能就是原始的被子植物, 它和烟叶大羽羊齿都应该从大羽羊齿类分出来, 作为原始的被子植物的代表.

华夏植物区系一词,在过去是以研究中国古生代的蕨类和种子蕨为对象,大羽羊齿为华夏植物区系所特有,而且属种繁多,能够代表华夏区系的特点,因此在古生物方面有采用大羽羊齿区系 Gigantopteria Flora 作为华夏植物区系的同义词. 考虑到古生代及其后继的华夏植物区系的完整性,中生代的华夏植物区系无疑地属于华夏植物区系的一个组成部分. 当前有越来越多的植物化石反映了原始有花植物发轫于晚古生代,尤其是大羽羊齿类在华夏区系里大量的发现,并被认为它可能是有花植物的前驱[8],对华夏植物区系一词,不能再局限于古生代的区系. 传统上古生代专攻蕨类和种子蕨,中生代则专改裸子植物及种子蕨,新生代则专攻有花植物,这对弄清各个地质时代的区系是方便的. 为了有利于研究种子植物的系统发育,似乎不宜受到地层时代的分割. 即以种子植物系统发育为纲,避免不同地质时代横向的遮断,避免导致侏罗纪以前不可能有被子植物的简单结论. 我们认为,种子蕨从泥盆纪开始,到二迭纪发展到最盛时期,然后进到三迭纪后期开始走下坡,到了侏罗纪已趋于衰竭. 其实在种子蕨当中有一些属种是属于前被子植物或原始被子植物. 当种子蕨到了衰竭的侏罗纪,它们将不可能演发出被子植物.

2 被子植物的远祖问题

现代被子植物的形态结构,及其对生境的适应,都是植物界中最完善的,是经过亿万年的改造、适应、再改造再适应的结果. 从已知的各种关于种子蕨的结构,包括输导组织系统、保护组织系统、繁殖器官等,发展到现代被子植物的相应结构,都是逐步的、渐进的,不可能有什么突变的结构改造与适应. 以输导组织为例,它是陆生植物首先需解决的结构,它仍然经历着从没有管胞到有管胞,然后出现导管最后发展出现代较完善而复杂的管胞和导管系统,这种结构的完善,在种子蕨类大约需要1亿年的时间. 繁殖器官的改造可能需要更长的时间. 泥盆纪开始就出现了种子蕨,人们从中生代的侏罗纪的 Sagentopteris 所见到的并非最完善的雌器和胚囊,经过了1.6亿年的时间. 所以双受精现象是经过漫长的适应和改造才完成的. 倪藤属 Gnetum 是被子植物之外唯一有双受精现象的类群. 它在地史上的出现时间不详,估计是在中生代后期,那么双受精现象的完成决不少于1.6亿年. 在现代生存着的被子植物当中,被人们认为较原始的木兰目等并不是最原始的. 木兰科的雌器及雄器,即心皮与雄蕊仍保持较原始的结构,但木质部的结构则进步得多. 导管的端壁的横向穿孔为数不多,甚至有单孔的导管,这方面远不如金缕梅目及五桠果目原始. 这一事实反映出几个值得思考的问题. 即现存的多心皮类并不是最原始,应该在系统发育过程存在着更原始的被子植物或前被子植物的代表. 再以 Degeneria 为例,它的心皮在受精之前是半开放,在受精之后才闭合起来,这一现象存在于开通类 Caytoniales,可是 Degeneria 的木质却具有明显的次生结构,而且胚珠集中于胎座,这一事实又反映出另一问题,即在系统发育过程,改造与进化是不同步的. 为了证实这一观点,可以再举出北美得克萨斯州及佛罗里达的三迭纪地层中发现的原始被子植物 Sanmiguelia 为例,它具有花和果实,根部已出现维管束组织,可是茎里却没有维管束,足以说明器官的改造与适应是不同步的. 这一事实同时也说明了被子植物的改造与适应首先着重于繁殖器官,它是改造与适应的首要问题,有利于生存竞争,保存和发展种系.

探讨被子植物起源究竟是单元的还是多元的,是一个长期争论不休的原则问题.现代的被子植物具有较完整的统一发展体系,主张现代被子植物单元起源的理论是较有说服力的.但对古生代及中生代的种子蕨,它们之间并不存在直接的亲缘关系,缺乏完整而统一的体系,因此从事古植物研究者多主张多元起源的理论.我们认为系统发育是单元的,发展是多方向的,亦即单元多系的.改造与适应是渐进的,突变是偶然发生的,非主要的.至于化石证据所表现的不连续现象,是有多种原因的,诸如化石的形成和保存都是不易的.被子植物在发展过程不断改造和适应,不占有优势的植被,不可能象蕨类及裸子植物的成煤现象,使被子植物的起源问题,有如"谜"一样困扰着系统学研究者.

关于被子植物起源的时间和时代问题,除了直接依靠化石的证据之外,还可以从蕨类植物和种子蕨以及裸子植物的发育得到启示.蕨类植物从志留纪—泥盆纪到全盛的晚石炭世,经历了不下0.8~1亿年的时间.裸子植物从晚泥盆世到全盛的中生代,历时1.5亿年,而种子蕨从晚泥盆世到极盛的二迭—三迭纪,也经历了1亿年的时间.至于有花植物由前被子植物经过原始被子植物到全盛的白垩纪,决不少于裸子植物发展所需的1.5亿年.因此,被子植物的祖先的出现必不迟于二迭纪,现代被子植物形成的年代亦将不迟于三迭纪.

最后,研究被子植物起源问题,决不能以现代被子植物最完善的结构去衡量古生代及中生代前期所发现的化石.开通类的 *Sagentopteris*,它的雌器结构已经属于被子植物,否则,能把 *Degeneria* 归并到种子蕨吗?烟叶大羽羊齿 *Gigantopteris nicotinaefolia* 及心叶大羽羊齿 *Gigantopteris? cordata* 亦应从大羽羊齿类分出来,作为前被子植物的代表.至于 *Sanmiquelia lewisii* 毫无疑问是属被子植物早期的代表.

3 古生代的前被子植物

古生代的植物化石有蕨类、种子蕨类及裸子植物.石炭纪以前出现并在晚石炭世消亡的某些种子蕨类,在结构上比较原始,可能和被子植物的联系不明显,晚石炭世及早二迭以后出现的种子蕨类则和被子植物有一定程度的联系.古生代出现的裸子植物当中,除了松柏类保持着裸子植物的特征之外,银杏与苏铁已经超越了裸子植物的范畴[8].在中国已知的种子蕨有11群,其中的一部分出现于晚泥盆世、消失于晚石炭或早二迭.另一部份出现于中、晚石炭世,延续到晚二迭及三迭纪和侏罗纪或白垩纪的,有齿羊齿类 *Odontopterides*,美羊齿类 *Callipterides*,带羊齿类 *Taenopterides*,舌羊齿类 *Glossopterides* 及大羽羊齿类 *Gigantopterides*,它们在不同程度上与被子植物有某些联系,现从它们的形态结构及出现与消失的年代,分别探讨它们与被子植物的关系.

古羊齿类 *Archaeopterides*.在华夏区系有铲羊齿属 *Cardiopteridium*、三裂羊齿属 *Triphyllopteris*,扇羊齿属 *Rhacopteris* 及楔叶羊齿属 *Sphenopteridium*.它们从晚泥盆开始,到早石炭世消失.多为2~3次羽叶.无论是形态结构与繁殖器官均与被子植物缺乏联系.

楔羊齿类 *Sphenopterides*.在华夏有楔羊齿属 *Sphenopteris*,皱羊齿属 *Lyginopteris* 及须羊齿属 *Rhodea*,它们也在晚泥盆世开始出现,到晚石炭世消失,个别见于早二迭世,可能与被子植物没有多大联系.

栉羊齿类 Pecopterides. 这一类中只有山西栉羊齿 Pecopteris wongii 等属于种子蕨，其余多属真蕨类. 出现层位从晚石炭世到早二迭世. 可能和被子植物缺乏联系.

脉羊齿类 Neuropterides. 这一类包括羽状脉的脉羊齿属 Neuropteris 和网状叶脉的网羊齿属 Linopteris. 雄性生殖器官为囊状，种子呈筒状，出现于早石炭世，到早二迭世消失. 它们都是有2～3次羽叶，和被子植物的联系不大.

座延羊齿类 Alethopterides. 这一类包括座延羊齿属 Alethopteris，矛羊齿属 Lonchopteris 及杂羊齿属 Palaeoweichselia 等，具2～3次羽叶，羽状脉或网状脉. 出现于中石炭世早期，少数延续到早二迭世晚期.

畸羊齿类 Mariopterides. 在华夏只有畸羊齿属 Mariopteris. 茎呈"之"字形，1～2次两歧式分枝的羽叶. 出现于中石炭世，至早二迭世晚期消失. 似与被子植物缺乏联系.

齿羊齿类 Odontopterides. 以齿羊齿属 Odonotopteris 为主，具2～3次羽叶，叶缘有齿. 出现于中石炭世晚期，延续到晚二迭世. 种子长在小羽片背面. 与被子植物联系不大.

美羊齿类 Callipterides. 茎两歧分枝，具多次羽状复叶. 华夏有美羊齿属 Callipteris 及丽羊齿属 Callipteridium. 出现于晚石炭世，少数延续到晚二迭世. 它们与被子植物的联系并不明显.

带羊齿类 Taeniopterides. 仅带羊齿属 Taeniopteris，具1次羽叶或单叶，呈带状披针形，近似莲座蕨的叶. 全属约20种，出现于晚石炭世，至二迭世最盛，延续到白垩纪. 由于生殖器官构造不明，无法明确它们与被子植物的关系.

舌羊齿类 Glossopterides. 单叶，全缘，有中脉. 叶脉分叉结成网状. 本类包括舌羊齿属 Glossopteris 及恒河羊齿属 Gangamopteris. 是冈瓦纳植物群的代表植物，少见于北半球. 最早出现于晚古炭世，盛见于二迭世，少数延续到早三迭世. 华夏区系有2～3种. 贵州舌羊齿 Gl. guizhouensis 产贵州盘县的晚二迭世早期.

从事贡瓦纳植物区系的人，如 Plumstead E P, Melville R 及 Meeuse A D 等，认为舌羊齿类属于前被子植物. 由二迭纪的舌羊齿 Glossopteris 到三迭—侏罗的开通类的 Sagentopteris，再发展出白垩纪的被子植物.

大羽羊齿类 Gigantopterides. 本类的种系繁复，是属种均较多的一类. 它出现于晚石炭世，晚二迭纪最盛，少数延续到早三迭世. 共有9属90余种，主要分布于华夏，南北均有，约80余种，另印度尼西亚有2属2种，土耳其有1属2种，北美有3属4种. 叶片以3次羽叶到2次及1次羽叶，最后出现单叶. 叶脉多数呈网状.

具3次羽叶的有编羊齿属 Emplectopteridium，织羊齿属 Emplectopteris. 具2次羽叶的有今野羊齿属 Konnnea、单网羊齿属 Gigantonoclea，及 Zeilleropteris. 具1次羽叶的有华夏羊齿属 Cathaysiopteris 及双轭织羊齿属 Bicoemplectopteris. 具单叶的三轭织羊齿属 Tricoemplectopteris 及大羽羊齿 Gigantopteris. 1883年在湖南第一次发现的烟叶大羽羊齿 Gigantopteris nicotianaefolia Schek, 经研究认为是介于种子蕨和被子植物之间的前被子植物. 这一论断支持了浅间一男（Asama）关于被子植物起源于华夏北部山区二迭纪地层的大羽羊齿的意见[9]. 而另一种心叶大羽羊齿 Gigantopteris? cordata Yabi et Oishi, 采自福建龙岩的龙潭组，晚二迭世早期，则更接近于现代被子植物. 自烟叶大羽羊齿在湖南永兴第一次被采到之后，在华夏大地从北到南不断地找到了各种大羽羊齿的化石. 吉林的开山屯,河北开平,山西太原,陕西的陕北,河南平顶山,江苏句容,以及安徽、浙江、江西、广东、福建、贵州、云南及四川等地,陆续找到80余种大羽羊齿类的化石. 此外,朝鲜半岛亦有2种. 大羽羊齿类作为华夏区系的特有和表征种系,遍布于华夏大地. 从早二迭世开始,延续到三迭纪. 其中具羽状复叶的属种在地史上出现较早,多见于早二迭世. 而单叶的烟叶大羽羊齿、心叶大羽羊齿、三轭织羊齿,都出现于晚二迭世早期,反映出大羽羊齿类从早二迭世到晚二迭世,从羽状复叶发展出单叶的时间表. 而在全部的种子蕨类区系当中,都不像大羽羊齿类在华夏二迭世那样集中、普遍和繁荣,并表现出系统发育路线. 再从生殖器官的构造看,李星学等[10]第一次确证了大羽羊齿属于种子植物. 李洪起等[11]研究了贵州单网羊齿 *Gigantonoclea guizhouensis* 的叶片结构后证实它兼具种子蕨和被子植物双重结构的特征,并认为它是前被子植物. 综上所述,大羽羊齿类体现出不断发展,逐渐趋于完善的过程,并且有与被子植物某些类似的结构,属于前被子植物是可信的. 更兼它的种系繁复,又广泛分布于华夏古陆各个角落,那么,华夏古陆作为被子植物的起源地是有说服力的.

4 中生代的被子植物

晚二迭世是植物界地质年代作为中生代的开始. 大羽羊齿类从晚石炭世出现,到晚二迭世开始衰退,只有少数延续到早三迭世. 从结构看来,它们还不是真正的被子植物. 而真正的被子植物化石在早三迭纪并未发现,一直到中侏罗纪才找到现代的被子植物,这中间存在着6000多万年的空白. 开通类的 *Sagentopteris* 曾被某些学者认为是被子植物前驱[12]. 它共有10余种,出现于二迭世,延续到早白垩,散布于北欧、澳洲、埃及、亚洲等地. 日本有4种. 中国有2种,分布于陕北的晚三迭世及福建永安的下白垩. *Sagentopteris* 具羽状复叶,子房在受精之前是开放的. 联系到木兰目的 *Degeneria* 具有类似的结构,则 *Sagentopteris* 可能是原始被子植物的一个支系,它落后于被子植物出现的三迭纪,不可能是现代被子植物的祖先.

潘广[1]于1984年报导过在华北燕辽地区海房沟组中侏罗世地层里,有前被子植物中华缘蕨 *Sinodicotites*,具卵圆形单叶,羽状脉,全缘,生殖器官棒形,介乎苏铁与被子植物之间. 与中华缘蕨在一起的有银杏、苏铁、本内苏铁、松柏类及种子蕨,还有莱蘘花序类的果序,木兰的种子等. 1990年,潘广[13]再发表同一地区和层位里的鼠李科滨枣属 *Paliurus* 和枣属 *Zizyphus* 的果实. 最近,潘广在国际植物学会第十五届年会上又报导了同一地区和层位有关菊科头状果序的化石以及莱蘘花序类的化石. 这些发现反映出中侏罗已有大量现代被子植物存在.

为了证实中生代早期的被子植物,可以举出北美得克萨斯三迭纪地层于1980年大量出土的 *Sanmiguelia lewisii* Brown. 它具有大型褶叠的椭圆形叶片,近似棕榈,最先是在1956年在科罗拉多的三迭纪地层采得,曾经 Axelrod[2]加以报导. 1980年,Bruce Cornet 在得克萨斯三迭纪地层采到大量的 *Sanmiguelia* 化石,包括茎、根、叶、生殖枝上的雄花(具原位花粉)和雌花、果实及种子. 根据营养器官及解剖学的证据,认为 *Sanmiguelia* 兼具单子叶和双子叶植物的特征. 它的花不为3数,茎及根的构造类似双子叶植物,茎缺乏导管，而根有导管，反映出 Sanmiguelia 比单子叶及双子叶植物原始得多．它的出现证实了三迭纪存在着比现存的有花植物为原始的被子植物．与此同时，Sanmiguelia 的出现也说明了单子叶植物是在晚三迭之后就从原始的被子植物和双子叶植物分道扬镳，各自发展．而不像多心皮学派所假设的，单子叶植物出自双子叶植物的多心皮类．此外，也显示出，被子植物在改造与适应的过程，首先着重繁殖器官，然后才到营养器官，而根部为了吸收作用又先于茎的输导作用而出现维管束系统．

    Sanmiguelia 作为原始的被子植物，是无可争辩的，因此，三迭纪可以作为被子植物的新纪元．现代生存的被子植物是从侏罗纪一直延续到现在．除了潘广所报导的中侏罗已经存在着现代被子植物的化石之外，木兰属 Magnolia 的花粉在北欧及英国的中侏罗地层均有报导．而水青树 Tetracentron 曾被报导见于新喀里多尼亚（New Calidonia）的三迭纪及印度的侏罗纪[14]．到了白垩纪，被子植物已达到全盛的阶段．Gothan, Weyland[15] 在他们的古植物教本里，提到了被子植物62科见于白垩纪．郭双兴[15]在报导我国和北半球白垩纪植物群时，列举了从东北到华南有杨柳科、木兰科、昆兰树、水青树科、山毛榉科、鼠李科、莎草科、香蒲科及禾本科等23个被子植物科．西伯利亚地区则有毛茛科、昆兰树科及樟科等14科．在北美的早白垩纪则有杨柳科、杨梅科、山毛榉科等18个科．到了晚白垩纪则为数更多．在欧洲的早白垩纪亦有木兰科、莼菜科、豆科、泽泻科及禾本科等19科．由此可见，被子植物在白垩纪已在全球占有优势．作者分析过尼泊尔的植物区系，在1451属5000多种被子植物当中，只有14个特有属，缺乏特有科，这事实证明6000万年历史的喜马拉雅区系没有特有的科分化或产生出来，何况喜马拉雅复杂多变的条件正是区系分化的理想场所．由此反证，现代生存的科都在亿年以上．至于更原始的昆兰树科、水青树科、木兰科、金缕梅科及莱蕙花序类，都是多于亿年以上的产物．因此被子植物存在于侏罗纪完全可靠．这和 Sanmiguelia 存在于三迭纪是一脉相承；符合被子植物发展的历史．传统上认为被子植物是在晚白垩才发展起来的说法，必须放弃．

5 结 论

5.1 被子植物发展的阶段性

    被子植物是最复杂最完善的植物群．从原始类型到现代的高级结构的类型，需经过几个不同的阶段：即前被子植物 Pre—angiosperm．例如大羽羊齿类；再发展到原始被子植物 Primary angiosperm，如 Sanonigulia；然后发展出现代的被子植物．

5.2 发展是渐进的而且是不同步的

    无论营养器官或生殖器官的改进都是逐渐的，而且生殖器官的改进是在营养器官之前，Sanmiguelia 已发展出花及果实，但茎里不具输导的导管，仅在根部先出现导管，很能说明问题．

5.3 发展是多方向的

    无论是种子蕨类本身的系统发育，或裸子植物已知5纲的发育，都是以放射的形式从某一原始类型向多个方向发展，即属于单元多系的，决不是单元单系的．单元单系的假设，最终将导致多元起源．裸子植物各纲、单子叶纲、双子叶纲都是在发展前期就已各自分化，分头发展．

5.4 被子植物起源的时代

确认原始被子植物 *Sanmiguetia* 出现于三迭纪，则前被子植物无论是否属于大羽羊齿，都不迟于晚二迭世．前面提到过，蕨类的发展需要1亿年，裸子植物需要1.5亿年，那么被子植物从前被子植物到全盛的早白垩，决不少于1.5亿年，就得追溯到二迭纪或晚石炭世．

5.5 被子植物从那里开始

在被认为与被子植物起源有关系的舌羊齿属 *Glossopteris* 和大羽羊齿类 *Gigantopterides*．二者比较起来，大羽羊齿类更有可能与被子植物的起源有关．其它具单叶的种子蕨类还有带羊齿属 *Taeniopteris*，但生殖器官不清楚．大羽羊齿类已为华夏区系的特有类群，则华夏古陆将是被子植物的发源地[16~21]之一．

参 考 文 献

1　潘　广．华北燕辽地区侏罗纪被子植物先驱与被子植物起源．科学通报，1983，28（24）：1520
2　Axelrod D I. Mesozoic Paleogeography and Early Angiosperm History. Bot Rev, 1970, 36: 277~319
3　刘裕生．被子植物的早期历史及起源时间．古植物简讯，1990（26）：7~11
4　Axelrod D I. A Theory of Angiosperm Evolution. Evolution, 1952, 6: 29~60
5　Gothan W, Weyland H. Lehrbuch Der Paläobotanik. Berlin: Akademie—Verlag, 1954
6　Harris T M. The Fossil Flora of Scoresdy Sound. East Greenland, Pf Ⅲ. Meddel Gronland, 1932, 85: 1~133
7　Seward A C. The Jurassicflora — Ⅰ. Laissic and Ooliticfloras of England, British Museum (Natural History), 1904
8　张宏达．种子植物系统分类提纲．中山大学学报（自然科学版），1980，19（1）：1~12
9　浅间一男（Asama）．被子植物的起源（谷祖纲等译）．北京：海洋湖沼出版社，1988
10　Li Xingxue, Yao Zhaogi. Fructifications of Gigantopterids From South China, in Palaeontogriphica, Abt. 8, 1993
11　李洪起，田宝霖．Gigantonoclea quizhouensis Guet Zhi 的叶部解剖研究．古生物学报，1990，29（2）：216~227
12　斯行健．中国古生物志，陕北中生代延长植物群．北京：科学出版社，1956
13　潘　广．华北燕辽地区侏罗纪鼠李科植物．中山大学学报（自然科学版），1990，29（4）：61~72
14　朱　彤．福建二迭纪含煤地层及古生物群．北京：地质出版社，1990. 98~100, Fig. 39~49
15　郭双兴．我国及北半球白垩纪植物群面貌和演变．古植物学与孢粉学文集，1986（1）：31~45
16　张宏达．华夏植物区系的起源和发展．中山大学学报（自然科学版），1980，19（1）：1~12
17　中国古生代植物编写组．中国植物化石，第一册，中国古生代植物．北京：科学出版社，1974

18 姚兆奇. 烟叶大羽羊齿(Gigantopteris nicotianaefolia shenk)的标准产地和地模标本. 古生物学报, 1983, 22 (1): 1~8
19 何锡麟, 梁敦士. 大羽羊齿类植物研究的历史及现状. 中国区域地质, 1991 (5): 274~278
20 金建华等. 中国早石炭晚期植物地理分区问题初见. 长春地质学院院报, 1992, 22: 361~365
21 郝 杰, 李日俊. 论华夏大陆及有关问题. 中国区域地质. 1993 (3): 274~278
22 Engler A. Herausgeben von H Melchior. Syllabus den Pflanzenfam. XI Auflage, I Band, 1964

A Review on the Origin of the Cathaysian Flora

Chang Hung Ta[*]

Abstract During the Palaeozoic Era, on the ancient Chinese continent existed many landmasses, such as Cathaysia, Kangdian, Youngzi, North—China, Songjiang, Tarim, Tangula, Guangxi and North Vietnam etc. landmasses, which were divided by the sea transgresion. On the north of these landmasses, there existed the Jungor—Dahingan Geosyncline, and the west existed Changdu and South Tibet Geosynclines. Until Mesozoic Era the sea transgresion was ceased by the Yanshan and Indo—china mountain movements, Cathaysia and the other landmasses were combined togather, and formed a complete new Cathaysia ancient Land. From Devonian of Palaeozoic to early Mesozoic, there were 11 orders of *Pteridosperma* found from the Cathaysian ancient land, among them, the *Gigantopteris* and *Glossopteris* were fully developed at Permian Period, and were supposed relative with Angiosperm. At Triassic Period of Mesozoic, there is the dawn of Angiosperm, the fossil of *Gigantopteris cordata* Yabe et Oishi found from Fujian and *Sanmiquelia lowisii* Schen from Texas and Colorado are directly related to the Angiosperm. And at Jurassic, the modern angiosperm such as *Trochodendron*, *Tetracentron*, *Magnolia* and genera of *Amentiflorac* are readily presented. And at the early Cretaceous, all the classes and orders of Angiosperm are dispersed on the whole world.

Keywords Cocthaysian flora, paleozoic pre—angiosperm, mesozoic angiosperm

---

[*] Department of Biology, Zhongshan University, Guangzhou 510275

山茶科的系统发育诠析*
Ⅰ. 金花茶组与古茶组的比较研究

张宏达

(中山大学生物学系,广州 510275)

摘 要 对以金花茶 C. nitidissima Chi 为代表的金花茶组 Chrysantha 与以多瓣山茶 C. petelotii sealy 为代表的古茶组 Archaecamellia 之间的差别,进行了详细的比较,澄清它们在系统分类上的位置. 并对 Sealy 划分的古茶组里的混乱加以澄清和调整. 对金花茶组内混乱的名称给予订正.

关键词 山茶属,金花茶组,古茶组,金花茶分类订正

分类号 O949.758.4

金花茶以其艳丽夺目的金黄花色引起植物学家和园艺学家的注意,开展了广泛的调查引种,发表了许多新分类群,新的金花茶种名超过了 30 余种,不可避免地引起了一些混乱. 有的研究者把生态型当作一个种作处理. 不同的生境条件往往会促成金花茶的变异,一些变型也被作为新种来处理. 加上金花茶的分布区只局限于桂南与越北之间不到 7 万 km² 的密闭分布区里,自然杂交现象显然在所难免. 另一些研究者按自己的理解,根据某些差异而忽略了金花茶组在系统发育上的节律,把一些变型当作种一级来处理,从而引起分类上的混乱. 闵天禄等[1]忽略了花的金黄色的重要性,在无性及有性杂交中,金黄色表现为隐性,反映了黄色与白色在遗传性状上是重要的特征. 文[1]还忽略了花苞的多少,苞被片是否分化为萼片与苞片,同时又没有注意到山茶属在系统发育上的规律,并不恰当地把金花茶组归并到古茶组里去,还把客观上存在的种,归并到不恰当的位置.

本文将针对上述的问题,详细区分金花茶 C. nitidissima Chi 与多瓣山茶 C. petelotii Sealy 之间形态特征的差异;把金花茶组与古茶组的特征加以划分,并明确二者在系统发育上的位置;澄清由 Sealy 所定的古茶组里不纯的混乱,分别把不同组的种,归到正确的系统位置上;最后,澄清金花茶组的紊乱和异名,重新订正.

1 关于金花茶与多瓣山茶的区别

作者曾讨论过金花茶 C. nitidissima Chi(C. Chrysantha)与多瓣山茶 C. petelotii Sealy 的区别[2]. 在这里将进一步把借自加州大学标本室[3]C. petelotii Sealy 的模式标本 Petelot

---

* 国家自然科学基金资助项目
  收稿日期:1993-05-10　　张宏达,男,81岁,教授

848 的特征与金花茶加以阐明. Petelot 848 号标本的叶片下面没有腺点,这个特征在金花茶组各种很稳定,而金花茶则具明显的腺点, Petelot 848 的花有苞片 10 个,金花茶只有 5~6 个苞片; Petelot 848 的花瓣呈椭圆形,先端尖,两面有毛,金花茶的花瓣倒卵形,先端圆或微凹,两面均无毛; Petelot 848 的花丝管长达 1.3 cm,而金花茶的花丝管长仅 4~5 mm; Petelot 848 的花是白色的,而金花茶的花是金黄色的,从上述二者的悬殊特征,而贸然合并为同一种,实在令人难予认同. 在同一号模式标本上竟然得出截然不同的认识,这是从来没有过的事例. 尤其令人费解的, Petelot 848 的花分明是白色的,而白色与黄色是不同的基因型的表现,怎能说黄色的花在分类上不具重要性呢!以白色花为代表的模式的古茶组 Archaecamellia 应该与具金黄色的金花茶组 Chrysantha 分别开来,加上营养器官及花器官的许多差别的特征,古茶组与金花茶组分别隶属于不同的亚属,决不能把二者混同起来. 至于 Sealy 成立 Archaecamellia 时,也把几个黄色的种类,如显脉金花茶 C. euphlebia Merr. 东京金花茶 C. tonkinensis Coh. st 及黄花茶 C. flava Sealy 归入古茶组里去,这些金花茶组的成分与 Petelot 848 所代表的古茶组显然有别,后者花顶生,花柄粗大,苞及萼片多达 16 片,萼片大而厚革质,代表了较为原始的性状,应把这 3 种金花茶从古茶组分出来. 企图把金花茶合并到古茶组,是忽视了系统发育的客观性,使分类学失去了它的意义.

2 古茶组与金花茶组的形态差别及系统位置

古茶组与金花茶组是不同类群的、有明显差别的组,根据 Sealy 的分类,古茶组的特征是花顶生,花柄粗大而长,苞被未分化为苞片及萼片,多达 16 片,花瓣 14 片,白色,子房 3~5 室,这些特征反映出古茶组的原始性状. 至于金花茶组,具有较多次生性状,花黄色,腋生,苞片与萼片已明显分化,基本上各为 5 数. 在山茶属的系统发育过程,花顶生或腋生、苞被片不分化为苞片及萼片,数目常多于 10 片,是代表原始的性状,古茶组恰是属于这一类群,而金花茶组代表了次生类群,前者属于原始山茶亚属 Protocamellia, 后者属于茶亚属 Thea, 二者不应混在一起. 系统学是反映物种进化的科学,每一个阶层,无论是科或属在发育过程,都反映出进化发展的程序,只有孑遗科属例外.

3 关于 Sealy 所成立的古茶组的调整

根据山茶属系统发育的原则, Sealy 的古茶组里 7 个种当中,实际上包括 3 群不属于古茶组的种类. 真正属于古茶组的只有多瓣山茶 C. petelotii (Merr.) Sealy, 抱茎茶山茶 C. amplexicaulis Coh. st. 及越南长叶山茶 C. krempfii Coh. st. 其余的种除了上述黄花茶,显脉金花茶及东京金花茶应括入金花茶组之外,肋果茶 C. pleurocarpa Sealy 应归入肋果茶组 Pleurocarpus. 此外实果山茶 C. dormoyana (Pierre) Sealy 则属于实果组 Sterocarpus. 在实果茶组里还有 1 个新种大萼山茶 C. megasepala Chang et Trin Ninh, Sp. nov. 此外,还成立了一个原始山茶新组 Protocamellia. 这样一来,在原始山茶亚属里,包括了古茶组,实果茶组,肋果茶组及原始山茶组等 4 个组 11 种. 原始山茶亚属具体的分类系统如下:

古茶组 *Archaecamellia* Sealy

① *Camellia petelotii* (Merr.) Sealy；② *Camellia amplexicaulis* (Pitard) Coh. st；③ *C. kiempfii* (Gagn.) Sealy.

实果茶组 *Steroearpus* (pitaird) Sealy

④ *C. dormoyana* (Pierre) Sealy

原始山茶组 *Protocamellia* Chang, Sect. nov.

Flores magni, pedicellati, perulis 12~16, Chartaceis persistentibus, petalis 10~14, staminibus numerosis, filamentis liberis, ovariis 5~locularibus.

Typus：*Camellia granthamiana* Sealy

⑤ *C. grathamiana* Sealy；⑥ *C. albogigas* Hu；⑦ *C. yunnanensis* Coh. st.；⑧ *C. liberistyla* Chany；⑨ *C. libesistyloides* Chang.

肋果茶组 *Pleurocarpus* Chang, Sect. nov.

Flores terminales pedicellates, perulis 14~16 crustaceis majoribus 2.5~3.5 cm longis, ovariis 3~5-locularibus.

Typus：*Camellia pleurocarpa* Sealy.

⑩ *C. pleurocarpa* Sealy

⑪ *C. megasepala* Chang et Trin Ninh, sp. nov. Subgen. Protocamellia, Sect. Pleurocarpe

Arbor, 5~7 m alta. Folia elliptica subcoriacea 24.5 cm longa 11 cm lata, apice abrupte acuminata, basi rotundata vel leviter subcordata, supra viridia opaca, subtus brunneo-viridia, densius pubescentia, costa media supra impressa subtus manifeste elevata, nervis lateralibus 11~12 jugis supra leviter impressis subtus elevatis, margine dense serrulata, petiolis 6~8 mm longis pubescentibus. Flores albi pedicellati, pedicellis 8 mm longis robustis pubescentibus；bracteolis 6~8 late ovatis coriaceis 3~7 mm longis 4~8 mm latis puberulis；sepalis 7~8, obovatis coriaceis 2~3 cm longis, 1.8~2.5 cm latis, apice rotundatis, intus glabris, extus puberulis；petalis et staminibus non visis；ovariis 3-locularibus tomentosis；stylis 3 liberis, circ. 3.5 cm longis glabris vel ad basin puberulis. Capaula non visa

Specis a *C. pleurcarpa* foliis majoribus basi rotundatis pubescentibus, ovariis 3-locularibus differt.

Vietnam：Northern Vietnam. 1993, March—April, Trin Ninh S. N., SYS Herb no. 167974 (Typus, SYS)

4 对金花茶组组内种类的澄清

关于 *Camellia tonkinensis* (Pitard) Coh. St

叶椭圆形，长 10~14 cm，宽 3~5 cm，基部圆形，花黄色，子房有毛，花柱 3 条[4]，但文[1]把薄叶金花茶 *C. chrysanthoides* Chang. 龙州金花茶 *C. longzhoueusis* Luo 及夏石金花茶 *C. xiashiensis* Liang et Deng 统统归并到东京金花茶，我们认为是欠妥的，因

为根据金花茶组的系统发育，子房被毛与否是分类上一个重要的依据，把子房无毛的薄叶金花茶归并入子房被绒毛的东京金花茶，并认为子房被毛与否是无足轻重的特征，何况二者叶片的基部截然有别，前者叶基部楔形，后者基部圆形或微心形．这种漫无边际的归并，似有随意性之嫌．另一混乱的处理是把龙州金花茶归并入东京金花茶，虽然龙州金花茶的子房也是被毛的，但嫩枝有毛，叶片革质，叶柄较长，叶基部楔形，苞片只有5片，这些特征都与东京金花茶明显有区别．第三个混乱现象，是把夏石金花茶归并入东京金花茶，实际上夏石金花茶的子房无毛，叶基部楔形，叶柄较长，花柄较短，苞片及萼片均为5数，很明显地与东京金花茶有区别．而更严重的混乱是把东兴金花茶 *C. tunghinensis* Chang 归并入中印山茶 *C. indochinensis* Merr．，其实二者除了花颜色截然有别之外，前者叶小，侧脉少，叶柄特长，花柄亦长达1 cm；而后者的叶片大，侧脉多，叶柄及花柄均极短，何况二者分别属于不同的组．

以上的混乱是文〔1〕忽略了山茶属的系统发育特征的结果．例如，在金花茶组里，子房有毛的种类其嫩芽都被毛，反之，子房无毛的种类，嫩芽则秃净，显然子房与嫩芽之间的毛被有或无，具有相关性（Correlation）．经整理，金花茶组可分为2个系共18种

五室茶系 Flavae

①黄花茶 Camellia flava (Pit.) Sealy. Kew Bull, 1949, 217. Rev Gen Camellia, 1958, 39. Chang, Tax Gen Camellia, 1981, 102. Chang et Bartholomew B, Camellias, 1984, 128.

Vietnam：Northern Vietnam, Trin Ninh S. N., SYS herb. no. 167873. 这个除了子房5室，花柱5条之外，其余特征与东京金花茶 *C. tonkinensis* Con. st. 很类似．

②五室金花茶 Camellia aurea Chang in Act Sci Nat Univ Sunyatseni. 1979, 18(3)：71. Chang, Tax Gen Camellia. 1981, 102. Chang et Bartholomew B, Camellias, 1984, 129；Chang, Rev Sect Chrysantha in Act Sci Nat Univ Sunyatseni, 1991, 30(2)：76—*Camellia quingueloculosa* Mo et Zhong in Quibaia 1985, 5 (4)：353. Syn, nov.

Vietnam：Exped. Sino—Vietnam 1599；Guangxi, Husui, For Ecol Division, Guangxi Inst Bot 84382. 这个种叶基部楔形，子房无毛，易与 *C. flava* Sealy 区分．

金花茶系 Chrysanthae

③显脉金花茶 Camellia euphlebia Merr. ex Sealy in Kew Bull 1949, 216, Rev Gen Camellia, 1958, 41；Chang in Act Sci Nat Univ Sunyatseni, 1979, 18(3)：73. Rev Gen Camellia, 1980, 108—*C. chrysantha* var. *macrophylla* Mo et Huang in Act Phytotax Sin, 1979 17 (2)：88.

Guangxi：Tunghin, Y. C. Zhong 622；Vietnam：W. T. Tsang 27348 (Typus).

④中东金花茶 Camellia achrysantha Chang et, Liang, Guangxi Forestry Science, 1994, 23 (1)：52~53.

Guangxi：Nanning, Xinju, transplant from zhong—Dong, Fusui, S. Y. Liang 9461014 (Typus!).

本种原产广西扶绥中东，移栽到南宁新竹苗圃，模式标本采自新竹，其叶片近似小花金花茶 *C. micsrantha* Liang et Zhong 及平果金花茶 *C. pinggaoensis* Fang. 但和后二者的区别在花朵较大具有较长花柄，以及秃净的子房，而且叶下面没有腺点．

⑤簇蕊金花茶 Camellia fascicularis Chang in Act Sci Nat Univ Sunyatsen, 1991, 30(2)：81—*C. euphlebia* vas. *yunnanensis* Wang et Fan in Act Bot Yunnan, 1988, 10 (3)：365.

云南：河口，王、方 860237（Typus）；马关，南京大学采集队 50054（果）

⑥凹脉金花茶 Camellia impressinervis Chang et Liang in Act. Sci Nat Univ Sunyatseni, 1979, 18 (3)：72. Chang, Tax Gen Camellia, 1981, 105; Chang et Barthofomew B, Camellias 1984, 130.

广西：龙州，梁盛业 700304（Typus）；龙州，陈少卿 13286；龙州，谭沛祥 57315.

⑦金花茶 Camellia nitidissima Chi in Sunyatsenia, 1948, 7（1~2）：22; Chang et Ye in Act Sci Nat Univ Sunyatseni, 1991, 30 (3)：64; 1993 32 (2)：118~120. —*Theopsis chrysantha* Hu in Act Phytotax Sin, 1958, 10：139. —*Camellis chrysantha* (Hu) Tuyama in Journ Jap Bot 1975, 50 (10)：299. —*C. chrysantha* var. *longistyla* Mo et Zhong in Quihaia, 1985 (4)：155. —*C. maltipetala* Liang et Deng in Icon. Chrysantha (Jinhuacha), 1993. 18—Syn. nov.; *C. multipetala* var. *patens* Liang et Deng, l. c. 19, —syn. nov.

广西：十万大山，左景列 23485（Typus）；南宁，广西药物研究所 17530；南宁，R. C. Gao 17628；同地，梁盛业 6403506，东兴，钟业聪 621，7815，东兴，丘华兴 167.

⑧大弄岗金花茶 Camellia grandis (Liang et Mo) Chang et Liang in Act Sci Nat Univ Sunyatseni, 1991, 30(2)：82, —*C. longgangensis* var. *grandis* Liang et Mo in Guihaia, 1982, 2(2)：62—*C. ptilosperma* Liang et Chen in Bull Bot Res. 1984, 4(4)：185, t. 2, —*C. flavida* Ming et Zhang in Act Bot Yunnan, 1993, 15 (1)：12, non Chang.

广西：弄岗林区，弄岗考察队 11600, *C. longgangensis* var. *grandis* Liang et Mo 的模式（Typus!），11413 副模式（Paratypus!）；龙州，响水，梁盛业 8509443.

上列弄岗考察队 11600，11413 叶片基部近圆形及圆形，在子房 3 室而无毛这一群是较为罕见的. 至于梁畴芬与莫新礼发表 *C. longgangensis* var. *grandis* Liang et Mo 时所引用另 2 号标本. 11437, 11697 则属于薄叶金花茶 *C. chrysanthoides* Chang.

⑨薄叶金花茶 Camellia Chrysanthoides Chang in Act Sci Nat Univ Sunyatseni, 1979, 18(3)：73~74.

广西：龙州，大青山，张肇骞 11847（Typus!）；弄岗，王伯荪 7901, 7901a, 7901b, 7906, 7909；弄瑞，弄岗考察队 11437, 11697. 这两号标本曾被梁畴芬，莫新礼错为 *C. longgangensis* var. *grandis* 的副模式.

薄叶金花茶 *C. chrysanthoides* Chang 与东京金花茶 *C. tonkinensis* (Pit.) Coh. St. 的差别不仅在子房是秃净的，还有较长的叶柄和楔形的基部；后者的子房被绒毛，叶柄极短，基部圆形. 文[1]把薄叶金花茶归并入东京金花茶，是不恰当的.

⑩东兴金花茶 Camellia tunghinensis Chang in Act Sci Nat Univ Sunyatseni, 1979, 18 (3)：73. Tax. Gen. Camellia, 106, 1981；Chang et Bartholomew B, Camellias, 1984, 132, f. 44. 2~3.

广西：东兴，颜素珠 77001（Typus!）

本种与中印山茶 *C. indochinensis* Merr. 的区别，在于本种花黄色，叶柄及花柄均较长，花朵亦较大，闵文[1]把本种降为 *C. indochinensis* 的变种是不恰当的.

⑪小瓣金花茶 Camellia parvipetala Liang et Sua in Guihaia, 1985, 5(4)：357—*C. xiashiensis* Liang et Deng in Guihaia, 1991, 11 (2)：129, f. 1.

广西：宁明，梁盛业 100658（Typus）；南宁，梁盛业 910109, *C. xiashiensis* 的模式. 这个种的特征是叶片大而薄、花朵小，直径 2~2.5 cm，子房无毛. 梁盛业 910109 除了叶片略长之外，其余特征均与小瓣金花茶 *C. parvipetata* 一致. 梁盛业 910109 与东京金花茶 *C. tonkinensis* Coh. St. 明显有别，后者子房被毛，叶柄短，叶基部圆形，不能混同.

⑫柠檬金花茶 Camellia limonia Liang et Mo in Guihaia, 1982, 2 (2)：63~65, Liang, Icon. Chrysantha. 1993, 31. —*C. fusuiensis* Liang et Deng in Guangxi For Res, 1990, 1. 24. *syn. nov*

叶小薄革质,椭圆形,长 5~10 cm,下面有黑腺点,花特别小,直径 1~2 cm,花柄极短,萼片 5,长 2~3mm,被柔毛,花瓣柠檬黄色,长 6~12 mm,花丝近离生,子房无毛,花柱 3 条,离生。这些特征和淡黄金花茶 C. flavida Chang 及东兴金花茶 C. tunghinensis Chang 都有区别,应该恢复为独立的种.

⑬淡黄金花茶 Camellia flavida Chang, Tax Gen Camellia, 1981, 102; Chang et Bartholomew B, Camellias, 1984, 129; Chang in Act Sci Nat Univ Sunyatseni, 1991, 30 (2): 83, —C. longgangensis Liang et Mo in Guihaia, 1982, 2 (2): 61.

叶片长圆形,长 7~10 cm,宽 3~4.5 cm,下面有腺点,花柄长 6~8 mm,萼片长 6~8 mm,花瓣淡黄色长 1~2 cm,花丝近离生,子房无毛,花柱 3 条,离生。原始记载是根据花蕾特征,花开放后,直径达 3cm,萼片较大(6~8mm)足以和其他小花的种类区别.

广西:龙州,陈少卿 13736(Typus);弄岗,王伯荪 7903,7904,7905,7908,7911,7914;同地,弄岗考察队 10515(C. longgangensis Liang et Mo 的模式),10249(C. longgangensis Liang et Mo 副模式);弄岗,张宏达 6777;扶绥,莫新礼、钟业聪 010;

本种的叶长圆形,叶柄及花柄较长(6~8 mm),花淡黄色,与花白及短叶柄和短花柄的中印山茶 C. indochinensis Merr. 属于不同亚属的代表.

⑭平果金花茶 Camellia pinggaoensis Fang in Act Bot Yunnan, 1980, 2 (3): 339; Chang, Tax Gen Camellia, 1981, 106~107; Chang et Bartholomew B, Camellias, 1984, 134.

广西:平果,方鼎 37692(Typus!)

⑮东京金花茶 Camellia tonkinensis (Pit.) Coh. st. in Meded. Proetst. Thee, 1916, 40: 67, et in Bull Jard Bot Buiten—Zorg, Ser. 3, I. 1919. 243, 247; Sealy, Rev Gen Camellia, 1958, 40—*Thea tonkinensis* Pitard in lecomte, Fl. Gen. Indo—Chine. I. 1910, 343; Gagnepain in Suppl. Fl Gen Indo—Chine, I. 1943, 303, 308.

越南:越北,东京省

这个种叶片长圆状椭圆形,薄革质,基部圆形,叶柄极短,花黄色,花柄长 6~7 mm. 子房 3 室,被毛,花柱 3 条离生,其叶形上近似黄花茶 C. flava (Pit.) Sealy,但后者子房 5 室,亦被毛,花柱 5 条离生.

⑯龙州金花茶 Camellia longzhouensis Luo in Guibaia, 1983, 3(3): 192; Chang in Act Sci Nat Univ Sungatseni, 1991, 30 (2): 84.

广西:龙州,陶一鹏 76228.(Typus!);弄岗,石灰岩山地,弄岗考察队 20642.

本种叶基部楔形,叶柄较长,使之与东京金花茶 C. tonkinensis Coh. St. 有别;另外,本种的子房有毛,嫩芽亦被毛,与薄叶金花茶 C. chrysanthoides Chang 有区别.

⑰小花金花茶 Camellia micrantha Liang et zhong in Act Sci Nat Univ. Sunyatsemi, 1988, 27 (4): 110, f. 1; Chang in Act Sci Nat Univ Sunyatseni, 1991 30 (2): 84

广西:宁明,夏石,板角,钟业聪 12019.(Typus!).

这个种以花小,子房被毛,叶片细小椭圆形而和其他子房被毛的种类有别.

⑱毛瓣金花茶 Camellia pubipetala Wan et Huang in Act Phytotax Sin, 1982, 26 (3): 316; Chang in Act Sci Nat Univ Sunyat seni, 1991, 30 (2): 84

广西:隆安县,底隘,石灰山常绿林下,万煜、黄增任 80094, Typus!

本种叶片长圆形,革质,下部密被茸毛,花大,萼片、花瓣及子房均被绒毛,极易识别.

参 考 文 献

1 闵天禄. 山茶属古茶组和金花组的分类学问题. 云南植物研究. 1993.1

2 张宏达,叶创兴. 山茶科的系统发育诠析 Ⅱ. 中山大学学报（自然科学版）,1993,32（3）:118
3 叶创兴. 山茶科系统发育诠释 Ⅳ. 广西植物 Guihaia,1995,15（1）:3
4 Pitard. 印度支那植物. 1910, I. 343

Diagnosis on the Systematic Development of Theaceae
I. A Review on the Sections Chrysantha and Archaecamellia of the Genus Camellia

Chang Hung—ta*

Abstract The aim of this paper is to distinguish the characteristics and the differences between *Camellia nitidissima* Chi and *C. petelotii* Sealy in detail; and then to define the limitation of the two sections, i.e. Sect. *Archaecamellia* and *Chrysantha*, marks out their difference and the systematic position; thirdly, to clarify the impure composition within Sect. *Archaecamellia*; lastly, to clarify the synonymies and invalid names and species of the sect. *Chrysantha*.

Keywords Camellia, Sect. Chrysantha, Archaecamellia, revised to the classification of Sect. Chrysantha

---

* Department of Biology, Zhongshan University, Guangzhou 510275

New *Cycas* from Guangxi*

Zhang Hongda(Chang Hungta)
(School of Life Sciences, Zhongshan University, Guangzhou 510275)
Zhong Yecong
(Guangxi Academy of Forest Exploration)

Keywords Cycas, C. shiwandashanica, C. longlinensis, C. xilingensis, C. multifida

1 Cycas shiwandashanica Chang et Y. C. Zhong, sp. nov.

Species a *C. siamensi* Miq. foliis brevioribus et angustioribus, pinnis angustioribus glabris, strobilis masculis et carpophyllis ambitu brevioribus angustioribusque differt; A *C. ferruginea* Wei spinis foliis longioribus, pinnis latioribus longioribusque, margine planis non revolutis, segmentis carpophyllorum paucioribus brevioribusque recedit.

Truncus erectus ad 1.8 m altus. Folia ad apicem trunci aggregata, simplicipinnata 120~160 cm longa, 50~60 cm lata, petiolis 50~110 cm longis, spinis 18~34 jugis, 3~7 mm longis erectis, pinnis circ. 50 jugis 21~32 cm longis, 1.2~1.8 cm latis glabris planis, inter se 1.0~2.1 cm remotis, petiolulis 4~5 mm longis, basi decurrentibus, costis utrinque manifeste elevatis. Strobilus masculus cylindricus 18 cm longus 4~5 cm latus pedicellatus, pedicellis 9 cm longis brunneo-tomentosis squamosis, squamis 6~15 lanceolatis 4~7 mm longis tomentosis; microsporophylla cuneata 1.5~2.0 cm longa 1 cm lata, apice obtusa vel breviter subacuta, supra glabra subtus brunneo-tomentosa, antheris 3 vel 4 conglomeratis. Carpophylla ovata 8~10 cm longa 2~3 cm lata, parte inferiore pedicello 5~7 cm longo brunneo-tomentoso, utrique ovulo solitario vel rarius duo instructa, parte superiore lamina ovata pectinatim-pinnatifida 2~3 cm longa 2~3 cm lata, segmentis 6~9 jugis 1.0~1.5 cm longis 1 mm latis sparse brunneo-tomentosis. Semina subglobosa 2.8~3.5 cm longa, 2.0~2.8 cm lata glabra.

Guangxi Fangcheng, alt. 180 m, julius 30, 1990, Y. C. Zhong 88015, ♀ typus (SYS); Shiwadashan alt. 125 m, Maius 2, 1988 Y. C. Zhong 88011 ♂.

---

* 国家自然科学基金(重大项目)资助项目
收稿日期：1996-10-11 张宏达,男,83岁,教授

Trunk 1.8 m tall. Leaves pinnate lanceolate 1.2～1.6 m long 50～60 cm wide; petioles hollow cylindrical pinnae 50 pairs, 21～32 cm long, 1.2～1.8 cm wide, about 1 cm interval from each other, margin plane, midrib elevated on both surfaces; petiolules 4～5 mm long decurrent. Male cone evate cylindrical 18 cm long 4～5 cm wide, pedicel 9 cm long brownish tomentose, scales 6～15 triangular lanceolate 4～7 mm long; microsporophyll narrowly cuneate 1.5～2.0 cm long, apex obtuse mucronate, upper part 1 cm wide glabrous, brownish tomentose below, anthers 3 or 4 conglomerate. Carpophyll 8～10 cm long, lower part pedicellate, pedicel 5～7 cm long brownish tomentose, upper part ovate 2～3 cm long 2～3 cm wide slightly tomentose, pectinate lobate, lobes 8～9 on each side, 1.0～1.5 cm long 1～2 mm wide; ovules 1～2 on each side sessile. Seeds broadly ellipsoid 3.0～3.5 cm long, 2.0～2.8 cm wide glabrous.

This species differs form *C. siamensis* Miq. by the shorter leaves, shorter and smaller male and carpophyll; differs from *C. ferruginea* Wei by the longer spines, broader and longer pinnae with plan margin, and shorter carpophyll with less segments.

Guangxi Fangchen, Na-so, alt. 180 m, under broad leave forest, July 30, 1990, Y. C. Zhong 88015, ♀ type; shiwandashan, alt. 125 m, may 2, 1988, Y. C. Zhong 88011 ♂.

2 Cycas longlinensis Chang et Y. C. Zhong, sp. nov.

Species a *Cycas hainanensi* Chen foliis、petiolis ut pinnis longioribus, carophyllis latioribus, segmentis longioribus, segmento terminali gracili differt; a *C. guizhouensi* Lan et Zhou et *C. szechuanensi* Cheng et Fu petiolis et foliis longioribus, pinnis pluris et longioribus angustioribusque, carpophyllis brevioribus, segmentis paucioribus latioribusque, ovulis paucioribus distincta.

Truncus cylindricus 4 m altus. Lamina pinnata 1.2～1.8 m longa, 45～55 cm lata glabra, petiolis 60～70 cm longis compressius cylindricis tomentosis brunneolis demum glabris, dimidis superioris spinosis, spinis 20～25 jugis circ. 2 mm longis, inter se circ. 1.5 cm distantibus, pinnis 90～110 jugis suboppositis inter se 1.0～1.4 cm distantibus, segmento lineari 20～24 cm longo 8～10 mm lato glabro, margine revoluto, basi decurrenti, costa utrique elevata. Carpophylla late ovata 12～13 cm longa 7～8 cm lata brunneo-tomentosa, parte inferiore pedicello 6～8 cm longo utrinque ovulo duo instructa, parte superiore ovata 6～7 cm longa, 7～8 cm lata, pectinatim pinnatifida, pinnis 9～10 jugis linearibus 3～4 cm longis, 2.5～3.5 mm latis, apice acuminatis. Ovula glabra in sicco nigra.

Guangxi Longlin, Mt. Jin Zhong Shan, alt. 860 m, in arenoso-saxum, Dec. 14, 1991, Y. C. Zhong 80848, ♀ typus(SYS).

Trunk 4 m tall. Leaves 1.2～1.8 m long, 45～55 cm wide glabrous; petioles 60～70 cm long, flattened cylindrical brownish tomentose and glabrous at last, upper half spiny, spines 20～25 pairs about 2 mm long, and 1.5 cm interval from one another. Pinnae 90～110 pairs subopposite about 1.0～1.4 cm interval, linear-lanceolate 20～24 cm long, 8～10 mm wide glabrous, midrib elevate on both surfaces, margin revolute, base decurrent.

Carpophyll broadly ovate brownish tomentose, lower part pedicellate, pedicel 6~8 cm long, ovules 2 pairs at the upper part of the pedicel; upper part of the carpophyll broadly ovate 6~7 cm long 7~8 cm wide, pectinate pinnatifid, pinnae 9~10 pairs linear 3~4 cm long, 2.5~3.5 mm wide, apex acuminate Ovules glabrous blackish.

Guangxi　Longlin County, Mt. Jinzhongshan, alt. 860 m, in sandstone; Dec. 14, 1991, Y. C. Zhong 80840, ♀ type (SYS).

The species differs from *Cycas hainanensis* Chen by the longer leaves, petioles and pinnae, and the broader carpophyll with broader pinnae, and without broadened terminal pinna at the top; differs from *C. guizhouensis* Lan et Zhou and *C. szechuanensis* Cheng by the longer petioles and leaves, numerous, narrower and longer pinnae, and the shorter carpophyll with fewer and broader segments, and fewer ovules.

3　*Cycas xilingensis* Chang et Y. C. Zhong, sp. nov.

Cycas segmentifida Wang et Deng in Encephatartos, 43: 11~16, 1995, pro parte, quoad specimina infra citata.

Species a *C. segmentifida* Wang et Deng foliis brevioribus, pinnis angustioribus paucioribusque, petiolis brevioribus, spinis paucioribus brevioribusque, carpophyllis longioribus angustioribus, segmentis paucioribus latioribus articulatisque, segmentis teriminali longiore latioreque differt; a *C. guizhouensi* Lan et Zhou pinnis longioribus, carpophyllis longioribus, segmentis paucioribus, segmento terminali longiore latioreque distincta.

Truncus erectus circ. 1 m altus. Folia pinnatifida 1.4~1.6 m longa, 50~70 cm lata, pinnis 73 jugis, 25~35 cm longis, 1.2~1.4 cm latis sessilibus basi decurrentibus, margine leviter revoluta, costa utrinque elevata, petiolis 64~70 cm longis spinulatis, spinis circ. 35 jugis 2 mm longis, inter se 1.5~2.5 cm remotis. Carpophylla ovata 12~13 cm longa (pedicellis exclusus), 7~8 cm lata brunneo-tomentosa pinnatifida, segmentis 11~13 jugis, 2~4 cm longis 2~4 mm latis articulatis, segmento terminali 8~9 cm longo 6~8 mm lato pinnatifido, pinnulis 3~4 jugis. Ovula utrinque 4~6 glabra.

Guangxi　Xiling, alt. 880 m, Julius 18, 1994, Y. C. Zhong 80866, ♀ typus (SYS).

Trunk 1 m tall. Leaves pinnate 1.4~1.6 m long, 50~70 cm wide, pinnae 73 pairs, 25~35 cm long, 1.2~1.4 cm wide, sessile and decurrent, margin slightly revolute, midrib elevated on both surfaces, petioles 64~70 cm long, spines 35 pairs 2 mm long, 1.5~2.5 cm interval from each other. Carpophyll ovate 12~13 cm long (pedicel exclude) 7~8 cm wide brownish tomentose, pectinatic pinnatifid, pinnae 11~13 pairs 2~4 cm long, terminal segment 8~9 cm long and 6~8 mm wide pinnatifid, pinnules 3~4 pairs. Ovules 4~6 each side.

The type specimen Y. C. Zhong 80866 was erroneously induced as *Cycas segmentifida* by Wang and Deng, it differs from *C. segmentifida* Wang et Deng by the shorter leaves, narrower and less pinnae, shorter petioles with less and shorter spines, and by the longer carpophyll, less broader and articulate segments, and the terminal segment is much longer and wider.

4 **Cycas multifida** Chang et Y. C. Zhong, sp. nov.

A *C. diannanensi* Guan et Tao foliis et pinnis brevioribus angustioribusque, carpophyllis brevioribus minoribusque glabris, ovulis glabris differt.

Truncus ad 1 m altus. Folia simplicipinnata 160~180 cm longa, 42~50 cm lata, petiolis circ. 40 cm longis, spinis 42~47 jugis, 3~5 mm longis, pinnis tenuiter coriaceis in sicco luteo-viridibus, 74~82 jugis, 20~28 cm longis, 1.0~1.3 cm latis sessilibus decurrentibus, costis utraque elevatis. Microsporophylla circ. 2.0~2.5 cm longa glabra, antheris plerumque 4 conglomeratis. Carpophylla deltoido-ovata 12~17 cm longa 6~7 cm lata glabra, parte interiore pedicello 5~8 cm longo glabro, utrinque ovulo solitario vel duo instructa, parte superiore lamina deltoido-ovata pectinatifida 7~9 cm longa 5~7 cm lata, segmentis 28~34 jugis 2~3 cm longis 1.0~1.5 mm latis. Semina glabra.

Guangxi Xiling, in areno-saxa, alt. 780 m, junius 27, 1995, Y. C. Zhong 80196, ♀

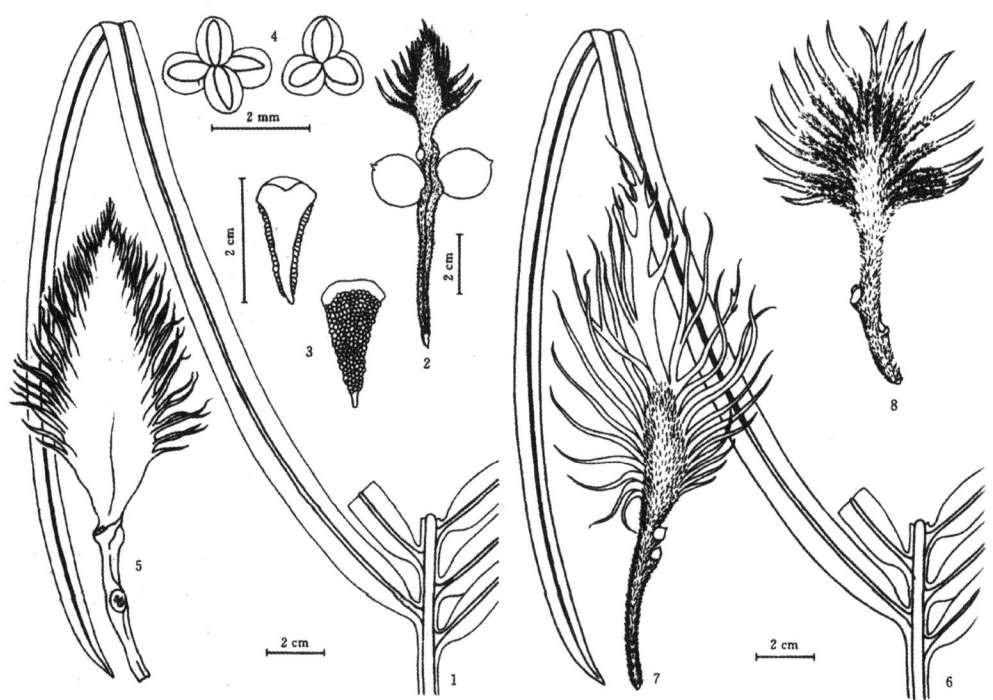

Fig. 1 Four New *Cycas*

1~4 *Cycas shiwandashanica* Chang et Y. C. Zhong: 1 leave; 2 carpophyll and seed; 3 both sides of microspore; 4 microsporophyll; 5 *Cycas multifida* Chang et Y. C. Zhong carpophyll; 6~7 *Cycas xilingensis* Chang et Y. C. Zhong; 6 leave; 7 carpophyll; 8 *Cycas longlinensis* Chang et Y. C. Zhong macrosporophyll typus(SYS).

Trunk 1 m tall. Leaves simple pinnate 160~180 cm long, 42~50 cm wide, petioles 40 cm long, spines 42~47 pairs 3~4 mm long; pinnae thinly coriaceous yellowish green in dry state about 74~82 pairs 20~28 cm long, 1.0~1.3 cm wide sessiles decurrent, midrib raised on both surfaces. Microsporophyll 2.0~2.5 cm long glabrous, anthers usually 4 conglomerate. Carpophyll deltoid-ovate 12~17 cm long, 6~7 cm wide glabrous, lower part pedicellate, pedicel 5~8 cm long glabrous, upper part deltoid-ovate 7~9 cm long, 5~7 cm wide, pinnatifid, segments 28~34 pairs, 2~3 cm long, 1.0~1.5 mm wide. Seeds glabrous.

Guangxi Xiling, in sand stone, alt. 780 m, June 27, 1995, Y. C. Zhong 80196, ♀ type.

This species differs from *C. diannanensis* Guan et Tao by the shorter leaves and narrower pinnae, smaller and glabrous carpophyll, and glabrous seeds.

广西苏铁植物新种

张宏达[*] 钟业聪

摘 要 发表 4 个苏铁属新种. 十万大山苏铁 *Cycas Shiwandashanica* Chang et Y.C. Zhong 以小孢子叶球及大孢子叶球均较短小为特征; 龙陵苏铁 *C. longlingensis* Chang et Y.C. Zhong 以小羽片较狭窄, 大孢子叶球的裂片较宽而裂片为数较少而与四川苏铁有别; 西林苏铁 *C. xilingensis* Chang et Y.C. Zhong 以小羽叶较薄, 大孢子的裂片薄而尖长, 顶生裂片宽大等而与 *C. segmentifida* Wang et Deng 和 *C. guizhouensis* Lan et Zhou 不同; 多裂苏铁 *C. multifida* Chang et Y.C. Zhong 则以大孢子叶裂片多, 秃净无毛, 种子亦无毛而与滇南苏铁 *C. diannanensis* Guan et Tao 有别.

关键词 苏铁属, 十万大山苏铁, 龙陵苏铁, 西林苏铁, 多裂苏铁
分类号 Q 949.4.62

---

[*] 中山大学生命科学学院, 广州 510275

全球植物区系的间断分布问题

张宏达

(中山大学生命科学学院,广州 510275)

摘　要　华夏植物区系以其拥有大量的原始类群,众多的特有科属和完整的系统发育各阶段的类群代表而著称. 华夏植物区系与澳洲区系、非洲区系、南美区系、北美区系、欧洲区系、以及亚洲的印度区系、马来西亚区系及日本区系都有密切的联系. 这种联系可追溯到中生代的前期,当联合大陆分裂之前,有花植物的原始代表就已经存在,到了白垩纪各大陆块的植物获得继续发展. 因此间断分布不仅见于东亚－北美,同时也见于东亚－澳洲、东亚－非洲、东亚－南美、非洲－南美、非洲－澳洲、澳洲－南美等.

关键词　华夏植物区系,各大陆植物区系,联系时期,间断分布
分类号　Q 948

1 中国植物区系的特征

华夏植物区系拥有许多比较原始的类群. 著名的代表有昆栏树科、水青树科、云叶科、紫荆叶科、金缕梅科、杜仲科、木兰科等. 其次,华夏植物区系拥有许多特有科和属. 除上列各个原始的科之外,还有南天竹科、南华木科、珙桐科、大血藤科、猕猴桃科,它们当中不少是单型性的科,至于特有属就更多,局限于中国境内的有 250 属,而属于华夏植物区系的达到 500 属. 华夏植物区系的特有种在整个华夏区系中占很高的比例. 在中国已知的 30 000 种当中,特有种竟达 1.7 万种.

华夏区系具有系统发育各个不同阶段的纲和目,而且除了孑遗的科和目之外,都是种系繁茂和系统完整. 如柔荑花序类、金缕梅类、木兰类、五桠果类、侧膜胎座类、中央子类、蔷薇类、虎耳草类、有花盘类、合瓣花类、泽泻类、百合类物质. 在系统进化上具有最完整的体系,也是其它大陆植物区系无法媲美的. 至于裸子植物 12 个科,除了 Welweitschiaceae 外,全见于中国.

2 华夏植物区系与各大陆区系的联系

2.1 华夏植物区系与澳洲区系的关系

澳洲植物区系有 2 483 属,15 000 种[1]. 其中特有属 714 个,占 28.7%. 与华夏植物共有的有 988 属,占 40%. 与北半球及亚洲区系共有的 1 173 属,占 47%. 澳洲区系与南古大陆,即贡瓦纳区系共有的为 559 属,占 22.5%.

---

* 国家自然科学基金重大项目 (9390010) 和广东省自然科学基金 (970187) 资助项目
　 收稿日期:1998-06-04　　张宏达,男,84 岁,教授

澳洲植物区系与中国亚热带成分共有的属，为数之多是出人意外的．毛茛科在澳洲有 7 属，其中 6 属与华夏区系共有 6/7，小檗科 1/1、十字花科 21/55、石竹科 16/25、蜡梅科 1/1、山茶科 1/1、椴树科 4/1、胡颓子科 1/1、蔷薇科 12/18、金缕梅科 2 属特有、柳叶菜 4/8、杨柳科 1/1、榆科 4/4、鼠李科 7/18、卫茅科 6/13、柳叶菜科 4/8、冬青 1/1、槭树科 1/1、缴形科 15/39、石南科 2/5、忍冬科 2/3、川续断科 2/2、报春花科 2/5、龙胆科 3/10、桔梗科 5/9、紫草科 8/23、玄参科 20/51、山矾科 1/1、唇形科 19/35、菊科 71/189、百合科 21/60、禾本科 113/218.

两地的热带成分为数更多．番荔枝科在澳洲有 15 属，与华夏区系共有的 6 属，6/15、樟科 8/9、肉豆蔻科 2/2、罂粟科 4/8、猪笼草科 1/1、防已科 4/13、堇菜科 2/5、大风子科 5/8、山龙眼科 1/38、海桐花科 1/9、大戟科 29/55、藤黄科 3/7、杜英科 2/5、桃金娘科 3/8、使君子科 35、梧桐科 8/21、木棉科 1/7、毒鼠子科 1/1、豆科 70/156、桑科 11/15、荨麻科 7/14、希藤科 2/3、茶茱萸科 3/8、葡萄科 4/6、芸香科 9/42、苦木科 3/8、牛栓藤科 2/2、漆树科 4/10、橄榄科 2/3、紫金牛科 5/7、山榄科 5/9、木犀科 5/8、茜草科 26/42、马钱科 3/7、山羊草科 2/14、葫芦科 15/16、爵床科 9/20、旋花科 13/20、萝摩科 14/20、夹竹桃科 12/15、马鞭草科 9/27、苦槛兰科 1/2、鸭跖草科 4/8、棕榈科 16/23、姜科 5/6、刺鳞草科 1/7、帚灯草科 1/17、兰科 41/80、露兜科 2/2.

2.2 华夏植物区系与非洲区系的联系

非洲植物区系估计不超过 25 000 种，特有属 898 个[1]，缺乏木兰科．番荔枝科在非洲获得发展，有 40 属，450 种，占全球 120 属的 1/3，占全球 2 100 种的 21%．在这 40 属中有暗罗 *Polyalthia*、嘉陵花 *Popowia*、瓜馥木 *Fissistigma*、番荔枝 *Annona*、紫玉盘 *Uvaria* 及木瓣树 *Xylopia* 等属与中国共有．此外，非洲区系当中与华夏区系共有的有防已科 5 属、樟科 2 属、大戟科 29、锦葵科 8 属、蝶形花科 42 属、萝摩科 11 属、夹竹桃科 5 属、茜草科 21 属、旋花科 13 属、爵床科 13 属、紫金牛科 5 属、马鞭草科 7 属、唇形科 14 属、菊科 34 属、鸭跖草科 5 属、禾本科 37 属、莎草科 11 属.

非洲植物区系与华夏植物区系共有的还有毒鼠子属、八角枫属、山柚子属 *Opilia*、箭毒木属、无花果属、海桐花属、刺茉莉属 *Azima*、铁青树属、西门木属、青皮属 *Vatica*、藤黄属、木棉属、猫尾木属、金叶属 *Chrosophyllum*、钩枝藤条、鸦胆子属、牛筋果属 *Harrisonia*、青藤属 *Illigera*、谷木属 *Menmecylon*、蒴莲 *Adenia*、橄榄属、破布树属 *Cordia*、虾子花属 *Woodfordia*、杨梅属、柳属、榆树属、黄杨、牡丹属、花椒属、黄皮属、柑桔属、飞龙掌血属、宜母子属、扁担干属 *Grewia*、小檗属、冬青属、凤仙花属、锡叶藤属、老鹳草属、鸭脚木属、玄参科、龙胆科、商陆科、桔梗竹、秋海棠科、厚皮香属、露兜属、徵草属、白藤属 *Calamus*、刺葵属 *Phoenix*、天麻属、一本芒属 *Cladium* 等．金缕梅科在非洲有毛枝属 *Trichocladus* 特有属．

2.3 华夏植物区系与南美区系的联系

南美拥有世界上最丰富的植物区系．据统计共有被子植物 3 617 属，40 000 种，其中 1 448 属是特有的，1 711 属是泛热带分布的，和亚洲共有的为 458 属，和华夏植物区系共有的为 410 属．但缺乏金缕梅科和木兰科的代表．番荔枝科 58 属，只有蒙蒿子属 *Anaxagorea* 与华夏区系共有．此外，和华夏区系共有的为胡椒科的胡椒属和草胡椒属 *Piperomia*、毛茛科的驴蹄草属 *Caltha*、野棉花 *Anemone*、铁线莲、楼斗菜 *Aquilegia*、唐松草及毛茛属．金粟兰科有雪香兰 *Hedyosmum*，莲叶桐科的莲叶桐属 *Hernandia*，樟科有楠木属、厚壳桂属，五桠果科有锡叶藤属，玉蕊科有玉蕊属 *Barringtonia*，防己科有锡生藤 *Cissampelos*，马兜铃科有马兜铃属.

此外，与华夏区系共有还有水东哥属，大风子科有 *Xylosma* 等 5 个属，大戟科有芙蓉

花属 *Dalechampia* 等 13 个属，含羞草科有榼藤子属 *Entada* 等 3 个属，苏木科有洋紫紫荆属等 4 个属，蝶形花科有鱼藤 *Derris* 等 17 个属，鼠李科有蛇藤属 *Colubrina* 等 4 个属，葡萄科有白粉藤属 *Cissus* 等 2 个属，梧桐科有苹婆属 *Sterculia* 等 3 个属，桃金娘科有蒲桃属 *Syzygium*，古柯科有古柯属 *Erythroxylum*，酢酱草科有感应草属 *Biophytum* 等 2 个属，堇菜科有雷诺木属 *Rinorea* 等 2 个属，西番莲科有西番莲属，金莲木科有奥拉木属 *Ouratea*，白花菜科有白花菜属等 3 个属，橄榄科有 *Protium* 等 2 个属，远志科有蝉翼木属 *Securidaca* 等 2 个属，无患子科有无患子属等 3 个属，希藤科有杪拉木属 *Salacia* 等 2 个属，牛栓藤科有牛栓藤属 *Santalodes*，漆树科有盐肤木等 2 个属，楝科有香椿属 *Toona*，山榄科有山榄属 *Pouteria* 等 2 个属，柿树科有柿属，马钱科有度量草属 *Mitreola* 等 3 个属，萝摩科有牛皮消属等 4 个属，夹竹桃科有萝芙木属等 2 个属，木犀科有李榄属 *Linociera*，紫金牛科有硃砂根属等 2 个属，茜草科有山黄皮属 *Randia* 等 10 个属，旋花科有马蹄金属 *Dichondra* 等 3 个属，爵床科有鳞花草属 *Lepidagathis* 等 8 个属，马鞭草科有牡荆属等 5 个属，兰科有石豆兰 *Dulbophyllum* 等 5 个属.

2.4 华夏植物区系与中美区系的联系

中美及加勒比海区亦有许多成分与华夏区系共有的，它们当中可能有一部分是从北美传播过去的. 两地共有的成分有八角科的八角属，大花草科的奴草属 *Mitrastemon*，山茶科的厚皮香属，杜英科的猴欢喜属，小檗科的小檗属，虎耳草科的猫眼草属及茶藨子属，五加科的五加属、鸭脚木属、树参属 *Dendropanax* 及五叶参属 *Pentapanax*，榆科的朴树属和山黄麻属 *Trema*，胡桃科的枫杨属和极桃属，桦木科的桤木属和桦木属，榛科的鹅耳枥属，杨柳科的柳属，绣球科的溲疏属，凤仙花科的凤仙花属，冬青科的冬青属，省沽油科的山香园属 *Turpinia*，商陆科的商陆属，芸香科的花椒属，卫矛科的卫矛属和核子木属 *Perrottetia*，山矾科和山矾属，杜鹃花科木藜芦属，*Leucothoe*，忍冬科的六道木属，接骨木属和荚迷属，桔梗科的半边莲属，铜锤玉带属和同瓣草属，樱草科的 *Anagallis* 和樱草属，败酱科的缬草属 *Valeriana*，龙胆科和龙胆属和花锚属 *Halenia*，玄参科的假马齿苋属 *Bacopa* 和鬼羽箭属 *Buchnera*，缴形科的芹菜属和积雪草属 *Centella* 等.

此外，一些广泛分布的科，中美洲与华夏区系具有更多的共有属性，如十字花科有 22 个属，石竹科有 9 个属，蔷薇科有 6 个属，苋科有 7 个属，菊科有 31 个属，唇形科有 5 个属，紫草科有 6 个属，禾本科有 132 个属，莎草科有 9 个属.

2.5 华夏植物区系与北美区系的联系

华夏植物区系与北美区系的联系，在植物地理学方面曾引起极大的注意. 早在 19 世纪 40 年代，Gray 就注意到日本与北美相似性，稍后据 Sargent 估计，东亚与北美共有的种子植物超过 155 属，如果加上化石植物及随后递增共有成分，再加上北半球的广布种，则两地共有的植物大大超过 200 属.

中国与北美的共有裸子植物比任何大陆为多. 松科有冷杉属 *Abies*、黄杉属 *Pseudotsuga*、铁杉属 *Tsuga*、云杉属 *Picea*、落叶松属 *Larix* 和松属. 柏科有崖柏属 *Thuja*、翠柏属 *Calocedrus*、柏木属 *Cupressus*、扁柏属 *Chamaecyparis*、圆柏属 *Sabina*、刺柏属 *Juniperus*. 红豆杉科有红豆杉属 *Taxus*、榧树属 *Torreya*. 麻黄科有麻黄属 *Ephedra*. 此外，化石有银杏属、水杉属和水松.

被子植物有下列主要代表：鹅掌楸属、木兰属、八角属、北五味子属、山荷叶属 *Diphylleia*、类叶牡丹属 *Caulophyllum*、鬼白属 *Podophyllum*、鲜黄连属 *Jeffersonia*、十大功劳属、黄连属、莼菜属、商陆属、山胡椒属、檫树属、猫眼草属、落新妇属、帽蒴属 *Mitella*、黄水枝属 *Tiarella*、金罂粟属 *Stylophorum*、马桑属 *Coriaria*、枫香属、金缕梅属、大头茶属、厚皮香属、肖柃属、紫茎属 *Stewartia*、鼠刺属、槭树属、栎属、杨梅属、胡桃属、山核桃属、椴树属、七叶树属、山毛榉属、粟属、葡萄属、蛇葡萄属、人参属、柿属、马醉木属、南烛属、天栌属 Arctous、山小蘗属 Hugeria、酸果蔓属 Oxycoccus、银钟花属 Halesia、黄钟花属 Tecoma、透骨草属、岩扇属 Shortia、薯蓣属、菝葜属和百合属等.

化石方面有横裂木兰 Talauma、水青树属 Tetracentron、昆栏树属 Trochodendron、云叶属 Euptelea、马蹄荷属 Exbucklandia、黄杞 Engelhardtia、樟属、油桐属、苹婆属、无花果属、铁线莲属、毛茛属和唐松草属等.

2.6 华夏植物区系与欧洲区系的联系

华夏植物区系与欧洲区系的联系最为轻微,裸子植物只有松属、落叶松属、云杉属和冷杉属. 有花植物方面,木本植物有栎属、粟属、山毛榉属、桦木属、椴树属、杨属、柳属、槐树属、柽柳属、槭树属、小檗属,蔷薇科的虎耳草,豆科的小灌木和许多次生性的草本植物. 欧洲植物区系与华夏植物区系的联系主要在化石植物方面. 常见的代表有木兰属、鹅掌楸属、水青树属、昆栏树属、檫树属、樟属、枫香属、蜡瓣花属、睡莲属、莲属、金鱼藻属、悬铃木属、莼菜属、杨梅属、胡椒属、鹅耳枥属、桤木属、榛木属、榆树属、连香树属、臭椿属、冬青属、槭属、无患子属、苹婆属.

2.7 中国植物区系与印度区系的联系

印度植物约 20 000 种,其中热带成分与中国的热带成分相似. 亚热带区系均为华夏植物区系的成分,只是属种数目比中国区系少得多. 番荔枝科中国 22 属,印度 25 属;防己科均为 19 属;大风子科在中国 12 属,印度 8 属;龙脑香科为 5∶9;梧桐科为 18∶17;椴树科为 11∶13;芸香科为 29∶23;苦木科为 5∶9;楝科 16∶19;茶茱萸科 13∶12;无患子科 25∶14;漆树科 16∶21;牛栓藤科 5∶7;含羞草科 13∶18;苏木科 22∶19;红树科 6∶10;使君子科 6∶8;桃金娘科,葫芦科 27∶29;山榄科 13∶8;夹竹桃科 46∶39;萝摩科 46∶53;马钱科 8∶8;茜草科 77∶91;大花草科 2∶1;肉豆蔻科 3∶1;山龙眼科 2∶1;檀香科 7∶8;大戟科 68∶74;桑科 16∶19;马鞭草科 21∶22;天南星科 35∶32;姜科 18∶19;棕榈科 16∶32[2,3].

亚热带成分中国远比印度为多. 木兰科中国 9 属,印度 4 属,9∶4;毛茛科 42∶18;石竹科 26∶19;山茶科 15∶11;金缕梅科 18∶8;壳斗科 6∶3;樟科 22∶15;小檗科 11∶3;蔷薇科 49∶25;虎耳竹科 15∶14;荨麻科 21∶21;胡桃科 7∶2;野牡丹科 21∶21;缴形科 57∶37;五加科 20∶18;玄参科 59∶56;苦苣苔科 41∶25;安息香科 9∶1. 此外还有八角属、星叶属、金粟兰属、杨梅属、榛属、胡桃属、云叶属、木通属、远志属、猕猴桃属、马桑属、粟米草属、鹿蹄草属、岩梅属、败酱属、缬草属等均为华夏植物区系的成分.

3 关于植物"间断分布"的看法

以往从事植物地理的人非常强调东亚植物与北美植物的间断分布现象,并作出种种推测,认为这种间断分布现象,是由于两大陆块之间有过"陆桥",更流行的看法是东亚植物取道东西伯利亚,经白令海峡到达北美. 现在看来,这些推测是没有根据的,因为间断分布现象不仅存在于东亚−北美之间,同时也存在于全球各大陆之间. 对于东亚与北美区系的间断分布,根本不是由陆桥来达成. 首先,太平洋两侧沿岸存在着几千米深的海沟,任何陆桥都无法跨越. 其次,北美区系与东亚共有的成分绝大多数分布于北美东部的大西洋沿岸山地,而不在北美西部的太平洋沿岸. 或认为东亚−北美间断分布是通过白令海峡. 但第三纪以后白令海峡的严峻条件难以完成植物交换的"桥梁"作用.

关于亚洲与澳洲之间植物区系的联结 Hooker 亦曾认为两大陆之间有过陆桥存在着. 有的则认为澳洲在第三纪时曾经向亚洲靠拢,形成了"澳亚古陆". 我们认为地史上不存在澳亚古陆. 因为澳洲大陆一直到第三纪中期才与南极大陆分离并向北漂移. 亚洲植物区系里并没有受到澳洲区系多大的影响, 在澳洲区系没有龙脑香科的成分, 为了说明这个问题, 列举伊里安植物区系的例子. 伊里安位于澳洲大陆的北面, 东半部属于巴布亚新几内亚, 西半部属于印度尼西亚. 在伊里安有植物834属, 6 872种, 其中特有种多达4 614种, 反映出伊里安植物区系没有受到澳洲区系多大的影响. 华尔勃在伊里安采得753种植物, 其中207种是特有种, 其余574种中有527种是和马来西亚区系共有的. 反过来和澳洲共有的仅209种, 而且这209种里面, 有55种是海岸分布的种类, 另有50种是广布种, 大多数是杂草, 真正属于澳洲成分的只有9个种. 此外, 在伊里安970种蕨类植物中据拉姆的分析, 特有种占207种, 属于马来西亚成分的有249种, 属于菲律成分的有179种, 属于玻利尼亚的有165种, 而属于澳洲成分的仅有78种. 由上述各事例得出结论, 澳洲大陆在第三纪以来并未与亚洲接触过.

4 中国植物区系与全球区系相联系的实质

在陆桥设想流行的年代, 植物学界对有花植物的认识比较肤浅. 他们的依据是所有的有花植物化石都是第三纪或晚白垩的, 认为有花植物是在晚白垩纪突然发展起来的. 其次, 他们以现存的有花植物为依据, 不知道现存的有花植物具有许多次生结构, 已达到了比较完善的阶段. 他们不知道同时也不承认在现存的有花植物之前有过较原始的、在系统发育过程已被淘汰的原始有花植物. 再次, 他们认为大陆与海洋是永恒不变的. 由于这些错误的认识, 局限了当时人们的视野, 作出了不正确的认识. 现在的板块学说证实并修正了大陆漂移的假设, 并为全球各大陆植物区系的整体性和联系提供了有力的佐证. 其次, 无论是蕨类、种子蕨或裸子植物, 在系统发育方面都存在着从不完善到完善、经过逐步适应和改造的过程. 作为最高级的有花植物更不能没有适应和改造的过程, 才达到现存有花植物较完善的境界[4]. 人们都以为木兰目是原始的代表, 其实在木兰目里有原始的结构, 也有次生的特征. 离生心皮和未分化的雄蕊是原始性状, 而木质部缺乏管胞, 导管的穿孔少, 甚至有单孔的, 在木莲属 *Manglietia* 的木质线多达6~7列细胞, 都是次生性结构. 木兰的大型单生花, 花及叶里的分泌细胞亦非原始结构, 其余几个较原始的目或亚纲都有类似的性质. 原始的有花植物只能在化石方面支寻找, 这方面的资料实在太少, 又往往不为人们所接受. Harris 于1932年曾报导过产于格陵兰晚三叠纪的 *Farcula grandulifera* 是被子植物; Seward 1904年也报导过产于英国 Stonefield 的中侏罗纪的 *Phyllites* 是被子植物. 1980年在美国德克萨斯三叠纪地层大量出土的 *Sanmiquelia* 亦属于原始的被子植物.

再则, 关于有花植物起源的地质时代, 人们只承认在晚白垩纪, 最近则承认在早白垩纪. 上述的 *Fascula*, *Phyllites* 和 *Sanmiquelia* 等化石, 分别存在于晚三叠、中侏罗及三叠纪, 很难被人们所接受. 回顾蕨类及裸子植物的历史发展过程, 将为人们提出一个线索, 蕨类植物从志留纪经泥盆纪到晚石炭纪达到完善的结构, 大约经过 0.8 亿a~1 亿a; 种子蕨由晚石炭纪到中生代的三叠纪, 经过1亿a; 而裸子植物从晚泥盆到中生代的中期, 经过了1.5亿a; 有花植物从原始类型到现代的被子植物, 决不能少于1.5亿a. 如果把白垩纪作为被子植物达到完善的阶段, 则原始被子植物至少要追溯三叠纪甚至二叠纪. 而原始被子植物脱胎于种子蕨, 尤其是大羽羊齿最繁盛的二叠纪, 就不应该看作"神话"[5]. 因此, 对于 *Fascula* 及 *Sanmiquellia* 在三叠纪的出现, 应给予正确的评价, 而对于燕辽地区海防沟组中侏罗的有花植物化石, 不应有更多的疑虑了.

根据大陆漂移的理论, 联合古陆在三叠纪后期开始分裂, 到晚白垩纪完全分开, 形成现在的5个大陆. 有花植物尤其是原始的有花植物应该在联合古陆阶段就已经存在, 随着联合古陆解体过程, 原始的有花植物分别散布到各大陆块去[6], 以后在各个不同的环境条件下,以不同的程度和水平继续发展下去,呈现出本文第二部分所罗列的间断分布或区系联系,并使全球各大陆的植物区系能够汇成一个完整的系统[7].

参 考 文 献

1　张宏达. 大陆漂移与有花植物区系的发展. 中山大学学报论丛(植物学), 1982 (2): 3～24
2　张宏达. 从印度板块的漂移论喜马拉雅植物区系的特点. 中山大学学报(自然科学版), 1984, 23 (4): 90～101
3　张宏达. 尼泊尔植物区系的起源及其亲缘关系. 中山大学学报(自然科学版), 1988, 27 (2): 1～12
4　张宏达. 再论华夏植物区系的起源. 中山大学学报(自然科学版), 1994, 33 (2): 1～9
5　中国古生代植物编写组. 中国植物化石. 第一册. 北京: 科学出版社. 1974
6　Chang H T. The origin and development of the Cathaysian flore. The proceedings of the second conference of Palaeo-environment of East Asia. Hongkong: Center of Asian Studies University of Hongkong, 1988. 601～604
7　Chang H T. The integration of the Asian tropic and subtropic flora and vegetation. 中山大学学报(自然科学版), 1993, 32 (3): 55～66

The Disjunction Between the Floras of the World

Zhang Hongda (Chang Hung Ta) [*]

Abstract　The Cathaysian flora is characterized by the primitive taxa, numerous endmic genera and families and the complete taxa of the different stages of the systematic development of the flowering plants. There are closely conjunction existed between the Cathaysian flora and the floras of Australian, African, South American, North American and European, as well as of the Malesian, Indian and Japanese floras. The conjunction went back to the earlier era of the Mesozoic Period. Before the Pangaea was discreted, the primary flowering plants appeared on the Pangaea, after the continental drifted, the flowering plants developed on the new circumstances continually. The disjuncted distribution phenomenon does not only exist between East Asia and North American but also exist between East Asia and all the other continents of the world.

Keywords　Cathaysian flora, the conjunction of the whole world floras, the conjuction period, the disjunct distribution

---

[*] School of Life Sciences, Zhongshan University, Guangzhou 510275, China

文章编号：0529-6579（1999）06-0072-06

种子蕨的肉籽类 Sarcocarpidiates*
古生代具果实的种子植物

张宏达

（中山大学生命科学学院，广州 510275）

摘 要：苏铁纲、银杏纲、紫杉纲及买麻藤纲，由于胚珠的珠被里及假花被和套被里出现形成层，在受精之后形成层行次生生长，形成肉质的果皮，包着种子，起着保护作用，是雏形的果实，有别于后继的被子植物由子房（心皮叶）发育所成的果实，这种雏形果实从种子蕨类出现的初始阶段就已存在，并在种子蕨类占有优势和主流的地位，明显地存在着系统发育的意义。这一大类的种子包括上泥盆世的芦松 Calamopitys、早石炭世的髓木 Medulosa 和皱羊齿 Lyginopteris。与肉籽类在晚泥盆世出现的种子蕨类，包括狭轴羊齿 Stenomylon、晚石炭世的华丽木 Callistophyton、及盾籽 Peltosperma 代表着不具壳斗，珠被里不存在维管束，种子缺乏肉质保护组织，应归入狭义的种子蕨类。从晚泥盆世出现的第三支派的种子植物是科达 Cordaites 为代表的松柏类。

关键词：珠被内维管束；次生生长；肉质果；肉籽类种子蕨
中图分类号：Q 949　　**文献标识码**：A

　　肉籽类是种子蕨类当中一个植物群．小孢子不具气囊（罗汉松例外）．胚珠常托以壳斗、杯状体或套被．珠被及套被内出现维管束，受精后维管束继续分生，形成肉质保护[1]．这种肉质准果实是古生代种子蕨类及其后继种子植物系统发育的主流，是在被子植物出现之前原始形式的果实．从上泥盆统的芦松 Calamopitys 开始，到石炭世的皱羊齿 Lyginopteris 和髓木 Medulosa，一脉相承并发展出二叠纪的银杏类和苏铁类，三叠纪的巴列杉 Pallisya 和罗汉松，侏罗纪的紫杉类 Taxales，粗榧 Cephalotaxus 和倪藤类 Gnetales，形成了种子植物系统发育的主流．据此，将它们归为肉籽植物亚门 Sarcocarpidiophytina，包括 5 个纲，19 个目．

　　本文提出肉籽类是根据器官发生的相关性．肉籽类的原始代表芦松、皱羊齿和髓木，除了胚珠的珠被存在维管束之外,胚珠都长在壳斗或杯状体内，它们的小孢子都没有气囊．反过来，珠被不具维管束的狭轴羊齿，华丽木及盾籽类，胚珠不具壳斗，小孢子都有气囊．从泥盆统至石炭纪的原始肉籽类与二叠纪以后的苏铁、银杏存在着明确的系统发育上的亲缘,因此肉籽类作为一个自然类群是合适的．

---

* 基金项目：广东省自然科学基金（970187）资助项目
　收稿日期：1999-01-05　　作者简介：张宏达，男，1914 年生，教授．

1 肉籽纲 Sarcocarpidiopsida

1.1 芦松目（芦茎羊齿目）Calampoityales

茎具细小中始式原生中柱乃至真中柱．次生木质部为疏木型，有大形管胞和多列射线．叶迹二歧分支成多束，并在叶柄切面排成"C"型．与芦松有亲缘关系的化石种子叫琴籽 *Lyrasperma*，横切面呈椭圆形，珠被全部包住珠心，在近珠心的两侧有维管束通过，珠心顶端有储粉室，花粉圆形，具3裂缝，与芦松有关的营养叶为楔形羊齿 *Sphenopteridium*．

芦松见于上泥盆统至下石炭统，本目还有二歧羊齿 *Diplotmema*、三裂羊齿 *Triphyllopteris* 等．本目中见于晚泥盆世至早石炭世的种类与前种子蕨类（前裸子植物）有密切关系．

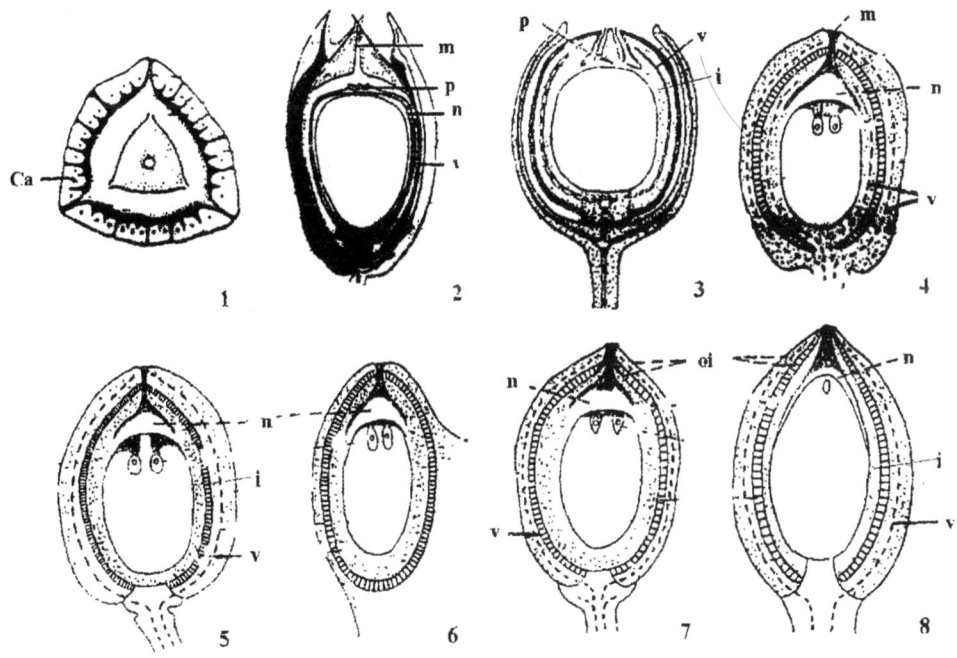

图1 肉籽类 Sareocarpidiates 的胚囊结构

Fig.1 Structure of the embryosac of Sareocarpidiates

1 髓木类的 *Pachytesta* 胚珠横切面；2 *Pachytesta* 胚珠纵切面；3.皱羊齿属 *Lyginopteris* 的胚珠；
4 苏铁属 *Cycas* 的胚珠；5 银杏属 *Ginkgo* 的胚珠；6 松属 *Pinus* 胚珠，缺维管束；
7 榧属 *Torreya* 的胚珠；8 买麻藤属 *Gnetum* 的胚珠

ca 果肉；i 珠被；m 珠孔；n 珠心；oi 外珠被；p 花粉室；v 维管束

1～3见文献[2]，4～8见文献[1]

1.2 皱羊齿目 Lyginopteridales（图1-3）

茎细小，藤状或灌木状，具真中柱，初生木质部中始式，分5～10束，管胞具螺纹和孔纹．次生木质部为疏木型，管胞具有具缘纹孔，木射线多列，髓部宽大．叶为大型扁平蕨叶．蕨叶上有具壳斗的胚珠和花粉囊，具腺毛．

皱羊齿的壳斗状种子叫瓶籽 *Lagenostema*，胚珠小，胚珠外围有浅裂的壳斗，珠被与珠心合生，珠孔狭小，顶有储粉室．珠被有维管束．雄性小孢子囊排成圆形聚合囊．花粉囊为原始型，近极面有3裂缝．皱羊齿目见于石炭纪．

1.3 髓木目 Medulosales (图 1-1, 1-2)

大乔木，是古生代最大的种子植物．中柱由多个维管束裂片组成的单体中柱或真中柱．原生木质部由大量薄壁细胞和后生木质部组成初生中柱．次生木质部为疏木型．管胞大，有多列具缘纹孔，有分泌细胞或管．

髓木目的胚珠叫厚壳籽 *Pachytesta*，胚珠表面有三射对称脊．珠心与珠被分离，具双重维管束．珠被分为3层，外层是由壳斗所形成，内珠被是大孢子囊之外的孢子叶转化成，双重的维管束是由原来外珠被子（壳斗）及内珠被子（大孢子叶）所具有的，小孢子叶为多种形态的聚合囊构成，花粉为单沟粉 *Monoletes*．

髓木始见于早石炭世，极盛于晚石炭世的早、中期，少数分布在欧洲二叠纪．

2 银杏纲 Ginkgopsida (图 1-5)

高大乔木，具长、短枝，具内始式真中柱，次生木质部的管胞具圆形散生具缘纹孔，射线单列．叶扇形或线形．雌雄同株．花粉发育有花粉管及具纤毛的游动精子，雌花有2个直立胚珠，珠被有1列维管束．

肉籽类植物到了二叠纪已摆脱了种子蕨类不完善的结构，无论营养器官或生殖器官都达到较完善的结构，从而获得发展并延续下来．

2.1 银杏目 Ginkgoales

本目包括如下各属：

(1) 银杏属 *Ginkgo*，仅1种，现生于中国．叶扇形，具叉状脉，表皮为单面或两面气孔型，气孔散布于叶脉间．

(2) 拟银杏属 *Ginkgoides*，最早见于山西下二叠统．

(3) 准银杏属 *Ginkgodium*，化石见于中国、朝鲜及日本的侏罗-白垩系．

2.2 拜拉目 Baierales

叶具线状裂片，叶片与叶柄缺乏明显界线，每一裂片的叶脉不多于4条．化石见于二叠纪．

(1) 楔拜拉属 *Sphenobaiera*，化石始见于二叠纪，中生代常见．我国山西太原晚二叠世早期有细纹楔拜拉 *Sphenobaiera tenuistriata*．

(2) 拜拉属 *Baiera*，化石始见于二叠纪，延续到中侏罗世．

2.3 茨康目 Czekanowskiales

叶线形，分叉2~3次．雌球花有螺旋排列的瓣状蒴果，每瓣圆形，内藏3~8个胚珠．从二叠纪延至白垩纪，全球分布．主要有茨康叶 *Czekanowskia*，薄果穗 *Leptostrobus* 及 *Phoenicopsis* 等，分布于西伯利亚、蒙古、朝鲜、日本，我国华北、东北．

2.4 扇叶目 Rhipidopsiales

叶扇形，具长柄，掌状深裂，裂片楔形，中央裂片大．叶脉细而密，二歧分叉，化石见于二叠纪．主产华夏植物区及冈瓦纳区．

(1) 扇叶属 *Rhipidopsis*，常见的有银杏叶扇叶 *R. ginkgoides*．化石产贵州盘县、宣威的晚二叠世．

（2）拟扇叶属 *Pseudorhipidopsis*，化石产河南禹县及江西乐平组的晚二叠世早期.

3 苏铁纲 Cycadopsida

苏铁类最早出现于下二叠统. 茎直立，次生木质部为疏木型，管胞具梯状或圆形具缘纹孔. 叶为 1～3 次羽状复叶. 雌雄异体，稀同株. 小孢子叶球较大. 雌雄球果叶状，胚珠 1～14 个，珠被有维管束 1～2 列. 种子有肉质组织包着. 本纲 4 目，仅苏铁目存活.

3.1 苏铁目 Cycadales

（1）苏铁科 Cycadaceae，1 属，苏铁属 *Cycas*，约 60 种，分布于热带亚洲及澳大利亚. 中国 40 种，集中分布于广西及云南.

苏铁科的化石已知有卵叶苏铁 *Yuania*，始苏铁 *Primocycas* 及古生铁花 *Cycadostrobilus*，均见于中国山西太原早二叠世.

（2）南非苏铁科 Stangeriaceae，茎短. 叶为一次羽状复叶，羽状脉，有锯齿. 雄球果长筒形，小孢子球形. 雌果筒形. 胚珠 2 个. 核果椭圆形. 1 属，*Stangerisa*，产南非.

（3）鲍文苏铁科 Boweniaceae，茎短，叶 2 次羽状复叶，雄球花长卵球形，小孢子叶六角形. 雌球果比雄球果大，大孢子叶排成 6 行，六角盾形，每侧有胚珠 1 个. 种子有革质果皮. 1 属，*Bowenia*，产澳大利亚，2 种.

（4）双子苏铁科 Dioonaceae，茎圆柱形，叶羽状深裂，裂片具平行脉. 雄球花长筒形，小孢子叶三角柱形，小孢子有单裂缝. 雌球果卵圆形，大孢子叶三角戟形，胚珠 2 个，种子有肉质包着，1 属，*Dioon*，产墨西哥，3～4 种.

（5）查米亚科 Zamiaceae，茎长柱形，叶一次羽叶，具平行脉，雄球花长柱形，小孢子叶盾状，小孢子球形. 雌球果近雄球花，较长大，大孢子叶盾形，每侧有 1 个胚珠. 6 属 65 种，产南美、中美、非洲及澳大利亚，以查米亚 *Zamia* 较常见；30 种，产中、南美.

3.2 拟苏铁目 Cycadeoidales（Bennettitales）

茎不分枝，叶一次羽叶，气孔复唇形，雌雄同株，近似两性花，本目出现于二叠纪，至白垩世绝灭.

（1）拟苏铁科 Cycadeoidaceae，茎短，球形，叶生于茎顶，花腋生，两性花状，大孢子叶位于茎顶中央，由多数具柄的胚珠和不孕种间鳞组成. 小孢子叶基生，外围有不孕苞片.

（2）威廉逊科 Williamsoniaceae，茎偶有二歧分叉. 叶为单叶或一次羽叶. 大、小孢子叶生叶腋或枝顶，单性或呈两性状. 代表植物为 *Williunsonia sewardiana*.

属于拟苏铁目的还有拟查米亚属 *Zamitis*，查米亚叶 *Zamiophyllum*，*Pseudocycas*，*Neozamites* 等.

3.3 蕉羽叶目 Nilssoniales

单叶或羽状深裂，宽披针形至线形. 叶脉分叉或不分叉. 雄球花由多数鳞片状小孢子叶组成. 雌球花（*Beania*），长 10 cm；大孢子叶有 2 个胚珠，种子有果肉，本目蕉羽叶属 *Nilssonia*，从晚石炭世晚期到早白垩世. 侏罗纪最茂盛，遍布欧洲及亚洲. 我国有 20 余种. 此外还有侧羽叶属 *Pterophyllum* 等.

3.4 五柱木目 Pentaxylales

木本具长枝及短枝. 初生木质部中始式，次生木质管胞有具缘纹孔. 密木型，具年轮，射线单列，叶为单叶，披针形．雄球花生茎顶，多分枝，雌球花（*Camoconites*），生枝顶，卵球形，珠心无花粉室，维管束仅达珠心基部．仅有少数种分布于印度西北部的下、中侏罗统．维管束近似髓木，叶、气孔及花粉近似苏铁．

3.5 斜羽叶目 Plagiozamitales

枝条羽叶状，叶卵形，抱茎，两列，叶脉分叉．叶轴及羽轴的维管束近似 *Cycas*．分布于欧美区，安加拉区，华夏区．我国河北、山西，晚石炭世晚期至早二叠世．

4 紫杉纲 Taxopsida

乔木，茎具次生生长，密木型，有树脂道．叶条形，具气孔带，对生．雌雄异株，稀同株．雄球花穗状，雄蕊多数，花粉无气囊（罗汉松有），雌雄花生叶腋，胚珠1个，基部有珠托或套被，珠被有维管束，种子核果状（图1-7）．

最早化石见于三叠纪，侏罗纪及白垩纪最盛．除少数已灭绝外，大多数为现存科属，其有4目4科15属160种．

4.1 巴列杉目 Palissyales

乔木．叶线形或条形．雌球果穗状或圆球形，每鳞苞有1～6个胚珠，有杯状体托着．种子有肉质组织包着．已知2属，均已灭绝．巴列杉属 *Palissya*，化石见于下侏罗统．穗果杉属 *Stachyotaxus*，化石见于北欧及格陵兰三叠纪．

4.2 罗汉松目 Podocarpales

木本．叶多型，条状至鳞片状，雌雄异株，稀同株．雄球花穗状，花粉具气囊或缺．雌珠花有苞片多枚，直立胚珠1个，包以囊状套被．珠被或套被内有维管束．种子有肉质组织包着．

1科，8属130余种，集中于半球．我国3属．罗汉松化石最早见于澳大利亚及非洲三叠系的 *Rissikia*；另 *Mataia* 见于新西兰及澳大利亚的侏罗系．我国内蒙古及东北的下白垩统有 *Podocarpites*，*Nageiopsis* 及 *Ussuriocladus* 化石．

罗汉松科 Podocarpaceae，叶条状至鳞片状．花粉有2个气囊．雌球花的苞片有倒生胚珠1个，下有套被，与珠被合生，套被内有维管束，苞片与套被能发育成肉质种托．种子核果状．中国产3属，即罗汉松属 *Podocarpus*、竹柏属 *Nageia* 和陆均松属 *Dacrydium*．

4.3 三尖杉目 Cephalotaxales

叶条状，排成2列，下面有2条气孔带．雄花6～11聚成头状，雄蕊4～16枚，花粉无气囊．雌球花有交叉对生苞片，每苞片有2个直立胚珠，基部有珠托，种子有肉质组织包着．

1科1属9种，中国7种，产西南及华南．

4.4 红豆杉目 Taxales

叶条形，排成两列，雄球花穗状，雄蕊多数，各有8～9个花药，花粉无气囊．雌球果有交叉对生苞片，有直立胚珠1个，基部有珠托．种子有肉质果肉，先端露出种子．1科5属23种，除 *Austrotaxus* 产澳大利亚，其余产东亚、北美有2属．中国产4属，为红豆杉属 *Taxus*，白豆杉属 *Pseudotaxus*，穗花杉属 *Amentotaxus* 和榧属 *Torreya*，日本1种．

5 盖子植物纲 Chlamydospermopsida

木本，茎有分节，具导管．球花单性．雄花有不育雌蕊，有膜质囊状或肉质管状假花被，雄蕊1~8个，花药1~3室，花粉无气囊．雌花有假花被，中有数条维管束．胚珠1个，珠被1~2层，常延长为珠被管，种子肉质果肉包着，有3目3科3属80种．

5.1 百岁兰目 Welwitschiales

仅1科1属1种，产南非．

5.2 麻黄目 Ephedrales

灌木，叶膜质，雌雄异株，雄球花有2~8对苞片，每1苞片有1雄花，有膜质假花被合生，雄蕊2~8个对生苞片，仅最顶1~3苞片有雌花，雌花有囊状假花被，胚珠有1层膜质珠被．苞片及假花被在受精后增厚成肉质组织．

1科1属40种，分布于亚洲，北美、东南欧、北非的干旱荒漠．中国12种．

5.3 买麻藤目 Gnetales

木质藤本，茎有关节．单叶对生，雌雄异株，雄花位于轮生总苞内，每1总苞有雄花20~80个，雄花有肉质环状假花被，雄蕊1~2个，雌球花穗单生．每轮总苞有雌花4~12朵，假花被囊状，胚珠内藏，有2层珠被，内层珠被伸长成管，外层珠被分为肉质外层及骨质内层，内层珠被能发育成肉质组织．种子核果状．1科1属30余种，分布于亚洲、非洲及南美的热带，中国7种．

参考文献：

[1] 严楚江. 花果形态学 [M]. 福州：福建人民出版社，1964.
[2] 杨关秀. 古植物学 [M]. 北京：地质出版社，1994.
[3] GOTHAN W, WEYLAND H. Lehrbuch der Palaobotanik [M]. Berlin: Akademie Verlag, 1954.
[4] ZIMMERMANN W. Die phylogenie der pflanzen [M]. Stuttgart: Gustav Fischer Verlag, 1959.

Sarcocarpidiophytina, a Fruited Subphyta of Pteridospermophyta during Palaeozoic

CHANG Hung Ta (ZHANG Hong-da) [*]

Abstract: Since the spermatophytes arose from the Lower Devonian, there are lots of fruited plants existed. Within the integument of the embryo-sac the vascular tissues were appeared, after fertilization the vascular bundle started secondary growth, and formed the protective tissue to the seeds, they are the primitive fruited plants before the Angiospermae appeared. These primitive fruited spermatophytes are the *Calamopitys* of Upper Devonia, the *Medulosa* and *Lyginopteris* of Lower Carboniferous, and after Permian there are the successors of *Ginkgopsida*, *Cycadopsida* and *Taxopsida*, as well as the *Chlamydospermopsida*. They are the principal seeded plants and more flourish than the other Tribes of Pteridospermae represented by the *Stenomylon*, *Callistophyton* and *Peltosperma* and the *Cordaites* during the Palaeozoic.

Keywords: vascular bundle within integument; secondary growth; sarcocarpal Pteridospermatophytes

---

[*] School of Life Sciences, Zhongshan University, Guangzhou 510275, China

中國牙䖥總科 PALPICORNIA 的屬及亞屬檢索表

蒲蟄龍

（生物系）

牙䖥總科的昆虫，一般生活於淡水中，有一部份種類生活於有機質豐富而濕潤的穢土裏或糞土里，還有可以在花里找到的種類。牙䖥的幼虫，一般行捕食生活，生活在淡水裏的，捕食水中的小魚，蝌蚪及其他小動物。有一些捕食性牙䖥，曾利用爲防治農業害虫的材料，如 *Dactylosternum hydrophiloides* M'Leay, *D. dytiscoides* Fabr. 和 *D. cycloides* Knisch 曾利用來防治甘蔗蛀䖥，*Rhabdocnemis obscura* Boids.。 *Dactylosternum abdominale* Fabr. 曾利用來防治香蕉蛀䖥，*Cosmopolites sordida* Germ.。植物食性的牙䖥，對於農作物也能夠造成嚴重的損害，如 1955 年湖北省黃岡縣發生牙䖥 *Helophorus auriculatus* Sharp 食害麥苗，造成嚴重損失。稻田裏也有一些牙䖥種類，如 *Hydrous acuminatus* Motsch.，食害秧苗。大形的牙䖥，如 *Hydrous acuminatus* Motsch., *H. hastatus* Herbst 等，與大形龍蝨同爲廣州市幾乎全年供應的食品，每年秋風起後，供應尤盛。

牙䖥的分類學研究，前人的工作，十分豐富，現將主要的簡列如下：牙䖥科首由拉特賴里 (Latreille) 在 1804 年創設，名爲 Sphaeridiota；1807 年他把這一科的昆虫分成兩科，Hydrophilii 及 Sphaeridiota；1829 年又將這兩科合爲一科，名爲 Palpicornia。1854 拉科對爾 (Lacordaire) 將牙䖥科 Palpicornia 分爲五族，名爲 Hydrophilides, Hydrobiides, Spercheides, Helophorides. Sphaeridiides。1881 年年比達 (Bedel) 將牙䖥科 Palpicornia 提爲亞目，包含兩科，Hydrophilidae 及 Sphaeridiidee。1900 年拉美利(Lameere)將牙䖥科昆虫分成兩個亞科，Helophorines 及 Hydrophilines。1904 年剛格里包爾 (Ganglbauer) 將牙䖥科分爲五個亞科，

Helophorinae, Hydraeninae, Spercheinae, Hydrophilinae, Sphaeridiinae; 並且認爲這一科的位置，應該和其他鞘翅目總科位置相當。1916年杜其芒(d'Orchymont)將牙䗚總科分爲八個亞科，Hydraeninae, Limnebiinae, Spercheinae, Helophorinae, Epimetopinae, Hydrochinae, Sphaeridiinae; Hydrophilinae; 1919年杜其芒又將Hydraeninae, Limnebiinae 及 Sperchinae 三個亞科合成水甲科(Hydraenidae)，其餘亞科隸屬于牙䗚科 (Hydrophilidae)。

本文根據杜其芒的分類系統，將我國的牙䗚總科昆虫，作成科、屬及亞屬檢索表，希望專家們給予批評和指正。

科 檢 索 表

1. 頭部背面基部中央無縱縫。觸角的錘狀部由五節合成。腹部有七腹板··水䗚科 Hpdraenidae.
   頭部背面基部中央有縱縫，觸角的錘狀部通常少於五節。腹部有五腹板。如果有六腹板，則第六腹板呈膜質或者半隱於第五腹板之下················牙䗚科 Hydrophilidae.

水 䗚 科 的 亞 科 檢 索 表

1. 前胸背板與腹部不緊接，通常有刻點或刻紋，後部通常較前部窄。鞘翅通常蓋過腹部··········Hydraeninae.
   前胸背板與腹部緊接，無刻紋，後部較前部寬。鞘翅末端平截，不蓋過腹部末端··········Limnebiinae.

Hydraeninae 亞科的屬檢索表

1. 下顎鬚與觸角等長或較短，末節較末前節短。前胸背板側緣至少一部分有膜質緣··········Ochthebius.
   下顎鬚較觸角長，末節較末前節長。前胸背板側緣無膜質緣··········2
2. 下顎鬚較長於頭部和胸部相加的長度。鞘翅通常有由刻點所成的條紋··········Hydraena.
   下顎鬚較頭部和胸部相加的長度短。鞘翅刻點不規則··········Laeliaena.

Laeliaena 沒有亞屬。Hydraena 在我國只有 Hydraena s. str. 一個亞屬的紀錄。

Ochthebius 屬在我國共有三個亞屬的紀錄。

Ochthebius 屬的亞屬檢表

1. 前胸背板極橫寬，有深而顯明的中溝，其旁無凹陷。前胸背板側緣的中部前方呈圓形，中部之後有缺陷 ··· Homalochthebius.
   前胸背板稍呈心形，其側緣中部前方或前方三分之一呈圓形，後部有缺陷 ··· 2
2. 前胸背板無橫形溝 ·· Bothochius.
   前胸背板有橫形溝 ·· Ochthebius s. str.

Limnebiinae 亞科在在國的紀錄只有 Limnebius 一屬 Limnebius 屬也只有 Bilimneus 一亞屬的紀錄。

牙蜱科的亞科檢索表

1. 前胸背板有五條明顯的縱溝 ·· Helophorinae,
   前胸背板沒有五條縱溝 ·· 2
2. 前胸背板後緣比腹部窄，並且和腹部基部分離。小盾片甚小 ·· Hydrochinae.
   前胸背板後緣不比腹部窄，並且和腹部基部緊接。如果前胸背板後緣比腹部窄，並且和腹部基部分離，則小盾片呈長形 ······································· 3
3. 觸角較下顎鬚長。中足及後足跗節第一節較第二節長。上唇常隱蔽 ·· Sphaeridiinae.
   觸角較下顎鬚短或與下顎鬚等長。中足及後足跗節第一節較第二節短。上唇常顯露 ··· Hydrophilinae.

Helophorinae 亞科只有 Helophorus 一屬紀錄。

Helophorus 屬的亞屬檢索表

1. 鞘翅的基部在第一和第二縱紋之間有一短縱紋 ··· 2
   鞘翅的基部在第一和第二縱紋之間無短縱紋 ··· 5
2. 下顎鬚末節對稱 ··· Empleurus.
   下顎鬚末節不對稱，外緣較內緣拱突 ··· 3

3. 鞘翅縱紋間的間條平坦 ………………………………………… Lihelophorus.
   鞘翅縱紋間的間條呈各種不同程度的隆起 ……………………………… 4
4. 鞘翅的第十一間條成脊狀隆起 ………………………………… Meghelophorus.
   鞘翅的第十一間條不隆起成脊狀 ……………………………… Gephelophorus.
5. 下顎鬚末節對稱 ………………………………………………… Atracthelophorus.
   下顎鬚末節不對稱 ……………………………………………… Helophorus s. str.

Hydrochinae 亞科只有 Hydrochus 一屬紀錄。Hydrochus 屬不再分亞屬。

Sphaeridiinae 亞科的族檢索表

1. 頭部在複眼之前不縮窄。觸角基部不能由背面察出。觸角通常比下顎鬚長得多。後胸通常向前延伸而接於中胸隆起，後胸前側片寬 …… Sphaeridiini.
   頭部在複眼之前突然縮窄。觸角基部可由背面察出。觸角較短。後胸腹板不向前延伸，後胸前側片窄 ……………………………………………… 2
2. 中胸腹板的隆起長較大於寬。中足基節互距不遠。 ……………Cercyonini.
   中胸腹板的隆起寬較大於長。至少寬長相等。中足基節互距甚遠。…………
   …………………………………………………………………… Megasternini.

Sphaeridiini 族的屬檢索表

1. 觸角八節。前胸背板後緣的兩旁彎曲。小盾片長三角形。鞘翅不全完遮蓋腹部 ………………………………………………………………… Sphaeridium.
   觸角九節。前胸背板後緣平直。小盾片的長度約與其基部的寬度相等，或較短 ……………………………………………………………………… 2
2. 體軀稍隆起。鞘翅有規則的點紋或散點。前胸腹板成屋脊狀，或有隆脊。腹部第一腹板的中部也有隆脊 ……………………………… Dactylosternum.
   體軀甚隆起。鞘翅的點紋頗混亂，有鞘縫紋。前胸腹板及腹部第一腹板無隆脊（C. horni 的前胸腹板有隆脊，該隆脊前部成齒狀； 其腹部第一腹板，有不明顯的隆脊）…………………………………………… Coelostoma.

Sphaeridium，Dactylosternum 及 Coelostoma 均無亞屬紀錄。

Cercyonini 族的屬檢索表

1. 前胸腹板隆起成脊，此隆脊與觸角窩無分界線。前胸背板後部無大形刻點。
   .... Cercyon.
   前胸腹板隆起成脊，此隆脊與觸角窩分界明顯。前胸背板後部有一列大形刻點 .... Oosternum.

Cercyon 有 Cercyon s. str. 一亞屬的紀錄。Oosternum 無亞屬紀錄。

Megasternini 族的屬檢索表

1. 前胸背板無顯著刻點 .... Peratogonus.
   前胸背板後緣有一列特大的刻點 2
2. 前胸腹板隆起片的中央有一縱形隆脊，如無縱形隆脊，則前足脛節外緣微作波狀彎曲 .... Pachysternum.
   前胸腹板隆起片無縱形隆脊。前足脛節外緣不呈波狀彎曲 Cryptopleurum.

Cryptopleurum, Pachysternum 及 Peratogonus 均無亞屬紀錄。

Hydrophilinae 亞科的族檢索表

1. 小盾片長度較其基部短或稍長。觸角最多由九節合成，前胸背板後部不狹窄，與鞘翅頗緊接 2
   小盾片長三角形。觸角最多由八節合成，前胸背板后部稍狹窄，不緊接鞘翅 3
2. 中後胸腹板的隆脊緊接而合成一隆脊。................................ Hydrophilini.
   中後胸腹板的隆脊不緊接 .... Hydrobiini.
3. 複眼有一完整的分隔。後足無游泳毛。上唇隱蔽於頭的前緣 ... Amphiopini.
   複眼無完整的分隔。後足有長游泳毛。上唇不隱蔽於頭的前緣 ...... Berosini.

上表各族中，Amphiopini 只有 Amphiops 一屬的紀錄，該屬無亞屬紀錄。

Hydrobiini 族的亞族檢索表

1. 下顎鬚粗而短，等長或較短於觸角，末節等長或長於前節。有鞘縫紋，如無鞘縫紋，則觸角節數少於九節。................................. Hydrobiae.

下顎鬚纖細，較長於觸角，末節通常較短於前節。末節如長于前節，則觸角節數較少于九節，無鞘縫紋………………………………………… Helocharae.

Hydrobiae 亞族的屬檢索表

1. 中後足跗節的第二節畧長於第一節，有時等長……………… Paracymus.
   中後足跗節的第二節長於第一節極多…………………………………… 2
2. 後足轉節不長伸，後足脛節不彎曲。腹部有五腹板。………………… 3
   後足轉節端部長伸，與腿節分離，後足脛節彎曲。腹部有六腹板。……
   …………………………………………………………………… Laccobius.
3. 觸角九節。鞘翅有鞘縫紋。……………………………… Hydrocassis.
   觸角八節。鞘翅無鞘縫紋。………………………………… Oocyclus.

Paracymus, Hydrocassis 及 Oocyclus 均無亞屬紀錄。Laccobius 只有 Laccobius s. str. 一亞屬的紀錄。

Helocharae 亞族的屬檢索表

1. 下顎鬚有時很長，一般少於九節，第二節端部向內彎或平直，基部向外彎。
   ………………………………………………………………………… 2
   下顎鬚較短，由九節合成，第二節端部向外彎，基部向內彎或平直。………
   ……………………………………………………………………… Enochrus.
2. 下顎鬚末節較前節短，否則觸角由九節合成。鞘翅有時有點紋，或有鞘縫紋，如有鞘縫紋，則下顎鬚很長……………………………… Helochares.
   觸角少於九節。下顎鬚末節較前節長，端部增大。鞘翅無鞘縫紋，刻點混亂
   …………………………………………………………………… Pelthydrus.

Helochares 及 Enochrus 各有三亞屬的紀錄。Pelthydrus 無亞屬紀錄。

Helochares 屬的亞屬檢索表

1. 鞘翅有多數縱列條紋或點紋（有十條主要縱紋），有鞘縫紋。………
   ………………………………………………………………… Hydrobaticus.
   鞘翅有少數縱列點紋或條紋，無鞘縫紋……………………………… 2
2. 中胸腹板在中足基節間僅成鈍形隆起……………………… Helochares. s. str.

中胸腹板有縱立板·· Agraphydrus.

Enochrus 屬的亞屬檢索表

1. 鞘翅上有多數縱列條紋·· Holcophilydrus.
   鞘翅僅有一鞘縫紋·· 2
2. 前胸背板每旁有有大形刻點，排列成一橢圓形················· Lumetus.
   前胸背板刻點大小較均勻，每旁可能有比中部稍大的刻點········ Methydrus.

Hydrophilini 族的屬檢索表

1. 前足腿節僅於基部披柔毛。前胸腹板前部無一叢長毛·············· 2
   前足腿節全部披柔毛。前胸腹板前部有一叢長毛············· Sternolophus.
2. 前胸腹板隆脊呈小刀形。中胸腹板前部有一小形缺刻。體形小······ 3
   前胸腹板隆脊不呈小刀形，後端有一彎陷，用以承接中胸之前部。體形大····
   ··· Hydrous.
3. 額的前緣有大形彎陷。下顎鬚極長，末節與第三節約畧等長或畧短·······
   ·· Neohydrophilus.
   額的前緣約畧平直，下顎鬚不極長，末節顯然短於第三節······ Hydrophilus

Hydrophilus 屬及 Neohydrophilus 屬無亞屬紀錄。Hydrous 屬只有 Hydrous s. str. 一亞屬的紀錄。Sternolophus 有二亞屬的紀錄。

Sternolophus 屬的亞屬檢索表

1. 後胸隆脊的溝有直豎剛毛，端部成短形胸板剌。腹部第五腹板有半圓形之彎陷
   ·· Neosternolophus.
   後胸隆脊的溝無直豎剛毛，端部成長形胸板剌。腹部第五腹板無彎陷········
   ·· Sternolophus.

Berosini 族的屬檢索表

1. 腹部有五腹板，其後可能有一節可伸縮的第六腹板。觸角由七節組成········
   ·· Berosus.
   腹部有四腹板，其後可能有一節可伸縮的第五腹板。觸角由八節組成········

.... 2

2. 體長形，隆拱，兩側扁壓 .... Régimbartia.

　　體球形，隆拱，短而寬 .... Globaria.

Régimbaria 屬及 Globaria 屬無亞屬紀錄。Berosus 屬有二亞屬的紀錄。

Berosus 屬的亞屬檢索表

1. 鞘翅末端彎陷，有二刺狀或齒狀突起。 .... Enoplurus.

   鞘翅的末端不彎陷，只稍延長成一尖突 .... Berosus s. str.

參 攷 文 獻

李鳳蓀 1952 中國經濟昆虫學 中卷。

夏雪仙等 1955 湖北黃岡專區新發現之一種麥作地下害虫。植物保護通訊, 總第八期 39—41 頁。

Balfour-Browne, J. 1939. Contributin to the Study of the Palpicoria. Pt. III. Ann. Mag. nat. Hist. 11(4): 289—310.

Clausen, C. P. 1940. Entomophagous insects.

Ganglbauer, L. 1904. Die Käfer von Mitteleuropa, IV.

Knisch, A. 1910. über einige von Dr. Erich Zugmayer in Tibet und Turkestan gesammelte Itydrophiliden. Zool. Jahrb. Abt. f. Syst. 29 : 451—454.

—— 1924. Coleopteroum catalogus, pars 79.

Kuwert, A. 1884. übersicht der europaischen Ochthebius-Arten. Deut. Ent. Zeits. 31 : 369—401.

—— 1890. Bestimmungs-Tabelle der Hydrophiliden Europas, Westasiens und Nordafriks. Verh. Ver. Brünn. 28 : 1—121 et 159—328.

d'Orchymont, A. 1919. Contribution á l'etude des sou-familles des Sphoeridiinee et des Hydrophilinae. Ann. Soc. Ent. France. 88 : 105—168.

—— 1928. Catalogue of Indian insects, Pt. 14. Palpicornia.

Pu, C. L. 1942. Three new Species of Palpicornia From Yunnan. Lingnan sci. Journ. 20 : 167—176.

Sahlberg, J. 1900. Coleoptera mediterranea et rosso-asiatica nova vel minus cognita itineribus annis 1895—1896 et 1898—1899 collecta. I. (Carabidae, Haliplidae, Hydrophilidae et Heteroceride.) Ofv. Finska Forh. 42 : 174—208.

Sharp, D. 1884. The water-beetles of Japan. Trans. Ent. Soc. Lond. 1884. pp. 439—464.

—— 1915. Studies in Helophorini. Ent. Mo. Mag. 51 : 2—5.

Wu, C. F. 1937. Catalogus insectorum sinensium, III. pp. 271—296.

Zaitzev. ph. 1909. Analytische übersicht der mir bekannten Arten der Gattung Sternolophus Solier nebst Bemerkungen über die anderen Arten dieser Gattung. Rev. Russ. Ent. 8 : 228—233.

　　　　　　　　　　　　　　　　　　　　本文於1956年12月6日收到。

溫度和葯物对兔球虫卵囊发育之影响

江静波　廖月霞
（生物系）

兔球虫和寄生其他动物的球虫一样，都是借粪便中的卵囊来传播的。一般兔球虫在外界須經24小时以上始能成熟（4），若每日能将兔籠中的卵囊彻底清除一次，定能有效地防止兔球虫病的流行。因此兔球虫卵囊对溫度、葯物的抵抗力的研究，供兔籠消毒的参考，在兔球虫病的防治上是有其重要意义的。

Perard（1925）首先指出穿孔艾美球虫（E、perforans）和兔肝艾美虫（E、stiedae）对許多酸、碱及盐类有很强的抵抗力（14）。嗣后 Yakimov and Galouzo（1929）研究牛球虫时也涉及了牠們对化学葯物的抵抗力問題（16）。Fish（1931）研究了鷄球虫中的一种（E.tenella）对于温度和葯物的忍受能力（12）。近年来Senger and Seghett（1954）、Marguardt and Senger（1955）以及 Senger（1959）都探討了化学葯物对牛球虫卵囊发育的影响（15）。

1956年苏联 Орлов 在"家畜球虫病"一书中（11），总結了苏联学者們在这方面的許多研究工作，包括 Yakimov und Galuzo（1929），Yakimov（1932，1933），Видинский(1938)，Левинсов и Федоров(1936)以及他本人和他的合作者(1936，1940)的研究，指出了高溫对于卵囊的影响，材料尚未一致，而大量的資料都証实了兔球虫卵囊对化学葯物的甚大的抵抗力。书中还引用了 Мелелкин（1941）等的总結，訊为化学消毒剂杀灭了能抑制卵囊发育的細菌，从而反有利于卵囊的发育。书中还介紹了作者訊为最有效的消毒剂，卽肥皂——石碳酸——煤油乳剂，訊为能100％地阻止了卵囊內孢子的发育而且将大部分的卵囊破坏。

我国农业部畜管局編写"怎样养兔"一书，介紹用碱水、石灰、石碳酸、来苏儿或噴灯等消毒兔籠的方法（6）。黄惠兰（1957）訊为除沸水和压力蒸气是最好的消毒方法外，5％的苛性鉀或苛性鈉也是有效的（9）。孙琪（1958）介紹用5％的热碱水消毒（5）。北京师范大学生物系兔球虫研究小組（1959）对溫度和葯物对兔球虫卵囊的影响也做了研究（3）。

本文研究的目的，主要在供消毒兔籠时的参考。因此我們在探討温度对兔球虫囊发育的影响时，分別用不同温度的热水，干烘，噴灯噴射和太阳照射等方式进行試驗；在研究葯物对卵囊发育之影响时，除了重复部分前人研究过的葯物外，还用一些杀虫剂、土农葯和中葯做試驗。不过我們用中葯如蒼檳合剂、羌、大蒜做試驗时，却不是考虑到是否可用它作消毒用的問題，而是因为洋葱（2）蒼檳合剂和羌根据別人的研究或我們的試驗在治疗兔球虫病方面有相当效果，我們也就順便探討一下它們对兔球虫卵囊的发育是否有抑制作用。蒼檳合剂（枣儿檳榔一两，蒼耳全草二两合煎濃縮成60毫升）是从广州市中医学院張景述医师处取得的，張景述初步肯定对日本血吸虫有疗效。我們用作治疗兔球虫病經初步观察效果良好。羌对兔球虫病也有一定的疗效（江静波邝超源等，未发表資料）。

本文承陈心陶敎授关怀和指导，邝超源同志协助試驗工作。謹致謝忱。

一、热水对卵囊发育的影响

取100毫升烧杯，盛30毫升的清水，徐徐在酒精灯之上加热，并不断用温度计拌搅。至一定温度时，用滴管吸取用过滤、沉淀法浓集得的含有大量新鲜卵囊的兔粪液数滴注入其中，仍用溫度計不停拌搅，注意使其温度降低不超过一度。至规定時間時，立即冲入大量冷水，使温度急降至30°C左右。随即将这些經处理的卵囊沉淀出来，放在2％重鉻酸鉀溶液中培养，經4—5天之后观察。如处理时间较长者，则将烧杯放在盛温水的金属皿中，外面外热，使其水温与所要求的烧杯內的水温相等，这样可使烧杯內的水温更加均匀。此法的优点在于水量多，加入少量粪液不至使温度锐降，影响試驗的准确性。同时用大量的冷水降温可以迅速而确实地掌握处理时间。試驗的結果見表一：

表一：热水对卵囊发育的影响

温度	时間(分)	次数	E.perforans 穿孔球虫 发育	E.perforans 穿孔球虫 不发育	E.irresidua 无余体球虫 发育	E.irresidua 无余体球虫 不发育	E.coecicola 腔球虫 发育	E.coecicola 腔球虫 不发育	E.stiedae 兔肝球虫 发育	E.stiedae 兔肝球虫 不发育	总計 发育	总計 不发育	发育百分率
70°C	10(秒)	一	0	36	0	15	0	16	0	13	0	80	0
60°C	60	一	0	37	0	23	0	4	0	6	0	70	0
60°C	30	一	0	20	0	27	0	6	0	1	0	54	0
60°C	30	二	0	36	0	19	0	64	0	3	0	122	0
60°C	15	一	45	5	7	0	7	2	3	1	62	8	88.6
60°C	15	二	40	3	16	0	40	6	4	0	100	9	91.8
55°C	60	一	0	42	0	24	0	10	0	11	0	87	0
55°C	30	一	0	37	0	24	0	3	0	2	0	66	0
55°C	30	二	1	40	3	6	6	50	—	—	10	96	9.4
55°C	15	一	86	5	45	0	20	1	11	1	162	7	95.8
55°C	15	二	40	2	20	0	40	2	3	0	103	4	96.2
50°C	60	一	1	45	5	14	0	2	—	—	6	61	89.5
50°C	60	二	2	35	8	6	25	42	1	2	36	85	29.8
50°C	30	一	17	2	27	1	7	0	9	0	60	3	95.2
50°C	30	二	3	30	1	1	6	40	1	3	11	74	12.9
50°C	15	一	65	6	30	1	16	0	20	2	131	9	93.6
对照		一	35	3	45	2	17	0	16	3	113	8	93.4
对照		二	50	2	34	3	50	3	9	3	143	11	96.1

由上表可见，經70°C处理10秒鐘，60°C处理30分鐘，55°C处理60分鐘，四种兎球虫的卵囊皆基本不能发育。經55°C处理30分鐘者，至少有90%以上的卵囊不会发育。四种卵囊对高温的忍受能力无显著的差别。

Орлов(11)指出："关于高温对卵囊的发育的影响的材料，是不一致的"。我們訊为所以不一致的原因可能有两方面：（1）不同种或不同地区的卵囊对高溫的忍受能力有所差异。（2）处理的方法不同影响结果的不一致。現我們以对于兎球虫的試驗为例。Kessel and Jankiewicz(13)試驗的结果其致死点为51°C 30分鐘；53°C，10分鐘；55°C，5秒鐘。而北师大生物系兎球虫研究小組(3)所得的结果：75°C以上，半分鐘；70°C，5分鐘，65°C，5分鐘不能杀死卵囊。两者结果相差甚大。前者未說明試驗方法，在此不能予以討論。后者是在凹玻片上处理的，处理时間若甚短促，溫度变化可能大些。70°C时須5分鐘始能杀死卵囊的結論，可能比实际所需的时間长些。Орлов(11)訊为将水加热至50-60°C，作用60分鐘，部分卵囊以后还可以形成孢子。我們的结果是，在60°C中只須30分鐘便可使全部卵囊死亡。Fish(12)訊为在60°C中，只須15秒鐘可使E.tenella的卵囊死亡，在55°C，10分鐘內全部卵囊死亡。可能是E.tenlla对高溫的忍受力較兎球虫为小的緣故。

二、干烘对卵囊發育的影响

把含有兎球虫卵囊的粪便加少許水，稀释成糊状，涂在紙上，然后放在恒溫台上或溫箱中，用一定溫度焙烘它。在一定时間內取出，在2%重鉻酸鉀溶液中培养，其结果见表二：

表二：干烘对兎球虫卵囊發育的影响

溫度	时間(分)	結果 发育	不发育	发育%	备注
60°C	60	0	70	0	恒溫箱
	30	0 0	54 122	0 0	同 上
	15	62 100	8 9	88.5 91.7	同 上
55°C	60	0	87	0	同 上
	30	0 10	66 96	0 9.4	同 上
	15	162 103	7 4	95.8 96.2	同 上
50°C	60	6 36	61 85	8.9 29.7	恒溫箱 溫 台
	30	60 11	3 74	95.2 12.9	恒溫箱 溫 台
	15	131	9	93.5	恒溫箱
对 照		113 143	8 11	93.3 92.8	

由上表可见，在50°C—60°C，15分钟內都无法使卵囊死亡。在60°C經30分鐘，55°C經60分鐘，則全部卵囊可以死亡。在55°C經30分鐘后，至少有90%的卵囊死亡。其結果与热水处理組完全一致。

三、日光照射对卵囊發育的影响

将含有兎球虫卵囊的粪浆涂在紙上，然后放在一块木板上，在广州四月份天晴的时候放在太阳光直接照射下，其旁置一温度計，其溫度达37—42°C。在此情况下，虽經1小时或2小时半，用2%重鉻酸鉀培养时还有約半数的卵囊能够发育，其結果见表三：

表三. 日照对兎球虫卵囊发育的影响

日照时间	溫度	处理后各种卵囊发育的情况		
		发育	不发育	发育%
对 照	室 溫	105	10	91.3
1 小时	37—42°C	37	46	44.6
2时30分	37—42°C	54	62	47.4

Орлов(11)指出卵囊对日光的作用有极大敏感性，日光能在数小时內杀死卵囊。从上表看来，亦可见日光对卵囊的影响也是相当大的。不过經二小时半的作用，仍未能将卵囊全部消灭。在南方兎球虫流行的4、5月間，亦即多雨的季节，难得有整日的阳光照射。此时用阳光消毒，还是有一定的困难。

四、噴灯噴燒杀滅卵囊的試驗

好些家畜寄生虫学(10)和养兎学(6)介紹用噴灯来消灭兎籠中的卵囊，藉以达到預防的目的。为了准确地了解噴灯燒杀卵囊的效果我们做了如下的試驗：将含有卵囊的兎粪液在木板上涂成一薄层，稍干之后，用本生酒精噴灯在距离7厘米的地方慢慢的来回噴燒。到达要求的次数之后，将木板上的兎粪連同卵囊刮下，在2%的重鉻酸鉀中培养。其結果见表四：

表四：噴灯噴燒对兎球虫卵囊的影响

距 离	次 数	处理后卵囊发育情况		
		发育	不发育	发育%
对 照	一	105	6	94.5
7 c m	5 次	80	13	86.0
7 c m	10 次	49	56	25.3
7 c m	20 次	1	38	2.5

由上表可见，来回噴射5次之后，效果仍不显著。达20次之后，仍有2.5%的卵囊会发育。可见用噴灯消毒兎籠的办法不一定很好。此外燃料的消耗也是不合算的。

我們另做一試驗，將含有卵囊的兔糞液塗在木板上，直接在爐火上的火焰下燒烤，半分鐘之內，全部卵囊不會發育。一分鐘之後，完全看不到卵囊了。用這种方法消毒的效果顯然是很大的，但是必須注意引起燃燒的問題。

五、葯物對卵囊發育的影响

將葯物配成一定濃度，倒入培养皿中，浸些少棉花在其中，棉花上托一块濾紙，濾紙上放一些含有卵囊的兔糞，讓葯液透过濾紙浸着兔糞。最初最好用滴管吸一些葯液淋在兔糞上，以免兔糞中的水分影响葯物的濃度。4—5天后用顯微鏡檢查。先計算對照組卵囊40（或30）个，視其發育成孢子的个数，以此数为100%，然后計算40（或30）个經葯物處理的卵囊，計其發育成孢子的个数。以處理組發育成孢子的卵囊个数給對照組發育成孢子的卵囊的个数除，再乘100，求得葯物處理組和對照組的比對發育百分率。具体数字見表五：

表五

葯物	濃度%	對兔球虫卵囊抑制結果（和對照組比對發育%）						
		穿孔艾美虫				兔肝艾美虫		无余体艾美虫
次数		一	二	三	四	一	二	一
羌	20/130	0	3.5	6.6		25	0	6
蒼梹合剂		0	6.6			0		6.2
大蒜	23/130	84.2				103.5		
魚藤精	10	10.5	0	6.6		0	0	6.2
魚藤精	5	13.5						31.2
666	1	52.6				53.5		
666	5	0	41.3	6.6	0	25	0	56.2
666	15	0						
D.D.T.	5	57.8				42.8		
敵百虫	5	100	95			90.4		
敵百虫	10	105.2				103.5		
敵百虫	15	84.2	65			96.4		
生石灰	飽和	93.1	89.6	93.1	103.4			
來素	5	0	6.6	45		6.2		25
來素	10	5.2	0	0		0	0	0
來素	15	0						
臭水	5	46.6	45	42.5		0		87.5

药物	浓度						
臭水	10	33.3	42.5		25		100
臭水	15	65					
盐	10	93.3	35	97.5	77.5	93.7	
盐	30	25	10				
盐	饱和	0	0				
酒精	15	75					
酒精	50	12.5					
酒精	70	0	50	7.5	0		0
福尔林	6	53.3	77.5		75	56.2	62.5
氢氧化钠	5	51.7	33.3	62.5	106.2		
氢氧化钠	10	0	0		0		0
硫酸钠	0.01	33.3	112.5		60.7	87.5	81.2
硫酸铵	1	60	107.5		94.4	87.5	106.2
氯化汞	0.000027	60			53.5		12.5
碘	0.025	110			103.5		

由上表可见，若认为和对照对比发育百分率在60%以下者为有效，则有效药物及其浓度为：羌(30/130)，苍榔合剂、鱼藤精(10%，5%)，可湿性含丙体6%的666(1%，5%，15%)，D.D.T.(5%)，来素(5%，10%，15%)，盐(30%、饱和)，酒精(50%，70%)，氢氧化钠(10%)，氯化汞(0.000027%)。

极有兴趣的是，我们用羌、苍榔合剂和大蒜治疗人工重感染的兔球虫病，发现苍榔合剂效果甚佳，羌亦有一定功效（江静波，鄺超源等，未发表资料）。从上表可见此二药对卵囊发育的抑制效果亦甚佳。大蒜完全无疗效，而对卵囊的发育亦完全无抑制的作用。从这三种药物来看，它们对兔球虫的内生性发育和外生性发育的影响是一致的。

经氢氧化钠处理的卵囊，其有色的外囊壁似已完全被溶解，因此只见一层极薄和透明的内壁。部分可以发育的卵囊，其内的孢子也不正常。更值得注意的是，兔肝球虫卵囊对氢氧化钠的抵抗力显然比其他球虫强得多。在5%氢氧化钠中，和对照比对发育的百分率竟为106.2%。肝是硷性的地方，因此在那里形成的卵囊对硷性的抵抗力特别强可是以理解的。

北京师范大学生物系兔球虫研究小组(3)認为飽和盐水无抑制卵囊发育的作用。我们的结果完全相反,飽和盐水对卵囊有100%的抑制作用,而且使卵囊內容物显著收縮。可是在30%的濃度中,則仍然有小部分的卵囊可以发育。

0.025%碘液,完全无抑制卵囊发育的作用。这一点和Senger(15)的結果不符。

摘　要

用热水处理兔球虫卵囊,其至死温度为:70°C,10秒鐘;60°C,30分鐘;55°C,60分鐘。經55°C处理30分鐘者,至少有90%以上的卵囊不会发育。对温度的耐受能力,四种兔球虫(E. perforans, E. irresidua, E. coecicola, E. stiedae)无甚差別。

干烘加热对卵囊的作用,和热水的作用一致。

用日光照射,經2时半,約有半数的卵囊仍会发育。

酒精噴灯噴燒杀灭卵囊的效果不佳。来回噴射涂兔粪液的木板,經5次之后,对卵囊杀灭的效果仍不显著。但直接在火焰上燒烤,半分鐘內即可杀灭涂在木板上兔粪液中的全部卵囊。

蒼檳合剂和羌对抑制兔球虫卵兔的发育效果甚佳。此二药用作兔球虫病的治疗亦初步証实其效果頗好。大蒜无抑制兔球虫卵囊发育的作用,同时在治疗兔球虫病上亦完全无效。由上三种药物对比看来,它們对兔球虫內生性发育和外生性发育的抑制作用是一致的。

羌(30/130),蒼檳合剂,魚藤精(10%,5%),可湿性含6%丙体666(1%,5%,15%),D.D.T.(5%),来素(5%,10%、15%),盐(30%、飽和),酒精(50%,70%),氢氧化鈉(10%),氯化汞(0.000027%),都能抑制40%以上的卵囊的发育。

用氢氧化鈉处理,使其外层卵囊壁消失。兔肝球虫对氢氧化鈉的抵抗力显然較其他卵囊为强。兔肝球虫卵囊是在硷性較强的肝脏中形成的,这可能是它較其他卵囊对硷性有較大忍受力的主要原因。

与北京师大生物系兔球虫研究小组不同,我们观察到飽和盐水对兔球虫卵囊有100%的抑制作用。与Senger研究的結果不同,我们发现0.025%的碘液完全无抑制卵囊发育的作用。

参考文献

（1） 王占一："实用养兔法" 1958
（2） 王珊，杨康年：洋葱对家兔球虫疗效的初步观察。畜牧与兽医．1958年第6期．270——272页
（3） 北京师范大学生物系兔球虫研究小组：不同条件对兔球虫卵囊发育的影响．北京师范大学学报，自然科学版．1959年第6期83—89页
（4） 江静波、廖月霞：广州市九种寄生家兔艾美虫卵囊的研究．中山大学学报．自然科学版 第8期 57——67页．1959
（5） 孙琪：中药"球虫九味散"对兔球虫治疗效果．中国兽医学杂志．1958年第11期 533—535页
（6） 农业部畜医局："怎样养兔"．1958．
（7） 苏联家兔野兽科研所："养兔学"．1955．
（8） 陕西省畜产公司，陕西农林厅畜牧局："养兔"．1958
（9） 黄惠兰：家兔球虫病防治方法．生物学通报．1957年第二期32——35页
（10） Ершова，В.С.："家畜寄生虫学与侵袭病"．1956（王逃喆等译）．
（11） ОРЛоВ．Н.П.："家畜球虫病"．1956（吴尙文，柳桂信译）．
（12） Fish F.F.: The effect of physical and chemical agents on the oocysts of Eimeria tenella. Science 73, NS. 292—293. 1931
（13） Kessel J.F. and Jankiewicz H.A: Species differentiation of the coccidia of domestic rabbit based on a study of the oocysts. Amer. Jour. Hyg. 14 (2). 304-324. 1931
（14） Perard. C: Recherdes sur des Coccidies et les coccidiosis du lapin. II. contribution a l'etude de la biologie des oocystes de coccidies. Ann. Inst. Pasteur 39. 505-542
（15） Senger. C.M: Chemical inhibition of sporulation of Eimeria bovis oocysts. Exp. Parasit. 8 (3). 244-248. 1959
（16） Yakimov. V. L. und Galuzo. I. G.: Zur Frage uber Rindercoccidien. Arch. Protistenk. 58. 185-200. 1927

The effect of heat and certain chemicals and Chinese drugs on sporulation of the rabbit coccidia

C.P. Chiang and Y.H. Liao

In the present paper, the thermal death points of the oocysts, the effect of sunlight on sporulation and the effeciency of Bunsen burner for sterilization were studied. "Xanthium-Areca Complex" (Chinese drug) and ginger appeared to have a good effect on the inhibition of both the exogenous and the endogenous development of the parasite. Dilute NaOH (5%) dissolved off the outer wall of the oocyst within which the spore might still develop. Eimeria stiedae had higher resistance against NaOH than the other species of the domestic rabbit.

温度对斜纹夜蛾（Prodenia litura Fab.）生长发育的影响

蒲蛰龙　朱金亮　陈熙雯　包金才

（生物系）

前　言

斜纹夜蛾（Prodenia litura Fab.）亦称莲纹夜蛾，属鳞翅目夜蛾科，是一种食性很杂的多食性昆虫。据调查在广东省为害十六科的四十六种农作物[1]。几乎全年内在广东有繁殖发生，冬季无休眠现象。在国内的分布甚广。

温度因子对斜纹夜蛾生长发育影响的研究，国内外的报导不多。吴玉洲（1937）[10]曾作生活史研究；Basu（1943；1945）[11]、[12]曾进行了食物因子对其发育影响的研究及生物学观察。最近，章士美、汪广（1959）[2]及广东省农科所（1960）[1]均进行了生物学观察等。

目前在我国许多地区，关于此种害虫的发生规律尚未了解清楚。斜纹夜蛾为多化性鳞翅目昆虫，环境温度高低会显著地影响它的发育速度，在一定程度上，温度可以决定一年中出现的世代数。研究温度因子对其生长发育的影响，并利用其有效积温来推算各地区一年中可能发生的世代数目和发生历期，在理论与实际应用中是具有一定意义的。我们自一九六〇年二月起，在实验室条件下着重研究了温度因子对其生长发育的影响，已得初步结果。本文简单的总结了温度对斜纹夜蛾卵、成虫、蛹及幼虫各虫期发育速度的影响，并按试验所得资料数据求出斜纹夜蛾的发育起点温度及有效积温数（日度），仅供预测预报工作的参考。

一、试验方法

本试验在室内条件下进行，自一九六〇年二月起至八月止，大多数试验组经过一次的重复处理。供试验的斜纹夜蛾于一九六〇年一月份采自广州市郊区蔬菜园，自幼虫开始在室内27°C±1°C下饲养，经过1至2代繁殖后，用作试验材料。

实验温度的控制与调节是利用复式恒温箱，箱内能任意调节到通常实验所需的温度，每单个箱内皆装有测温度的康铜热电偶及调节光照时间的自动控制设备，所有温箱放在低温室内，温箱控制温度的变动范围在±0.5°C，箱内湿度常保持50--70%，光照

注：参加本试验工作的同志有林佩卿、徐历杏等。

調节在接近当地夏季的日照时数13小时，光源用20W螢光灯。现将各虫期試驗方法分別略述于后：

1. 卵：用当天晚上成虫产下的卵，翌日上午进行处理，每組30余顆，放入2×6厘米（口径×高）的标本管中，以白报紙及橡皮圈封盖，放置恒温箱內每天检查观察1至2次。

2. 幼虫：用当天孵化的幼虫，每組50头左右，放在玻璃缸內飼养，3龄前用5×5.5厘米的小型玻璃缸，自4龄起用較大的7.5×15厘米的玻璃缸，用紗布及橡皮圈盖扎，以防止幼虫逃走。为保持同幼虫外界的生活环境条件，在每个玻璃缸內預先放入約2厘米厚的經过消毒的細砂土，土壤呈湿潤状态，其含水量約为12％。幼虫飼料用莴苣、每天換飼料一次，添加飼料1至2次。

3. 蛹：以当天化成的蛹，按每个处理組10头（5♀，5♂），成对放入5.5×5厘米的玻璃缸內，在玻璃缸內亦放有1厘米厚的細砂土，缸口用白报紙及橡皮圈盖扎，每天观察一次。

4. 成虫：用当天羽化的成虫，每个处理組用5对（♀与♂），分对飼养，放入8×7厘米的两端带鉄紗盖的玻璃缸內，在玻璃缸的內壁約占⅔高度处，衬上一层白报紙，以便于成虫站立活动和产卵。成虫飼料用1：10蜜水，蜜液吸于棉花团上，放在玻璃缸內，供成虫取食，每天检查成虫的产卵情况。

二、溫度对生长发育影响試驗

1. 成虫：在适度較高温度26.4°C下經3.3天开始产卵，在較低温度15.7°C下經10.6天开始产卵，但当温度高达30.1°C时其产卵开始时間又延长为4.5天。产卵期以21°C及25.2°C下最短，皆为1.6天。成虫寿命受温度影响較为明显，高温下寿命短，低温下寿命长（见表1）。

（表1） 斜紋夜蛾成虫在不同溫度下的生命活动

溫　度　(°C)	15.7	18.1	21.0	25.2	26.4	30.1
光　照　(小时)	13	13	13	13	13	13
开始产卵期(天)	10.6	6.2	5.0	4.6	3.3	4.5
产　卵　期　(天)	2.0	2.4	1.6	1.6	2.0	2.5
寿命(天) 平　均	12.1	8.9	7.5	6.1	5.2	5.0
寿命(天) 最　长	16.0	13.0	12.0	8.0	7.0	6.0
寿命(天) 最　短	8.0	6.0	6.0	4.0	3.0	3.0

2. 卵：在10°C下不能发育与孵化，在15.2°C至28.9°C范围內卵期随着温度增高而縮短，但当温度高达39.2°C时卵的孵化受到抑制，卵期显著增长至3.9天。卵孵化率根据我們所得資料，其规律性很不明显，有待今后再作試驗（见表2）。

（表2）在不同溫度下斜紋夜蛾卵的孵化

溫 度（°C）	10.0	15.2	18.6	21.2	23.7	27	28.9	34.8	39.2
光照（小时）	0	0	13	13	13	13	13	13	13
卵 數	30	30	30	30	30	31	30	30	30
孵化率%	0	87	83	69	87	90	87	50	83
卵期（天） 平均	0	8.9	5.9	5.5	4.0	3.1	2.5	2.5	3.9
卵期（天） 最長	0	9.0	7.0	1.5	5.0	3.2	3.0	—	—
卵期（天） 最短	0	8.8	5.6	5.5	3.8	2.8	2.4	—	—

3. 幼虫：从試驗結果中看出：幼虫在較低溫10.4°C下及較高溫43.9°C下皆不能正常发育及生存。在15.1°C至34.2°C間，幼虫的发育速度則随温度升高发育相应地加快，几乎成一定的比例关系。但当温度增至39.9°C时，发育因受抑制反而减慢。幼虫的死亡率表現在18°C以下及39.9°C以上的温度下渐渐增大（見表3）。

（表3）在不同溫度下斜紋夜蛾幼虫的生长发育

溫 度(°C)	10.4	15.1	18.0	21.1	23.9	27.2	29.6	34.2	39.9	43.9
光照（小时）	13	13	13	13	13	13	13	13	13	13
幼虫数	43	50	34	42	41	35	41	37	42	38
发育期（天） 平均	0	50.3	37.2	25.8	20.7	14.5	12.1	10.0	14.0	0
发育期（天） 最長	0	56.0	42.0	33.0	23.0	21.0	13.0	10.0	15.0	0
发育期（天） 最短	0	48.0	35.0	24.0	19.0	12.0	11.0	10.0	12.0	0
死亡率%	100.0	72.0	60.0	31.0	34.2	31.4	48.8	46.0	83.1	100.0

4. 蛹：蛹在15°C下发育期甚长，平均为39天，当温度增至18.6°C时，平均发育期为23.8天，在較高温度33°C下仅需7.1天即可完成发育，羽化出蛾。可見斜紋夜蛾蛹在較低温度15°C以下明显地延长了发育期，这时是否出现低温暫时抑制其生长发育的现象，有待深入研究（見表4）。

（表4）溫度与斜紋夜蛾蛹的发育期

溫 度(°C)	15.0	18.6	20.5	23.8	26.3	31.0	33.0
光照(小时)	0	13	13	13	13	13	13
蛹 数	27	29	30	30	30	30	18
蛹期（天） 平均	39.0	23.8	17.3	12.6	9.4	7.6	7.1
蛹期（天） 最長	45.0	27.0	29.0	15.0	10.5	9.0	7.4
蛹期（天） 最短	30.7	20.0	14.0	9.3	8.0	7.0	7.0

三、斜紋夜蛾各虫期的发育起点与有效积温数

斜紋夜蛾的发育起点与有效积温的求得，系利用上述资料（见表1—4），在各虫期的試驗中选择正常发育温度范围內若干种温度与其发育速度，利用下列公式[3]、[4]，計算出各虫期及整代生活史的发育起点与有效积温数。

$$K = \frac{n\Sigma VT - \Sigma V \cdot \Sigma T}{n\Sigma V^2 - (\Sigma V)^2}, \quad C = \frac{\Sigma V^2 \cdot \Sigma T - \Sigma V \cdot \Sigma VT}{n\Sigma V^2 - (\Sigma V)^2},$$

式中 n 为观察組数；T 为观察溫度；V 为温度 T 下的发育速率； k 为有效积溫；C 为发育起点温度。

玆将斜紋夜蛾各虫期及整个生活史的发育起点温度及有效积温列表計算于后：

（表5）斜紋夜蛾卵的发育起点与有效积溫計算表

	T（溫 度）	V（发育速度）	VT	V²
	15.2	0.1124	1.7085	0.0126
	21.2	0.1818	3.8541	0.0331
	23.7	0.2500	5.9250	0.0625
	27.0	0.3226	8.7102	0.1041
	28.9	0.4000	11.5600	0.1600
Σ	116	1.2668	31.7589	0.3723

$$C = \frac{\Sigma V^2 \cdot \Sigma T - \Sigma V \cdot \Sigma VT}{n\Sigma V^2 - (\Sigma V)^2} = \frac{0.3723 \times 116 - 1.2668 \times 31.7589}{5 \times 0.3723 - (1.2668)^2} = \frac{2.9546}{0.2567} = 11.5°C$$

$$K = \frac{n\Sigma VT - \Sigma V \cdot \Sigma T}{n\Sigma V^2 - (\Sigma V)^2} = \frac{5 \times 31.7589 - 1.2668 \times 116}{5 \times 0.3723 - (1.2668)^2} = \frac{11.8457}{0.2567} = 46.1（日度）$$

（表6）斜紋夜蛾幼虫发育起点与有效积溫計算表

	T（溫 度）	V（发育速度）	VT	V²
	18.0	0.0269	0.4842	0.0007
	21.1	0.0388	0.8187	0.0015
	23.9	0.0483	1.1544	0.0023
	27.2	0.0690	1.8768	0.0048
	29.6	0.0826	2.4450	0.0068
Σ	119.8	0.2656	6.7791	0.0161

$$C = \frac{\Sigma V^2 \cdot \Sigma T - \Sigma V \cdot \Sigma VT}{n\Sigma V^2 - (\Sigma V)^2} = \frac{0.0161 \times 119.8 - 0.2656 \times 6.7791}{5 \times 0.0161 - (0.2656)^2} = \frac{0.1283}{0.0100} = 12.8°C$$

$$K = \frac{n\Sigma VT - \Sigma V \cdot \Sigma T}{n\Sigma V^2 - (\Sigma V)^2} = \frac{5 \times 6.7791 - 0.2656 \times 119.8}{5 \times 0.0161 - (0.2656)^2} = \frac{2.0766}{0.0100} = 207.6 (日度)$$

（表7）斜紋夜蛾蛹的发育起点与有效积温計算表

	T（溫度）	V（发育速度）	VT	V²
	15.0	0.0256	0.3840	0.0007
	18.6	0.0420	0.7812	0.0018
	20.5	0.0578	1.1849	0.0033
	23.8	0.0794	1.8897	0.0063
	26.3	0.1064	2.7983	0.0113
	30.9	0.1316	4.0664	0.0173
Σ	135.1	0.4428	11.1045	0.0407

$$C = \frac{\Sigma V^2 \cdot \Sigma T - \Sigma V \cdot \Sigma VT}{n\Sigma V^2 - (\Sigma V)^2} = \frac{0.0407 \times 135.1 - 0.4428 \times 11.1045}{6 \times 0.0407 - (0.4428)^2} = \frac{0.6815}{0.0481} = 12°C$$

$$K = \frac{n\Sigma VT - \Sigma V \cdot \Sigma T}{n\Sigma V^2 - (\Sigma V)^2} = \frac{6 \times 11.1045 - 0.4428 \times 135.1}{6 \times 0.0407 - (0.4428)^2} = \frac{6.8047}{0.0481} = 141.4(日度)$$

（表8）斜紋夜蛾成虫发育起点与有效积温計算表

	T（溫度）	V（发育速度）	VT	V²
	15.7	0.0826	1.2968	0.0068
	18.1	0.1124	2.0344	0.0126
	20.9	0.1333	2.7860	0.0178
	25.2	0.1636	4.1231	0.0274
	26.4	0.1923	5.0767	0.0370
	30.1	0.2000	6.0200	0.0400
Σ	136.4	0.8862	21.3870	0.1416

$$C = \frac{\Sigma V^2 \cdot \Sigma T - \Sigma V \cdot \Sigma VT}{n\Sigma V^2 - (\Sigma V)^2} = \frac{0.1416 \times 136.4 - 0.8862 \times 21.3870}{6 \times 0.1416 - (0.8862)^2} = \frac{0.3610}{0.0642} = 5.6°C$$

$$K = \frac{n\Sigma VT - \Sigma V \cdot \Sigma T}{n\Sigma V^2 - (\Sigma V)^2} = \frac{6 \times 21.3870 - 0.8862 \times 136.4}{6 \times 0.1416 - (0.8862)^2} = \frac{7.4443}{0.0642} = 115.9(日度)$$

（表9）斜紋夜蛾整个生活史的发育起点与有效积溫計算表

	T（溫 度）	V（发育速度）	VT	V²
	15.3	0.0090	0.1377	0.0001
	18.3	0.0132	0.2416	0.0002
	21.0	0.0178	0.3738	0.0003
	24.2	0.0230	0.5566	0.0005
	26.7	0.0310	0.8277	0.0010
Σ	105.5	0.0940	2.1374	0.0021

$$C = \frac{\Sigma V^2 \cdot \Sigma T - \Sigma V \cdot \Sigma VT}{n\Sigma V^2 - (\Sigma V)^2} = \frac{0.0021 \times 105.5 - 0.0940 \times 2.1374}{5 \times 0.0021 - (0.0940)^2} = \frac{0.0207}{0.0017} = 12.1°C$$

$$K = \frac{n\Sigma VT - \Sigma V \cdot \Sigma T}{n\Sigma V^2 - (\Sigma V)^2} = \frac{5 \times 2.1374 - 0.0940 \times 105.5}{5 \times 0.0021 - (0.0940)^2} = \frac{0.7700}{0.0017} = 452.9（日度）$$

綜合以上（表5至9）中計算所得結果，現将斜紋夜蛾各虫期及整个生活史的起点发育溫度及有效积溫总列表于下（見表10）。

（表10）斜紋夜蛾各虫期的发育起点与有效积溫

发 育 阶 段	发 育 起 点（°C）	有 效 积 溫（日度）
卵　　　期	11.5°	46.1
幼 虫 期	12.8°	207.6
蛹　　　期	12.0°	141.4
成 虫 期	5.6°	115.9
整代生活史	12.1°	452.9

四、斜紋夜蛾发生地理学与积溫之关系

依照上述試驗結果，斜紋夜蛾整代生活史的发育起点溫度为12.1°C，有效积溫为452.9（日度）（見表10）。我們試根据全国各地区常年每月平均气溫資料，推算出各地斜紋夜蛾的发育常年可能累积的有效积溫总数（k'），并依此估計各地区一年中可能发生的世代数。

气象資料是按中央气象局1951年出版的"中国气象資料"一书内取得的全国若干地点的常年每月平均气溫記录，按常用的公式K＝N（T－C），算出各地区常年每月可能累积的有效积溫数以及全年的有效积溫总数。若該月的平均气溫低于发育起点溫度时，則以零計。例如：广州市常年平均气溫（取自中央气象局1951年出版的一书中按1924－1937年間計算）如下：

月份	I	II	III	IV	V	VI	VII	VIII	IX	X	XI	XII
月平均温度(°C)	13.2	14.0	17.1	21.7	26.2	27.6	28.6	28.7	27.7	23.9	20.0	16.2

因此，广州市常年气温对斜纹夜蛾整个生活史发育可以累积的有效积温总数，按 $C = 12.1°C$ 代入公式求得为：$K = 31(13.2-12.1) + 30(14.0-12.1) + 31(17.1-12.1) + 30(21.7-12.1) + 31(26.2-12.1) + 30(27.6-12.1) + 31(28.6-12.1) + 31(28.7-12.1) + 30(27.7-12.1) + 31(23.9-12.1) + 30(200-12.1) + 31(16.2-12.1) = 3296.1$ （日度）

其它各地的常年有效积温总数，皆照此方法推算。现将各地区世代数推算结果列于下表（11）中。

（表11）斜纹夜蛾在我国某些地区可能发生的世代数与积温之关系

地名	纬度	经度	拔海(米)	年平均温度(°C)	年有效累积温度(日度) $K'=\Sigma(T-12.1)$	世代数指标 $=\frac{K'}{K}$	估计发生代数	实际发生世代数	备考
北京	39°54′	116°28′	42.8	11.8	1751.4	3.9	4		
济南	36°40′	117°02′	53.9	14.6	2362.2	5.2	5		
西安	34°15′	108°55′	395.0	14.1	1987.4	4.4	4—5		
南京	32°03′	118°47′	67.9	15.3	2135.3	4.7	4—5		
杭州	30°16′	120°10′	10.0	16.4	2254.1	5	5		
重庆	29°33′	106°33′	217.1	18.7	2342.3	5.2	5		
武昌	30°32′	114°16′	—	16.8	2432.2	5.4	5—6		
南昌	28°41′	115°27′	—	17.1	2364.5	5.3	5—6	5—6	
福州	25°59′	119°27′	19.8	19.8	2912	6.4	6—7		
广州	23°08′	113°17′	13.4	22.1	3296.1	7.3	7—8		

五、讨论及小结

根据我们的初步试验结果看出，斜纹夜蛾是一种较能抗高温的昆虫。它的卵在39.2°C的恒温下，仍可以发育与孵化，其孵化率达83%左右。幼虫在39.9°C的恒温下，虽然死亡率相当高，仍有一部分可以正常的发育。依过去的研究报道，许多昆虫种类通常在38°C下就开始进入高温昏迷状态，而斜纹夜蛾在接近40°C的高温下，仍可生存，可见斜纹夜蛾的抗高温性是比较强的。在广州的一些年份里（1959年）曾大发生于炎热的7、8月份，并在自然界造成灾害。

虽然，有效积温法则有其局限性与片面性，积温数不是绝对的，而是按统计学方法计算出来的平均值，与实际情况常常有很大误差。但是，应用有效积温来推算一些农业害虫的常年可能发生的世代数与发生历期，在进行预测预报时仍有一定的参考价值，目前也常应用于生产实践中。

根据我们试验结果，计算出斜纹夜蛾各发育期与整个生活史发育起点和有效积温如下：

卵期发育起点为11.5°C　有效积温常数为46.1（日度）
幼虫期发育起点为12.8°C　有效积温常数为207.6（日度）
蛹期发育起点为12.0°C　有效积温常数为114.4（日度）
成虫期发育起点为5.6°C　有效积温常数为115.9（日度）
整代生活史发育起点为12.1°C　有效积温常数为452.9（日度）

利用常年有效积温推测出各地区每年可能发生的世代数目大致是：

广州　7—8代　　　杭州　　5代
福州　6—7代　　　南京　4—5代
南昌　5—6代　　　西安　4—5代
武昌　5—6代　　　济南　　5代
重庆　　5代　　　　北京　　4代

参考文献

〔1〕 广东省农科所：1960. 斜纹夜蛾的生物学观察。广东农业 3：58—62。

〔2〕 章士美、汪广：1959. 斜纹夜蛾 Prodenia litura Fab. 的初步观察。昆虫知识 1959（3）：83—84。

〔3〕 马世骏：1960. 几个关于害虫预测的生态学问题。昆虫知识1960(2)：42—46。

〔4〕 林昌善、郑臻良：1958. 有效积温法则在我国粘虫发生地理学上的检验。昆虫学报 8（1）：41—56。

〔5〕 阳惠霖等：1959. 一字纹稻苞虫研究I，有效积温检验。昆虫学报 9（2）：137—148

〔6〕 南京农学院科学研究专刊：1961. 小地蚕卵及幼虫发育有效积温的测定及有效积温法则，在小地蚕发生期预测应用上的讨论。小地蚕研究论文集(一):12—22。

〔7〕 Щеголев, В. Н. ДР.：1949.　农业昆虫学（中译本）

〔8〕 Яхонтов, В. В.：1960.　　昆虫生态学（中译本）

〔9〕 Горышин, Н. И.：1960.　　昆虫实验生态学讲义（油印本）

〔10〕 Ng, Y. C. 1937, Notes on the life history of Prodenia littoralis Boisd. (Lep. Noctuidae). Ling. Sci. J. 16（2）：261—263.

〔11〕 Basu, A. C. 1943. Effect of different foods on the larval and post-larval development of the moth Prodenia litura F. J. Bombay Nat. Hist. Soc. 44 （2）：275—288。

〔12〕 ——1945. Life history and bionomics of the cauliflower pest, Prodenia litura. F. in Bengal. Sci.& Cult.10（10）：420—422。

我国新发现的并殖类吸虫和并殖类研究应注意的一些问题

陈 心 陶

（生物系）

并殖吸虫主要分布于东亚各地，如中国、日本、朝鲜、越南、泰国、菲律宾、印度、錫兰、馬来亚、印尼及南洋各島屿等。国內分布很广泛，除靠近黃河以北的几个省区以外，几乎都有并殖吸虫的踪迹，其中不少还造成人病流行区。近年来由于对并殖病流行区的范围有了进一步的了解，因此对該病的危害性也有了較深的認識。这是并殖吸虫的研究能够引起全国注意的重要原因。

本文着重介紹最近发现的种类，并对并殖研究中的一些关鍵性問題进行了討論。

一 新发现的并殖种类

我国并殖吸虫到了1961年止已报告了四种，卽威氏并殖（Paragonimus westermani），怡乐村并殖（P. iloktsuenensis），大平并殖（P. ohirai）及斯氏并殖（P. skrjabini）。最后三种均首先在广东发现，而斯氏并殖在四川还是一个重要人体的并殖吸虫（陈心陶，1961，1962）。在这之前四川的并殖吸虫一直被認为只有Paragonimus westermani一种，斯氏并殖在四川人体的发现首次证明了我們以前估計寄生于人体的并殖吸虫，不只是P. westermani一种是正确的（陈心陶，1960）。

在进行研究斯氏并殖生活史的同时，我們又发现了二种以前未見过的并殖类吸虫（陈心陶，1962 a）。一种属于Paragonimus属，因其睾丸特大，命名为P. macrorchis Chen, 1962（亘睾并殖），另一种，因其特征和Paragonimus属的有所不同，特建立新属 Euparagonimus 包括之，并将新种命名为E. cenocopiosus Chen, 1962（三平正并殖）。现将这两种的特征簡单介紹如下：

1. Paragonimus macrorchis Chen, 1962，成虫大小和其他并殖相似，压扁标本为 8×3.7毫米，腹吸盘位于体中部前。体棘群生，在口、腹吸盘之間及腹吸盘与体末之間，以二、三个一群为最常見。睾丸位于肠支第三弯的內側，每个分 6—7 支，向后伸展的支干越过肠支的第三弯，因此其所占的范围甚大，左睾大小为2.236×1.118毫米，右睾为 3.096×0.946 毫米（图 1）。貯精囊中部卷曲作环状。卵巢分支細，大小为0.980×0.946毫米，位于腹吸盘的后方。受精囊未見。虫卵尚未完全成熟。囊蚴壁单层，似怡乐村并殖。第二中間寄主为Potamon sinensis，孳生于山溪。喂食大白鼠后，要經两个月才剛剛成熟。

亘睾并殖在某些方面頗似怡乐村并殖，如囊壁单层，体棘群生等，但有以下若干特点：（1）睾丸巨大，分支如带，中心体不明显，（2）中间寄主的孳生环境为山溪，（3）喂食大白鼠后成长较慢。怡乐村并殖的睾丸只略大于卵巢，其中心体比较明显，孳生环境为沿海平原的稻田、水沟、河涌等地，在终末寄主发育成长最多不超过一个月。

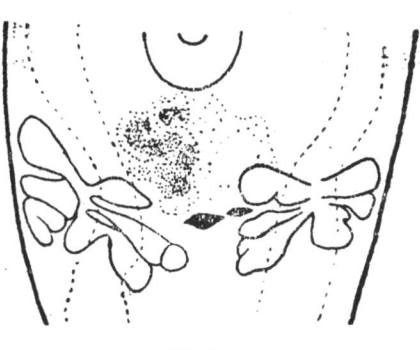

图 4

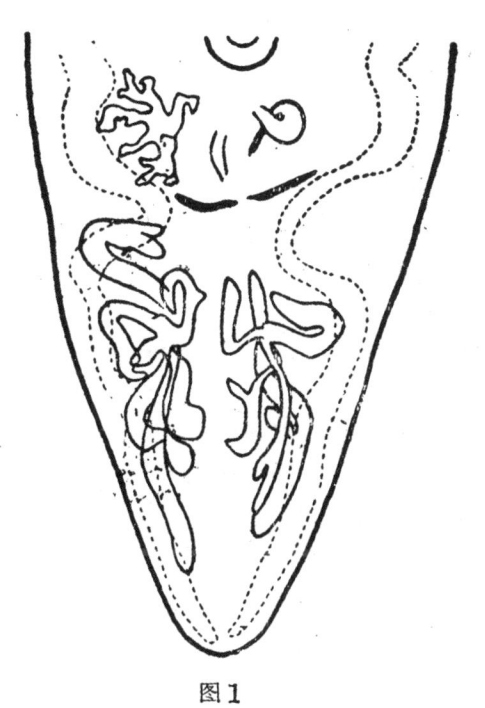

图1

图1　巨睾并殖，腹吸盘以下的虫体，可以见到巨大的睾丸及略似克氏并殖(P. kellicotli)的卵巢。

图4　三平正并殖、未成熟的成虫的中间部分；睾丸、卵巢、子宫位于同一水平。

2. Euparagonimus cenocopiosus Chen, 1962，本虫的囊蚴寄生于 Potamon denticulatus，具有以下特点：囊壁双层（图2），后尾蚴的排泄囊长形，但只到达腹吸盘水平（图3），腹吸盘位于体前半，在体长三分之一或四分之一处。喂食家猫后，虽经四个多月还没有成熟，但可以看出其结构特点。体长形，宽度前半较大，并向后端递减。腹吸盘在体前三分之一处。体棘群生。卵巢与子宫位于腹吸盘后方。两个睾丸相对，位于肠支第三弯开始处，几与卵巢平，占肠支内侧与外侧位置（图4）。排泄囊和后尾蚴一样，只到达腹吸盘水平。

这个属与种的特点主要在于排泄囊较短，睾丸与卵巢等几在同一水平，以及睾丸占肠支内外侧位置。其他形态如囊蚴的一般结构，成虫的形状及一般形态均与并殖属的吸虫大同小异，因此我们认为本属和并殖属是同属于并殖科 Paragonimidae 的。

我们在1940年（陈心陶，1940）曾把并殖吸虫分为平原型与丘陵型二类。所谓平原型包括怡乐村并殖与大平并殖，所谓丘陵型包括当时的卫氏并殖与克氏并殖。新报告的种类，如斯氏并殖，巨睾并殖和三平正并殖也是属于丘陵型的。此外，我们当时还根据囊蚴壁把生活史已明确的种类，分为具有单层囊壁的怡乐村并殖及双层囊壁的卫氏并殖、克氏并殖及大平并殖等。新的资料显示巨睾并殖属于单层囊壁类，斯氏并殖及三平正并殖则属于双层囊壁类，有趣的是具有单层囊蚴壁的巨睾并殖，竟出现于丘陵地带的山溪中。

根据我们手上的材料，我们拟出下面的国内六种并殖类的检索表作为参考。

1. 后尾蚴及成虫的排泄囊只到达腹吸盘水平，雌雄生殖腺与子宫幷排在腹吸盘后緣 ·· E. cenocopiosus
   后尾蚴及成虫排泄囊到达肠分支处，两个睾丸幷排在卵巢后方 ··· 2
2. 睾丸特大，約等于体长之三分之一，体棘群生，多为 2—3 个一群 ··· P. macrorchis
   睾丸与卵巢大小相差不大，体棘单生或群生 ···························· 3
3. 体寬长比例为 1:2.6 左右，腹吸盘在体前三分之一处，卵巢分支細而多，位于腹吸盘后方 ·· P. skrjabini
   体寬长比例为 1:2 至 1:2.2 左右；腹吸盘在体中部前，卵巢常位于腹吸盘的一側 ·· 4
4. 体棘单生，卵壳厚薄不均匀 ·· P. westermani
   体棘群生，卵壳厚薄均匀
   （1）吸盘間及睾丸間的体棘大多数为 4—5 个一群，囊蚴壁单层 ··· P. iloktsuenensis
   （2）吸盘間及睾丸間的体棘大多数为 8—9 个一群，囊蚴壁双层 ··· P. ohirai

在文献上出现的国內幷殖种类实际上不止上述六种，还有最近报告的云南幷殖（P. yunnanensis Ho, et al., 1959）及四川幷殖（P. szechuanensis Chung & Tsao, 1962）。前一种有可能是一个独立种，但是在作者等的描述中，除提到其囊蚴較大外，其他特征，如体棘、腹吸盘的位置，虫卵的特点等都无記载。該虫报告者曾提到卵巢的结构似怡乐村幷殖，但从摄影图片看来实无法确定其結构，* 我們极希望原作者或云南方面有关单位能继續对該虫作进一步的研究。至于四川幷殖的独立地位问题，我們曾于另文简单論述（陈心陶等，1962b），现再将我們的看法补充如下。

二 四川幷殖（P. Szechuanensis）的独立性問題

1961年春四川寄生虫病防治所寄来一批由人体皮疖取出的幷殖吸虫給我們鑑定，不久北京鍾惠澜教授也寄来由四川貓体取出的标本一个，两批标本經过詳細研究后，均鑑定为斯氏幷殖（陈心陶，1962）。到了1962年鍾惠澜等把以前訊为是威氏幷殖以及我們鑑定为斯氏幷殖的吸虫定为新种，称为四川幷殖（P. szechuanensis）。我們訊为这个新种和斯氏是同一种的（陈心陶等，1962）。现将我們的补充意見简单說明如下。

（1）体棘的形状 鍾氏謂四川标本的体棘不象斯氏幷殖，远端常較前端为寬些。从鍾氏所摄影及描繪的体棘形状看来，确实有很大的不同，不过我們訊为鍾氏等的取材所示体棘之特殊形状，实由于标本之收縮加上折光关系所致，因而出现特殊形状。事实

---

* 作者1961年在北京时曾蒙鍾惠澜教授惠允检看云南幷殖的成虫标本，但也看不出其卵巢结构。

上这样的收缩情况，我们也不时在其他并殖吸虫见到。陈氏根据四川的标本，所画的体棘（見《中华医学杂志》外文版图4）和钟氏的不同。我們最近又看到了好多四川标本，也和以前看的一样。

（2）虫卵形状及大小問題 从陈氏（1962．图11—13）与钟氏等（1962，图47，51—53）的虫卵照片比較看来，无論从虫卵的对称方面及卵壳的厚薄均匀程度和四川标本沒有明显差异。我們最近又看到了广东与四川的虫卵，結果还是一样（图5）。陈氏（1960）謂"斯氏并殖虫卵大多数不对称，卵壳厚薄不均匀，但不及威氏并殖那么显著"，而钟氏等（1962）則謂四川并殖虫卵"比較威氏对称些，但不是絕对对称，虫卵厚薄基本上均匀"（譯文），显然是一样东西两种說法而已。至于虫卵大小問題，并殖吸虫的大小根据寄主的不同差异是很大的。有时同属一类的寄主大小也不一定相同，这是研究肺吸虫者所熟知的事实，可是，斯氏并殖与四川标本虫卵大小差异根据钟氏等的数字也就是那么一点（斯氏并殖71×48微米，四川并殖80.4×47.7微米）。有趣的是陈氏所攝影的虫卵图片，广东与四川的虫卵竟是一样，沒有一点大小差异。我們最近又看到一批四川标本，証明我們以前的看法是对的。

（3）体长寬比例 钟氏謂四川标本寬长比例为1:2.4—1:3.7，平均1:2.8，而广东标本只有1:2.2。陈氏（1960）的数字1:2.2显然是繕写或印刷的錯誤，因而1961年陈氏把1:2.2改正为1:2.6。这个数字还是偏低的，因为按陈氏1960年的斯氏并殖画图及綫图看来，其寬长比例约为1:2.6—1:3。又再按1962年《中华医学杂志》（外文版）成虫大体标本看来，长寬比例约为1:2.4—1:2.9，陈氏同年在《动物学报》第五图經福馬林固定的标本看来，寬长比例约为1:2.4—1:3.7。从上面可以看出广东标本与四川标本寬长比例是一致的。

（4）寄主种类 钟氏認为斯氏并殖的寄主为果子狸，而四川并殖則有山貓、家貓、鼬鼠及犬，因此肯定两种是不同的。寄主的种类一般只能作建立新种的参考，不能作为根据，而且若干年来我們一直沒有对斯氏并殖寄主进行調查，怎么可以肯定斯氏并殖的寄主只有果子狸而已。钟氏等的說法实不足以服人。

从以上的比較分析看来，我們認为钟氏等所描述P. szechwanensis，无論在其外形，长寬比例，体棘形状，虫卵的形状等各方面是相同的，加上口、腹两个吸盘的位置，卵巢与腹吸盘的距离，卵巢及睾丸的形状，卵黄腺的分布及腸支的情况都是和斯氏并殖一致的，故不能作为新种的根据。当然这并不是否定种别也可以根据生活史的不同而決定的，但在沒有生活史的材料比較之前，我們只能根据成虫的材料。

三 并殖吸虫研究方法的一些問題

几年来国內并殖吸虫的分布地区不断有新的发现，而投入并殖吸虫科学研究的人也跟着日多，因此不少各地科学工作者向我們提出有关并殖吸虫的研究方法等問題。这里不拟全面地介紹并殖吸虫的研究方法，只把几个关鍵性問題，根据我們粗淺的認識与經驗简单地提出作为参考。

1. 发現疫区包括一系列的工作程序，如首先要确定患者为肺吸虫病人，其次则追究其感染时间与地点，最后则在追究到的地点进行病人调查及中间寄主检查。要确定病人是否有肺吸虫病主要是诊断学问题，寄生虫学及寄生虫病学的专书均有详细资料可作参考，这里就不谈了。追究病人获得感染的时间与地点有时可以很顺利，一问一答可能就解决了，但大多数患者对于以前的事情未必记得很清楚，因此我們必須反复追問，东敲西击，一方面帮助病人回忆前事，另方面从中找出线索，直至认为初步目的已达到为止。我們应在此基础上深入患者所謂获得感染的地区，向当地医药卫生单位了解情况，并进一步对当地居民、保虫寄主及中間寄主进行仔細調查。

居民調查除注意临床症状和检查痰液，这里不討論外，应当重点提出的是采用皮内反应方法。自1930年以来国外各地已先后使用这个方法，而在日本自1953年以后更广泛采用。我国各地自1954年以来也經常用此法。进行普查所用的抗原各地不同。以生理盐水提炼的成虫抗原作皮内注射，对华枝睾感染及日本血吸虫感染有交义反应。Sadun等（1958）及Sadun等（1959）制备了一种碱性可溶解的旦白抗原，据謂效果良好，而且对华枝睾感染沒有假阳性反应。

其次为保虫寄主調查 家畜如犬、貓是調查的主要对象，其他哺乳动物，如虎、豹、狐、山貓、麝貓等也应在調查之列。要指出的是野生动物的感染主要是自然疫源地的問題，并不一定說明人的感染也存在。而犬、貓和人甚为接近，因此它們的感染最少說明传染源就在附近。

再其次是中間寄主的檢查，这主要是檢查石蟹或蜊蛄，一般不作螺蛳檢查，因为前者的感染率較高（一般总有1-2%，常見的在10-30%左右，有的甚至可达100%），而后者却很低，常要检查几千至一万个以上的螺蛳才有一、二个阳性。檢查第二中間寄主可以采取鏡檢或消化方法。囊蚴可以在中間寄主各部位找到，但各地区及各种并殖的情况不一定一样，如寄生于蜊蛄的威氏并殖囊蚴，以定居于胸部肌肉中为最多，次为足肌，再次为复部肌肉，最少为内脏。在福建以在石蟹的鳃部、肝脏及肌肉为最常見，而在台湾的蟹类却以鳃部为最多，次为足肌与胸肌，最少在肝脏。广东的怡乐村并殖的囊蚴以在肝脏为最多，次为肌肉，偶然在鳃部。从以上看来詳細檢查第二中間寄主的各部位是发现并殖囊蚴的最可靠方法。除鏡檢外还可以采用消化方法，把中間寄主切成小块并在充分研碎后加水，静置约五分鐘令其沉淀，然后吸去上清液，如是反复沉淀若干次至液体澄清为止，最后以沉渣倒入人工消化液中（由胃旦白酶0.25gm，氯化鈉0.2gm，盐酸（比重1.19）1C.C.，蒸馏水100C.C.制成），置于37°C温箱，每半小时搖匀一次，俟全部消化后（一般一个上午的时間已够）进行过滤，藉而分开囊蚴与蟹壳，然后加水冲洗若干次，吸去上液檢查沉渣。消化方法能在較短的时間內处理較多的第二中間寄主，但手續較麻煩，同时也不能确定其寄生部位及感染率。一般可以先进行鏡檢，阴性时再进一步采用消化方法。如果沒有消化方法的設备，当然只有依賴鏡檢。

2. 显微鏡技术为决定并殖种类的关鍵，如掌握得不好，很容易产生錯觉而造成指鹿为馬的錯誤。首先当然要肯定所謂显微鏡技术基本上是以一般吸虫学的知識及技术作为基础。我們要討論的是关于研究并殖吸虫的特殊技术，拟分以下几方面討論：（1）囊蚴脫囊，（2）活体检查，（3）成虫制片及（4）体棘檢查。

（1）活体檢查 并殖吸虫生活史的各期如毛蚴、尾蚴、后尾蚴等不容易以一般染色方法表現出其詳細形态。只有通过活体观察或染色与活体檢查相結合的方法（即所謂活体染色）才能把內部形态看得清楚。这是所有搞吸虫生活史者一定要掌握的技术。常用的活体染色的染料有好多种，其中效果較好的有 Neutral red，Nile blue sulphate，brilliant cresyl blue 等。先以活体染料加蒸餾水制成 1% 溶液，用时加以稀释。染色前，以幼虫和水或生理盐水置于玻片上，加上玻盖，先在显微鏡下观察一段时間，必要时，再以一滴稀释的染料加于玻盖边緣，任其逐漸滲入，經过数分鐘后幼虫开始染上颜色。活体染色成功的关键在于一方面要幼虫在少量的水份下长久維持其生活力，另方面又要足夠、但又不能过多的顏料溶液逐漸滲入体內，这就要經过反复試驗才能成功。头腺及其腺管，神經节等在經过活体染色后看得很清楚；焰細胞及排泄系統一般不用活体染色也看得清楚。

（2）囊蚴脫囊　有的囊蚴如怡乐村并殖等，因囊壁薄，常自行脫囊，但有的如威氏并殖等由于囊壁較厚，必須經过一定的处理后才能脫囊。最簡单的方法莫如以鋒利的解剖針刺破囊壁，然后再以針輕压囊体，使后尾蚴从伤口处逸出。消化液处理方法也是常用的。先以囊蚴置于胃消化液，經二小时后轉入胰消化液或人工胆汁（由 Sodium taurocholate 1，碳酸盐鈉0.1、蒸餾水100配成），半小时內开始脫囊（吳光等，1943）。以上均置于37°C溫箱內。另一方法为把 Tyrode 氏液的氢离子濃度提高到 PH8—9 并加溫到40—43°C。在該液內的囊蚴就能够在3—10小时內脫颖而出。

（3）成虫制片　成虫制片虽是一般技术問題，但对于并殖吸虫的特点有必要加以适当的注意。本虫体肥厚，如加以压扁，則其內部器官位置可能变为不正常，不加以压扁，則又看不清楚。連續切片是解决这个矛盾的一个好方法，但切片手續麻煩，而且一个虫体的連續切片要占約 100 块玻片的数量，因此貯存与保管都不方便。在我們的研究室里除了描述新种一定要有一套完整的連續切片作为参考外，其余的均为压平标本（当然也可以叫做压扁），所謂压平并不是象处理羌片虫标本那样要用尽平生气力把虫体压成薄片，而是把虫体的凸凹面压到两面平为止。封片时，在虫体的左右两边各加一块厚約 1.0 毫米的碎玻片，然后加香胶再加上玻盖。經过这样处理的标本，其內部器官既能保存一定的立体观，又能大部分或甚至全部看得清楚。我們認为除个別情况外，所有并殖吸虫标本都应当采取这个方法制片。

（4）体棘檢查　体棘在并殖吸虫分类上是很重要的。报告新种不把体棘特征包括在內是不合規格的。的确在好些并殖吸虫，体棘观察并不很容易，主要关键在于控制光源，要把显微鏡的隔光环反复放大及縮小直至体棘看到为止。必須注意的有两点；其一是表皮下的肌束有时頗似体棘，但长短差別很大，稍为留心就不会被魚目混珠产生錯觉；其二是一些表皮呈收縮的标本可以使体棘的远端呈奇形。多看几个标本就可以看出正常与奇形体棘的区別。此外，我們也可以采用割皮方法观察体棘，把虫体从側面分割为背面与腹面两块，然后在双目显微鏡下，細心把內部組織及器官括取殆尽，只剩表皮一层，最后經过透明，封片，可以永久保存。这个方法的缺点在于极費时間，同时又要折损一个好标本。但如果全虫标本观察不清楚的話，这样的处理方法还是必要的。

3. 动物感染試驗是非常重要的，这里只談一下喂食囊蚴問題。具有双壁的囊蚴可以用一般方法喂食动物，但具有单壁的囊蚴不容易通过肠胃而感染寄主（事实上在喂食时囊壁多早已破裂），因此必須采取其他措施：如以导管插入十二指腸內，然后把囊蚴注入，幷在取出导管前用少量水冲洗該管以免囊蚴粘附在管壁上；或把阳性蟹組織全部喂食实驗动物。两个方法各有优缺点。最近我們以怡乐村幷殖囊蚴接种到体腔內也獲得成功。

小 結

本文报告了最近从广东省发现的幷殖类三种，Paragonimus skrjabini Chen，1959，P. macrorchis Chen，1962 及 Euparagonimus cenocopiosus Chen，1962，幷附我国各幷殖类的檢索表。

对所謂 Paragonimus szechuanensis Chung, et al., 1962 的独立性問題本文以具体材料証明該种的建立是毫无根据的。

对研究幷殖类吸虫研究的方法作者提出了一系列关鍵性的問題，如发现疫区的步驟，显微鏡技术的掌握和动物感染方法等。

参 考 文 献

[1] 陈心陶: 1940. Morphological & developmental studies of Paragonimus iloktsuenensis with some remarks on other species of the genus (Trematoda: Troglotrematidae, Lingnan Sc. J. 19(4): 429—530

[2] 陈心陶: 1960. 幷殖吸虫分类上的特点，包括斯氏幷殖（P. skrjabini）的补充报导。动物学报 12（1）: 27—36

[3] 陈心陶: 1961. 斯氏幷殖（Paragonimus shrjabini Chen, 1959）的外部形态特征的进一步观察。中山大学学报，自然科学版 1961,（2）: 1—8

[4] 陈心陶: 1962 The etiologic agent of human paragonimiasis in China. Chinese Med. J. 81（6）: 345—353.

[5] 陈心陶: 1962 a. 中国幷殖（肺吸虫）类吸虫的新属新种（摘要）。中山医学院 1962 年校庆科学討論会报告摘要，63—64 頁。

[6] 陈心陶、劳綺云: 1962. 四川幷殖（Paragonimus szechuanensis Chung, et al.）的独立性問題。中山医学院 1962 年校庆科学討論会报告摘要，64 頁。

[7] 吳光、許邦憲: 1943. Notes on the excystation of Paragonimus metacercaria in vitro. Chinese Med. J. 62: 335—340.

[8] 鍾惠瀾、曹維霽: 1962. Paragonimus westermani (Szechuan variety) and a new species of lung fluke—Paragonimus szechuanensis. Part 1. Studies on morphology and life history of Paragonimus szechuanensis. Chinese Med. J. 81: 354—378.

[9] Sadun, E. H., A. A. Buck & B. C. Walton: 1958. The use of purified antigens in the immunodiagnosis of paragonimiasis in human and experimental animals. 日本寄生虫学杂志 7（3）: 263

[10] Sadun, E. H., A. A. Buck, B. K. Lee, C. H. Moon & J. C. Burke: 1959. Epidemiologic studies for paragonimiasis and clonorchiasis by the use of intradermal tests. Amer. J. Hyg. 69: 68—77.

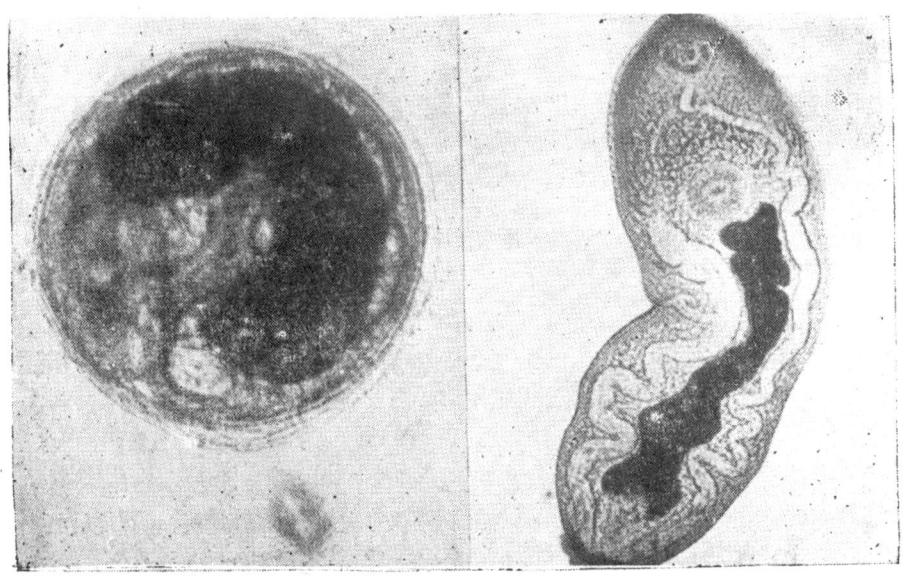

图2 三平正并殖、囊蚴，虫体卷曲，囊壁外层完好。

图3 三平正并殖、已脱囊的后尾蚴，体长形，排泄囊只到达腹吸盘后缘。

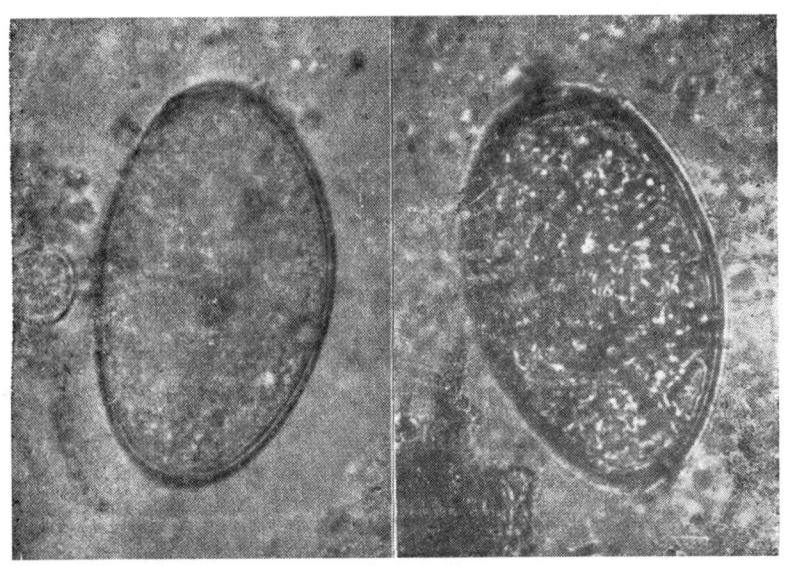

图5 斯氏并殖虫卵，左图根据由广东果子狸取出的虫卵，右图根据由四川家猫取出的虫卵。两图放大倍数相同。

卵寄生蜂繁殖利用的理論与实际

蒲 蛰 龙

（生物系）

I. 卵寄生蜂繁殖利用的过去与现在

膜翅目中有十科昆虫，可寄生于各种昆虫的卵[51]，但能作繁殖利用的种类为数不多。昆虫卵被卵蜂寄生后，正在发育的胚胎就会遭受到致命的影响，引起胎死卵中，幼虫不能孵化[6]。科学家們利用这一种物种間的斗争现象，将卵寄生蜂加以繁殖，增加卵寄生蜂的数量，放到田間去防治农业或林业害虫。

卵寄生蜂的繁殖利用，以赤眼蜂(Trichogramma)为最早。利用亦最多，远在1913年Поспелов已成功地利用黃地老虎(Agrotis segetum schiff.)卵繁殖赤眼蜂[25]，同年Мокржении及Брагина試用多种鱗翅目昆虫卵成功地繁殖赤眼蜂[23]，但未能解决大量繁殖和大量利用的問題。Flanders(1926)用麦蛾卵在室內大量繁殖赤眼蜂成功之后[31]，赤眼蜂的繁殖利用才被重视起来，并且陆續开展了一系列的田間防治害虫試验。利用麦蛾卵来繁殖赤眼蜂的技术，也不断加以改进[36,45,47]。

本世紀二十年代以来，利用赤眼蜂来防治甘蔗螟虫，最为普遍。1927年始，在美洲的种植甘蔗国家进行了一系列赤眼蜂防治甘蔗螟虫(Diatraea saccharalis)的試驗[36,37,38,48,53,55]，头几年訊为赤眼蜂对甘蔗螟虫的防治，具有一定效果，表现在蔗螟卵寄生率的提高，被害节减低及产量增加[36,48,53]。在一些地区，如巴佩道斯，通过廿年的紀录，确定利用赤眼蜂在該地防治蔗螟是有效的[54]。但是在美洲地区利用赤眼蜂防治蔗螟的效果，終于給在美国南部的一个試驗否定下来[38]。自此以后，在美洲地区进行赤眼蜂防治蔗螟的試驗极少了。在美洲以外地区，利用赤眼蜂防治蔗螟的試驗及实施还是一直在继續进行的。在印度利用赤眼蜂作大规模防治甘蔗二点螟(Chilotraea infuscatella)的試驗，用米蛾(Corcyra cephalonica)卵来作大量繁殖的寄主，經过了八年的观察，头几年訊为效果还是滿意的，但后几年效果并不理想，原因是放蜂地区在五、六月間的高温（100°F）干燥（16%至28%相对湿度）环境下，对赤眼蜂的生命及活动均有不良影响[39]。在台湾也进行一系列利用赤眼蜂防治蔗螟的試驗[12]，但结果未能用于生产实践。1939年曾在毛里西亚(Mauritius)进行赤眼蜂防治甘蔗虫的試驗，也沒有显著的效果[39]。在1936年曾在广东进行这一項試驗[20]，后因抗日战争关系，未能继續下去。1951年在广东再次有系统地进行赤眼蜂防治甘蔗螟虫试验，结果还称满意[17]，目前广东一些蔗区群众已掌握了这一防治方法，设立赤眼蜂繁殖站，自行解决大量繁殖的问题，每年有计划地应用于蔗螟的防治。湖南、广西亦进行赤眼蜂防治蔗螟试验，广西一些地区也大量用于生产实际[13,11]。

赤眼蜂除利用来防治甘蔗螟虫以外，还用来作其他害虫防治的试验。在美国曾进行赤眼蜂防治梨小食心虫(Grapholitha molesta)[44]、苹果蠹蛾(Carpocapsa pomonella)[42]、玉米螟[43]、胡桃巢蛾(Acrobasis caryae)[50]、玉米苞蛙虫(Chloridea obsoleta)[33]等害虫试验，但防治效果都未能满意。在日本曾进行赤眼蜂防治二化螟试验，在锡兰曾进行茶卷叶蛾(Honiona coffearia)防治试验[40]，但均未能用于生产实际。在苏联曾进行一系列利用赤眼蜂防治害虫的试验，如苹果蠹蛾、卷叶蛾(Argyroploce variegata、Tmetocera ocellana、Pandemis ribeana)、甘兰夜蛾(Barathra brassicae)、菜白蝶(Pieris brassicae)玉米螟、棉铃虫(Chloridea obsoleta)等[21,24,27]，结果对许多种害虫都能够收到一定防治效果，一直在广泛地用于黄地老虎和甘兰夜蛾的防治[52]。解放以后，我国曾利用赤眼蜂进行防治玉米螟、豆荚螟的试验[14,9,1,10]，在有些地区试验效果是满意的[14,9,10]，但尚未用于生产实际。除赤眼蜂外，用人工繁殖方法来用于害虫防治的，还有其他卵蜂。在美国曾企图利用平腹小蜂(Anastatus semiflavidus)来防治一种天蚕蛾科昆虫，但在防治上未作出结论前，即行停止[34]。在苏联曾繁殖黑卵蜂(Microphanurus semistriatus)来防治小麦蝽象(Eurygaster interceps)[26]，利用黑卵蜂(Telonomus verticillatus)来防治松毛虫[15,16]，均获良好效果，但因为未能在需用时繁殖出大量寄生蜂，故未能作大规模应用[25]。在加拿大繁殖卵蜂去防治舞毒蛾(Porthetria dispar)及天蚕蛾科害虫(Hemileuca oliviae)，已用于生产实践[30]。我国曾进行了一系列繁殖赤眼蜂以外的卵寄生蜂防治害虫的试验，如繁殖黑卵蜂(Telenomus sp.)及螟卵小蜂(Ooencyrtus sp.)防治桑螟(Rondontia menciana)，繁殖毒蛾黑卵蜂(Telenomus sp.)及松毛虫黑卵蜂(Telenomus dendrolimus)防治松毛虫[4,3]，繁殖粘虫黑卵蜂(Telenomus cirphorus)防治粘虫[5]的试验结果，均有一定防治效果，但目前似仍未用于生产实践。近年在广东曾进行大量繁殖平腹小蜂(Anastatus sp.)防治荔枝蝽象(Tessaratoma papillosa)的试验，防治效果稳定[18]。

总上所述，繁殖卵寄生蜂来防治害虫，能成功地用于生产实践的很少，以研究得最广泛和最长久的赤眼蜂来说，在西方国家差不多已经早就放弃这一项研究工作，美国著名害虫生物防治专家 Clausen 于1935已发出警告，谓未通过效果测定前，不要将赤眼蜂用于生产实践[28]。至于在西印度的巴佩道斯利用赤眼蜂防治甘蔗螟虫二十年的显著成绩，也有人提出是否值得怀疑，或者因为巴佩道斯的特殊情况适于这一种防治措施，而其他地区因气候不同不易取得成绩，也很难说，这种很费劲的工作是否可用同样的力量在其他地区重复而得到同一结果[39]。这样看来，西方的生物防治工作者对于赤眼蜂的利用价值是有怀疑的。东方一些国家如印度、日本等地，赤眼蜂也不能在生产实践上用于害虫的防治，也越来越多人认为赤眼蜂的防虫作用不大，但仍有人认为这是一个未解决的问题[39]，也有认为赤眼蜂是治虫好助手，但现未能发挥潜力[7]。在苏联，赤眼蜂的利用一向被重视，一直也用于生产实践。我国自1959年以来，在南方地区，赤眼蜂陆续用在甘蔗螟虫的防治。其他卵蜂种类用繁殖方法能继续不断地用于生产实践的，为数很少，据报导在加拿大每年大量繁殖舞毒蛾及天蚕的卵寄生蜂散放到野外来防治这两种害虫[30]。

II. 卵寄生蜂生物学及生态特性

究竟用人工繁殖方法去增加自然界卵寄生蜂数量以防治害虫这一个措施，有无实际意义？是值得我们深入讨论的。为较全面地了解这一个问题，现试从生物学及生态特点去分析利用卵寄生蜂的繁殖利用价值，尤以在生态特点方面作较详细分析。

从卵寄生蜂的生物学特性来说，成虫寿命不长、成虫体积较小，飞翔力不强等生物学特性，都是卵蜂在繁殖利用上的缺点。发育历期短，短期内可繁殖出大量蜂数，能行孤雌生殖和卵蜂产卵时分泌有毒物质影响寄主卵的发育是卵蜂的优点。

卵蜂的生态特点，与卵蜂的繁殖利用有密切关系。现将我国近年来研究赤眼蜂及平腹小蜂生态一些结果，简述如下，作为进一步分析卵蜂利用的依据。

一、卵寄生蜂活动对温度的反应

1. 温度对于发育历期的影响。广州的赤眼蜂 (Trichogramma evanescens) 在30—35°C条件下，一世代历期为6.5至7天，28—31°C为8天，24—27°C为10天，13—15°C为36—41天[2]。平腹小蜂的世代历期在30.2°C条件下为15.4天，29.3°C为18.2天，28°C为25.7天[19]。

2. 温度对成虫寿命的影响。赤眼蜂在10°C、15.1°C、20.1°C条件下，经100小时，其死亡率分别为0.08%、25.1%及87%[2]。放在田间的赤眼蜂，在22.4°C平均气温下，经4天死亡约10%，22.7°C则死亡约70%，在27.8°C竟死亡约达88%[10]。田间温度37°C时，太阳直射的地面温度为47.5°C，这时放在地面的赤眼蜂，半小时就大部死亡；放在叶面的可以生存并且能扩散[10]。平腹小蜂雌成虫在16°C条件下，平均寿命87.6天；20°C，71.5天；25°C，42天；30°C，47.7天；35°C，25.4天；40°C，5.7天[19]。

3. 温度对产卵影响。平腹小蜂在16°C条件下，每雌每天平均产卵1.9粒；25°C，4.7粒；30°C，7.0粒；35°C，0.8粒；在40°C条件下，产卵时间由三十天左右缩短到九天，而且每天产卵平均只有0.5粒左右[19]。广州的赤眼蜂要在14.7°C才开始产卵[2]。

二、卵寄生蜂活动对湿度的反应

1. 湿度对成虫羽化率的影响。在温度24.1°C、27.3°C下，赤眼蜂发育湿度均以80%相对湿度为最好[2]，如下表所列：

表 1　　　各种湿度对赤眼蜂羽化率的影响

相 对 湿 度	30%	55—60%	80%	90%	100%
在24.1°C下羽化率	44.8%	77.4%	93.3%	90%	13.8%
在27.3°C下羽化率	18.1%	63.5%	88.9%	43.7%	25%

2. 湿度对赤眼蜂成虫成活的影响。在23.2°C温度条件下，赤眼蜂成虫在相对湿度80%以上的环境中成活率较高，湿度愈低，死亡率愈大，如下表所列。

表 2　　　在23.2°C下赤眼蜂在各种湿度经24小时的死亡率

相 对 湿 度	30%	60%	80%	90%	100%
死 亡 率	97.5%	80%	36%	28.8%	35.2%

三、降雨对卵寄生蜂产卵活动的影响

降雨量对田间寄主卵寄生率的影响，平腹小蜂与赤眼蜂是不同的。降雨对于平腹小蜂的寄生活动影响不大，如1962年5月1日至11日在广州附近地区的总降雨量是132.3毫米，全部阴天，7日降雨量最大，5小时内达76.8毫米，风速也达每秒2.8至3公尺，这个期间内，在散放平腹小蜂防治荔枝蝽象的果园中，荔蝽卵为平腹小蜂寄生的也达68.5%[19]。这一事实可以说明平腹小蜂在相当大的雨量下，仍能进行相当活跃的寄生活动。降雨对赤眼蜂产卵活动的影响较大，在广州地区散放赤眼蜂防治甘蔗螟虫，放蜂遇到大雨，田间螟卵寄生率很难提高。

四、风速对卵蜂成虫活动的影响

在2.94米/秒风速下，赤眼蜂不飞翔，但可向光逆风爬行，活动减弱；在1.07米/秒风速下，可爬行，并可顺风飞翔；在0.5米/秒风速下，可顺风飞翔[19]。

Ⅲ. 卵寄生蜂在繁殖利用上效率的分析

柯瓦列娃（1954）根据苏联多年利用赤眼蜂的经验，认为要提高赤眼蜂效率，要特别注意其生活力的提高；一向用以繁殖赤眼蜂的麦蛾卵，不是适宜的寄主，在苏联有些集体农庄的生物实验室用其他鳞翅目昆虫卵去繁殖赤眼蜂，如豆荚螟卵，柳毒蛾卵都比麦蛾卵好得多；长期在实验室里繁殖赤眼蜂，其生活力显然减弱，为了避免这个不良效果，可在野外繁殖赤眼蜂；并指出赤眼蜂在苏联对高低温及干燥的抵抗力是很强的，1946年7至8月间乌克兰气温在白天达32—38°C，土表温度达50—60°C，空气相对湿度低于30—40%，但在放蜂区黄地老虎卵的寄生率在个别集体农庄还是相当高（低者34.4%，高者91.9%）；全苏植物保护研究所的试验指出，赤眼蜂适温区是12°与35°C间，越冬幼虫可忍受—22°C的低温；放蜂数量不宜太多，指出过去每公顷散放十万以上、二十

万或三十万头是不必要的，也没有好处，每公顷散放一万至十万头即可[22]。

的确，提高赤眼蜂的生活力，是利用赤眼蜂的总方向。提高生活力的方法是多样的，但选择适当的人工繁殖寄主是一个首要的关键性问题。我们在1953年在广州发现麦蛾卵不是赤眼蜂繁殖的优良寄主，繁殖出来的卵蜂生活力不强，如果麦蛾的营养不好，用这些麦蛾的卵来繁殖赤眼蜂，可能不会繁殖到第二代。Flanders曾建议用馬鈴薯块茎蛾卵来代替麦蛾卵作为寄主卵，訊为可得生活力较强的赤眼蜂[32]，但赤眼蜂自从1940年左右在美国訊为无利用价值以后，也没有再进行什么试验了。1953年我們在广州发现蓖麻蚕卵是繁殖赤眼蜂的优良寄主，繁殖出来的蜂，体大、生活力强，在变溫条件下或放在野外发育，一连繁殖到十代，赤眼蜂生活力也无退化明显迹象，我国正在推广蓖麻蚕的飼养，两种事业结合起来是十分完善的。在南方地区，通过表証示范以后利用蓖麻蚕卵繁殖赤眼蜂来防治害虫，也逐渐在推行起来了[17, 11]。因此，我們訊为首先找到适当的寄主，才能根本解决赤眼蜂的繁殖利用问题。本来有一些野外昆虫的卵也是赤眼蜂的优良寄主，如松毛虫卵、灰带毒蛾(Orgyia postica)卵等；松毛虫卵更适于用作赤眼蜂寄主卵；但通过了相当长时間的室内飼养經驗，感到想稳定地得到大量个体，幷不容易，因此在目前飼育条件下，不能用作繁殖赤眼蜂的經常寄主，只能用作补充寄主，即当田野大量发生时，采回来作补充需用。由这一个經驗，得出来这样一个结論：要利用卵寄生蜂作为一种經常用来防治害虫的天敌，其人工繁殖寄主必需能够有把握地随时大量用人工方法繁殖起来。1961，1962年我們研究平腹小蜂防治荔枝蝽象的试验，也是用蓖麻蚕卵作为繁殖寄主，也能够大量地繁殖出生活力强的平腹小蜂；通过二年来在春季散放试验，防治效果还滿意[19]。由于这两个事实，我們訊为不能有把握在任何需要的时候用人工方法繁殖出大量生活力强的卵寄生蜂，想用人工繁殖方法利用卵蜂去防治害虫是难以实现的。解决了繁殖寄主以后，还要用各种方法去提高卵蜂的生活力，如在变溫条件下繁殖在野外发育或用杂交方法等[17]。此外，还可以改变田間小气候去保存卵寄生蜂的高度生活力[17, 10]。这样才能保証赤眼蜂的高度寄生效能。至于蓖麻蚕卵是否赤眼蜂的最优良的繁殖寄主？根据目前我国資料，在广东、广西、湖南各地用蓖麻蚕去繁殖赤眼蜂是不会发生什么问题的；可是在山东省用蓖麻蚕卵繁殖赤眼蜂十一代，再轉到玉米螟卵寄生，结果寄生率很低[1]；这可能是由于寄主专一性的结果。在南方用蓖麻蚕卵培养赤眼蜂到第十代，还能自然地寄生于蔗螟卵，用蓖麻蚕卵繁殖平腹小蜂到第六代，还能有效地寄生荔蝽卵，还未发现寄主专一现象，不过这幷不是表示寄生蜂没有寄主专一性，而是說明寄主——寄生間生理生态关系的复杂性，事实上，卵寄生蜂寄主专一现象是常常出现的。例如蔗田采回的赤眼蜂，第一次寄生于蓖麻蚕卵是頗为困难的，这就說明了这些赤眼蜂已經有了寄主专一现象。用蓖麻蚕繁殖赤眼蜂来防治害虫，究竟繁殖到第几代为宜，由上述的事例来看，恐怕由害虫种类不同、卵寄生蜂种类及地方种群不同或害虫地方种群不同而有所差异。据說哈尔滨的赤眼蜂不寄生于蓖麻蚕卵。这样看来，在山东地区和东北地区繁殖赤眼蜂是否以蓖麻蚕卵为最适宜，值得作进一步试验。

解决了人工繁殖的寄主卵以后，再从繁殖具体措施上注意生活力的提高，就可以繁殖出大批生活力强的卵寄生蜂，但不等于这种寄生蜂就能够有把握地防治田间的害虫。田间的气候因子、害虫的发生规律及生物学特性、卵寄生蜂生物学特性和田间生物因子等，都可以影响赤眼蜂在田间的效能。现就国内现有资料并举其比较重要的，分析如下。

田间的气候因子，对散放出去的寄生蜂影响至大，对卵寄生蜂能否在田间防治害虫，起决定性作用。从上述第Ⅱ段的试验结果来看，广州的赤眼蜂对不良气候的抵抗并没有柯瓦列娃所举的苏联赤眼蜂那么强，在高温条件下会大量死亡，实验室试验结果在恒温20.1°C，经100小时就死亡87%；田间温度平均27.8°C时，经过4天就死亡了88%。如果放蜂当时田间气温高，可以即时死去一部分或大部分赤眼蜂。干燥对赤眼蜂影响也很显明，在恒温23.2°C，相对湿度60%条件下经24小时就死亡了80%，湿度过高过低赤眼蜂羽化率均减低，在温度27.3°C，相对湿度55—60%下，羽化率为63.5%。风速影响赤眼蜂活动也至大，在2.94米/秒风速下，成虫就不能飞翔。由这一些试验和观察的结果看来，南方赤眼蜂对不良环境因子抵抗力是不强的。上面所引用那几种气象指标数字是经常在南方农作物生长时期的田野出现的。由此可知赤眼蜂在田间并非随时都可以发挥最大寄生效能，只有在适合它发育生存的时候，才可显出高度效率。从1960年在广州进行赤眼蜂防治春玉米田及秋玉米田的玉米螟的试验结果，很可以说明这个问题。春玉米放蜂区寄生率可高达87.13%，对照区为0.48%，被害率分别为0.93%及2.09%，包穗被害率及玉米产量放蜂区与非放蜂区均有显著差别，在这里赤眼蜂防治玉米螟的效果可以说是显著的[10]。1960年在英德县秋玉米田放蜂治螟，效果不显著，1961年在阳山县秋玉米田进行间种番薯和不间种的放蜂试验，设不间种对照区，结果间种田放蜂区比对照区玉米螟卵寄生率平均提高44.13%，不间种田放蜂区比对照区平均提高28%[10]。这一系列结果说明了在低温高湿的广州春季，正适合于赤眼蜂在田间发育和活动，因而放蜂治虫有效；到了秋季，广东普遍高温干燥，赤眼蜂效率也就减低了。但在秋玉米田间种番薯，使田间温度减低湿度提高，改变了玉米田小气候，寄生率又提高了。在广东利用赤眼蜂防治甘蔗螟虫也有同样经验，夏末秋初的时间，田间蔗螟卵寄生率一般不容易提高到80%，但在一般年份里在广州的甘蔗田或玉米田的赤眼蜂自然种群也可使田间螟卵寄生率在某一个时候达到90%左右。这说明了自然界有适宜于赤眼蜂发育和活动的时间。目前关于室内物理因素及田间气候因素对赤眼蜂繁殖、生长、发育、活动的研究还很少，作为利用赤眼蜂防治害虫理论依据的研究工作，有必要作进一步的试验。这几年根据我国利用赤眼蜂防治害虫的经验，华南及其邻近地区在适当的时间放蜂治虫，有把握地将田间寄生率提高80—90%或更高；根据近年来国内一些试验报告及生产实践报导，赤眼蜂防治害虫效果在一些地区不稳定，有时效果极低，这是放蜂后田间环境不适于散放的赤眼蜂生存活动的集中表现。环境对生物的影响至大，寄生蜂活动自然要受不良环境因子约制；这也是生物防治特点之一。提高寄生蜂在田间的生活力及适应能力，是提高寄生蜂效能基本办法之一。平腹小蜂对不良气候环境的抵抗力比赤眼蜂强些，雌蜂在恒温35°C下还能活25.4天，每雌每天平均产卵也将近一粒，在30°C每天可产7粒，25°C每天产4.7粒，降雨也不大影响它们在田间的活动。因此，春天利用平腹小蜂防治荔枝蝽象，根据最近两年来的试验，效果是稳定的。这也说明对不良环境抵抗较强的卵寄生蜂，在应用上把握较大。

因为抵抗不良环境能力弱的卵寄生蜂，如赤眼蜂，可以在不适环境下短期内大量死亡，我们认为多放一些蜂比少放好。如果田间不止一种害虫，而且害虫产卵期长，如甘蔗螟虫类，每年要进行好几次放蜂，才能在整年发生作用。

赤眼蜂在我国各地有无希望用于生产实践？这一问题，可分为两种情况来分析：(1)如当地赤眼蜂自然种群可在一些时候给当地害虫卵带来高度寄生率，表示该地在一定时间内环境因素适于赤眼蜂的繁殖和发育；在这些地区，可根据田间环境情况及寄主活动情况试用赤眼蜂防治害虫，应该收到一定防治效果。如试验效果不佳，很大程度是气候因素的影响（有时候生物因素也起一定程度的不良影响），设法改变当时田间小气候使适于赤眼蜂生存活动是有必要的。(2)如当地赤眼蜂自然种群常年均不能使当地害虫卵达到高度寄生率，即表示当地环境因素对当地种群经常不利，或赤眼蜂的发生与寄主发生不协调，在这种条件下，散放赤眼蜂防治害虫的成功把握是较少的。如能找出效率不高原因，加以改进，还是有可能应用的。我国地区辽阔，环境复杂，利用赤眼蜂来防治害虫，在不同地区会得到不同效果，是可以理解的。

卵寄生蜂繁殖利用是有前途的，尤其是一些寄生性能较高的生态可塑性较广的卵蜂，如能解决人工大量繁殖，再根据卵蜂的生物学与生态特性、田间环境条件特点和寄主发生情况等有关因素，进行散放利用，是会有一定防治害虫的效果。

IV. 摘　要

自本世纪二十年代人工大量繁殖赤眼蜂成功以后，害虫卵寄生蜂的繁殖利用，受到了各国昆虫学工作者的重视，数十年来，进行不少室内及田间的试验。在西方国家尤其是美国，一般认为赤眼蜂防治害虫效果不高，无应用价值，东方一些国家和地区，如日本、印度、毛里西亚等，也进行过赤眼蜂防治害虫的试验，但未能用于生产实际。近三十年来苏联试验用赤眼蜂防治各种害虫，成绩颇佳，已广泛地用于黄地老虎及甘兰夜蛾的防治。我国自解放后，也重视赤眼蜂繁殖利用的研究，在南方蔗区，赤眼蜂已颇正规地用于蔗螟的防治。繁殖平腹小蜂来防治荔枝蝽象，最近也计划逐步用于生产实际。有一些地区，曾进行了利用赤眼蜂防治害虫的试验，但效果还未趋稳定，或效果极低。

研究卵寄生蜂的繁殖利用，有没有实际意义？本文试从生物学、生态特性及田间环境特点去分析赤眼蜂利用的价值。根据我国近年的资料，广州地区赤眼蜂对环境抵抗力并不强；在恒温$20.1°C$经100小时就死亡87%；田间温度平均$27.8°C$，经过四天就死亡88%；赤眼蜂在$47.5°C$的土表上，经半小时就大部分死亡；赤眼蜂对湿度适应范围也窄；在2.94米/秒风速下，赤眼蜂不能飞翔。这样看来，赤眼蜂的生态可塑性是较狭的，虽然有其生物学优越特性，可是散放到田间的赤眼蜂遇到不适气候，难免大量死亡或不能显出效能。因此，赤眼蜂之所以能在田间起治虫作用，主要是利用适合于它们生存发育及活动的那一个时间，在田间这种时间越长，赤眼蜂的效能也越高。如果当地赤眼蜂的自然种群能使其寄主卵提到高度寄生率，就表示这一地区对寄生蜂有适宜的环境，利用赤眼蜂防治害虫也较有把握。在那些赤眼蜂自然种群不能显著提高其寄主卵寄生率的地区，对赤眼蜂的利用，把握就会较小。那些生态可塑性较广的卵寄生蜂，应用上把握较大，如南方的荔枝蝽象卵的平腹小蜂，在恒温35°C下成虫寿命仍达25.4天，在降雨和风速较大（3米/秒）条件下，仍作产卵活动，两年来用以作为荔枝蝽象防治试验，效果都较为稳定。

参 考 文 献

〔1〕 山东省农业科学院植物保护研究所 1962．山东济南地区玉米螟卵赤眼蜂的生物学特性及其利用的初步研究，17頁（油印本）。

〔2〕 中山大学昆虫生态实驗室 1960．温、湿、风对赤眼蜂发育及活动的初步研究（未发表）。

〔3〕 王平远 1961．松毛虫黑卵蜂大量繁殖及散放的研究，昆虫学报 10（4—6）：381—394．

〔4〕 龙承德等 1957．試放毒蛾黑卵蜂防治松毛虫的初步成效，华东农业科学通訊，1957年2月号，2—6頁。

〔5〕 刘崇乐等 1960．粘虫黑卵蜂 Telenomus cirphorus Liu 的生物学及田间散放。昆虫学报 10（3）：283—288．

〔6〕 利翠英 1961．赤眼蜂的个体发育及其对于寄主蓖麻蚕胚胎发育的影响。昆虫学报 10（4—6）：339—354．

〔7〕 陈守坚 1957．关于赤眼蜂（Trichogramma）利用的几个问題。华南农业科学 1（1）：38—44．

〔9〕 金孟肖 1957．雁山地区散放赤眼蜂防治玉米螟的效果試驗及散放适期考查。5頁（油印本）。

〔10〕罗远荣、刘志誠、吳錦泉 1962．玉米螟发生规律及田间散放赤眼蜂防治研究。（未发表）。

〔11〕苏兆华 1962．大面积应用赤眼蜂的一些經驗和意见。中国农业科学 1962 年第 12 期，35—38頁。

〔12〕高野秀三 1934．赤眼卵蜂の放飼試驗に关する事成績。台湾蔗作研究会报 12（11）：337—360．

〔13〕湖南省农业科学研究所 1958．湖南省甘蔗螟虫及生物防治初步調查报告。13頁（油印本）。

〔14〕湖南省农业科学研究所 1959．秋大豆豆荚螟調查及生物防治初步报告。4頁（油印本）。

〔15〕雷弗金 1952．斗爭森林害虫的生物防治法，科学出版社，北京。

〔16〕雷弗金 1954．松毛虫卵寄生蜂，中国林业 4：26—28．

〔17〕蒲蟄龙 1961. 利用赤眼蜂防治甘蔗螟虫，中国植物保护科学，1091—1102.

〔18〕蒲蟄龙、麦秀慧、黄明度 1962. 利用平腹小蜂防治荔枝蝽试验初报。植物保护学报，1（3）：301—306。

〔19〕蒲蟄龙、麦秀慧、黄明度 1962. 平腹小蜂生物学生态学研究及用于荔枝蝽象防治试验（未发表）。

〔20〕黎国熹，1937，广东甘蔗鉆心虫眼赤卵寄生蜂之繁殖，昆虫問題 1(6)：8—10

〔21〕Горецкая, И. Н. 1940. Результаты применения трихограммы азербейджанской расы в борьбе с хлопковой совкой на хлопчатнике в Азербайджанской ССР. Вести. защ. раст. № 1—2, 166—172.

〔22〕Ковалева, М. Ф. 1954. Путь повышения эффективности трихограммы в борьбе с вредителями селькохозяйственных култур. Зоол. Журн. 33(1)：77—86.

〔23〕Мокржецкий, С. А. и А. Брагина 1916. О лаборатоном разведении яйцеедов Trichogramma semblidis Auviv. и T. fasciatum P. и температурные опытье над ними. Зап. Смиферoп. Отд. Росс. Общ. Садоводства 13. (Ref. Rev. Appl. Ent. (A.) 5：155—156.).

〔24〕Никитина, Т. Ф. 1940. Применение трихограмма против капустиой совки (Barathra brassicae L.). Вестн. Защ. Раст. № 3, 83—84.

〔25〕Поспелов, В. П. 1913. Опыты искусственного зараженния озимой совки (Agrotis segetum Schiff.) ее паразитами-наездниками в киевскои губернии. Вестн. Сахари. Промышл. (Ref. Rev. Appl. Ent. (A.) 1：593).

〔26〕Теленга, Н. А. 1955. Биологическии метод борьбы с вредными насекомыми селькохозяйственных и лесных культур. Киев.

〔27〕Теленга, Н. А. 1956. Исследования Trichogramma evanescens Westw. и T. Pallida Meyer (Hym. Trichogrammatidae) и их применение для борьбы с вредными насекомыми в СССР. Энтом. Обоз. 35 (3)：599—610.

〔28〕Clausen, C.P. 1935. Insect parasites and predators of insect pests. U.S.D.A. Cir. 346, 22 pp.

〔29〕Clausen, C.P. 1939. Some phases of biological control work applicable to sugarcane insect problems. Proc, int. Soc. Sug. Cane Tech. 6：421—426 (Pef. Rev. Appl. (A) 28：245)

〔30〕Clausen, C.P. 1956. Biological control of insect pests in the continental United States, U.S.D.A. techn. Bull. No. 1139, 151 pp.

〔31〕Flanders, S.E. 1930. Mass Production of egg parasites of the genus Trichogramma. Hilgardia 4：(16) 465—501.

〔32〕Flanders, S.E. 1945. Mass production of Trichogramma using of potato tuber worm. Jour. econ. Ent. 38 (3)：394—395.

〔33〕Fletcher, R.K. 1933. Experiments in the corn earworm, Heliothis obsoleta

(Fabr.) with Trichogramma minutum Riley. Jour. Econ. Ent 26 (5): 178—982.

[34] Frankenfeld, J.C. & O.L. Barnes 1933. The equipment and methods used in rearing the New Mexico range caterpillar parasites Anastatus semiflavidus Gahen. Jour. Econ. Ent. 26: 799—805.

[35] Garman, P. 1940. Oriental fruit moth parasites. Circ. Conn. agric. Exp. Sta. 140: 29—47.

[36] Hinds, W.E. & H. Spencer 1928. Utilization of Trichogramma minutum for control of the sugarcane burer. Jour. Econ. Ent. 21: 273—279.

[37] Ingram, J.W., Jaynes H.A. & Lobdell, R.N. 1939. Sugarcane pests in Florida. Proc. int. Soc. Sug. Cane Tech. 6: 89—98.

[38] Javnes, H.A. & Bynum E.K. 1941. Experiments with Trichogramma minutum Riley as a control of the sugarcane borer in Louisiana.—Tech. Bull. U.S.D.A. 743.

[39] Jepson, W.F. 1954. A Crictical review of the world literature on the lepidopterous stalk borers of tropical graminaceous crop. 127 pp. Commonwealth Inst. of Entomology, London.

[40] King, C.B.R. 1935. A further trial with Trichogramma. Tea Quart 8 (3): 140—147 (Ref. Rev. Appl. Ent. (A) 24: 136).

[41] Larrimer, W.H. 1935. Corn earworm not controlled in sweet corn by release of Trichohogramma—Jour. Econ. Ent. 28 (5): 815—816.

[42] List, Y.M. & Davis, L.S. 1932. The use of Trichogramma minutum (Hymenoptera Chalcididae) Riley on the control of the codling moth in Colorado. Jonr. Econ. Ent. 25: 981—985.

[43] Schread, J. C. 1935. Cooperative european corn borer egg parasitism investigaton. Conn. Agr. Expt. Sta. Bull. 383: 344—346.

[44] Schread, J.C. & P. Garman 1933. Studies on parasites of the oriental fruit moth I. Trichogramma. Con. agric. Exper. Sta. Bull. 353, pp. 691—756.

[45] Shibuya, M. 1933. On the method of mass production of Trichogramma. Proc. Imp. Acad. Tokyo. 9(3): 130—133 (Ref. Rev. Appl. Ent. (A) 21: 382.)

[46] Smith, C.F. 1941. Trichogramma and the oriental fruit moth. Jour. Econ. Ent: 34(4): 590.

[47] Smyth, E.Y. 1933. Technigue in the mass pro duction of Trichogramma. Jour. Econ. Ent 26: 768—774.

[48] Smyth, E.G. 1939. Trichogramma proves itself in sugarcane borer control. Proc. int. Soc. Sug. Cane Tech. 6: 367—377 (Ref. Rev. Appl. Ent. (A)

28: 242).

[49] Spencer H., L. Brown & A.M. Phillips 1935. New equipment for obtaining host material for the mass production of Trichogramma minutum, an egg parasite of various insect pests. U.S.D.A. Cir. 376, 18 pp.

[50] Spencer, H., L. Brown & A.M. Phillips 1949. Use of the parasite Trichogramma minutum for controlling Pecan insects. U.S.D.A. Cir. 818, 17 pp.

[51] Sweetman, H.L. 1958. The principles of biological control. Wm. C. Brown Co. Iowa. 560 pp.

[52] Telenga, N.A. 1958. Biological method of pest control in crop and Forest plants in the USSR. 15 pp. Moscow.

[53] Tucker, R.W.E. 1935. The control of Diatraea saccharalis in sugarcane in Barbados by frequent liberation of mass reared Trichogramma. A review of data obtained from 1929—34. Agric. J. Barbados 4(1): 25—50 (Ref. Rev Appl. Ent. (A) 23: 420).

[54] Tucker, R.W.E. 1950. A twenty-year record of the biological control of one sugarcane pest. Proc. int. soc. Sug. Can. Tech. 7: 743—354.

[55] Wolcott, G.N. 1943. Criteria for Trichogramma. Trop. Agric. 20 (11): 221—222

应用植物激素和施用氮肥提高水稻产量的试验*

植物生理遗传学教研室**

摘 要

本试验对于进一步提高水稻单位面积产量，具有重要的实际意义。试验于1973年进行。采用品种：早造用"珍珠矮"，晚造用"广华"。

1. 在水稻幼穗第一苞原基分化期（广华）和第一枝梗原基分化期（珍珠矮）施用氮素肥料，能增加有效穗数、第二枝梗数和谷粒数，但千粒重稍有下降。

2. 晚造"广华"在幼穗第一苞原基分化期喷施赤霉素(5ppm.)，并不增加有效穗，但可显著增加第二枝梗；喷施NAA(250ppm.)，虽可增加有效穗，但第二枝梗和谷粒数下降，因此，这两种激素单独使用时增产并不显著，只有配合使用氮肥，才有显著的增产效应。早造"珍珠矮"在始穗期喷施赤霉素(10ppm.)或赤霉素加矮壮素(0.5%)增产效应明显。

3. 增产灵30ppm.在幼穗分化期和始穗期施用有增产作用，而以20ppm.在幼穗分化始期使用，增产效果更为显著。

水稻幼穗第二枝梗退化与颖花退化密切相关[1]，且往往是降低单位面积产量的重要原因。在目前农田基本建设及肥、水管理技术措施有较大改进的情况下，进一步研究增加每亩稻田的有效穗数、防止颖花和第二枝梗退化的农业技术措施，对于进一步提高产量是重要的。我们于1973年早、晚造在本校农场开展应用几种植物激素和氮素营养对水稻产量影响的试验，探求提高水稻产量的有效途径，现把试验方法和试验的初步结果报告如下。

试 验 方 法

试验采用两个品种：珍珠矮（早造）和广华（晚造）。每小区插植360穴，每穴插8株，株行距5×6(寸)，重复两次。插植日期：早造3月17日，晚造7月23日。基

---
* 1974.3.20接稿
** 农民教师刘镇茂参加了本项工作，执笔王永锐。

肥,早造每亩施用塘坭200担,氨水50斤,晚造禾秆回田。插植一周后施足分蘖肥,每亩用尿素10斤。

早造"珍珠矮"的氮素营养试验分别于各个发育期进行:

Ⅰ.幼穗第一枝梗原基分化期(以主茎80%达到这个发育期为标准,下同);

Ⅱ.雌雄蕊形成期;

Ⅲ.花粉母细胞形成期;

Ⅳ.始穗期。

每小区施用硫酸铵150克(折合每亩施硫酸铵15市斤)。

早造的植物激素试验于始穗期分别喷施:

(1)赤霉素(GA,10ppm.);

(2)GA(10ppm.)+0.5%矮壮素(C.C.C.);

(3)GA(10ppm.)+增产灵(30ppm.);

(4)增产灵(30ppm.);

(5)对照(清水)。

晚造"广华"的氮素营养试验:

1.幼穗第一苞原基分化期施氯化铵150克(N);

2.第一苞原基分化期氯化铵150克+始穗期施尿素150克(N+N);

3.对照。

晚造的植物激素试验分别作如下几个处理:

1.增产灵:在幼穗第一苞原基分化期喷施增产灵20ppm.(简称增20),喷增产灵20ppm.同时施入氯化铵150克(增20+N);喷增产灵20ppm+氯化铵150克+始穗期施尿素150克(增20+N+N);对照;喷增产灵30ppm.的设计同上(即增30;增30+N;增30+N+N)。

2.赤霉素:在幼穗第一苞原基分化期喷施赤霉素5ppm.(GA);GA+氯化铵150克(GA+N);GA+氯化铵150克+始穗期尿素150克(GA+N+N);对照。

3.萘乙酸:在幼穗第一苞原基分化期分别喷萘乙酸250ppm.和500ppm.(NAA250、NAA500);喷NAA+氯化铵150克(NAA250+N;NAA500+N);喷NAA+氯化铵150克+始穗期尿素150克(NAA250+N+N,NAA500+N+N);对照。

以上植物激素的使用量均一致采用每亩喷药量150市斤。

收割时调查植株的生物学性状和经济性状,在小区中央处割取40穴供调查植株茎秆鲜重、有效穗数、谷粒干重、千粒重,并取10穗(主穗)调查青叶数、株高、剑叶长、穗长、第一枝梗数、第二枝梗数和粒数等。

小区试验过程的田间管理,如中耕除草、防治病虫害等均与大田管理措施一致。

试验结果

一、增产灵

从（表1）看到，晚稻"广华"幼穗第一苞原基分化期喷施增产灵20ppm.能显著增加有效穗数，平均每穴增加1.8穗，40穴共495穗，对照仅424穗，增加16.5%（图1）。但在这个时期喷施增产灵30ppm.，增加有效穗数并不明显。在喷施增产灵 20ppm. 的同时施用氮肥的植株，比不施肥的组合增加有效穗19.8%；又在始穗期追施氮肥，增加有效穗更为显著，比对照每穴增加2.3穗，增加百分率为21.6%。在这个时期使用20ppm.增产灵，除增加有效穗数外，还能比对照植株增加幼穗第二枝梗36.5%（图1），且每穗结实粒数也比对照多。但结实率和千粒重稍有下降，只有在喷增产灵之后再在始穗期施氮肥的植株结实率才比对照植株为高。由此可见，在始穗期配合施用氮肥有利增加结实率和千粒重。施用20ppm.或30ppm.的增产灵对株高、穗长和青叶数的影响较少。

由于处理植株比对照植株具有较好的产量构成因素，致使谷粒产量比对照组合普遍提高。从表1的数据可以看出，20ppm.的增产灵增产效果良好，40穴稻谷干重为1.59市斤，比对照组增加8.1%，而在第一苞原基分化期或始穗期配合施氮肥，均有进一步提高产量的作用。

早造"珍珠矮"在始穗期喷施30ppm.增产灵的植株比对照植株显著增加有效穗、千粒重和谷粒产量（表2），40穴植株收割干谷1.40市斤，比对照组增加11.1%。

表1 增产灵和氮素营养对水稻"广华"生物学性状和经济性状的影响

调查项目\处理组合	增20	增20+N	增20 N+N	增30	增30+N	增30 N+N	对照
40穴植株鲜重（市斤）	11.7	11.6	12.6	11.7	11.8	12.2	11.5
40穴有效穗数	495	505	517	448	428	473	424
平均穗数／穴	12.4	12.7	12.9	11.2	10.7	11.8	10.6
株高（厘米）	81.3	82.3	81.9	81.3	83.5	81.7	82.4
青叶数／株	1.5	1.5	2.3	1.6	1.8	2.4	1.5
剑叶长（厘米）	30.7	30.4	29.7	33.2	30.3	29.8	30.4
穗长（厘米）	21.6	21.8	21.6	22.2	21.9	21.8	21.2
每穗第一枝梗数	9.6	10.5	10.6	10.4	10.4	10.3	9.7
每穗第二枝梗数	19.8	17.3	17.5	19.2	18.8	19.1	14.5
每穗结实粒数	98.9	93.3	101.6	106.6	101.1	105.7	94.6
结实率（%）	89.2	88.4	92.3	89.7	88.1	91.1	90.6
千粒重（克）	23.7	23.2	23.7	23.1	23.1	23.2	23.5
40穴稻谷干重（市斤）	1.59	1.56	1.71	1.51	1.52	1.59	1.47

表2 几种植物激素单独用或混合用（始穗期）对早造"珍珠矮"的性状影响

处理组合 調查項目	GA + C.C.C.	GA + 增产灵	增产灵	GA	对照
40穴有效穗数	415	390	383	384	377
每穗结实粒数	83.2	68.5	75.0	74.2	61.0
結实率（％）	90.5	77.3	87.3	81.5	71.9
千粒重（克）	24.0	24.3	24.5	23.7	23.4
40穴稻谷干重（市斤）	1.45	1.35	1.40	1.30	1.25

二、赤霉素（或称"920"、或"701"）

晚造"广华"在幼穗第一苞原基分化期喷施赤霉素（5ppm.），似有减少有效穗数的作用（表3、图1），在喷施赤霉素的同时施用氮肥，并在始穗期施氮肥，才能增加有效穗数3.5%。但赤霉素可以显著增加植株幼穗第二枝梗数，每穗比对照组增加18.2%。在结实粒数和结实率方面也比对照植株增加。因此，喷施5ppm.赤霉素的植株稻谷产量比对照组稍高，40穴稻株干谷

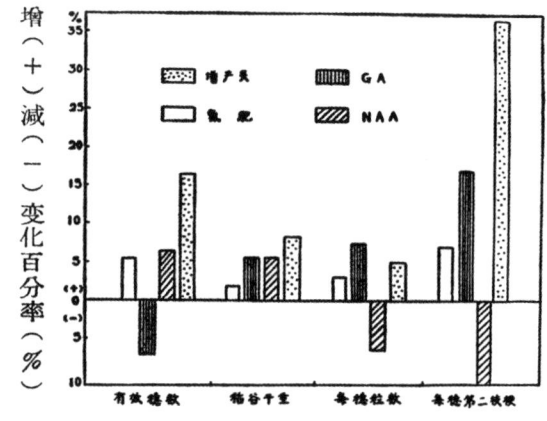

图1 晚造"广华"幼穗第一苞原基分化期喷施植物激素和施氮肥后植株几个重要性状变化

重为1.40市斤，比对照组增加5.3%，而以始穗期再施一次氮肥的植株组合比对照组合的谷和秆都明显增重，40穴稻株干谷重为1.55市斤，比对照组增加16.5%。

早造"珍珠矮"在始穗期分别使用赤霉素（10ppm.）、赤霉素＋矮壮素（0.5%）和赤霉素＋增产灵（30ppm.）对增加谷粒产量都有明显作用（表2）。从产量构成因素来分析，单施赤霉素或增产灵的组合，有效穗数基本上没有增加，赤霉素＋增产灵的组合的增穗效果亦不大（3.4%），而以赤霉素＋矮壮素对增加有效穗有明显作用（10.1%），因此，在始穗期使用植物激素，除赤霉素＋矮壮素这个组合以外，其余组合的增穗效果往往不如增粒与粒重的效果显著。赤霉素＋矮壮素的组合，由于增穗效果明显，40穴植株的干谷重为1.45市斤，比对照组增

16.0%。这说明选择有增效作用的两种（或两种以上）植物激素来提高产量是有实际意义的。

赤霉素对植株叶片起一种"保绿作用"，使用过赤霉素的植株直至收割时的绿色叶片比对照植株增加一片左右，但对剑叶长度和穗长影响不明显，植株高度比对照稍高，但也不至发生倒伏。

表3 赤霉素（GA）和氮素营养对晚稻"广华"的性状影响

处理组合 调查项目	GA	GA+N	GA+N+N	对照
40穴植株鲜重（市斤）	11.3	11.6	12.2	11.5
40穴有效穗数	420	456	468	452
平均穗数/穴	10.5	11.4	11.7	11.3
株 高（厘米）	85.2	85.3	85.0	81.3
青叶数/株	2.2	1.9	2.6	1.5
剑叶长（厘米）	30.2	30.7	28.8	30.2
穗 长（厘米）	21.7	21.8	22.0	21.3
每穗第一枝梗数	10.4	11.6	10.9	10.3
每穗第二枝梗数	18.3	16.9	19.9	15.5
每穗结实数粒	103.9	107.9	111.3	92.4
结实率（%）	90.3	91.3	91.4	88.8
千粒重（克）	22.9	22.1	23.2	23.1
40穴稻谷干重（市斤）	1.40	1.40	1.55	1.33

三、萘乙酸（NAA）

表4表明，晚稻"广华"在幼穗第一苞原基分化期喷施 250ppm 的NAA有利于增加有效穗数，但500 ppm 的 NAA 则否。同时配合施用氮肥比不施氮肥的效果较佳。经 250ppm 处理的植株株高和每株青叶数比对照植株稍多，而对穗长和剑叶长无明显作用。有一个显著特点，就是NAA处理的植株第二枝梗数和谷粒数减少，每穗减少1-2个枝梗（图1）。在喷施 NAA 的同时施氮肥，才会增加第二枝梗数和谷粒数。在谷粒产量方面，仍以 250ppm 处理的组合比 500ppm 处理组合为较高。

表4 萘乙酸(NAA)和氮素营养对晚稻"广华"的性状影响

调查性状＼处理组合	NAA 250	NAA 250+N	NAA 250+N+N	NAA 500	NAA 500+N	NAA 500+N+N	对照
40穴植株鲜重（市斤）	11.1	11.8	11.7	11.1	11.5	12.0	11.4
40穴有效穗数	483	492	507	438	453	477	452
平均穗数/穴	12.0	12.3	12.7	11.0	11.3	11.9	11.3
株高（厘米）	89.5	84.3	82.4	80.4	82.3	82.0	81.3
青叶数/株	1.7	1.9	2.4	1.7	1.5	2.2	1.5
剑叶长（厘米）	28.3	31.6	29.5	28.1	29.3	30.0	30.2
穗长（厘米）	20.8	21.8	21.2	20.8	21.5	20.9	21.3
每穗第一枝梗数	9.3	9.7	9.5	8.7	9.7	8.9	10.3
每穗第二枝梗数	13.8	18.8	16.4	14.0	15.7	13.0	15.5
每穗结实粒数	86.4	101.3	96.8	86.6	96.1	82.5	92.4
结实率（%）	90.9	89.9	91.8	90.1	91.6	94.4	88.8
千粒重（克）	23.7	23.3	22.9	23.7	23.4	23.9	23.1
40穴稻谷干重（市斤）	1.4	1.47	1.52	1.29	1.43	1.39	1.33

四、氮素营养

晚稻"广华"幼穗第一苞原基分化期和早稻"珍珠矮"第一枝梗原基分化期施用氮肥，都能显著增加有效穗数（表5），如晚造"广华"增加有效穗数率为5.5%（图1），每穗结实粒数和结实率都比对照植株增加，每穗第二枝梗数也比对照植株增加6.9%，但穗长、剑叶长和株高与对照植株相似，千粒重则比对照植株稍低，若在始穗期增施氮肥，则千粒重比对照组为高。由此可见，幼穗第一苞原基分化期和第一枝梗分化期追施氮肥都能增强构成产量的两个因素，即增加穗数和粒数，因此，其产量比对照组增加。从试验结果又可以看出，晚造"广华"除了在第一苞原基分化之前施肥外，若能在始穗期施氮肥，植株的有效穗、每穗结实粒和千粒重比对照组为高，40穴稻株干谷重也比较高。

早造"珍珠矮"幼穗发育不同时期施肥的试验结果（表6）证明，在第一枝梗原基分化期施肥比在雌雄蕊形成期、花粉母细胞形成期和始穗期追施氮肥的植株增加有效穗数、每穗谷粒数和谷粒产量，40穴的干谷重为1.60市斤，而其他发育期施肥的组合40穴稻谷产量为1.55市斤以下，对照组仅为1.40市斤。由此看出，早造"珍珠矮"在第Ⅰ、Ⅱ期施肥的，在构成产量三要素中，主要是增进了穗数与粒数，而在第Ⅲ、Ⅳ期施肥的，主要是增进了粒数和粒重。总之，在只施一次肥的情况下，早施（第一枝梗原基分化期）的效果较佳，虽然粒重略下降，但由于增穗与增粒作用较大，产量也就明显地有所提高。

表5 氮素营养对晚稻"广华"的性状影响

处理组合 调查性状	N	N+N	对照
40穴植株鲜重(市斤)	11.8	12.3	11.5
40穴有效穗数	443	479	420
平均穗数/穴	11.1	12.0	10.6
株高(厘米)	80.6	80.2	82.4
青叶数/株	1.9	2.5	1.5
剑叶长(厘米)	30.2	31.4	30.4
穗长(厘米)	21.3	21.8	21.2
每穗第一枝梗数	10.3	10.2	9.7
每穗第二枝梗数	15.5	16.9	14.5
每穗结实粒数	97.6	105.2	94.6
结实率(%)	92.2	91.4	90.6
千粒重(克)	23.1	23.5	23.5
40穴稻谷干重(市斤)	1.50	1.55	1.47

表6 早稻"珍珠矮"不同发育期施用氮素营养的增产效果

施肥时期 调查性状	I	II	III	IV	对照
40穴有效穗数	494	482	418	379	367
平均穗数/穴	12.3	12.1	10.4	9.5	9.2
每穗结实粒数	118.9	104.6	105.4	109.8	103.5
结实率(%)	95.8	94.7	93.6	94.8	92.4
千粒重(克)	25.1	25.1	25.8	25.5	25.4
40穴稻谷干重(市斤)	1.60	1.55	1.55	1.40	1.40

注 I. 第一枝梗原基分化期　　II. 雌雄蕊形成期
　　III. 花粉母细胞形成期　　IV. 始穗期

讨 论

探求增粒、保穗的技术措施，对于进一步增加水稻谷粒产量是重要的。一般认为高产田块的特点是有效穗数多，每亩在25万穗至30万穗以上，颖花和枝梗退化少，每穗谷粒数量多，谷粒饱满，千粒重高。要做到这点，就必须在增粒、保穗、增加千粒重方面下工夫。前人研究表明，分化颖花数与分化第二枝梗数有密切关系，增加第二枝梗可能增加颖花数，为达到此目的，就必须在第一枝梗分化前施肥[1]，分化前施氮肥显著地增加有效穗数和每穗粒数[3,5]，我们的试验也证明早造"珍珠矮"在第一枝梗原基分化期和晚造"广华"在第一苞原基分化期追施氮肥，可显著增加有效穗数和第二枝梗数，晚造"广华"增加有效穗达5.5%，每穗增加第二枝梗6.9%，每穗粒数也略有增加，虽千粒重比对照低，但谷粒产量仍比对照为高，若在始穗期施壮尾肥，由于提高了粒重，产量比对照增加更明显。由此可见，在第二枝梗分化之前增施氮肥对于提高产量是非常重要的，在这个时期缺肥，对增粒、保穗是极其不利的，可以认为水稻这个发育期是我们促进其增粒、保穗、提高产量的关键时期，应在这个时期之前加强肥、水管理措施。

而在第一苞分化期和第一枝梗原基分化期喷施赤霉素（5ppm），植株有效穗数比对照反有减少的趋势，这与前人的试验结果[4,8]相一致，只有同时施入氮素营养才有保穗作用。但喷施赤霉素可明显地增加第二枝梗数，每穗增加第二枝梗2—3个，每穗粒数和结实率也比对照高，因此，尽管千粒重下降，但产量仍有增加。如果能在第一枝梗分化前喷用赤霉素，同时配合追施速效氮肥和壮尾肥，则可显著提高产量。幼穗分化初期施用赤霉素有促进增粒而不能保穗、甚至有减穗的效果，已用放射性C^{14}示踪试验证明，由于喷施赤霉素的植株叶片中的光合产物较多地运往主茎和主穗，而较少运往分蘖穗所造成的[2]。

早造"珍珠矮"在始穗期施用赤霉素（10ppm）或赤霉素加矮壮素，或加增产灵，可显著增加产量，尤其是赤霉素加矮壮素的组合增产效果更好，这说明这两种植物生长调节物质同时使用有增效作用，但也不是任意配合都有增效作用，如有人试验证明矮壮素与2,4-D结合使用会使大麦产量降低[9]。

在第一苞原基分化期喷施250ppm的NAA，明显地增加有效穗数，虽然第二枝梗数和粒数减少，但产量仍有所增加，这个结果与Misra和Sahu[6,7]的结论相反。若配合施用氮肥，增产效果会更显著。而500ppm的NAA不表现增产效果，在这个浓度下尽管配合施用氮肥，也不能提高产量。很可能是由于500ppm浓度过大。

晚造"广华"在第一苞原基分化期喷施20ppm的增产灵，能够显著地增加有效穗、第二枝梗和谷粒，而且千粒重与对照差异较少，因此，产量比对照大大提高，就是不配合使用氮素肥料，其产量也比对照组高，若配合施用氮肥，产量更高。由此可见，增产灵是本试验所使用的几种植物激素对水稻增产作用最有效的一种（图1），这是很值得进一步试验推广的。

早造"珍珠矮"以增产灵和赤霉素配合使用，可能克服赤霉素的减穗效应，从而在保证穗数的基础上提高粒数，这就会获得较大幅度的增产效果。

参 考 文 献

〔1〕 丁 颖、李乃铭、徐雪宾、陈炜钦、何崇钧，1959。水稻幼穗发育和谷粒充实过程的观察。农业学报，10(2)：59—85。

〔2〕 应用放射性碳(C^{14})研究赤霉素(920)对水稻光合产物运转与分配的生理效应（本期学报）。

〔3〕 张静兰、崔澂、阎龙飞，1964。氮素营养对水稻生长、产量和碳氮代谢的影响。植物学报，12(1)：73—81。

〔4〕 林坤律、周荣仁，1963。赤霉素对水稻、小麦的效应试验。植物学报，11(1)：83—95。

〔5〕 鲍文奎、严育瑞，1959。肥料对水稻生长和发育的影响，I。水稻生长中心的转移与养料的分配。农业学报，7(2)：125—142。

〔6〕 G. Misra and G. Sahu, 1957. Physiology of growth and reproduction in rice. I. Effect of plant growth substances on an early variety. Bull. Tor. Bot. Club. 84(6):442—449.

〔7〕 G. Misra and G. Sahu, 1959. Physiology of growth and reproduction in rice. II. Effect of plant growth substances on three winter varieties. Plant Physiol. 34: 441—445.

〔8〕 Stowe B. B. and T. Yamahi, 1957. The history and physiological action of the gibberellins. Ann. Rev. Plant Physiol. 8: 181—216.

〔9〕 Л. Д. Прусакова, К. С. Бокарев, С. И. Чижова, 1973. Регуляция роста стебля ячменя действием 2—хлорэтилфосфоновой кислоты, хлорхолинхлорида и антиауксина. Физиол. Раст. Том. 20, Вып. 3: 610—616.

EXPERIMENTS IN INCREASING THE GRAINYIELD OF RICE BY USING PHYTOHORMONES AND NITROGENOUS FERTILIZERS

Laboratory of plant physiology
(Department of Biology,)

Abstract

This study possesses important practical significance for the purpose in increasing the grain yield of rice.

This work was carried out by field experiment in 1973 to study the effect of plant growth substances and nitrogenous fertilizers upon the number of effective spikes, secondary branches and grain yield, with the two rice varieties: the early season variety "Chen-Chu-Ai" (珍珠矮) and lateseason variety "Kuang-Hua" (广华). The main results obtained were as follows.

1. At the time of spike differentiation: for the early season variety "Chen-Chu Ai" at the differentiation of first bract, and for the lateseason variety "Kuang-Hua" at the formation of primary branch primordia, application of nitrogen results significantly in increasing the number of effective spikes, seconday branches, grains per spike and grain yield. But the weight per 1000 grains decreaces.

2. At the differentiation of first bract, application of GA_3 (5ppm.) by lateseason variety "Kuang-Hua", effective panicle stems would not be increased, but the number of secondary branches per spike would be increased. As compared with GA_3, NAA (250 ppm.) increases the number of spikes, but decreases the number of secondary branches. For in consequence, GA_3 or NAA alone shows no markedly effect at the grains yield. It means, therefore, that GA_3 or NAA will become effective only in the condition of nitrogen application. At the time of heading, the yield of rice "Chen-Chu-Ai" increases greatly by spraying GA_3 (10ppm.). GA_3 in the combination with chlorocholine chloride (0.5%) increased the crop yield.

3. 4-iodo-phenoxyacetic acid (20ppm.) would be applied during the initial stage of spike differentiation, the grain yield would be increased significantly.

运用对立统一规律防治鱼病

生物系　廖翔华

当前,池塘养殖业中鱼病防治是一个突出的问题。早在二千四百多年前,我国劳动人民在淡水养殖的实践过程中,就察觉到鱼病的存在。但在旧中国的残酷剥削制度下,对人民的疾病防治都毫不关心,又那里谈得上鱼病防治?解放后,在中国共产党的正确领导下,在鱼病防治中贯彻"全面预防,积极治疗"的正确方针,采取"无病先防,有病早治"的积极方法。在毛主席的革命路线指引下,广大贫下中农和革命知识分子在鱼病防治工作中取得很大成绩。但鱼病学本身还是一门很年轻的学科,急需解决的问题还不少。目前,对一些重要鱼病的资料仍掌握得不多,防治的效果也常出现不稳定的状况。

马克思主义哲学认为,对立统一规律是宇宙的根本规律。这个规律,不论在自然界、人类社会和人们的思想中,都是普遍存在的。如何自觉运用对立统一规律去认识和防治鱼病,这对鱼病学理论和鱼病防治方法的研究以及淡水鱼养殖业的生产实践都有重要的意义。

一、鱼病的普遍性和特殊性

养殖鱼类的疾病主要是由于寄生物侵袭鱼体而引起的,这当中存在着寄生和反寄生的矛盾。鱼体受到病原体的侵袭后,如果身体的抵抗力足以抑制寄生物的发展,鱼体便不发生病症。反之,身体某一部分机能受到影响,或受到破坏,便会产生疾病。鱼体受到病原体的感染后,又逐渐产生抗病的能力,排斥病原体的寄生。

鱼类是组成自然界中千千万万生物中的一小部分,养殖鱼类又只是鱼类中极其微小的一部分。但是从野生到驯养,从江河到池塘,从稀疏到密集,加上许多人为的因素,都增加塘鱼生活环境的复杂性,也造成一些有利于寄生物传播的条件。江河是比较开阔的水体,在那里的水文条件,如水温、溶氧和流速等和池塘有很大的区别。养殖鱼类从江河转移到池塘,生活环境起了巨大的变化。首先要能适应水温变化大、溶氧较低和无显著流速的环境。这些条件对鱼的健康往往起着不利的作用。江河里,除开在繁殖的季节,单位面积内同种鱼类的密度往往比池塘里小，因此，同一种类彼此接触的机会也少。池塘在养殖的条件下，鱼类的密度大大增加，相对地也增加了病原体传播的机会。某种病原体适应那种生活环境，就逐步形成特殊疫源的体系。例如鲤鱼在我国淡水养殖，放养的数量少，也缺乏连续性，因此疾病也较少。但是在欧洲，鲤鱼是主要养殖对象，疾病甚为严重，并且已形成一个顽固的体系。鲩鱼在我国是一种重要养殖对象，疾病也甚严重，形成一种流行病的体系，和欧洲的鲤鱼流行病有极其相似的性质。养殖操作的习惯也形成许多人为的因素，助长了寄生物传播。最明显的例子是，广东清塘时使用茶麸，对鱼类有毒杀作用，但对一般的病原体以及蠕虫的宿主都无清除的作用。这样就使很多病原体积累在池塘中，长期下去就形成某种疫源的体系。又如广东育苗的习惯，在鱼苗培育前期放养一些所谓"吃水鱼"，用于控制浮游生物过量的繁殖，或清除塘底的维管束植物。这些"吃水鱼"往往就是带病者，将疾病带进育苗塘。鱼苗从一口塘迁至另一口塘，从一个地区迁至另一个地区，如果不进行严格的检疫，也会造成疾病的扩散。

　　由此可见，鱼病的发生发展和消亡，并非一种孤立的现象，它是鱼体、病原体和生活环境三者之间相互关系的错综复杂的表现。而这三者又是经常变化的，任何一方面条件的改变都会影响矛盾的发展，引起某些旧的鱼病的改变（甚至消失）和某些新的鱼病的出现。

　　鱼病普遍存在于养殖业中，也普遍存在于每种养殖业发展过程的始终。某些以鱼体为寄生对象的病原体（寄生物），长期地适应于池塘的环境而生存，就同某种养殖鱼类的生存构成矛盾，从养殖业的角度来看，它也是人和自然界的矛盾。在养殖过程中，从鱼苗阶段开始，就产生同鱼病的矛盾。当然，不是每种病原体都能寄生于一种鱼类生活过程的始终。许多原生动物和蠕虫仅仅感染鱼苗，随着矛盾的发展，一些染病严重的鱼苗死亡，而另一些染病的鱼苗抑制住病原体的发展，并随着鱼体的生长，逐步消灭体内的病原体。但是矛盾并没有终结，一些不同性质的新的疾病又可能再行感染。譬如在鲩鱼病中，鱼苗病主要是原生动物病和蠕虫病，细菌性流行病并不构成主要的威胁，但是到成鱼阶段，原生动物病和蠕虫病退居次要地位，细菌性流行病便突出到主要的地位。所以，鱼体和疾病是处在不断的对立统一的过程中。人们通过实践，认识，再实践，再认识，不断提高和鱼病作斗争的能力，控制了某些鱼病的发展，但是矛盾并没有因此而消失。过去，广东的鱼苗病中，头槽绦虫病是鲩苗的主要威胁。经过不断的防治，这种疾病已逐渐减少，大大提高了鲩苗的成活率。1960年以后饼形碘孢虫病突然崛起，这种病原体在十几年前是绝少发现的，现在却成为主要的危害，每年造成鲩苗大量的死亡。我们的任务正是不断揭露矛盾、分析矛盾和解决矛盾。

　　任何鱼病都有它的普遍性和特殊性，要防治鱼病，还要进一步认识每种病原体的个性，以及和鱼体构成的特殊矛盾。病原体是多种多样的，从病毒、细菌、单细胞原生动物到构造比较复杂的寄生甲壳动物和蠕虫。但是，它们有一个共同的特点，就是不能长期独立生活，而必须依赖鱼体而生存。

细菌性流行病可以疽鲩为代表。所谓疽鲩就是指几种暴发性鲩鱼的瘟疫,每年造成鲩鱼大量的死亡,给成鱼养殖带来很大危害,如广东地区五、六月间暴发的肠炎、赤皮瘟和烂鳃病。肠炎的病原体目前认为是肠型点状极毛杆菌,可能是病原菌随食物进入消化道引起肠道发炎并充斥大量粘液和腹水,而破坏鱼的消化和营养吸收机能。目前,我们掌握肠型极毛杆菌的知识还不够。推测这种细菌在某种环境下是一种腐生菌(无危害性),但条件改变就会转化为有害病菌。赤皮瘟是由于萤光极毛杆菌的感染,这种病和欧洲鲤鱼的赤皮瘟极其相似。过去欧洲一向认为它是由细菌引起,现在证明是病毒引起的。烂鳃病是由于粘菌寄生引起的,直接破坏呼吸系统。肠炎和赤皮瘟出现在3—4寸的幼鱼,以至Ⅰ—Ⅱ龄的成鱼,至第Ⅲ龄以上的成鱼又逐步减少。由三种不同性质的病原菌产生不同的病症,引起机体不同性质的矛盾。

原生动物病大部分是由于体表的寄生,但也有寄生在体内和血液里。危害性最大和最顽固的是孢子纲。它的种类繁多,分布甚广,生活力顽强,出现在几乎所有的系统和组织里,造成许多严重的幼鱼病。饼形碘孢虫寄生在幼鲩的消化道里,在鲢鱼的晕眩病中孢子虫却侵入中枢神经系统里。

危害性较严重的还有蠕虫病。蠕虫都有较复杂的生活史。如头槽绦虫就有卵、钩球蚴、原尾蚴、裂头蚴和成虫等五个阶段。从钩球蚴发育到原尾蚴必需通过寄生中间宿主—剑水蚤。幼鲩吞食带有成熟原尾蚴的剑水蚤才能感染。某些吸虫从卵发育到稚虫还需要经过两种不同的中间宿主—螺和鱼,再传到某种脊椎动物体内而成熟。不论是绦虫还是吸虫,它们都经过两种生活环境:(1)宿主本身及其外界环境的影响;(2)生活中某些环节直接受到外界环境的影响。在前一种因素中,寄生虫和宿主的关系是直接的,和外界环境的关系是间接的。在后一种因素中,寄生虫和外界环境的关系是直接的。蠕虫经历如此曲折的、复杂的生活史,从不断的矛盾斗争中达到相对的统一。经过长期适应特殊的环境,体内寄生蠕虫的运动器官都异常退化和具有特异发达的生殖系统。绦虫的身体是带状的,由数目众多的节片组成,体长230毫米的成虫就有339个节片。其中有104个生殖节片和156个孕娠节,每个节片都具有一套完整的生殖器官。每一条成虫每次能排出几万个卵,它们随着鱼的粪便流入水中。复殖吸虫一般需要两个中间宿主,要求两个矛盾都获得统一,机遇就更小了。所以,吸虫的裂蚴在螺体内又经过几代的无性繁殖。每个裂蚴体内又能发育成若干数目的尾蚴。结果,一枚卵最终可繁殖成几千个甚至几万个尾蚴,大大增加了感染的机会。

以上例子说明任何病原体的寄生现象都有它的特殊性,某一种病原体只能寄生于一种或几种鱼类,而且,寄生的年龄、部位和器官都有一定的局限。我们必须掌握这种事物的特殊矛盾,对各种鱼病作具体的分析,才能避免主观性和盲目性。

二、运用矛盾规律达到防病的目的

认识鱼病是为了更好地防治鱼病。懂得了鱼病的发生规律,还远远没有达到防治鱼病的目的，更重要的是运用规律去防治鱼病。

　　疽鲩是个"老大难"的问题。1971年我们在南海进行饲料试验时就受到挫折，那一年试验塘的鲩鱼死亡率较高。1971年后期我们总结前期工作的经验，认识到疽鲩这个病原体是外因，它要通过鱼体的内因才能起作用。如果加强内部条件，使外因不能起作用，也就不会发病了。所以，疽鲩的病菌既可怕，也不可怕。1971年发病率高，根本原因出于鲩鱼本身。那年因为鱼种准备工作没有做好，放养的鱼种东凑西拼来自四面八方，身体瘦弱，而且放养时间太迟，鱼体的伤痕还没有完全恢复就受到病菌的袭击。因此，放养后很快就发病。另外，肠炎的杆菌，既是腐生菌又可以转化为病菌，当前，我们还没有掌握肠炎杆菌转化的条件时，也可以改变池塘的环境，使它适合鲩鱼生长，不利于病菌发展。我们根据以上的分析，在1971年就着手培养强壮的鱼种，并且在冬季病菌还不活跃时，提前放养，给鱼种有充分的时间恢复身体的创伤。南海的青饲料比较缺乏，我们利用荒涌培养凤眼兰，经过醣化后投饲，在不占用土地的情况下，每天可获得足量的青饲料均匀投放；另外每隔二周投放一次穿心莲药饵加强防病。结果1972年在同样的试验塘，成活率提高到99.98—100％，鲩鱼每亩产量增加三倍。

　　实践证明，疽鲩并不是一个孤立的问题，它和鱼体内因有密切的关系。饲料是养鱼的物质基础，有了这个基础，加上适当的防病措施，发挥鱼体的内因作用，提高抗病能力，就能获得较高的成活率和产量。病菌是个外因，它可以致病，也可能不致病。在养殖的条件下，也完全有可能控制池塘的环境，使鲩鱼尽少吞食腐败的食物，以减少鲩鱼致病的机会。

　　防治鱼病还要根据不同疾病的性质，采取不同的措施。毛主席教导说："**不同质的矛盾，只有用不同质的方法才能解决。**"过去九江头槽绦虫是广东地区鲩苗一种严重的疾病。'十二朝'以下养冬的死亡率可以达到90％以上。一个养殖场养冬30余万尾鲩苗，到翌春只剩下三万左右，严重影响销区渔农的种苗分配。这种绦虫有很强的繁殖力，每条成虫每次可排1—2万枚卵。在池塘里剑水蚤是常见的浮游生物，它是幼鲩很好的饵料，又是头槽绦虫的中间宿主。育苗后不久，幼苗开始吞食有原尾蚴的剑水蚤，原尾蚴穿出被消化的剑水蚤，寄生在鲩苗的前肠迅速成长。育苗后25天，鲩苗已长成三公分左右，这时要分塘疏养。寄生在体内的绦虫也在21—23天成熟排卵。鱼苗疏养的时间和绦虫成熟的时间恰好吻合。鲩苗从育苗塘搬进疏养塘后，体内的绦虫就在疏养塘里排出大量的卵，这样就将绦虫病从一口育苗塘带到几口疏养塘。人也就成为头槽绦虫的义务传播者。幼鲩在早期没有免疫力，感染后又可重染。最重的负荷每尾幼鲩可感染到400多条虫。当初，我们研究这种鱼病时花费了较长时间去摸清寄生虫的生活规律和消长规律，接着就要求进一步防治。首先接触的是数量问题。每亩育苗塘育苗20—25万尾，一口三亩塘即有鱼苗60—75万尾。调查的结果表明感染率平均为22—100％，每尾幼鲩只要有四条成虫，每次就能排出4—8万枚卵，以全塘鱼苗计算，就成为天文数字。数目大就意味着扎根深。但是我们又从另一方面着想：(1)绦虫繁殖数目繁多，是寄生适应的现象，但本质是寄生；(2)绦虫是种寄生虫，它的生活斗争能力比自由生活的动物低；(3)生活史是如此的复杂，要完成生活史必须一环紧扣一环，其中必有比较薄弱的环节，假如能攻破其中之一环则不难使其生活全面崩溃。恩格斯早就指出："**对寄生生活的适应总是退化。**"所以寄生虫的生活史虽然貌似复杂，但却是退化的，在整个生物进化史上是落后的。毛主席教导说："**如果是存在着两个以上矛盾的复杂过程的话，就要用全力找出它的主要矛盾。捉住了这个主要矛盾，一切问题就迎刃而解了。**"分析头槽绦虫的生活史，就可知道清塘后毒杀遗留的鱼苗，绦虫成虫也随着宿主一并死亡，留在池塘中的是大量的卵和剑水蚤。这时防病的主要矛盾也从成虫转化为池塘中大量的卵和剑水蚤。消灭卵和剑水蚤可以用每亩250斤生石灰的清塘方法，但是也可以不用药物而利用其生活规律达到消灭病害的目的。卵在育苗期前的水温条件下，最长的孵化期为10天，钩球蚴只能生存一天，感染原尾蚴的剑水蚤最长寿命为35天。假如在育苗期前控制一段时间，这段时间等于卵最长的孵化期，加上已感染剑水蚤最长的寿命期，再加5天的机动时间，总共为50天，就可以使池塘中千千万万的绦虫卵和剑水蚤自归于尽。绦虫的生活史就此中断，病害也归于消灭。实践证明，在生产上运用生态方法防止绦虫病是切实可行的。

近几年鲩鱼苗出现了孢子虫病。这种病出现在育苗后15天内，使鱼苗大量死亡。防治这种病的主要矛盾在于孢子，清塘后塘底留下大量的孢子，是否也可以用控制的方法消灭疾病？试验证明，孢子的性质和绦虫卵完全不同，孢子对药物有很强的忍受力。欧洲对引起鲤鱼的眩晕病的孢子用尽药物，最后使用氰化钙才将它制服。氰化钙是烈性毒药，在生产上无法使用。另外，孢子在水中潜伏数年仍保持其生活力。所以短期控制也无法达到消灭疾病的目的。但是孢子虫有顽固的一面也必定有软弱的一面。前年在检查病例时发现这种病原体只能感染幼鱼，感染不甚严重的侥存个体随着生长，肠壁上的孢囊逐渐为宿主的组织所包围，而渐死亡，在成鱼中已不再出现，其特殊性表现在寄主的年龄。根据这个特点，我们研究将成鱼塘和育苗塘轮流使用，即用成鱼塘育苗，结果几年来在成鱼塘培育的鲩苗并未出现有孢子虫病。

几年来，我们在生产斗争和科学实验的实践过程中，不断加深了对毛主席的《实践论》和《矛盾论》的理解。我们决心进一步掌握自然辩证法这个武器，和贫下中农一起搞好鱼病防治工作，为革命事业作出更多的贡献。

增产灵、增产素及苯氧乙酸在水稻生产中的应用

植物生理组　植物生理进修班　同位素实验室*
（生物学系）

摘　要

在水稻始穗期或灌浆初期，叶面喷施增产灵30—40ppm，增产素 30—40ppm 或苯氧乙酸80ppm，均能提高叶片含氮量，促进叶中C^{14}同化物的输出和提高在谷粒中的分配率，有利于谷粒的灌浆过程，从而提高水稻的结实率和千粒重，具有一定的增产作用。

自1974年以来，我省在水稻生产中应用增产灵(化学名称：4—碘苯氧乙酸)已形成群众性运动，并取得可喜的成效。据佛山地区1974年28点的试验统计，平均增产幅度为每亩稻谷44.2斤，平均增产率6.7%。1975年推广使用增产灵的面积更大。1972—73年，我们曾于本校实验农场进行增产灵的试验，对水稻的增产幅度为3.8—9.8%[3]。目前，我省其他地区也有不少单位推广使用增产灵，并取得一定的增产效果。

随着增产灵应用的发展，对合成原料之一碘片的需要大量增加。为了解决大面积使用时所带来的原料问题，根据群众的实践，我们便着手探求能否用无碘的增产灵（苯氧乙酸）来部分地代替有碘的增产灵（4—碘苯氧乙酸），或在部分的田亩上应用增产素（4—溴苯氧乙酸）。

从这个指导思想出发，在本试验中我们将比较这三种药剂对水稻的生理效应和产量的作用，试图找出一些规律性的东西，为推广应用这类植物生长调节剂而努力！

试　验　方　法

1975—76年的田间试验均在本校实验农场进行。1975年晚造试验品种广二安,小区面积0.03亩,三次重复,规格7×3(寸)，每科插8—10苗。7月27日移植，11月11日

---

*本文由傅家瑞执笔。1977年 3 月16日接稿。

收获。于10月7日始穗期分别喷施增产灵40ppm，增产素40ppm及苯氧乙酸80ppm。另外，还设有喷第二次的组别，在第一次喷后9天（即10月16日）再喷。施药后4、11、18、25天，每组取样20株，调查地上部各器官干重及谷粒灌浆速度。采收前取样考种，调查有效穗数、每穗粒数、结实率及千粒重。收获后计算小区产量。

1976年早造试验品种珍珠矮，小区面积0.03亩，三次重复随机排列，插植规格7×3(寸)，每科6—8苗。4月7日移植，7月8日收获。基肥200担土杂肥，分蘖期追肥12斤尿素，中期退赤不够，后期不施肥。7月15日灌浆初期分别喷施增产灵30ppm、增产素30ppm及苯氧乙酸80ppm。另设一组为增产灵30ppm和苯氧乙酸80ppm混合喷施。采收前进行考种，收获后测定产量。

另外，用80、120、160ppm苯氧乙酸在灌浆初期喷施，调查不同浓度苯氧乙酸对水稻穗粒性状的影响。

两年来还用盆栽水稻进行同位素示踪试验。试验品种和插植期均与田间小区试验相同。1975年晚造在始穗期喷药，经1、10、20天后，分别以$C^{14}O_2$喂饲水稻主茎的剑叶；1976年早造在灌浆初期喷药，经10天后，同样喂饲$C^{14}O_2$。喂后两天，分别测定主茎的剑叶片、剑叶鞘、茎及谷粒四部分的放射性强度。示踪试验用的装置是密闭系统[1]。密闭系统总容积为1—1.5立升，CO_2浓度约1％，内含$C^{14}O_2$的放射性强度为100微居里。每次共喂4株，每株约供25微居里。光合进行的持续时间为30分钟，然后用NaOH回收残留的$C^{14}O_2$ 15分钟。

待测样品烘干剪碎后，称取50毫克铺于样品盆中，用弱β-钟罩形计数管进行放射性强度的测定。分别计算出喂饲叶片中C^{14}同化物的输出率，以及不同器官中C^{14}同化物的分配率。抽穗后，水稻剑叶的光合产物极少向根部运转，也甚少运往其他的叶部，故不测定根部及其他的叶部放射性强度。在测定谷粒放射性强度时，把穗轴作为茎部。

C^{14}同化物输出率和分配率的计算公式如下：

$$输出率 = \frac{从喂叶运至其他器官的C^{14}同化物量(脉冲/分)}{喂叶C^{14}O_2总同化物量(脉冲/分)} \times 100$$

$$分配率 = \frac{某一器官的总放射性强度(脉冲/分)}{整株总放射性强度(脉冲/分)} \times 100$$

1975年晚造试验，在喷药后4、11、18、25天，分别取功能叶制成干样品，用凯氏法测定全氮含量。

试 验 结 果

（一）增产灵、增产素和苯氧乙酸对水稻灌浆过程中光合产物运转分配的影响

绿色的叶片在光下摄取CO_2合成有机物质，通过输导组织运转至各个器官。施用植物生长调节剂将引起叶片中光合产物输出速度和在不同器官中分配量的变化。在水稻灌浆过程中，这种有机物质的运转分配过程在很大程度上影响到产量的形成。

1、三种生长调节剂对水稻叶片 C^{14} 同化物输出率的影响

在始穗期施用增产灵、苯氧乙酸后第一天，剑叶中 C^{14} 同化物的输出率基本上不变化。

不论在始穗期或灌浆初期，喷施生长调节剂10—20天后，剑叶中 C^{14} 同化物的输出率均提高。三种调节剂都有促进作用，其中以喷施两次的比喷施一次的作用较明显（表1）。

增产灵与苯氧乙酸在提高输出率上有不同的特点。施药后1—10天，增产灵提高输出率的效果大于苯氧乙酸，而在施药后20天，则苯氧乙酸的药效却反而大于增产灵（图1）。

2、三种生长调节剂对水稻 C^{14} 同化物在各器官中分配的影响

在始穗期施用增产灵或苯氧乙酸后第一天，从剑叶运转至茎部的 C^{14} 同化物量比对照多；用苯氧乙酸处理的，剑叶鞘部暂时贮存的 C^{14} 同化物量也有所增加。反之，用增产灵或苯氧乙酸处理的，流入穗部的 C^{14} 同化物量却低于对照（表1）。始穗期正是穗下节间迅速伸长和穗轴抽出期，茎部表现强烈的生长过程，增产灵和苯氧乙酸有加速光合产物向生长中心输入的作用。

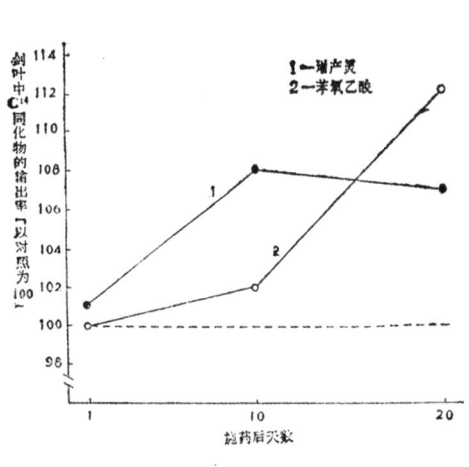 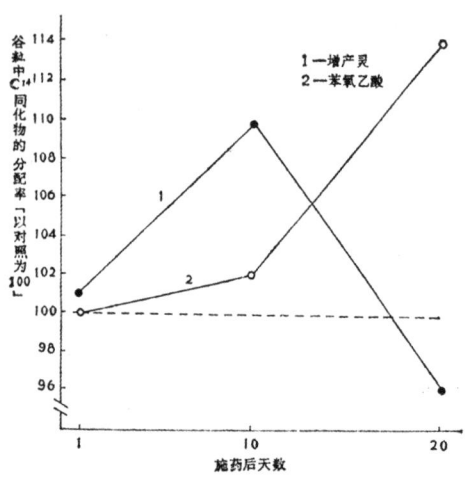

图1 增产灵与苯氧乙酸对水稻剑叶中 C^{14} 同化物输出率的影响　　图2 增产灵与苯氧乙酸对水稻谷粒中 C^{14} 同化物分配率的影响

在始穗期或灌浆初期施药后10天，稻穗已进入灌浆期，谷粒成为代谢中心。施用三种生长调节剂均不但提高剑叶的输出率，而且也增加谷粒中 C^{14} 同化物的分配率（表1）。此时，增产灵的促进作用大于苯氧乙酸。及至施药后20天，苯氧乙酸的促进作用却比增产灵大（图2）。施用增产灵20天后，虽然输出率比对照高，但

表1　三种生长调节剂对水稻叶片C^{14}同化物的输出和分配的影响

試驗时期	施葯期	喂$C^{14}O_2$时期	处理	C^{14}同化物在不同器官中的分配率(%)				剑叶输出率(%)
				喂叶	喂鞘	茎部	谷粒	
1975年晚造	始穗期	施葯后一天	对照	24.39	8.68	44.41	22.52	75.61
			增产灵40ppm. 喷一次	23.46	7.43	51.34	17.77	76.54
			苯氧乙酸80ppm. 喷一次	24.94	12.33	49.02	13.71	75.06
		施葯后十天	对照（1）	17.22	2.48	1.17	79.24	82.78
			增产灵40ppm. 喷一次	14.65	2.94	1.01	81.61	85.35
			增产灵40ppm. 喷两次	10.52	1.21	1.37	86.89	89.48
			对照*（2）	15.16	1.20	0.63	83.02	84.84
			苯氧乙酸80ppm. 喷两次*	13.06	1.28	0.72	84.99	86.94
		施葯后二十天	对照	24.19	3.18	1.14	71.51	75.81
			增产灵40ppm. 喷一次	18.52	11.21	1.78	68.50	81.48
			增产灵40ppm. 喷两次	18.80	9.23	1.55	70.40	81.20
			苯氧乙酸80ppm. 喷两次	14.73	2.44	0.88	81.94	85.27
1976年早造	灌浆初期	施葯后十天	对照	9.12	1.30	0.98	88.59	90.88
			增产灵30ppm. 喷一次	7.05	0.74	0.71	91.50	92.95
			增产李30ppm. 喷一次	5.37	0.64	0.96	93.06	94.63
			苯氧乙酸80ppm. 喷一次	6.55	0.65	0.89	91.91	93.45

* 此次試驗在当天下午喂飼$C^{14}O_2$（其余試驗均在上午喂飼$C^{14}O_2$）

谷粒的分配率却降低，因C^{14}同化物较多积累于鞘内，对照株的鞘部C^{14}同化物的分配率为3.18%，以增产灵处理一次和两次的则分别为11.21%和9.23%。可是施用苯氧乙酸的并不发现鞘部积累较多C^{14}同化物，其鞘部C^{14}同化物分配率仅为2.44%，比对照略低，而谷粒的分配率则较高（表1）。

据 Oshima 的示踪试验结果，贮藏在叶茎中的淀粉，其中90%可转移至谷粒中[7]。因此，似可推论，茎鞘部的C^{14}同化物量的增多，是营养物质的暂时贮藏，鞘茎只起"转运站"的功能。

3、喷施次数对C^{14}同化物运转分配的影响

喷施的次数也会影响到药效的大小和持续期。据我们1972—1973年的试验结

果，喷施增产灵3—5天后，在鞘内与谷粒中的碳水化合物含量有较大的变化，表明此时可能进入药效的高峰期[8]。施用增产灵10—20天后，仍然可见药效，其中以喷施两次的比喷施一次的较为明显。喷施两次的，在10天后测定 C^{14} 放射性强度，不论是剑叶 C^{14} 同化物输出率或是谷粒中 C^{14} 同化物的分配率，均比喷施一次的为高（图3）。施药后20天，虽然剑叶输出率高于对照，但谷粒分配率却低于对照。如喷施两次，谷粒中 C^{14} 同化物的分配率则比单喷一次的有所改善（图3）。

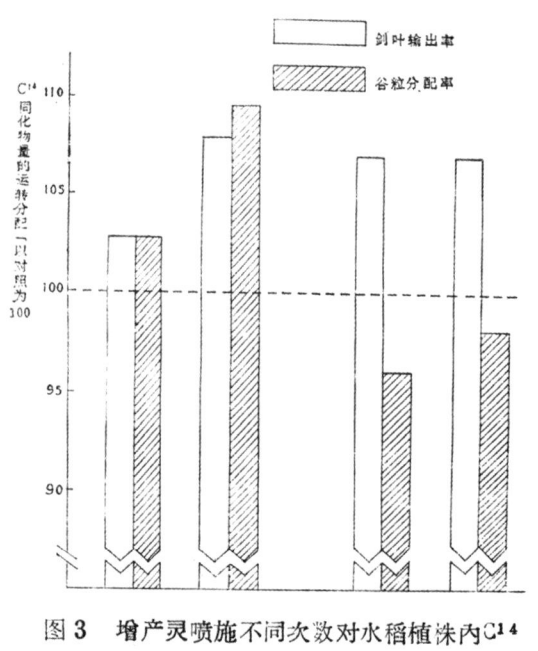

图3 增产灵喷施不同次数对水稻植株内 C^{14} 同化物中运转分配的影响

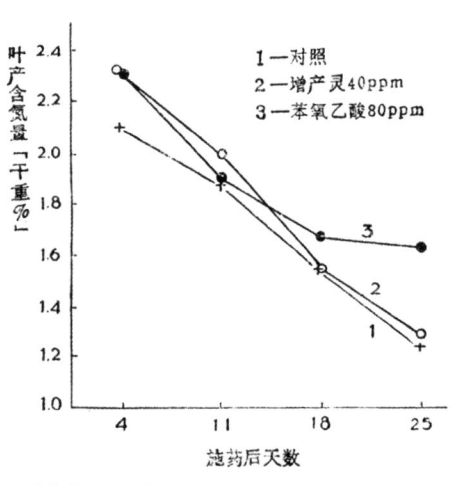

图4 增产灵、苯氧乙酸对水稻叶片含氮量的影响

群众在生产实践和科学实验中认识到喷施两次增产灵比喷施一次的效果要好。本示踪试验则从有机物质的运转分配方面证明喷施两次的比喷施一次的更能促进谷粒的灌浆，和群众的实践经验是一致的。

（二）增产灵、增产素和苯氧乙酸对水稻叶片含氮量的影响

施用增产灵、增产素和苯氧乙酸后4—25天的期间内，水稻叶片的含氮量大都有所提高（个别数值除外）（表2）。喷施增产灵或苯氧乙酸两次的，叶片含氮量的增加比喷施一次的更为明显。随着施药后天数的延长，增产灵处理株的叶片含氮量愈来愈接近对照株，而苯氧乙酸处理株的叶片含氮量仍保持较高水平（表2，图4）。

增产素对水稻叶片含氮量的影响与苯氧乙酸略为相似。

表2 始穗期施用植物激素对水稻叶片含氮量的影响
（单位：干物重的百分率）

组　　别	*施药后天数			
	4	11	18	25
对　　照	2.10	1.89	1.54	1.24
增产灵 40ppm 喷一次	2.31	1.97	1.54	1.22
增产灵 40ppm 喷两次	—	2.01	1.54	1.30
苯氧乙酸 80ppm 喷一次	2.31	2.07	1.54	1.33
苯氧乙酸 80ppm 喷两次		1.91	1.68	1.63
增产素 40ppm 喷一次	2.00	2.07	1.68	1.35

*以第一次施药为准（第二次施药与第一次施药相隔9天，施药后35天收获）

（三）增产灵、增产素和苯氧乙酸对水稻产量和经济性状的影响

1、对水稻籽粒灌浆过程的影响

在喷施增产灵、增产素及苯氧乙酸后定期采取穗中部的谷粒，每穗25粒，烘干后称重。喷施生长调节剂的水稻，总的趋势是：谷粒干重增加稍快，其中喷施两次的又比喷施一次的为快（表3）。在施药后4—18天（即扬花和灌浆初期），生长调节剂对千粒重增加的促进作用较明显，尤其是喷施两次药剂的。在施药后18—25天，谷粒干重增加迅速，从测定的数据看，有些处理组合的千粒重反而小于对照，而在收获时（即喷药后35天）各组合的千粒重均比对照大。原因可能与谷粒的成熟度有关，亦可能与处理株的同化物暂时较多地贮存于鞘部有关。总的来说，调节剂有促进谷粒灌浆，提高千粒重的作用。

表3 始穗期喷施生长调节剂对水稻籽粒灌浆过程中
千粒重变化的影响（千粒重：克）

组　　别	施药后天数				
	4	11	18	25	35
对　　照	3.3	12.0	14.6	22.1	21.9
增产灵 40ppm 喷一次	4.0	11.9	15.0	22.7	22.9
增产灵 40ppm，喷两次	3.9	12.5	15.2	22.0	—
苯氧乙酸80ppm，喷一次	3.7	11.7	15.0	21.3	22.4
苯氧乙酸80ppm 喷两次	4.0	12.5	14.7	22.6	—
增产素40ppm，喷一次	4.1	12.3	15.1	21.9	22.4

2、对水稻产量及穗粒性状的影响

两年来的小区试验结果，除一平产外，均有不同程度的增产效果，增产幅度为 3.0—8.8%，其中以增产灵的效果较大，增产素次之（表4）。总的情况，增产组别的产量与考种数据，与同位素示踪试验结果基本上是相符的。

平产的一例是1976年的苯氧乙酸处理组，如从考种数据看，结实率和千粒重均比对照高，理论产量应当高于对照组。现为平产，很可能受到别的因素所影响。

穗数，粒数和粒重是产量构成因素。除穗数在喷药时基本决定外，经生长调节剂处理的植株，其结实率和千粒重均有明显的提高（表5、6）。其中以喷施两次的比喷施一次的，每穗实粒数和结实率都增加得明显些，当增产灵和苯氧乙酸混合施用时，结实率和千粒重均有所提高，从而提高产量。

表4 增产灵、增产素、苯氧乙酸对水稻产量的影响

造 别	处 理	每亩产量（斤）	产量坛减（斤）	坛（减）产率（%）
1975年晚造	对 照	596.8		
	增产灵 40ppm，喷一次	649.5	+52.7	+8.8%
	苯氧乙酸 80ppm，喷一次	612.3	+15.5	+2.6%
	增产素 40ppm，喷一次	612.3	+15.5	+2.6%
1976年早造	对 照	732.2		
	增产灵 30ppm，喷一次	756.0	+23.8	+3.0%
	苯氧乙酸80ppm，喷一次	732.2	0	0
	增产灵30ppm+苯氧乙酸80ppm，喷一次	763.3	+31.1	+4.2%
	增产素30ppm，喷一次	758.9	+26.7	+3.6%

表5 增产灵、增产素、苯氧乙酸对水稻经济性状的影响（1975年晚造）

组 别	每科有效穗数	每穗总粒数	每穗实粒数	结实率（%）	千粒重（克）
对 照	6.9	84.1	51.2	60.9	21.9
增产灵40ppm，喷一次	8.5	76.4	48.2	63.0	22.9
增产灵40ppm，喷两次	8.3	84.0	56.8	66.8	—
苯氧乙酸80ppm，喷一次	7.3	81.6	50.0	61.3	22.4
苯氧乙酸80ppm，喷两次	7.3	90.1	64.4	76.6	—
增产素40ppm，喷一次	7.8	70.4	48.8	69.3	22.4

表6 增产灵、增产素、苯氧乙酸对水稻经济性状的影响（1976年早造）

组 别	每科有效穗数	每穗总粒数	每穗实粒数	结实率(%)	千粒重(克)
对 照	9.9	101.4	56.0	55.4	22.0
增产灵30ppm	8.7	105.1	60.0	57.1	22.2
苯氧乙酸80ppm	9.2	102.4	68.3	66.7	22.5
增产灵30ppm +苯氧乙酸80ppm	9.6	94.4	56.3	59.6	22.9
增产素30ppm	9.5	107.7	64.1	59.5	22.6

3、不同浓度苯氧乙酸的作用

在灌浆初期用80－120ppm苯氧乙酸喷施水稻，每穴粒数和粒重均有所增加，其中以120ppm的浓度较佳，每穴实粒数增加约达19％。当浓度增高至160ppm时，粒数与粒重均下降，出现不良的影响（表7）。我们初步认为，80ppm苯氧乙酸对水稻有促进的生理效应，可能会提高产量，但并不是最适浓度。今后可适当提高浓度，以120ppm浓度为基础开展实验，寻找对水稻增产的最适用量。

表7 不同用量的苯氧乙酸对水稻穗粒性状的影响
（1976年早造，珍珠矮）

| 组 别 | 苯氧乙酸用量 | | | 对 照 |
	80ppm	120ppm	160ppm	
每穴实粒数	1278	1430	910	1200
千粒重(克)	23.5	23.2	22.7	22.7

讨 论

苯氧乙酸是一种具有很微弱活性的生长调节剂，因而以往应用的兴趣一直集中到它的衍生物，如活性很强的2、4－D、二甲四氯、4－氯苯氧乙酸（4－CPA）上[4]。用亚麻和小麦幼苗根系进行生物测定，得知卤族元素占据苯氧乙酸的第四位时，生长素活性便有明显的增强，其活性增强的顺序随卤素原子大小而变化，即Cl＞Br＞I[6]。增产灵是碘代第四位的苯氧乙酸衍生物，增产素是溴代第四位的苯氧乙酸衍生物，其活性低于4—CPA及2、4－D等生长调节剂。可是，我国劳动人民坚持自力更生的方针，在文化大革命期间研制成功增产灵，并迅速开展大田试验，在棉花、大豆生产上取得显著成效，在水稻、小麦上应用也有一定的效果[5]。其后，广西等地又试制成功增产素，并应用到大田生产实践中。

"**实践出真知**"。活性较低的溴代和碘代苯氧乙酸(即增产素和增产灵)，经过实践检验，在水稻生产中可以有效地施用。我们遵循毛主席的教导，通过两年来的科学实践，初步认识到苯氧乙酸虽然在生物测定中活性微弱，但只要浓度适宜，使用合理，同样地也能起到激素的调节作用。应用苯氧乙酸既可节约原料碘片，又可简化合成途径，降低成本，同时还便于使用。在配药时，增产灵需用多量酒精才能溶解，而配制苯氧乙酸却可节约酒精用量。

从两年来的初步试验结果看，增产灵、增产素及苯氧乙酸三种生长调节剂均能提高水稻叶片含氮量，促进C^{14}同化物的运转和提高谷粒的分配率，有利于灌浆过程，增加结实率和千粒重，从而导致水稻的增产。和赤霉素(920)相比，它们的生理作用是比较平稳缓慢的，在施药后3—5天，对碳水化合物的运转分配才逐渐表现较明显的效应[3]；当用赤霉素处理后，只在一天内就显著地出现促进的生理效应[1,2]。

这三种生长调节剂又各有其特殊性。从同位素示踪试验和含氮量测定中可以观察到它们之间的差异。在三者当中，增产灵的作用较速和较明显，适宜的浓度较低(一般为30—40ppm)；而苯氧乙酸的作用较弱和较迟缓，有效浓度较高(80—120ppm)，但有效的持续期较长；增产素则近似增产灵。因此，在应用苯氧乙酸时，如在抽穗期前后喷施，宜早不宜迟，施用浓度要比增产灵大2—3倍。施药两次的又比施药一次的效果较大。增产灵的增产效果较稳定与良好，但如何进一步提高它的增产效果，尚待深入研究。1972年，我们在水稻破口期施用增产灵，其增产率为9.8%；1976年，却仅为3.0%。增产效果往往受到复杂因子的影响，在栽培管理上存在可寻的线索。1976年的小区试验，基、追肥偏施氮而缺磷、钾，水稻生长过旺，后期熟色不佳；1972年试验田，早晒、晒好，且促控结合较好。稻株的长相长势，显然影响到药效大小。

增产灵的作用较速，苯氧乙酸的作用较缓，如将两种药剂混合使用，比单独施用效果较大。建议今后对这个做法继续进行试验，力求提高增产灵、增产素和苯氧乙酸的药效，为农业大上快上多作贡献！

参 考 文 献

〔1〕 中山大学生物学系植物生理遗传学教研室，应用放射性碳(C^{14})研究赤霉素对水稻光合产物运转与分配的生理效应。中山大学学报，1974(3)：1—10.

〔2〕 中山大学生物学系植物生理遗传学教研室，赤霉素对水稻体内碳水化合物代谢的影响。中山大学学报，1974(3)：11—22.

〔3〕 中山大学生物学系植物生理遗传学教研室，增产灵对水稻产量的生理作用。中山大学学报1974(3)：39—43.

〔4〕 罗士韦等编，1963.《植物激素》，上海科技出版社。

〔5〕 保定化工实验厂，植物激素增产灵的应用效果。农药工业，1970(9)：33—35。

〔6〕 Åberg, B.,1956. On the effects of para substitution in some plant growth regulators with phenyl nuclei In Wain, R. L. & Wightman, F, (ed). 《The Chemistry and Mode of Action of Plant Growth Suhstances》 p. 93—116. Butterworths, Sci. Pub. London.

〔7〕 Oshima, M.,1966. Translocation and redistribution of the assimilated C^{14} in rice plant. J. Sci. Soil Manure, Tokyo, 37(1): 589—93.

合理控制水稻生育期夺取高产的探讨

王永锐　李卓杰

（生物学系）

水稻生育期大体可以分为营养生长期和生殖生长期。从播种育秧至移栽后幼穗分化前为营养生长期；从幼穗分化开始至成熟为生殖生长期。按照过去一般的栽培方法，水稻营养生长期约有一半时间在秧田渡过，另有一半时间在本田渡过，然后开始幼穗分化，进入生殖生长期。而营养生长期基本上在秧田渡过的水稻，插后约七天即进入生殖生长期。在相应采取培育老壮秧和插足基本苗数等主要措施的基础上，得到亩产稳定在1200—1300斤。湖南省桃源县庄家桥大队全国劳动模范李光庆同志，成功地创造了这个栽培经验，他在稻、稻、麦三熟制的试验中，1974年、1975年、1976年均获得年亩产三千斤以上。我们试图从植物生理的角度对它作一个分析和讨论。

一、水稻营养生长期基本上在秧田渡过及秧苗的形态和生理特点

水稻在营养生长期，根、叶（包括叶鞘、叶片）和分蘖迅速增长，在良好的栽培条件下，秧苗在秧田里生长得到足够时间，根、叶和分蘖生长的生理性状与普通栽培方式的秧苗有如下的区别。

（一）在良好的栽培条件下，营养生长期基本上在秧田渡过的秧苗为老壮秧，按常规栽培出来的秧苗为嫩壮秧。老壮秧的秧龄高，有六叶以上，嫩壮秧的秧龄低，只有3—4叶左右，据分析，老壮秧比嫩壮秧的秧苗质素优越。

1、老壮秧的秧苗健壮，分蘖秧的比例高，根多而长，假茎长且宽，比嫩壮秧的性状良好（表1、图1）。

2 老壮秧更显著的特点是，各器官的干物质比嫩壮秧重，而以叶鞘的干物质尤重（表2）。叶鞘是贮藏营养物质的器官。叶鞘中淀粉等营养物质多，对于移栽后长新根、新叶和供应幼穗分化所需的营养是十分有利的。把上述两种秧苗拔后摆在室内，嫩秧不到两小时叶片便卷曲，而老壮秧经5—6小时叶片仍竖直不卷曲。老壮秧的根粗、根多、根重，对于移栽后不落黄同样是重要的。

表 1 老壮秧与嫩壮秧苗的性状*   1976年5月

調查項目	高产田老壮秧	对照田秧苗	高产田秧苗与对照田秧苗比例	
			高 产 田	对 照 田
株 高 （cm）	42.8	37.8	100	88.3
假茎長 （cm）	15.0	13.7	100	81.3
叶 長 （cm）	28.0	24.1	100	86.1
根 長 （cm）	18.3	10.3	100	56.3
根 数 （条）	30	24.0	100	80.0
无分蘖秧苗 （%）	72.3	93.0	100	127.9
一分蘖苗 （%）	14.8	3.4		
二分蘖苗 （%）	10.5	1.7	100	25.6
三、四分蘖苗 （%）	2.0	1.5		

* 取样地点：湖南省李光庆同志培育秧苗（下同）。

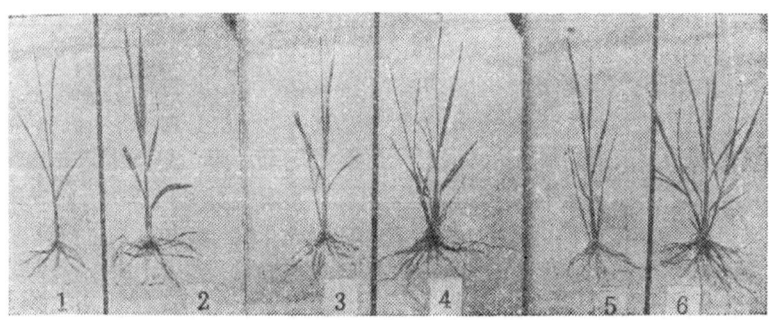

图 1

高产田秧苗比对照田秧苗的根多、根长、根粗，叶片和叶鞘健壮。

1 对照田的无分蘖秧苗。
2 高产田的无分蘖秧苗。
3 对照田带一个分蘖秧苗。
4 高产田带一个分蘖秧苗。
5 对照田带两个分蘖秧苗。
6 高产田带两个分蘖秧苗。

表2 老壮秧比嫩壮秧苗（对照）每株干物重（克）　1976年5月

植株状况＼处理調查项目	高产田老壮秧				对照田秧苗				对照秧苗所占比例（以老壮秧为100）	
	叶片	叶鞘	叶鞘占(叶片+叶鞘)%	根	叶片	叶鞘	叶鞘占(叶片+叶鞘)%	根	叶鞘	根
无分蘖苗	0.122	0.698	44.5	0.075	0.092	0.059	39.2	0.035	60.2	46.6
带一分蘖苗	0.144	0.123	46.1		0.095	0.076	44.4		61.8	
带二分蘖苗	0.161	0.133	45.1		0.106	0.091	46.2		68.4	
带三分蘖苗	0.211	0.143	40.5		0.147	0.078	34.7		54.5	
带四分蘖苗	0.172	0.167	47.2							

表3　老壮秧与嫩壮秧的发根力　1976年5月

处理		調查日期	5月31日		6月1日		6月4日	
		調查项目	根数	根長(cm)	根数	根長(cm)	根数	根長(cm)
剪去老根	老壮秧	无分蘖苗	7.2	0.64	10.2	1.25	11.4	2.5
		带一分蘖苗	8.8	0.98	14.8	1.72	14.0	2.12
		带二分蘖苗	12.4	1.0	16.4	1.70	16.3	2.52
	普通秧苗（无分蘖）		8.4	0.68	9.0	1.27	8.4	2.19
不剪老根	老壮秧	无分蘖苗	7.4	0.85	10.6	1.45	12.2	3.37
		带一分蘖苗	9.2	0.97	13.0	1.55	14.2	2.59
		带二分蘖苗	12.8	0.94	22.6	1.51	17.2	2.66
	普通秧苗（无分蘖）		8.0	10.5	8.4	1.82	13.6	2.57

3. 老壮秧比嫩壮秧的发根力强（表3、图2）。

4. 老壮秧的分蘖习性。老壮秧的秧田期长,尽管疏播（每亩播量约80斤），但比本田群体仍较密，因此，秧苗的分蘖习性受到限制，带分蘖秧苗仅占30％左右，占70％的秧苗不带分蘖，插后7—10天幼穗分化，开始进入生殖生长期，营养物质集中供应幼穗发育，即使有少数分蘖长出，由于主穗很少供应营养物质，使很难成穗。所以不如普通(对照处理)的本田一样有分蘖高峰期，不必控制无效分蘖。因此，老壮秧移栽后可以简化本田期的农业技术措施，又能使养分集中供给幼穗形成和发育，达到穗大粒多，提高单产。

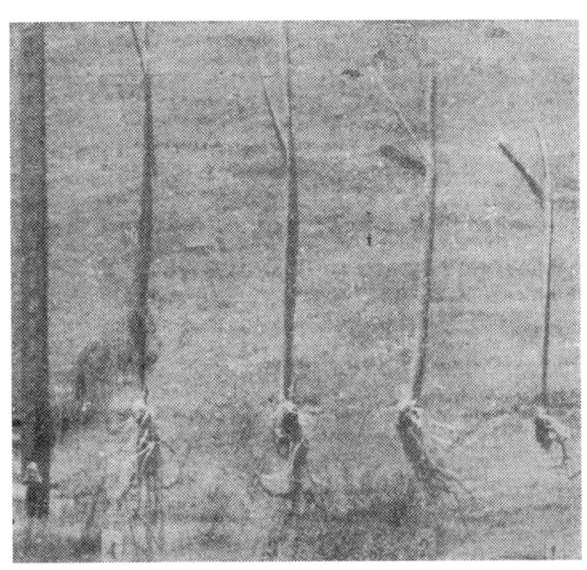

图 2
高产田秧苗（2、3、4）和对照田秧苗（1）的发根力。

1　对照田秧苗。　　　　2　高产田不带分蘖秧苗。
3　高产田带一个分蘖秧苗。　4　高产田带二个分蘖秧苗。

5、老壮秧的叶色绿中带黄，植株体内的淀粉和可溶性糖等碳水化合物含量多，而含氮物质含量相对较少，即开始由氮素代谢为主进入以碳素代谢为主。碳素代谢是以制造和积累碳水化合物为主的过程，这个过程对幼穗形成和发育有利，可以使颖花和枝梗退化减少，增加每穗的谷粒数和单位面积产量。

可以看出，营养生长期基本上在秧田渡过的老壮秧无效分蘖少，颖花和枝梗的退化率低，无论对于肥料和植株体内营养物质的利用都是十分经济而效率又很高的。

（二）老壮秧移栽后的特点：

1、移栽后没有明显的回青期，叶不褪色，不落黄；第二天已长出新根根点，第三天根长达一寸以上，发出新根多，发根力强；第六、七天已见新叶长出，叶色逐渐转为淡青至绿豆青。这些形态上的特点是秧苗生理上的良好反映。老壮秧叶鞘积累碳水化合物多，淀粉尤多，足供长新根、新叶之需，因此，移栽后秧苗生长健壮，为穗大粒多和粒大粒饱创造十分有利的条件。

2、移栽后较快进入幼穗分化期。以广陆矮4号为例，在湖南省桃源县的气候条件下，六片叶龄秧苗移栽后7—10天开始幼穗分化，八叶龄秧苗移栽后约三天便进入第一苞分化期。老壮秧移栽到本田后能迅速长出大量新根、新叶，在叶鞘积累有较多碳水化合物的良好长相的状况下，幼穗形成和发育顺利，退化颖花和枝梗较少，粒大粒饱。

3、移栽后即使有少量分蘖发生，由于主茎幼穗已开始形成，营养物质大量集中到幼穗，因此分蘖迅速夭折，不会消耗植株大量营养物质。收割时，有效穗数基本上是插植的基本苗数。

由于以上特点，因此在栽培技术上要求做到：插足苗数，干湿排灌，不重晒田；插后数天追施速效氮肥，以供幼穗发育之需，同时促使叶片上色，由淡青转为绿豆青，以增强光合作用强度，增加光合产物。

二、在秧田和本田渡过营养生长期的嫩壮秧的生育特点

嫩秧的秧苗质素比老壮秧差，移栽后的长相和长势也不如老壮秧，其特点是：

1、嫩壮秧叶鞘积累淀粉等碳水化合物比老壮秧少，发根力较弱，根少、根短（表1），插植后4—5天才能回青，生长受到一定的抑制，若遇低温（早季）、炎热（晚季），还会有相当数量的秧苗死亡。

2、嫩壮秧秧田期短，秧龄低，植株在本田营养生长期长出大量分蘖，若肥料充足，一般分蘖高峰期的总苗数比插植苗多数倍，有效分蘖通常于移植回青后6—8天内（早稻）和8—12天内（晚稻）长出，此后的分蘖多属无效分蘖。成熟收割时的有效穗一般为20万穗左右，高达25万穗，而分蘖高峰期则可达50—60万苗，可见成穗率（包括插植苗数在内）只占分蘖高峰期总苗数的三分之一左右，而分蘖的成穗率则只是总分蘖数的 $\frac{1}{8}$ 至 $\frac{1}{10}$ 。可见，大量分蘖中途夭折，不能成穗，既消耗植株(主穗)的大量营养物质，削弱主穗的健壮状况，从土壤中浪费了大量的有效肥份；同时又由于分蘖高峰期总苗数多，田间的荫蔽度大，很容易诱发大量病虫害，造成好禾无好谷。因此，在本田渡过较长期间的营养生长期是一种极不经济的栽培方法。

3、本田管理技术复杂，既要促进早生快发，多发根，多分蘖，使禾苗长势旺盛，争取较多有效穗，又要控制生长不过旺，达到分蘖高峰期后要马上抑制无效分蘖。"促"是供应足够的肥料和适当水分，而"控"是停止供应肥料和水分，采用排水、重晒田的方法。若阴雨过多，不能排水晒田，必然招致生长过旺，叶片披露，病虫害大量发生，给生产上带来严重损失。这种阴雨连绵的天气，广东的早季稻是常会遇到的。因此，寻求新的栽培方法就不是没有道理的。

三、控制水稻生育期夺取高产的技术措施

把水稻植株的营养生长期安排在秧田基本上渡过,作为夺取高产的一项措施,必须认真做好下列几点。

1、培育老壮秧。首先必须选好种子[1,2],用重盐水(达波美度1.17—1.18)或重黄坭水选种,浮去不实粒,洗净后用2%的石灰水消毒杀菌(或用0.1%的西力生)24小时,然后进行温室变温催芽[3],使种谷养分不会消耗过急过多,逐渐供给种子发芽和幼苗生长,这样的催芽法能使秧苗断奶期延长到四叶期,秧苗抗寒、抗绵腐病能力提高,生长健壮。经变温催芽后的种谷播种于通气秧田[3],亩播80斤。秧田重施土杂肥和磷钾肥。将秧苗培育成"扁蒲带分蘖,青秀五、六叶(绿中带黄),苗高尺把长,茎宽二、三分,根短白根多,粗壮有弹性,插后不落黄,早生快发抗性强"的老壮秧。

2、深耕、改土、建造高产农田。对于粘重土要多施有机肥,多掺砂子,达到土层深厚八寸,通气状况良好,既爽水,又保肥。本田在犁翻前多施土杂肥(粗肥),插植前施面层肥(精肥),上精促苗,下粗送老,使水稻每个生育阶段都能吸收到肥料。

3、插足苗数。每苗插足30—45万苗[1,2],做到靠插不靠发,插后2—3天要及时做好补缺扶倒的工作。

4、插后数天施足速效肥料。一般用尿素,硫酸铵、氯化钾或硝酸钾,或人畜粪,以避免幼穗分化过程因养分不足使颖花和枝梗大量退化,增加每穗的谷粒数和充实率,提高单位面积产量[4-8,13-14]。

5、排灌技术。老壮秧插后不久幼穗分化,如重晒田易使幼穗形成和发育受阻,退化颖花和枝梗增加,粒少、粒细、产量低,而以多露轻晒,干湿排灌为宜,又可防止病虫盛发。

6、由于插足苗足,植株群体密度大,必须做好及时防治病虫害的工作。

水稻营养生长期基本上在秧田渡过,培育老壮秧、插足基本苗数,合理进行肥、水管理,夺取高额产量,这是一个较好的栽培经验。但对这个新经验、新课题仍需作进一步研究,如秧田面积占用较大,这些秧田迹地应如何合理利用,达到全面增产、增收等。

同时,就目前水稻栽培情况来说,获得水稻高产还有更多途径,如水稻杂种优势利用,水稻温室育秧和机械栽培或直播栽培以及两段育秧法等,都是增产的新课题,都应该进行深入的研究,以适应我国社会主义大农业和实现农业现代化的需要。

参 考 资 料

〔1〕 湖南省桃源县枫树公社庄家桥大队农科队，1975。李光庆同志是怎样实现"人满七十，粮过三千"的。植物学报，17（2）。

〔2〕 湖南省桃源县农业局，1975。麦稻稻三熟亩产三千斤的栽培经验。农业科技通讯 4。

〔3〕 中山大学生物学系植物生理组、植物生理进修班，学习李光庆同志经验夺收水稻高产，广东科技报，1976年，12月17日。

〔4〕 沈巩懋，1960。水稻各时期各叶光合作用产物的运转与分配——利用放射性碳（C^{14}）的研究，农业学报，11（1）：30—40。

〔5〕 殷宏章、沈允钢，沈巩懋，1958。水稻成熟期各叶间及分蘖间同化物的运转。实验生物学报，6（2）：105—110。

〔6〕 丁 颖，1959。水稻幼穗发育和谷粒充实过程的观察，农业学报，10（2）：59—85。

〔7〕 王永锐，1976。水稻生育中期施肥的探讨。中山大学学报，1：27—31。

〔8〕 吴光南 等，1962。幼穗发育过程及其控制途径的研究。作物学报，1（1）：43—52。

〔9〕 鲍文奎 等，1956。肥料对作物生长和发育的影响，Ⅱ、水稻生长中心的转移与养料的分配。农业学报，7（2）：125—142。

〔10〕 中山大学植物生理遗传教研室，1974。应用植物激素和施用氮肥提高水稻产量的试验。中山大学学报，3：23—32。

〔11〕 广东农林学院农学系粮食作物教研组 等，1976。水稻"前稳攻中"栽培法。广东农业科学，2：36—41。

〔12〕 Yoshida S., 1972. Ann. Rev. of plant Physiology, 23: 437—462。

〔13〕 Hisamura, Y. 1956, Proc. Crop. Sci. Jap. 24, 177—180。

〔14〕 Yoshiaki Ishizuka, 1971, Physiology of the Rice Plant. 《Advances in Agronomy》, 23: 241—315.

> 科技知识简介

遗传工程及其应用前景

罗进贤　温晋

遗传工程的出现，是分子遗传学的一项重大突破。

遗传工程或称基因工程，简单说来是将基因（遗传物质的单位）从一个生物转移到另一个生物的技术。即是在分子水平上在生物体外用人工方法进行遗传物质（DNA）的重组。再重新输入生物以改变生物性状，创造生物新品种的一门新兴的学科。它是分子遗传学的一个分支，是随着分子生物学的发展在六十年代末、七十年代初发展起来的。它和常规育种的区别，就是突破了种的界限，极大地扩大了基因交流的范围。譬如说，不仅细菌异种间可以交流基因，甚至细菌与动、植物及人类都能交流基因。遗传工程不仅对生物学有着重要的理论意义，而且在工、农、医等方面的实际应用也展示着美好的前景。值得注意的是帝国主义者还可能利用它来进行生物战争，我们必须研究对付的方法，因此，在国防上它也同样具有重要意义。

遗传工程产生的历史背景

微生物遗传学很早就发现所谓转化（transformation）现象。即一个供体菌种的遗传物质DNA（脱氧核糖核酸），被另一个受体菌种吸收后，后者就能获得前者某些遗传特性。此后又发现所谓转导（transduction）现象。即噬菌体（一种能感染细菌的病毒）在感染第一宿主细菌被释放出来再感染第二宿主细菌后，往往能将前者的某些基因带给后者，使其表现出第一宿主的某些遗传性状。

除了噬菌体有转移基因的能力外，六十年代中期还发现细菌里一种带有抗药性基因叫做R因子的质粒（plasmid）也有这种能力。它是一种环状DNA，仅有细菌染色体（绝大部分的基因都在染色体上）大小的1%左右。这种很小的带有抗药性基因的质粒，很容易通过接触而进入其它同种或异种的细菌体内。当它进入之后，就将抗药性基因带了进去，使本来不具抗药性的细菌也变成了抗药性的菌种。此外，这种质粒在细菌体内还不时与染色体产生重组（交换部分基因），因此往往也能将供体细菌染色体上的各式各样基因带一部分到受体菌内，所以这种质粒和噬菌体一样被看成基因的运载工具。

当质粒在供体菌内与染色体发生重组的结果，使质粒带上染色体上的一些基因，利用质粒能在一些细菌种间通过接触自由出入的特性，就能实现种间的基因转移。但是这些体内重组的机会还是比较低的，而且只限于供体菌自身的基因重组。能不能将质粒接上其它各类生物的基因，实现远缘生物间的基因转移呢？假使将质粒这个运载工具比喻为只能运载特定人员的专用汽车，那么它能不能成为运载各种人员的公共汽车呢？

当六十年代末发现了限制性核酸内切酶后，上述希望变成了现实，遗传工程这门新兴技术也就随之建立了起来。

遗传工程技术

遗传工程技术的几个主要部分：①不同来源的DNA分子的断裂和连接方法；②能够连接外来DNA断片并自我复制的基因运载体；③把重组的DNA分子即杂种DNA分子引入异种细胞以形成无性繁殖系的方法。

目前常用的遗传工程技术是在体外用酶的方法将目的基因（外来的DNA断片）与合适的载体重组形成杂种DNA分子（也就是体外重组），然后把这个分子用转化或转导的方式引入受体细胞，再进行无性繁殖。

（1）**目的基因的来源**

① 化学合成：自1970年首次合成含77个碱基对的酵母丙氨酸tRNA的基因以来，现已合成含126个碱基对的细菌酪氨酸tRNA的基因及其促进子和终止子，并已证明有生物功能。

② 酶促合成：即利用反转录酶以mRNA为模板合成相应的DNA。目前已合成人、兔、鸡、鼠等多种血红蛋白的基因。

③ 从微生物、植物、动物中，用物理、化学和生物学方法分离基因，目前已分离的有20多种，主要是原核细胞的基因。

（2）**基因运载体**

① 细菌质粒：是细菌染色体外的DNA单位，它是一种双链环状的DNA分子，通常是将带有质粒细菌溶解后，用密度梯度离心分离，并用凝胶电泳方法进行鉴别。它能在细菌之间传递，自我复制，影响遗传性状，但失掉了它也不影响细菌的生存。作为遗传工程载体的质粒，除了自我复制并能复制外来的DNA断片的能力外，还带有选择性标记如抗药性等。目前在自然界中发现的抗药性因子（R—因子）、性因子（F—因子）、大肠杆菌素因子（ColE1—因子）等都是质粒。遗传工程中常用的质粒如psc101，pMB9．λdv 等都是经过人工改造的。

② 病毒：作为基因载体的病毒有λ—噬菌体和S.V 40病毒。前者是一种温和噬菌体，寄主是大肠杆菌，其遗传结构已基本弄清楚，后者是在猴体内繁殖的球形

DNA病毒。

（3）工具酶

① 限制性内切核酸酶：碱基专一性很强的内切核酸酶，能将双链的DNA分子断裂成可由人工处理的断片，它能识别DNA的特异碱基顺序，切断的DNA形成粘性末端，与用同一种酶切开的任何DNA的粘性末端重新结合（连接），这对于基因的分离和DNA的重组是很有利的。下面是EcoRI酶及HindⅢ酶的切断部位及碱基顺序。

$$5' \cdots\cdots G{\downarrow}AATTC \cdots\cdots 3' \qquad 5' \cdots\cdots A{\downarrow}AGCTT \cdots\cdots 3'$$

$$3' \cdots\cdots CTTAA{\uparrow}G \cdots\cdots 5' \qquad 3' \cdots\cdots TTCGA{\uparrow}A \cdots\cdots 5'$$

$$\text{ECORI} \qquad\qquad\qquad \text{HindⅢ}$$

② DNA连接酶：1967年发现，它能修复DNA（包括单链DNA）的断裂，使不同的DNA断片连接起来。

（4）DNA的体外重组

体外重组是利用限制酶和DNA连接酶使不同来源的DNA分子重新组合生成杂种DNA分子的方法。外来的DNA与载体DNA用同一种限制性核酸内切酶切后生成相同的粘性末端，当它们在一起的时候就能互相粘合，再经DNA连接酶连接起来形成杂种DNA分子。

（5）转化及无性繁殖

转化是将经过重组的DNA分子引入异种细胞的一种手段。例如用$CaCl_2$处理大肠杆菌后，这种重组DNA分子即能通过细胞膜进入大肠杆菌细胞，在大约一百万个细胞中，仅有一个细胞吸收了重组的DNA分子，产生一个无性繁殖系。由于吸收了杂种DNA分子的细菌细胞带有质粒提供的抗菌素抗性，在抗菌素存在下仍能生存和繁殖，而其余细胞则死亡，故这些少数细菌细胞可以被挑选出来。

附图是遗传工程技术图解，说明外源DNA被接在psc101质粒上而且随质粒引入大肠杆菌的过程。

目前应用遗传工程技术已实现了20多种基因重组并转入异种细胞，其中大部分是在原核细胞（细菌）之间进行的；在真核细胞与原核细胞之间的重组转移实验成功的还不多。下面是具有代表性的两个实验：

① 不同细菌种间的重组：1974年S. N. Cohen等将PI258质粒DNA（金黄色葡萄球菌质粒，对青霉素、红霉素等呈抗性）和psc101质粒DNA（大肠杆菌质粒，对四环素呈抗性）用EcoRI酶切断，再用连接酶连接成杂种质粒psc112，通过转化方式引入大肠杆菌进行无性繁殖，从而使受体大肠杆菌获得对四环素和青霉素抗性。

② 细菌与动物之间的重组：1974年J. F. Morrow等人，将南非蟾蜍的核糖体RNA的结构基因与psc101质粒连接，并转化到大肠杆菌中去，这个重组质粒能在

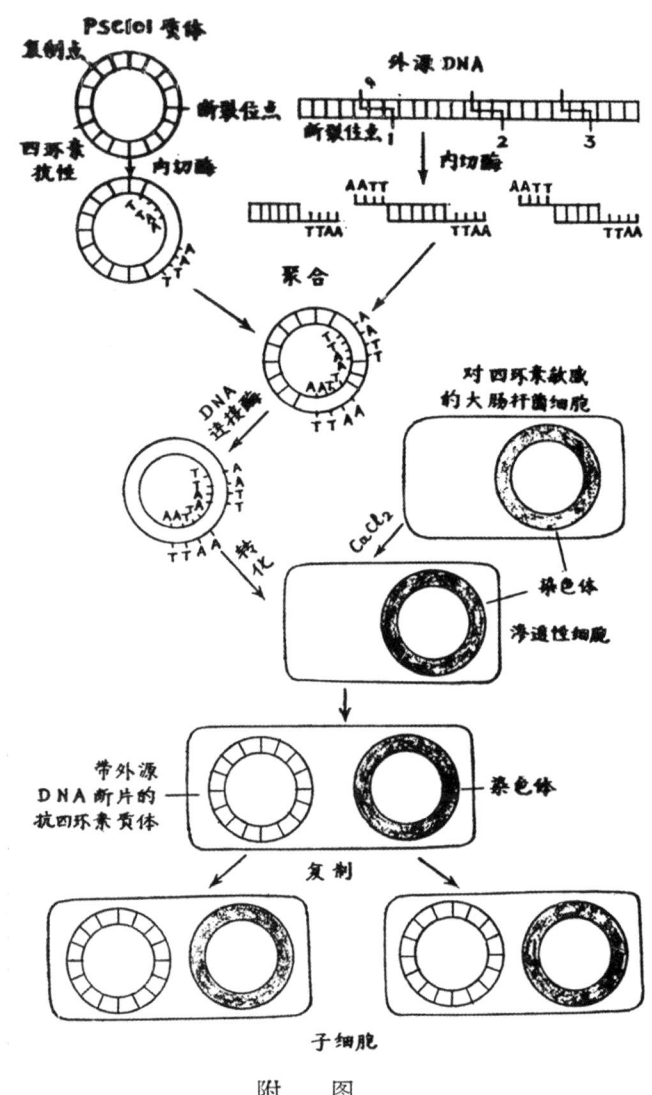

附　图

寄主大肠杆菌中复制，并转录出蟾蜍的核糖体RNA说明动物细胞基因也能在原核细胞中复制自己。此外亦有将细菌基因转移至高等动、植物细胞中去的报导。

目前，这类实验虽然还未能合成有重大实践意义的新种，但从最近短短几年内实现的基因转移的物种范围，以及各国争先投入的人力物力看来，遗传育种科学上的一次巨大飞跃正在酝酿之中。

遗传工程应用前景

遗传工程是一门基础理论性强、探索性大的学科，随着近年来限制性内切酶及载体的分离和应用，基因分离和体外重组技术的发展，它在工、农、医等方面的实际应用已出现良好的前景。

当前世界各国在遗传工程上集中力量探索的有以下一些重大研究课题。

一、固氮基因的转移

世界粮食作物增产的一个重要限制因素是氮肥的供应不足。据国外一些专家估计，未来十年为了满足人口增长的粮食需要，须投资200亿美元从事氮肥厂的增建。若能将固氮细菌或固氮兰藻的固氮基因转移到粮食作物的根细胞中，使作物能直接利用空气中取之不尽的游离氮，不仅从根本上解决了氮肥的供应，同时大大节约了能源（目前全世界每天用于制造氮肥而消耗的石油约达200万桶），减少了环境污染。根据目前遗传工程所拥有的手段及发展情况，从事这项研究，估计最多只需上述氮肥厂增建投资的百分之一甚至千分之一就能取得突破。因此，这项研究是世界性的角逐焦点。

其次，在农业方面人们还在考虑应用遗传工程技术培育抗病、耐寒、低脂肪高蛋白的新品种。

二、利用发酵工业生产高等生物体内合成的物质

微生物繁殖迅速，可以用工业方法生产，不受气候、土壤等自然条件的影响。假使将当前提取困难，产量很低的一些激素，兔疫蛋白等生物制品的有关基因，转移到微生物为大肠杆菌中，利用大肠杆菌生长快，容易培养等特点，由发酵工业生产这些物质，就能成百成千倍地提高产量，大大降低成本。据我国医药界估计，即使用全国牲畜的胰腺提取胰岛素，也只能满足实际需要量的三分之一。目前正在研究将动物胰岛素基因引入大肠杆菌中。这也是一个世界性的研究课题，各国都在集中力量进行这方面的工作。

此外，应用于回收贵重金属，净化海水，环境保护等也有不少报导。

三、医学上的基因治疗

在医学上目前已发现的一千余种遗传病中，有一百多种已确定是由于基因缺陷而使体内某种酶激素或转移蛋白不能合成而导致代谢障碍。对此，当前医学的对策仍限于治标不治本，如对糖尿病人只能终生注射胰岛素来维持生命。远缘种间基因转移的成功，为根治某些遗传病提供了可能性。所谓"基因疗法"，就是将外源性基因（DNA断片）引入病人体内以取代或矫正其缺陷基因，最后根除疾病。如将含精氨酸酶基因的兔乳头瘤病毒注射进高精氨酸血症的病人身上以降低病人血中的精氨酸就是一例。人们还设想人工合成终止癌细胞繁殖的基因以根治癌病。

遗传工程是一门正在发展的非常活跃的分子生物学的新领域，对于生物学理论的发展和实际应用都是十分重要的。有人认为这是二十世纪生物学的最重要成就之一。尽管以上提到的仅仅是一些应用于实际的可能性，还有不少困难尚待克服。但是从目前遗传工程所拥有的手段和发展速度看来，实现上述的前景不过是时间问题。

应用雄性激素诱导罗非鱼雌鱼雄性化的试验简报

生物学系动物学教研室鱼类组*

罗非鱼（Tilapia mossambica，俗称越南鱼）是一种优良的养殖鱼类。由于繁殖率过高，致使养殖种群密度过大，个体小，尤其是雌鱼口腔含卵孵化时间较长，生长比雄鱼慢，大大影响产量和商品鱼质量。

用性激素诱导产生全雄的罗非鱼仔鱼是一种有效的方法。我们于1977年和南海县水产养殖场新庄分场和广州市二沙鱼苗场合作，进行雄性激素诱导罗非鱼雌鱼雄性化试验，并取得初步成功。试验结果简报如下。

试验材料和方法

试验使用三种雄性激素：甲基睾丸素、脱氢睾丸素、丙酸睾丸素；均为上海产品。

含激素的饵料制作方法：先用95%乙醇将激素溶解，然后与一定量的颗粒饵料原料混合。颗粒饵料的配比是：玉米粉40%，麦粉40%，鱼粉10%，酵母粉5%，生长素3%，粘合剂2%。在每100克原料中分别加入3毫克激素的乙醇溶液和6毫克激素的乙醇溶液，饵料的激素剂量分别为30PPM和60PPM。饵料原料和激素溶液均匀混合后制成直径约为2～3毫米的颗粒饵料，晒干或烘干（60～80℃）备用。对照组使用的颗粒饵料，其原料只与乙醇混合。

在新庄分场试验的罗非鱼是采用刚离开雌鱼口腔的仔鱼，长约9～10毫米，分为6组，每组1,000尾，分别饲养在6口小水泥池中。从8月15日到9月25日共投喂含激素的颗粒饵料42天，然后各池分别取样测定体长和体重，计算成活率。再由每组筛取300尾大小中等的仔鱼在原池中继续饲养二个半月，投喂普通颗粒饵料，于12月中旬全部用10%甲醛固定，抽样解剖检查，确定性比。

---

*协作单位：南海县水产养殖场新庄分场，广州市二沙鱼苗场。
　执笔：林浩然　林鼎

在二沙鱼苗场试验的罗非鱼为离开雌鱼口腔10多天的仔鱼，体长约12～14毫米。分为4组，每组500尾，分别饲养在4口尼龙网箱中（1×2公尺，水深0.8公尺）。由7月28日到9月2日共投喂含激素的颗粒饵料38天，随后投喂普通的颗粒饵料，直到11月22日全部用10%甲醛固定，抽样解剖检查，确定性比。

罗非鱼体长25毫米左右时，雌雄性腺已可用肉眼区分。我们采用压片法，在显微镜下观察，以准确鉴定性别。

试 验 结 果

一、雄性激素处理对性比和性腺发育的影响

从两批试验结果看（表1、2），甲基睾丸素诱导性转变的效果最显著，脱氧睾丸素和丙酸睾丸素似乎没有效果。在甲基睾丸素处理的4个试验组中，以新庄场的'甲基'—60PPM组效果最好，得到全雄的罗非鱼；'甲基'—30PPM组亦有较好效果，雄鱼占81～85%。二沙场的'甲基'—30PPM组雄鱼平均占67.5%，比对照组略高，效果不明显；'甲基'—60PPM组没有效果。显然，这和处理的仔鱼个体较大有关。但在这两组雌鱼中均发现20～25%个体的卵巢发育不正常，有萎缩现象，外生殖乳突亦有异常表现，而雄鱼的精巢发育正常。这表明雄性激素处理后对卵巢发育有抑制作用。

二、雄性激素处理对生长率和成活率的影响

从新庄场投喂含激素的饵料6周结束时抽样分析测定的结果（表3），除'丙酸'—60PPM组外，各个试验组的体重增长比对照组提高10～20%，初步表明激素对生长有一定的促进作用。根据两批试验结果，投喂激素饵料似乎并不影响其成活率，与对照组的成活率相近。

表1 雄性激素对罗非鱼雌鱼雄性化的效果（新庄分场试验点）

组 合	抽样检查尾数	雄鱼数	雌鱼数	雄鱼百分比
对照组	181	107	74	59.2
'甲基'—30PPM	100	85	15	85.0
	100	81	19	81.0
'甲基'—60PPM	100	100	0	100.0
	100	100	0	100.0
'脱氧'—30PPM	67	39	28	58.2
'丙酸'—30PPM	100	66	34	66.0
'丙酸'—60PPM	16	8	8	50.0

表2 雄性激素对罗非鱼雌鱼雄性化的效果（二沙鱼苗场试验点）

组 合	抽样检查尾数	雄鱼数	雌鱼数	雄鱼百分比
对照组	100	58	42	58
'甲基'—30PPM	100	66	34	66
	100	69	31	69
'甲基'—60PPM	100	51	49	51
'丙酸'—30PPM	100	53	47	53

表3 雄性激素处理对罗非鱼仔鱼生长的影响

组 合	处理天数	抽样检查鱼数	总重量(克)	平均每尾鱼重(克)	生长率比对照组提高(%)
对 照 组	42	300	50	0.166	0
'甲基'—30PPM	42	300	55	0.183	10
'甲基'—60PPM	42	300	60	0.200	20
'脱氧'—30PPM	42	300	60	0.200	20
'丙酸'—30PPM	42	300	55	0.183	10
'丙酸'—60PPM	42	300	50	0.166	0

讨 论

一、试验采用的三种雄性激素中以甲基睾丸素的效果最好，这和国外的试验结果一致。甲基睾丸素的处理剂量以60PPM的效果较好，30PPM的效果稍差，这和Guerrero（1975年）报导的结果有矛盾。这可能和各次试验使用的甲基睾丸素的效价不同有关。今后应继续试验，以掌握有效剂量的低限和不断摸索最短的有效处理时间。

二、新庄场和二沙场试验结果的差别明显，反映了处理时罗非鱼仔鱼日令长短和个体大小对诱导结果的影响。对孵化后卵黄囊吸收完毕刚离开雌鱼口腔开始主动摄食的仔鱼，投喂含有甲基睾丸素的颗粒饵料，比较容易诱导而获得全雄的罗非鱼。这和Guerrero（1975年）等的试验结果一致。如果处理时仔鱼较大，诱导效果明显降低，虽然抑制卵巢正常发育，却不能达到性转变。

关于罗非鱼性腺发育、性分化过程、性别决定机制，以及诱导性转换或雌鱼雄性化的条件和作用机理等一系列基础理论问题，尚有待深入进行研究。

生物学的革命

蒲蛰龙　齐雨藻

（生物学系）

当代自然科学正在酝酿新的重大突破。据专家们估计，在本世纪末，将进入按照人类自己的需要改造原有生物品种，创造新的生物种的时代，从而会给农业、环境保护、食品和医药工业以及生物能源等带来根本性的变革；将进入以机器代替部分的脑力劳动的时代，它将比机器代替手工劳动的工业革命对社会产生更深刻的影响；将比较彻底地解决能源问题；还将制造出多种强有力的仪器，使人们能深入物质结构和天体结构的新层次，从而有可能在物理学规律的认识上出现自相对论和量子力学以来的最大突破。

宇宙之大，粒子之微，生物之秘，火箭之速，地球之变和化工之巧给当代科学勾画出一幅五光十色，绚丽多姿的图画，而揭示生命之起源、进化以及它可能在宇宙其他星球之存在，则是未来对科学的重大挑战。

近二、三十年来生物学的理论成就给自然科学作出了巨大的贡献，它对人类改造自然和推动科学的发展显示出越来越重要的作用。生物体遗传物质DNA双螺旋结构的阐明，被认为是二十世纪以来自然科学中的重大突破之一。生物世界遗传信息统一密码及"中心法则"的发现，揭示了生物的遗传、进化、生长、发育的内在联系。新理论、新概念、新思想正在生物学中不断发展。联合国教科文组织关于科学研究主要趋势的调查报告认为，目前科研工作有两个特点，一是各门学科的"数学化"，二是生物学研究的突飞猛进。可以予期，生物学在发展中必将成为一门领先的科学。生物学发生了革命，以前称生物学为关于生物的科学（The science of living things），而现在称研究生命的科学（The science of life）。

综观生物学的发展有以下三个特点。

一、向宏观和微观层次深入发展，由分析到综合的辩证结合

宏观和微观、分析和综合的研究之间是互相促进、互相补充的。近三十年来生物学发展的主要趋势是宏观研究和微观研究、特别是微观研究日益深入，分子生物学的迅猛发展就是这种趋势最明显的标志。它不仅已经改变了实验生物学原来的面

貌，并且将会引起描述生物学的根本革新，使生物学从对生命现象的解释跃进到阐明其本质的新阶段。

分子遗传学是分子生物学的火车头。阐明DNA双螺旋结构的沃森（Watson）曾说过："遗传学推动了生物化学的飞速发展"。

遗传是生物界最为普遍的现象。但是对什么是遗传物质，却是经过长期的观察研究才搞清楚的。1928年格利菲斯（F.Griffith）发现细菌的遗传转化现象，1944年阿韦利（O.T.Avery）等通过分析转化因素的化学性质，证明遗传物质（基因）就是DNA。有些病毒没有DNA，只有RNA，以后证明在这些生物中，RNA是其遗传物质。1953年阐明了DNA的双螺旋结构开创了分子遗传学的新纪元，此后就出现了分子生物学。

六十年代初，对病毒突变体进行了精微结构分析和用人工信使合成了多肽，肯定了三联密码、非重叠密码及简并密码。以后比较了不同生物的编码机理，证明遗传密码是通用的，最近又证明一截DNA可以载负多种遗传信息。

从核酸分子来说，所谓遗传，就是核酸的复制。从DNA的双螺旋结构可以推断出半保留的复制机理。复制由特定的起点开始，向两方同时进行，先合成片段（"冈崎片段"的发现）然后联成一体。在复制过程中，有许多种旦白质（其中大部分是酶）参加工作，复制非常精确，有校对员（DNA聚合酶I）监视，错误不超过百万分之一。1972年又发现DNA复制要由RNA牵头，从而揭示了DNA，RNA，旦白质在遗传上的辩证关系(图1)。

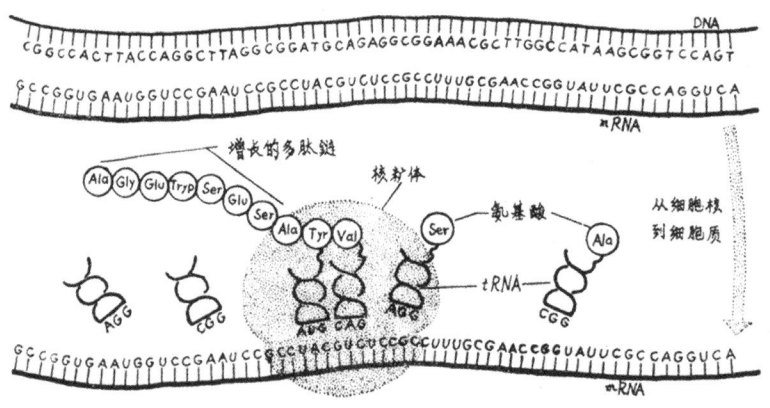

图1　从DNA到多肽合成的可能机制
（自Kimball,1974,廖沃根复图）

一切细胞按其遗传潜力来说，都是全能的。然而它携带的遗传信息并不同时表现出来。生物在其生长发育过程中，基因按严格程序依次表现，才能成为一个统一的整体。基因表现的第一步是以DNA为模板产生RNA(mRNA)的过程（转录），第二步才把RNA的核苷酸顺序解读为旦白质的氨基酸顺序，这称之为转译。生物的许多性状原则上都可以用旦白质的氨基酸顺序加以分析说明。转录由转录酶进行，转译在核旦白体上进行。原核生物基因表现的调节控制，已知有正控制、反控制和自体调节等方式。在高等动植物方面虽然胚胎学家已对胚胎发生作出了令人信服的描述，但还远远不知怎样用微观的相互作用来解释宏观的个体发生。因此，研究真核生物基因表现的调控机理，是分子遗传学面临的重大任务。

发展分子遗传学有重大的实际意义。大肠杆菌在正常情况下每五代才合成一个半乳糖苷酶分子；而在人为控制条件下可以在两三分钟内提高一千倍，并已在发酵工业中广泛应用。又如肿瘤是医学上一大难题，但无论病毒致癌、环境因素致癌或肿瘤易感人群方面，都和分子遗传学有关。内分泌失调，过去认为是生理病，现在知道它和基因活动有关；衰老也和基因表达有关。近年发展起来的基因工程——遗传工程研究就是将一种生物的遗传信息——DNA（或基因）分离出来，然后用一定的运载工具把它转移到另一种生物的活细胞内，使之具有新的遗传特性或创造出新的生物品种。遗传工程的研究对发展遗传学理论，解决工农医和国防上的重大问题有着广阔的前景。

近几年来，细胞生物学的研究非常活跃，发展非常迅速。联合国教科文组织选择了细胞和大脑这两项课题作为生命科学中要特别注意发展的领域。

细胞是生物形态结构和生命活动的基本单位（图2）。恩格斯曾把细胞的发现誉为十九世纪自然科学的三大发现之一。从那时以来，细胞学一直是生物科学的基础，它在遗传和发育的研究中尤其起了巨大的推动作用。然而从100年前最先发现细胞的有丝分裂到染色体结构及其活动的阐明，却经历了漫长的研究过程。近二十年来随着分子生物学的发展，人们从亚细胞结构水平进一步深入到分子水平研究细胞生命活动规律，并把细胞整体活动水平、亚细胞水平和分子水平三方面研究有机结合起来，考察和探索细胞的基本生命活动——生长、分裂、分化、遗传变异、运动和兴奋传导的基本规律，从而形成了现代生物学的主要分支之一——细胞生物学。从生命的

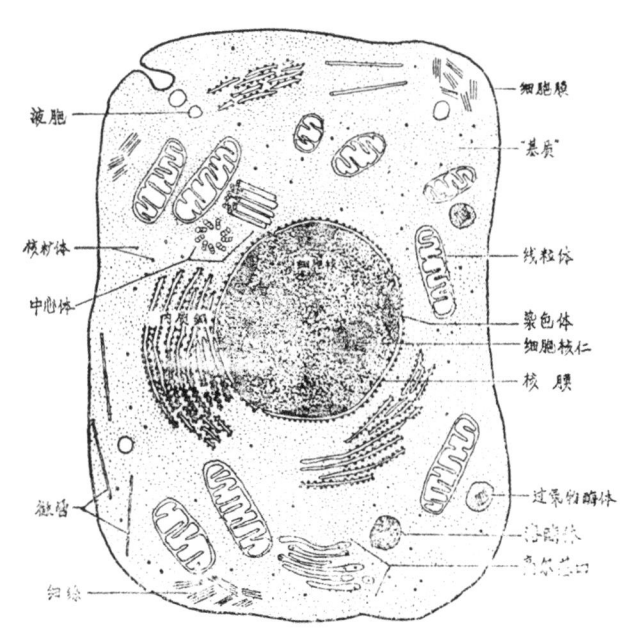

图2 动物细胞的超微结构
（自Kimball,1974,廖沃根复图）

结构层次看来，细胞生物学位于分子生物学和发育生物学之间，所以是一门承上启下的边缘学科，成了当前生物学的生长点和主要发展倾向之一。

细胞生物学研究的范围虽然很广，而其核心却可以归结为遗传和发育的关系问题。遗传是在发育过程中表现出来，而发育又要以遗传为基础。迄今分子遗传学最突出的成就之一，已如上述，是在微生物上阐明了旦白质合成遗传控制的信息传递途径，并初步提出了基因作用的操纵子学说。然而，这些在原核细胞上取得的成果，并不能完全代表和推广应用于高等生物，解释其遗传和发育的现象。真核细胞的遗传物质的组成结构、核质之间、细胞及其环境之间的关系极为复杂，由此调节和控制着基因作用系统，使之按一定的时、空秩序表现出来，从而达成细胞的分化和个体的发育，并在成体细胞中表现出种种特殊的功能活动。这是真核细胞不同于原核细胞的特殊的地方。所以从七十年代开始，国际上的注意力又回到了有复杂结构的真核细胞的研究。当前细胞生物学的主要发展趋势是用分子生物学及物理化学方法，深入研究真核细胞基因表现的调控问题，从根本上揭示遗传和发育的关系以及癌变的原因等基本生物学问题。从历史上看，细胞学的理论是在对遗传和发育的研究中发展起来的。在分子细胞学水平上，遗传和发育的问题又交织在一起，难以划分。因此，在分子细胞学水平上建立一个遗传发育的统一理论，是现代生物学面临的巨大理论任务。这方面的任何突破，都必将促进对病理分化——癌变及其控制问题在本质上的了解。

近年来，由于植物细胞培养技术迅速发展，花药培养单倍体及植物原生质体分离和培养的成功，使人们对高等植物的细胞也能象微生物细胞那样，用分子细胞学的技术进行实验操作，这是一个巨大的革新。植物细胞的全能性，从五十年代末至今已在植物细胞培养中得到了大量的证明。人们把在微生物细胞和动物细胞上行之有效的一些技术用到培养植物细胞上来，引起细胞的变异，然后设法把这些变异的细胞培养成植物，就可以深入研究发育、遗传、核质关系等重大的生物学问题。近来围绕植物细胞培养实验体系的建立，在植物细胞生物学中，一个新的研究领域即细胞工程正在形成，其目的就是要按人们预先的设计，用分子细胞学的技术，来改变细胞的遗传性，深入研究细胞的生命活动，并为遗传育种提供新技术、新方法，最终有目的地培养出新品种，甚至新种。

植物细胞工程研究大致分为五类：基因工程，染色体工程，染色体组工程，细胞质工程和细胞融合（或称细胞杂交）。基因工程研究中，一个引起极大注意的问题是能否把固氮细菌或固氮兰藻的固氮基因分离出来转到作物细胞中去。在染色体及染色体组工程研究方面，过去用杂交及秋水仙素处理等方法在作物育种上早已有应用，并取得相当的成效，如获得了三倍体无籽西瓜，八倍体小黑麦等。现在，由于用花药培养可得到大量的单倍体以及在细胞培养中可以形成各种多倍体等，无疑又为这方面的研究打开了新的路子。人们可以用单倍体的培养细胞作实验材料，进行各种理化诱变处理，然后通过筛选培养，再诱导形成植物。这种技术可以用于作物的抗性育种及品质育种。在细胞质工程方面，植物特有的与光合作用有关的细胞器叶绿体特别引人注意。如果最终能成功地把高光效植物的叶绿体移植到普通的作物细胞中去，就有可能有助于阐明光合作用的遗传调节机理，以及获得新的作物类型。至于细胞融合，由于动物细胞杂交所取得的进展大大推动了植物细胞杂交的研究。至今已有十多种种间、属间甚至科间融合的细胞杂种可以进行细胞分裂，其中若干组合已形成了小的细胞团。加拿大学者已将大豆和烟草的杂种细胞株培养了八个月以上，得到了大量的杂种细胞后代。此外，由于去除了细胞壁后对外界理化处理比较敏感，外源的DNA、病毒、甚至细菌等均易于摄入，这就为开展高等植物的遗传工程提供了可能，同时也为研究植物细胞的生长分化等问题提供了有用的实验手段。

细胞核移植等实验证明，生物在生长发育过程中，细胞分裂分化都是按一定的程序进行的，这就是细胞核基因组所带的全部遗传信息按一定正常程序表达的结果。细胞癌变也可能是程序失调的后果之一。目前，一些病毒和细菌的部分基因组的分子结构、工作单位和调控程序已阐明，为深入了解高等生物的细胞分裂分化和生长发育开辟了道路。最近，我国生物学家童第周教授和美籍生物学家牛满江教授在细胞核移植和核酸诱导遗传性变异方面的研究，提示了细胞质在遗传变异中的重要作用。

生物学在宏观方向上的研究也日益深入。随着工程系统概念和模拟等新技术、新方法在生态学中的广泛应用，初步揭示了生物与环境相互作用的物质基础以及它们相关进化的内在联系。生态系统的研究是认识自然和改造自然的有力武器。生态系统是一定空间内生物与环境相互作用的统一体，能量的流动和物质的循环就在这个统一体中不停地进行。

污染生态学是研究生物与污染环境之间相互关系基本规律的科学。通过大量定性、定量研究建立了各种不同类型物质循环的生态数学模型。这种数学模型是客观存在的生态系统的结构与功能的抽象写照。通过这种数学模型的计算机运算，使人们有可能予测当参数发生改变，新参数增加或旧参数消除时，会出现何种结果。

高度集约的，向工厂化发展的家禽、家畜、鱼类的舍饲，实际上是人工的生态系统。生态系统的研究阐明了系统结构与物质能量转化过程及其生态效应，进一步发展了最优化等理论，对于大幅度提高农业综合生产体系的生产力，森林、草原、水体等的科学管理，有害生物的控制以及环境治理等方面，都将产生巨大的影响。

生物学的研究正逐步注重在分析的基础上进行辩证的综合。例如神经系统，脑的功能是整个物质世界最复杂，最高级的系统。感知、学习、记忆都有其生物、物理、化学的基础。由于电子学、细胞学、分子生物学及信息论等理论与技术的综合应用，在神经细胞的兴奋传导，神经原对靶细胞的控制以及各种感受器的换能机制等方面的研究都有重大的进展。脑是精神思维的物质基础，它发出指令实现个体和外界联系的行为。因此，脑及其思维活动的研究就成了生物学研究的重大课题。

生物反馈的研究使人能通过仪器自己监视本身的机能，因而通过训练，人能随意控制过去不能控制的一些机能，如血压、心率等。这项研究打破了传统的随意运动和不随意运动的界限，扩大了意识的能动作用，已用于医疗实践。

二、各学科间互助渗透，互助促进

不同学科间的互相渗透，特别是物理学、化学、数学和地学的广泛渗入生物学领域，这是促进现代生物学迅速发展的又一个重要趋势。

物理学和化学广泛渗入生物学领域的结果已经产生了生物化学和生物物理学等，特别是近代结构化学、分析化学、物理化学和结晶学的发展，促进了旦白质、核酸等生物大分子的化学结构和空间结构的阐明，从而为分子生物学的迅速发展奠定了基础。近年来，量子力学、信息论及控制论等新兴学科已经对生物学的发展产生了很大的影响，从而兴起了量子生物学、生物信息论和生物控制论等。

生物数学是一门迅速发展的边缘科学。十九世纪孟德尔从豌豆性状遗传的定量规律奠定了著名的遗传学基本模型与定律。本世纪五十年代以来，在使用电子计算机推算X射线衍射图的基础上，设想出了DNA的分子模型。到了七十年代，数理统计、概率论、控制论、微分方程、运筹学、计算机等数学分支对生物学的高度发展起了重要作用。其中如数量遗传学对优良家畜纯种的发掘与保存很为重要。数量生理学对人体激素酶网络系统的平衡及其过渡的研究可能为延长人类寿命提供理论依据和实践方法。数量生态学的研究，对害虫生物防治的数学设计，自然资源的最佳综合利用，人口数量变迁的研究等都有重大的实践意义。

人工智能是在控制论、计算机、仿生学、生物学、心理学等学科基础上发展起来的边缘学科，是探索和模拟人的感觉和思维过程规律的科学。基于人工智能理论可以创造出具有某种仿人智能的高级控制系统——智能控制系统。智能机器人就是典型的智能控制系统。人工智能是"现代三大技术"之一，它的研究也必将推动诸如计算机、自动化等技术的发展。

仿生学是生物科学与工程科学相互渗透、相互结合产生的另一门新兴的边缘学科。它是研究生物系统的结构特性、能量转换与信息过程，为工程技术提供新的设计思想与工作原理的。一些科学家把它说成是"开发新技术的钥匙"。十几年来，国外仿生学的成果已应用于工业和军事等方面的，有模拟生物学原理而设计的图像、文字、语言识别机，新型计算机，智能机器人以及跟踪导航装置等。

攻克癌症也需要多学科的配合。实际上这个问题不仅对医学和生物学提出了挑战，而且也对其他各门自然科学和技术科学提出了挑战。如病因问题应包括查明致癌因子和认识致癌过程两个方面。前者偏重于外因问题，与地理、土壤、环境、物理、化学、食品、病毒等学科以及各种测试技术的发展密切有关；后者偏于内因问题，与生化、生物物理、分子生物学、免疫学、遗传学及心理学等密切有关。诊断的关键在于早期诊断，它一方面有赖于生物化学、分子生物学和免疫学等能早日发现新的肿瘤转异性物质，同时还迫切要求新的物理修复手段，如超声全息、高分辨率的全身断层扫描等。根治肿瘤除有赖于早期诊断外还有赖于治疗手段的丰富。目前主要治疗手段不外是手术的切除、放射治疗和化疗（即药疗）。药物治疗和化学、生物化学、分子生物学关系密切。五十年代前后，由于核酸代谢研究的进展，化学家根据生化的研究成果，设计并合成了大量抗代谢物，从中筛选出了一些有疗效的化合物，均沿用至今。今后随着肿瘤分子生物学的蓬勃发展，会对肿瘤细胞膜以及与细胞癌变有关过程基因表达的调节控制获得新的认识。可以期望，这些研究在不久的将来一定会给化学家提供设计抗癌新药的理论依据。

三、广泛采用新方法、新技术

由于数理化的渗透和整个工程技术的发展，信息论、控制论、系统分析等新理论、新概念，同位素、电镜、晶体衍射、电子计算机、遥测遥感技术等新仪器，新技术在生物学研究中得到应用推广，从而大大提高了对生命物质分析的精确性和对复杂系统的综合能力，成百倍、成千倍地加快了科研速度，缩短了研究周期，使生物学的新成就对生产实际的影响也越来越大。

如免疫技术中超微量分析的创立已使分析精度从微克发展到微微克。激光闪光光谱把时间的分辨率提到了微微秒（10^{-12}秒），估计到1985年可达 10^{-15}秒。七十年代初出现的质子X光荧光分析也是一种先进的分析手段。1972年以来又陆续在英国、西德和美国发展和建成了三台质子显微镜，它的灵敏度比电镜要高一百到一万倍，对某些元素可以测到一百万亿分之一克，可同时测几十种元素，而所用的样品可少到10微克以下。1975年后发展了非真空分析，这都属非破坏性分析，分析后的样品几乎没有损伤，不论是活组织还是易挥发的液体均可分析，这是电镜作不到的。它已应用到生物学和医学，用于分析微量元素对疾病的影响，人体微量元素与癌症的关系等。只有对一滴血作十分钟的分析，就可以知道血液中微量元素的分布及含量。还可以对头发进行逐段分析，以及早发现铅、汞中毒情况，并可估计中毒时间（头发每月平均生长1厘米，中毒时间不同，微量元素在头发中的分布也不同）。国外正考虑用分析头发代替血液分析，以诊断肝炎等疾病。

技术的革新确实带来了科学的革命。直到30年前，我们关于细胞结构的知识还是局限于光学镜下的分辨率之中，这种分辨率是2500Å。但是，1930年发明了电镜以后就使细胞形态学的研究进入了亚细胞水平。第一个细胞的电镜照片是1945年发表的，由于当时电子束的穿透力很弱，所以这张照片是很不精细的，但是，现代电镜技术的发展，已使我们能看到细胞结构的全部复杂性了。此外，应用离心的分级分离程序解决了细胞组分的分离问题，放射性同位素和色层法的应用解决了酶的代谢反应及酶的催化作用研究，等等。这些都说明技术手段对研究工作有着多么重大的意义。

生物科学近年来已愈益显示出它有跃居自然科学前沿的趋势。迅速实现我国生物科学的现代化，是在本世纪末实现我国农业、工业、国防和科学技术现代化的一个重要环节。

水稻白叶枯病抗性遗传的初步研究

生物学系遗传学研究室

白叶枯病是水稻严重的细菌性病害，近年来已引起世界各水稻主要生产国的研究和重视。白叶枯病在我省发病的历史已有70多年。由于有些高产良种，抗白叶枯病能力较弱，随着感病品种的推广，白叶枯病发展也逐渐严重起来。在我省的一些地区，白叶枯病的流行是影响晚造产量稳定性的重要因素之一。为了摸索我省现有抗性亲本的遗传规律，为抗病育种和提高杂优水稻的抗病性提供理论依据，我们在1977年早晚两造，开展了本项研究。

一、实验材料和方法

鉴定了早稻亲本829个（其中本国亲本392个，外国引进亲本437个和晚稻亲本189个）的抗病性。

对杂种F_1代有代表性的33个组合，进行了接种研究分析。以IR26、IR28、IR30、小家伙和辐包矮为抗病输出亲本，配对方式有以同一感病种为母本分别与不同抗病种杂交，以不同感病种为母本分别与同一抗病种杂交，以同一抗病种为母本分别与不同感病种杂交，同一组合正反交等四种。

为了探讨F_2、F_3代抗性的表现，在77年早造对四珍×IR30和窄兰选×IR26两组合的F_2代进行了抗病研究，并从四珍×IR30组合F_2代中，随机选取25个单株，从窄兰选×IR26组合F_2代中，人工选择64个单株，于77年晚造翻秋为F_3代，每个单株分别种植50科，进行了抗病性鉴定。

以上早造材料于77年3月2日播种，4月1日单株插植，规格6×4寸。晚造于6月27日播种，翻秋材料7月16日播种，同时于8月2日单株插植，规格10×5寸。杂种材料以双亲和极感病品种广陆矮4号、窄兰选为对照。早造每亩加施硫铵25斤，晚造施肥水平与大田相同。

从亲本到杂种F_1、F_2、F_3代，均以人工接种法和采用致病性中强、有代表性的75088*和75060*两个白叶枯病分离菌系，用剪叶法进行鉴定。

一般在接种后20—30天调查。早造于5月21日—31日接种，6月24—30日调查。

● 75088和75060是广东省农科院植保所分离的两种水稻白叶枯病菌系的代号。

晚造于9月26日—30日接种，10月8日、18日、31日目测调查三次。早造F2代，用尺子量度叶片病斑面积，每科量10片叶，取平均值。以极感病品种对照，分四级标准记录。高抗(R)：仅有少量病斑，最多不超过极感对照品种病斑面积的 $\frac{1}{4}$。中抗(MR)：发病占极感对照品种病斑面积的 $\frac{1}{2}$ 以内。中感(MS)：发病超过极感对照品种病斑面积的 $\frac{1}{2}$ 而小于 $\frac{3}{4}$。极感(S)：发病超过极感对照品种病斑面积的 $\frac{3}{4}$ 以上。

最后应用生物统计方法，将杂种F2代和F3代抗性分离的全部家系的植株，分成抗病与感病两类计算分离比。

二、研究结果

1. 亲本鉴定试验结果

在本国的早稻亲本中，只具中等抗白叶枯病的品种有70多个。极感的有300多个。

在国外引进的早稻亲本中，高抗的有20多个，中抗的有80多个，中感的有150多个，极感的有90多个。

在晚稻亲本中，高抗的只有溪南矮、72—11、美国禾3个，中抗的有25个，中感的有50多个，极感的有100多个。

在早晚稻1018个亲本中，初步筛选抗性较好的有140多个，其中多数是国外引进的IR系统。IR系统一般对白叶枯病抗性较强，株型结构理想，但有的却表现迟熟或丰产状较差。在晚稻抗病亲本中，多数是本国的，有些为中秆或高秆农家品种。我们初步认为抗病性和其它农艺性状都比较好的有45个（见表一）。由于1977年早晚两造天气较干旱，普遍发病较轻，加上国外引进的100多个亲本极迟熟，甚至有些早造不抽穗，只鉴定一次，不一定准确，有待今后进一步鉴定。

2. 杂种F_1代抗性的表现

从表二可见，在33个组合中，无论是那种配对方式，只要双亲中有一个亲本是中抗或高抗的，就可获得中抗的F_1代杂种。试验证明，以同一极感病品种（广陆矮4号、广二矮5号）分别与具有中、高抗性的IR28、IR26、IR30、小家伙杂交，其F_1代均表现为中抗。抗性表现为显性或不完全显性。

另以具有感病不同程度的品种（广陆矮4号、谷青、丰广、台珍92、珍青12、广二矮、窄兰选、青二矮、珍珠矮）与同一抗病品种（IR30、IR28、IR26）杂交，F_1代均表现为中抗。又以同一抗病品种（辐包21）做母本，分别与具有感病不同程度的品种（六月谷、早熟扩竹、苍丰矮、东升白、寒露早、2150、白花、酬洁窠、桂花早和冬秋播）杂交，其F_1也均表现为中抗。由上看出，抗病基因在F_1代表现为不完全显性，这一表现在所试验的配对亲本品种的范围内并具有相对的稳定性，即F_1代的抗病性均接近于抗病亲本，而不受感病配对亲本的影响而发生明显的

表1 对白叶枯病抗性较好的亲本

早稻		晚稻			
品　　种	反　应	品　　种	反　应	品　　种	反　应
IR20	MR	72—11	R	朝阳矮	MR
IR26*	R	美国禾	R	桂阳矮13	MR
IR28*	MR	溪南矮	R	深水稻	MR
IR29*	MR	辐包1号	MR	桂花早	MR
IR30*	R	辐包5号	MR	白花占	MR
760134*	MR	辐包21号	MR	连南瑶胞大粒	MR
760137*	MR	辐包22号	MR	白花	MR
760147*	R	包选2号	MR	赤叶仔48	MR
75—37*	MR	包选7号	MR	71晚10	MR
小家伙*	MR	广二选2号	MR	泰国1号	MR
窄叶青8号*	MR	塘竹7	MR	非洲稻	MR
新青1号	MR	广塘矮	MR	M74—277	MR
760168*	R	秋二矮2号	MR	Banynr	MR
海农1号	MR	秋二早2号	MR	IGⅠ102	MR
		秋长35号	MR	谷包17	MR
		2150	MR		

注* 晚造重复鉴定的早稻亲本
760134：IR2328—300—2—2　　　　75—37：BG90—2
760137：IR2451—90—4—3　　　　760168：IR2793—80—1，
760147：IR2588—60—1

表2 不同组合杂种F₁代对白叶枯病反应

(♀——母本, ♂——父本)

配方	对式	杂交组合		病害反应	杂交组合		病害反应	杂交组合		病害反应
以同一感病种为母种	本杂交不同抗病种	广陆四	♀	S	广陆四	♀	S	广二矮	♀	S
		E77—104*	F₁	MR	E77—109	F₁	MR	E77—125	F₁	MR
		IR28	♂	MR	IR30	♂	R	小家伙	♂	MR
		广陆四	♀	S	广二矮	♀	S			
		E77—108	F₁	MR	E77—124	F₁	MR			
		IR26	♂	R	IR30	♂	R			
以不同感病种为母种	本杂交同一抗病种	广陆四	♀	S	珍青12	♀	MS	青二矮	♀	S
		E77—12	F₁	MR	E77—135	F₁	MR	E77—106	F₁	MR
		IR30	♂	R	IR30	♂	R	IR28	♂	MR
		谷青	♀	MS	广二矮	♀	S	台珍92	♀	MS
		E77—96	F₁	MR	E77—124	F₁	MR	E77—49	F₁	MR
		IR30	♂	R	IR30	♂	R	IR26	♂	R
		丰广	♀	S	广陆四	♀	S	珍珠矮	♀	S
		E77—85	F₁	MR	E77—101	F₁	MR	E77—126	F₁	MR
		IR30	♂	R	IR28	♂	MR	IR26	♂	R
		台珍92	♀	MS	窄兰选	♀	S	广陆四	♀	S
		E77—50	F₁	MR	E77—53	F₁	MR	E77—105	F₁	MR
		IR30	♂	R	IR28	♂	MR	IR26	♂	R

* E示早稻杂交组合，77示77年杂交，104示该年杂交组合编号。

续 表 2

以同一抗病种为母	本杂交不同感病种	辐包21	♀	MR	辐包21	♀	MR	辐包21	♀	MR
		L76—42* F₁		MR	L76—44 F₁		MR	L76—48 F₁		MR
		六月谷	♂	MS	寒露早	♂	MS	桂花早	♂	MR
		辐包21	♀	MR	辐包21	♀	MR	辐包21	♀	MR
		L76—40 F₁		MR	L76—45 F₁		MR	L76—49 F₁		MR
		早熟塘竹	♂	MS	2150	♂	MR	冬秋播	♂	MS
		辐包21	♀	MR	辐包21	♀	MR			
		L76—41 F₁		MR	L76—46 F₁		MR			
		苍丰矮	♂	MS	白 花	♂	MR			
		辐包21	♀	MR	辐包21	♀	MR			
		L76—43 F₁		MR	L76—47 F₁		MR			
		东升白	♂	MS	酬洁寮	♂	MS			
同一组合	的正反交	广二矮	♀	S	丰 广	♀	S	丰 广	♀	S
		E77—125 F₁		MR	E77—131 F₁		MR	E77—86 F₁		MR
		小家伙	♂	MR	IR30	♂	R	IR26	♂	R
		小家伙	♀	MR	IR30	♀	R	IR26	♀	R
		E77—70 F₁		MR	E77—134 F₁		MR	E77—116 F₁		MR
		广二矮	♂	S	丰 广	♂	S	丰 广	♂	S

* L示晚稻杂交组合，其他同上。

改变。

为了探讨抗性基因在细胞中的位置，以广二矮×小家伙、丰广×IR30、丰广×IR26组合，进行正反交，其F_1代均表现为中抗，其抗病性相同，证明在上述所实验的材料中，水稻抗白叶枯病性状为核基因所控制。

3. 杂种F_2、F_3代抗性的表现

从表三可见，以对白叶枯病中感的四珍和对白叶枯病极感的窄兰选两个亲本分别与高抗亲本IR30和IR26杂交，F_1代均为中抗。在四珍杂交IR30组合的F_2代测定的100个单株中，有72个单株抗病，28个单株感病。在窄兰选杂交IR26组合的F_2代测定的100个单株中，有67个单株抗病，33个单株感病，其分离比接近3∶1，适合度测验前一组合 $x_1^2 = 0.480$，$p = 0.25 - 0.5$。后一组合 $x_2^2 = 3.41$，$p = 0.05 \sim 0.10$。证明理论值与实际值相符。

表3 亲本与杂种F_1、F_2代对白叶枯病反应

供试材料	对白叶枯病反应（株）				
	总数	R	MR	MS	S
窄兰选 ♀	10				10
IR 26 ♂	10	10			
窄兰选×IR26 F_1	5		5		
窄兰选×IR26 F_2	100	9	58	31	2
四 珍 ♀	10			10	
IR 30 ♂	10	10			
四珍×IR30 F_1	5		5		
四珍×IR30 F_2	100	25	47	22	6

从表四可见，在四珍×IR30组合中，从F_2代随机选取25个单株，在F_3代25个家系中，有7个家系表现为纯合抗病，7个家系表现为纯合感病，11个家系表现为抗性分离，不同抗性的三种家系比例大致符合1∶2∶1（纯合抗病∶抗性分离∶纯合感病）。在抗性分离的家系群体中，抗病与感病植株呈3∶1（391个单株抗病∶137个单株感病，生物统计$x^2 = 0.253$，适合性测验的机率$p = 0.5 \sim 0.75$）。而窄兰选×IR62组合中，由于在F_2代人工选择抗病单株多，故在F_3代的三种家系不符合1∶2∶1，但有三种抗性类型家系出现，而且在抗性分离的家系群体中，抗病与感病植株也符合3∶1（1184个单株抗病∶391个单株感病。生物统计$x^2 = 0.030$、适合性测验的机率

表4 杂种F₃代对白叶枯病反应

组合	F₂代群体反应（株）			F₃代株系表现（个）			
	R	S	比	RR	Rr	rr	比
窄兰选×IR26	67	33	3:1	24	35	5	1:2:1
匹珍×IR30	72	28	3:1	7	11	7	1:2:1

注 RR：纯合抗病家系。Rr：抗性分离家系。rr：纯合感病家系。
R：抗病植株。S：感病植株。

$p = 0.90 - 0.95$）。

从以上分析可得结论，IR26和IR30两品种，对白叶枯病的抗性是由单基因显性遗传的，均表现为一种真正抗性，两品种的抗源均来自TKM6，故其杂种抗性分离比也相同。

三、讨 论

抗病亲本是抗病育种的物质基础。抗病亲本的筛选是抗病育种必不可少的工作。只有比较全面地了解其抗病性和各种经济性状之后，才能有目的地加以利用改造。从抗病亲本抗源分析看出，IR系统品种白叶枯病抗性一般来源于TKM6和西格迪斯（Sigadis），如TKM6──→IR26──→IR30；西格迪斯──→小家伙（IR1529—680—3）──→760137（IR2451—90—4—3）[1,3,4,5]。本国抗白叶枯病亲本抗源可能来源于广东野生稻、扩竹7或2150。如从广东野生稻──→中山1号──→包选2──→辐包矮；从扩竹7──→窄叶青──→新青矮；从2150──→秋二矮等。

由此可见，水稻白叶枯病的抗源是存在的，而且其抗病性可以代代相传。因此，我们必须充分发掘这些抗源，并加以研究、利用和改造，更好地发挥其应有的作用。

本试验研究对杂种优势利用有所启示。杂优一般是利用杂种一代。要提高杂种对白叶枯病的抗性是有可能的。在配对化杀组合时，只要考虑在有优势的前提下，在两个品种中，有一个是抗的，就有可能获得较抗病的化杀杂种一代。根据同样的道理，在"三系"利用方面，不管是不育系或恢复系，只要其中一个是抗白叶枯病的，就有可能获得"三系"抗病杂种。另外，亦有可能把一个抗白叶枯病的基因，导入到不育系或恢复系中去，或把不育基因或恢复基因导入到一个抗白叶枯病的品种中去，从而转育成一个抗白叶枯病的新的不育系或新恢复系。值得一提的是，上述的结论是在接种了特定的菌系及在本实验材料范围内所获得的。虽然这些初步结果可能反映了部份事实，但如进行更为广泛的试验，其结果则可能是更为复杂的。文献中也报导了抗病基因可随接入不同的菌系和采用不同的亲本而分别表现为显性，不完全显性，甚至隐性等多种方式，在配对亲本中尚可存在着上位抑制基因、修饰基因、互补基因等，白叶枯病菌虽尚未明确分离出"生理小种"，但也可区别为感病性有异的菌群，加上环境条件对感病程度的影响等问题[3,4,6,7]，都是值得我们在今后的工作中进一步加以注意的。

在常规育种方面，如果是感病品种与抗病品种杂交，可根据白叶枯病在杂种F_1代抗病显性原理，判别其真假杂种。

后代选择是杂交育种工作中的重要环节，关系到育种效果与成败。在抗白叶枯病育种选择时因为白叶枯病感病基因是隐性的，故在杂种F_2代，就要淘汰感病的植株。在抗病的基础上，再考虑其他经济性状，这样就可大大节省地力、物力、人力，提高选择抗病优良单株的机率。因为白叶枯病抗性基因是显性的，其后代抗病性有的是纯合的，有的是抗性分离的。我们在对杂种F_3代以上的高代进行抗病选择时，要重点注意纯合抗病群体的株系，从中选择综合性状好的优良单株。但也不能忽视，在抗性分离的群体中，选择抗病的优良单株。还应在新品种选育稳定之后，进行重复鉴定，以免有误差。虽然在本实验组合中，抗白叶枯病的性状，一般表现为显性（完全或不完全）性状，抗病与感病的遗传一般是简单分离，这是有利于育种取得成效的方面，但文献中也报导过存在着复杂分离的情况[4,6]，故应视具体情况灵活加以应用。

参 考 文 献

[1] H. M. 比奇耶尔，国际水稻研究所水稻抗病育种现状，国外农业参考资料，1974，6，1—5。

[2] 鸟山、国市，日本对主要水稻病害的抗病育种，水稻育种译文集，1975，206—231。

[3] U. U. S. 默蒂等，水稻品种对白叶枯病抗病性的遗传研究，同上集，280—285。

[4] 水稻白叶枯病抗性遗传的研究，国外农业参考资料，1977，2，32—37。

[5] H. E. Kauffman, P. S. Rao, Resistance to bacterial leaf blight India, *Rice breeding*, 1972, 283—288.

[6] I. W. Buddenhaqen, A. P. K. Reddy, The host, the environment, xanthomonas oryzae, and the rescarcher. *Rice breeding*, 1972, 289—296.

[7] S. H. Ov, Varietal resistance and variability of xanthomonas oryzae, *Rice breeding*. 1972. 297—300.

(综)(述)

种子活力与植物激素

傅家瑞

(生物学系)

一、前　言

种子是农林业生产中最基本的生产资料之一，有了优质种子才能提高再生产的水平。优质种子的一个基本条件是：必须具有很高的活力。优质种子的获得不仅涉及种子的形成、成熟、休眠、萌发生长等一系列的发育过程，而且关系到种子的贮藏条件。因为种子的活力在成熟时达到高峰(Pollock等，1973)，随着贮藏，在各种因子的影响下逐渐衰老，活力下降，直至死亡(Delouche等,1973)。

60年代以来，科学工作者积累大量资料，证实植物激素与种子的形成、休眠与萌发过程存在密切关系。作者(1974)曾对种子休眠中的植物激素调节作用给予综述，近年来国际上对这个问题有所进展(Khan,1975)。鉴于种子既是植物个体发育的一个相对静止阶段，却又可以单独地进行整个生活史，以种子作为研究对象，能够揭露出生物学一般性的理论问题。

二、种子活力概述

国际上很早就把种子活力作为一个重要的品质指标。50年代初，在国际种子鉴定协会成立了种子活力检验委员会。Woodstock(1965,1969)认为活力应理解为：种子处于健壮状态下，能在较广的环境因子范围内迅速萌发，整齐度高。换言之，活力高的种子萌发时对环境条件的要求较宽，而活力低的种子则很苛求。Ching(1973)从生化基础出发指出，种子的衰老主要表现在酶、蛋白质、线粒体、核糖体及膜系统的缺陷产生上，并提出ATP与活力的密切关系。

1. 种子活力下降的原因

活力高的种子，在同样的条件下，尤其是不良条件下，比活力低的种子可获得较好的收成。在种子衰老过程中，活力下降的最终表现是产量的下降，可是在发芽率发生下降之前，幼苗生长率已出现减弱，意味着种子内部衰老过程已在进行中。

对衰老的机理目前存在多种看法，有的认为与膜及大分子的损伤和膜的完整性丧失

简写字：　GA赤霉素　GA_3赤霉酸　CK细胞分裂素　ABA脱落酸　KN激动素　BA苄基腺嘌呤

有关(Aspinell和Paleg,1971)。由于膜的损伤,透性增大,溶质外逸增多(Takayanagi等,1968)。细胞的超微结构发生一系列变化,其中以线粒体的反应较敏感,衰老时内膜出现不完整性,发生肿胀的嵴(Roberts, 1972)。衰老种子在萌发中,细胞内质网发生暂时性的肥大(Berjak和Villiers, 1971)。生活力下降的种子,在吸水后其衰老现象更加显露出来。Villiers(1973)报导,衰老的胚吸水后,液胞膜破裂,线粒体及质体首先解体,接着是核膜解体,然后质膜与细胞壁分离,在脂肪体膜破裂后,脂质溶合成一大团,另外从溶酶体渗出水解酶到胞质中。在电镜下均可观察到这些变化。

Abdul-Baki(1969)指出,大麦、小麦的种子与幼苗合成能力的下降是一个早期的危险信号,表示种子的活力已开始下降。

另外一些人认为,毒质积聚是种子活力下降的原因。Floris(1970)将衰老的小麦胚移植到幼胚乳中,或将幼胚移植到衰老的胚乳中,均见活力下降,表明幼嫩组织一旦与衰老组织接合,则衰老组织中所产生的毒性代谢物也会影响到幼嫩组织,降低其活力。由于毒质的积累,破坏了萌发过程的诱发机理。Narasimhareddy等(1977)认为活力的丧失与抑制物的存在以及类赤霉素物的缺乏有关。活力强的花生种子,赤霉素(GA)含量高,而无活力的花生种子,抑制物积累多。

Harrington(1973)认为诱发种子萌发的植物激素如GA、CK及乙烯,它们的产生能力的丧失是衰老的基本过程。这一能力的丧失可能是由于旦白质变性而使酶受到破坏,亦可能是由于自由基的活动,或者由于DNA-RNA模板机理的衰败而不能合成酶所引起。

2. 种子活力的测定

Abdul-Baki等(1973)指出,脱氢酶和谷氨酸脱羧酶的活性与种子活力存在高度相关。Moore(1969)认为这些指标可用作评价种子活力的生化测定。汤佩松等(1964)在研究杨树种子中得知脱氢酶活性的丧失与发芽率的下降速度相平行。在赵同芳(1960)的综述中也提到苹果酸脱氢酶活性与种子活力存在相关性。

谷氨酸脱羧酶(GADA)是能反映种子活力的一个指标。Grabe(1974)报导了玉米幼苗活力与谷氨酸脱羧酶活性下降呈正相关性,他认为GADA水平与耐贮力及产量潜力的关系密切。因此,具有较高GADA活性的种子,就会给予较高的产量与较大的耐贮力。Linko(1961)也指出,谷氨酸脱羧酶活性是小麦贮藏状态的一个指标。目前认为,GADA法对玉米、小麦、水稻等种子活力的测定具有相当准确性(Copeland, 1976)。

根据脱氢酶的作用而建立的氯化苯基四唑(TTC)法是目前较广泛应用的检验种子活力的方法。此法既快速简便,且能直接测出个别种子的活力,并可绕过种子与环境的相互作用,也不受休眠所干扰。此法起始于Lakon(1949),它的原理是：在活组织的呼吸过程中,由于脱氢酶活动而释放的氢原子能与TTC分子反应,产生不溶于水的红色甲䐶。根据种子染色部位和染色程度,可鉴定出种子活力大小(Moore, 1973)。

利用萤光法可以鉴定某些作物品种间种子的活力。郑光华等(1964)用萤光法检验了25种园林植物的种子,并认为此法对大多数种子均有相当可靠度。此外,剥胚法也是一个较好的检验生活力的方法。郑光华等(1975)改革了剥胚法,发展为切割子叶快速发芽法,适用于测定柑桔种子活力。同时也适用于苹果、白蜡、松树等种子（郑光华，1978）。

用人工加速衰老法可以预测种子的耐藏能力。就是人为地给予种子以十分恶劣的贮藏条件以加速种子的衰老过程（一般是用高温、高湿的贮藏条件）。人为衰老过程与天然衰老过程在性质上基本一致，只是在速度上有差别（Delouche等，1973）。因此，可以在短时间内从种子的发芽率及生长率，观察到种子的活力高低。

在种子长期贮藏前，须先测定其活力，鉴定其耐藏潜能是否良好，然后才进仓库。应用人工加速衰老技术进行检验也可以说是种子贮藏中的一个重要措施。

三、种子发育过程中植物激素的调节作用

1. 种子形成过程中植物激素的变化

大量实验证明，在未成熟种子中含有多种植物激素，且随种子的发育进程而发生变化。例如在菜豆的未成熟种子中，GA_1、GA_4、GA_{38}以游离型存在，而在成熟种子中则以糖酯的结合型存在（Yamane等，1975）。在成熟的禾谷类种子胚乳及某些双子叶植物种子中，游离型生长素消失，代之而存在的是它的酯及结合型（Bewley等，1978）。

在小麦种子形成过程中，出现几种植物激素的消长变化且与种子干重积累相关（Wheeler，1972）。生长素含量高峰出现在花后35天，玉米素含量高峰出现在花后14天，而GA_3在开花时含量很高，花后7天显著下降，花后35天出现第二个高峰。

生长素、GA及CK是促进种子发育的植物激素，而ABA则是胚生长的抑制物，可防止未成熟种子在母株上萌发（胎萌现象），在成熟种子中则控制休眠的延续。在种子成熟后，ABA会降解为红花菜豆酸与双羟红花菜豆酸（Milborrow，1974）。

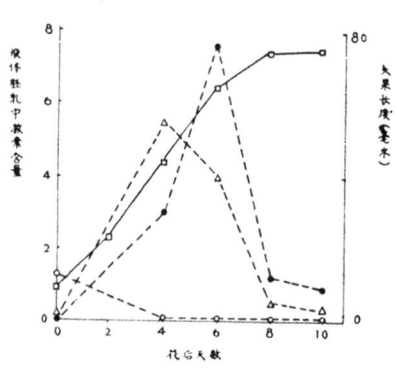

图1　豌豆种子早期发育中子房壁生长与激素含量变化

在豌豆开花后，子房壁的生长速率与种子中植物激素全量变化密切相关（图1）。随着子房的发育，ABA很快降低至极微量，继GA含量高峰的出现，生长素含量高峰也出现（Eeuwens等，1975）。

邓锡青（1966）应用GA_3可显著促进人参与三七种子的胚胎分化过程。

2. 种子休眠与萌发中的植物激素相互消长变化

在种子休眠与萌发中，同样存在植物激素的消长变化。糖槭（Acer saccharinum）种胚的休眠状态须经6周低温处理才能解除（Wareing等，1973）。当种子放在5℃中，发芽率随低温时间延长而提高，同时内源CK也发生相应的变化，在处理20天后，CK活性出现高峰，然后又随低温期延长而下降，在萌发种子中检验不出CK活性；在20℃中的种子，长时间不萌发，也检验不出CK活性。Webb等（1972）还研究了糖槭在5℃及20℃下GA含量变化，在5℃中的种子，游离型GA活性增加，40天达高

峰，而在50天降至很低水平，在20℃中的种子，相应的变化甚少。在低温预冷中，ABA含量迅速下降，而在20℃中ABA下降甚微。他们认为发芽促进物与ABA含量变化是预冷处理解除休眠的主要原因，未经低温处理的种子，由于缺乏内源CK及GA，不能萌发，低温处理加强促进物的合成，或者使促进物从结合态释放出来，从而促进萌发。

很久已知乙烯能促进多种植物种子的萌发，而在不少植物的萌发种子中能产生乙烯（Wareing等，1971）。在非休眠的花生种子萌发时，其胚轴能活跃地产生乙烯，而休眠品种在吸水后只能产生少量乙烯。花生种子的萌发和乙烯的产生可为ABA所抑制，而KN能解除ABA效应，促进种子产生乙烯。应用乙烯亦可解除ABA的抑制效应。因此，Ketrings等（1972）指出，乙烯与抑制物（ABA）的相互作用调节着花生休眠种子的萌发。

Khan（1968）根据大量的试验结果，假设CK起着"解抑作用"，而抑制物（如ABA）则起着"抑止作用"。GA与萌发过程的关系比其他激素均较广泛，因此，Khan（1971）认为它在发芽中起着"原初作用"。应用Khan（1975）的假说，可以对一些矛盾的事实给予科学的回答。植物激素之间的相互作用起着调控萌发的诱发机理，以抑制物（ABA等）为一方，与以GA、CK和乙烯为一方，构成辩证的统一体。

3. 种子活力变化中的植物激素

在种子形成过程中以及从休眠状态转变为萌发过程，植物激素含量发生消长变化，说明在种子的整个生活史中经常地受到激素的调节。因此，种子活力也必然处在植物激素的调节中。

油料种子如花生、棉籽及油菜等，生活力的下降与产生内源乙烯的能力相关。健康的花生种子在萌发24小时内，当胚轴及胚根的长度达到3毫米前，产生乙烯量达到高峰；棉籽则在胚根伸长至10毫米左右时，乙烯释放量达高峰（Ketring等，1974）。当花生种子贮藏在不良条件中时（相对湿度100％），经过11.5个月，发芽率显著降低，与此同时，活力的降低与乙烯产生量的降低相关；而贮藏在良好条件中时（相对湿度10％），发芽率高，活力高，释放乙烯量也高（图2）。

当油菜种子衰老时，伴随活力的下降，内源乙烯含量也减少（Takayanagi等，1971）。新鲜的油菜种子在萌发中能迅速放出大量乙烯，播后3天内基本结束。天然衰老的油菜种子（贮藏期4年）在吸水的第2天才开始释放乙烯，播后5—6天才达到高峰，乙烯释放量低于新种。如果将陈种再用人工衰老法处理，则释放乙烯过程既延迟且减量；经人

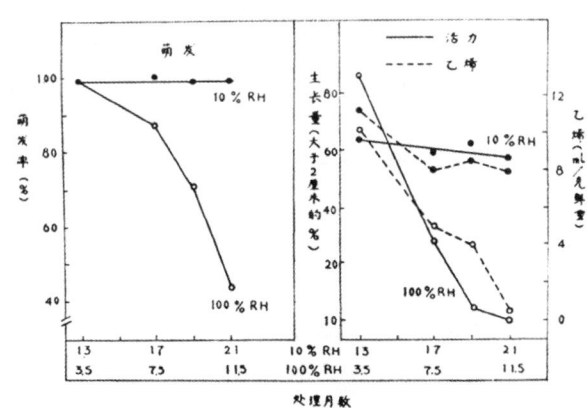

图2 經9.5个月贮藏在10％RH中的花生种子分别以10％RH及100％RH处理，发芽率、活力及乙烯产生的变化（三次重复，每次种子100粒）（Ketring等，1974）

工衰老227天的油菜种子，既不能萌发也无乙烯释放。可见种子活力与产生乙烯能力之间存在相关性。

Ketring(1969)用 5×10^{-4}M GA_3 刺激花生产生乙烯量比对照提高40%，同时提高发芽率。用BA同样能诱导乙烯生成；反之，施用ABA则抑制乙烯产生，同时也抑制萌发（Ketring,1971）。

大量实验证明，在种子中含有种类繁多的天然抑制物（赵同芳，1960；傅家瑞，1974），这些抑制物的存在使种子处于休眠状态，一旦除去抑制物就可以重新萌发。如王文章(1978)用层析法证实红松种子中的抑制物，经低温层积后可以消除；傅家瑞(1965)同样地检验出水浮莲种子的抑制物，经光照后可以消除，种子能迅速萌发。Wareing等(1971)提出，活力的丧失与促进物和抑制物相互作用密切有关，而抑制物的积累与促进物的减少，往往与不可逆的代谢变化相连系。

四、植物激素相互作用的分子基础

种子生理学研究目前已深入到分子生物学水平。从种子形成到休眠、萌发过程均涉及到核酸、蛋白质及酶的代谢，植物激素在调节控制种子活力上，也与核酸的转录、转译过程有关。下面举一些资料来阐明。

Khan等(1968)测出梨的休眠胚在低温下合成核酸能力逐渐增加。在休眠的梨胚中，ABA抑制 $^{32}PO_4$ 渗入tRNA、DNA-RNA及rRNA的过程，而可用KN及 GA_3 解除这种抑制(Khan等,1969)。在离体梨胚的标记RNA组分中，ABA能引起尿苷及鸟苷减少，这一过程可被KN逆转(Khan等,1970)。用KN及GA既可促进休眠梨胚萌发，也可提高RNA聚合酶活性(Khan,1972)，而ABA则抑制RNA聚合酶活性。这表明在DNA转录RNA过程中，不同的激素起着不同的作用，因而激素的相互作用可引起RNA转录上的定性和定量的变化(Khan,1971)。

在浮萍试验中，Van Overbeck等(1967)观察到ABA和BA在 ^{32}P 渗入DNA及其他核酸组分的过程中存在对抗作用。其后，Stewart等(1972)又发现ABA抑制 ^3H-胸苷渗入DNA，抑制 ^{14}C-乳清酸渗入RNA及抑制 ^{14}C-亮氨酸渗入蛋白质，使这些过程的速度减慢。这些事实支持ABA作用于DNA及RNA水平上的见解。

ABA与CK和GA的相互作用也发生在"翻译"水平与酶的合成上。在禾谷类种子的糊粉层中，α-淀粉酶的合成及种子的萌发均可为ABA所抑制，而为KN所逆转，亦能被多量的GA稍微消除(Khan,1971)。乙醛酸循环中的关键酶——异柠檬酸裂解酶与蓖麻种子胚乳的代谢关系甚大，此酶活性可为 GA_7 与 GA_3 所促进，而为ABA所抑制；ABA的抑制作用又可用 GA_3 解除(Marriott等,1977)。可见酶的水平常由两种或两种以上的植物激素选择性地控制着。

五、结束语

从种子形成至休眠，又从休眠至萌发，其间必然经历若干阶段，在不同阶段中内源激素变化水平及代谢过程又必然各有其特点。既然激素可能在转录与翻译水平上起着活跃的作用，就必然与种子内部代谢过程密切连系着，也必然影响到各种与种子活力有关的酶系统活动。因此，深入研究植物激素之间相互作用的规律性，弄清楚它们消长变化中的复杂性与阶段性，将有助于揭露种子活力变化的控制机理。这一理论的解决将是种子研究工作中的一个重大突破。

（1979年4月完稿）

主要参考文献

[1] 王文章，红松种子抑制物质的初步研究，东北林学院学报，(1978)，1，1—16．

[2] 郑光华、葛察明，柑桔类种子生活力的快速测定，植物学报，17(1975)，4，325—327．

[3] 郑光华、阎庆山，用萤光法快速测定种子生活力的试验，植物生理学通讯，(1964)，3，21—25．

[4] 赵同芳，种子休眠生理概述，植物生理学通讯，(1960)，3，23—30．

[5] 汤佩松、郑光华等，啶吡核苷酸对杨树种子在生命力丧失过程中去氢酶活性消失的恢复作用，科学通报(1964)，6，535—537．

[6] 傅家瑞、范培昌，水浮莲种子中的发芽抑制物质与感光性休眠(一)，植物生理学报，2(1965)，2，143—152．

[7] 傅家瑞，植物激素在种子休眠中的调节作用，中山大学学报，(1974)．，3，99—106．

[8] Abdul-Baki, A. A., Anderson, J. D., Physiological and biochemical deterioration of seeds, *Seed Biology*, Ed. Kozlowshi, T. T., Academic Press, (1972), Vol. 2, 283-315.

[9] Bewley, J. D., Black, M., *Physiology and Biochemistry of Seeds*, Vol. 1, Springer-Verlag, (1978).

[10] Copeland, L. O., *Principles of Seed Science and Technology*, Burgess publishing Co., Minnesoto. (1976).

[11] Delouche, J. C., Baskin, C. C., Accelerated aging techniques for predicting the relative storability of seed lots, *Seed Sci. & Technol*, 1(1973), 427-452.

[12] Harrington, J. F., Biochemical basis of seed longevity, *Seed Sci. & Techmol.*, 1 (1973), 453-461.

[13] Ketribg, D. L, Germination inhibitors, *Seed Sci. & Technol.*, 1 (1973), 305-324.

[14] Khan, A. A., Primary, preventive and permissive roles of hormones in plant systems, *Bot. Rev.*, 41 (1975), 391-420.

[15] Taylorson, R. B., Hendricks, S. R., Dormancy in seeds, *Ann. Rev. Pl. Physiol.*, 28 (1977), 331-354.

[16] Villiers, T. A., Ageing and the longevity of seeds in field conditions. *Seed Ecology*, Ed. W. Heydecker, Butterworths, (1973), 265-288.

[17] Wareing, P. F., Saunders, P. F., Hormones and dormancy, *Ann. Rev. Pl. Physiol.*, 22 (1971), 261-288.

Seed Vigor in Relation to Phytohormones

Fu Jiarui

Adstract

The contents of various phytohormones are changing during the formation of seeds. The level of ethylene which is being liberated during the germination often represents the vigor level and the germinability. The aged seeds of rape produces less ethylene than freshly harvested seeds during the early stage of germination. The germination of dormant peanut seeds will be regulated by the interaction between ethylene and ABA. Another hormonal action model presented in the control of seed germination is the balance of the germination inhibitors, such as ABA, between the germination promoters, such as GA and CK. The hormonal effects at molecular level have been studied.

· 实验方法与技术·

鱼类在游泳期间的代谢生理研究

D.J. 兰德尔　　　　　林浩然
（不列颠哥伦比亚大学动物系）　（中山大学生物学系）

鱼类在不同条件下进行游泳活动时的代谢生理变化是近十年来鱼类生理学新发展的研究课题之一，具有重要的理论和实际意义[7,8]。

目前对处于不同游泳速度的鱼类进行代谢生理各个方面的动态研究，在实验方法上有了很大改进。本文综合介绍现今采用的比较先进的实验方法和1980年在加拿大 Bamfield 海洋实验站取得的一些研究结果。

实 验 方 法

一、呼吸测定装置

目前普遍采用管道式呼吸测定装置研究鱼类游泳期间的代谢生理活动[1]。它们主要有Blazka型[3]和Brett型[4]。

我们使用的是Brett型（图1），它由环形管道组成，鱼类呼吸室位于管道正中[2]。

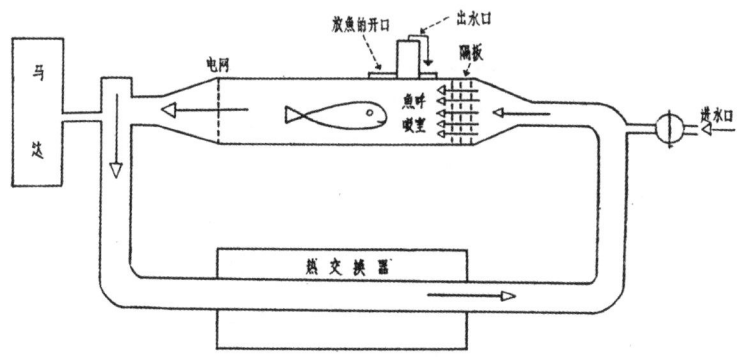

图1　Brett型管道呼吸测定装置

呼吸室前面的进水处设置筛状隔板以造成湍流，使马达推进的水流能以均匀平整的流速通过呼吸室。呼吸室的后面设置电网以促使试验鱼不断向前逆水游动。呼吸室上方有圆形开口供放入或取出试验鱼。新鲜水源不断输入呼吸室，过多的水由上方开口的出水管流出。测定鱼类呼吸代谢时可关闭各个开口，使整个装置内的水不断循环流动。调节马达的转速能产生一定的水流速度，并使鱼朝呼吸室前面逆水游动，水流速度就代表鱼

● 本文1982年11月收到。

的游泳速度。输入呼吸室的水都经过热交换器的温度调节处理，使水温保持稳定。

试验鱼在不断循环流动的密闭呼吸测定装置内，由于代谢活动将会消耗水中的氧并把CO_2、NH_3等代谢产物排到水中。如果水中含氧量持续降低就会出现缺氧现象而影响试验鱼的正常代谢活动。因此，实验期间必需定期用50毫升的注射器把纯氧注入水中，使水中氧分压不低于 110 mmHg。注入的纯氧溶解于水中并在30分钟内均匀混合。如果注入的纯氧经过精确定量测定，而在实验开始和结束时水中氧分压保持一致，则注入水中的氧就等于鱼在试验期间消耗的氧。

当水的pH在7～8范围内，下列反应均向右方进行：

$$CO_2 + H_2O \rightleftharpoons H_2CO_3 \rightleftharpoons H^+ + HCO_3^-$$
$$NH_3 + H^+ \rightleftharpoons NH_4^+$$

鱼体排出的 CO_2 和 H^+ 会使 pH 降低，而NH_3会使pH升高。在一般情况下，CO_2的排出量要比NH_3大得多，因此，在密闭的呼吸测定装置内，水中pH将会降低并影响试验鱼的代谢活动与游泳能力。需要经常监测水中pH变化并通过 Harvard Linear 置换泵以0.5～2.5毫升/分钟的速率向呼吸室内注射0.25N的纯NaOH以保持pH的稳定。用一小型电比较器和Radiometer酸验分析仪(PHM-65) 及监测水中pH的电极输出相联系以操纵置换泵；当水中pH降低到预先规定的水平时，泵就会启动而把 NaOH 注入，使pH恢复原来水平[13]。控制水中pH变化不超过0.02。

试验鱼放入呼吸室后易受惊动，因此，至少需要一天时间让它适应环境，熟悉回避电网以及在不同流速的水流中逆水游动。有些鱼类回避光线，可用黑塑料布复盖呼吸室；有些鱼类喜欢趋光，可在呼吸室前方保持光亮。

管道式呼吸测定装置特别适合于以尾柄摆动尾鳍进行快速游泳的纺锤形鱼类[8]；对主要依靠胸鳍、腹鳍或背鳍推动身体前进的鱼类则不太合适。体形扁平的鱼类不能在这种呼吸室中进行水平游动。最近，Priede 等(1980)[10]已设计一种倾斜式呼吸测定装置用以研究扁平形鱼类的游泳代谢生理活动。

二、游泳速度的调节

鱼类的游泳活动方式很多，而不同种类和个体的游泳能力不同。为了统一标准和便于分析比较， Hoar和Randall[6] 提出以下基本术语来说明鱼类游泳活动的特点：

(一)持续性游泳(Sustained swimming)：指鱼类能长期保持的游泳速度而不会疲劳(对实验观察来说是指连续保持200分钟以上的游泳速度)。由需氧代谢提供能量。包括长距离回游，结群游泳，觅食活动等。

(二)突发性游泳(Burst swimming)：短暂而高速的突然游动，持续时间不到15秒。主要由不需氧代谢提供能量。

(三)延长性游泳(Prolonged swimming)：包括持续性游泳和突发性游泳之间的游泳速度范围。

(四)疲劳(Fatique)：指鱼经过一段时间游泳后不能继续保持一定的游泳速度。

(五)临界游泳速度(Critical swimming speed，以Ucrit表示)：指鱼类在达到疲劳前的最大游泳速度。对于比较各种鱼类在不同条件下的游泳速度，这是很有用的标准。测定某种鱼的临界游泳速度是把它放在呼吸室内逐步增加游泳速度，直到疲劳。例如,某种鱼能保持10厘米/秒的游泳速度60分钟(通常每级游泳速度的持续时间是60分钟),但以12厘米/秒的游泳速度只游30分钟就疲劳,这样,临界游泳速度可以计算为:

$$10厘米 + \left[(12厘米 - 10厘米) \times \frac{30分钟}{60分钟}\right] = 11厘米/秒。$$

每级的持续时间和游泳速度的增量会影响所测定的临界游泳速度,因而需要有一个合理而统一的范围。目前普遍采用的每级持续时间为60分钟,每级游泳速度的增量是半个体长/秒,而从1个体长/秒的游泳速度开始测定。用体长/秒来表示游泳速度是便于在不同大小的鱼之间进行比较。此外,为了比较同种鱼不同个体在不同生理状况下游泳能力,常采用50%或80%的临界游泳速度。

三、鱼类的血管导管手术和取血样

部份试验鱼需要在背大动脉设置导管[12],以便在游泳时取血样进行分析测定。

试验鱼先用1:20,000的MS—222(tricaine methanesulphonate)麻醉,置于手术台的吊网中,通过两条胶管向左右鳃腔不断灌注冷却的1:50,000 MS-222溶液,使鱼继续保持麻醉状态并有氧气供给。插入血管导管之前,用粗注射针将麻醉鱼上颌在鼻腔附近刺穿,插入一长约3~4厘米的粗塑料管,以备手术后将血管导管引出体外,又用手术钩针穿线后在口腔顶部正中线的上皮系上两个活结,前后相距约1厘米,以便把导管固定在口腔顶部上皮用。然后,用特制的塑料外套管和插入套管内的长注射针在咽腔上壁第一对鳃弓和第二对鳃弓之间的正中线以30°角斜刺入上皮组织以及在其下方的背大动脉(图2)。此时,一手将塑料套管轻轻稳住,另一手将注射针头取出,并立即把装满含肝素鱼用生理盐水[11]的塑料小管沿着塑料套管仔细插入已经刺破的背大动脉内。这

图2 示塑料套管内的长注射针刺入背大动脉

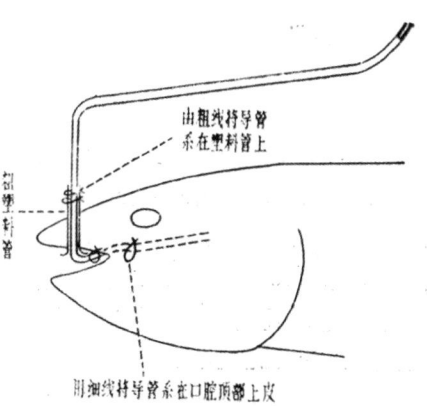

图3 把塑料小管(导管)结扎在口腔顶部上皮后通过鼻腔的粗塑料管引出体外

时,一手用镊子轻轻夹住塑料小管,将它的位置稳住,另一手慢慢将塑料外套小心移出。把塑料外套管移出一段距离后,便可用原先系在口腔顶部上皮的两个活结将塑料小管结扎在口腔上皮上,使其位置固定。接着,把塑料外套完全取出,让塑料小管通过已穿过鱼上颌的粗塑料管引出体外(图3),再用粗线将粗塑料管结扎紧。最后,通过塑料小管把少量生理盐水注入背大动脉以补充手术过程的失血,使整个塑料小管充满生理盐水而没有气泡,并用大头针将塑料小管(亦即做好的背大动脉导管)末端塞紧。手术后鱼移入有新鲜流水与充气的水簇箱中让其苏醒与恢复,2天后才开始实验。试验鱼在呼吸室游泳时,让导管自然飘动于鱼头部后上方;取血样时从呼吸室开口取出导管,用注射针从导管末端吸取血样后应注入少许生理盐水以补充失血,再把导管放回呼吸室内。

四、样品测定方法

采用 Radiometer 酸硷分析仪(RHM-71)和附属的恒温电极分别测定血样和水样中的PO_2、PCO_2和pH。总CO_2含量按照 Cameron[5]法用同样型号的酸硷分析仪和CO_2电极测定。水中的碳酸氢根离子浓度用微量滴定法测定。

试验鱼的耗氧量根据呼吸测定装置的水容量、水中含氧量和注入的纯氧量计算。CO_2排出量根据水中总CO_2含量的变化而换算。

血液中红血球内的pH用Zeidler和Kim(1977)[11]的快速冰冻法测定。取血样约0.5毫升在塑料小管内离心使红血球沉淀,用干冰——乙醇混合物使之快速冰冻,把含冰冻红血球的塑料小管末端切下,在室温下解冻,用Radiometer 酸硷分析仪和pH电极测定已溶解破裂的红血球内pH值。

研 究 结 果

体重0.5~1.0公斤的性未成熟银大麻哈鱼(*Oncorhynchus kisutch*),其中有一部份做背大动脉导管手术,置于容积为120立升的有天然海水(盐度32±1‰,温度13℃)输入的大型管道式呼吸测定装置内。通过调节海水流速以及海水pH和碳酸氢根离子浓度,使试验鱼在不同的pH和碳酸氢根离子浓度的海水中以不同的游泳速度游泳,测定其耗氧量、CO_2和H^+排出量,动脉血的PO_2、PCO_2、pH和总CO_2含量,以及红血球的pH,并分析比较CO_2和H^+排出量的变化:

1.银大麻哈鱼在正常海水中(pH7.95)以80%临界游泳速度,在游泳开始后10~30分钟,血液中的血球容量、PO_2、PCO_2、pH、总CO_2含量、血浆pH和红血球pH略有变化;但1小时后都和游泳前的水平相近。游泳期间它们主要以分解代谢体内贮存的脂肪而得到能量,气体呼吸交换比率略小于0.7,表明有少量CO_2存留在体内。

2.用120%临界游泳速度促使银大麻哈鱼突发性游泳疲劳后30分钟,在血液各种生理参数中以血液PO_2降低、PCO_2升高和血浆pH降低较为明显,这和银大麻哈鱼在突发性游泳时进行不需氧代谢,将葡萄糖酵解为乳酸而得到能量有关。

3.银大麻哈鱼分为四组分别在下述四种不同情况下:第1组在pH为7.95的正常海水中以80%临界游泳速度游泳;第2组在pH为7.95但HCO_3^-浓度降低的海水中以80%临界游泳速度游泳;第3组在pH降低为7.1的海水中以50%临界游泳速度游泳;第4组

在pH为7.95的正常海水中进行突发性游泳使体内的pH降低后以50%临界游泳速度游泳6小时的实验表明：

①海水pH降低或进行突发性游泳使血液中pH降低后，影响体内酸碱平衡，会导致耗氧量降低，并影响鱼的游泳能力。

②当海水HCO_3^-浓度降低时，CO_2排出量保持正常而耗氧量降低，使气体呼吸交换比率超过正常的0.7而达到0.74；H^+排出量降低而小于CO_2排出量。

③海水的H^+浓度增加，pH降低到7.1，使CO_2、特别是H^+的排出量明显降低；大量H^+和CO_2存留鱼体内，影响体内正常的酸碱平衡，致使耗氧量降低，气体呼吸交换系数小于0.7，鱼的游泳能力和速度均下降。

④在正常海水中，银大麻哈鱼进行突发性游泳时，由不需氧代谢提供能量，体内积累大量乳酸，它们离解产生H^+，致使pH降低，H^+的排出量大于CO_2排出量，耗氧量亦降低，气体呼吸交换比率接近0.7，鱼的游泳能力亦下降。

由此可见，鱼类通过鳃排出CO_2和H^+的量并不是互相联系和一致的，外界环境条件和鱼体生理状态的变化，特别是pH的变化，对CO_2和H^+的排出以及气体呼吸交换比率，都会产生明显不同的影响。对银大麻哈鱼来说，pH偏低的海水会影响它们的游泳速度和能力而不利于产卵回游。

参 考 文 献

(1) Beamish, F. W. H., Swimming capacity, In *Fish physiology*, 1978, Vol. 7, P. 101-187, (eds W. S. Hoar and D.J. Randall), Academic press, New York.

(2) Bell, W. H. and Terhune, L. D. B., Water tunnel design for fisheries research, *Fish Res. Bd. Can. Tech. Report*, 195 (1970).

(3) Blazka, P., Volf, M. and Cepela, M., A new type of respirometer for the determination of the metabolism of fish in the active state., *Physiologia bohemoslov*, 1976, 9, 553-558.

(4) Brett, J. R., The respiratory metabolism and swimming performance of young sockehe salmon, *J. Fish Res. Bd. Can.*, 21(1964), 1183-1226.

(5) Cameron, J. N., A rapid method for determination of total carbon dioxide in small blood samples, *J. Appli. Physiol.*, 31(1971), 632-634.

(6) Hoar, W. S. and D. J. Randall, *Fish Physiology*, 1978, Academic press, New York.

(7) Jones, D. R. and Randall, D. J., The respiratory and circulatory systems during exercise, In *Fish Physiology*, 1978, Vol. 7, P. 425-501, (eds w. S. Hoar and D. J. Randall), Academic Press, New York.

(8) Kiceniuk, J. W. and Jones, D.R., The oxygen transport system in trout (*Salmo gairdneri*) during sustained exercise, *J. Exp. Biol.*, 69(1977), 247-260.

(9) Lindsey, C. C., Form, function and locomotory habits in fish, In *Fish Physiology*, 1978, Vol.7, P.1-100 (eds w. S. Hoar and D.J. Randall), Academic Press, New York.

(10) Priede, I.G. and Holliday, F.G.T., The use of a new tilting tunnel respirometer to investigate some aspects of metabolism and swimming activity of the plaice (*Pleuronectes platessa L.*), *J. Exp. Biol.*, 85(1980), 295-309.

(11) Randall. D.J. and Hoar, W.S., Special techniques, In Fish physiology, 1971. Vol. 6, P.511-528 (eds W. S. Hoar and D.J. Randall), Academic press, New York.

(12) Smith, L. S. and Bell, G.R., A technique for prolonged blood sampling in free swimming salmon, *J. Fish Res. Bd. Can.*, 21(1964), 711-717.

(13) Van der Thillart, Randall, D.J. and Lin Hao-ren, CO_2 and H^+ excretion by swimming coho salmon, *Oncorhynchus kisutch*, (in press).

(14) Zeidler, R, and Kim, H.D., Preferential hemolysis of post natal calf red cells induced by internal alkalinization, *J. Gen. Physiol.*, 70(1977), 385-401.

The Studies on Metabolism of Fish during Swimming

D.J.Randall

(Zoology Department
University of British Columbia
Vancouver, B. C., Canada)

Lin Haoren

(Biology Department
Zhongshan University
Guangzhou, China)

Abstract

The experimental methods for studies of swimming in fish were described. Coho salmon, *Oncorhynchus kisutch*, were swum at constant speed in a Brett-type tunnel respirometer. Blood PO_2, PCO_2 and pH as well as total CO_2 content and red blood cell pH were unchanged during swimming. The respiratory exchange ratio was slightly less than 0.7 when the fish was swimming in normal seawater indicating some CO_2 retention by the fish. Lowering seawater bicarbonate concentration increased CO_2 excretion, presumably because of passive bicarbonate loss, whereas a reduction in seawater pH from 7.95 to 7.1 sharply reduced both CO_2 and hydrogen ion excretion. Hydrogen ion excretion was elevated during prolonged swimming following burst swimming activity. It would appear that CO_2 and hydrogen ion excretion by fish need not be matched and changing internal and external conditions can have a marked and separate effect on hydrogen ion and CO_2 excretion and therefore on the value of respiratory exchange ratio.

1987年第2期 中山大学学报 ACTA SCIENTIARUM NATURALIUM UNIVERSITATIS SUNYATSENI №. 2, 1987

·研究简报·

重组杆状病毒的研究
Ⅰ.含大肠杆菌β-半乳糖苷酶基因的粉纹夜蛾核型多角体病毒

庞义 谢伟东 龙綮新 陈其津 王珣章 蒲蛰龙
（昆虫学研究所）

关键词 DNA重组，杆状病毒，粉纹夜蛾，β-半乳糖苷酶基因

以昆虫杆状病毒（*Baculovirus*）为载体、昆虫虫体和昆虫细胞为受体的基因工程，是目前正在开拓的富有前途的新领域之一[1]。杆状病毒载体系统的优点在于：对外源基因的容量大；病毒基因组能提供一个可插入外源基因而对病毒复制本身不受影响的非必需区(多角体基因)，同时提供一个极强的启动子，使植入的外源基因能高效表达；能大规模低成本地饲养寄主昆虫，从而有可能大量获得具有重要经济价值的外源基因表达产物；杆状病毒对人、畜、植物安全，无致病作用。目前已在实验室中研究成功人的有β-干扰素基因[2]、α-干扰素基因[3]和流感病毒血球凝集素基因[4]在此系统中的高效表达。

杆状病毒中的A亚组，即核型多角体病毒（NPV），其基因组为单一分子的双股环状DNA，大小约130kb。病毒在昆虫细胞核中复制增殖，形成一种直径为0.5—5μm的蛋白质包涵体—多角体，每个多角体包埋多个病毒粒子。多角体蛋白多肽的分子量约为30000道尔顿，这种蛋白多肽在细胞感染后期占细胞总蛋白量的25%以上。

粉纹夜蛾（*Trichoplusia ni*）核型多角体病毒（Tn NPV）是一种已有详细研究的病毒，这种病毒的分子生物学特性与苜蓿尺蠖（*Autographa californica*）核型多角体病毒（Ac NPV）颇为接近，极易在离体培养的草地贪夜蛾（*Spodoptera frugiperda*）细胞中复制[5]。

我们以含AcNPV DNA HindⅢ—F,V,T片段的质粒DNA pGP-B6874/Sal[6]为转移载体，与粉纹夜蛾NPV DNA对草地贪夜蛾细胞的共转染，重组出含大肠杆菌β-半乳糖苷酶基因的粉纹夜蛾核多角体病毒Tn NPV-gal F7，其重组频率约为1/15～20×10^3。该重组病毒在含有X-gal（5-溴-4-氯-3-吲哚-β-D-半乳糖苷）的琼脂糖半固体细胞培养基中形成清晰的蓝斑。以蓝斑和不形成包涵体为标志，通过类似空斑测定程序[7]进行反复挑选便可纯化所需的重组病毒。经过连续多次传代证明，重组病毒Tn NPV-gal F7在遗传上是稳定的。

本文于1987年1月收到

重组病毒TnNPV-galF7的DNA经限制性内切酶Bam HI酶解分析表明，在其基因组内插入了一个大小约9.2kb的外源DNA片段（图1）。SDS-聚丙烯酰胺凝胶电泳结果表明：Tn NPV-gal F7感染的细胞不再合成分子量为33000道尔顿的多角体蛋白，而大量合成分子量约为120000道尔顿的蛋白质（图2）。用质粒DNA pGP-B6874/Sal重组Ac NPV的研究[6]以及本实验结果的分析，120k蛋白为多角体-半乳糖苷酶融合蛋白。由于我们是应用Ac NPV DNA片段组建的转移载体来重组Tn NPV-galF7，故融合蛋白的N-末端，即多角体蛋白部分，是由Ac NPV还是由Tn NPV多角体基因编码，目前还无法确定。此外，多角体-半乳糖苷酶融合蛋白基因起始密码子上游区（包括启动子）是来自Ac NPV或Tn NPV，也尚未清楚。

图1 病毒DNA的限制性内切酶Bam HI酶解图谱
A为野生型TnNPV；
B为重组病毒Tn NPV-gal F7.
箭头所指为插入的外源DNA片段（9.2kb）

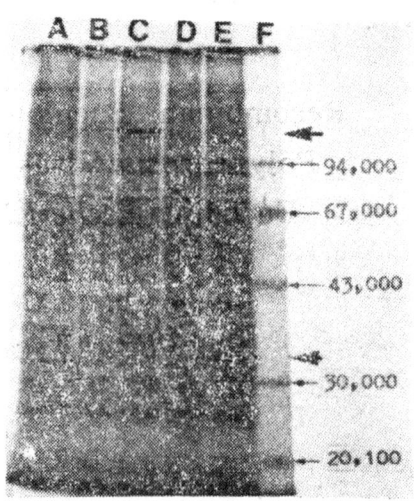

图2 草地贪夜蛾细胞蛋白的SDS-聚丙烯酰胺凝胶电泳、考马斯亮蓝染色图谱
A为未感染细胞；B和C为重组病毒TnNPV-gal F7感染细胞，D和E为野生型Tn NPV感染细胞。B和D为感染后24小时；C和E为48小时，F为标准分子量蛋白。上粗箭头所指为多角体-半乳糖苷酶融合蛋白区带（120000道尔顿）；下粗箭头所指为多角体蛋白区带（33000道尔顿）

在挑选重组病毒的过程中，我们偶然选到一株具有包涵体、且能在含X-gal培养基中形成蓝斑的病毒Tn NPV-gal A4。此病毒株与无包涵体的Tn NPV-gal F7比较，β-半乳糖苷酶基因的表达水平低，在相同条件下作空斑测定时，前者经5天才出现蓝斑，后者只需要2天。Tn NPV-gal A4在遗传上亦不稳定，估计为半乳糖苷酶基因插入Tn NPV基因组内另一非必需区所致。

本项研究说明，杆状病毒的重组并非必须使用同源病毒的转移载体。本研究工作还为具有重大经济价值的外源基因在以杆状病毒为载体的昆虫细胞受体系统中的高效表达奠定了基础。

参 考 文 献

[1] D.W. Miller et al., In J.K. Setlow and A. Hollaender, (eds), "Genetic Enginnering", Plenum Publishing Corporation, 8 (1986), PP. 277-298.
[2] G. Smith et al., *Mol. and Cell. Biol.*, 3 (1983), 2156-2165.
[3] S. Maeda et al., *Nature*, 315 (1985), 592-594.
[4] K. Kuroda et al., *EMBO J.*, 5 (1986), 1359-1365.
[5] X. Wang and D.C. Kelly, *J. Gen. Virol.*, 64 (1983), 2229-2236.
[6] G.D. Pennock et al., *Mol. and Cell. Biol.*, 4 (1984), 399-406.
[7] H.H. Lee and L.K. Miller, *J. Virol.*, 27 (1978), 754-767.

Recombinant Baculovirus: *Trichoplusia ni* Nuclear Polyhedrosis Virus Containing a Fused Gene Encoding *Escherichia coli* β—Galactosidase

Pang Yi   Xie Weidong   Long Qingxing
Chen Qijing   Wang Xunzhang   Pu Zhelong

Abstract

The insertion of a polyhedrin/β-galactosidase fusion gene into *Trichoplusia ni* nuclear polyhedrosis virus (NPV) genome has been achieved by using an *Autographa californica* NPV polyhedrin substitution vector *E. coli* plasmid pGP-B6874/Sal. A remarkably high level of the fused gene expression has also been obtained.

Keywords DNA recombination, Baculovirus, Trichoplusia ni. β-Galactosidase Gene

苏铁在种子植物进化中的位置
——分子生物学的证据

屈良鹄　佘小强　　　施苏华　张宏达
（生物工程研究中心）　　（生物学系）

摘　要　用大分子rRNA快速测序法测定了苏铁(*Cycas revoluta* Thunb.)、水松(*Glyptostrobus pensilis*(Staunt.)Koch)和南方红豆杉(*Taxus mairei*(Lemee et Levl)S.Y.Hu)三种裸子植物Ls-rRNA 5′端区108个核苷酸的序列。用这些数据构建的rRNA系统树揭示了苏铁与水松和南方红豆杉构成一个关系密切的姐妹群，而所分析的被子植物都为另一自然类群。另以绿藻作为种子植物群外参照物种，表明苏铁这一位置并不是由于一个特异的进化速度所造成的。这一结果支持了苏铁与松杉类为一自然群类，它们的分歧发生在裸子植物与被子植物分歧之后的假说。

关键词　苏铁，裸子植物，系统演化，rRNA，核苷酸序列

苏铁曾繁盛于中生代，现仅存苏铁科，故有活化石之称。苏铁类不仅对古气候、地理和古植被研究有很大价值，而且是研究种子植物起源和进化过程的关键植物类群之一。许多植物分类学家在形态结构和生理特征上对苏铁类及其化石已作了大量的研究工作。但是，由于化石记录的不完整，根据现存植物的表型特征来重建系统进化树的困难很大，所以苏铁在种子植物进化中的位置一直存在争论[1~3]。因此，提供新的、尤其是分子生物学方面的证据是非常必要的。本文报导了对苏铁(*Cycas revoluta*)和2种针叶树即水松(*Glyptostrobus pensilis*)、南方红豆杉(*Taxus mairei*)核糖体大亚基(Ls-rRNA)部份核苷酸序列的测定以及比较分析的结果，并对苏铁在种子植物进化中的位置进行了讨论。

1　材料与方法

苏铁(*Cycas revoluta*)、水松(*Glyptostrobus pensilis*)和南方红豆杉(*Taxus mairei*)树叶采自中山大学校园和华南植物园。γ-^{32}P ATP购自Amersham，多核苷酸激酶和逆转录酶购自华美公司。

1.1　植物大分子RNA制备

新鲜嫩叶用蒸馏水洗净，吸干，放入研钵中加入液氮冷冻，研磨成粉末。每克树叶加入3ml抽提缓冲液(0.1mol/L LiCl, 0.1mol/L Tris-HCl pH8.0, 10m mol/L EDEA，

● 国家自然科学基金资助项目
本文1990年6月4日收到

1%SDS)及等体积酚(80℃),剧烈震荡3~5 min,加入与酚等量的氯仿,震荡.以13000rpm高速离心15min后取水相。再用酚-氯仿(1:1)溶液抽提2次。以氯化锂(终浓度2 mol/L)沉淀大分子RNA。大分子RNA粗品再以酚-氯仿抽提2次后,以2.5倍乙醇沉淀RNA,于-20℃冰箱保存.

1.2 rRNA序列测定

大分子rRNA的直接序列测定基本上按照我们过去的方法进行[4,5]。测序用的DNA引物D_{1c}对应于水稻(Oryza sativa L.)25s rRNA 5′端370~392这段序列[6]。由于这一序列在真核生物Ls-rRNA分子中具有很高的同源性,所以我们可以用D_{1c}引物来测定不同植物的Ls-rRNA序列。即用逆转录酶延伸与植物Ls-rRNA专一性杂交的DNA引物(5′端以磷32放射性同位数标记),在双脱氧核糖核苷酸存在下,直接测定RNA序列。

1.3 rRNA序列的比较及系统树的绘制

按照最大同源性的原则,将苏铁的核苷酸序列与水松、南方红豆杉和几种被子植物即水稻(Oryza sativa L.)、玉米(Zea mays L.)[5]和茄科的烟草(Nicotiana tabacum L.)[5]、西红柿(Lycopersicum esculentum Mill.)[7]以及一种绿藻(Pyramimonas Parkeae)[8]的Ls-rRNA同源序列进行排列比较,用Kimura公式[9]对核苷酸差异数进行校正,并以简单成聚法(UPGMA)[10]构建系统进化树。

2 结果和讨论

苏铁的Ls-rRNA 5′端区108个核苷酸序列已被准确测定。由于裸子植物迄今尚未有Ls-rRNA的序列报道,因此我们同时还测定了公认的典型裸子植物松柏类的水松以及另一种针叶树南方红豆杉的同源序列,并将这些序列与被子植物及一种绿藻的同源序列进行了比较分析,结果见图1。比较所得到的差异矩阵列于表1。从图1和表1可以

```
●C. revoluta    UCUGCGAGUC GGGUUGUUUG GGAAUGCAGC CCAAAUCGGG UGGUAAAUUC UGUCCAAGGC
●G. pensilis    --G------- ---------- ---------- ---------- ---------C ----------
●T. mairei      --G------- ---------- ---------- ---------- ---------C ----------
 Z. mays        --AA------ ---------- ---------- ------C--- C------C-- C---------
 O. sativa      --AA------ ---------- ---------- ---------- C------C-- C---------
 L. esculentum  --A------- ---------- ---------- ---------- C------G-- C---------
 N. tabacum     --A------- ---------- ---------- --C------- C------G-- C---------
 P. parkeae     --GAA----- ---------- -----G-A-- ---------- ---------- CA--U-----

●C. revoluta    UAAAUAUGGG CGAGAGACCG AUAGCGAACA AGUACCGCGA GGGAAAGA
●G. pensilis    -----C---- ---------- ---------- ---------- --------
●T. mairei      ---------- ---------- ---------- ---------- --------
 Z. mays        ----CA---- ---------- ---------- ---------- --------
 O. sativa      ----CA---- ---------- ---------- ---------- --------
 L. esculentum  ----CU---- ---------- ---------- ---------- --------
 N. tabacum     ---------- ---------- ---------- ---------- --------
 P. parkeae     ----CU---- ---------- -----U---- ---------- --------
```

图1 核糖体大亚基RNA 5′端保守区的核苷酸序列排列(本研究测定的植物序列用圆点表明,排列中仅标明与顶部序列不同的核苷酸,而相同的核苷酸则以短划代表)

Fig.1 Sequences alignments for the evolutionary conserved segment of large subunit rRNA 5′ terminal region (The species that we sequenced in this study are indicated by full circle; only the nucleotides that differ from the top sequence are showed, identities are denoted by hyphens)

看出，这是一段相当保守的核苷酸序列，但其已能够提供足够的分子差异来研究种子植物各大群类之间的关系。

表1 rRNA序列比较（表右上方为不同生物之间的核苷酸序列差异数，表左下方是经过校正后的Knuc值。）
Tab. 1 Pairwise comparison of rRNA sequences. (The numbers of nucleotides differences between all the species analyzed in Fig. 1 are given in the upper right half of the table, and corresponding Knuc values in the lower left half of the table)

	C.r.	G.p.	T.m.	Z.m.	O.s.	L.e.	N.t.	P.p.
C. revoluta		3	3	8	7	6	6	11
G. pensilis	0.028		0	6	5	5	5	8
T. mairei	0.028	0		6	5	5	5	8
Z. mays	0.079	0.058	0.058		1	5	4	11
O. sativa	0.079	0.059	0.059	0.009		4	5	10
L. esculentum	0.069	0.048	0.048	0.048	0.039		2	9
N. tabacum	0.058	0.048	0.048	0.039	0.048	0.019		11
P. parkeae	0.122	0.063	0.063	0.110	0.100	0.089	0.110	

根据表1的数据，我们得到了一个种子植物的rRNA系统树（图2）。从树图中可以十分清楚地看到，传统植物分类学中的裸子植物与被子植物之间具有较大的分子差异，明显地分为两个自然类群（monophyletic group）：苏铁与裸子植物水松、南方红豆杉显然构成一个进化关系较为密切的姐妹群，而所有其它被子植物则形成另一大植物类群。可以推测苏铁与松杉类的分歧是在它们的共同祖先与被子植物的祖先分歧一段时间后才发生的。以绿藻作为种子植物群外参照物种，苏铁对绿藻的K_{nuc}值为0.122，被子植物对绿藻的平均K_{nuc}值为0.102，说明它们的分子进化速度无明显差异，苏铁这一进化位置并不是由于一个异常的进化速度所造成的。

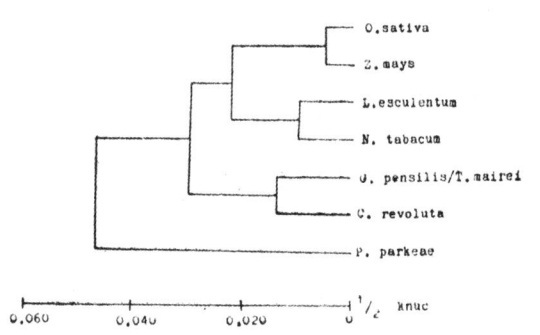

图2 种子植物的rRNA系统树（用表1中的Knuc值和简单成聚法（UPGMA）构建。两个物种间的距离仅仅与它们在X轴（Knuc）上的总长度成正比，而Y轴上的距离是任意的）
Fig. 2 Phylogenetic tree of rRNA from the seed plants (The tree was constructed by using UPGMA method with the knuc values from the table 1. In this representation, the distance between two species is proportional to the sum of the projections on the X axis (Knuc) of the branch lengths, while distance on the Y axis is arbitrary)

关于苏铁在种子植物进化中的位置，有三个主要的假说：①种子植物的祖先在与蕨类分歧以后，进化成两大分支，一支包含银杏、松杉类等裸子植物，另一支则包含苏铁类和被子植物，它们有一个直接的共同祖先称为种子蕨（Pteridospermas）[1]。②苏铁类与其它裸子植物特别是松杉类关系较近，为一自然类群，它们的分歧发生在其共同祖先与被子植物分歧之后[2]。③裸子植物本身不是一个自然类群，苏铁与松杉类等其它裸子植物关系较远，它们沿着不同的路线演化发展[11,12]。我们的研究结果支持了苏铁类、松杉类等裸子植物作为一个自然类群与被子植物在种子植物进化早期就已分歧的假说[2]，对苏铁Ls-rRNA部分核苷酸序列研究的结果则与Hori等[3]对苏铁5s rRNA研究所得到的结论是一致的。研究不同的分子数据，对于准确地揭示苏铁类分子进化的特征和阐明它在种子植物进化中的位置是十分重要的。同时，随着获得更多的核苷酸序列数据之后，我们将可以对苏铁类与松杉类分歧的年代进行较为精确的计算。

此外，从图2还可以看出，被子植物某些科属之间的差异已有足够的分辨率（如禾本科、茄科），但是，在我们分析的这一段核苷酸的序列中，没有发现南方红豆杉和水松之间存在差异，这表明它们之间的分子差异小于一些被子植物科属之间的差异，所以，这两种裸子植物的进化关系应该是非常密切的，我们这一结果显然与Florin把红豆杉科从松柏目分立的观点[13]相异，而与Harris的古生物学研究[14]及王伏雄等从胚胎发育和解剖学研究所得到的结论[15]一致，即红豆杉类应该属于松柏目之下。

参 考 文 献

[1] Margulis L et al., *Five kingdoms*, W. H. Freeman, San Francisco, 1982
[2] Bold H C, *The plant kingdom*, Prentice-Hall, Englewood Cliffs, N.J., 1970
[3] Hori H et al., *Mol. Biol. Evol.*, 4(1987), 5, 445~472
[4] Qu L H et al., *Nucleic Acids Res.*, 11 (1983), 5903~5920
[5] Qu L H et al., *J. Mol. Evol.*, 28 (1988), 113~124
[6] F Takaiwa et al., *Gene*, 37 (1985), 255~259
[7] Kiss T et al., *Nucleic Acids Res.*, 17 (1989), 796
[8] Perasso R et al., *Nature*, 339 (1989), 142~144
[9] Kimura M et al., *J. Mol. Evol.*, 16 (1980), 111~120
[10] Snerth F H A et al., *Humerical taxonomy*, W. H. Freeman and company, San Francisco, 1973
[11] Chamberlain C J, *Gymnosperms*, Structure and Evolution, University of Chicago Press, Chicago, 1935
[12] A ЕS 福斯特等（李正理译），维管植物比较形态学，科学出版社，1974，313~314
[13] Florin R et al., *Bot. Gaz.*, 110 (1948), 31~39
[14] Harris T M, *The mesozoic gymnosperms*, Review of Palaeobotany and Palynology 21(1976), 1, 119~134
[15] 王伏雄等，植物分类学报，17(1979), 3, 1~7

Molecular Evidence for the Status of the Cycad Cycas revoluta in Seed-plant Evolution

Qu Lianghu*   *Yu Xiaoqiang*
Shi Suhua   *Zhang Hongda*

Abstract

More than 100 nucleotides of the 5'terminal region of Ls-rRNA from *Cycas revoluta* Thunb,, *Glyptostrobus pensilis* (Staunt.) Koch and *Taxus mairei* (Lemée et Lévl) S.Y. Hu were determined by the rapid rRNA sequencing method. The phylogenetic tree of rRNA constructed with these data reveal that the Cycad and coniferous trees constitute a closely related sister group, whereas the angiosperms form another monophylatic group. This position of the Cycad is not the result of an aberrant rate in molecular evolution, indicated by Pyramimonas parkeae as an outgroup reference. Our result support the hypothesis that the Cycad and coniferous trees were a monophylatic group and the seperation of these species occured after their seperation from the ancestor of flowering plants.

Keywords Cycas revoluta, gymnosperma, phylogenetic evolution, rRNA, nucleotide sequence

* Biotechnology Research Center

买麻藤植物系统位置初探
——分子生物学的证据*

施苏华　张宏达　　屈良鹄　余小强
（中山大学生物学系）　（中山大学生物工程研究中心）

摘　要　小叶买麻藤(Gnetum parvifolium C.Y.Cheng)的大分子rRNA 5'端188个核苷酸序列已被准确测定。与4种裸子植物、5种被子植物及1种绿藻的同源序列比较分析所构建的种子植物系统树图表明：买麻藤类的系统位置比较特殊，其与裸子植物关系较密切，但是它们也有可能与裸子植物和被子植物形成三支并列的关系。

关键词　买麻藤，序列分析，大分子rRNA

买麻藤是一小群形态结构特殊、系统位置孤立的种子植物。买麻藤植物孢子体的与众不同的器官学和解剖学，以及生殖周期的许多特征，一个多世纪以来吸引了许多植物学家们的注意，并已做了大量的工作[1~3]。由于还没有确切的化石记录，人们只能根据其形态解剖等表形特征来研究这一群孤立的植物，而买麻藤的形态解剖结构又是整个种子植物中最为特殊的类型。Muhammad[2]指出："与大多数分类群相比，买麻藤属似乎是原始性状和进步性状的一个组合舞台。"因此关于买麻藤的系统位置长期以来存在着争议。本文报道了小叶买麻藤Ls-rRNA 5'端两个保守区188个核苷酸序列，并与部分裸子植物和被子植物的同源序列进行比较分析，对买麻藤植物的系统位置从分子水平上进行了初步的探讨。

1　材料与方法

小叶买麻藤、Gnetum parvifolium C.Y.Cheng 树叶采自中山大学校园。$(\gamma-{}^{32}P)$ATP购自北京福瑞公司，T4噬菌体多核苷酸激酶和逆转录酶购自华美公司。

1.1　大分子rRNA的制备[4]

新鲜买麻藤树叶用研钵研磨成粉末，以适当体积〔30ml/2g树叶〕抽提缓冲液(100mmol/L Tris-HCl, pH8.0；50mmol/L, EDTA, pH8.0；500mmol/L NaCl；10mmol/L巯基乙醇)和SDS(终浓1%)以及醋酸钾浓液〔终浓1mol/L〕抽提，12000rpm高速离心20min取水相，以0.6倍(V/V)异丙醇沉淀核酸。再以氯化锂(终浓2mol/L)沉淀大分子RNA，以2.5倍(V/V)无水乙醇沉淀RNA，-20℃冰箱保存待用。

本文1992年9月7日收到
* 国家自然科学基金资助项目

1.2 rRNA序列测定

测序用DNA引物D1a和D1c对应于水稻 *Oayza sativa* L. 25s rRNA 5'端第80～106和370～392两段序列[5]。引物以(γ-^{32}p)标记并以逆转录酶延伸，在双脱氧核苷酸的存在下，直接测定rRNA序列[6]。

1.3 序列比较及系统树的绘制

将已测得的小叶买麻藤25s rRNA 5'端部分序列与裸子植物苏铁 *Cycas revoluta* Thunb.，银杏 *Ginkgo biloba* L.，水松 *Glyptostrobus pensilis*(Staunt.)Koch，海南粗榧 *Cephalotaxus hainanensis* Li[4,5]，被子植物西红柿 *Lycopersicum esculentum* Mill.[7]，烟草 *Nicotiana tabacum* L.，十字花科云苔属一种 *Brassica napus* L.，玉米 *Zea mays* L.[8]，水稻[6]及一种绿藻 *Pyramimonas parkeae*[9]的同源序列进行排列和比较分析，以Kimura公式[10]校正核苷酸差异数，并以简单成聚法(UPGMA)[21]构建rRNA系统树。

2 结果与讨论

小叶买麻藤Ls-rRNA 5'端D_{1a}区和D_{1C}区188个核苷酸序列已被准确测定，将其与4种裸子植物和5种被子植物以及一种绿藻的同源序列进行比较分析，结果见图1、2。比较所得差异矩阵列于表1。由表1数据，我们得到一个种子植物rRNA分子系统树图(图3)。

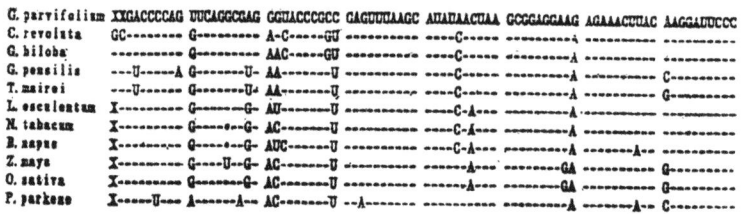

图1 种子植物25s rRNA 5'端部分序列(D1a区)排列

x代表未测出的核苷酸序列，*表示缺失的核苷酸

(更正："T. mairei"改为"C. hainanensis"，下同)

Fig.1 Sequences alignments for the nucleotides of 25s rRNA 5' terminal D1a region from seed plants. The nucleotides that we didn't sequence are denoted by x and deletions are denoted by*(Correction:"T. mairei" should be "C. hainanensis")

由分子差异矩阵和树图可以看到，买麻藤植物在整个种子植物中是非常特殊的一支，它与其余裸子植物及被子植物之间的分子差异都较大，所以，有可能与裸子植物和被子植物共同形成并列的三大分枝。但相对来说，买麻藤植物与裸子植物的关系更为密切一些。

关于买麻藤类的系统和亲缘关系方面的研究，一百多年来已有大量的文献，主要围绕着以下三个问题进行讨论：①一些学者根据买麻藤具导管，无颈卵器，苞片特化成花瓣状等被子植物的典型特征，主张买麻藤是裸子植物和被子植物之间的"连结环节"或"过渡类型"，并认为被子植物的祖先距买麻藤不远[12]。②多数学者和教科书将买麻

```
G.parvifolium UCGGCGAGUC GCGUUCCUUG GGAAUGCAGC CCAAAGCGGG UGGUAAAUUC CGUCCAAGGC UAAAUACGCG CGAGAGACCG
C.revoluta    ---U------ ---------- ---------- ----U----- ---------- U--------- ---------- ----U-G---
G.biloba      ---------- ---------- ---------- ---------- ---------- ---------- ---------- -----G----
G.pensilis    ---------- ---------- ---------- ---------- ---------- ---------- ---------- -----G----
T.mairei      ---------- ---------- ---------- ---------- ---------- ---------- ---------- ----------
L.esculentum  --UA------ ---------- ---------- ---------- ---------- C---C----- ---------- ---UG-----
N.tabacum     --UA------ ---------- ---------- ---------- --C--U---- C---C----- ---------- ----------
B.napus       --UA------ ---------- ---------- ---------- --C------- C---C----- ---------- ----------
Z.mays        --AA------ ---------- ---------- ---------- --C------- C-----C--- ---------- ---AG-----
O.sativa      --AA------ ---------- ---------- ---------- --C------- C-----C--- ---------- ---AG-----
P.parkeae     ---AA----U ---------- ---------- ------A--- ---------- --A--U---- ---------- ---UG-----

G.parvifolium AUAGCGAACA AGUACCGCGA GGGAAAGA
C.revoluta    ---------- ---------- --------
G.biloba      ---------- ---------- --------
G.pensilis    ---------- ---------- --------
T.mairei      ---------- ---------- --------
L.esculentum  ---------- ---------- --------
N.tabacum     ---------- ---------- --------
B.napus       ---------- ---------- --------
Z.mays        ---------- ---------- --------
O.sativa      ---------- ---------- --------
P.parkeae     ---------- ---------- --------
```

图 2 种子植物25s rRNA 5'端部分序列(D1c)区排列
Fig.2 Sequences alignments for the nucleotides of 25s rRNA 5' terminal D_1c region. (Correction: "T. mairei" should be "C. hainanensis")

表 1 种子植物25s-rRNA 5'端保守区($D_1a + D_1c$)序列比较
(表右上方为不同植物之间的核苷酸差异数,表左下方是经过校正的Knuc值)

Tab.1 Pairwise comparison of 25s rRNA 5' terminal conserved regions ($D_1a + D_1c$) sequences from seed plants. (The numbers of nucleotide differences between all the species are species are given in the upper right half of the table, and corresponding Knuc values in the lower left half of the table)

	G.m	C.r	G.b	G.p	c.h	L.e	H.t	B.n	Z.m	O.s	P.p
G.parvifolium		13	11	13	12	16	16	18	18	17	19
C.revoluta	0.073		4	10	9	11	11	9	16	15	21
G.biloba	0.061	0.021		6	5	10	10	10	14	13	18
G.pensilis	0.073	0.055	0.032		2	11	11	13	14	13	18
C.hainanensis	0.067	0.049	0.027	0.011		10	10	12	12	11	18
L.esculentum	0.091	0.061	0.055	0.061	0.055		3	6	9	8	19
N.tabacum	0.091	0.061	0.055	0.061	0.055	0.017		5	7	8	20
B.napus	0.103	0.049	0.055	0.072	0.066	0.033	0.027		10	11	21
Z.mays	0.103	0.091	0.079	0.079	0.067	0.049	0.039	0.056		1	20
O.sativa	0.104	0.085	0.073	0.073	0.061	0.044	0.044	0.061	0.005		19
P.parkeae	0.110	0.122	0.103	0.103	0.103	0.111	0.114	0.122	0.116	0.110	

藤类隶属于裸子植物门下的一个目或亚纲,认为尽管买麻藤有许多特征与被子植物相似,但仍然可以认为是表面现象和平行演化的结果[13]。③还有不少学者则主张买麻藤类应独立出来[14]。

从我们获得的分子生物学证据来看,买麻藤是一类较为特殊的种子植物,它们与所有其它裸子植物的分歧远远早于苏铁、银杏与松杉类之间的分歧,即发生在裸子植物与被子植物分歧之后很短的时期。最近,我们对大分子 rRNA 基因的分析表明,买麻藤植物与其它裸子植物有相似的分子特征,而与大多数被子植物有明显的差别。

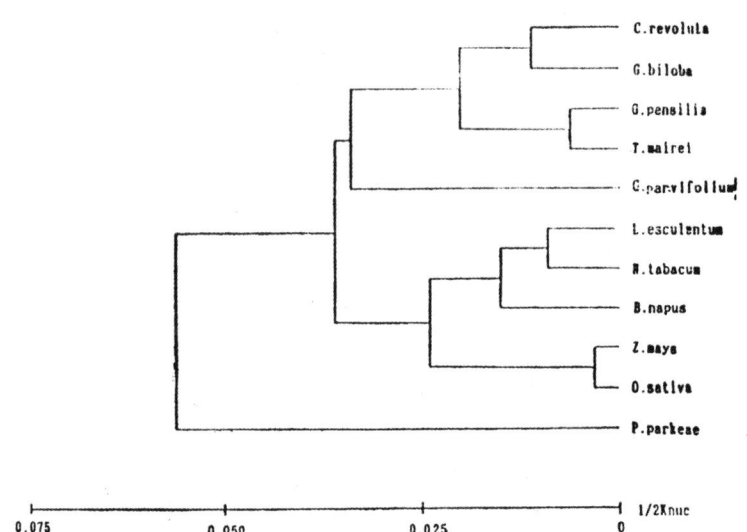

图3 种子植物25s rRNA系统树（D1a+D1c区），用表1中的Knuc值和简单成聚法构建，2个物种间的距离仅仅与它们在X轴(1/2 Knuc)上的总长度成正比，Y轴上的距离是任意的

Fig.3 Phylogenetic tree of rRNA from seed plants ($D_1a + D_1c$). The tree was constructed by using UPGMA method with Knuc values of Tab.1 In this representation, the distance between two species is proportional to the sum of the projections on the X axis (1/2 Knuc) of the branch lenthes, on on while the Y axis are arbitrary. (Correction: "T. mairei" should be "C. hainanensis")

参 考 文 献

1. Foster A S, Gifford E M. Comparative Morphology of Vascular plants, W H Freeman and Company. 1974
2. Muhammad A F, Sattler R. Amer J Bot, 1982, 69(6): 1004~1021
3. Troitsky A V et al. J Mol Evol, 1991, 32: 253~261
4. 施苏华，张宏达，余小强，屈良鹄. 中山大学学报(自然科学版)，1992, 31(4): 63~67
5. Takaiwa F et al. Gene, 1985, 37: 255~259
6. 屈良鹄，余小强，施苏华，张宏达. 中山大学学报(自然科学版)，1991, 30(1): 71~76
7. Kiss T et al. Nucleic Acids Res, 1989, 17: 796
8. Qu L H et al. J Mol Evol, 1988, 28: 113~124
9. Perasso R et al. Nature, 1989, 339: 142~144
10. Kimura M. J Mol Evol, 1980, 16: 111~120
11. Sneath F H A, Sokal R R. Humerical Taxonomy. W H Freeman and Company, San Francisco. 1973: 227~240
12. Thompson W P. Bot Gaz, 1918, 65: 83~90
13. Berridge E M. New phytol, 1911, 10: 140~144
14. Martens P. Les Gnetophytes (Handbuch a. pflanzen anatomie, band 12, Teil 2.) Gebruder Berntraeger, Berlin. 1971

Molecular Evidence for the Relationship among Gnetum, Gymnosperm and Angiosperm

Shi Suhua* Qu Lianghu Yu Xiaoqiang Zhang Hongda

Abstract 188 nucleotide sequence of 25s rRNA 5' terminal region from *Gnetum parvifolium* C.Y Cheng was determined, Comparing and analysing the sequeaces of 4 species of Gymnosperms, 5 species of Angiosperms and a green algue, a phylogenetic tree of rRNA was constructed, It may be concluded that Gnetum is a special group of seed plant and relates comparatively more closely to gymnosperm, But it is possible that there are the parallel relationships among gymnosperm, angiosperm and Gnetum.

Keywords Gnetum parvifolium, analysis of sequence, phylogenetic tree

---

* Department of Biology, Zhongshan University

基础与实现生态位及其中心点的涵义与测度

余世孝 L. 奥罗西
（中山大学生物学系）（加拿大西安大略大学）

摘 要 本文对n维超体积生态位定义作了进一步的阐明。物种的"基础生态位"为其分布区的环境参数及其生理学容忍性和要求所决定，而"实现生态位"则为该物种种群在某一特定群落生境中所处的环境参数所确定。一物种的生态位中心点为该物种在生态位空间中具最佳适应的位置。进而根据是否在测度中考虑进物种分布参数，而分别称为理论与实现生态位中心点。以广东鼎湖山厚壳桂（$Cryptocarya$）群落在利用土壤营养方面为例，说明物种生态位中心点等指数的测度。

关键词 生态位，生态位中心点，生态位扩散系数，物种，森林

G.E. Hutchinson[1]的n维超体积生态位定义（n-dimensional hypervolume niche）由于存在4个限制条件，而只能具有理论上的意义。依照他的定义，同一群落中不同物种的实现生态位之间不存在重迭，这与经典的观念背道而驰。又由于理论上物种沿着单一环境梯度的适应呈高斯模型[2]，而物种在n维生态位空间的适应应该如何描述、确定？本文将对这些问题加以探讨。

1 基础与实现生态位涵义的改进

1.1 n维生态位超体积定义

自从生态位的概念引入生态学以来[3]，它的涵义至今未取得一致的观点，从而生态位的测度及应用也不同[4~12]。

Hutchinson应用集合理论提出了n维生态位超体积定义[1]。这一定义可以表达为，如果影响一物种S_1的独立变量可以表示为n个坐标轴，对于每一坐标轴，都存在物种S_1可以生存和繁殖的极限值，从而在极限值内坐标轴范围确定了n维坐标超体积N_1，其中之每一点相应于允许物种S_1无限期地生长的一个环境状态，则称这一超体积N_1为物种S_1的基础生态位（fundamental niche）。如果考虑物理的和生物的变量，那么一物种

本文1991年9月28日收到

的基础生态位将完全确定其生态学特性。Hutchinson同时指出，如果存在于一物种的基础生态位超体积中的条件都可以在群落环境的普通物理空间完全体现的话，那么后者相对于物种来说是完全的，但由于竞争和其它作用，物种可能不存在于基础生态位的某些部分，那么物种存在的这一缩小超体积称为它的实现生态位（realized niche）。

但是，n维超体积生态位定义的实际应用存在着不少困难。首先Hutchinson的定义存在着四点限制，尤其是"在一生态位的所有点意指相等概率的物种容忍性"以及"所有环境变量线性排列"的假设[1]。因此，在严格意义上当应用维度形式的生态位涵义以及生态位空间是无限维时，不仅2个物种而且2个个体也不具有相同的生态位。

其次，按照Hutchinson的"实现生态位"定义，一个物种S_1的实现生态位是基于另一物种S_2的存在来考虑，那么如果考虑进第三个物种S_3，S_1的实现生态位可能又变化。如图1中的二维生态位空间，根据集合理论，S_1、S_2、S_3的基础生态位N_1、N_2、N_3可分别确定为$((N_1-N_2)+N_1 \cap N_2)$，$((N_2-N_1)+N_1 \cap N_2)$和$((N_3-N_1)+N_1 \cap N_3)$，而基于S_2，S_1的实现生态位可确定为(N_1-N_2)，或(N_1-N_3)如果基于S_3。或者根据Hutchinson的解释，S_1可能由于竞争作用而不存在于$N_1 \cap N_2$或$N_1 \cap N_3$部分。因此S_1的实现生态位易于确定，但在这种情况下将无法确定其基础生态位，因为相交部分$N_1 \cap N_2$或$N_1 \cap N_3$可能难以观察或测定。

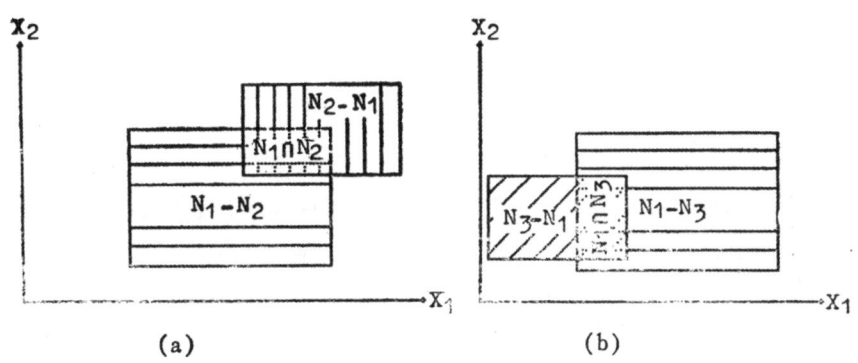

图1　物种S_1实现生态位：(a)基于物种S_2，(b)基于物种S_3
Fig.1　The realized niche of species S_1 (a) conditional on species S_2; (b) conditional on species S_3

第三，按照Hutchinson的定义，仅当"基础生态位"被考虑时，物种的生态位才可能重迭，而它们的"实现生态位不相交"[1]或重迭，如果"竞争排斥原理"成立的话。但是，现实情况下所观察到的物种生态位应是"实现的"而非"基础的"，而如果实现生态位毫不重迭，那么迄今所有有关生态位重迭的研究都成为多余。Hutchinson在他后来的著作[13]中仍未提及"生态位重迭"。而且，随着所考虑的生态位维度的增加，物种生态位重迭或相交将降低且可能为零而导致基础生态位和实现生态位之间不存在区别。

将"基础生态位"称为"竞争前（pre-competitive）生态位"或"作用前（pre-interactive)生态位",而将"实现生态位"相应地称为"竞争后(post-competitive)生态位"或"作用后(post-interactive)生态位"[14],也值得商榷。事实上,物种不存在于基础生态位超体积的某些部分,可能是由于竞争或其它作用,也可能是由于在一特定群落生境中环境特征组合的不完整。特别在野外调查这种不完整性经常出现。

1.2 涵义的改进

物种生态位在现实环境状况下确常发生重迭。为了避免"基础生态位"与"实现生态位"定义的混淆,我们提出,前者是针对一物种而后者是基于物种的一种群来定义。

基础生态位是一物种的属性。物种的基础生态位决定了它的生理学容忍性和要求,在n维生态位空间,它是一连续的实体,即超体积。而物种实现生态位则是在某一特定群落生境中该种群所处的环境参数所描述,在n维生态位空间,实现生态位有多种形状,可能是规则的也可能是不规则的。例如由二或多个离散的超体积所组成。在一特定群落,一物种的实现生态位取决于它的生理学容忍性(内因)和环境可利用性(外因)。

根据这种定义,同一物种的不同种群,或同一群落内不同物种之间的生态位差别可以确定。

考虑视为生态位维度的环境参数不应是无限的,而应是那些可测度的、对物种的生存和繁殖具有直接影响的变量。对于动物种,常着重考虑食物等可利用资源因子;而对于植物种,生态位维度不仅包括资源因子也应包括其它因子。

2 生态位中心点的涵义与测度

2.1 理论生态位中心点

一群落常由多个种群所组成,每个种群有其自己的生态位超体积,但最终考虑为生态位维度的是那些存在于群落环境下的参数,有学者提出一群落有其生态位超空间或超体积,而由组成物种的生态位超体积所组成[15,16]。一个物种的实现生态位常由想象为"种群云"的物种适应所描述[15,17]。

一物种的生态位中心点定义为在生态位空间具有最佳适应的位置。确定一个物种的生态位中心点具有重要意义,因为它给出了物种生长最佳的环境参数组合。

如图2,当仅考虑一环境参数(一生态位维)时,生态位中心点易于确定。假设考虑一连续变量,则物种适应曲线顶点的环境参数值即为生态位中心点(图2a);而如果考虑一离散变量,且物种在三个环境梯度的分布比例分别为 p_1、p_2、p_3,设 $p_1 > p_2 > p_3$,那么梯度 x_{11} 应是物种生存的最佳位置,即生态位中心点(图2b)。

问题在于当两或多个生态位维被考虑时。如图3,假设在2维生态位空间的2点 a_1 和 a_2,其坐标分别为 (x_{11}, x_{21}) 和 (x_{12}, x_{22})。而物种 S_1 在 a_1 的分布多度高于 a_2,即 S_1 生长在 a_1(环境组合 (x_{11}, x_{21}))优于 a_2(环境组合 (x_{12}, x_{22}))。但是,如果两个环境变量 x_1 和 x_2 被分开考虑,没有理由说 x_{11} 比 x_{12} 或 x_{21} 比 x_{22} 更适合于 S_1 的生存。例如 S_1 可能在点 (x_{11}, x_{22}) 生长优于点 (x_{11}, x_{21})。很明显多维生态位中心点的确定较为复杂,本文提出两种方法:

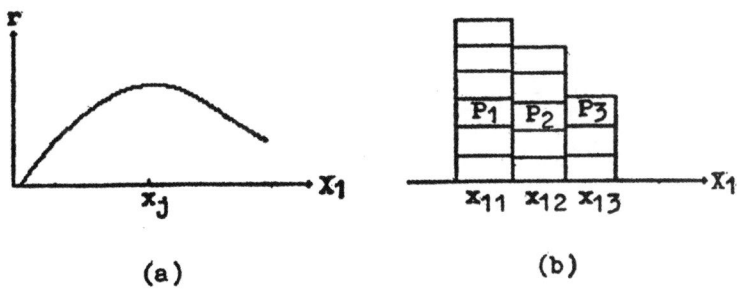

图2 单一变量X_1上确定物种生态位中心

Fig.2 Niche center (X_j and X_{11}) defined along a single resource variable X_1

(a)连续型变量：对应于物种适应曲线上顶点j在轴X_1上的点X_j；
(b)离散型变量：梯度X_{11}是物种生存的最佳位置

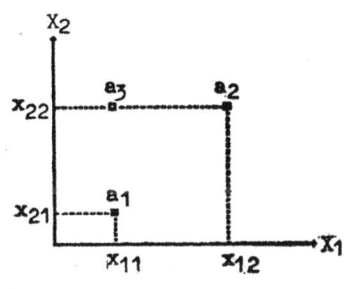

图3 在2维的生态位空间(种S_1在点a_1比在a_2具较高的性能，即X_1和X_2在a_1的组合更适合种S_1的生长)

Fig.3 Two-dimensional niche space (Species S_1 has higher performance at point a_1 than at point a_2. The combination of X_1 and X_2 at point a_1 is better than the combination at point a_2 for S_1' survival)

① 几何平均法。代表n个环境变量组合情况的一个状态可视为n维生态位空间的一点T_j，设有m个点，其坐标值分别为$(x_{11}, x_{12}, \cdots, x_{1n}), (x_{21}, x_{22}, \cdots, x_{2n}), \cdots, (x_{j1}, x_{j2}, \cdots, x_{ji}, \cdots, x_{jn}), \cdots, (x_{m1}, x_{m2}, \cdots, x_{mn})$，其中$x_{ji}$为点$T_j$在第i轴上值，因此生态位中心点c在第i轴上的坐标值上可确定为：

$$x_{ci} = \frac{1}{m} \sum_{j=1}^{m} x_{ji} \tag{1}$$

即生态位中心点可确定为点$(x_{c1}, x_{c2}, \cdots, x_{ci}, \cdots, x_{cn})$，这一环境变量组合可能存在也可能不存在于特定群落中，称其为理论生态位中心。如图4a中的2维生态位空间，三个点的生态位中心点可确定为$((x_{11}+x_{21}+x_{31})/3, (x_{12}+x_{22}+x_{33})/3)$。

仅当不同环境变量组合，即通常生态位测度中所指的资源状态(resource state)，或本文所讨论生态位空间的点，在具体群落生境中具有相同可利用率或频率时，公式(1)才成立。在具体野外研究中，资源状态可利用率不同。设w_j为状态j的加权因子，它与状态可利用率q_j相关，且$\sum_{j=1}^{m} q_j = \sum_{j=1}^{m} w_j = 1$，因此公式(1)化为

$$x'_{ci} = \sum_{j=1}^{m} w_j \cdot x_{ji} \tag{2}$$

为了突出加权因子的作用，不采用 $w_j = q_j$，而令

$$w_j = q_j^2 \bigg/ \left(\sum_{j=1}^{m} q_j^2 \right)$$

②逐渐近似法。步骤如下：

a. 假设在n维生态位空间中m个点$T_1, T_2, \cdots, T_m$两两之间距离为

$$d_{jk} = \sqrt{\sum_{i=1}^{n}(x_{ji} - x_{ki})^2}$$

从而产生半矩阵

	T_1	T_2	T_3	·	·	·	T_j	·	·	·	T_{m-1}
T_2	d_{21}										
T_3	d_{31}	d_{32}									
·	·	·	·	·	·	·					
T_j	d_{j1}	d_{j2}	d_{j3}	·	·	·					
·	·	·	·	·	·	·	·				
T_m	d_{m1}	d_{m2}	d_{m3}	·	·	·	d_{mj}	·	·	·	$d_{m(m-1)}$

首先考虑点T_1，它与其它点之间距离分别为$d_{21}, d_{31}, \cdots, d_{m1}$，设$d_{21}$值最小，即与$T_2$的距离最短，故先选择$T_2$，而$T_1$与$T_2$之间的形心$c_{21}$可根据公式（2）计算。

接着考虑T_2与其它点（T_1除外）之间距离，设d_{j2}最短，因此c_{j2}可根据（2）确定。依此类推，T_j与其它点（T_1、T_2除外）的距离可确定，进而计算出$m-1$个形心，而第m个在最后考虑的点与T_1之间确定。

b. 根据上述确定的m个形心，重复a，这样逐渐下去，由m个形心组成的超体积逐渐变小，当达到一定精确度，如步骤a已重复r次，而$\max(d_{jk}^{(r)}) < 5\% \cdot \max(d_{jk}^{(1)})$，可以停止，最后确定的超体积就是生态位中心点，其在第i轴上的区间值为$[\min(x_i), \max(x_i)]$。图4b是一个2维空间例子。

2.2 实现生态位中心点

公式（1）或（2）仅考虑了环境变量而忽略物种分布状况，或仅当物种在各状态具均匀分布才成立。换句话说，同一群落的不同物种的理论生态位中心点一致，这一点对于比较物种间的生态位分离具有重要意义[18]。但是，现实情况下物种分布常是不均匀的。如图4，假设物种在这些点的分布比例为p_1, p_2, p_3，且$\sum_{j=1}^{m} p_j = 1$，那么应考虑一加权因子，令

$$w_j = p_j^2 \bigg/ \left(\sum_{j=1}^{m} p_j^2 \right)$$

则上式化为

$$x''_{c_i} = \sum_{j=1}^{m} w_j \cdot X_{ji} \tag{3}$$

即从点T_j到生态位中心点的距离与物种在该点分布多度成正比。由公式(3)确定的n维生态位中心点(X''_{c1}, X''_{c2}, …, X''_{c_i}, …, X''_{cn})称为实现生态位中心点。

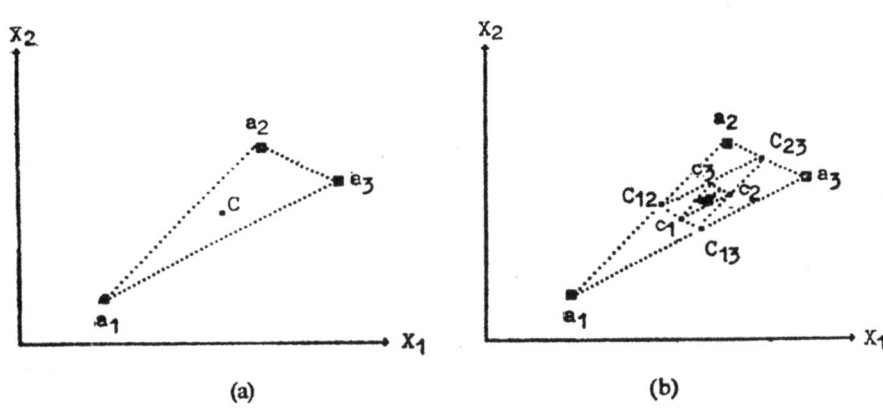

图4 物种生态位中心点的确定：(a)几何平均法，(b)逐渐近似法
Fig.4 Determining the niche center (a) arithmetic averaging method, (b) successive approximation method

应用逐渐近似法时，第一次采用步骤a确定中心点应用公式(3)，此后(步骤b)应采用公式(1)计算，因第2次以上已无需加权。

根据公式(3)，群落中每一物种都有其实现生态位中心点。一个物种S的实现生态位中心点的到理论生态位中心点的距离称为生态位偏离：

$$\gamma_s = \sqrt{\sum_{i=1}^{n}(X'_{c_i} - X''_{c_i})^2} \tag{4}$$

在一定程度上与物种对环境适合状况成反比。

2.3 扩散系数

两个物种，尽管在生态位空间的分布完全不同，也有可能具相似或相同生态位中心点。如图5中的2维生态位空间，S_1分布于a_1, a_2, a_3，而S_2分布于b_1, b_2, b_3，它们却具有相同的实现生态位中心点。

设从3个点到物种实现生态位中心点的距离分别为d_1, d_2, d_3，则加权距离$d = p_1 \cdot d_1 + p_2 \cdot d_2 + p_3 \cdot d_3$，可测定物种生态位扩散程度。一般地，设物种S在n维生态位空间有m个点，则生态位扩散系数为：

$$\Phi_s = \sum_{j=1}^{m} p_j \sqrt{\sum_{i=1}^{n}(X_{j_i} - X''_{c_i})^2}$$

当物种为均匀分布时的特殊情况时

$$\Phi'_s = \frac{1}{m}\sum_{j=1}^{m} \sqrt{\sum_{i=1}^{n}(X_{j_i} - X_{c_i})^2}$$

是以，一个物种的实现生态位中心点、生态位偏离和生态位扩散系数集中反映了一个物种在n维生态位空间的适应情况。

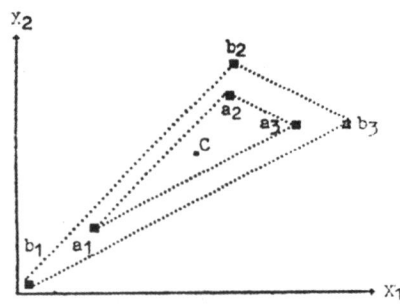

图5 在2维的生态位空间，2个具不同分布的 物种 具相同的生态位中心点，物种S_1分布于点a_1, a_2, a_3，而物种S_2分布于点b_1, b_2, b_3

Fig.5 Two-dimensional niche space. Two species having different distributions share the same niche center. Points a_1, a_2, a_3, refer to species S_1's dispersion and points b_1, b_2, b_3 refer to species S_2's dispersion

3 实例

3.1 数据来源

我们以南亚热带常绿阔叶林的典型代表、广东鼎湖山厚壳桂（*Cryptocarya*）群落为例加以说明。有关群落与环境变量（土壤因子）的取样已有过报道[19,20]。

基于n维生态位空间分割法[20]，我们可将n维生态位空间中的一个分室（资源状态）视为本文涵义下的生态位空间的一个点T，也即某一环境变量所划分的梯度之中点就代表该生态维在该梯度区间的座标值。

以不同环境变量组合来改变生态位空间的维度：

维数	1	2	3	4
环境变量组合	-N	-N,P	-N,P,K	-N,P,K,Ca

每个变量同样划分为6个区间[20]，根据公式（2）和（3）可计算理论与实现生态位中心点。当计算生态位偏离与扩散系数时，由于各测定因子之间度量的差异，故每个测度值根据各变量最大值标准化为[0,1]之间的值，再用公式（4）和（5）计算。

为了确定区间划分对生态位中心点测度的影响，在1维测度（土壤N）时同样划分为3、4、8、或10个区间[18],再分别计算各情况下的生态位中心。

上述计算过程以C++语言编成程序,连同多维生态位宽度、重迭、分离等测度的计算程序一起,收入"植物结构分析软件 GING KO V1.0"[21]中"生态位分析"模块。

3.2 结 果

35个物种在3维生态位空间和实现生态位中心点示于图6。从而"生态位分离的物种……可以排序于生态位空间"[8]成为可能。

物种在4维生态位空间和中心点、偏离值与扩散系数列于表1。

很明显,物种的最佳适应存在着差异,优势乔灌木,如黄果厚壳桂、云南大沙叶、椎树和九节,占据于排序空间的中心,而重要值较低的物种,如橄榄、光叶山黄皮、岭南山竹子、鸭脚木、茱砂根、三叉苦等,分布于排序空间边缘(图6)。一些种对,如黄果厚壳桂与云南大沙叶,红车与荷树,罗伞与白颜树,白车与谷木,它们具有较高生态位重迭值[20],因而也具有相近生态位中心点。

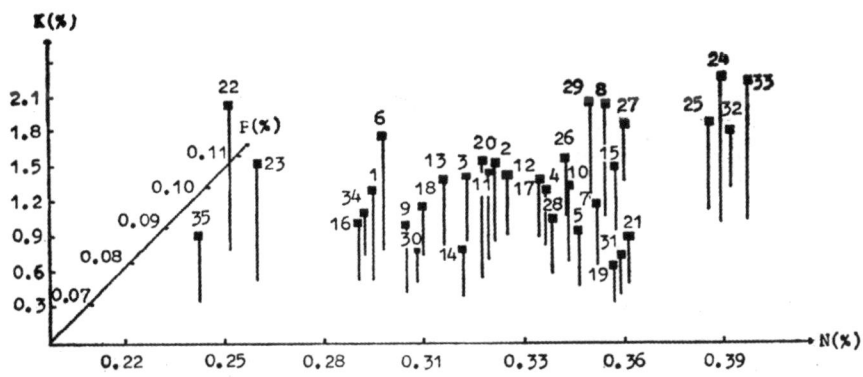

图6 在3维生态位空间(土壤N,P,K)中35个物种的生态位中心点(种号参见表1)
Fig.6 Species niche centers in the space of soil N, P and K
(Numbers correspond to species names in Tab.1)

优势种群,如黄果厚壳桂,具较低偏离值 γ_s,而扩散系数在同一群落的不同种群之间差异并不明显。值得指出的是不同土壤因子对物种影响大小不同,因而一旦不同变量之间的差异可以测定,就需考虑进一加权因子,这些尚有待进一步探讨。

在生态位维(土壤N)划分为不同数目区间的1维生态位空间情况下,所测定的值列于表2。基本上,物种实现生态位中心点的测度对变量的区间划分(梯度)不甚触感,因而也说明了这种方法的可行性。

表1 在4维生态位空间(土壤N,P,K,Ca)中35个物种的生态位中心点，生态位偏离值γ_s及生态位扩散系数Φ_s

Tab. 1 Species niche centers, niche center deviations (γ_s) and niche diffusion indices (Φ_s) in the niche space of soil N, P, K, and Ca. The methods are described in the text

种号	种名	物种生态位中心点				偏离值 γ_s	扩散系数 Φ_s
		N	P	K	Ca		
1	厚壳桂 Cryptocarya chinensis	.276	.083	1.206	.009	.14	.30
2	黄果厚壳桂 Cryptocarya concinna	.319	.089	1.115	.009	.04	.30
3	云南大沙叶 Aporosa yunnanensis	.307	.089	1.059	.012	.11	.33
4	椎树 Castanopsis chinensis	.322	.091	1.080	.008	.09	.28
5	红车 Syzygium rehderianum	.335	.080	.966	.009	.11	.33
6	肖蒲桃 Acmena accuminatissima	.276	.086	1.376	.009	.20	.29
7	荷树 Schima superba	.320	.082	.988	.009	.10	.32
8	柏拉木 Blastus cochinchinensis	.342	.097	1.624	.010	.27	.32
9	罗伞 Ardisia quinquegona	.301	.080	.758	.008	.21	.30
10	陈氏钩樟 Lindera chunii	.331	.085	1.050	.011	.05	.26
11	小盘木 Microdesmis caseariifolia	.316	.087	.948	.018	.46	.46
12	水石梓 Sarcosperma laurinum	.311	.089	.890	.008	.14	.30
13	红皮紫棱 Craibiodendran kwangtungense	.302	.086	1.014	.008	.14	.23
14	光叶红豆 Ormosia glaberrima	.302	.076	.836	.008	.21	.31
15	降真香 Acronychia pedunculata	.365	.093	.915	.009	.17	.30
16	白车 Syzygium levinei	.275	.080	.749	.008	.25	.29
17	九节 Psychotria rubra	.321	.087	1.175	.010	.05	.31
18	白颜树 Gironniera subaequalis	.300	.085	.753	.013	.24	.31
19	豺皮樟 Litsea rotundifolia var. oblongifolia	.349	.074	.684	.008	.28	.29
20	柬埔新木姜 Neolitsea cambodiana	.316	.080	1.494	.011	.21	.22
21	黄叶树 Xanthophyllum hainanense	.355	.079	.891	.009	.17	.31
22	橄榄 Canarium album	.243	.087	2.041	.016	.59	.57
23	光叶山黄皮 Randia canthioides	.233	.076	1.512	.009	.33	.37
24	岭南山竹子 Garcinia oblongifolia	.388	.094	2.022	.011	.48	.45
25	鸭脚木 Schefflera octophylla	.378	.100	.898	.010	.21	.36
26	薄叶胡桐 Calophyllum membranaceum	.341	.095	1.095	.009	.09	.26
27	亮叶猴耳环 Pithecellobium lucidum	.353	.108	.948	.011	.22	.22
28	网脉山龙眼 Helicia reticulata	.319	.086	.928	.008	.13	.16
29	粗叶木 Lasianthus chinensis	.324	.093	1.297	.011	.11	.34
30	罗浮柿 Diospyros morrisiana	.311	.085	.675	.012	.24	.29
31	黄杞 Engelhardtia roxburghiana	.353	.073	.674	.008	.28	.28
32	珠砂根 Ardisia crenata	.371	.102	.922	.010	.20	.33
33	三叉苦 Evodia lepta	.389	.097	1.981	.011	.17	.46
34	谷木 Memecylon ligustrifolium	.280	.087	.674	.008	.26	.26
35	白木香 Aquilaria sinensis	.215	.074	.928	.013	.35	.36

表2 坐标轴划分为不同数目区间的1维生态位空间(土壤N)的物种生态位中心点
Tab. 2 Species niche centers in the niche space of soil N conditional on different numbers of intervals

种号 no.	区间数目				
	3	4	6	8	10
1	.269	.264	.262	.275	.272
2	.305	.305	.303	.307	.312
3	.298	.306	.304	.292	.296
4	.318	.320	.317	.325	.330
5	.311	.322	.312	.332	.329
6	.257	.261	.271	.296	.297
7	.274	.261	.275	.289	.309
8	.339	.317	.328	.328	.338
9	.304	.301	.296	.300	.303
10	.299	.301	.312	.319	.334
11	.298	.325	.316	.339	.331
12	.297	.275	.297	.300	.324
13	.276	.287	.292	.300	.316
14	.270	.277	.278	.286	.280
15	.347	.332	.328	.283	.288
16	.268	.260	.273	.280	.288
17	.315	.302	.312	.323	.318
18	.275	.262	.251	.226	.235
19	.353	.352	.345	.356	.353
20	.297	.324	.315	.311	.330
21	.365	.364	.352	.361	.364
22	.225	.270	.243	.257	.243
23	.238	.227	.213	.244	.250
24	.370	.378	.387	.362	.393
25	.365	.378	.385	.364	.366
26	.337	.326	.336	.339	.339
27	.371	.325	.353	.339	.353
28	.301	.329	.320	.316	.311
29	.306	.267	.252	.228	.238
30	.298	.307	.302	.301	.303
31	.371	.380	.353	.366	.375
32	.336	.360	.358	.309	.320
33	.371	.380	.389	.389	.395
34	.298	.271	.280	.257	.266
35	.226	.224	.211	.238	.225

参 考 文 献

1. Hutchinson G E. Cold Spring Harbor Symp Quant Biol, 1957, 22: 415~427
2. Beals E W. Science, 1969, 165: 981~985
3. Johnson R H. Carnegie Institution of Washington Publ, 1910, 122
4. Grinnell J. Auk, 1917, 34: 427~433
5. Grinnell J. Ecology, 1924, 5: 225~229
6. Elton C. Animal Ecology. London: Sidgwick & Jackson, 1927
7. Maguire B. Jr Am Nat, 1967, 101: 515~523
8. Whittaker R H. Biol Rev, 1967, 42: 207~264
9. Wuenscher J E. J Theor Biol, 1969, 25: 436~443
10. Kroes HW. J Theor Biol, 1977, 65: 317~326
11. Steinmuller K. Biom J, 1980, 22: 211~228
12. 王刚等, 生态学报, 1984, 4: 119~127
13. Hutchinson G E. An Introduction to Population Ecology. New Haven and London: Yale University Press, 1978
14. Pianka E R. Competition and niche theory. In: R.M. May (ed.), Theoretical Ecology: Principles and applications. Oxford, 1976. 114~141
15. Whittaker R H, Levin S A. Niche: Theory and Application. Dowden, Hutchinson & Ross. Intl. 1975. 280, 384
16. Feoli E, Ganis P, Zerihum Woldu. Coenoses, 1988, 3: 79~82
17. Whittaker R H, Levin S A, Root R B. Am Nat, 1973, 107: 321~338
18. 余世孝, 奥罗西. 植物生态学与地植物学学报, 1993, 17: 253~263
19. Yu S X, Orlòci L. Coenoses, 1989, 4: 39~45
20. Yu S X, Orlòci L. Coenoses, 1990, 5: 159~165
21. Yu S X, Orlòci L. Structural Analysis of Vegetation, 1993, SPA Academic Publishing bv, The Hague (in press)

On the Implications of Fundamental, Realized Niche and Niche Center

Yu Shixiao* L. Orloci

Abstract The implications of fundamental and realized niche proposed by Hutchinson in 1957 are discussed. Species realized niche will never overlap based on his definition, contracting with that in the realistic environmental array. To remedy the confusion in using the concepts of fundamental and realized niche, we suggest that these two notions should be defined for a species or a species population individually. A species fundamental niche will not be cenfined in a particular community but in its areal or even in some hypothesized environmental characteristic combination which allows the species to survive and reproduce, i.e., fundamental niche is determined by the species physiological tolerance or requirements. It should be an entity or hypervolume in the n-dimensional niche space. A species realized niche is described as the environmental characteristic combinations that surround a species population in a particular community. In the niche space, it is manifold. Another new concept, niche center, is defined as the point or a compartment where the species response is optimal within the niche space. When a species distribution is ignored or the species has a homogenous distribution within the available compartments of the compartmentalized niche space, the point defined is called its theoretical niche center. Usually species disstribution is uneven and the point defined is called its realized niche center. The distance from a species realized center to theoretical niche center is defined as its niche deviation. And the degree of a speices niche hypervolume diffuse within the niche space is described with the niche diffusion index. Formulae are proposed for such metrics and an example from a south China subtropical evergreen forest community is presented.

Keywords niche, niche center, niche diffusion index, species, forest

---

* Department of Biology, Sunyatsen University, Guangzhou, China

河南西峡恐龙 18s rDNA 片段质疑*

屈良鹄 施苏华
(中山大学生命科学学院,广州 510275)

周 慧
(华南理工大学食品工程系,广州 510650)

摘 要 按照 rDNA 的结构特点,将 DA18S1,7 与其他 8 种生物的 rDNA 序列进行排列比较,结果表明这 2 个序列不是恐龙 rDNA 片段,DA18S7 看来更接近一种植物 rDNA 片段(与金虎尾的同源性达 94%以上),而 DA18S1 与 2 种参与比较的真菌 rDNA 序列有很高的同源性(88.3%和 89%),它们与脊椎动物 rDNA 的同源性分别只在 67.8%~74.1%之间.

关键词 恐龙蛋,西峡,18s rDNA,序列分析
分类号 Q349.5

安成才等人(以下简称安文)从河南西峡一枚保存方式特殊的恐龙蛋化石中提取了遗传物质 DNA,并获得了 DA18S1 等 6 个包含 18s rDNA 片段的克隆. 通过 DNA 测序及其分析,他们发现这些序列与鸟类、两栖类、爬行类及人类等的 18s rDNA 具有很高的同源性,但是与原核生物无显著同源性,所以他们认为这些序列是恐龙 18s rDNA 片段(见安文表 1)[1].

我们对安文发表的数据重新进行了分析,并得出与他们不同的结论. 我们认为把 DA18S1 等序列作为恐龙 18s rDNA 序列的结论是错误的,这是在对 DA18S1 等序列进行比较分析时的失误造成的.

1 材料与方法

(1) 分析所用的核酸序列来源. DA18S1 和 DA18S7 序列取自于安成才等发表的数据[1],其它序列均从美国和欧洲分子生物学数据库 GenBank 和 EMBL 中获得,其编号分别为:

人类(Human) HS18S (*Homo sapiens*) emb/k03432,鸟类(Aves) AP18S (*Anas platyrhynchos*) emb/d38362,爬行类(Reptile) SU18S (*Sceloporus undulatus*) emb/m59400,两栖类(Amphibia) XL18S (*Xenopus laevis*) emb/x02995,植物(Plant)MA18S (*Malpighia coccigera*) gb/124046,植物(Plant) AR18S (*Arabitopsis thaliana*) emb/

收稿日期:1995-05-03
* 国家自然科学基金、国家教委博士点基金和中山大学自然科学基金资助项目

x16077，真菌（Fungi）UM18S（*Ustilago maydis* gb/u09535，真菌（Fungi）BA18S（*Basidiomycete symbiont* of *Apterostigma collare*）emb/x62396．

（2）核酸序列排列和同源性分析．用 PC gene 6 和 Multalin 软件包，Kunc 值按 Kimura[2]方法计算，树图由 PHYLIP 软件包生成（其中，DA18S1 和 DA18S7 的 PCR 引物序列[1]均未参与序列排列和计算）．

2 结果与讨论

我们将安文发表的 DA18S1，DA18S7 与美国和欧洲分子生物学数据库（GenBank 和 EMBL）中的核酸序列进行了比较，这 2 种序列与许多生物的核糖体小亚基 RNA（SSU rRNA）有很高的同源性，它们是属于真核生物类 SSU rRNA 基因的片段，该片段编码的 rRNA 位于 SSU rRNA 的 5'端的第二高变区（V2）中[3]（图 1）．

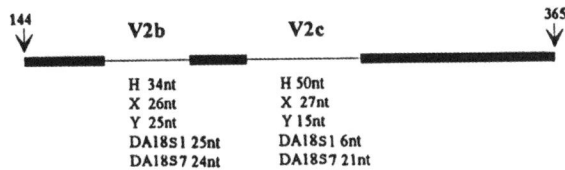

图 1 对应于 DA18S1，DA18S7 的 SSUrRNA 结构示意图

保守区和高变区分别用粗线和细线表示．箭头上的数字指出该片段在人类 18s rRNA 中的位置．来自不同生物的 SSU rRNA 在 V_{2b}，V_{2c} 区的核苷酸长度，分别由该区下的数字和字母表示（H：人类；X：爪蟾；Y：酶母；nt：核苷酸）

Fig. 1 Schematic diagram of SSU rRNA mosaic structure which shows the evolutionary conserved (——) and divergent (——) areas corresponding to the fragments of DA18S1, 2, 4, 6, 7 and 9

根据该区的结构特点，将 DA18S1，DA18S7 与 4 种脊椎动物、2 种植物和 2 种真菌的 rDNA 序列进行了正确的排列（图 2）和同源性比较（表 1），我们的结果表明，DA18S7 与高等植物金虎尾（*Malpighia coccigera*）的同源性高达 94% 以上，DA18S1 与 2 种真菌 rDNA 序列相比，具有较高的同源性，可达 88.3% 以上，DA18S1 和 DA18S7 与脊椎动物的序列同源性却分别只在 67.8%～74.1% 之间．

表 1 DA18S1 和 DA18S7 与其他生物 rDNA 之间的同源性

Tab. 1 Homologies between DA18S1, DA18S7 and the rDNA sequences of other speciese

	MA18S	AR18S	UM18S	BA18S	XL18S	SU18S	AP18S	HS18S
DA18S1	82.0	82.0	88.3	89.8	70.3	68.8	71.1	71.9
DA18S7	94.4	93.3	81.6	82.3	69.2	67.8	71.3	74.1

我们将序列比较的同源百分数按 Kimura 方法[2]转化成 Kunc 值（表 2），并以 Kunc 值构建了一个树图（图 3），该树图更加清楚地表明，DA18S7 与两种植物构成紧密相关的一簇，而 DA18S1 则与真菌十分接近，相反，它们与 4 种脊椎动物都有较远的距离．

```
DA18S1   CTAGAGCTAATACATGCAT-TCAAGCCCCGACTTCT--------GGAAGGGGTGTATTTATTAGATTAA
BA18S1   ................-A..................--------.....................A..
UM18S    .........G.AAA......................--------.....................A..
DA18S7   .........G....--A...A...............--------..............A..C......
MA18S    .........G....--C...A...............--------..............A..C......
AR18S    .........G.....-A...A........A......--------..............AC.C....A..
XL18S    .........CGACG.GCG..TGAC.CC.A-------........G.T.C...C.....C....CC...
HS18S    .........CGACGGGCG..TGAC.CC..TCGCGGGG.......G.T.C...C.....C.....C...
AP18S    .........CGACG.GCG..GAC...C.--------G..G.C.C...C.....C....CC...
SU18S    .........CAACG.GCG..TGAC..C.--------G..G.T.C...C.....C....CC...

DA18S1   AA--TCAACTTTG-------------------------------------TTGGTGAATCATAA
BA18S1   ..--A.C.ACGC.GCTCG--------------------------CCGCTCTT.......T......
UM18S    ..--C..T.C.CCTCGGA---------------------------G------.......T......
DA18S7   .GGTCG...NGG.CCTGC----------------------------CCGTTGCTC....A..T....
MA18S    .GGTCG.-.AGGCTCTGC----------------------------CCGTTGCTC...A..T...G.
AR18S    .GGTCG.CGCGG.-CTCT----------------------------GGCTTGCTC...A..T...G.
XL18S    ..CCAATC.GGG.CCCCC---------------------------GCGCCCCGGCCGCT....C..TAG.
HS18S    ..CCAACC.GG.CAGCCCCTCTCCGGCCCCGGCCGGGGGGCGGGCGCCGGCGGCT....C..TAG.
AP18S    ..CCAACC.GGGCT.CCC---------------------------CGGCGGCT....C..TAG.
SU18S    ..CCAACGGGC.CGCCCN---------------------------NCCGCTN....N.C..TAG.

DA18S1   TAACTT--CTCGGACCGCATGGCCTC-GTGCTGGCGGTGCTTCATT
BA18S1   ......--G....A.T......T--.............
UM18S    ......--..A.T....C...T--.A..........
DA18S7   ....C--GA...T.......TA.....AC..A....
MA18S    ....C--GA...T..C.....TC.....AC..A....
AR18S    ....C--GA...T.........TC.....AC..A....
XL18S    ....C.CGGG.C..T.....C.T..C.-...AC....AC.A.A...
HS18S    ....C.CGGG...T.....C.C...C.-.GC.....AC.ACC...
AP18S    ....C.CGAG.C..T.....C.C...C.-.C.GC....AC.ACC...
SU18S    ....C.CGGG.C..T.-..C.NCNC...GC....AC.ACG...
```

图 2 DA18S1, DA18S7 与其他生物 rDNA 的序列排列
仅标明与 DA18S1 不同的核苷酸，与 DA18S1 相同的核苷酸以圆点代表，缺失以短线代表
Fig. 2 Alignment of DA18S1 and DA18S7 with the partial 18s rRNA sequences from eight other different species

表 2 根据图 2 的序列排列，将 DA18S1 和 DA18S7 与其他生物进行比较所获得的 Kunc 值 (×1000)
Tab. 2 Pairwise comparison of the DA18S1 and DA18S7 with the partial 18s rRNA sequence from eight other species based on the sequence alignment in Fig. 2 Kunc values (×1000) were obtained according to Kimura's method (2)

	1	2	3	4	5	6	7	8	9
DA18S1									
BA18S	080								
UM18S	087	099							
DA18S7	132	164	164						
MA18S	165	171	151	039					
AR18S	164	192	178	068	086				
XL18S	305	331	347	351	342	377			
HS18S	306	340	347	386	341	405	086		
AP18S	305	330	313	360	316	376	081	063	
SU18S	297	290	313	349	314	349	074	062	074

综上所述，我们认为安文报道的 DA18S1 等序列并不是恐龙的 18s rDNA 片段，

DA18S7 是一种高等植物 18s rDNA 片段，DA18S1 是一种与真菌有较大同源性的 rDNA 片段．

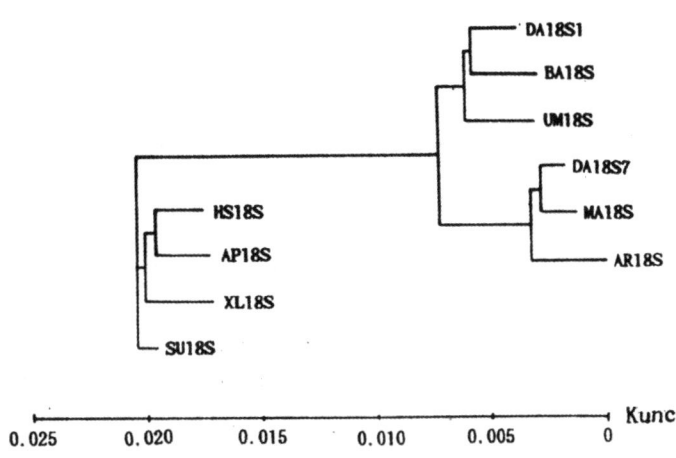

图 3　以表 2 的 Kunc 值建立的树图

Fig. 3　Simple depictions of the tree suggesting the phylogenetic relationship of DA18S1 and DA18S7 with other analysed species. The tree was constructed using Kunc values from Table 2

我们对 DA18S1 等序列的比较分析得出与安文不同的结论，这并不是我们采用了与他们不同的分析材料和方法所致．安文在分析时认为：DA18S1 等序列与鸟类有较高的同源性，又排除了细菌和人污染的可能性，这就可以推测 DA18S1 等为恐龙 18s rDNA 片段．这一推论的理由显然是不充分的，因为还有其它生物类群如植物、真菌和原生生物等没有加以比较和分析．由于这个原因，DA18S7 与植物金虎尾同源性高达 94% 以上未能及时被发现．

另外，在序列比较分析时，根据 rRNA 高级结构和进化规律，正确进行序列排列是非常重要的[3,4]．在安文图 5 中，DA18S1 的 3′ 末端的 20 个核苷酸是 PCR 引物序列（象鼻虫 rDNA），但是，在其它生物（除无脊椎动物 SPRRN 外）的 rDNA 序列中都没有将与该引物对应的序列列入，该图在 3′ 末端的序列排列完全是任意的，尤其是人类 18s rRNA 序列比应有长度短了 44 个核苷酸．

最后，我们认为虽然 DA18S1 等并不是恐龙 rDNA 片段，但并不排除从河南西峡这枚恐龙蛋中可以提取真正的恐龙基因的可能性．

参 考 文 献

1　安成才，李毅，朱玉贤等．中国河南西峡恐龙蛋化石中 18s rDNA 部分片段的克隆及序列分析．北京大学学报（自然科学版），1995，31（2）：140～147

2 Kimura. A simple method for estimating evolutionary rate of base substitutions through comparative studies of nucleotide sequences. J. Mol Evol, 1980, 16: 111~120
3 Jean-Marc Neef, Yves Van De Peer, Peter De Rijk. Sabine Chapelle and Rupert De Wachter, Compilation of small ribosomal subunit RNA sequences. Nucleic Acids Res, 1993, 21, 3025~3049
4 屈良鹄. 微生物系统发育的分子遗传学研究概述. 自: 微生物遗传学研究综述集, 复旦大学主编. 上海: 复旦大学出版社, 1993

Question to the Validity of the Dinosaur 18s rDNA Fragment from Xixia, Henan

Qu Lianghu*   Shi Suhua   Zhou Hui

Abstract Based on their structural characteristic, the nucleotide sequences of DA18S1 and DA18S7 were aligned and compared with rDNA sequences from eight other species. The result of our analyses showed that neither of the two sequences was dinosaur rDNA fragment. DA18S7 turned out to be a plant rDNA frgment (more than 94% homology with *Malpighia coccigera*), however, DA18S1 had high homology (88.3% and 89%) with two compared Fungi rDNA other than vertebrate rDNA (67.8%~74.1% only)

Keywords dinosaur egg fossil, Xixia, 18s rDNA, sequence analysis

---

* School of Life Science, Zhongshan University, Guangzhou 510275

植物标本汉英双语数据库管理系统的概念与实践

李鸣光[1]　Zhaoran Xu[2]　关朵霏[1]　Robert R. Haynes[2]
张宏达[1]　任善相[1]　Xuemei Du[2]　谢庆建[1]　石涌岭[1]

（1) 中山大学生物学系/计算中心/管理学院，广州 510275；
2) Department of Biological Sciences, University of Alabama, Tuscaloosa AL 35487, USA)

摘　要　汉语有一音多字的特点，因此汉字拉丁化后不能保持其原有的信息. 人名与地名是植物标本信息的重要组成部分，但把用汉字记录的标本资料以汉语拼音表达后，未能完全承载原来用汉字所表达的信息. 植物标本汉英双语数据库管理系统既真实记录原有的汉语信息又同时记录其英译文，并妥善处理了植物标本相关信息间复杂的关系. 中山大学植物标本数据库的部分汉英双语资料已进入国际计算机网，可在世界各地国际计算机网终端上查询.

关键词　汉英双语数据库，信息处理，植物标本，数据库管理系统，计算机网络
分类号　Q949, TP392

世界上约有 2 亿份植物标本分藏于约 2 千个标本馆，其中约 4 百万号为模式标本[1]. 标本的积累，为各项研究提供系统化、全面化资料有了潜在的可能. 如何高效率地管理如此庞大数目的植物标本是一个富于挑战性的课题. 在目前的信息时代，资料及其寻求者之间的时空距离已不是障碍. 重要的是可资利用的信息存在与否及如何高效率地获取. 正在起步的生物信息管理学的目标就是要分析、整理、综合数量庞大的生物学资料，使之为科学研究、应用研究、教学和公共教育所利用.

1　植物标本信息的现代化管理

植物标本是植物学研究的依据. 植物标本包含与其相关的采集人、采集地理位置、采集时间、分类鉴定、生态特点等信息.

植物标本信息结构复杂，植物名称具有明显的时空特征. 同一个采集号的多份同号标本（复份标本）常分别存于国内外不同的标本馆内，每份标本可能各自被鉴定成不同的种类，而在同一份标本上，其鉴定结论也常随时间的推移而变动，包括误定和订正，有

收稿日期：1995-04-11
* 中国国家自然科学基金会（第 39410121144 号）及美国国家科学基金会（National Science Foundation）(US-NSF-INT9312146) 资助项目

些则因鉴定者持不同观点而异. 一份标本还牵涉到具体采集人和具体的地理位置, 它蕴涵的信息又与地理变迁, 行政区划以及人为因素密切相关.

植物标本的信息是研究植物系统分类、区系、进化、种群、群落等的基本资料, 现代生物多样性保护的正确决策也有赖于对已知植物标本信息的综合概括能力. 传统的研究方法是逐份查阅标本. 例如, 为分析某个地区(如省、县)的植物区系状况, 就要把采于该地区的标本从数十万甚至上百万份标本中逐一挑出摘记, 然后才能进行分析. 又例如研究一个广布于世界各地具有重要经济价值或理论意义的种的分布, 要把散布于各国数百个标本馆的这个种的所有标本都调集到某个研究人员手上, 即使最终能做到, 亦需要大量人力物力; 而研究人员把这个种在世界各地的具体分布录入并作出分布图, 还要耗去数月甚至数年的不懈努力. 如此艰巨的工作, 完全应该利用高效率的计算机来解决. 当植物标本资料存于计算机数据库, 利用国际计算机网在任一终端就可以调集并分析上述资料, 再在地理系统上打印出分布图, 可能只需数十分钟时间.

植物学界早就已考虑改善植物标本信息的管理和获取. 约60年前, Grassel[2]就设想用机械检索打孔卡的方法使植物标本管理自动化. 但由于植物标本信息结构复杂, 设计出易于管理、使用和维护的数据库管理系统要解决许多理论及技术难关. 近20多年来, 将资料数字化并正确地处理多种信息的关系来建立数据库成为植物学界的重要研究议题之一. 国际植物学同行专门成立了植物分类学数据工作组(Taxonomic Data Working Group), 每年召开会议讨论植物信息管理计算机化标准的理论课题, 美国阿拉巴马大学(The University of Alabama)是其长期会员; 近10年来, 美国科学基金会每年至少资助一次全美国的植物信息现代化管理专题研讨会; 本项植物标本汉英双语数据库的研制, 由美国科学基金会与中国自然科学基金会共同资助.

目前, 对植物信息管理有影响的包括美国加州大学柏克莱分校(The University of California at Berkeley)的"加州植物信息系统(SMASCH)"、史密森研究院(Smithsonian Institution)的植物模式标本信息库[3]、密苏里植物园(Missouri Botanical Garden)的植物名称数据库和阿拉巴马大学的"美国东南地区标本馆联网数据库(SERFIS)"[4]; 南非的PRECIS[5]等. 由于生物标本数量巨大、信息管理复杂, 走在世界各国前列的美国植物标本信息管理至今也只完成了其拥有的6千万份标本的4%的录入工作; 其中史密森研究院始于1968年[3], 现完成其400万号的1/5强(Russel, G. F. 个人通讯), 而阿拉巴马大学则走在中小标本馆的前列, 已基本完成它全部馆藏标本的录入工作[4].

2 双语数据库的建立

每张标本所含的采集记录、鉴定历史, 馆藏记录等的大量资料, 大多数是以采集人的母语写的, 如中国的标本绝大多数以汉字记录.

英语是国际信息交流最通用的语言, 但汉语是世界上使用人口最多的语言, 也是中国学者使用的主要语言. 而且唯有汉语延续广泛使用四千年以上, 其运载的丰富信息没有任何其他语言能代替. 外国人使用汉字困难, 遂通行把中国人名与地名拉丁化, 早期多用威妥玛式拼音法拼写汉字, 近年则采用汉语拼音字母.

普通话的一音多字及由各种方言来的一字多音是汉语的固有特点, 一个不标上声调符的拼音字节平均对应于 16 个常用字及 20 个次常用字和不常用字[6],因此汉字拼丁化后不能保持其原有的信息. 唯有汉字既准确记录普通话同音字的差异,又通过汉字把不同方言联结起来.

人名与地名是植物标本信息的重要组成部分,把用汉字记录的标本资料以汉语拼音表达,只能给外国人提供一个模糊的信息,也令中国人费解. 如地名 xiāng shān qū 或为安徽马鞍山的向山区、淮北的相山区,或为广西桂林的象山区;wèi xiàn 为河北邯郸地区的魏县或张家口地区的蔚县. 若不标上普通话的四声符,wei xian 还可以是邢台地区的威县(区、县名及所属区划根据国家技术监督局 1991)[7].

西方通行取名字的头一个字母和完整的姓氏作为姓名的缩写,例如 Daniel Henry Nicolson 缩写成 D. H. Nicolson. 将汉字姓名改以拼音书写再缩写,可能再也无法辩认原来所表达的信息. 例如,我国植物学界王姓者逾 1 千人,缩写后出现 C. W. Wang,Y. Q. Wang 者分别有近 20 人[6],这种缺损的信息反馈回中国人时,自己也变得摸不着头脑.

信息时代的来临大大缩短了人们相互间的时空距离,不同的语言对信息交流的障碍变得异常突出,迫使人们正视. 数据库以真实记录原有信息为目标. 双语(以至多语)数据库能完整记录原有的信息并记录其译文,既能保留原有信息的准确性,又有助于国际上不同民族的信息交流. 近 10 余年来,中外生物科学交流倍增,生物标本信息的双语处理日渐迫切,已经提到了中美两国植物学界与科学基金会的议事日程上.

现阶段的计算机技术已提供了处理汉语生物信息的工具. 尽管中国计算机技术起步较晚,中文的信息处理却发展迅速,在中文 DOS 和 WINDOWS 等支持下,在微机上常见的 dBase,Foxbase,Foxpro 等数据库系统软件都能处理汉字,为双语数据库的研制提供了有利条件. 生物学和计算机科学必需研究设计出既适用于国际交流,又符合中国实际的双语数据库,妥善地衔接汉语和英语的数据库,使之运载准确完整的信息.

3 系统组成与特点

基于上述概念,我们初步建成了汉英双语植物学信息系统. 系统采用 dBase 语言编写,并以 UCDOS 为汉字平台. 系统源程序达 3.3 万个命令行.

本系统具有以下特点:①同时存贮以汉字和罗马字形式表达的数据,因此能真实记录原始的标本信息;②用户可用单语或双语来查询,既有利于国际交流,又符合中国实际;③主要字段的数据由系统自动从一种形式转换成另一个形式,因此主要数据只需用单语输入,双语则由系统自行完成.

植物标本信息的复杂关系在本系统中得到了妥善处理,相应地建立了汉语及英语采集记录库、复份标本记录库及鉴定历史记录库.

为确保录入资料的一致性,建立了 18 个字典库. 字典库包括了植物信息处理中的关键资料:植物学名(科名、属名、种及种下名)、人名、地名(国名、省名、县名、地方名)、标本馆名及文献资料等. 目前已经整理出与中、美两国有关的上述字典数据 25 万余条,为准确处理中国及美国的植物学信息提供了坚实的基础. 此外,还建立了汉字及其拼音的数据库,供系统把汉字转换成拼音时使用.

本系统还提供与地理信息系统 (Geographic Information System,简称 GIS)衔接的界面，能以图像形式直观显示信息.

目前，中山大学植物标本数据库的部分汉英双语资料已借助阿拉巴马大学的 SERFIS 系统进入国际计算机网，世界各地用户在自己的终端上已可通过 public@ serfisby. ua. edu 来查询这部分双语资料.

4 展望

爆炸性扩张的信息资源，以及人们对信息获取的多样化需求，使信息已无法完全依赖口头、印刷、广播等传统手段来传递. 近 10 余年来使用电子计算机技术来传递信息是对原有的传递手段的发展，用数据库系统来存贮并传播信息已成了目前重要的发展方向.

语言是一种历史信息，不论其应用范围是否广泛，都必需保护其承载的历史信息，在档案中准确反映出来. 双语以至多语数据库成了计算机信息技术的重要课题，它的发展固然有赖于数据库研究及计算机硬件在今后的发展，但它同时也促进了数据库理论和技术的进步.

多媒体技术将结合到双语库中. 可以预见，查询某份标本时，可有专家的语音解说；凭借在终端屏幕上再现的标本原件图像，有关专家就能准确鉴别绝大多数的种.

中国通讯现代化、信息数字化的进程正在加速. 中国馆藏约 1000 万号植物标本，利用丰富的劳动力资源，领先于西方发达国家实现植物标本的计算机化管理是可能的，它将为中国及各国的植物学科研、应用、教学、公共教育和政府决策部门提供重要的信息. 研究人员能从任一终端屏幕上远程调集所需的信息，以前所未有大范围时空尺度分析植物的系统进化，生兴衰亡，现时分布特征及数百年来环境、自然和人为因素引起的分布变迁，以及濒危植物的历史与现状. 数百年来人类积累于植物标本的巨量遗产，将以崭新的姿态和方式为人类服务.

参 考 文 献

1 Holmgren P K, Holmgren NH, Barnet L C. Index Herbariorum. 1990. 693
2 Grassel C O. Visualizing our herbaria by the application of mechanical methods of tabulation and indexing. Museums Journal 1936. 36:373~384
3 Shetler S G. The botanical type speciemen register. In: Shetler S G. et al. (eds.) An Introduction to the Botanical Type Specimen Register. Smithsonian Contributions to Botany, 1973. 12:1~25
4 Haynes R R, Zhaoran Xu. SERFIS, a regional approach to herbarium database management. The ABS Bulletin, 1995, 42(2):108
5 Gibbs—Russell G E. The PRECIS computer system and its applications for the flora of southern Africa. In:Morin et al. (eds.), Floristics for the 21st century, 1989. 11~22
6 Zhaoran Xu, Nicolson D H. Don't abrevorate Chinese names. Taxon 1992. 41:499~504
7 国家技术监督局. 中华人民共和国国家标准:中华人民共和国行政区划代码 GB2260-91,1991

Conceptual Issues in the Development of English—Chinese Bilingual Botanical Databases

Li Mingguang* Zhaoran Xu Guan Duofei
Robert R. Haynes Chang Hong-ta Ren Shanxiang
Xuemei Du Xie Qingjian Shi Yongling

Abstract In order to make the Chinese language comprehensible to Western people, earlier *Wade—Giles*, and more recently, *pinyin*, have been used to phonetically transcribe Chinese personal and geographic names into Roman alphabets. Phonetically synonymous characters are common in the Chinese language, and one *pinyin* syllable on average accounts for 16 different commonly used characters plus 20 additional characters of less common usage. This phonetic synonymy results in loss of information when chinese personal and geographic names are transcribed into syllables because these names alone have no context to help correctly interpret the original writing. Therefore, a monolingual database that convert and store Chinese data in Roman alphabets will present ambiguous information to both Western and Chinese colleagues. A bilingual (and possibly multilingual) database is preferable because it can archive the original information and simultaneously presents a translation of the original data in English, making the data comprehensible to a larger audience.

An English—Chinese bilingual information system should possess the following functions: 1) the database can store two formats of data, i.e. Roman (English) alphabets and Chinese characters; 2) users may retrieve data in monolingual format (either English or Chinese) or bilingual format (the same piece of data being displayed in both English and Chinese); and 3) the system can automatically convert the key data from one format to the other. Therefore, a bilingual information system will not require double data entry time in comparison to a monolingual system.

We have built an English—Chinese Bilingual Botanical Information System (BBIS95). The system is compiled with the dBase language and UCDOS is taken as the Chinese platform. Our system provides all the three functions mentioned above. In addition, the system contains eithteen bilingual dictionaries with more than 250 000 records of taxonomic, geographic, personal, institutional and referential data concerning Chinese and American plants. Data of multiple annotations from a single specimen sheet and multiple duplicates of a single collection deposited in different herbaria are properly recorded. The system also include interface with Geographic Informa-

---

* Department of Biology, Zhongshan University, Guangzhou 510275

tion System (GIS), Image Processing and Multimedia. Some bilingual collection data from the herbarium of Sun Yatsen University (SYS) have been made available on the Southeastern Regional Floristic Information System (SERFIS) at the University of Alabama, which is accessible through the Internet computer network (Email to zxu@serfis. by. ua. edu for detail). In the future, more Chinese data are expected on-line in similar ways.

Keywords　bilingual, English—Chinese, database, botany, network

附　记

　　植物信息管理研讨会将于 1995 年 11 月 6 日在美国阿拉巴马大学举行,中美合作研制的汉英双语植物信息系统是本次研讨的主要内容. 海峡两岸、美国、欧洲、澳大利亚的植物学专家、标本信息系统设计者、计算机专家等将参加研讨.

　　本次研讨会得到美国科学基金会资助,中国国家自然科学基金会也向参加本次会议的中方人员提供资助. 研讨会由阿拉巴马大学与中山大学共同主持. 中山大学、中国科学院北京植物研究所、广西植物研究所等单位将派有关专家参加.

文章编号: 0529-6579 (1999) 01-0001-06

生物分子分类检索表——原理与方法*

屈良鹄, 陈月琴

(中山大学生物工程研究中心, 广州 510275)

摘 要: 在对大量分子数据比较分析的基础上, 对分子检索表这一概念及其遗传学原理进行了探讨, 并根据 rRNA 基因结构特点及进化规律讨论了生物高级阶元以及生物物种界定的分子标准. 分子检索原理和方法的阐明, 不仅对生物资源的分类鉴定有重要的价值, 而且在医学, 生态学, 古生物学等许多领域中也有广泛的应用前景.

关键词: 分子检索表, rRNA 基因, 分子特征
分类号: Q 19, Q751   **文献标识码**: A

传统的生物分类系统主要是根据生物的形态构造和生理生化特点为基础的自然分类系统. 即根据生物所具有的特征, 将生物逐级分类, 建立了一系列分类阶元. 各级分类阶元的建立, 不仅构成了一个完整的, 相互联系的生物系统; 同时也为各种生物鉴定规定了一系列的标准和方法, 即生物检索表. 这些标准和方法已成为人们认识自然界的有力工具. 随着对生命本质探索的深入以及新的分子生物学方法和技术的突破, 分子数据大量积累并与日俱增, 使人们完全能够从分子水平来认识生物物种分化的内在原因和物质基础以及各类生物的分子进化历史, 从而导致了新的分子系统的建立. 其意义已超出了对传统生物系统作一个简单或局部的修正, 而且有可能整个地改变传统生物学的许多基本概念和方法[1].

那么, 根据分子数据重建的系统与传统分类系统关系如何? 根据分子特征是否也可以建立起相应的鉴定与分类标准, 即生物分子分类检索表 (简称分子检索表)? 本文在对大量分子数据比较分析的基础上, 对分子检索表这一概念及其遗传学原理进行了探讨, 并根据核糖体 RNA (rRNA) 基因结构特点及进化规律讨论了生物高级阶元以及生物物种界定的分子标准.

1 概念提出的遗传学原理及检索方法

核酸分子 (DNA 和 RNA) 包含着生物遗传的信息, 同时也记载着生物进化的历史, 即核酸结构不仅指导生物的形态建成和个体发育, 而且还能够反映生物之间的亲缘关系.

---

* 基金项目: 国家杰出青年基金 (39525007); 国家自然科学基金 (39770058)
　收稿日期: 1998-10-15　　第一作者简介: 屈良鹄, 男, 45 岁, 教授

目前生物分子系统的构建,都是基于这一原理而进行的[2].

比较生物分子分类系统与传统的生物分类系统,尽管所依据的分类特征完全不同,但是两种系统在许多方面都具有极大吻合性. 由此可见传统分类学所强调的分类特征必然存在着其基因水平的分子基础. 但是,与传统分类学不同,分子系统是以 DNA 序列作为唯一类比性状,而传统分类学则是根据多元性状的综合分析来进行的. 根据分子进化的规律,任何一种生物的基因组中,必然存在该生物物种独有的特征性核苷酸序列,同时也包含着该生物所属类群的共有核苷酸序列(即共征). 分子检索表就是由反映各种生物分类特征的 DNA 序列所构成. 对不同生物 DNA 序列的比较,相当于对这些分类特征进行了一次综合的分析及检索. 这就是分子检索表概念的遗传学原理.

目前分子检索的方法主要是通过比较生物基因组或某一具有代表性基因的序列总体相似性,或基因的特征核苷酸序列及高级结构,对某一种生物进行鉴定,并确定其分类学位置. 由于大量已知生物的基因序列都已被测定,并输入到国际基因数据库. 如基因数据库中现已收集 280 万条核酸序列(Genbank, 1998 年 4 月). 利用国际基因数据库或建立专门的分子分类数据库,可以作为各种生物分子检索的参照系统. 只要测定一个未知生物样品的 DNA(或 RNA)序列,并通过在这一参照系统中的检索,就可以对其进行分类鉴定. 因此,采用核酸序列来作为分子指标进行分子检索研究,不仅能够为生物的分类鉴定建立起一个简单而统一的标准;而且将大大促进对生物物种分化机制的认识以及分子分类高级阶元的确立.

2 通用的分子检索指标——大分子 rRNA 基因

直接地比较各种生物基因组 DNA 序列,将能够提供最具有说服力的分子检索结果,但却是一项浩大的工程. 目前,采用基因组的一个片段(包含一个或几个基因的序列)来作为分子指标,是可行的,因为在某种意义上来说,认识一棵树不必摘下所有的叶子. 许多基因如脊椎动物中的血红蛋白基因,植物叶绿体 1,5 二磷酸核酮糖羧化酶大亚基(Rb-cL)基因等都已成功地用于生物的分类与系统学研究. 但是由于它们仅存在于某些生物类群中,在应用上有一定的局限性. 相对来说,大分子 rRNA 基因(编码 16S 类 rRNA 和 23S 类 rRNA),由于其普遍存在于所有的生物细胞中,并且具有相似的结构和功能,是目前可

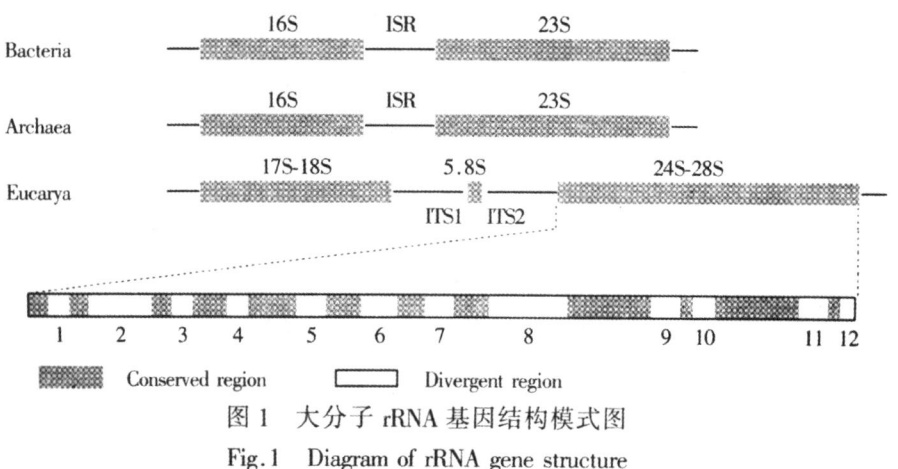

图 1 大分子 rRNA 基因结构模式图

Fig.1 Diagram of rRNA gene structure

用于所有生物比较分析的通用的分子检索指标.

		3 400			3 439
		TAAACGGCGG	GAGTAACTAT	GACTCTCTTA	AGGTAGCCAA
Eucarya	*Mus musculus*	----------	----------	----------	----------
	Oryza sativa	----------	----------	----------	----------
	Saccharomyces cerevisiae	----------	----------	----------	----------
	Physarum polycephalum	----------	----------	----------	----------
Archaea	*Methanococcus vannielii*	----------	-G--------	A--C------	-------G--
	Halobacterium halobium	-T--------	-G--------	---C------	------GT-
	Thermococcus celer	----------	-G--------	A--C------	-------G--
	Thermoplasma acidophilum	----------	-G--------	A--C------	-------G--
Bacteria	*Escherichia coli*	----------	CC--------	A--GG--C--	----------
	Bacillus stearothermophilus	----------	CC--------	A--GG--C--	----------
	Ralstonia pickettii	----------	CC--------	A--GG--C--	----------
	Zoogloea ramigera	----------	CC--------	A--GG--C--	----------

图 2 rRNA 基因保守区中的特征序列与生物高级阶元的分子标准
Fig.2 Characteristic sequences in the conserved region of rRNA
gene used for the molecular criteria of higher hierarchy delimitation

另外，大分子 rRNA 基因的结构特点又决定了它是一个良好的指标. 图 1 示大分子 rRNA 基因结构模式图. 从中可看出大分子 rRNA 基因中存在着进化速率不同的结构区，主要可分成两类即保守区和高变区. 保守区是指在亲缘关系较远的生物类群（如动植物）之间比较, 其大分子 rRNA 基因某一段序列中发生的核苷酸变异较少（例如序列相似性在 70%以上）. 高变区恰恰相反, 即使在两个亲缘关系十分接近的物种之间比较, 在这些区域中也存在核苷酸差异; 而且, 这些差异会随着比较物种的亲缘关系的疏远而迅速扩大, 并伴随着核苷酸的插入或缺失, 所以在不同生物类群之间, 大分子 rRNA 基因高变区的序列差别很大, 甚至完全不同. rRNA 基因中的保守区和高变区是交替分布的. 大分子 rRNA 基因这一进化模式, 在用于亲缘关系远近不同的生物特征分析时具有极大的优越性[3].

目前, 国际基因数据库中已收集 50 591 条各种生物的 rRNA 基因序列. 由于其增长速度还在加快, 可以预见, 在不远的将来, 国际基因数据库将包括地球上几乎所有细胞生物的 rRNA 基因序列, 使之成为一个对所有细胞生物进行鉴定和分类的参照系统. 由于 rRNA 基因分析的快速和准确性, 所以这一方法已成为现今主要的分子检索手段.

3 rRNA 基因中的特征序列与生物高级阶元的分子标准

根据 rRNA 基因结构进化模式, 在 rRNA 基因保守区中, 有可能存在着与分类高级阶元有一定对应关系的核苷酸序列. 如在 23S 类 rRNA 基因中, 我们发现 C4, C5, C9 和 C11 为 4 个高度保守区[4], 从中可以鉴别出一系列存在于所有细胞生物中的共有序列, 如 5′ GAGCTGGGTTYARAMCGTYGTGAGACGAG 3′. 这些共有序列, 不仅表明所有细胞生物起源于共同的祖先, 同时也是地球上细胞生物界共同的分子特征. 在高度保守区 C9 中, 还可以鉴定出真核生物特征性序列（图 2）, 从图中可以看到, 长达 40 个核苷酸的序列在所分析的真核生物（从人到粘菌）中完全相同, 而与两类原核生物（细菌和古细菌）的序列却存在明显的差异, 因此可以作为真核生物界的分子特征. 在该高度保守区中, 也很容易定义细菌和古细菌界各自的特征性序列. 而在变化区中, 则有可能存在着较低阶元的分子特

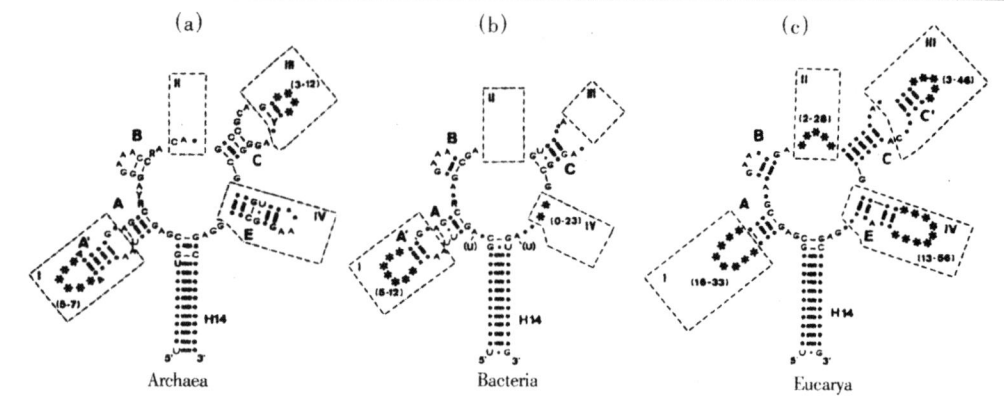

图 3 D3 变化区的二级结构模式
Fig.3 Secondary structure of 23S-like rRNA D3 region

征. 例如, 虽然在 23S 类 rRNA D2 变化区中, 2 种老鼠 (*Mus mulculus* 和 *Rattus rattus*) 的序列表现出极大的差异, 但是在 23S 类 rRNA D1 变化区却有一段长达 100 个核苷酸在哺乳动物中保守不变的特征序列. 最近我们从细菌的比较中, 发现仅存在于各种蓝藻 16S - 23S rRNA 基因转录间隔区 (ISR) 中一个非常保守的 20 个核苷酸的序列 5′ GAACCTTGAAAACT-GCATAG 3′, 这一序列很可能具有重要功能意义, 同时也是蓝藻的一个分子特征 (待发表). 通过对沙门氏菌与大肠杆菌 16S - 23S rRNA 基因转录间隔区的比较分析, 一段长达 70 个核苷酸的沙门氏菌属特征性序列已被鉴定出来[5]. 因此, 选择各种生物 rRNA 基因的不同区域进行比较分析, 就有可能发现与某种生物类群相关的特征性核苷酸序列或突变. 显然, 这些特征性核苷酸序列可以作为检验其相应的分类阶元的分子标准.

分子特征不仅指特征性序列的鉴定, rRNA 高级结构也能反映出生物类群的特点, 从而具有分类学价值, 例如大分子 rRNA 所有的保守区可以形成一个在各种生物中都相同的核心结构, 但是在变化区中却可以鉴别出反映不同生物特征的二级结构. 如在 23S 类 rRNA 的 D3 变化区中就可以鉴别出反映真核生物, 细菌和古细菌特征的二级结构 (图 3)[6].

除了特征性序列之外, RNA 基因中一个结构区域的长度特点, 也能反映某一类生物在进化中的共同特征, 例如, 我们发现裸子植物 18S - 25S rRNA 基因转录间隔区 (ITS) 长度在 1 100 碱基对以上, 而苔藓、蕨类、被子植物的 ITS 片段长度却都在 800 碱基对以下, 因此, ITS 长度特异性, 可以作为检验裸子植物门的一个分子标准 (图 4)[7].

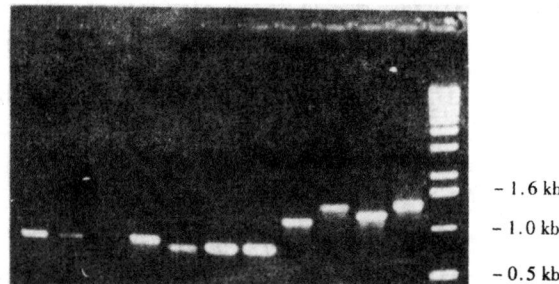

图 4 裸子植物 rRNA 基因 ITS 区长度特异性
Fig.4 A characteristic size of the rRNA gene ITS in Gymnosperm
M 2 kb marker; 1 买麻藤; 2 苏铁; 3 银杏;
4 水松; 5 木麻黄; 6 毛茛; 7 灰木莲; 8 假鹰爪;
9 毛茛泽泻; 10 华南毛蕨; 11 长蒴丝瓜苔藓

rRNA 基因中的特征性序列和结构的发现，为一些高级分类阶元的分子标准的建立提供了依据．但是，分子系统与传统分类系统在高级阶元上并不可能完全对等，这是因为宏观的形态进化与微观的分子进化并不一定同步．同时在传统分类高级阶元的设立上，也有一定的主观性．对各种生物 rRNA 基因和其他基因的进一步研究，将使我们对生物高级阶元的分子标准有更深入的认识．

4 物种界定的分子指标

物种是分类的基本单元．物种的划分，主要是根据形态和生殖的标准．对应这些标准的分子基础是什么？这是一个十分复杂的问题，因为造成形态变异和生殖隔离的因素往往是多种多样的．但是通过对 rRNA 基因序列的种间异质性和种内均一性的分析，我们认为 rRNA 基因的转录间隔区（ITS 区）可以作为物种界定的一个分子指标．rRNA 基因是一类多拷贝基因，由于细胞中存在着一种协同进化机制[8]，即借助于染色体的不平等交换，基因的转换和转位等分子校正机制，并在选择压力作用下，逐步将细胞中各个 rRNA 基因拷贝中发生的突变固定并分布到所有的 rDNA 拷贝中去，从而形成了同种生物 rRNA 基因各个拷贝的均一性．这一进化机制为采用 rRNA 基因 ITS 区作为物种界定的指标提供了基础．同时，由于 rRNA 基因 ITS 区的异质性，使得其在各类生物属种间表现出明显的差异，这也是目前国际上采用 ITS 区作为各种生物类群属种间分类与系统学研究的主要原因．

然而，由于 ITS 区在各类生物种间的变化程度不同，所以，目前仍不能以一个统一的数值作为物种界定的标准，但是可以根据不同生物类群的特点来制定 ITS 序列差异百分比值，作为某类生物种间划分的一个分子标准．我们通过 Internet 从国际分子生物学数据库中获取不同生物类群的 rRNA 基因 ITS 序列，比较得出：被子植物大多数科属其 ITS 序列的种间差异值为 1.2%~10.2%，属间差异值为 9.6%~28.8%；真菌和藻类中，种间差异值一般大于 14.0%；某些单细胞微藻类，种间差异值可达 20% 以上．随着进一步的研究，一个物种界定的分子标准将会更加完善．

5 结　语

分子检索标准与方法的提出和原理的阐明，从分子水平为地球各级类群生物分类鉴定提供了客观依据．这一方法的建立是分子生物学与分类学相互渗透的结果，并将有助于人们对自然界更加深入的认识．尤其是以 rRNA 基因特征核苷酸序列为基础的生物系统探针——rRNA 探针群，将成为一种新的生物鉴定和分类方法[9]，它们可被用于特异性检测某一种或某一类群生物的存在，并同时鉴定它们所属的系统发育类群．这不仅对生物资源的分类鉴定有重要的价值，而且在医学、生态学、古生物学等许多领域中也有广泛的应用前景．

参考文献：

[1] WOESE C R, KANDLER O, WHEELIS M. Towards a natural system of organisms: Proposal for the domains Archaea, Bacteria, and Eucarya. Proc Natl Acad Sci (USA), 1990, 87: 4576~4579

[2] ZUCKERKANDL E, PAULING L. Evolutionary divergence and convergence in proteins. In: BRYSON V, et

al, eds. Evolving genes and proteins. New York and London: Academic Press, 1965. 97~166

[3] QU L H, NICOLSO M, BACHELLERIE J P. Phylogenetic calibration of the 5′ terminal domain of large rRNA achieved by determining twenty eucaryotic sequences. J Mol Evol, 1988, 28: 113~124

[4] QU L H. Structuration et evolution de L'ARN ribosomique 28S chez les eucaryotes：[学位论文]. Toulouse: These de Doctoral d'Etat Universite Paul-sabatier. No.1273, 1986

[5] 周惠, 屈良鹄, 陈月琴, 等. 肠炎沙门氏菌两种 rDNA 16S-23S 基因间隔区序列分析. 中山大学学报（自然科学版）, 1997, 36 (5)：74~77

[6] MICHOT B, QU L H, BACHELLERIE J P. Evolution of large subunit rRNA structure. The diversification of divergent D3 domain among major phylogenetic groups. Eur J Biochem, 1990, 188: 219~229

[7] QU L H, XI B Q, SHI S H, et al. A characteristic size of the ITS in gymnosperm rDNA-revealed by a rapid PCR method. Tokyo: XV International Botanical Congress, 1993. 201

[8] GERBI S. The evolution of eukaryotic ribosomal DNA. Biosystems, 1986, 19: 247~258

[9] 屈良鹄. 微生物系统发育的分子遗传学研究概述. 见：微生物遗传学研究综述集. 上海：复旦大学出版社, 1993

Key to Molecular Taxonomy —— Principles and Methods

QU Lianghu[*], *CHEN Yueqin*

Abstract: Based on the analyses of rapid increasing molecular data, the principles and methods of molecular criteria for taxonomy were approached. And according to the structural characteristics and evolutionary modes of rRNA gene, the molecular criteria for higher hierarchy and species delimitation were suggested, which not only have a great value in the identification and classification of biological resources, but also show a perspective in the fields of medicine, ecology and archaeology.

Keywords: molecular criteria, rRNA gene, taxonomy

---

[*] Biotechnology Research Center, Zhongshan University, Guangzhou 510275, China

文章编号：0529-6579（1999）01-0121-123

冬虫夏草无性型的分子鉴别[*]

赵 锦[1]，王 宁[1]，陈月琴[1]，李泰辉[2]，屈良鹄[1]

（[1]中山大学生物工程研究中心，广州 510275；[2]广东省微生物研究所）

摘 要：采用分子生物学手段，以 rDNA ITS 区为分子指标，对冬虫夏草 Cordyceps sinensis 的有性和无性阶段进行比较分析，从分子水平证明冬虫夏草的无性阶段是中国被子毛孢 Hirsutella sinensis．

关键词：冬虫夏草 Cordyceps sinensis，无性型，rDNA ITS 区，中国被子孢 Hirsutella sinensis
分类号：Q 949.32，Q 751　　**文献标识码**：A

冬虫夏草 Cordyceps sinensis（Berk.）Sacc. 是一种虫生真菌（简称虫草），隶属于麦角菌目 Clavicipitales、麦角菌科 Clavicipitaceae 的虫草属 Cordyceps. 冬虫夏草 C. sinensis 有很高的药用价值，长期以来便被视为珍贵的中药和藏药，享誉全世界，特别在东南亚地区有着广泛的影响．人们在药店里常见到的是这种真菌的有性阶段成熟的子实体，由真菌寄生（后期腐生）于鳞翅目蝙蝠蛾 Hepialus spp. 幼虫后所形成；但迫于需求的压力和自然资源的衰竭，目前也有不少代以冬虫夏草或其他虫草 Cordyceps spp. 的无性型（无性阶段）发酵菌丝体及其发酵产物生产的各种"虫草"成药或保健品．可是人们对冬虫夏草的无性型种的鉴别仍存在着不同的观点．如陈庆涛等[1]认为冬虫夏草的无性阶段可能是中国拟青霉 Paecilomyces sinensis；李兆兰等[2]则认为有可能是中国弯颈霉 Tolypocladium sinense；而刘锡进等[3]则认为应该是中国被毛孢 Hirsutella sinensis．其中以"中国拟青霉"一说流行较广，因为不少人认为虫草属 Cordyceps 的无性型就是拟青霉属的无性型．

为了证明冬虫夏草的无性型的确切种类，本文采用分子生物学手段，以 rDNA 18S 和 25S 之间的转录间隔区（ITS 区）为分子指标，通过对冬虫夏草及相关种类有性和无性阶段材料的 ITS 区序列进行比较分析，从基因水平对冬虫夏草的无性阶段进行分子鉴定．

1 材料与方法

1.1 材料
研究所用材料种名，生活史阶段，采集地等见表 1．

1.2 模板 DNA 的制备及 rDNA 特定区域的 PCR 扩增
采用 CTAB 法[4]提取虫草总 DNA．提取的总 DNA 以 DPS 纯化系统（包括玻璃粉，NaI）纯化后再用于 PCR 扩增．PCR 引物为 LH2: 5′ GTCGAATTCGTAGGTGAACCTGCGGAAGGATCA 3′，D1a: 5′ TTCCCTGTTCACTCGCCG TTACT 3′，分别对应于 18S rDNA 3′末端和 26S rDNA 5′端第 40～60 序列．PCR 反应程序为：

---

[*] 基金项目：国家杰出青年基金（39525007）；国家自然科学基金（39770058）
　收稿日期：1998-05-10　第一作者简介：赵锦，女，24岁，研究生

94 ℃ 4 min，然后 94 ℃ 1 min，50 ℃ 1 min，72 ℃ 2min，30 个循环．扩增完成后，PCR 产物用 DPS 系统纯化，沉淀晾干后另量 TE 溶解，取 2 μL 于 φ 为 1% 的琼脂糖凝胶上电泳检查，其余 - 20 ℃ 保存备用．

表1 材料的种名，生活史阶段，采集地
Tab.1 The fungal species seage in life cycle and collected localities

名称	生活史阶段	采集地/分离地	采集者/分离者
冬虫夏草 Cordyceps sinensis	有性阶段	西藏	李泰辉
中国被毛孢 Hirsutella sinensis	无性阶段	北京微生物所	郭英兰
中国拟青霉 Paecilomyces sinensis	无性阶段	广东省微生物所	章卫民
古尼拟青霉 Paecilomyces gunnii	无性阶段	广东省微生物所	章卫民

1.3 rDNA PCR 扩增产物的克隆及序列测定 PCR 扩增产物经 DNA 纯化系统纯化后，与质粒载体连接，质粒载体为 pTZ19，按文献［5］操作．采用美国 Life Science Sequenase Version 2.0（USB）测序试剂盒直接测定重组质粒的 DNA 序列．

2 结果与分析

本实验采用双脱氧链终止法进行序列测定，获得了 C. sinensis、H. sinensis，P. sinensis，P. gunnii ITS1 区的全部序列和 5.8S 的部分序列，C. sinensis 有性阶段 ITS1 区共有 182 碱基对，H. sinensis ITS1 区碱基数为 184，P. sinensis，P. gunnii 分别为 223 和 209，序列的排列结果见图 1．

采用计算机分析软件 PCgene 6.0 和 Phylip 35 中的 DNAdist Program 计算不同种间的距离序数，得出 C. sinensis 与 H. sinensis 的序列有很大的相似性（97.8%），与 P. sinensis，P. gunnii 种间的相似性则分别为 72.6% 和 72.2%；这一结果清楚地表明 C. sinensis 与 H. sinensis 在分子水平上的一致性．

```
C.sinensis    CGTAGGTGAA CCTGCGGAAG GATCCTTATC GAGTCA**** *CCACT***C  50
H.sinensis    ---------- ---------- ---------- ---------- ----------
P.sinensis    ---------- ---------- --------C- ----G-GGGT C----GAGG-
P.gunnii      ---------- ---------- --------C- ---------- --*-------

C.sinensis    CCAAAC*CCC **CTGCGAAC ****ACCACA GCAGTTGCCT CGGCGGG**A 100
H.sinensis    ----G----- ---------- ---------- ---------- ----------
P.sinensis    ----C-T--- AT-C-T-*** TTGA--T--- C-T-----T- ---------C
P.gunnii      ---------- --*--T---- TTAT---TTT A-T-----T- -------TG-

C.sinensis    CCGCC*GG** **CGCCC*** CAGGGCC*CG *A**CCAG*G GCGCCCGC*C 150
H.sinensis    ----C---- ---*------ ---------- ---------- ----------
P.sinensis    ----GT--TT CA-----GGC -***---GG- G*-G--TTGT --T----GG-
P.gunnii      T----CC--- --*G***GGA *---A-AAG- G-AG--G-CA ---G--C---

C.sinensis    ****GGAGGA CC*CCCAGA* CC*****CTC **CTGTCGCA GTGGCATTTN 200
H.sinensis    ---------- --A-----G- ---------- ---------- -------C-C
P.sinensis    CCGAC-***C --C-GA---C --TGAACG-* GC-*C-*-A- -GTT**GCCG
P.gunnii      CCTT---ANC --C---G--A --AGGCG--- GC-*-GG-G- C-CAA-*C-C

C.sinensis    N*CAGTCAA* ********GA A**GCAAGCA AATGAATC 239
H.sinensis    T--------- ---------- ---------- --------
P.sinensis    T--T-AGT-T AAAATCAATC -TT*A--A-T TTCA-CAA
P.gunnii      TG--T--C-T CTGTACT--T -TT-T-TA-* ****CC--
```

图 1 冬虫夏草及相关种类 rDNA ITS1 全序列
Fig.1 rDNA ITS1 sequence alignment of *Cordyceps sinensis* and its relate species

ITS1 区为高变区域,从前人对真菌 rDNA ITS 区的研究结果[6,7]看,同一个生物种序列间核苷酸的相似性一般大于 90%. 根据真菌核糖体 RNA 因结构进化规律,序列间核苷酸的相似值若低于 90%, 通常作为不同种或不同属处理. C. sinensis 与 H. sinensis 序列的相似性高达 97.8%, 显然是属于同一个生物种的不同生长阶段,前者为其有性型(有性生殖阶段),后者则为其无性型(无性生殖阶段). 本研究的分子生物学证据进一步证明刘锡进、郭英兰等[3]的研究结果,其分离培养物 H. sinensis 就是 C. sinensis 无性型.

3 讨论

C. sinensis 应该只有一种无性型,其他的则可能只是一些同时(或随后)生长在虫体上的嗜昆虫生真菌,或者是其他长在或附在虫草菌上的杂菌. 人们之所以能重复分离出某些杂菌,原因可能是 C. sinensis 在自然界中主要分布于喜玛拉雅山脉附近海拔 3 000 ~ 5 000 m 的高山草地上或较为寒冷的北方地区,分离者按一般的习惯将分离物放在较高温的地方培养,造成 C. sinensis 菌丝死亡,而培养出那些经常与 C. sinensis 长在一起的真菌种类而被误认为是 C. sinensis 的无性型.

过去人们都在期望通过虫草属 Cordyceps 的子囊孢子及可能相关的无性型分生孢子的单孢子培养来证明虫草属的无性型,但在许多情况下并不能成功[8]. 而现代的分子生物学方法则能解决这一难题开辟了新的途径和提供遗传本质上的科学证据.

致谢: 广东省微生物研究所郭英兰研究员、章卫民副研究员为本研究提供部分菌种,特此致谢!

参考文献:

[1] 陈庆涛,肖生荣,施至用. 中国拟青霉新种与虫草的关系. 真菌学报,1984,3(1):24~28
[2] 李兆兰. 中国弯颈霉新种及产环孢菌素的研究. 真菌学报,1988,7(2):93~98
[3] 刘锡进,郭英兰,俞永信,等. 冬虫夏草菌无性阶段的分离和鉴定. 真菌学报,1989,8(1):35~40
[4] DOYLE J J, DOYLE J L. A rapid DNA isolation method for small quantities of fresh tissues. Phytochem Bull, 1987, 19: 11~15
[5] J 萨姆布鲁克,E F 弗里奇,T 曼尼阿蒂斯. 分子克隆实验指南. 第 2 版. 北京:科学出版社,1996
[6] HIBBETT D S. Ribosomal RNA and Fungal Systematics. Trans Mycol Japan, 1992, 33: 533~556
[7] MONCALVO J M. Phylogenetic relationships in ganoderma inferred from the internal transcribed spacers and 25S Ribosomal DNA sequences. Mycologia, 1995, 87: 223~238
[8] 敬一兵,陆鲁生. 虫草. 昆明:云南科技出版社,1986. 1~156

Molecular Identification for the Asexual Stage of *Cordyceps sinensis*

ZHAO Jin[*], WANG Ning, CHEN Yueqin, LI Taihui, Qu Lianghu

Abstract: The molecular evidences which prove the asexual stage of *Cordyceps sinensis* is *Hirsutella sinensis*. rDNA ITS from *Cordyceps sinensis*, *Hirsutella sinensis*, *Paecilomyces sinensis*, *Paecilomyce gunin* were sequenced and compared. The results indicate that *C. sinensis* and *H. sinensis* have the highest homology (97.8%), while they have less similarity with the other 3 species (less than 70%), which suggested that the asexual stage of *C. sinensis* should be *Hirsutella sinensis*.

Keywords: *Cordyceps sinensis*, asexual stage, rDNA ITS, *Hirsutella sinensis*

[*] Biotechnology Research Center, Zhongshan University, Guangzhou 510275, China

文章编号：0529-6579（1999）05-0129-02

哺乳动物核仁蛋白基因编码多个内含子 snoRNA[*]

周 惠，屈良鹄

（中山大学生物工程研究中心，广州 510275）

关键词：Z25；snoRNA；核仁蛋白；哺乳动物
中图分类号：Q 753   **文献标识码**：A

核仁小分子 RNA（snoRNA）是真核生物核糖体合成中一类重要的调控分子，广泛地存在于酵母和哺乳动物中。snoRNA 基因组织具有高度的多样性。在哺乳动物中，除 U3、U8、U13 和 7-2/MRP RNA 是独立转录之外，其它 snoRNA 都是由宿主基因（host gene）内含子编码的[1]。目前已发现多种类型的宿主基因如核糖体蛋白基因，热激蛋白基因（hsc70），细胞周期调控蛋白基因（RCC1）以及一些转录和翻译起始因子基因等。本文报道通过对人、小白鼠（*Mus musculus*）和大鼠（*Rattus norvegicus*）核仁蛋白基因内含子序列的分析，在该基因的第 5 个内含子中发现一种新的反义 snoRNA 基因 – Z25，揭示出哺乳动物核仁蛋白基因是一种多内含子 snoRNA 编码的宿主基因。

通过 Internet 与 EMBL 和 Genbank 联网，以反义 snoRNA 基因鉴别方法[2]对数据库直接进行扫描分析，发现了一批 snoRNA 基因候选序列，其中一个被命名为 Z25DNA。

Z25DNA 保守地位于人、小白鼠和大鼠核仁蛋白基因的第 5 个内含子中，其序列相似性可达 80% 以上，并具有典型的反义 snoRNA 基因特征（图 1）。即包含保守的 boxC/D 结构元素，一段长为 11 个核苷酸与 18S rRNA 互补的反义序列以及可形成末端配对区（terminal stem）的反向重复序列。按照反义 snoRNA 结构与功能关系计算，具有该互补序列的 Z25 snoRNA 可指导 18S rRNA 中第 1678 位的腺嘌呤核苷（按人 18S rRNA 编号）的 2′-O-核糖甲基化。18S rRNA A1678 是一个保守的位点，在人和爪蟾中已被实验鉴定为一个 2′-O-核糖甲基化核苷，但在酿酒酵母中为非修饰核苷。因此，Z25DNA 可能编码高等动物中一种新的核仁小分子 RNA，即 Z25 snoRNA。

以 Northern 杂交，逆转录分析和 cDNA 序列测定等 3 种实验方法对人和小白鼠 Z25 snoRNA 进行了验证。结果进一步证实了计算机分析的预测，人和小白鼠中 Z25 snoRNA 的实际长度为 69 个核苷酸，稳定的存在于细胞中。

核仁蛋白是细胞核中一种主要的蛋白质，在核仁生成、rRNA 的转录和加工以及细胞核内的信号传导中起着重要的作用。哺乳动物核仁蛋白基因长达 9 kb，共有 14 个外显子和 13 个内含子，70% 以上的序列为内含子成分。目前已从 5，11 和 12 等 3 个内含子中分别发现了 Z25，U20[1]和 U23（待发表）基因编码区，这不仅揭示了哺乳动物核仁蛋白基因内含子的功能意义，而且还为研究核糖体合成与细胞生长发育之间的基因协同表达与调控提供线索。

---

[*] 基金项目：国家自然科学基金重点项目（39730300）资助项目
  收稿日期：1999-08-15   作者简介：周惠，女，1953 年生，副教授。

人、小白鼠和大鼠 Z25 基因序列已被 Genbank 收录, 分别为 Aj010666、Aj010667 和 Aj010668.

Human nucleolin gene intron 5

```
  aaggaaatgg  ccaaacagaa  agcagctcct  gaagccaaga  aacagaaagt ggaa ggtaac
  ttgcagaatt  aggggatatg ggggagataa  Z25
                                     ACAGCACAAA      TGATGA ATAA  CAA AGGGACT
  TAATA CTGA A  ACCAGATGTT  ACATTGTAGT GTG CTGA TGT   GCTGT
                                                       gtata     gaaattttgc
  tttggaaact  aacttttac  cacactacaa  gtagactgag  ttgagctttt  tttgtgcagg
  cacagaaccg  actacggctt  tcaatctctt  tgttggaaac  ctaaacttta  acaaatctgc
```

Mouse nucleolin intron 5

```
  cagaaagtag  aaggt aagcc  tgcaaaactg  gggaaacaga  tcagagtagc  a Z25
                                                                CTAGCACAA
  G TGATGA GTG  ACAA AGGGAC  TTAATA CTGA  ACCATGGGT  TGAAATGAAA  TATG CTGA TG
  TGCTTT
       atag  tttatgatga  aatttgttgt  gtgcttaagt  gggctgaaag  ttcattttt
  gtgtgtgcag  gctcagaacc  aactacacct  ttcaatctgt  tcattggaaa  ccitaatcca
```

Rat nucleolin intron 5

```
  caagaaacag  aaaatagaag gtaagcctgc  aaaattggga  cttaaaagga  gatcagagta
  gca Z25
      ATAGCAC  AAG TGATGA C  TAACA AGGG  ACTTAATA CT GA  AACATCTG  GGATTGAAAT
  GCAGTATG CT GA TGTGCTTT
         atagtttatg  atgaaattca  cttgtcgtat  gcttaagtgg
  actaaaaaag  ctcatttttt  gtgcag gctc  agaccaact  acacctttca  acctgttcat
```

图 1 人、小白鼠和大鼠核仁蛋白基因第 5 个内含子序列及其编码的 Z25 snoRNA

Fig.1 Human, mouse and rat nucleolin gene intron 5 and intron-encoded Z25 snoRNA

参考文献:

[1] 屈良鹄. 核仁小分子 RNA [J]. 生物工程进展, 1996, 16 (5): 21~26.
[2] 屈良鹄, 周惠. 一种从基因数据库中识别反义 snoRNA 基因的新方法 [J]. 中山大学学报 (自然科学版), 1999, 38 (1): 25~28.

Multiple snoRNAs Encoded in the Introns of Mammal Nucleolin Gene

ZHOU Hui[*], QU Liang-hu

Abstract: Through computer screening of Genbank and experimental analysis a novel snoRNA, termed Z25, was first identified from mammals. Z25 snoRNA is 69 nucleotide in length, possessing typical boxC/D and terminal repeat sequence, a 11 nt long sequence complementarity to 18S rRNA implies that Z25 snoRNA is a 2'-O-ribose methylation guide at A1678 (human coordinate) of 18S rRNA. Z25 snoRNA is encoded by the fifth intron of human, mouse and rat nucleolin genes that have been found as the host genes for U20 and U23 snoRNA.

Keywords: Z25; snoRNA; nucleolin; mammal

---

[*] Biotechnology Research Center, Zhongshan University, Guangzhou 510275, China

白介素-10 对 TNF-α 介导血管平滑肌细胞增殖的影响*

欧阳平[1]，杨 红[2]，彭立胜[1]，吴文言[1]，徐安龙[1]

(1. 中山大学生命科学学院，广东 广州 510275；
2. 广东药学院，广东 广州 510224)

摘 要：观察重组人白介素10 (rhIL-10) 对肿瘤坏死因子 (TNF-α) 刺激的离体大鼠胸主动脉血管平滑肌细胞增殖的影响。体外培养 SD 大鼠胸主动脉血管平滑肌细胞，采用 MTS/PES 法确定血管平滑肌细胞的增殖状态。结果显示，TNF-α 对血管平滑肌细胞增殖具有明显的刺激作用。rhIL-10 单独应用对血管平滑肌细胞生长没有影响。在 TNF-α 刺激下，低至 10 ng/mL 的 rhIL-10 可明显抑制血管平滑肌细胞的生长 ($P < 0.05$)。

关键词：血管平滑肌细胞；白介素10；细胞因子
中图分类号：R541 **文献标识码**：A **文章编号**：0529-6579 (2002) 01-0076-03

血管平滑肌细胞 (VSMC) 增殖和表型改变是动脉粥样硬化的主要病理基础。日益增多的证据表明动脉粥样硬化是一个对血管损伤的过度炎症反应。血管损伤后，单核细胞、血小板和淋巴细胞粘附到血管壁，释放一系列细胞因子和肽类生长因子，这些生长调节物与他们的特异性受体结合后传导影响血管平滑肌细胞表型和生长的信号，因此促进了晚期纤维增殖病变的发生。动脉粥样硬化病变处的血管平滑肌细胞表达 HLA-DR，HLA-DR 糖蛋白参与了 T 细胞的抗原递呈，表明 T 细胞与 VSMC 的相互作用，可导致动脉粥样硬化的发生[1]。白介素 10 (interleukin-10, IL-10) 是一种具有抑制 T 细胞、单核细胞和巨噬细胞激活及其效应子包括单核因子的合成、NO 的产生、II 类 MHC 和共刺激分子如 CD80/CD86 表达等的功能，对大多数类型造血细胞有多种作用的多功能细胞因子[2]。本研究的目的在于确定重组人白介素 10 在单独和与 TNF-α 同时存在时对血管平滑肌细胞增殖的影响。

1 实验部分

1.1 材 料

DMEM 培养基、胎牛血清 (FBS)、$\rho = 0.25\%$ 胰酶均购自 Hyclone 公司。一次性细胞培养瓶、96 孔板购自 Corning 公司。HEPES、TNF-α 均购自 Sigma 公司，重组人 IL-10 (rhIL-10) 为本实验室经基因重组、在大肠杆菌中表达、纯化后获得。实验所用的生长因子和细胞因子均用含 $\varphi = 0.5\%$ FBS 的 PBS 重新配制，而后用含 $\varphi = 5\%$ FBS 的 DMEM 培养液稀释至所需的终浓度。

1.2 血管平滑肌细胞的原代培养

参考王道生[3]贴块法进行。选用 6 周龄雄性 SD 大鼠 (第一军医大学实验动物中心提供) 断头处死，取胸主动脉中膜以贴块法培养于含 $\varphi = 10\%$ FBS 的 DMEM 培养基中，置于 37 ℃、$\varphi = 5\%$ CO_2 孵箱中培养，一周后可见细胞从组织块边缘爬出，2~3 周出现致密细胞层，此时即可传代，传代细胞呈典型的"峰与谷"样生长，细胞经抗 α-actin 抗体鉴定为平滑肌细胞。实验所用的血管平滑肌细胞均为第 3~6 代传代细胞。

1.3 细胞增殖评价

96 孔板中以 5000 个细胞/孔的密度铺板。8 h 后换成无血清、含谷氨酸的 DMEM 培养基，维持 48 h 后，换成含 $\varphi = 5\%$ FBS 的 DMEM 培养基及相应的实验试剂，每组实验重复 6 次，每一组每次为 6 个孔，对照组为含 $\varphi = 5\%$ FBS 的 DMEM 培养基，24 h 后细胞的增殖率通过应用 CellTiter 96 Assay MTS/PES 试剂盒 (Promega Co. U.S.A, Cat # 5421) 确定。在 Bio-Rad 550 型 Microplate reader 以 490 nm 测量吸光度，细胞的增殖率用吸光度来表达。

---

* 收稿日期：2001-05-14；
基金项目：广州市科委科技攻关资助项目 (JB00000448165)
作者简介：欧阳平 (1965 -)，男，医学博士，讲师；**通讯联系人**：徐安龙；E-mail: ls36@zsu.edu.cn

1.4 统计学分析

资料以 $\bar{x} \pm s$ 表示，应用 SPSS 软件包，采用 ANOVA 和 Student-Newman-Keuls 检验分析。

2 结果与讨论

2.1 TNF-α 和 rhIL-10 分别对 VSMC 增殖的影响

单独的 rhIL-10 在不同剂量下对大鼠 VSMC 的增殖均无影响（$P > 0.05$）；100 ng/mL 和 20 ng/mL 的 TNF-α 单独作用时均可明显刺激 VSMC 的增殖，与对照组相比有显著性差异（见表1）。

表 1 rhIL-10 或 TNF-α 分别对大鼠血管平滑肌细胞增殖的影响[1]

Tab.1 Effects of recombinant rhIL-10 or TNF-α on rat vascular smooth muscle cell proliferation

组别	$\rho/(ng \cdot mL^{-1})$	λ
对照		0.781 ± 0.436
rhIL-10	100	0.783 ± 0.170
rhIL-10	10	0.963 ± 0.113
rhIL-10	1	1.061 ± 0.079
rhIL-10	0.100	0.856 ± 0.160
rhIL-10	0.010	0.950 ± 0.101
TNF-α	100	1.258 ± 0.258[2]
TNF-α	20	1.361 ± 0.197[3]
TNF-α	10	0.990 ± 0.288
TNF-α	1	0.933 ± 0.202

1) $n = 6$；2) $P < 0.05$（与对照组相比）；
3) $P < 0.01$（与对照组相比）

2.2 rhIL-10 对 TNF-α 介导 VSMC 增殖的抑制作用

TNF-α（20 ng/mL）可促进 VSMC 增殖；而当 20 ng/mL 的 TNF-α 与 10 ng/mL 或 100 ng/mL 的 rhIL-10 同时存在时，TNF-α 促进 VSMC 增殖的作用被 rhIL-10 抑制，与 TNF-α 组相比有显著性差异（见表2），但未存在剂量依赖性。表明 rhIL-10 能够在体外抑制由 TNF-α 介导的 VSMC 增殖。实验所用细胞的台盼兰染色证实细胞处于存活状态。

血管损伤后细胞因子在血管重构中发挥重要作用，已知在动脉粥样硬化斑块中有大量的炎症介导物。TNF 作为细胞因子家族的代表，可从不同的炎症细胞中释放，与正常的细胞相比较，在动脉粥样硬化病变中的表达被上调，本研究结果显示，TNF-α 能明显刺激 VSMC 的增殖。TNF-α 诱导 VSMC 的增殖的机理目前仍不十分清楚。作为Ⅲ类细胞因子受体家族的成员，TNF 存在 2 个膜结合的 TNF 受体，目前的研究表明 TNFp55 受体产生的信号介导凋亡，TNFp75 受体通过有丝分裂素激活的蛋白激酶系统（MAPK 系统）促进细胞增殖[4]。

表 2 rhIL-10 对 TNF-α 诱导的大鼠血管平滑肌细胞增殖的影响[1]

Tab.2 Effects of recombinant rhIL-10 on rat vascular smooth muscle cell proliferation induced by TNF-α

组别	$\rho/(ng \cdot mL^{-1})$	λ
TNF-α		1.3610.197
NF-α + rhIL-10	100	0.689 ± 0.159[2]
TNF-α + rhIL-10	10	0.845 ± 0.207[3]
TNF-α + rhIL-10	1	0.908 ± 0.248
TNF-α + rhIL-10	0.100	1.109 ± 0.276
TNF-α + rhIL-10	0.010	1.048 ± 0.187

1) $n = 6$；2) $P < 0.01$ 与 TNF-α 组相比；
3) $P < 0.05$ 与 TNF-α 组相比（20 ng/mL）

已知 IL-10 主要功能是限制和最终终止炎症反应。除此之外，IL-10 尚可调节 B 细胞、NK 细胞、细胞毒 T 细胞和辅助 T 细胞、肥大细胞、中性粒细胞、树突状细胞、角化细胞和内皮细胞的生长和分化。在人 LPS 刺激的单核细胞，IL-10 抑制 IL-1、TNF、IL-6 和 IL-8 的产生，在对健康志愿者给予内毒素后，IL-10 能够降低 LPS 诱导的体温增加和循环中的 TNF、IL-6 和 IL-8[5]。本结果显示在大鼠胸主动脉的 VSMC，rhIL-10 能够抑制 20 ng/mL 浓度的 TNF-α 刺激的 VSMC 增殖，与国外的报道类似[6]，而对正常非刺激情况下的 VSMC 生长无影响。

新近的研究表明，IL-10 能够抑制由 TNF-α 诱导的 MAP 激酶瀑布中 p44/42 的表达及 p38MAPK 的表达[7,8]。MAP 激酶细胞因子诱导血管平滑肌细胞的增殖的共同通路，IL-10 通过抑制 TNF-α 诱导的 MAP 激酶瀑布抑制 VSMC 的增殖。总之，IL-10 抑制由 TNF-α 诱导 VSMC 增殖的机制可能是多途径的。

结果表明，rhIL-10 能明显抑制由 TNF-α 诱导的大鼠 VSMC 增殖。

参考文献：

[1] LUSIS A J. Atherosclerosis[J]. Nature, 2000, 407: 233 - 241.

[2] MOORE K W, MALEFYT R de W, COFFMAN R L, et al. Interleukin-10 and the interleukin-10 receptor[J]. Annu Rev Immunol, 2001, 19: 683 - 765.

[3] 王道生. 动脉平滑肌细胞培养方法//徐淑云. 药理实验方法学[M]. 北京：人民卫生出版社，1991: 353 - 358.

[4] BAKER S J, REIDY E P. Transducers of life and death: TNF

receptor superfamily and associated protein[J]. Oncogene, 1996, 12:1 – 9.

[5] PAJKRT D, CAMOGLIO L, PIEL-VAN B M, et al. Attenuation of proinflammatory response by recombinant human IL-10 in human endotoxemia: effect of timing of recombinant human IL-10 administration[J]. J Immunol, 1997, 158:8971 – 8977.

[6] SELZMAN C H, MCINTYRE R C, SHAMES B D, et al. Interleukin-10 inhibits human vascular smooth muscle proliferation[J]. J Mol Cell Cardiol, 1998, 30:889 – 896.

[7] TAN J, TOWN J, SAXE M, et al. Ligation of micrglial CD40 results in p44/42 mitogen-actived protein kinase-dependent TNF-alpha production that is opposed by TNF-beta and IL-10 [J]. J Immunol, 1999, 163:6614 – 6621.

[8] SATO K, NAGAYAMA H, TADOKORO K, et al. Extracellular signal-regulated kinase, stress-actived protein kinase/c-jun N-terminal kinase, and p38mapk are involved in IL-10-mediated selective repression of TNF-alpha-induced activation and maturation of human peripheral blood monocyte-derived dendritic cells[J]. J Immuol, 1999, 162:3865 – 3872.

Effects of Recombinant Human Interleukin-10 on Rat Vascular Smooth Muscle Cells Proliferation by Tumor Necrosis Factor-α

OUYANG Ping[1], YANG Hong[2], PENG Li-sheng[1], WU Wen-yan[1], XU An-long[1]

(1. School of Life Sciences, Sun Yat-sen (Zhongshan) University, Guangzhou 510275, China;
2. Guangdong Pharmacy College, Guangzhou 510224, China)

Abstract: The purpose of this study was to determine the effects of recombinant human interleukin-10 (rhIL-10) on rat vascular smooth muscle cell proliferation stimulated by tumor necrosis factor-α (TNF-α). Rat aortic vascular smooth muscle cells (VSMCs) were cultured and treated with recombinant human interleukin-10 (rhIL-10) with or without tumor necrosis factor-α (TNF-α). Proliferation of VSMCs was quantified by colorimetric assay. The results indicated that TNF-α stimulated VSMCs proliferation and rhIL-10 alone had no effect on VSMCs growth. With TNF-α stimulation, rhIL-10, at dose as low as 10 ng/mL, inhibited VSMCs growth ($P < 0.05$).

Key words: vascular smooth muscle cell; interleukin-10; cytokine

斜带石斑鱼雌鱼卵巢发育与血清性类固醇激素的生殖周期变化

赵会宏[1]，刘晓春[1]，刘付永忠[2]，王云新[2]，林浩然[1]

(1. 中山大学水生经济动物研究所//广东省水生经济动物良种繁育重点实验室，广东 广州 510275；
2. 广东省大亚湾水产试验中心，广东 惠州 516081)

摘 要：斜带石斑鱼 Epinephelus coioides 卵母细胞发育可分为6个时相，以卵母细胞在卵巢中组成的差异可以把卵巢发育划分为相应6个时期。测定了成熟雌鱼血清中雌二醇和睾酮含量的生殖周期变化，在生殖季节成熟雌鱼血清中雌二醇和睾酮含量最高。生殖季节成熟雌鱼的平均性腺成熟系数 GSI 显著高于其它月份，并且血清性类固醇激素水平的季节变化与性腺成熟系数的变化基本一致，都是在生殖季节达到最高峰。

关键词：斜带石斑鱼 Epinephelus coioides；卵巢发育；雌二醇；睾酮
中图分类号：Q132；Q579.1　**文献标识码**：A　**文章编号**：0529-6579（2003）06-0056-05

斜带石斑鱼 Epinephelus coioides 是热带亚热带暖水性鱼类，属鲈形目 Perciformes、鲈亚目 Percoidei、鮨科 Serranidae，是我国南方沿海地区特别是广东和福建两地网箱养殖的重要经济鱼类之一。关于石斑鱼的性腺发育已有一些研究，如：Tan 等[1]报道了巨石斑鱼 E. tauvina 的雌雄同体现象，湛彦等[2]研究了青石斑鱼 E. awoara 卵巢的周年变化和性转变，张其永等[3]研究了赤点石斑鱼 E. akaara 雌性性腺的周期发育，Johnson 等[4]研究了黑缘石斑鱼 E. morio 的性腺发育及性类固醇激素的周期变化。但斜带石斑鱼尚无这方面的研究报道。由于目前我国南方沿海地区石斑鱼鱼苗种来源主要依靠天然捕捞和进口，因而限制了大规模养殖的发展。近年来，本实验室致力于斜带石斑鱼的人工苗种繁育研究，并已取得初步进展[5]，但与苗种大批量生产的目标尚有一定距离。本文研究了斜带石斑鱼卵巢的发育过程以及血清性类固醇激素雌二醇和睾酮的生殖周期变化，为掌握斜带石斑鱼的生殖生理特点积累基础资料，亦为提高它的人工繁育技术提供理论依据。

1 材料和方法

1.1 样本采集及处理

实验材料于1999年10月至2001年10月取自广东省大亚湾水产试验中心（广东省惠阳市澳头镇）及其附近水域的养殖网箱，按季节进行，共取样90尾。测量体长（l），鱼体质量（m）。血样由尾静脉抽取，4 ℃下静置 4~6 h，离心（15 000 r/min，5 min）分离血清，加 1 μL w = 1% 硫柳汞钠（Thiomersal，Sigma 公司）防腐，保存于 -20 ℃待测。解剖鱼体，称量性腺质量（m_g），计算性腺成熟系数（GSI = $\frac{m_g}{m} \times 100\%$）。取性腺组织用波恩氏液固定，做常规组织学切片，切片厚度 6~8 μm，哈利氏苏木精-伊红染色，OLYMPUS-BX40 型显微镜观察并拍照，对卵细胞发育进行分期。将性腺切片置于显微镜下，任意移动若干视野，采用性腺切面中平均面积超过 50% 或居最高比例的卵细胞来确定性腺发育时期。

1.2 性类固醇激素雌二醇、睾酮的测定方法

血清性类固醇激素雌二醇（E_2）、睾酮（T）水平采用放射免疫测定方法（RIA）进行测定。E_2、T 放射免疫测定试剂盒购自中国原子能科学研究院同位素研究所（北京）。E_2 的测量灵敏度为 2 pg/mL。批内变异系数（CV）平均 6.5%（n = 10）；批间变异系数为 8.3%（n = 10）；在血清样品中加入低、中、高已知浓度的 E_2，测定回收率为 101.5%~114%。T 的测量灵敏度为 30 μg/mL。批内变异系数（CV）小于 10%（n = 10）；批间变异系数小于 15%（n = 10）。回收率为 107%~110%。样品测定均采用双管平行。

1.3 数据分析

血清 E_2，T 的含量以平均值 ± 标准差表示。用

---

* 收稿日期：2003-02-17
基金项目：国家863资源与环境技术领域海洋生物技术主题资助项目（2001AA621010）；国家自然科学基金资助项目（39970586）；广东省科技计划项目（重大专项及重点项目）（A3050201）；广东省重大科技兴海项目（A200000A02）
作者简介：赵会宏（1975年生），男，博士；通讯联系人：林浩然；E-mail：ls32@zsu.edu.cn

用 Spss10.0 统计软件包对不同季节血清 E_2 和 T 的含量进行统计分析及 Duncan 氏多重比较。当 $P < 0.05$ 时认为差异显著。

2 结果

2.1 卵细胞时相的划分

第 I 时相：卵原细胞呈椭圆形颗粒状，直径约为 $9 \sim 12~\mu m$，细胞核所占比例较大，核径约为 $7.5 \sim 8~\mu m$。核外细胞质含量少，核膜及核仁均被苏木精染成蓝色（图 1：1）。

第 II 时相：初级卵母细胞由卵原细胞发育而成，卵母细胞呈多角椭圆形或长椭圆形，处于小生长期。细胞直径约为 $37 \sim 50~\mu m$，核径约为 $16 \sim 35~\mu m$。细胞质含量增长较快，胞质紫色，嗜碱性反应强；细胞核圆形，核仁 $1 \sim 3$ 个，分散分布。卵膜外可见单层滤泡细胞膜（图 1：2，3）。

第 III 时相：初级卵母细胞体积显著增大，细胞呈圆形，处于由小生长期转入大生长期的过渡阶段，细胞直径约为 $153 \sim 260~\mu m$，核径约为 $64 \sim 103~\mu m$。细胞质中间出现液泡，核外周的胞质内出现细小的脂肪滴和卵黄颗粒。核仁多在核膜内缘，$11 \sim 20$ 个。卵膜外开始出现双层滤泡细胞膜（图 1：4）。

第 IV 时相：初级卵母细胞进入卵黄积累的大生长期，可划分为早、中、晚三个时期。

早期：卵母细胞椭圆形，细胞直径约为 $300 \sim 396~\mu m$，核径约为 $116 \sim 153~\mu m$。卵黄颗粒逐渐充满胞质。核膜波纹状。核仁紧贴在核膜上，约 20 个。卵膜厚约 $8~\mu m$，出现放射带，滤泡细胞扁平状（图 1：5）。

中期：细胞呈圆形。细胞直径约为 $432 \sim 521~\mu m$。核径约为 $131 \sim 162~\mu m$，卵黄颗粒大量充满，并有油球出现；放射带两层，内层染色较深。卵膜厚约 $10~\mu m$，滤泡膜仍为双层滤泡结构（图 1：6，8）。

晚期：细胞直径约为 $542 \sim 650~\mu m$。细胞核周围卵黄颗粒密集，卵黄颗粒及油球直径增大，卵核开始向动物极移动。卵膜厚约 $15~\mu m$，放射带双层，两层滤泡细胞膜仍存在（图 1：7，8）。第

V 时相：初级卵母细胞经成熟分裂向次级卵母细胞过渡。细胞直径约 $650 \sim 700~\mu m$。细胞核极化，核膜呈溶解消失状，卵黄颗粒均质化（图 1：9）。

第 VI 时相：未能排出的成熟卵母细胞在卵巢内退化吸收。其特征是：卵质液化，卵膜及放射带模糊不清，外围滤泡细胞变后，卵母细胞逐渐萎缩退化（图 1：10）。

2.2 卵巢发育分期的主要组织学特征

根据以上卵细胞 6 个发育时相在卵巢中组成的差异以及卵巢形态和组织结构特征，将卵巢发育相应划分为如下 6 个发育时期：

I 期卵巢：为幼鱼的卵巢。呈透明细丝状。卵巢中以 I 时相卵原细胞为主。在 6 月龄至 1 龄鱼可见（图 1：11）。

II 期卵巢：卵巢呈淡黄色或白色透明状，肉眼不能区分卵粒。卵巢中以 II 时相卵母细胞为主。GSI 为 $0.009\% \sim 0.13\%$。在 1 龄至 2 龄鱼可见（图 1：12）。

III 期卵巢：卵巢呈浅黄色，前端钝圆，卵巢表面微血管分布丰富。肉眼可见卵粒。卵巢中以 III 时相卵母细胞为主，还有部分 I、II 时相的卵母细胞。GSI 为 $0.29\% \sim 0.51\%$。在 3 至 4 龄鱼可见（图 1：13）。

IV 期卵巢：卵巢体积迅速增大，卵巢皱褶增大增厚，呈黄色。卵巢中卵粒清晰可见。以 IV 时相卵母细胞为主，也有 I、II、III 时相的卵母细胞。GSI 为 $0.41\% \sim 2.43\%$。3、4 龄及以上的性成熟鱼在进入产卵季节前卵巢可发育至此阶段（图 1：14）。

V 期卵巢：此时卵巢体积达到最大，剖开腹腔，卵巢质感松软，内含大量成熟卵粒。卵巢中以 V 时相卵母细胞为主，还有较多 III、IV 时相和少量 I、II 时相卵母细胞。GSI 为 $1.43\% \sim 5.71\%$。4 龄以上的性成熟鱼在产卵季节卵巢发育处于此阶段（图 1：15）。

VI 期卵巢：卵巢壁变厚皱缩，颜色暗红，血管大量充血，卵母细胞排列松散，空滤泡增多。随卵母细胞退化过程的加剧，II 时相卵母细胞逐渐增多。GSI 为 $0.29\% \sim 1.52\%$。生殖季节后期产卵结束后的雌鱼卵巢处于此阶段（图 1：16）。

2.3 卵巢发育的周年变化

雌鱼通常在 $3 \sim 4$ 龄达性成熟。人工培育条件下可提前至 2.5 龄。性成熟雌鱼在每年 3 月份左右，伴随水温升高和摄入营养物质的增多，性腺内卵母细胞迅速发育成熟。4 月中旬至 6 月初产卵活动最旺盛。斜带石斑鱼卵母细胞发育属于不同步型，在生殖季节雌鱼卵巢内含有各时相卵母细胞（图 1：13，14，15）。至每年 $7 \sim 8$ 月水温超过 30.5 ℃ 左右时，产卵活动逐渐减弱至完全停顿，但卵巢内仍有大量处于 III、IV 时相的卵母细胞存在。至 9、10 月份水温在 $26 \sim 28$ ℃ 左右时，卵巢会再次发育成熟并且产卵，但产卵量较少。而后随着水温的降低，卵母细胞逐渐退化吸收，进入冬季以后，性腺发育停止。

2.4 血清中性类固醇激素水平的生殖周期变化

由图 2、3 可知，3、4 月份生殖季节开始，水温升高至 $17.5 \sim 22.4$ ℃ 左右时，性成熟雌鱼的平均 GSI 处于 $0.17\% \sim 0.24\%$ 之间，血清雌二醇含量显著上升（$P < 0.05$），而睾酮含量略有升高。此时雌鱼

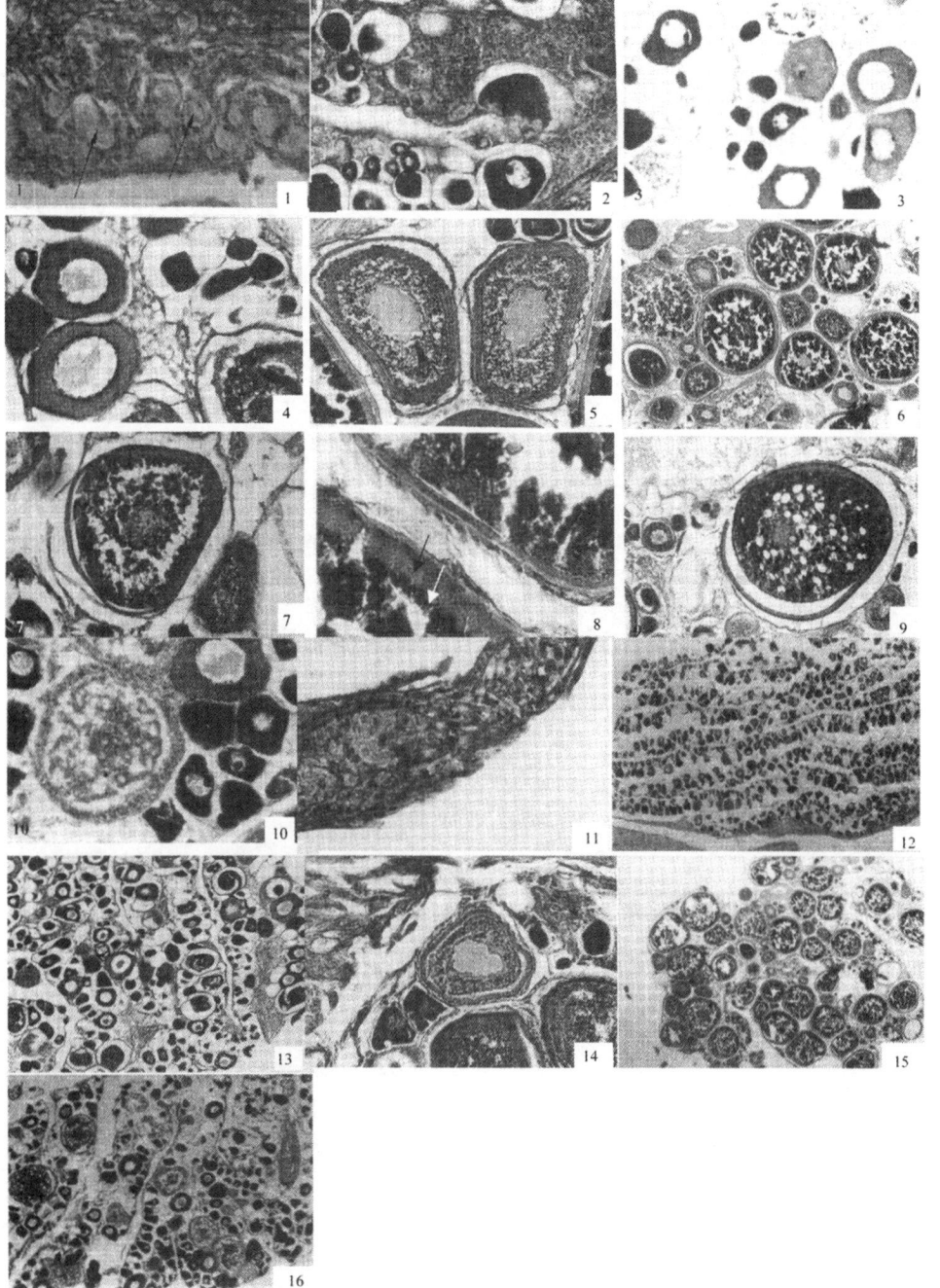

图 1 斜带石斑鱼卵母细胞及卵巢发育分期
Fig.1 The section of oocytes and ovary development of *E. coioides*

1：6月龄鱼的性腺切片，可见成团聚集的卵原细胞（箭头所示）(×600)；2：第Ⅱ时相卵母细胞（箭头所示）(×150)；3：第Ⅱ时相卵母细胞（×120）；4：第Ⅲ时相卵母细胞（×600）；5：第Ⅳ时相早期卵母细胞，可见卵黄颗粒、脂肪滴和双层滤泡膜（×600）；6：第Ⅳ时相中期卵母细胞（×150）；7：第Ⅳ时相晚期卵母细胞（×300）；8：示第Ⅳ时相卵母细胞的卵黄颗粒及放射带（黑白箭头示双层放射带）(×1500)；9：示第Ⅴ时相成熟卵。可见核偏位（×300）；10：示卵母细胞退化吸收（300）；11：Ⅰ期卵巢（×600）；12：Ⅱ期卵巢（×60）；13：Ⅲ期卵巢（×60）；14：Ⅳ期卵巢（×150）；15：Ⅴ期卵巢（×60）；16：Ⅵ期卵巢（×60）

的卵巢发育多处于Ⅲ-Ⅳ期(图1:13,14)。进入5、6月份水温继续升高至26.5~27.9℃左右时,雌鱼的平均 GSI 由0.53%剧增至5.71%,达到最高值,血清雌二醇含量也在5月迅速升至峰值(20.4±2.07) pg/mL,睾酮含量在6月升至峰值(30.6±4.4) μg/mL。此时卵巢发育处于Ⅳ-Ⅴ期(图1:14,15)。

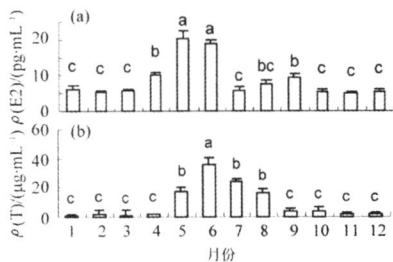

图2 性成熟雌鱼血清雌二醇和睾酮的周年变化

Fig.2 Annual change of serum oestradiol-17β and testosterone level in mature female grouper

各值为平均值±标准差,图中标有相同字母者表示激素水平无显著差异,$P<0.05$,Duncan 氏检验,$n=7$

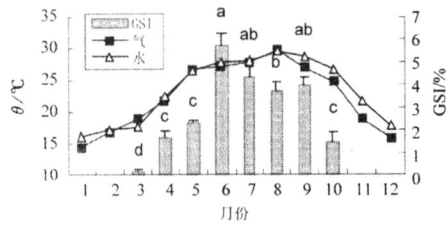

图3 性成熟雌鱼 GSI 与水温、气温变化的关系

Fig.3 The relationship between the water temperature, air temperature and GSI of mature female grouper

各值为平均值±标准差,图中标有相同字母者表示激素水平无显著差异,$P<0.05$,Duncan 氏检验,$n=7$

3 讨 论

与多数硬骨鱼类相似,斜带石斑鱼卵母细胞发育可分为6个时相,卵巢发育亦相应分为6个时期。卵母细胞发育属于不同步型,产卵类型为分批产卵类型。卵母细胞膜具双层放射带,与赤点石斑鱼类似[3]。受精卵属浮性卵。

卵巢发育的周期性可由性腺成熟系数的变化表现,水温是很重要的影响因子。从图3可见,雌性月平均性成熟系数 GSI 在6月有一个峰值,随后逐月降低,到9月份又形成一个峰值。自然条件或人工培育条件下,性腺发育状况及营养状况良好的雌鱼,在9-10月水温下降至其适宜的产卵温度范围内时,性腺可继续发育,形成第二个产卵高峰。但由于水温持续降低,这个产卵周期维持的时间很短。这种现象和其它石斑鱼相似[2,3]。

进入生殖季节斜带石斑鱼体内的雌二醇及睾酮含量增长迅速,与性腺发育及 GSI 的迅速升高基本一致。血清雌二醇和睾酮含量分别在5月和6月达到(20.4±2.07) pg/mL 和(36±4.4) μg/mL,性腺成熟系数 GSI 也在6月达到最高值。

雌二醇能够诱导肝脏的肝细胞合成卵黄蛋白原,因而鱼类血液中的雌二醇水平在卵黄形成过程中升高,在卵黄生成后下降。斜带石斑鱼的血清雌二醇含量在4月份开始升高,5月和6月达到最高值,然后降低;而在9月份又出现一个小高峰,这和卵巢发育的周年变化完全吻合。雌二醇水平类似的生理周期变化亦出现在一些生殖季节较长及卵巢多次发育成熟和产卵的鱼类[4,6,7]。

参考文献:

[1] TAN S M, TAN K S. Biology of tropical grouper, *Epinephelus tauvina* (Forskal) I A preliminary study on hermaphroditism in *E. tauvian* [J]. Singapore J Prim Ind, 1974, 2(2):123-133.

[2] 洰彦,胡杰,周婉霞,等. 浙江北部水域青石斑鱼(*Epinephlus awoara*)卵巢周年变化及性转变的研究[J]. 浙江水产学院学报, 1984, 3(1):11-19.

[3] 张其永,洪心,蔡友义,等. 赤点石斑鱼雌性性腺的周期发育[J]. 台湾海峡, 1988, 7(2):195-212.

[4] JOHNSON A K. Seasonal cycles of gonadal development and plasma sex steroid levels in Epinephelus morio, a protogynous grouper in the easteren Gulf of Mexico[J]. J Fish Biol, 1998, 52:502-518.

[5] 刘付永忠,王云新,黄国光,等. 斜带石斑鱼亲鱼强化培育及自然产卵的研究[J]. 中山大学学报(自然科学版), 2000, 39(6):81-85.

[6] SMITH J S, THOMAS P. Changes in hepatic estrogen-receptor concentrations during the annual reproductive and ovarian cycles of a marine teleost, the spotted seatrout Cynoscion nebulosus[J]. General and Comparative Endocrinology, 1991, 81:234-245.

[7] KANEKO T, AIDA K, HANYU I. Changes in ovarian acitivity and fine structure of pituitary gonadotrophs during spawning cycle of the chichibu-goby [J]. Nippon Suisan Gakkaishi, 1986, 52:1923-1928.

(下转第63页)

Studies on the Production of Amicronucleate Lines of *Histriculus similes* by *Cis*-platin Treatment

LIU Xing-yin, CHENG Lin, JIN Li-pei

(School of Life Sciences, Sun Yat-sen University, Guangzhou 510275, China)

Abstract: To search into the somatic function of the micronucleus of the ciliated protozoan *Histriculus similes*, all amicromucleates were generated with treatment of *cis*-dichlorodiammineplatinum (Ⅱ) (*cis*-platin), a DNA cross linking agent, which has differential effect on the micro- and macronucleus of *Histriculus similes*. For the reason that micronuclei in the G_1 phase are more sensitive to *cis*-platin than those in the S phase, all treated normal cells were synchronized G_1 cells, which underwent a growth suppression phase before recovery to divide. Compared to the cell lines reserved micronuclei after treatment with *cis*-platin and normal cell lines, about 70% (93/171) of cells in the amicronucleate cell lines possessed abnormal macronuclei in number and/or in shape: there were over two oval macronuclei instead two round ones; the macronuclei often exhibited various irregular appearances, such as rod-like, bud-like, contorted, and otherwise, which suggested that micronucleus play an essential role in retaining the stability of morpha and quantity of macronucleus in *Histriculus similes*.

Key words: *cis*-platin; *Histriculus similes*; macronucleus; micronucleus; somatic function

---

(上接第 59 页)

Seasonal Cycles of Ovarian Development and Serum Sex Steroid Levels of Female Grouper *Epinephelus coioides*

ZHAO Hui-hong[1], LIU Xiao-chun[1], LIUFU Yong-zhong[2], Wang Yun-xin[2], LIN Hao-ran[1]

(1. Institute of Aquatic Economic Animals and Key Laboratory of Guangdong Province For Aquatic Economic Animals, Sun Yat-sen University, Guangzhou 510275, China;
2. Guangdong Daya Bay Fishery Development Center, Huizhou, 516081, China)

Abstract: The female gonadal development and levels of sex steroid of the protogynous *Epinephelus coioide* in the Daya bay of Guangdong province were studied. The oocyte development were divided into six phases: ①oogonia, ②oocyte with follicular epithelium consisting of a single layer of follicle cells, ③oocyte with adipose vesicle and yolk, ④ oocyte filled with yolk, ⑤ oocyte with migratory nucleus, ⑥ degeneration of oocyte. Based on the largest transverse section area occupied by different phase of oocytes, the development of gonad could be divided into six stages. The serum levels of oestradiol-17β (E_2) and testosterone (T) of mature females were measured seasonally by radioimmunoassay. Mean E_2 levels in females were higher in spawning season of May and June then in all other months; Mean T levels were also highest in May and June. The gonadosomatic index (GSI) was higher in spawning season; it was consistent with the change of serum sex steroid levels.

Key words: epinepheinae; overain development; oestradiol-17β; testosterone

斜带石斑鱼神经坏死病毒基因组 RNA1 和 RNA2 序列测定及分析

陈晓艳,翁少萍,吕 玲,黄剑南,殷志新,何建国

(中山大学生命科学学院//生物防治国家重点实验室,广东 广州 510275)

摘 要:根据 GenBank 数据库公布的鱼类神经坏死病毒(nervous necrosis virus,NNV)同源序列设计了 7 对特异性引物,采用 RT-PCR 方法扩增出目的片断,将 PCR 产物测序和分析。斜带石斑鱼 Epinephelus coioides 神经坏死病毒(orange-spotted NNV, OGNNV)基因组由两个片断(RNA1 和 RNA2)组成,RNA1 由 3 103 个核苷酸组成,含有一个开放阅读框,编码 982 个氨基酸;RNA2 由 1 433 个核苷酸组成,含有一个开放阅读框,编码 338 个氨基酸。OGNNV 基因组与新加坡 GGNNV(greasy grouper NNV)的基因组有高度的相似性。分析病毒的 RNA2 序列发现:OGNNV 与 DGNNV(dragon grouper NNV)、RGNNV(redspotted NNV)和 GGNNV 的亲缘关系很近,并且具有相同的中和位点;分析病毒的 RNA1 序列,发现在 OGNNV 的 RNA1 序列中同样可以找到依赖 RNA 的 RNA 聚合酶的 6 个模序(motif)。根据同源性比较和系统进化分析,OGNNV 属于 RGNNV 血清型的成员。

关键词:斜带石斑鱼 Epinephelus coioides 神经坏死病毒;基因组序列测定与分析;β诺达病毒
中图分类号:S941.41　　**文献标识码**:A　　**文章编号**:0529-6579(2005)01-0073-05

鱼类病毒性神经坏死病(viral nervous necrosis,VNN)是由诺达病毒科 Nodaviridae 的 β诺达病毒属 Betanodaviruses 的种类感染而致的一种传染病,海水鱼类的仔稚鱼易受感染,感染死亡率高达 90% 以上,甚至 100%,网箱中养殖的鱼类也可感染。目前,除非洲以外,其他各大洲均有海水鱼类受到该病毒感染的报道[1-3]。受感染的鱼种类众多,已报道过的患病毒性神经坏死病的海水鱼类达 40 余种[2,3]。诺达病毒是一类个体细小、呈二十面体、无囊膜病毒,病毒基因组由两条单链的正链 RNA 组成,2 条 RNA 的 5′端都有帽子结构,3′端没有 poly(A)尾[4]。小片断 RNA2 大小通常为 1.3 ~ 1.4 kb,编码病毒主衣壳蛋白(major capsid protein,MCP)的前体蛋白;大片断 RNA1 大小为 3.0 ~ 3.2 kb,编码 A 蛋白,A 蛋白是病毒的依赖 RNA 的 RNA 聚合酶(RNA-dependant RNA polymerase,RdRp)的组成单位[1,4]。到目前为止,只有日本的 SJNNV(striped jack NNV)和新加坡的 GGNNV(greasy grouper NNV)基因组全序列完成了测序[1,5]。

我国人工养殖石斑鱼类已有近 20 a 的历史,广东、福建、海南等沿海地区均有相当规模的网箱养殖。近年来石斑鱼养殖密度增高,病害日益严重。其中,病毒性神经坏死病是严重危害鱼苗的重大病害之一,可造成重大的经济损失,甚至使育苗生产被迫停止。广东省大亚湾水产试验中心 1999 年开始进行斜带石斑鱼人工育苗试验[6],2000 年育苗期间爆发病毒性神经坏死病,仅 5 月份第 1 批种苗生产中,死亡斜带石斑鱼仔鱼达 600 万尾,直接经济损失达 200 多万元。2001 和 2002 年育苗期间此病再次暴发,鱼苗死亡率达 90%以上,造成巨大经济损失,神经坏死病毒成为石斑鱼育苗生产最重要的制约因素。

本研究对斜带石斑鱼神经坏死病毒(orange-spotted NNV,OGNNV)的基因组进行了克隆、测序和序列分析,发现该病毒基因组与新加坡的 GGNNV 的基因组有很高的相似性。本文是国内首次报道斜带石斑鱼神经坏死病毒基因组序列测定,为进一步研究该病毒及其疫苗的研制提供了理论依据,也为β诺达病毒属的分类和命名补充了资料。

1 材料和方法

1.1 材 料

1.1.1 斜带石斑鱼与病毒 感染 NNV 的濒死斜带石斑鱼苗(孵出后 25 ~ 38 d)于 2002 年 5 月在发病高峰时期取自广东省大亚湾水产养殖中心,表现出典型的神经坏死病毒病症状,RT-PCR 检测为阳

收稿日期:2004-05-13
基金项目:国家"863"计划资助项目(2003AA603011);广东省科技厅团队资助项目(20023002);广东省科技厅重大专项资助项目(2001A305030202 和 2001A3050201)
作者简介:陈晓艳(1972 年生),女,博士生;通讯联系人:何建国;E-mail: lsbrc05@zsu.edu.cn

性，将之用液氮冷冻后带回实验室，-70 ℃保存。

1.1.2 细胞　SSN-1细胞由泰国的Somkiat博士惠赠。该细胞系来源于淡水鱼纹月鳢的幼体，由多种形态的细胞组成。

1.1.3 酶类及其他试剂　普通Taq DNA聚合酶、dNTP、Trizol Blue购自上海博采生物有限公司；M-MLV反转录酶、RNase抑制剂、L15培养基、胎牛血清、胰酶购自GiBco公司；DL-2000购自大连宝生物工程公司；电泳用琼脂糖购自Sigma公司；氨苄青霉素、链霉素购自华美生物工程公司；DL06-2购自鼎国生物工程公司；DNA凝胶回收试剂盒购自上海生物工程公司；其它试剂为国产分析纯。

1.2 方法

1.2.1 病毒的增殖和RNA的提取　取1体积的患病鱼苗的头部加入9体积的Hanks平衡盐溶液（pH 7.8），充分匀浆，4 ℃、3 000 g离心30 min，取上清液，0.22 μm的滤膜过滤；取适量感染SSN-1细胞。待80%～90%的细胞出现病变时低速离心收集细胞，在沉淀的细胞（含有大量的OGNNV）中加入适量的Trizol Blue试剂提取总RNA。

1.2.2 cDNA第一链的合成　RNA模板在95 ℃水浴中变性5 min，取出迅速放置冰上。在离心管中依次加入下列试剂：5×buffer 2 μL，DTT 1 μL，4×dNTP 1 μL，随机引物1 μL，Rnase抑制剂0.2 μL，M-MLV反转录酶0.5 μL，RNA模板1 μL，加DEPC处理水至总体积10 μL，37 ℃恒温水浴反应50～60 min，95 ℃水浴5 min终止反应，-20 ℃保存。

1.2.3 PCR扩增

（1）引物设计

根据公共数据库GenBank公布的其它3种海水鱼类神经坏死病毒基因组序列：SJNNV[5]、DIEV（Dicentrarchus labrax encephalitis virus）[7]和GGNNV[1]的RNA1和RNA2序列的保守区设计合成了7对特异性引物，引物对F1-R1、F2-R2、F3-R3和F4-R4用于扩增斜带石斑鱼神经坏死病毒的RNA1链，引物对F5-R5、F6-R6和F7-R7用于扩增OGNNV的RNA2链。引物由上海赛百盛基因技术有限公司合成。OGNNV的RNA1和RNA2测序引物及其在序列中的位置如下：

F1：5′-TAACATCACCTTCTTGCTCTG-3′（nt 1-21）
R1：5′-CACGACGGTAGTCTTGG-3′（nt 456-472）
F2：5′-CACGGGTCACGTCAGTT-3′（nt 418-434）
R2：5′-GTGCTCGCGGCTCTTT-3′（nt 1425-1440）
F3：5′-AAGCCAAGGCAAAGAGC-3′（nt 1415-1431）
R3：5′-TAAGCCCGGCACCAAT-3′（nt 2426-2441）
F4：5′-AGTCGCCATTAAGAACATTG-3′（nt 2300-2319）
R4：5′-GCCGAAGCGTAGACAG-3′（nt 3087-3103）
F5：5′-TAATCCATCACCGCTTTGC-3′（nt 1-19）
R5：5′-ATCGTTGTCAGTTGAATCAGG-3′（nt 411-431）
F6：5′-ATGGTACGCAAAGGT-3′（nt 27-41）
R6：5′-TTAGTTTTCCGAGTC-3′（nt 1029-1043）
F7：5′-TGACCGTGCTGTTTATTGG-3′（nt 848-866）
R7：5′-GCCGAGTTGAGAAGCGAT-3′（nt 1416-1433）

（2）PCR反应

以第一链cDNA为模板，用7对特异性引物分别进行PCR扩增，并对不同引物所适应的PCR反应体系进行了优化。

1.2.4 测序与分析　PCR产物经琼脂糖凝胶电泳检验后，将其纯化，直接测序。为确保测序结果的正确性：先后将3次的PCR产物分别由上海基康生物技术公司、上海博亚生物技术公司和上海联合生物技术公司进行测序，每一对引物扩增出的片断都进行了正向5′端和反向3′端测序，并且不同引物扩增的片断之间也有一段重叠区。采用DNAStar生物软件包进行序列分析。

2 结 果

2.1 OGNNV基因组序列片断的RT-PCR扩增

RT-PCR反应结束后，用 $w=0.8\%$ 琼脂糖凝胶电泳检验，结果如图1所示。从图1a中可见约472、1 023、431、586和1 017 bp大小的亮带；从图1b中可见约1 027和804 bp大小的亮带。这些片断大小与预期的大小相符。

2.2 OGNNV基因组特征

OGNNV基因组由2个片断（RNA1和RNA2）组成：RNA1由3 103个核苷酸组成，GC含量为52.5%，含有一个编码病毒RdRp的开放阅读框（ORF）（nt 79-3027），编码982个氨基酸组成的A蛋白，相对分子质量约为110 740，5′端的78个核苷酸和3′端的76个核苷酸为非编码区（non-coded region，NCR）。RNA2由1 433个核苷酸组成，GC含量为53.2%，含有编码MCP的ORF（nt 27-1043），编码的α蛋白，由338个氨基酸组成，相对分子质量约为37 059，5′端的26个核苷酸和3′端的390个核苷酸为非编码区（NCR）。

OGNNV基因组序列提交给美国国立卫生研究院（NIH）的国家生物技术信息中心（NCBI），得到的公共数据库（GenBank）的序列号为：AY369136（RNA1），AF534998（RNA2）。OGNNV是继SJNNV和GGNNV之后，β诺达病毒属中第3个完成基因组序列测定的病毒。

2.3 OGNNV基因组序列分析

2.3.1 RNA1序列分析　将OGNNV的RNA1与

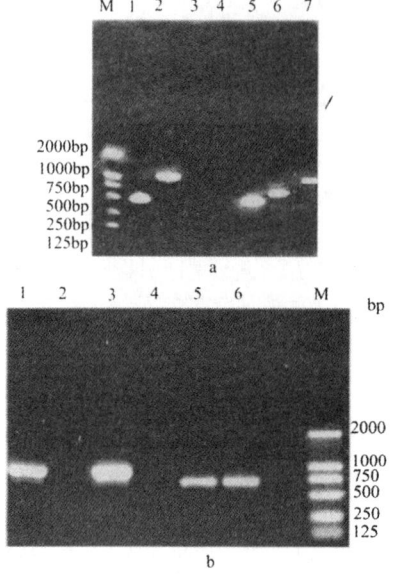

图 1 用不同特异性引物扩增
OGNNV 基因组的不同片断

Fig.1 The different segments of genome of
OGNNV amplified with different specific primers

GGNNV 和 SJNNV[1,5] 的 RNA1 的核苷酸序列和氨基酸序列分别进行比较分析。OGNNV 的 RNA1 核苷酸序列比 SJNNV 的少 4 个核苷酸,编码的氨基酸比 SJNNV 的少 1 个氨基酸。OGNNV 的 RNA1 核苷酸序列长度和编码的氨基酸序列数量都与 GGNNV 的相同。OGNNV 与 SJNNV 和 GGNNV 的 RNA1 核苷酸序列相似性分别为 80.0% 和 96.6%,编码的氨基酸序列相似性分别为 87.5% 和 98.4%。

通过与病毒的依赖 RNA 的 RNA 聚合酶的氨基酸序列比较,本研究发现 OGNNV 的 A 蛋白的氨基酸序列具有 RNA 聚合酶的 6 个模序 (motif)。这些模序是第 588-590 位点的酸性氨基酸残基,第 646-651 位点的 SG⋯T,第 686-688 位点的 GDD,第 712 位点的碱性氨基酸残基,在第 788 位点芳香族氨基酸残基之后的碱性氨基酸残基序列和第 808 位点的碱性氨基酸残基之后的芳香族氨基酸残基。其中 GDD 在正链 RNA 病毒中是保守的。在 SJNNV 和 GGNNV 的蛋白 A 氨基酸序列的相同位点可以找到这 6 个模序[1,5]。研究表明,α 诺达病毒属的病毒在 RNA1 复制过程中从其 3′端末端还产生一条小片断 RNA3,编码一个或两个小分子蛋白 B1 和 B2[4]。有人在受 DIEV 感染的狼鲈幼鱼细胞中检测到了大约 400 个核苷酸大小的 RNA3[1],是否编码蛋白 B1 和 B2,目前还没有这方面的报道。尽管没有证实

OGNNV 的 RNA1 复制过程中是否产生了 RNA3,但是我们在已测序的 RNA1 的核苷酸序列中也可以找到 2 个与 Kozak 序列相符的 ORF。这两个可能存在的 ORF 编码 B1 蛋白和 B2 蛋白,其大小和在序列中的位置都与 GGNNV 中的相同[1]。

2.3.2 RNA2 序列分析 将 OGNNV 的 RNA2 与 ACNNV (Atalantic cod NNV)、AHNNV (Atlantic halibut NNV)、JFNNV (Japanese fouder NNV)、SJNNV、GGNNV、RGNNV、DIEV、BFNNV (barfin flouder NNV)、TPNNV (tiger puffer NNV)、HHNNV (*Hippoglossus hippoglossus* NNV)、DGNNV[1,5,8,9] 的 RNA2 的核苷酸序列和推导的氨基酸序列分别进行比较,OGNNV 的 RNA2 核苷酸数量与 GGNNV 的相同,比 SJNNV 的多 12 个核苷酸,比 DIEV 的多 27 个核苷酸,比 DGNNV 的多 43 个核苷酸;但是 OGNNV 的 RNA2 编码的氨基酸数量比 SJNNV 的少 2 个,与 GGNNV、DIEV、DGNNV 的相同[1,7,8],在氨基酸序列的 237-238 位比 SJNNV 少了 2 个氨基酸残基。OGNNV 的 RNA2 与上述几种 β 诺达病毒 RNA2 的核苷酸序列相似性在 79% ~ 99.0% 之间 (表 1),编码的氨基酸序列相似性在 82.4% ~ 99.3% 之间 (表 2),其核苷酸序列和氨基酸序列与 RGNNV 的相似性最高。

根据 Nishizawa 等[10] 所述的方法,将 OGNNV 与 ACNNV、AHNNV、JFNNV、SJNNV、GGNNV、DIEV、TPNNV、RGNNV、BFNNV、HHNNV 和 DGNNV 进行系统进化分析,利用生物软件 Mega2.1 构建系统树 (图 2),OGNNV 与 RGNNV 和 GGNNV 的亲缘关系最近。

按照 Nishizawa 等[11] 推测几种 NNV 的中和位点

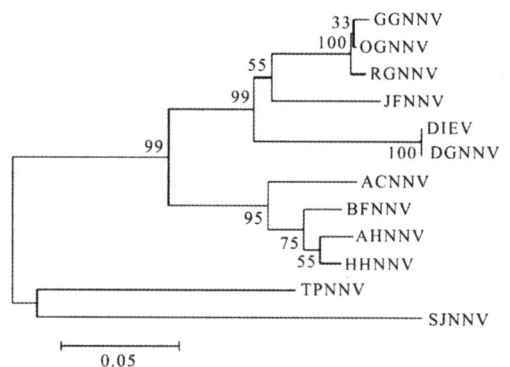

图 2 根据 12 种 NNV 的 MCP 基因氨基酸
序列部分片断构建的系统树

Fig.2 Phylogenetic analysis based on
the partial amino acid sequences of MCP

表1 12种NNV的RNA2核苷酸序列的相似距离[1)]
Tab.1 Nucleotide similariy(%) of RNA2 from 12 NNV

	1	2	3	4	5	6	7	8	9	10	11	12
1		82.5	83.2	83.5	85.5	85.5	98.7	83.3	91.8	99.0	79.0	80.1
2			91.9	92.0	79.4	79.4	82.1	92.2	81.2	82.2	77.5	79.8
3				98.4	79.5	79.5	83.0	99.3	81.6	83.5	77.5	79.3
4					79.8	79.8	83.2	98.9	82.1	83.7	77.6	79.8
5						100	85.0	79.3	83.3	85.0	76.7	77.7
6							85.0	79.3	83.3	85.0	76.7	77.7
7								82.7	91.2	98.7	78.7	79.8
8									81.9	83.6	77.9	79.8
9										91.5	78.3	79.7
10											78.9	79.9
11												81.0
12												

1) 1 OGNNV, 2 ACNNV, 3 AHNNV, 4 BFNNV, 5 DlEV, 6 DGNNV, 7 GGNNV, 8 HHNNV, 9 JFNNV, 10 RGNNV, 11 SJNNV, 12 TPNNV

表2 12种NNV的RNA2氨基酸序列的相似距离[1)]
Tab.2 Amino acid similarity(%) of RNA2 from 12 NNV

	1	2	3	4	5	6	7	8	9	10	11	12
1		87.9	87.9	88.2	89.7	89.7	99.3	87.9	94.9	99.6	82.4	83.1
2			94.9	96.7	83.1	83.1	87.5	95.6	87.1	87.9	82.4	82.7
3				97.1	83.5	83.5	87.1	98.5	86.8	87.9	80.9	82.0
4					83.5	83.5	87.5	97.8	87.9	88.2	80.9	83.5
5						100	89.3	83.5	89.7	89.3	80.1	81.2
6							89.3	83.5	89.7	89.3	80.1	81.2
7								87.1	94.1	98.9	82.0	82.7
8									87.1	87.9	81.2	82.4
9										94.5	82.7	83.5
10											82.0	82.7
11												82.5
12												

1) 1 OGNNV, 2 ACNNV, 3 AHNNV, 4 BFNNV, 5 DlEV, 6 DNNV, 7 GGNNV, 8 HHNNV, 9 JFNNV, 10 RGNNV, 11 SJNNV, 12 TPNNV

图谱，发现 OGNNV 的中和位点与 DGNNV、GGNNV 和 RGNNV 的相同。

3 讨 论

Nishizawa 等[9]根据25种不同鱼类诺达病毒 MCP基因编码的氨基酸部分片断将β诺达病毒分为四种血清型，即 SJNNV 血清型、BFNNV（barfin flouder NNV）血清型、TPNNV（tiger puffer NNV）血清型和 RGNNV（red-spotted grouper NNV）血清型。RGNNV 血清型是四种血清型中自然感染宿主最广泛的一类[12]。目前，已知的可受其感染的鱼类至少有4个目9个科的20多种鱼[3,13]，感染石斑鱼类的都属 RGNNV 血清型[1-3,12,13]，根据同源性比较和系统进化分析，本研究中的 OGNNV 应属于 RGNNV 血清型，并且与新加坡的 GGNNV 具有高度的相似性。OGNNV 与 GGNNV 是否属于同一种病毒，尚须进一步研究证实。该病毒是通过引进鱼传入我国，或是在我国海域中早已存在，目前尚不清楚。RGNNV 型病毒感染宿主种类众多，地理分布十分广泛，国际间亲鱼、鱼苗及水产品的交往可能是病毒传播的途径之一。目前在我国还未见其他3种血清型神经坏死病毒的报道，我们建议在引进国外亲鱼、鱼苗及水产品过程中一定要严格做好检验检疫工作，并调查当地的疫情，以此避免新的病毒株传入我国危害养殖鱼类。

致谢：感谢泰国的 Somkiat 博士赠送 SSN-1 细胞株，感谢王晓红博士和林蠡博士提供技术支持。

参考文献：

[1] TAN C, HUANG B, CHANG S F, et al. Determination of the complete nucleotide sequences of RNA1 and RNA2 from greasy grouper (*Epinephelus tauvina*) nervous necrosis virus, Singapore strain[J]. J General Virology, 2001, 82: 647–653.

[2] LIN L, HE J G, MORI K, et al. Mass mortalities associated with viral nervous necrosis in hatcheryreared groupers in the People's Republic of China[J]. Fish Pathology, 2001, 36(3): 186–188.

[3] MUNDAY B L, KWANG J, MOODY N. Betanodavirus infections of teleost fish: a review[J]. J Fish Diseases, 2002, 25: 127–142.

[4] SCHNEEMANN A, REDDY V, JOHNSON J E. The structure and function of nodavirus particles: a paradigm for understanding chemical biology[J]. Advances in Virus Research, 1998, 50: 381–446.

[5] IWAMOTO T, MISE K MORI K, et al. Establishment of an infectious RNA transcription system for Striped jack nervous necrosis virus, the type species of the betanodaviruses[J]. J General Virology, 2001, 82: 2653–2662.

[6] 王云新, 黄国光, 刘付永忠, 等. 斜带石斑鱼人工育苗试验[J]. 渔业现代化, 2003, 6: 14–15.

[7] NISHIZAWA T, MORI K, FURUHASH M, et al. comparison of the coat protein genes of five fish nodaviruses, the causative agents of viral nervous necrosis in marine fish[J]. J General Virology, 1995, 76: 1563–1569.

[8] DELSERT C, MORIN N, COMPS M. A fish encephalitis virus that differs from other nodaviruses by its capsid protein processing[J]. Archives of Virology, 1997, 142: 2359–2371.

[9] NISHIZAWA T, TAKANO R, MUROGA K. Mapping a neutralizing epitope on the coat protein of striped jack nervous necrosis virus[J]. J General Virology, 1999, 80: 3023–3027.

[10] NISHIZAWA T, FURUHASHI M, MAGAI T, et al. Genomic classification of fish nodaviruses by molecular phylogenetic analysis of the coat protein gene[J]. Applied and Environmental Microbiology, 1997, 63(4): 1633–1636.

[11] NISHIZAWA T, MORI K, FURUHASH M, et al. Comparison of the coat protein genes of five fish nodaviruses, the causative agents of viral nervous necrosis in marine fish[J]. J General Virology, 1995, 76: 1563–1569.

[12] IKENAGA T, TATECHO Y, NAKAI T, et al. Betanadavirus as a novel transneuronal tracer for fish[J]. Neuroscience Letters, 2002, 3331: 55–59.

[13] CHI S C, SHIEH J R, LIN S J. Genetic and antigenic analysis of betanodaviruses isolated from aquatic organisms in Taiwan[J]. Diseases of Aquatic Organism, 2003, 55: 221–228.

Sequences of RNA1 and RNA2 from Orange-spotted Grouper (*Epinephelus coioids*) Nervous Necrosis Virus, China Strain

CHEN Xiao-yan, WENG Shao-ping, LÜ Ling, HUANG Jian-nan, YIN Zhi-xin, HE Jian-guo

(State Key Laboratory for Biocontrol // School of Life Sciences, Sun Yat-sen University, Guangzhou 510275, China)

Abstract: Severn pairs of specific primers are designed according to the published homogeneous sequences of nervous necrosis virus (NNV) from GenBank. The target segments are cloned by means of RT-PCR. The nucleotide sequences of RNA1 and RNA2 from OGNNV, China strain, are determined. OGNNV RNA1 is 3 103 bp long, containing an ORF of 982 aa, while OGNNV RNA2 is composed of 1 433 bp, containing an ORF of 338 aa. Both OGNNV RNAs show high similarity with those from greasy grouper nervous necrosis (GGNNV), Singapore strain. Analysis of OGNNV RNA2 reveals that it is much closely related to dragon grouper nervous necrosis virus (DGNNV), redspotted grouper nervous necrosie virus (RGNNV) and GGNNV, and that these viruses share the same neutralization epitope. Six predicted RNA-dependent RNA polymerase motifs are affirmed by nucleocide sequence analysis of OGNNV RNA1. According to the analysis of similarity and Phylogenelysis, OGNNV belongs to the member of RGNNV genotype.

Key words: orange-spotted grouper nervous necrosis; sequence and analysis of genome; betanodaviruses

生物入侵与入侵生态学

王伯荪[1],郝艳茹[2],王昌伟[1],彭少麟[1,2]

(1. 中山大学生命科学学院//生物防治国家重点实验室,广东 广州 510275;
2. 中国科学院华南植物园,广东 广州 510650)

摘 要:探讨了生物入侵、外来种及入侵种等相关的概念。强调生物入侵的本质是对经济、环境、社会及人类健康造成危害。提出入侵生态学的概念和学科体系;定义了入侵生态学是"研究入侵种的生物学、生态学特征及其与本地种、入侵种、入侵群落和环境间相互关系的科学",其核心问题之一是生物入侵的生态学过程及其机制,揭示其动态规律和调控机制。

关键词:生物入侵;外来种;入侵种;本地种;入侵生态学
中图分类号:Q14   **文献标识码**:A   **文章编号**:0529-6579(2005)03-0075-03

外来种及其入侵已成为全球变化现象之一[1,2]。自然入侵事件与物种灭绝一样自古就有,入侵在进化和生态时间上始终存在着。自然入侵的历史与地球上第一生命同源,对地球的生物分布与进化产生着深远影响。事实上,生物入侵不仅是全球变化组分之一,而且与全球变化现象紧密相连。外来种所导致的生物入侵已成为一个世界性的生态和经济问题,生物入侵所带来的巨大经济损失以及对生态系统的稳定性和物种生存的自然平衡所造成的破坏和长期的威胁,是越来越引起政界、科学界和社会公众所关注的生态学问题,甚至被认为是21世纪一个最棘手的环境问题之一[3]。

然而,外来种和生物入侵等相关的概念和定义,迄今仍存在着分歧和使用上的含糊,尚无统一的标准。本文试就相关问题提出一些见解和释义,以利于外来种和生物入侵等相关问题的深入研究。

1 外来种与本地种

1.1 外来种

外来种(exotic species,alien species)或称非本地种(non-native species)、非土著种(non-indigenous species),通常被认为是"由于人类活动有意识或无意识地散布结果出现在其历史上已知自然分布范围以外区域的物种"[4];或"一个植物或动物通常无意识地通过人类迁移或旅行引入一个区域或大陆"[5];或是指"借助自身力量或外界力量,传播到以往未曾分布过的区域,并且能进行后代繁衍的生物"[6];相对于本地种,是指某一区域或特定生态系统而言,不是该区域或生态系统本地的任何物种[7]等等。由此可见,外来种一词的含义和使用尚无共识,尽管有所异论,但大都强调是:"从未分布过地区"或其历史上已知自然分布范围以外区域的物种。强调"人类"散布或"能进行后代繁衍"则过于偏颇,尽管现今的外来种大多是由于"人类活动有意识或无意识的散布结果",但究竟人类活动不是外来种散布的唯一途径;外来种在新的分布地区有些是不能进行后代繁衍,需要在人类不断照料下生存。同时,虽都是以物种为本,而实质上外来种强调的是相对于其分布区域而言。因此,建议采用世界自然保护联盟(IVCN)物种生存委员会(SSC)2000年给予"外来种是指那些出现在其过去或现在的自然分布范围及扩散潜力以外(以在其自然分布范围以外,或在没有直接或间接引入,或人类照顾之下而不能存在)的物种、亚种或以下分类单元"[8]。或者以"某地区或国家从外地传入其在历史上未曾自然分布过的物种"作为外来种的简明定义。

1.2 引入种

引入种(introduced species)是指"某一地区或国家由人类有意识地从外地引入的其历史上曾未有分布过的物种"。应该明确,引入种也是外来种,仅是人类有意识引入的外来种。把引入种和外来种的定义等同[4]是不确切地。同时应该明确从外地引入其历史上曾自然分布过，但已消失或灭绝的物种，在某种定义里不应是外来种或引入种，可特称为复原种（revivificative species）。

1.3 本地种

本地种（native species），或称土著种（indigenous species），或称原生种（original species），是指自然发生于原生地区的物种，或"自然发生于特定地区的植物、动物和微生物"[4]。本地种构成当地的生物区系、群落和生态系统，维护着当地的生物多样性和自然平衡。因此要保护本地种，尤其是本地的濒危种（endangered species）、受威胁种（threatened species）、珍稀种（rare species）及残遗种（relict species）。

本地种和外来种虽均有其明确的定义，但实际上，并非所有的物种均可以明确地区分清楚，有些种是难以确定的，尤其是从时间尺度上确定外来种是相当困难和复杂的。通常外来种进入一个新的生态系统后，经过 1 000 a 后，就难以与本地种区分开[9]，这些物种被称为隐秘种（cryptogenic species）[10]，或者这些物种经过长期适应，已完全立足于新的分布地区，并密切地形成当地自然种群的一部分，以致它们经常被称为归化种或驯化种（naturalized species）。

2 生物入侵与入侵种

2.1 生物入侵

生物入侵（biological invasion）的定义象外来种一样地存在着含义和使用上的模糊，没有统一的标准。Elton[11]认为生物入侵是指"某种生物从原来的分布区域扩展到一个新的、通常也是遥远的地区，在新的区域里，其后代可以繁殖、扩散并维持下去"。英国当代研究生物入侵的权威Williamson[12]则认为是指"生物物种进入一个进化史上从未分布过的新地区，不考虑以后该种是否永远定居"。方炜[13]认为"当一种生物体进入未曾分布的地区，并能繁殖以延续自己的种族，即可叫作生物入侵"，并认为大多数生态学家所采用的生物入侵是指"生物种向近代进化史上不曾分布过的区域进行永久性的扩散，物种在新的区域里可以自由繁衍"的定义最能全面体现入侵事件在生态学和进化生物学中的意义。而环境保护和资源管理实践中广泛应用的生物入侵定义是指"非本地种在一个生态系统中已达到某种程度的优势"，换句话说，不仅是定居而且处于扩张趋势。

尽管这些生物入侵的定义，在不同程度上明确了是外来种的传播、定居、繁衍后代或达到某种程度的优势，但遗憾地是都忽略了入侵的本质，即生物入侵对经济、环境、社会和人类健康产生的危害，从而在概念上与外来种的定义相混淆。因此，建议生物入侵的定义是"外来种在某地区定居、繁衍、扩散，并造成危害"。

2.2 入侵种

入侵种（invasive species）或称外来入侵种（exotic/alien invasive species），被1999年2月美国白宫发表的总统令定义为"已引起或很可能引起对经济、环境、和人类健康产生危害的外来种"[13]。这应是个较确切的概念。徐汝梅[7]认为入侵种是指"由于其引入已经或拟将使经济或环境受到损害，或危及人类健康的外来种"，概念虽近似，但其中"引入"二字欠恰当。

应该指出，入侵种是外来种。但外来种不等于入侵种或不全是入侵种，只有对经济、环境和人类健康产生危害的外来种才是入侵种。它们或称为危害种（imperiled species），有害生物（pest），或杂草（weed），或者说入侵种是那些有危害的外来种。

入侵种具有竞争力的生活史特征或生态特性，它们具有极强的繁殖力，保持高的种群数量，扩展能力强，抗干扰能力强，以及生态适应性强等共性。外来种的入侵本质上与本地物种的集合和迁移没有什么不同，二者都在持续地流通，在进化和时间上始终存在[14]。

3 入侵生态学

Elton 1958 年出版的《The Ecology of Invasion by Plant and Animal》，Groves 等[15]出版的《Ecology of Biological Invasion》以及 Mooney 等[16]出版的《Ecology of Biological Invasions of North America and Hawaii》等专著，虽然提出了入侵或生物入侵的生态或生态学问题，但没有应用入侵生态学（invasion ecology）这一科学术语。最近，Silander 等[17]则使用了"Invasion Ecology"入侵生态学这一科学术语为其学术论文的命题，尽管 Elton 的著作奠定了入侵生态学的基本框架，但都尚未赋予入侵生态学以明确的定义，也未受到足够的重视。

近年来由于生物入侵所造成的巨大危害，已到了触目惊心的地步，并成为政府、社会和科学界所广泛关注的生态学问题。生态学家应该立即着手一个基本任务，将生物入侵的研究从一个分散的闲谈逸事性的话题变为一个具有预测性科学[18]，建立一个入侵生态学科学体系已是当前的一个迫切任务。

入侵生态学的学科体系理应建立在生态学的理论基础上,尽管它涉及众多的相关学科,内容极为广泛。但其核心问题之一应是研究入侵的生态过程及其机制,揭示入侵扩散的动态规律和调控机制,其基本内容应包括:入侵种与生物入侵的理念;入侵种的生态适应性、入侵潜力及其种群生态;入侵种的遗传变异及其进化生态;入侵种的他感物质及其化学生态;生物入侵的传播机制、途径和生态过程;群落或生态系统的可入侵性与群落生态;生物入侵的危害及其综合防治;生物入侵的机制与理论模式;生物入侵的预警与监测系统;生物入侵与生态安全等诸多命题。而入侵生态学可定义为"关于入侵种的生物学、生态学特性及其本地种和入侵群落及生境间的相互关系的科学"。

参考文献:

[1] VITOUSEK P M, TUMER D R, PARTON W J, et al. Litter decomposition on the Mauna Loa environment matrix, Hawaii, I : Patterns mechanisms and models[J]. Ecology, 1994, 75(2):418 – 429.
[2] BASKIN Y. Winners and losers in a changing world: Global changes may promote invasions and alter the fate of invasive species[J]. Bio Sci,1998, 48(10):788 – 792.
[3] PERRINGS D, LATCH L. ZUNIGA R, et al. Environmental and economic costs of non-indigenous species in the United State[J]. Bio Sci, 2000, 50: 53 – 65.
[4] 中国生物多样性网络研究报告编写组.中国生物多样性研究报告[M].北京:环境科学出版社,1998.
[5] CUNNINGHAM M A. Exotic species// Environmental Encyclopedia (2nd ed)[M]. N.r Gale Research Inc.1998.
[6] 彭少麟,向言词.生物外来种入侵及其对生态环境的影响[J].生态学报,1999, 19(4): 560 – 569.
[7] 徐汝梅.生物入侵—数据集成、数量分析与预警[M].北京:科学出版社,2004.
[8] 李振宇,解焱.中国外来入侵种[M].北京:中国林业出版社,2002.
[9] USHER M B. Biological invasions of mature reserves: a search for generalizations[J]. Biological Conservation, 1988, 44: 119 – 135.
[10] CARLTON J T. Biological invasions and cryptogenic species [J]. Ecology, 1996, 77(6): 1653 – 1655.
[11] ELTON C S. The ecology of invasions by animals and plants [M]. London:Methuen,1958.
[12] WILLIAMSON M. Biological Invasions[M]. London: Chapman Hall,1996.
[13] 方炜.生物入侵与全球变化//方精云主编.全球生态学[M].北京:高等教育出版社,2000.
[14] LODGE D M. Biological invasions: lessons for ecology[J]. Trends in Ecology and Evolution. 1993, 8:133 – 137.
[15] GROVES R H, BURDEN J. Ecology of biological invasion [M]. Cambridge University Press,1986.
[16] MOONEY H A, DRAKE J A. Ecology of biological invasions of North American and Hawaii[M]. New York: Springer, 1986.
[17] SILANDER J A Jr, KLEPEIS D M. The invasion ecology of Japanese barberry (*Berberis thunbergii*) in the New England landscape[J]. Biological invasions,1999,1: 189 – 201.
[18] DAVIS M A, GRIME J P, THOMPSON K. Fluctuating resources in plant community: a general theory of invisibility[J]. J Ecology, 2000, 88:528 – 534.

Biological Invasion and Invasion Ecology

WANG Bo-sun[1], HAO Yan-ru[2], WANG Chang-wei[1], PENG Shao-lin[1,2]

(1. School of Life Sciences // State Key Laboratory for Biocontrol,
Sun Yat-sen University, Guangzhou 510275, China;
2. South China of Botany Garden, Chinese Academy of Science, Guangzhou 510650, China)

Abstract: Biological invasion, exotic species, native species, invasion ecology and related concepts were discussed. Biological invasion is defined as "exotic species establishes, propagates, spreads and harms economics, environment, society and human health." And Invasion Ecology is defined as "a scientific discipline of studying the biological and ecological characteristic of invasive species and its relationship with native species, native communities or ecosystems and habitat." Its core problems are the ecological process and mechanism of biological invasion, throw light on the dynamic law and the management mechanism.

Key words: biological invasion; exotic species; native species; invasive species; invasion ecology

水稻第6染色体S5区重叠群构建、基因注释与OS-APH的克隆分析

王宏斌，刘 兵，黎 茵，冯冬茹，何炎明，戚康标，王金发

(中山大学有害生物控制与资源利用国家重点实验室//基因工程教育部重点实验室//生命科学学院，广东 广州 510275)

摘 要：以通过图位克隆所获得的Cosmid克隆R2I19序列信息为基础，构建了一个长为586 kb的粳稻第6染色体S5座位的BAC重叠群(JS5-BC)。通过生物信息学方法，对JS5-BC进行了基因注释，确定该区域含有46个基因位点。经功能预测，JS5-BC重叠群中存在3个主要的基因家族，分别是木葡聚糖岩藻糖基转移酶、脂酶和黄素氧化还原酶。JS5-BC中注释基因的一个显著特点是功能相关基因密集存在，如与植物细胞壁的合成代谢相关的3个基因、与呼吸链能量代谢的黄素氧化还原酶的4个基因等都是如此。为了验证基因注释的可靠性，克隆了广亲和品种Cp17品种的OSAPH基因的cDNA，并检测了该基因的表达模式，为注释基因提供了分子证据。

关键词：水稻 Oryza sativa L.；S5 座位；基因注释；酰肽水解酶；重叠群
中图分类号：Q751　**文献标识码**：A　**文章编号**：0529-6579 (2006) 06-0067-05

栽培稻籼粳亚种间杂交子代具有较强的杂种优势：产量高、适应性广、抗逆能力强等。但籼粳杂种普遍存在着不育或半不育现象。

Ikehashi 和 Araki 根据不同生态类型水稻品种间的杂交研究，发现一些品种分别与籼、粳不同亚种杂交时，都能产生正常可育的杂种F1的遗传现象，从而提出了广亲和品种(Wide compatibility varieties，WCV)的概念[1]。他们把控制广亲和性的基因称为广亲和基因，并将广亲和基因定位于水稻第6染色体上的S5座位。

为了研究和克隆S5座位的功能基因，国内外许多研究者先后开展了S5座位的分子标记定位研究。Liu等[2]报道，S5基因座与分子标记R2349紧密连锁，二者之间相距仅1.0 cM。最近，Qiu等[3]将S_5^n定位在一个40 kb的区域内，而Qing等[4]将S_5^n定位在一个50 kb的区域内。

我们为了通过图位克隆策略分离水稻广亲和基因，构建了水稻广亲和品种的Cosmid文库，以分子标记23D12的R末端为探针从Cosmid文库中筛选到一阳性克隆R2I19[5]，并进行了生物信息学分析[6]。利用水稻基因组计划的信息资源，构建了S5-BAC重叠群，并分析了S5区的分子进化机制，提出了不对称假说[7]，同时对S5-BAC重叠群进行了详细的基因注释，在此基础上通过对水稻酰肽水解酶基因的克隆分析对注释基因进行了分子验证。本文报道相关研究结果。

1 材料和方法

1.1 材料

1.1.1 菌株和质粒 大肠杆菌菌株BL21 (DE3)和DH5α由本实验室保存。pBluescript SK (M13-)，由本实验室保存。pYLTAC17载体由华南农业大学刘耀光教授惠赠。

1.1.2 试剂与材料 各种限制性内切核酸酶、T_4 DNA连接酶、Taq DNA 聚合酶、高保真 Pfu DNA聚合酶均购自TaKaRa公司；质粒提取试剂盒、胶回收试剂盒、琼脂糖购自北京鼎国生物公司；PCR扩增引物的合成和DNA测序由上海Bioasia公司完成。一步法RT-PCR试剂盒购自CloneTech公司；其它常用试剂均为分子生物学级或分析纯。

1.2 实验方法

1.2.1 Cosmid克隆R2I19的染色体电子定位 以根据图位克隆方法所获得的阳性Cosmid克隆R2I19序列信息为基础，利用BLASTN程序，针对TIGR (The Institute of Genomic Research) 的 "All Rice BAC and PAC sequences in GenBank" 数据库

进行检索,确定 R2I19 所对应的水稻 BAC/PAC 克隆。进一步根据水稻物理图谱的信息,确定该 BAC/PAC 克隆在水稻染色体的定位信息。

1.2.2 JS5-BC 重叠群的电子构建[7] 以所确定的 BAC/PAC 克隆靠近 S5 座位的末端(选取长度为 5 kb 的序列)为检索源,采用上述策略进行下一轮的数据库检索,逐步向 S5 座位方向进行电子延伸。如此往复,共进行多轮检索,利用 Bioedit 软件将所获得的 BAC 克隆进行拼接,构建了约 586 kb 的水稻 S5 座位的 BAC 重叠群——JS5-BC(japonica S5 BAC contig, JS5-BC)。

1.2.3 重叠群 JS5-BC 的基因注释 通过检索水稻 EST 数据库与全长 cDNA 数据库的策略,对 JS5-BC 进行了基因注释。利用 Bioedit 软件,寻找 JS5-BC 中各个 FL-cDNA 序列的中包含的 ORF,选取最长 ORF 所对应的氨基酸序列,分别检索 NCBI 中 NCBI Conserved Domain Search[8],根据检索结果,推测该 FL-cDNA 的功能。

1.2.4 注释基因 OS-APH 的克隆 根据对 JS5-BC 的基因注释结果,发现第 38 号注释基因(AK106301)所编码的蛋白质与拟南芥酰肽水解酶(一类脂酶)注释基因同源,可能是编码水稻酰肽水解酶候选基因,将其命名为 OS-APH。根据 AK106301 的序列信息,设计如下两条引物用来扩增 aph cDNA 全长:

OsAPHE1F:CTCGCCTCCATCTCACCCGCACGCC

OsAPHE18R:GCCCCAGACTCCAACATTGATT-GATTTT

以水稻广亲和品种 Cpslo17 叶总 RNA 为模板进行 RT - PCR(按 CloneTech 公司试剂盒操作)。回收 PCR 产物,亚克隆后进行序列测定和分析。

1.2.5 OS-APH 表达谱分析 为了研究注释基因在水稻不同组织与发育时期的表达情况,我们采用 RT-PCR 方法,以水稻广亲和品种 Cpslo17 为材料进行检测。所选取的材料基本覆盖了水稻发育的不同时期和不同组织,包括:幼根、幼叶、老根、老叶、茎、小穗(<3 cM)、小穗(>3 cM)、花粉、开花期花序、成熟花序。

2 结果与分析

2.1 Cosmid 克隆 R2I19 的染色体电子定位

在我们前期的研究中,通过酶切图谱分析以及 Southern 杂交实验,初步确定了 R2I19 为接近 S5 区的阳性克隆。进一步对所构建亚克隆 TRW1510 和 TRW1517 全序列测定,然而,我们并没有能将 TRW1510 和 TRW1517 进行序列的拼接[6]。本研究中,我们利用水稻全序列数据库资源,对 R2I19 进行了重新的序列比较分析。发现 R2I19 是一个嵌合体,TRW1510 和 TRW1517 不是位于同一个染色体位置,可能是在 Cosmid 基因组文库构建时产生的两个独立基因片段末段互补配对所致。所幸的是亚克隆 TRW1517 对应于粳稻第 6 染色体的一个 BAC 克隆。将 23D12R 测序后进行检索分析,确定其序列完全位于亚克隆 TRW1517 序列之中(图1)。

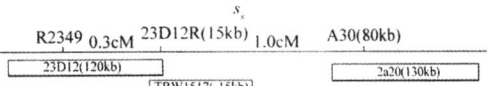

图 1 S5 区的物理图谱以及 R2349 与 TRW1517 的相对位置关系

Fig. 1 Physical map of S5 region and the relative position of R2349 and TRW1517

2.2 粳稻 S5 重叠群(JS5-BC)的电子构建

2.2.1 亚克隆 TRW1517 向 S5 延伸方向的确定 考虑到我们所采用的水稻广亲和材料 Cpslo17 为偏粳型,可以结合 TIGR 中的粳稻基因组精细图谱进行 S5 区的电子定位分析。根据 S5 位点区段高密度连锁图中分子标记的相对位置,我们从 NCBI 下载分子标记 R2349 序列,通过比较分子标记 R2349、23D12 和亚克隆 TRW1517 的位置关系,可以确定 S5 座位位于分子标记 R2349 向亚克隆 TRW1517 的延伸方向(图2)

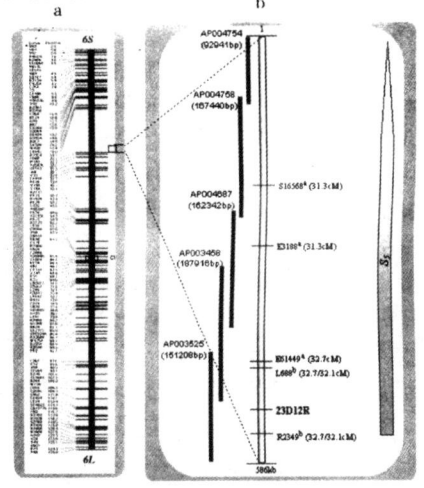

图 2 JS5-BC 的遗传图谱与物理图谱

Fig. 2 Genetic map and Physical map of JS5-BC

a:分子标记来自 "BAC Ends Anchored to RGP Chromosome 6 Markers"

b:分子标记来自 "YAC-Based Rice Transcript Map"

2.2.2 JS5-BC 的电子构建[7]

进一步以 AP003525 为电子探针,在 TIGR 的粳稻基因组序列数据库中进行检索,确定向 S5 座位方向延伸的 BAC 克隆。如此重复 4 次,分别获得了 4 个 BAC 克隆:AP003458、AP004687、AP004758 和 AP004754。将这 5 个 BAC 克隆进行拼接,组成了一个粳稻 BAC 重叠群(BAC contig),命名为 JS5-BC(Japonica S5 BAC contig),并确定了位于该区段中的 5 个分子标记以及它们所对应的遗传图距(图 2)。

2.3 JS5-BC 的基因注释

将 JS5-BC 检索水稻 FL-cDNA 数据库,确定了 43 个 FL-cDNA 位点。为了做全面的基因注释,又将 JS5-BC 在 NCBI 中检索水稻 EST 数据库。基于 EST 检索以及 FL-cDNA 检索及定位的基础上,通过双向验证的检索策略,排除了冗余的情况后,一共确定 JS5-BC 中的 46 个基因位点,并进行编号。将 46 个基因位点进行了功能预测、归类分析(表 1)。

表 1 JS5-BC 中注释基因位点的功能分类
Tab. 1 Functional classification of the annotated genes in JS5-BC

功能分类	JS5-BC 中的基因位点	基因位点总数
细胞代谢		13
脂酶	19,32,33,38,39	5
植物细胞壁合成	10,24,25,26,	4
激酶	4,17,	2
异构酶	46	1
脱酰酶	16	1
能量代谢		6
NADH	35,40,41,42,43	5
质体蓝素	45	1
转录因子	8,11,20,	3
促进转运	15,18	2
分子伴侣	27	1
发动蛋白	2,	1
未分类	1,3,5,6,29,31,36,44	8
非全长 ORF	9,13,21,22,30,37	6
未完全测序	7,12,14,23,28,34	6
合计		46

2.4 注释基因 OsAPH 的克隆及时空表达模式检测

2.4.1 注释基因 OsAPH 的克隆

以与 38 号注释基因同源的 cDNA 克隆 AK106301 的序列设计两端引物,以水稻品种 Cpslo17 叶总 RNA 为模板,通过 RT-PCR 方法克隆该基因。所克隆的 OS-APH 基因序列全长 2332bp,与 AK106301 克隆相比,只是第 10 外显子稍长,其他部分基本相同。

通过 Bioedit 软件分析,发现该基因内部有一个长 1 827 bp 的可读框。经 Blast 检索 Genbank 蛋白数据库,发现该基因所编码的蛋白质与拟南芥酰肽水解酶样蛋白(acyl-peptide hydrolase-like protein)在氨基酸水平上具有 64% 的一致性。

2.4.2 OsAPH 的时空表达

为了研究 OsAPH 基因在水稻广亲和品种 Cpslo17 不同组织与发育时期的表达情况,我们采用 RT-PCR 方法,检测了该基因的表达模式,结果表明:OsAPH 基因在水稻的各个组织及不同的发育时期均有表达,但在在花粉组织中的表达异常,比其余时期的表达产物为小(图 3)。

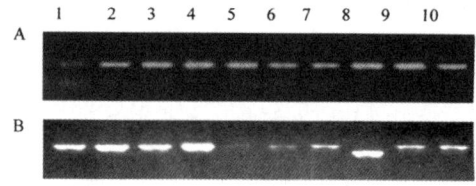

图 3 RT-PCR 检测 OsAPH 在水稻广亲和品种 Cpslo17 中的时空表达特模式检测

Fig. 3 Analysis of the expression pattern of OsAPH gene in Cpslo17 by RT-PCR

A:Osact1 引物扩增结果;B:OS-APH 引物扩增结果

1 - 10:幼根、幼叶、老根、老叶、茎、小穗(< 3 cM)、小穗(> 3 cM)、花粉、开花期花序、成熟花序

我们将花粉期差异表达的 cDNA 亚克隆及测序后表明,OS-APH 基因在花粉组织表达出现了可变剪接,第 8 外显子发生了缺失,导致原 ORF 提前终止(图 4)。通过分析 OsAPH 各外显子 - 内含子剪接位点及其附近的序列,并与一致保守的单子叶植物的外显子 - 内含子剪接位点比较,发现所有剪接位点均符合通用的 GT-AG 规则,并且部分符合单子叶植物的一致序列[9],同时,在外显子 8 的剪接位点附近并未发现序列异常。这一结果提示,OS-APH 基因的表达模式可能与水稻的花粉发育有关,其变剪接的机制,值得进一步研究。

图 4 OS-APH 基因外显子结构图示

Fig. 4 Exon organization of the OS-APH gene

E1-E18:外显子,E8 在花粉中发生可变剪接

3 讨 论

3.1 关于 JS5-BC 的跨度问题

由于水稻第 6 染色体的 $S5$ 区与水稻广亲和基因相关、分子标记稀少、图距离单位特别等特点，引起育种学家和分子生物学家的极大兴趣，采取了不同的研究策略进行研究。我们采取的策略是先研究整体，尔后研究细节，即先研究 $S5$ 区，再研究 $S5$ 区内的相关基因及位点。

根据 Liu 等[2]对 $S5$ 座位精细定位的遗传图谱，与 $S5$ 座位最接近的分子标记为 R2349，相距 $S5$ 座位约 1.0 cM。我们构建了一个由 5 个 BAC 克隆组成的总长度达 586 kb 的粳稻 BAC 重叠群——JS5-BC，根据 3 方面的分析，认为该 JS5-BC 已经覆盖了 $S5$ 座位。

首先，粳稻基因组序列中遗传图距与物理图距的对应关系在 214～288 kb cM^{-1} [10]，而 JS5-BC 中从 R2349 向 $S5$ 座位延伸了 540 kb，至少跨越了 1.5 cM。其次，根据现有的水稻高密度连锁图，JS5-BC 中包含了 5 个分子标记，其中间距最远的是 S16568 (31.3 cM) 与 R2349 (32.7/32.1 cM)，在 JS5-BC 中它们之间物理距离 342 kb，相对的遗传距离为 1.4/0.8 cM，则推测该区域遗传图距与物理图距的对应关系为 244/427 kb cM^{-1}。以此为标准，JS5-BC 从 R2349 向 $S5$ 座位延伸了 2.2/1.3 cM。若以 E6119 和 E3188 之间的图距对应关系换算，则 110 kb cM^{-1}。最后，R2349 在第 6 染色体的遗传图谱定位为 32.7/32.1 cM，而组成 JS5-BC 中最远的 BAC 克隆 AP004754 在 TIGR 中定位为 19.1 cM，因此 JS5-BC 对应的遗传距离也大于 1.0 cM。

最近，Qiu[3]和 Qing 等[4]分别将 S5n 定位在一个 40 kb 和 50 kb 的区域内，有趣的是，这一区域也在我们构建的重叠群中（360～410 kb），距离 23D12R 约 150 kb，也就是说该区域 1.0 cM 约相当于 150 kb，在我们根据已有的分子标记所进行的遗传图距的分析范围内。

3.2 JS5-BC 基因注释的一个分子证明——OS-APH 基因的克隆分析

虽然通过基因注释，初步确定了 $S5$ 区的 46 个基因或位点，但是，注释基因的可靠性有多大，需要进行分子水平的验证。为此，我们选择了 38 号注释基因进行了克隆分析。克隆该基因，主要基于两方面的考虑。

第一，在经典遗传图上 $S5$ 座位与一个同工酶标记 Est-2（一种脂酶）紧密连锁[11]，而 JS5-BC 重叠群则是根据分子遗传图谱与 $S5$ 连锁的分子标记为基础构建的，因此，如果能够证明该同工酶是 JS5-BC 中的一个注释基因，则从分子水平上为注释基因提供了证据。有趣的是，根据我们对 JS5-BC 的基因注释和功能预测的结果，发现第 38 号基因位点可能是编码水稻酰肽水解酶（也是一类脂酶）候选基因。

第二，酰肽水解酶（acylpeptide hydrolase, APH）属于一类新的丝氨酸蛋白酶家族。该酶能够催化 N 末端酰基化的肽段水解以释放出 N 末端酰化的氨基酸。在高等真核生物细胞中，细胞内合成蛋白质的 N 乙酰化被认为是一种重要的保护机制[12]。据报道，哺乳动物细胞中被 N 酰基化修饰的蛋白质高达 80%－90%，酵母中为 50%，原核细胞中则很少，植物中的情况还不清楚[13]。

目前的研究表明，N－酰基的去除是蛋白质活性调控过程的重要步骤，酰肽水解酶通过其对蛋白质的去酰基化作用从而调控某些重要的生理生化过程。因此，克隆分析水稻酰肽水解酶基因，不仅可为 JS5-BC 注释基因提供证据，同时可通过该基因的研究进一步探讨 $S5$ 区的功能。

3.3 JS5-BC 重叠群构建及基因的意义

通过构建 JS5-BC 重叠群、基因注释和功能预测，获得了水稻第 6 染色体 $S5$ 区的一些重要信息。

首先，我们发现 JS5-BC 中存在 3 个主要的基因家族，分别是木聚糖岩藻糖基转移酶（XG_Ftase, Xyloglucan fucosyltransferase）、脂酶（Esterase/lipase）和黄素氧化还原酶（flavin oxidoreductases），前两个与细胞代谢过程相关（其中 XG_Ftase 与植物细胞壁的合成代谢有关），第三个则参与能量代谢。特别是参与细胞壁合成的基因家族的存在，引起我们极大的兴趣，因为植物的育性与细胞壁的合成有很大的关系。

第二，JS5-BC 中的基因位点的显著特点是基因位点分布不均匀，功能相关基因密集存在，例如参与呼吸链能量代谢的黄素氧化还原酶的 4 个基因就位于 528 kb～570 kb 的 42 kb 的范围内，提示基因在基因组中的位置与其功能有一定的相关性。

第三，在 FL-cDNA 数据库中参与能量代谢的基因位点所占比例仅为 1.1%，而在 JS5-BC 中却高达 13%，这与 Cui 等对某些植物不育现象的研究中发现线粒体呼吸链组分的异常破坏，可能是造成败育的主要原因之一[14]的说法是否有某种联系？

上述的信息，引起我们思考这样一个问题：水稻的广亲和性是由单个基因决定的？还是由一个社区基因（block genes）共同作用的结果？根据基因注释的信息，我们正在对其中一些重要的基因位点进行较深入的研究。

参考文献：

[1] IKEHASHI H H, ARAKI A. Genetics of sterility in remote cross of rice [J]. In Rice Genetics (IRRI), 1986: 119-130.

[2] LIU K D, WANG J, LIU H B, et al. A genome-wide analysis of wide compatibility in rice and the precise location of the S5 locus in the molecular map [J]. Theor Appl Genet, 1997, 95: 809-814.

[3] QIU S Q, LIU K D, JIANG J X, et al. Delimitation of the rice wide compatibility gene S5n to a 40-kb DNA fragment [J]. Theor Appl Genet, 2005, 111: 1080-1086.

[4] QING J, LU J F, CHAO Q, et al. Delimiting a rice wide-compatibility gene S5n to a 50 kb region [J]. Theor Appl Genet, 2005, 111: 1495-1503.

[5] 易厚富，刘兵，范云，等. 水稻广亲和品种核DNA Cosmid 文库的构建和鉴定 [J]. 热带亚热带植物学报, 2001, 9: 185-189.

[6] 王宏斌，刘兵，易厚富，等. 水稻S5区候选克隆R2I19的筛选及序列信息学分析 [J]. 中山大学学报: 自然科学版, 2002, 41(6): 78-82.

[7] WANG H B, YU L J, LAI F, et al. Molecular evidence for asymmetric evolution of duplicated sister regions after rice polyploidy [J]. Plant Molecular Biology, 2005, 59: 63-74.

[8] MARCHLER B A, ANDERSON J B, DEWEESE S, et al. CDD: a curated Entrez database of conserved domain alignments [J]. Nucleic Acids Res, 2003, 31: 383-387.

[9] SIMPSON G G, FILIPOWICZ W. Splicing of precursors to mRNA in higher plants: mechanism, regulation and sub-nuclear organisation of the spliceosomal machinery [J]. Plant Mol Biol, 1996, 32: 1-41.

[10] GOFF S A, RICKE D, LAN T H, et al. A draft sequence of the rice genome (*Oryza sativa* L. ssp *japonica*) [J]. Science, 2002, 296: 92-100.

[11] CAUSSE M A, FULTON T M, CHO Y G, et al. Saturated molecular map of the rice genome based on an interspecific backcross population [J]. Genetics, 1984, 138: 1251-1274.

[12] SENTHILKUMAR R, SHARMA K K. Effect of chaotropic agents on the structure-function of recombinant acylpeptide hydrolase [J]. J Protein Chem, 2002, 21: 323-332.

[13] PERRIER J, GIARDINA T, DURAND A, et al. Specific enhancement of acylase I and acylpeptide hydrolase activities by the corresponding N-acetylated substrates in primary rat hepatocyte cultures [J]. Biol Cell, 2002, 94: 45-54.

[14] CUI X, WISE R P, SCHNABLE P S. The rf2 nuclear restorer gene of male-sterile T-cytoplasm maize [J]. Science, 1996, 272: 1334-1336.

Construction and Annotation of the JS5-BC Contig of Rice Sixth Chromosome S5 Locus and *OS-APH* Gene Analysis

WANG Hong-bin, LIU Bing, Li Yin, Feng Dong-ru, HE Yan-ming, QI Kang-biao, Wang Jin-fa

(The State Key Laboratory of Biocontrol and The Key Laboratory of Gene Engineering of Ministry of Education, School of Life Science, Sun Yat-sen University, Guangzhou 510275, China)

Abstract: Based on the sequences information of the rice Cosmid clone R2I19, the JS5-BC contig (BAC contig of Japonica rice S5 locus) had been constructed. The length of JS5-BC was 586 kb and covering the S5 locus, as determined from the relative map of molecular marker around the S5 locus. After annotation of JS5-BC, 46 gene loci were predicted. Among the 26 genes with predicted function, there were three gene families mainly: xyloglucan fucosyltransferase gene family, esterase/lipase gene family and flavin oxidoreductases gene family, respectively. A remarkable characteristic of annotation genes in the JS5-BC was the crowded existence of function correlation genes, for example, three genes related to plant cell wall synthesis metabolism, four genes related to breath chain energy metabolism and so on. To verify the annotation of JS5-BC, one of the annotated genes, *OS-APH*, was isolated from Cpslo 17 and analyzed.

Key words: rice (*Oryza sativa* L.); S5 locus; gene annotation; acylpeptide hydrolase (APH); contig

意大利黑麦草菌根际效应研究

辛国荣,孙 斌,黎国喜,吴 瑾,杨宇洁,王宇涛,杨中艺

(中山大学有害生物控制与资源利用国家重点实验室//中山大学生命科学学院,广东 广州 510275)

摘 要:研究了水田冬种意大利黑麦草 AM 形成的规律、稻田中 AMF 密度变化以及土壤因子对意大利黑麦草 AM 形成的影响,进而探讨 AM 对意大利黑麦草生长和发育的影响。结果表明:①翻耕不施肥、不翻耕施肥和不翻耕不施肥处理的意大利黑麦草总感染率上升幅度均达到了显著水平($p<0.05$);②土壤中 AMF 孢子密度随着意大利黑麦草生长时间的增加而增加,与感染率的增长趋势基本保持一致,且二者之间相关性达到极显著正相关($p<0.01$);③意大利黑麦草根系 AM 的感染率与土壤 pH 值极显著正相关($p<0.01$),与土壤温度显著正相关($p<0.05$),与土壤含水量极显著负相关($p<0.01$),与水解 N 质量分数显著负相关($p<0.05$)。土壤中 AMF 孢子密度与土壤温度极显著正相关($p<0.01$),与 pH 显著正相关($p<0.05$),与土壤有机质质量分数、水解 N 质量分数、全 P 质量分数和速效 P 质量分数显著负相关的($p<0.05$);④意大利黑麦草产量与 AM 感染率($p>0.05$)和 AMF 孢子密度($p<0.05$)均呈负相关。

关键词:意大利黑麦草(*Lolium mutiflorum* L.);丛枝菌根真菌;感染率;孢子密度;菌根际效应;生理生态
中图分类号:S344.16   **文献标识码**:A   **文章编号**:0529-6579(2008)03-0079-06

丛枝菌根(Arbuscular Mycorrhiza, AM)是植物根系与真菌之间形成的共生体,菌根菌丝就像根的根一样,将根际延伸到周围更广泛的土壤当中[1]。菌根组织能够改变矿质营养的成分、激素平衡、C 的分配形式以及植物生理的调节,菌根植物根分泌物化学成分的改变等,在数量上和质量上都影响根际中的微生物群体,形成所谓的菌根际(Mycorrhizosphere)[2]。通过对意大利黑麦草根际效应的研究,发现冬种意大利黑麦草增加了土壤的有机质,增加了土壤肥力;同时土壤养分的有效性和土壤生物活性得到增强[3-5]。Mayumi 等[6]从栽培意大利黑麦草的地方取得的土壤上种植黄瓜(*Cucumis sativus*),发现前作是意大利黑麦草的土壤中生长的黄瓜 AM 侵染率高达 66%,可见前作意大利黑麦草的生长对土壤菌根真菌生物多样性有积极的作用。这些研究结果表明了意大利黑麦草菌根感染对改善土壤养分和提高后作作物产量方面具有一定的作用。但在"意大利黑麦草-水稻"草田轮作系统研究中尚未涉及意大利黑麦草菌根效应问题。本文通过大田种植意大利黑麦草,研究 AM 真菌侵染特性、根际土壤 AM 真菌孢子密度及其与土壤理化性质、耕作方式的相关性,探索意大利黑麦草菌根及其生理生态效应。

1 试验设计

1.1 试验地概况

试验地位于广东省广州市华南农业大学农场(N 23°10.126′,E 113°21.717′),土壤类型属南亚热带赤红壤。土壤有机质质量分数 2.27%、全氮质量分数 0.087 4%、水解 N 14.27 mg/100 g、速效 P 126.55 mg/kg。

1.2 试验材料

供试草种为意大利黑麦草(*Lolium mutiflorum* L. cv. Tetragold, Italian ryegrass 简称 IRG),由百绿(天津)国际草业有限公司提供,发芽率为 94.33%;基肥采用罗马尼亚复合肥(N:P:K = 15:15:15)。

1.3 大田试验设计

大田试验设置 6 组试验处理,每组处理 3 次重复,共 18 个小区。小区面积为 2 m × 3 m,小区之间的间距为 0.4 m,小区两侧有 0.5 m 的保护行。试验处理如下:(A)翻耕,施基肥,种植意大利黑麦草;(B)翻耕,不施基肥,种植意大利黑麦草;(C)翻耕,不施基肥,不种植意大利黑麦草;(D)不翻耕,施基肥,种植意大利黑麦草;(E)不翻耕,不施基肥,种植意大利黑麦草;(F)不

---

* **收稿日期**:2007-10-08
基金项目:国家自然科学基金资助项目(30571320,30640050);广东省自然科学基金资助项目(07003648);广东省农业攻关资助项目(2004B20801016)
作者简介:辛国荣(1968 年生),男,副教授;**通讯联系人**:杨中艺;E-mail: lssxgr@mail.sysu.edu.cn

翻耕,不施基肥,不种植意大利黑麦草。

翻耕处理在种植意大利黑麦草前5 d进行精细翻耕。翻耕结束后将复合肥均匀撒到施肥处理的小区作为基肥,施肥量为750 kg/hm²,播种量为22.5 kg/hm²[7],撒播,种子先用自来水浸泡8 h,播种时与一定量的细沙土均匀混合,均匀播在试验小区。2005年11月15日播种。播种后立即浇水并盖上适量的水稻秸秆以减少水分的蒸发。

1.4 采样与分析方法

本试验历时92 d,其间取样4次,取样时间分别在播种后23、46、69、92 d。取样在当天10:00-15:00进行。采用环形取样方法,取样器直径为10 cm,深度为10 cm的圆柱体。每个小区取5个点。每个位置所取得的土样和意大利黑麦草根系分别进行混合,采用四分法取得足够量的样本。所采集的根样洗净用于染色[8],观察丛枝菌根的感染率[9]。一部分用于湿筛法获取孢子,并计算孢子密度[10]。部分土壤测定土壤含水量、土壤pH、土壤有机质、土壤全N、土壤水解N、土壤全P、土壤速效P[11]。试验期间采用KWC1310型便携式温度计测量取样当天12:00-13:00的土壤温度。

1.5 数据处理与分析

结果取重复数的平均值,先在Excel中做初步分析与处理,再用SPSS10.0进行方差分析(ANO-VA)和平均数差异显著性分析(LSD检验, $p < 0.05$)及相关性分析(Pearson Correlation, Sig.2-tailed),用Excel作图。

2 结果与分析

2.1 不同处理下意大利黑麦草AM感染率变化

大田试验中,四组种草处理的意大利黑麦草根系中都存在AM感染。由表1可以看出,各处理的意大利黑麦草AM总感染率整体上都随时间的推移呈逐渐上升的趋势。

在处理A中,AM总感染率由第23 d取样时的3.83%上升到第92天取样时的13.50%,但上升幅度没有达到显著($p > 0.05$);在处理B中,AM总感染率由3.17%上升到10.17%,第69天AM总感染率显著高于第23天和第46天($p < 0.05$),到第92天时,AM总感染率上升达极显著($p < 0.01$);在处理D中,AM总感染率由2.50%为13.67%,两次取样间差异显著($p < 0.05$);在处理E中则由4.17%上升到26.33%,在第69、92天时,AM总感染率达到极显著($p < 0.01$)。

表1 大田试验意大利黑麦草的AM总感染率
Tab. 1 AM total colonization of IRG in the field experiments (mean ± SD, n = 3)

试验处理	取样时间			
	第23天	第46天	第69天	第92天
A 翻耕施肥种草	3.83 ± 0.38aA	9.50 ± 5.20aA	10.33 ± 3.97aA	13.50 ± 2.88bA
B 翻耕不施肥种草	3.17 ± 0.52aB	3.17 ± 0.52aB	9.17 ± 1.70aA	10.17 ± 1.42bA
D 不翻耕施肥种草	2.50 ± 0.66aB	2.17 ± 1.04aB	8.00 ± 1.30aAB	13.67 ± 3.63bA
E 不翻耕不施肥种草	4.17 ± 1.88aC	1.83 ± 1.59aC	12.33 ± 2.47aB	26.33 ± 1.15aA

注:同列数据中不同小写和大写字母分别表示差异显著($p < 0.05$)和极显著($p < 0.01$),下同

在同一取样时间,不同处理之间的AM总感染率在前3次取样都不存在差异显著性($p > 0.05$),在第92天取样时,处理E的AM总感染率显著高于处理A和D($p < 0.05$),极显著高于处理B($p < 0.01$)。

2.2 不同处理下黑麦草根际土壤AMF孢子密度变化

大田试验处理A的土壤中AMF孢子密度呈下降趋势,处理B和处理C基本上保持稳定,D、E和F的土壤中AMF孢子密度呈上升趋势(表2)。处理A土壤中AMF孢子密度在前3次取样过程中不存在显著变化($p > 0.05$),在第69至第92天期间明显下降($p < 0.01$)。而在处理D、E和F土壤中AMF孢子密度在前3次取样过程中均无显著变化($p > 0.05$),在第69至第92天期间明显上升($p < 0.01$)。此外,处理B和C土壤中的孢子密度在本试验中随时间变化不存在显著性差异($p > 0.05$)。

不同处理土壤中AMF孢子密度,在第23天时,处理B土壤中AMF孢子密度最大,为223.3个/100 g土,显著高于处理A、E、F($p < 0.05$);孢子密度最低的是处理F,仅为59.0个/100 g土。到第46和第69天时,各处理土壤中AMF孢子密度不存在差异显著性($p > 0.05$)。但到第92天时,处理E土壤中AMF孢子密度增加至最大,达

到493.1个/100g土,极显著高于处理A、B、C (p<0.01),其次为处理F,极显著高于处理A和处理B (p<0.01)(表2)。

表2 大田试验土壤中的AMF总孢子数
Tab. 2 Total spore density of AMF in the soil of the field experiments (mean ± SD, $n=3$)

试验处理	取样时间			
	第23天	第46天	第69天	第92天
A 翻耕施肥种草	80.2 ± 15.87bB	86.4 ± 6.15aA	136.3 ± 13.43aA	52.3 ± 16.98cB
B 翻耕不施肥种草	223.3 ± 95.78aA	160.0 ± 47.88aA	160.9 ± 32.70aA	153.5 ± 46.72bcA
C 翻耕不施肥不种草	141.1 ± 6.29abA	138.6 ± 34.54aA	155.1 ± 13.24aA	196.6 ± 31.40cA
D 不翻耕施肥种草	95.9 ± 5.47abB	120.7 ± 38.96aB	142.1 ± 14.68aB	317.8 ± 15.93abA
E 不翻耕不施肥种草	73.6 ± 7.73bB	99.6 ± 25.65aB	210.6 ± 55.36aB	493.1 ± 101.78aA
F 不翻耕不施肥不种草	59.0 ± 10.37bB	186.2 ± 21.38aB	130.1 ± 12.78aB	435.0 ± 70.39aA

2.3 意大利黑麦草AM感染率与孢子密度、土壤含水量及养分之间的关系

相关分析结果显示:总感染率与孢子密度、菌丝感染率和土壤pH值呈极显著正相关($p<0.01$);与丛枝感染率和土壤温度呈显著正相关($p<0.05$);与土壤含水量极显著负相关($p<0.01$);与水解N质量分数显著负相关($p<0.05$)(表3)。

表3 孢子密度,总感染率,菌丝感染率,丛枝感染率与土壤含水量及养分之间的相关系数
Tab. 3 Correlations between total spore density, total colonization, hyphal colonization, arbuscular colonization, soil moisture and other nutrients each other (Pearson Correlation, Sig. 2-tailed, $n=48$)

项目	TSD	TC	SM	ST	pH	OM	TN	SN	TP
TC	0.534**								
SM	-0.064	-0.449**							
ST	0.310*	0.315*	-0.272						
pH	0.270	0.465**	-0.609**	0.111					
OM	-0.160	-0.277	-0.006	-0.588**	0.036				
TN	0.017	-0.023	0.186	-0.671	0.035	0.528**			
SN	-0.181	-0.350**	0.028	-0.014	-0.056	0.178	0.069		
TP	-0.250	-0.201	-0.101	-0.169	0.138	0.376**	0.185	0.332*	
AP	-0.259	-0.226	-0.078	-0.179	0.116	0.170	0.235	0.233	0.416**

注:* 表示显著相关($p<0.05$);** 表示极显著相关($p<0.01$),TSD表示孢子密度(个/100g土),TC表示总感染率(%),HC表示菌丝感染率(%),AC表示丛枝感染率(%),SM表示土壤含水量(%),ST表示土壤温度(℃),OM表示有机质质量分数(%),TN表示全N质量分数(%),SN表示水解N质量分数(mg/100 g),TP表示全P质量分数(g/kg),AP表示速效P质量分数(mg/kg)。下同

2.4 AMF孢子密度与土壤理化性状之间的关系

相关分析结果表明,土壤中的AMF孢子密度与土壤温度极显著正相关($p<0.01$);与pH值显著正相关($p<0.05$);与有机质质量分数、水解N质量分数、全P质量分数和速效P质量分数都显著负相关($p<0.05$);与土壤含水量和全N质量分数都是负相关,但相关性都没有达到显著($p>0.05$)(表4)。

3 讨论

3.1 不同处理对意大利黑麦草AM感染率的影响

在大田试验中,四组种草处理(处理A、处理B、处理D和处理E)的意大利黑麦草根系均存在AM的感染,但感染率较低,特别是前期意大利黑麦草根系AM感染率更低,这可能与AMF孢子萌发到形成菌丝感染意大利黑麦草需要一定的时间过

表4 大田试验中土壤中AMF孢子密度与土壤含水量、土壤温度及其他养分之间的相关性
Tab. 4 Correlations between AMF total spore density and soil moisture, soil temperature and other nutrients
(Pearson Correlation, Sig. 2-tailed, $n=48$)

比较对象	相关系数	比较对象	相关系数
SM(%)	-0.173	TN(%)	-0.076
ST(℃)	0.418**	SN(mg/100g)	-0.252*
pH值	0.300*	TP(g/kg)	-0.234*
OM(%)	-0.242*	AP(mg/kg)	-0.242*

注:土壤中的AMF孢子密度以100g土计

程有关。任萌圃等[12]研究7种不同的丛枝菌根真菌对金叶连翘组培苗生长的影响时,发现不同的菌种对金叶连翘感染的响应时间不完全相同。在60 d检测时,金叶连翘的AM感染率达到峰值,随后有所下降,并趋于稳定。本试验由于是在冬闲期种植意大利黑麦草,恰好为土壤中存在的AMF提供了生存和繁殖的机会,但试验地常年耕作,施肥量较大,因而土壤养分质量分数较高,这可能也是大田试验意大利黑麦草在前期感染率相对较低的原因之一。一方面,可能由于供试土壤本身所含的养分足以满足意大利黑麦草生长的需要;另一方面,很可能由于长期对土壤进行高强度高施肥耕作的影响,土壤本身的接种势不高;还有作为宿主植物的意大利黑麦草,本身根系就比较发达,根毛的数量也很丰富,庞大的根系网络足以满足意大利黑麦草生长的需要,也不需要通过增加感染来提高意大利高意大利黑麦草对土壤养分的吸收和利用。

意大利黑麦草生长了3个月后,各处理意大利黑麦草AM感染率都有较大幅度的提高,且不翻耕不施肥处理的感染率显著高于同一时期的翻耕施肥处理和不翻耕施肥处理,极显著高于翻耕不施肥处理。这充分说明,不同的耕作方式和不同的施肥水平,对AMF感染意大利黑麦草有很大的影响。施肥显然不利于AMF对意大利黑麦草的感染,这与对许多其他植物的研究结果是相一致的[13]。同时,在翻耕条件下,机械作用力破坏了土壤中原有的AMF结构,如菌丝的断裂、孢子的损伤等,使得AMF自身需要进行一段长时间的自我恢复,才能对宿主植物造成感染。

3.2 土壤理化性状对意大利黑麦草AM的影响

相关分析结果表明土壤含水量越低,意大利黑麦草根系中的AM感染率就越高。广东地区冬季较干旱,加上意大利黑麦草生长吸收和蒸腾作用等,导致土壤含水量随之不断减少。这也可能是后期菌根感染上升的原因之一。大多数AM真菌都有其生长发育的最适温度范围,一般在25~35℃的孢子萌发速度和感染率要高于低温(15℃)[14]。大田种植意大利黑麦草期间,土壤温度保持在15~21℃左右,是广州一年当中属于偏低的季节,有利于孢子的保存而不利于孢子的萌发和感染。通过试验发现,AM感染率与土壤温度呈显著正相关($p<0.05$)。这与Mohammad等[15]观察到的结果相一致。

董昌金等[16]研究了培养基的pH值对孢子萌发的影响,发现 G. etunicatum、G. constrictum 和 G. mosseae 在pH 6.5的培养基中萌发最高。这说明在弱酸环境下,有利于AMF孢子的萌发,因此也有利于AM感染,导致更高的感染率。供试土壤pH值均在7以下,呈弱酸性,因而体现出AM感染率与pH值呈极显著正相关。目前虽尚不能评价pH值升高和AM感染增加之间的因果关系,但酸性土壤中AMF的感染可使土壤pH值升高,并有利于宿主植物对P的吸收这一事实是早已得到证实的[17]。

大田土壤有机质质量分数、全N质量分数、全P质量分数和速效P质量分数与AMF的感染率之间未见显著的相关($p>0.05$),Hayman也认为AM真菌的侵染与土壤肥力之间的相关性小或无相关性[18],这与本研究的结果是一致的。本试验还发现,土壤养分条件在大多数情况下与AMF感染率和AMF孢子数量均呈负相关(尽管不显著),在一定程度上说明土壤养分过高不利于AMF感染意大利黑麦草,不利于AMF自身生命周期的完成。我们的结果与Wallander[19]的结果一致。但与贺学礼等[20]研究不一致的,可能与试验地其他条件有关,尚需更进一步研究。另外,供试土壤中速效P质量分数达到极高的水平,这可能是直接导致本试验中意大利黑麦草AM感染率较低的主要原因之一。

参考文献:

[1] JONER E J, LEYVAL C. Rhizosphere gradients of polycyclic aromatic hydrocarbon(PAH) dissepation in two industrial soils and impact of arbuscular mycorrhiza[J]. Environ Sci Technol, 2003, 37:2371-2375.

[2] BAREA J M. Rhizosphere and mycorrhiza of field crops.

BIOLOGICAL RESOURCE MANAGEMENT: CONNECTING SCIENCE AND POLICY. 2000: 81 - 92.

[3] 杨中艺,潘静澜."黑麦草-水稻"草田轮作系统的研究 2. 意大利黑麦草引进品种在南亚热带地区免耕栽培条件下的生产能力[J]. 草业学报,1995a, 4(4): 46 - 51.
YANG Zhongyi, PAN Jinglan. Italian ryegrass (*Lolium multiflorum*)—rice (*Oriza sativa*) rotation (IRR) system Ⅱ. Productivity of introduced Italian ryegrass varieties under no-tillage cultivation in the southern subtropics of China[J]. Acta Pratacultural Science, 1995a, 4(4): 46 - 51.

[4] 杨中艺,潘哲祥."黑麦草-水稻"草田轮作系统的研究 3. 意大利黑麦草引进品种在南亚热带地区集约栽培条件下的生产能力[J]. 草业学报,1995b, 4(4): 52 - 57.
YANG Zhongyi, PAN Zhexiang. A study of an Italian ryegrass (*Lolium multiflorum*)-rice (*Oriza sativa*) rotation (IRR) system Ⅲ. Productivity of introduced varieties of Italian ryegrass when seeded into late rice population in the southern subtropics of China[J]. Acta Pratacultural Science, 1995b, 4(4): 52 - 57.

[5] 辛国荣,李雪梅,杨中艺."黑麦草-水稻"草田轮作系统的根际效应. Ⅳ 意大利黑麦草根际土壤性状及其对水稻幼苗生长的影响[J]. 中山大学学报:自然科学版, 2004, 43(1): 9 - 13.
XIN Guorong; LI Xuemei; YANG Zhongyi. Rhizosphere effects in "ryegrass-rice" rotation system Ⅳ. Properties of rhizosphere soil of Italian ryegrass and its effects on growth of rice seedling[J]. Acta Scientiarum Naturalium Universitatis Sunyatseni, 2004, 43(1): 9 - 13.

[6] MAYUMI KUBOTA, MITSURO HYAKUMACHI. Morphology and colonization preference of arbuscular mycorrhizal fungi in *Clethra barbinervis*, *Cucumis sativus*, and *Lycopersicon esculentum* [J]. Mycoscience, 2004, 45: 206 - 213.

[7] 辛国荣,杨中艺,徐亚幸,等. "黑麦草-水稻"草田轮作系统的研究 V. 稻田冬种意大利黑麦草的优质高产栽培技术[J]. 草业学报, 2000, 9(2): 17 - 23.
XIN Guorong, YANG Zhongyi, XU Yaxing. Cultivation technology for high yield and quality ryegrass fodder in a ryegrass rice rotation system[J]. Acta Pratacultural Science, 2000, 9(2): 17 - 23.

[8] PHILLIPS J M, HAPMANN D S. Improved procedures for cleaning and staining parasitic and vesicular arbuscular mycorrhizal fungi for rapid assessmnet of infection [J]. Transactions of the British Mycological Society, 1970, 55: 158 - 160.

[9] GIOVANNETTI M, MOSSE B. An evaluation of techniques for measuring vesicular arbuscular infection in roots[J]. New Phytologist, 1980, 84: 489 - 500.

[10] GERDEMANN J W, NICOLSON T H. Spores of mycorrhizal Endogone species extracted by wet sieving and decanting[J]. Transactions of the British Mycological Society, 1963, 46: 235 - 244.

[11] 中国科学院南京土壤研究所. 土壤理化分析手册[M]. 上海:上海科学技术出版社,1978.

[12] 任萌圃,黎青,王幼珊,等. 几种丛枝菌根真菌对金叶连翘组培苗生长的影响[J]. 北京林业大学学报, 2004, 26(6): 66 - 70.
REN Mengpu, LI Qing, WANG Youshan, et al. Effects of arbuscular mycorrhizal fungi on growth of micropropagated forsythia koreanna 'Sauon Gold' shoot[J]. Journal of Beijing Forestry University, 2004, 26(6): 66 - 70.

[13] 冯海艳,冯固,王敬国,等. 植物磷营养状况对丛枝菌根真菌生长及代谢活性的调控[J]. 菌物系统, 2003, 22(4): 589 - 598.
FENG Haiyan, FENG Gu, WANG Jingguo, et al. Regulation of p status in host plant on alkaline phosphatase (alp) activity in intraradical hyphae and development of extraradical hyphae of AM fungi[J]. Mycosystema, 2003, 22(4): 589 - 598.

[14] 李晓林,冯固. 丛枝菌根生态生理[M]. 北京:华文出版社, 2001: 1 - 358.

[15] MOHAMMAD M J, PAN W L, KENNEDY A C. Seasonal mycorrhizal colonization of winter wheat and its effect on wheat growth under dry land field conditions [J]. Mycorrhiaa, 1998, 8: 139 - 144.

[16] 董昌金,赵斌. 影响丛枝菌根真菌孢子萌发的几种因素研究[J]. 植物营养与肥料学报, 2003, 9(4): 489 - 494.
DONG Changjin, ZHAO Bin, Effect of several factors on germination of AM fungal spores[J]. Plant Nutrition and Fertilizing Science, 2003, 9(4): 489 - 494.

[17] 马琼,黄建国. 菌根及其在植物吸收矿质元素营养中的作用[J]. 吉林农业科学, 2003, 28(2): 41 - 43.
MA Qiong, HUANG Jianguo. Mycorrhizae and their effects on mineral nutrients of plants[J]. Jilin Agricultural Sciences, 2003, 28(2): 41 - 43.

[18] HAYMAN D S. The influence of phosphate and crop species on endogone spore and VA mycorrhiza under field conditions[J]. Plant and Soil, 1975, 43: 489 - 495.

[19] WALLANDER H. Nitrogen nutrition and mycorrhiza development[J]. Development Agriculture Manage Forest Ecology, 1991, 24: 340 - 343.

[20] 贺学礼,YO SEF STEINBERGER. 丛枝霸王(*Zygophyllum dumosum*)根际 AM 生态学研究[J]. 西北植物学报, 2001, 21(6): 1070 - 1077.
HE Xueli, YOSEF STEINBERGER. Ecological research of arbuscular mycorrhizal fungi from the rhizos-

pere of *Zygophyllum dumosum* in the desert ecosystem [J]. Acta Botanica Boreali-occidentalia Sinica, 2001, 21 (6): 1070 – 1077.

Reseach on Mycorrhizosphere Effection of Italian Ryegrass

XIN Guo-rong, SUN Bin, LI Guo-xi, WU Jin, YANG Yu-jie, WANG Yu-tao, YANG Zhong-yi

(State Key Laboratory of Biocontrol//School of Life Sciences, Sun Yat-sen University, Guangzhou 510275, China)

Abstract: Based on field experiment, we studied the formation of Italian ryegrass AM and the changes of AMF spores quantity, investigated the effects of edaphic factors (moisture, pH, soil temperature, soil nutrients, etc.) on the formation of Italian ryegrass AMF. Then, we discussed the effects of AMF on the growth and development of Italian ryegrass. The results showed that: ①Compared with the control group, the total AMF colonization rates of Italian ryegrass root system increased significantly at 0.05 level under three different treatments (ploughing but no fertilizing, fertilizing but no ploughing, no ploughing and fertilizing). ②In the present study, the main colonization form of AMF in Italian ryegrass root system is mycelium, the colonization form of arbuscular is little, and the vesicle structure was not found. The number of soil AMF spores increased with the increase of the growth time of Italian ryegrass, and it kept a uptrend similar to the colonization rates. The correlation between them is positively significant ($p < 0.01$). ③The colonization rates of Italian ryegrass root system had significantly positive correlations with the soil pH value ($p < 0.01$) and soil temperature ($p < 0.05$), while it had significantly negative correlations with the soil moisture ($p < 0.01$) and soluble nitrogen ($p < 0.05$). The number of soil AMF spores had significantly positive correlations with soil temperature ($p < 0.01$) and pH value ($p < 0.05$) while it had significantly negative correlations with soil organic matter, soluble nitrogen, total phosphorus and available phosphorus ($p < 0.05$). ④The output of Italian ryegrass had negative correlations with the AMF colonization rates ($p > 0.05$) and the numbers of AMF spores ($p < 0.05$).

Key words: Italian ryegrass (*Lolium mutiflorum* L.); Arbuscular mycorrhizal fungi (AMF); colonization rates; spores density; mycorrhizosphere effection; physiology and ecology

深圳湾近30年主要景观类型之演变

陈保瑜[1]，宋 悦[1]，昝启杰[2,3]，谭凤仪[2]，李喻春[2,4]，
岳 钥[1]，田 莉[1]，余世孝[1]

(1. 中山大学生命科学学院生态学系//有害生物控制与资源利用国家重点实验室，广东 广州 510275;
2. 香港城市大学深圳研究院，广东 深圳 518057;
3. 深圳市野生动物救护中心，广东 深圳 518001;
4. 深圳市海洋局，广东 深圳 518034)

摘 要：将深圳特区城市化过程划分为城市化初期、发展期、加速期和后期 4 个阶段，借助不同时期的遥感图像，包括 1979 年的 MSS，1989、1998、2003、2009 的 TM，采用景观分类、景观转移和景观指数分析等一系列技术方法，分析了深圳地区基围、红树林和滩涂 3 种湿地景观类型的动态特征变化。结果表明：① 深圳湾景观类型丰富，有较高多样性，但不同类型所占面积差异较大。人为干扰是深圳湾景观格局和景观类型发生改变的主要因素，围垦填海和城市建设严重破坏了深圳湾滨海湿地，海岸线不断向浅海延伸。② 从 1979 年至 2009 年的 30 年间，研究区的城市建成区面积从 508.95 hm² 增加到 2 072.52 hm²，最大斑块面积指数从 2.94 % 增加到 17.55 %；③ 基围景观受人为干扰最严重，其面积在城市化初期表现为增长的趋势，1989 年在景观中所占的比例达到了最高峰时的 7.72 %，此后城市化速度的加快使得基围景观逐渐演变为建成区或其他景观类型，且斑块形状趋于规则，由非正方形的形状趋于偏向正方形。在城市化的后两个阶段，基围景观发生转入和转出的斑块数量都很少，主要分布在进行了几次大规模围海工程的南山区；④ 城市化的前两个阶段红树林总面积持续减少，1998 年后开始恢复增长，面积由 52.65 hm² 增加到 2009 年的 81 hm²。景观指数分析表明，红树林景观没有趋于破碎化，反而形成了较大的景观斑块，景观连通性增加，保护区的建立对红树林的保护起着重要作用；⑤ 滩涂景观在过去 30 年间呈现较大幅度的波动和反复性，总的来说，面积从 1979 年的 634.5 hm² 减少至 2009 年的 377.28 hm²，景观趋于破碎化，稳定性下降。

关键词：城市化；基围；红树林；滩涂；景观转移；景观指数
中图分类号：Q948 **文献标志码**：A **文章编号**：0529 - 6579（2012）05 - 0086 - 07

Dynamics of the Main Landscape Types at Shenzhen Bay during Past Three Decades

CHEN Baoyu[1], SONG Yue[1], ZAN Qijie[2,3], TAM Nora Fung Yee[2], LI Yuchun[2,4], YUE Yue[1], TIAN Li[1], YU Shixiao[1]

(1. Department of Ecology, School of Life Sciences/State Key Laboratory of Biocontrol,
Sun Yat-sen University, Guangzhou 510275, China;
2. Shenzhen Research Institute, City University of Hong Kong, Shenzhen 518057, China;
3. Shenzhen Wild Animal Rescue Center, Shenzhen 518001, China;
4. Shenzhen Marine Bureau, Shenzhen 518034, China)

Abstract: Shenzhen Special Economic Zone (SEZ) was established as a model city in 1979 and it has become a modern industrialization urban during the past three decades. The rapid urbanization has a sig-

---

* 收稿日期：2012 - 03 - 19
基金项目：国家海洋行业公益性科研专项经费资助项目（200905009）
作者简介：陈保瑜（1987 年生），男，硕士研究生；通讯作者：昝启杰，E-mail: zqjmangrove@126.com

nificant effect on the landscape, and Shenzhen Bay is a typical example. In this paper, the urbanization process in Shenzhen special zone was divided into four stages: early urbanization phase, developed urbanization phase, accelerated urbanization phase and later urbanization phase. Based on five periods of remote sensing data located at Shenzhen Bay, including MSS in 1979, and TM in 1989, 1998, 2003, 2009, respectively the dynamic characteristic of three main wetland landscape types, Gei Wei, Mangrove and Intertidal Zone in Shenzhen Bay, was analyzed with a series of techniques including landscape classification, landscape transfer and landscape index analysis. The software platforms including ERDAS IMAGINR, ARCGIS and FRAGSTATS. The results are as followed: ① There are higher diversity landscape types at Shenzhen Bay, while the area of different landscape type varied greatly. Human disturbance is a major factor in the change of landscape pattern of Shenzhen Bay, the reclamation work projects and urban construction had seriously destroyed the coastal wetlands, the coastline of the Shenzhen Bay also had extended to the shallow water. ② During the past three decades, the built-up area increased from 508.95 hm^2 to 2 072.52 hm^2, accordingly the largest patch area index increased from 2.94 % to 17.55 %. ③ Gei Wei suffered the greatest human disturbance, its cover area increased in the early urbanization phase. Its proportion was 7.72 % in 1989, the highest value during the past three decades. With the acceleration of urbanization, Gei Wei gradually evolved into built-up areas or other landscape types with the patch shape turn regular. In the last two phases, Gei Wei maintained at a low level of the move in or out and mainly occurred in Nanshan District where several large-scale reclamation work projects proceeded. ④ The total mangrove area decreased constantly in the first two phases of urbanization, but began to increase after 1998, with 52.65 hm^2 of area to 81 hm^2 in 2009. Landscape index analysis showed that the mangrove landscape did not become fragmented, but shaped larger landscape patches and the landscape connectivity increased. ⑤ There was a relatively large fluctuation and iterancy for intertidal zone in the past three decades, with the area reduced from 634.5 hm^2 in 1979 to 377.28 hm^2 in 2009, and the fragmentation increased with the stability declined.

Key words: urbanization; Gei Wei; mangrove; intertidal zone; landscape transfer; landscape index

城市化就是由乡村景观转变为城市或其它建成区景观的过程[1]，城市生态学的一个主要目标是理解城市化的空间格局和生态过程之间的相互关系[2]。目前全世界越来越多的学者在思考如何能更有效的将城市景观格局及其变化进行定量化，并对由城市化引起的生态后果进行监测与评估[3-4]。

近年来，利用3S技术研究城市湿地景观的时空动态变化，已经成为景观生态学的研究热点[5]。一些学者利用遥感手段，对滨海湿地景观类型的变化特征进行了研究[6-10]。深圳市在经过改革开放短短的30年后，经历了由农业主导的半自然景观到工业主导的城市景观的巨大转变[11]，然而，这一典型的城市化过程中景观转移的时空特性，尤其是滨海湿地景观受城市化的影响及其生态响应尚未被深入的研究。本研究以深圳湾区域改革开放30年来的五期遥感影像为数据源，定量描述深圳湾（深圳部分）滨海湿地类型的变化过程，为深圳湾湿地的保护与规划提供理论依据。

1 研究地与研究方法

1.1 研究地概况

深圳湾红树林湿地位于深圳湾北岸，区域范围在北纬 22°30′~22°32′，东经 113°56′~114°3′之间（图1），由西至东依次横跨南山区和福田区。研究区地处大型城市的滨海区域，被城市所包围，改革开放后受到人类活动的强烈影响，景观格局发生了巨大的改变。福田红树林鸟类自然保护区位于深圳湾东北部，东起新洲河口，西至海滨生态公园，南达滩涂外海域和深圳河口，北至广深高速公路，面积368 hm^2。保护区湿地生态系统由红树林带、基围鱼塘和滩涂组成，区内有高等植物170多种，其中，红树林植物13科22种，鸟类192种，列入重点保护的鸟类有23种。

1.2 遥感数据源与数据预处理

本研究所采用的遥感数据源共五期，分别来自1979年的 MSS 遥感影像，1989、1998、2003 和 2009 年的 TM 遥感影像。数据预处理过程包括分辨率变换、投影坐标变换、几何校正和缓冲区裁剪图像，地理坐标采用 WGS_1984_UTM_ZONE_50N。在参考前人研究的基础上[5]，首先在ARC-GIS平台下构建2003年的深圳湾海岸线，使用Buffer工具进行反复的缓冲试验，最后选定距海岸线1.8 km区域范围作为缓冲区，以保证不同时期的深圳湾红树林湿地完全包含在研究范围内，同时剔除不感兴趣的区域（图1）。用该缓冲区分别裁剪出5期遥感图像，并将香港区域进行掩膜处理，得到对应时期的研究区。

1.3 景观分类

根据深圳湾的实际情况，将湿地景观分为基围、红树林、滩涂和水体四类，由于水体的变化特征不明显，本研究中不予重点讨论分析。为了提高分类精度，采用了一种人机交互解译的遥感图像综合分类方法。首先，采用最大似然分类算法对图像进行监督分类，将景观分为红树林、建成区、绿地、滩涂、水体和裸地六类。第二，由于基围的光谱特征与水体基本一致，通过光谱特征的监督分类方法无法将二者区分开，但基围的几何特征比较明显，通过目视解译的方法，将其进行直接的划分，分类结果见表1。

1.4 景观转移检测

为了检测湿地景观在时间序列上发生的变化，根据景观分类图的变化趋势，我们将深圳湾的城市化过程分为4个阶段，分别是城市化初期（1979 - 1989）、发展期（1989 - 1998）、加速期（1998 - 2003）和后期（2003 - 2009）。基于此，通过构建"由像元到像元的景观转移矩阵"[12-13]来计算不同阶段其他类型转移为目标景观类型（基围、红树林和滩涂）的变化量（转入），同时计算目标景观类型转移为其他类型的变化量（转出）。由于各个阶段的时间间隔不同，因此将各变化量标准化为年均变化量来对不同时间间隔的数值进行比较：

$$\text{ACA}_{\text{loss}} = \frac{\text{LA}_i - \text{LA}_{i+n}}{n} \times 100\% \quad (1)$$

$$\text{ACA}_{\text{gain}} = \frac{\text{LA}_{i+n} - \text{LA}_i}{n} \times 100\% \quad (2)$$

式中是目标景观类型转出为其他类型的年均量，而则是其他类型转入为该景观类型的年均量；n是每个阶段的间隔年数；分别是第i年和第$i+n$年该景观类型的总量。据此，本研究分别计算了基围、红树林和滩涂3类湿地景观的转移变化量，揭示湿地景观转入转出发生的区域位置。

1.5 景观指数分析

完成景观转移检测操作后，将分类图导出矢量格式，在景观软件FRAGSTATS中计算景观指数。在类型水平上，选取面积组成比例（PLAND）在内的5个类型水平指数。斑块数NP和平均斑块面积MPS都反映了景观破碎化的程度，LPI有助于确定景观的优势类型，LPI值越大斑块优势度越大，LSI能反映斑块的形状和团聚度。在景观水平上，选取Shannon多样性指数（SHDI）和Shannon均匀度指数（SHEI）。

2 结果与讨论

2.1 湿地景观变化的动态特征

城市景观的变化受到一系列动态的驱动因子影响，包括区域内特定的自然环境、社会、政治和历史等背景因素，而这些因素之间复杂的交互作用产生了不同的景观变化情景和后果[14]。由于经济特区的建立和改革开放，建成区景观面积快速增加（图2）。与建成区景观相似，基围景观同样表现出了非线性变化的特征（表1）。在城市化初期，基围受城市化的影响不显著，面积有所增加。但从1989年开始，随着城市化速度的加快，基围景观逐渐被城市建成区或其他景观类型所替代。滩涂景观作为近海和陆地之间的缓冲带，不仅是一种重要的土地资源和空间资源，而且本身也蕴藏着各种矿产、生物及其他海洋资源。研究发现，过去30年，滩涂景观的演变呈现较大幅度的波动和反复性，表现为某一阶段该地区转入，下一阶段该区域的滩涂几乎全部转出。红树林是整个湿地生态系统的核心，主要分布在深圳湾东北岸深圳河口的福田红树林核心区（图1）。随着城市的扩张，1979年至1998年间，红树林被其他景观类型逐步替代，面积持续减少。但随着1984年红树林鸟类自然保护区的建立，核心区内的红树林面积由1998年的52.65 hm² 恢复到2009年的81 hm²。

表 1 深圳湾景观分类结果
Table 1 The result of landscape classification in Shenzhen Bay

景观类型		相关描述	类型面积/hm²				
			1979	1989	1998	2003	2009
相关描述	红树林	位于潮间带的红树植物,生长于陆地和海洋交界带的滩涂浅滩	79.56	58.59	52.65	72.99	81.00
	滩涂	河流沉积物区域,海水低潮位与高潮位之间的区域,包括岸线以上的沼泽	634.50	406.62	358.74	657.36	377.28
	水体	包括湖泊、河流水面和浅海水域	2 329.74	2 805.57	2 016.00	1 346.40	1 320.03
人工湿地	基围	包括水库、水田和养殖塘,大都呈规整的块状,有陇状基分割	227.25	431.28	100.26	60.39	30.15
其他类型	建成区	实际已成片开发建设、市政公用设施和公共设施基本完备、具备了城市居住条件的区域	508.95	708.48	1 194.57	1 895.85	2 072.52
	绿地	包括林地、草地、旱田和灌丛	1 400.67	304.83	500.22	572.04	770.67
	裸地	包括原生裸地和次生裸地	186.66	651.96	1 144.89	762.30	715.68

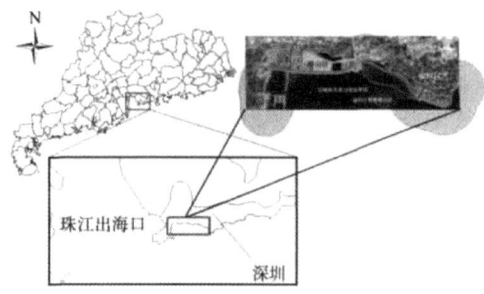

图 1 深圳湾福田红树林核心区和红树林鸟类自然保护区地理位置

Fig. 1 The geographic location of Futian Mangrove core area and Mangrove Birds Natural Reserve in Shenzhen Bay

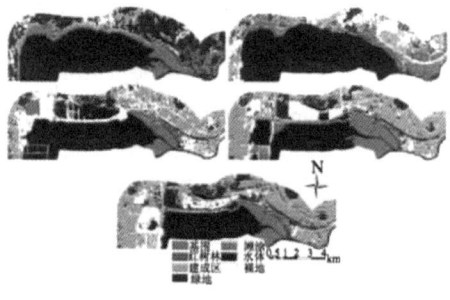

图 2 沿时间序列上的深圳湾景观分类图

Fig. 2 The map of landscape types at Shenzhen Bay at various periods

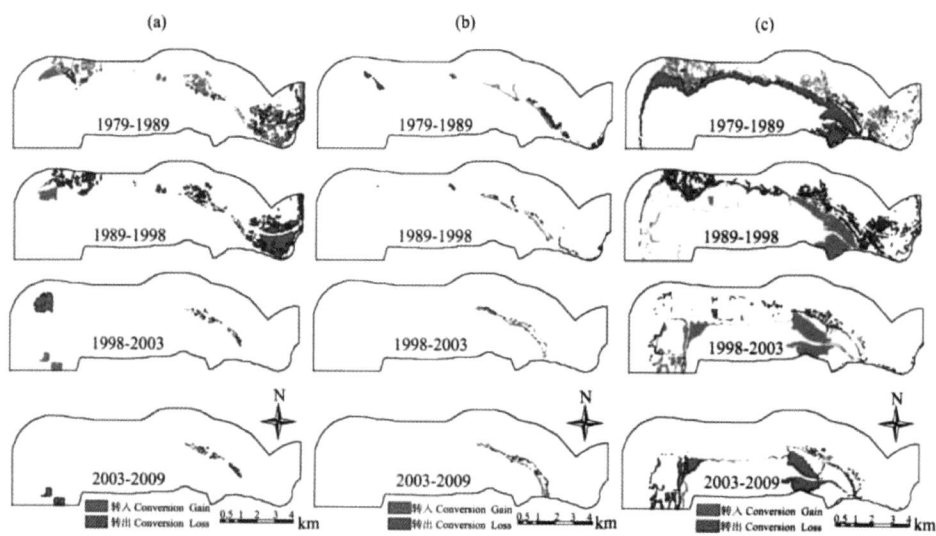

图 3 不同城市化阶段基围(a)、红树林(b)和滩涂(c)景观转移的发生区域

Fig. 3 Landscape conversion of Gei Wei (a), Mangrove (b) and Intertidal Zone (c) at different stages of urbanization

2.3 景观转移检测

研究发现,不同景观的转移情况在不同的城市化阶段是不同的。在城市化初期,由于城市扩张速度较慢,深圳市仍以农业生产占主导经济地位,以水田和养殖塘为代表的人工湿地景观得到了保存和发展(图 3a),基围年均转入量远高于年均转出量(图 4a)。1989 年至 1998 年的 9 年间,城市化速度加快,以农业耕作主导的半自然景观格局快速转变为工业主导的城市景观格局,人工湿地大量转变为其他景观类型。该阶段红树林的转入和转出速度均达到了过去 30 年的最低值,仅为 2.10 hm²/年和 2.76 hm²/年(图 4b),从图 3b 我们可以看出,红树林的转入转出主要发生在红树林核心区,保护区的建立对红树林景观的保护效应开始显现。第 3 阶段红树林面积增加最快,达到了年均 5.58 hm²,同时滩涂景观年均面积增长 77.40 hm²,达到了非常高的水平(图 4c),同时,基围景观经过前两个阶段的演变已变得相对稳定,其发生转入转出的斑块数量很少(图 4a),且主要分布在进行了几次大规模围海工程的南山区。城市化后期,红树林核心区内的红树林得到较好的发展,面积有所增加,但仅存不多的基围却进一步转移为其他景观类型。

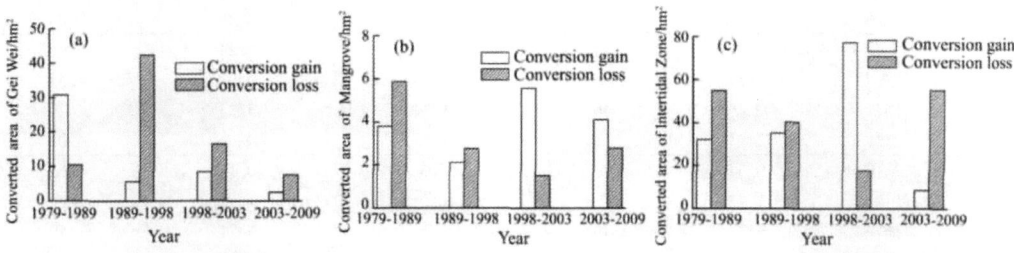

图 4 基围(a)、红树林(b)和滩涂(c)三类景观的年均转移面积在不同城市化阶段的变化趋势
Fig. 4 The annual area of transfer for Gei Wei (a), Mangrove (b) and Intertidal Zone (c) at various stages of urbanization

2.4 湿地景观格局分析

2.4.1 类型水平指数分析

从表 2 可以看出,基围景观从 1979 年占整个景观比例的 4.07 % 增长至 1989 年的 7.72 %,到 2009 年仅占 0.54 %,斑块数总体上呈减少趋势,斑块团聚度先降低后增加,到 2009 年仅有少量分布在福田红树林核心区(图 2)。得益于保护区的建立,红树林景观没有趋于破碎化,反而形成了两个大的斑块,斑块数减少的同时总面积变化很小,因此平均斑块面积增大,景观连通性增加。但红树林在整个景观格局中所占的比例一直很小,基本处于 1 % ~ 2 % 之间。滩涂所占比例呈现较大幅度的波动和反复性,总的来说,斑块数增加,平均斑块面积在减少,说明滩涂趋于破碎化,稳定性下降。水体所占比例持续减小,LPI 和 LSI 都呈下降趋势,斑块数增加的同时斑块形状趋于规则,偏向正方形。

通过景观指数分析我们发现,基围受人类干扰的影响最大,而红树林形成了两个大的斑块,保护区的建立让基围和红树林免受城市化进一步的破坏。城市化过程需要大量的土地满足城镇、厂房、交通和住房建设,因此深圳湾在改革开放后进行了几次大规模的围垦填海工程,西岸蛇口的海岸线向东延伸了约 2.4 km,北岸南山区的海岸线向南延伸了约 1.2 km,这是深圳湾原有的湿地景观格局发生了巨大改变的根本原因。

2.4.2 景观水平指数分析

如表 3 所示,研究区景观多样性指数 SHDI 较为稳定,基本处于 1.6 ~ 1.7 之间,说明深圳湾多样性高,景观类型丰富。均匀度指数 SHEI 基本在 0.7 ~ 0.8 之间,说明景观均匀度不高,不同类型的所占面积变化很大,例如,水体、绿地、建成区所占面积较大,而基围、红树林所占面积较小,最大可相差 40 倍左右。研究区的斑块总数增加,同时平均斑块面积减少,总体来看,深圳湾湿地正朝着不利于其稳定的趋势发展。

表 2 湿地景观类型指数
Table 2 The indexes of different wetland landscape types

年份	景观类型	面积组成比例 PLAND	斑块个数 NP	斑块平均面积指数 MPS	最大斑块面积指数 LPI	景观形状指数 LSI
1979	基围	4.07	26	8.74	2.74	7.85
	红树林	1.42	9	8.84	0.67	4.6
	滩涂	11.36	38	16.7	9.17	7.22
	水体	41.71	12	194.15	41.33	2.92
1989	基围	7.72	83	5.2	2.56	14.73
	红树林	1.05	15	3.91	0.5	7.65
	滩涂	7.28	100	4.07	1.81	23.37
	水体	50.23	8	350.7	50.17	2.52
1998	基围	1.79	8	12.53	1.23	5.04
	红树林	0.94	4	13.16	0.69	4.18
	滩涂	6.42	83	4.32	3.32	9.96
	水体	36.09	58	34.76	28.52	6.04
2003	基围	1.08	14	4.31	0.24	5.96
	红树林	1.31	4	18.25	0.92	4.51
	滩涂	11.77	46	14.29	5.33	7.5
	水体	24.1	47	28.65	18.69	6.07
2009	基围	0.54	5	6.03	0.15	4.62
	红树林	1.45	2	40.5	1.12	4.9
	滩涂	6.75	46	8.2	5.71	7.59
	水体	23.63	49	26.94	20.64	5.74

表 3 景观的 Shannon 多样性指数、均匀度指数和斑块总数
Table 3 The Shannon diversity index, evenness of landscape and total number of plaques

年份	SHDI	SHEI	NP
1979	1.61	0.77	301
1989	1.58	0.76	611
1998	1.66	0.8	672
2003	1.7	0.82	549
2009	1.64	0.79	601

3 结 论

1979 年至 2009 年的 30 年里,深圳湾的湿地景观格局发生了很大的变化,总体来看,该区域的湿地景观正朝着不利于其稳定的趋势发展,破碎化程度增加,海岸线不断向浅海延伸,但保护区的建立对湿地景观尤其是红树林和基围的保护起到了重要作用。随着城市化的进行,城市建成区景观面积由 208.95 hm² 增加到 2 072.52 hm²;基围景观受人为干扰最严重,城市化使得基围景观逐渐转移为建成区等景观类型,且斑块形状趋于规则,偏向正方形;保护区内的红树林受到较好的保护,形成了两个大的斑块,景观连通性增加;滩涂景观在过去 30 年间呈现较大幅度的波动和反复性,总的来说,面积从 1979 年的 634.5 hm² 减少至 2009 年的 377.28 hm²,景观趋于破碎化,稳定性下降。

通过景观格局的分析,我们发现人为干扰是深圳湾景观格局改变和发生景观转移的主要因素,围垦填海和城市建设严重破坏了滨海湿地。如果不改变过去以破坏湿地为代价的开发利用模式,深圳湾滨海湿地只会进一步的遭受破坏,湿地面积只会进一步减小,破碎化程度只会进一步增加。而这一变化趋势严重威胁着滨海生物尤其是鸟类的生存,最终会导致区域生物多样性的减少,加剧湿地的生态脆弱性。

综上所述,政府应加大对深圳湾湿地保护的资金投入与科学研究,通过增加人工湿地和生态修复等方式改善目前的湿地景观格局。建立长效保护和监督机制,研究退建还湿的可行性,加快制定深圳湿地保护与管理的法律法规,逐步完善湿地保护法律体系,严禁围垦填海,促进滨海湿地资源与环境的可持续发展。

合理的政策和科学的规划能够促进城市滨海湿地生态系统的保护和建设,作为改革开放前沿阵地的深圳市,在享受巨大经济效益的同时又要面临降

低其负面的生态环境效益这一巨大的挑战,景观生态学和3S技术正好提供了把湿地景观格局与时空变化特征连接起来的理论基础和量化手段,是研究湿地景观动态变化的有效方法。本研究表明,通过对湿地景观格局的研究可以帮助我们理解其生态演变的过程,揭示景观演替的内部机制和规律,最终寻求合理的湿地管理和保护策略,为深圳湾湿地的保护和规划提供理论参考。

参考文献:

[1] PICKETT S T A, CADENASSO M L, GROVE J M, et al. Urban ecological systems: Linking terrestrial ecological, physical, and socioeconomic components of metropolitan areas [J]. Annual Review of Ecology and Systematics, 2001, 32: 127-157.

[2] GRIMM N B, FAETH S H, GOLUBIEWSKI N E, et al. Global change and the ecology of cities [J]. Science, 2008, 319: 756-760.

[3] WENG Y C. Spatiotemporal changes of landscape pattern in response to urbanization [J]. Landscape and Urban Planning, 2007, 81: 341-353.

[4] YU X, NG C. An integrated evaluation of landscape change using remote sensing and landscape metrics: a case study of Panyu, Guangzhou [J]. International Journal of Remote Sensing, 2006, 27: 1075-1092.

[5] MUSACCHIO L R. landscape ecological planning process for wetland, waterfowl and farmland conservation [J]. Landscape and Urban Planning, 2001, 56: 142-147.

[6] 徐玲玲,张玉书,陈鹏师,等.近20年盘锦湿地变化特征及影响因素分析[J].自然资源学报,2009,24(3): 484-490.

[7] 陈爽,马安青,李正炎.辽河口湿地景观格局变化特征与驱动机制分析[J].中国海洋大学学报,2011,41(3): 81-87.

[8] 曹林,韩维栋,李凤凤,等.雷州湾红树湿地景观格局演变及驱动力分析[J].林业科技开发,2010,24(4): 18-23.

[9] 叶功富,谭芳林,罗彩莲,等.泉州湾河口湿地景观格局变化研究[J].湿地科学,2010,8(4): 361-365.

[10] 曾辉,高启辉,陈雪,等.深圳市1988-2007年间湿地景观动态变化及成因分析[J].生态学报,2010,30(10): 2706-2714.

[11] GONG Chongfeng, CHEN Jiquan, YU Shixiao. Spatio-temporal dynamics of urban forest conversion through model urbanization in Shenzhen, China [J]. International Journal of Remote Sensing, 2011, 32: 9071-9092.

[12] RIDD M K, LIU J J. A comparison of four algorithms for change detection in an urban environment [J]. Remote Sensing of Environment, 1998, 63: 95-100.

[13] YANG X J. Satellite monitoring of urban spatial growth in the Atlanta metropolitan area [J]. Photogrammetric Engineering and Remote Sensing, 2002, 68: 725-734.

[14] NAGENDRA H, MUNROE D K, SOUTHWORTH J. From pattern to process: landscape fragmentation and the analysis of land use/land cover change [J]. Agriculture Ecosystems & Enviroment, 2004, 101: 111-115.

复方血栓通胶囊基于原料药材与药效相关联的组方规律研究

刘 宏[1]，谢称石[2]，王永刚[1]，李沛波[1]，彭 维[1]，龙超峰[2]，苏薇薇[1]

(1. 中山大学生命科学学院，广东 广州 510275；
2. 广东众生药业股份有限公司，广东 东莞 523325)

摘 要：基于灰色关联分析方法，研究复方血栓通胶囊组方中各味药材与药效间的关联性，科学解释其组方配伍规律。在复方血栓通胶囊原有配方比例的基础上，利用均匀设计调整组方中各味药材含量比例，获得复方血栓通差异样品；并进行动物药效实验考察诸差异样品活血化瘀的药效，获得其药效学数据。在此基础上运用灰色关联分析方法，分析差异样品与药效的关联性。研究表明：三七为复方血栓通活血化瘀药效的主要贡献者，对改善微循环障碍、调节凝血功能、缓解毛细血管及微小静脉堵塞起到重要作用；黄芪、丹参、玄参三味药材可显著降低血液中红细胞间的聚集性，从而使血液运行顺畅，防止血液高凝状态出现。四味药材作用各有特点又相互补充，合理发挥了其多靶点、多途径的调控作用。

关键词：复方血栓通胶囊；药效；灰色关联分析；组方配伍规律

中图分类号：R96　　**文献标志码**：A　　**文章编号**：0529 - 6579（2014）02 - 0108 - 07

Composition Principles of Compound Xueshuantong Capsule Based on Grey Relational Analysis Between the Four Herbs and Efficacy

LIU Hong[1], *XIE Chengshi*[2], *WANG Yonggang*[1], *LI Peibo*[1], *PENG Wei*[1],
LONG Chaofeng[2], *SU Weiwei*[1]

(1. School of Life Sciences, Sun Yat-sen University, Guangzhou 510275, China；
2. Guangdong Zhongsheng Pharmaceutical Company Limited, Dongguan 523325, China)

Abstract: The present study was designed to reveal the composition principles of four herbs in compound xueshuantong capsule (CXC) based on grey relational analysis approach. According to uniform design, CXC samples with different proportions of the four herbs were prepared on the premise of the original formula proportion. Efficacy experiments on animals were conducted to evaluate the CXC samples effects of promoting blood circulation and removing blood stasis. Grey relational analysis approach was used to analyze the relevance between CXC samples and efficacy. The results demonstrated that Panax notoginseng was the key herb performing an obviously higher efficacy contribution in CXC. It could significantly regulate blood clotting activity, improve microcirculation and alleviate the blocking in the capillaries and small veins. Meanwhile, *Radix astragali*, *Salvia miltiorrhizae* and *Radix scrophulariaceae* could significantly reduce the aggregation between red blood cells, resulting in smooth blood flow and prevention of blood hypercoagulable state. Therefore, four herbs together could influence different aspects of blood system, which fully embodies the multi-component and multi-target peculiarities of CXC.

Key words: compound xueshuantong capsule; efficacy; grey relational analysis; composition principles

---

* 收稿日期：2013 - 06 - 07
基金项目：国家"重大新药创制"科技重大专项资助项目（2011ZX09201 - 201 - 22）；国家科技支撑计划课题资助项目（2012BAT29B09）；东莞医疗卫生单位科技计划资助项目（2012105102004）
作者简介：刘宏（1988年生）；男；研究方向：中药谱效学研究；通讯作者：苏薇薇；E-mail: lssww@126.com

复方血栓通胶囊系广东众生药业股份有限公司的拳头产品，于 2001 年被列为国家中药保护品种。复方血栓通胶囊由三七、黄芪、丹参、玄参四味药材组成，用于治疗血瘀兼气阴两虚证的视网膜静脉阻塞和稳定性劳累型心绞痛，临床疗效显著[1-4]。

中药复方的特色在于：通过多味药材的相互配合，实现对机体失衡状态的修正。然而，由于东西方文化的差异，对于中药复杂体系来说，传统的"君臣佐使"理论，尚未被西方医学界接受。目前，通过药效实验科学解释"君臣佐使"规律，尚处于发轫阶段。本研究基于灰色关联分析方法，研究复方血栓通胶囊组方中各味药材与药效间的关联性，科学解释其组方配伍规律，以祈在中西医之间架起沟通的桥梁，具有理论意义和实用价值。

1 材 料

1.1 实验动物

SPF 级 SD 大鼠，雄性，130 只，体质量 180～220 g，由广东省医学实验动物中心提供，合格证号：SCXK-（粤）2008-0002。

1.2 实验药品与试剂

药效实验：复方血栓通差异样品浸膏（批号：120523），由广东众生药业股份有限公司提供，用生理盐水分别配制成 152 mg/mL 的药液；$w = 0.1\%$ 盐酸肾上腺素注射液，规格 1 mg∶1 mL，上海禾丰制药有限公司，国药准字 H31021062，批号：20111109、20120315，用生理盐水稀释至 0.4 mg/mL，现用现配；阿司匹林（Asp）肠溶片，吉林市鹿王制药公司，国药准字 H22025784，批号：BTA7WH2；复方丹参滴丸（Fdd），天津天士力制药股份有限公司，国药准字 Z10950111，批号：120201；氯化钠注射液（$w = 0.9\%$），广东利泰制药股份有限公司，批号：11100852、广东科伦药业有限公司，批号：D12070311-2；二水合柠檬酸三钠，广州化学试剂厂，批号：20030904-1；水合氯醛（水合三氯乙醛），天津市科密欧化学试剂有限公司，批号：20111114。

色谱部分：液相色谱所用试剂乙腈（Burdick & Jackson, Honeywell）、磷酸（天津市科密欧化学试剂有限公司）为色谱纯，水为超纯水，其余所用试剂为分析纯。

1.3 实验仪器

药效实验：涡旋振荡器：Scientific Industries Vortex-Genie 2；十万分之一电子天平：Sartorius BP211D、ACCμLAB ALC-210.4；超低温冰箱：海尔 BCD-568W；冷冻离心机：Eppendorf 5430R、TD5A-WS、TDL-5M；北京普利生 LBY-NJ4 血小板聚集仪；Sysmex CA-510 全自动血凝分析仪；北京普利生 LBY-N6B 全自动自清洗血流变仪；北京普利生 LBY-XC40 全自动动态血沉测试仪。

色谱部分：Ultimate 3000 DGLC 高效液相色谱仪（美国 Dionex 公司，DGP-3600SD 双三元泵、SRD-3600 脱气机、WPS-3000SL 自动进样器、TCC3000-RS 柱温箱、DAD 检测器、Chromeleon6.8 数据处理软件）；十万分之一电子分析天平（德国 Sartorius 公司，BP211D 型）；超纯水器（美国密理博 Millipore 公司，Simplicity）；旋转蒸发仪（德国 Laborota 公司，4001 型）；数控超声波清洗器（昆山超声仪器有限公司，KQ-250DE 型）；烧杯、锥形瓶、茄形瓶、滴管、移液管等玻璃仪器。色谱柱型号：Dionex Acclaim® 120 C_{18}（3 μm，150 mm×4.6 mm）。

1.4 实验环境

经中山大学生命科学学院动物伦理委员会批准饲养于广东省中山大学海洋与中药实验室 SPF 级动物房，许可证号：SCXK-（粤）2009-0020。观察室温度 20～23 ℃，相对湿度 50%～65%，颗粒饲料，在实验动物适应新环境一周后开始实验并实验过程中采取适当的方法减轻对动物的伤害。

2 方 法

2.1 差异样品的构建及指纹图谱分析

1) 差异样品的制备：根据复方血栓通胶囊的处方组成，按照配方约束下四因素九水平的均匀设计[5]，调整 4 味药材的配比，在此基础上制备了 9 个差异样品[6]。

2) 差异样品指纹图谱分析及聚类分析：分别取复方血栓通差异样品 1-9 号约 0.3 g，精密称定，置具塞锥形瓶中加 $\varphi = 70\%$ 的甲醇 20 mL，密塞，超声处理（功率 250 W，频率 40 kHz）30 min，滤过，将滤纸及残渣置同一锥形瓶中，再加入甲醇 20 mL，超声处理（功率 250 W，频率 40 kHz）30 min，滤过，合并两次滤液，减压回收溶剂至近干，加 $\varphi = 50\%$ 甲醇使溶解，定量转移至 10 mL 量瓶，加 $\varphi = 50\%$ 甲醇至刻度，摇匀，用 0.22 μm 的微孔滤膜滤过，取续滤液，即得差异样品供试品溶液。采用指纹图谱的构建方法[7-10]，对制备所得差异样品 1-9 号进行 HPLC 分析，并根据差异样品指纹图谱中 21 个已确证成分的共有峰峰面积，将其导入 SPSS 18.0 中进行聚类分析，聚类方法采用 Between-groups linkage，距离计算方法采用 Pearson correlation。

2.2 差异样品药效学实验

1）实验分组及给药：SD 大鼠 130 只随机分为 13 组，分别为空白对照组，急性血瘀模型组，阳性对照 Asp 给药组，阳性对照 Fdd 给药组，复方血栓通差异样品 1－9 组。阳性对照组 Asp 100 mg/kg/d，阳性对照组 Fdd 800 mg/(kg·d)$^{-1}$，复方血栓通差异样品 1－9 组 1520 mg/(kg·d)$^{-1}$。实验动物在饲养环境中适应一周后开始给药，每天灌胃给药一次，给药体积均为 10 mL/kg，空白对照组与模型组灌胃给予同体积生理盐水，连续给药 10 d。

2）大鼠急性血瘀模型：末次给药后 30 min，除空白对照组外其余各组大鼠均皮下注射盐酸肾上腺素 0.8 mg/kg，空白组大鼠皮下注射等量生理盐水，过 2 h 后除空白对照组外其余各组大鼠均浸入 0~4 ℃ 冰水内进行冷刺激 5 min，2 h 后再次皮下注射等量盐酸肾上腺素 0.8 mg/kg[11-14]，处置后禁食 12 h 后各组进行灌胃给药，1 h 后每 100 g 体质量腹腔注射麻醉 $\varphi=10\%$ 水合氯醛 0.35 mL，腹主动脉采血，枸橼酸钠 1∶9 抗凝，血样处理及检测全部按标准操作规程进行，所取血液全部用于血液流变和凝血功能相关药效指标检测[15-16]。

3）大鼠血液药效指标检测：取 1.5 mL 抗凝血液放入 TDL－5M 冷冻离心机进行离心（2 000 r/min，15 min，20 ℃）得血浆，一部分血浆放入 Sysmex CA－510 全自动血凝分析仪进行活化部分凝血活酶时间（APTT）、凝血酶原时间（PT）项目检测，一部分血浆放入北京普利生 LBY-N6B 全自动自清洗血流变仪进行毛细管血浆黏度（PV）检测；取 0.9 mL 抗凝血液放入北京普利生 LBY-N6B 全自动自清洗血流变仪进行全血黏度（WBV，150 s^{-1}）、红细胞聚集指数（EAI）及红细胞电泳指数（RCEI）检测；取 0.9 mL 抗凝血液放入 TDL-5M 冷冻离心机进行离心（2 000 r/min，15 min，20 ℃）并放入北京普利生 LBY-XC40 全自动动态血沉测试仪进行红细胞压积检测；取 3.0 mL 抗凝血液放入 TDL-5M 冷冻离心机进行第一次离心（500 r/min，20 ℃，10 min）得富血小板血浆（PRP），取出富血小板血浆并将剩余部分再次离心（3 000 r/min，20 ℃，10 min）得贫血小板血浆（PPP），5 μL ADP（300 μmol/L）用于诱导血小板聚集，300 μL PRP 与 300 μL PPP 放入北京普利生 LBY-NJ4 血小板聚集仪检测血小板最大聚集率（MPAR）。

4）数据处理方法：所得计量资料均以 $\bar{x}\pm S$ 表示，采用 SPSS 18.0 进行单因素方差分析（ANOVA）及 T 检验 dunnett 多重比较的方法进行数据分析，P 值小于 0.05 或 P 值小于 0.01 被认为存在统计学差异。

2.3 灰色关联分析[17-19]

在本研究中，各处理组药效指标的均值用以表征药效高低，为方便各种分析方法的计算，在进行药材含量－药效关联分析之前先对药效作用原始数据中的负向指标先做正向化处理（取倒数）再用均值化方法进行无量纲化处理[20]。除了空白组外所有组动物都进行了造模处理，只受给药单一因素的影响。为直观显示 Asp、Fdd 及 9 组差异样品的药效强弱，定义模型组的 7 个药效指标值为参考数列，其余 Asp 组、Fdd 组及差异样品 1－9 组为比较数列，利用灰色关联分析方法计算比较数列与参考数列的灰色关联度，灰色关联度越高则认为与模型组相似度越高，则整体药效越差。

3 结 果

3.1 差异样品指纹图谱分析及聚类分析

对差异样品的指纹图谱（图 1 A、B）进行聚类分析，结果见图 1（C）。当聚类重新标定距离

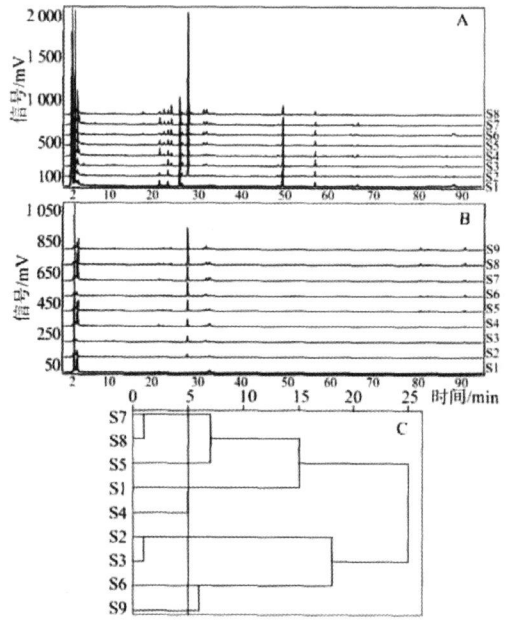

图 1 复方血栓通胶囊差异样品 HPLC 图谱
（A：203 nm；B：270 nm）及聚类分析结果（C）
Fig.1 The HPLC fingerprint (A: 203 nm; B: 270 nm) and cluster analysis of samples

(Rescaled Distance Cluster Combine) 为 5 时，9 批样品可分为七类：2、3 为一类，7、8 为一类，其余自成一类。

3.2 差异样品药效实验

1) WBV ($150\ s^{-1}$)

实验结果表明：急性血瘀大鼠高切变率下 WBV 显著升高（$P<0.05$），而 Asp、Fdd、差异样品 1、2、3、4、5 组对大鼠 WBV 升高有显著抑制作用（$P<0.05$，$P<0.01$），其余各组与模型组比较无统计学差异（图2）。

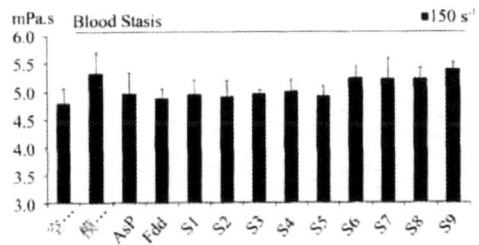

图 2　差异样品对 $150\ s^{-1}$
切变率下全血黏度的改善作用柱状图
Fig. 2　The effects of samples on WBV at $150\ s^{-1}$

2) EAI、RCEI

实验结果表明，急性血瘀大鼠 EAI 显著升高（$P<0.01$），RCEI 显著降低（$P<0.01$）；而 Asp、Fdd、差异样品 1、2、3、4、5、6、8 组对 EAI 升高均有显著抑制作用（$P<0.05$），差异样品 2、4、5 对 RCEI 的降低有显著改善作用（$P<0.05$），其余各组与模型组比较无统计学差异（图3）。

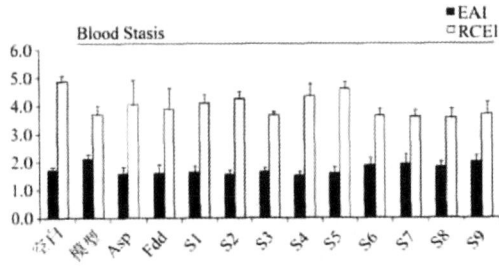

图 3　差异样品对红细胞聚集、电泳指数的改善作用柱状图
Fig. 3　The effects of samples on EAI and RCEI

3) PT、APTT

实验结果表明，急性血瘀大鼠 PT 显著降低（$P<0.01$）、APTT 显著降低（$P<0.05$），而各给药组中只有差异样品 3 组对 APTT 的降低有显著抑制作用（$P<0.05$），其余各组除了差异样品 7 组外对 PT、APTT 均有一定的提升作用，但与模型组比较无显著性差异（图4、图5）。

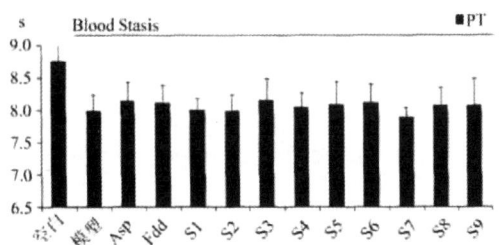

图 4　差异样品对 PT 的改善作用柱状图
Fig. 4　The effects of samples on PT

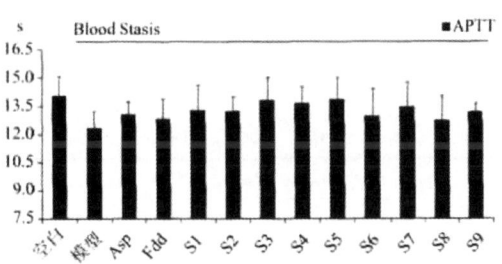

图 5　差异样品对 APTT 的改善作用柱状图
Fig. 5　The effects of samples on APTT

4) MPAR、PV

实验结果表明，急性血瘀大鼠 PV 及 MPAR 均显著升高（$P<0.01$），而 Asp、差异样品 1、5 组对 MPAR 的升高有显著抑制作用（$P<0.01$），其余各组则均有一定的改善作用，Asp、Fdd、差异样品各组对 PV 的改善作用较弱，与模型组比较无统计学差异（图6、图7）。

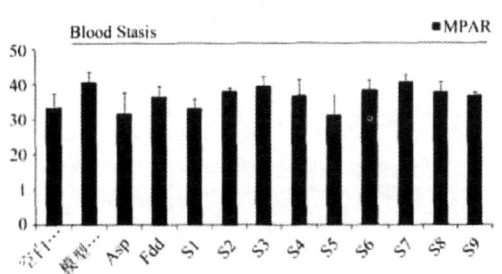

图 6　差异样品对血小板最大聚集率的影响柱状图
Fig. 6　The effects of samples on MPAR

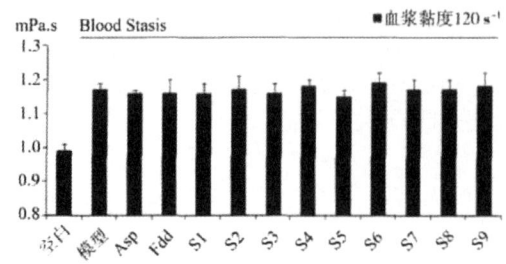

图 7 差异样品对血浆黏度的影响柱状图
Fig. 7 The effects of samples on PV

3.3 灰色关联分析

差异样品药效比较的灰色关联分析结果见表1。在验证了复方血栓通差异样品间具有药效差异后，进一步考察三七、黄芪、玄参、丹参4味药材对药效的贡献大小。以4味药材在差异样品中的含量为参考数列，以每个药效指标值在差异样品中的大小为比较数列，利用灰色关联分析方法计算比较数列与参考数列的灰色关联度，关联度越高则表明该药材药效贡献越大，计算结果见表2。在明确了四味药材的药效贡献大小后，对每味药材与7个药效指标的关联度进行排序，从而进一步分析各味药材的主要药效作用靶点，计算结果见表3。

表1 复方血栓通差异样品各组与模型组灰色关联度（由左至右依次降低）
Table 1 The grey relational degree of samples

差异样品	S7	S6	S9	S8	S3	S4	S2	S1	S5
灰色关联度	0.871 4	0.859 0	0.837 7	0.836 4	0.806 5	0.785 0	0.783 3	0.776 2	0.731 2

表2 四味药材与7个指标灰色关联度
Table 2 The grey relational degree between herbs and efficacy indicators

药材	药效指标						
	WBV/(mPa.s)	PV/(mPa.s)	PT/s	APTT/s	MPAR	EAI	RCEI
三七	0.809 6	0.790 5	0.825 2	0.821 1	0.795 3	0.802 0	0.809 6
黄芪	0.560 7	0.578 4	0.551 0	0.547 4	0.572 3	0.572 1	0.560 7
玄参	0.587 5	0.602 3	0.587 4	0.594 1	0.588 2	0.596 0	0.587 5
丹参	0.589 6	0.620 4	0.579 1	0.570 2	0.603 7	0.609 3	0.589 6

表3 四味药材与7个药效指标灰色关联度排序结果（从上至下递减）
Table 3 The grey relational degree ranking results efficacy indicators towards herbs

排序	三七	黄芪	玄参	丹参
1	PV	EAI	EAI	EAI
2	PT	RCEI	APTT	RCEI
3	APTT	WBC	RCEI	WBC
4	WBC	PV	WBC	PV
5	MPAR	APTT	PT	APTT
6	EAI	PT	PV	PT
7	RCEI	MPAR	MPAR	MPAR

4 讨 论

Asp 为世界公认的有效抑制血小板聚集的药物，可有效缓解血液高凝状态，有证据显示 Asp 可减少心肌梗死、中风和血管性死亡的风险[21-22]。Fdd 可显著改善血液循环障碍，临床上常用于治疗冠心病、心绞痛[23]。本研究中，作为阳性药物，Asp 和 Fdd 分别显示了较好的活血化瘀疗效，其中 Asp 可显著改善全血黏度及血小板聚集率，Fdd 可显著改善全血黏度及红细胞聚集性，表明本实验药效模型适用于活血化瘀药物的筛选。

由于 4 味药材配比的不同，9 个复方血栓通差异样品的药效显示出明显的差异。由表1可知，药效作用强弱顺序由大到小为 S5 > S1 > S2 > S4 > S3 > S8 > S9 > S6 > S7，即 5 号差异样品药效作用最强，6－9 号样品药效较差。

从表2可知，三七药材与所有药效指标间的关联度均在 0.8 左右，其余三味药材的关联度则在 0.6 左右，三七对药效的贡献要远远高于其余三味药材，从而表明三七为组方中主要药效贡献者，是活血化瘀之要药。

药材与药效指标间关联度的排序能够直观显示药材主要作用于哪些药效指标，结合其临床意义则可揭示 4 味药材间的相互协调作用。表3提示，三七与 PV、PT、APTT、高切变率下 WBV 及血小板聚集率关联密切,表明三七可能对血液中红细胞变形性、血小板、血浆蛋白及凝血因子具有调节作用,其余三味药材均主要与 EAI 关联较大,表明三味药材可能对血液中红细胞聚集性具有抑制作用,从而可有效抑制全血黏度的升高。

红细胞呈双凹圆盘形状,直径约 7~8 μm,它可以通过比自己直径要小甚至小好几倍的微血管,这一特性对微循环具有重大意义。红细胞具有明显的变形能力及很好的弹性,若这种能力丧失,红细胞无法通过微小的毛细血管,极易导致微循环障碍,血液堵塞,黏度增高。高切变率下全血黏度表征血液中红细胞变形性的强弱[24],三七可显著降低高切变率下的全血黏度表明其对红细胞变形性具有很好的调节作用,从而可以增强微小血管的血液流动性,改善微循环。由此可见三七作为复方血栓通胶囊药效的主要贡献者,对其适应症之一视网膜眼底静脉栓塞、眼底瘀血有着举足轻重的作用。

PT 表征外源性凝血系统功能,是监测口服抗凝剂的常用指标,APTT 是内源性凝血系统较为简便、敏感的筛选试验。二者均与血液中凝血因子息息相关[25]。血小板功能的正常是血液通畅的必要条件之一,血小板聚集率升高是心血管疾病的重要致病因素之一[26]。血浆黏度的升高是由血液中大分子血浆蛋白紊乱引起,可引发血液产生高凝状态。凝血因子、血小板、血浆蛋白等是血液系统中的重要组成部分,三七与 PV、PT、APTT 及血小板聚集率关联密切,可推测三七在改善微循环的同时可在一定程度上修复血液系统,对非细胞结构成分具有一定的调节作用。

有证据显示缺血性心脏病、心肌梗塞患者其红细胞聚集性显著增高。红细胞聚集程度增加,促使血液黏度增加,同时还可能引发其他血流变指标改变,导致血液阻力增大,血液流动性减弱,甚至使某些毛细血管、微小静脉堵塞,导致循环血液灌注量不足,组织或器官缺血、缺氧及酸性代谢产物增加,后果十分严重。红细胞聚集指数可表征血液中红细胞聚集性的强弱[24]。黄芪、丹参、玄参三味药材均与该药效指标密切相关,表明三味药材可显著降低红细胞聚集性,降低血液黏度,调节全身组织的血液流动性。由此可知复方血栓通胶囊中三味药材可增强三七对血液微循环障碍的改善作用,对其适应症之一血瘀兼气阴两虚的稳定性劳累型心绞痛发挥较好的疗效。

综合上述分析,三七可显著改善微循环障碍,调节凝血功能,缓解毛细血管及微小静脉堵塞;黄芪、丹参、玄参三味药材可显著降低血液中红细胞间的聚集性,从而使血液运行顺畅,防止血液高凝状态出现。四味药材药效作用各有优势又相互补充,合理发挥了多靶点、多途径调控的作用。

传统中医理论认为,三七活血化瘀为君药,丹参为臣药,破瘀血、补新生血,加强君药之活血化瘀,黄芪之大补元气与玄参之滋阴合用治疗气阴两虚为佐药。本研究结果与传统中医理论不谋而合,以创新的思路与方法解释了复方血栓通胶囊组方配伍规律,为其他中药复方配伍研究提供了范例。

参考文献:

[1] 刘忠政,梁洁萍,聂怡初,等. 复方血栓通胶囊基于血液循环和凝血过程相关靶点的网络药理学研究[J]. 中山大学学报:自然科学版,2013,52(2):97-100.

[2] 何善智. 复方血栓通胶囊的药理研究[J]. 广东医学,1997,18(1):Ⅱ.

[3] 邢玉微. 复方血栓通胶囊对糖尿病大鼠微血管保护作用及机制探讨[D]. 上海:第二军医大学,2010.

[4] 张建浩,黄绪亮,黄海波,等. 复方血栓通滴丸对血瘀大鼠血液流变学及小鼠凝血时间的影响[J]. 中国药学杂志,2000,39(5):350-352.

[5] 方开泰. 均匀设计与均匀设计表[M]. 北京:科学出版社,1994.

[6] 国家药典委员会. 中华人民共和国药典(一部)[S]. 北京:中国医药科技出版社,2010:909-910.

[7] 梁洁萍,刘忠政,彭维,等. 复方血栓通胶囊 HPLC 指纹图谱质量控制方法研究[J]. 中药材,2012,35(11):1854-1858.

[8] 关倩怡,黄琳,彭维,等. 口炎清颗粒指纹图谱研究[J]. 中山大学学报:自然科学版,2011,50(1):115-118.

[9] 郑文燕,王晓东,彭维,等. 祛痰止咳颗粒指纹图谱研究[J]. 中山大学学报:自然科学版,2011,50(3):98-101.

[10] 梁洁萍,陈思,谢称石,等. 复方血栓通胶囊中 4 个有效成分的一测多评定量方法研究[J]. 中山大学学报:自然科学版,2013,52(5):123-126

[11] 陈奇. 中药药理研究方法学[M]. 北京:人民卫生出版社,1993:564.

[12] 纪文岩,刘英慧,高晓昕. 肾上腺素合冷刺激致血瘀模型大鼠血栓形成标志物变化的实验研究[J]. 世界中西医结合杂志,2010,5(9):758-759.

[13] 李伟霞,黄美艳,唐于平,等. 大鼠急性血瘀模型造模方法的研究与评价[J]. 中国药理学通报,2011,27(12):1761-1765.

(下转第 120 页)

[15] SCOTT F W, SARWAR G, CLOUTIER H E. Diabetogenicity of various protein sources in the diet of the diabetes-prone BB rat [J]. Advances in Experimental Medicine and Biology, 1989, 246: 277 – 285.

[16] COLEMAN D L, KUZAVA J E, LEITER E H. Effect of diet on incidence of diabetes in nonobese diabeticmice [J]. Diabetes, 1990, 39: 432 – 436.

[17] ANTVORSKOV J C, FUNDOVA P, BUSCHARD K, et al. Dietary gluten alters the balance of pro-inflammatory and anti-inflammatory cytokines in T cells of BALB/c mice [J]. Immunology, 2013, 138(1): 23 – 33.

[18] ZIEGLER A G, SCHMID S, HUBER D, et al. Early infant feeding and risk of developing type 1 diabetes-associated autoantibodies [J]. JAMA, 2003, 290: 1721 – 1728.

[19] NORRIS J M, BARRIGA K, KLINGENSMITH G, et al. Timing of initial cereal exposure in infancy and risk of islet autoimmunity [J]. JAMA, 2003, 290: 1713 – 1720.

[20] SCOTT F W, MONGEAU R, KARDISH M, et al. Diet can prevent diabetes in the BB rat [J]. Diabetes, 1985, 34(10): 1059 – 1062.

[21] MOJIBIAN M, CHAKIR H, MACFARLANE A J, et al. Immune reactivity to a Glb 1 homologue in a highly wheat-sensitive patient with type 1 diabetes and celiac disease [J]. Diabetes Care, 2006, 29(5): 1108 – 1110.

[22] SIMPSON M, MOJIBIAN M, BARRIGA K, et al. An exploration of Glo – 3A antibody levels in children at increased risk for type 1 diabetes mellitus [J]. Pediatric Diabetes, 2009, 10(8): 563 – 572.

[23] 柳忠辉. 医学免疫学实验技术 [M]. 北京: 人民卫生出版社, 2008: 22 – 23.

[24] Food and Agriculture Organization of the United Nations Report of the FAO technical consultation on food allergies [C]. Rome, Italy: Food and Agriculture Organization of the United Nations, 1995.

[25] 钱荣立. 饮食紊乱与糖尿病 [J]. 中国糖尿病杂志, 2012, 20(1): 5 – 6.

[26] JOHANSSON S, HOURIHANE J, BOUSQUET J, et al. A revised nomenclature for allergy: An EAACI position statement from the EAACI nomenclature task force [J]. Allergy, 2001, 56(9): 813 – 824.

(上接第113页)

[14] LIU L, DUAN J A, TANG Y, et al. Taoren – Honghua herb pair and its main components promoting blood circulation through influencing on hemorheology, plasma coagulation and platelet aggregation [J]. J Ethnopharmacol, 2012, 139(2): 381 – 387.

[15] 曹明山, 张道华. 血液流变学检查的临床应用及注意事项 [J]. 临床医药实践, 2003, 12(6): 474.

[16] 李凤兰, 程虎英, 刘莹. 血液流变学标本采集的注意事项 [J]. 全科护理, 2009, 7(2): 328.

[17] 苏薇薇. 岭南特色中药指纹图谱质量控制关键技术研究 [M]. 广州: 广东科技出版社, 2012: 327 – 340.

[18] SONG Q, SHEPPERD M. Predicting software project effort: A grey relational analysis based method [J]. Expert Systems with Applications, 2011, 38(5): 7302 – 7316.

[19] KUO Y, YANG T, HUANG G W. The use of grey relational analysis in solving multiple attribute decision – making problems [J]. Computers & Industrial Engineering, 2008, 55(1): 80 – 93.

[20] 刘新华. 因子分析中数据正向化处理的必要性及其软件实现 [J]. 重庆工学院学报: 自然科学版, 2009, 23(9): 152 – 155.

[21] HENNEKENS C H, BURING J E. Aspirin in the primary prevention of cardiovascular disease [J]. Cardiology Clinics, 1994, 12(3): 443 – 450.

[22] MAREE A O, CURTIN R J, DOOLEY M, et al. Platelet response to low – dose enteric – coated aspirin in patients with stable cardiovascular disease [J]. Journal of the American College of Cardiology, 2005, 46(7): 1258 – 1263.

[23] JIANG S M, FU Y, CHEN Y P, et al. Study on protective effects of traditional Chinese medical complex prescription on myocardial ischemia/reperfusion injury after coronary artery ligation in rats [J]. Chinese Journal of Integrated Traditional and Western Medicine in Intensive and Critical Care, 2005, 12(6): 347 – 351.

[24] WEN Z, YAO W, XIE L, et al. Influence of neuraminidase on the characteristics of microrheology of red blood cells [J]. Clinical Hemorheology and Microcirculation, 2000, 23(1): 51 – 57.

[25] BAJAJ S P, JOIST J H. Seminars in thrombosis and hemostasis [M]. New York: Stratton Intercontinental Medical Book Corporation, c1974 – 1999: 407 – 418.

[26] GACHET C, CAZENAVE J. ADP induced blood platelet activation: a review [J]. Nouvelle Revue Francaise Dhématologie, 1991, 33(5): 347.

DNA 双链断裂损伤修复的随机模型研究

孙廷哲[1]，崔隽[2]

（1. 安庆师范学院生命科学学院，安徽 安庆 246011；
2. 基因工程教育部重点实验室∥中山大学生命科学学院，广东 广州 510275）

摘 要：DNA 双链断裂是一种非常严重的 DNA 损伤。对 DNA 双链断裂有效的修复对于维持基因组的稳定至关重要。对 DNA 双链断裂修复的动力学研究一直得到了广泛的关注。然而，以往的模型研究都没有充分考虑外源性和内源性 DNA 损伤修复之间的关联。因此，通过在细胞周期重启后引入自发生成的随机 DNA 双链断裂损伤，并设定触发细胞周期阻滞的阈值，一个精细化的 Monte Carlo 模型被构建并可以更好的模拟受迫状态下的损伤修复过程。细胞首先修复辐射刺激造成的 DNA 损伤，接着在总损伤水平低于特定阈值后产生内源性的 DNA 损伤并可能在某特定时间段内对两种来源损伤同时进行修复。本模型综合考虑了外源性和内源性 DNA 损伤修复的整合效应，为其它涵盖 DNA 损伤修复模块的模型研究提供了基础。

关键词：DNA 双链断裂；Monte Carlo 模拟；外源性 DNA 损伤；内源性 DNA 损伤；修复

中图分类号：Q6　**文献标志码**：A　**文章编号**：0529-6579（2015）05-0109-06

A Stochastic Model on DNA Double Strand Breaks Repair

SUN Tingzhe[1], *CUI Jun*[2]

(1. School of Life Sciences, Anqing Normal University, Anqing 246011, China;
2. Key Laboratory of Gene Engineering of the Ministry of Education, State Key Laboratory of Biocontrol, School of Life Sciences, Sun Yat-sen University, Guangzhou 510275, China)

Abstract: DNA double strand breaks (DSBs) pose serious threat to life. Efficient repair of DSBs is crucial for maintaining genomic integrity. Dynamic investigations of DSB repair have received intensive attention. However, previous models do not take into account the relation between extrinsic and intrinsic DNA damage. Therefore, a refined Monte Carlo model was constructed by considering spontaneous DNA damage and setting a threshold for cell cycle reentry. The refined model can better describe the dynamic DSB repair under stressed conditions. Extrinsic DSBs induced by irradiation were first fixed. When the level of damage falls below the threshold, intrinsic DNA damage will then emerge and both the extrinsic and intrinsic DSBs will possibly be simultaneously repaired during a specific period. The current model integrates both extrinsic and intrinsic DNA damage and sets a fertile ground for other models with DNA damage repair process.

Key words: DNA double strand breaks; Monte Carlo simulation; extrinsic DNA damage; intrinsic DNA damage; repair

电离辐射以及某些化学诱变剂所诱导的 DNA 双链断裂损伤（DNA double strand break, DSB）是一种非常严重的 DNA 损伤[1]。如果细胞不能对 DNA 双链断裂进行恰当的修复，通常会导致基因

---

* **收稿日期**：2015-01-12
基金项目：国家自然科学基金资助项目（31400714）；安徽省自然科学基金资助项目（1408085QC50）
作者简介：孙廷哲（1985 年生），男；**研究方向**：信号转导网络建模；**通讯作者**：崔隽；E-mail：cuij5@mail.sysu.edu.cn

组突变或者细胞死亡。细胞中持续的 DNA 双链断裂损伤也会大大增加癌变的风险。所以，DNA 双链断裂修复对维持基因组的稳定性起到了至关重要的作用[2]。

除了外源性因素所诱导的 DNA 双链断裂之外，内源性的因素也会导致 DNA 双链断裂损伤。约 1% 的单链 DNA 断裂损伤（single-strand DNA lesion, SSL）会转变为双链 DNA 损伤。同时，在同源染色体的重组过程中，DNA 双链断裂损伤也有一定的几率生成。有报道称，在具有 Bloom 综合征遗传背景细胞中，一个细胞周期约有 50 个内源性 DNA 双链断裂产生，而正常细胞中内源性 DSB 水平相应降低[3]。这相当于 1.5～2 Gy 的电离辐射所诱导的 DNA 双链断裂。在肿瘤细胞中，内源性即本底水平的 DNA 双链断裂则更为显著[4]。

在真核细胞中，DNA 双链断裂的修复主要通过两种方式：一种是同源重组（homologous recombination, HR），另一种是非同源末端连接（nonhomologous end joining, NHEJ）[3]。譬如 MRN 复合物（由 Mre11，Rad50 和 NBS1 组成）、ATM（Ataxia Telangiectasia Mutated）MDC1 和 BRCA1 等相关蛋白都参与到双链断裂的修复过程中。对 DSB 损伤修复的动力学研究一直是重要的课题。同时，通过系统生物学方法对 DSB 修复进行的模型研究也不断涌现。早期的 LPL（lethal and potentially lethal）模型以及 RMR（repair-misrepair）模型是具有代表性的两类模型[5-6]。这些模型通过引入可能的一级和二级动力学修复过程，较好的解释了辐射诱导的细胞死亡现象。但是，对于双链断裂损伤所引发的细胞死亡动力学，这两类模型不能很好的进行拟合。基于进一步的实验研究，Stewart 提出了 TLK 模型（Two-Lesion Kinetic Model）[7]。在 TLK 模型中，根据 DNA 双链断裂产生的复杂程度，修复经历了快修复和慢修复两种过程。基于 TLK 模型的基本假设，Ma 等[8]利用 Monte Carlo 方法构建了一个抽象的数学模型，很好的模拟了 DNA 双链断裂损伤的动力学行为并因此成功的解释了 p53 的数字脉冲现象。Ma 等提出的模型被很多后续的研究者所借鉴，为进一步的解释细胞命运决定机制起到了极大的推动作用。另外，其他的一些模型则通过引入具体的分子机制对 DNA 双链断裂损伤的修复进行了动态的研究[9-12]。

但是，以上的这些模型并没有充分考虑到细胞周期和 DNA 双链断裂损伤产生及修复的联系：即只考虑了电离辐射诱导产生的外源性 DNA 双链断裂的动态修复，而并没有考虑内源性 DNA 双链断裂的动态变化。在辐射刺激下，细胞会发生细胞周期阻滞现象，并修复辐射诱导的 DNA 损伤。当 DNA 损伤降低到特定阈值以下，细胞周期将被重启。细胞周期重启后，细胞周期伴随的内源性 DNA 双链断裂将不断产生，并得到动态修复。所以，我们提出了一个改良的 Monte Carlo 模型，并综合考虑了外源性和内源性 DNA 双链断裂损伤的动态修复过程，从而更真实的模拟了细胞在应激状态下的 DNA 双链断裂损伤修复的动力学行为。

1 材料与方法

1.1 DNA 双链断裂损伤概述

DNA 双链损伤修复模型分为两个模块：分别为辐射诱导（外源性）DNA 损伤修复和内源性 DNA 损伤修复模块。两个模块都基于 Stewart 模型的基本假设，即根据损伤的复杂程度，DSB 修复分为快修复和慢修复两种动力学形态[7]。DNA 修复过程通过 Monte Carlo 过程来模拟。在修复过程中，DSB 可能处于 3 种不同的状态：①完整的 DSB；② DSB 和修复蛋白的复合物；③已修复 DSB。根据 Ma 等的假设，本模型暂不考虑错误修复情形[8]。在时间步为 k 时，处于状态①、②和③的 DSB 分别用 $D_{(k)}$，$C_{(k)}$ 和 $F_{(k)}$ 来表示。我们用下标 '1' 和 '2' 来区分 DSB 的快速修复和慢速修复过程（图 1A）。易得如下关系：$D_{(k)} = D_{1(k)} + D_{2(k)}$，$C_{(k)} = C_{1(k)} + C_{2(k)}$ 和 $F_{(k)} = F_{1(k)} + F_{2(k)}$。总的修复蛋白（Repair protein, RP）被设定为 20。随机模拟的时间步长 Δt 设定为 0.2 min。

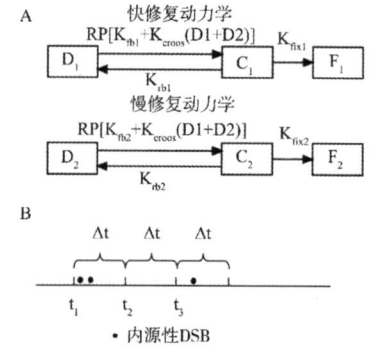

图 1 DSB 修复模型
Fig. 1 DSB repair model
A：快修复和慢修复动力学图示；
B：内源性 DSB 生成和时间步长关系

1.2 外源性和内源性 DSB 数目初始化

1.2.1 辐射诱导的 DNA 双链断裂修复 根据文献报道,1 Gy 的辐射剂量约产生 30 个 DSB [3]。为了充分考虑 DSB 生成的随机化,根据 Ma 等的假设,我们设定 DSB 的生成服从 Poisson 分布,其参数 $\lambda = 30 \cdot IR$,这里 IR 为辐射剂量[8]。根据 Ma 等的假设,70% 的总 DSB 被快修复,而剩余的 30% 的 DSB 经历慢修复过程。

1.2.2 内源性 DNA 双链断裂修复 假设内源性的 DSB 主要在细胞周期过程中产生。进一步限定,所有的 DSB 均在细胞周期中的 S 期和 G2/M 期产生,并服从均匀分布。为了简化模型,对细胞周期的时长进行了限定,即长度为 20 h,其中 G1,S 和 G2/M 期的比例设为 3:4:3。如文献报道,乳腺癌肿瘤细胞 MCF7 的细胞周期约为 20 h,其中 G1,S 和 G2/M 期时长分别为 6、8 和 6 h,且周期不受外源辐射刺激影响[13]。本模型关于细胞周期的时长以及内源性 DSB 发生时间的设定亦可设为它值(包括设置为随机变量),且不会对模型动力学产生定性的影响。在一个细胞周期中,我们设定将有 50 个 DSB 发生[3]。由于同源染色体重组等事件可诱发 DSB,所以 DSB 产生主要处于 S 期[3]。因此,假设其中 40 个产生于 S 期,剩余 10 个产生于 G2/M 期。在内源性 DNA 损伤修复模块中,我们设定每一个生成的内源性 DSB 将有 70% 的概率被快修复,有 30% 的概率被慢修复。

1.3 DSB 修复的一般过程

为了偶联外源性和内源性 DSB 修复的过程,我们设定发生细胞周期阻滞(cell cycle arrest)的阈值为 50 个 DSB。有文献报道,正常细胞中当 DSB 水平小于 20 时,细胞周期阻滞将停止[14]。但肿瘤细胞可以耐受更高水平的 DNA 损伤[4],所以我们将肿瘤细胞的阈值相应提高。当总 DSB 数目 ≤50 时,细胞周期将被重启。DSB 的修复遵循如下过程:

1) 设置初始值。$D_{1(0)} = \text{floor}(0.7 \cdot DSB_T)$,$D_{2(0)} = DSB_T - D_{1(0)}$,这里 DSB_T 为服从参数为 λ 的 Poisson 分布随机数,floor 为向下取整。新生的外源性和内源性 DSB 都处于状态 1。设 $k = 0$。

2) 增加时间步。设 $t = t + \Delta t$,$k = k + 1$。如果在 $[t, t + \Delta t]$ 之间有 1 个内源性 DSB 生成(图 1B,注:细胞周期重启后),则令 $D_{1(k)} = D_{1(k)} + 1$(概率为 0.7,快速修复)或 $D_{2(k)} = D_{2(k)} + 1$(概率为 0.3,慢速修复)。

3) 对每一个进行快速修复的各状态 DSB 进行更新。计算状态转变的概率:

从状态① –> 状态②,
$P_{D1 -> C1} = RP \left[k_{fb1} + k_{cross} (D_{1(k-1)} + D_{2(k-1)})\right] \Delta t$。

从状态② –> 状态①,
$P_{C1 -> D1} = k_{rb1} \Delta t$。

从状态② –> 状态③,
$P_{C1 -> F1} = k_{fix1} \Delta t$。

对于每一个 DSB,首先生成一个 [0, 1] 均匀分布的随机数 x。如果 $0 \leq x < P_{D1 -> C1}$,处于状态①的 DSB 将转变为状态②;如果 $P_{D1 -> C1} \leq x \leq 1$,那么 DSB 将维持在状态①。若 DSB 处于状态②,那么如果 $0 \leq x < P_{C1 -> D1}$,状态②将转变为状态①。如果 $P_{C1 -> D1} \leq x < P_{C1 -> D1} + P_{C1 -> F1}$,那么状态②将转变为状态③。若 $P_{C1 -> D1} + P_{C1 -> F1} \leq x \leq 1$,那么状态②将维持不变。如果损伤处于状态③,那么它将维持不变(即状态③是吸收态)。修复蛋白 RP 遵循如下规律:如果发生状态①到状态②转变,设 RP = RP – 1;反之则设 RP = RP + 1。其它情况下,RP 维持不变。对处于状态①、②和③的 DSB 进行计数,并分别赋予 $D_{1(k)}$,$C_{1(k)}$ 和 $F_{1(k)}$。

4) 类似于快修复过程,对慢修复 DSB 进行更新。算法如下:

从状态① –> 状态②,
$P_{D2 -> C2} = RP \left[k_{fb2} + k_{cross} (D_{1(k-1)} + D_{2(k-1)})\right] \Delta t$。

从状态② –> 状态①,
$P_{C2 -> D2} = k_{rb2} \Delta t$。

从状态② –> 状态③,
$P_{C2 -> F2} = k_{fix2} \Delta t$。

对于每一个慢修复 DSB,首先生成一个 [0, 1] 均匀分布的随机数 x。如果 $0 \leq x < P_{D2 -> C2}$,状态 1 的 DSB 将转变为状态 2;如若 $P_{D2 -> C2} \leq x \leq 1$,那么将维持在状态①。若 DSB 处于状态②,如果 $0 \leq x < P_{C2 -> D2}$,状态②将转变为状态①。如果 $P_{C2 -> D2} \leq x < P_{C2 -> D2} + P_{C2 -> F2}$,那么状态②将转变为状态③。若 $P_{C2 -> D2} + P_{C2 -> F2} \leq x \leq 1$,那么状态②将维持不变。如果损伤处于状态③,那么它将维持不变(即状态③是吸收态)。修复蛋白 RP 遵循如下规律:如果发生状态①到状态②转变,设 RP = RP – 1;反之则设 RP = RP + 1。其它情况下,RP 维持不变。对处于状态①、②和③的 DSB 进行计数,并分别赋予 $D_{2(k)}$,$C_{2(k)}$ 和 $F_{2(k)}$。

5) 令 $D_{(k)} = D_{1(k)} + D_{2(k)}$,$C_{(k)} = C_{1(k)} + C_{2(k)}$,和 $F_{(k)} = F_{1(k)} + F_{2(k)}$。

6) 重复 (2) – (5),直到 $t = t_{final}$。

DNA 修复模块各参数详见表1。

表1 模型参数和描述[1)]
Table 1 Model parameter and description

参数	描述	取值
k_{fb1}	结合速率	0.05
k_{cross}	交叉结合速率	0.001
k_{cb1}	解离速率	0.01
f_{scale}	尺度变换参数	7

1) 模型中的时间单位为min。其它参数 k_{fb2}，k_{fx2}和k_{cb2} 可以通过将快修复对应参数除以尺度变换参数获得

1.4 DSB 修复模型模拟工具

随机模拟通过 MATLAB（MathWork，版本号7.12.0.635，R2011a）实现。

2 结 果

2.1 DSB 修复的动态变化

通过运行 MATLAB 脚本程序，获得了 200 组 Monte Carlo 模拟结果。图2 中对应的初始外源性辐射刺激为 5 Gy。具体为：产生 200 个随机数，这些随机数服从 $\lambda = 150$（5×30）的 Poisson 分布。接着将 200 个随机数作为初始刺激水平。随机数的产生运用到了 MATLAB 的库函数 poissrnd。产生的 200 组初始 DSB 分布可参见图 2A。图 2B 示部分随机 DSB 修复模型的模拟结果。发现 DSB 的修复在时间序列上呈现出很大的变异性，表现在每个细胞初始的 DSB 水平不同，这种变异是由所产生的 200 组符合 Poisson 分布的随机数引起的。同时，细胞中 DSB 的修复速率也存在较大变异。当细胞重新进入细胞周期后，DSB 的修复往往呈现一种非单调的动态变化（图 2B）。一些自发产生的内源性 DNA 损伤使得总体 DSB 数目经历不同水平的瞬间上升。当自发 DNA 损伤产生较集中而修复能力相对较弱时，总体 DSB 水平会有更为显著的升高（图 2B，左图）。我们也注意到：在外源辐射施加 24 h 后，细胞中仍然存在较高水平的 DNA 双链损伤（图 2B）。即使将模拟时间延长到 48 h，这种动态行为仍然存在（图 2C）。我们分别统计了 200 组随机模拟试验中最低的 DSB 水平（注：时长为 48 h）。从柱状图中我们可以发现，所有的 200 组模拟结果都表明细胞中存在着未被修复的 DNA 损伤，同时在某些细胞中，DNA 损伤可能一直维持在较高的水平（图 2C）。这些结果表明，细胞中 DSB 修复存在着较为显著的变异，同时细胞也具有较高水平的本底 DNA 损伤。

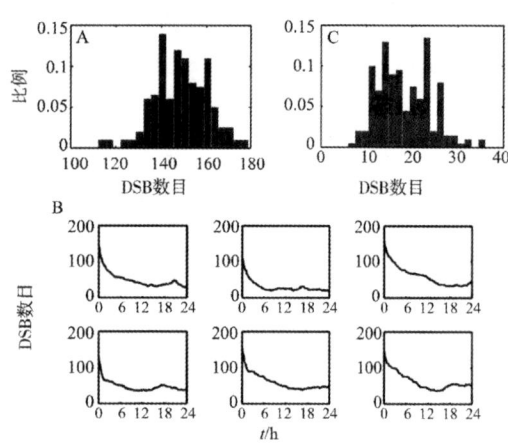

图 2 DSB 随机修复动力学行为
Fig. 2 Dynamics of stochastic repair

A：初始 DSB 分布（服从参数为 150 的 Poisson 分布）；
B：DSB 随机修复的动态变化；
C：在 48 h 内，每次模拟中最小 DSB 值分布图（共 200 组）

2.2 DSB 修复过程中的变异性

从图 2 可知 DSB 修复的动态过程存在着较大的变异性。为了进一步描述这种变异行为，对 200 组时间序列进行描述性统计。结果显示，DSB 的修复存在着较为显著的变异性（图 3A）。在 DSB 修复的初期，这种变异性较小，表现为较窄的置信区间。从平均水平上而言，DSB 修复过程的半衰期（即令 DSB 水平下降到初值一半的时间）约为 3.24 h。而从约 2 h 到 10 h 这段时间内，DSB 修复的变异相对较大（图 3A）。这种相对较显著的变异可能是由早期外源性 DNA 的随机修复引起的。与内源性 DSB 不同的是，外源 DSB 的发生服从 Poisson 分布，从而在随机修复的基础上引入了额外的不确定性。随着时间的推移，随机修复合并初值随机分布的变异将愈发显著，进而可能导致 DSB 的修复在半衰期附近存在较大变异。当较多的外源性 DSB 得到了修复后，总 DSB 接近于重新触发细胞周期的水平。由于未被修复的 DSB 水平较之初始状态显著降低，所以随机修复的变异也随之下降。进一步统计了 200 组模拟的半衰期。结果显示，DSB 的半衰期亦存在着较为明显的变异（图 3B）。同时，半衰期的分布与时间序列中变异较为显著的区域也具有一定的吻合。以上结果暗示，DSB 的损伤修复具有较为显著的变异性。

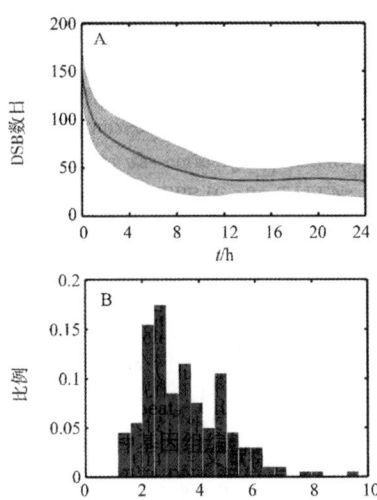

图 3　DSB 修复过程中的变异
Fig. 3　Variations in DSB repair
A: 200 组 Monte Carlo 模拟的平均值（红色曲线）和 95% 置信区间（红色阴影区）; B: DSB 修复半衰期分布

3　讨　论

本文提出了一个更为精细化的 DNA 双链断裂损伤修复模型。在这个模型中，考虑了外源性和内源性 DSB 在修复过程中的偶联，并对此模型进行了 Monte Carlo 模拟。模拟结果显示，DSB 的修复具有显著的变异性（图 2、图 3）。同时，由于本底水平即内源性 DNA 损伤的随机发生，DSB 的动态变化并非呈现一种单调降低的行为（图 2B）。这种非单调的行为是以往的模型所忽视的。最近 Loewer 等[15]的实验显示肿瘤细胞中的 DNA 双链损伤可呈现非单调的动态行为，从而为本文模拟结果提供了依据。所以，本文模型可以较好的模拟细胞完整生命周期中的 DSB 损伤修复行为。

值得注意的是 Ma 等之前的模型并没有考虑具体的 DSB 修复信号转导网络，转而根据 TLK 的基本假设提出了一个较为抽象的模型。其优势在于 DSB 修复的信号转导网络仍存在较大的未知，且已知参与修复的蛋白复合物相互作用较为复杂[16-17]。若采用常规的常微分方程建模方法，将极大的增加模型的复杂程度。运用抽象的 Monte Carlo 模拟方法既能较好的模拟 DSB 修复的随机动力学行为，同时又能巧妙的回避具体信号转导网络的未知因素。所以，本文基于 Ma 等的模型，提出了 DSB 修复的更为完整的模型，即同时考虑内源性和外源性 DSB 损伤的修复过程及其偶联效应，更好的描述了细胞在应激状态下的 DSB 修复过程。需要注意的是，本模型参数主要基于肿瘤细胞相关研究进行的估计，所以此模型旨在描述非正常细胞的 DSB 修复行为[18]。对于正常的细胞而言，本底水平的 DSB 数量较之肿瘤细胞显著的降低，同时触发细胞周期阻滞的 DSB 阈值也较低。同时，肿瘤细胞中的基因突变很可能导致正确修复速率的显著降低[19-20]。综合以上的因素，正常细胞中的 DSB 修复可能具有更高的效率，从而使得正常细胞中的 DSB 修复动力学性质可能会与肿瘤细胞中的相关性质具有一定的差异。通过改变模型参数（如增大 k_{fix1} 或减少内源性 DSB 总量），即可对正常细胞的 DSB 修复进行定性的模拟。所以，本模型具有一定的普适性。

提出较为完整的 DSB 修复模型对于其它信号转导网络的相关动力学行为研究也具有很大的必要性。譬如 ATM 可以作为感受器感知 DSB 的变化，并得到活化。活化的 ATM 可以作为激酶磷酸化 p53 蛋白并借此与复杂的 p53 信号转导网络建立直接的联系。P53 在未受刺激和应激状态下（如电离辐射和紫外线）都表现出复杂的动力学行为[13,15,21-23]。以往描述 p53 动力学模型中的 DNA 损伤修复模块都没有很好的考虑外源性和内源性 DNA 损伤的协同作用，所以不能很好的同时解释 p53 在受迫和未受迫状态下的动力学行为[22,24-25]。所以，本模型可能有助于其它信号转导网络的动力学行为研究。譬如内源性的 DNA 损伤会在非受迫状态下触发 p53 的自发脉冲，那么就为研究 p53 的本底动力学和 p53 单细胞动力学中存在的线性现象提供了可能[13,15]。此外，DSB 修复模型与细胞周期信号转导网络的偶联也可能有助于模拟更为真实的细胞周期中的动力学现象[26]。DNA 损伤修复与特定信号转导网络的相互作用也可能产生反馈或前馈作用，从而产生更为复杂的动力学行为。

随着对 DNA 双链断裂损伤修复过程认识的不断深入，建立更为精细化的基于具体分子机制的 DNA 损伤修复模型并结合恰当的随机模拟方法将有助于实现对损伤修复过程更为精确的定量研究。

参考文献:

[1] BEKKER-JENSEN S, MAILAND N. Assembly and function of DNA double-strand break repair foci in mammalian cells [J]. DNA Repair (Amst), 2010, 9 (12): 1219-1228.

[2] KARRAN P. DNA double strand break repair in mammalian cells [J]. Current Opinion in Genetics & Development, 2000, 10 (2): 144 - 150.

[3] VILENCHIK M M, KNUDSON A G. Endogenous DNA double-strand breaks: Production, fidelity of repair, and induction of cancer [J]. Proceedings of the National Academy of Sciences of the United States of America, 2003, 100 (22): 12871 - 12876.

[4] OLIVIER M, BAUTISTA S, VALLES H, et al. Relaxed cell-cycle arrests and propagation of unrepaired chromosomal damage in cancer cell lines with wild-type p53 [J]. Molecular Carcinogenesis, 1998, 23 (1): 1 - 12.

[5] CURTIS S B. Lethal and potentially lethal lesions induced by radiation-a unified repair model [J]. Radiation Research, 1986, 106 (2): 252 - 270.

[6] TOBIAS C A. The repair-misrepair model in radiobiology: comparison to other models [J]. Radiation Research Suppl, 1985, 8 S77 - 95.

[7] STEWART R D. Two-lesion kinetic model of double-strand break rejoining and cell killing [J]. Radiation Research, 2001, 156 (4): 365 - 378.

[8] MA L, WAGNER J, RICE J J, et al. A plausible model for the digital response of p53 to DNA damage [J]. Proceedings of the National Academy of Sciences of the United States of America, 2005, 102 (40): 14266 - 14271.

[9] MOURI K, NACHER J C, AKUTSU T. A mathematical model for the detection mechanism of DNA double-strand breaks depending on autophosphorylation of ATM [J]. PLoS One, 2009, 4 (4): e5131.

[10] TALEEI R, NIKJOO H. The non-homologous end-joining (NHEJ) pathway for the repair of DNA double-strand breaks: I. A mathematical model [J]. Radiation Research, 2013, 179 (5): 530 - 539.

[11] TALEEI R, GIRARD P M, SANKARANARAYANAN K, et al. The non-homologous end-joining (NHEJ) mathematical model for the repair of double-strand breaks: II. Application to damage induced by ultrasoft X rays and low-energy electrons [J]. Radiation Research, 2013, 179 (5): 540 - 548.

[12] LAKOMIEC K, KUMALA S, HANCOCK R, et al. Modeling the repair of DNA strand breaks caused by gamma-radiation in a minichromosome [J]. Physical Biology, 2014, 11 (4): 045003.

[13] LOEWER A, BATCHELOR E, GAGLIA G, et al. Basal Dynamics of p53 Reveal Transcriptionally Attenuated Pulses in Cycling Cells [J]. Cell, 2010, 142 (1): 89 - 100.

[14] DECKBAR D, BIRRAUX J, KREMPLER A, et al. Chromosome breakage after G2 checkpoint release [J]. Journal of Cell Biology, 2007, 176 (6): 749 - 755.

[15] LOEWER A, KARANAM K, MOCK C, et al. The p53 response in single cells is linearly correlated to the number of DNA breaks without a distinct threshold [J]. BMC Biology, 2013, 11:114.

[16] SHILOH Y, ZIV Y. The ATM protein kinase: regulating the cellular response to genotoxic stress, and more [J]. Nature Reviews Molecular Cell Biology, 2013, 14 (4): 197 - 210.

[17] LIU C, SRIHARI S, CAO K A, et al. A fine-scale dissection of the DNA double-strand break repair machinery and its implications for breast cancer therapy [J]. Nucleic Acids Research, 2014, 42 (10): 6106 - 6127.

[18] 张久远, 冯兆永, 刘成霞, 等. 关于肿瘤细胞破坏并入侵正常组织或细胞质基质的数学模型的分析 [J]. 中山大学学报:自然科学版, 2015, 52 (3): 48 - 54.

[19] TUTT A, BERTWISTLE D, VALENTINE J, et al. Mutation in Brca2 stimulates error-prone homology-directed repair of DNA double-strand breaks occurring between repeated sequences [J]. EMBO Journal, 2001, 20 (17): 4704 - 4716.

[20] KHANNA K K, JACKSON S P. DNA double-strand breaks: signaling, repair and the cancer connection [J]. Nature Genetics, 2001, 27 (3): 247 - 254.

[21] LAHAV G, ROSENFELD N, SIGAL A, et al. Dynamics of the p53-Mdm2 feedback loop in individual cells [J]. Nature Genetics, 2004, 36 (2): 147 - 150.

[22] GEVA-ZATORSKY N, ROSENFELD N, ITZKOVITZ S, et al. Oscillations and variability in the p53 system [J]. Molecular Systems Biology, 2006, 2 (1): 2006 0033.

[23] BATCHELOR E, LOEWER A, MOCK C, et al. Stimulus-dependent dynamics of p53 in single cells [J]. Molecular Systems Biology, 2011, 7 (1): 488.

[24] OUATTARA D A, ABOU-JAOUDE W, KAUFMAN M. From structure to dynamics: frequency tuning in the p53-Mdm2 network. II Differential and stochastic approaches [J]. Journal of Theoretical Biology, 2010, 264 (4): 1177 - 1189.

[25] KIM J K, JACKSON T L. Mechanisms that enhance sustainability of p53 pulses [J]. PLoS One, 2013, 8 (6): e65242.

[26] TOETTCHER J E, LOEWER A, OSTHEIMER G J, et al. Distinct mechanisms act in concert to mediate cell cycle arrest [J]. Proceedings of the National Academy of Sciences of the United States of America, 2009, 106 (3): 785 - 790.

以化橘红为基源的一类新药柚皮苷的临床前研究

李沛波,王永刚,吴 忠,彭 维,杨翠平,聂怡初,刘孟华,罗钰龙,
邹 威,柳 颖,王 声,陈 妍,苏 畅,方思琪,苏薇薇

(中山大学生命科学大学院,广东 广州 510275)

摘 要:柚皮苷是从中药化橘红中提取、分离、纯化得到的有效单体,本团队历时 10 余年将其开发成国内外首创的一类新药,已获得新药临床批件。综述了柚皮苷药理作用及机制研究、非临床药代动力学研究、毒理学研究等临床前研究概况。

关键词:一类新药;柚皮苷;临床前研究;药理作用;药代动力学;毒理学

中图分类号:R96 **文献标志码**:A **文章编号**:0529-6579(2015)06-0001-05

The Pre-Clinical Studies of Naringin, An Innovative Drug, Derived from Citri Grandis Exocarpium (Huajuhong)

LI Peibo, WANG Yonggang, WU Zhong, PENG Wei, YANG Cuiping, NIE Yichu, LIU Menghua, LUO Yulong, ZOU Wei, LIU Yin, WANG Sheng, CHEN Yan, SU Chang, FANG Siqi, SU Weiwei

(School of Life Sciences, Sun Yat-sen University, Guangzhou 510275, China)

Abstract: Naringin is a pharmacologically active compound extracted and purified from Citri Grandis Exocarpium (Huajuhong). During the past more than ten years, naringin has been developed into a class Ⅰ innovative drug to treat cough by our group. The Drug Clinical Trial Approval of naringin was issued by China Food and Drug Administration. As such, this review aims to summarize all of pre-clinical studies of naringin from our laboratory, including pharmacological effects and acting mechanisms, non-clinical pharmacokinetics and toxicological evaluation.

Key words: class Ⅰ new drug; naringin; pre-clinical research; pharmacological effect; pharmacokinetics; toxicology

柚皮苷是从中药化橘红中提取、分离、纯化得到的有效单体。化橘红是"十大广药"之一,应用历史悠久,历代本草多有记载,自古以来就有"南方人参"和"一片值千金"之说。化橘红性温味辛、苦,具理气宽中、燥湿化痰之功,用于咳嗽痰多、食积伤酒、呕恶痞闷[1],含黄酮、香豆素、挥发油等成分[2-3]。本团队前期的研究表明,化橘红总黄酮具有明显止咳、祛痰、平喘[4]和抗炎作用[5];其镇咳方式不是中枢性镇咳,镇咳作用也不依赖于气管内 C 纤维 P 物质,而是与快速适配受体(RARs)的放电有关[6];且对小鼠中枢神经系统[7]、Beagle 犬心血管系统和呼吸系统无不良影响[8]。在此基础上本课题组利用指纹谱效学方法研究了化橘红止咳、化痰作用的物质基础,发现了柚皮苷这一活性物质[9-11]。10 余年来本课题组按照国家一类新药注册的技术要求,对柚皮苷开展了新药临床前研究,获得了一类新药临床批件,现综述如下。

---

* 收稿日期:2015-06-23
基金项目:国家"重大新药创制"科技重大专项资助项目(2011ZX09102-011-03);国家自然科学基金资助项目(30873422,81173475,81374041)
作者简介:李沛波(1973年生),男;研究方向:药理学;通讯作者:苏薇薇;E-mail: lssswv@126.com

1 药理作用及机制研究

1.1 镇咳作用

本团队选用多种实验性咳嗽模型,开展了柚皮苷镇咳作用及机制的研究。主要药效学研究表明,柚皮苷及其主要代谢产物柚皮素对氨水诱导的小鼠实验性咳嗽有显著的镇咳作用[9-11]。有关柚皮苷镇咳作用部位的研究表明,柚皮苷静脉注射对电刺激豚鼠喉上神经所致咳嗽没有影响,柚皮苷脑室注射对电刺激豚鼠气道神经所致咳嗽也没有显著影响,说明柚皮苷的镇咳部位不是在中枢,其镇咳方式应该为外周性镇咳。进一步的镇咳作用靶点研究结果表明,柚皮苷对电刺激辣椒素脱敏豚鼠和非脱敏豚鼠的迷走神经所致咳嗽的抑制作用无明显差异,说明C纤维神经肽的耗竭对柚皮苷的镇咳作用无明显影响,提示柚皮苷的镇咳作用不依赖于C纤维神经肽的释放[13];ATP-K^+离子通道特异性阻断剂格列苯脲对柚皮苷抑制辣椒素所致豚鼠咳嗽的作用也无显著影响,提示柚皮苷也不是通过开放ATP-K^+离子通道而起镇咳作用的[13];柚皮苷灌胃给药对猪鬃毛机械刺激辣椒素脱敏豚鼠呼吸道黏膜所致咳嗽具有显著抑制作用,提示柚皮苷的镇咳作用与抑制快速适配受体(RARs)有关[13]。此外,柚皮苷能显著降低慢性烟熏(8周)所致的慢性支气管炎豚鼠的气道高反应性和对辣椒素的咳嗽敏感性,并显著抑制肺部炎性因子的分泌和提高肺部抗氧化水平[14];且其抑制慢性烟熏(8周)所致的咳嗽敏感性增高的作用不弱于临床常用的外周性镇咳药左羟丙哌嗪和莫吉司坦[14]。进一步的机制研究表明,柚皮苷抑制慢性烟熏所致的慢性支气管炎豚鼠的咳嗽敏感性提高,是与其抑制烟熏诱导的肺组织SP含量和NK-1受体表达增加、抑制肺组织NEP酶活性的下降、进而降低慢性烟熏所致气道神经源性炎症水平有关[15]。上述研究结果提示,柚皮苷及其主要代谢产物柚皮素不仅对生理状态下的实验性咳嗽具有良好的抑制作用,而且对慢性气道炎症等病理状态下的咳嗽也具有显著镇咳作用;此外,对气道神经源性炎症诱发的咳嗽,也具有明显抑制作用。

1.2 化痰作用

本团队采用体内外药理模型,探讨了柚皮苷及柚皮素的化痰作用及其机制。小鼠气道酚红排泌法研究结果显示,柚皮苷的主要代谢产物柚皮素对小鼠气道酚红排泌具有显著促进作用[10,16];气管纤毛运动试验结果表明,柚皮素能显著促进家鸽气道纤毛的转运功能;体外实验模型的研究结果显示,柚皮素能显著抑制脂多糖(LPS)诱导的体外大鼠气管组织黏蛋白的分泌,提示柚皮苷的主要代谢产物柚皮素具有明显化痰作用[16]。此外,我们采用LPS诱导动物肺部急性炎症模型,考察了柚皮苷对急性肺部炎症动物痰液分泌量及黏蛋白含量等指标的影响,结果表明柚皮苷能显著抑制LPS诱导的Beagle犬气管内痰液分泌量和固形物含量的增加,增加痰液的弹性[17];并明显抑制LPS诱导的急性肺损伤小鼠的肺泡灌洗液中MUC5AC的含量和小气道中杯状细胞的增生[17]。另外我们采用EGF诱导A549细胞MUC5AC黏蛋白高分泌的体外模型研究柚皮苷的化痰机制,结果表明柚皮苷能显著抑制EGF诱导的A549细胞EGFR、ERK1/2、p-38 MAPK与JNK的磷酸化以及NF-κB与AP-1的入核,提示柚皮苷抑制黏蛋白MUC5AC的高分泌与其抑制MAPKs/AP-1以及IKKs/IκB/NF-κB信号通路的协同作用相关[18]。可见柚皮苷及其主要代谢产物柚皮素既能通过促进浆液的分泌以稀释痰液,又能促进气道纤毛的转运功能以促进痰液的排出,还能通过抑制粘蛋白的分泌以降低痰液的粘稠度,从多个环节发挥作用,最终达到化痰的目的。

1.3 抗炎作用

病理性咳嗽和咯痰是多种呼吸系统疾病的常见症状,常与呼吸系统的炎性刺激有关。因此,抗炎是治疗咳嗽和咯痰的重要措施。为进一步评价柚皮苷在治疗呼吸系统疾病方面的价值,我们采用体内外药理模型,探讨了柚皮苷的抗炎作用及其机制。动物实验结果表明:柚皮苷能显著抑制LPS诱导的小鼠[19]和Beagle犬[17]急性肺部炎症及百草枯诱导的小鼠急性肺损伤[20];柚皮苷也能显著抑制慢性烟熏诱导的大鼠[21]和豚鼠[14]呼吸系统慢性炎症,并能增加烟熏诱导的慢性支气管炎模型豚鼠肺泡灌洗液中血清脂氧素A4的浓度,以促进炎症的消退[14]。上述实验结果提示,柚皮苷不仅能抑制LPS诱导的急性肺部炎症,还能抑制慢性烟熏诱导的呼吸系统慢性炎症;不仅能抑制炎症,还能促进炎症的消退。细胞实验结果表明:柚皮苷能抑制LPS诱导的RAW 264.7细胞释放炎性细胞因子IL-8、MCP-1和MIP-1α,其机制可能与抑制NF-κB和MAPK信号通路的活化有关[22]。

1.4 抗肺纤维化

肺纤维化是由多种原因引起的严重弥漫性肺部炎性疾病,其常见病因有慢性阻塞性肺疾病、放射性肺炎、过敏性肺炎、百草枯肺和尘肺等。其发病机制包括肺泡上皮细胞受损、炎症细胞聚集和活化、细胞凋亡和纤维细胞增生及胶原产生等。我们采用百草枯多次腹腔注射致小鼠肺纤维化模型考察了柚皮苷的抗肺纤维化作用，结果表明，柚皮苷能显著降低百草枯诱导的肺纤维化模型小鼠肺组织中 TNF-α、TGF-β1、MMP-9、TIMP-1、HYP 和 MDA 的含量，并显著提高 SOD、GSH-Px、HO-1 抗氧化酶的活性，提示柚皮苷对百草枯诱导的小鼠肺纤维化具有抑制作用[20]。

2 非临床药代动力学研究

2.1 吸收

我们以 746.7 mg·kg^{-1} 的剂量给大鼠灌胃给予柚皮苷，采用高效液相-质谱联用法检测大鼠血浆中柚皮苷及其代谢产物柚皮素，结果表明，给药后 5 min 即可检测到柚皮苷，其 T_{max} 为 45 min，随后柚皮苷的血浆浓度快速下降；而柚皮苷的代谢产物柚皮素在血浆中的浓度缓慢升高，其 T_{max} 为 9 h；柚皮苷、柚皮素的 C_{max} 分别为（3 782.50 ± 986.82）、（227.05 ± 88.41）ng·mL^{-1} [23]。而分别以 30、90、270 mg·kg^{-1} 的剂量给大鼠灌胃给予柚皮素，采用高效液相色谱-质谱联用法测定大鼠血浆中柚皮素及其葡萄糖醛酸结合物的血药浓度，3 个剂量总柚皮素（游离柚皮素及其葡萄糖醛酸结合物的总和）的 AUC_{0-48} 分别为 30 990.94、132 992.70 和 463 107.43 ng·mL^{-1}·h^{-1}，且给药后的药-时曲线呈双峰现象，其可能与肝肠循环有关[24]。

2.2 与血浆蛋白的结合

采用平衡透析法考察柚皮苷、柚皮素与大鼠、犬及人血浆蛋白体外结合率的研究结果表明，在 93.40 ~ 4 670.00 ng·mL^{-1} 范围内，柚皮苷在大鼠、犬和人血浆中的蛋白结合率不随浓度变化而变化，柚皮苷与大鼠血浆蛋白的结合率为 83.30% ~ 84.56%，具有高强度结合率，与犬、人血浆蛋白结合率分别为 48.71% ~ 51.33% 和 72.14% ~ 74.06%，二者均为中等强度结合率，说明柚皮苷的血浆蛋白结合率表现出一定的种属差异；而在 118.40 ~ 11 940.00 ng·mL^{-1} 范围内，柚皮素在大鼠、犬和人血浆中的蛋白结合率不随浓度变化而变化，柚皮素与大鼠、犬、人血浆蛋白的结合率分别为 94.68% ~ 96.04%、93.19% ~ 93.92% 和 97.53% ~ 100.00%，均为高强度结合率，且没有表现出种属差异[25]。

2.3 分布

柚皮苷的组织分布研究结果表明，大鼠灌胃给予柚皮苷后，柚皮苷及柚皮素会广泛分布于除脑以外的各主要器官，且肺部和气管中分布较多[26]。

2.4 代谢与排泄

柚皮苷的代谢及排泄实验研究结果表明，Beagle 犬口服给予柚皮苷后，采用 HPLC-ESI-Q-TOF 法在尿、粪和胆汁中检测到 22 种代谢产物，这些代谢产物从结构上可分为三类，即以柚皮苷为母核的代谢物，包括柚皮苷原型、柚皮苷的氧化、甲基化、还原以及乙酰化产物；以柚皮素为母核的代谢物，包括柚皮素氧化、还原、葡萄糖醛酸结合、硫酸酯结合以及葡萄糖结合产物；以柚皮素 C 环断裂后产生的代谢产物，主要是 C 环开裂后产生的各种酚酸及其氧化、结合产物[27]。大鼠灌胃柚皮苷后，采用 HPLC-ESI-Q-TOF 法在尿、粪和胆汁中检测到 18 种代谢产物，这些代谢产物从结构上也分为以柚皮苷为母核的代谢物、以柚皮素为母核的代谢物及柚皮素 C 环断裂后产生的代谢产物三类[29]。此外，采用人粪便匀浆液孵育柚皮苷，并通过 RRLC-MS/MS 法监控孵育体系中柚皮苷及其主要代谢物柚皮素和对羟基苯丙酸浓度的变化情况，研究结果表明：柚皮苷经人肠道微生物代谢依次转变成柚皮素和对羟基苯丙酸，但发现部分人群的肠道微生物不能降解对羟基苯丙酸，而不能降解对羟基苯丙酸的 7 例肠道微生物的提供者随机地分布于不同性别和不同的省份，说明降解对羟基苯丙酸能力缺陷的人群广泛随机分布[28]。

3 毒理学研究

我们按照 GLP 的要求，开展了 SD 大鼠经口给予柚皮苷的急性、亚慢性和慢性毒性试验研究。急性毒性试验结果表明[31]，以柚皮苷的最大可给药浓度、最大给药容积单次灌胃给予大鼠（给药剂量为 16 g·kg^{-1}），给药后 14 d 观察期内未见死亡，一般状况良好，体质量及摄食量正常；血液学、血凝、血生化等各项指标均未见异常改变，大体解剖也未见与供试品相关的病理改变，说明柚皮苷单次给药对 SD 大鼠基本无毒。亚慢性（13 周）[29]和慢性毒性（6 个月）[30]试验研究结果表明，SD 大鼠经口给予柚皮苷未观察到临床不良反应的剂量水平（NOAEL）>1 250 mg·kg^{-1}·d^{-1}。此外，毒代动力学试验结果显示，以柚皮苷 50、250、1 250 mg·kg^{-1} 三个剂量经口给予 SD 大鼠，雄性大鼠在给药 3 个月、雌性大鼠在给药 6 个月基本达到最大程度的暴露，总柚皮苷（柚皮苷和柚皮素之和）在雌雄大鼠体内的暴露水平未见明显差异[31]；以柚皮苷

20、100 和 500 mg·kg^{-1} 三个剂量经口给予 Beagle 犬，雄性 Beagle 犬在给药 1 个月，雌性 Beagle 犬在给药 1～3 个月对总柚皮苷基本达到最大程度的暴露。总柚皮苷在雌、雄性 Beagle 犬体内的暴露水平未见明显性别差异[32]。

4 小 结

按照国家一类新药注册的技术要求，我们对柚皮苷进行了系统的临床前成药性研究。研究结果表明，作为治疗各种原因引起的有痰或无痰咳嗽的药物，柚皮苷具有如下特点：① 柚皮苷可以作用于多个靶点，既具有镇咳作用，又具有化痰作用，还能抗呼吸道炎症，是一种治疗呼吸系统疾病的多靶点药物；② 柚皮苷具有显著的外周性镇咳作用，其镇咳作用不弱于临床常用的外周性镇咳药左羟丙哌嗪和莫吉司坦；此外，柚皮苷不仅对慢性气道炎症引起的咳嗽具有显著抑制作用，而且能抑制气道高反应性、气道免疫性炎症和神经源性炎症，提示柚皮苷不仅可用于治疗急性咳嗽，还可用于神经源性炎症介导的咳嗽和慢性支气管炎等疾病的高敏性咳嗽等；且柚皮苷镇咳作用机制明确，主要与抑制快速配适受体（RARs）有关；③ 柚皮苷具有显著祛痰作用，既能通过促进浆液的分泌以稀释痰液，又能促进气道纤毛的转运功能以促进痰液的排出，还能通过抑制杯状细胞的增生和转化及减少粘蛋白（MUC5AC）的生成和分泌以降低痰液的粘稠度，从多个环节发挥作用，最终达到祛痰的目的，有利于具有粘蛋白高分泌病理特征的慢性呼吸道疾病的治疗；④ 柚皮苷不仅能抑制气道炎症的发生，还能促进炎症的消退以改善对呼吸系统炎症性疾病的恢复能力；⑤ 柚皮苷具有良好的安全性。总之，柚皮苷的成药性好，与临床现有药物相比具有明显优势。

参考文献：

[1] 国家药典委员会. 中华人民共和国药典一部[M]. 2010 版. 北京：化学工业出版社, 2010：69.

[2] 古淑仪, 宋晓虹, 苏薇薇. 化州柚中香豆素成分的研究[J]. 中草药, 2005, 36(3)：341-343.

[3] 方铁铮, 田珺, 王宁, 等. 化州柚提取物中总黄酮含量测定[J]. 中药材, 2006, 29(10)：1049-1050.

[4] 李沛波, 马燕, 王永刚, 等. 化州柚提取物止咳化痰平喘作用的实验研究[J]. 中国中药杂志, 2006, 31(16)：1350-1352.

[5] 李沛波, 马燕, 苏薇薇. 化州柚提取物的抗炎作用[J]. 中草药, 2006, 37(2)：251-252.

[6] 李沛波, 苏畅, 毕福均, 等. 化州柚提取物止咳作用及其机制的研究[J]. 中草药, 2008, 38(2)：247-250.

[7] 李沛波, 王永刚, 彭维, 等. 化州柚提取物对小鼠中枢神经系统影响的安全性药理学研究[J]. 中药材, 2007, 30(11)：1438-1439.

[8] 李沛波, 田珺, 王永刚, 等. 化州柚提取物对 Beagle 犬心血管系统和呼吸系统的影响[J]. 南方医科大学学报, 2006, 26(12)：1767-1768.

[9] 苏薇薇, 王永刚, 方铁铮, 等. 柚皮苷用于制备治疗咳嗽的药物[P]. 中国专利：ZL 03113605.2, 2005-09-07.

[10] 苏薇薇, 王永刚, 方铁铮, 等. 柚皮素及其盐用于制备止咳化痰药物[P]. 中国专利：ZL 200410015024.0, 2006-03-22.

[11] SU W W, WANG Y G, FANG T Z, et al. Uses of naringenin, naringin and salts thereof as expectorants in the treatment of cough, and compositions thereof [P]. European Patent：1591123, 2009-08-19.

[12] 杨宏亮, 田珺, 李沛波, 等. 柚皮苷及柚皮素的生物活性[J]. 中药材, 2007, 30(6)：752-754.

[13] GAO S, LI P B, YANG H L, et al. Antitussive effect of naringin on experimentally induced cough in guinea pigs [J]. Planta Medica, 2011, 77(1)：16-21.

[14] LUO Y L, ZHANG C C, LI P B, et al. Naringin attenuates enhanced cough, airway hyperresponsiveness and airway inflammation in a guinea pig model of chronic bronchitis induced by cigarette smoke [J]. Int Immunopharmacol, 2012, 13(3)：301-307.

[15] LUO Y L, LI P B, ZHANG C C, et al. Effects of four antitussives on airway neurogenic inflammation in a guinea pig model of chronic cough induced by cigarette smoke exposure [J]. Inflamm Res, 2013, 62(12)：1053-1061.

[16] LIN B Q, LI P B, WANG Y G, et al. The expectorant activity of naringenin [J]. Pulm Pharmacol Ther, 2008, 21(2)：259-263.

[17] CHEN Y, WU H, NIE Y C, et al. Mucoactive effects of naringin in lipopolysaccharide-induced acute lung injury mice and beagle [J]. Environ Toxicol Pharmacol, 2014, 38(1)：279-287.

[18] NIE Y C, WU H, LI P B, et al. Naringin attenuates EGF-induced MUC5AC secretion in A549 cells by suppressing the cooperative activities of MAPKs-AP-1 and IKKs-IκB-NF-κB signaling pathways [J]. Eur J Pharmacol, 2012, 690：207-213.

[19] LIU Y, WU H, NIE Y C, et al. Naringin attenuates acute lung injury in LPS-treated mice by inhibiting NF-κB pathway [J]. Int Immunopharmacol, 2011, 11(10)：1606-1612.

[20] CHEN Y, NIE Y C, LUO Y L, et al. Protective effects of naringin against paraquat-induced acute lung injury and pulmonary fibrosis in mice [J]. Food Chem Toxicol, 2013, 58: 133 – 140.

[21] NIE Y C, WU H, LI P B, et al. Anti-inflammatory effects of naringin in chronic pulmonary neutrophilic inflammation in cigarette smoke-exposed rats [J]. J Med Food, 2012, 15(10): 894 – 900.

[22] LIU Y, SU W W, WANG S, et al. Naringin inhibits chemokine production in a macrophage cell line RAW264.7 through NF-kappaB-dependent mechanism [J]. Molecular Medicine Reports, 2012, 6: 1343 – 1350.

[23] FANG T Z, WANG Y G, MA Y, et al. A rapid LC/MS/MS quantitation assay for naringin and its two metabolites in rats plasma [J]. Journal of Pharmaceutical and Biomedical Analysis, 2006, 40(2): 454 – 459.

[24] MA Y, LI P B, CHEN D W, et al. LC/MS/MS quantitation assay for pharmacokinetics of naringenin and double peaks phenomenon in rats plasma [J]. International Journal of Pharmaceutics, 2006, 307(2): 292 – 299.

[25] LIU M H, ZOU W, FAN L D, et al. Comparative protein binding of naringin and its aglyconenaringenin in rat, dog and human plasma [J]. African Journal of Pharmacy and Pharmacology, 2012, 6(12): 934 – 940.

[26] ZOU W, YANG C P, LIU M H, et al. Tissue distribution study of naringin in rats by liquid chromatography-tandem mass spectrometry [J]. Arzneimittelforschung, 2012, 62(04): 181 – 186.

[27] LIU M H, ZOU W, YANG C P, et al. Metabolism and excretion studies of oral administered naringin, a putative antitussive, in rats and dogs [J]. Biopharmaceutics & Drug Disposition, 2012, 33(3): 123 – 134.

[28] ZOU W, LUO Y L, LIU M H, et al. Human intestinal microbial metabolism of naringin [J]. European Journal of Drug Metabolism and Pharmacokinetics, 2015, 40(3): 363 – 367.

[29] LI P B, WANG S, GUAN X L, et al. Acute and 13 weeks subchronic toxicological evaluation of naringin in Sprague-Dawley rats [J]. Food Chem Toxicol, 2013, 60: 1 – 9.

[30] LI P B, WANG S, GUAN X L, et al. Six months chronic toxicological evaluation of naringin in Sprague-Dawley rats [J]. Food Chem Toxicol, 2014, 66: 65 – 75.

[31] YANG C P, LIU M H, ZOU W, et al. Toxicokinetics of naringin and its metabolite naringenin after 180-day repeated oral administration in beagle dogs assayed by a rapid resolution liquid chromatography/tandem mass spectrometric method [J]. Journal of Asian Natural Products Research, 2012, 14(1): 68 – 75.

[32] LIU M H, YANG C P, ZOU W, et al. Toxicokinetics of naringin, a putative antitussive, after 184-day repeated oral administration in rats [J]. Environmental Toxicology and Pharmacology, 2011, 31(3): 485 – 489.

ZFN,TALEN 和 CRISPR/Cas9 在小鼠 Rosa26 基因定点整合外源基因的效率比较[*]

刘小凤,刘蔚,聂宇,丛佩清,刘小红,陈瑶生,何祖勇

(中山大学生命科学学院/有害生物控制与资源利用国家重点实验室,广东 广州 510006)

摘 要:哺乳动物黑色素的合成依赖于酪氨酸的氧化作用,而酪氨酸酶(Tyr)是催化酪氨酸氧化反应的关键酶,当外源 Tyr 基因整合进白毛色小鼠基因组中,会使它获得黑色素合成的能力,表现出与原来不同的毛色表型。为方便、快捷地获得 Tyr 基因整合的小鼠,构建了一个无启动子的 pTyr-2A-DsRed 同源重组质粒供体,选择 Rosa26 的第一个内含子作为外源基因整合的靶位点,设计了切割位点几乎一致的 ZFN、TALEN 和 CRISPR/Cas9 系统。通过流式对比分析 C_2C_{12} 细胞中红色荧光蛋白 DsRed 的表达水平,比较了 3 种基因组编辑工具介导的外源基因定点整合效率,结果发现 CRISPR/Cas9 的效率最高,在此基础上,利用 CRISPR/Cas9 将供体整合到小鼠胚胎干细胞中,筛选单细胞克隆进行囊胚腔注射和胚胎移植,获得一只存活的嵌合体小鼠,表现出白毛中夹杂黑毛的表型,表明整合到小鼠 Rosa26 的 Tyr 基因可以正常表达。

关键词:CRISPR/Cas9;TALEN;ZFN;Rosa26;定点整合

中图分类号:Q78   **文献标志码**:A   **文章编号**:0529-6579(2020)02-0137-08

Efficiency comparison of Rosa26-targeted integration of exogenous gene via ZFN, TALEN or CRISPR/Cas9

LIU Xiaofeng, LIU Wei, NIE Yu, CONG Peiqing, LIU Xiaohong, CHEN Yaosheng, HE Zuyong

(School of Life Sciences / State Key Laboratory of Biocontrol, Sun Yat-sen University, Guangzhou 510006, China)

Abstract: Mammalian melanin synthesis is dependent on the oxidation of tyrosine. Tyrosinase (Tyr) is a key enzyme that catalyzes the oxidation of tyrosine. When exogenous Tyr is integrated into the genome of white coat color mouse, it can render the mouse to obtain the function of melanin synthesis, presenting a different coat color. To rapidly generate the mouse model with Tyr gene integrated, in this study, we constructed a promotorless plasmid donor pTyr-2A-DsRed, which containis the coding sequences of Tyr gene and the red fluorescent reporter (DsRed), and the two flanking homologous arms. We selected the first intron of Rosa26 for targeting integration, and designed ZFN pair, TALEN pairs and CRISPR/Cas9 cutting at almost the same site. Through measuring the intensity of DsRed fluorescence in C_2C_{12} cells by flow cytometry, we compared the efficiency of the targeted integration of exogenous DNA mediated by the three different genome editing tools, and found that CRISPR/Cas9 was the most efficient. Therefore, we

---

[*] 收稿日期:2019-04-30
基金项目:国家转基因生物新品种培育重大专项项目(2016ZX08006003-006);广东省自然科学基金(2016A030313310)
作者简介:刘小凤(1992年生),女;研究方向:动物遗传与育种;E-mail: 1107016164@qq.com
刘蔚(1991年生),女;研究方向:动物遗传与育种;E-mail: 1119035661@qq.com
(以上两位作者并列第一作者)
通信作者:何祖勇(1981年生),男;研究方向:动物遗传与育种;E-mail: zuyonghe@foxmail.com

further integrated the plasmid donor into the genome of mouse embryonic stem (ES) cells, and screening the targeted single cell clones for blastocyst injection and subsequent embryo transfer. Ultimately, a single survived chimeric mouse with plasmid donor integrated was obtained. This mouse presented a white color hair mixed with black color hair phenotype, indicating that the targeted integration of *Tyr* gene in *Rosa26* locus was correctly expressed.

Key words: CRISPR/Cas9; TALEN; ZFN; *Rosa26*; targeted integration

锌指核酸酶（zinc-finger nuclease，ZFN）技术、类转录激活效应因子核酸酶（transcription activator-like effector nuclease，TALEN）技术和成簇规律间隔短回文重复（clustered regulatory interspaced short palindromic repeat，CRISPR）/Cas9 技术是近年来新发展的三种基因组编辑技术，它们均是通过引导核酸内切酶切割 DNA 靶位点序列，形成 DNA 双链断裂（DNA double-strand break，DSB），从而诱导细胞进行 DNA 损伤修复。细胞一般通过非同源末端连接（non-homologous end joining，NHEJ）或同源重组（homology-directed repair，HDR）两种不同的 DNA 修复途径来实现基因组编辑，包括基因敲除（knockout）、基因定点突变及外源基因的定点整合（knockin）等。

ZFN 由锌指蛋白（ZFP）和 IIS 型限制性内切酶 *Fok* I 融合构成。3～5 个串联的 ZFP 构成 ZFN 的 DNA 结合结构域，可与 DNA 靶位点特异性结合，然后引导 *Fok* I 蛋白二聚体发挥 DNA 切割功能[1-2]。TALEN 技术与 ZFN 技术类似，是通过类转录激活效应因子（TALE）与 DNA 靶位点特异结合，诱导 *Fok* I 蛋白二聚体在靶位点进行切割[3]。而 CRISPR/Cas9 技术则是通过人工合成的单链引导 RNA（single strand guide RNA，sgRNA）序列与靶位点特异性结合，引导 Cas9 蛋白进行 DNA 双链切割[4]。近年来，这三种基因组编辑技术以高效、精准的特点在基因敲除方面得到了广泛应用，但是对于定点整合外源基因，三者达到的效率参差不齐，且目前尚未见在同一位点上对这三种基因组编辑技术介导的外源 DNA 片段整合效率进行系统比较的研究报道。因此本研究设计了靶向小鼠 *Rosa26* 基因同一个位点的 ZFN、TALEN 和 CRISPR/Cas9，首先在 C_2C_{12} 细胞中比较了三者的靶向切割效率，然后构建了一个含有黑色素生成相关的酪氨酸酶基因 *Tyr* 和红色荧光蛋白报告基因 *DsRed* 的无启动子同源重组质粒供体 pTyr-2A-DsRed，在基因编辑工具的介导下，只有正确整合到小鼠 *Rosa26* 基因的供体载体才能启动 *Tyr* 及 *DsRed* 基因的表达，通过对比转染后的细胞红色荧光强度，本研究系统比较了三种基因组编辑工具介导外源 DNA 定点整合的效率，结果发现 CRISPR/Cas9 的效率最高，在此基础上，利用 CRISPR/Cas9 将供体整合到小鼠胚胎干细胞中，筛选单细胞克隆进行囊胚腔注射和胚胎移植，获得一只存活的嵌合体小鼠，表现出白毛中夹杂黑毛的表型，这表明整合到小鼠 *Rosa26* 的 *Tyr* 基因可以正常表达。

1 材料和方法

1.1 材料

C_2C_{12} 细胞由本实验室保存，小鼠胚胎干细胞由中山大学实验动物中心提供，昆明小鼠（Kunming mice，KM）来自中山大学实验动物中心，pX458 质粒（Cas9/sgRNA 共表达质粒）购自 Addgene 公司。PCR 引物及载体构建相关的 oligo 序列由上海生工生物技术公司合成。

1.2 方法

1.2.1 *Rosa26* 基因靶位点选择 应用 ZiFiT 在线分析软件（http://zifit.partners.org/ZiFiT/）对小鼠 *Rosa26* 基因内含子 1 的序列进行分析，设计 1 对 ZFN 和 2 对 TALEN；应用 CRISPR DESIGN（http://crispr.mit.edu/）设计一条 gRNA，使三者的切割位点几乎重叠（图 1：A）。

1.2.2 ZFN、TALEN 与 CRISPR/Cas9 表达载体构建

1）ZFN 表达质粒构建

ZFN 与 *Rosa26* 内含子的结合区域如图 1：A 所示，两段 ZFN 结合序列中间的序列为切割位点。ZFN 质粒由 SIGMA 公司合成。

2）TALEN 表达质粒构建

TALEN 与 *Rosa26* 内含子的结合区域如图 1：A 所示，TALEN 质粒采用本实验室前期使用的"Golden Gate"方法构建[5]。

3）CRISPR/Cas9 表达质粒构建

pX458 载体可同时表达 sgRNA、Cas9 蛋白以及 EGFP 荧光蛋白，通过 *Bbs* I 酶切可将 gRNA 序列连进载体。合成 gRNA 正负单链时，在 5′端加上与 *Bbs* I 内切酶开 pX458 载体后的粘性末端互补的序列（表 1），将合成好的 gRNA 正负单链粉末稀释至 100 μmol/L，进行 gRNA 的磷酸化和退火，使之形成具有粘性末端的双链 DNA 短片段。将退火并磷酸化的 gRNA 双链短片段和 pX458 载体通过 Bbs I 内切酶和 T4 连接酶进行酶切和连接反应，接着进行转化，挑取单克隆，测序验证 CRISPR/Cas9 表达质粒是否构建成功。

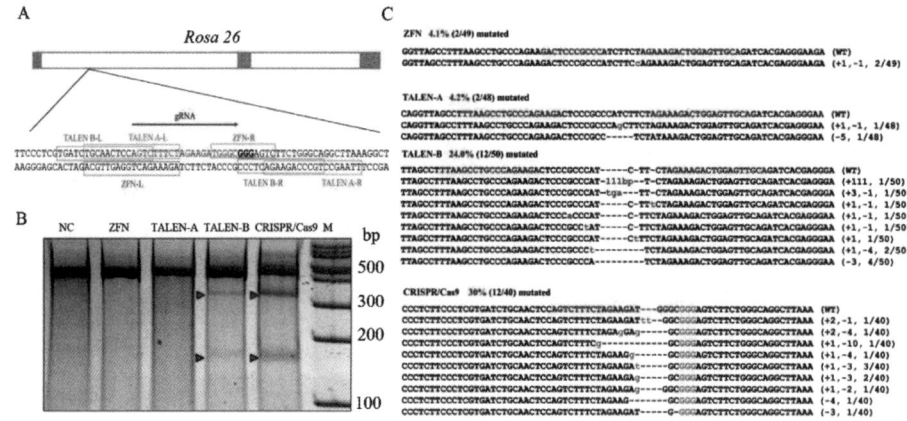

图 1 ZFN、TALEN、CRISPR/Cas9 靶向切割效率鉴定
Fig. 1 Analysis the targeted cutting efficiency of ZFN, TALEN and CRISPR/Cas9
A: Rosa26 基因编辑靶位点示意图；B: T7E I 酶切法分析靶向切割结果；C: TA 克隆测序分析结果

表 1 靶向小鼠 Rosa26 基因的 gRNA oligo 序列
Table 1 Oligos of gRNA targeting mouse Rosa26 gene

名称	序列（5′ - 3′）
gRNA Top	caccgAGTCTTTCTAGAAGATGGGC
gRNA Bottom	aaacGCCCATCTTCTAGAAAGACTc

1.2.3 同源重组质粒供体构建 在小鼠中，黑色素沉积的类型与数量差异造成了不同的毛色表型。动物的黑色素分为两类：真黑色素（eumelanin）与褐黑色素（pheomelanin），这两种黑色素的合成均依赖于酪氨酸的氧化，而酪氨酸酶（Tyr）是催化酪氨酸氧化的关键酶[6]。当外源 Tyr 基因整合进白毛色小鼠中，成功整合外源 Tyr 基因的白色小鼠会产生黑色素沉积，产生不同于对照组的毛色表型[7]。因此当构建基因敲入小鼠时，Tyr 可以作为一个遗传筛选标记，使我们可以通过毛色来快速、高效地鉴别 Knockin 小鼠。Parikh 团队在 2015 年用 CRISPR/Cas9 技术插入了 Tyr 基因，并成功得到了毛色改变的嵌合体小鼠[8]。

为方便、快捷地获得 Tyr 基因整合的小鼠，我们构建了 pTyr-2A-DsRed 同源重组质粒供体（图 2：A），供体包含位于两侧的同源臂和位于中间的外源插入序列。研究表明，同源臂长度为 1 kb 左右时具有最优的同源重组效率[9]。我们所设计的 5′ 同源臂序列长度为 921 bp，3′ 同源臂序列长度 873 bp。插入序列包括了需整合的 Tyr 基因序列与红色荧光报告基因（DsRed）序列，此外，还有一个剪接受体位点（splicing acceptor, SA），该受体位点的存在使插入序列被整合到基因组后，在转录后剪接时可与 5′ 端外显子连接，保证插入序列可以正常翻译[10-11]。

1.2.4 细胞转染 选用 15 代以内的细胞，胰酶消化后，1 600 r/min 离心 4 min，吸掉上清，加入 1 mL PBS 洗涤并用细胞计数仪计算细胞数量。计数后，将 PBS 细胞悬液 1 600 r/min 离心 4 min，吸掉上清，按每 1×10⁶ 细胞加入 100 μL 细胞悬浮液 R，吹打均匀。同时按每 100 μL 细胞悬浮液加入 5 μg 质粒，轻轻吹打均匀备用，电转染参数设置为 1 400 V，20 ms，2 pulse。将电转后的细胞接种至预热好的培养皿内，48 h 后可在显微镜下观察细胞荧光，分析转染效率。

1.2.5 T7E I 实验 T7E I 酶（T7 核酸内切酶 I）可以用来检测基因编辑工具介导的基因突变效率。其检测原理为：先扩增出包含打靶位点的基因序列，T7E I 酶可以识别扩增产物中包含的杂交异源双链 DNA，并在识别位点进行切割，使酶切产物中包含扩增主带以及酶切后断裂而成的两条较小的 DNA 条带，通过聚丙烯酰胺凝胶电泳分离出 3 条大小不一的条带,从而估算出 CRISPR/Cas9 的打靶效率。

首先设计 T7E I 引物,使 PCR 扩增打靶位点共约 500 bp 的序列长度,使位点位于序列约 100～200 bp 的位置(表 2)。收集细胞并提取基因组,PCR 扩增出包含 3 种基因工具识别位点的 *Rosa26* 基因片段,后用胶回试剂盒纯化 PCR 产物。纯化后的 PCR 产物高温变性后,经逐步降温退火形成异源双链 DNA,在变性退火产物中加入 0.5 μL T7E I 酶,置于 37 ℃ 水浴锅内,反应 30 min。配制 $w=10\%$ 的 PAGE 胶用于酶切电泳,电泳参数设置为电压 120 V,时间 90 min。电泳结束后,小心取出 PAGE 胶,于配制好的核酸染料中染色 15 min 左右。染色后用清水清洗 3 次去除残余的核酸染料,置于凝胶成像系统观察并拍照。通过 Image J 软件估算 3 种基因编辑工具的切割效率。

表 2 *Rosa26* 编辑位点 PCR 扩增引物
Table 2 The primers used for PCR amplification of editing site of *Rosa26* gene

名称	序列(5′ - 3′)
Rosa26 - F	GCACGTTTCCGACTTGAGTT
Rosa26 - R	CCTCCCATTTTCCTTATTTGC

1.2.6 流式分选 电转后 48 h 细胞荧光强度较强,可进行流式分选。用胰酶消化贴壁细胞,1 600 r/min 离心 4 min,吸掉上清,用 PBS 重悬。将细胞悬液经 50 μm 尼龙膜过滤到流式管中,以防堵塞流式分选仪,同时准备接收阳性细胞的培养皿,在 FACScalibur 流式细胞分析仪上可分析细胞的荧光比例与强度。对于要分选培养单克隆的细胞,流式细胞仪设置为 96 孔板,每孔 1 个细胞,用添加了含有 $w=20\%$ 胎牛血清的完全培养基的 96 孔板收集,培养 7 d 后换液并进一步扩大培养。

1.2.7 嵌合体小鼠制备 促排四周龄母小鼠,并与公鼠合笼,检查交配栓。3.5 d 后用引颈法处死母鼠,并收集输卵管和子宫中的胚胎,转移到覆有石蜡油的 M16 培养基内,37 ℃ 培养基内培养。

将分选并扩培后的 ES 单克隆细胞用胰酶消化成单细胞悬液,并转移到 M2 培养基液滴内,同时将培养好的囊胚转移到液滴内。用显微注射系统将 ES 细胞注射到囊胚腔内,每个囊胚注射 10～12 个 ES 细胞。37 ℃ 培养 1～3 h,待囊胚腔恢复后,移入代孕母鼠子宫中。

2 结果与分析

2.1 ZFN、TALEN、CRISPR/Cas9 靶向切割效率鉴定

将构建好的 ZFN、TALEN 和 CRISPR/Cas9 表达质粒分别电转染至 C_2C_{12} 细胞中,48 h 后收集细胞,提取细胞基因组,通过 PCR 扩增 *Rosa26* 靶位点序列,通过 T7E I 酶切法分析 3 种基因编辑工具的靶向切割活性,酶切结果显示 ZFN 和 TALEN-A 无明显的靶向切割活性,TALEN-B 和 CRISPR/Cas9 有明显的切割活性,其中 CRISPR/Cas9 的切割活性略强(图 1:B)。进一步的 TA 克隆测序分析结果验证了 T7E I 酶切结果,其中 ZFN 在靶位点引起 Indel 的效率为 4.1%(2/49),TALEN-A 为 4.2%(2/48),TALEN-B 为 24%(12/50),而 CRISPR/Cas9 为 30%(12/40)(图 1:C)。因此,CRISPR/Cas9 在该位点具有相对较高的靶向切割活性。

2.2 ZFN、TALEN、CRISPR/Cas9 定点整合外源基因的效率比较

将 ZFN、TALEN 和 CRISPR/Cas9 表达质粒分别与同源重组质粒供体共转染至 C_2C_{12} 细胞中,24 h 后通过荧光显微镜可观察到少数表达红色荧光蛋白 DsRed 的细胞(图 2:B),表明部分供体质粒在基因编辑工具的介导下通过同源重组正确整合到 *Rosa26* 位点。进一步应用流式细胞仪对 DsRed 阳性细胞的比例进行定量分析,结果显示在 C_2C_{12} 细胞中,ZFN 的 Knockin 效率为 $(0.11 \pm 0.05)\%$,TALEN-A 和 TALEN-B 的效率分别为 $(0.13 \pm 0.06)\%$ 和 $(0.08 \pm 0.02)\%$,CRISPR/Cas9 的效率为 $(1.36 \pm 0.40)\%$(图 2:C),表明 CRISPR/Cas9 介导的定点整合效率明显高于 ZFN 和 TALEN。

2.3 利用 CRISPR/Cas9 构建定点整合外源基因的 ES 细胞株

由于 CRISPR/Cas9 具有较强的基因定点整合效率,因此本研究选用 CRISPR/Cas9 作为基因编辑工具来构建 *Tyr* 定点整合的 ES 细胞。将构建好的 pX458-*Rosa26* 质粒与质粒供体共转染至 ES 细胞中,流式分选出表达有 GFP 的细胞,继续培养一周后,荧光显微镜下可见在饲养层细胞上,ES 细胞开始形成岛状的细胞克隆,部分 ES 细胞克隆同时表达 EGFP 绿色荧光蛋白和 DsRed 红色荧光蛋白(图 3:A)。应用克隆环消化带有荧光标记的 ES 细胞克隆,转移到新的培养皿中,继续培养扩增细胞

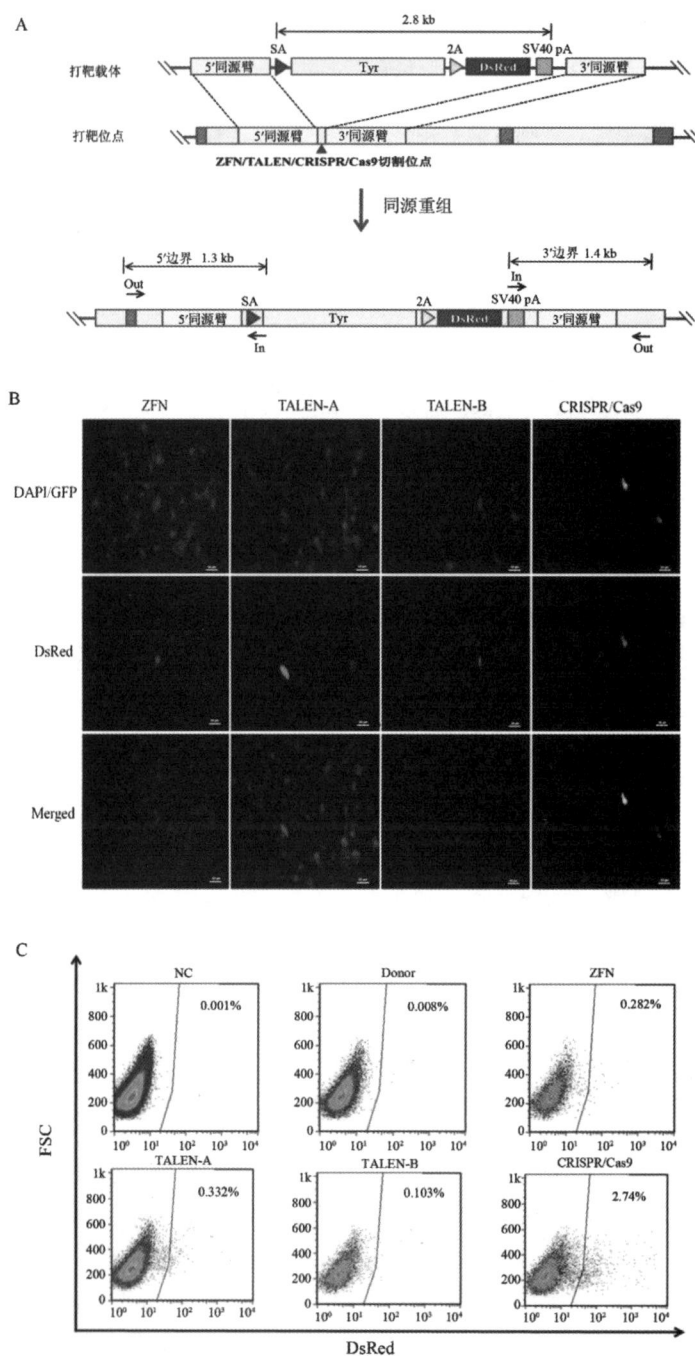

图2 ZFN、TALEN、CRISPR/Cas9 定点整合外源基因的效率鉴定

Fig. 2 Efficiencies of targeted integration of exogenous genes mediated by ZFN, TALEN or CRISPR/cas9

A：在 *Rosa26* 位点整合外源基因的示意图；B：转染 24 h 后的荧光图；

C：流式分析表达 DsRed 的细胞比率（代表性结果）

数量,待其数量足够时,取一部分细胞提取基因组并进行 PCR 扩增分析。在得到的 5 个单细胞克隆中,有 3 个克隆成功扩增出了中间的 *Tyr* 基因插入序列,其中#3、#4 克隆同时成功扩增出了右侧边界片段(图 2:A,图 3:B 和图 3:C)。其中#3 ES 克隆右侧边界片段序列图谱表明外源供体质粒 3′端完整地整合到了打靶位点,质粒与打靶位点交界处没有发生碱基的缺失或插入等(图 3:D)。

2.4 构建外源基因整合的嵌合体小鼠

挑选正确整合了 Tyr-2A-DsRed 基因的 3# ES 单克隆细胞注射入昆明白小鼠的囊胚腔中,并将囊胚移植到代孕昆明白母鼠输卵管内,最终母鼠成功诞下一只健康存活的嵌合体小鼠,毛色与普通昆明白小鼠明显不同:白毛夹杂着黑毛(图 4:A)。近距离观察眼球,其虹膜颜色比对照小鼠明显偏暗(图 4:B),表明整合进 *Rosa26* 基因的 *Tyr* 基因可以正确表达,促进黑色素合成,使嵌合体小鼠表现出不同的毛色表型和虹膜颜色。

3 讨 论

本研究设计了靶向小鼠在 *Rosa26* 内含子的 ZFN、TALEN、CRISPR/Cas9 基因编辑工具,使三者在同一打靶位点对外源 *Tyr* 基因进行定点整合。在验证三种基因编辑工具的靶向切割活性时发现设计的 ZFN 切割活性最低,仅为 4.1%;两对 TALEN 中有一对的切割活性可达到 24%;而 CRISPR/Cas9 的切割活性最强,可达到 30%。因此,针对本研究中既定打靶位点设计基因编辑工具,要获得高活性的 ZFN 难度较大,TALEN 居中,CRISPR/Cas9 较小。

研究表明,由 ZFN 或 CRISPR/Cas9 通过 HDR 介导的 DNA 片段的定点整合通常效率较低,尤其在哺乳动物细胞中,通过同源重组实现 DNA 片段定点整合效率约为 $10^{-6} \sim 10^{-5}$[12-13]。基因编辑工具的选择在一定程度上可以影响定点整合的效率,在同源序列存在的情况下,由基因编辑工具所

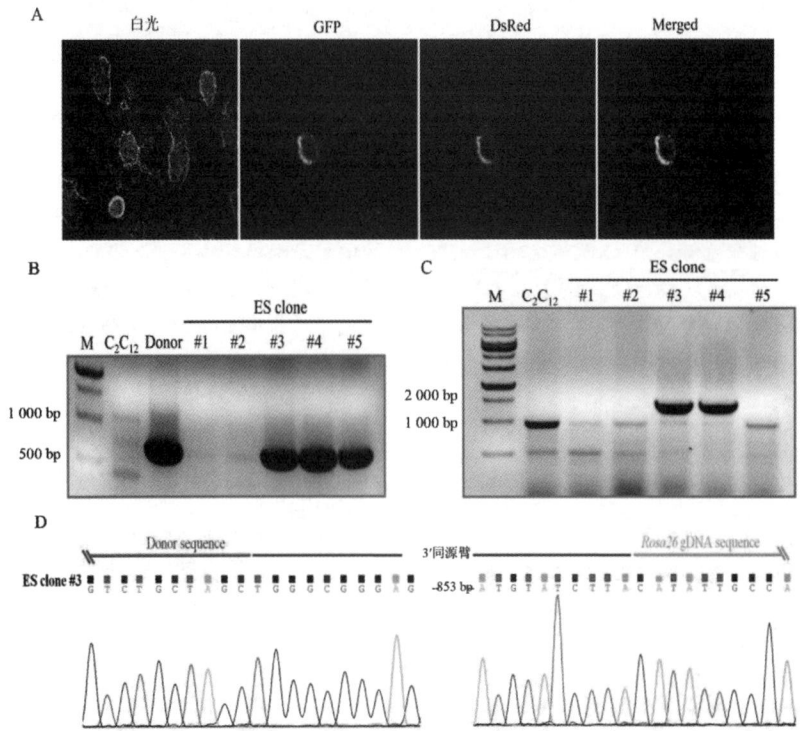

图 3 利用 CRISPR/Cas9 构建外源基因定点整合 ES 细胞克隆
Fig. 3 Generation of targeted integrated ES single clones by CRISPR/Cas9
A: ES 克隆荧光图;B: PCR 扩增中间插入片段;C: PCR 扩增右侧边界片段;D: #3 ES 克隆右侧边界片段序列图谱

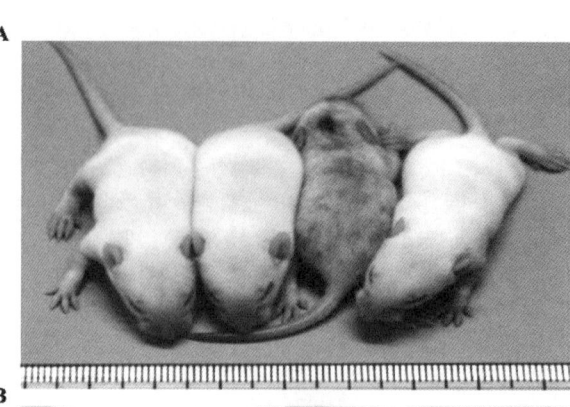

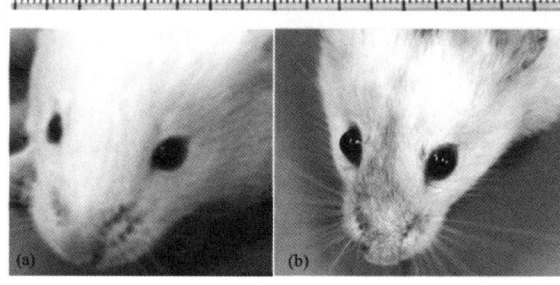

图4 构建 Tyr 基因定点整合的嵌合体小鼠

Fig. 4 Generation chimeric mouse with targeted integration of Tyr gene

A：Tyr 嵌合体小鼠与普通昆明白小鼠合影；B：眼部虹膜特写。对照小鼠（a），Tyr 嵌合体小鼠（b）

造成的 DNA 发生双链断裂能促进同源重组修复，从而提高定点整合外源基因的效率[14]。本研究对红色荧光的分析结果显示，在 C_2C_{12} 细胞中，ZFN 和 TALEN 的介导的定点整合效率约为 0.1% ~ 0.3%，CRISPR/Cas9 的效率达到 2.74%，具有明显的优势，这与前期 CRISPR/Cas9 具有最佳的切割效率的结果是一致的。

使用 CRISPR/Cas9 对无启动子的质粒供体 pTyr-2A-DsRed 进行定点整合时，本研究利用 pX458 载体上携带的 EGFP 报告基因，通过流式分选可快速富集转染阳性细胞用于后续实验，进一步通过流式分析定点整合到基因组上的供体上的红色荧光蛋白 DsRed，即可快速鉴定定点整合的效率。相对于传统的正负药物筛选定点整合的细胞单克隆，此方法省去繁琐的筛选过程，更加省时高效。

对于定点整合的细胞基因组的巢式 PCR 扩增得到了3′端边界序列和中间插入序列的条带，证明了外源基因的成功整合。而针对5′端边界序列的扩增无明显目的条带，我们推测可能是由非常规重组（illegitimate recombination）引起的。非常规重组与同源重组在哺乳动物细胞 DSB 修复过程中互为竞争关系，研究表明，非常规重组可能导致在基因组与 donor 连接位置处发生复杂的 DNA 重组，包括 DNA 缺失，重复，插入和倒位等[15-16]。当然左侧同源臂的大量 GC 重复序列也在一定程度上增加了扩增的难度。

最后，我们成功得到了一只整合了 Tyr 基因的嵌合体小鼠，该小鼠相对于非嵌合体小鼠具有明显的毛色区别。通过观察毛色变化可以更加直观、快速地鉴别目标外源基因整合小鼠，这为今后制作 Rosa26 定点整合小鼠提供了一种简便高效的方法。

参考文献：

[1] KIM Y G, CHA J, CHANDRASEGARAN S. Hybrid restriction enzymes: Zinc finger fusions to Fok I cleavage domain [J]. Proceedings of the National Academy of Sciences of the United States of America, 1996, 93 (3):

[2] BITINAITE J, WAH D A, AGGARWAL A K, et al. Fok I dimerization is required for DNA cleavage [J]. Proceedings of the National Academy of Sciences of the United States of America, 1998, 95(18): 10570-10575.

[3] LI T, HUANG S, ZHAO X, et al. Modularly assembled designer TAL effector nucleases for targeted gene knockout and gene replacement in eukaryotes [J]. Nucleic Acids Research, 2011, 39(14): 6315-6325.

[4] CONG L, RAN F A, COX D, et al. Multiplex genome engineering using CRISPR/Cas systems [J]. Science, 2013, 339(6121): 819-823.

[5] HE Z, PROUDFOOT C, WHITELAW C B A, et al. Comparison of CRISPR/Cas9 and TALENs on editing an integrated EGFP gene in the genome of HEK293FT cells [J]. Springerplus, 2016, 5(1): 814.

[6] OZEKI H, ITO S, WAKAMATSU K, et al. Chemical characterization of hair melanins in various coat-color mutants of mice [J]. Journal of Investigative Dermatology, 1995, 105(3): 361-366.

[7] FURLAN-MAGARIL M, REBOLLAR E, GUERRERO G, et al. An insulator embedded in the chicken alpha-globin locus regulates chromatin domain configuration and differential gene expression [J]. Nucleic Acids Research, 2011, 39(1): 89-103.

[8] PARIKH B A, BECKMAN D L, PATEL S J, et al. Detailed phenotypic and molecular analyses of genetically modified mice generated by CRISPR-Cas9-Mediated editing [J]. PLoS One, 2015, 10(1): e0116484.

[9] BASSETT A R, TIBBIT C, PONTING C P, et al. Mutagenesis and homologous recombination in Drosophila cell lines using CRISPR/Cas9 [J]. Biology Open, 2013, 3(1): 42-49.

[10] SRINIVAS S, WATANABE T, LIN C S, et al. Cre reporter strains produced by targeted insertion of EYFP and ECFP into the ROSA26 locus [J]. BMC Developmental Biology, 2001, 1: 1-8.

[11] CHEN C M, KROHN J, BHATTACHARYA S, et al. A comparison of exogenous promoter activity at the ROSA26 locus using a PhiC31 integrase mediated cassette exchange approach in mouse ES cells [J]. PLoS One, 2011, 6(8): e23376.

[12] ORLANDO S J, SANTIAGO Y, DEKELVER R C, et al. Zinc-finger nuclease-driven targeted integration into mammalian genomes using donors with limited chromosomal homology [J]. Nucleic Acids Research, 2010, 38(15).

[13] MERKLE F T, NEUHAUSSER W M, SANTOS D, et al. Efficient CRISPR-Cas9-Mediated generation of knockin human pluripotent stem cells lacking undesired mutations at the targeted locus [J]. Cell Reports, 2015, 11(6): 875-883.

[14] LI G, ZHONGL C, MO J, et al. Advances in site-specific integration of transgene in animal genome [J]. Yichuan, 2017, 39(2): 98-109.

[15] SARGENT R G, BRENNEMAN M A, WILSON J H. Repair of site-specific double-strand breaks in a mammalian chromosome by homologous and illegitimate recombination [J]. Molecular and Cellular Biology, 1997, 17(1): 267-277.

[16] LIU X, WANG M, QIN Y, et al. Targeted integration in human cells through single crossover mediated by ZFN or CRISPR/Cas9 [J]. BMC Biotechnol, 2018, 18(1): 66.

(责任编辑　张　冰)

·特约综述·

DOI:10.13471/j.cnki.acta.snus.2021E001

外来入侵植物的生态控制

廖慧璇,周婷,陈宝明,陈恩健,张海杰,彭少麟

有害生物控制与资源利用国家重点实验室/中山大学生命科学学院,广东 广州 510275

摘 要:外来入侵植物生态控制方法是指通过对生态系统中植物、微生物和生态环境要素的生态调控,从而防控外来入侵植物的方法。外来植物入侵的防控难点在于,利用现行的物理、化学和生物控制外来入侵植物后总是再次反复爆发。如何解决反复爆发成了的共识的世界难题。近期中外学者提出生态控制方法,以期解决外来入侵植物反复爆发的这一难题。本文在总结学科该领域的前沿研究结果的基础上,结合我们团队的研究实践,对生态控制的基本理论和方法进行综述,试图阐明外来植物入侵生态防控的4个方面研究:① 土著植物控制机制;② 植物-微生物反馈机制;③ 化感作用机制;④ 生态环境调控机制。以期为解决外来入侵植物反复爆发的这一世界难题提供理论基础与实践依据。

关键词:外来入侵植物;生态控制;理论基础;实践依据

中图分类号:Q948.1　　**文献标志码**:A　　**文章编号**:0529-6579(2021)04-0001-11

Ecological control of exotic invasive plants

LIAO Huixuan, ZHOU Ting, CHEN Baoming, CHEN Enjian, ZHANG Haijie, PENG Shaolin

State Key Laboratory of Biocontrol / School of Life Sciences, Sun Yat-sen University, Guangzhou 510275, China

Abstract: Ecological control of exotic invasive plants refers to controlling exotic plant invasions through ecological approaches, such as manipulating species composition of native plant and microbial communities and modifying environmental conditions. The major challenge in plant invasion control that has been troubling scientists across the world is the prevention of recurring outbreaks of plant invasion, which often happened following traditional physical, chemical and biological controlling approaches. In this paper, we reviewed the current knowledge on ecological control of exotic invasive plants by referring to the latest research advances across the world and the experiences in the ecological-control practices by our research team. Following four major aspects were highlighted: ① control by native plants, ② control by plant-microbe feedback, ③ control by allelopathy, and ④ control by modification of environmental conditions. The review aimed to help understanding of the basic theories and practical options for ecological control of exotic plant invasion.

Key words: exotic invasive plants; ecological control; basic theories; guidance for practice

---

* **收稿日期**:2021-01-13　　**录用日期**:2021-03-15　　**网络首发日期**:2021-05-21
基金项目:广东省林业科技创新项目(2021KJCX014);2020年省级农业科技创新及推广体系建设项目(2020KJ264);广东省基础与应用研究基金(2020A1515011265);广东省海洋经济发展(海洋六大产业)专项资金项目(粤自然资合【2020】057号);广州市珠江科技新星项目(201806010150)
作者简介:廖慧璇(1988年生),女;研究方向:恢复生态学;E-mail: liaohuix5@mail.sysu.edu.cn
通信作者:彭少麟(1956年生),男;研究方向:恢复生态学;E-mail: lsspsl@mail.sysu.edu.cn

彭少麟,教授、博士生导师,广东省珠江学者特聘教授,先后任国家自然科学基金委员会地球科学部委员、国际生物多样性计划中国委员会委员、中国生态学会副理事长、广东省生态学会理事长等职务,主持完成多项国家自然科学基金重大和重点项目、中科院和广东省重大和重点项目,获省部一等奖以上重大科技进步奖和自然科学奖5项。主持完成国家自然科学基金重大项目"我国东部陆地生态系统与全球变化相互作用研究"取得重大进展,被联合国GCTE 列为核心项目,评为2000年度"中国基础科学研究十大新闻"。

外来入侵植物的生态控制方法是指通过对生态系统中植物、微生物和生态环境要素的生态调控，从而防控外来入侵植物的方法。

外来生物入侵被认为是仅次于生境破坏的导致全球生物多样性下降的重要因素[1]，严重威胁着生态系统健康[2-3]。据估计，外来生物入侵每年对美国造成的经济损失超过100万美元，对全球造成的损失更是超过了1万亿美元[4]。我国仅农林生态系统每年的损失约400亿人民币，其中外来植物入侵导致植被危害占了重大比重[5]。对入侵植物的控制方法主要有物理清除、化学清除及生物防治等[6-7]。物理清除主要采用机械、人工等方法清除入侵植物[8]。化学清除则通过施用除草剂等农药清除或控制入侵植物[9-10]。而生物防治通常是通过引进伴生天敌的途径来控制入侵植物[7-11]。现行的物理、化学和生物防治技术经常取得一时的良好效果，但却面临入侵植物反复爆发的问题。物理清除费时费力，更是无法控制复发，如人工清除斑点矢车菊 Centaurea maculosa 和薇甘菊 Mikania micrantha 等入侵植物后，入侵植物仍周期性复发是困扰生态管理的难题[12-13]。化学清除难以杀灭植物根部，不仅无法遏制反复爆发，反而会引发环境污染和生境退化问题[14]。生物防治在防除入侵植物的同时，存在一定的生态风险，外来天敌的引进可能带来新的物种入侵，产生更为严重的入侵后果[15-16]。

随着经济全球化和人口全球流动加剧，全球外来植物入侵现象也日趋严重。面对我国华南地区的薇甘菊 Mikania micrantha、西南地区的紫荆泽兰 Ageratina adenophora 和北美的小叶海金沙 Lygodium microphyllum 等外来入侵植物不断肆虐，如何有效防控外来植物入侵成为影响全球经济和社会发展的重大问题。其中，外来植物入侵进行物理、化学和生物控制后反复爆发成了的公认的世界难题。近期中外学者提出生态控制方法，以期解决外来入侵植物反复爆发的这一难题。本文在总结学科该领域的前沿研究结果的基础上，结合我们团队的研究实践，对生态控制的基本理论和方法做一综述。

1 外来植物入侵生态防控的土著植物控制机制

1.1 外来入侵植物生态防控的植物组成与机制

入侵种的生态控制以及本地群落的恢复引起不少学者的关注[17-19]。由于不同植物物种具有不同的养分获取和竞争策略，土著植物群落存在功能群分化[20]。外来入侵植物通常具有高的资源竞争能力[21]和高生长速率[22]。因此，不少研究认为，土著植物群落要产生高入侵抵抗力，必须具有与外来入侵植物相似的，即具有高资源竞争力和高生长速率的功能群[23-25]。我们前期研究也发现，一些具有强养分和光资源竞争能力的土著植物可能扮演着类似"士兵"的角色在抵抗入侵植物中具有关键作用，能够有效遏制薇甘菊 Mikania micrantha、五爪金龙 Ipomoea cairica 等恶性杂草入侵华南地区的森林和果园[26-27]。

可见，土著"士兵"筛选和本地群落构建，是对外来入侵植物进行生态防控的有效模式。其中，"士兵"筛选尤为重要，这往往是通过对比外来入侵植物与士兵土著植物的性状来进行的。极限相似理论（Limiting Similarity Theory）认为，如果一个本地群落存在一个土著植物具有与某入侵种相似的性状，或者潜在入侵种可利用的生态位已被占领，那么这个入侵种将不能在该群落建群[28-29]。竞争排斥原理（Competitive Exclusion Principle）是极限相似理论的一个重要方面，从资源生态位的角度解释了入侵植物和土著植物间的竞争关系[30]。在北美潮汐沼泽生态系统中，土著种显著降低了入侵种芦苇 Phragmites australis 的生长，其原因在于对相同资源的竞争[31]。在美国加州海滨草地生态系统中，由于土著草本植物与入侵杂草具有相同的资源利用方式但其竞争力较强，从而显著降低了入侵杂草的生长繁殖[32]。除了同时期的生态位竞争外，不同时期的生态位竞争也能用于控制外来入侵植物。生长期早的物种可能比生长期晚的物种具有较大的竞争优势，因为生长期早的物种优先占领一些重要的生态位，包括资源和空间等[33]。

当不清楚入侵物种的功能特性的时候，还可以通过将功能特性存在明显分化的多种土著植物进行组合，形成抵抗入侵种的"军队"。这种通过提高本地群落的物种多样性的方法常常被证明能够有效遏制入侵[20,34-35]，也被认为是一种"万金油"式的方法。这是因为不同功能群植物能够在资源、空间竞争中互补（即"互补效应"，Complementary Effect），从而限制入侵植物所能获取的资源和空间[36]。此外，高多样性群落中更大概率包含能够有效与入侵植物竞争的土著功能群（即"选择效应"，Selection Effect），从而对入侵植物产生强有力的竞争抑制[36]。这种高多样性产生的高入侵抵抗力被总结为"多样性阻抗假说"（Diversity-Invasibility Hypothesis）[20,37]。

1.2 外来植物入侵的生态防控模式

外来入侵植物的生态控制有多种机制，其中利用土著植物进行生态替代是常用的方法。替代控制与生物控制不同之处在于，生物控制通过使用捕食者或寄生生物直接、专一地杀灭害虫，而替代控制利用次生演替中的自然过程，在短时间内通过植物竞争或在更长的时间范围上通过次生演替、涉及一系列植物群落的更复杂的过程实现对有害植物的替代[38]。替代控制长期有效，同时能产生保持水土、涵养水源等许多生态效益。

替代控制是根据种间竞争或植物群落演替规律，用更有价值的种类自然取代有害植物种的一种控制方式[38]，并以此实现更高层次的恢复目标。一般替代控制采用当地的物种或者经过长期种植证明不会对当地物种构成威胁的植物，作为竞争植物与外来入侵植物进行竞争以抑制其生长，一般不会对当地其他有益植物造成危险，而且还有利于生物的多样性。已有一些研究检测了用土著植物替代控制外来入侵植物的可能性。亚速尔群落用土著种火树对入侵种维多利亚海桐入侵地替代面积可达到24%[39-40]。Li 等[41]利用两种土著野葛 Pueraria lobata 和鸡屎藤 Paederia scandens 来替代控制入侵种五爪金龙 Ipomoea cairica，研究表明，利用对本地生态系统有价值的土著种对入侵种进行替代控制，是控制入侵种的一种可行和可持续的手段。在本团队前期的工作中，我们在清除了入侵植物的地域，种植幌伞枫、橄榄、鸭脚木等土著植物，成功遏制了三裂叶野葛、山猪菜、扭肚藤、假蒟或粗叶悬钩子等入侵植物的反复爆发的问题[42]。同时，将类似的方法用于森林边缘的本地群落构建，也能够起到防止阳生性草本、藤本和灌木类外来植物入侵的效果[43]。

植被重植在抑制入侵植物中的作用通常也与极限相似性理论有关，其中多个土著植物物种占据了潜在入侵者的生态位空间[44]。Funk 等[28]总结出更高的功能多样性植物群落对增加生物面临入侵的抵抗力是有效的。然而，恢复生态学家在引入物种时还必须考虑种的特性[33,45]，因为物种的特性在他们的生命周期中是在变化的[46]。仅仅考虑成熟个体的特质是不够的，因为他们必须首先具备能够与入侵植物竞争的特征，使他们在幼苗阶段可以得以竞争成功生长到成熟阶段。然而，这些因素很少被土地管理者深入考虑，他们通常以增加本土多样性、减少侵蚀或提供饲料为目标进行植被重植[47]。植被重植不太侧重于防止未来的再入侵[48]。

虽然直接资源竞争往往被认为是生物抵抗力的最大贡献者，但竞争会随时间和其他因素（如干扰等）而变化，可能会在解释某些群落的不可入侵性方面发挥更大的作用。例如，高生产力的土著植物群落也可以减少入侵。植被重植可以增加凋落物的厚度，降低入侵物种的发芽率。温带树叶凋落物的存在使入侵的药鼠李 Rhamnus cathartica 的发芽率降低了50%以上[49]。对易燃的植物，火干扰可能较控制替代能够更有效地抑制木本植物的再入侵[50]。因此，了解正在恢复的系统的具体入侵机制至关重要[48,51]。

1.3 外来植物入侵的其他生态控制模式

通常认为一种外来植物的存在或许能够降低其他入侵植物的入侵性，但是因为外来种（非入侵）的入侵风险不可预知[52]，利用外来种进行竞争替代控制需要极为谨慎。文献[53-54]尝试用两种外来红树植物无瓣海桑 Sonneratia apetala 和海桑 Sonneratia caseolaris 来控制外来入侵种互花米草并促进红树林的恢复。两种外来红树植物明显的速生特性使海桑和无瓣海桑适宜条件下，在光滩上快速郁闭成林，提高土壤肥力，改善生境，为其他本土红树植物定居和生长创造有利的环境条件，二者混种能有效恢复红树林[55]。另外，前期研究表明无瓣海桑比互花米草具有更强的化感作用[56]，而且无瓣海桑由于其较低的更新速率导致入侵性较弱[57-58]。基于这些特性，无瓣海桑可能用于控制外来入侵种互花米草的入侵以及土著红树林群落的恢复。无瓣海桑和海桑成功控制了互花米草，并促进了土著红树植物的恢复。在入侵阶段，由于人类活动的干扰，随着外来种的入侵，土著植物的优势下降；在替代控制阶段，种植的过渡性外来种快速生长，使得外来入侵种优势度下降；其后是本地群落恢复阶段，过渡性的外来种由于无法更新逐渐衰退，而其构建的荫蔽生境为土著植物的恢复提供了条件，改善了土壤性质，使本地群落得以恢复。无瓣海桑有效抑制互花米草后，是不是会造成无瓣海桑的大面积扩张，从而引起二次入侵呢？用外来种来进行生态控制及本地群落的恢复可能会导致新的入侵，这种方式似乎是一个悖论。因此，这类弱入侵外来种的更新特性对本地群落的恢复显得尤为重要。事实上，在森林群落演替中，这类促进晚期种的类型是很普遍的。例如，林冠通过影响草本层间接促进了栓皮栎 Quercus suber 幼苗的生长[59]。因此，护理种（Nurse Trees）通常用于恢复[53]。该研究针对互花米草入侵严重，红树林恢复难的世界难题，研究提供了新思路：师夷长技以制夷，充分发挥外来植物的生长竞争优势，以此控制互花米草，并且成效显著，不仅大大节约了防控恢复的成本，红树群落恢复所带来的生态效益更是不容小觑。

"以草制草"的研究其实并不少，但都是关注怎样改变环境中的资源，利用土著植物控制入侵植物[60]，如 Guglielmone 等[56]利用土著牧草成功替代了入侵植物黄顶菊。几乎没人探索入侵植的"价值",虽然之前有学者研究过无瓣海桑控制互花米草的可能性[61],但并未进行长期的野外验证。我们在珠海淇澳岛的工作首次成功实现了用"外来入侵种经济、有效、长期永久地控制互花米草"的目的。由此我们认为"广义"的生物防治应该是利用一种有机体控制另一种有害入侵有机体的过程,既包括利用狭义生物防治中的天敌,也包括改良环境资源后竞争力增强的土著种,又包括"外来入侵植物"。

2 外来植物入侵生态防控的植物-微生物反馈机制

植物与微生物既存在负反馈相互作用,又存在正反馈相互作用,这两种相互作用机制均可应用于外来植物入侵的生态防控。

"天敌逃逸"假说认为,外来植物被引入到新的生境中,原产地的天敌并未被一同引入。因此,新生境中可能缺乏能够有效抑制外来植物的天敌,而使外来植物的生长和扩张失去控制。其中的天敌就包括了原产地取食[62]和病原菌[63-64]。逃逸病原菌的现象在很多外来植物中被观测到,如在北美臭名昭著的入侵草本矢车菊 Centaurea spp.[63,65]和入侵藤本扶芳藤 Euonymus fortunei[66]。但病原菌逃逸也不是一个绝对的现象,在一个针对243种被引入美国的外来植物的研究中,研究者发现来在原产地多分布于资源丰富的环境的植物更可能在根际积累大量的病原菌,因此在新生境中也更可能逃离相关病原菌的侵扰,从而获得优势[67]。同时,也有个别外来植物并未真正逃离病原菌侵扰,它们在引入新生境不久就被观测到病原菌积累现象,这可能是由于共同引入或者由于土著病原菌的宿主转移造成的[68]。随着定植时间的推移,外来植物也可能逐渐开始积累根际病原菌,从而慢慢失去"天敌逃逸"的优势。这一现象在部分外来植物中得到了验证[69-70],而在另外一些外来植物中却在很长一段时间内都未发生[71]。

利用外来植物-微生物负反馈作用,可利用植物病原菌和病毒来进行外来植物入侵的生态防控。我们团队前期的野外调查发现,一些自然的薇甘菊 Mikania micrantha 种群会出现叶片枯萎的症状。经过完整RNA基因组测序,我们鉴定出了一种新的侵染薇甘菊的病毒 Mikania micrantha wilt virus (MMWV)[72]。也有一些子囊菌被发现具有侵染抑制欧洲白蜡树 Fraxinus excelsior 的潜力[73]。尽管目前只有少量研究证据证明了病原菌和植物病毒控制入侵植物的作用,但我们认为病原菌或植物病毒可能是能够专一性控制入侵植物而对避免对土著植物造成危害的较为理想的生物控制工具。

尽管原产地共生的微生物很少被共同引入,一些入侵植物被发现能够破坏土著植物与互利微生物的共生关系,甚至是抢夺土著植物的互利微生物[74-76]。因此,入侵植物相对于土著植物的竞争优势也可能来源于互利微生物。例如,有研究发现,菌根真菌结合型外来植物较非菌根真菌结合外来植物能够在更广的区域内分布[77]。松树,作为在全球大范围入侵的类群,其入侵往往得益于松树菌(Suilloid Fungi)在入侵早期对幼苗的抗逆性和养分吸收方面的帮助[78]。随着时间的推移和种群密度的增加,外来植物积累互利微生物的能力可能会不断增强[79]。然而,我们团队近期研究发现,外来植物与互利微生物的反馈作用会受到土壤P养分的影响[80]。当土壤P养分充裕的时候,互利菌根真菌与植物之间可能会从互利共生关系转变为寄生关系,从而反过来削弱外来植物相对于土著植物的竞争优势。我们将这种效应称为菌根真菌对入侵植物的"双刃剑"效应。

大量证据表明,高物种多样性的植物群落具有更高的入侵抵抗力。然而,其中土壤微生物群落是否发挥了作用一直未被研究。2016年,我们团队首次提出并证明了高多样性草地群落中土壤微生物具有增强群落的入侵抵抗力的潜力[81]。这是由于高多样性植物群落能够稀释土壤病原菌多度,同时增加互利微生物的多度,这两种作用共同促进了群落入侵抵抗力的增强。这一观点在2020年又被 Mark van Kleunen 团队利用微生物基因测序的方法进一步证实[82]。除了草地群落,我们团队前期的工作也显示,演替后期的成熟森林群落中土壤微生物也有增强入侵抵抗力的潜力[26]。成熟森林群落的高物种多样性可能是形成高抵抗力微生物群落的重要原因。

3 外来植物入侵生态防控的化感作用机制

3.1 直接化感作用

外来植物化感作用相关的"新奇武器假说"作为其成功入侵的机制之一受到了广泛关注[83-84],而土著植物对外来植物的化感作用却常常被忽视。外来植物到达新生境,它们与本地群落中各种不同的植物发生种间互作,也会面临土著植物的"新颖"化感物质。近年来,陆续有一些研究探讨了土著植物化感作用对外来入侵植物以及生境可入侵性的影响[85-89]。

植物凋落物在陆地生态系统的物质循环和能量流动中发挥着重要作用，同时凋落物携带的化学物质成为土壤化感物质的来源之一[90]，改变着生态系统的化学环境[91-92]。研究发现本地群落优势植物欧洲越橘 Vaccinium myrtillus 的凋落物对北美入侵植物黑云杉 Picea mariana 有较强的化感抑制作用，而对土著伴生植物挪威云杉 Picea abies 的化感作用较弱[93]。另外，不同入侵植物对本地群落的化感作用响应也存在差异。研究发现西黄松 Pinus ponderosa 的凋落物对多年生外来入侵植物斑点矢车菊 Centaurea maculosa 的化感抑制明显强于一年生入侵杂草旱雀麦 Bromus tectorum 的化感抑制，造成西黄松林下旱雀麦的多度显著高于斑点矢车菊[94]。此外，有研究发现土著豆科树种的凋落叶对入侵杂草甜根子草 Saccharum spontaneum 的化感抑制作用高于非豆科树种，可用于构建具有入侵抵抗力的森林群落[95]。另外，我们的研究发现土著植物的叶片释放的化感物质对入侵植物有一定的抑制作用[86]。

3.2 间接化感作用

有人将化感作用分为植物间直接的化感作用和土壤介导的间接化感作用，并指出土壤介导的间接化感作用在生态系统中更为普遍和重要[96]。研究证实土壤介导的化感作用对土壤营养水平、化学环境、微生物以及植物的多样性、优势度、演替等有着重要的影响[95]。我们的研究发现不同演替阶段森林群落的土壤对入侵植物存在不同的化感抑制作用，发现演替后期的成熟森林土壤的化感作用对入侵杂草薇甘菊 Mikania micrantha 存在明显的抑制作用[26]。Yu 等[97]比较了土著植物麻栎 Quercus acutissima 和引入植物刺槐 Robinia pseudoacacia 对山东半岛外来入侵植物火炬树 Rhus typhina 的化感作用，结果表明麻栎生长的土壤中酚酸含量明显高于刺槐生长的土壤，说明土著植物麻栎可以提高群落对入侵植物火炬树的抵抗作用。我们研究发现不同森林土壤中累积的脱落酸及酚酸对外来入侵植物具有明显的抑制作用[98-99]，单种酚酸对入侵植物的生长抑制作用均比较微弱，酚酸混合液对入侵植物的抑制作用相对强烈，说明土壤中多种酚酸的共同作用才能对入侵植物形成有效的抵抗[98]。

3.3 综合化感作用

有研究表明土著植物的化感作用对一些入侵植物的抑制作用并不明显，可能要结合其他因素才能有效抑制入侵植物的生长。Zheng 等[100]研究了亚热带森林3种乔木对入侵植物薇甘菊的化感作用，结果表明3种乔木对薇甘菊的种子萌发和幼苗生长的抑制作用比较弱，研究发现仅化感作用可能不足以抑制外来植物的入侵，而化感作用和遮光相结合可以有效抑制入侵植物的生长。土著植物对外来植物具有化感作用，其对外来植物入侵的抗性通常随着土著植物群落的多样性和密度的增加而增强，研究证实化感作用可能是多样性改变群落可入侵性（Invasibility）的重要机制[101]。虽然土著植物群落的化感作用可能会增加它们对引入植物的抗性，但没有证据表明土著植物群落对化感作用的耐受性会影响引入植物的入侵程度[88]。

由此可见，土著种或群落的化感作用影响群落的可入侵性，不同森林群落土壤的化感作用对入侵植物生长的抑制作用存在差异，这为外来植物入侵的生态控制和土著植物群落的构建提供了科学依据和新思路。

4 外来植物入侵生态防控的生态环境调控机制

外来植物入侵生态防控中的生态环境调控是指利用生态学和恢复生态学原理，通过改变群落中各种非生物因子间的关系来防控外来入侵植物的方法。它的实施需要从生态系统的总体功能出发，了解生态系统的结构、功能、演替规律及生态系统与环境的基础上，对生态系统进行改造，以期控制甚至清除外来入侵植物[51]。

外来植物能否成功入侵，以及入侵后的生长繁殖状况，在很大程度上依赖于生境中可利用非生物资源，如：光照、水分、养分[102-103]。因此，根据入侵植物对土壤养分、光的喜好及利用情况，对生境中这样非生物因进行改造使其不利于入侵植物的生长需求就能削弱入侵植物的竞争能力。土壤氮含量的增加可进一步提高很多外来植物的入侵性[104-105]。那么，通过降低土壤氮含量将不利于外来入侵植物。一些研究证明通过添加木屑或其他有机质[106-107]等增加土壤的碳含量，间接降低土壤氮含量的方法能够抑制入侵植物的生长。另外，一些土著植物由于长期适应低氮环境，它们的凋落物 C:N 比高，因此凋落物分解后能够降低土壤中氮的可利用性，这将进一步促进土著植物生长而抑制入侵植物蔓延，由此形成了土著植物对入侵植物的控制[108]。一个经典的通过生态环境调控进行入侵地生态恢复的案例是美国埃弗格莱兹沼泽的外来植物香蒲草的控制。其通过对汇入水源的保障实现了对入侵地的土壤磷养分控制，从而控制了香蒲草种群的增长[109]。此外，大多数入侵植物喜光而不耐阴[110]，郁闭或光照弱的环境能够抑制入侵植物的生长和繁殖[111-113]。我们前期研究结果表明，减少林下光资源可以增强红树林群落对外来红树植物无瓣海桑 Sonneratia apetala 的抵抗力[114]。林冠下光的质量也影响着入侵植物的表现，例如提高林下红光/远红光比例，能够抑制外来植物南蛇藤 Celastrus orbiculatus 的入侵[115]。

然而，有时候降低林下光资源也无法抵抗大量耐阴的入侵植物[110]。因为一些入侵植物有可能在入侵地进化出耐阴性[116]，所以对单一环境因子进行的植物群落改造，无法全面有效地控制入侵植物，改变群落中的多个环境因子可能能够达到更好的控制效果。在珠海淇澳岛自然保护区，我们通过改变群落的光照和土壤环境，实现了对互花米草 Spartina alterniflora 的有效控制[117]。在增城增城林场内，我们对存在入侵植物（如薇甘菊、五爪金龙、白花鬼针草等）的野外样地进行磷肥添加实验发现，每季度向样方添加一定量磷肥，可有效降低样方中入侵植物的密度（彭少麟等，未发表数据）。因此，在清除入侵植物后的次生裸地，利用关键土著功能群配置和生境优化来构建高入侵抵抗力的本地群落，有望成为入侵地的生态恢复的有效模式。

5 结语与展望

利用现行的物理控制、化学控制和生物控制外来入侵植物后总是出现再次反复爆发，成为外来植物入侵的防控难点。外来植物入侵的生态控制被认为是解决这一世界难题的途径。外来入侵植物的生态控制是指通过对生态系统中植物、微生物和生态环境要素的生态调控，从而防控外来入侵植物的方法（图1）。外来入侵植物的生态控制技术体系包括植物、微生物、生态环境系统的综合调控，土著植物的功能群分化是控制外来入侵植物反复爆发的基础；植物-微生物反馈机制是外来入侵植物生态防控的途径；利用土著植物与外来入侵植物的性状差异，尤其利用土著植物的化感作用性状控制可有效地控制外来入侵植物；调控生态环境要素，尤其光照、水分、养分等要素可有效地帮助外来植物入侵的生态防控。

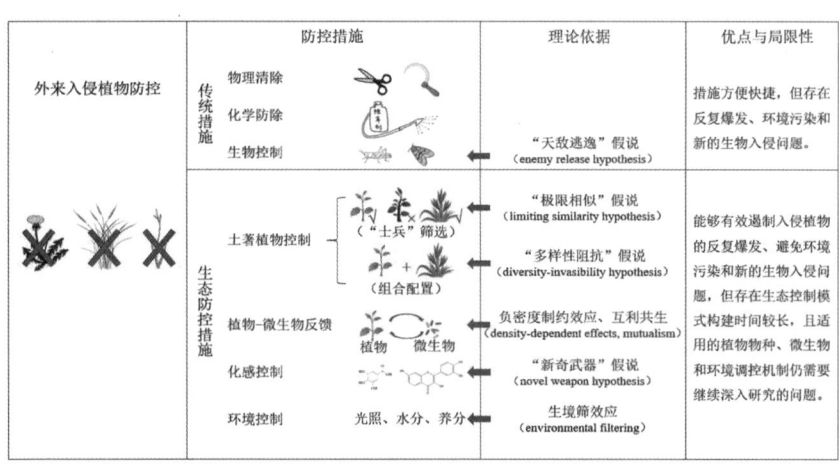

图1 外来入侵植物的主要防控措施及其理论依据与优缺点总结

Fig. 1 Summary of the major approaches for control of exotic invasive plants and the corresponding theoretical mechanisms. The advantages and disadvantages of these approaches are also illustrated

尽管目前外来入侵植物的生态防控还未形成成熟的模式，但其能遏制反复爆发并驱动本地群落通过自组织的方式逐步形成高入侵抵抗力的群落。这种模式在长远上看，明显较传统模式更具优势。因此，在未来的外来入侵植物防控工作中应更加注重生态防控机制与模式的研究，从而实现长久有效的外来入侵植物防控效果，有效缓解外来入侵对经济社会发展的负面影响。

参考文献：

[1] RUNYON J B, BUTLER J L, FRIGGENS M M, et al. Invasive species and climate change (Chapter 7): Climate change in grasslands, shrublands, and deserts of the interior American West: a review and needs assess-

[2] EHRENFELD G J. Ecosystem consequences of biological invasions [J]. Annual Review of Ecology, Evolution and Systematics, 2010, 41: 59-81.

[3] VIL M, ESPINAR J L, HEJDA M, et al. Ecological impacts of invasive alien plants: a meta-analysis of their effects on species, communities and ecosystems [J]. Ecology Letters, 2011, 14: 702-708.

[4] PIMENTEL D, ZUNIGA R, MORRISON D. Update on the environmental and economic costs associated with alien-invasive species in the United States [J]. Ecological Economics, 2005, 52: 273-288.

[5] 万方浩,郭建英,王德辉. 中国外来入侵生物的危害与管理对策[J]. 生物多样性, 2002, 10: 119-125.
WAN F H, GUO J Y, WANG D H. Alien invasive species in China: their damages and management strategies [J]. Biodiversity Science, 2002, 10: 119-125.

[6] KETTENRING K M, ADAMS C R. Lessons learned from invasive plant control experiments: a systematic review and meta-analysis [J]. Journal of Applied Ecology, 2011, 48: 970-979.

[7] SEASTEDT T R. Biological control of invasive plant species: a reassessment for the anthropocene [J]. New Phytologist, 2015, 205: 490-502.

[8] 郭耀纶. 藉连续切蔓法及相剋作用防治外来入侵的小花蔓泽兰[J]. 台湾林业科学, 2002, 17: 171-181.
GUO Y L. Using continuous stem-cutting and competitive effect to control exotic invasive *Mikania micrantha* [J]. Taiwan Forestry Science, 2002, 17: 171-181.

[9] 林绪平,刘建锋,黄莹,等. 灭薇净的安全性及防治薇甘菊效果初报[J]. 中国森林病虫, 2009, 1: 30-31.
LIN X P, LIU J F, HUANG Y, et al. Safety and control effect of herbicide Mieweijing against *Mikania micrantha* [J]. Forest Pest and Disease, 2009, 1: 30-31.

[10] 王勇军,昝启杰,王彰九,等. 入侵杂草薇甘菊的化学防除[J]. 生态科学, 2003, 22: 58-62.
WANG Y J, ZAN Q J, WANG Z J, et al. The research on chemical prevention on the invaded weed: *Mikania micrantha* H. B. K [J]. Ecological Science, 2003, 22: 58-62.

[11] CLEWLEY G D, ESCHEN R, SHAW R H, et al. The effectiveness of classical biological control of invasive plants [J]. Journal of Applied Ecology, 2012, 49: 1287-1295.

[12] MAUER T, RUSSO M J, EVANS M. Element stewardship abstract: Spotted knapweed (*Centaurea maculosa*) [C]. Virginia, USA: The Nature Conservancy, 1987.

[13] PENG S L, CHEN B M, LIN Z G, et al. The status of noxious plants in lower subtropical region of China [J]. Acta Ecologica Sinica, 2009, 29: 79-83.

[14] STRONG D R, AYRES D A. Control and consequences of *Spartina* spp. invasions with focus upon San Francisco Bay [J]. Biological Invasions, 2016, 18: 2237-2246.

[15] THOMAS M B, REID A M. Are exotic natural enemies an effective way of controlling invasive plants? [J]. Trends in Ecology and Evolution, 2007, 22: 447-453.

[16] 李鸣光,鲁尔贝,郭强,等. 入侵种薇甘菊防治措施及策略评估[J]. 生态学报, 2012, 32: 3240-3251.
LI M G, LU E B, GUO Q. Evaluation of the controlling methods and strategies for *Mikania micrantha* H. B. K. [J]. Acta Ecologica Sinica, 2012, 32: 3240-3251.

[17] DAUER J T, MCEVOY P B, van SICKLE J. Controlling a plant invader by targeted disruption of its life cycle [J]. Journal of Applied Ecology, 2012, 49: 322-330.

[18] KRITICOS D, BROWN J, RADFORD I, et al. Plant population ecology and biological control: *Acacia nilotica* as a case study [J]. Biological Control, 1999, 16: 230-239.

[19] MORGHAN K, SEASTEDT T. Effects of soil nitrogen reduction on nonnative plants in restored grasslands [J]. Restoration Ecology, 1999, 7: 51-55.

[20] TILMAN D. Community invasibility, recruitment limitation, and grassland biodiversity [J]. Ecology, 1997, 78: 81-92.

[21] FENG Y L, LEI Y B, WANG R F, et al. Evolutionary tradeoffs for nitrogen allocation to photosynthesis versus cell walls in an invasive plant [J]. Proceedings of the National Academy of Sciences of the United States of America, 2009, 106: 1853-1856.

[22] GROTKOPP E, REJMÁNEK M, ROST T L. Toward a causal explanation of plant invasiveness: seedling growth and life-history strategies of 29 pine (*Pinus*) species [J]. The American Naturalist, 2002, 159: 396-419.

[23] BYUN C, de BLOIS S, BRISSON J. Plant functional group identity and diversity determine biotic resistance to invasion by an exotic grass [J]. Journal of Ecology, 2013, 101: 128-139.

[24] GRUNTMAN M, PEHL A K, JOSHI S, et al. Competitive dominance of the invasive plant *Impatiens glandulifera*: using competitive effect and response with a vigorous neighbour [J]. Biological Invasions, 2014, 16: 141-151.

[25] SYMSTAD A J. A test of the effects of functional group richness and composition on grassland invasibility [J].

[26] HOU Y P, PENG S L, CHEN B M, et al. Inhibition of an invasive plant (*Mikania micrantha* H. B. K.) by soils of three different forests in lower subtropical China [J]. Biological Invasions, 2011, 13: 381-391.

[27] ZHAO H B, PENG S L, CHEN Z Q, et al. Abscisic acid in soil facilitates community succession in three forests in China [J]. Journal of Chemical Ecology, 2011, 37: 785-793.

[28] FUNK J L, CLELAND E E, SUDING K N, et al. Restoration through reassembly: plant traits and invasion resistance [J]. Trends in Ecology and Evolution, 2008, 23: 695-703.

[29] SHELEY R L, JAMES J. Resistance of native plant functional groups to invasion by medusahead (*Taeniatherum caput-medusae*) [J]. Invasive Plant Science and Management, 2010, 3: 294-300.

[30] VIL M, WEINER J. Are invasive plant species better competitors than native plant species? Evidence from pair-wise experiments [J]. Oikos, 2004, 105: 229-238.

[31] PETER C R, BURDICK D M. Can plant competition and diversity reduce the growth and survival of exotic *Phragmites australis* invading a tidal marsh? [J]. Estuaries and Coasts, 2010, 33: 1225-1236.

[32] CORBIN J D, D'ANTONIO C M. Competition between native perennial and exotic annual grasses: Implications for an historical invasion [J]. Ecology, 2004, 85: 1273-1283.

[33] MWANGI P N, SCHMITZ M, SCHERBER C, et al. Niche pre-emption increases with species richness in experimental plant communities [J]. Journal of Ecology, 2007, 95(1): 65-78.

[34] FARGIONE J, BROWN C S, TILMAN D. Community assembly and invasion: An experimental test of neutral versus niche processes [J]. Proceedings of the National Academy of Sciences of the United States of America, 2003, 100: 8916-8920.

[35] LEVINE J M. Species diversity and biological invasions: relating local process to community pattern [J]. Science, 2000, 288: 852-854.

[36] FARGIONE J E, TILMAN D. Diversity decreases invasion via both sampling and complementarity effects [J]. Ecology Letters, 2005, 8: 604-611.

[37] PENG S, KINLOCK N L, GUREVITCH J, et al. Correlation of native and exotic species richness: a global meta-analysis finds no invasion paradox across scales [J]. Ecology, 2019, 100: e02552.

[38] PIEMEISEL R L, CARSNER E. Replacement control and biological control [J]. Science, 1951, 113: 14-15.

[39] COSTA H, ARANDA S C, LOUREN O P, et al. Predicting successful replacement of forest invaders by native species using species distribution models: The case of *Pittosporum undulatum* and *Morella faya* in the Azores [J]. Forest Ecology and Management, 2012, 279: 90-96.

[40] BONILLA-WARFORD C M, ZEDLER J B. Potential for using native plant species in Stormwater Wetlands [J]. Environmental Management, 2002, 29: 385-394.

[41] LI W, LUO J, TIAN X, et al. A new strategy for controlling invasive weeds: selecting valuable native plants to defeat them [J]. Scientific Reports, 2015, 5: 11004.

[42] 彭少麟,陈宝明,周婷,等. 华南森林有害植物的生态控制方法: ZL201410739046.5 [P/OL]. 2017-06-20. http://pss-system.cnipa.gov.cn/sipopublicsearch/patentsearch/showViewList-jumpToView.shtml.
PENG S L, CHEN B M, ZHOU T, et al. Ecological control method for south Chinese forest harmful plants: ZL201410739046.5 [P/OL]. 2017-06-20. http://pss-system.cnipa.gov.cn/sipopublicsearch/patentsearch/showViewList-jumpToView.shtml.

[43] 陈宝明,彭少麟,虞依娜,等. 华南森林外来入侵植物的生态预防方法: ZL201410739087.4 [P/OL]. 2017-09-05. http://pss-system.cnipa.gov.cn/sipopublicsearch/patentsearch/showViewList-jumpToView.shtml.
CHEN B M, PENG S L, YU Y N, et al. Ecological prevention method for alien invasive plants of forests in southern China: ZL201410739087.4 [P/OL]. 2017-09-05. http://pss-system.cnipa.gov.cn/sipopublicsearch/patentsearch/showViewList-jumpToView.shtml.

[44] SHEA K, CHESSON P. Community ecology theory as a framework for biological invasions [J]. Trends in Ecology and Evolution, 2002, 17: 170-176.

[45] MARTIN L M, WILSEY B J. Native-species seed additions do not shift restored prairie plant communities from exotic to native states [J]. Basic and Applied Ecology, 2014, 15: 297-304.

[46] CABIN R J, WELLER S G, LORENCE D H, et al. Effects of light, alien grass, and native species additions on Hawaiian dry forest restoration [J]. Ecological Applications, 2002, 12: 1595-1610.

[47] GORNISH E S, BRUSATI E, JOHNSON D W. Practitioner perspectives on using nonnative plants for revegetation [J]. California Agriculture, 2016, 70: 194-199.

[48] SCHUSTER M J, WRAGG P D, REICH P B. Using revegetation to suppress invasive plants in grasslands and forests [J]. Journal of Applied Ecology, 2018, 55:2362-2373.

[49] FISICHELLI N A, ABELLA S R, PETERS M, et al. Climate, trees, pests, and weeds: change, uncertainty, and biotic stressors in eastern U. S. national park forests [J]. Forest Ecology and Management, 2014, 327: 31-39.

[50] STEVENS J T, BECKAGE B. Fire effects on demography of the invasive shrub Brazilian pepper (*Schinus terebinthifolius*) in Florida pine savannas [J]. Natural Areas Journal, 2014, 30: 53-63.

[51] D'ANTONIO C, MEYERSON L A. Exotic plant species as problems and solutions in ecological restoration: a synthesis [J]. Restoration Ecology, 2002, 10: 703-713.

[52] WUNDROW E J, CARRILLO J, GABLER C A, et al. Facilitation and competition among invasive plants: a field experiment with alligatorweed and water hyacinth [J]. PLoS One, 2012, 7: e48444.

[53] REN H, JIAN S, LU H, et al. Restoration of mangrove plantations and colonisation by native species in Leizhou Bay, South China [J]. Ecological Research, 2008, 23: 401-407.

[54] ZAN Q, WANG B, WANG Y, et al. Ecological assessment on the introduced *Sonneratia caseolaris* and *S. apetala* at the mangrove forest of Shenzhen Bay, China [J]. Acta Botanica Sinica, 2003, 45: 544-551.

[55] RAY R, GANGULY D, CHOWDHURY C, et al. Carbon sequestration and annual increase of carbon stock in a mangrove forest [J]. Atmospheric Environment, 2011, 45: 5016-5024.

[56] GUGLIELMONE H A, AGNESE A M, NÚÑEZ M, et al. Inhibitory effects of sulphated flavonoids isolated from *Flaveria bidentis* on platelet aggregation [J]. Thrombosis Research, 2005, 115: 495-502.

[57] PENG Y, XU Z, LIU M. Introduction and ecological effects of an exotic mangrove species *Sonneratia apetala* [J]. Acta Botanica Sinica, 2012, 32: 2259-2270.

[58] PENG Y, CHEN G, TIAN G, et al. Niches of plant populations in mangrove reserve of Qi'ao Island, Pearl River Estuary [J]. Acta Ecologica Sinica, 2009, 29: 357-361.

[59] CALDEIRA M C, IBÁÑEZ I, NOGUEIRA C, et al. Direct and indirect effects of tree canopy facilitation in the recruitment of Mediterranean oaks [J]. Journal of Applied Ecology, 2014, 51: 349-358.

[60] LI J, XIAO T, ZHANG Q, et al. Interactive effect of herbivory and competition on the invasive plant *Mikania micrantha* [J]. PLoS One, 2013, 8: e62608.

[61] REN H, LU H, SHEN W, et al. *Sonneratia apetala* Buch. Ham in the mangrove ecosystems of China: An invasive species or restoration species? [J]. Ecological Engineering, 2009, 35: 1243-1248.

[62] KEANE R M, CRAWLEY M J. Exotic plant invasions and the enemy release hypothesis [J]. Trends in Ecology and Evolution, 2002, 17: 164-170.

[63] CALLAWAY R M, THELEN G C, RODRIGUEZ A, et al. Soil biota and exotic plant invasion [J]. Nature, 2004, 427: 731-733.

[64] MITCHELL C, POWER A. Release of invasive plants from fungal and viral pathogens [J]. Nature, 2003, 421: 625-627.

[65] MONTESINOS D, CALLAWAY R M. Soil origin corresponds with variation in growth of an invasive Centaurea, but not of non-invasive congeners [J]. Ecology, 2020, 101: e03141.

[66] SMITH L M, REYNOLDS H L. *Euonymus fortunei* dominance over native species may be facilitated by plant-soil feedback [J]. Plant Ecology, 2015, 216: 1401-1406.

[67] BLUMENTHAL D, MITCHELL C E, PYSEK P, et al. Synergy between pathogen release and resource availability in plant invasion [J]. Proceedings of the National Academy of Sciences of the United States of America, 2009, 106: 7899-7904.

[68] GOSS E M, KENDIG A E, ADHIKARI A, et al. Disease in invasive plant populations [J]. Annual Review of Phytopathology, 2020, 58: 97-117.

[69] DIEZ J M, DICKIE I, EDWARDS G, et al. Negative soil feedbacks accumulate over time for non-native plant species [J]. Ecology Letters, 2010, 13: 803-809.

[70] FLORY S L, CLAY K. Pathogen accumulation and long-term dynamics of plant invasions [J]. Journal of Ecology, 2013, 101: 607-613.

[71] DAY N J, DUNFIELD K E, ANTUNES P M. Temporal dynamics of plant-soil feedback and root-associated fungal communities over 100 years of invasion by a non-native plant [J]. Journal of Ecology, 2015, 103: 1557-1569.

[72] WANG R L, DING L W, SUN Q Y, et al. Genome sequence and characterization of a new virus infecting *Mikania micrantha* H. B. K. [J]. Archives of Virology, 2008, 153: 1765-1770.

[73] BECKER R, ULRICH K, BEHRENDT U, et al. Analyzing ash leaf-colonizing fungal communities for their

biological control of *Hymenoscyphus fraxineus*[J]. Frontiers in Microbiology, 2020, 11: 590944.

[74] DICKIE I A, BUFFORD J L, COBB R C, et al. The emerging science of linked plant-fungal invasions[J]. New Phytologist, 2017, 215: 1314-1332.

[75] HARNER M J, MUMMEY D L, STANFORD J A, et al. Arbuscular mycorrhizal fungi enhance spotted knapweed growth across a riparian chronosequence[J]. Biological Invasions, 2010, 12: 1481-1490.

[76] MOORA M, BERGER S, DAVISON J, et al. Alien plants associate with widespread generalist arbuscular mycorrhizal fungal taxa: evidence from a continental-scale study using massively parallel 454 sequencing [J]. Journal of Biogeography, 2011, 38: 1305-1317.

[77] MENZEL A, HEMPEL S, KLOTZ S, et al. Mycorrhizal status helps explain invasion success of alien plant species[J]. Ecology, 2017, 98: 92-102.

[78] POLICELLI N, BRUNS T D, VILGALYS R, et al. Suilloid fungi as global drivers of pine invasions[J]. New Phytologist, 2019, 222: 714-725.

[79] SHAH M A, RESHI Z A, KHASA D P. Arbuscular mycorrhizas: drivers or passengers of alien plant invasion[J]. The Botanical Review, 2009, 75: 397-417.

[80] CHEN E, LIAO H, CHEN B, et al. Arbuscular mycorrhizal fungi are a double-edged sword in plant invasion controlled by phosphorus concentration[J]. New Phytologist, 2020, 226: 295-300.

[81] LIAO H, LUO W, PENG S, et al. Plant diversity, soil biota and resistance to exotic invasion[J]. Diversity and Distributions, 2015, 21: 826-835.

[82] ZHANG Z, LIU Y, BRUNEL C, et al. Evidence for Elton's diversity-invasibility hypothesis from belowground[J]. Ecology, 2020, 101: e03187.

[83] CALLAWAY R M, RIDENOUR W M. Novel weapons: invasive success and the evolution of increased competitive ability[J]. Frontiers in Ecology and the Environment, 2004, 2: 436-443.

[84] ZHANG Z, LIU Y, YUAN L, et al. Effect of allelopathy on plant performance: a meta-analysis[J]. Ecology Letters, 2021, 24(2): 348-362.

[85] CHEN B M, LIAO H X, CHEN W B, et al. Role of allelopathy in plant invasion and control of invasive plants [J]. Allelopathy Journal, 2017, 41: 155-166.

[86] CHEN B M, PENG S L. Allelopathic potential of native invasive plants: The evidence from southern China [J]. Allelopathy Journal, 2018, 43: 43-52.

[87] CHEN P D, HOU Y P, WEI W, et al. Allelopathic effects of seven common species on the growth of alien invasive plant *Phytolacca americana*[J]. Allelopathy Journal, 2019, 47: 195-207.

[88] NING L, YU F H, van KLEUNEN M. Allelopathy of a native grassland community as a potential mechanism of resistance against invasion by introduced plants[J]. Biological Invasions, 2016, 18: 3481-3493.

[89] ZHAO H B, PENG S L, WU J R, et al. Allelopathic potential of native plants on invasive plant *Mikania micrantha* H B K in South China[J]. Allelopathy Journal, 2008, 22: 189-196.

[90] NOVOA A, GONZÁLEZ L, MORAVCOV L, et al. Effects of soil characteristics, allelopathy and frugivory on establishment of the invasive plant *Carpobrotus edulis* and a co-occuring native, *Malcolmia littorea*[J]. PLoS One, 2012, 7: e53166.

[91] FACELLI J M, PICKETT S T A. Plant litter: its dynamics and effects on plant community structure[J]. The Botanical Review, 1991, 57: 1-32.

[92] XIONG S, NILSSON C. The effects of plant litter on vegetation: a meta-analysis[J]. Journal of Ecology, 1999, 87: 984-994.

[93] MALLIK A U, PELLISSIER F. Effects of *Vaccinium myrtillus* on spruce regeneration: testing the notion of coevolutionary significance of allelopathy[J]. Journal of Chemical Ecology, 2000, 26: 2197-2209.

[94] METLEN K L, ASCHEHOUG E T, CALLAWAY R M. Competitive outcomes between two exotic invaders are modified by direct and indirect effects of a native conifer[J]. Oikos, 2013, 122: 632-640.

[95] CHEEMA Z A, FAROOQ M. Allelopathy: current trends and future applications[M]. Berlin: Heidelberg Springer, 2013.

[96] INDERJIT, WEINER J. Plant allelochemical interference or soil chemical ecology?[J]. Perspectives in Plant Ecology, Evolution and Systematics, 2001, 4: 3-12.

[97] YU N X, LI C W, ZHU P, et al. Allelopathic effects of *Robinia pseudoacacia* and *Quercus acutissima* on the exotic plant *Rhus typhina* in Shandong Peninsula[J]. Allelopathy Journal, 2019, 47: 181-193.

[98] LIU J G, LIAO H X, CHEN B M, et al. Do phenolic acids in forest soil resist the exotic plant invasion?[J]. Allelopathy Journal, 2017, 41: 167-176.

[99] LIU J G, CHEN B M, PENG S L. Abscisic acid contributes to the invasion resistance of native forest community[J]. Allelopathy Journal, 2015, 36: 247-256.

[100] ZHENG J, OU Q J, ZHANG T J, et al. Can allelopathy be used to efficiently resist the invasion of exotic plants in subtropical forests?[J]. Bioinvasions Records, 2019, 8: 487-499.

[101] ADOMAKO M O, NING L, TANG M, et al. Diversity- and density-mediated allelopathic effects of resident plant communities on invasion by an exotic plant [J]. Plant and Soil, 2019, 440: 581-592.

[102] DAEHLER C. Performance comparisons between co-occurring native and alien invasive plants: implications for conservation and restoration [J]. Annu Rev Ecol Syst, 2003, 34: 183-211.

[103] WILLIAMSON J, HARRISON S. Biotic and abiotic limits to the spread of exotic revegetation species [J]. Ecological Applications, 2002, 12: 40-51.

[104] EHRENFELD J G. Effects of exotic plant invasions on soil nutrient cycling processes [J]. Ecosystems, 2003, 6: 503-523.

[105] LEE M R, FLORY S L, PHILLIPS R P. Positive feedbacks to growth of an invasive grass through alteration of nitrogen cycling [J]. Oecologia, 2012, 170: 457-465.

[106] ESCHEN R, MORTIMER S R, LAWSON C S, et al. Carbon addition alters vegetation composition on ex-arable fields [J]. Journal of Applied Ecology, 2007, 44: 95-104.

[107] PROBER S M, THIELE K R, LUNT I D, et al. Restoring ecological function in temperate grassy woodlands: manipulating soil nutrients, exotic annuals and native perennial grasses through carbon supplements and spring burns [J]. Journal of Applied Ecology, 2005, 42: 1073-1085.

[108] PERRY L G, BLUMENTHAL D M, MONACO T A, et al. Immobilizing nitrogen to control plant invasion [J]. Oecologia, 2010, 163: 13-24.

[109] WALKER B, SALT D. 弹性思维——不断变化的世界中社会-生态体系的可持续性[M]. 彭少麟, 等译. 北京: 高等教育出版社, 2011.

[110] MARTIN P H, CANHAM C D, MARKS P L. Why forests appear resistant to exotic plant invasions: intentional introductions, stand dynamics, and the role of shade tolerance [J]. Frontiers in Ecology and the Environment, 2009, 7: 142-149.

[111] HUEBNER C D. Establishment of an invasive grass in closed-canopy deciduous forests across local and regional environmental gradients [J]. Biological Invasions, 2010, 12: 2069-2080.

[112] PHILLIPS-MAO L, LARSON D L, JORDAN N R, et al. Effects of native herbs and light on garlic mustard (*Alliaria petiolata*) invasion [J]. Invasive Plant Science and Management, 2014, 7: 540.

[113] STANDISH R. The ecological impact and control of an invasive weed *Tradescantia fluminensis* in lowland forest remnants [D]. New Zealand: Massey University, 2001.

[114] CHEN L Y, PENG S L, LI J, et al. Competitive control of an exotic mangrove species: restoration of native mangrove forests by altering light availability [J]. Restoration Ecology, 2013, 21: 215-223.

[115] LEICHT S A, SILANDER J A. Differential responses of invasive *Celastrus orbiculatus* (Celastraceae) and native *C. scandens* to changes in light quality [J]. American Journal of Botany, 2006, 93: 972-977.

[116] MATLAGA D P, QUINN L D, DAVIS A S, et al. Light response of native and introduced *Miscanthus sinensis* seedlings [J]. Invasive Plant Science Management, 2012, 5: 363-374.

[117] ZHOU T, LIU S C, FENG Z L, et al. Use of exotic plants to control *Spartina alterniflora* invasion and promote mangrove restoration [J]. Scientific Reports, 2015, 5: 12980.

(责任编辑　张　冰)

·特约综述·

非编码RNA来源的小肽:"微不足道"却"功能强大"*

陈晓彤,赵文龙,孙林玉,王文涛,陈月琴

中山大学生命科学学院,广东 广州 510275

摘 要:非编码RNA(ncRNA,non-coding RNA)长久以来被认为不具有编码能力。近年来随着研究技术和生物信息学工具的迅速发展,研究发现在基因组的非编码区域上存在大量小开放阅读框(sORFs,small/short open reading frames),其翻译产物被称作小ORF编码肽(SEPs,sORF encoded peptides)或小肽(micropeptides)。部分小肽被证实在细胞内稳定存在并独立于其来源RNA发挥重要作用。本文系统总结了非编码RNA来源小肽的鉴定方法、可编码小肽的RNA类型以及其研究困难和瓶颈,并重点回顾了疾病和植物中发现的功能小肽,以期对小肽的筛选鉴定提供思考,对小肽作为药物研发或者农作物增产的关键靶点提供新的思路和方向。

关键词:非编码RNA;小肽;非经典翻译;鉴定方法;调控机制

中图分类号:Q71 **文献标志码**:A **文章编号**:2097-0137(2023)03-0001-13

Micropeptides derived from non-coding RNAs: Tiny but powerful

CHEN Xiaotong, ZHAO Wenlong, SUN Linyu, WANG Wentao, CHEN Yueqin

School of Life Sciences, Sun Yat-sen University, Guangzhou 510275, China

Abstract: It was long presumed that non-coding RNAs (ncRNAs) are lacking in protein-coding potential. However, recent advances in technology and tools have led to an important finding that a number of small open reading frames (sORFs) were found in different kind of ncRNAs, and their translated products have been termed sORF encoded peptides (SEPs) or micropeptides. Some micropeptides have been confirmed to exist stably in cells and play important roles independently of their source RNA. In this review, we summarize the identification methods of micropeptides derived from ncRNAs, the types of RNA that can encode micropeptides, and focus on the functional micropeptides found in diseases and plants. The purpose of the review is to provide a thought on the screening and identification of micropeptides, and provide new ideas for micropeptides as potentials for drug development or crop yield improvement.

Key words: non-coding RNA; micropeptide; non-canonical translation; identification methods; regulation mechanism

随着人类基因组计划的完成以及ENCODE计划的开展,科学家发现,约75%的基因组可以产生转录本(Derrien et al.,2012;Djebali et al.,2012)。早期对于蛋白质编码基因的鉴定和注释主要集中在以ATG起始的能够编码至少100个氨基酸的多肽的ORF,因此过去普遍认为,能够形成遗传信息最终产物的蛋白质编码基因仅占整个基因组的2%,剩余的转录本构成了非编码RNA转录组(Derrien et al.,2012;Djebali et al.,2012;Guttman et al.,2013)。在非编码RNA转录组中,长链非编

---

* **收稿日期**:2022-10-30 **录用日期**:2023-02-03 **网络首发日期**:2023-03-12
基金项目:国家重点研发计划项目(2022YFA1300020);广东省自然科学杰出青年基金(2021B1515020002)
作者简介:陈晓彤(1997年生),女;**研究方向**:非编码RNA生物学;E-mail:chenxt223@mail2.sysu.edu.cn
通信作者:陈月琴(1964年生),女;**研究方向**:非编码RNA生物学;E-mail:lsscyq@mail.sysu.edu.cn

码RNA是数量最多的成员，在各种生物学过程中扮演了重要的角色，包括维持细胞干性、调控生长发育以及参与肿瘤发生发展等重大生命活动（Esteller，2011；Hangauer et al.，2013；Wang et al.，2013a；Iyer et al.，2015；Brazão et al.，2016；Delás et al.，2017）。

随着转录组学和蛋白质组学等生物信息学技术发展，越来越多的研究表明，一些传统上被认为不编码蛋白的RNA区域（包括长链非编码RNA以及信使RNA（mRNA，messenger RNA）的5'和3'非翻译区（UTR，untranslated region）等）实际上也存在开放阅读框（ORF，open reading frame）（Orr et al.，2020）。这些开放阅读框的长度通常小于300 nt（nucleotide），被称为小开放阅读框（Orr et al.，2020）。由核糖体印记技术（ribosome footprint profiling）发展而来的翻译组测序（Ribo-Seq，ribosome profiling sequencing），为发现新的翻译模式提供了技术手段（Ingolia et al.，2012）。Ribo-Seq结合质谱技术（MS，mass spectrometry），许多sORF被发现可以翻译出长度通常小于100个氨基酸的小肽（Slavoff et al.，2013）。这些长度短于100个氨基酸的小肽在生物体内发挥重要功能，包括参与个体发育、肌肉收缩和DNA修复等（Lu et al.，2004；Ma et al.，2014；Ma et al.，2016；Olexiouk et al.，2018）。

由于这些非编码RNA来源的小肽长期以来被认为并不存在，所以被称为"幽灵蛋白组"（ghost proteome）或"隐藏的蛋白质组"（hidden proteome）（Yang et al.，2019；Cardon et al.，2021）。当前，功能性sORF的鉴定已成为基因组注释中的主要挑战，本文将从非编码RNA来源小肽的鉴定方法、可编码小肽的非编码RNA种类、小肽的功能等几个方面来系统综述这类新发现的小肽，重点论述这类小肽的功能机制，以期为非编码RNA来源小肽的系统鉴定、编码规律和功能研究提供新视角。

1 非编码RNA来源小肽的鉴定方法

小肽由于其肽段长度较短，容易降解等特点，难以被传统翻译分析方法所捕捉。因此，为了探寻当前未注释和未充分研究的"隐藏蛋白质组"，需要更精准的鉴定方法。

翻译起始的标准扫描模型认为，核糖体与RNA 5'帽结构结合形成起始前复合体，该复合体在mRNA上扫描，当发现以起始密码子AUG为中心的Kozak序列后开始进行翻译且多肽延伸，直至遇到终止密码子结束翻译，核糖体从转录本上脱落（Moteki et al.，2002；Sonenberg et al.，2009）。由于翻译的场所在细胞质，而核内的ncRNA无法接触翻译机器，因此对于具有潜在翻译能力的ncRNA的初步筛选是寻找具有m7G结构且定位于胞质的ncRNA（A）。（1）分析ncRNA序列是否具有7-甲基鸟苷（m7G）帽子结构以及Kozak序列；（2）利用核质分离以及荧光原位杂交（FISH，fluorescence in situ hybridization）实验，检测ncRNA是否稳定存在于细胞质中。

除了标准扫描模型外，核糖体还存在泄露扫描、分流、通读和内部核糖体进入位点（IRES，internal ribosome entry site）等替代翻译模式，研究发现多数真核生物的蛋白质编码基因缺乏最佳的Kozak区间序列，且翻译可以在近源起始密码子（CUG/GUG/ACG等）处起始（Ivanov et al.，2011；Kearse et al.，2017；Yang et al.，2019；Cao et al.，2020）。Ribo-Seq从多核糖体复合物中提取完整的RNA转录物，并通过核酸酶处理降解未受核糖体结合保护的RNA片段，因此可预测潜在的sORF（Olexiouk et al.，2018）。因此，通过结合Ribo-Seq技术可以全局鉴定具有潜在翻译能力的ncRNA。翻译起始测序（TI-Seq，translation initiation sequencing）通过lactimidomycin（LTM）或harringtonine（HARR）等翻译抑制剂诱导核糖体在起始密码子处阻滞，可预测起始密码子，特别是非经典起始密码子（Ingolia et al.，2012）（B）。

一些研究显示ncRNA本身可以通过结合核糖体发挥翻译调控功能（Carrieri et al.，2012；Yoon et al.，2012；Tran et al.，2016）。因此，为了排除核糖体仅停留在ncRNA上不进行翻译的情况，需要进一步确认ncRNA上的开放阅读框是否能够进行有效翻译。通常可采用以下方法：（1）生物信息学预测。通过RNA编码预测工具，例如sORFfinder（Hanada et al.，2010），PhyloCSF（Lin et al.，2011），CPAT（Wang et al.，2013b），CPC/CPC2（Kong et al.，2007；Kang et al.，2017），IRESite（Mokrejs et al.，2006），M6AMRFS（Qiang et al.，2018）等，寻找ncRNA上潜在的开放阅读框，并通过查找序列上下区间中的翻译调节元件（如IRES、m6A修饰等）进行序列的编码能力预测（图1C）；（2）保守性分析，功能编码序列通常表现出较高的跨物种密码子保守性，虽然lncRNA保守性比mRNA低，但通常具有功能活性的蛋白编码ORF序列保守性比较高，因此可以通过分析序列片段的保守性来寻找有效ORF(图1D)。(3)转录组学分析。通过Ribo-Seq测序技术可以检测核糖体结合的ncRNA转录本，进一步的生物信息学分析算法可以对潜在的活跃翻译ORF实现密码子分辨率的预测。

sORF编码的小肽通常比蛋白质更易降解，ncRNA如果翻译了却没有产生稳定表达的蛋白，那么核糖体通读产生的小肽可能只是一个副产物。因此对蛋白是否真实表达并且稳定存在的检测非常重要，可通过以下5种方式筛选。(1)质谱鉴定。质谱技术提供小肽存在的直接证据，可以鉴定小肽在生理条件下的氨基酸组成以及丰度(图1E)。(2)标签肽验证。在ORF序列N或C末端进行标签标记，通过蛋白质印迹法(western blot)验证标签肽是否翻译。(3)内源抗体检测。生产靶向小肽的特异氨基酸序列抗体，通过western blot确认小肽的大小是否与预期相符，在内源细胞系样品中验证小肽在体内条件下是否真实存在(图1F)。(4)体外翻译。将ncRNA全序列经过原核/真核体外转录以及翻译系统，结合^{35}S同位素放射性自显影技术，检测ncRNA是否可以翻译小肽以及可以翻译几条小肽。(5)开放阅读框突变。使用起始密码子突变或者移码突变，可以确认开放阅读框及其产生小肽的准确性。

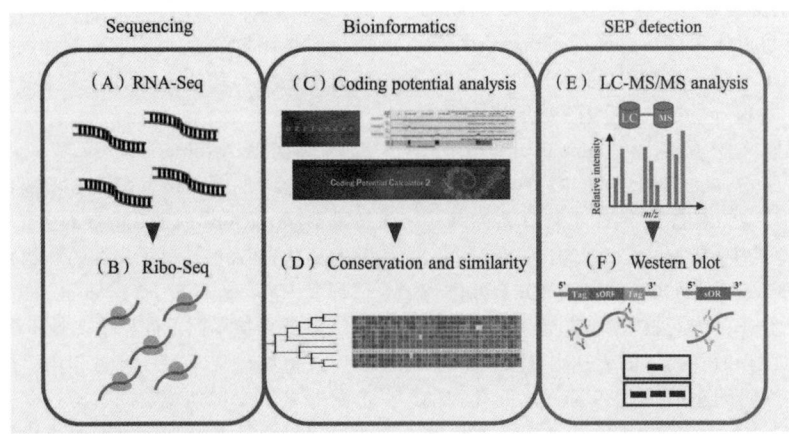

结合测序技术、生物信息学分析以及蛋白质鉴定方法对非编码RNA来源小肽进行筛选鉴定。
测序技术(A) RNA-Seq与(B) Ribo-Seq用于大规模筛选具有翻译潜能的候选RNA；生物信息学平台对候选RNA进行(C)编码能力预测以及(D)序列保守性分析；(E)质谱技术和(F)蛋白质印迹法验证小肽的真实翻译。

图1 非编码RNA来源小肽的鉴定方法
Fig. 1 Methods for identification of small peptides derived from non-coding RNA

2 可编码小肽的非编码RNA种类

非编码RNA在转录组中占据极大的比例，形成了高度复杂的家族，包括长非编码RNA(lncRNA, long non-coding RNA)、微小RNA(miRNA, microRNA)、环状RNA(circRNA, circular RNA)、核糖体RNA(rRNA, ribosome RNA)、小干扰RNA(siRNA, small interfering RNA)等(Kapranov et al., 2007)。目前对于非编码翻译的研究主要集中在包括mRNA的5'和3' UTR以及lncRNA、pri-miRNA和circRNA等非编码RNA区域中(Orr et al., 2020)。

2.1 mRNA非翻译区(UTR)

UTR位于成熟mRNA两端，分为5' UTR和3' UTR。过去认为UTR通常不编码蛋白质，主要行使对蛋白质编码区(CDS, coding sequence)的翻译调控功能(图2A)。随着越来越多的sORF在UTR区域被发现，人们将位于mRNA的5' UTR上的ORF命名为上游ORF(upORF, upstream ORF)，位于3' UTR的ORF称为下游ORF(dORF, downstream ORF)(Calvo et al., 2009; Couso et al., 2017; Wu et al., 2020a)。

sORF在5' UTR中大量存在，根据终止密码子的位置，upORF可分为完全上游ORF(cuORF,

completely upstream ORF）和上游重叠 ORF（uoORF, upstream overlapping ORF）（Calvo et al., 2009；Ye et al., 2015）。目前研究发现，许多具有较长 5'UTR 的转录本的蛋白质翻译水平会显著下降，upORF 的存在可能会翻译产生小肽，进而导致核糖体在 mRNA 上的提前脱离，通过阻止部分或全部核糖体对 CDS 区的扫描来抑制 mRNA 的常规蛋白翻译（Calvo et al., 2009；Ye et al., 2015）。当然 upORF 不一定总会影响 CDS 的翻译，这取决于 upORF 的终止密码子与 CDS 区的距离，以及 upORF 前后序列的起始能力强弱（Wagner et al., 2020）。Rodriguez et al.(2019) 发现 31% 的神经母细胞瘤转录本中，一共鉴定了 4 954 个可翻译的 upORFs，且主要是通过非经典起始密码子起始翻译，所得小肽可以作为 CDS 翻译的顺式调节因子。例如，从 GADD34 的 5'UTR 中的 upORF 翻译而来的 SEP 通过 C 端保守的 3'氨基酸序列介导核糖体释放从而抑制主 CDS 的翻译（Young et al., 2015）。相比 upORF，位于 3'UTR 上的 dORF 的功能较少被报道，其中一些 dORF 的翻译也被证实参与主 CDS 的翻译调控中（Couso et al., 2017；Wu et al., 2020b）。例如 Wu et al.(2020b) 发现 dORF 可作为 CDS 的翻译增强子，当对 dORF 的起始密码子进行突变以抑制其翻译时，CDS 的表达水平随之降低，暗示了 dORF 编码的小肽与 CDS 翻译之间存在的联系。

2.2 长链非编码 RNA（lncRNA）

相对于其他非编码 RNA，lncRNA 具有数量众多并且功能多样等特点，在可产生小肽的非编码 RNA 中，lncRNA 是最被关注的一类 ncRNA（图 2B）。与其他非编码 RNA 不同的是，大部分 lncRNA 与 mRNA 有着相似的特点。例如，它们均由 RNA 聚合酶 II 转录出来，转录完成后均有 m7G 加帽以及 Poly A 加尾的过程，经过可变剪切的加工，并且它们都容易在细胞质聚集，这些特点使得 lncRNA 具备翻译小肽的潜能（Ruiz-Orera et al., 2014）。目前发现一些 lncRNA 编码功能小肽，如 lncRNA ASHIL-AS1 编码位于内质网的小肽 APPLE，通过调控翻译维持癌细胞高速合成，促进 AML 发展（Sun et al., 2021）；lncRNA HOXB-AS3 编码保守的 53 aa（amino acids）小肽，通过调节肿瘤能量代谢来抑制结直肠癌（CRC, colorectal carcinoma）细胞的生长、集落形成、迁移和侵袭和肿瘤发生（Huang et al., 2017）；LINC00691 编码的小肽 SPAR 可以调控肌肉细胞的再生能力等（Matsumoto et al., 2017）。但是也有研究提出质疑，认为仅仅是 RNA 结构以及核糖体的结合并不能作为一个转录本的绝对可翻译条件，实验污染会导致核糖体结合的 RNA 中不仅有 lncRNA，还包括了一些核内的非编码 RNA。这些核内非编码 RNA 由于空间阻断缺乏翻译机会；而采用核糖体释放速率算法可以将核糖体结合 lncRNA 与翻译的 mRNA 显著区分，这暗示了大量与核糖体结合 lncRNA 可能未被真实翻译（Guttman et al., 2013）。的确，也有研究表明 lncRNA 可通过结合核糖体参与 mRNA 翻译调控中，如 LincRNA-p21（Yoon et al., 2012）、AS-RBM15（Tran et al., 2016）以及 antisense Uchl1（Carrieri et al., 2012）等均结合在核糖体上，但是不翻译成小肽，而是以 RNA 的形式发挥翻译调控的功能。这些研究表明，功能小肽的准确鉴定仍然具有很大挑战。

2.3 环状 RNA（circRNA）

环状 RNA 是一类共价闭合单链 RNA，由前体转录本（pre-RNA）的可变剪接而来，包括内含子来源的环状 RNA 和外显子来源的环状 RNA，后者占总环状 RNA 比重最大（Li et al., 2018）。与经典 RNA 顺式剪接不同，外显子来源环状 RNA 由 RNA 的反式剪接生成。在成环过程中，外显子序列中上游外显子 3'剪切位点同下游外显子 5'剪切位点剪切连接成环状结构，进而形成成熟的环状转录本（Ashwal-Fluss et al., 2014；Zhang et al., 2014；Ivanov et al., 2015；Starke et al., 2015；Wang et al., 2015）。由此可见，环状 RNA 具有环化以及部分基因的外显子序列，因此，具有潜在 ORF 的特点，暗示了环状 RNA 具有翻译的潜能（图 2C）。此外，大部分环状 RNA 主要存在于细胞质中，在空间上为环状 RNA 的翻译提供了可行性（Sinha et al., 2022）。

与 mRNA 不同，环状 RNA 的闭合结构使其缺少 5'端 m7G 帽子，导致翻译起始复合物 eIF4F 无法结合并介导核糖体进入环状 RNA 从而启动翻译过程（Jeck et al., 2013；Guo et al., 2014；Schneider et al., 2016）。近年来陆续有文章报道环状 RNA 上存在多个开放阅读框，并且可以通过帽子非依赖途径实现核糖体进入，这些途径包括：（1）通过 IRES 介导的翻译起始。研究表明，许多环状 RNA 上存在 IRES 序列，这些 IRES 序列可以通过自身结构或者结合帽子非依赖翻译起始蛋白来招募核糖体起始翻译(Yang et al., 2019)。(2)通过m⁶A甲基化修饰介导的翻译起始(Yang et al., 2017a)。研究表明mRNA 5'UTR上存在的m6A修饰可以介导帽子非依赖的翻译起始过程，由于m6A修饰在环状RNA上分布广泛，环状RNA可以通过m6A阅读蛋白YTHDF3招募翻译起始复合物与核糖体从而起始翻译(Legnini et al., 2017；Pamudurti et al., 2017；Yang et al., 2017a)。

尽管大部分环状RNA自身序列并不是很长，但是由于其共价闭合环状的特点，开放阅读框可以跨过成环位点直到出现终止密码子(Liang et al., 2019；Zhang et al., 2021)。因此，一部分环状RNA编码的"小肽"会超过100个氨基酸，包括SHPRH-146aa (Begum et al., 2018)、AKT3-174aa(Xia et al., 2022)、FBXW7-185aa(Yang et al., 2018)、circDIDO1-529aa (Zhang et al., 2021)和β-catenin-370aa(Liang et al., 2019)等。然而，很多具有明显IRES元件和开放阅读框的环状RNA无法翻译出蛋白，提示明确环状RNA翻译规律仍是一个亟需解决的科学问题。最近研究发现环状RNA的翻译亦或受到压力影响，例如细胞饥饿可以增强circMbl翻译效果(Pamudurti et al., 2017)；热刺激可以促进包含m⁶A的环状RNA表达报告基因和绿色荧光蛋白GFP(Yang et al., 2017a)。这些研究进展表明了部分环状RNA翻译具有一定的时空特异性。

2.4 pri-miRNA

miRNA的生物发生包括两个步骤：（1）通过RNA聚合酶II转录产生初级miRNA（pri-miRNA）转录物；（2）由Dicer like 1（DCL1）蛋白将pri-miRNA加工成前体miRNA(pre-miRNA)和最终成熟miRNA(Carthew et al., 2009)。最近研究表明，原始病毒可能含有编码调节性小肽(miPEPs)的短开放阅读框（图2D）。这些短肽影响相关miRNA的积累(Fang et al., 2017；Lauressergues et al., 2015)。虽然，这种调节的分子机制仍未被破译，但是目前已经证明miPEPs、miPEP171d、miPEP172c、miPEP858a和miPEP165a可以调节植物的生长和发育(Yadav et al., 2021)。

关于pri-miRNAs的肽编码潜力的第一个证据是：Lauressergues et al.(2015)发现，蒺藜状苜蓿的pri-miRNA171b和唐松草的pri-miR165a含有编码调节肽的sORF。这些短肽特异性地正向调节其相应成熟miRNA的积累。MiPEP171b过表达导致侧根密度降低，与miPEP171b过表达植株的表型一样。类似地，miPEP165a过表达导致根伸长。此外，为了验证miPEP过表达和相应miRNA积累之间的正相关性，同时分析了其他5种主要miRNAs的开放阅读框。这些miPEP（miPEP160b、miPEP164a、miPEP319、miPEP169d和miPEP171e)的过度表达或外部应用导致其相应miRNAs的更高积累(Lauressergues et al., 2015)。

2.5 核糖体RNA (rRNA)

核糖体RNA编码小肽的报道较少（图2E）。目前发现线粒体16S rRNA编码的小肽Humanin参与细胞凋亡等多种生命活动的调控(Lee et al., 2013)、线粒体12S rRNA编码的小肽MOTS-c可以通过调控胰岛素敏感性来抑制饮食诱导的肥胖(Lee et al., 2015)。

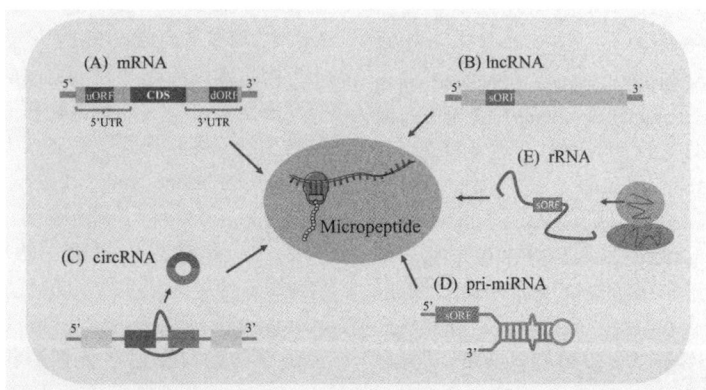

小肽可从(A) mRNA的5'和3'非翻译区(UTR)、(B) lncRNA、(C) pri-miRNA和(D) circRNA等非编码RNA区域中翻译而来。

图2 可编码小肽的非编码RNA种类

Fig. 2 Classification of non-coding RNA encoding micropeptides

3 小肽的功能

虽然近年来在真核基因转录本中挖掘出大量的 sORF，但是目前已被鉴定的具有体内翻译能力和生物活性的小肽数量仍非常少（Vitorino et al.，2021）。越来越多的研究证实，小肽在哺乳动物和植物中均有存在，且在多种生物进程中发挥着重要功能，如 RNA 去帽过程、DNA 修复、压力通路、凋亡、肌肉形成、代谢稳态、钙离子稳态等（Yeasmin et al.，2018）。转录组测序结果显示，编码小肽的非编码 RNA 如 lncRNA 往往在癌症中异常表达，并可以编码与患者总生存期和治疗反应相关的小肽。这些研究结果提示非编码 RNA 来源的小肽可能参与癌症发生发展，具有潜在的临床应用价值（Hanahan et al.，2011；Merino-Valverde et al.，2020；Wu et al.，2020b；Ye et al.，2020；Prensner et al.，2021）。研究显示许多小肽在癌症中失调表达，通过调节增殖、凋亡、代谢和细胞炎症反应影响肿瘤进程（Yang et al.，2017b；Zhang et al.，2018）。在植物中，也发现可以通过外源合成 pri-miRNA 来源的小肽来改善植物的农艺性状（Yadav et al.，2021）。

3.1 小肽参与调控细胞增殖

在生理条件下，细胞通过严格控制有丝分裂信号来维持正常的结构和稳态。相比之下，癌细胞最突出的特点就是过度的有丝分裂导致的无限增殖以及永生化（图3A）。最近研究表明，一些小肽参与调节了癌细胞的有丝分裂信号传导（Polycarpou-Schwarz et al.，2018；Pang et al.，2020；Xu et al.，2020；Zheng et al.，2021）。在癌细胞中显著高表达的小肽通常通过激活信号通路来促进癌细胞增殖。例如，癌症相关小整体膜开放阅读框 1（CASIMO1, cancer-associated small integral membrane open reading frame 1）来源于非编码 RNA NR_029453 上的一个 sORF，在乳腺癌中显著高表达（Polycarpou-Schwarz et al.，2018）。研究发现 CASIMO1 编码的小肽 SMIM22 与角鲨烯环氧化酶（SQLE, squalene epoxidase）相互作用，导致 SQLE 蛋白积累和脂滴聚集增加，SQLE 蛋白可促进 ERK 磷酸化和 MAPK 通路激活，进而导致 G0/G1 细胞周期停滞，促进癌细胞增殖。同样，circPPP1R12A 编码的功能小肽 circPPP1R12A-73aa（PPP1R12A-C），在结直肠癌组织中显著增加，通过激活 Hippo-YAP 信号通路促进 CRC 生长和转移（Zheng et al.，2021）。LINC00998 编码的小肽 SMIM30 在肝癌患者中高度表达，SIMM30 与非受体酪氨酸激酶 SRC/YES1 结合，驱动其膜锚定和磷酸化，激活下游 MAPK 信号通路，促进肝癌细胞在体外和体内的增殖和迁移（Pang et al.，2020）。相反，在癌细胞中显著低表达的小肽则发挥了抑制癌细胞生长增殖的作用。例如，lncRNA NCBP2-AS2 编码的小肽 KRASIM 与 KRAS 蛋白及其蛋白水平相互作用，抑制 ERK 信号活性，从而抑制肝细胞癌（HCC, hepatocellular carcinoma）的细胞生长和增殖（Xu et al.，2020）。

sORFs 除了通过调控信号通路来影响有丝分裂之外，还可以通过其他方式调节癌细胞的增殖。例如，lncRNA LINC00467 编码的 ATP 合酶相关肽（ATP synthase-associated peptide, ASAP），通过与 ATP5A 和 ATP5C 相互作用提高 ATP 合酶活性和线粒体耗氧率，从而促进体外和体内 CRC 细胞增殖（Ge et al.，2021）。LINC-PINT 编码的小肽 PINT87aa 与 forkhead box M1（FOXM1）的 DNA 结合域结合，减少其靶基因抑制素2（prohibitin 2, PHB2）的转录，从而发挥抗增殖和抗衰老作用（Xiang et al.，2021）。circPINTexon2 编码的 PINT87aa 直接与聚合酶相关因子复合物（polymerase associated factor complex, PAF1c）相互作用，参与 PAF1/RNA II 聚合酶复合物调控，使 RNA 聚合酶II 在特定癌基因启动子（如细胞周期蛋白 D1、CPEB1、c-MYC 和 SOX2）处暂停，从而在体外和体内抑制胶质母细胞瘤细胞增殖（Zhang et al.，2018）。在结肠癌中低表达的 HOXB-AS3 peptide 可以通过调控 mRNA 的可变剪切来影响癌细胞的生长、转移和侵袭（Huang et al.，2017）。

3.2 小肽参与调控细胞凋亡

调节细胞死亡和存活之间的平衡对于维持组织稳态至关重要。细胞凋亡作为一种由基因编程的自主细胞死亡形式，是正常发育和组织稳态所必需的（Delbridge et al.，2012；Childs et al.，2014；Aubrey et al.，2018）。研究表明，一些非编码 RNA 来源的小肽参与细胞凋亡功能调控。lncRNA LINC00278 编码小肽 YY1BM（Yin Yang 1-binding micropeptide），可在营养剥夺下通过雄激素受体途径诱导细胞凋亡，在食管鳞状细胞癌（ESCC, esophageal squamous cell carcinoma）中具有肿瘤抑制活性（Wu et al.，2020c）。在肿瘤内注射纯化的小肽 YY1BM 在异种移植模型中显示出治疗效果，表明其具有作为肿瘤抑制剂的潜力。同样，胃肠道特异性 lncRNA LINC00675 被发现可编码小肽 FORCP(FOXA1-regulated conserved small protein)，在 CRC 中显著低表达。FORCP 定位于内质网（ER, endoplasmic reticulum），通过与 BRI3BP 相互作用从而抑制 CRC 细胞增殖，并在 ER 应激下诱导细胞凋亡(Li et al., 2020)。

线粒体是细胞凋亡调控中心，多数凋亡刺激因子通过线粒体激活细胞凋亡途径。Humanin 是在线粒体基因组中鉴定出的第一个 sORF，由线粒体 16S rRNA 编码，研究发现 Humanin 可通过介导 BCL-2 蛋白质家族的细胞内定位来调节内源性或线粒体凋亡途径(Guo et al., 2003; Luciano et al., 2005; Lee et al., 2013)。Humanin 可上调 BCL-2 的表达并抑制 BAX 表达以抑制细胞凋亡(Guo et al., 2003)。此外，Humanin 还可以与其他 BCL-2 蛋白家族成员(如 BID 和 BAX)相互作用，并调节它们的易位以抑制凋亡体的产生(Luciano et al., 2005)。PIGBOS 是一种由 PIGB 基因的反义链 RNA 编码的新型小肽，定位于线粒体外膜，通过 CLCC1 蛋白与 ER 相互作用，PIGBOS 的下调通过增加对化学诱导的 UPR 的敏感性来诱导细胞凋亡(Chu et al., 2019)。虽然 PIGBOS 功能的分子机制尚未被描述，但有理由认为，其可能通过使细胞对未折叠蛋白质反应(UPR, unfolded protein response)敏感并迫使它们进入细胞凋亡，其在癌细胞中的抑制可能具有治疗潜力。

3.3 小肽参与调控细胞物质代谢与能量代谢

细胞代谢是指细胞通过对葡萄糖、氨基酸、脂肪酸等燃料的分解，产生用于细胞活动的 ATP (Judge et al., 2020)。这些过程主要发生在人体的能量工厂——线粒体中，并需要多种酶和辅助因子的参与(Fernie et al., 2004)。实验生物学和生物信息学分析均表明，小肽在线粒体内膜(IMM, inner mitochondrial membrane)上大量富集，参与细胞的代谢活动(Kim et al., 2017)(图 3C)。小肽 BRAWNIN 由 C12orf73 基因编码，在心脏和骨骼肌细胞中高度表达并定位于 IMM 中(Zhang et al., 2020)。小肽 BRAWNIN 通过与 UQCRC1 的相互作用来促进呼吸链复合物 III(CIII, respiratory chain complex III)组装，通过反馈回路调节细胞能量状态。敲低 BRAWNIN 可导致细胞 ATP 合成减少，从而促进 AMPK 活化。小肽 Mtln 与 BRAWNIN 类似，在心脏和骨骼肌中高表达，与线粒体三功能蛋白(MTP, mitochondrial trifunctional protein)的亚基 HADHB 互作，因此，Mtln 被认为参与脂肪酸氧化的调节(Makarewich et al., 2018)。除 MTP 外，Mtln 还与心磷脂相互作用，心磷脂对于维持膜完整性和组装呼吸用多蛋白复合物至关重要(Stein et al., 2018)。Mtln 的过表达增加了基础和最大呼吸速率，减少了糖酵解(Chugunova et al., 2019)。

LncRNA HOXB-AS3 被证明可以翻译产生参与 RNA 剪接的 53AA 小肽。Huang 及其合作者发现，HOXB-AS3 在结直肠癌细胞中下调，改变了丙酮酸激酶 M(PKM, pyruvate kinase M)前 mRNA 的剪接形式，重新表达胚胎同种型 PKM2，有利于糖酵解活性；与此同时，HOXB-AS3 来源小肽的表达有利于促进氧化磷酸化的成体亚型(PKM1)的表达。总的来说，HOXB-AS3 来源小肽在结直肠癌细胞系中的过表达可以通过改变其对葡萄糖代谢的使用而减弱其致癌能力(Huang et al., 2017)。线粒体基因组 12s rRNA 上的开放阅读框编码的小肽 MOTS-c 被发现在体外可增加葡萄糖摄取、糖酵解活性和 AMPK 活化，同时降低耗氧率，改善了与体内肥胖相关的代谢参数(Lee et al., 2015)。

3.4 小肽调控炎症免疫通路

炎症是由先天免疫系统发起的一系列细胞反应，通过消除病原体以及恢复细胞和机体稳态来维持宿主健康(El-Kenawi et al., 2017; Evavold et al., 2019; Medzhitov, 2008)。已有研究表明，线粒体为免疫细胞识别外来抗原以及合成促炎细胞因子和趋化因子提供能量，在调节炎症反应方面起关键作用(Subramanian et al., 2013; Jo et al., 2016; West et al., 2017; Forrester et al., 2018; Neagu et al., 2019; Andrieux et al., 2021)。小肽在线粒体中的富集也暗示其对细胞炎症免疫反应的调控作用(Kim et al., 2017)(图 3D)。

炎症小体是一种大分子蛋白复合物，其中 IL-1β 前体通过半胱天冬酶 1(caspase 1)转化为生物活性 IL-1β，引发 IL-1 介导的炎症(Weber et al., 2010)。线粒体小肽-47(Mm47, mitochondrial micropeptide-47)被发现在活化的巨噬细胞中差异表达，其对免疫刺激的下调和线粒体定位使其在 Nlrp3 介导的炎性小体反应具有调节作用(Bhatta et al., 2020)。然而，Mm47 在调节 Nlrp3 寡聚化程度和 OMM 招募方面的分子机制仍然未知。此外，线粒体小肽 MOTS-c 和 Humanin 也被报道能够通过调节衰老细胞的线粒体活性来加剧衰老相关分泌表型(SASP, senescence-associated secretory phenotype)的促炎作用(Kim et al., 2018; Mendelsohn et al., 2018)。

3.5 小肽调控植物生长发育

在植物中，近年研究发现pri-miRNA编码的小肽(miPEPs)发挥了重要的作用，特别是在农艺性状方面。miR172c是大豆结瘤的正向调节因子(Wang et al., 2019)，其过度表达导致结节数量的增加，抑制则具有相反的效果。Couzigou et al.(2016)表明，用合成的大豆miR172c前体编码的小肽miPEP172c处理大豆可显著增加根瘤数，而不影响其他根系发育特征，与在大豆中过量表达miR172c的结果一致。进一步研究还发现，用miPEP172c处理大豆还可以增加了miR172c的积累，说明小肽miPEP可以上调miRNAs表达(图3E)。并且，与对照植株相比，经miPEP172c处理的植株中ENOD40-1、NIN、NSP1和Hb2表达也显著提高，表明miPEP172c在植物发育过程以及植物-微生物相互作用中都发挥重要作用。这些进展揭示了调节性miPEPs在改善作物农艺性状中的重要性。

类似地，发现由pri-miR858a编码的小肽miPEP858a调节拟南芥类黄酮的生物合成和发育(Sharma et al., 2020)。外源应用合成的miPEP858a可恢复由miPEP858a缺失导致的拟南芥植物发育缺陷。此外，启动子报告基因分析表明，miPEP858a具有调控自身启动子活性和GUS基因转录的作用，暗示miPEPs具有特定的生物学功能(图3F)。

不定根的形成是葡萄无性繁殖的主要障碍。最近的一项研究发现了外施miR-171d编码的小肽miPEP171d1在不定根形成中的重要作用(Chen et al., 2020)。将外源miPEP171d1导入欧洲葡萄组培苗中，可促进miR171d的积累和不定根的发育(图3G)。这些结果显示了一种新的miRNA调节机制，该机制与其相关的miPEP有关。在拟南芥中，通过对pri-miRNA来源小肽miPEP164a、miPEP165a和miPEP319a等的研究(Yadav et al., 2021)，发现这些小肽对植株生长都具有明显的促进作用。与对照植株相比，喷洒、浇水、堆肥、添加肥料等外施miPEPs的植株在茎高、早花、花数增加和花柄高度方面均表现出明显优势。外源施用miPEPs时，植株内的miPEP总量增加，因此总体上调节了相关miRNAs的积累。有趣的是，miPEPs可以在外源施用下发挥作用，这一发现将在农业上有广泛的用途。

在蒺藜苜蓿中外施和过表达miPEP171b均能使植株内的miR171b表达升高并抑制其靶基因(Lauressergues et al., 2015)(图3H)。miPEP171b1过表达导致MtmiR171b累积，从而负调控靶基因HAM和HAM2，使植株侧根数量减少，表明其在根发育中的重要性。MtmiR171b和MtmiPEP171b1在烟草中的过表达也具有相似的结果(Lauressergues et al., 2015)。通过对MtmiORF171b和MtmiPEP171b1以及突变ORF MtmiORF171b的相对表达量发现，MtmiORF171b对MtmiPEP171b1的翻译作用增加了Mtmir171b的积累(Lauressergues et al., 2015)。外施和过表达MtmiPEP171b1可增加各自pri-miRNAs、pre-miRNAs和成熟miRNAs的积累(图3I)。而用ATT替代pri-miR171b ORF1中的ATG起始密码子后，仍有少量的miR171b产生，这表明miPEP171b充当了调节介质并使相关的miRNA积累增加(Lauressergues et al., 2015)。

外源miPEPs如何进入植物细胞内是限制其在植物中发挥功能的重要问题。一般认为，内吞作用和被动扩散是miPEPs内化的主要途径(Ormancey et al., 2020)。在用荧光染料标记MiPEP165a对拟南芥进行外源处理后，观察到miPEP165a能快速进入根冠和分生组织区，而根部其余部分的渗透延迟(Ormancey et al., 2020)。通过研究进入植株体内的网格蛋白介导途径和膜微结构域途径发现：miPEP165a在根冠、分生组织和根的分化区是被动进入，而在根细胞成熟区的进入受到影响。其中，rem1-2在miPEP吸收中受到强烈影响。进一步通过使用化学抑制剂TyrA23和MβCD分别抑制网格蛋白介导和膜微域途径。结果表明，这些分子阻断了施用miPEP165a对根长的正向表型效应。这说明miPEPs可能具有局部效应，而不是系统效应。

4 小结与展望

虽然许多具有sORF的RNA曾经被归类为ncRNA，因而在以往的研究中忽视了对这些具有潜在翻译能力的sORF鉴定，但是越来越多研究结果表明具有生物活性的非编码RNA来源小肽真实存在并且在生物体内发挥不可替代的功能，使我们重新认识这些非编码RNA的功能形式(Lu et al., 2004; Ma et al., 2014; Ma et al., 2016; Olexiouk et al., 2018)。本文总结了识别、筛选和鉴定sORF的

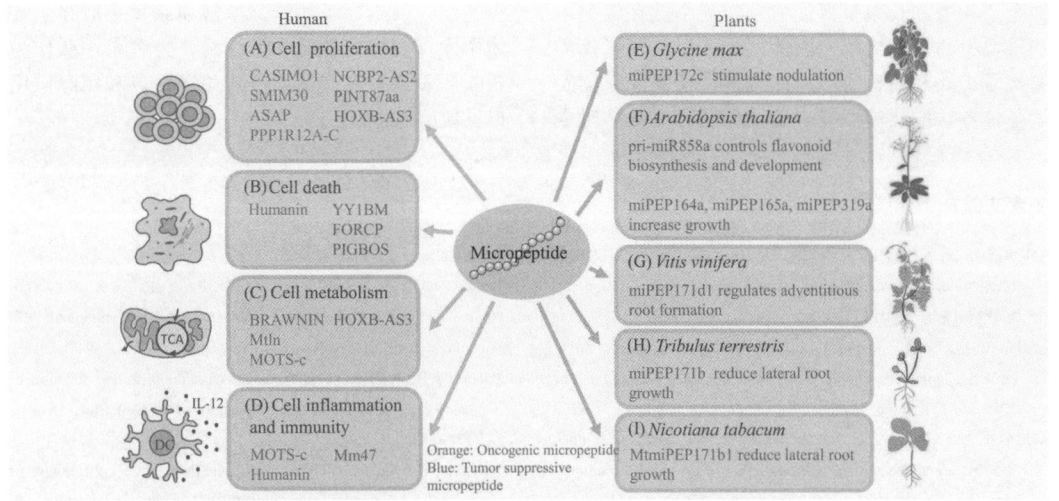

小肽在人类与植物中均有存在,且在多种生物进程中发挥着重要的作用。在人类中,小肽通过参与调控(A)细胞增殖、(B)细胞死亡、(C)细胞物质与能量代谢以及(D)炎症反应等影响疾病的进程;在植物中,来源于pri-miRNA的小肽在(E)大豆 *Glycine max*、(F)拟南芥 *Arabidopsis thaliana*、(G)葡萄 *Vitis vinifera*、(H)蒺藜苜蓿 *Tribulus terrestris* 和(I)烟草 *Nicotiana tabacum* 等多个物种中参与调控植物的生长发育,可用于改良植物的农艺性状。

图3 小肽的功能

Fig. 3 The function of micropeptides

方法,以及编码小肽的非编码 RNA 种类,揭示了非编码 RNA 来源小肽在生物体内的多重作用机制与生物功能。这些进展揭示了非编码 RNA 来源的小肽具有成为抗肿瘤药物、治疗靶点以及肿瘤生物标志物的巨大潜力,例如作为新型抗肿瘤药物,小肽相比其来源 RNA 具有更高的活性,更低的免疫原性和更低的细胞毒性,因此可以合成肿瘤抑制微肽并直接递送到癌症组织(Zhu et al., 2018; Bakhti et al., 2022)。由于小肽易于代谢降解的特点,也使在植物中应用外源合成小肽相比使用转基因手段和化学农药具有更高的安全性,将成为一种新的改善植物农艺性状的手段(Yadav et al., 2021)。这些新发现使研究者开始重新审视过去的非编码 RNA 研究,是否由于技术限制了对其编码能力的预测和验证?其编码小肽是否可能发挥与母体 RNA 相似的功能,甚至其母体 RNA "表现"出的功能是否实际上由其编码小肽执行?分子研究手段的不断发展让小肽的功能与 RNA 自身活性得以区分,也强调了在未来的非编码 RNA 研究中分离 RNA 功能和小肽功能的必要性。此外,一些研究发现 mRNA 也具有与其编码蛋白无关的非编码功能,例如一种编码早期减数分裂诱导蛋白1(Emi1)的 mRNA 转录本,可从其 3'UTR 加工成熟

一种功能性长非编码 RNA——端粒酶 RNA(TER)(Logeswaran et al., 2022)。目前已有定义统一将既能以 RNA 形式发挥功能,又能以蛋白形式发挥功能的 RNA 称为 cncRNA(coding and non-coding RNAs),也叫双功能 RNA,包括了具有编码功能的 ncRNA 和具有非编码功能的 mRNA(Kumari et al., 2015)。未来的小肽研究可能会将更多的非编码 RNA 列入双功能 RNA 的队伍中。

同时,尽管一些非编码 RNA 来源的小肽的重要功能已经被揭示,但是还有许多问题尚未解决。例如,在小肽的筛选和翻译验证方面,如何进一步优化现有检测技术减少假阳性,找到更多可翻译的小肽?决定 sORF 成功翻译小肽的关键因素是什么?是否有特定的上下文序列决定 sORF 能否进行翻译?无义介导的 mRNA 衰变(NMD, nonsense-mediated mRNA decay)作为监视机制可降解错误的 mRNA,并对虚假翻译做出反应(Lykke-Andersen et al., 2015; Supek et al., 2021)。含有 sORF 的 lncRNA 很可能成为 NMD 的目标,那么 NMD 靶向 lncRNA 的程度如何?同时,在对小肽的功能研究方面,如何系统性大量验证小肽的不同生理功能?如何克服小蛋白的研究障碍(如蛋白丰度低、不稳定、缺乏特异性抗体等)?如何改善和优化小肽的

结合亲和力和长效呈递能力来实现小肽在疾病中和植物中的实际应用?因此,未来我们不仅仅需要努力扩大和完善小肽检测技术,还需要继续发展各种各样的实验手段来验证和研究小肽的时空表达模式及生物学功能,丰富和完善小肽在生物体中发挥功能的各种分子机制,为利用小肽作为药物研发或者农作物增产的关键靶点和实际应用提供新的思路和方向。

参考文献:

ANDRIEUX P, CHEVILLARD C, CUNHA-NETO E, et al, 2021. Mitochondria as a cellular hub in infection and inflammation[J]. Int J Mol Sci, 22(21): 11338.

ASHWAL-FLUSS R, MEYER M, PAMUDURTI N, et al, 2014. circRNA biogenesis competes with pre-mRNA splicing[J]. Mol Cell, 56(1): 55-66.

AUBREY B J, KELLY G L, JANIC A, et al, 2018. How does p53 induce apoptosis and how does this relate to p53-mediated tumour suppression?[J]. Cell Death Differ, 25(1): 104-113.

BAKHTI S Z, LATIFI-NAVID S, 2022. Non-coding RNA-encoded peptides/proteins in human cancer: The future for cancer therapy[J]. Curr Med Chem, 29(22): 3819-3835.

BEGUM S, YIU A, STEBBING J, et al, 2018. Novel tumour suppressive protein encoded by circular RNA, circ-SHPRH, in glioblastomas[J]. Oncogene, 37(30): 4055-4057.

BHATTA A, ATIANAND M, JIANG Z, et al, 2020. A mitochondrial micropeptide is required for activation of the Nlrp3 inflammasome[J]. J Immunol, 204(2): 428-437.

BRAZÃO T F, JOHNSON J S, MÜLLER J, et al, 2016. Long noncoding RNAs in B-cell development and activation [J]. Blood, 128(7): e10-e19.

CALVO S E, PAGLIARINI D J, MOOTHA V K, 2009. Upstream open reading frames cause widespread reduction of protein expression and are polymorphic among humans[J]. Proc Natl Acad Sci USA, 106(18): 7507-7512.

CAO X, SLAVOFF S A, 2020. Non-AUG start codons: Expanding and regulating the small and alternative ORFeome[J]. Exp Cell Res, 391(1): 111973.

CARDON T, FOURNIER I, SALZET M, 2021. Shedding light on the ghost proteome[J]. Trends Biochem Sci, 46(3): 239-250.

CARRIERI C, CIMATTI L, BIAGIOLI M, et al, 2012. Long non-coding antisense RNA controls Uchl1 translation through an embedded SINEB2 repeat[J]. Nature, 491(7424): 454-457.

CARTHEW R W, SONTHEIMER E J, 2009. Origins and mechanisms of miRNAs and siRNAs[J]. Cell, 136(4): 642-655.

CHEN Q J, DENG B H, GAO J, et al, 2020. A miRNA-encoded small peptide, vvi-miPEP171d1, regulates adventitious root formation[J]. Plant Physiol, 183(2): 656-670.

CHILDS B G, BAKER D J, KIRKLAND J L, et al, 2014. Senescence and apoptosis: Dueling or complementary cell fates?[J]. EMBO Rep, 15(11): 1139-1153.

CHU Q, MARTINEZ T F, NOVAK S W, et al, 2019. Regulation of the ER stress response by a mitochondrial microprotein[J]. Nat Commun, 10(1): 4883.

CHUGUNOVA A, LOSEVA E, MAZIN P, et al, 2019. LINC00116 codes for a mitochondrial peptide linking respiration and lipid metabolism[J]. Proc Natl Acad Sci USA, 116(11): 4940-4945.

COUSO J P, PATRAQUIM P, 2017. Classification and function of small open reading frames[J]. Nat Rev Mol Cell Biol, 18(9): 575-589.

COUZIGOU J M, ANDRÉ O, GUILLOTIN B, et al, 2016. Use of microRNA-encoded peptide miPEP172c to stimulate nodulation in soybean[J]. New Phytol, 211(2): 379-381.

DELÁS M J, SABIN L R, DOLZHENKO E, et al, 2017. lncRNA requirements for mouse acute myeloid leukemia and normal differentiation[J]. eLife, 6: e25607.

DELBRIDGE A R, VALENTE L J, STRASSER A, 2012. The role of the apoptotic machinery in tumor suppression[J]. Cold Spring Harb Perspect Biol, 4(11): a008789.

DERRIEN T, JOHNSON R, BUSSOTTI G, et al, 2012. The GENCODE v7 catalog of human long noncoding RNAs: Analysis of their gene structure, evolution, and expression[J]. Genome Res, 22(9): 1775-1789.

DJEBALI S, DAVIS C A, MERKEL A, et al, 2012. Landscape of transcription in human cells[J]. Nature, 489(7414): 101-108.

EL-KENAWI A, RUFFELL B, 2017. Inflammation, ROS, and mutagenesis[J]. Cancer Cell, 32(6): 727-729.

ESTELLER M, 2011. Non-coding RNAs in human disease[J]. Nat Rev Genet, 12(12): 861-874.

EVAVOLD C L, KAGAN J C, 2019. Inflammasomes: Threat-assessment organelles of the innate immune system[J]. Immunity, 51(4): 609-624.

FANG J, MORSALIN S, RAO V, et al, 2017. Decoding of non-coding DNA and non-coding RNA: Pri-micro RNA-encoded novel peptides regulate migration of cancer cells[J]. J Pharmaceut Sci Pharmacol, 3(1): 23-27.

FERNIE A R, CARRARI F, SWEETLOVE L J, 2004. Respiratory metabolism: Glycolysis, the TCA cycle and mitochondrial electron transport[J]. Curr Opin Plant Biol, 7(3): 254-261.

FORRESTER S J, KIKUCHI D S, HERNANDES M S, et al, 2018. Reactive oxygen species in metabolic and inflammatory signaling[J]. Circ Res, 122(6): 877-902.

GE Q, JIA D, CEN D, et al, 2021. Micropeptide ASAP encoded by LINC00467 promotes colorectal cancer progression by directly modulating ATP synthase activity[J]. J Clin Invest, 131(22): e152911.

GUO B, ZHAI D, CABEZAS E, et al, 2003. Humanin peptide suppresses apoptosis by interfering with Bax activation [J]. Nature, 423(6938): 456-461.

GUO J U, AGARWAL V, GUO H, et al, 2014. Expanded identification and characterization of mammalian circular RNAs [J]. Genome Biol, 15(7): 409.

GUTTMAN M, RUSSELL P, INGOLIA N, et al, 2013. Ribosome profiling provides evidence that large noncoding RNAs do not encode proteins[J]. Cell, 154(1): 240-251.

HANADA K, AKIYAMA K, SAKURAI T, et al, 2010. sORF finder: A program package to identify small open reading frames with high coding potential[J]. Bioinformatics, 26(3): 399-400.

HANAHAN D, WEINBERG R, 2011. Hallmarks of cancer: The next generation[J]. Cell, 144(5): 646-674.

HANGAUER M J, VAUGHN I W, MCMANUS M T, 2013. Pervasive transcription of the human genome produces thousands of previously unidentified long intergenic noncoding RNAs [J]. PLoS Genet, 9(6): e1003569.

HUANG J Z, CHEN M, CHEN D, et al, 2017. A peptide encoded by a putative lncRNA HOXB-AS3 suppresses colon cancer growth [J]. Mol Cell, 68(1): 171-184.

INGOLIA N T, BRAR G A, ROUSKIN S, et al, 2012. The ribosome profiling strategy for monitoring translation in vivo by deep sequencing of ribosome-protected mRNA fragments [J]. Nat Protoc, 7(8): 1534-1550.

IVANOV A, MEMCZAK S, WYLER E, et al, 2015. Analysis of intron sequences reveals hallmarks of circular RNA biogenesis in animals[J]. Cell Rep, 10(2): 170-177.

IVANOV I P, FIRTH A E, MICHEL A M, et al, 2011. Identification of evolutionarily conserved non-AUG-initiated N-terminal extensions in human coding sequences[J]. Nucleic Acids Res, 39(10): 4220-4234.

IYER M K, NIKNAFS Y S, MALIK R, et al, 2015. The landscape of long noncoding RNAs in the human transcriptome [J]. Nat Genet, 47(3): 199-208.

JECK W R, SORRENTINO J A, WANG K, et al, 2013. Circular RNAs are abundant, conserved, and associated with ALU repeats [J]. RNA, 19(2): 141-157.

JO E K, KIM J K, SHIN D M, et al, 2016. Molecular mechanisms regulating NLRP3 inflammasome activation[J]. Cell Mol Immunol, 13(2): 148-159.

JUDGE A, DODD M S, 2020. Metabolism[J]. Essays Biochem, 64(4): 607-647.

KANG Y J, YANG D C, KONG L, et al, 2017. CPC2: A fast and accurate coding potential calculator based on sequence intrinsic features[J]. Nucleic Acids Res, 45(W1): W12-W16.

KAPRANOV P, CHENG J, DIKE S, et al, 2007. RNA maps reveal new RNA classes and a possible function for pervasive transcription[J]. Science, 316(5830): 1484-1488.

KEARSE M G, WILUSZ J E, 2017. Non-AUG translation: A new start for protein synthesis in eukaryotes[J]. Genes Dev, 31(17): 1717-1731.

KIM S J, XIAO J, WAN J, et al, 2017. Mitochondrially derived peptides as novel regulators of metabolism[J]. J Physiol, 595(21): 6613-6621.

KIM S J, MEHTA H H, WAN J, et al, 2018. Mitochondrial peptides modulate mitochondrial function during cellular senescence [J]. Aging, 10(6): 1239-1256.

KONG L, ZHANG Y, YE Z Q, et al, 2007. CPC: Assess the protein-coding potential of transcripts using sequence features and support vector machine [J]. Nucleic Acids Res, 35 (Web Server Issue): W345-W349.

KUMARI P, SAMPATH K, 2015. cncRNAs: Bi-functional RNAs with protein coding and non-coding functions [J]. Semin Cell Dev Biol, 47-48: 40-51.

LAURESSERGUES D, COUZIGOU J M, CLEMENTE H S, et al, 2015. Primary transcripts of microRNAs encode regulatory peptides[J]. Nature, 520(7545): 90-93.

LEE C, YEN K, COHEN P, 2013. Humanin: A harbinger of mitochondrial-derived peptides?[J]. Trends Endocrinol Metab, 24(5): 222-228.

LEE C, ZENG J, DREW B, et al, 2015. The mitochondrial-derived peptide MOTS-c promotes metabolic homeostasis and reduces obesity and insulin resistance[J]. Cell Metab, 21(3): 443-454.

LEGNINI I, Di TIMOTEO G, ROSSI F, et al, 2017. Circ-ZNF609 is a circular RNA that can be translated and functions in myogenesis[J]. Mol Cell, 66(1): 22-37.

LI X, YANG L, CHEN L L, 2018. The biogenesis, functions, and challenges of circular RNAs[J]. Mol Cell, 71(3): 428-442.

LI X L, PONGOR L, TANG W, et al, 2020. A small protein encoded by a putative lncRNA regulates apoptosis and tumorigenicity in human colorectal cancer cells[J]. eLife, 9: e53734.

LIANG W C, WONG C W, LIANG P P, et al, 2019. Translation of the circular RNA circβ-catenin promotes liver cancer cell growth through activation of the Wnt pathway [J]. Genome Biol, 20(1): 84.

LIN M F, JUNGREIS I, KELLIS M, 2011. PhyloCSF: A comparative genomics method to distinguish protein coding and non-coding regions[J]. Bioinformatics, 27(13): i275-i282.

LOGESWARAN D, LI Y, AKHTER K, et al, 2022. Biogenesis of telomerase RNA from a protein-coding mRNA precursor [J]. Proc Natl Acad Sci USA, 119(41): e2204636119.

LU P D, HARDING H P, RON D, 2004. Translation reinitiation at alternative open reading frames regulates gene expression in an integrated stress response[J]. J Cell Biol, 167(1): 27-33.

LUCIANO F, ZHAI D, ZHU X, et al, 2005. Cytoprotective peptide humanin binds and inhibits proapoptotic Bcl-2/Bax family protein BimEL[J]. J Biol Chem, 280(16): 15825-15835.

LYKKE-ANDERSEN S, JENSEN T H, 2015. Nonsense-mediated mRNA decay: An intricate machinery that shapes transcriptomes [J]. Nat Rev Mol Cell Biol, 16(11): 665-677.

MA J, WARD C C, JUNGREIS I, et al, 2014. Discovery of human

sORF-encoded polypeptides (SEPs) in cell lines and tissue[J]. J Proteome Res, 13(3): 1757-1765.

MA J, DIEDRICH J K, JUNGREIS I, et al, 2016. Improved identification and analysis of small open reading frame encoded polypeptides[J]. Anal Chem, 88(7): 3967-3975.

MAKAREWICH C A, BASKIN K K, MUNIR A Z, et al, 2018. MOXI is a mitochondrial micropeptide that enhances fatty acid β-oxidation[J]. Cell Rep, 23(13): 3701-3709.

MATSUMOTO A, PASUT A, MATSUMOTO M, et al, 2017. mTORC1 and muscle regeneration are regulated by the LINC00961-encoded SPAR polypeptide[J]. Nature, 541(7636): 228-232.

MEDZHITOV R, 2008. Origin and physiological roles of inflammation[J]. Nature, 454(7203): 428-435.

MENDELSOHN A R, LARRICK J W, 2018. Mitochondrial-derived peptides exacerbate senescence[J]. Rejuvenation Res, 21(4): 369-373.

MERINO-VALVERDE I, GRECO E, ABAD M, 2020. The microproteome of cancer: From invisibility to relevance[J]. Exp Cell Res, 392(1): 111997.

MOKREJS M, VOPÁLENSKÝ V, KOLENATY O, et al, 2006. IRESite: The database of experimentally verified IRES structures (www.iresite.org)[J]. Nucleic Acids Res, 34(Database issue): D125-D130.

MOTEKI S, PRICE D, 2002. Functional coupling of capping and transcription of mRNA[J]. Mol Cell, 10(3): 599-609.

NEAGU M, CONSTANTIN C, POPESCU I D, et al, 2019. Inflammation and metabolism in cancer cell—Mitochondria key player[J]. Front Oncol, 9: 348.

OLEXIOUK V, van CRIEKINGE W, MENSCHAERT G, 2018. An update on sORFs.org: a repository of small ORFs identified by ribosome profiling[J]. Nucleic Acids Res, 46(D1): D497-D502.

ORMANCEY M, RU A L, DUBOÉ C, et al, 2020. Internalization of miPEP165a into *Arabidopsis* roots depends on both passive diffusion and endocytosis-associated processes[J]. Int J Mol Sci, 21(7): 2266.

ORR M W, MAO Y, STORZ G, et al, 2020. Alternative ORFs and small ORFs: Shedding light on the dark proteome[J]. Nucleic Acids Res, 48(3): 1029-1042.

PAMUDURTI N R, BARTOK O, JENS M, et al, 2017. Translation of CircRNAs[J]. Mol Cell, 66(1): 9-21.

PANG Y, LIU Z, HAN H, et al, 2020. Peptide SMIM30 promotes HCC development by inducing SRC/YES1 membrane anchoring and MAPK pathway activation[J]. J Hepatol, 73(5): 1155-1169.

POLYCARPOU-SCHWARZ M, GROSS M, MESTDAGH P, et al, 2018. The cancer-associated microprotein CASIMO1 controls cell proliferation and interacts with squalene epoxidase modulating lipid droplet formation[J]. Oncogene, 37(34): 4750-4768.

PRENSNER J R, ENACHE O M, LURIA V, et al, 2021. Noncanonical open reading frames encode functional proteins essential for cancer cell survival[J]. Nat Biotechnol, 39(6): 697-704.

QIANG X, CHEN H, YE X, et al, 2018. M6AMRFS: Robust prediction of N6-methyladenosine sites with sequence-based features in multiple species[J]. Front Genet, 9: 495.

RODRIGUEZ C M, CHUN S Y, MILLS R E, et al, 2019. Translation of upstream open reading frames in a model of neuronal differentiation[J]. BMC Genomics, 20(1): 391.

RUIZ-ORERA J, MESSEGUER X, SUBIRANA J A, et al, 2014. Long non-coding RNAs as a source of new peptides[J]. eLife, 3: e03523.

SCHNEIDER T, HUNG L H, SCHREINER S, et al, 2016. CircRNA-protein complexes: IMP3 protein component defines subfamily of circRNPs[J]. Sci Rep, 6: 31313.

SHARMA A, BADOLA P K, BHATIA C, et al, 2020. Primary transcript of miR858 encodes regulatory peptide and controls flavonoid biosynthesis and development in Arabidopsis[J]. Nat Plants, 6(10): 1262-1274.

SINHA T, PANIGRAHI C, DAS D, et al, 2022. Circular RNA translation, a path to hidden proteome[J]. Wiley Interdiscip Rev RNA, 13(1): e1685.

SLAVOFF S A, MITCHELL A J, SCHWAID A G, et al, 2013. Peptidomic discovery of short open reading frame-encoded peptides in human cells[J]. Nat Chem Biol, 9(1): 59-64.

SONENBERG N, HINNEBUSCH A G, 2009. Regulation of translation initiation in eukaryotes: Mechanisms and biological targets[J]. Cell, 136(4): 731-745.

STARKE S, JOST I, ROSSBACH O, et al, 2015. Exon circularization requires canonical splice signals[J]. Cell Rep, 10(1): 103-111.

STEIN C S, JADIYA P, ZHANG X, et al, 2018. Mitoregulin: A lncRNA-encoded microprotein that supports mitochondrial super complexes and respiratory efficiency[J]. Cell Rep, 23(13): 3710-3720.

SUBRAMANIAN N, NATARAJAN K, CLATWORTHY M, et al, 2013. The adaptor MAVS promotes NLRP3 mitochondrial localization and inflammasome activation[J]. Cell, 153(2): 348-361.

SUN L, WANG W, HAN C, et al, 2021. The oncomicropeptide APPLE promotes hematopoietic malignancy by enhancing translation initiation[J]. Mol Cell, 81(21): 4493-4508.

SUPEK F, LEHNER B, LINDEBOOM R G H, 2021. To NMD or not to NMD: Nonsense-mediated mRNA decay in cancer and other genetic diseases[J]. Trends Genet, 37(7): 657-668.

TRAN N T, SU H, KHODADADI-JAMAYRAN A, et al, 2016. The AS-RBM15 lncRNA enhances RBM15 protein translation during megakaryocyte differentiation[J]. EMBO Rep, 17(6): 887-900.

VITORINO R, GUEDES S, AMADO F, et al, 2021. The role of micropeptides in biology[J]. Cell Mol Life Sci, 78(7): 3285-3298.

WAGNER S, HERRMANNOVÁ A, HRONOVÁ V, et al, 2020.

Selective translation complex profiling reveals staged initiation and co-translational assembly of initiation factor complexes[J]. Mol Cell, 79(4): 546-560.

WANG L, PARK H J, DASARI S, et al, 2013a. CPAT: Coding-Potential Assessment Tool using an alignment-free logistic regression model[J]. Nucleic Acids Res, 41(6): e74.

WANG L, SUN Z, SU C, et al, 2019. A GmNINa-miR172c-NNC$_1$ regulatory network coordinates the nodulation and autoregulation of Nodulation pathways in soybean[J]. Mol Plant, 12(9): 1211-1226.

WANG Y, CHEN L, CHEN B, et al, 2013b. Mammalian ncRNA-disease repository: A global view of ncRNA-mediated disease network[J]. Cell Death Dis, 4(8): e765.

WANG Y, WANG Z, 2015. Efficient backsplicing produces translatable circular mRNAs[J]. RNA, 21(2): 172-179.

WEBER A, WASILIEW P, KRACHT M, 2010. Interleukin-1beta (IL-1beta) processing pathway[J]. Sci Signal, 3(105): cm2.

WEST A P, SHADEL G S, 2017. Mitochondrial DNA in innate immune responses and inflammatory pathology[J]. Nat Rev Immunol, 17(6): 363-375.

WU P, MO Y, PENG M, et al, 2020a. Emerging role of tumor-related functional peptides encoded by lncRNA and circRNA[J]. Mol Cancer, 19(1): 22.

WU Q, WRIGHT M, GOGOL M M, et al, 2020b. Translation of small downstream ORFs enhances translation of canonical main open reading frames[J]. EMBO J, 39(17): e104763.

WU S, ZHANG L, DENG J, et al, 2020c. A novel micropeptide encoded by Y-linked LINC00278 links cigarette smoking and AR signaling in male esophageal squamous cell carcinoma[J]. Cancer Res, 80(13): 2790-2803.

XIA X, LI X, LI F, et al, 2022. Correction: A novel tumor suppressor protein encoded by circular AKT3 RNA inhibits glioblastoma tumorigenicity by competing with active phosphoinositide-dependent Kinase-1[J]. Mol Cancer, 21(1): 124.

XIANG X, FU Y, ZHAO K, et al, 2021. Cellular senescence in hepatocellular carcinoma induced by a long non-coding RNA-encoded peptide PINT87aa by blocking FOXM1-mediated PHB2[J]. Theranostics, 11(10): 4929-4944.

XU W, DENG B, LIN P, et al, 2020. Ribosome profiling analysis identified a KRAS-interacting microprotein that represses oncogenic signaling in hepatocellular carcinoma cells[J]. Sci China Life Sci, 63(4): 529-542.

YADAV A, SANYAL I, RAI S P, et al, 2021. An overview on miRNA-encoded peptides in plant biology research[J]. Genomics, 113(4): 2385-2391.

YANG L, TANG Y, HE Y, et al, 2017a. High Expression of LINC01420 indicates an unfavorable prognosis and modulates cell migration and invasion in nasopharyngeal carcinoma[J]. J Cancer, 8(1): 97-103.

YANG Y, FAN X, MAO M, et al, 2017b. Extensive translation of circular RNAs driven by N^6-methyladenosine[J]. Cell Res, 27(5): 626-641.

YANG Y, GAO X, ZHANG M, et al, 2018. Novel role of FBXW7 circular RNA in repressing glioma tumorigenesis[J]. J Natl Cancer Inst, 110(3): 304-315.

YANG Y, WANG Z, 2019. IRES-mediated cap-independent translation, a path leading to hidden proteome[J]. J Mol Cell Biol, 11(10): 911-919.

YE M, ZHANG J, WEI M, et al, 2020. Emerging role of long noncoding RNA-encoded micropeptides in cancer[J]. Cancer Cell Int, 20: 506.

YE Y, LIANG Y, YU Q, et al, 2015. Analysis of human upstream open reading frames and impact on gene expression[J]. Hum Genet, 134(6): 605-612.

YEASMIN F, YADA T, AKIMITSU N, 2018. Micropeptides encoded in transcripts previously identified as long noncoding RNAs: A new chapter in transcriptomics and proteomics[J]. Front Genet, 9: 144.

YOON J H, ABDELMOHSEN K, SRIKANTAN S, et al, 2012. LincRNA-p21 suppresses target mRNA translation[J]. Mol Cell, 47(4): 648-655.

YOUNG S K, WILLY J A, WU C, et al, 2015. Ribosome reinitiation directs gene-specific translation and regulates the integrated stress response[J]. J Biol Chem, 290(47): 28257-28271.

ZHANG M, ZHAO K, XU X, et al, 2018. A peptide encoded by circular form of LINC-PINT suppresses oncogenic transcriptional elongation in glioblastoma[J]. Nat Commun, 9(1): 4475.

ZHANG S, RELJIĆ B, LIANG C, et al, 2020. Mitochondrial peptide BRAWNIN is essential for vertebrate respiratory complex III assembly[J]. Nat Commun, 11(1): 1312.

ZHANG X O, WANG H B, ZHANG Y, et al, 2014. Complementary sequence-mediated exon circularization[J]. Cell, 159(1): 134-147.

ZHANG Y, JIANG J, ZHANG J, et al, 2021. CircDIDO1 inhibits gastric cancer progression by encoding a novel DIDO1-529aa protein and regulating PRDX2 protein stability[J]. Mol Cancer, 20(1): 101.

ZHENG X, CHEN L, ZHOU Y, et al, 2021. Correction to: A novel protein encoded by a circular RNA circPPP1R12A promotes tumor pathogenesis and metastasis of colon cancer via Hippo-YAP signaling[J]. Mol Cancer, 20(1): 42.

ZHU S, WANG J, HE Y, et al, 2018. Peptides/proteins encoded by non-coding RNA: A novel resource bank for drug targets and biomarkers[J]. Front Pharmacol, 9: 1295.

(责任编辑　张　冰)

化学篇

南海海洋天然产物化学研究论文集萃

编 者 按

本专辑主要收录龙康侯教授20世纪80年代到90年代发表在《中山大学学报（自然科学版）》的部分代表性成果，围绕着海洋天然物研究专题，主要包括软珊瑚化学成分分离鉴定、单晶结构、生物活性以及合成研究，共17篇。

龙康侯先生是中国南海海洋天然产物化学的开拓者，他看准并选择了我国南海海洋天然产物作为研究方向，1978年开创了中山大学化学系天然有机物研究室。1983年4月，龙先生在写给教育部科技司关于科技规划的建议中，明确提出了今后15年关于海洋天然产物研究的八大研究课题，其中很重要的两方面工作是从海洋生物中寻找有特异生理活性的物质，以它们为结构模式，进行结构改造与合成，以获得高效低毒的新药。

在国家科委、国家自然科学基金会的"六五"和"七五"重大项目研究经费支持下，龙康侯先生指导研究室人员和研究生首先开展了珊瑚化学成分的研究，发现了众多新化合物及其生物活性，并开展相关合成研究，取得了丰硕的成果。论文发表在 Journal of American Chemistry Sociaty, Tetrahedron letters, Steroids, 《中国科学》《化学学报》《中山大学学报》等期刊上。1985年，与林永成一起在《有机化学》期刊上发表了题为《八十年代海洋天然有机化学的进展》的综述；1986年，与巫忠德一起在《海洋药物》期刊上发表了题为《中国南海珊瑚生理活性物质研究近况》的综述。1978年以后的10余年间，由龙康侯领导的南海海洋天然产物的研究所取得的成果，引起了国内外同行专家的重视，并给予高度的评价。1986年2月，Gordon海洋天然产物化学学术会议主席W. Fenical 教授特邀他去美国参加第六次Gordon海洋天然产物化学学术交流会，龙康侯在会上做了1小时的大会报告，介绍我国海洋天然物化学研究成果。此次学术会议共有15个国家和地区的150名代表参加，龙康侯的报告得到与会学者们的好评。

我国南海珊瑚类生物资源极为丰富，是世界上珊瑚集中分布的海域之一，这些研究成果可以为南海珊瑚类生物的开发利用提供科学依据。为了表彰龙康侯及其研究室人员在海洋天然有机物化学所取得的成果，1985年国家科委对"珍珠精母有效成分的研究"授予国家发明三等奖；1987年国家教委对"南海海洋生物中次级代谢产物及其生理活性物质的研究"授予科技进步一等奖;1989年国家科委授予"南海珊瑚化学成分及其生理活性的研究"国家自然科学三等奖。此外还获得多项部委级和省级奖励。1990年国家科委授予龙康侯"全国高等学校先进科技工作者"的荣誉称号。

龙康侯先生特别支持《中山大学学报》的建设,将珊瑚化学成分研究的系列文章优先投稿到该期刊。时值中山大学百年校庆及学报创刊70周年之际,学报组此特辑,旨在纪念先生对科学研究的孜孜不倦的追求,以及有创见性和引领性的学科开创精神。

(供稿:汪波、林永成)

中国软珊瑚化学成分的研究(一)*

龙康侯 苏镜娱 简志刚

(化学系)

摘 要

从Lobophytum属软珊瑚-4中分离得四种结晶：L401, L402, L403及鲨肝醇。L403具有细胞毒性，其结构主要通过核磁共振(^{1}H及^{13}C)和双共振实验，结合质谱、红外及紫外光谱等测定为（Ⅰ）式。

近几年来，国外对海洋天然产物的研究相当活跃。从珊瑚、海绵、海藻等海洋生物中分离出不少结构上很有趣而且具有特异的生理活性的化合物。我们将海南岛崖县附近海域采集的软珊瑚**（4号）(Lobophytum属)，切碎，用苯浸提，通过硅胶柱层析，单离出四种结晶——化合物L401, L402, L403和鲨肝醇。其中，化合物L403经精原法初步试验，显示有细胞毒性。其他成分的生物活性尚待进行试验。

L403为方块状结晶，熔点121～2°C，$[\alpha]_D$ -80(c=1, CH_2Cl_2)，由超高分辨质谱确定L403的分子为$C_{22}H_{30}O_5$，得率占干珊瑚总重0.2%。我们主要通过^{1}H NMR谱 (400MHz)，^{13}C NMR谱和双共振实验以及质谱、红外光谱、紫外光谱等波谱，结合化学分析测定了化合物L403的结构（如Ⅰ式）。

（Ⅰ）

化合物L403的^{13}C核磁共振谱中的碳原子和^{1}H核磁共振谱中部分氢原子的归属[1,2]见表1。

按分子式$C_{22}H_{30}O_5$推算，化合物L403的分子中应具有八个不饱和度。^{13}C NMR谱有九个SP^2碳原子。除甲基酮的羰基(209.0 ppm, s)，内酯的羰基(170.9 ppm, s)和乙酸酯的羰基(169.7 ppm, s)外，还有六个SP^2碳原子（三个s峰，二个d峰，一个dd峰），可以认为构成了三个碳碳双键；其中一个双键是乙烯亚甲基，其余的两个可能是三取代双键。用Adams催化剂常压催化加氢能吸收近三克分子氢，与分子中有三个烯键相符合。由此可推测化合物L403是个双环化合物。考虑到cembranoid类型的大环二萜相当

---

* 本文曾在中美双边天然产物化学讨论会（1980年10月27～31日于上海）介绍。
** 试验所用软珊瑚的种属由南海海洋研究所李楚珏鉴定。

普遍地存在于软珊瑚中，结合整个^{13}C NMR谱的观察，可以合理地推测化合物L403具有cembranoid型的碳环。因为分子中含有甲基酮*，所余的碳原子数不足以构成通常的十四元碳环，所以它只能有一个十三元碳环，另一个环则是γ-内酯。

表1 化合物L403的^{1}H和^{13}C核磁共振谱的归属

Carbon	^{13}C NMR	^{1}H NMR	Carbon	^{13}C NMR	^{1}H NMR
1	76.2 d	5.40 dd J10.05,8.0	12	139.2 s	
			13	126.1 d	5.12 d, J 10.05
2	57.6 d	3.02 m	14	145.5 s	
3	34.5 t	1.81 m	15	170.8 s	
4	70.4 d	5.20 ddd J 9.5,3.4,3.5	16	121.3 dd	5.49 d, J 3 6.24 d, J 3 } AX
5	38.1 d	2.40 m	17	209.0 s	
6^a	23.6,24.9 t	1.63-1.69 dt	18^a	29.2 q	2.18,2.22 s
7^a	38.9,40.0 t		19^a	15.1 q	1.60,1.89 s
8	133.6 s		20^a	15.5 q	1.60,1.89 s
9	119.1 d	5.08 m	21	169.7 s	
10^a	23.6,24.9 t		22	21.0 q	2.18,2.22 s
11^a	38.9,40.0 t				

化学位移(δ)，单位ppm，偶合常数(J)，单位Hz。对于^{13}C NMR谱：22-628MHz，CDCl$_3$溶液，以四甲基硅为内标，碳原子编号见（I）式，对于^{1}H NMR谱：200MHz，CDCl$_3$溶液，以SiMe$_4$作内标。
a 这几个碳或氢原子的归属难以作肯定的划分。

观察红外光谱(ν_{max} 1755，1665 cm^{-1})；紫外光谱(λ_{max} 217nm，ε 13180)；^{1}H NMR谱(δ 5.49，d，J 3 Hz；6.24，d，J 3 Hz，AX型)，确定分子中乙烯亚甲基与γ-内酯的共轭关系。

^{13}C NMR谱表明有两个连结于氧原子上的SP^{3}碳原子(76.2d，70.4d)，它们分别归属为连接着内酯氧基的和乙酰氧基的碳(C$_1$,C$_4$)。

在^{1}H NMR 双照射实验中，(200MHz，ppm)：照射δ3.02的C$_2$-H，分别看到δ5.49 (C$_{16}$-Hb)，6.24(C$_{16}$-Ha)，1.81(C$_3$-H)和5.40(C$_1$-H)发生去偶变化。C$_{16}$氢的信号简并后，由d峰(J=3.0Hz)变为尖的单峰，表示乙烯亚甲基与C$_2$-H有丙烯偶合。同时，C$_1$-H的dd峰(J=8.0，10.05Hz)变为d峰(J=10.05Hz)；C$_3$-H的多重峰简化为d峰。照射δ5.40(C$_1$-H)，可观察到δ5.12(C$_{13}$-H)(J=10.05Hz)变为宽的单峰，由此可判断第二个双键在C$_{12}$-C$_{13}$位置上。反之，照射δ5.12亦使δ5.40的dd峰简化为d峰(J=8.0Hz)。照射2.40ppm(C$_5$-H)的信号，亦观察到δ1.63(C$_6$-H)和5.20(C$_4$-H)有去偶变化。后者由ddd变为dd峰(J=9.5，3.4)。这可判断为甲基酮连接在C$_5$而乙酰氧基则位于其相邻的C$_4$上。

* 化合物L403呈明显的碘仿正反应。

内酯甲川基(C_1-H)的化学位移5.40ppm，及其清楚的dd峰形，表明这个氢应是烯丙位的而不会是高烯丙位的，由此亦证明分子中的第二个双键应位于C_{12}-C_{13}之间而不是在C_{11}-C_{12}的位置上。两个烯质子的化学位移分别在5.08ppm及5.12ppm，表明这是三取代双键，与上述的^{13}C NMR谱的分析相吻合。此外，微量臭氧化产生一克分子 γ-戊酮醛，说明此两个双键之间相隔二个碳原子，由此可定出第三个双键在 cembranoid 环上的位置(在C_8-C_9)。^{13}C NMR谱中，两个烯甲基质子的化学位移特别小，(15.1, 15.5ppm)，可以判断这两个双键均具有反式的构型。根据文献[1]，顺式构型的双键上的甲基，其化学位移应在低场20ppm以上。

根据偶合常数与双面夹角的经验关系[2,3]，初步推测两环间的立体化学。由于偶合常数较大($J = 8.0$Hz)，双面夹角可能较小，我们暂定此两环以顺式相连。

综合以上波谱分析，可将化合物L403的结构表示如(Ⅰ)式。为了进一步考察分子的立体构型，正在进行X-光衍射分析。

化合物L403的质谱主要碎片峰（见实验部分）亦支持结构式(Ⅰ)的合理性。其碎裂过程可能如下图所示。

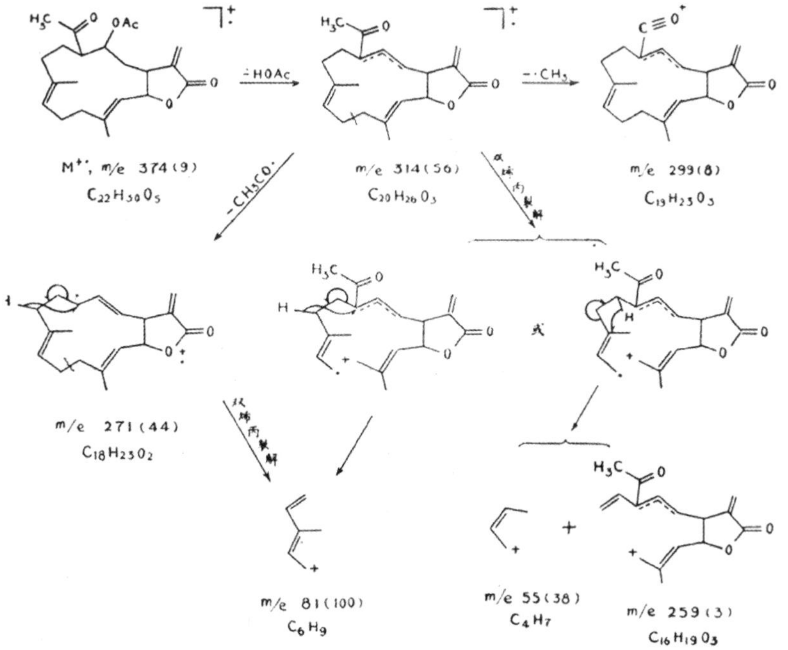

最近，Bowden 等[4]和Yamada 等[5]先后报导从 Lobophytum 属软珊瑚中获得一个cembranoid二萜内酯，平面结构与(Ⅰ)式相同。前者报导的是个油状物，后者报导的是个结晶，熔点119℃。但他们并未确定其立体化学。

L401为片状结晶，熔点48～9℃。L402为粗针状结晶，熔点185-8℃，$C_{22}H_{30}O_5$，MS：m/e 374.2089(M^+) 红外光谱的指纹区有相当一部分与化合物L403很相似。这两个化合物的结构正在进一步分析研究中。

从柱层析40～60％乙酸乙酯-石油醚的洗脱液中分离得一种片状结晶，熔点69～70℃，$C_{21}H_{44}O_3$，MS：m/e 344(M^+)。红外光谱及薄层层析R_f值均与鲨肝醇(batyl alcohol)已知样品的一致。鉴定此结晶为鲨肝醇：

$$\begin{array}{l} CH_2\text{-}O(CH_2)_{17}CH_3 \\ | \\ CHOH \\ | \\ CH_2OH \quad\quad (I) \end{array}$$

实 验 部 分*

分 离

软珊瑚(4号)样品，晒干，切碎。取软质部分于室温用苯反复浸提。蒸去溶剂，得22克褐色粘稠物。将抽提物柱层析(硅胶，450克，60—100目，于120℃烘4小时)，用不同比例的乙酸乙酯—石油醚洗脱。层析结果见表2：

表 2

流 分	溶 剂 乙酸乙酯：石油醚	洗脱体积 (升)	粗物质重 (克)	主要成分
9—11	5：95	0.3	3.5	化合物L401及其他几个组分
12—28	10：90	2	5.8	若干个化合物
29—31	25：75	0.3	0.7	化合物L402
32—34	40：60	0.3	1.9	化合物L403
35—38	60：40	0.4	1.9	鲨肝醇

化合物L401

合并9-11流分，再用硅胶柱层析，以不同比例的乙醚—石油醚洗脱。在7％乙醚洗脱部分获得化合物L401。化合物L401为片状结晶，熔点48-49℃(丙酮)。IR谱：ν^{KBr}_{max} (cm^{-1})：1738，1728，1180，720。

化合物L402

合并29—31流分，再用硅胶柱层析。从25％乙酸乙酯—石油醚部分获得化合物

---

*文中熔点未经校正。质谱数据用 MS50 超高分辨质谱仪测定。核磁共振谱用 Bruker WH400 High field cryospectrometer 测定，双照射用 Bruker WH200 High field cryospectrometer 做试验，^{13}C核磁共振谱用Bruker HFX-90型仪器测定。以上三种波谱均用$CDCl_3$作溶剂，四甲硅作内标。以上各谱由加拿大Alberta大学，Dr. T. T. Nakashima 和 Mrs. Lai-Chu Kong代为测定。

L402。用乙醇反复重结晶得粗针状晶体，熔点185—8℃，IR 谱，ν_{max}^{KBr} (cm^{-1})：1760，1735，1670。

化合物 L403

合并32—34流分，再用硅胶柱层析。从40%乙酸乙酯—石油醚部分获得化合物L403。用乙酸乙酯反复重结晶，得方块状结晶，熔点 121—2℃。$[\alpha]_D - 80$，(c=1，CH_2Cl_2)。UV：λ_{max} 217nm (ε, 13180)，IR，ν_{max}^{KBr} (cm^{-1})：1755，1735，1700，1665。MS：$M^{+\cdot}$ 374.2093，$C_{22}H_{30}O_5$ 要求374.2094。m/e(%)374.2093(8.63，M^+)，314.1882(55.81，$M^+ - CH_3COO$)，299.1647 (7.20)，271.1698 (43.96，$M^+ - CH_3COO - CH_3CO$)，259.1335 (3.38，$C_{16}H_{19}O_3$) 81.0704 (100，$^+CH_2\diagdown\mid\diagup\!\!\!\!\diagup$)，55.0584 (37.51)。

鲨 肝 醇

合并35～38流分，再用硅胶柱层析。在60%乙酸乙酯—石油醚部分收集得固体，经乙酸乙酯反复重结晶，得叶片状晶体，熔点69～70℃。元素分析：实验值C72.61%，H12.67%；理论值$C_{21}H_{44}O_3$，C 73.19%，H12.29%。IR，ν_{max}^{KBr} (cm^{-1})：3450，1060，1095，1140，728，MS：m/e 344(M^+)。TLC，用60%乙酸乙酯—石油醚展开，碘显色，$R_f = 0.38$，与已知物一致。

化合物L403的催化氢化

100毫克化合物L403和11.5毫克PtO_2，于20毫升乙醇中，在室温常压下进行氢化。吸收氢气共16.8毫升(标准状况)，约相当于三摩尔氢。

化合物L403的微量臭氧化

18.7毫克化合物L403(0.05毫克分子)溶于10毫升乙酸乙酯。取1毫升溶液，于冰盐浴中进行臭氧化10分钟，出现蓝色。加入三苯基膦于反应液中，15分钟后用GC检出。柱直径2 mm，长2 m。填充物为5%聚乙二醇二万涂于101白色担体。柱温140℃，气化温度260℃，检测温度208℃。载气流速33毫升/分。化合物L403的臭氧化产物于5分钟出峰。与5.3毫克角鲨烯在相同的条件下出峰时间一致，两者主峰面积之比为1:1。

参 考 文 献

[1] J.B.Stothers, *Carbon*-13 *NMR Spectroscopy* (Volume 24 of Organic Chemistry, A series of Monographs, Editors A.T.Blomquist and H.Wasserman, 1972).
[2] R.J.Abraham and P.Loftus, *Protons and Carbon—13 NMR Spectroscopy*, (1978).
[3] 梁晓天,核磁共振,科学出版社,1976.
[4] B.F.Bowden et al., *Aust. J. Chem.*, 31 (1978), 1303.
[5] Y.Yamada et al., *Chem. Pharm. Bull.*, 27 (1979), 2397.

Studies on the Chinese Soft Corals (Ⅰ)

Long Kanghou   Su Jingyu   Jian Zhigang

Abstract

The soft coral (Lobophytum sp.) was collected in the South China Sea near Ya-Xian in August 1979. From which four crystalline compounds have been isolated. Compound L403, $C_{22}H_{30}O_5$, m.p. 121-2°C, is shown to have structure (I). Preliminary bio-assayings showed that it exhibits cytotoxic activity. Elucidation of the structure was mainly based on spectroscopic data, especially on ^1H NMR, ^{13}C NMR, and was consistent with the results of chemical analyses. Finally, the chemical structure and the stereochemical feature is to be confirmed by X-ray diffraction.

The chemical structures of the other two crystals, compound L402, $C_{22}H_{30}O_5$, m.p. 185-8°C, and compound L401, m.p. 47-8°C, are under investigation. The last compound eluted from the 40-60% ethyl acetate-petroleum ether fraction, has been identified as batyl alcohol, stucture (Ⅱ).

Acknowledgements: The authors are deeply grateful to Dr. T. T. Nakashima and Mrs. Lai-Chu Kong of Chemistry Department, University of Alberta, Canada, for 400 MHz NMR, 200 MHz NMR and ^{13}C NMR spectra, and Mass spectra etc.

中国软珊瑚化学成分的研究(三)*

亚忠德　龙康侯
(化学系)

软珊瑚的代谢产物包含多种结构新颖的萜类、甾醇等有机化合物，其中不少具有抗菌、抗癌等生理活性[1,2]。

本文报道中国南海软珊瑚(Sinularia ramulosa)存在的一种具有新型烷基侧链的甾醇化合物的结构。

软珊瑚的石油醚提取物经丙酮沉淀多次，其溶解物经层析得到具有新型侧链的C_{30}-甾醇(1)；其不溶物主要为直链的酯类，其中主要为十六酸十八醇酯(2)。

化合物(1)熔点130—132°C（石油醚），含量0.01%，根据质谱和元素分析数据，

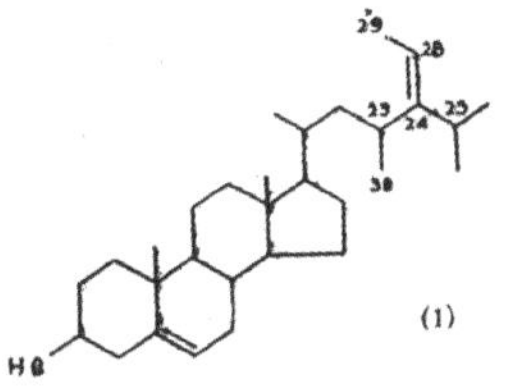

图　1

确定分子式为$C_{30}H_{50}O$。它与浓硫酸-醋酸酐反应，呈阳性Liebermann试验；与毛地黄皂甙在95%乙醇中能生成沉淀，从红外光谱1055，798，3410和1636cm^{-1}等特征吸收，可以指出它为一种具有3β-羟基-5.6-双键的甾醇化合物[3,4]。它的分子离子M^+为426(m/e；24.6%，相对强度，以下同)。从碎片离子301(16.9)，300(37.3)，299(22.4)，273(17.0)，272(37.5)，271(71.5)，255(34.5)等一系列数据，可以肯定它具有正常的甾体骨架[5]。强峰271

侧链结构	C_{25}-H化学位移ppm
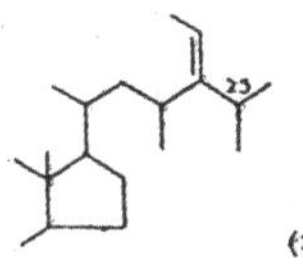 (3)	2.20
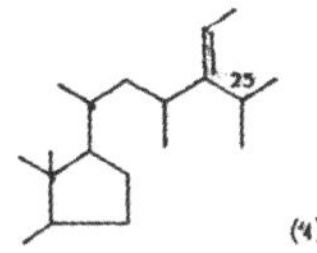 (4)	2.80
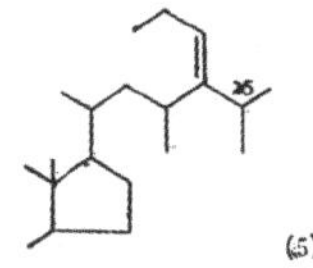 (5)	2.20
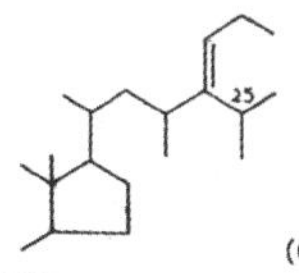 (6)	2.80

图　2

(71.5，M^+-侧链-2H)的出现，证实含有十一个碳原子和一个双键的侧链的存在，强

---

*实验用软珊瑚为李东生等采集；光谱数据承广西南宁药物研究所等单位测定。

峰314(95.0)则指出双键位于C_{24}上[6]。碎片离子383(10.7)和398(34.2)对于确定侧链的结构起了关键的作用，m/e383(M^+-43)是侧链末端存在异丙基的有力证据；m/e398(M^+-28)则指出亚乙基的存在，这是由于$\Delta^{24(28)}$双键移位并失去乙基的结果。最后，侧链上剩下的一个甲基只能位于C_{23}上，任何其他的排列方式都与质谱不符。因此，这种新的C_{30}-甾醇具有如(1)式所示的结构，并得到高分辨核磁共振数据的进一步证实。

$C^{24(28)}$双键的构型与C_{28}-质子的化学位移密切有关，通过比较一系列$3\beta-\Delta^{5(6)}$-甾醇(3)—(6)的核磁共振特性[7,8]，可以肯定化合物(1)的$C^{24(28)}$双键具有与化合物(3)和(5)相同的构型。因此，本文报道的C_{30}-甾醇为23-甲基岩藻甾醇(23-methylfucosterol)，这种具有新型侧链的甾醇，未见文献报道。

化合物(2)，熔点53—54°C(丙酮)，含量0.5%，红外光谱1730，720及1300—1200之间特征的吸收指出这是一种长链脂肪族酯类，从质谱m/e508(M^+)，239，211，197等数据，可以确定为十六酸十八醇酯，通过与已知化合物的比较得到证实。

实 验 部 分

一、材料

软珊瑚(Sinularia ramulose)于1979年8月采自海南岛三亚附近水深3—5米的海滩，采后切碎，晒干备用。

二、化合物(1)和(2)

把晒干的软珊瑚用四倍重量的石油醚(60—90°C)分两次水浴加热回流提取，将所得棕黑色粘状提取物溶于丙酮，冰箱放置过夜，得灰色析出物和黑色丙酮母液，将丙酮液蒸至近干，再溶于丙酮，重复操作两次。

化合物(1)

将丙酮母液蒸干，所得残渣干燥后经硅胶柱层析，用不同比例的石油醚-二氯甲烷-乙酸乙酯洗脱，在10:10:1的洗脱部分得到化合物(1)，熔点130—132°C(石油醚)，含量0.01%，其光谱数据如下：

IR: 3410, 1636, 1055, 1021, 955, 885, 840, 798 cm^{-1}；

MS(EI): 426(M^+, 24.6%), 398(34.2), 383(10.7), 337(10.2), 329(0.6), 328(4.2), 314(95.0), 301(16.9), 300(37.3), 299(22.4), 283(14.8), 282(4.9), 281(17.0), 273(17.0), 272(37.5), 271(71.5), 257(3.5), 256(7.1), 255(34.5), 231(12.6), 230(5.8), 229(19.5), 28(100)；

NMR(400MHz, CDCl$_3$, δ): 0.68(单峰, C_{18}-甲基), 1.02(单峰, C_{19}-甲基), 1.04(双峰, J=8, C_{21}-甲基或C_{30}-甲基), 0.87(双峰, J=8, C_{30}-甲基或C_{21}-甲基), 0.96(双峰, J=7, C_{26}-或C_{27}-甲基), 0.98(双峰, J=7, C_{27}-或C_{26}-甲基), 1.56(C_{29}-甲基), 2.27(多重峰, C_{25}-质子), 3.55(多重峰, 1H, 32-质子), 4.70(1H, C_{28}-质子), 5.37(1H, C_6-质子)。

元素分析：实验值：C 84.07%, H 11.88%; 计算值(对$C_{30}H_{50}O$): C 84.50%, H 11.76%。

化合物(2)

将上述的丙酮析出物经丙酮多次重结晶，得到化合物(2)，熔点53—54°C，含量0.5%。

IR: 1730, 720, 1310, 1280, 1260, 1240, 1220, 1200 cm^{-1};

MS(70ev): 508(M$^+$), 239, 211, 197。

化合物(2)与十六酸十八醇酯的混合熔点未下降，在TLC上具有与十六酸十八酯相同的R_f值。

参 考 文 献

[1] Tursch, *Pure and Appl. Chem.*, 48(1978), 1.
[2] Schmitz, *Tetrahedron Lett.*, (1979), 3387.
[3] Cole, *J. Amer. Chem. Soc.*, 74(1952), 5571.
[4] Hirschmann, *J. Amer. Chem. Soc.*, 74(1952), 5357.
[5] Wyllie et al., *J. Org. Chem.*, 33(1968), 305.
[6] Massey et al., *J. Org. Chem.*, 44(1979), 2448.
[7] Bates et al., *Tetrahedron Lett.*, (1968), 6163.
[8] Rohmer et al., *Steroids*, 35(1980), 219.

Studies on Chinese Soft Corals (III)

Wu Zhongde   Long Kanghou

Abstract

A novel C_{30}-steroid was isolated from a soft coral (Sinularia ramulosa) collecting in the Chinese's South Sea. On the basis of spectroscopic data, the structure is assigned and through comparing the nuclear magnetic resonance of this new steroid with those of some known compounds, the sterochemistry of the $\Delta^{24(28)}$ double bond is determined, thus, the steroid is reported to be 23-methyl-fucosteroid.

中国软珊瑚化学成份的研究(五)*

龙康侯 曾陇梅 郑海鸿
（化 学 系）

摘 要

从一种新种软珊瑚(Sinularia Sipalosa sp. nov.)中分离出两种新的甾醇，命名为Sipalosterol A及Sipalosterol B。本文主要报导：通过波谱分析及化学转变等方法测定了Sipalosterol A 的化学结构为23-乙基-24-亚甲基-Δ^5-胆甾烯-3β-醇。

海洋生物例如海绵、软珊瑚等含有某些不寻常支链的甾醇已有不少报导[1]。新近，我们从畸状短指软珊瑚(Sinularia Sipalosa sp. nov.)中分离到两种新的甾醇，命名为Sipalosterol A及Sipalosterol B。它们的含量分别约为0.1%及0.01%。通过波谱分析及化学转变等方法测定Sipalosterol A 的结构为（Ⅰ）式，即23-乙基-24-亚甲基-Δ^5-胆甾烯-3β-醇。

Sipalosterol A 的分子式为$C_{30}H_{50}O$。由红外光谱可知，(Ⅰ)分子中可能具有羟基($3460cm^{-1}$)，三取代双键及末端亚甲基($1645, 970, 885, 840, 800cm^{-1}$)及胞二甲基($1380, 1368cm^{-1}$)。（Ⅰ）催化氢化($PtO_2$)吸收二克分子氢，证明分子内具有两个碳-碳双键。由此推测(Ⅰ)为具有四个环系两个碳-碳双键的醇类化合物。（Ⅰ）对Liebermann试剂显正的甾醇类的颜色反应，结合（Ⅰ）的PMR谱的外貌特征以及前人曾从软珊瑚中分离到甾醇等事实[1]，可初步推测（Ⅰ）为具有C_{11}支链的甾醇。（Ⅰ）的质谱中m/e314以下各碎片峰几乎与Fucosterol的完全一致，这可推测（Ⅰ）的甾核与Fucosterol相同而且在支链的C-24位上含有双键[2]。红外光谱中840，$800cm^{-1}$的一对吸收峰是环上三取代双键的特征。另外，（Ⅰ）的PMR谱中，5.35ppm（1H）信号中的多重峰是Δ^5双键的特征，而且，将（Ⅰ）用Oppenauer法氧化，获得预期的双键移位产物。其UV谱在$\lambda_{max}241nm$（$\epsilon17000$）有最高吸收，这是α, β-不饱和酮的紫外光谱特征，证明环上的双键确在C-5，6位上。

---

* 本实验所用的软珊瑚种属由南海海洋研究所生物室李楚卦鉴定；气相色谱由本系邓亚本测定。

此外，在3.52ppm（1H）处出现一个多重峰，可推定C₃-H为α构型[3]。所以，（I）应为具有3β-OH-Δ⁵的甾核结构的化合物。

现在问题主要集中于解析支链的结构。由¹³CNMR可知，（I）分子中可能存在六个甲基[(11.97, q, C—18Me); (14.85, q, C—19Me); (19.40, q, C—21Me); (18.74, q, C—30Me); (21.88, q, C—26Me); (22.00, q, C—27Me)。由PMR谱则可进一步推知，这六个甲基中分别有两个甲基连于季碳上[(0.68ppm, 3H, S, C—18Me), (1.00ppm, 3H, d, C—19Me)]，有三个甲基连于叔碳上[(0.95ppm, 3H, d, C—21Me), (1.03ppm, 2×3H, d, C—26Me及C—27Me)]，一个连于仲碳上（0.90ppm, 3H, t, C—30Me）。由上述波谱数据及质谱的碎片峰[m/e 426(M⁺), 398(M⁺—28), 383(M⁺—C₃H₇), 314(100%), 299, 281, 271, 255, 231, 229, 213]可初步推测Sipalosterol A的结构为（I）式所示。质谱中的m/e 314基峰可看作是（I）式经McLafferty重排而产生的。

为了进一步阐明支链的结构，将（I）的乙酸酯（Ⅲ）在碘催化下使C-24双键移位[4]。反应产物（Ⅳ）经TLC提纯后，红外光谱显示末端双键的特征吸收（885cm⁻¹）消失，¹³CNMR谱表明末端亚甲基的信号（156.66(s), 106.05(t)ppm）消失，代之而出现两个具有四取代双键特征的sp²碳的信号（132.7(s), 126.24(s)ppm）。此外，PMR谱也显示4.67和4.71ppm信号消失，出现一个新的烯甲基信号（1.54ppm, 3H, S）。将碘催化移位产物（Ⅳ）进行微量臭氧化反应，其降解产物经GC分析，保留时间（1′43″）与3-甲基丁酮-2标准物完全一致（PEG20M柱，载气N₂，45ml/分，柱温80℃，检测器150℃，气化温度200℃）。此外，将降解产物与2,4-二硝基苯肼反应，其2,4-二硝基苯腙经TLC分析，R_f值亦与3-甲基-丁酮-2的2,4-二硝基苯腙一致。故最后确定Sipalosterol A的结构为（I）式。

Sipalosterol B分子式为C₂₈H₄₈O₄，红外光谱表明只含有羟基，故推测是一个含C₉支链的四羟基甾醇。这个化合物的结构测定正在进行。

此外，在这种软珊瑚中还分离到另外三个结晶，均为已知物。经IR, MS及与标准物TLC对照等方法鉴定，它们分别为十八酸十八醇酯、鲨肝醇及鲨肝醇十八酸酯。

实 验 部 分

一、提取与纯化

把晒干的软珊瑚（2.5kg）用苯浸提，提取液浓缩后得55g暗棕色的油状物。将此油状物在硅胶柱上层析，应用石油醚、乙酸乙酯的不同比例混合溶剂（100∶0；98∶2；95∶5；90∶10；85∶15；80∶20；70∶30；60∶40；50∶50；40∶60；20∶80；0∶100）洗脱。含2—5%乙酸乙酯的石油醚混合溶剂洗脱部分获得十八酸十八醇酯；含10—15%乙酸乙酯的石油醚混合溶剂洗脱部分为十八酸鲨肝醇酯；含15～20%乙酸乙酯的石油醚溶液洗脱部分得到C_{30}甾醇（Sipalosterol A）；含60～65%乙酸乙酯的石油醚溶液洗脱部分获得鲨肝醇，由乙酸乙酯洗脱部分获得C_{28}四羟基甾醇。最后用95%乙醇洗脱，乙醇洗脱液尚未进一步分离。

二、Sipalosterol A

将含15—20%乙酸乙酯的洗脱部分，按TLC指示合并及蒸去溶剂后得粗的C_{30}甾醇2.5克。将这粗产品再经硅胶柱层析，并经甲醇—乙醚多次重结晶得白色针状结晶1.15g，m.p.135—6℃。（若用石油醚重结晶则m.p.145—6℃）。$[\alpha]_D^{20} = -40(0.65, CHCl_3)$ 纯化后的产物在15%硝酸银硅胶板上层析，只显一个斑点。

分子式：$C_{30}H_{50}O$（$M^+ 426.3849$）

MS：m/e 426（M^+），398（M^+-28），383（$M^+-C_3H_7$），314（100%），299，281，271，255，231，229，213。

IR：（$\nu_{max}cm^{-1}$） 3460，1645，1380，1368，970，885，840，800。

PMR（200MHz）：0.68（3H，s，C—18Me），1.00（3H，s，C—19Me），0.95（3H，d，J=7Hz，C—21Me），1.03（2×3H，d，J=7Hz，C—26，C—27），0.90（3H，t，J=6Hz，C—30Me），3.52（1H，m，C—3H），4.67（1H，S，C—28H），4.72（1H，s，C—28H），5.35（1H，m，C—6H），1.60（1H，s，OH）；1.00～2.30（27H，m）ppm。

^{13}CNMR（90MHz）：156.66（s，C—24），140.82（s，C—5），121.58（d，C—6），106.05（t，C—28），71.65，58.00，56.80，56.67，50.20，42.37，42.30，39.84，37.33，36.50，35.76，34.76，33.81，31.83，31.62，31.05，28.22，24.57，24.30，22.00（q，C—27Me），21.88（q，C—26Me），21.12，19.40（q，C—21Me），18.74（q，C—30Me），14.85（q，C—19Me），11.97（q，C—18Me）。

三、二氢化Sipalosterol A

42.6000mg样品（0.1毫克分子）加入10ml乙酸乙酯作溶剂，用6mg Adams催化剂，于室温、常压下加氢，（电磁搅拌20分钟），共消耗2.4ml氢气（约相当于0.1毫克分子）。滤去催化剂，减压下把溶剂蒸发至干，残留物用甲醇—乙醚重结晶，产量36mg，m.p. 138—40°C。

IR：ν_{max} 3460，1644，844，800cm^{-1}（885cm^{-1}峰消失）。

MS：m/e 428（M^+），400，385，231，213。（m/e 314基峰消失）。

PMR：5.35（1H），3.52（1H），0.68（3H），0.91（3H），1.00（3H）0.96（3H），0.89（2×3H），0.84（3H），（4.67和4.71ppm信号消失）。

四、四氢化Sipalosterol A

42.6000mg（0.1毫克分子）样品，20mg Adams催化剂，用10ml乙酸乙酯作溶剂，在常温常压下进行氢化，振摇60分钟，至氢的吸收停止，共吸收4.8ml氢气（约相当于吸收二克分子氢）。滤去催化剂后，减压蒸去溶剂，残留物用甲醇—乙醚重结晶，得33mg产物，mp. 132～4℃。

MS: m/e 430, 402, 387, 233, 215。

PMR: 3.52(1H, m), 0.68(3H, s), 0.94(3H), 0.89(2×3H), 0.84(3×3H)。

五、Sipalosterol A 的Oppenauer氧化反应

将42mgSipalosterol A 溶于2.5ml新鲜蒸馏过的环己酮和20ml干燥的甲苯中，将此混合物在油浴上蒸馏，直至蒸出15ml甲苯后，加入150mg异丙醇铝溶于5ml干燥的甲苯溶液，再回流2小时。反应完毕后，用水蒸气蒸馏，蒸去溶剂，然后用氯仿萃取水溶液。把氯仿挥干后，残留物在硅胶板上提纯，得烯酮。经测定UV光谱(λ_{max}241nm, ε17000)表明，产物为α, β-不饱和酮。mp. 74—76℃。

六、Sipalosterol乙酸酯

85mg样品加入20mg乙酰化剂(5ml乙酸酐，15ml吡啶)，在水浴上加热1小时；冷却后将反应混合物倾入盛有5ml水的烧杯中，搅拌，放置，将析出的沉淀过滤；然后用甲醇—乙醚重结晶，得产物73mg，mp. 137—8℃。

七、碘催化重排

将85mg乙酸酯溶于5ml苯中，加入10mg碘，回流15小时，冷却后，再加入10ml苯。苯液先用1%的$Na_2S_2O_3$溶液洗涤三次，然后用水洗两次，最后用无水Na_2SO_4干燥。把苯彻底蒸出后，所得残渣用TLC（硅胶—$AgNO_3$板）法提纯，得纯产物40mg，mp. 128—130℃。

IR: ν_{max} 1730, 1644, 844, 800cm^{-1}。

PMR: 5.35(1H, m), 4.6(1H, m), 2.02(3H, s, CH_3CO), 1.54(3H, s, $\overset{CH_3}{\underset{|}{=C-}}$), 1.00(3×3H), 0.94(3H, d), 0.89(3H, t), 0.68(3H, s)ppm。

$^{13}CNMR$: 139.73(s), 132.17(s), 126.24(s), 122.66(d)。

八、微量臭氧化反应

把10mg碘重排产物，溶于1ml醋酸正戊酯中，在0-15℃通入臭氧（臭氧浓度约为2%）10分钟。然后吹入干燥N_2赶走溶液中的臭氧，加入少许三苯基膦，放置1小时，此反应混合物供气相色谱分析，保留时间1′43″，与3-甲基丁酮-2标准物完全一致。（PEG20M柱；载气N_2；45毫升/分；柱温80℃；检测器150℃；汽化温度200℃。)

另取35mg碘重排产物溶于2.5mlCH_2Cl_2中，在-15℃下通入$O_3$40分钟，然后加入200mg锌粉和10ml冰醋酸，搅拌2小时。水蒸气蒸馏把挥发性的羰基化合物蒸出，然后加入2,4-二硝基苯肼试剂，生成的腙用CH_2Cl_2萃取，将萃取物浓缩，并用TLC提纯产

物。所得的腙在硅胶板上层析的R_f值与3-甲基丁酮-2的2,4-二硝基苯腙一致（展开剂：石油醚:苯 = 1:1）。

九、Sipalosterol B

由硅胶层析100%乙酸乙酯洗脱出的流分，再经一次硅胶柱层析，然后用乙酸乙酯重结晶，得白色小针状结晶0.2g, mp. 197—8℃。

元素分析：$C_{28}H_{48}O_4$.

实验值：C 74.54%, H 10.87%, O 14.59%

计算值：C 74.93%, H 10.79%, O 14.27%

MS: m/e 448(M^+), 433, 430, 412, 397, 394, 357, 349, 346, 328(86%), 321(100%), 303, 310, 285, 267.

IR: ν_{max} 3300~3450(很强), 3010, 1645(中), 1389, 1080(强), 1060(强), 1030(强), 890(强) cm^{-1}.

参 考 文 献

[1] a. Scheuer, P. J., *Chemistry of Marine Natural Products*, (1973).
    b. Schmitz, F. J., *Marine Natural Products*, (1978).
[2] Djerassi, C., *Pure Appl. Chem.*, 50 (1978), 171.
    Messey, C. J., Djerassi, C., *J. Org. Chem.*, 44 (1979), 2448.
[3] Jackman, L. M., *Application of Nuclear Magnetic Resonance Spectroscopy in Organic Chemistry*, (1959), 55—60.
[4] N. Ikekawa, et al., *J. Org. Chem.*, 35 (1970), 4145.

Stndies on the Chinese Soft Corals (V)

Long Kanghou   Zheng Longmei   Zheng Haihong

Abstract

Marine organisms have been the source of numerous sterols possessing side chain with unusual alkylation patterns. Two new sterols have been isolated from a Chineses soft coral of the genus *Sinularia Sipalosa* sp. nov. The first one is a C_{30}-sterol, Sipalosterol-A. Its structure has been determinated by physical methods: MS, NMR and IR, and by its characteristic chemical reactions. The second one, Sipalosterol B, is a C_{28}-sterol. Its structure is still under investigation.

中国柳珊瑚化学成份的研究(III)
——新的多乙酰含氯二萜内酯(Praelolide)的分离和鉴定

罗允康 龙康侯　　　　　方　正
（化学系）　　　　　（广东药物研究所）

摘　要

从我国湛江市硇洲岛附近海域生长的一种柳珊瑚——长似丛柳珊瑚〔Plexaureides praelonga (Ridley)〕中分离到一种结晶物质。根据它的红外、质谱、^{1}Hnmr和^{13}Cnmr等波谱数据，确定它是一种新的多乙酰含氯双碳环二萜内酯。分子式为$C_{28}H_{35}O_{12}Cl$。它具有类似Stylatulide的碳架结构，但又是四酰氧化合物和具有同类化合物所未曾发现过的环氧结构。

近十年来，国外对柳珊瑚(Gorgonia)和海笔(Sea pen)的化学成份的研究发现了一些具有重要生理活性的物质，如前列腺素15-表-PG_2[1]，PGA_2和PGE_2[2]以及一些二萜内酯类化合物。后者对柳珊瑚本身来说具有自卫功能，抗御一些原生动物的毛蚴在柳珊瑚体株上寄生，对一些有机体也有毒性[3]。在我国，龙康侯等人曾对生长于我国海南岛三亚海域的一些软珊瑚进行研究，并发现了一些具有新的侧链结构的海洋甾醇类化合物[4]。本文旨在对长似丛柳珊瑚〔Plexaureides praelonga (Ridley)〕的化学成份进行研究，发现并鉴定了一个多乙酰含氯双碳环二萜内酯，并命名为Praelolide(化合物代号为PPI)。

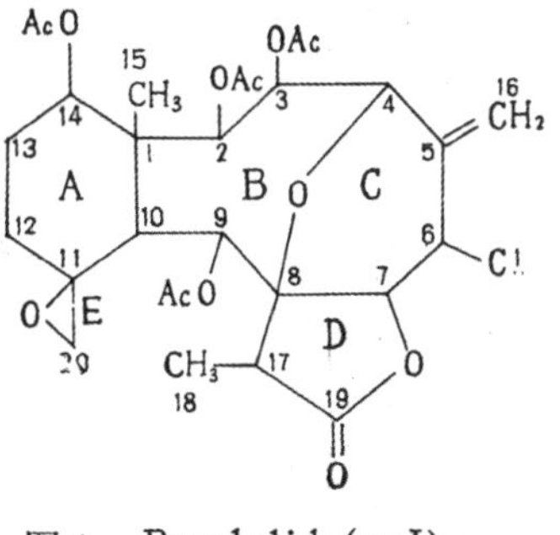

长似丛柳珊瑚样品是1981年7月上旬从湛江市以南的硇洲岛附近海域水深5～6公尺海底采集的。呈树枝状，体株高约20—50厘米，表皮呈朱红色鳞状。在太阳下晒干后，削取"外皮"（角质骨骼另行处理），经粉碎后于室温下用石油醚(b.p. 60°～90°C)渗漉提取，直至提取液在蒸发溶剂后无残留物为止。合并提取液，在减压下蒸发浓缩，便获得200毫克黄灰色粉末状物质，占样品干重的0.02%。经丙酮-石油醚多次重结晶，获得一种棱柱状透明结晶(PPI)。结晶物熔点265～7℃（未校正），灼烧时呈蓝色火焰，无烟，说明它是——含氧较丰富的物质。Beilstein试验[5]呈正性反应，说明它含有卤素；D_2O交换后的^{1}Hnmr测试表明它不含游离羟基。经红外、质谱、^{1}H-和^{13}C-

图1　Praelolide(ppI)
2〔2,3,9,14-四乙酰氧基-6-氯代-7-羟基-1-甲基-5-亚甲基-4[8],11[20]-二环氧-双环〔8.4.0〕-十四烷-8-〕丙酸内酯.

本文1982年11月收到

核磁共振谱分析后,确定PPI分子式为$C_{28}H_{35}O_{12}Cl$,分子量为598(质谱法),具有如图1所示的化学结构.

结 果 与 讨 论

1. PPI分子中各个基团的确定

(1) 四个乙酰氧基

在红外光谱中(见表1),1750和1240 cm^{-1}表明存在乙酰氧结构。质谱中(见表1) m/e 538(M-60,即M-乙酸),556(M-42,即M-乙烯酮),以及496(M-60-42),396(M-60×2-42×2),376,359等碎片离子峰,说明乙酰氧基的存在,其数目极可能多达4个.(M-42)峰表明,此乙酰氧基中醇的部份没有那种为了形成六元环过渡态以进行麦氏重排脱去中性分子乙酸所必需的质子[6,7],或者也可能由于乙酰氧基连接在刚性环系上,阻止了上述重排的产生而只能失去乙烯酮。质谱中其它碎片峰有m/e 43 ($CH_3C\equiv\overset{+}{O}$), 60($CH_3$-$COOH^{7\dagger}$),但却没有出现乙酯以上的直链乙酸酯常见的m/e 61($CH_3\text{-}\underset{OH}{\overset{\overset{+}{O}H}{C}}$),这一点也说明环系的存在,因m/e61是通过双重重排产生的,环系也应会阻碍这种重排的发生(图—2).

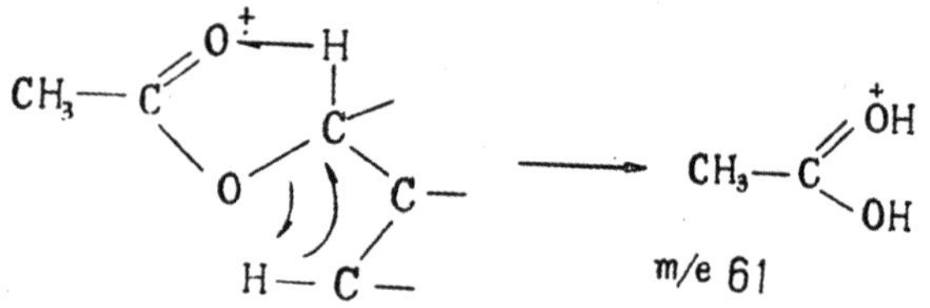

图 2

PPI的^1H-和^{13}Cnmr谱(见表3和表2)可确证4个乙酰氧基的存在。在氢谱中,δ2.02(3H,s),2.08(3H,s),2.11(3H,s)和2.34(3H,s)均是乙酰氧基中的甲基信号。在^{13}Cnmr谱中,这4个甲基的信号则分别为δ21.11,20.91,20.42和20.35.酯羰基sp^2碳的信号分别为δ170.21,169.91,169.81和169.59.属于乙酰氧基中的连氧sp^3碳的信号为δ78.91(d),73.97(d),72.92(d)和70.97(d),说明这四个乙酰氧基都是连接在次甲基上(ACO-C-H).这4个次甲基的邻位碳上被电负性基团取代的情况是不同的,因为这些取代基对化学位移的影响具有加和性[8].连接酯基的碳的化学位移增加51ppm左右,如其α-C上也有酯基,则再递加约6ppm左右,β-C上的酯基则使之减少约3ppm左右(即δ78.91和73.97可能是带有乙酰氧基的相邻碳的信号). 这4个连接酯基的次甲基质子信号分别是:δ5.41(1H,d,J=7.0Hz),6.20(1H,dd,J=10.8,7.0Hz),5.61(1H,s)和5.01(1H,dd,J=4.0,3.0Hz).其中δ6.20的质子除了与δ5.41的质子有邻位偶合外,还与另一个>CH-X(X=O或Cl)型的质子[δ4.48(1H,d,J=10.8Hz)]发生邻位偶合,但后两个质子却没有与别的质子发生偶合的现象,这说明它们所在的碳的另一个邻位碳或者没有质子,或者因相互间的立体上的关系而导致无偶合(即双面夹角不合).不论那一种情况,都说明PPI结构中应有如图—3(a)所示的片段.

$\delta 5.61(1H,s)$质子没有偶合现象,根据上述同样的理由,它所在的邻位碳至少应有一个是四级碳〔图—3(b)〕.

图3 (a)   图3 (b)

$\delta 5.01(1H,dd,J=4.0,3.0Hz)$的质子分别与化学位移为$\delta 1.84(1H,m)$和$\delta 1.94(1H,m)$的两个质子发生偶合,而后二者之间又有同碳偶合$(J=\sim 15Hz)$,这无疑是一个次甲基上的两个质子.去偶试验进一步表明,这两个质子均与另两个质子〔$\delta 1.29(1H,m),2.20(1H,m)$〕发生偶合,偶合常数分别为4,8,4和3Hz.而后两个质子之间又有同碳偶合$(J=\sim 15Hz)$,这无疑又是一个次甲基上的两个质子.以上的偶合情况可能出现在环己烷体系内,质子$(\delta 5.01)$处于e键.因此,PPI可能具有如图4所示的结构片段

(2) γ-内酯结构

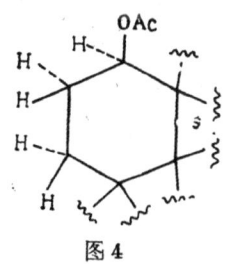

图4

PPI红外光谱羰基伸展振动吸收区域有1800cm^{-1}峰,应属于γ—内酯的羰基伸展振动吸收.在^{13}Cnmr中,这个羰基Sp^2碳信号为$\delta 174.23(s)$,它比通常的α—位无取代的γ—内酯羰基信号低些,从而暗示这个内酯羰基的α—碳上会有取代基[8].从去偶试验看出:$\delta 1.35(3H,d,J=7.0Hz)$与一个次甲基质子〔$\delta 2.82.(1H,q,J=7.0Hz)$〕存在邻位偶合,这个次甲基质子

就其化学位移值来说是属于$CH_3-\overset{\underset{|}{H}}{\underset{|}{C}}-\overset{O}{\overset{\|}{C}}-O-$型的,故$\gamma$-内酯羰基的$\alpha$-C上的取代

基可能是一个甲基.PPI分子中只有5个酯羰基,其中有4个属于乙酰氧基,另一个应属于γ—内酯,故上述次甲基质子$(\delta 2.82)$显然只能处在内酯羰基的α—碳上.

内酯环合处的连氧sp^3碳在^{13}Cnmr谱中的信号是79.12(d).这个碳上的质子在^{1}Hnmr谱中的信号相应是$\delta 4.20(1H,d,J=3.0Hz)$,它与另一$>CH-X$(X=O或Cl)型的质子$(\delta 4.98(1H,ddd,J=3.0,2.0,2.0Hz)$发生偶合,而且相互间的双面夹角约为60°左右.由此可说明γ-内酯部分结构为图—5所示.

图5

(3) 一个末端双键

红外光谱中3080,1670,910cm^{-1}吸收峰,以及^{13}Cnmr中$\delta 119.42(t),134.44(s)$这一对双键的$sp^2$碳信号证明:PPI分子中有$>C=CH_2$存在.PPI不存在其它取代方

式的碳—碳双键。$>C=CH_2$ 上两个质子在氢谱中的信号分别为 $\delta 5.37$（1H, d, J = 2.0 Hz），5.57（1H, d, J = 2.0Hz），它们均与前述质子（$\delta 4.98$）产生丙烯型偶合，双面夹角 $0° < \theta < 90°$。由此，PPI 应具如图 6 所示的结构片段。

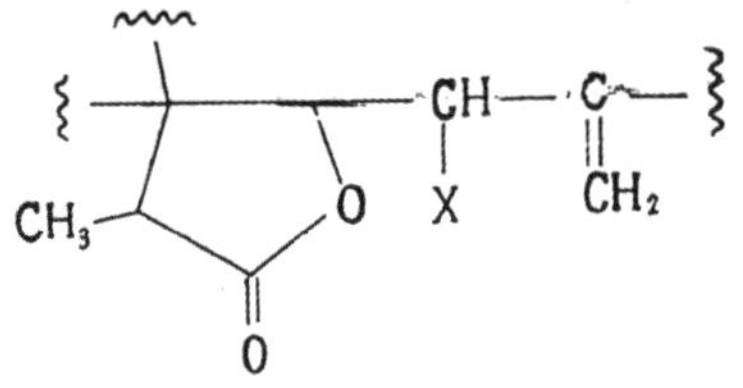

(4) 环氧结构

PPI 分子中含氧原子总数为 12。除了已知的四个乙酰氧基和一个 γ-内酯所含的 10 个氧原子外，还有两个氧的归属待定。从波谱数据可以肯定，这两个氧不可能属于醛、酮、酸、醇等含基团，而只能属于醚。红外光谱中 3005，1260，900，830 cm^{-1} 的吸收说明可能存在一个环氧乙烷。

图 6

在 ^{13}C nmr 谱中，有两个出现在较高场的连氧 sp^3 碳信号：$\delta 56.23(s)$ 和 51.29(t)，这是因为环丙体系的屏蔽作用较大（氢谱亦然）之故。这证明了同碳双取代环氧乙烷（$>C\overset{O}{\diagup\diagdown}CH_2$）结构的存在。同碳两个偕质子在 ^1H nmr 谱中的信号构成了 AB 系统，分别为 $\delta 2.47$（1H, dd, J = ~4.0, 2.0Hz），2.68（1H, dd, J = ~4.0, 1.0Hz）。这两个化学位移值和同碳偶合常数（~4.0Hz）与这种环氧乙烷结构数值是相符合的[10,11]。这两个质子除了同碳偶合外，还各自与另外两个质子〔$\delta 2.20$（1H, m），2.85（1H, d, J = 1.0Hz）〕产生远程偶合现象，这可能是由于出现了同一平面的折线式 ^4J 偶合之故。在第 (1) 节中已知质子 $\delta 2.20$ 是在环已烷上，据此，PPI 的结构片段可进一步认为如图 7、所示。

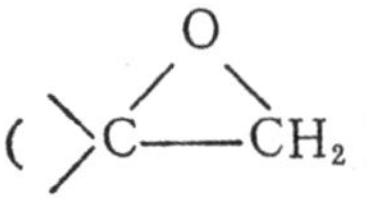

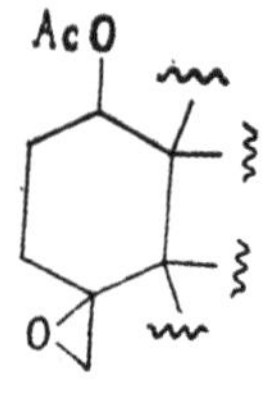

除上述环氧乙烷外，另一环醚结构在红外光谱中也有反映，即在 C—O—C 反对称伸展振动吸收区有 1100 cm^{-1} 强峰。在 ^{13}C nmr 中，连氧 sp^3 碳共有 9 个，其中乙酰氧基占有 4 个，γ-内酯占有 1 个和环氧乙烷占有 2 个，剩下的 2 个连氧 sp^3 碳显然应属于另一个醚结构。从 PPI 分子的不饱和度（高达 11）并有 5 个环系这一点去估计，这个醚完全有可能是环醚。这一推论将在下面进一步讨论。

图 7

(5) 一个氯原子

PPI 的质谱中，分子离子峰与它的 M+2 同位素峰的相对丰度约为 3:1；碎片离子峰有 m/e 563 (M—35，即 M—Cl)，m/e 36 ($H^{35}Cl$)，m/e 38 ($H^{37}Cl$)，后二者相对丰度比例也恰为 3:1。其余有关的碎片离子峰还有 m/e 521 (M—42—Cl)，503 (M—乙酸—Cl)，461 (M—60—42—Cl) 等等。没有 m/e 562 (M—36) 峰，看来可能是 C—Cl 的邻位碳上没有氢，或者即使有也因空间的因素而不能在质谱中形成 1,2—消除而失去 HCl，这说明氯原子是连在环上，如果这环是属于环已环，那么碳-氯键应是平展键；另外还说明这个环是刚性的，不能转换构型。

(6) 甲基

从 ^1H— 和 ^{13}C nmr 谱可知 PPI 分子中共有 6 个甲基，除前述 4 个属于乙酰氧基和一

个连接于 γ—内酯羰基的 α—碳上外，还有一个其 ^{1}Hnmr 为 δ1.26(3H,s)，^{13}Cnmr 为 15.87(q)的四级碳的甲基。

2. PPI的碳架结构

PPI分子式为 $C_{28}H_{35}O_{12}Cl$，其不饱和度为11。根据上述结果，它的碳架极可能通过20个碳并由五个环所组成的一个二萜化合物。实际上，能参与构成环的碳只有17个（即尚有两个甲基和一个末端亚甲基不参与成环）。现根据 ^{13}Cnmr 数据把这17个碳的信号按其取代情况归纳如下（见表2）：

信号为单峰的碳（全取代）： γ—内酯羰基碳1个，连氧碳2个，双键碳1个，与甲基相连四级碳1个，它们可与其它环上的碳组成12个碳—碳键。

信号为双重峰的碳（三取代）：连氧碳6个，连氯碳1个，与甲基相连碳1个，叔碳1个，它们可与其它环上的碳组成19个碳—碳键。

信号为三重峰的碳（二取代）： 连氧碳1个，仲碳2个，它们可与其它环上的碳组成5个碳—碳键。

综合上述结果，这17个碳共可形成18个碳—碳键。如果排除环氧乙烷和 γ—内酯这两个环上的三个碳，当核心碳环是由14个碳组成一个大环时，则只需14个碳—碳键；可是计算结果，核心碳环却是由15个碳—碳键所组成，那么，PPI分子的核心碳环应具有由14个碳组成的一个双环碳架。

根据前面所获得的有关片级结构信息，PPI应是一个以 1,5,11—三甲基—8—异丙基—双环〔8.4.0〕十四烷为骨架（图—8）所组成的二萜化合物。

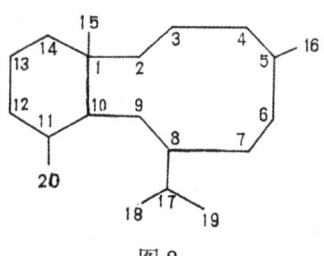

图 8

3. PPI的化学结构

自1974年以来，从柳珊瑚或海笔中分离并鉴定了与上述碳架相同的多乙酰含氯二萜内酯类化合物有如下三种，其中个别结构亦已由X—光单晶衍射分析所证实。

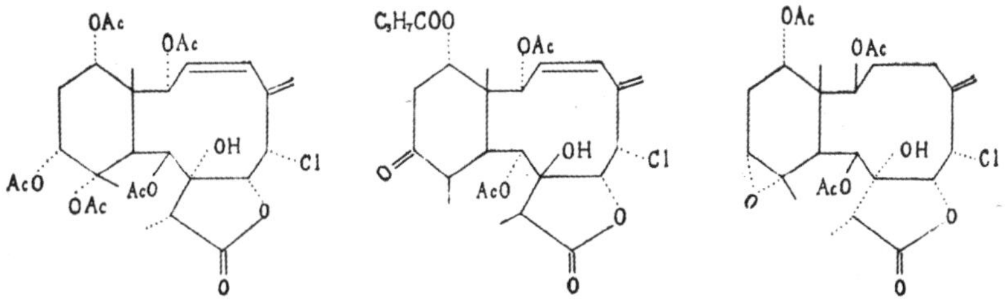

图 9

Briarien A[12]　　Ptilosarcone[13]　　Stylatulide[14]

这类化合物在其它海洋生物体甚至不同种类的珊瑚中（例如软珊瑚）还未发现过。它们在化学结构上的共同点是：具有 1,5,11—三甲基—8—异丙基—双环〔8.4.0〕十四烷碳架；在 C_2、C_9、C_{14} 上均有乙酰氧基（但 Ptilosarcone 除外，它的 C_{14}—位上是丁酰氧基）；在 C_6 上具有一个氯原子；具有 $\triangle^{5(16)}$ 环外双键；具有 7.8—(17—甲基)—γ—内酯结构和具有 C_8—OH基。它们在结构上主要的差别在于：其它位置上也可能有乙酰氧基，可以没有 $\triangle^{3(4)}$ 顺式双键；环氧结构的位置不同或根本没有环氧结构。

PPI几乎具有上述化合物所有的基本结构特征。根据前述有关片段结构，PPI可以是下面结构(I)式或(II)式中的一个（图—10）：

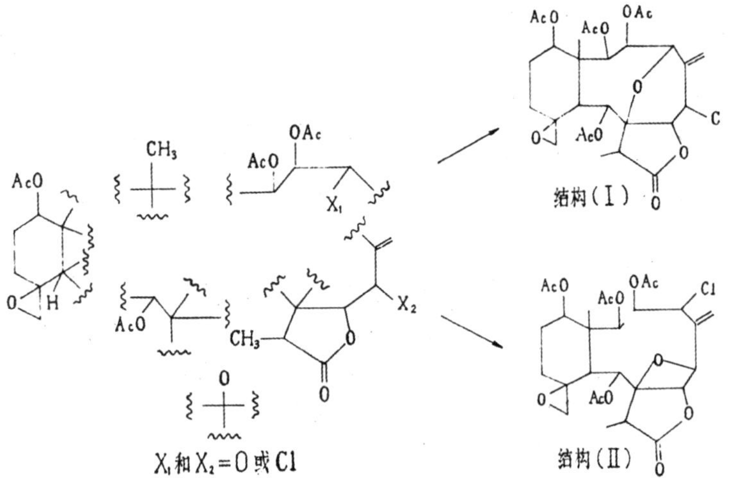

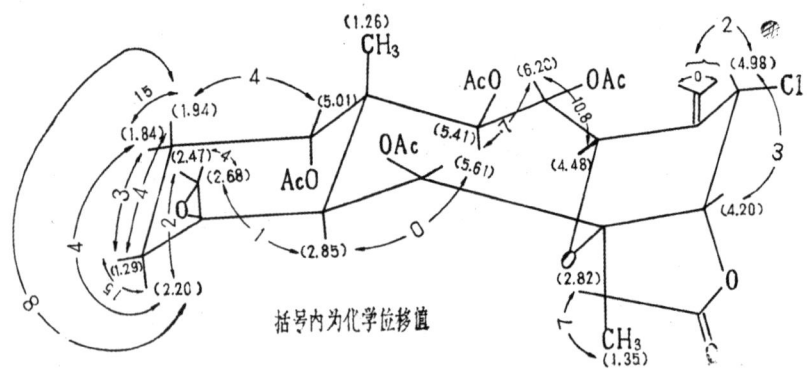

图10

然而如果从形成六元环这个较稳定的结构去考虑，显然结构(I)式应是最合理的结构形式。表3列出在结构上和PPI最为相似的化合物—Stylatulide的 ^{1}Hnmr数据以作比较。从分子模型考虑，PPI的A，B，C三个环应分别以椅—椅船—椅式的构象相拼合才可能最稳定，同时反映在 ^{1}Hnmr谱上的各个氢原子相互间的关系也才能获得合理解释。下面是PPI各氢原子之间的偶合常数(Hz)关系图解（图—11）：

图11

从上图说明 C_{14}—OAc应处在 a 键，因 C_{14}—H_e 与 C_{13}—H_a 和—H_e 的偶合常数分别为

表1. PPI的红外光谱和质谱数据。

IR (cm^{-1})	3080; 3005; 2990; 2960; 2890; 1800; 1750; 1670; 1260; 1245; 1100; 910; 900(肩) 830; 810。
M$_s$ (%)	M$^+$ 598(5.0), 基峰 243 (100.0)。 m/e 563(5.5); 556(3.0); 538(12.0); 525(5.0); 521(4.5); 513(6.4); 503(14.5); 496(22.7); 475(7.5); 461(41.5); 454(12.0); 450(13.0); 443(8.5); 436(27.0); 415(17.7); 408(39.5); 401(39.5); 394(16.0); 377(19.5); 376(20.0); 359(19.5); 341(22.0); 60(20.0); 44(66.0); 43(100); 38(14.5); 36(42.0)。

表2. PPI的^{13}Cnmr数据

碳号	信号(ppm)	碳号	信号(ppm)	碳号	信号(ppm)
1	46.90(s)	8	82.95(s)	15	15.84(q)
2	78.91(d)	9	72.92(d)	16	119.42(t)
3	73.97(d)	10	49.47(d)	17	41.03(d)
4	63.96(d)	11	56.23(s)	18	7.32(q)
5	134.44(s)	12	29.73(t)	19	174.23(s)
6	53.99(d)	13	24.67(t)	20	51.29(t)
7	79.12(d)	14	70.97(d)		

四个乙酰羰基（>C=O）: 170.21(s); 169.91(s); 169.81(s) 169.59(s)。

四个乙酰基上的甲基(-CH$_3$): 21.11(q); 20.91(q); 20.42(q) 20.35(q)。

碳号可参见结构式（I）

4.0和3.0Hz，均小于5Hz。C$_{20}$也处在C$_{11}$的a键上，因C$_{20}$上的两个质子除了同碳偶合外，还分别与另外两个质子发生远程偶合。从分子模型可看到，当C$_{20}$在C$_{11}$的a键上，其质子(δ2.47)与C$_{12}$—H$_a$(δ2.20)在同一平面上，这便有可能产生折线形远程偶合(J=2.0Hz)，而另一质子(δ2.68)也同样的和C$_{10}$—H$_a$(δ2.85)有这种远程偶合(J=1.0Hz)。C$_{12}$—H$_e$的^{1}Hnmr信号出现高场区(δ1.29)是由于它恰好处在环氧乙烷的屏蔽区内。

C$_9$—H(δ5.61)的信号表现为单峰，即与邻位C$_{10}$—H$_a$没有偶合，是因二者的双面夹角几乎互相垂直，偶合常数近于零。C$_2$—H(δ5.41)只与C$_3$—H(δ6.20)发生偶合是与^{1}Hnmr的实验结果相符，J=7.0Hz。从邻位偶合常数经验公式[7]计算，二者的双面夹角约为120°左右。C$_3$—H与C$_4$—H(δ4.48)之间偶合常数很大(J=10.8Hz)，说明二者双面夹角差不多为180°。

表3. PPI与Stylatulide的 ^{1}Hnmr(ppm)数据

碳号	Stylatulide	PPI
C_2-H	5.93 (1H, d, J=9)	5.41 (1H, d, J=7.0)
C_3-H	1.70 (1H, m) 2.59 (1H, m)	6.20 (1H, dd, J=10.8, 7.0)
C_4-H	2.40 (2H, m)	4.48 (1H, d, J=10.8)
C_6-H	4.63 (1H, td)	4.98 (1H, ddd, J=3, 2, 2)
C_7-H	4.71 (1H, d, J=4)	4.20 (1H, d, J=3.0)
C_8-H	3.36 (1H, S)	——
C_9-H	5.50 (1H, S)	5.61 (1H, S)
C_{10}-H	3.04 (1H, S)	2.85 (1H, d, J=1.0)
C_{12}-H	2.97 (1H, d, J=4)	2.20 (1H, m, J=15.0, 8, 4, 2) 1.29 (1H, m, J=15.0, 4, 3)
C_{13}-H	2.10 (1H, d, J=18) 2.27 (1H, m)	1.94 (1H, m, J=15, 8, 4, 4) 1.84 (1H, m, J=15, 4, 3, 3)
C_{14}-H	4.90 (1H, d, J=6.5)	5.01 (1H, dd, J=4.0, 3.0)
C_{15}-H	1.10 (3H, S)	1.26 (3H, S)
C_{16}-H	5.79 (1H, bs) 6.00 (1H, bs)	5.37 (1H, d, J=2.0) 5.57 (1H, d, J=2.0)
C_{17}-H	3.18 (1H, q, J=7)	2.82 (1H, q, J=7.0)
C_{18}-H	1.31 (3H, d, J=7)	1.35 (3H, d, J=7.0)
C_{20}-H	1.29 (3H, S)	2.68 (1H, dd, J=4.0, 1.0) 2.47 (1H, dd, J=4.0, 2.0)
乙酰 上甲基	1.95 (3H, S) 2.00 (3H, S) 2.27 (3H, S)	2.02 (3H, S) 2.08 (3H, S) 2.11 (3H, S) 2.34 (3H, S)

C_4—H与C_{16}上的两个烯质子不发生偶合是因为它们的双面夹角几乎为零,使丙烯型远程偶合不能出现。作为环外亚甲基的C_{16}上两个烯质子不存在同碳偶合是不奇怪的,在实际中常有类似的事例[15]。C_{16}上两个烯质子均与C_6—H($\delta4.98$)发生丙烯型远程偶合(J=2.0Hz),说明二者之间的双面夹角接近互相垂直。C_6—H与C_7—OH($\delta4.20$)的偶合常数为3.0Hz,说明二者之间的双面夹角约为60°。C_{17}—H($\delta2.82$)的化学位移值稍有偏低,估计它因接近γ—内酯羰基的屏蔽区引起。

PPI的分子结构及其绝对构型,最近已由戴金璧等人用X—光单晶衍射分析所证实和测定。

感谢：中国科学院南海海洋研究所周仁林同志对此珊瑚进行分类鉴定。

加拿大Alberta大学Dr. Tom Nakashima和Mr. Glen Bigam帮助测定^{1}Hnmr和^{13}Cnmr谱；Dr. Alan Hogg和Mr. Anthony Budd测定其质谱,特致谢意。

参 考 文 献

(1) A. J. Weinheimer et al., *Tetrahedron Letts.*, 1969, 5185.
(2) W. P. Schneiden et al., *J. Am. Chem. Soc.*, 94(1972), 2722.
(3) J. E. Burks et al., *Acta Crystallogr. Sect. B.*, 1977, 704.
(4) 龙康侯等,中山大学学报(自然科学版), 1981, 3, 83; 1981, 4, 105; 1982, 1, 72.
(5) F. Feigl, Spot tests in Organic Analysis, Elsevier Publishing Co., 1960, 6th Ed. 83.
(6) M. Charles, Jr. et al., Practical Spectroscopy Series, 3(1979), Part A, 96.
(7) 洪山海,光谱解释法在有机化学中的应用,科学出版社, 1980 255.
(8) R.M. Silverstein et al., Spectrometry Identification of Organic Compounds, John Wiley & Sons, 1981, 4th Ed., 261.
(9) C. L. Gevrge et al., ^{13}C NMR Spectroscopy, 1980, 2nd Ed., 145.
(10) NMR-Spectra Catalog, 2 (1963), № 558 (Varian Associated, Palo Alto, Calif. U. S. A.).
(11) W. O. Godtfredsen et al., *Acta Chem. Scand.*, 19(1965), 1088.
(12) P. J. Scheuer Ed., Marine Natural Products, Vol. II(1978), 209, Academic Press, New York.
(13) S. J. Wratten et al., *Tetrahedron Letts.*, 18 (1977), 1559.
(14) S. J. Wratten et al. *J. Am. Chem. Soc.*, 99 (1977), 2824.
(15) 梁晓天,核磁共振—高分辨氢谱的解释和应用,科学出版社, 1976, 288.

Studies of the Chemical Constituents of the Chinese Gorgonia (III)

Isolation and Identification of a New Polyacetoxy Chlorine-containing Diterpene Lactone (Praelolide).

Luo Yunkang Long Kanghou Fang Zheng

Abstract

A novel polyacetoxy chlorobicyclo diterpene lactone, $C_{28}H_{35}O_{12}Cl$, was isolated out as a crystalline compound from the Gorgonia (Plexaureides praelonga, Ridley) collected from the South China Sea at Zhangjiang, Guangdong. On the basis of its IR-, ^{1}Hnmr, ^{13}Cnmr, and its MS spectra, this diterpene lactone has been assigned the structure as (I) and given the name "Praelolide". Praelolide possesses the carbon skeleton similar to that of stylatulide, but it contains four acetoxy groups and a newly discovered epoxide ring structure. Recently, the structure and absolute configuration of praelolide were further elucidated by the X-ray diffraction analysis.

Junceellin的晶体结构和分子结构

姚家星　千金子　范海福
（中国科学院物理研究所）

施开良　黄胜华　林永成　龙康侯
（中山大学化学系）

摘　要

Junceellin 是从南海鳞灯心柳珊瑚中分离出来的含氯四乙酰氧基二萜内脂化合物，其晶体的空间群为$P2_12_12_1$，点阵参数是 $a=10.360(9)Å$，$b=16.854(7)Å$，$c=16.936(12)Å$，单胞中的分子数为4。用直接法测出其晶体结构，并用全矩阵最小二乘法进行修正，最后的偏离因子R为0.0895。

Junceellin 是从南海鳞灯心柳珊瑚 Junceella squamata Toeplitz 分离得到的新的二萜内酯化合物。它的碳架是由一个六元环和一个十元环组成，含有一个氯原子和四个乙酰氧基及两个末端双键。Junceellin 独特的结构和可能具有的生理活性，以及鳞灯心柳珊瑚 J. squamata 在南海的丰富存在，增加了对该化合物研究的意义。

本文报导了对 Junceellin 的晶体和分子结构进行X射线分析的结果。

X射线单晶结构测定

用于单晶结构测定的晶体为无色透明，属正交晶系。空间群为$P2_12_12_1$，晶胞内有四个$C_{28}H_{35}O_{11}Cl$分子。晶胞参数为$a=10.360(9)Å$，$b=16.854(7)Å$，$c=16.936(12)Å$。衍射数据是在NICOLET的四圆衍射仪上收集的。使用$M_oK_α$射线。在$θ$等于22.5°的范围内共收集了2245个独立的衍射，并进行了LP因子和吸收因子校正。

结构是用直接法RANTAN程序测定的[4]。使用了260个强衍射及其5120个相角关系。除了3个确定原点和1个确定对映体的衍射外，其余的256个衍射均给以权因子为0.25的随机相角值作为tangent公式修正的初始相角。在50套相角中，根据品质因子选出最好的第34套，并计算E图，从图上得到33个非氢。原子的坐标，其余非氢原子用Fourier图确定。

用SHELX—76[5]进行了全矩阵最小二乘法修正，所有的非氢原子都进行了各向异性温度因子的修正。氢原子是由程序自动确定，最后的偏离因子 R=0.0895。绝对构型的测定使用了20对反常散射效应显著的衍射，用$C_uK_α$辐射在PW—1100四圆衍射仪上完成。分子结构和在晶胞内的排布如图1和图2所示。非氢原子坐标等参数和键长、键角参数分别由表1、表2和表3给出。

本文1983年5月收到

表 1 非氢原子的坐标及温度参数

$*u_{eq} = \frac{1}{3}(u_{11} + u_{22} + u_{33})$

原子	x	y	z	$*u_{eq}$	原子	x	y	z	$*u_{eq}$
C1	0.2288(4)	0.0173(3)	0.6546(3)	0.0655(33)	C21	−0.2502(18)	0.2437(10)	0.6795(11)	0.0429(105)
O2	−0.2528(11)	0.3307(6)	0.6737(6)	0.0426(66)	C22	−0.5294(19)	0.1544(11)	0.8550(12)	0.0568(121)
O3	−0.1986(10)	0.0865(6)	0.6412(6)	0.0315(61)	C23	0.0546(20)	0.3170(12)	0.6408(12)	0.0546(131)
O4	−0.0370(12)	−0.0581(7)	0.6441(8)	0.0569(82)	C24	−0.1051(19)	0.2188(9)	0.6608(10)	0.0457(106)
O5	−0.0437(10)	0.2760(6)	0.6112(6)	0.0392(68)	C25	−0.3888(16)	−0.0280(11)	0.6786(11)	0.0500(114)
C6	−0.0781(11)	0.1340(6)	0.8093(6)	0.0323(60)	C26	−0.2926(19)	0.3627(11)	0.6046(11)	0.0534(121)
C7	−0.5845(14)	0.3403(8)	0.6516(9)	0.0783(97)	C27	−0.4409(15)	0.2612(10)	0.7638(10)	0.0386(101)
C8	−0.1899(15)	0.0840(9)	0.7880(9)	0.0328(89)	C28	0.0873(21)	0.1115(12)	0.5249(11)	0.0614(139)
C9	0.0215(19)	0.0061(12)	0.7018(12)	0.0620(131)	C29	−0.1092(16)	0.1456(10)	0.6095(10)	0.0355(99)
C10	−0.0742(15)	0.0696(10)	0.6711(9)	0.0423(100)	O30	−0.3349(20)	0.0934(11)	0.9308(9)	0.0547(120)
C11	−0.5684(20)	0.2695(14)	0.6476(14)	0.0722(158)	O31	−0.1961(15)	−0.1354(8)	0.5997(8)	0.0726(95)
O12	0.0909(18)	0.3112(12)	0.7072(11)	0.1246(145)	C32	−0.5281(17)	0.2481(11)	0.8379(12)	0.0539(119)
C13	−0.1642(16)	0.0418(10)	0.7089(10)	0.0364(99)	O33	−0.5112(11)	0.2217(6)	0.6993(7)	0.0493(74)
C14	−0.2239(20)	0.2768(10)	0.8282(10)	0.0517(119)	O34	−0.0061(14)	0.0483(9)	0.9029(9)	0.0736(104)
C15	−0.2464(18)	−0.0357(10)	0.7012(10)	0.0478(112)	O35	−0.3212(15)	0.3224(9)	0.5488(8)	0.0757(99)
C16	0.0242(16)	0.1082(10)	0.5959(9)	0.0429(103)	C36	−0.3039(22)	0.4472(11)	0.6077(12)	0.0724(137)
C17	−0.3047(19)	0.2290(10)	0.7682(10)	0.0397(106)	C37	0.1087(17)	0.1733(12)	0.8844(13)	0.0564(124)
C18	−0.1138(20)	0.3731(12)	0.5796(12)	0.0633(134)	C38	−0.1640(16)	−0.0827(9)	0.6441(12)	0.0436(123)
C19	−0.3117(19)	0.1327(10)	0.7886(10)	0.0432(106)	C39	−0.0033(22)	0.1100(12)	0.8676(12)	0.0586(139)
C20	−0.3851(18)	0.1262(10)	0.8524(11)	0.0498(115)	C40	−0.6230(24)	0.2211(16)	0.5813(15)	0.0978(203)

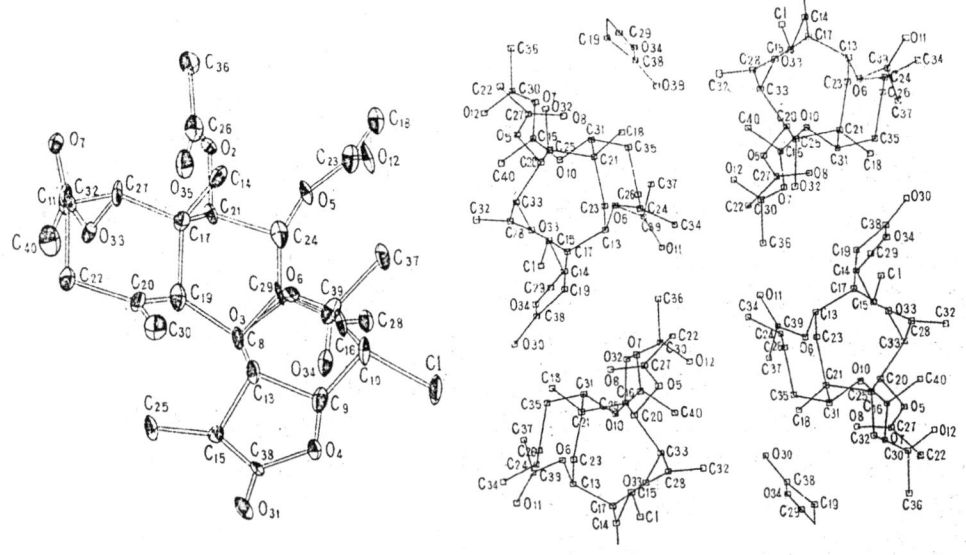

图 1 $C_{28}H_{35}O_{11}Cl$ 分子的结构　　　图 2 沿[100]方向的晶体结构投影

表 2　　　　　键　长（单位 Å）

Cl—C_{10}	1.849(17)	O_4—C_9	1.466(24)	O_6—C_8	1.477(19)
O_2—C_{21}	1.470(19)	O_4—C_{38}	1.379(21)	O_6—C_{39}	1.360(24)
O_2—C_{26}	1.353(21)	O_5—C_{23}	1.328(23)	O_7—C_{11}	1.207(27)
O_3—C_{13}	1.418(19)	O_5—C_{24}	1.429(20)	C_8—C_{13}	1.540(23)
O_3—C_{29}	1.461(19)	C_8—C_{19}	1.505(24)	C_9—C_{13}	1.601(26)
C_{10}—C_{16}	1.521(23)	C_{11}—O_{33}	1.329(26)	C_{11}—C_{40}	1.498(35)
O_{12}—C_{23}	1.191(27)	C_{13}—C_{15}	1.565(24)	C_{14}—C_{17}	1.545(25)
C_{16}—C_{25}	1.530(25)	C_{15}—C_{38}	1.514(25)	C_{16}—C_{28}	1.369(25)
C_{16}—C_{29}	1.537(24)	C_{17}—C_{19}	1.659(24)	C_{17}—C_{21}	1.625(25)
C_{17}—C_{27}	1.514(25)	C_{18}—C_{23}	1.531(29)	C_{19}—C_{20}	1.469(26)
C_{20}—C_{22}	1.574(27)	C_{20}—C_{30}	1.348(25)	C_{21}—C_{24}	1.593(26)
C_{22}—C_{32}	1.606(26)	C_{24}—C_{29}	1.510(23)	C_{26}—O_{35}	1.201(23)
C_{26}—C_{36}	1.430(26)	C_{27}—C_{32}	1.561(26)	C_{27}—O_{33}	1.471(20)
O_{31}—C_{38}	1.211(22)	O_{34}—C_{39}	1.203(26)	C_{39}—C_{37}	1.552(29)

表3 键 角 （单位度）

$C_{26}-O_2-C_{21}$	117.4(1.3)	$C_{38}-O_4-C_9$	109.1(1.4)	$C_{39}-O_6-C_8$	119.6(1.3)		
$C_{29}-O_3-C_{13}$	119.9(1.2)	$C_{24}-O_5-C_{23}$	118.0(1.3)	$C_{13}-C_8-O_6$	109.8(1.2)		
$C_{19}-C_8-O_6$	110.2(1.2)	$C_{19}-C_8-C_{13}$	113.7(1.3)	$C_{10}-C_9-O_4$	110.9(1.5)		
$C_{13}-C_9-O_4$	103.1(1.4)	$C_{13}-C_9-C_{10}$	110.9(1.5)	$C_9-C_{10}-Cl$	105.0(1.2)		
$C_{16}-C_{10}-Cl$	111.8(1.1)	$C_{16}-C_{10}-C_9$	111.0(1.4)	$O_{33}-C_{11}-O_7$	128.6(2.1)		
$C_{40}-C_{11}-O_7$	121.9(2.1)	$C_{40}-C_{11}-O_{33}$	109.4(1.9)	$C_8-C_{13}-O_3$	114.5(1.3)		
$C_9-C_{13}-O_3$	111.8(1.3)	$C_9-C_{13}-C_8$	113.5(1.4)	$C_{15}-C_{13}-O_3$	103.9(1.3)		
$C_{15}-C_{13}-C_8$	111.3(1.3)	$C_{15}-C_{13}-C_9$	100.5(1.3)	$C_{25}-C_{15}-C_{13}$	118.3(1.4)		
$C_{38}-C_{15}-C_{13}$	100.6(1.4)	$C_{38}-C_{15}-C_{25}$	115.4(1.5)	$C_{28}-C_{16}-C_{10}$	126.2(1.6)		
$C_{29}-C_{16}-C_{10}$	110.8(1.3)	$C_{29}-C_{16}-C_{28}$	123.0(1.6)	$C_{19}-C_{17}-C_{14}$	113.4(1.4)		
$C_{21}-C_{17}-C_{14}$	109.9(1.4)	$C_{21}-C_{17}-C_{19}$	110.9(1.3)	$C_{27}-C_{17}-C_{14}$	110.5(1.4)		
$C_{27}-C_{17}-C_{19}$	108.7(1.4)	$C_{27}-C_{17}-C_{21}$	102.9(1.3)	$C_{17}-C_{19}-C_8$	119.7(1.5)		
$C_{20}-C_{19}-C_8$	113.5(1.4)	$C_{20}-C_{19}-C_{17}$	105.9(1.4)	$C_{22}-C_{20}-C_{19}$	113.6(1.6)		
$C_{30}-C_{20}-C_{19}$	127.0(1.7)	$C_{30}-C_{20}-C_{22}$	119.1(1.7)	$C_{17}-C_{21}-O_2$	102.0(1.3)		
$C_{24}-C_{21}-O_2$	105.5(1.3)	$C_{24}-C_{21}-C_{17}$	118.1(1.4)	$C_{32}-C_{22}-C_{20}$	107.7(1.4)		
$O_{12}-C_{23}-O_5$	123.8(2.0)	$C_{18}-C_{23}-O_5$	111.9(1.6)	$C_{18}-C_{23}-O_{12}$	124.2(2.0)		
$C_{21}-C_{24}-O_5$	111.0(1.3)	$C_{29}-C_{24}-O_5$	103.0(1.3)	$C_{29}-C_{24}-C_{21}$	107.6(1.4)		
$O_{35}-C_{26}-O_2$	122.0(1.7)	$C_{36}-C_{26}-O_2$	112.9(1.6)	$C_{36}-C_{26}-O_{35}$	124.9(1.8)		
$C_{32}-C_{27}-C_{17}$	116.7(1.4)	$O_{33}-C_{27}-C_{17}$	109.6(1.3)	$O_{33}-C_{27}-C_{32}$	104.3(1.3)		
$C_{16}-C_{29}-O_3$	110.2(1.3)	$C_{24}-C_{29}-O_3$	111.3(1.3)	$C_{24}-C_{29}-C_{16}$	113.4(1.4)		
$C_{27}-C_{32}-C_{22}$	106.8(1.5)	$C_{27}-O_{33}-C_{11}$	115.9(1.4)	$C_{15}-C_{38}-O_4$	112.3(1.4)		
$O_{31}-C_{38}-O_4$	118.9(1.6)	$O_{31}-C_{38}-C_{15}$	128.7(1.6)	$O_{34}-C_{39}-O_6$	124.6(1.9)		
$C_{37}-C_{39}-O_6$	111.4(1.6)	$C_{37}-C_{39}-O_{34}$	124.0(1.9)				

结 果 讨 论

Junceellin 与 Briarein A[1]，Ptilosarcone[2] 和 Stylatulide[3] 等三个早先发现的化合物的差别在于它没有羟基，而在十元环上有一氧桥，从而形成四环化合物。另外在 C_{20} 位上有一个末端双键，它的乙酰氧基的数目也不相同。Junceellin 手性碳的构型是 $C_{17}(R)$，$C_{21}(R)$，$C_{24}(S)$，$C_{29}(R)$，$C_{10}(S)$，$C_9(R)$，$C_{13}(R)$，$C_8(S)$，$C_{16}(S)$，$C_{27}(S)$。国外报道的三个化合物中，Briarein A 和 Stylatulide 在 C_{17}，C_{10}，C_9，C_{13}，C_8，C_{16} 和 C_{27} 都与 Junceellin 的构型相同，对于 Ptilosarcone 来说，上述的七个手性碳除了 $C_8(R)$ 构型不同外，其余都相同。Junceellin 分子中六元环也是椅式构型，与 Briarein A 相比较，Junceellin 虽然因有了氧桥而增加一个环，但对十元环的结构看来影响不大，它们的键长、键角都很接近。γ—内酯环也是顺式连接，不过 $C_9-C_{13}-C_{15}$

的键角（100.5°）和C_{13}—C_{15}—C_{38}的键角（100.6°）都偏小。在Junceellin的IR谱中，γ—内酯的羰基吸收峰高达1800cm^{-1}，此种偏高可能与氧桥的形成有关。

X射线衍射分析的数据确定了在^{1}Hnmr谱中四个甲川基质子峰的归属。在Junceellin的^{1}Hnmr谱中，化学位移δ6.13峰是dd峰，它与化学位移为δ4.47峰和δ5.42峰相偶合，偶合常数分别为11Hz和7Hz。X射线衍射分析的结果表明，H—C_{24}—C_{29}和C_{24}—C_{29}—H所在的两个平面的二面角是168.42°；H—C_{24}—C_{21}和C_{24}—C_{21}—H所在的两个平面的二面角是138.4°，由此可知，δ4.47峰是属于C_{29}上的质子吸收峰，δ5.42峰是属于C_{21}上的质子峰。另外一对质子是C_8和C_{19}上的质子，^{1}Hnmr谱分别是δ5.93和δ3.10，都是单重峰，这两个质子互为邻位，而偶合常数接近于零，故其二面角应在90°左右，我们计算得到是79.71°，与^{1}Hnmr谱的结果是相符的[6]。

参 考 文 献

[1] J. E. Burks, et al., *Acta Cryst.*, B33 (1977), 704.
[2] S. J. Wratten, et al., *Tetrahedron Letters*, 18(1977), 1559.
[3] S. J. Wratten, et al., *J. A. C. S.*, 99 (1977), 2824.
[4] Yao Jia—Xing (姚家星), *Acta Cryst.*, A37 (1981), 642.
[5] G. M. Sheldrick (1976) SHELX—76, *A Program for Crystal Structure Determination*, University of Cambridge, England.
[6] 林永成、龙康侯，中山大学学报（自然科学版），1983, 2, 46.

The Structure of Crystal and Molecule of Junceellin

Yao Jiaxing   Qian Jinzi   Fan Haifu

Shih Kailiang   Huang Shunhua   Lin Yongcheng   Long Kanghou

Abstract

Junceellin—a chlorine-containing diterpenoid with four acetoxy-groups—was obtained from gorgonia Junceellin squamata in the South China Sea. The single crystal belongs to space group $P2_12_12_1$ with $a=10.360(9)$Å, $b=16.854(7)$Å, $c=16.936(12)$Å. The unit cell contains four $C_{28}H_{35}O_{11}Cl$ molecales. The structure was solved by the direct methods and refined by the full matrix least square method. Final R factor is 0.0895.

中国柳珊瑚化学成分的研究（V）
——疏枝刺甾醇的分离及鉴定

苏镜娱　龙康侯　简志刚
（化学系）

摘　要

从疏枝刺柳珊瑚 *Echinogorgia Pseudossapo* (Kölliker) 中分离出两个结晶物质。其中一个是新的甾醇，$C_{29}H_{48}O$，命名为疏枝刺甾醇。根据IR，^1HNMR 和 $^{13}CNMR$ 推定，它有 $\Delta^{5,6}-3\beta-OH$ 甾核及含二取代双键的 $C_{10}H_{19}$ 支链。根据MS谱分析，可确定其结构为 I 式。另一个化合物鉴定为咖啡碱。

从中国珊瑚中已发现一些新的甾醇和萜类化合物[1]。我们从疏枝刺柳珊瑚 *Echinogorgia Pseudossapo* (Kölliker) 中分离到一种新的甾醇，国内外尚未见报导，命名为疏枝刺甾醇(Echissaposterol)，代号G101。

疏枝刺珊瑚采集于硇洲岛附近海域。干体呈暗红色树枝状。本工作是以干体的外皮为研究材料。将捣碎的生物材料用甲醇浸提、浓缩，经硅胶柱层析，获得晶状物质。反复重结晶，得无色针状结晶（G101），熔点 137—138℃（乙酸乙酯）。由高分辨质谱确定分子式为 $C_{29}H_{48}O$，分子量为 412.3708。根据表 I、II、III 及 MS 的有关波谱数据的分析，可推定 G101 的化学结构为（I）。

下面主要讨论疏枝刺甾醇的结构测定。

一、官能团的确定

1. 羟基：G101的IR吸收峰 $3470cm^{-1}$，$1050cm^{-1}$（见表 I）显示羟基的存在。另外，表 II 中 ^1HNMR 的 $\delta 2.02$（1H，s，D_2O 交换后消失）的信号以及 $^{13}CNMR$ 的 $\delta 71.79$(d)信号（见表 III）也均确证羟基的存在。

2. 双键：G101红外光谱的 $1650cm^{-1}$ 吸收峰揭示双键的存在。^1HNMR 谱中共有三个烯质子信号：$\delta 5.18$(2H，m)，5.36(1H，m)，结合红外光谱中的 840、$800cm^{-1}$ 以及

本文1983年7月收到。珊瑚的分类鉴定由南海海洋研究所邹仁林进行，作者之一简志刚现在华中师范大学。

960cm^{-1}分别指出分子中具有一个三取代双键和一个反式二取代双键。^{13}CNMR 谱也明确地显示分子中有两个双键,其中一个为三取代:δ140.86(s), 121.69(d); 另一个为二取代双键:δ136.10(d), 131.92(d)[2,3]。

二、甾核的确定

G101 对 Liebermann-Burchard 反应及 Salkowski 反应检验均呈甾醇的正性反应。结合上述的分子中含羟基及三取代双键的判断,它可能具有 Δ^5-3-羟基的甾核结构。

高分辨质谱中几个重要的碎片峰 m/e 271.2060 ($C_{19}H_{27}O$), 255.2114 ($C_{19}H_{27}$), 231.1750($C_{16}H_{23}O$)等均可证明甾核的存在。

上述的碎裂过程是甾醇类化合物的特征。由碎片的组成还可旁证甾核上含有一个双键。

将G101的^{13}CNMR谱与胆甾醇的^{13}CNMR[2]对比,两者的甾核部分的谱几乎完全一致。红外光谱中的1050cm^{-1}吸收峰以及G101极易乙酰化(在室温下与乙酸酐-吡啶试剂放置过夜)均说明羟基为3β构型。此外,^{1}HNMR谱中δ3.53(1H,m)也可推定C_3-H为α-构型[4]。质谱的其他重要碎片也可为$\Delta^{5,6}$-3β-OH结构提供证据。

三、支链的结构

G101 分子式为$C_{29}H_{48}O$,红外光谱不显示末端双键。既然甾核的部分含有一个三取代双键,则二取代双键应在支链上。故此支链片断的组成应为含反式二取代双键的$C_{10}H_{19}$。

G101的^{1}HNMR 及^{13}CNMR 均显示分子中共含有六个甲基,除去甾核上的两个角甲基,C_{18},C_{19}〔^{1}HNMR, δ0.69(3H,s), 1.00(3H,s); ^{13}CNMR, δ11.94 (q), 19.46(q)〕外,支链上还应有四个甲基。红外光谱中的1380及1370cm^{-1}双峰显示胞二甲基的存在,因此其中两个甲基含于异丙基中。

根据上述信息,能符合^{1}HNMR裂分类型的,和含有如此四个甲基及二取代双键的支链结构可能有右列几种。

通过质谱分析可对支链的结构作出合理的判断。质谱中的m/e55峰(C_4H_7)是基峰。能够产生此碎片的只有(a),(d)和(e),因而可以排除(b),(c)及(f)的可能性。G101 的质谱中还含有较强的碎片峰 m/e314($C_{22}H_{34}O$,25.65%) 和 m/e300($C_{21}H_{32}O$,26.8%),但是(d)和(e)的结构都只能产生 m/e300 峰而不能解释 m/e314 峰的出现。相反,按(a)式的结构,则对 m/e314 和 m/e300 峰的产生均可得到合理的解释。此外,C_7H_{13}(14.58%)及 C_5H_9(74.21%)等碎片峰的存在也进一步证明(a)是唯一可能的支链结构。

综上所述,可以确定疏枝刺甾醇的结构如(I)所示。

表 I G101 的红外光谱

IR ν_{max}^{KBr} cm^{-1}: 3470, 2960, 2880, 1650, 1388, 1370, 1050, 960, 840, 800。

表 II G101 的 ^{1}HNMR,Bruker WH-400 MHz,CDCl$_3$,TMS,(ppm).
0.69(3H, s), 0.89 (3H, d), 0.91 (3H, d), 1.00(3H,s), 1.03 (2×3H, d), 1.09~2.32(25H, m), 2.02 (1H, s, D_2O 交换后消失), 3.53 (1H,m), 5.18(2H,m), 5.36 (1H, m).

表 III G101 的 ^{13}CNMR,Bruker WH-200,CDCl$_3$,TMS,(ppm).

碳原子编号	(ppm)	碳原子编号	(ppm)
1.	37.37(t)	16.	38.89(t)
2.	31.78(t)	17.	56.84(d)
3.	71.79(d)	18.	11.94(q)
4.	42.38(t)	19.	19.46(q)
5.	140.86(s)	20.	35.85(d)
6.	121.69(d)	21.	18.81(q)
7.	31.72(t)	22.	36.29(t)
8.	33.28(d)	23.	31.99(d)
9.	52.27(d)	24.	136.10(d)
10.	36.58(s)	25.	131.92(d)
11.	21.17(t)	26.	33.28(d)
12.	28.30(t)	27.	22.63(q)
13.	42.38(s)	28.	22.86(q)
14.	56.94(d)	29.	21.17(q)
15.	24.37(t)		

我们从疏枝刺柳珊瑚中还分离到另一种结晶物质。

将上述的甲醇提取物溶于水,先后用乙醚和正丁醇萃取。动物试验指出,正丁醇萃取物含有显著降压作用的成分。从此提纯得到一个柔软性针状结晶,熔点 276℃(能升华)。红外光谱 ν_{max}^{KBr} (cm^{-1}): 3500, 3115, 2970, 1710, 1670, 1600, 1435, 740, 紫外光谱 λ_{max} (nm): 212, 264。此结晶除具有显著的降压效应外(5mg/kg,降压效应—39.31%)还具有非常明显地减慢心率的作用。

奇怪的是这个化合物的 ^{1}HNMR 谱极为简单, 只有四个都不处于高场单峰: $\delta 3.99$ (3H, s) $\delta 3.59$ (3H, s), $\delta 3.14$ (3H, s), $\delta 7.26$ (1H, s)。此四组氢相互之间完全没有偶合。查对MS谱, 发现明显地存在M—17峰, 因此推测分子可能含氮。从高分辨质谱可确定其分子式为 $C_8H_{10}N_4O_2$, 分子量为194.0801。进一步查对NMR及MS标准图谱[5], 发现均与1, 3, 7—三甲基黄嘌呤, 即咖啡碱的标准谱完全一致, 由此可确证这个化合物为咖啡碱。咖啡碱过去只是从陆地的咖啡、茶叶等植物分离得到, 现从海洋动物中获得, 这一发现是饶有兴趣的。

致谢 ^{1}HNMR和^{13}CNMR由加拿大Alberta 大学Dr. T. Nakashima 和Mr. G. Bigam 协助测定。质谱由Dr. A. Hogg 及Mr. A. Budd 和北京药物研究所丛浦珠测定, 特表谢意。

参 考 文 献

[1] 龙康侯等, 中山大学学报, 1981 4, 105—109; 1982, 4, 65—69.
[2] L. F. Johnson and W. C. Jankowski, *Carbon*-13 *NMR Spectra* A wiley-Interscience publication (1976), 494.
[3] W. W. Simons and M. Zanger, *The Sadtler Guide to NMR Spectra*. Sadtler Research Lab. (1972).
[4] L. M. Jackman, *Application of Nuclear Magnetic Resonance Spectroscopy in Organic Chemistry* (1959), 55-60.
[5] a, Sadtler, *Standard NMR Spectra*, Sadtler Research Lab. b, Fred W. McLafferty, *Registry of Mass Spectral Data*, vol. 2, 913.

Studies on the Chemical Constituents of the Chinese Gorgonia(V)

—A new marine C$_{29}$-sterol from Echinogogia pseudossapo(Kölliker)

Su Jingyu   Long Kanghou   Jian Zhigang

Abtarct

A new marine C$_{29}$-sterol Echissaposterol (G101) was isolated from a Chinese Gorgonia *Echinogogia pseudossapo* (Kölliker). On the basis of spectral data, the structure of G101 was assigned as (I). The second compound was identified as caffeine. It is of great interest to note that caffeine has been known as a component of coffee and tea for a long time and now is found to be a marine natural product as well.

中国南海软珊瑚化学成分的研究(X)
一种新喹啉酮衍生物的化学结构及其生理活性

龙康侯　鞠昭年　林永成　　许实波　谢琪璇　谢瑞文
　　　　（化学系）　　　　　　　　　（生物学系）

摘　要

从中国南海短指多型软珊瑚 Sinularia polydactyla 分离出一种新的喹啉酮衍生物 (Quinolone derivative, 简称Q)*，分子量191.0587，分子式$C_{10}H_9NO_3$，由各种光谱及x光衍射分析等证实其结构为 7—羟基—8—甲氧基—4(1H)—喹啉酮。生理活性试验表明，Q使小白鼠心脏和脑组织血流量明显增加，对由脑垂体后叶素所致的急性心肌缺血的保护作用以及常压耐缺氧试验等均有明显的效应，对由乌头碱引起的心律失常也有缓解作用，其毒性较低。

七十年代以来，国内外在对软珊瑚的研究中，发现了不少结构新颖并具有重要生理活性的化合物。我们从中国短指多型软珊瑚 Sinularia polydactyla 分离出一种新的喹啉酮衍生物(Q)，熔点150—151℃（未校正）。分子量191.0587（质谱测定），分子式$C_{10}H_9NO_3$。化合物(Q)不但结构独特，而且具有明显的心血管效应和较低的毒性，很有可能成为新的心血管药物。

一、化学成分研究

1. 结构推导

(1) 基团证明

①甲氧基　Q的^{1}HNMR谱在$\delta=3.82$(ppm)有一尖单峰，含3H，这是一个连氧的甲基质子吸收峰，由于该吸收峰的化学位移比通常的甲氧基大，而且与一般芳环上的甲氧基化学位移相一致，故此可认为是芳环上的甲氧基，^{13}CNMR谱的$\delta60.87$(q)的信号，以及质谱上的M—15碎片证明了这一点。

②仲胺基　在^{1}HNMR谱中，$\delta11.16$(1H)处有一个很低的宽峰，重水交换后该峰消失，因为Q分子中含有一个氮原子，该峰的形状及化学位移都显示存在一个胺基，该峰只含一个活泼氢，因而是仲胺基，IR谱也有胺基的特征吸收，去偶试验还发现其与$\delta7.71$(2H)处的一个氢有偶合，同时还与$\delta5.95$处的氢有远程偶合。

本文1984年2月收到

* 中国科学院南海海洋研究所李楚卦鉴定软珊瑚种属，中山大学生物系同位素研究室协助做同位素^{86}Rb试验。

③酚羟基 化合物Q有另一个活泼氢，δ10.25这一区域的吸收峰有可能是酚羟基或羧基的，如果化合物Q含有羧基，则在质谱中应有M—45峰，而在Q的质谱图上却找不到这个峰，所以δ10.25的氢应当属于酚羟基。

④酮基 ^{13}CNMR中δ177.44是羰基碳的吸收，该化学位移落在羧基、酯基、酮基、醛基的范围内[1]。从前面的分析已经知道化合物Q不含羧基，因此该碳属于羧基的可能性应当排除，由于^{13}CNMR的偏共振中δ177.44为单峰，故该碳属于醛基可能性也应排除；红外光谱指出了酯基也应当排除，这是因为，即使连在芳环上的酯基其羰基吸收也不会在1620cm^{-1}以下。因此可认为Q中含有一个酮基。鉴于红外吸收在1620cm^{-1}以下，且通常酮基的^{13}CNMR化学位移远远超过177.44ppm[2]，因此有理由认为该酮基是α，β-不饱和的。

⑤ 分子片断—CH=CH—和—NH—CH=CH— ^{13}CNMR谱指出，Q中除了一个羰基碳(δ177.44)和一个甲基碳(δ60.87)外，其余8个碳都是碳—碳双键上的不饱和碳(δ108～152)；^{1}HNMR谱显示烯质子δ7.69与δ6.9偶合，偶合常数8.8证明分子中存在—HC=CH—片断。上面已经提到，胺基上的活泼氢与δ7.71的氢有偶合，同时又与δ5.95的氢有远程偶合，因此Q还应有一个—NH—CH=CH—片断。

⑥苯环 已知Q的不饱和度是7。它含有一个羰基和4个碳—碳双键，一共只用去5个不饱和度，尚余2个不饱和度，因此Q应有两个环系。红外光谱的1600cm^{-1}(s)，1580cm^{-1}(s)和1500cm^{-1}(s)指出Q有苯环的骨架振动。800cm^{-1}(s)表明苯上应有两个邻接的氢。紫外光谱的λ_{max}^{MeOH} 252,260nm亦显示苯环的特征吸收。^{1}HNMR中，片断—CH=CH—上两个质子的化学位移值分别为6.9ppm，7.69ppm，和上述的甲氧基质子以及羟基质子的化学位移，进一步证明了苯环结构。

⑦4—喹啉酮骨架(4(1H)—quinolone) 因为Q含有两个环系，其中的一个为苯环，另一个环中应包括一个酮基和一个—NH—CH=CH—片断，故其骨架可能是图1。

(2) 结构式的确定

确定甲氧基和酚羟基的位置。鉴于分子中必须保留—CH=CH—和—NH—CH=CH—两个片段，因此两个取代基只能属于苯环，而且可能取代的类型也只有以下6种(图2)。

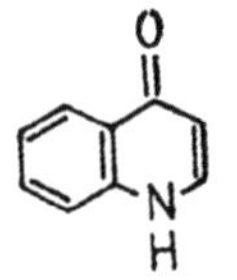

图1

将下面6个化合物分别计算苯环上6个碳原子的^{13}CNMR化学位移，再将计算值与测定值进行比较，根据最佳符合原则，计算值与测定值最符合的那种结构即为化合物Q的真实结构。计算公式：$\delta_i = 128.5 + Z_{1i}$ [1]。其中Z_{1i}为取代苯的取代基经验参数列于表1。

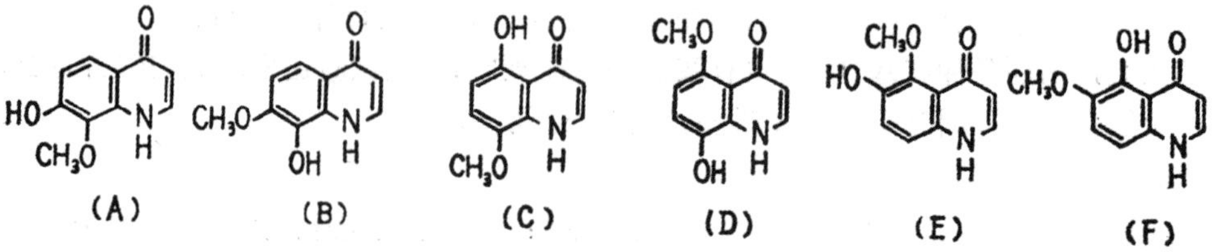

(A) (B) (C) (D) (E) (F)

图2

中国软珊瑚化学成份的研究（Ⅹ）

表1 取代苯的取代基常数

x	Z_{1i}	Z_{1o}	Z_{1m}	Z_{1p}
OCH_3	31.4	-14.4	1.0	-7.7
OH	26.9	-12.7	1.4	-7.3
NH_2	18.0	-13.3	0.9	-9.8
$COCH_3$	9.1	0.1	0.0	4.2

计算结果表明，(A)的计算值与测定值最接近(表2)。

表2 (A)苯环上碳原子的δ_i值

δ_i	计算值	实测值
5	123.2	121.31
6	107	108.62
7	146.1	152.19
8	133.9	136.01
9	133.6	134.66
10	118	120.31

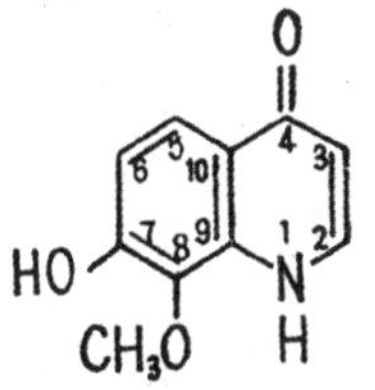

图3 (Q)

因此(A)应为化合物Q的结构。Q的结构最终为x光单晶衍射方法所证实。

除化合物Q以外，还分离出4个结晶物质。经IR和^{1}HNMR谱等初步鉴定为直链脂肪酸，鲨肝醇，甲基脲嘧啶等。

2. 实验部分

提取与分离：将中国海南岛附近浅海采集的短指多型软珊瑚晒干，切碎，用甲醇抽提，将甲醇抽提物进行层析，用不同比例的乙酸乙酯——石油醚和不同比例的甲醇——乙酸乙酯混合溶剂洗提。由5%的乙酸乙酯(石油醚)洗提得直链脂肪酸酯；由20%乙酸乙酯(石油醚)洗提得鲨肝醇；由100%乙酸乙酯洗提得甲基脲嘧啶；由15%的甲醇(乙酸乙酯)洗提得喹啉酮衍生物Q；由40%甲醇(乙酸乙酯)洗提得直链脂肪酸。

Q的粗产品经多次柱层析，并用甲醇和乙酸乙酯混合溶剂反复重结晶，得纯的无色棱柱形晶体1克，含量为软珊瑚干重的0.02%。

光谱数据：

UV: λ_{max}^{MeOH} (nm) 227(27600), 232(肩峰 22800)
252(19000), 260(19680), 315(9000), 327(6690).

IR: υ_{max}^{KBr} (cm^{-1}) 3220, 3140, 3100, 3060, 2970,
2930, 2650, 2500, 1960, 1890, 1720
1620, 1580, 1560, 1520, 1500, 1460
1430, 1390, 1380, 1320, 1310, 1280
1260, 1200, 1180, 1140, 1090, 1040,
1000, 950, 910, 850, 800, 720.

NMR数据如表3。

表3 化合物Q的NMR数据^a

碳号	^{1}HNMR	^{1}HNMR(去偶)	^{13}CNMR
1	11.16 (q,J7.2,1H)^b	照射11.16	139.56
2	7.71(dd,J7.2,1H)	7.71(dd变d)	114.82
3	5.95(d,J7.2,1H)	5.95增高	117.44
4			121
5	7.69(d,J8.8,1H)	7.69(d,J8.8,1H)	121.31
6	6.90(d,J8.8,1H)	6.90(d,J8.8,1H)	108.62
7	10.25(S,1H)^b	10.25(S, 1H)	152.19
8			136.01
9			134.66
10			120.31
OCH$_3$	3.82(S,3H)	3.82(S, 3H)	60.87

a. 仪器FT-80A,内标TMS,溶剂DMSO。 b. 重水交换消失

MS:

(M+2)$^+$ 193.0641(1.43); (M+1)$^+$ 192.0621(12.28);
M$^+$ 191.0587(100); (M-1)$^+$ 190.0515(7.98);
M/e 177.0381(5.54); 176.0554(2.29);
176.0347(51.65); 162.0555(2.91); 149.0441(3.80);
148.0398(55.64); 133.0531(4.61); 120.0430(15.11);
119.0370(3.53); 92; 65; 63; 51; 38; 28.

二、生理活性研究

1. 方法与结果

(1) 用^{86}Rb测定Q对小鼠心肌、脑组织营养性血流量的影响

选取健康小鼠体重20±2(SD)克,雌雄兼有,按文[3,4]方法用拉丁方设计随机进行实验,分别腹腔注射1ml/20g体重的生理盐水、0.05％Q和0.05％潘生丁,30分钟后从尾静脉注射^{86}RbCl生理溶液0.2μci/0.1ml/20g体重,在5秒钟内注完,30秒钟后立即用颈椎脱白法处死。取出心脏和脑组织,分别放进盛有2毫升生理盐水的小玻皿内,洗去组织外表的血液,取出在滤纸片上吸去水份,置塑料小盘内锡箔膜片上均匀剪碎,平铺样品,用FH—408自动定标器测定心脏及脑组织摄取^{86}Rb的放射性强度(脉冲/分),结果如表4、5。

①心肌营养性血流量的改变(表4)

表4 对小白鼠心肌摄取^{86}Rb的影响

组 别	动物数(只)	剂量	心肌摄取^{86}Rb数量 （脉冲/分）			心肌血流量增加率(%)
			$\overline{X} \pm SD$	与生理盐水组比较	与潘生丁组比较	
生理盐水	12	1ml/20g	1766±178	/		/
潘 生 丁	12	1ml/20g	2335±234	P<0.001	P>0.05	32.2
Q	12	1ml/20g	2350±322	P<0.001		33.1

表4所示，心肌血流量增加率试验组和潘生丁组分别与生理盐水组比较，均具非常显著意义（P<0.001），试验组与潘生丁组比较，差异不显著（P>0.05）。提示Q与潘生丁组一样，均能使动物明显增加心肌血流量的作用。

②脑组织血流量的改变(表5)

表5 对小鼠脑组织摄取^{86}Rb的影响

组 别	动物数(只)	剂 量	脑组织摄取^{86}Rb的数量 （脉冲/分）			脑组织血流量增加率(%)
			$\overline{X} \pm SD$	与生理盐水比较	与潘生丁比较	
生理盐水	12	1ml/20g	62±29			/
潘 生 丁	12	1ml/20g	114±38	P<0.001		84
Q	12	1ml/20g	106±35	P<0.001	P>0.05	72

表5表明，试验组Q和潘生丁组的脑组织血流量与生理盐水比较，差异均具非常显著的意义（P<0.001），Q组与潘生丁组比较，差异不显著，（P>0.05）。提示Q试验组与潘生丁组一样，均具明显增加脑血流量，改善脑供应氧等作用。

(2) 对小白鼠常压耐缺氧试验

选取健康小鼠体重20±2克，每组10只，按0.5ml/20g体重剂量尾静脉注射Q样品，对照组注射同容量生理盐水，分别放进预先放有3克（用纱布包扎）干燥的钠石灰的玻璃容器内（容积为80ml），外盖胶塞密封，在常压条件下，观察、计算小鼠呼吸停止时间，结果见表6。

表6 对小白鼠常压耐缺氧的作用

组 别	动物数(只)	剂 量(i.v.)	动物存活时间 （秒）		动物存活时间延长率(%)
			$\overline{X} \pm SD$	与生理盐水比较	
生理盐水	10	0.5ml/20g	538±88	/	/
Q	10	0.5ml/20g	648±107	P<0.05	20.7

结果表明，试验组Q能延长小鼠常压缺氧存活时间20.7%，与对照组比较，差异具显著意义（P<0.05），提示Q具一定抗缺氧耐受能力，可改善心脏对氧的供求关系。

(3) 对脑垂体后叶素引起大鼠心肌缺血的保护作用

选取健康大白鼠体重200～250克，随机分为3组，用20%乌拉坦100mg/100g体重，腹腔注射麻醉，描记第Ⅱ标准导联心电图。选取健康的具正常心电图者进行实验。Q组按10mg/kg体重静脉注射，已知对照组按5mg/kg体重腹腔注射硝酸甘油，生理盐水对照组腹腔注射等容积生理盐水。于腹腔注射30分钟、静脉注射3分钟后，描记给药后心电图，即从尾静脉注射2μg/kg脑垂体后叶素，在10秒钟内注完，立即记录15秒、30秒、1分、2分、5分钟的心电图。正常大鼠注射脑垂体后叶素后，判断心电图的缺血性改变[6]，以未出现第一、二期缺血性变化者为阴性，比较给药组与对照组阳性率和阴性率，结果见表7。

表7 对脑垂体后叶素引起大白鼠心肌缺血的保护作用

组别	动物数(只)	剂量	给药途径	脑垂体后叶素剂量	心电图阳性数	心电图阴性数	与生理盐水组比较 x^2 测验
生理盐水	10	ml/100g	腹腔注射	2μg/kg	8	2	/
硝酸甘油	12	5mg/kg	腹腔注射		1	11	$P<0.005$
Q	12	10mg/kg	尾静脉注射		1	11	$P<0.005$

结果表明，生理盐水组动物心电图呈严重心肌缺血，阳性率达80%，而Q试验组及硝酸甘油组均只有一只动物出现心肌缺血阳性反应(8.3%)，两组与生理盐水组用x^2测验比较，差异均具非常显著意义($P<0.005$)。说明Q与硝酸甘油对脑垂体后叶素引起的急性心肌缺血，均有较明显的保护作用。

(4) 对由乌头硷引起心律失常的缓解作用

选用体重20±2克健康小鼠，每组10只，试验组按1ml/20g体重腹腔注射Q溶液，即为25mg/kg。对照组用等容积生理盐水腹腔注射。给药后30分钟，用5mg/ml乌头硷按0.4ml/20g体重，尾静脉恒速注射，即100μg/kg，1分钟注毕。测定小鼠自注药毕至死亡的时间[5]，结果详见表8。

表8 对乌头硷引起心律失常的缓解作用

组别	动物数(只)	剂量	乌头硷剂量	注射乌头硷后动物存活时间 $\bar{X}\pm SD$	与生理盐水组比较	动物存活时间延长率(%)
生理盐水	10	1ml/20g		400±119	/	/
Q	10	1ml/20g (25mg/kg)	0.4mg/20g (100μg/kg)	723±237	$P<0.01$	80.5

结果表明，Q试验组较对照组存活时间延长80.5%，$P<0.01$，差异有非常显著意义。提示Q有保护心脏功能、显著缓解乌头硷引起心律失常的效应。

(5) 对麻醉猫血压和心率的影响

取健康猫3只，分别静注Q溶液2ml/kg，即1mg/kg，及等容量的生理盐水，给药后血压、心率稍有轻微波动，平均净升压面积百分比为3.4±2.1%，平均心率增加0.8±0.2%，与对照组比较，P值均>0.05，差异均无显著意义。提示Q溶液在1mg/kg静注对动物血压、心率均无明显影响。

(6) 急性毒性试验

选取健康小鼠体重20±2克，每组3只，腹腔注射Q溶液，观察3天死亡率，结果600mg/kg组死亡66.7%，150mg/kg组无一死亡。再选取健康小鼠30只，均分为3组，尾静脉注射，观察3天，结果69.1mg/kg组无一死亡，81.3mg/kg、95.6mg/kg组分别死亡30%及40%，但Q提取物目前尚缺乏，未能进一步作LD_{50}试验，从结果分析，Q毒性较小。

2. 讨论

小鼠心肌、脑组织对^{86}Rb摄取量的大小，反映心肌、脑组织血流量的改变，由于血液中晶体物质可被组织细胞所摄取，在一定条件下，血流量愈大，摄取量愈多。实验结果表明，Q具有明显增加心肌、脑组织营养性血流量的作用。在相同剂量及实验条件下，Q增加心、脑血流量的作用，与已知药物潘生丁组作用相似（$P>0.05$），提示Q有改善心、脑代谢以及增加心肌、脑组织供氧量的效应。

缺氧耐力实验反映以脑缺氧为主的心脑缺氧模型。在常压缺氧条件下，Q具有较显著的抗缺氧耐受能力。根据Q增加冠脉、脑流量的实验结果，提示Q可能促使冠脉、脑组织血流量增加，供氧量增多，从而达到提高动物抗缺氧的耐受能力。

用10mg/kg体重的Q静脉注射，对急性心肌缺血动物具有显著的保护作用，其阴性率达91.7%，与对照组比较，差异非常显著，与已知有效药硝酸甘油的作用相似。脑垂体后叶素引起急性心肌缺血，是由于冠状动脉痉挛，造成急性心肌供血不足，周围血管阻力增加，导致心脏负荷加重、增加心肌耗氧量所致[6]。Q对急性心肌缺血的保护作用，可能是通过增加冠脉血流量、改善心肌供血状况而得到保护效应。Q对由乌头硷引起小鼠心律失常，有显著的缓解作用，但对其它诱发心律失常的保护作用如何，尚待进一步研究。

参 考 文 献

[1] George C, Levy et al, *Carbon-13-Nuclear Magnetic Resonance Spectroscopy*, New York, 1980, 32.

[2] E. Breitmaier, W. Voelter, *$^{13}Cnmr$ Spectroscopy-Methods and Applications in Organic Chemistry*, New York, 1978, 162-170.

[3] 中草药同位素药理研究协作组，《放射性同位素在基础医学中的应用》第1版，原子能出版社，北京，1979，150.

[4] 许实波、钟如芸、冼顺英，中草药，11(1980),6,265.

[5] 徐叔云、卞如濂、陈修主编，药理实验方法学，第一版，人民卫生出版社，北京，1982年8月，P. 470, 713, 757.

[6] 徐理纳等，药学学报，14(1979),466.

Studies on the Chemical Constituents of the Chinese Soft Corals Collected from the South China Sea(Ⅹ)—— Chemical Structure and Physiological Activity of A New Quinolone Derivative

Long Kanghou   Ju Zhaonian   Lin Yongcheng
Xu Shibo   Xie Qixuan   Xie Ruiwen

Abstract

A new quinolone derivative (Q), $C_{10}H_9NO_3$, has been isolated from the Chinese Soft Coral *Sinularia polydactyla*. On the basis of its IR, ^{1}HNMR, ^{13}CNMR and MS spectra, the structure of the compound (Q) has been assigned as 7-hydroxy-8-methoxy-4(1H)-quinolone. It was further elucidated by the X-ray diffraction analysis. The physiological activity test shows that (Q) has marked effect in increasing the circulatory amount of the blood in a white mouse's brain system or its heart system and in protecting the irritable heme deficiency in myocardium caused by the brain pituitrin and in suffering the hypoxia and has some mitigation for the arrhythmia caused by aconitne.

中国柳珊瑚化学成分的研究（Ⅵ）

Junceella squamata中一个新的多乙酰氧基
含氯二萜Junceellin B

龙康侯　林永成　黄伟雄*

（化学系）

摘　要

从鳞丁心柳珊瑚Junceella squamata中分离出一个新的具有Briarein A骨架的含氯二萜，命名为Junceellin B。它带有四个乙酰氧基，两个双键，一个三元环氧基和一个羟基。分子式$C_{28}H_{35}O_{12}Cl$，熔点228—230°，比旋光度$[\alpha]_D^{25}$ -13.48°。通过IR, ^{1}HNMR, ^{13}CNMR和M_S推导出结构。

关键词　柳珊瑚，二萜，化学成分

鳞丁心柳珊瑚Junceella squamata采自海南岛陵水县附近海域，体株呈白色鞭状，无分枝，长达两米以上，内含多种结构独特的化合物。前已报道了含氯二萜Junceellin A和Praelolide[1]。本文报道另一个新的这类型化合物，命名为Junceellin B(1)。这三个化合物同存在于一种柳珊瑚中，而且都含有四个乙酰氧基，都在C-11和C-20上被取代，这些一致性暗示了它们之间的生源关系。

1是无色长针状晶体，溶于氯仿、丙酮和乙酸乙酯，难溶于石油醚和甲醇。高分辨质谱分子离子峰598.173398，分子式$C_{28}H_{35}O_{12}Cl$，不饱和度为11。通过x射线能谱，IR谱^{1}HNMR和双共振技术，^{13}CNMR和DEPT技术，以及高、低分辨率质谱等数据推导出它的结构。

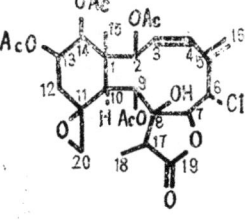

Junceellin B

本文1986年8月收到

*86届本科毕业生

结 果 与 讨 论

1. 分子中基团的确定

氯原子 分子中的氯原子由质谱和x射线能谱确定。其氯碳键伸展振动的红外吸收在758cm^{-1}，这是仲碳上氯碳键的吸收，伯碳和叔碳上的氯碳键伸展振动吸收不超过730 cm$^{-1[2]}$。因此分子中有 $>$CHCl 存在。

四个乙酰氧基 1的^{1}HNMR谱有四个甲基尖单峰，δ2.18(s,3H), 2.11(s,3H), 2.02(s,3H), 1.98(s,3H)，通常乙酰氧基的甲基化学位移处于这一范围内。从质谱中可发现连续失去四个乙酸的碎片538(M-60), 478(M-2×60), 418(M-3×60), 358(M-4×60)，这又表明了四个乙酰氧基的存在。IR谱的1745和1235cm^{-1}强而宽的吸收进一步证实 1 含有四个乙酰氧基。

一个羟基 IR谱在3460cm^{-1}处有较强的吸收暗示了羟基的存在。这个羟基在^{1}HNMR谱中的信号是一尖单峰，δ3.08，重水交换时消失，这不但证明了羟基的存在而且还表明这个羟基是连在季碳上的。

两个双键 从1的DEPT ^{13}CNMR谱可以看出分子中含有两个双键：其一是末端双键，δ141.413（季碳）δ116,168(CH$_2$)。另一个是1,2-二取代双键，δ133.774(CH), 129.007(CH)。两个双键质子的^{1}HNMR吸收分别是δ5.30(brs,1H), 5.13(brs,1H), δ6.85(d,J15.87Hz,1H), 6.11(dd,J9.76, 15.87Hz,1H)。

γ-内酯基 1的IR谱有1795cm^{-1}的吸收峰，这是γ-内酯羰基的吸收。在^{1}HNMR谱中有一个甲基信号，δ1.27(d,J7.08Hz,3H)它是双峰，与δ2.90(g,J7.08Hz,1H)偶联，这些数据与Junceellin A非常接近，可推断含有α-位带甲基的γ-内酯。

七个连杂原子的碳 在^{13}CNMR谱中，从δ60—85的范围内有7个信号，DEPT技术指出，δ82.579（季碳），80.954(CH), 75.591(CH), 73.045(CH), 72.666(CH), 67.411(CH), 63.781(CH)。这些δ值表明分子中含有 6 个 $>$CH—Y，一个 $>$C—Y，这里Y=O或Cl。如上所述存在一个连在季碳上的羟基，故此δ82.579应是这个季碳。连氯次甲基的碳δ比连氧的小，通常在δ65以下，这样可把δ63.781归属为CH-Cl。又因为γ-内酯的γ-碳比普通的酯基连接的碳要高，所以又可指定80.954(CH)为γ-内酯的γ-碳。其余4个信号则属于乙酰氧基相连的碳。在^{1}HNMR谱中这6个次甲基氢是δ4.13, 5.08, 5.16, 5.33, 5.32, 5.48。通常氯原子的屏蔽常数比乙酰氧基小，γ-内酯与氯的相近。这样可把δ小的两个信号4.13和5.08归属为γ-内酯的γ-氢和连氯次甲基氢。双共振试验证明这两个信号互相偶联，偶合常数为3.6Hz，因此它们是互为邻位，又因为都是尖双峰，所以它们所在碳应连在季碳上，即C-5和C-8应是季碳（结构A）。

环氧基团 分子中除了乙酰氧基，羟基和内酯共11个氧外，还剩下一个氧，这个氧应以醚键形式存在。因为在^{13}CNMR谱中δ60—85范围内的信号都已有了归属，所以这对醚键碳的吸收信号只能在δ60以下，处于这样高场的连氧碳最有可能是三元环氧。IR谱揭示了环氧的存在，在825、1160和1235cm^{-1}的峰正是环氧基团的三个特征吸收。

这对环氧碳的 δ 分别是55.38(季碳),50.18(CH$_2$),从而证明了分子中含有不对称双取代三元环氧基团的存在。

2. 分子结构推导

1的分子结构可通过^{1}HNMR双共振技术推导出来。

当照射1,2-双取代双键的质子δ6.11时,δ6.85和5.48均由双峰变为单峰,照射δ6.85时,δ6.11由双二重峰变双峰,δ5.48的双峰变尖高;再照射δ5.48,δ6.11变双峰,6.85变尖高,由此可见存在结构B。根据δ5.48和δ6.85都是双峰,B的两端应与季碳相连。在照射δ6.85时还发现末端双键的质子δ5.30和5.13变尖高,反过来照射5.30,6.85明显变尖高,显然B的一端(C-4)与末端双键相连,δ6.85质子与末端双键的质子产生远程偶合,从而得到结构C。根据经验公式 $\delta = 5.23 + Z_{同} + Z_{顺} + Z_{反}$ [3] 可计算 C-5 的取代情况。假设C-5连CH$_2$-C和CH-Y两种情况,计算H$_a$和H$_b$的δ值。若CH$_2$-C,计算值与实验值相差较大,而若CH-Y(Y=O或Cl),计算值与实验值都很接近,故此C-5的一端应连接带负电性基团的碳。

如前述,A的C-6和C-8要求连季碳。DEPT ^{13}CNMR 谱指出,1只有3个季碳:$>$C=CH$_2$,$>$C—CH$_3$ 和 $>$C—OH,A的C-6和C-8与哪个季碳相连也可通过经验公式 $\delta = 0.933 + Z\sigma i$ [3] 计算来说明,对4种可能结构分别计算C-6上氢的δ值,结果表明只有结构D的计算值与实验值最接近,这一结构与BriarinA是一致的。高分辨质谱提供了一个佐证,碎片峰163.02002,其元素组成是C$_6$H$_7$O$_3$Cl与A+1相同。另一个是286.06078,C$_{13}$H$_{15}$O$_5$Cl,与D相同。还有一个较强的峰358,刚好是D+CH-OAc,因在D中C-2上的氢是双峰,要求连季碳,故CHOAc不能连在C-2上,只能连在C-8上,这样又可得结构E。

分子中还有两个CHOH,CH$_3$—C$<$,CH$_2$,CH和环氧部分没连起来。由不饱和度知道1含有4个环(包括内酯和环氧),这些部分必须构成一个环系。^{1}HNMR显示CH$_2$两个氢的δ1.40(dd, J3.6, 12.6Hz, 1H), 2.42(ddd, J12.6, 12.8, 2.8Hz,1H),它们的化学环境不同,可能处于环上,偶合常数12.6Hz,与环己体系一致,而上述的结构部分能构成环系的刚好只有6个碳,所以1存在一个环己烷体系。当照射δ1.40时除了2.42变成双二重峰外,δ5.16, (ddd, J12.8, 6.8, 3.6Hz, 1H) 也变成双二重峰 (dd, J6.8, 12.8Hz),这说明CH$_2$与带乙酰氧基的次甲基相连:-$_{12}$CH$_2$-$_{13}$CH(OAc)-。因为δ1.40是双二重峰,2.42是双双二重峰,其中一个偶合常数是2.8Hz属于远程偶合,因此可以判断C-12的另一端应连季碳。另外还有一个尖二重峰δ5.33(d,J6.8Hz,1H)在照射任何其它峰时都不发生变化,显然它是 C-13 的邻位,(结构F),由于两个氢δ靠得很近不能用双共振技术显示它们的偶合情况。现在分子中只余下环氧和连甲基的季碳,它们只有两种连接方法。详细分析照射环氧质子δ2.57和2.68时其它峰的变化,发现δ3.21(S,1H)的质子单峰变尖高,这提示两组质子存在远程偶合,因此两

种可能结构可伸延多一个CH得结构G和H。此外又发现,当照射结构部分E 的 C-9 上的氢δ5.32时,C-10上的氢明显变尖高,它们不可能存在远程偶合,只能直接相连,偶合常数小是双面夹角接近90°所致。这样可把E和G或H连接起来得结构I或J。I和J的差别实际上只是乙酰氧基在C-12还是C-14位置上的问题。即C-12是 CH_2 还 是 C-14 是 CH_2。为了解决这个问题,我们首先决定C-13上OAc的构型。已知C-13上的氢与 CH_2 两个氢偶合常数分别为12.8和3.6Hz,形成Haa和Hae的偶合,由此可推断C-13的氢是直立键,即OAc是平展键。此外,C-13的氢与另一个连乙酰氧基的次甲基上的氢偶 合 常 数是6.8Hz,属Hae偶合,即这个次甲基的氢是平展键,OAc为直立键。对于环已体系的 CH_2 来说,经验规律表明在没有复杂因素的影响下,邻位若引进一个平展取代基(如 OH,OAc,SH等)一般使Ha,He均减少0.3ppm,若取代基与某一氢成1,3关系并均为直立,则空间上的接近可使氢的δ值增加0.3—0.5之多[3]。根据这一规律计算1的 CH_2 两个氢δ之差,不超过0.3ppm。但是实验值的差却达1ppm之多,这意味着 CH_2 是连在C-11环氧旁边,其中平展氢(δ1.40)受环氧环的屏蔽移向高场。同时也证明了环氧是处于β构型的。结果证明了1是JunceellinB的真实结构。

实 验 部 分

仪器 x射线能谱仪HITAS-520; EDAX9100/65型, 5DXFTIR红外光谱仪; JEOL FX90QFT核磁共振仪。

ZAB VG-ANAIY有机质谱仪; 美国Perkin Elmer241型旋光仪; 国产显微熔点测定仪。

提取和分离 鳞丁心柳珊瑚采自中国海南岛陵水县附近海域, 水深约20米。切断晒干, 取皮粉碎, 先用乙醇后用氯仿提取, 经硅胶反复柱层析, 用40%乙酸乙酯石油醚洗提, 在氯仿中重结晶得纯的晶体JunceellinB。熔点228—230°(未校正), $[\alpha]_D^{25} -13.48°$ (c0.8, CHCl$_3$), 高分辨Ms测得分子量598.173398, 分子式C$_{28}$H$_{35}$O$_{12}$Cl (计算值598.18165, 误差0.0084)。

谱图数据 Ms(EI) 587(M$^+$), 600(M+2, 强度1/3M$^+$), 563(M-35), 556(M-42), 538(M-60), 521, 504, 496, 479, 461, 435, 418, 401, 376, 358, 351, 323, 311, 275, 287, 286, 285, 267, 243, 209, 193, 175, 163, 149, 133, 121, 109, 105, 95, 79, 69, 57。

^{1}HNMR(CHCl$_3$, TMS) δ(ppm) 5.48 (d, J9.76Hz, 1H, c-2), 6.11 (dd, J.9.76, 15.87Hz, 1H, c-3), 6.85(d, J15.87Hz, 1H, c-4), 4.13 (d, J.6Hz, 1H, c-6), 5.08 (d, J3.6 Hz, 1H, c-7), 5.32 (s, 1H, c-9), 3.21 (brs, 1H, c-10), 1.40(dd, J12.6, 3.6Hz, 1H, c-12), 2.42 (ddd, J12.6, 12.8, 2.8Hz, 1H, c-12), 5.16(ddd, J12.8, 3.6, 6.8Hz, 1H, c-13), 5.33 (d, J6.8Hz, 1H, c-14), 1.26 (s, 3H, c-15), 5.30 (brs, 1H, c-16), 5.13 (brs, 1H, c-16), 2.90(q, J7.08Hz, 1H c-17), 1.27 (d, J7.08Hz, 3H, c-18), 2.68(m, 1H, c-20), 2.57(m, 1H, c-20), 2.18(s, 3H, OAc), 2.11 (s, 3H, OAc), 2.02 (s, 3H, OAc), 1.98(s, 3H, OAc), 3.08 (s, 1H, OH)。

^{13}CNMR和DEPT ^{13}CNMR (CHCl$_3$, TMS, 22.45MHz) δ(ppm) 174.789 (季碳, c-19), 170.180(季碳, 4×OAc), 133.774(CH, c-4), 141.413(季碳, c-5), 129.007(CH, c-3), 116.168(CH$_2$, c-16), 82.579(季碳, c-8), 80.954(CH, c-7), 75.591(CH, c-2), 73.045(CH, c-9), 72.666(CH, c-13) 67.411(CH, c-14), 63.781(CH, c-6), 55.383 (季碳, c-11), 50.508(CH, c-10), 50.183(CH$_2$, c-20), 48.341(季碳, c-1), 38.646 (CH, c-17), 35.287(CH$_2$, c-12), 21.309(CH$_3$, OAc×3), 20.875(CH$_3$, OAc), 15.028(CH$_3$, c-15), 7.551 CH^3, c-18)。

表1 1的^{1}HNMR双共振实验结果

Tab.1. The Double Resonance Experiments of 1

照射 irr.		信 号 变 化
δ6.85	(C-4)	6.11dd→d(J9.76Hz), 5.48d→尖, 5.30, 5.13→尖
6.11	(C-3)	6.85d→S, 5.48d→S
5.48	(C-2)	6.85d→尖, 6.11dd→d(J15.87Hz)
5.32	(C-9)	3.21drs→尖
5.30	(C-16)	6.85d→尖

5.16	(C-13)	1.40dd→d(J12.6Hz), 2.42ddd→dd(J12.6, 2.8Hz)
5.08	(C-7)	4.13d→S
4.13	(C-6)	5.08d→S
2.57 2.68	(C-20)	3.21brs→尖
2.42	(C-12)	1.40dd→d(J.3.6Hz), 5.16→变化
1.40	(C-12)	2.42ddd→dd(J12.8, 2.8Hz) 5.16ddd→dd(J6.8 12.8Hz)
2.90	(C-17)	1.27d→S

IR (KBr) 3460cm^{-1}, 3020, 3000, 2940, 1795, 1745, 1635, 1235, 1160, 1048, 1018, 990, 955, 910, 825, 760.

参 考 文 献

[1] 林永成、龙康侯, 中山大学学报（自然科学版）, 1983, 2, 46.
[2] L.J.Bellamy, *The Infra-red Spectra of Complex Molecules* chapman and Hall London 3Ed; 1975, 368.
[3] 梁晓天, 核磁共振-高分辨氢谱的解释和应用, 科学出版社, 1976, 195, 194, 234.

Studies on the Chemical Constituents of the Chinese Gorgonia Ⅵ

——Junceellin B, a New Chlorine-containing Diterpenoid from Junceella Squamata

Long Kanghou   Lin Yongcheng   Huang Weixong

Abstact

A new chlorine-containing diterpenoid, designated as Juceellin B, was isolated from Junceella squamata collected from the South China Sea. Its molecular formular is $C_{28}H_{35}O_{12}Cl$, mp. 228-230°C(uncorr.), $[\alpha]_D^{25}$-13.48°(c 0.85, $CHCl_3$). It has a skeleton as Briarein A and bears four acetoxy groups, two double bonds, a γ-lactone ring, one epoxy group and one hydroxy group. Its structure was elucidated by Ms, ^{1}HNMR, ^{13}CNMR and IR spectra.

Keywords gorgonia, diterpenoid, chemical constituent

1,2—环氧柳珊瑚酸的晶体结构

陈小明*　施开良　彭映才　龙康侯
（中山大学化学系）

周　平　石　磊
（中国科技大学　结构分析中心）

从中国南海柳珊瑚中分离出来的柳珊瑚酸(Suberogorgin)(Ⅰ)[1]，具有强烈的神经毒性作用。为了探索其分子结构与毒性之间的关系，龙康侯等对它进行的结构改造，经下列反应得到了1,2-环氧柳珊瑚酸(Ⅱ)，后者也具有神经毒性作用，但是经过这种结构变化之后，毒性大为降低。因此，测定后者的分子结构，对了解这类物质的神经毒性机理将有很大的帮助。

1. 实　验

用乙醇-丙酮混合溶剂对Ⅱ进行重结晶，得到无色透明单晶体。在Enraf-Nonius CAD4 四圆衍射仪上，用$M_oK_α$射线($\lambda=0.71069$Å)收集了1463个独立的可观测衍射($|F_0|\geqslant3\sigma$)数据。根据晶胞参数和分析衍射数据的消光规律，可以唯一地确定其空间群为$P2_12_12_1$。

用RANTAN—81程序[2]求解结构，得到全部非氢原子，这时的偏离因子$R=0.1916$。再用SHELX-76程序包[3]中的全矩阵最小二乘程序对原子参数进行两轮精化，前一轮采用各向同性温度因子，后一轮用各向异性温度因子，R降到0.0824。在此基础上，从差值Fourier图中找到全部氢原子。对全部原子参数再进行两轮精化，其

本文1986年11月收到
* 现在中山医科大学生化教研室

中氢原子参数采用各向同性温度因子。最后，对于1463个独立的可观测衍射，$R=0.0547$。

2. 结果和讨论

表1列出全部非氢原子的参数，氢原子的参数没有列出。分子的键长和键角数据列于表2和表3。分子的结构示于图1，分子在晶体中的堆积示于图2。

Ⅰ分子中有三个由碳原子通过单键连结而成的五员环和一个由两个碳原子和一个氧原子组成的三员环；O_2是酮羰基氧，O_3、O_4和C_{13}与一个氢原子组成一个羧基。C_{12}、C_{14}及C_{15}都为甲基碳。

羧基上的H连在O_4上，O_4-C_{13}的键长1.308Å，O_3-C_{13}的键长1.208Å；结晶水中氧原子O_5与周围三个Ⅰ分子中的各一个氧原子形成氢键，即O_5-H$\cdots O_2$，O_5-H$\cdots O_3$及O_5-H$\cdots O_4$(见图2)，氢键键长依次为2.792、2.712及2.503Å。氢键键角O_2-O_5-O_4、O_2-O_5-O_3和O_3-O_5-O_4分别为103.6°，114.8°和131.1°，参加形成氢键的四个氧原子接近于共平面。在三员环氧结构中，O_1-C_1、O_1-C_2及C_1-C_2的键长分别为1.452、1.432和1.469Å，其中两个O-C键与正常的O-C单键键长接近，而C_1-C_2则稍短于正常的C-C单键，这可能是由三员环结构引起的。

表1 Ⅰ的原子参数
Tab.1. The atomic parameters of Ⅰ

Atoms	X	Y	Z	Ueq(Å^2)
O1	0.2638(4)	0.1179(3)	0.6179(3)	0.0432(21)
O2	0.4557(4)	0.1720(3)	0.4320(3)	0.0458(20)
O3	0.0784(4)	−0.0369(3)	0.7151(3)	0.0582(24)
O4	0.1845(4)	−0.2033(4)	0.6577(3)	0.0449(20)
O5	0.9940(6)	0.2001(4)	0.7350(3)	0.0685(26)
C1	0.2909(5)	−0.0135(4)	0.6245(3)	0.0323(24)
C2	0.3725(6)	0.0755(5)	0.6803(4)	0.0411(28)
C3	0.5227(5)	0.0896(5)	0.6434(4)	0.0355(25)
C4	0.6306(7)	0.0167(6)	0.7048(4)	0.0553(33)
C5	0.6749(6)	−0.1010(6)	0.6508(4)	0.0505(31)
C6	0.6540(5)	−0.0653(5)	0.5481(3)	0.0327(24)
C7	0.7714(5)	0.0143(5)	0.5043(4)	0.0379(26)
C8	0.6918(6)	0.0832(5)	0.4273(4)	0.0452(29)
C9	0.5422(5)	0.1011(4)	0.4632(3)	0.0336(24)
C10	0.5190(5)	0.0160(4)	0.5468(3)	0.0269(21)
C11	0.3799(5)	−0.0637(4)	0.5465(3)	0.0284(22)
C12	0.3025(6)	−0.0753(6)	0.4533(4)	0.0483(30)
C13	0.1722(6)	−0.0845(5)	0.6701(4)	0.0356(26)
C14	0.5614(7)	0.2270(5)	0.6370(4)	0.0542(31)
C15	0.8988(6)	−0.0612(6)	0.4715(4)	0.0513(31)

Ueq = (U11 + U22 + U33)/3

表2 I 的键长(Å)
Tab.2. The bond lengths of I

C1—O1	1.452(6)	C2—O1	1.432(7)	C9—O2	1.205(6)
C13—O3	1.208(7)	C13—O4	1.308(6)	C2—C1	1.469(7)
C11—C1	1.500(7)	C13—C1	1.504(7)	C3—C2	1.512(8)
C4—C3	1.558(9)	C10—C3	1.601(7)	C14—C3	1.538(8)
C5—C4	1.552(8)	C6—C5	1.536(8)	C7—C6	1.534(7)
C8—C7	1.529(8)	C15—C7	1.524(8)	C9—C8	1.507(8)
C11—C10	1.565(7)	C12—C11	1.526(8)	C6—C10	1.544(7)
C9—C10	1.529(7)				

表3 I 的键角(度)
Tab. 3. The bond angles of I

C2—O1—C1	61.2(3)	C2—C1—O1	58.7(3)	C11—C1—C1	113.9(4)
C11—C1—C2	110.9(4)	C13—C1—O1	113.8(4)	C13—C1—C2	119.1(4)
C13—C1—C11	123.3(4)	C1—C2—O1	60.1(3)	C3—C2—O1	114.2(4)
C3—C2—C1	111.2(4)	C4—C3—C2	110.8(4)	C10—C3—C2	103.4(4)
C10—C3—C4	104.5(4)	C14—C3—C2	109.8(4)	C14—C3—C4	112.0(5)
C14—C3—C10	116.0(4)	C5—C4—C3	108.1(4)	C6—C5—C4	103.7(5)
C10—C6—C5	105.1(4)	C10—C6—C7	105.1(4)	C7—C6—C5	116.4(4)
C8—C7—C6	102.9(4)	C15—C7—C6	112.6(4)	C15—C7—C8	115.0(5)
C9—C8—C7	105.6(4)	C8—C9—O2	125.5(5)	C10—C9—O2	125.6(4)
C10—C9—C8	108.8(4)	C6—C10—C3	104.9(4)	C9—C10—C3	111.9(4)
C9—C10—C6	103.8(4)	C11—C10—C3	107.3(4)	C11—C10—C6	111.5(4)
C11—C10—C9	116.8(4)	C10—C11—C1	105.0(4)	C12—C11—C1	114.8(4)
C12—C11—C10	116.4(4)	O4—C13—O3	124.0(5)	C1—C13—O3	123.5(5)
C1—C13—O4	112.5(4)				

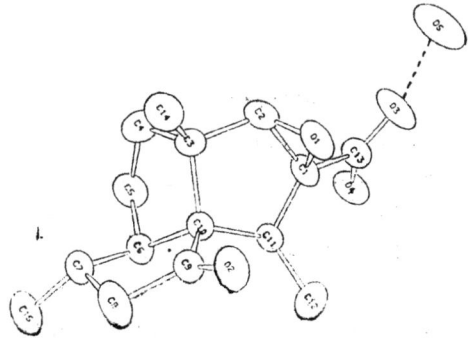

图1 I 分子的构型
Fig. 1. The configuration of I

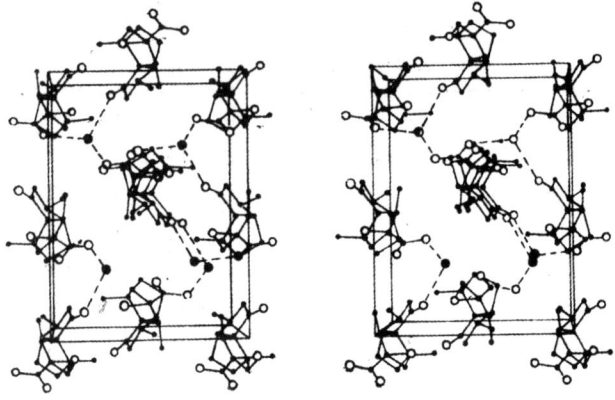

图 2 分子堆积图
Fig. 2. Stereodrawing of the molecular packing

参 考 文 献

[1] 巫中德等, 中山大学学报(自然科学版), 1982, 3, 69.
[2] Yao Jiaxing, *Acta Cryst.*, A37 (1981), 642.
[3] G. M. Sheldrick, *SHELX-76, A Program for Crystal Structure Determination*, Uniuersity of Cambridge, England, 1976.

Crystal Structure of 1,2-Epoxysuberogorgin

Chen Xiaoming Shi Kailiang Peng Yingcai Long Kanghou
(Department of Chemistry, Zhongshan University)

Zhou Ping   Shi Lei
(Structure Analysis Center Chinese University of Science & Technology)

Abstract

The crystal structure of 1,2-epoxysuberogorgin (II), a new derivative of a natural product suberogorgin (I), has been analyzed. The compound crystallizes with the formula $C_{15}H_{20}O_4 \cdot H_2O$, $M_r = 282.34$ and the space group $P2_12_12_1$, $a = 9.373(1)$, $b = 10.865(1)$, $c = 14.350(2)$ Å, $V = 1461.3$ Å^3, $Z = 4$, $D_x = 1.285$ g·cm^{-3}, and $F(000) = 608.00$.

The structure has been refined to a final R-factor $= 0.0547$ for 1463 independently observed reflexions ($|F_0| \geq 3\sigma |F_0|$). All the hydrogen atoms are found from the difference Fourier map.

Keywords Crystal structure, Natural products, Gorgonia, Suberogorgin

柳珊瑚酸类似物合成研究

巫中德　彭映才　陆慧宁　黄红平　龙康侯

(化学系)

关键词　柳珊瑚酸，柳珊瑚酸类似物，神经毒素

在中国珊瑚化学成分的研究中，我们从南海柳珊瑚Suberogorgia sp.发现结构独特的倍半萜——柳珊瑚酸(Subergorgic acid)，根据光谱分析，阐明了这种新的天然产物的结构，并通过X-射线衍射确定了柳珊瑚酸的立体化学，如1所示。这种具有新的三环十一烷取代形式的倍半萜骨架命名为柳珊瑚烷或subergane(**2**)。柳珊瑚酸具有强烈的神经毒性，LD_{50}(小鼠)为20mg/kg，具有强烈的心肌毒性，阻断神经肌肉传递的有效浓度为0.16微克/毫升。[1,2,3]

本文报道五种柳珊瑚酸类似物：柳珊瑚酸甲酯(**3**)，9-羟基柳珊瑚酸(**4**)，2,3-环氧—柳珊瑚酸(**5**)和8-羟基—$\Delta^{7,8}$-烯—柳珊瑚酸(**7**)及其甲酯(**6**)的合成方法。

有趣的是这些衍生物的结构虽然与柳珊瑚酸相似，但却几乎没有毒性。因此，可以认为柳珊瑚酸的羧基和羰基是分子具有毒性所不可缺少的官能团。当引入羧基的α,β-环氧环或羰基的α,β-双键时，柳珊瑚酸的毒性也几乎消失，显然，羧基和羰基的电子因素与柳珊瑚酸毒性的关系也十分密切。

实　验

1．柳珊瑚酸的分离纯化

将晒干柳珊瑚Suberogorgia sp切碎，用2～3体积的甲醇室温泡浸7天，倾出提取液重复浸提一次，合并提取液，浓缩回收溶剂得棕色油状物，加入两倍体积的丙酮，充分搅拌，静置后将析出的无机盐过滤除去，丙酮溶解物先经硅胶吸附层析，不同比例石油醚-乙酸乙酯洗脱部分为柳珊瑚酸粗品，然后再经Al_2O_3吸附层析，进一步纯化，得到无色透明的柳珊瑚酸结晶，m.p. 178～180℃，得率为0.05%。

本文1986年9月收到

2. 柳珊瑚酸甲酯的制备

将柳珊瑚酸的甲醇溶液与新制备的重氮甲烷-乙醚溶液反应[4]，反应液保持淡黄色，室温放置半小时，然后蒸去乙醚和过量的重氮甲烷，残渣经硅胶柱层析纯化，不同比例的石油醚-乙醚为洗脱剂，得到柳珊瑚酸甲酯，m.p. 54～55℃，产率80%。

IR (cm^{-1}) 1730, 1710, 1640. MS 262(M^+), 203, 201, 161, 160. ^{1}HNMR (CD_3COCD_3) (ppm) 6.2(1H), 3.7(3H)。

3. 9-羟基柳珊瑚酸的合成

将柳珊瑚酸与过量$LiBH_4$在干燥的四氢呋喃中回流反应4小时，冷却后加水分解过量还原剂，再用HCl调至pH 2～3，水层用乙醚提取3次，合并醚层，经饱和盐水洗涤，无水硫酸钠干燥，蒸去乙醚后所得油状物经硅胶柱层析，不同比例苯-乙酸乙酯为洗脱剂，得9-羟基柳珊瑚酸，m.p. 130～134℃，产率70%。

IR (cm^{-1}) 3600, 1680, 1630, 1050. MS 250(M^+), 232(M^+-H_2O). ^{1}HNMR (ppm) 6.22(1H), 4.17(1H, C_9—H), 3.4(可与D_2O发生交换)。

4. 1,2-环氧柳珊瑚酸的合成

将柳珊瑚酸(0.5g)用1ml 90%过氧化氢和5ml三氟乙酸所形成的过酸溶液环氧化，反应温度保持在0℃左右，时间10分钟，然后将反应液倒入水中，用20%NaOH中和至硷性，并搅拌半小时，用乙醚提取三次以除去脂溶性杂质。水层用2N HCl中和至pH 3～4，此时有大量晶体析出，过滤洗涤并真空干燥，得1,2-环氧柳珊瑚酸450mg, 140℃时分解，产率80%。

MS 264(M^+), 249, 231, 202, 151. ^{1}HNMR 3.43$(C_2$—H$)$, 2.74$(C_{11}$—H$)$, 1.12(S, 3H), 1.11(d, 3H), 1.10(d, 3H). ^{13}CNMR (DMSO) 215.68, 169.58, 70.48, 69.77, 66.61, 61.05, 55.30, 49.19, 44.32, 35.33, 31.30, 27.09, 22.54, 19.05, 11.28。

5. 8-羟基-$\Delta^{7,8}$-烯-柳珊瑚酸甲酯合成

将90mg SeO_2溶于6ml二氧六环中，再加少量水使成清液，加入150mg柳珊瑚酸甲酯，在油浴上回流5小时，过滤除去黑色沉淀物，滤液倒入20ml水中，加2ml 30%硫代硫酸钠溶液和10ml乙醚，在温水浴上加热半小时，有大量红色沉淀生成，分出乙醚层，再用乙醚提取水层3次，合并乙醚提取液，水洗、干燥、蒸去乙醚后得黄色固体，再经硅胶层析纯化得8-羟基-$\Delta^{7,8}$-烯-柳珊瑚酸甲酯。m.p. 105—107℃，产率28%。

IR (cm^{-1}) 3300, 1723, 1697, 1647, 1632. MS 276(M^+), 244(100%), 216, 201, 188. ^{1}HNMR 6.33(1H), 5.49(1H, 可交换), 3.71(—OCH_3). ^{13}CNMR 201, 164.5, 148.7, 148.6, 142.2, 139.0, 64.2, 58.9, 57.6, 51.2, 48.8, 36.1, 25.9, 22.8, 17.8, 12.5。

6. 8-羟基-$\Delta^{7,8}$-烯-柳珊瑚酸的合成

将8-羟基-$\Delta^{7,8}$-烯-柳珊瑚酸甲酯用2%NaOH溶液使之溶解，滤去不溶物，再用乙醚提取两次，水层用2N HCl中和至呈酸性，此时有白色固体析出，过滤、水洗，得8-羟基-$\Delta^{7,8}$-烯-柳珊瑚酸，产率85%，165℃时升华。

IR (cm^{-1}) 3258, 3000～2500, 1691, 1647. MS 262(M^+), 244, 216, 201, 188. ^{1}HNMR 12.20(—COOH), 8.70(—OH), 6.28(1H), 1.8$(C_7$—$CH_3)$, 1.25$(C_{11}$—$CH_3)$, 1.16$(C_3$—$CH_3)$. ^{13}CNMR 200.9, 165.4, 149.8, 148.1, 142.5, 139.9, 63.38, 58.55, 56.88, 48.41, 38.52, 25.81, 22.91, 17.84, 12.28。

参 考 文 献

〔1〕 龙康侯、巫中德，中山大学学报（自然科学版），1982, 3, 69.
〔2〕 牛立文、梁栋材，中国科学B，1985, 5, 709.
〔3〕 Fenical, w., Long Kanghou, *Tetrahedron Lett*, 1985, 26, 2379.
〔4〕 Blatt, A. H, *Organic synthesis*, Coll 2 (中文本), 115.

Studies on the Syntheses of Analogues of Subergorgic Acid

Wu Zhongde   Peng Yingcai   Lu Huining
Huang Hongping   Long Kanghou

Abstract

This paper reports the syntheses of five analogues of subergorgic acid: methyl ester of subergorgic acid (3), 9-hydroxyl subergorgic acid (4), 2,3-epoxide-subergorgic acid (5), 8-hydroxyl-$\Delta^{7,8}$-ene-subergorgic acid (7) and its methyl ester (6).

An attempt has been made to survey the relationship between the structure of subergorgic acid and its bioactivity. Compounds (3) and (4), though similar to subergorgic acid in structure, possess almost no toxicity. As soon as an epoxy or a double bond is functionalized to the α, β-position of the carboxyl or the carbonyl group respectively, its toxicity almost disappears too, Therefore. it can be thought that the carboxyl and carbonyl groups are responsible for the bioactivity of subergorgic acid.

Keywords   Subergorgic acid, Analogues of subergorgic acid, Neurotoxin

中国软珊瑚化学成分的研究*（十八）
Lochmodoside，从 Sinularia Lochmodes Kolonko 分出的一种新甙

龙康侯　林永成　梁　坚

（化学系）

摘　要

从中国软珊瑚 Sinularia lochmodes Kolonko 分离到一种新的甙类化合物，命名为Lochmodoside，熔点131～132℃，$[\alpha]_D^{25} -78.6°$(c 0.112, EtOH)，分子量490，是一种6-脱氧-β-D-六碳吡喃糖鲨肝醇甙，通过波谱数据和化学降解推导出它的结构，并讨论了它的反椅式构象。

关键词　软珊瑚，鲨肝醇甙，化学成分

甙类化合物是一类在生理上相当活泼的物质，大都有一定的生理效应，例如抗癌、抗菌、抗病毒、强心和溶血作用等。海洋甙类绝大多数来自海星和海参，是一些三萜和甾体的甙类[1]，从其它生物发现的甙类很少。最近有报道从珊瑚中分离到几个二萜和氢醌甙[2,3]。本文报道的是从软珊瑚 Sinularia lochmodes kolonko 分离出的一种新型海洋甙类，命名为 Lochmodoside(Ⅰ)。它的结构很有特色，由一个6-脱氧六碳糖和鲨肝醇构成，以鲨肝醇为甙元的甙还未见文献报导过，1 在氯仿溶液中以1c构象存在也是少见的，这在立体化学方面很有意义，其结构如图式1。

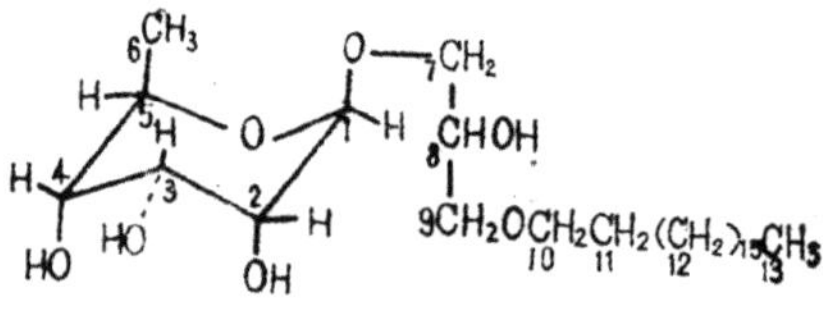

（Ⅰ）

图式1

1　结果与讨论

1.1　分子中基团的确定

本文1987年12月收到
* 国家自然科学基金资助项目

长链亚甲基 I 的 IR 谱有强的吸收峰(cm^{-1})2860，2920和720，这是长链亚甲基的特征吸收。在 ^1H NMR 中 δ(ppm)1.29处有一强峰也证明长链亚甲基的存在，^{13}C NMR 谱指出这些亚甲基分别是 δ21.5，25.4，28.7和30.9，其中28.7峰特别强大。

八个连氧碳 ^{13}C NMR DEPT 谱显示有 3 组 $-CH_2O-$，δ 分别是71.5，70.3和69.0，4 组 $-\overset{|}{C}HO-$，δ71.5，69.6，68.2和65.7，由于 ^1H NMR 中 δ3.40～4.10 范围内共有 11 个质子，故此，^{13}C NMR 谱应有 5 个 $-\overset{|}{C}HO-$ 的信号，谱中 δ68.2峰特别宽和高，必定是由两个 CH 重叠的。

两个甲基 I 的 ^{13}C NMR DEPT 表明有 2 个甲基碳，δ13.3和16.0，在 ^1H NMR 中，一个出现在 δ0.88(t，J6.5Hz，3H)，这是一个典型的长链烷基末端甲基峰，另个出现在 δ1.31(d，J0.9Hz，3H)，双共振实验显示，它与 δ4.02(q，J7.9Hz，1H)相偶合，故有 $CH_3\overset{|}{C}HC-$。

缩醛基 I 的 ^1H NMR 谱有一组峰在 δ4.91(d，J2.2Hz，1H)处，^{13}C NMR DEPT 谱中在 δ99.1处有 CH 信号，这些都表明分子中含有缩醛基，而且与一般的糖甙 C-1 上的数据相对应。

四个羟基 I 的 ^1H NMR 谱 δ1.58处有一组宽峰，含4H，重水交换消失，说明分子中含有 4 个羟基，IR 谱中3290处强而宽的峰和950～1200 cm^{-1} 处多个强峰都证明了羟基的存在。

1.2 分子结构推导

综上所述，I 分子中存在如下基团：3 个 $-CH_2O-$，1 个 $CH_3\overset{|}{C}HO-$，5 个 $-\overset{|}{C}HO-$，1 个 $-\overset{|}{O}CHO-$ 和一条长烷链。利用高分辨(400MHz)^1H NMR 双共振技术可以确定基团的连接方式。当照射 δ3.96时，δ3.75(dd，J6.0，10.2Hz，1H)和3.66(dd，J10.2，3.9Hz，1H)都简化为 d 峰，偶合常数为10.2Hz，变成典型的 AB 系统，故这三组峰组成 ABX 系统 $-OCH-CH_2O-$。此外，在照射 δ3.96时，δ3.49(dd，J5.0，9.0Hz，1H)和 δ3.45(dd，J3.2，9.0Hz，1H)也都变成了双峰(J9.0Hz)，由此可知，这 3 个质子也组成了 ABX 系统，故有 $-OCH_2CHCH_2O-$。这一片段显然是丙三醇的结构，因为分子中有长烷链，故 I 可能存在鲨肝醇结构部分。分子内还有缩醛基，几个羟基，据此我们推测 I 很可能是鲨肝醇的糖甙。这一假定被后来的水解反应所证明，I 在乙醇中以 2NHCl 加热水解，所得产物非水溶性部分经 TLC 和 ^1H NMR 谱证明为鲨肝醇，水溶性部分通过经典方法鉴定是糖类。I 的 FD 质谱分子离子峰为491(M+1)，减去鲨肝醇部分，余下147，刚好是一个脱氧六碳糖部分的质量数。I 的 Ms 谱碎裂图相也证明了这一点，基础峰为147，另外还有343，313，283，269，253等碎片，这些都是鲨肝醇的特征碎片峰（图式2）。因为糖部分含有 $CH_3\overset{|}{C}HO-$，故应是 6-脱氧糖。这一结构与 ^{13}C NMR 和 ^1H NMR 的所有数据相吻合。

脱氧糖的立体化学由高分辨 ^{1}H NMR 和旋光数据阐明。当照射 C-5 的质子 δ4.02 时，发现 δ3.77～3.80 的强峰发生变化，反过来照射 δ3.77～3.80 时，δ4.02 的 q 峰变尖高，故 C-4 的质子在 δ3.77～3.80 处，它们的偶合常数小于 2Hz，应是 Hee 偶合，则 C-5 和 C-4 的氢都是 e 键的。另一方面，照射 C-1 上的质子 δ4.91(d, J2.2Hz, 1H)，δ3.77～3.80 变尖高，反过来照射 δ3.77～3.80，δ4.91 变尖单峰，由此可知 C-2 上的质子也在 δ3.77～3.80 处，它们的偶合常数为 2.2，亦属 Hee 偶合，都是 e 键。因为 δ3.77～3.80 处含有 3 个氢，最后一个未指定的氢，C-3 上的氢必在此处，它与 C-2，C-4 的氢重叠在一起，我们的 ^{1}H NMR 技术不能确定其构型。至此，推定 I 只有两种可能结构，如果 C-3 上的质子是 a 键时，I 是 β-6-脱氧-阿洛糖甙，如 C-3 上的质子是 e 键时，I 是 β-6-脱氧葡萄糖甙。由于没有标准品对照，本文暂未最后鉴定，然而根据 ^{13}CNMR 数据比较，I 的数据更接近于阿洛糖的。I 的比旋光度为 -78.6，鲨肝醇的分子旋光度为 +3.9，根据 Klyne[4] 规则算得糖的克分子旋光度为 -388.9°，这表明 I 是 β-6-脱氧-D-六碳吡喃糖鲨肝醇甙（图式 1）。

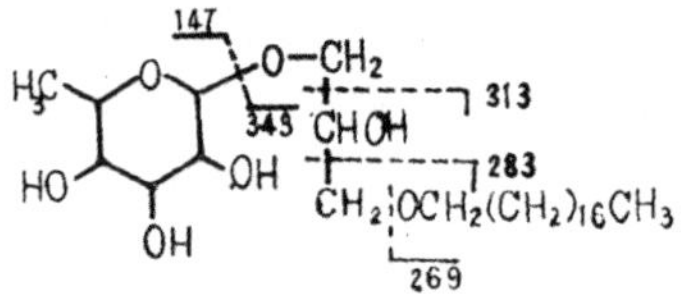

图式 2

I 的结构提出了一个很有意义的立体化学问题，它在氯仿溶液中呈 1C 构象（反椅式），在空阻上似乎是不稳定的，这一现象用端基电子效应（anomeric effect）[5] 可以得到解释。端基效应由两部分组成，一部分是电荷排斥，另一部分是电吸引。图式 3a 中两对弧对电子对互相排斥，称之为"兔耳效应"（rabbit-ear effect），在糖的六元环中也有这种效应，当 C-1 的 X 处于 e 键时有 1～2 对兔耳效应，而处于 a 键时只有一对或无兔耳效应，如图式 3b，c（涂黑的弧对电子有兔耳效应）。从电荷排斥方面来看，C-1 在上的 a 键比 e 键的稳定。除了排斥作用外，还存在电荷吸引[6]（图式 4）。

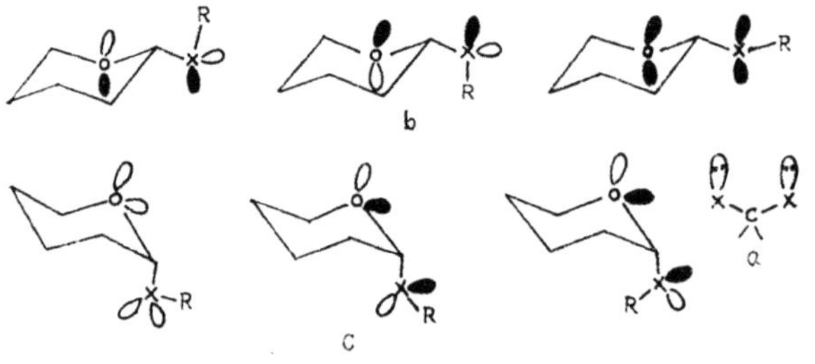

图式 3

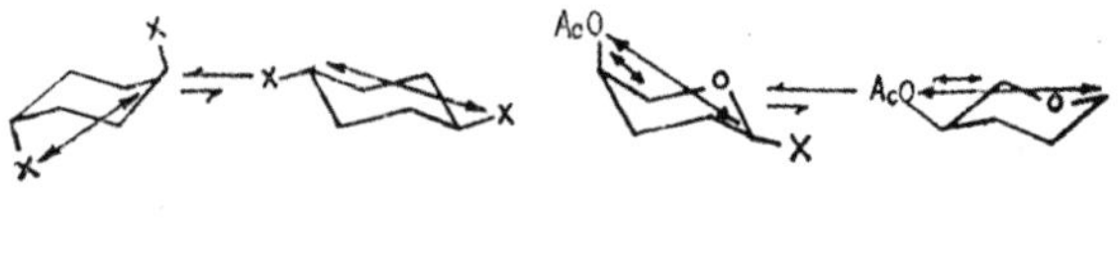

图式 4

图中电负性大的X和带正电荷的碳原子相互吸引，x处于a键的比e键的距离更短，距离的缩短抵消了空阻效应，因此从电荷吸引方面考虑也是a键比e键的稳定。端基效应受溶剂效应影响非常大，因为极性大的溶剂如水或醇会与糖中的极性基团生成氢键，大大减少了端基效应，正由于这个原因，有人把糖的羟基酯化，增大其酯溶性，然后在$CDCl_3$中测定其^1H NMR谱，希望能得到1C构象，但由于酯化后空阻增大，其端基效应不足以抵消空阻的影响而没有成功[7]。我们发现的I能溶于$CDCl_3$，且空阻不大，所以能以1C构象存在，这一事实为糖的端基效应提供了很好的证明。

2 实验部分

仪器 EDA×9100 165型5D×FTIR红外光谱仪；JEOLFX90QFT核磁共振仪；XL-400Uarian核磁共振仪；ZAB VG-ANAIY有机质谱仪；国产显微熔点仪；Perkin Elmer 241型旋光仪。

提取和分离 丛生短指软珊瑚采自海南陵水县附近海域，切碎晒干，用95%乙醇浸泡3次，每次8天，浓缩液分层，下层是盐和橙色水溶液，上层液体减压蒸去水分，残余物进行硅胶柱层析，并在甲醇中重结晶，得白色小针状晶体I。熔点131~132°（在校正），$[\alpha]_D^{25}$ -78.8°（C 0.112 EtOH），稍溶于氯仿和丙酮中，加热易溶于多种有机溶剂中，不溶于水。

水解和鉴定 约4mg I，用1ml乙醇溶解，加入1ml 2N HCl，水浴回流，约5小时后出现淡黄色油珠浮于溶液上面，8小时后停止加热，减压蒸去溶剂，得淡色残渣，把它分配于3ml H_2O和3ml $CHCl_3$中，吸出$CHCl_3$层，再用$CHCl_3$ 2ml萃取水层两次，合并$CHCl_3$液，减压蒸干，产物用硅胶TLC，展开剂是80%乙酸乙酯石油醚溶液，与标准品鲨肝醇对照，其R_f都是0.6。它的^1H NMR数据也与标准品一致。

水溶液置于蒸发皿吹干，加入磷酸2滴，加热，用浸过苯胺的稀醋酸溶液的滤纸盖住蒸发皿，片刻，滤纸变红。

波谱数据

IR(υ_{max}^{kBr}, cm^{-1}) 3300, 2920, 2860, 1480, 1350, 1170, 1130, 1090, 1040, 995, 975, 813, 780, 720.

MS, m/e(FD) 491, 355, 345, 343, 147, 93, 61, 53, 43, 29：(EI) 472, 441, 386, 373, 355, 345, 343, 327, 313, 297, 283, 269, 253, 241, 222, 207, 189, 159, 147, 129, 117, 111, 103, 93, 85, 75, 57.

^1H, NMR ($CDCl_3$, TMS), δ(ppm) 4.91 (d, J2.2Hz, 1H, C-1), 4.02 (q, J7.9Hz, 1H C-5), 3.96(m, J4.4, 5.0, 3.6, 5.9Hz, 1H, C-8), 3.77~3.80 (m, 3H, C-2, C-3, C-4), 3.75 (dd, J10.2, 6.0Hz, 1H, C-7), 3.66 (dd, J10.2, 3.9Hz, 1H, C-7) 3.49, (dd, J5.0, 9.0Hz, 1H, C-9), 3.47 (t, J6.5Hz, 2H, C-10), 3.45 (dd, J3.2, 9.0Hz, 1H, C-9), 1.58 (brs, 4个OH), 1.58(m, 2H, C-11), 1.31(d, J7.9Hz, 3H, C-6), 1.29(s, C-12) 0.88(t, J6.5Hz, 3H, C-13).

^{13}C NMR和DEPT(DMSO, TMS), δ(ppm) 99.1(CH, C-1), 71.5(CH, C-2), 71.5

(CH$_2$,C-7), 70.3(CH$_2$,C-9), 69.6(CH.C-8), 69.0(CH$_2$,C-10), 68.2(CH,C-3和C-4), 65.7(CH,C-5), 30.9(CH$_2$,C-11), 28.7(CH$_2$,C-12), 25.4(CH$_2$,C-12), 21.5(CH$_2$, C-12), 16.0(CH$_3$,C-6), 13.3(CH$_3$,C-13).

水解产物鲨肝醇的 ^{1}H NMR(CDCl$_3$,NMS), δ(ppm) 0.88, 1.27, 2.18, 3.46, 3.52, 3.68, 3.82.

参 考 文 献

[1] 龙康侯、林永成，有机化学，5(1985),369.
[2] Fusetani et al., *Tetrahedron Lett.*,26(1985),52,369.
[3] Look, Sally A. et al., *J. Org. Chem.*, 51(1986)., 26, 5140.
[4] Capon, B. et al., *Adv. Carbohydrate Res.*, 13(1960),15,11
[5] Lemieux, R. U. et al., *Carbohydrate Res.*, 13(1970),139.
[6] Wood, G. et al., *Can. J. Chem.*,47(1969),429.
[7] Eliel, E. L., *J. Org. Chem.*, 33(1968), 3754.

Studies on the Chemical Constituents of the Chinese Soft Corals(18)

Lochmodoside, a New Glycoside from Sinularia lochmodes Kolonko

Long Kanghou   Lin Yongcheng   Lian Jian

Abstract

A new glycoside, isolated from Sinularia lochmodes Kolonko collected from the South China Sea, was designated Lochmodoside (I), mp. 131~132℃ (uncorr.), $[\alpha]_D^{25}$ −78.6(c 0.112, EtOH), MW. 490. It is a batyl alcohol 6-deoxy-β-D-hexapyrranoside. Its structure was elucidated on the basis of data of MS, IR, NMR and some chemical reactions. The unique conformation of (I) was discussed.

Keywords soft coral, batyl alcohol glycoside, chemical constituent

环肽Cyclo-[(gly)Thz-Pro-Leu-Val-(L和D)-(gln)Thz]的合成

龙康侯 林永成

(化学系)

摘 要

含噻唑环的氨基酸由溴代丙酸直接与硫胺缩合；肽链的形成使用二环己基碳二酰亚胺法和叠氮法，环化位置选择在两个噻唑氨基酸之间，采用高稀浓度二苯基磷酸叠氮酯作缩合剂环化。产物熔点180~186℃，$[\alpha]_D^{19}$ -28.9°。初步生理试验表明，对于肺癌A-549细胞的有效抑制浓度：(L和D)-(gln)ThzOH是30μg~50μg/ml，最终产物是30μg~10μg/ml，本工作共合成了16个新化合物。

关键词 海洋环肽，抗瘤化合物，海兔

近年来从海洋生物特别是海鞘和海兔发现了很多结构独特的环肽，它们具有强烈的抗癌活性，引起了广泛的重视，海洋环肽的研究已成为一个比较活跃的领域[1]。Pettit等从海兔中分离出一种活性极强的抗癌物质Dolastatin 3 (1)。然而，这种物质在海兔中含量很低，故阐明其结构相当困难,其中氨基酸的构型仅假定为L型[2]。但是Ireland等指出，已发现天然存在的几个噻唑氨基酸都是D型[3]。本文工作是合成了题目化合物(2)，它具1的分子结构，但带*号的手性碳为L和D构型。

1 合成路线设计

1.1 Z(gln)Thz(6)的合成

$$\underset{\underset{(CH_2)_2CO_2H}{|}}{NH_2CHCO_2H} \quad \underset{HCl\ 31\%}{\overset{C_6H_5CH_2OH}{\longrightarrow}} \quad \underset{\underset{(CH_2)_2CO_2Bzl}{|}}{NH_2CHCO_2H} \quad \underset{NaHCO_3\ 76\%}{\overset{ZCl}{\longrightarrow}} \quad \underset{\underset{(CH_2)_2CO_2Bzl}{|}}{ZNHCHCO_2H}$$

本文1988年3月4日收到

```
ClCO₂Et    ZNHCHCONH₂       P₂S₅           ZNHCHCSNH₂
─────→         |          ───────→              |
NH₃ 88%    (CH₂)₂CO₂Bzl  Dioxane 96%       (CH₂)₂CO₂Bzl
                                                 3

BrCH₂COCO₂H    ZNHCH-Thz-CO₂H    NH₃/MeOH    ZNHCH-Thz-CO₂H
──────────→         |           ─────────→        |
              (CH₂)₂CO₂Bzl       65%(3→6)     (CH)₂CONH₂
                    5                               6
                ↑ 水解50%

BrCH₂COCO₂Et   ZNHCH-Thz-CO₂Et
──────────→         |
              (CH₂)₂CO₂Bzl
                    4
```

6 Z(gln)ThzOH
Z C₆H₅CH₂OCO-
Bzl C₆H₅CH₂-
Thz (噻唑环)

1.2 (gly)Thz(8)的合成

```
                        H₂S                              BrCH₂COCO₂Et
C₆H₅CONHCH₂CN ─────────────→ C₆H₅CONHCH₂CSNH₂ ─────────────→
                 NH₃/EtOH 76%          7                EtOH 60%

C₆H₅CONHCH₂-Thz-CO₂Et   4N HCl    NH₂CH₂-Thz-CO₂H      ZCl
                      ─────────→                   ─────────→
                        90%                         NaOH 84%

ZNHCH₂-Thz-CO₂H    8
```

1.3 环肽的合成

Z-(gly)Thz	boc-pro	boc-leu	val-OMe	Z(L&D)-(gln)ThzOH
	boc	DCC		
		9 57%	OMe	
	TFA·H	TFA		
		10 64%	OMe	
	boc	Et₃N/DCC		
		11 76%	OMe	
	TFA·H	TFA		
		12 81%	OMe	
		Et₃N/DCC		
Z		**13** 89%	OMe	HBr/HOAc
		NH₂NH₂		
Z		**14** 85%	NHNH₂	HBr·H **15** OH
		NaNO₂/HCl		Et₃N
Z		**16**	N₃	H **17** OHNEt₃
Z		**18** 54%		OH
HBr·H		HBr/HOAc		OH
		Et₃N/DPPA **19**		
cyclo(		**2** 42%		)

boc Me₃CO₂C-
TFA F₃CCO₂H

2 结果与讨论

新的噻唑氨基酸(**6**)的合成是关键步骤之一。本路线以谷氨酸为原料，选苄酯为 γ-羧基的保护基团，苄氧基羰基(Z)为氨基的保护基团。在使用Greenstein等的方法[4]制备苄酯时，对后处理作了改进，原法用大量乙醚分离产品，现改为以少量冰水提取苯甲醇层，省掉了乙醚，且操作更简便，产率和纯度与原法相当。

酰氨用 P_2S_5 处理在室温下就可转化为硫酰胺 **3** 而且产率很高，通常这类反应在极性溶剂中比在非极性溶剂中为快，最常用的是吡啶，然而转化为 **3** 时，用二噁烷作溶剂比吡啶好，TLC鉴测分析表明，以吡啶作溶剂进行反应时，付产物多，产量很低，其原因待进一步研究。

由硫酰胺合成噻唑氨基酸，作者试验了两条路线a和b。在b路线中，考察了溶剂和添加少量喹宁对反应率和旋光性的影响，并且试验了化合物 **4** 的选择性水解。

分别使用乙醚、四氢呋喃(THF)和乙醇作溶剂进行反应，它们的产率(约50%)和反应时间均没有多大差别，所得产品都是消旋的，可见溶剂对这个反应影响不大。

在反应体系中加入10%的L-喹宁与不加喹宁的实验对照，产率分别为53%和55%，比旋光度前者为1.5°后者为0.73°，这些差别似乎没有多大意义。

化合物 **4** 的噻唑环上的酯羰基比 γ-苄酯羰基更易受到亲核进攻，因此有可能选择性水解乙酯基。在pH=9，以乙醇作溶剂，加入比1当量稍过量的1.3N NaOH，迴流1天，结果乙酯被水解而 γ-苄酯基本不变。

路线b是直接使用溴代丙酮酸进行反应，这样就省掉选择性水解一步。反应在常温下进行，以THF为溶剂，1小时完成，分离容易，产率达60%。我们还发现，在分离过程中使用氨甲醇溶液作为碱来提取，静置1天，γ-苄酯也转化为酰氨，产率从 **3**→**6** 达65%。

此外选用另一个更稳定的保护基团，对甲苯磺酰基(TOS)，从而设计了另一路线：

a. P_2S_5,　　b. BPE,　　c. $NH_3 \cdot EtOH$, 4h, r-t,　　d. 2N NaOH,　　e. $SOCl_2$,
f. NH_3, EtOH,　　g. Na/liq, NH_3,　　h. $BrCH_2COCO_2H$,　　i. $NH_3 H_2O$, 24h, r-t

这一路线最大的优点是在脱保护基之前的每一步产率都很高，而产物都是晶体，操作方便，分离容易，但其最大的缺点是用Na/液氨脱TOS基噻唑环开裂，产率很低，详情另报。

肽链的形成分两部分，一是直链肽18的形成，二是直链肽的环化。环化位置选择在两个噻唑氨基酸之间，这是因为要安排6最后接上肽链，因为6是采用外消旋物，故环化时不存在消旋问题。产生9, 11和13的缩合反应都是使用二环已基碳二酰亚胺（DCC）法进行，doc保护基用三氟乙酸（TFA）除去。实验证明，使用DCC作为缩合剂使噻唑氨基酸和肽类反应可顺利进行，产率分别为54%和89%。

在接6时，用迭氮法，这样可避免13的甲酯水解，减少了因水解而产生的消旋，断链等付反应，在接肽反应时，6的侧链不用保护，也可将偶联时的消旋化减至最低限度。

环化反应主要是防止消旋化和分子间的聚合，本路线采用高稀浓度（$10^{-3} \sim 10^{-4}$M），以二苯基磷酸叠氮酯（DPPA）为环化试剂在 -20℃下反应两天，再在 0℃反应两天得到最终产物2.2的熔点为180～186℃，与Pettit等报道[2]的133～137℃相差较大，^{1}H NMR数据也不完全相同，2的高分辨质谱分子离子峰为660.255441。西德Schmidt等[5]和日本由yasumasa[6]等分别以与我们不同的路线合成了Dolastatin3，他们的^{1}H NMR和其它物理常数与Pettit等报道的不相同，yasumasa的合成产物对1210淋巴白血病细胞没有活性，因此，他们都认为Pettit等提出的Dolastatin 3[2]的结构是错误的，（但Schmidt等和Yasumasa等有些数据也不相同）。

由广州医学院卫生教研室广州肺癌研究协作中心吴中亮等对化合物2, 5和13的酯水解产物做了初步的生理试验：对肺癌A-549细胞的抑制作用，2的浓度为10～30μg/ml，5的浓度为30～50μg/ml，13的酯水解产物无活性。

3 实验部分

3.1 仪器 SDXFTIR红外光谱仪；JEOL FX90 QFT核磁共振仪； ZAB VGA-NALY质谱仪；Perkin Elmer 241旋光仪；

3.2 γ-苄酯谷胺酸的合成 25g谷氨酸加到165ml含有42ml浓盐酸的苯甲醇中，在蒸汽浴上摇振，到谷氨酸全部溶解后再加热15分钟，冷却后以50ml×4的冰水提取，合并提取液，调节pH6～6.5，有白色沉淀，0℃放置过夜，过滤得片状晶体，用20ml×2乙醚洗涤，在100ml沸水中重结晶，得12g产物，产率31%，熔点169～171℃ $[\alpha]_D^{22} -18°$ (c 0.07, HOAc) 与文献一致，波谱数据略。

3.3 N-Z-γ-苄酯谷氨酸的合成 按文献[4]方法，产物针状结晶，熔点77～79℃，$[\alpha]_D^{22} -22.5$(c 0.063, KHCO$_3$)。

3.4 N-Z-γ-苄酯异谷酰胺的合成 按文献[7]。产物为小针状晶体，熔点126～128℃，$[\alpha]_D^{22} -9.44$(c 1.27, EtOH)

3.5 3 的合成 ①7g N-Z-γ-苄酯异谷酰胺溶于35ml二噁烷中，加 15gMgCO$_3$，

强烈搅拌,逐渐加入干燥的P_2S_5粉末,室温反应14小时,倒入300ml冰水中,用20ml×3乙醚提取,水洗乙醚两次,用Na_2SO_4干燥,除乙醚得苍黄色粘稠油状物7.5g,产率96%。②1g N-Z-γ-苄酯异谷酰胺溶于3ml干吡啶中,加入P_2S_5,其余操作与①同,得黄色油状物,TLC表明产品斑点较淡,尚有4个以上副产物的斑点。

3.6 4的合成 4.5g的3溶于20ml THF中,强烈搅拌,加入3.7g溴代丙酮酸乙酯迴流5小时后,减压除去溶剂,将固体残余物分配于25ml乙酸乙酯和25ml 5% $NaHCO_3$水溶液中,有机层用无水Na_2SO_4干燥,减压除溶剂,得3.3g粗产物,产率59%,在乙酸乙酯石油醚中重结晶,熔点76~78℃,$[\alpha]_D^{25}=0°$。^1H NMR(CDCl$_3$,TMS)$\delta_{(ppm)}$ 8.02(s,1H), 7.36(s,10H), 5.8(m,1H), 5.10(s,4H), 4.4(q,J7Hz,2H), 2.48(m,4H), 1.38(t,J7Hz,3H)。MS(EI), M^+ 482。

合成4的几种实验方法

方法	原料	溶剂	反应条件	产量	产率	$[\alpha]_D^{26}$
1	1g 3+0.5g BPE	10ml THF	抽真空40°,搅拌8小时后室温过夜	0.79	55%	-0.73°
2	2g 3+1gBPE 100mg喹宁	20ml THF	迴流8小时后室温搅拌过夜	1.31	53%	-1.50°
3	0.5g 3+1gBPE	无水乙醇 10ml	同上	0.35	56%	0
4	0.5g 3+0.25BPE	15ml 乙醚	同上	0.38	60.7%	0

BPE 溴代丙酮酸乙酯

3.7 4的选择性水解 将280mg的4溶于2ml乙醇中迴流搅拌,加入0.5ml含有25mg NaOH的水溶液,由TLC监测,8小时显示反应完成,蒸干乙醇,残余物溶于水中,用乙醚提取两次,水溶液酸化至pH5~6,得棕红色油状色,冰冷中放置4小时,油状物固化,粗产品通过Al_2O_3柱层析纯化,以80%乙酸乙酯石油醚溶液洗提,得白色晶体130mg(5),产率50%,熔点171~173℃。MS(EI), M^+ 454, ^1H NMR(CDCl$_3$,TMS)$\delta_{(ppm)}$ 8.04(S,1H), 7.95(d,1H), 7.30(S,10H), 5.8(brs,1H) 5.1(s,4H), 2.4~2.03(m,4H)。

3.8 5和6的合成 将0.5g 3溶于5ml THF中,强烈搅拌下加入0.25g溴代丙酮酸,1小时后减压除溶剂。a.产物通过硅胶柱层析纯化,60%乙酸乙酯石油醚溶液冲出,得0.2g白色晶体产率33%,熔点和波谱数据与选择性水解产物5一致。b.加入10ml饱和的氨甲醇溶液,室温放置1天,40℃减压除溶剂,残余物溶于5ml水中,随即酸化,有棕黄色油状物析出,0℃放置4小时,固化,过滤,固体溶于少量无水乙醇中,滤去黑色不溶物,冷却后析出白色长丝状晶体1.5g(6),熔点186~187℃,产率65%。将实验6和7a所得的结晶5,用饱和的氨甲醇液处理3天同样可得产物6。MS, M^+ 363。

¹H NMR(CDCl₃,TMS)δ(ppm) 8.34,(s,1H), 8.25(d,J7.7Hz,1H), 7.36(s,5H), 7.28(b,1H), 6.78(b,1H), 5.07(s,2H), 4.86(m,1H), 3.34(b,1H) 2.20(m,4H).

3.9 2-N-苯甲酰胺基亚甲基噻唑-4-羧酸乙酯的合成 按文献[8][9].

3.10 7的合成 将实验8的产物11g加入25ml 二噁烷和125ml 2N HCl中,迴流20小时,冷却后析出晶体,用乙醚洗涤3次,在乙醇重结晶,得5.4g纯的 **7**,熔点269～270°,产率90%.

3.11 8的合成 5g **7**溶于15ml 2N NaOH溶液中,冷至0℃,搅拌,在20分钟内同时加入7g自制的氯代甲酸苄酯甲苯溶液和7.5ml 5N NaOH溶液,加完后再搅拌10分钟,然后用2ml乙醚提取,在冰浴中以4N HCl酸化水溶液至刚果红,0℃放置4小时,过滤,乙醇中重结晶,得产物7.3g,熔点159～160℃,产率84%. MS,M⁺292. ¹H NMR (DMSO,TMS) δ(ppm) 8.3(s,1H), 8.15(t,J6Hz,1H), 4.5(d,J6Hz,2H), 7.36 (s,5H), 5.1(s,2H), 3.1)b,1H).

3.12 肽链形成和脱boc保护基 0.06mol氨基酸或肽酯的盐,悬浮于130ml CHCl₃中,搅拌,加入约11ml三乙胺(TEA),和40ml含有0.06mole的N-boc-氨基酸CHCl₃溶液,以TEA调节pH在7～8之间,冷至0℃,强烈搅拌下加入30ml含有16gDCC的氯仿溶液,在0℃搅拌3小时,然后室温放置过夜,滤出固体,50℃下减压浓缩,残余物溶于50ml CHCl₃中,滤去不溶物,依次用15ml 1N HCl,水,5%NaHCO₃和水洗涤,用无水Na₂SO₄干燥,减压除溶剂,得糖酱状物,在乙酸乙酯中重结晶得产物.

将0.03g mol上述的boc肽溶于25ml TFA:CH₂Cl₂(1:1)中,室温下并用CaCl₂干燥保护,摇振,固体完全溶解后再放置5分钟,减压除去TFA和CH₂Cl₂溶剂,得糖酱状物,加入100ml乙醚振摇,析出结晶,过滤,用干醚洗涤,在NaOH丸粒上真空干燥.

9的产率57%,熔点138～140°, $[\alpha]_D^{26}$ -25.4(c 0.18,EtOAc),高分辨 MS, M⁺ 300.23116.

11的合成如上述,产品小针状晶体,熔点90～94℃,产率76%. MS,M⁺ 442, $[\alpha]_D^{23}$ -79.7(c 0.903,EtoAc).**11**脱boc得**12**,产率81%.

13的合成如上述,产品熔点65～67℃, $[\alpha]_D^{25}$ -84.5(c,1.69,EtOH). MS, M⁺ 615 ¹H NMR(CDCl₃,TMS)δ(ppm) 8.08(s,1H), 7.35(s,5H), 5.18(s,2H), 4.58(m, 5H), 3.75(s,3H), 3.49(s,2H), 2.45～1.1(m,8H), 0.88(m,12H), 7.8(b,1H), 7.0(b,1H), 6.5(b,1H).

3.13 14的合成 将3.3g **13**溶于15ml乙醇中加入1ml 100%水合肼,迴流1小时,在室温下放置1天,过滤得白色固体,将母液浓缩,加入乙醚,又析出晶体,合并两次的晶体,在无水乙醇和乙醚中重结晶,得产品2.8g,熔点157～159℃, $[\alpha]_D^{23}$ -18.4° (c 0.82,EtOH),产率85%. MS,M⁺615. ¹H NMR(DMS,TMS)δ(ppm), 9.55(b, 9.12(b,1H), 8.24～8.04(b,2H), 8.15(s,1H), 7.36(s,5H), 5.18(s,2H), 7.6(b, 1H), 4.5(d,J7.2,2H), 4.4～3.2(m,5H), 2.2～1.1(m,8H), 0.88(m,12H).

3.14 6的脱Z保护基 1mmole的 **6**,置于胆形瓶中,在0℃加入10g 36% HBr/

HOAc，用CaCl管保护，反应至无CO_2释出，室温下放置15分钟，然后加入10ml干乙醚，析出固体，在0℃放置6小时，N_2气氛中过滤，用干醚洗涤两次，置于NaOH丸粒上干燥得**15**。

3.15 18的合成 将615mg**14**溶于10ml冰醋酸中，加入1ml 5N HCl和15ml H_2O，冰至$-10\sim-15℃$，强烈搅拌下滴加含有74mg $NaNO_2$的水溶液（0.6ml），搅拌5分钟后，滤出沉淀，分别用冰冷的饱和NaCl水溶液、5% $NaHCO_3$和水洗涤，在5℃下P_2O_5上和KOH丸粒上干燥，将1 mmol **15**溶于10ml 5%DMF水溶液中，加入TEA，调节pH7.5～8（约0.4ml），冷至$-10\sim15℃$，加入上面制得的迭氮物溶于冰冷的10ml DMF中搅拌36小时，在50℃下减压除溶剂，残余物经硅胶柱层析纯化，80%乙酸酯石油醚液洗提，得粉末状固体370mg，产率54%，熔点140～144℃，$[\alpha]_D^{23}-78.2$、(c 0.064, EtOH). MS, M^+ 813. ^1H NMR(DMSO, TMS) $\delta_{(ppm)}$ 8.16(s,1H), 8.00(s)1H), 8.08(m,2H), 7.35(s,5H), 7.20(m,2H), 5.59(m,1H), 5.10(m,1H), 5.08(s,2H), 4.60～3.60(m,8H), 2.26～1.75(m,12H), 1.20(m,6H), 0.82(brs,6H) (-COOH在δ3.2与水峰重迭。)

3.16 18的脱Z保护基 方法如实验13，得**19**

3.17 环化 将**19**溶于60ml DMF中，加入TEA，调节pH7.2，冷至$-25℃$，加入冷的0.2ml DPPA，在$-25℃$下搅拌2天，然后在$-10℃$下搅拌2天，维持pH7～7.5，TLC跟踪，反应完全后，加入8ml水和7ml混合阴阳离子交换树脂，在0℃下搅拌6小时，过滤，减压除溶剂，不超过50℃，残余物溶于乙醇中，硅胶柱层折纯化，用50%乙酸乙酯石油醚溶液冲出，得白色粉末状固体，熔点180～186℃，$[\alpha]_D^{19}-28.9$ (c 0.19, EtOH). 高分辨MS, M^+ 660.255441. ^1H NMR(DMSO, TMS) $\delta_{(ppm)}$ 8.88(b,1H), 8.30(b,1H), 8.10和8.05(s,1H), 8.00、7.95(s,1H), 7.68(b,1H), 7.20(b,1H), 6.75(b,1H), 5.60(m,3H), 4.60(m,2H), 3.90(m,1H), 3.50水峰复盖, 2.40～1.40(m,12H), 1.20(d, J, 7.6H_z, 6H), 0.88(brs,6H).

参 考 文 献

[1] 林永成，龙康侯，大学化学，2(1987), 3, 5.
[2] Pettit, G.R. et al, *J. Amer. Chem. Soc.*, 104(1982), 905.
[3] Biskupiak, J. E. et al, *J. Org. Chem.*, 48(1983), 2302.
[4] Greenstein J. P. and Winitz, M., *Chem. of Amine Acids*, N. Y. John Willey & Sons Inc., 1961, 943.
[5] Yasumasa, Hamada et al, *Tetrahedron Letts.*, 25(1984), 46, 5303.
[6] Schmidt, V. U. et al, *Angew. Chem.*, 96 (1984), Nr. 9, 723.
[7] Hanby, W. E., *J. Chem. Soc.*, 1950, 3239.
[8] Anslow, W. K. et al, *Org. Syn. Coll.*, 1 (1939), 298, 355.
[9] Cross, D. F. W. et al, *J. Chem. Soc.*, 1963, 2143.

The Synthesis of Cyclo-〔(gly)The-Pro-Leu-Val-(L&D)-(gln) Thz〕

Long Kanghou Lin Yongcheng

Abstract

Cyclo-〔(gly) Thz-Pro-Leu-Val-(L&D)-(gln) Thz〕(2) was synthesized. In this process, the thiazole amino acid, z-(L&D)(gln)ThzOH (6), was obtained by directly condensing a thioamide with bromopyruvic acid; the formation of peptide bond was carried out with DCC and azide methods and the cyclzation with DPPA in high dilution($10^{-3} - 10^{-4}$M). The product has mp. 180-186°C (uncorr.), $[\alpha]_D^{19}$ -28.9°(c 0.19, EtOH). 2 is structurally similar but not identical to Dolastatin-3. The preliminary physiological activity test shows that 6 has an effect of inhibiting lung cancer A-549 cell in concentration at 30-50μg/ml and 2 in 10-30μg/ml, and z-(gly)Thz-Pro-Leu-ValOH has not such activity. In addition, the preparation of γ-benzyl glutamate was improved.

Keywords sea hare, cyclopeptide, anticancer activity

中国软珊瑚化学成分的研究(十九)

戚氏豆荚软珊瑚的化学成分*

李瑞声　　邱力　　龙康侯

（化学系）

摘　要

本文报导一种新C_{12}-四酰胺(L_7)，命名为戚氏豆荚酰胺(Chevalieramide)和内消旋赤藓醇(L_1)(meso-erythritol)，通过IR, MS, ^{1}H NMR和^{13}C NMR及元素分析确定了它们的结构。

关键词　天然产物，戚氏豆荚酰胺，内消旋赤藓醇

1　结果讨论

从我国南海戚氏豆荚软珊瑚(*Lobophytum Chevalieri*)的天然代谢产物中，单离到十五种结晶物质。前文[1]报导了其中的两个化合物的鉴定，分别是四羟基甾醇单酯(L_4)，柳珊瑚甾醇(L_{14})，均是甾醇类化合物。现报导另两个化合物，即C_{12}-四酰胺(L_7)，命名为戚氏豆荚酰胺(Chevalieramide)和内消旋赤藓醇(L_1)(meso-erythritol)，通过IR MS、^{1}H和^{13}C NMR元素分析确定了它们的结构。

1.1　C_{12}-四酰胺 L_7

用85%甲醇/丙酮冲出一棕色的结晶。重结晶后，得白色棱柱状结晶L_7。熔点为243.0-243.5℃(无水乙醇)。

L_7元素分析结果(C:H:N:O=1:1.38:0.33:0.38)表明是一个含氮化合物，由L_7的波谱数据(见表1)可知该化合物的分子含有两个与杂原子相连的甲基：^{1}H NMR (CD$_3$OD/TMS)；δ4.11(3H、S)，δ3.96(3H,S)。这二个甲基在^{13}C NMR波谱中的信号：^{13}C NMR(D$_2$O/TMS):36.73(q)，36.84(q)表明它们不可能是与氧原子相连而

本文1988年4月25日收到

* 国家自然科学基金资助项目

应是与氮原子相连,否则甲基碳原子的δ值应在更低场(~60ppm)。波谱数据还表明分子中唯一的羰基^{13}C NMR(D$_2$O/TMS):164.37(s), IR ν_{max}^{KBr}:1630cm^{-1},只能是酰胺羰基。由IR ν_{max}^{KBr} 3500cm^{-1}和^{1}H NMR中部分氘代的质子信号可知氮原子上应含有质子。因此得出分子中应含有两个—C(=O)—NHCH$_3$片断。除此之外,分子中还含有的另一个片断是三取代键 C=C(H),^{13}C NMR (D$_2$O/TMS): 131.86 (s)、127.32(d);^{1}H NMR(CD$_3$OD/TMS):7.69(s)。可以推定分子中只含有上述两个片断。^{1}H NMR表明双键上的质子(7.77ppm)与两个甲基质子(4.08,3.90)的比例为1:3:3。因此可以确定L$_7$是由如 I 的结构单元组成。这样,L$_7$的结构只可能是 II ,

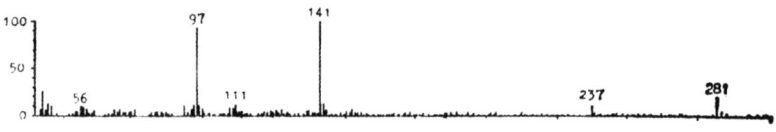

其分子量为282,在FAB质谱中对应于281(M-1)峰,见图1。

图1 L$_7$的质谱
Fig. 1 Mass spectrcm of L$_7$

至今未发现文献对L$_7$的报导,它是一个新的C$_{12}$-四酰胺,命名为戚氏豆荚酰胺。对它的生理活性的研究正在进行中。

表1 L$_7$的^{13}C NMR、^{1}H NMR、IR数据
Tab. 1 Data of ^{13}C NMR ^{1}H NMR and IR for L$_7$

碳数	^{13}C NMR(D$_2$O/TMS) δ(ppm)	^{1}H NMR(CD$_3$OD/TMS) δ(ppm)	IR cm^{-1}
1	164.40(s)	8.77(br-s 部分氘代—(NHC(=O)—)	3500 1450 940
2	131.90(s)	—	2960 1420 825
3	127.30(d)	7.69(2H, s)	1630 1390 780
4	36.83(g)	4.08(6H, s)	1570 1360 740
5	36.73(g)	3.90(6H, s)	1475 1175 615

a. 碳的类型通过全不去偶定出

1.2 内消旋赤藓醇 L_1 (meso-erythritol)

用丙酮冲洗出一结晶，反复重结晶后得熔点为120—121℃（甲醇）的白色棱锥状结晶，旋光度 $[\alpha]_{30}^{\alpha} = 0$ (H_2O, C. 0.63)。从波谱数据（见表2）

^{13}C NMR(DMSO/TMS): 72.6(d), 63.39(t) 表明分子中只含有两种类型的碳，即 —CH_2O— 和 —CHO—。^1H NMR(DMSO/TMS): 4.44(d, J4.2，重水交换消失), 4.32(t, J4.1，重水交换消失), 3.54—3.26(m)，说明只存在着 —CH_2O— 和 $>$CHOH 片断。

由此推定分子由 $HOCH_2$—CH—OH 基元组成。所以 L_1 只可能是丁四醇-1,2,3,4 (1)。丁四醇有3种旋光异构体 (2)、(3) 和 (4)：

从所测的旋光度为0可知其可能是外消旋化合物，也可能是内消旋化合物 4，文献报导内消旋丁四醇的熔点为 120.5℃[2a]，与实验值相符。所以 L_1 是内消旋赤藓醇。L_1 的波谱数据与文献报导的内消旋赤藓醇 IR[5]、^1H NMR[3]、^{13}C NMR[4] 对照，进一步支持这一结论。

内消旋赤藓醇比蔗糖甜两倍，有毒，普遍存在于草、藻类、苔藓等植物[2b]中。本研究表明它还存在于海洋生物软珊瑚这种腔肠动物中。

表2 L_1 的 ^{13}C NMR 和 ^1H NMR 的化学位移^a 及 IR 数据
Tab. 2 Data of ^1H NMR, ^{13}C NMR, and IR for L_1

碳数	^{13}C NMR δ (ppm)^b	^1H NMR δ(ppm)	IR. ν_{max}^{KBr} cm^{-1}		
1	63.39(t)	4.32(t, J$_{4.1}$可交换)	3300	1260	970
		3.54—3.26(m)	2970	1250	875
			2920	1215	850
2	72.60(d)	4.44(d, J$_{4.2}$可交换)	1420	1080	700
			1370	1050	

a. 溶剂：DMSO—d_6，内标：TMS，b. 碳原子的类型通过偏共振方法定出

2 实 验 部 分

2.1 仪器
核磁共振仪-TEOL公司，FX-90Q，红外光谱仪-美国NICOLET公司，5DX-FT，IR光谱仪，紫外光谱仪-日本岛津UV-240型。质谱仪-英国VG公司，ZAB-HS型质谱仪，旋光仪—上海物理光学仪器厂 WZZ-TI 型光谱仪熔,点用微量熔点

仪测定未经校正。

2.2 分离 将在我国南海三亚采集戚氏豆荚软珊瑚 Lobophtyam cheyalieri (Tixier Durivault) 晒干，丙酮，95%乙醇冷提取，合并提取液，除盐，得红棕色粘稠浓缩物，用硅胶装柱，依次用石油醚(60—90℃)-乙酸乙酯，乙酸乙酯-丙酮，丙酮-甲醇的洗释溶剂系统进行粗分，然后对组分分别进行反复硅胶柱层析，并结合重结晶进行纯化。

2.2.1 C_{12}-四酰胺(L_7) 粗分离中，用80%甲醇/丙酮冲洗得一棕色针状结晶，反复硅胶柱层析和用无水乙醇重结晶得棱柱状结晶L_7。含量为软珊瑚干重0.002%。

2.2.2 内消旋赤藓醇(L_7) 用丙酮冲洗出大量的黄色结晶，甲醇重结晶后得白色棱锥状结晶L_1。TLC用碘蒸气不显色，用荧光塑料硅胶板测得$R_f = 0.45$(60%甲醇/氯仿)。含量为软珊瑚干重0.1%。

参 考 文 献

〔1〕 李瑞声等，中山大学学报(自然科学版)，1988, 2, 69
〔2〕 a) Robert C. Weast, *Handbook of Chemistry and physics*, 58th Ed, CRC press, Inc, 1977, 289-290
 b) M. Windholz etal, *The Merck Index*, 18th Ed, Merck & Co. Inc, 1983, 530
〔3〕 Willam W. Simons, *The Sadtler Handbook of Proton NMR Spectra*, Phila., Sadtler. illus, (1978), 1861
〔4〕 E. Breitmaier et al., *Ateas of Carbon-13 NMR Data*, London, 2 (1979), 1207
〔5〕 J. Charles, *The Aldrich Library of Infrared Spectra*, U.P., Aldrich Chemical Co., illus, (1970)

Studies on the Chemical Constituents of Chinese Soft Coral ——Lobophtum chevalieri (Tixier Durivault) (XIX)

Li Ruisheng* *Di Li* *Long Kanghou*

Abstract

Two compounds, i.e., chevalieramide(L_7) and meso-erythritol(L_1) were isolated from a new species of Chinese soft coral *Lobophytum chevalieri* (*Tixier Durivault*). Their structures were identified respectively, based on the data of ^1H NMR, ^{13}C NMR, MS and IR. L_7 is a new C_{12}-tetra-amide and L_1 is firstly found to exist in the soft coral studied.

Keywords natural product, chevalieramide, *meso*-erythritol

---

*Department of Chemistry

中山大学学报(自然科学版)
第28卷 ACTA SCIENTIARUM NATURALIUM Vol,28
第1期，1989年 UNIVERSITATIS SUNYATSENI №.1(1989)

·研究简报·

7-羟基-8-甲氧基-4(1H)喹啉酮及其衍生物的合成*

龙康侯 孔 杰
(化学系)

摘 要

报导了7-羟基-8-甲氧基-4(1H)喹啉酮(Q-A)和它的10种衍生物的合成路线，理化性质及波谱数据；证明了Q-A合成品和由中国软珊瑚 *Sinularia Polydactyla* 分离到的天然产物Q-A是一致的。

关键词 软珊瑚，4-(1H)喹啉酮衍生物，抗心律失常

4-(H1)喹啉酮类化合物具有广谱生理活性，例如抗癌、抗菌、解热镇痛、镇咳平喘、抗神经失常、抗变态反应等。

作者于1984年首次从中国南海软珊瑚 *Siunlaria Polydactyla* 中分离出新的4-喹啉酮化合物(Q-A)[1]，药理实验表明，它对小鼠心脏和脑组织血流量增加，对由脑垂体后素引起急性心肌缺血具保护作用、并具耐缺氧的显著效应，对由乌头碱引起心律失常有缓解作用，而且毒性很低。本工作是进一步合成Q-A及其10个衍生物，并由许实波等初步研究其药理作用及构效关系1)。

1 Q-A的合成

Q-A的合成是根据Gould-Jacobs等[2]的路线进行的，但对其反应条件有所修改(图1)。以愈创木酚为原料，通过硝化还原得到3-氨基愈创木酚，再与乙氧基甲义丙二酸二乙酯在高温下缩合，最后环化、水解、脱羧，在一步中完成，得到产品。本法不用催化剂，产率61%，产品物理数据和波谱数据与天然物完全一致。

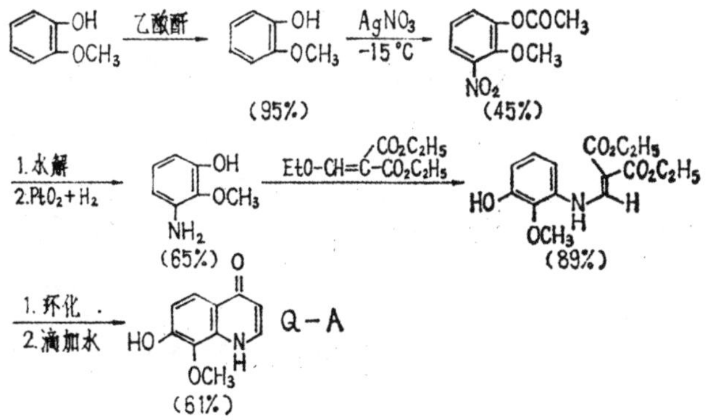

图1 Q-A的合成路线
Fig. 1 The synthetic route of Q-A

本文1988年3月9日收到
* 本文系孔杰于1987年7月完成的博士论文的一部分
1) 许实波等，Q-A及其衍生物的心血管药理作用(待发表)

2 Q-A 衍生物的合成

遵循如下原则设计Q-A衍生物的合成：①保持母体结构大体不变；②保持活性官能团基本不变；③引入取代基的体积不宜过大；④取代在其结构变化最敏感的位置上。

10种Q-A衍生物分别被标明为Q-B，Q-C,Q-D,Q-E,Q-F,Q-G,Q-H,Q-I,Q-J,Q-K，如图2所示。合成产品的结构由Ms,^{1}HNMR,IR谱得到证明（见实验部分）。

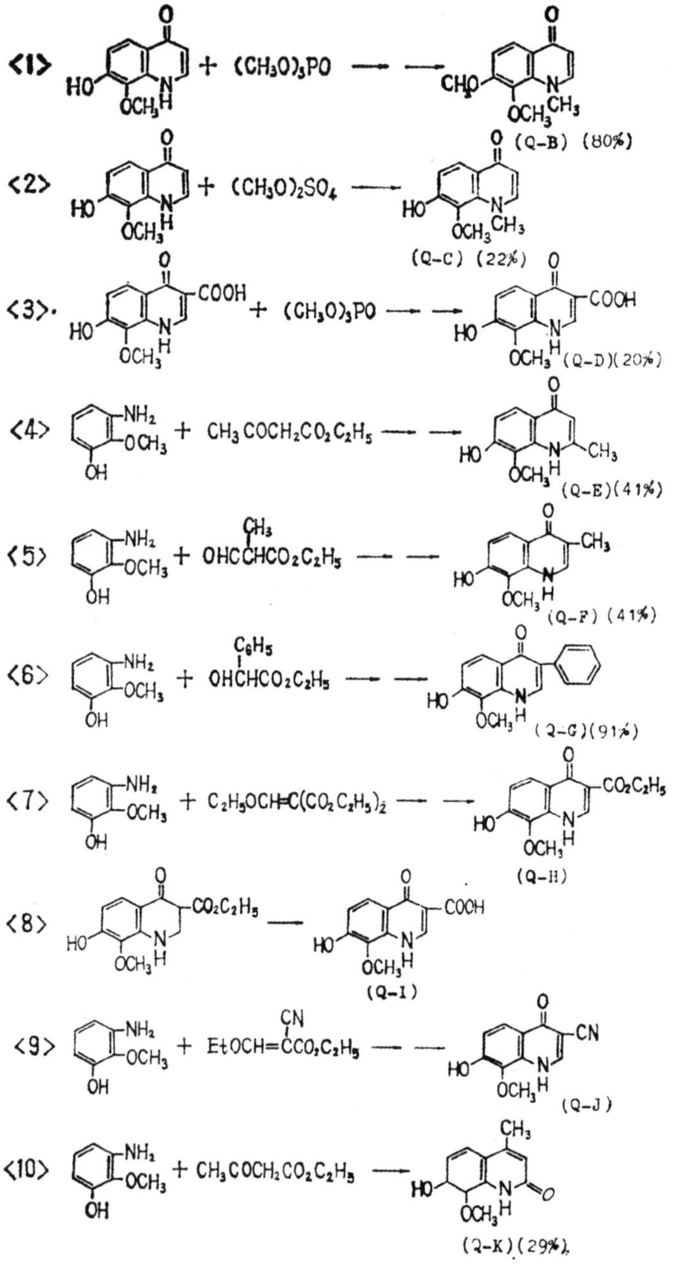

图 2 Q-A衍生物的合成路线
Fig. 2 The synthetic routes of Q-A derivatives

3 实验部分

3.1 3-氨基愈创木酚的合成

3.1.1 愈创木酚乙酸酯的合成[3]。

3.1.2 3-硝基愈创木酚的合成[4]。

3.1.3 3-氨基愈创木酚的合成 将3-硝基愈创木酚10g，无水乙醇50ml和250mg的PtO_2混合加入圆底烧瓶中，将反应体系抽空后，在室温下通入氢气，搅拌6小时，过滤，蒸出溶剂，经硅胶层析分离纯化，用石油醚-乙酸乙酯（体积比2:1）混合溶剂洗提，再用其混合溶剂重结晶，得一浅棕色针状结晶，熔点95℃，产量17mg，产率60%。

3.2 乙氧基甲叉丙二酸二乙酯的合成[5]。

3.3 通过修改的Gould-Jacobs反应合成Q-A

取500mg 3-氨基愈创木酚和乙氧基甲叉丙二酸二乙酯800mg在130℃缩合后，用2ml二苯醚稀释并滴加入沸腾的25ml二苯醚中。滴加完毕，继续加热20分钟。再向沸腾的溶液中加水，每次1—2滴（共2ml）。滴加速度以温度不低于230℃为准。时间40分钟。冷却，用6倍体积的正己烷稀释，将沉淀物用甲醇重结晶，得产品419mg，产率61%。

Ms (FB):$(M+1)^+$192, m/e 177, 161, 148, 132, 120, 90, 92, 77, 59, 65, 61. ^{1}HNMR (DMSO, TMS) ppm: 11.19 (b, 1H), 10.29 (b1H), 7.70 (dd, J6.0, 7.2 Hz, 1HO, 7.70 (d, J 8.9 Hz, 1HO, 6.90 (d, J8.9 Hz, 1H), 5.94 (d, J7.2 Hz, 1H), 3.82 (s, 3H). IR (cm^{-1}): 3220-2970, 1625, 1600, 1560, 1460, 1440, 1339, 1230, 1330, 1000, 920, 855, 810, 730。

3.4 Q-A衍生物的合成

3.4.1 N-甲基-7,8-二甲氧基-4-(1H)-喹啉酮(Q-B)的合成 将Q-A 200mg和磷酸二甲酯2ml混合加热，在190℃反应2小时，次日，用0.1N的NaOH水溶液15ml回流水解4小时，用5N的盐酸将pH调至4。分去水层，经硅胶柱层析纯化，用二氯甲烷和甲醇洗提，用甲醇重结晶，得无色针状晶体，重175mg，产率80%，熔点68°—70℃。

Ms: (EI) M^+205, m/e 190, 170, 162, 149, 134, 116, 97, 82, 73, 57. ^{1}HNMR (DMSO, TMS) ppm: 10.21 (b, 1H), 7.82 (d, J8.8 Hz, 1H), 7.71 (d, J7.7 1H), 6.96 (d, J9.16, 1H), 5.88 (d, J7.7 Hz, 1H), 3.98 (s, 3H), 3.774 (s, 3H). IR(cm^{-1}): 3000, 2980, 1620, 1570, 1550, 1510, 1410, 1380, 1320, 1300, 1200, 1170, 1120, 1065, 1050, 950, 910, 810, 765。

3.4.2 N-甲基-Q-A，亦即Q-C的合成 将Q-A 175mg，NaOH 48mg，水0.5ml放入烧瓶中，在室温下滴加Me_2SO_4 151mg后，升温至90—100℃，反应3小时，溶液中逐渐出现沉淀，pH=9，降温后，将pH调至7，用二氯甲烷和甲醇重结晶，得无色针状结晶，熔点228—229℃。重40.9mg，产率22%。

Ms (FB): $(M+1)^+$ 220, m/e 204, 190, 176, 162, 146, 133, 117, 104, 90, 77, 59, 45. ^{1}HNMR (DMSO, TMS): ppm: 800 (d, J9.16, 1H), 7.75 (d, J7.7 Hz, 1H), 3.93 (s, 3H), 3.79 (s, 3H). IR (cm^{-1}): 3380, 3400, 3000, 2960, 1630, 1570, 1550, 1450, 1360, 1280, 1220, 1120, 1975, 1010, 930, 880, 810, 730.

3.4.3 2-甲基-Q-A(亦即Q-E)的合成 将3-氨基愈创木酚695mg，乙酰乙酸乙酯650mg，无水乙醇3ml，无水硫酸钙1.35g，2滴冰醋酸混合后，在沸水浴上加热4小时，放置过夜。次日，滤出CaSO$_4$，蒸去溶剂。将二苯醚加热至沸，再将上述物质滴加进去，通氮气搅拌，反应45分钟，冷却，析出固体在硅胶柱上分离纯化，用乙醇和乙酸乙酯混合溶剂洗提得无色针状晶体，熔点250-251℃，重266mg，产率26%。

Ms (FB, TMS): $(M+1)^+$ 206, m/e: 191, 176, 162, 147, 134, 120, 90, 71, 59, 45. ^{1}HNMR (DMSO, TMS) ppm: 10.78 (b, 1H), 10.13 (b, 1H), 7.65 (d, J89. Hz, 1H), 6.87 (d, J8.9 Hz, 1H) 5.79 (brs, 1H), 3.84 (s, 3H), 2.35 (s, 3H). IR (cm^{-1}): 3400-3080, 3080, 3000, 2980, 1630, 1600, 1540, 1500, 1450, 1400, 1380, 1360, 1270, 1200, 1150, 1050, 1000, 970, 850.

3.4.4 3-苯基-7-羟基-8-甲氧基-4-(1H)喹啉酮(Q-G)的合成

（1）2-苯基-2-钠代丙醛酸乙酯的制备：将575mg金属钠制成的乙醇钠溶于20ml无水乙醚中，再将苯乙酸乙酯4.1g和甲酸乙酯1.55g混合后滴加到上述溶液中，放置3天后，用少量冰水除去乙醚层。

（2）α-苯基-β-(o-甲氧基-m-羟基-苯胺基)-丙烯酸乙酯的制备：将3-氨基愈创木酚1.39g放入0.83g浓盐酸和6ml水中，再将此溶液倒入0.25g浓盐酸中，在搅拌下，将(1)中合成的盐酸溶液滴入，需时约2.5小时。在滴加过程中再加入1.83g浓盐酸，溶液中逐渐出现越来越多的棕色固体，过滤，干燥，熔点76-78℃，重3g，产率97%。

（3）3-苯基-7-羟基-8-甲氧基-4(1H)-喹啉酮(Q-G)的制备：将150mg的二苯醚加热至沸，用25ml二苯醚溶解(2)中的固体产物滴加到沸腾的溶液中反应20分钟，冷却，溶液中析出棕色颗粒状晶体。经多次柱层分离和重结晶后，得一针状不透明的白色晶体，熔点297℃(分解)，重2.43g，产率91%。

Ms (FB): M$^+$267, m/e: 252, 224, 206, 194, 181, 167, 149, 139, 131, 121, 105, 91, 82, 69, 55, 43. ^{1}HNMR: (DMSO, TMS) ppm: 11.50 (d, J6.23 Hz, 1H), 6.98 (d, J9.16 Hz, 1H), 3.91 (s, 3H). IR (cm^{-1}): 3300, 3080, 2980, 1625, 1590, 1570, 1470, 1440, 1360, 1270, 1170, 1100, 1050, 1010, 920, 780, 790, 700.

3.4.5 3-甲基-7-羟基-8-甲氧基-4(1H)喹啉酮(Q-F)的合成

（1）α-甲基-α-钠代丙醛酸乙酯的合成：将钠丝1g放入10ml的无水乙醚中，用3g的甲酸乙酯和4.5g的丙酸乙酯混合溶液往醚溶液中滴加，溶液呈蛋黄色，放置一天，用冰水溶解，除去乙醚层，

（2）α-甲基-β-(o-甲氧基-m-羟基苯胺)-丙烯酸乙酯的制备：将1.39g 3-氨基愈创木酚放在1.5g浓盐酸和6ml水中，待其溶解后，滴加α-甲基-钠代丙醛酸乙酯的水溶液，同时再加入1.83g浓盐酸，再反应1小时，溶液中发现棕色粘稠状物质，除水

后，重1.5g，产率60%。

(3) Q-F的合成：将上述固体用5 ml二苯醚溶解后，加入到沸腾的70ml苯醚溶液中，在250℃，反应20分钟，冷却，用正己烷稀释，析出固体，经柱层分离和重结晶后，得无色针状晶体，熔点138-139℃，重0.96克，产率47%。

Ms (FB): $(M+1)^+$ 206, m/e 191, 175, 162, 148, 134, 118, 107, 90, 77, 59, 45. ^{1}HNMR (DMO, TMS) ppm: 11.01 (d, J7.2 Hz, 1H), 10.06 (s, 1H), 7.66 (d, J8.8 Hz, 1H), 7.60 (d, J7.2 Hz, 1H), 6.84 (d, J8.8 Hz, 1H), 3.83 (s, 3H), 1.93 (s, 3H). IR (cm^{-1}): 3250, 3080, 2950, 1625, 1590, 1560, 1520, 1460, 1350, 1235, 1160, 1070, 1020, 950, 910, 820, 780, 730.

3.4.6 3-氰基-Q-A(亦即Q-J)的合成 将100mg 3-氨基-愈创木酚和118mg α-乙氧基甲叉-α-氰基-乙酸乙酯在120℃反应1小时，将上述反应物溶解在2 ml的二苯醚中后，加入到25ml沸腾的二苯醚中。在氮气保护下，反应2.5小时。冷却，将其固体用硅胶柱层析分离精制，重33.4mg。产率31%。

Ms (FB): $(M=1)^+$ 217, m/e: 202, 162, 153, 137, 120, 103, 87, 73, 59, 45. HNMR (DMSO, TMS): ppm: 12.08 (b, 1H), 10.58 (b, 1H), 8.42 (s, 1H), 7.74 (d, J8.9 Hz, 1H), 7.04 (d, J8.9 Hz, 1H), 3.87 (s, 3H). IR (cm^{-1}): 3200-2800, 2240, 1630, 1580, 1475, 1450, 1350, 1250, 1033, 1075, 950, 910, 835, 785, 735.

3.4.7 4-甲基-7-羟基-8-甲氧基-2-喹啉酮(Q-K)的合成 将1.3g 3-氨基愈创木酚和1.5g乙酰乙酸乙酯混合后，在190℃，加热反应19小时，然后冷却，用甲醇和乙酸乙酯混合溶剂重结晶，得白色片状固体，熔点237—238℃，重0.59g，产率29%。

Ms (FB): $(M+1)^+$ 206, m/e 191, 176, 162, 146, 133, 117, 102, 90, 77, 95, 45. ^{1}HNMR (DMSO, TMS) ppm: 10.62 (b, 1H), 10.04 (b, 1H), 7.29 (d, J8.8 Hz, 1H), 6.77 (d, J8.8 Hz 1H), 6.19 (d, J1.1 1H), 2.34 (s, 3H). IR (cm^{-1}): 3200, 3000, 2950, 1640, 1600, 1560, 1510, 1470, 1440, 1380, 1310, 1240, 1160, 1070, 1020, 960, 855, 845, 815, 715.

参 考 文 献

[1] 龙康侯等，中山大学学报(自然科学版)1984, 4. 85—92
[2] Goulb-Jacobe, *J. Amer. Chem. Soc.*, 61, (1939), 2890
[3] Henry O. Mothern et al., *J. Amer. Chem. Soc.*, 56 (2) (1934), 2107
[4] Albert Edward Ozford, *J. Chem. Soc.*, Part II, (1926), 2001
[5] W. E. Parham a '. Reed, *Org. Syn. Coll.*, 3 (1955), 395

Syntheses of 7-Hydroxy-8-methoxy-4(1H)-Quinolone and Its Derivatives

*Long Kanghou**   *Kong Jie*

Abstract

7-Hydroxy-8-methoxy-4(1H)-quinolone isolated from the Chinese soft coral *Sinularia Polydactyla* has been synthesized by a modified Gould-Jacobs' method. The yield is 61%. The synthetic product is identical with the natural one in all respects. Besides, ten other 4-quinolones have also been synthesized. The preliminary bio-assaying tests showed that the presence of the 4-ketonic form of the Q-A derivatives are likely to play an important role in protecting against arrhythmia cordis.

Keywords soft coral, 4-quinolone derivatives, anti-arrhythmia cordis

---

·简讯·

过氧离子在 $YBa_2Cu_3O_{7-x}$ 超导体中存在的研究

在有关 $Y(La)Ba_2Cu_3O_{7-x}$ 体系高Tc超导电性机理的研究中，有人提到过氧键(peroxide bonding)和过氧离子 O_2^{2-} 的问题，并认为它的存在对高温超导电性有很大的影响。但迄今为止，O_2^{2-} 的存在并未有得到实验的证实。我们在对 $YBa_2Cu_3O_{7-x}$ 样品(X-光相纯)进行红外光谱测定(KBr压片)时发现，正交相的样品在 $1046cm^{-1}$ 处出现特征吸收，它与过氧离子的O-O键的特征吸收是一致的，而四方相的样品没有此现象。另外，将具有超导性的样品用硫酸溶解，往其滤液加入 $TiOSO_4$ 溶液，则试液显微黄色，用720分光光度计测定，并与不加入 $TiOSO_4$ 溶液的试液作比较，在 $\lambda=410nm$ 处有明显的吸收。这是一个检定 O_2^{2-} 存在的特征反应。第三，试液使高锰酸钾溶液褪色。以上事实表明，在具有超导特性的 $YBa_2Cu_3O_{7-x}$ 样品中，看来存在着过氧离子 O_2^{2-}。定量测定工作正在进行。我们相信，此项工作将有助于 $YBa_2Cu_3O_{7-x}$ 体系中氧含量的精确测定和高温超导电性机理的研究。 （化学系 罗裕基、车树勇、黄坤耀）

● Department of Chemistry

海洋环肽 Ascidiacyclamide 的全合成研究

寒敦龙 简志刚 龙康侯

(化学系)

摘 要

从 D-缬氨酸，L-苏氨酸，L-异亮氨酸出发，合成了海洋环肽 Ascidiacyclamide，其中D-(缬)噻唑氨基酸由亚胺酯方法合成，最后用DPPA环二聚得最终产物。

关键词 海洋环肽，Ascidiacyclamide，抗肿瘤活性，噁唑啉，噻唑氨基酸

近几年从海洋动植物中分离到近20个环肽，它们结构新颖，具有强烈的生物活性，引起了人们的广泛研究[1]。Ascidiacyclamide 是从海鞘中分离到的环肽，结构式如下[2]：

它对PV$_4$细胞有很强的毒性，100ug/ml 时 T/C 为100%。我们曾合成了环肽Patellamide A 的类似物[3]，这里报导Ascidiacyclamide的全合成。

(D-缬)-噻唑氨基酸是全合成中的关键片断。我们设计了经过二氢噻唑的合成路线，能得到光学活性产物[4]。目标分子是一个对称结构，我们先合成其一半的结构片断，再用DPPA环二聚得到目标分子。

1 合成路线

苄氧羰基-D-(缬)噻唑氨基酸乙酯(**1**)用饱和 HBr-HOAc 处理生成 **2**，**2**与叔丁氧羰基-L-苏氨酸用DCC/HOBT方法缩合得 **3**，其^{1}HNMR 谱中Boc—的 9 个 H 在 $\delta 1.47$处，单峰，$\delta 5.60$(d, 1H)为Boc—NH—的酰胺质子峰，$\delta 7.32$为肽键 —NH— 质子信号。**3**用HCl-EtOAc饱和溶液处理15min便生成L-苏氨酸-D-(缬)噻唑氨基酸乙酯二盐酸盐 **4**，其^{1}HNMR谱图中Boc—的质子信号消失，$\delta 8.20$(brs, 3H)是N$^+$H$_3$的质子信号，噻唑质子信号移向更低场($\delta 8.5$, s, 1H)，肽键—NH—质子信号 $\delta 9.3$(d, 1H)。

由于噁唑啉对酸不稳定，因而 **9** 中的保护基不能采用酸敏感保护基，而选用弱碱能脱除的 9-芴甲氧羰基保护基[5]，我们采用亚胺酯方法制噁唑啉。

本文1989年3月27日收到

a. HBr-HOAc, 90%; b. DCC/HOBT, Boc-L-Thr, 99%; c. HCl-EtOAc, 90.9%; d. Fmoc-Cl, 96.3%; e. ClCOOEt, f. NH₃·H₂O, 76.9%; g. POCl₃·Pyridine, 82.3%; h. HCl(g)/EtOH, i. K₂CO₃, (h, i, 93%); j. Piperidine; k. 0.1 N NaOH、DMF; l. DPPA、DMF, (i—Pr)₂NEt (4.8×10^{-3}M)

9-芴甲氧碳酰氯与L-异亮氨酸在碱介质中反应生成 **5**，**5** 与氯代甲酸乙酯作用，接着氨解得 **6**，**6** 脱水得 **7**。**7** 与乙醇在 HCl(气) 存在下反应生成对应的亚胺酯 **8**。在 CH_2Cl_2 中 **4** 与 **8** 回流反应4天形成 **9**，**9** 水解去保护基得 **11**。**11** 在高度稀释情况下用 DPPA 处理环二聚得目标分子。产物的光谱数据与天然物的完全一致。

1985年，日本研究人员报导了他们的合成路线[6]，合成噻唑氨基酸 **1** 是由醛缩合方法得到的，而噁唑啉用脱水方法制备。

2 实验部分

2.1 仪器

熔点用毛细管法测定，温度计未经校正。核磁共振谱用 FX—90Q 核磁共振仪测定，TMS作内标。质谱用 ZAB—HS 质谱仪测定。元素分析用 240C 型元素分析仪测定。

2.2 合成方法

2.2.1 **1** 的制备　见前文[4]。

2.2.2 2 的制备 6.7g **1** 加入 30ml 饱和 HBr-HOAc，室温下搅拌反应 2h，加入 300ml 无水乙醚，在冰浴上放置 30min，过滤，固体用无水乙醚洗涤两次得浅桔色固体 **2**。在 P_2O_5-H_2SO_4 干燥器上真空干燥得 6.5g，产率 90%。

2.2.3 3 的制备 7.7g **2** 溶于 130ml THF 中，加入叔丁氧羰基-L-苏氨酸 6.0g[7]，HOBT 7.0g，N-甲基吗啉 2.5g，冰浴冷却下搅拌使其溶解。加 DCC 5.8g，冰浴上搅拌反应 3h，室温下反应 1 天。滤去固体，少量乙酸乙酯洗涤，合并滤液，减压蒸除溶剂，用 150ml 乙酸乙酯溶解，5% $NaHCO_3$ 洗涤，再用 2N 柠檬酸洗涤，最后水洗至中性，无水 Na_2SO_4 干燥，减压除溶剂，真空干燥得 8.4g，产率 99%。

^{1}HNMR($CDCl_3$)δppm：0.92(d, 6H), 1.0～1.4(m, 6H), 1.47(s, 9H), 2.40(m, 1H), 3.70(s, 1H), 4.04～4.56(m, 4H), 5.22(m, 1H), 5.60(d, 1H), 7.32(d, 1H), 8.1(s, 1H)。

2.2.4 4 的制备 在冰盐浴冷却下于 3.3g **3** 中加入 9ml 饱和 HCl-EtOAc 溶液，反应 30min，加入 100ml 无水乙醚，放置 1h，倒出液体，固体用无水乙醚洗涤 2 次，真空干燥得 2.8g 灰白色固体，产率 90.9%。^{1}HNMR($CDCl_3$)δppm：0.8～1.4(m, 12H), 2.28(m, 1H), 3.8(m, 2H), 4.32(q, 2H), 5.0(m, 1H), 8.20(brs, 3H), 8.5(s, 1H), 9.3(d, 1H, J=10Hz)。

2.2.5 5 的制备 将 10g L-异亮氨酸加到 200ml 10% Na_2CO_3 和 100ml 二氧环已烷中，搅拌使其溶解，冰浴冷却下滴加 Fmoc—Cl 的二氧环已烷液(Fmoc—Cl 19.6g, 150ml 二氧环已烷)，30min 内加完，再搅 20min，室温下搅拌 2h。放置。过滤得白色固体，水洗，真空干燥得 8.2g **5**。m·p·147～148℃。水相用水稀释至 1000ml，乙醚萃取 4 次，弃去乙醚液，水相用稀 HCl 酸化至 pH=1～2，乙酸乙酯萃取 3 次，水洗，无水 Na_2SO_4 干燥，减压除溶剂，真空干燥固化得 17.7g **5**。放置得白色针枝状结晶。产率 96%。

^{1}HNMR($CDCl_3$)δppm：0.98(d, 6H), 1.24(m, 2H), 1.96(m, 1H), 4.19～4.44(m, 4H), 5.30(d, 1H. J=8Hz), 7.2～7.8(m, 8H)。

2.2.6 6 的制备 32.5g **5** 溶于 200ml THF 中，加 Et_3N 13ml，冰盐浴冷至 -8℃，搅拌下滴加 9ml ClCOOEt，7min 内加完，继续搅拌 20min，加入氨水 15.4ml，搅拌 40min，放置过夜，过滤得固体，滤液减压除溶剂，合并固体，水洗至中性，用 95% 的 EtOH 重结晶得雪白色固体 25.0g，产率 76.9%。m.p. 184～186℃，$[α]_D^{20}$ = +93.5 (THF, c=0.01)。

元素分析：$C_{21}H_{24}O_3N_2$。计算值(%)：C71.57, H6.86, N7.95。实验值(%)：C71.49, H6.76, N7.61。

2.2.7 7 的制备 11.3g **6** 溶于 100ml 干燥吡啶中，冷却至 -5℃，搅拌下滴加 $POCl_3$ 的 CH_2Cl_2 溶液(3.9ml $POCl_3$, 7ml CH_2Cl_2)，加完后继续搅 30min。倒入 500ml 冷水中，乙酸乙酯萃取 4 次，2N HCl 洗涤乙酸乙酯液 4 次，水洗至中性，无水 Na_2SO_4 干燥，减压除溶剂。80% EtOH 重结晶得 8.8g 白色针状结晶。产率 82.3%。m·p·124～126℃，$[α]_D^{20}$ = -34.9(THF, c=0.017)。

元素分析：$C_{21}H_{22}O_2N_2$。计算值(%)：C75.42, H6.63, N8.38。实测值(%)：C75.12, H6.66, N8.37。^{1}HNMR($CDCl_3$)δppm：0.82～1.02(m, 6H), 1.33(m,

2H), 1.72(m, 1H), 4.2(m, 2H), 4.5(d, 2H), 5.2(d, 1H, J=10Hz), 7.26～7.82(m, 8H).

2.2.8 8的制备 将1.2g 7溶于20ml CH_2Cl_2中，加入0.33g无水EtOH，冰浴冷却下通HCl(气)5h后，封好放于冰箱中24h。10℃下减压除溶剂得桔色糖浆状物，冰盐浴冷却下加30ml CH_2Cl_2，搅拌下加入浓K_2CO_3溶液以游离出亚胺酯，再搅拌4h分出有机相，水洗。无水Na_2SO_4干燥，减压除溶剂，在P_2O_5-H_2SO_4干燥器上真空干燥得1.27g淡黄色固体。产率93%。

^{1}HNMR(CDCl$_3$) δppm：0.85～1.11(m, 8H), 1.19(t, 3H), 1.8(m, 1H), 4.11(q, 2H), 4.38—4.64(m, 4H), 5.02(d, 1H), 7.2～7.8(m, 8H).

2.2.9 9的制备 2.8g 4溶于80ml CH_2Cl_2中加3.99g 8，N-甲基吗啉0.71g，加热回流反应4天，滤去白色固体，减压除去溶剂，用100ml 乙酸乙酯溶解，水洗，无水Na_2SO_4干燥。减压除溶剂，用200g硅胶(60～120目)柱层析分离，石油醚-乙酸乙酯梯度洗脱，在石油醚：乙酸乙酯为1:1时得一糖浆物，真空干燥得3.36g，产率74.2%。丙酮-石油醚重结晶得白色针状结晶。m.p. 216～217.5℃。

^{1}HNMR(CDCl$_3$) δppm：0.86～1.33(m, 12H), 1.20～1.38(m, 5H), 1.4 (d, 3H), 2.05(m, 1H), 2.36(m, 1H), 4.0～4.5(m, 6H), 4.8(m, 2H), 5.2(m, 1H), 5.72(d, H, J=9Hz), 7.24～7.96(m, 9H), 8.10(s, 1H). MS：m/e(%)：6.45(m$^+$+1, 100), 423(10), 338(30).

2.2.10 10的制备 0.90g 9在冰浴冷却下加入5.5ml哌啶，在0℃下搅拌1h，减压除去哌啶，加入30°～60℃石油醚20ml，再减压抽去，重复2次，真空干燥2h。加入50ml石油醚洗1次，真空干燥得0.37g。产物10。

2.2.11 11的制备（接上面操作） 上面10溶于40ml DMF中，冰浴冷却下加入1.0N NaOH 0.99ml，搅拌2h，加入4Å分子筛10g干燥(分2次加入)得11。

2.2.12 Ascidiacyclamide制备 上面产物用DMF稀至160ml，冰盐浴冷却下搅拌，滴加DPPA的DMF液(0.36g DPPA, 10ml DMF)。于1h内加完，接着滴加二异丙基乙基胺0.17g的DMF液(10ml DMF)，搅拌反应。-5℃下反应16h，0～5℃反应33h，再加入DPPA 0.36g，二异丙基乙基胺0.34g，0～5℃下搅拌3天。在低于50℃上减压除溶剂，用80ml EtOAc溶解，水洗，无水Na_2SO_4干燥，减压除溶剂得0.31g，用50g 60～120目硅胶柱层析分离，CH_2Cl_2-EtOAc梯度洗脱。在CH_2Cl_2:EtOAc=2:3～1:4时得一油状物，真空干燥得30mg。产率9.1%(从9开始计算)。m.p. 238～240℃(苯重结晶)，$[\alpha]_D^{20}$ +156(c 0.1, CHCH$_3$).

^{1}HNMR(CDCl$_3$) δppm：0.7～1.5(m, 34H), 1.9～2.4(m, 4H), 4.20～4.8 (m, 6H), 5.2(m, 2H), 7.40～8.1(m, 6H), MS：m/e：756(M$^+$, 5.9), 713 (2.8), 181(100). 元素分析：$C_{36}H_{52}N_8O_6S_2$：756.99，计算值(%)：C57.12, H6.92, N14.80. 实验值(%)：C56.86 H6.89 N14.58.

参 考 文 献

[1] 龙康侯等，生物化学及生物物理进展，15(1988)，3，172
[2] Hamamoto Y et al., *J. Chem. Soc*, Chem Commun., 1983, 323
[3] 龙康侯等，中山大学学报（自然科学版），28(1989),1, 44
[4] 龙康侯等，药学学报，23(1988)，316
[5] 龙康侯等，化学试剂，10(1988)，6，378
[6] Hamada Y et al., *Tetrahedron Letters*, 26(1985), 27, 3223
[7] Miller M J et al., *J. Amer. Chem. Soc.*, 102(1980), 7026

A Study of Total Synthesis of Marine Cyclopeptide Ascidiacyclamide

Jian Dunlong*   Jian Zhigang   Long Kanhou

Abstract

Ascidiacyclamide, isolated from an unidentified species of ascidian collected in Australia, is a cytotoxic cyclopeptide containing thiazole and oxazoline amino acids. We have synthesized it from D-valine, L-threoine and L-isoleucine. D-(val)Thiazole amino acid (1) was prepared by imino method from D-valine. 2 was obtained by Boc-cleavage of 1. Coupling of Boc-L-Thr with 2 was achieved by DCC/HOBT method to produce the dipeptide (3)·Deprotection of 3 gave 4. Condensation of 4 with imino ether yieled oxazoline intermediate (9) in 74% yield. Deprotection and cyclodimerization of 9 with DPPA produced Ascidiacyclamide.

Keywords marine cyclopeptide ascidiacyclamide, antineoplastic activity, thiazole, oxazoline

*Guangzhou Pharmaceutical Industry Research Institute

中国软珊瑚化学成分的研究(二十五)*

——一种新的二萜甙Lemnabourside的结构

龙康侯　张　敏
(化学系)

摘　要

从中国软珊瑚 Lemnalia bournei 中分离到一种新的二萜甙类化合物，命名为波伦鳞花甙(Lemnabourside)。它是二萜与葡萄糖以一种新型甙链相连的化合物。通过波谱数据、化学降解和萜类的生源规则推导出它的化学结构。

关键词　波伦鳞花软珊瑚，软珊瑚，二萜甙

1　结果与讨论

近年来，从海洋生物中发现了一些甙类物质[1]，但象波伦鳞花甙(I)这种新型的二萜甙却未见报道过。这种甙键结构是C—20位上的醛基与D-吡喃葡萄糖的C′—1和C′—6位上的羟基相连形成缩醛的结构。

1.1　I 的基团和水解产物分析

I 的光谱数据表明存在下列基团：2个三取代双键：IR(cm^{-1}) 3050, 1640, 1550；^{1}H NMR 5.54(1H), 5.42(1H)；^{13}C NMR(δppm) 136.2(s), 121.6(d), 134.4(s), 124.0(d)。2个缩醛基：^{1}H NMR(δppm) 4.88(1H), 4.63(1H)；^{13}C NMR(δppm) 102.0(d), 101.3(d)。3个连氧饱和碳：^{13}C NMR(δppm) 80.7(d), 77.0(d), 76.7(d), 67.8(t), 66.6(d)。羟基：IR(cm^{-1}) 3440(宽、强)。

此外，从 I 的^{1}H NMR谱(δppm)中还发现存在4个甲基：1.80(3H,s), 1.69(3H,s), 0.92(3H,d), 0.84(3H,d)。其中2个连在季碳上。从^{13}C NMR谱数据知道 I 只存在2个sp^2杂化的季碳。故这2个甲基连sp^2杂化的季碳上，另2个甲基连在饱和的二级碳

$I. R = H,\ I_b. R = CH_3CO$

---
* 本文1989年8月23日收到
● 软珊瑚种属由南海海洋研究所李楚朴鉴定

上。^{13}C NMR谱(δppm)24.1(q), 21.9(q), 14.6(g), 13.8(q),也证实4个甲基的存在。故从 I 的不饱和度为6来推断，分子存在4个环。

从上面分析可推测 I 是一个甙，这可从它的水解反应的产物得到进一步证明。I 在二氧六环中加入浓度为1mol/L的H_2SO_4后加热水解，反应产物分为水溶和非水溶性两部分。

水溶性部分处理后得一种固体，它的光谱分析表明：^1H和^{13}C NMR谱数据与D-葡萄糖的一致[2]，所以鉴定水溶性部分是D-葡萄糖。

非水溶性部分（即溶于有机相部分的 Ia）的光谱数据表明分子存在2个三取代双键：^1H NMR(δppm) 5.48(1H), 540(1H); ^{13}C NMR(δppm) 136.2(s), 121.2(d), 134.4(s), 123.6(d), 1个醛基：^1H NMR(δppm) 9.62(1H,d); ^{13}C NMR(δppm) 206.0(d); IR(cm^{-1}): 2720, 2700, 1720, 2个连在sp^2杂化的季碳上的甲基：^1H NMR(δppm) 1.72(3H,s), 1.69(3H,s)和2个连在二级碳上的甲基：^1H NMR(δppm) 1.07(3H,d), 0.79(3H,d)。这些数据与 I 的波谱数据相符合。Ia的M^+为288，分子式为$C_{20}H_{32}O$。从分子式知道Ia的不饱和度为5，由此可推断Ia含有2个环。

从光谱数据知道Ia含有2个sp^2杂化的季碳，且都与甲基相连；7个叔碳，其中2个是sp^2杂化的—CH—，2个是桥环上的饱和—CH—，剩下3个—CH—要与2个甲基，1个醛基和支链相连。而IR谱表明没有胞二甲基存在，故有结构—CH(Me)CHO，—CHMe和1条支链。

IR谱的1670和1650cm^{-1}尖峰是甲基取代的环庚烯和环戊烯的特征吸收[3]，说明环系是由甲基取代的五、七员环烯构成。Ia的2个质谱主要峰(m/e) 159(70), 161(40)是分子失去$C_8H_{17}O$和$C_8H_{15}O$的碎片，也说明甙元分子Ia失去1条含8个碳的支链。结合高分辨^1H NMR，二维相关谱和萜类的生源规则推导出Ia的化学结构如下：

1.2 二萜甙 I 的结构

二萜甙 I 是由1分子D-葡萄糖和1分子甙元 Ia 组成。前面已提出 I 存在2个缩醛基，表明糖与甙元的醛基相连。分子的不饱和度为6，甙元部分含2个双键和2个环，糖部分含1个吡喃环，可见还要有1个环。从二萜甙的^{13}C NMR谱知道，C'—6(δ67.8ppm,t)不可能与游离羟基相连，而只能是通过醚键与甙元部分的缩醛基相连，构成一个七员环，即得化合物 I。

从结构式知道 I 只存在3个游离羟基，这一点经乙酰化反应产物 Ib 含3个乙酰基得到证实：^1H NMR(δppm) 2.04(6H,s), 2.08(3H,s); ^{13}C NMR(δppm) 170.1(s), 169.7(s), 169.4(s), 22.8(q), 20.8(q), 18.1(q),

2 实验部分

2.1 仪器

熔点用毛细管法测定，未校正。红外光谱用Nicolet 5DX-FTIR红外光谱仪测定；核磁共振谱用JEOL FX-90Q核磁共振仪测定；质谱用VG ZAB-HS型质谱仪测定；元素分析用Perkin-Elmer 240L型元素分析仪测定；旋光是用Perkin-Elmer 241型旋光仪测定。

2.2 波伦鳞花甙 I

将从中国南海采集到的波伦鳞花软珊瑚晒干，用95%乙醇提取，经硅胶柱层析，单离到无色晶体 I，m.p.：90～90.5℃（乙酸乙酯），$[\alpha]_D^{22.5}+33.3°((0.030,EtOH)$。IR $\nu_{KBr}(cm^{-1})$ 1640, 1550, 1450, 1380, 1150, 1115, 1050 Ms.（m/e，丰度）450(M^+,6), 432(2), 414(1), 288(31), 189(20), 161(73), 145(19), 119(33), 105(100), 91(34)。元素分析：C:H:O=69.50:9.60:20.78（分子式为 ($C_{26}H_{42}O_6$）。^1H NMR(CD_3COCD_3,TMS)δppm:5.54(1H,br,C—9), 5.42(1H,brs, C—3), 4.88(1H,d,C—20), 4.63(1H,d,C′—1), 4.42(1H,dd, C′—2), 4.28(1H,brd, C′—3), 3.96(1H,br,C′—4), 3.80(1H,m,C′—5), 3.54(2H,d,C′—6), 2.02(2H, br,C—8), 1.98(1H,s,C—1), 1.93(1H,br,C—5), 1.83(1H,m,C—11), 1.80(3H, br,C—17), 1.69(6H,m,C—2,15,18), 1.52(1H,m,C—7), 1.42(2H,m,C—13), 1.28(2H,m,C—6), 1.21(2H,br,C—12), 1.12(2H,br,C—14), 0.92(3H,d,C—16), 0.84(3H,d,C—19)。^{13}C NMR ($CDCl_3$,TMS)δppm:136.2(s,C—4), 134.4(s,C—10), 124.0(d,C—9), 121.6(d,C—3), 102.0(d,C—20), 101.3(d,C′—1), 80.7(d,C′—5), 77.0(d,C′—2) 76.7(d,C′—3), 67.8(t,C′—6), 66.6(d,C′—4), 39.8(d,C—1), 39.2(d,C—5), 38.3(d,C—15), 36.7(d,C—7), 36.5(t,C—2), 32.6(t,C—6), 31.9(d,C—11), 31.2(t,C—8), 25.7(t,C—14), 25.2(t,C—12,13), 24.1、21.9、14.6、13.8(q,C—16、17、18、19)。

2.3 D-吡喃葡萄甙和甙元 Ia

260mg I 溶于10ml二氧六环中，加入10ml 1.0N硫酸，加热回流4h。反应混合物用$CHCl_3$萃取。水层加入$BaCO_3$固体，边加搅拌，加至无气泡冒出为止，此时pH=7，减压蒸去水，干燥后得到一种浅黄色固体。^1H NMR CD_2O, DSS) δpp:5.24(d), 5.00(s), 3.80, 3.68, 3.44ppm。^{13}C NMR CD_2O, dioxane), δppm : 98.96 (1β), 95.17(1α), 79.05(5β), 78.82(3β), 77.24(2β), 76.08(2α), 74.53(3α,5α), 72.53(4α,4β), 63.86(6β), 63.70(6α)。

氯仿层减压蒸干，硅胶柱层析得到无色油状物 Ia。IR $\nu_{KBr}(cm^{-1})$：3070, 2930, 1720, 1670, 1650, 1500, 1380, 915。MS(m/e,丰度)：288(M^+,5), 187(15), 175(18), 161(40), 159(70), 145(23), 119(43), 105(100), 91(64)。^1H NMR($COCl_3$, TMS)δppm：9.62(1H,d,C—20), 5.48(1H,br,C—9), 5.40(1H,br,C—3), 1.99

(2H,br,(—8), 1.92(1H,br,C—1), 1.90(1H,m,C—5), 1.80(1H,br, C—11), 1.72(3H,brs,C17), 1.69(6H,m,C—2,15,18), 1.40(3H,m,C—7,13), 1.30(2H, m,C—6), 1.24 (2H,m,C—12), 1.17 (2H,m,C—14), 1.07 (3H,d,C—16), 0.79 (3H,d,C—19). ^{13}C NMR(CDCl$_3$, TMS)δppm: 205.1(d,C—20), 136.3(s,C—4), 134.4(s,C—10), 123.6(d,C—9), 121.2(d,C—3), 46.2(d,C—15), 39.4(d,C—1), 38.9(d,C—5), 36.3(d,C—7), 35.6(t,C—2), 31.5(t,C—6), 30.7(d,C—11), 24.9 (t,C—8), 24.5(t,C—13,14), 23.8 (t,C—12,q,G8), 21.6 (q,C—17), 13.2 (q, C—16,C—19).

2.4 三乙酰化波伦鳞花甙 Ib

150mgI溶于3ml无水吡啶中，加入2ml乙酸酐,加热回流5min,放置过夜。反应混合物加20ml水,有沉淀析出,过滤后沉淀物用0.5mol/L盐酸和水洗，用EtOH重结晶得无色固体Ib。波谱数据与I比较 多出3个乙酰基: ^{1}H NMR(CDCl$_3$,TMS)δppm 2.04 (6H,s), 2.08(3H,s), ^{13}CNMR(CDCl$_3$, TMS)δppm 170.1(s), 169.7(s), 169.4 (s), 22.8、20.8、18.1(q)。

参 考 文 献

[1] Faulkner D J, *Nat. Prod. Rep.*, 1 (1984), 251, 551; 3 (1986), 1; 4 (1987), 541
[2] 龚运淮，天然有机物的^{13}C NMR化学位移，云南科技出版社，1987, 396
[3] 谢晶曦，红外光谱——在有机化学和药物化学中的应用，科学出版社，1987, 121

Studies on the Chemical Constituents of Chinese Soft Corals (xxv)

——The Structure of a Novel Glycoside Lemnabourside

Long Kanghou * *Zhang Min*

Abstract

A novel glycoside, Lemnabourside, $C_{26}H_{42}O_6$, m.p. 90.0~90.5℃, $[α]_D^{22.5}+33.3°$ (c 0.030, EtOH), was isolated from *Lemnalia bournei* collected from the South China Sea. On the basis of the spectral data, chemical conversions and biogenesis, its structure has been assigned.

Keywords Lemnalia bournei, soft coral, glycoside

* Department of Chemistry

3-甲基-3-丁烯-1-醇溴代的新方法

汪 波 李瑞声 龙康侯

(中山大学化学系,广州 510275)

摘 要 以亚磷酸三苯酯的二溴化物替代三溴化磷作为溴代试剂,成功地进行了 3-甲基-3-丁烯-1-醇的溴代. 反应容易控制,重复性好,后处理简便,产率有了明显的提高. 指出了三溴化磷作为溴代试剂进行 3-甲基-3-丁烯-1-醇的溴代的不适之处. 所得溴代产物结构得到 ^{1}H NMR 波谱的证实.

关键词 溴代, 3-甲基-3-丁烯-1-醇, 4-溴-2-甲基-1-丁烯, 亚磷酸三苯酯的二溴化物

分类号 O 621.3

3-甲基-3-丁烯-1-醇(1)的溴代产物 4-溴-2-甲基-1-丁烯(2)在天然产物 Capnellene(4)的合成中是一个重要的中间体,使用(2)可以在建环的同时引入化合物(4)中的环外偕二甲基[1],从而简化了合成路线. 化合物(1)的溴代可采用三溴化磷-吡啶作为溴代试剂[2,3], 我们改用了亚磷酸三苯酯的二溴化物作溴代试剂,结果以高于文献方法的产率得到了预期的产物(2),并且反应容易控制,重复性好.

1 实验部分

仪器:日本 JEOL PMX 60 SI 核磁共振仪;美国 NICOLET 公司 170SX FT IR 仪.

化合物(1)按文献方法[4]制得. 产物波谱数据如下: ^{1}H NMR (CCl$_4$,δ/ppm): 4.65(m, 2H), 4.10(s, 1H, 可氘代), 3.56(t, 2H), 2.21(t, 2H), 1.72(s, 3H); IR(ν_{kBr}/cm^{-1}): 3 342 (bs), 3 077(m), 1 649(m), 1 077(s), 890(s).

化合物(2)的制备. 100 mL 三颈烧瓶中称入 34.13 g(0.11 mol)亚磷酸三苯酯,强力搅拌下向里滴加 5.12 mL(0.10 mol)纯溴,并不时用冷水浴加以冷却,约 40 min 加完,再继续搅拌 30 min, 放置 3 h. 冰盐浴(-5 ℃)下向里滴加 8.6 g(0.10 mol)(1)与 8.06 mL

---

* 国家自然科学资金重点资助项目

收稿日期:1995-07-01 汪波,女,32岁,讲师

(0.10 mol)吡啶的混合液,约 1~1.5 h 加完. 拆去冰盐浴,搅拌至黄色基本消失,继续搅拌 1 h,放置过夜. 装上二级冷却接收系统,一级为冰盐浴(-10~-20℃),二级为液氮浴. 在搅拌,油浴(60~70℃)加热下减压蒸出产物. 合并一、二级接收瓶中的液体,水洗至中性,无水氯化钙干燥即得纯品,产率>50%. 测得沸点为 108℃(文献值[3]为 105~107℃). 产物波谱数据如下:^{1}H NMR(CCl$_4$,δ/ppm):4.78(m,2H),3.41(t,2H),2.53(t,2H),1.73(s,3H);IR(ν_{kBr}/cm^{-1}):3 078(m),1 660(m),891(m).

2 结果与讨论

2.1 新方法与文献方法的分析比较 通常,对于含不饱和键的醇类,采用三溴化磷在吡啶存在下进行溴代是较为简便有效的方法. 但是我们采用文献方法[2,3],用三溴化磷进行(1)的溴代,却发现难以重复文献的实验结果(文献产率为 45%[2],42%[3]),只能得到很少量的产物,并且由于量太少,难以纯化,产物中有大量的异戊二烯. 因为化合物(1)的羟基处于双键的 β-位,在酸性条件下很容易失水生成稳定的共轭双烯——异戊二烯,而三溴化磷进行溴代的机理是先生成亚磷酸酯和溴化氢,然后再在溴化氢参与下发生 Arbuzov 重排生成溴代产物,这就使得化合物(1)的失水成为可能. 此外,溴代产物(2)的沸点较低,且在酸性条件下不稳定,特别是在酸性条件下受热更不稳定,给后处理带来一定的困难. 因此,用三溴代磷进行化合物(1)的溴代是不合适的.

与三溴化磷不同,亚磷酸三苯酯的二溴化物进行溴代的机理是一步生成溴代产物,伴随生成的溴化氢已不再为反应所必需,可采用等当量的吡啶使之全部成盐,从而减少了失水副反应的发生. 此外,亚磷酸三苯酯是高沸点液体,反应不需加入其他溶剂即可进行,而生成的磷酸三苯酯也是高沸点液体,溴化氢又与吡啶生成固体盐,因此,具有低沸点的溴代产物(2)可以在较低温度下直接从反应体系中减压蒸出,以达到与其它组分分离的目的,这样简化了后处理步骤,并避免了溴代产物在高温受热下发生分解反应. 实验证实:使用亚磷酸三苯酯的二溴化物作溴代试剂进行(1)的溴代,成功地得到了预期的溴代产物,产率>50%,高于文献方法.

2.2 溴代产物(2)的结构证实 将所得的溴代产物(2)的 ^{1}H NMR 数据与文献报导的相应氯代物[5]及碘代物[6]的 ^{1}H NMR 数据作了对比,列于表 1 中. 可见与卤素相连的亚甲基 H_a 的化学位移随着从氯→溴→碘的电负性减弱而移向高场,说明我们所得的溴代产物是正确的.

表 1 4-卤代-2-甲基-1-丁烯 ^{1}H NMR 数据比较

Tab. 1 Comparison of ^{1}H NMR data of 4-halogeno-2-methyl-1-butene

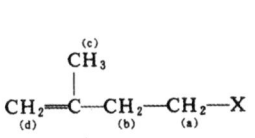

X(溶剂)	H_a	H_b	H_c	H_d
Cl(CDCl$_3$)[5a]	3.58(t)	2.45(t)	1.79(s)	4.78(m)
Cl(CDCl$_3$)[5b]	3.61	2.47	1.75	4.83
Br(CCl$_4$)	3.41(t)	2.53(t)	1,73(s)	4.78(m)
I(CCl$_4$)[6]	3.18(m)	2.50(bt)	1.68(bs)	4.72(m)

参 考 文 献

1. 汪波. 具有生理活性的三井五员环倍半萜 Capnellenols 的二环中间体的合成研究:[博士论文]. 广州:中山大学化学系,1993
2. Bhanot O S, Dutta P C. Synthetical studies of terpenoids. Part XII. Synthesis of model compounds related to Xanthatin. J Chem Soc, 1968,(20C):2583
3. Sum P-E, Weiler L. Synthesis of exo— and endo-brevicomin and frontalin. Can J Chem, 1979, 57 (12):1475
4. Cope A C, Burrows W D. Clarke—eschweiler cyclization, scope and mechanism. J Org Chem, 1966, 31:3099
5. Crob C A, Waldner A. Die solvolyse von 4-substituierten 2-chlor-2-methylbutanen. Helv Chim Acta, 1979,62(6):1854
   Yashiro T, Akira T, Yasunari S. Cycloshikonin and its derivatives. A synthetic route of shikonin. J Org Chem, 1987,52(8):1437
6. Trost B M, Kunz R A. Methods in alkaloid synthesis. Imino ethers as donors in the michael reaction. J Am Chem Soc, 1975,97(24):7152

A New Method for Bromination of 3-Methyl-3-buten-1-ol

Wang Bo *   Li Ruisheng   Long Kanghou*

Abstract The use of bromine—triphenyl phosphite as the brominating agent for the bromination of 3-methyl-3-buten-1-ol is reported with this new method, the reaction was easily controlled, the isolation and purification of the brominated product were convenient, the yield was increased. It also indicated that phosphorus tribromide is not a suitable agent for the bromination of this kind of alcohol. The structure of the brominated product was confirmed by ^{1}H NMR data.

Keywords bromination, 3-methyl-3-buten-1-ol, 4-bromo-2-methyl-1-butene, bromine-triphenyl phosphite

---

* Department of Chemistry, Zhongshan University, Guangzhou 510275

新植物生长抑制剂的合成*

苏镜娱　李瑞声
方成初　宋瑞金　苏文彬　克振强**
（化学系）

一、概　述

橡胶树的树杆脆而易折。我国最大的橡胶垦区——海南岛，每年遭受台风袭击，损失重大。我们应用化学药剂抑制橡胶树苗高生长、以提高其抗风能力。

1976年，赖作企等与华南热带作物研究院协作，将N,N,N-三甲基-N-〔4-(2',6',6'-三甲基-2'-环己烯-1'-基)3-丁烯-2-基〕铵[1]（代号A_1）试用于橡胶树苗矮化，取得了较好的效果[2]。据报导，N.Kazuo[1]，H.Haruta 等[3-5]合成的几十个季铵盐中，活性最高的是碘化 N,N,N,-三甲基-N-〔4-(2,'6,'6'-三甲基-2'-环己烯-1'-基)3-丁烯-2-基〕铵（即A_1）；H.Haruta 等[6]合成的十多个三甲基乙酰脒化合物中，活性最强的是碘化-4-(2,'6,'6'-三甲基-2'-环己烯-1'-基)3-丁烯酮-2-N,N,N,-三甲氨基乙酰脒（即A_3）；M.Nagao等[7]合成的四十个三甲基脒化合物，其中有良好抑制作用的化合物之一是碘化-4-(2,'6,'6'-三甲基-2'-环己烯-1'-基)3-丁烯酮-2- N,N,N,-三甲基脒。在这三群化合物中最有效者的一个共通点：都含有α-紫罗兰酮片段的季铵盐。于是我们设计并合成了A_3、A_4、A_5和A_{10}四种化合物。其中A_4、A_5和A_{10}是文献上未见报导的新化合物。

A_4，即碘化-4-(2',6',6'-三甲基-2'-环己烯-1'-基)3-丁烯酮-2-吡啶基-N-乙酰脒；

A_5，即碘化N,N,N,-三甲基-N-5-(2',6',6'-三甲基-2'-环己烯-1'-基)-4-戊烯-3-酮基铵；

A_{10}，即N,N,N-三甲基-N-〔4-(2',6',6'-三甲基-2'-环己烯-1'-基)3-丁烯-2-基〕甲基硫酸铵。

它们的结构式如下：

●本文曾于一九七七年十一月在昆明召开的全国热作农药科研座谈会上报告。
●●方成初、宋瑞金、苏文彬、克振强是化学系74届毕业生。

[A₃ 结构图] [A₄ 结构图]

[A₅ 结构图] [A₁₀ 结构图]

我们和华南热带作物研究院协作,用橡胶树苗作生测试验,结果如下:

药品编号	抽蓬长度(为对照%)	茎粗增长(为对照%)
A_3	72.0 – 77.1	92.7
A_4	79.7 – 96.3	92.7
A_5	39.4 – 75.4	60.7 – 89.3
A_{10}	效果不显著	效果不显著

从表可见 A_5 的效果较好。它较有效地抑制橡胶树苗的高生长,但对茎粗的抑制不明显。至于 A_{10},其阳离子与 A_5 完全一样,可是效果相差很大,原因不明,有待进一步研究。

二、A_5 的合成

1、A_5 的合成路线

我们以α-紫罗兰酮和聚甲醛、二甲胺盐酸盐通过满尼赫缩合反应得到中间体氨基酮,再进行碘甲季铵化而获得 A_5。α-紫罗兰酮是利用华南地区丰盛的精油资源,以柠檬醛为原料合成的[8-11]。因此 A_5 有工艺简便、收率高、成本低等优点。

[合成路线反应式图]

2、中间体氨基酮

中间体氨基酮是中等粘度的淡黄色液体。为了获得纯品,可通过其苦味酸盐提纯。

在满尼赫反应中，本来有两个可能的反应方向，即产生(Ⅰ)式 或(Ⅱ)式 的化合物：

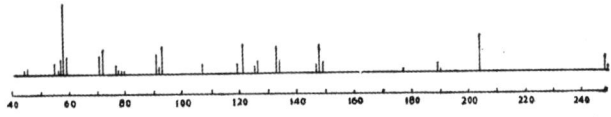

我们认为在紫罗兰酮的β位有一个空间位阻很大的三甲基六元环，将会迫使在甲基上进行缩合反应而生成(Ⅰ)式的产物。从质谱的碎片峰m/e 204 和m/e 72可以证明氨基酮的结构是(Ⅰ)式。氨基酮 Ms: m/e 249(M^+, 22%), 204(50%), 177(30%), 121(40%), 93(39%), 72(35%), 58(100%), 45(9%), 44(4%), (见图1）。

图1 氨基酮的质谱

这些碎片峰可能是由下述断裂过程产生的：

氨基酮的核磁共振谱也与(Ⅰ)式一致：(100兆周，溶剂：四氯化碳，参考H.M.D.S)δ0.88(单峰, 3H), 0.92(单峰, 3H), 1~1.37(多重峰, 4H), 1.57(单峰, 3H), 2.10(三重峰, 2H), 2.26(单峰, 6H), 2.56(三重峰, 2H), 5.47(多重峰, 1H), 5.6~6.7(多重峰, 3H)。

氨基酮的性质不稳定，在加热时会发生β-消除并聚合成为有弹性的高聚物，在室温放置亦会渐变粘稠。

3、碘甲季铵化

氨基酮的碘甲季铵化起初在室温下进行，结果先后获得三种结晶。第一种是有光泽的长丝状结晶，熔点>230℃(分解)，红外光谱证明是四甲基碘化铵[12]。第二种结晶，熔点255℃(分解)，红外光谱证明是三甲胺氢碘酸盐[13]。这两种付产物可能是由产物脱出的三甲基胺与过量的碘甲烷或氢碘酸反应而形成的。第三种结晶，熔点143—145℃，红外光谱具有所期望的 >C=C-C(=O)- 的特征吸收（ν 1665 cm^{-1}，极强），估计是我们需要的主产物。于是我们改为在较低的温度下反应（0～2℃）。通过实践，我们成功地控制了付产物四甲基碘化铵和三甲胺氢碘酸盐的生成，从而大大提高了A_5的产率，可达94.7%。

A_5是无色片状结晶，熔点143～145℃，用硝酸银检碘离子呈正反应。A_5用 Varian MAT311A 型质谱仪测定(进样温度200℃，发射电流3mA，倍增器高压2KV)，没有出现分子离子峰。但m/e 204及其以前的碎片峰与氨基酮的一致，说明与氨基酮的m/e 204有同样的结构。此外，还出现了m/e 59[$N^+(CH_3)_3$](100%)，m/e 254(I_2^+离子峰)，127(I^+离子峰)，128(HI^+离子峰)足以证明 $-N^+(CH_3)_3 I^-$ 基团的存在（见图2）。为了进一步确证A_5结构的真实性，又在MAT 731型质谱仪中，应用场解析源(发射电流14mA，0.111V)测定，结果获得m/e 264峰(90%)。它是A_5分子中完整的阳离子峰。此外，同样出现m/e 204和58,59等峰(见图3)。

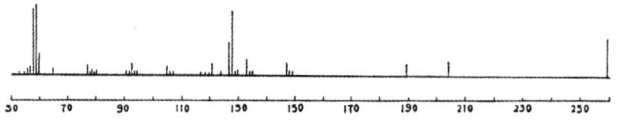

图2　A_5的质谱

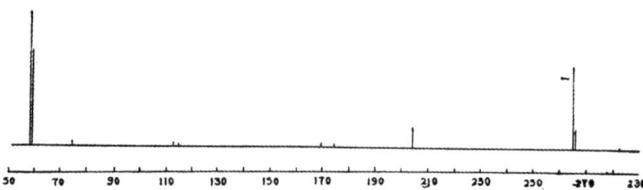

图3　A_5（场解析源）质谱

质谱碎片峰的断裂过程如下：

三、A_4和A_{10}的合成

我们参考H. Haruta的方法[8]，合成了A_4，反应式如下：

我们参考刘米和夫的方法[14]，先使α-紫罗兰酮和甲胺缩合，然后用硼氢化钠把生成的亚胺还原成N,α-二甲基紫罗兰胺，再用硫酸二甲酯使生成相应的季铵盐。以上反应在一锅中连续进行，其间不必作后处理。反应式如下：

实 验 部 分

一、A_3的合成[8]

称取20克α-紫罗兰酮，18.8克吉拉德T试剂，加入20毫升冰醋酸和200毫升95%乙醇。摇匀，使全部溶解。于水浴上迴流1.5小时。减压蒸去溶剂，加水搅拌至胶状物溶解。水溶液用乙醚提取(3×50毫升)。

往水层中加入40克研细的碘化钾,摇匀,在水浴冷却下放置3小时。析出浅黄色晶体。抽滤,真空干燥,得淡黄色结晶37—38克,产率82~85%。用氯仿—石油醚重结晶,得有光泽的小针叶状结晶。熔点175~176℃。IRν_{max}^{KBr}cm^{-1}:3400(中),3050(中),3000(强),2920(强),1700(很强),1650(弱),1205(强),980(中),935(强),840(弱)。

二、A_4的合成

称取20克α-紫罗兰酮,21克吉拉德P试剂,加入22毫升冰醋酸和220毫升95%乙醇。反应操作及后处理与A_3相同。A_4产率71%,熔点142~144℃。IRν_{max}^{KBr}cm^{-1}:3500(中),3100(中),3000(强),1707(很强),1650(强),1500(强),1375(强),985(中),835(弱),715(中)。

三、A_5的合成

1、缩合反应

在园底瓶中加入30克α-紫罗兰酮,1.4克盐酸二甲胺,7克聚甲醛,40毫升95%乙醇和几滴浓盐酸。将混合物置水浴上回流1小时,添加1.4克聚甲醛,继续回流1.5小时。

冷却后,加水稀释。用乙醚(4×40毫升)提取。水层再用10%氢氧化钠碱化至pH≈9。分出油层,水层再用乙醚*(4×40毫升)提取。将乙醚抽提液和游离碱层合并,用饱和食盐水洗至中性。加无水碳酸钾干燥。蒸去溶剂,得粗氨基酮33~35克,产率84~89%。

2、碘甲季铵化

在三颈瓶中加入3.5克碘甲烷和170毫升无水乙醚。另将30克粗氨基酮溶于60毫升无水乙醚并放置于滴液漏斗中。三颈瓶外用水浴冷却至0~2℃,在搅拌下滴加氨基酮的溶液,整个反应过程应保持于0~2℃。滴加完后,继续搅拌10分钟。置冰箱中过夜。抽滤,压干,用无水乙醚洗涤,真空干燥。干重43~45克,产率90~94.7%。用无水乙醇重结晶(水浴温度不要超过70℃),得极淡黄色的片状结晶,熔点143~145℃。

3、氨基酮的提纯

取30克粗氨基酮,溶于50毫升95%乙醇中。加入27克苦味酸溶于400毫升95%乙醇的溶液。将混合物加热至沸。冷却后,加水至出现混浊。放置过夜乃析出黄色的苦味酸盐结晶。抽滤,用少量70%乙醇洗涤。干重27.5克。用稀乙醇重结晶,得柠

---

* 为了防止蒸餾溶剂时导致氨基酮发生分解聚合,宜用經硫酸亚鉄铵处理过的乙醚;若不經蒸餾直接做成碘甲季铵盐,则乙醚不必經处理。

黄色针状结晶，熔点123～124℃。IRν_{max}^{KBr}cm^{-1}：3100（弱），3000（弱），2900（弱），1685（中），1650（强），1625（强），1585（中），1500（弱），1380（强），1340（强），1290（中），850（弱）。

苦味酸盐元素分析，$C_{22}H_{30}N_4O_8$：

  理论值%：C 55.21, H 6.32, N 11.70；

  实验值%：C 54.63, H 6.40, N 12.00。

称取4克氨基酮苦味酸盐，加入40毫升1%氢氧化钠，搅拌至结晶溶解。立刻析出一层黄色油层。用处理过的乙醚提取。乙醚提取液用饱和食盐水洗至中性。用无水碳酸钾干燥。在氮气保护下蒸去乙醚。真空蒸馏，馏程90～95℃/0.02mm Hg，得氨基酮纯品，n_D^{25} 1.5023。IR$\nu_{max}^{液膜}$cm^{-1}：3200（弱），3000（强），2900（强），2800（弱），1675（强），1635（强），1620（强），1455（中），1410（强），1370（中），1220（强），1000（强），970（中），820（中）。

四、A_{10}的合成*

在三颈瓶中放置23毫升甲醇，在冷却下通入甲胺，至增重2克。加入10克α-紫罗兰酮于上述溶液中，于22℃左右搅拌反应4小时。将反应物温度降低至10～15℃，添加1.2克硼氢化钠，约15分钟加完。加完后，进一步降温至5℃下，继续搅拌1小时。然后在10～20℃下滴入16.3克硫酸二甲酯，控制滴加速度，使在半小时加完。滴加完硫酸二甲酯后，升温至50～60℃，继续搅拌1小时。

待反应物冷却后，往三颈瓶加入四倍量的乙醚，立即析出片状结晶。抽滤，放真空干燥器中干燥。干重7.3克。用甲醇—无水乙醚重结晶，得强吸湿性白色片状结晶，熔点123℃。IRν_{max}^{KBr}cm^{-1}：3000，1659（$\nu c=c$），1470（$\delta as\ CH_3$），1380（$\delta_s CH_3$），1263，1221（$\nu s=O$），1075（$\nu_s s=O$），785（$\nu s-O$），1006（$\nu c-O$）。

参 考 文 献

〔1〕N. Kazuo et al., *Brit.*, 1974, 1348422.
〔2〕赖作企等，中山大学学报（自然科学版），1978, 1, 72—77.
〔3〕H. Haruta et al., *Agri. Biol. Chem.*, 36(1972), 881.
〔4〕H. Haruta et al., *Agri. Biol. Chem.*, 38(1974), 141.
〔5〕H. Haruta et al., *Agri. Biol. Chem.*, 38(1974), 417.

---

*刘学东、陈风发参加部分实验工作。

广东测试分析研究所、中国科学院药物研究所和本校红外光谱室代测质谱、核磁共振谱、元素定量分析及红外光谱。

[6] H. Haruta et al., *Agri. Biol. Chem.*, 38(1974), 877.
[7] M. Nagao et al., *Agri. Biol. Chem.*, 35(1971), 1635.
[8] H. Hibbert and L. T. Cannon, *J. Am. Chem. Soc.*, 46(1924), 1, 119—130.
[9] K. R. Vilasini et al., *Chem. Age.*, India, 19(1968), 2, 118—120; *Chem. Abstr.*, 69(1968), 44034t.
[10] S. Igor, G Ladislov et al., *Czech.*, (15 Oct. 1968), 129547; *Chem. Abstr.*, 71(1969), P38354x.
[11] E. Earl Royals, *Ind. Eng. Chem.*, 38(1946), 546—548.
[12] Sadtler Research Laboratories, *Sadtler Infrared Standard Spectra* 5959, Philadelphia.
[13] Sadtler Research Laboratories, *Sadtler Infrared Standard Spectra* 7568, philadelphia.
[14] 刘米和夫等，日本公开特許公报，1977，27728。

Syntheses of New Plant Growth Inhibitors

Su Jinyu　Li Reisheng
Fang Chengchu　Song Reijin　Su Wenbin　Ke Zhengqiang

Abstract

We have synthesized four quaternary ammonium compounds derived from α—ionone, and examined the effects of their biological activities as plant growth retardants. Among them, three compounds, designated A_4, A_5 and A_{10}, were hitherto unknown. Of these four compounds, N, N, N-trimethyl-N-5-(2', 6', 6'-trimethyl-2'-cyclohexen-1'-yl)-4-penten-3-oxo ammonium iodide (A_5) was the most active in retarding the growth of stem height of rubber seedling. Althought A_1 was an effective growth retardant, we were puzzled to note: the kind of anion in the ammonium compound affected the efficacy so much, that A_{10}, which had the same cation as A_1[1], possessed the lowest activity.

When α-ionone was refluxed with paraformaldehyde and dimethylamine hydrochloride, Mannich condensation took place to form an intermediate aminoketone in 89% yield. Treatment of the resulting crude aminoketone with methyl iodide in absolute ether at 0-2℃, the correspondjng methiodide (A_5) was readily obtained in 94.7% yield. The structures of A_5 and the intermediate aminoketone were confirmed by IR as well as by measurments of their MS and NMR spectras.

轨道和电子云界面图的计算

陈 志 行[*]

（化学系）

原子轨道、分子轨道和电子云界面图是阐明电子结构的有力手段。量子化学发展的数十年间，界面图绘制工作没有受到充分重视，不少书籍绘的都是示意图，常与实际形状相差甚远。间有少数准确绘制的，也只限于平面图。

Jorgensen和Salem绘制了一系列立体的分子轨道界面图并编辑成书[1]；近年来在文献中亦见有绘制出界面图用以说明科学研究成果的[2]。然而至今仍不能充分满足需要，以致许多教科书和参考书仍然不得不采用那些形状不正确的示意图。本文所述主要是建立计算原子轨道、分子轨道和电子云界面图的程序，以及为教学工作所急需的氢原子轨道实数和复数波函数界面图作为使用这程序的部分计算结果。

本文的计算是在DJS—21型计算机上进行的。

界面图的表示方式

本文所讲的轨道界面图是指轨道波函数的绝对值$|\phi|$取一定数值的等值面图。过去的一些教科书[3]曾把界面图定为包含电子出现几率90%或95%的等值面图，为了选取包含所指定几率的等值面，要多花费好几倍乃至几十倍的计算量，而实用性却没有显著的增加。因此，Jorgensen和Salem发表的界面图都没有指定所包含的几率而只指定轨道波函数的绝对值。我们沿用这种做法，并且除沿用实线代表正数、虚线代表负数外，采用破线代表复数。电子云界面图则选取波函数的绝对平方$|\phi|^2$为一定值的等值面。对于单电子问题，只要所选的$|\phi|^2$值等于轨道界面图所选$|\phi|$值的平方，两者的形状大小就完全一致，因此一律采用轨道界面图。至于由多个轨道的电子迭加而成的电子云，则只能采用电子云界面图而一律用实线表示。

为了显示出立体，采用Jorgensen和Salem的方法。即在x方向上每隔一定距离取一平面而得一等值线。又在z方向上每隔一定距离取一平面而得一等值线。把这些等值线按适当的角度投影在纸上，并且只绘出正面的部分。本文选择的坐标轴采用符合于多数人习惯的指向，即z轴指向上方、y轴向右而x轴在纸面上指向左下以示指向眼睛方向而稍偏于左下方。

● 此项研究是作者与华南师范学院化学系蔡文正等合作研究的工作中的一部分。中山大学化学系张亚拉曾部分地参加程序设计的工作。

算 法 细 节

程序力图能够适应于处理各种原子和分子。在进入寻找各等值线上的点之前,程序中先安排界面图范围的搜索。搜索的方法是:先按指定步长 T 由原点向前、后、左、右、上、下各走四步,所得的正六面体取为基本范围。然后从基本范围起向六个方向的每个进行层距为 T 的逐层搜索。向 z 方向搜索时,取一定 z 值平面上$|y|$和$|x|$不大于$2T+1$的范围内按步长$2T$的网格从内向外搜索。一旦得到一点的$|\phi|$值大于所指定的值ϕ_0,这层就属于要计算的范围内而转向更外的一层。搜索过程直至一层网格上没有一点$|\phi|>\phi_0$为止,把这一层也包括到界面图的计算范围内。

确定范围后即逐层找寻等值线上的点。在每层的计算范围内步长为 S(它可以等于或不等于 T)的网格点上计算$|\phi|$值。当相邻两点的$|\phi|$值一个大于ϕ_0而另一个小于ϕ_0时,即确认两点之间应该有等值线上的点。于是先在两点间线性补插得到第三点,计算其$|\phi|$值,再在三点间进行抛物线补插,所得的点即认为是等值线上的点。

每得一点,即按下列变换投影到一个平面上,其中的 v 和 w 就是纸上绘图所需的横坐标和纵坐标:

$$v = -\sin\varphi \cdot x + \cos\varphi \cdot y,$$
$$w = \sin\theta\cos\varphi \cdot x + \sin\theta\sin\varphi \cdot y + \cos\theta \cdot z.$$

对于每一点,按投影方向作粗略搜索,若发现在其前方某处有大于ϕ_0的$|\phi|$值,则认为此点是被界面图挡在后面的。

对于实数波函数,等值线上的点是分正负值搜寻的,以便绘图时分别绘成实线和虚线

氢原子的实数和复数轨道界面图

按上节的算法计算得到的氢原子轨道界面图附后。层间距离一律取 1Å。投影方向取$\sin\theta = -0.2$,$\sin\varphi = 0.3$。

等值面上的$|\phi|$值一律取 0.01 原子单位。这一数值的选择主要是迁就了 3p 轨道的合适形状。后面附有 3p 轨道的等值线族图(等值线族图的计算程序由界面图程序修改而成)。可以看出,若所选$|\phi|$

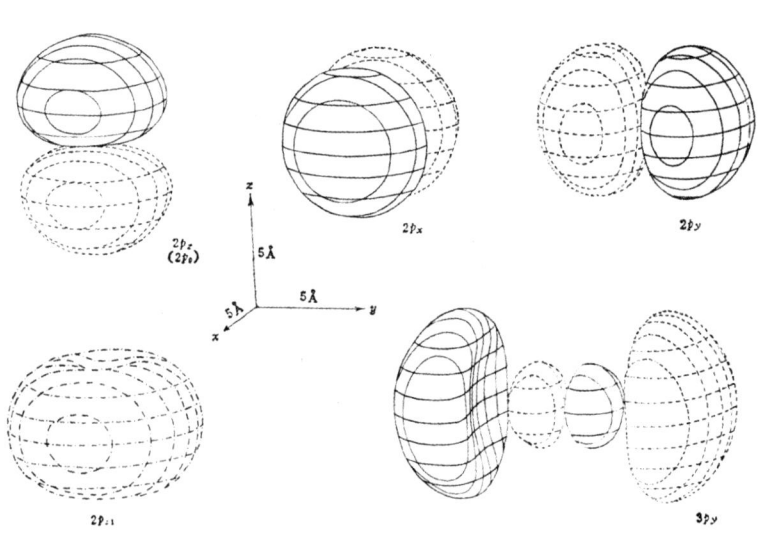

图 1 2p 和 3p 氢原子轨道界面图

值太小，例如 0.005，则径向节面以内的两块几乎全被外面两块包住而不易表现出来；若所选$|\phi|$值太大，例如0.02，则节面以外的两块就因达不到此值而画不出来。

关于等值面内所包的电子出现几率，以2pz轨道为例进行变步长的数值积分直到前后两次相差不超过0.0005%为止，得到结果为89.267%。

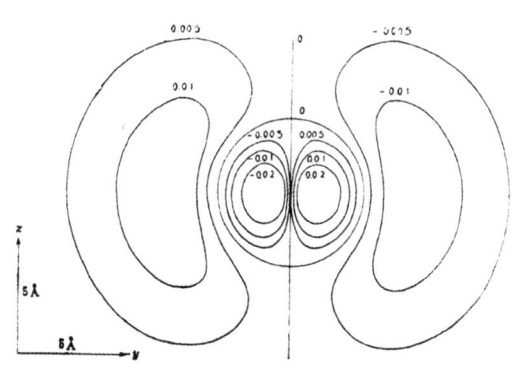

图2　3py氢原子轨道在y—z平面上的等值线族图

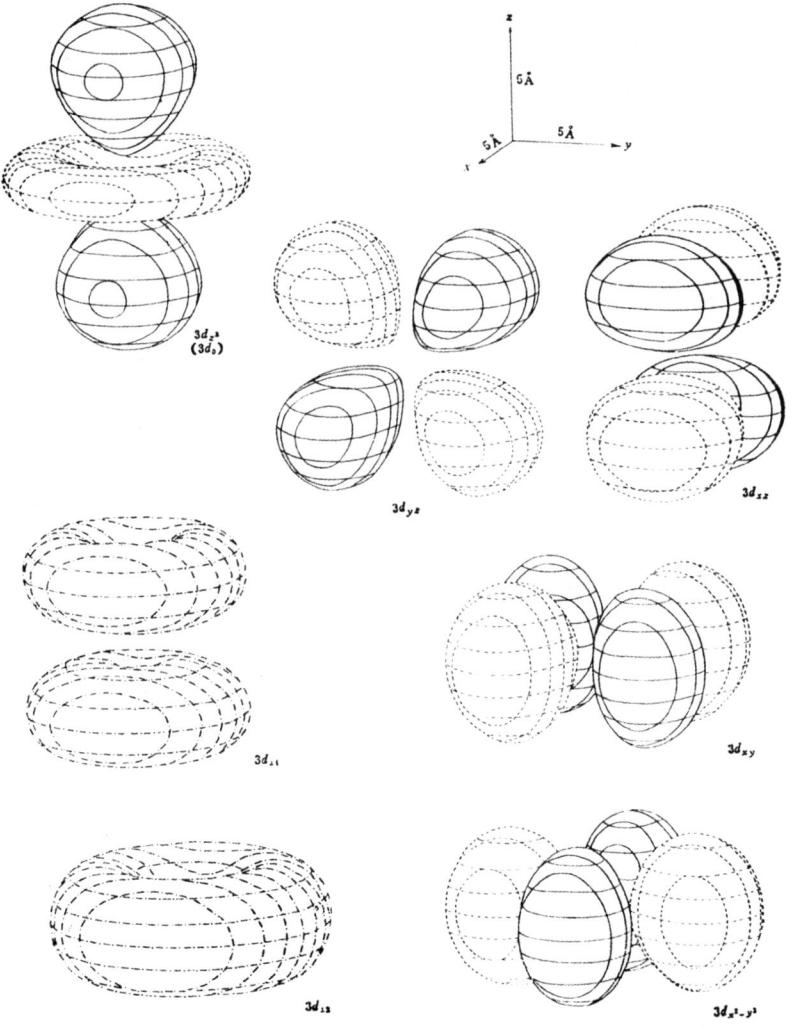

图3　3d氢原子轨道界面图

结 论

选定了适当算法编出了轨道及电子云界面图的DJS—21型计算机用的程序。算出和绘制了多种实数和复数氢原子轨道在$|\phi|=0.01$原子单位时的界面图。算出所绘的2p氢原子实数轨道$|\phi|=0.01$原子单位的等值面内包含的电子出现几率为89.267%。

参 考 文 献

[1] W.L.Jorgensen and L.Salem, *The Organic Chemist's Book of Orbitals*, Academic Press, 1973.
[2] W.L.Jorgensen, *J.Am.Chem.Soc*, 98(1976), 6784; K.B.Wiberg, G.B.Ellison, J.G. Wendoloski, W.E.Pratt, and M.D.Harmony, *J.Am.Chem.Soc*, 100(1978), 7837.
[3] 徐光宪，物质结构，人民教育出版社，1961; C.A.Coulson, *Valence*, Oxford, 1952, （中译本：原子价，陆浩等译，科学出版社，1966）。

Computation of Contour Surfaces of Orbitals and Electronic Clouds

Chen Zhixing

Abstract

Suitable algorithm has been chosen to make the program for computing contour surfaces of orbitals and electronic clouds. The contour surfaces with $|\varphi|=0.01$ a.u. for 2p and 3d orbitals, real and complex, and the $3p_Y$ orbital of the hydrogen atom are published here. The probability within a 2p contour surface has been found to be 89.267%

塞曼石墨炉原子吸收法直接测定海水镉

——有机基体改进剂的效应探讨

张展霞 刘均焯 林如城 杨秀环

（化学系）

何华焜

（广东分析测试研究所）

未被污染的海水含 Cd 约 $0.03 \mu gl^{-1}$，而基体含盐份 3.5% 左右，对使用石墨炉原子吸收法 (GFAAS) 直接测定海水 Cd 带来极大困难。Slavin[1] 采用 $NH_4H_2PO_4$—$Mg(NO_3)_2$ 作基体改进剂和塞曼校正背景技术直接测定海水 Cd，检出限为 $0.3 ugl^{-1}$。Guevremont[2] 用 EDTA 作为海水 Cd 的基体改进剂。继后又研究了几种有机基体改进剂(OMM)[3]对 Cd 测定的影响，表明 OMM 具有降低背景和空白值较低的优点。

本文讨论使用塞曼效应校正背景技术前提下，一些OMM在消除海水基体对Cd信号的干扰及提高Cd信号的作用。试验表明柠檬酸对Cd是一个有效的基体改进剂和增感剂。在柠檬酸存在下，用Cd单纯标准溶液作的分析校正曲线与标准加入法作的曲线相互平行。Cd在海水中的回收率为95—105%。

1. 实验部分

（1）主要试剂 Cd标准贮备液按常规法配制，使用液按实验要求以贮备液逐级稀释。柠檬酸，酒石酸，抗坏血酸，硫脲，EDTA均为分析纯配成2%(W/V)水溶液。

（2）仪器和测量条件 塞曼180-80型原子吸收光谱仪（日立），Cd空心阴极灯（日本）。交流塞曼APZ型原子吸收光谱仪[4]（广东省测试所研制）。热解涂层石墨管。

表1　　　仪　器　测　量　条　件

元　素	Cd	升　温　程　序：	
分析波长(nm)	228.8	干燥 80—110℃	30秒
灯电流 (mA)	7.5	140℃	30秒
狭缝 (mm)	1.3	灰化 —	
进样量 (μl)	10	原子化 1500℃	2秒*
测量方式	峰高	净化 2500℃	3秒
		Ar流量 3(l/min)	原子化停气

● 使用APZ型AAS时，原子化时间为5秒，以便观察Cd的原子化过程和背景信号分布。

本文1986年1月收到

实验步骤是用微量注射器直接进样，按表1的条件操作。若加入OMM时，加2%(W/V)于海水或标准溶液中，混合后测定。

2. 结果与讨论

(1) OMM对抑制背景和增强Cd信号的效应　海水含有约2.3%NaCl，大大超出塞曼校正背景的能力。因此用GFAAS法直接测定海水痕量Cd，除使用校正背景能力强的仪器外，必须选择有效的基体改进剂，同时又能提高Cd信号。硫脲、EDTA、抗坏血酸、柠檬酸和酒石酸对Cd的效应，结果列于表2。

表2　OMM对不同基体中Cd的效应

基体	OMM (2%W/V)	A信号 (Cd 0.5μgl^{-1})	A背景	A试剂空白
二次水	—	0.069		
(1:10)海水	—	未检出	过大测不到	
二次水	硫脲	0.081	0.027	0.042
(1:3)海水	〃	4.825	4.708	
二次水	EDTA	0.069	1.121	0.029
(1:3)海水	〃	0.120	2.745	
二次水	酒石酸	0.128	0.065	0.041
(1:3)海水	〃	0.124	0.643	
二次水	柠檬酸	0.102	0.054	0.006
(1:3)海水	〃	0.115	0.628	
二次水	抗坏血酸	0.103	0.098	0.009
(1:3)海水	〃	0.089	0.088	

由表2可见，除硫脲、EDTA外，其余试剂均能使海水背景吸收大幅度下降，特别是抗坏血酸使背景值降至0.088Ab。它们对不同基体中Cd信号亦有不同程度增强，以柠檬酸效果较显著，约增感50%。硫脲与EDTA因未能抑制背景值使Cd信号受到严重干扰。这些OMM的空白值均较低，对直接测定痕量Cd提供有利条件。根据OMM抑制背景能力，增感效果和低空白值等因素，本文选择柠檬酸作Cd的基体改进剂。抗坏血酸虽有效地抑制背景，但它对不同基体增感效果差别较大，必须使用繁琐的标准加入法才能消除影响。

(2) Cd在各基体改进剂中的原子化过程　为探讨OMM对Cd信号及背景的作用，本实验使用APZ型AAS特有功能观察了Cd原子化过程和背景信号随时间的变化规律，直接打印出图形见图1。图1a是未加OMM时(1:10)海水的原子化过程图，背景值很大，未检测到Cd信号。图1b加入柠檬酸后其背景值显著下降，并且与Cd信号有明显的时间位移，Cd在较低温度已原子化，并在2秒内已原子化完毕。较高的背景信号是继原子化后才出现，从而可控制升温程序消除背景吸收，增强Cd信号。酒石酸、抗坏血酸的效果与柠檬酸类似。图1c表明硫脲存在时Cd与背景信号的时间位移不明显，Cd信号未被增强，难于测定。EDTA的情况相类似。

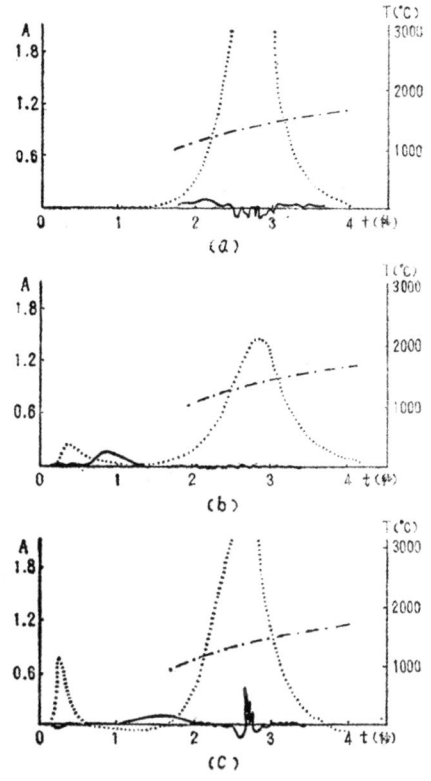

图1 海水Cd及其在OMM存在时，原子化过程和背景信号与时间变化关系
—— Cd信号 ······ 背景信号
·—·—· 温度曲线 Cd:0.5μgl⁻¹.
a. Cd在(1:10)海水.
b. 2%柠檬酸存在下Cd在(1:3)海水；
c. 2%硫脲存在下Cd在(1:3)海水

(3) 柠檬酸存在下Cd在海水中灰化-原子化曲线 图2为加入柠檬酸后Cd在海水中的灰化—原子化曲线，从灰化曲线a可见，在300℃以上Cd信号开始下降，表明Cd已随基体挥发损失，没有明显的平台。因此本实验采用无灰化阶段，在140℃延长干燥时间制得原子化曲线b。由图表明在较低温度时已出现了原子化信号，1000℃以上Cd的信号已趋于稳定。故本文采用无灰化过程，原子化温度为1500℃。

(4) 柠檬酸浓度对Cd及背景信号的影响 抑制背景效果与柠檬酸的加入量有关。图3a表明2%(W/V)柠檬酸足以使背景降至0.6Ab，再增加用量作用不大。而柠檬酸的浓度对Cd信号影响是不明显的，见图3b。

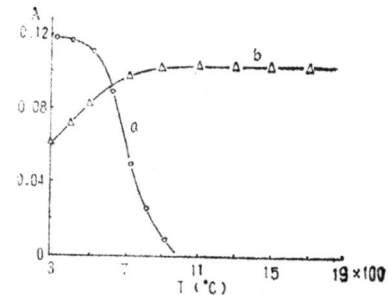

图2 柠檬酸存在下海水中Cd(加入0.5μgl⁻¹)的灰化-原子化曲线
a 灰化曲线 b 原子化曲线

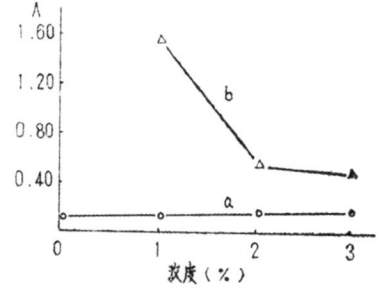

图3 柠檬酸浓度对(1:3)海水中Cd(1.0μgl⁻¹)及背景信号影响
a 背景值变化曲线 b Cd信号变化曲线

(5) 海水基体及共存物干扰试验 柠檬酸存在时，海水各盐类及常见共存元素对Cd的影响结果列于表3。以数据表明，在柠檬酸存在下，(1:3)海水基体和10个常见共存元素在100倍于Cd的量、基本无影响。

表3 柠檬酸存在时Cd在不同基体和共存元素中的回收率

基体	含量(%)	回收率(%)	元素	加入形式	回收率(%)
KCl	0.02*	91.4	Fe	$FeCl_3$	104
Na_2SO_4	0.19	96.2	Mn	$MnCl_2$	106
$MgCl_2$	0.10	107.5	Cu	$Cu(NO_3)_2$	96
NaCl	0.57	84.1	Cr	$K_2Cr_2O_7$	100
$CaCl_2$	0.45	101.1	Pb	$Pb(NO_3)_2$	103
			Ni	$Ni(NO_3)_2$	99
			Co	$Co(NO_3)_2$	90
			Zn	$Zn(NO_3)_2$	93
			Al	$AlCl_3$	96
			Si	Na_2SiO_3	101

● 各盐份含量：相当海水稀释3倍后的量，Cd: $0.5\mu gl^{-1}$。 $C_{cd} : C_{共存元素} = 1:100$

(6) Cd的分析校正曲线 图4分别用标准加入法和Cd单纯标准溶液作的分析校正曲线，它们相互平行，表明干扰被消除。作样品分析时可以用单纯标准溶液分析校正曲线计算。

(7) 海水样品分析及回收试验 对8个海水样品分析，在每一样品加Cd $0.2\mu gl^{-1}$ 作回收试验，结果列于表4。

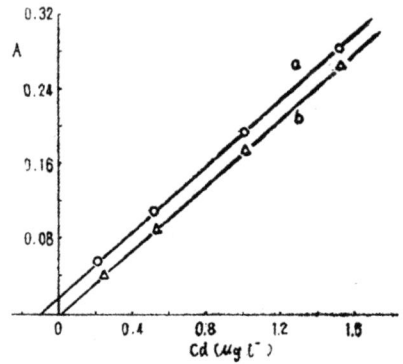

图4 Cd的分析校正曲线
a 标准加入法
b 单纯标准溶液工作曲线

由表中数据可见，Cd含量在 $0.16—0.24\mu gl^{-1}$ 范围，符合沿海海水Cd的含量* ($0.14—0.4\mu gl^{-1}$)。Cd的回收率在95—105%，相对标准偏差为4.5—6.5%；按IUPAC规定计算出海水中Cd的检出限为 $0.019\mu gl^{-1}$，($10\mu l$ 样品，以 3σ 计算)。若海水含Cd量低，可适当增加进样量($20\mu l$)。

从分析结果可见，由于使用OMM有效地抑制了背景干扰，制定了可行的操作条件，直接测定了含复杂基体的海水中痕量Cd。

● 国家海洋局南海分局、南海水产所等"粤东海区污染调查报告"。

表4 海水中 Cd 测定结果及回收率

样品号	测定结果* ($\mu g l^{-1}$)	样品 + $0.2 \mu g l^{-1}$ Cd ($\mu g l^{-1}$)	回收率 (%)
1	0.24	0.43	95
2	0.16	0.35	95
3	0.25	0.46	105
4	0.26	0.46	100
5	0.24	0.45	105
6	0.15	0.34	95
7	0.16	0.37	95
8	0.23	0.43	100

* 三次测定平均值.

参 考 文 献

[1] E. Pruszkowska, G.R. Carmack and W. slavin, *Anal. Chem.*, 55(1983), 182.
[2] R. Guevremont, R.E. Sturgeon, S.S. Berman, *Anal. Chim. Acta*, 115 (1980), 163.
[3] R. Guevremont, *Anal. Chem.*, 52,(1980) 1574.
[4] 何华焜等, 分析测试通报, 5 (1986),2,1.

Direct Graphite Furnace Atomic Absorption Determination of Cd in Seawater Using Organic Matrix modifier and Zeeman Background Correction

Zhang Zhanxia   Liu Jinzhuo   Lin Rucheng   Yang Xiuhuan

(Department of Chemistry, Zhongshan University)

He Huakun

(Institute of Test and Analysis of Guangdong)

Abstract

The applications of organic matrix modifier and Zeeman background correction to the determination of Cd in seawater are discussed. The variations of Cd and background signal during the atomization process were studied, and the optimum operating parameters for the furnace were established. Results showed that the most effective of the organic matrix modifiers studied for Cd is citric acid. It reduces the matrix interferences effectively and enhances the Cd absorption by 47%. The detection limit of Cd is 0.019 ug/l. The analytical results of Cd in seawater obtained from simple standard solution and standard addition technique show excellent agreement. The average recoveries of Cd are in the range of 95-105%.

纤维诱发聚醚醚酮界面结晶效应的研究

张志毅 曾汉民

（材料科学研究所）

摘 要

用彩色偏光显微镜研究了各种纤维诱发聚醚醚酮界面结晶效应。结果表明结晶性纤维诱发聚醚醚酮界面横晶的能力大于非结晶性纤维，温度对纤维诱发聚醚醚酮形成界面横晶有重要影响。考察了应力诱发结晶特征。

关键词 纤维，聚醚醚酮，界面结晶

聚醚醚酮(PEEK)是一种具有综合优良性能的新型耐高温热塑性工程塑料，用纤维增强可制得高性能的热塑性复合材料[1,2]。如同一般的纤维增强结晶性塑料的体系，在纤维增强PEEK的复合材料中，纤维本身的特性影响着塑料基体的结晶行为，从而影响到复合材料整体的综合性能。复合材料中纤维对塑料基体结晶行为的影响通常以纤维诱发基体形成横晶为典型。为此，本文着重研究了不同种纤维对PEEK诱发界面结晶的特性，以及结晶条件对这一特性的影响。

1 实验部分

1.1 材料

PEEK为ICI的原粉。所用纤维有高模量碳纤维即石墨纤维(M40GrF)，高强度碳纤维(T300CF)，中强度碳纤维(MSCF)，芳纶纤维(Kevlar-49F)，碳化硅纤维(SiC-F)及玻璃纤维(GF)。使用前各种纤维均经丙酮迴流净化；氧化表面处理M40GrF(S-M40GrF)为M40GrF在浓硝酸中100℃迴流1.5h。

1.2 样品制备

将PEEK与纤维压于盖玻片与载玻片之间，先使其在410℃避氧熔融25min，再将其移至结晶炉中在不同温度下恒温6h。结晶特性用Nikon偏光显微镜观察。

2 结果与讨论

图1a～f为PEEK及其在纤维存在下于315℃结晶的形态。在较高的结晶温度下，PEEK能生成半径达150μ的球晶，此时，M40GrF，S-M40GrF表现出很大的诱发

本文1989年12月9日收到

PEEK成核形成横晶的能力。PEEK在这两种纤维表面均能形成很致密的横晶，彼此之间无明显差异；而T300CF，MSCF及Kevlar-49F诱发PEEK形成横晶的能力则弱得多，且不能形成致密的横晶。在315℃这样高的结晶温度下，没有观察到SiC-F和GF诱发PEEK形成明显的横晶。

图1g～1为在纤维存在下PEEK于295℃结晶的形态。在此温度下PEEK不仅在$M_{40}GrF$，$S-M_{40}GrF$的表面，而且在T300CF，MSCF，kevlar-49F的表面形成很致密的横晶。在此温度下，SiC-F，GF也能诱发PEEK形成较致密的横晶。当结晶温度为280℃时，各种纤维，均能诱发PEEK形成致密的横晶，如图2a～d所示。

当结晶温度降低到260℃时，PEEK虽仍能在纤维表面成核结晶，但由于纤维附近基体自身成核结晶的影响，已不能形成致密完整的横晶（图2e～f）。若结晶温度再降至240℃，则纤维附近基体自身成核结晶严重，生成许多小晶粒，难以分辨PEEK是否在纤维表面形成横晶，见图2g～h。

由于横晶是基质表面有较多的成核点，相邻晶体相互阻碍，晶片只能垂直于基质表面生长的结果。因此，横晶的致密程度反映了基质诱发结晶性高聚物成核结晶的能力。上述PEEK在不同纤维表面形成横晶的结果表明基质的结晶性不是形成横晶的决定因素，但却影响着横晶的致密程度，即纤维诱发PEEK成核结晶的能力。上述结果表明，结晶性纤维的诱发能力大于非结晶性纤维的（如碳纤维，Kelar-49F大于SiC-F，GF），结晶性纤维中结晶程度高的纤维诱发能力又大于结晶程度低的纤维的（如$M_{40}GrF$大于T300CF与MSCF）。经表面氧化处理过的$M_{40}GrF$虽会使其表面晶粒变小，结晶程度降低，但由于氧化形成的含氧基团可提高晶棱的活性，使基体与纤维更好地浸润，利于相互作用，因而也不明显改变其诱发PEEK成核结晶的能力。

从上述结果可以看到，结晶温度也是影响纤维表面PEEK横晶形成的一重要因素。当结晶温度较高时，不能形成致密的横晶，当温度适中时，能形成致密的横晶；当温度过低时，由于基体自身成核的影响，PEEK在纤维表面的成核结晶受到阻碍而不能形成致密完整的横晶。结晶温度对横晶的影响还与纤维特性有关，从而造成了上述不同纤维诱发PEEK形成致密横晶的温度区间不同。诱发能力大的纤维（如$M_{40}GrF$）其区间的上限高，区间宽；诱发能力小的纤维（如SiC-F，GF）其区间的上限低，区间窄。同时，如图1、2中$M_{40}GF/PEEK$所示，横晶的径向尺寸随结晶温度的降低而减小，与PEEK球晶尺寸随结晶温度的降低而减小的规律一致[3]。

无定形结构的纤维可诱发PEEK形成横晶对横晶形成的影响规律表明界面应力也是形成横晶的一重要因素，尤其是当纤维不存在的情况下也可能产生横晶的事实说明了这一点。如图2i～j熔融前在PEEK膜上刮痕产生的沟槽及熔融后结晶前拔出埋于PEEK中的铜丝所产生的沟槽存在下PEEK的结晶形态，即使沟槽内没有基质，在应力集中的沟槽边缘也可能产生横晶。图2g～h表明，应力场对PEEK成核结晶的促进作用还表现在纤维附近的区域基体自身成核能力大于远离纤维的区域。

横晶的产生会影响到复合材料的性能，一般认为它造成了基体与纤维之间强的界面粘结。本实验结果与文献报道碳纤维/PEEK的界面粘结强于玻璃纤维/PEEK的界面粘结的结果相吻说明了这一点[4]。但从图1、2中可观察到，横晶嵌于基体中出现了横晶与球晶之间新的界面区域，另外，相邻纤维的横晶之间也会出现类似的新的界面区域，它们可能成为复合材料破坏的弱区。

参 考 文 献

[1] Cogswell F N et al., *Plastics and Rubber Processing and Application*, 4(1984), 3, 271
[2] Davies C K L et al., *Composites*, 16(1985), 4, 279
[3] Blundell D J et al., *Polymer*, 24 (1983), 8, 953
[4] Friedrich K et al., *Composites*. 17 (1986), 3, 205

Investigations on Interfacial Crystallization Effects of PEEK Nucleated by Fibers

Zhang Zhiyi*   *Zeng Hanmin*

Abstract

By using colour polarized microscopic technique, the effects of graphite fiber (M40GrF), surfacial-oxidized M40GrF (S-M40GrF), high strength carbon fiber (T300CF), middle strength carbon fiber (MSCF), Kevlar-49 fiber, SiC fiber (SiC-F) and glass fiber (GF) on the crystallization of polyetheretherketone (PEEK) have been studied. It has been found that PEEK can be nucleated and form transcrystallinity around these fibers, and the nucleating abilities of these fibers depend on their structures. The nucleating ability of M40GrF is the highest, and those of SiC-F and GF are the lowest. Dependence of the transcrystalline structure around these fibers on crystallization temperature has also been found. In this paper, the interfacial stress is considered to be an important factor affecting the nucleation. With the discovery of transcrystallinity in absence of fibers but in presence of some ditches, the stress and its effect in such system has been discussed.

Keywods fiber, polyetheretherketone, interfacial crystallization

* The Institute of Materials Science

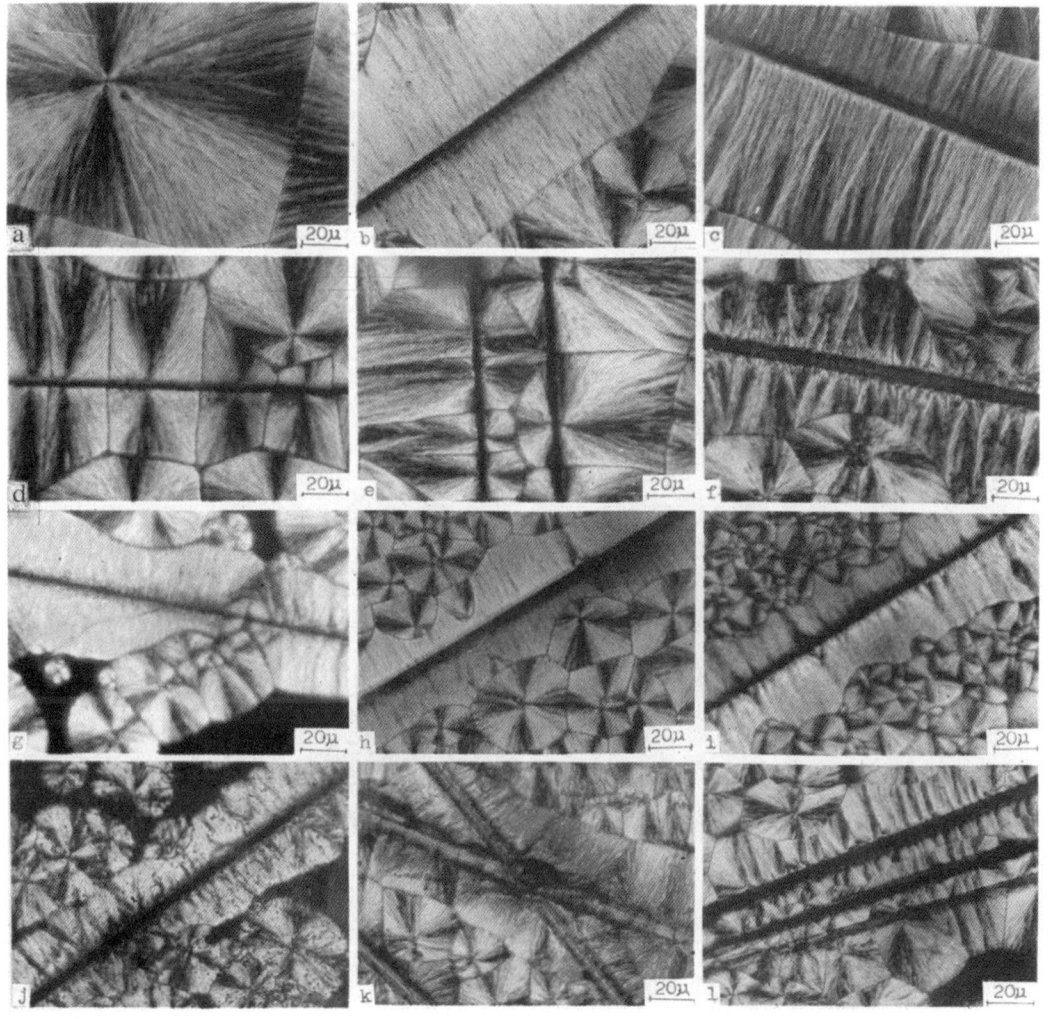

彩图1 PEEK 在纤维存在下的结晶形态（PLM）
Fig.1 The crystalline morphologies of PEEK in the presence of fibers (PLM)
Crystallization temperature: a - f. 315℃; g - l. 295℃.

a. PEEK;　　　　　　b. M40GrF/PEEK;　　c. S-M40GrF/PEEK;
b. T300CF/PEEK;　　e. MSCF/PEEK;　　　f. Kevlar-49F/PEEK;
g. M40GrF/PEEK;　　h. S⌐M40GrF/PEEK;　 i. MSCF/PEEK;
j. SiC-F/PEEK;　　　k. Kevlar-49F/PEEK;　l. GF/PEEK.

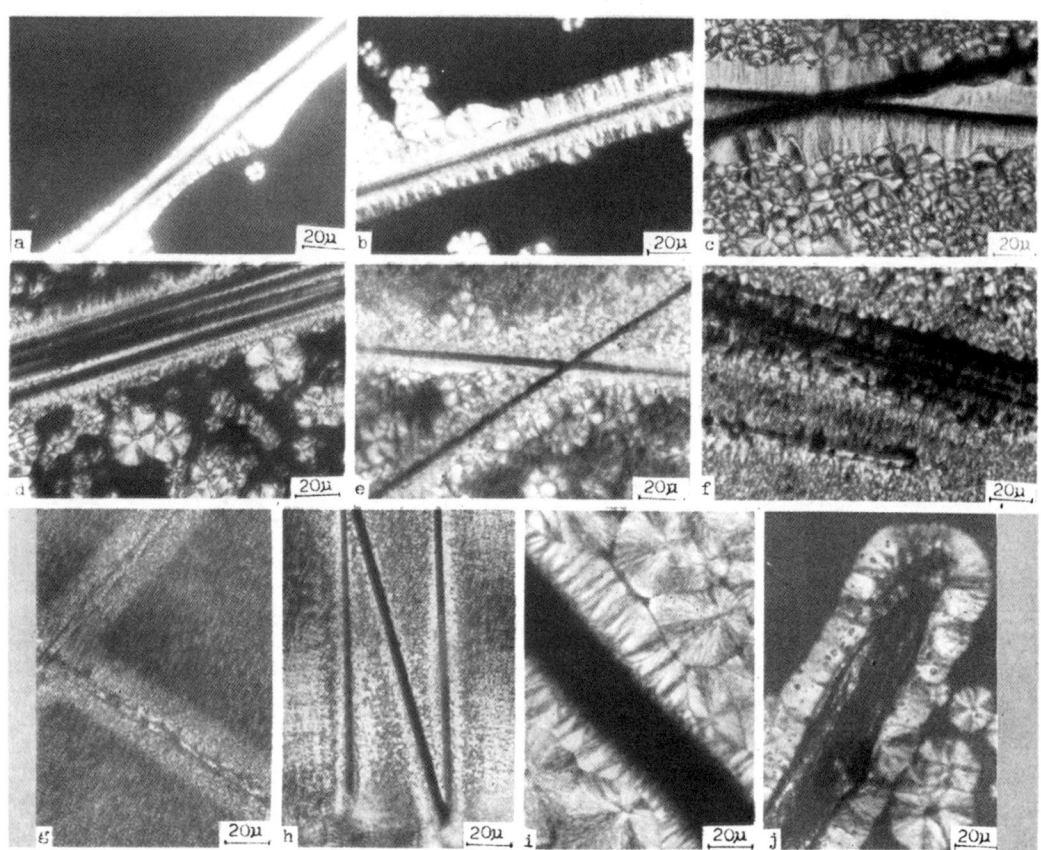

彩图 2 PEEK 在纤维及沟槽存在下的结晶形态（PLM）
Fig.2 The crystalline morphologies of PEEK in the presence of fibers and ditches (PLM)
Crystallization temperature: a - d. 280℃; e - f. 260℃; g - h. 240℃.
a. SiC - F/PEEK;   b. Kevlar - 49F/PEEK;
c. M40GrF/PEEK;   d. GF/PEEK;
e. M40GrF/PEEK;   f. GF/PEEK;
g. M40GrF/PEEK;   h. GF/PEEK;
i. by scratching PEEK film before melting;
j. by pulling out a Cu fiber embed in PEEK before crystallizing.

不对称铁卟啉的合成及其模拟细胞色素P450对环己烷的羟化作用

计亮年　王文雄　计　晴　黄锦汪　　　Hsieh An-Kong
（中山大学化学系）　　　　　　　　　（国立新加坡大学化学系）

摘　要　合成并表征了3种在苯环上具有推电子或拉电子取代基的新的不对称四苯基卟啉衍生物及其铁配合物。研究了其铁配合物作为细胞色素 P450 模拟酶对环己烷的羟化作用，并与结构类似的对称卟啉进行了比较。结果进一步证明，与对称金属卟啉相似，苯环上取代基性质和空间位阻对于金属卟啉的催化活性是十分重要的。不对称金属卟啉的催化活性比结构类似的对称金属卟啉的稍大。

关键词　不对称卟啉，四苯基卟啉衍生物，细胞色素p450模拟，环己烷，羟化作用

众所周知，自然界大多数金属酶的活性部位往往由金属配合物组成。细胞色素P450单加氧酶的活性部位就是在轴向位置有半胱氨酸残基的S配位的铁卟啉配合物。由于细胞色素P450在温和条件下对底物羟化具有专一和高效的催化性能，人们致力于合成细胞色素P450的各种模拟体系，以期应用到工业生产[1]。我们曾合成了一系列苯环上带有各种推电子和拉电子基团的对称的四苯基卟啉衍生物及其金属配合物[2,3]，并作为细胞色素P450模拟体系研究了它们对苯[4]和环己烷[1,2]羟化的催化作用。金属酶的活性部位通常处于某种扭曲的不对称状态，研究由不对称铁卟啉组成的细胞色素P450模拟体系对底物羟化催化的影响，对于结构与催化活性关系的研究和寻找新的高效催化剂都具有重要意义。

本文合成并表征了如图1所示的3种具有推电子和拉电子基团的不对称四苯基卟啉衍生物及其铁配合物。这些化合物尚未见文献报道。以这些不对称铁卟啉配合物与硫代乙醇酸及吡啶组成细胞色素P450模拟体系，研究了它们在温和条件下在环己烷中的吸氧活性和对底物环己烷的羟化效果，同时，比较了它们与相应的对称铁卟啉配合物的催化性能。

本文1991年3月17日收到
* 国家自然科学基金和英国皇家化学会会员研究基金资助项目
1) 计亮年，刘敏，谢安康。金属卟啉在环己烷及苯酚体系中催化活性的研究，无机化学学报，待发表
2) Ji L N（计亮年）, Liu Min, Hsieh A K. Hydroxylation of Cyclohexane Catalyzed by various Metalloporphyrins, J Molecular Catalysis, in press

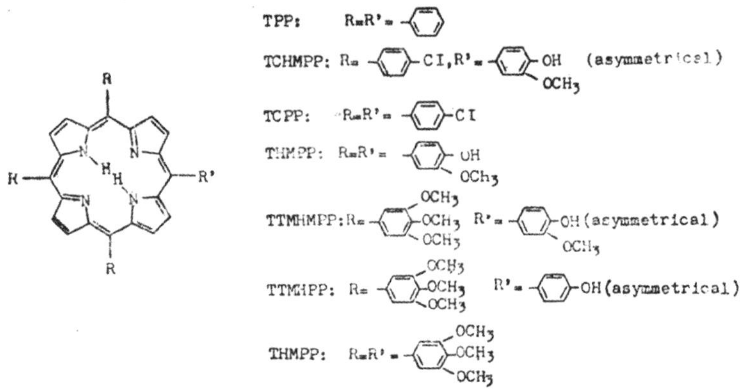

图1 某些对称和不对称卟啉化合物的命名
Fig.1 The nomenclature of some symmetrical and asymmetrical porphyrins compounds

1 实验部分

1.1 试剂

吡咯和苯甲醛衍生物使用前减压重蒸,醋酸、丙酸使用前先干燥。其它试剂均分析纯或化学纯,未经处理直接使用。

1.2 实验仪器

元素分析用PE240C元素分析仪;质谱(MS)分析用ZAB-HS质谱仪;^{1}HNMR谱以JEOL FX90Q核磁共振仪测定;红外光谱(IR)用Nicolet 5DX红外分析仪;紫外可见吸收光谱(UV-Vis)用岛津MPS-2000紫外可见分光光度计测定;羟化产物用上分104型气相色谱仪(上海分析仪器厂)分析。

1.3 卟啉及其铁配合物的合成

用于对比试验的对称卟啉TPP、THMPP按Adler[5,6]的方法合成。其它对称卟啉由合成不对称卟啉时分离而得到。不对称卟啉的合成方法如下：使两种相应的苯甲醛衍生物的摩尔比为1∶3,并使它们的总摩尔数与新蒸吡咯相等。以上物质在丙酸介质中于131℃搅拌反应30min后减压蒸出大部分丙酸,冷却,加入适量无水乙醇,静置1~2天,过滤,得紫红色卟啉粗产品。将粗产品溶于氯仿,以中性氧化铝(100~200目)层析分离对称卟啉和不对称卟啉。以氯仿为第一洗脱剂被迅速淋下的第一色带为相应的对称卟啉;再以丙酮-氯仿(1∶4)为第二洗脱剂,洗下的就是相应的不对称卟啉。分别收集、减压蒸干,再在氯仿-甲醇中重结晶,得到纯净的对称卟啉和不对称卟啉。

使卟啉、醋酸亚铁(新制)和氯化钠在DMF介质中回流反应若干小时,以薄层层析确定反应完全后,冷却。以氯仿萃取反应液中铁卟啉配合物,并分别用15%HCl和水洗涤若干次,然后以无水氯化钙干燥有机相,减压蒸去氯仿至近干,用无水乙醇洗涤,过滤,得到相应的铁卟啉配合物。用中性氯化铝(100~200目)层析分离(至少2次),产品在100℃真空干燥若干小时。

1.4 环己烷羟化反应

反应体系为：合成的铁卟啉0.025m mol,硫代乙醇酸4.3m mol, 吡啶2.48m mol,

环己烷2.77m mol，9：1的丙酮-缓冲溶液（pH=6.5）10ml，氧气为氧源（10^5Pa）。以上体系在20±0.2℃下反应1h后，分析羟化产物含量。

体系的吸氧活性试验如前文[1,2][4]所述。环己烷羟化产物环己醇、环己酮的产率用气相色谱测定[1,2]。

2 结果与讨论

2.1 不对称卟啉的合成

实验表明，反应温度、反应时间和两种相应的苯甲醛衍生物的比例都对不对称卟啉的产率有直接的影响。各种因素对TTMHPP产率的影响见表1。在反应时间（30min）和3，4，5-三甲氧基苯甲醛与 p-羟基苯甲醛的比例（3：1）相同时，不对称卟啉TTMHPP产率随温度升高逐渐增大，但是当温度升到某一数值后，继续升高温度产率反而降低；在反应温度（130℃）和两两种苯甲醛衍生物比例（3：1）相同时，出现了不对称卟啉的产率随反应时间的增长先增大后降低的现象；在反应温度（130℃）和反应时间（30min）相同时，不对称卟啉的产率又直接与两种苯甲醛衍生物的比例有关，高于或低于3：1都会使产率降低。卟啉的合成是一类复杂的多分子参与的有机合成反

表1 温度、反应时间、苯甲醛衍生物的比例对TTMHPP产率的影响
Tab.1 Influence of temperature, reaction time and ratio of the benzaldehyde derivatives on the yield of TTMHPP

温度(℃)	反应时间(min)	比例* I/II	产率(%) (TTMPP+TTM-TTMHPP)	产率(%) (TTM-HPP)	温度(℃)	反应时间(min)	比例* I/II	产率(%) (TTMPP+TTM-TTMHPP)	产率(%) (TTM-HPP)
100	30	3.0	9.23	2.1	130	30	3.0	21.35	4.1
110	30	3.0	10.21	2.1	130	40	3.0	21.75	3.9
120	30	3.0	19.01	3.8	130	50	3.0	20.81	3.3
130	30	3.0	21.25	3.9	130	60	3.0	16.24	1.8
135	30	3.0	21.50	4.0	130	30	2.0	20.92	0.8
140	30	3.0	20.62	3.7	130	30	3.0	21.03	3.3
150	30	3.0	14.95	2.6	130	30	3.0	21.35	4.0
130	10	3.0	8.11	2.1	130	30	3.5	20.33	3.1
130	20	3.0	13.50	2.8	130	30	4.0	21.08	1.8

* I = 3,4,5,-trimethoxybenzaldehyde
  II = p-hydroxybenzaldehyde

应，在一定的条件下，升高温度或增加反应时间无疑有利于大环化合物的生成，但是，继续升高温度或增加反应时间都可能造成多聚物的生成，使不对称卟啉的产率降低。本文合成的是一类R：R′=3：1的不对称卟啉，很显然，只有在相应的苯甲醛衍生物比例为3：1时产率才最高，否则容易生成其它类型的不对称卟啉。由此可见，选择反温度131℃，反应时间30min，两种相应的苯甲醛衍生物的比例3：1这样的实验条件合成R：R′=3：1的不对称卟啉是合适的。

2.2 不对称卟啉及其铁配合物的表征

3种不对称卟啉的元素分析数据见表2，计算值与实测值表现得相当一致。以质谱对元素分析结果偏差稍大的TTMHPP进行验证，其分子量为901，与理论值（900.9）完全吻合，说明合成的正是预定的不对称卟啉。

表2 不对称卟啉的元素分析
Tab. 2 Elemental analysis for the asymmetrical porphyrins

化合物	分子式	C % detd.	C % cal.	H % detd.	H % cal.	N % detd.	N % cal.
TCHMPP	$C_{45}H_{28}N_4O_2Cl_3$	70.72	70.73	3.80	3.83	7.42	7.23
TTMHMPP	$C_{54}H_{50}N_4O_{11}$	63.40	63.67	5.32	5.40	5.89	6.02
TTMHPP	$C_{53}H_{48}N_4O_{10}$	70.20	70.65	5.29	5.38	5.96	6.22

^{1}H NMR数据（表3）进一步提供了3种不对称卟啉结构的信息。处于不同环境中H的化学位移及其积分面积比都与理论分析相一致。

表3 不对称卟啉化合物的^{1}H NMR数据
Tab. 3 Data of ^{1}H NMR for the asymmetrical porphyrins

化合物	pyrrol-H	Bz-H	Bz-OH	p-OCH$_3$	m-OCH$_3$	m^1-OCH$_3$
TCHMPP	8.81~9.00	7.23~8.36	6.00			4.00
积分面积比	5.81	11.1	0.72			2.20
H原子比	8	15	1			3
TTMHMPP	8.82~9.00	7.10~8.12	6.08	4.09	3.98	4.15
积分面积比	4.10	4.83	0.53	4.90	9.00	1.60
H原子比	8	9	1	9	18	3
TTMHPP	8.82~8.00	7.10~8.12	6.05	4.09	3.98	
积分面积比	5.60	7.80	0.70	5.60	14.0	
H原子比	8	10	1	9	18	

3种不对称卟啉的IR吸收（KBr压片）及其相应的归属见表4。不对称卟啉苯环上的取代基如—OH、—OCH$_3$的有关振动谱带都得到了合理的归属，并在不同的不对称卟啉中有良好的一致性。

不对称的卟啉UV-Vis光谱数据见表5。与对称卟啉一样，不对称卟啉的UV-Vis吸收光谱也可分为700~450nm的第一区域和450~350nm的第二区域（soret谱带）。第一区域的4个谱带是卟啉环的$A_{2u} \rightarrow E_g$跃迁谱带[7]。由于苯环上取代基的推电子或拉电子性质通常对A_{2u}能级能量产生一定的影响，推电子取代基使A_{2u}能量升高，谱带红移；拉电子取代基使A_{2u}能量降低，谱带蓝移[2]，因此3种不对称卟啉的吸收光谱有一定的差异。TCHMPP与TTMHMPP，两者R$'$相同（有—OH和—OCH$_3$取代基），但前者R上的取代基为拉电子的—Cl，后者R上有3个推电子的—OCH$_3$，因而前者谱带蓝移，后者谱带红移。对于TTMHMPP和TTMHPP，两者结果十分相似，R上的取代基都相同（3个—OCH_3），而且R'都有1个—OH取代基。虽然前者R'还有1个—OCH_3取代基，但是由于R^1上这两种取代基性质是相同的，所以这两种不对称卟啉的谱带位置十接近。以上结果也表明，由于苯环与卟啉环并不完全处于同一平面中[3]，苯环上取代基与卟啉环间的共轭性质并不是很强烈的。

表4 不对称卟啉的红外光谱数据（KBr压片，cm^{-1}）
Tab. 4 IR spectral data for the asymmetrical porphyrins (KBr pellets) (cm^{-1})

谱带归属	TCHMPP	TTMHMPP	TTMHPP	谱带归属	TCHMPP	TTMHMPP	TTMHPP
ν_{O-H}	3500(m)	3505(s)	3450(s)	ν_{C-O-C} (C-OCH_3)	1118(m)	1127(s)	1127(s)
ν_{N-H}	3312(m)	3318(m)	3310	$\nu_{C=C(Bz)}$ δ_{Cp-Cp}	1230(s)	1007	
$\nu_{C-H(OCH_3)}$	2921(m)	2940	2940	ν_{Cp-N} $\nu_{Cp'-Cp}$	935(m)	925(m)	925(m)
$\nu_{C=C(Bz)}$	1600(s) 1582(s)	1584	1583(s)	π_{C-H}	808(m)	801	800
ν_{Cp-Cp}	1500(s)	1498	1500(s)	δ_{C-H}	718(m)	736	737
$\nu_{Cp'-Cp}$ δ_{C-CN}	1459(s)	1470(s)	1467(s)	π(环变形)	648(m)	650	649
ν_{C-O}	1268(s)	1239(s)			467(m)	467	467
ν_{O-H}	1209(s)	1207	1206				

表5 不对称卟啉（氯仿溶液）的电子光谱数据[λ(nm)]
Tab. 5 Electronic spectral data for the asymmetrical porphyrins in $CHCl_3$ [λ(nm)]

化合物	Soret	Ⅳ	Ⅲ	Ⅱ	Ⅰ
TCHMPP	418.9	516.1	552.1	591.5	648.1
TTMHMPP	420.9	517.3	554.6	591.2	648.5
TTMHPP	420.9	517.7	554.3	591.5	648.3

对合成的几种对称卟啉和不对称卟啉的铁配合物进行了类似的表征，证明合成的正是预定的配合物[3]。

2.3 不对称卟啉铁配合物对环己烷羟化的催化作用

以铁卟啉配合物模拟细胞色素P450对底物羟化，已有多种不同的体系[1,2][4,8]。本文采用类似于文1,2)的体系，底物羟化所得产物为环己醇和环己酮，与文1,2)结果相符。各种铁卟啉组成的体系中，底物环己烷羟化的效果如表6。由表可见，铁卟啉催化活性的顺序为：

---

3) 王文雄，计晴，黄锦江等。见：第一届全国配位化学会议论文集。南京，1989；D—2

FeTHMPPCl>FeTTMHMPPCl>FeTTMHPPCl>FeTTMPPCl
≈FeTCHMPPCl≈FeTCPPCl≈FeTPPCl

有关细胞色素P450催化底物羟化的研究已经表明，羟化效果决定于O_2在其活性中心铁卟啉上的配位及活化状况。因此，影响小分子氧配位活化的所有因素都将对细胞色素P450模拟体系对底物的羟化效果产生直接的影响。

表6 不同金属卟啉的催化活性
Tab.6 The catalytic activity of different metalloporphyrins

催化剂	产率(%)(I)	产率(%)(II)	比例(II/I)	产率(%)(I+II)
FeTHMPPCl	10.81	19.04	1.8	29.85
FeTTMHMPPCl	10.81	15.26	1.4	26.07
FeTTMHPPCl	6.35	19.45	3.1	25.80
FeTTMPPCl	10.03	15.00	1.5	25.03
FeTCHMPPCl	6.34	18.05	2.8	24.39
FeTCPPCl	9.23	15.10	1.6	24.33
FeTPPCl	6.67	17.60	2.6	24.27

I: Cyclohexanol
II: Cyclohexanone

分析FeTHMPPCl、FeTCHMPPCl和FeTCPPCl的催化活性与其结构的关系，不难发现，卟啉苯环上取代基性质对催化活性影响很大。FeTHMPPCl 的 4 个苯环都具有推电子性质的m-OCH_3和p-OH取代基；FeTCHMPPCl 除 1 个苯环仍为 m-OCH_3和p-OH外，其余 3 个苯环的取代基为拉电子性质的p-Cl；FeTCPPCl 的 4 个苯环的取代基均为p-Cl。3 种铁卟啉中，FeTHMPPCl催化活性最大，FeTCPPCl催化活性最小，说明无论是对称卟啉还是不对称卟啉的铁配合物，苯环上推电子取代基有利于O_2的配位活化，而拉电子取代基则不利于O_2的配位活化。这与我们以前的研究结果是一致的[1,2],[4]。

FeTTMHMPPCl、FeTTMHPP和FeTTMPPCl都有类似的结果：前两者除 3 个苯环上都有 3，4，5-三甲氧基外，第四个苯环上的取代基分别为m-OCH_3、p-OH 和p-OH，为不对称卟啉；后者 4 个苯环上的取代基均为 3，4，5-三甲氧基，为对称卟啉。比较这些铁卟啉配合物的催化活性，至少可以得到以下结论：①三者的催化活性都较强，看来除了它们苯环上的推电子取代基有利于分子氧配位活化外，取代基都具有较大的空间位阻，避免了非催化活性的μ-氧二聚(MP)O 的生成[1],[4]也是一个重要原因；②FeTTMHMPPCl和FeTTMHPPCl的催化活性比FeTTMPPCl强得多，说明在结构相近的条件下，具有推电子取代基的不对称卟啉铁配合物比对称卟啉的有较强的催化活性；③不对称卟啉的催化活性 FeTTMHMPPCl>FeTTMHPPCl，是由于FeTTMHMPPCl的异型苯环上的m-OCH_3的推电子效应及位阻效应都有利氧分子配位活化的缘故。

我们在以铁卟啉模拟细胞色素P450催化环己烷羟化时，还测定了体系的吸氧曲线（图2，3）。从表6和图2可见，各种铁卟啉的催化活性与体系的吸氧量大小是一致的。氧气是环己烷羟化的氧源，铁卟啉的催化活性越强，羟化产物越多，所需氧气越多，故体系的吸氧量越大。但是，铁卟啉的催化活性与体系吸氧量并无一定的定量关系，这可能与环己烷羟化产物环己醇进一步氧化为环己酮的程度有关。

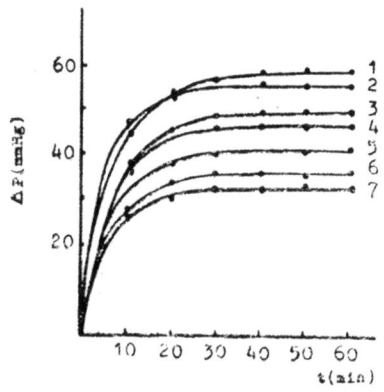
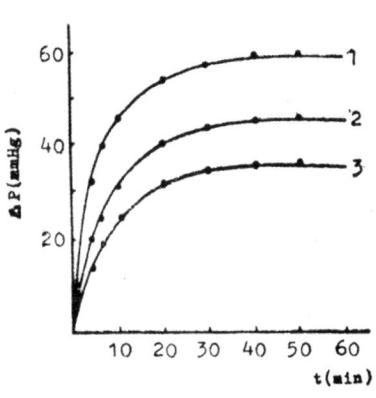

图2　不同金属卟啉的吸氧曲线
Fig.2 The oxygen uptaking curves of different metalloporphyrins
1. FeTHMPPCl, 2. FeTTMHMPPCl,
3. FeTTMHPPCl, 4. FeTTMPPCl,
5. FeTCHMPPCl, 6. FeTCPPCl,
7. FeTPPCl,

图3　不同浓度FeTTMHPPCl的吸氧曲线
Fig.3 The oxygen uptaking curves of different concentration of FeTTMHPPCl
1. 2.78×10^{-3} mol/L
2. 1.85×10^{-3} mol/L
3. 0.93×10^{-3} mol/L

本文采用的细胞色素P450模拟体系，环己烷羟化的产率高达20～30%，比以前我们报道的类似体系[1,2]高得多。这是由于本体系中催化剂与底物的摩尔比比较高的缘故。从图3可见，在相同的模拟体系中，随着不对称卟啉铁配合物浓度的增大，体系吸氧量也显著增大。看来，在细胞色素P450模拟体系的应用研究中，寻找催化剂与底物的合理比例，是必要的。

参 考 文 献

1. 计亮年，刘敏，杨惠英等。化工进展，1991，3:9
2. Ji Liang-nian（计亮年），Liu Min（刘敏），Hsieh An Kong. Inorg Chemica Acta, 1991, 178(1): 59
3. Ji L N（计亮年），Liu Min（刘敏）et al, Inorg Chemica Acta, 1990, 174: 21
4. 郑颖，曾添贤，计亮年。无机化学学报。1988，4(4): 54
5. Adler A D, Longo F R, Finarelli J D et al. J Org Chem, 1972, 32: 476
6. Kin J B, Leonard J J, Longo F R. J Am Chem Soc, 1972, 94: 3986
7. Walker F A, Balke V L, Mcdermott G A. Inorg Chem, 1982, 21: 3342
8. 吴越，叶兴凯，张长安。化学通报，1988(1): 1

Synthesis of Asymmetrical Porphyrinatoiron and Studies of Hydroxylation of Cyclohexane by These Compounds as Model Enzymes of Cytochrome P450

Ji Liangnian*   Wang Wenxiong   Ji Qin
Huang Jinwang   Hsieh An-Kong

Abstract Three new asymmetrical derivatives of tetraphenylporphyrin with electron-donating and electron-withdrawing substituents in its phenyls and their iron(III) coordination compounds have been synthesized and characterized. The hydroxylation of cyclohexane by these asymmetrical porphyrinatoiron(III) chloride as model enzymes of cytochrome P450 have been studied and compared with some analogue symmetrical porphyrinatoiron(III) chloride. It has been further proved that properties and steric effect of the substituents in phenyl of porphyrins are important for catalytic activity similar to symmetrical metalloporphyrins. It seems that the catalytic activity of the asymmetrical metalloporphyrins is slightly greater than the symmetrical ones with analogue construction.

Keywords asymmetrical porphyrin, derivatives of tetraphenylporphyrin, model of cytochrome P450, cyclohexane, hydroxylation

---

* Department of Chemistry, Zhongshan University

钛系负载型催化剂丙烯聚合动力学研究

张启兴　王海华　林尚安

(中山大学高分子研究所)

摘要 研究了常压下采用含苯甲酸乙酯的钛系负载型催化剂的丙烯聚合动力学，并用动力学方法测定了这一催化体系聚合加氢和不加氢的活性中心比浓度$[C^*]$、聚合速率常数K_p，链增长活化能ΔE。结果是加氢聚合在30～50℃温度下$[C^*]$值为5×10^{-3}～15×10^{-3}mol/mol Ti，K_p值为65～94 L/mol·s，ΔE为19.2kJ/mol；不加氢聚合$[C^*]$值为1×10^{-3}～3.5×10^{-3}mol/molTi，K_p值为527—766 L/mol·s，ΔE为16.7kJ/mol。讨论了聚合加氢对丙烯聚合的影响。

关键词 载体催化剂，齐格勒-钠塔催化剂，丙烯聚合，动力学

在Ziegler—Natta催化剂的烯烃配位聚合中，用动力学方法测定催化剂的活性中心数及动力学参数是一种较简易可行的方法。唐仕培[1]采用动力学方法测定了TiCl$_3$-Et$_2$AlCl催化体系的丙烯聚合活性中心数及动力学参数。林尚安[2]谢光华[3]用动力学方法测定负载型催化剂的乙烯聚合活性中心数及动力学参数。Keii[4]和Kashiwa[5]用动力学方法测定了负载型催化剂的丙烯聚合活性中心数及动力学参数。但是他们只对极短聚合时间的过程进行研究。本文研究了含苯甲酸乙酯的钛系负载型催化剂丙烯聚合动力学，测定了这一催化剂的活性中心数及动力学参数，并论讨了氢对丙烯聚合的影响。

1 实验部分

1.1 原料与试剂

无水氯化镁：工业品，抚顺炼铝厂；四氯化钛，C·P·；苯甲酸乙酯(EB)，C·P·；苯甲酸甲酯(MB)，C·P·；三异丁基铝 (Ali—Bu$_3$)：北京胜利化工厂；庚烷 C·P·；丙烯：常州石油化工厂，聚合级，使用前经净化。

1.2 催化剂的制备

将计量的TiCl$_4$、MgCl$_2$、有机硅化合物、EB，以一定的次序，在氮保护下加入体积500ml内装不锈钢球的不锈钢罐中，研磨25h。

1.3 聚合反应

250ml三颈瓶经加热烘烤，抽真空，严格置换瓶内空气后，加入庚烷溶剂，

本文1992年4月15日收到

Al(i-Bu)$_3$，MB 及配制好的催化剂悬浮液。用电磁阀控制反应压力，水浴恒定聚合温度。单位时间内测量罐压力降计算聚合速率。聚合物经过滤、洗涤、干燥、称重、计算产率。

1.4 分子量的测定

以四氢萘作溶剂，在135±0.2℃硅油浴中，以乌氏粘度计测定聚合物的粘度。四氢萘中加入0.1%2,6-二特丁基4-甲基苯酚作抗氧剂，防止聚合物降解，以下式计算特性粘度及粘均分子量[6,7]：

$$[\eta] = \sqrt{2(\eta_{sp} - \ln\eta_r)}/C$$
$$[\eta] = 0.917 \times 10^{-4} \bar{M}^{0.8}$$

1.5 分子量分布的测定

用Waters 150C仪器测定，135℃，邻二氯苯为溶剂。

1.6 等规度测定

将1.000g恒重干燥聚丙烯样品，在沸腾庚烷中抽提6h，不溶物百分数作为产物等规度。

2 结果与讨论

2.1 搅拌速度和催化剂钛浓度对聚合反应速率的影响

为了测定催化剂活性中心数及动力学参数，必须确保聚合实验是在动力学条件下进行，应该消除扩散因素的影响。为此做了搅拌速度(ω)、催化剂钛浓度([Ti])对聚合反应速率(V_p)的影响。实验结果见图1，聚合条件：[Ti]=0.278mmol/L，[Al(i-C$_4$H$_9$)$_3$]=8.42mmol/L，[MB]=2.55mmol/L，T=50℃，P=105.32kPa，t=1.5h；图2，聚合条件：[Al(i-C$_4$H$_9$)$_3$]=7.1mmol/L，[MB]=1.87mmol/L，P=105.32kPa，T=60℃，t=1.5h。

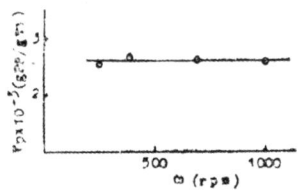

图1 聚合速率(V_p)与(W)的关系
Fig.1 The relation between polymerization rate (V_p) and rotation rate (W)

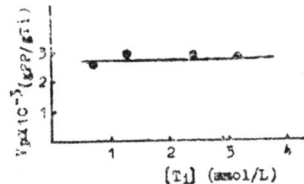

图2 聚合速率(V_p)与[Ti]关系
Fig.2 The relation between polymerization rate (V_p) and [Ti]

搅拌速度在250～1000rpm，催化剂钛浓度在0.071～0.313mmol/L范围内对聚合反应速率无影响。所以我们选择了搅拌速度380rpm，催化剂钛浓度0.278mmol/L下进行动力学实验。

2.2 丙烯聚合动力学曲线的特征

用研磨法制备的TiCl$_4$-EB-MgCl$_2$催化剂，常压下加氢和不加氢的丙烯聚合动力学曲线见图3、4. 其聚合条件为[Ti] = 0.278mmol/L, [Al(i-C₄H₉)₃] = 8.42mmol/L, [MB] = 2.55mmol/k, P = 105.32kPa, 其中图3为加氢, H₂ = 2.23mmol, 图4不加氢. 在所述的实验条件下, 动力学曲线衰减慢, 比较接近稳态, 特别是在反应开始20～60 min, 反应速度比较平稳. 因此可以用动力学方程(1)来描述其反应速度.

$$V_p = K_p [C^*][M] \quad (1)$$

式中, V_p聚合反应速度 molp/molTi·s,

K_p聚合速率常数 L/mol·s,

$[C^*]$活性中心钛比浓度 mol/mol Ti,

$[M]$单体丙烯在庚烷中的溶解度 mol p/L.

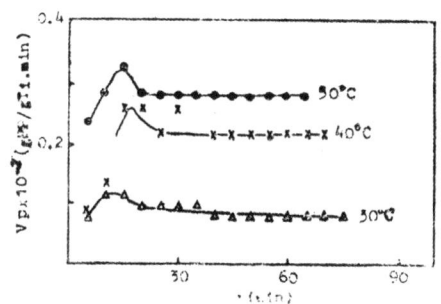

图3 丙烯聚合动力学曲线（加氢）
Fig.3 Kinetic curves of propylene polymerization in the presence of H₂

图4 丙烯聚合动力学曲线（不加氢）
Fig.4 Kinetic curves of propylene polymerization in the absence of H₂

2.3 活性中心钛比浓度$[C^*]$、聚合速率常数K_p、链增长活化能ΔE的测定

在稳态的丙烯聚合过程中，时间t时的聚合产率为

$$Y = V_p t = K_p [C^*][M]t \quad (2)$$

聚丙烯的数均聚合度为

$$P_n = \frac{K_p [C^*][M]t}{[C^*] + \sum K_{tr}[C^*][x]t} \quad (3)$$

或 $Y/M_n = [C^*] + [C^*]\sum K_{tr}[x]t \quad (4)$

式中：Y聚合产率，P_n数均聚合度，M_n数均分子量，K_{tr}链转移常数，$[x]$链转移剂浓度.

按式(4) Y/M_n对t作图，外推至聚合时间t为0时可求得$[C^*]$值.

根据文献, 丙烯聚合过程中分子量分布基本不变，且属于对数正态分布. 因此可按$K_n = K(M_w/M_n)^{0.5a(a+1)}$[8]关系式来校正粘度法测得的数均分子量$M_n$. 本实验样品测得的$M_w/M_n = 11.3$. 而粘度法计算$M_n$的经验式$[\eta] = 0.917 \times 10^{-4} M_n^{0.8}$中所用样品$M_w/M_n = 1.205$, 所以得到下式校正粘度法测得的数均分子量关系式

$$[\eta] = 1.205^{0.72} K M_n'^{0.8} = 11.3^{0.72} K M_n^{0.8}$$

$$M_n = 0.13 M_n'$$

用粘度法测得加氢与不加氢聚合样品的分子量，经校正后的M_n列于表1.

表1 加氢与不加氢的丙烯聚合动力学参数
Tab.1 Kinetic parameters for propylene polymerization in the presencn of H₂ and in the absence of H₂

处理	No	T(℃)	M(mol/L)	V_p(molp/mol Ti·s)	$C^* \times 10^3$(mol/mol Ti)	k_p(L/mol·s)	$\overline{M}_n \times 10^{-4}$	ΔE(kJ/mol)
加氢	11310	30	0.518	0.168	5	65	1.15	
	32100	35	0.485	0.269	7	78	1.14	19.2
	19700	40	0.448	0.384	10	85	0.976	
	17500	50	0.370	0.578	15	94	0.928	
未加氢	2275	30	0.518	0.274	1.0	527	6.59	
	2286	35	0.485	0.399	1.5	543	6.29	16.7
	1241	40	0.448	0.708	2.5	628	6.10	
	1242	50	0.370	0.992	3.5	766	5.93	

我们在聚合过程中每间隔10min取1样品，并对其测定数均分子量。按式(4)$Y/\overline{M}$对t作图，实验结果见图5，6。在不同温度下加氢与不加氢的丙烯聚合所测定的活性中心比浓度列于表1。这一结果与Kashiwa[6]的实验结果接近。活性中心比浓度随温度升高而增大。

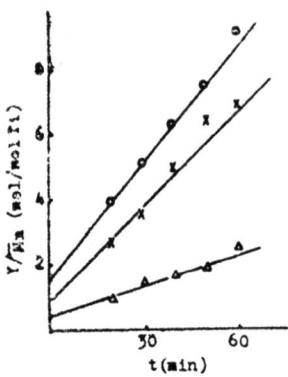

图5 $Y/\overline{M}_n$与聚合时间t关系（加氢）
Fig.5 The relation between $Y/\overline{M}_n$ and t in the presence of H₂

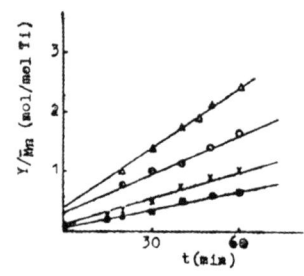

图6 $Y/\overline{M}_n$与聚合时间关系（不加氢）
Fig.6 The relation between $Y/\overline{M}_n$ and t in the absence of H₂

在求出$[C^*]$值后，由方程(1)可计算出K_p值。根据不同温度下的K_p值，按Arrhenius方程

$$K_p = A \cdot e^{-\Delta E/RT}$$

$\lg K_p$对$1/T$作图可求得链增长活化能ΔE。$\lg K_p$对$1/T$关系见图7。加氢与不加氢的聚合动力学参数实验结果见表1。从表1可知温度升高，活性中心比浓度$[C^*]$、速率常数K_p都增大。

2.4 氢对丙烯聚合的影响

加氢对丙烯聚合产率(E)、等规度($I.I$)、产物分子量($\overline{M}_\eta$)的影响见表2。氢作为

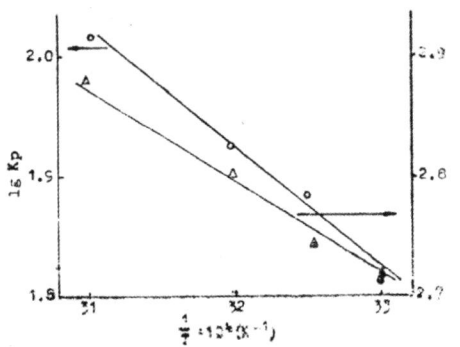

图7 lgK_p与1/T关系图（○加氢，△未加氢）

Fig.7 Plots for lgK_p and 1/T

链转移剂，对聚合物$\overline{M}_\eta$起到很好的调节作用。在所述的实验条件下不加氢时，聚合物$\overline{M}_\eta$是46.16×10⁴，随着加入氢量的增加，聚合物$\overline{M}_\eta$不断减小，直至降到8.0×10⁴。因此氢是一种价廉、有效的链转移剂。加氢使得聚合物等规度明显减小。这一结果与文献[9，10]的结果一致。关于氢对产物等规度的影响文献[9]认为氢调使分子量降低，这时用沸腾庚烷抽提法测定等规度，一些分子量较小的等规物也会溶解在沸腾庚烷中，这样导致等规度减小。当采用红外光谱法测定等规度时，氢调使等规度增加。加氢对聚合产率的影响较大。当加氢量为2.232mmol时，聚合产率只有不加氢时的50%。根据文献[11，12]氢调使反应产率降低的原因是氢在催化剂表面的吸附使部分单体从催化剂表面排挤掉或催化剂氢化物的中心积累使得单体难于扦入。从表1动力学数据可以看出，聚合时不加氢K_p值大、ΔE小，加氢K_p值小、ΔE大。这样导致单体扦入到催化剂氢化物键上比扦入到催化剂烷基键上更困难些。因此从动力学数据可认为加氢后K_p值明显减小、ΔE增大导致聚合产率降低。

表2 氢对丙烯聚合的影响

Tab.2 The effect of hydrogen on the polymerization of propylene

No	H_2 (m·mol)	$\overline{M}\eta \times 10^{-4}$	II (%)	E (gpp/gTi)
12420	0	46.16	95.4	4450
11412	0.536	19.18	88.2	2800
01620	1.116	12.17	86.9	2450
12870	2.232	3.16	85.3	2060
11413	3.348	8.00	83.8	1220

聚合条件：50℃，反应1.5h，其它同图3

氢调对聚合反应的影响是一个复杂问题，不同的催化体系、不同的实验条件会得出不同的结果。有待进一步深入研究。

参 考 文 献

1. 唐仕培等. 高分子通讯, 1982(4):291
2. 林尚安等. 高分子通讯, 1986(5):326
3. 谢光华等. 高分子通讯, 1991(6):743
4. Keii T et al. Makromol Chem, Rapid Commun, 1987, 8:583
5. Kashiwa N et al. Polymer Bulletin, 1984, 11:479
6. 程镕时. 高分子通讯, 1960(3):159
7. Parrini P et al. Makromol Chem, 1960, 27
8. Kurata M et al. Polymer Handbood, second Edition, Wiley Interscience Publication, 1974. 2
9. 中国科学院大连化学物理研究所聚烯烃组. 烯烃聚合的催化剂与工艺研究报告集. 北京：科学出版社, 1979. 21
10. Chien J C W et al. J Polym Sci, Polym Chem Ed., 1991, 29:505
11. Berger M N et al. Adran Catal, 1969, 19:211
12. Mason C D et al. J Polym Sci, 1971, B9:661

The Kinetic Study of Propylene Polymerization with Supported Titanium Catalyst

Zhang Qixing*   Wang Haihua   Lin Shangan

Abstract   The kinetics of propylene polymerization with suppoted titanium catalyst at normal pressure has been studied. The number of active site $[C^*]$, reaction rate constant K_p, and activation energy ΔE of the above polymerization processes were determined by kinetic method. The values of $[C^*]$, K_p, and ΔE were found to be $5 \times 10^{-3} \sim 15 \times 10^{-3}$ mol/mol Ti, $65 \sim 94$ L/mol·sec, and 19.2 kJ/mol respectively, in the presence of H_2; and $1 \times 10^{-3} \sim 3.5 \times 10^{-3}$ mol/mol Ti, $527 \sim 766$ L/mol·sec, and 16.7 kJ/mol respectively, in the absence of H_2. The effects of hydrogen on the polymerization of propylene with supported titanium catalyst were discussed.

Keywords   suported catalyst, Ziegler-Natta catalyst, propylene polymerization, kinetics

* Institute of Polymer Science, Zhongshan University

含 RE^{3+}, Cu^{2+} 杂金属配合物合成与表征*

吴玉銮　童叶翔　杨燕生　陈小明

（中山大学化学系，广州 510275）

摘　要　以吡啶乙酸内盐（$C_5H_5N^+CH_2CO_2^-$，简称 Pyb）为配体，在 pH2.5 和 3.5 下分别合成了 2 类配合物。经过元素分析和红外光谱等分析，确定了配合物的组成分别为 $RECu(Pyb)_5(ClO_4)_5 \cdot nH_2O$（RE=La, Ce, Nd, Sm, Gd, Dy, Er, Y）和 $RE_6Cu_{12}(OH)_{24}(Pyb)_{12}(ClO_4)_{18} \cdot nH_2O$（RE=La, Ce, Nd, Sm, $n=32$；RE=Gd, Dy, Er Y, $n=28$）。观察了 Nd^{3+} 的水溶液中，分别加入 Pyb，Pyb 和 Cu^{2+} 或 Mn^{2+}，Ni^{2+}，Prb [三甲基铵丙酸内盐，$(CH_3)_3N^+CH_2CH_2CO_2^-$，简称 Prb]，Prb 和 Cu^{2+} 后，f-f 超灵敏跃迁吸收光谱的变化。结果表明，在 pH2.5 和 3.5 下，Cu^{2+} 均使 Nd^{3+}-Pyb 体系超灵敏跃迁的振子强度增大，且增大值相同。Cu^{2+} 对 Nd^{3+}-Prb 体系、Mn^{2+}（或 Ni^{2+}）对 Nd^{3+}-Pyb 体系超灵敏跃迁吸收光谱均无影响，讨论了超灵敏跃迁振子强度变化与杂金属配合物形成的关系。

关键词　合成，稀土，铜，杂金属配合物，f-f 超灵敏跃迁
分类号　O627.3，O614.33

自从含 RE^{3+}，Cu^{2+} 的化合物 $REBaCu_3O_{6+x}$ 具有不寻常的超导[1]和磁性[2]等特性被发现，人们对这类化合物的合成、结构及磁相互作用机理的研究兴趣也随着增加；为了控制产物的组成，从溶液中合成含 RE^{3+}，Cu^{2+} 的杂金属配合物作为前体[3]，是一种有效的解决办法。最近发展起来的分子磁性材料，在性能上很多方面优于以往的合金类磁体，具有广阔的发展前景[4]。分子磁性材料的合成方法之一就是通过桥联把 RE^{3+}，Cu^{2+} 组装于分子中[5]，形成杂金属配合物。因此，合成含 RE^{3+}，Cu^{2+} 杂金属配合物具有理论意义及潜在的应用价值。但 RE^{3+} 及 Cu^{2+} 的性质差别较大，一个配体要同时具备易与 RE^{3+} 及 Cu^{2+} 配位的两种原子（一般为 N 及 O），才能有效地把 RE^{3+}，Cu^{2+} 组装到一个分子中。由于对配体要求苛刻，所以这类配合物的报导仍很少[6]。

曾以三甲基铵乙酸内盐为配体，合成配合物 Li(Ⅰ)Cu(Ⅱ)[7]和 Ca(Ⅱ)Cu(Ⅱ)[8]。本文按此思路，用吡啶乙酸内盐（$C_5H_5N^+CH_2CO_2^-$，简称 Pyb）为配体，合成含 RE^{3+}，Cu^{2+} 的杂金属配合物，根据元素分析、红外光谱确定了配合物的组成及配位形式。通过 Nd^{3+} 的 f-f 超灵敏跃迁吸收光谱讨论了振子强度变化与杂金属配合物形成的关系。

收稿日期：1994-10-15
* 广东省自然科学基金资助项目

1 实验部分

1.1 试剂

稀土氧化物是珠江冶炼厂产品，纯度大于 99.9%。其余均为分析纯试剂。

稀土硝酸盐是由稀土氧化物经硝酸转化制得。吡啶乙酸内盐（$C_5H_5N^+CH_2CO_2^-$，简称 Pyb）及三甲基铵丙酸内盐（$(CH_3)_3N^+CH_2CH_2CO_2^-$，简称 Prb）按文献 [9] 方法合成。

溶液样品的配制：将 $RE(NO_3)_3$，Pyb，Prb，$Cu(NO_3)_2$，$Mn(NO_3)_2$，$NiSO_4$，$NaClO_4$ 样品分别配制成 $0.50\ mol\cdot dm^{-3}$ 的水溶液，按所要求的比例取需要的体积配成 $0.04\ mol\cdot dm^{-3}$ 的 Nd^{3+} 水溶液（加入 $NaClO_4$ 的摩尔数等于体系中其它阴离子的摩尔数的总和）。

1.2 配合物的合成

（1）将 $Cu(NO_3)_2\cdot 3H_2O$ (1.0 mmol, 0.24 g) 的水溶液 (5 mL) 加入 Pyb (6.0 mmol, 0.82 g) 的水溶液 (5 mL) 中，于 60 ℃ 搅拌 5 min，然后加入 $RE(NO_3)_3\cdot 3H_2O$ (2.0 mmol) 的水溶液 (2.5 mL)，搅拌。最后加入 $NaClO_4\cdot H_2O$ (10.0 mmol, 1.40 g)。用稀 NaOH 或 $HClO_4$ 使体系 pH 均为 2.5 和 3.5，将溶液置于硅胶干燥器中，几天后，pH2.5 的溶液析出蓝色晶体，pH3.5 的溶液中析出灰蓝色晶体。

（2）按照（1）方法，用 $Mn(NO_3)_2$ 或 $NiSO_4$ 水溶液代替 $Cu(NO_3)_2$ 水溶液，在上述 2 种 pH 条件下，溶液中均析出 2 种不同颜色的晶体。Mn^{2+} 所在体系析出的晶体为紫蓝色和浅红色，Ni^{2+} 所在体系析出的晶体为紫蓝色和浅绿色。

（3）按照（1）方法，用 Prb 替代 Pyb，得到的是绿色及无色 2 种晶体。

1.3 仪器和测试方法

碳、氢、氮元素的含量用美国 P.E. 公司 240C 型元素分析仪测定；红外光谱由美国 Nicolet 5DX FTIR 光谱仪测定，KBr 压片；电子吸收光谱用岛津 UV-160A 型紫外可见分光光度计测定。

Nd^{3+} f-f 超灵敏跃迁吸收光谱测定：于 540~620 nm 范围内对 Nd^{3+} 各溶液进行扫描，波长每增加 1 nm，记录一次吸收值（A）。振子强度（P）由下式计算：

$$P_{exp} = 3.18 \times 10^{-9} \int \varepsilon(\bar{\nu})d\bar{\nu}$$

式中：ε 为摩尔消光系数，$\bar{\nu}$ 为 $1/\lambda$。

2 结果与讨论

2.1 配合物的组成

由（1）得到的 2 类配合物的元素分析结果见表 1，在 pH2.5 和 pH3.5 两种条件下得到的配合物的化学式基本符合 $RECu(Pyb)_5(ClO_4)_5\cdot 5H_2O$ 及 $RE_6Cu_{12}(OH)_{24}(Pyb)_{12}(ClO_4)_{18}\cdot nH_2O$ ($n=32, 28$)。有趣的是，反应体系 pH 不同，得到的配合物差别很大。pH 较大的体系，溶液中 OH^- 离子浓度较大，它将与 COO^- 共同对金属离子配位。

由（2）所合成得到的晶体是 RE^{3+}，Mn^{2+}（或 Ni^{2+}）分别与 Pyb 形成的配合物，不是杂金属配合物。RE^{3+} 以 Nd^{3+} 为例，元素分析结果见表 1。由（3）所合成得到的晶体，根据元素分析结果得到各晶体组成如表 1 所示,可见所得到的是 RE^{3+},Cu^{2+} 分别与 Prb 的配合物,表明 Prb 与 Pyb 不同,它不能将 RE^{3+},Cu^{2+} 组装到一个分子中.

表 1 配合物的元素分析数据
Tab. 1 Elemental analytical data of the complexes

化 合 物	$w_C/\%$	$w_H/\%$	$w_N/\%$
$LaCu(Pyb)_5(ClO_4)_5 \cdot 7H_2O$	28.04 (27.81)	3.02 (3.27)	4.83 (4.63)
$CeCu(Pyb)_5(ClO_4)_5 \cdot 7H_2O$	28.16 (27.79)	3.09 (3.23)	4.80 (4.63)
$NdCu(Pyb)_5(ClO_4)_5 \cdot 5H_2O$	28.19 (28.39)	3.10 (3.06)	4.81 (4.73)
$SmCu(Pyb)_5(ClO_4)_5 \cdot 5H_2O$	28.15 (28.27)	3.02 (3.05)	4.65 (4.71)
$GdCu(Pyb)_5(ClO_4)_5 \cdot 5H_2O$	28.10 (28.14)	3.10 (3.04)	4.59 (4.69)
$DyCu(Pyb)_5(ClO_4)_5 \cdot 5H_2O$	28.07 (28.04)	3.05 (3.03)	4.60 (4.67)
$ErCu(Pyb)_5(ClO_4)_5 \cdot 5H_2O$	28.01 (27.95)	3.06 (3.02)	4.56 (4.66)
$YCu(Pyb)_5(ClO_4)_5 \cdot 5H_2O$	29.52 (29.49)	3.08 (3.18)	4.85 (4.91)
$La_6Cu_{12}(OH)_{24}(Pyb)_{12}(ClO_4)_{18} \cdot 32H_2O$	16.80 (16.77)	2.95 (2.89)	2.70 (2.78)
$Ce_6Cu_{12}(OH)_{24}(Pyb)_{12}(ClO_4)_{18} \cdot 32H_2O$	16.40 (16.75)	2.82 (2.88)	2.80 (2.79)
$Nd_6Cu_{12}(OH)_{24}(Pyb)_{12}(ClO_4)_{18} \cdot 32H_2O$	16.82 (16.68)	2.69 (2.87)	2.67 (2.79)
$Sm_6Cu_{12}(OH)_{24}(Pyb)_{12}(ClO_4)_{18} \cdot 32H_2O$	16.83 (16.58)	2.72 (2.85)	2.62 (2.76)
$Gd_6Cu_{12}(OH)_{24}(Pyb)_{12}(ClO_4)_{18} \cdot 28H_2O$	16.58 (16.66)	2.71 (2.73)	2.88 (2.78)
$Dy_6Cu_{12}(OH)_{24}(Pyb)_{12}(ClO_4)_{18} \cdot 28H_2O$	16.49 (16.58)	2.61 (2.72)	2.70 (2.76)
$Er_6Cu_{12}(OH)_{24}(Pyb)_{12}(ClO_4)_{18} \cdot 28H_2O$	16.37 (16.50)	2.52 (2.70)	2.62 (2.75)
$Y_6Cu_{12}(OH)_{24}(Pyb)_{12}(ClO_4)_{18} \cdot 28H_2O$	17.99 (17.32)	2.82 (3.16)	2.96 (2.87)
$Nd(Pyb)_2(ClO_4)_3 \cdot 4H_2O$	21.30 (21.31)	2.80 (2.81)	3.40 (3.55)
$Mn(Pyb)_3(ClO_4)_3$	37.80 (37.91)	3.10 (3.18)	6.20 (6.31)
$Ni(Pyb)_2(ClO_4)_3 \cdot 4H_2O$	27.70 (27.84)	3.70 (3.67)	4.54 (4.64)
$Nd(Prb)_2(ClO_4)_3 \cdot 4H_2O$	18.41 (18.55)	4.50 (4.41)	3.70 (3.61)
$Cu(Prb)_2(ClO_4)_2 \cdot 2H_2O$	25.47 (25.69)	5.33 (5.35)	4.74 (4.99)

注:括号内为计算值

2.2 红外光谱分析

组成相同(或相似)的配合物,红外光谱基本相似. 不同配合物的羧基吸收峰列于表 2.

配体 Pyb 的 $\nu_{as(COO)}$ 及 $\nu_{s(COO)}$ 分别为于 1637cm^{-1} 和 1377cm^{-1},两者之差 $\triangle\nu$ 为 260cm^{-1}. 两类配合物及 Pyb 在 3370cm^{-1} 附近有较宽的吸收峰,说明配合物中存在水分子,这与元素分析结果相符,Pyb 中的水分子是由于实验过程样品吸潮所致.

配合物 $RE_6Cu_{12}(OH)_{24}(Pyb)_{12}(ClO_4)_{18} \cdot nH_2O$ 的红外光谱中 $\nu_{as(COO)}$ 为单峰(位于 1630cm^{-1}),说明羧基只存在一种配位形式,它与 $\nu_{s(COO)}$(~1391cm^{-1})之差 $\triangle\nu$ 为~239cm^{-1},比自由配体的 $\triangle\nu$(260cm^{-1})小 21cm^{-1},表明羧基与金属离子间以双齿配位. 这类配合物 $\triangle\nu$(239cm^{-1})接近于桥式配位的配合物 $[Mn(Pyb)_2(H_2O)_3]Cl_2$ 之羧基 $\triangle\nu$(234cm^{-1})[10],故配合物中存在的羧基配位方式也应为桥式,这种推论与 X 射线晶体结构分析所得结果一致.

表 2 配合物中羧基的主要红外吸收频率

Tab. 2 Absorption bands for the carboxylate groups /cm^{-1}

RE	RECu(Pyb)$_5$(ClO$_4$)$_5$·nH$_2$O			RE$_6$Cu$_{12}$(OH)$_{24}$(Pyb)$_{12}$(ClO$_4$)$_{18}$·nH$_2$O		
	$v_{as(COO)}$	$v_{s(COO)}$	$\triangle v$	$v_{as(COO)}$	$v_{s(COO)}$	$\triangle v$
La	1637（强）	1405（强）	232	1630（强）	1384（强）	246
	1686（肩）		281			
Ce	1630（强）	1405（强）	225	1630（强）	1392（强）	238
	1686（肩）		281			
Nd	1630（强）	1405（强）	225	1630（强）	1392（强）	238
	1686（肩）		281			
Sm	1630（强）	1405（强）	225	1630（强）	1391（强）	239
	1686（肩）		281			
Gd	1630（强）	1405（强）	225	1630（强）	1391（强）	239
	1686（肩）		281			
Dy	1630（强）	1405（强）	225	1630（强）	1391（强）	239
	1686（肩）		281			
Er	1637（强）	1405（强）	232	1630（强）	1392（强）	238
	1686（肩）		281			
Y	1630（强）	1405（强）	225	1638（强）	1390（强）	238
	1686（肩）		281			

配合物 RECu(Pyb)$_5$(ClO$_4$)$_5$·5H$_2$O 的红外光谱表明，$v_{as(COO)}$ 有两个峰，位于 1686cm^{-1} 及 1630cm^{-1}，$v_{s(COO)}$ 位于 1405cm^{-1}，$\triangle v$ 分别为 281cm^{-1} 及 225cm^{-1}。可见配位物中存在两种配位形式的羧基，即单齿及桥式两种羧基。峰的强度是位于 1630cm^{-1} 远远大于 1686cm^{-1}，说明配合物中桥式羧基含量大于单齿配位的羧基，这种推论与 X 射线晶体结构分析得结果一致。

2.3 f-f 超灵敏跃迁吸收光谱研究

按照选律，稀土离子的 f-f 间电子跃迁是宇称禁阻的，其跃迁强度很弱，且不随稀土离子周围环境不同而变化，但少数吸收峰的振子强度 P（即吸收峰面积）却对稀土离子周围环境的变化十分敏感，这种峰称为超灵敏跃迁峰。超灵敏跃迁光谱可作为稀土配合物生成、配位几何构型等的探针[11]。本文利用 Nd^{3+} f-f 超灵敏跃迁光谱的变化，探讨溶液中配合物的生成情况。

Nd^{3+} 各体系的超灵敏跃迁吸收光谱峰范围，最大吸收波长（λ_{max}）、最大吸收的摩尔消光系数（ε_{max}）、振子强度（P）列于表 3。

由表 3 可知，Nd^{3+} 水合物的最大吸收峰 λ_{max} 位于 574.9nm（ε_{max} 5.53），对应于中心离子 Nd^{3+} 的 $^4I_{9/2} \rightarrow {}^2G_{7/2}$，$^4G_{5/2}$ 的超灵敏跃迁。随着 Pyb 的加入，峰位置及吸收值均增大，λ_{max} 为 575.2nm（ε_{max} 5.65），振子强度由水合物的 7.85×10^{-6} 升至 8.76×10^{-6}。这些变化表明 Pyb 中的 COO$^-$ 取代了部分 H$_2$O 而与 Nd^{3+} 配位。

向 Nd^{3+}-Pyb 体系中加入 Cu^{2+}，峰形及最大吸收峰位置基本没有变化，但 ε_{max} 由原来的 5.65 增大至 5.95, P 值由原来的 $8.76×10^{-6}$ 增大至 $10.36×10^{-6}$.

表 3 水溶液中 Nd^{3+} 超灵敏跃迁光谱数据及振子强度

Tab. 3 The hypersensitive transition spectral data and oscillator strengths of Nd^{3+} in aqueous solution

体　系	pH	λ_{max}/nm	ε/L·mol^{-1}·cm^{-1}	峰范围/nm	$P×10^{-6}$
Nd^{3+}-H_2O	~3.5	574.9	5.53	563~595	7.85
Nd^{3+}-Pyb (2:6)	~3.5	575.2	5.65	564~595	8.76
Nd^{3+}-Pyb-Cu^{2+} (2:6:1)	~3.5	575.3	5.95	564~595	10.36
Nd^{3+}-Pyb-Cu^{2+} (2:6:1)	~2.5	575.3	5.95	564~595	10.36
Nd^{3+}-Pyb-Mn^{2+} (2:6:1)	~3.5	575.2	5.65	654~595	8.76
Nd^{3+}-Pyb-Ni^{2+} (2:6:1)	~3.5	575.2	5.65	654~595	8.76
Nd^{3+}-Prb (2:6)	~3.5	576.6	6.58	566~598	11.5
Nd^{3+}-Prb-Cu^{2+} (2:6:1)	~3.5	576.6	6.58	566~598	11.5

根据实验中 Nd^{3+} 振子强度随 Cu^{2+} 的加入不但不减小反而增大, 说明 Cu^{2+} 不仅仅是影响与 Nd^{3+} 配位的 Pyb 的浓度, 而且还是影响了 Nd^{3+} 的配位环境, 这可能是杂金属配合物的生成. X-射线单晶结构分析表明, 在这种条件下合成得到的晶体, 是含 Cu^{2+}, RE^{3+} 的杂金属配合物 (这方面工作将另文报导).

从实验部分 (1) 可知, pH2.5 和 3.5 两种条件下得到的配合物分别为 RECu(Pyb)$_5$(ClO$_4$)$_5$·nH$_2$O 和 RE$_6$Cu$_{12}$(OH)$_{24}$(Pyb)$_{12}$(ClO$_4$)$_{18}$·nH$_2$O 而 Nd^{3+}-Pyb-Cu^{2+} 体系在这两种 pH 条件下吸收光谱及振子强度完全相同, 这可能是因为两种配合物中, Nd^{3+} 所在配位环境相似的缘故.

用 Mn^{2+} (或 Ni^{2+}) 代替 Cu^{2+}, 得到 Nd^{3+}-Pyb-Mn^{2+} (或 Ni^{2+}) 体系, 其 f-f 超灵敏跃迁吸收光谱数据及 P 值见表 3; 用 Prb 代替 Pyb 所得 Nd^{3+}-Prb-Cu^{2+} 体系的 f-f 超灵敏跃迁光谱光谱数据及 P 值见表 3. 从表 3 可见, 各光谱数据及振子强度 Nd^{3+}-Pyb-Mn^{2+} (或 Ni^{2+}) 与 Nd^{3+}-Prb 相同, Na^{3+}-Pyb-Cu^{2+} 与 Nd^{3+}-Prb 相同. 表明以 Pyb 为配体, 无法得到含 RE^{3+}, Mn^{2+} (或 Ni^{2+}) 的杂金属配合物; 以 Prb 为配体, 无法得到含 RE^{3+} 及 Cu^{2+} 的杂金属配合物. 这与实验部分 (2) 和 (3) 所得结果一致.

可见, f-f 超灵敏跃迁吸收光谱可作为配合物形成情况的探针.

参 考 文 献

1　Hor P H, Meng R L, Wang Y Q et al. Superconductivity above 90 K in the square-planar compound system ABa$_2$Cu$_3$O$_{6+x}$ with A=Y, La, Sm, Eu, Gd, Ho, Er and Lu. Phys Rev Lett, 1987, 58: 1891~1894

2　Poddar A, Mandal P, Choudhurg P et al. Superconductivity in ABa$_2$Cu$_5$O$_{7-z}$ compounds, where A=(R$_1$)$_x$(R$_2$)$_{1-x}$ and R$_1$, R$_2$=Y, Sm, Eu, Tb, Dy, Yb, Zr and Nb. J Phys C, 1988, 21: 3323~3331

3　Wang S N. Heterometallic Yttrium-Copper Compexes. Synthesis and crystal structure of Y$_2$Cu$_8$(μ-PyO)$_{12}$(μ-Cl)$_2$(μ$_4$-O)$_2$(NO$_3$)$_4$(H$_2$O)$_2$·2H$_2$O (PyO=deprotonated 2-hydroxypridine). Inorg Chem, 1991, 30: 2252~2253

4　Miller J S, Epstein A J et al. Organic and organometalic molecular magnetic materials designer magnets.

5 Guillou O, Kahn O, Oushoorn R L et al. One and two-dimensional rare earthcopper molecular materials. Inorg Chim Acta, 1992, 198~200: 119~131
6 Andruh M, Ramade I, Codjovi E et al. Crystal structure and magnetic properties of [Ln$_2$Cu$_4$]hexanuclear clusters [where Ln=triralent lanthanide]. Machanism of the Gd(Ⅲ)-Cu(Ⅱ) magnetic interaction. J Am Chem Soc, 1993, 115: 1822~1829
7 Chen X M, Mak T C W. Mixed-metal complexes containing unusual eightcoordinate [Cu(carboxylate)$_4$] cores. Inorg Chem, 1994, 33: 2444~2450
8 Chen X M, Mak T C W. Crystal structure of a novel heterotetranuclear complex. {[CuCa(Et$_3$NCH$_2$CO$_2$)$_4$(NO$_3$)$_2$(H$_2$O)]$_2$}(NO$_3$)$_4$·5H$_2$O. Polyhedron, 1994, 13: 1087~1090
9 Chen X M, Mak T C W. Preparation and crystal structures of four silver(Ⅰ) complexes of betaine derivatives. J Chem Soc Dalton Trans, 1991, 3253~3260
10 Chen X M, Mak T C W, Metal-betaine interactions. Ⅰ. Crystal structure of polymeric trans-diaquabis(pyridine betaine) maganese(Ⅱ) dichloride. J Crystallogr Spectrosc Res, 1991, 21(1): 21~25
11 Darnall D W et al. Proceeding of the 9th Rare Earth Research Conference, 1971, 1: 278~291

Synethesis and Characterization of Heterometallic Lathanoid(Ⅲ)-Copper(Ⅱ) Complexes

Wu Yuluan* Tong Yexiang Yang Yansheng Chen Xiaoming

Abstract Two seriess of RE^{3+}-Cu^{2+} complexes containing pyridinioacetate ($C_5H_5N^+CH_2CO_2^-$, abbreviated as Pyb) ligands have been synthesized; the empirical formula are RECu(Pyb)$_5$(ClO$_4$)$_5$·nH$_2$O (RE=La, Ce, Nd, Sm, Gd, Dy, Er, Y) and RE$_6$Cu$_{12}$(OH)$_{24}$(Pyb)$_{12}$(ClO$_4$)$_{18}$·nH$_2$O (RE=La, Ce, Nd, Sm, n=32; RE=Gd, Dy, Er, Y, n=28) respectively. The complexes have been characterized by elemental analysises and IR spectra, The absorption bands of the f-f hypersensitive transition for Nd^{3+} in aqueous solution in the presence of Pyb, Pyb and Cu^{2+}, Mn^{2+}, Ni^{2+}, Prb(trimethylammoniopropionate), Prb and Cu^{2+} were invesigated. The results show that Cu^{2+} can enhance the oscillator strength of Nd^{3+}-Pyb aqueous solution, and the increased value is the same when pH value is ~2.5 and ~3.5. No influence of Mn^{2+} or Ni^{2+} on Nd^{3+}-Pyb and Cu^{2+} on Nd^{3+}-Prb systems have been observed. The correlation between the change of oscillator strength and the formation of heterometallic complexes have been discussed.

Keywords synthesis, rare earth, copper, heterometallic complexes, f-f hypersensitive transition

* Department of Chemistry, Zhongshan University, Guangzhou 510275

钌多吡啶配合物的合成及与 DNA 作用研究*

杨 光 吴建中 王 雷 曾添贤 计亮年

(中山大学化学系,广州 510275)

摘 要 以 $(dmp)_2RuAFO^{2+}$ (dmp 为 2,9-二甲基邻菲咯啉,AFO 为 4,5-二氮杂芴酮)为中间体,分别与对苯二胺、邻苯二胺和苯肼反应,合成了 3 种新的钌(Ⅱ)多吡啶配合物 $[(dmp)_2RuL]^{2+}$ (L 为二氮杂芴酮的衍生物),并用元素分析、电子光谱和红外光谱等手段进行表征.用吸收光谱法,平衡透析和圆二色谱等方法对配合物与小牛胸腺 DNA 的相互作用进行研究,推测了配合物与 DNA 的结合模式.

关键词 钌多吡啶配合物,小牛胸腺 DNA,结合模式,合成

分类号 O 614.821

八面体钌(Ⅱ)多吡啶类配合物是一类较新的 DNA 作用试剂,这些配合物可以用作 DNA 二级结构探针、DNA 特异识别和裂解试剂[1,2].至于配合物与 DNA 的结合模式目前尚无定论,但提出"形状选择"规则(Shape selection)作为识别 DNA 的基础[3],即配合物是根据其本身的形状、对称性及旋光性质与核酸特定部位相匹配的原则对 DNA 或 RNA 进行识别的.因此,合成形状各异的钌配合物对于了解 DNA-配合物结合模式及寻找新型 DNA 识别、切割试剂均有重要意义,本文合成了几种八面体钌(Ⅱ)多吡啶配合物,对其与小牛胸腺 DNA 的相互作用进行了研究,发现配合物根据其本身的结构可能与 DNA 以非插入方式或插入方式相结合.

1 实验部分

1.1 仪器和试剂

C,H,N 含量用 Perkin-Elmer 240 型元素分析仪测定,UV-Vis 光谱用 Shimadzu MPS-2000 紫外可见分光光度计测定,IR 谱在 Nicolet 170 X-FT 红外谱仪上记录,KBr 压片.

小牛胸腺 DNA 为上海长阳制药厂产品,用光谱法确定 DNA 的浓度,260 nm 处 ε=6 600

---

* 国家自然科学基金(29570033)和国家教委博士点基金资助项目
  收稿日期:1996-04-18   杨光,男,28 岁,博士

mol·L^{-1}·cm^{-1}。实验中所用小牛胸腺 DNA 的 A_{260}：$A_{280}>1.8$。DNA 测试使用 Tris-缓冲液(5 mmol/L 三羟甲基氨基甲烷,50 mmol/L NaCl,pH＝7)[4]。

平衡透析实验参照文献[4]进行,小牛胸腺 DNA 在使用前先对缓冲液进行透析,以除去小的核酸片断,透析实验中,钌配合物浓度为 5×10^{-4} mol/L,小牛胸腺 DNA 浓度为 10^{-3} mol/L,透析时间为 48 h。在配合物Ⅲ透析实验中,所用缓冲溶液含有 10% 的 DMSO,以增加该配合物的溶解性。透析后的透析液在 Jasco J-20C 光谱极化仪上测量 CD 谱。

1.2 合成方法

1.2.1 [(dmp)$_2$RuCl$_2$]·H$_2$O 的合成　参照文献方法[5]。

1.2.2 [(dmp)$_2$Ru(AFO)](ClO$_4$)$_2$·H$_2$O 的合成　0.5 mmol(0.303 g)[(dmp)$_2$RuCl$_2$]·H$_2$O 与 0.5 mmol(0.091 g)4,5-二氮杂芴酮加入到 20 mL 水-乙醇中(1∶1),氩气保护下,回流 10 h,趁热过滤,滤液中加入过量的 NaClO$_4$ 水溶液,析出沉淀,抽滤,烘干,粗品用乙腈水溶液重结晶,得紫红色晶体。

1.2.3 配合物Ⅰ的合成　0.1 mmol(0.092 g)[(dmp)$_2$Ru(AFO)](ClO$_4$)$_2$ 与 0.5 mmol 对苯二胺(0.054 g)溶于 20 mL 乙腈-乙醇混合溶剂中(1∶1),再加入几滴冰醋酸,氩气保护下,回流 10 h,蒸去大部分溶剂,加乙醚析出沉淀,柱层析(Al$_2$O$_3$,甲苯-乙腈),用乙腈-乙醚扩散法提纯。

1.2.4 配合物Ⅱ、Ⅲ的合成　方法同上,分别用邻苯二胺代替对苯二胺合成Ⅱ。用苯肼代替对苯二胺合成Ⅲ。Ⅲ的纯化不用柱层析法,因为实验中发现柱层析时,配合物有可能分解,用乙腈-乙醚扩散法来提纯。

2 结果及讨论

2.1 配合物的组成和性质

配合物的元素分析值列于表 1,从表 1 中可知理论值与计算值相符。

表 1　配合物的元素分析值
Tab. 1 The elemental analytical data of the complexes　　　　/%

配合物	w_C	w_H	w_N
[(dmp)$_2$Ru(AFO)](ClO$_4$)·H$_2$O	50.86(51.09)	3.44(3.49)	9.08(9.17)
Ⅰ·1.5H$_2$O	52.63(53.20)	3.55(3.84)	11.37(11.03)
Ⅱ·2.5H$_2$O	51.97(52.27)	3.63(3.97)	10.58(10.84)
Ⅲ	54.16(54.65)	3.82(3.64)	12.08(11.34)

括号内数值为计算值

配合物的吸收光谱及红外光谱数据列于表 2。

红外光谱数据为配合物Ⅰ,Ⅱ,Ⅲ的生成提供了证据。中间体[(dmp)$_2$Ru(AFO)]$^{2+}$ 的 C＝O 伸缩振动峰在 1 740 cm^{-1} 出现,而配合物Ⅰ,Ⅱ,Ⅲ的红外光谱中,此峰均消失,而在 1 620 cm^{-1} 有一红外谱峰。把这个峰归属为 C＝N 伸缩振动峰[6]。还应指出的是,配合物Ⅲ的 $v_{C=N}$ 峰比较弱,原因不十分清楚,可能与该配体为腙类化合物有关。

表 2 配合物的吸收光谱及红外光谱数据
Tab. 2 Data of electronic and IR spectra of the complexes

配合物	$\lambda_{max}/(nm)$	$\varepsilon \times 10^{-4}/ mol \cdot L^{-1} \cdot cm^{-1}$	ν_{max}/cm^{-1}	归属
$[(dmp)_2Ru(AFO)]^{2+}$	460	2.0	1 740	C=O
I	468	1.9	1 623	C=N
II	460	1.9	1 620	C=N
III	465	10.1	1 624	C=N

配合物在 460 nm 附近均有较强的吸收峰,相应于 $d\pi \rightarrow \pi^*(L)$ 的跃迁,即 MLCT 跃迁.

2.2 DNA 结合后吸收光谱的变化

Ru(II)多吡啶配合物的 MLCT 跃迁,对周围环境变化较为敏感.DNA 加入后,视其与配合物不同的结合模式,会对配合物的电子结构产生微扰,进而使吸收光谱发生变化.因而吸收光谱法是检验配合物与 DNA 结合的一种常用而又简便的方法.表 3 列出配合物在与 DNA 结合前后吸收光谱的变化.

表 3 配合物与小牛胸腺 DNA 作用时吸收光谱的变化
Tab. 3 Electronic spectroscopic data for the complexes binding to calf thymus DNA

配合物	吸收			减色效应/%
	未结合	已结合	$\Delta\lambda$	
I	459	460	1	0
II	457	457	0	1
III	413	431	18	−22
$Ru(bpy)_3^{2+}$	452	452	0	0
$Ru(phen)_2dppz^{2+}$ [7]	437	440	3	−8
	373	378	5	−23

dppz 为二吡啶并[3,2-a:2',3'-c]吩嗪;减色效应=$(A-A_0)/A_0 \times 100$

由表 3 可以看出:配合物 I,II 在与 DNA 结合后,吸收光谱变化不大,与 $Ru(bpy)_3^{2+}$ 的情况较为相似.而 $[Ru(bpy)_3]^{2+}$ 与 DNA 结合时主要依靠静电引力[7].配合物 III 与 DNA 结合后,其电子结构受到较大的微扰,出现了大的吸收峰红移和减色效应,与 DNA 插入试剂 $[Ru(phen)_2(dppz)]^{2+}$ 的情况极为类似[7]. MLCT 吸收峰红移和减色效应已作为衡量配合物与 DNA 是否以插入模式相结合的判据[8].所以,由吸收光谱数据,可推测:配合物 I、II 可能不是以插入方式与 DNA 结合的,而配合物 III 则主要为插入结合,即配体插入到 DNA 碱基对之间,靠"堆积力"来稳定配合物-DNA 加合物.

2.3 平衡透析和圆二色谱(CD)测试

配合物对小牛胸腺 DNA 经 48 h 平衡透析后的圆二色谱图列于图 1 中.由图 1 可以看出配合物 I、II、III 均出现了 CD 信号.表明每种配合物的两种对映异构体(Δ、Λ),对 DNA 的结合能力有差异,导致了透析液中富集了与 DNA 结合力较弱的某种对映异构体.由于本文所报导的配合物均未经过拆分,目前还得不到两种对映异构体单独存在时的 CD 光谱.因而无法确认究竟是何种异构体优先与 DNA 结合.但透析液有 CD 信号这一事实说明本文所合成的配合物 Ⅰ,Ⅱ,Ⅲ 与小牛胸腺 DNA 结合时具有立体选择性.

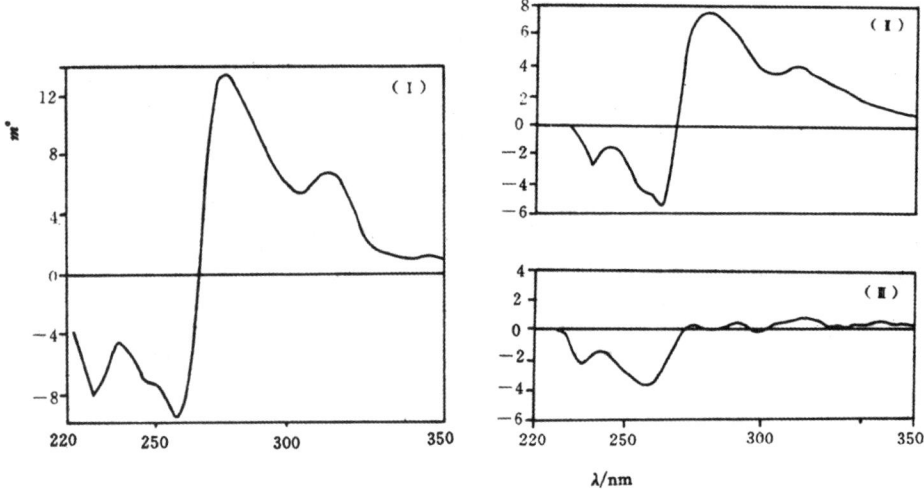

图 1 配合物经过 48 h 透析后的 CD 光谱
Fig. 1 CD spectra of the complexes after 48 h dialysis versus calf thymus DNA

2.4 结合模式

对于配合物 Ⅰ、Ⅱ 来说,吸收光谱红移及减色效应均较小,说明这两个配合物没有以插入方式与 DNA 结合.另一方面,Ⅰ、Ⅱ 的透析液有 CD 谱,说明这两种配合物与 DNA 的结合,不仅仅是依靠静电作用.可推测配合物 Ⅰ、Ⅱ 与 DNA 的结合模式属非插入结合.关于非插入结合,有面式结合模型[1]和与之相反的模型[9].目前对于非插入方式结合的具体结构尚有争论.要建立一个明确的模型,尚需做进一步的研究.

配合物 Ⅲ 与 DNA 结合后,出现 MLCT 吸收峰红移和较大的减色效应,说明配合物 Ⅲ 可能以插入方式与 DNA 结合. dmp 不是插入配体,插入部分很可能是腙型配体上的苯环.

配合物 Ⅰ,Ⅱ,Ⅲ 的结合方式是由配合物的结构所决定的.配合物 Ⅰ、Ⅱ 的希夫碱配体上的苯环均有较大的取代基团(NH_2-),使该配体不可能插入到 DNA 的碱基对之间,而配合物 Ⅲ 则不同,其腙型配体上的苯环没有取代基,可与 DNA 的碱基对通过分子间的"堆积力"结合.另外腙型配体相对较"长"(含有 $-C=NNH-$ 结构),因而辅助配体(dmp)和 DNA 骨架(如磷酸酯、戊糖)的排斥作用也较弱,这也许是苯环与 DNA 碱基对堆积的另一个有利因素.

参 考 文 献

1. Pyle A M, Barton J K. Probing nucleic acids with transition metal complexes. Prog Inorg Chem Chem, 1990, 38:413
2. Sigman D S, Mazumder A, Perrin D M. Chemical nucleases. Chem Rev, 1993, 93:2295
3. Sitlani A, Long E C, Pyle A M, et al. DNA photocleavage by phenanthrenequinone diimine complexes of rhodium(III): Shape-selective recognition and reaction. J Am Chem Soc, 1992, 114:2303
4. Barton J K, Danishefsky A T, Goldgberg J M. Tris(1,10-phenanthroline)ruthenium(II): Stereoselectivity in binding to DNA. J Am Chem Soc, 1984, 106:2172
5. Collin J P, Sauvage J P. Synthesis and study of mononuclear ruthenium(II) complexes of sterically hindering diimine chelates. Inorg Chem, 1986, 25:135
6. El-Hendaway A M, Alkubaisi A H, El-Kourashy A E-G, et al. Ruthenium(II) complexes of O,N-donor Schiff base ligands and their use as catalytic organic oxidants. Polyhedron, 1993, 12:2343
7. 王雷. 钌多吡啶类配合物的合成、表征及与DNA的作用:[博士论文]. 广州:中山大学化学系, 1995
8. Pyle A M, Rehmann J P, Kumar C V, et al. Mixed-ligand complexes of ruthenium(II): Factors governing binding to DNA. J Am Chem Soc, 1989, 111:3051
9. Eriksson M, Leijon M, Hiort C, et al. Binding of $\triangle$- and $\wedge$-Ru(phen)$_3^{2+}$ to [d(CGCGATCGCG)]$_2$ studied by NMR. Biochemistry, 1994, 33:5031

Synthesis of Ruthenium(II) Polypyridine Complexes and Study of the Interaction Between the Complexes and Calf Thymus DNA

Yang Guang*   Wu Jianzhong   Wang Lei   Zeng Tianxian   Ji Liangnian

Abstract   A series of new ruthenium(II) polypyridine complexes [(dmp)$_2$RuL](ClO$_4$)$_2$ have been prepared by reaction of [(dmp)$_2$Ru(AFO)]$^{2+}$ whth p-phenylene diamine, o-phenylene diamine, phenylhydrazine repectively (dmp = 2,9-dimethyl-1,10-phenanthroline; AFO = 4,5-diazafluoren-9-one). They were characterized by elemental analyses, UV-vis, IR spectra. The binding of the complexes on to calf thymus DNA has been investigated by absorption spectra, equilibrium dialysis and circular dichroism spectroscopy. The binding modes are suggested based upon the experimental results.

Keywords   ruthenium polypyridine complex, calf thymus DNA, binding mode, synthesis

---

* Department of Chemistry, Zhongshan University, Guangzhou :510275

DMSO中Y-Co合金膜的电化学制备*

何 山 刘冠昆 童叶翔 王 宇

(中山大学化学与化学工程学院,广州 510275)

关键词 共沉积,恒电位,Y-Co,DMSO
分类号 O 641.4

稀土合金作为功能材料,广泛地应用在磁、光、核及超导材料领域. 目前一般采用高温或低温熔盐电解及真空镀的方法来制备稀土及其合金材料. 如果能在室温下通过电沉积的方法制备稀土合金,则便于控制合金组成,可大大提高它的功效和扩大应用领域. 但是,氢的析出使稀土很难从水溶液中沉积出来. 近年来在一些极性非质子溶剂如二甲基甲酰胺(DMF)、二甲基亚砜(DMSO)等中制备稀土及其合金膜亦有不少报道[1~3]. 本文研究了从YCl_3-$CoCl_2$-DMSO中制备Y-Co合金膜的条件,并制得有金属光泽的银灰色稀土合金膜.

1 实验部分

1.1 仪器与药品 无水YCl_3由Y_2O_3($w>99.99\%$)与NH_4Cl(AR)反应制得;$CoCl_2$(AR)于120 ℃真空脱水处理;支持电解质$LiClO_4$(AR)经真空180 ℃脱水处理;DMSO(CP)用0.4 nm分子筛干燥数日后减压蒸馏处理.

实验采用三电极系统,工作电极为Cu丝,Pt片作为辅助电极,用双盐桥系统连接的饱和甘汞电极(SCE)作为参比电极. 使用HDV-7C恒电位仪,HD-1A低频超低频信号发生器,3086 X-Y函数记录仪用作电化学测量. EDAX,XRD分析沉积的组成和形态. 实验在氩气氛下进行,文中所用电势均相对于SCE.

1.2 CV曲线的测定和沉积 在电解池中加入0.05 mol/L $CoCl_2$-0.2 mol/L $LiClO_4$-DMSO溶液,测定CV曲线(图1a);然后在上述溶液中加入YCl_3使其浓度为0.05 mol/L,测定CV曲线(图1b). 然后换用Cu电极(0.5 cm^2),分别选取-1.30,-2.20,-2.90 V进行恒电位电解,45 min后取出,电极表面沉积出一层有金属光泽的银灰色沉积物.

2 结果与讨论

由图1a可知,$CoCl_2$在DMSO中出现2个还原峰,而从图1b可知:YCl_3和$CoCl_2$在DMSO中出现3个还原峰,从EDAX分析可知,在沉积电位分别为-1.30,-2.20,-2.90 V处电解所得Y-Co合金中w_Y依次为8.73%,10.89%,42.11%. 沉积电位与沉积物中稀土含量关系如图2所示. 同时可观察到当沉积层中w_Y越高时所获得的沉积层质量相对来说越差. 在本实验条件下,进行恒电位电解时电位应控制在-2.20 V内进行. 控制电位为-

---

* 广东省自然科学基金(960002)资助项目
收稿日期:1998-07-02 何山,男,30岁,讲师

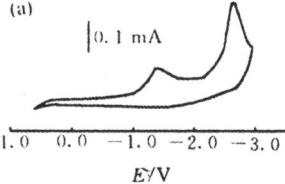 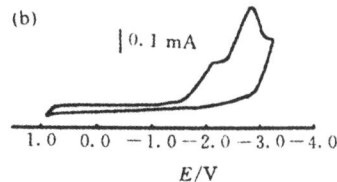

图 1 CoCl₃(a)和 YCl₃+CoCl₂(b)在 DMSO 溶液的循环伏安图

Fig. 1 The CV curve of CoCl₃(a) and YCl₃+CoCl₂(b)

$A(Cu)=0.10 \text{ cm}^2$；扫描速率$=100$ mv/s；$\theta=29$ ℃

1.850 V 进行恒电位电解,可共沉积得到有金属光泽的银灰色稀土合金膜.图 3 为该条件下稀土合金膜的表面扫描电镜图(放大 35 倍),其中镀层中 w(稀土)为 10.87%.

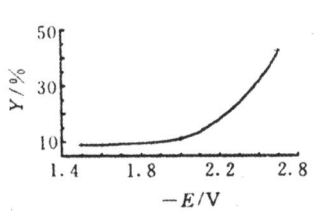 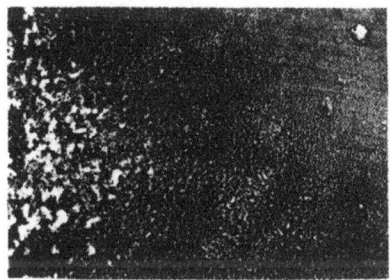

图 2 镀层中 w_Y 与沉积电位的关系

Fig. 2 Relations between mass fraction of Y and deposits potential

图 3 沉积物表面扫描电镜图

Fig. 3 SEM images of the surface of deposits

参 考 文 献

1. Sato Y, Tamazawa T, Takshsshi M, et al. Electrolytic preparation of Sm-Co thin films and their magnetic properties. Plating and Surface Finishing, 1993(3):72
2. Matsada Y, Fujii T, Yoshimoto M, et al. Pulsed electrodeposition of Dy-Fe. J Alloys and Compounds, 1993,193:23
3. Kumbhar P P, Lokhande C D. Electrodeposition of Yttrium from a nonaqueous bath. Metal Finishing, 1995(4):28

Preparation for Y-Co Alloy Film in DMSO

He Shan* Liu Guankun Tong Yexiang Wang Yu

Abstract The codeposition of Y-Co on Cu electrodes was investigated in DMSO containing YCl₃, CoCl₂ at room temperature. Potentiostatic electrolysis was used to prepare films of various Y contents. EDAX, XRD indicated that silver gray, lustrous and strongly adhering film on Cu was obtained by Potentiostatic electrolysis at -1.85 V(vs SCE) in 0.10 mol/L YCl₃-0.10 mol/L CoCl₂-DMSO solution.

Keywords codeposition, potentiostatic electrolysis, DMSO, Y-Co alloy

---

* School of Chemistry and Chemical Engineering, Zhongshan University, Guangzhou 510275, China

铕(Ⅲ)与苯甲酰丙酮、邻菲咯啉和丙烯酸四元配合物及其 SiO_2 复合材料的制备和光致发光性能*

安保礼,刘晓岚,叶剑清,龚孟濂,杨燕生

(中山大学超快速激光光谱学国家重点实验室//化学与化学工程学院,广东 广州 510275)

摘 要:用氯化铕与苯甲酰丙酮(BA)、邻菲咯啉(Phen)和丙烯酸(AA)在乙醇溶液中反应,合成了铕(Ⅲ)的相应四元配合物 $Eu(BA)_2(AA)Phen$。用 EDTA 容量法测定了 Eu^{3+} 的浓度,元素分析测定了 C、H、N 的质量浓度,结合红外光谱确定了四元配合物的组成。用溶胶-凝胶法合成了四元配合物的 SiO_2 基质复合材料,$SiO_2:Eu(BA)_2(AA)Phen$。研究了该四元配合物和其 SiO_2 复合物的红外吸收光谱、紫外可见吸收光谱及光致发光性能,重点分析了四元配合物的光致发光机理。结果表明,该配合物中的配体吸收激发的能量后,能有效地传递给中心 Eu^{3+},发出强的 Eu^{3+} 的特征荧光。并考查了 $SiO_2:Eu(BA)_2(AA)Phen$ 复合材料的荧光寿命及其热稳定性,SiO_2 基质的包裹作用延长了配合物中 Eu^{3+} 的荧光寿命。

关键词:稀土有机配合物;SiO_2 复合材料;发光机理;荧光寿命

中图分类号:O614.338;O561.3 **文献标识码**:A **文章编号**:0529-6579(2001)04-0061-05

自从 Tang[1]使用 8-羟基喹啉铝为发光材料,报道了高效、高亮度双层结构器件的有机电致发光(OEL)以来,因其驱动电压低,可与集成电路相匹配,发光亮度高,与无机薄膜相比较易实现多色显示等优点[2],而成为当前显示器件研究的热点[3,4]。用于彩色平板显示的有机 EL 显示与其他无机彩色平板显示都要求每个单色具有高的色纯度(发射谱带半宽度要窄),采用稀土离子的特征发射是最简单的[5]。以往的有机 EL 器件中的发射层多采用有机小分子和有机聚合物材料,得到的发光谱带宽(半宽度 100~200 nm),不能很好地满足高色纯度显示的应用要求[6]。因此,寻找窄谱带、高亮度的有机材料作为有机 EL 器件中的发射层就很重要了;而稀土有机发光配合物正好符合对"发射层"的这些基本要求。近年来,已有若干稀土有机配合物被用于制作 EL 器件,例如:$Tb(Acac)_3$,$Tb(Acac)_3Phen$ 被用于绿色发射;$Eu(TTA)_3$,$Eu(DBM)_3Phen$,$Eu(TTA)_3Phen$,$Eu(TTA)_3Bath$ 被用于红色发射[7,8]。

实现稀土有机配合物的电致发光,首先要研究其光致发光性能。为了寻找高发光效率、稳定性好的稀土有机配合物,本文设计和合成了一种新的稀土四元配合物[$Eu(BA)_2(AA)Phen$],研究了其光致发光性能。用溶胶-凝胶法制备了该配合物的 SiO_2 包裹薄膜复合材料,提高了四元配合物的荧光寿命。

1 实验部分

1.1 试剂与仪器

1.1.1 试剂 丙烯酸(AA)、苯甲酰丙酮(BA)、邻菲咯啉(Phen)、四乙氧基硅烷(TEOS)、乙醇和 EDTA 均为分析纯,氧化铕($w(Eu_2O_3) \geq 99.5\%$)为广州珠江冶炼厂产品。

1.1.2 测试仪器及条件 用 Hitachi F4500 型荧光分光光度计测定了配合物及其 SiO_2 复合材料的激发光谱和发射光谱。激发和发射狭缝均为 2.5 nm,PMT 为 700 V,在发射狭缝前使用 420 nm 截止型滤光片。时间分辨荧光光谱用染料激光器的 308 nm 光激发,检测波长为 610.8 nm。红外吸收光谱用 5DX Nicolet 型傅立叶转换红外分光光度计测定,KBr 压片。用岛津 UV240 型紫外分光光度计测定了样品的电子吸收光谱分析,C、H、N 元素分析用 Elementar vario EL 元素分析仪测定。

1.2 样品的制备

1.2.1 $EuCl_3$ 溶液的制备 称取一定量的 Eu_2O_3 置于烧杯中,加入过量 6 mol/L HCl 加热溶解,蒸至近干,驱除过量的 HCl,加入一定量的双蒸

---
* 基金项目:超快速激光光谱学国家重点实验室研究基金资助项目

收稿日期:2000-11-29;作者简介:安保礼(1968-),男,讲师;通讯联系人:龚孟濂.

水稀释，得 0.40 mol/L 的 $EuCl_3$ 储备溶液．

1.2.2 $Eu(BA)_2(AA)Phen$ 四元配合物的合成
在一个 50 mL 的烧杯里加入 2.00 mL 0.40 mol/L $EuCl_3$ 的溶液，4.00 mL 0.40 mol/L BA 的乙醇溶液，用 $\rho = 10\%$ 的 NaOH 调节溶液的 pH ≈ 6～7，60 ℃ 水浴加热搅拌 30 min．加入 4.00 mL 0.20 mol/L Phen 的乙醇溶液，60 ℃ 水浴中搅拌 1 h．再加入 2.00 mL 0.40 mol/L AA 的乙醇溶液，调节溶液 pH ≈ 6～7，在 50 ℃ 水浴中搅拌 24 h，生成浅黄色沉淀．静置 24 h，抽滤，分别用乙醇、双蒸水洗涤 3 次．用 $\varphi = 95\%$ 的乙醇重结晶 3 次，室温真空干燥 24 h，得浅黄色粉末状配合物．

1.2.3 EDTA 容量法测定配合物中 Eu^{3+} 的含量
准确称量配合物 0.072 6 g，放进烧杯内，在 200 ℃ 烘箱里烘 1.5 h．待配合物完全炭化后，少量多次加入 HNO_3 和 HCl，至溶液澄清透明，用去离子水定容于 100 mL 的容量瓶中．吸出 10.00 mL 溶液于锥形瓶中，加 2 滴二甲酚橙指示剂，用 0.011 97 mol/L 的 EDTA 溶液滴定至橙色变紫色，即为终点．

1.2.4 Eu^{3+} 四元配合物的 SiO_2 复合材料的制备
（1）SiO_2 预水解物的制备．在一个 250 mL 的烧杯里分别加入 20 mL TEOS、80 mL $\varphi = 95\%$ 的乙醇和 80 mL 去离子水，调节溶液 pH = 3～4，40 ℃ 水浴搅拌 36 h．用蒸馏水定容于 250 mL 容量瓶中，得 0.359 2 mol/L 的 SiO_2 预水解液．

（2）SiO_2 复合材料的制备．准确称取一定量的四元配合物，按 $n(SiO_2):n(Eu(BA)_2(AA)Phen)$ 为 800:1、400:1、200:1、100:1，分别加入预水解硅、2 mL N,N-二甲基甲酰胺[9]和适量的 $\varphi = 95\%$ 的乙醇溶液，用 $\rho = 10\%$ 的 NaOH 溶液调节 pH ≈ 6，40 ℃ 水浴中搅拌 36 h．继续调节 pH ≈ 7，40 ℃ 水浴中搅拌 12 h，得胶体溶液．静置 24 h，抽滤，依次用乙醇、去离子水洗涤 3 次．在 80 ℃ 烘 10 h 至干，其中，800:1、200:1、100:1 的复合材料在 120 ℃ 再烘 2 h，400:1 的复合材料分别在 120 ℃、160 ℃、200 ℃ 和 250 ℃ 各再烘 2 h．

2 结果与讨论

2.1 元素分析

元素分析实验值为（$w/\%$）：C 58.15，H 4.24，N 3.80，Eu 20.76；计算值为：C 57.93，H 4.03，N 3.86，Eu 20.95．确定配合物组成为 $Eu(BA)_2(AA)Phen$．

2.2 红外吸收光谱分析

各配体、SiO_2 和 $Eu(BA)_2(AA)Phen$ 的主要红外吸收谱带及其归属列于表 1．四元配合物中，位于 1 519.5 cm^{-1} 的吸收峰是 BA 中的 C=O 的伸缩振动，其显示为强峰是因为 BA 配位后由酮式转变为烯醇式，吸收显著增强．与 BA 的红外吸收谱相比，位置红移，这是因为 BA 配位后共轭体系增大．1 594.9 和 1 406.7 cm^{-1} 是 AA 中 COO^- 的伸缩振动吸收带，1 566.4 和 1 456.7 cm^{-1} 是 Phen 中 C=N 的伸缩振动的吸收带，都产生了红移现象，证实了四元配合物的生成．

$SiO_2:Eu(BA)_2(AA)Phen$ 复合材料在 1 360～1 600 cm^{-1} 范围比纯 SiO_2 的红外吸收光谱多出一些小峰，这是因为配合物在这一波数范围有强吸收（从四元配合物的红外吸收光谱可看出），证明四元配合物的确已包裹在 SiO_2 中．而在 2 850～3 050 cm^{-1} 区域，四元配合物的 IR 吸收较弱，以致在复合物中被 SiO_2 宽而强的吸收带掩蔽．

表 1 红外吸收光谱的主要吸收带及其归属[10,11]
Tab.1 Main IR absorption bands of the ligands, the complex and the composite

样品	主要吸收带及归属（ν/cm^{-1}）
BA	3 433.0(νOH), 3 054.8, 3 001.0(νCH), 1 599.9 (ν_{as}, C=O), 1 563.0(ν_s, C=O)
Phen	3 062, 3 028(νCH), 1 645.8, 1 617.3, 1 582.0, 1 562.0(νC=C), 1 503.7, 1 419.6(νC=N)
AA	3 000.0(νOH), 1 615.0(ν_{as} C=O), 1 402.0(ν_s C=O)
SiO_2	3 440.1(νOH), 1 629.0(νOH), 1 103.9(ν_s Si-O-Si), 970.0(ν_{as} Si-OH), 802.5(νSi-O-Si), 469.4(νO-Si-O)
$Eu(BA)_2(AA)Phen$	1 594.9 (ν_{as} COO^-), 1 566.4, 1 456.7(νC=N), 1 519.5 (νC=O), 1 406.7 (ν_s COO^-)
$SiO_2:Eu(BA)_2(AA)Phen$ 摩尔比为 400:1	3 446.5(ν_s O-H), 1 563.0, 1 453.0(νC=N), 1 513.0(νC=O), 1 398.0(ν_s COO^-)

2.3 电子吸收光谱分析

图 1 是 $EuCl_3$、各配体和 Eu^{3+} 四元配合物的乙醇溶液（均为 1.0×10^{-3} mol/L）在 200～500 nm 范围的电子吸收光谱。配体 BA 在 210～350 nm 有很强吸收，AA 在 202～240 nm 有中等吸收，Phen 在 210～305 nm 有很强吸收，中心离子 Eu^{3+} 在 200～300 nm 只有很弱吸收，而四元配合物在 210～380 nm 有很强吸收。这说明中心离子 Eu^{3+} 与配体 BA、AA 和 Phen 形成配合物之后，共轭体系增大，使其对紫外光的吸收作用增强，吸收带加宽且红移。配合物的吸收主要来自 BA、Phen 的贡献；其吸收带由配体的 $\pi\rightarrow\pi^*$ 跃迁产生，属 K 带[12]。

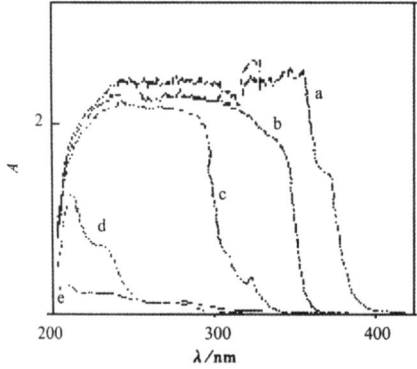

图 1 各配体和配合物的电子吸收光谱
Fig.1 UV spectra of a $Eu(BA)_2(AA)Phen$; b BA; c Phen; d AA; e $EuCl_3$

2.4 光致发光性能

2.4.1 激发光谱与发射光谱

图 2 是配合物 $Eu(BA)_2(AA)Phen(a)$ 与其 SiO_2 复合材料(b)的室温激发光谱和发射光谱。可以看出，配合物和其 SiO_2 复合材料的激发光谱有明显区别。图 2a 包含了一个从 250～420 nm 的宽激发带（$\lambda_{max}=308.6$ nm），在 465.8 nm 处有一尖峰，它是 Eu^{3+} 的 $^7F_0\rightarrow{}^5D_2$ 的跃迁激发带。然而，在图 2b 中，250～420 nm 间则出现一个明显的峰，位于 377.2 nm，在 465.8 nm 处也有一尖峰，但强度比图 2a 小。它们的发射光谱十分相似，都是中心 Eu^{3+} 的特征荧光谱带。578.8 nm 峰由 Eu^{3+} 的 $^5D_0\rightarrow{}^7F_0$ 跃迁产生，590.2 和 595.4 nm 2 个峰是 Eu^{3+} 的 $^5D_0\rightarrow{}^7F_1$ 的跃迁发射峰，610.8、616.4 和 622.2 nm 3 个峰是属于 Eu^{3+} 的 $^5D_0\rightarrow{}^7F_2$ 的跃迁发射，其中 610.8 nm 发射峰最强。Eu^{3+} 的 $^5D_0\rightarrow{}^7F_3$ 和 $^5D_0\rightarrow{}^7F_4$ 跃迁发射较弱。

稀土离子的 4f 电子跃迁产生其特征的荧光光谱。表 2 列出了 Eu^{3+} ($4f^6$) 的最低激发态和基态能级及相应的发光波长。这与我们在图 3 中观察到的发射峰波长基本一致。

表 2 Eu^{3+} ($4f^6$) 的最低激发态和基态能级及相应的发光波长
Tab.2 The lowest excited states, the ground states and the corresponding emission wavelengths for Eu^{3+} ($4f^6$)

谱项	能级/cm^{-1}	$^5D_0\rightarrow{}^7F_j$ 发光对应的波长/nm
$^5D_0$	17 267.35	—
$^7F_6$	4 978.0	813.71
$^7F_5$	3 909.0	748.60
$^7F_4$	2 877.2	694.92
$^7F_3$	1 882.0	650.00
$^7F_2$	1 044.8	616.42
$^7F_1$	380.16	592.16
$^7F_0$	0	579.0

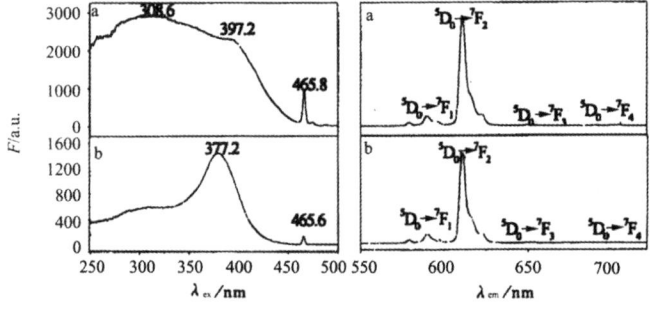

图 2 激发和发射光谱
Fig.2 Excitation and emission spectra of a $Eu(BA)_2(AA)Phen$; b $SiO_2:Eu(BA)_2(AA)Phen$(摩尔比为 400:1, 80 ℃加热 8 h)

2.4.2 光致发光机理 从电子吸收谱（图2）和激发光谱（图3）可以看出，属f-f禁戒跃迁的Eu^{3+}对200~400 nm紫外区激发光吸收很弱，而有机配体BA和Phen对上述激发光吸收很强，AA则有中等强度吸收。通过配合物分子内的能量传递，配体把吸收的能量传递给中心Eu^{3+}，发射出很强的Eu^{3+}的特征荧光。整个光致发光机理可用图3表示。

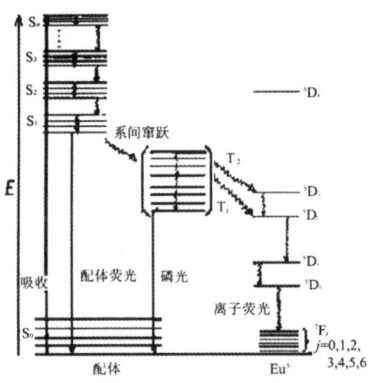

图3 配合物发光过程的能量转移机理

Fig.3 Energy transition mechanism for the luminescence process in the complex

配合物分子内的有机配体吸收激发光能量，导致配体分子从基态S_0激发到达配体激发态S_n中的一个振动能级，分子很快通过一些非辐射去激过程失去过剩的振动能，并衰减到配体的最低激发态的能级S_1上。这之后有两个可选择的路径，分子要么通过$S_1 \rightarrow S_0$的辐射跃迁发出配体荧光（F_L），要么经过系间窜跃到达配体三重态T的一个能级上，然后经过自旋禁阻跃迁从三重态重新回到基态，发出配体磷光（P_L），或把能量转移到Eu^{3+}的某个激发态能级上。后一过程是能量从配体三重态向Eu^{3+}的一些适当4f能级转移的过程。当得到配体三重态传递的能量后，Eu^{3+}经过若干非辐射跃迁到达其共振能级$^5D_0$，然后经过$^5D_0 \rightarrow ^7F_j$的辐射跃迁，产生Eu^{3+}的特征发射光谱。

配合物的发射光谱中观察不到配体的发射带，只显示Eu^{3+}的特征发射峰。可见，该Eu(Ⅲ)四元配合物在吸收的激发光能量转移过程中，非辐射跃迁和配体荧光、配体磷光发射消耗的能量较小，Eu^{3+}特征发射显著，表明该配合物是具有较高发光效率的稀土有机配合物，这就

为研究其电致发光性能奠定了基础。

2.4.3 荧光寿命 表3是四元配合物的SiO_2复合材料在120 ℃热处理2 h后的荧光数据。从表中数据可看出，复合材料的荧光强度随配合物的含量增高而增高，但没有一定的线性关系。

表3 不同比例SiO_2掺杂物的荧光强度

Tab.3 Fluorescence intensities of the silica composites

$\dfrac{n(SiO_2)}{n(Eu(BA)_2(AA)Phen)}$	λ_{ex}/nm	λ_{em}/nm	I/a.u.
800:1	273.2	611.6	33.95
400:1	273.0	610.8	50.47
200:1	273.0	611.2	70.28
100:1	273.8	611.0	503.2

图4为$Eu(BA)_2(AA)Phen$和SiO_2-$Eu(BA)_2(AA)Phen$（摩尔比为400:1，120 ℃烘2 h）的时间分辨荧光光谱。用单指数衰减法[13]计算出四元配合物和其SiO_2复合材料的荧光寿命分别为311±1 μs，479±1 μs。由此可见，SiO_2的包裹作用延长该四元配合物的荧光寿命，提高了配合物的荧光量子产率。

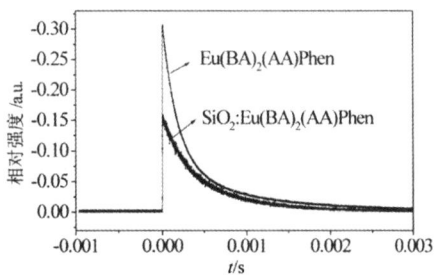

图4 四元配合物及其SiO_2复合材料的时间分别荧光光谱

Fig.4 Time-resolved fluorescence spectra for the tetrabasic complex and the relevant composites

3 结 论

（1）通过氯化铕与BA、AA和Phen在乙醇溶液中反应，合成了一种新的配合物，以Eu^{3+}、C、H、N的元素分析确定其组成为$Eu(BA)_2(AA)Phen$；红外吸收光谱分析证实了该四元配合物的形成。

（2）紫外吸收光谱、激发光谱和发射光谱分析表明：合成的Eu(Ⅲ)四元配合物中的配体吸收激发光的能量，通过分子内能量转移，传递给中心Eu^{3+}，然后发射出Eu^{3+}的特征荧光；这些发射起

因于 Eu^{3+} 的 4f 电子的 $^5D_0 \rightarrow {}^7F_j$ 跃迁. 配合物的发射光谱中未观察到配体的发射带,表明配体→Eu^{3+} 的能量转移效率较高,是一种高效的稀土有机发光配合物.

(3) SiO_2 的包裹作用延长了 Eu(Ⅲ) 四元配合物的荧光寿命.

参考文献:

[1] TANG C W, VANSLYKE S A, CHEN C H. Organic electroluminescent diodes[J]. Appl Phys Lett, 1987, 51(12): 913 – 915.
[2] HO P K H, THOMAS D S, FRIEND R H, et al. All polymer optoelectronic devices[J]. Science, 1999, 285: 233 – 236.
[3] FRIEND R H, GYMER R W, HOMES A B, et al. Electroluminescece in conjugated polymers [J]. Nature, 1999, 397: 121 – 128.
[4] 李晓常,孔子景志,马於光,等. 聚合物半导体电致[J]. 高等学校化学学报, 1999, 20: 309 – 314.
[5] 李文连. 稀土有机电致发光研究进展[J]. 中国稀土学报, 1999, 17(3): 267 – 270.
[6] THOMAS J, HANS N, CEES R. New developments in the field of luminescent materials for lighting and displays [J]. Angew Chem Int Ed, 1998, 37: 3084 – 3103.
[7] 梁春军,李文连,洪自若,等. 有机稀土 Eu $(DBM)_3$bath 配合物电致发光[J]. 发光学报, 1998, 19(1): 89 – 91.
[8] 孙刚,赵宇,于沂,等. Tb^{3+} – 有机配合物作为发射层的有机薄膜电致发光[J]. 发光学报, 1995, 16(2): 180 – 181.
[9] ADACHI T, SAKKA S. The role of N, N-dimethylformamide, a dcca, in the formation of silica gel monoliths by sol – gel method[J]. J Non-Cryst Solids, 1998, 99: 118 – 128.
[10] 洪山海. 光谱解析法在有机化学中的应用[M]. 北京: 科学出版社, 1981. 26 – 43.
[11] YAN B, ZHANG H, WANG S, et al. Luminescence properties of rare earth (Eu^{3+} and Tb^{3+}) complexes with paraaminobenzoic acid and 1,10-phenanthroline incorporated into a silica matrix by sol-gel method[J]. Materials Research Bulletin, 1998, 33 (10): 1517 – 1525.
[12] 洪山海. 光谱解析法在有机化学中的应用[M]. 北京: 科学出版社, 1981. 368.
[13] 陈国珍,黄贤智,许金钩,等. 荧光分析法[M]. 北京: 科学出版, 1990. 15 – 16.

Preparation and Luminescence Properties of a New Europium (Ⅲ) Tetrabasic Complex with 1-Phenyl-1,3-butanedione, Acrylic Acid and 1,10-Phenanthroline

AN Bao-li, LIU Xiao-lan, YE Jian-qing, GONG Meng-lian, YANG Yan-sheng

(School of Chemistry and Chemical Engineering, Zhongshan University, Guangzhou 510275, China)

Abstract: A new tetrabasic complex of europium (Ⅲ) with 1-phenyl-1,3-butanedione(BA), acrylic acid(AA) and 1,10-phenanthroline(Phen) was synthesized by reaction of europium chloride with these three ligands in ethanol solution. Elemental analysis showed that the composition of the complex is $Eu(BA)_2(AA)Phen$. Infrared absorption spectral analysis confirmed the formation of the tetrabasic complex. The complex was also incorporated into silica matrix by a sol-gel method with various molar ratios of SiO_2 to $Eu(BA)_2(AA)Phen$. Characteristic fluorescence emission of Eu^{3+} ion was found in the emission spectra both for the solid complex and for the SiO_2 composites, and the emission was due to the $^5D_0 \rightarrow {}^7F_j$ transition of 4f electrons of the central Eu^{3+} ions. So a energy-transfer mechanism from the ligands to the central europium ions was proposed for the photoluminescence of the tetrabasic complex. It was also found that the SiO_2 film prolonged fluorescence lifetime of central Eu^{3+} in the complex.

Keywords: rare earth organic complex; silica composite materials; luminescence mechanism; fluorescence lifetime

新型 α-二亚胺合镍催化剂单一乙烯单体合成支化聚乙烯

祝方明,徐 卫,刘新星,林尚安
(中山大学化学与化学工程学院,广东 广州 510275)

摘 要:用新型 α-二亚胺合镍氯化物[2,6-$(CH_3)_2C_6H_3$-N=$C(CH_3)C(CH_3)$=N-2,6-$(CH_3)_2C_6H_3$]$NiCl_2$ 和甲基铝氧烷(MAO)组成的催化剂进行乙烯均聚合,催化活性高达 $7.3×10^5$ g·mol^{-1}·h^{-1},并且可以合成含有大量长支链的支化聚乙烯。研究了聚合温度和 $n(Al_{MAO})/n(Ni)$ 对催化活性以及聚乙烯相对分子质量、支化度和支链长度的影响。聚合物的支化度随聚合温度的升高而迅速增加,得到具有不同结晶度及无定型的支化聚乙烯。外加适量三异丁基铝(TIBA)有助于提高催化剂活性,减少 MAO 用量。

关键词:后过渡金属催化剂;α-二亚胺合镍配合物;聚乙烯;支化聚乙烯;甲基铝氧烷
中图分类号:O630.1 **文献标识码**:A **文章编号**:0529-6579(2002)02-0040-04

在聚乙烯分子中引入支链,特别是长支链,有利于提高树脂的加工性能。支化聚乙烯通常用乙烯与 α-烯烃共聚合来制备;近年来,一些特定结构的茂金属催化剂和后过渡金属催化剂通过乙烯均聚合成支化聚乙烯受到了广泛的重视[1-5]。茂金属催化剂进行乙烯聚合同时可以原位产生 α-烯烃,然后就地共聚合生成支化聚乙烯[1,2]。Brookhart 等[3]认为以二亚胺为配体的 Ni 及 Pa 配合物在 MAO 存在下首先形成金属阳离子活性中心,然后进行乙烯插入的链增长反应;与此同时,由于 β-H 的消除可能引起增长链的移位,从而导致支链的生成。支化程度和支链长度与催化剂结构及聚合条件有关。

文献报道的 α-二亚胺合镍乙烯聚合催化剂都是溴化物[3-5],合成复杂,成本高,且 MAO 用量大,$n(Al_{MAO})/n(Ni)$ 通常在 1 000 以上。本文研制的新型 α-二亚胺合镍氯化物[2,6-$(CH_3)_2C_6H_3$-N=$C(CH_3)C(CH_3)$=N-2,6-$(CH_3)_2C_6H_3$]$NiCl_2$(1)合成简单,成本低;用较少的 MAO 就能激活高活性地催化乙烯均聚合。聚合产物用 GPC、^{13}C NMR 和 DSC 进行结构和性能表征,发现目标聚合物主要含有甲基和长支链。选用 TIBA 部分替代 MAO 以提高 1/MAO 催化剂乙烯聚合活性,进一步减少 MAO 用量,这方面的研究也鲜有文献报道。

1 实验部分

1.1 主要试剂与单体

高纯 N_2 和聚合级乙烯单体使用前经分子筛除氧干燥。甲苯、乙醚,分析纯,在氮气保护下用金属钠回流干燥,使用前蒸出。丁二酮、2,6-二甲基苯胺,分析纯,用分子筛干燥后减压蒸馏。三甲基铝(TMA)和 TIBA 从 Ethyl 公司购买,直接使用。

1.2 催化剂合成

所有实验都在干燥的 N_2 保护下进行。丁二酮和 2,6-二甲基苯胺反应合成丁二酮-双(2,6-二甲基缩苯胺)希夫碱主配体化合物,将该希夫碱配体化合物与无水氯化镍(Ⅱ)反应制备主催化剂 1。用 $Al_2(SO_4)_3$·$18H_2O$ 部分水解甲苯中 TMA,反应产物过滤,滤液经减压蒸发后,得固体 MAO。

1.3 乙烯聚合

将带有磁搅拌子和气体导入管的干燥反应瓶加热真空抽排空气后,用干燥的 N_2 置换 2 次,抽真空再通入乙烯。然后依次加入 MAO、甲苯、TIBA(需要时)和主催化剂 1,调节乙烯通入量使聚合体系维持一定压力,在设定温度下聚合 1 h,用 φ=5% HCl 的乙醇溶液终止反应。聚合产物用乙醇充分洗涤,于 333 K 下真空干燥至恒质量,并计算催化剂活性。

1.4 聚合产物表征

十萘氢作溶剂,采用乌氏粘度计于 403 K 下测定聚乙烯的特性粘度[η],并按[η]=$6.67×10^{-4}M_v^{0.67}$ 计算其粘均相对分子质量 M_v。聚合物粘均相对分子质量分布用美国 Water-Calc/GPC 仪表征,o-二氯苯作溶剂,较窄相对分子质量分布的聚苯乙烯作为标样,393 K 下测定。INOVA 500 MHz 核磁共振仪记录聚乙烯的 ^{13}C NMR 谱,o-二氯苯作溶剂,样品 φ 为 20%,373 K 下测定。用 Modolated

---

* 收稿日期:2001-09-03
基金项目:国家自然科学基金资助项目(29904010);广东省自然科学基金资助项目(990270)
作者简介:祝方明(1965-),男,博士,副教授;E-mail:ceszfm@zsu.edu.cn

DSC 2910 示差扫描量热计在氮气保护下测定聚乙烯的 DSC 曲线,升温和降温速率为 283 K/min。

2 结果与讨论

聚合温度对 1/MAO 催化乙烯聚合的影响见表 1。低温下该催化剂进行乙烯聚合活性较低;催化活性在 273 K 时出现最大值 ($7.3×10^5$ g·mol^{-1}·h^{-1});继续升高聚合温度,一方面,链转移速率加快,另一方面,乙烯在甲苯中的浓度降低,因此催化活性逐渐降低。很显然,聚合温度升高,所合成的聚乙烯分子量降低;从 GPC 测试结果可以看出,目标聚合物的相对分子质量分布较窄,说明 1/MAO 催化剂乙烯聚合反应在单一活性中心上进行。

表 1 聚合温度对 1/MAO 催化剂制备支化聚乙烯的影响[1]

Tab.1 Influences of polymerization temperature on preparing branched polyethylene with 1/MAO catalyst

组别	T/K	催化剂活性[2]	$M_w × 10^{-5}$	M_w/M_n	支化度[3]	T_m/K
1	263	2.8	5.6	/	微量	408.2
2	273	7.3	4.8	2.3	12.6	398.8
3	283	7.0	4.3	/	21.2	391.5
4	293	6.1	4.0	2.6	39.1	339.5, 368.8
5	303	5.2	3.6	/	51.5	no
6	313	3.8	2.9	2.5	69.5	no

1) 聚合条件:$c(Ni)=1.3×10^{-4}$ mol·L^{-1},$n(Al_{MAO})/n(Ni)=600$,$p(C_2H_4)=0.13$ MPa,$t=1$ h;
2) 单位为 g·mol^{-1}·h^{-1};
3) 支化度为每 1 000 个主链碳原子中所含的支链数目

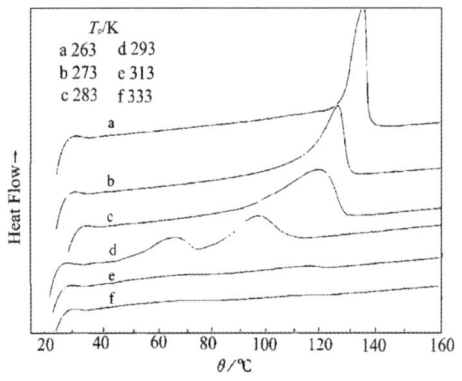

图 1 不同聚合温度得到的聚乙烯 DSC 图谱

Fig.1 DSC curves of polyethylene obtained from different polymerization temperature

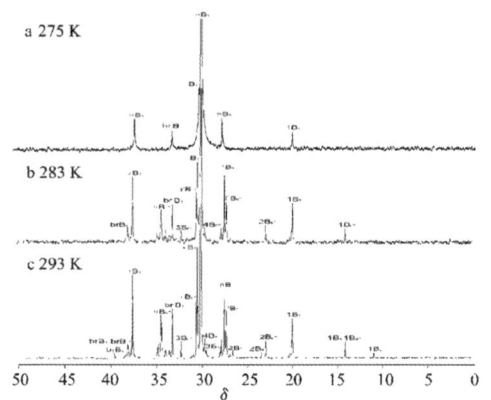

图 2 不同聚合温度得到的支化聚乙烯 ^{13}C NMR 图谱

Fig.2 ^{13}C NMR spectra of branched polyethylene obtained from different polymerization temperature

不同聚合温度所得的聚合产物经 ^{13}C NMR 和 DSC 表征,发现:低温(如 263 K)聚合生成的聚合物 ^{13}C NMR 谱图上只在 30.00 处有 1 个亚甲基的吸收峰,表明是线型聚乙烯,并且有较高的熔融温度(408.2 K)和结晶度。聚合温度≥273 K,聚合产物均为具有较低熔融温度的支化聚乙烯;而且聚合温度越高支化度(每 1 000 个主链上碳原子中所含的支链数目)越高,相应聚合物的熔融温度越低,熔融峰变宽或出现双峰,结晶度降低,甚至成为无定型聚合物(见图 1)。图 2 为不同聚合温度下聚乙烯的 ^{13}C NMR 谱,参考文献[6]对所有吸收峰的化学位移进行归属。图 2a 为 273 K 合成的聚乙烯的 ^{13}C NMR 谱,19.90、27.41、30.35 和 33.10 处的吸收峰分别归属于 $1B_1$、$βB_1$、$βB_1$、$γB_1$、brB_1 和 $αB_1$ 碳原子的化学位移,表明其支链为孤立均匀分布的甲基(甲基之间的主链亚甲基数≥7)。聚合温度升高到 283 K,得到含均匀分布的侧甲基和长支链的支化聚乙烯,它的 ^{13}C NMR 谱(图 2b)在 32.16 和 29.58 处出现长链支化聚乙烯的 $3B_{n≥6}$ 和 $4B_{n≥6}$ 碳原子的特征吸收峰。随着聚合温度升高所得到的聚合物不仅含有大量的侧甲基和长支链,而且逐渐出现其它的短支链。293 K 下 1/MAO 催化乙烯聚合,聚合物的 ^{13}C NMR 谱(图 2c)上,在化学位移 11.13、26.52、39.46 和 23.36、29.40 处明显观察到 $1B_2$、$βB_2$、brB_2 和 $2B_4$、$3B_4$ 碳原子的特征吸收峰,表明所合成的支化聚乙烯含有乙基和丁基。当聚合温度≥403 K,聚合物的 ^{13}C NMR 谱将出现一系列复杂的吸收峰,支链的种类有甲基、乙基、丙基、丁基、戊基、异丁基和长支链,其含量高低顺序为甲基>长支链>丁基>乙基>戊基>丙基＞异丁基。另外，聚合温度升高，聚合物支化度增加，支链不再都是孤立出现。

α-二亚胺合镍/MAO 催化剂进行乙烯聚合，要求有一个合适的 $n(Al_{MAO})/n(Ni)$，以获得理想的催化活性。文献[3]报道的溴化 α-二亚胺合镍催化剂催化乙烯聚合，催化活性达到最高值，$n(Al_{MAO})/n(Ni)$ 通常在 1 000 以上。

表 2 $n(Al)/n(Ni)$ 对 1/MAO/TIBA 催化体系进行乙烯聚合的影响[1)]

Tab.2 Influences of $n(Al)/n(Ni)$ on ethylene polymerization with 1/MAO catalyst in the presence of TIBA

组别	$\dfrac{n(Al_{MAO})}{n(Ni)}$	$\dfrac{n(Al_{TIBA})}{n(Ni)}$	催化剂活性[2)]	$M_w \times 10^{-5}$	支化度	$\dfrac{T_m}{K}$
7	200	0	2.3	5.1	/	399.0
8	400	0	4.4	4.8	20.6	395.2
3	600	0	7.0	4.3	21.2	391.5
9	800	0	3.2	3.6	22.9	387.4
10	0	100	trace	/	/	/
11	400	50	6.2	4.6	/	398.6
12	400	100	7.9	4.2	21.8	394.8
13	400	200	6.5	3.8	21.5	390.3

1) 聚合条件：$c(Ni)=1.3\times 10^{-4}$ mol·L^{-1}，$p(C_2H_4)=0.13$ MPa，$T=283$ ℃，$t=1$ h；

2) 单位为 g·mol^{-1}·h^{-1}

表 2 例出了 $n(Al_{MAO})/n(Ni)$ 不同时 1/MAO 催化乙烯聚合的结果，当 $n(Al_{MAO})/n(Ni)=600$ 时，催化活性最高，说明与相应的 α-二亚胺合镍溴化物相比，MAO 更容易激活 α-二亚胺合镍氯化物形成镍的阳离子活性中心。$n(Al_{MAO})/n(Ni)$ 过低，不能形成足够多的活性中心，催化活性较低；$n(Al_{MAO})/n(Ni)$ 过高，将导致部分活性中心失活，也会使催化活性降低。由于 MAO 有一定的链转移作用，聚乙烯的分子量随 $n(Al_{MAO})/n(Ni)$ 的增加而有所降低。聚合物微观结构（包括支化度、支链长度和支链分布）受 $n(Al_{MAO})/n(Ni)$ 影响不明显，因此，所得聚合物的熔融温度也基本上没有变化。MAO 作为后过渡金属催化剂的助催化剂，起着烷基化的作用，同时它也是一种强的路易斯酸，能够与主催化剂反应生成具有乙烯催化能力的金属阳离子活性中心，另外 MAO 用以除去溶剂和单体中的杂质；因此 MAO 的用量往往很大[3, 5]。然而，MAO 价格较贵，研究新的价廉的助催化剂替代或部分替代 MAO，对于后过渡金属催化剂的开发应用有非常重要的意义。试图用 TIBA 与 α-二亚胺合镍的氯化物 1 组成催化剂进行乙烯聚合，然而只能够得到极少量的聚合物（见表 2 的组别 8）。但是，在较低的 $n(Al_{MAO})/n(Ni)$（如 400）情况下，1/MAO 体系中加入适量的 TIBA [$n(Al_{TIBA})/n(Ni)=100$]，其催化活性显著提高到 7.9×10^5 g·mol^{-1}·h^{-1}，比组别 3 时 $n(Al_{MAO})/n(Ni)=600$ 更高，而合成的聚乙烯相对分子质量和结构基本不变。很显然，TIBA 起到烷基化的作用，但不能与 α-二亚胺合镍的氯化物 1 形成镍的阳离子活性中心，也就是说只能部分替代 MAO，减少它的用量。应该注意到，TIBA 是一种链转移剂，加入的量太多，聚合物相对分子质量会降低，同时使 1/MAO 体系的催化活性增加到最大值后，也会有所下降。

参考文献：

[1] PELLECCHIA C, PAPPALARDO D, GRUTER G J. Branched polyethylene produced by a half-titanocene catalyst[J]. Macromolecules, 1999, 32: 4491－4493.

[2] ZHU F M, HUANG Y, LIN S A, et al. Branched polyethylene prepared by *in-situ* copolymerization of ethylene using mono-titanocene and modified methyl-aluminoxane catalyst [J]. Polym Sci Prat A: Chem, 2000, 38: 4258－4263.

[3] JOHNSON L K, KILLIAN C M, BROOKHART M. New Pd(Ⅱ)- and Ni(Ⅱ)-based catalysts for polymerization of ethylene and α-olefins[J]. J Am Chem Soc, 1995, 117: 6414－6415.

[4] WANG C M, FRIEDRICH S, YOUNKIN T R, et al. Neutral nickel(Ⅱ)-based catalysts for ethylene polymerization[J]. Organometallics, 1998, 17: 3149－3151.

[5] GATES D P, SVEJDA S A, BROOKHARD M, et al. Synthesis of branched polyethylene using (α-diimine) nickel(Ⅱ) catalysts: Influence of temperature, ethylene pressure, and ligand structure on polymer properties[J]. Macromolecules, 2000, 33: 2320－2334.

[6] GALLAND G B, SOUZA R F, MAULER R S, et al. ^{13}C NMR determination of the composition of linear low-density polyethylene obtained with [η^3-methallyl-nickel-diimine]PF_6 complex[J]. Macromolecules, 1999, 32: 1620－1625.

Novel (α-Diimine) nickel Catalyst for Preparing Branched Polyethylene with Single Ethylene Monomer

ZHU Fang-ming, XU Wei, LIU Xin-xing, LIN Shang-an

(School of Chemistry and Chemical Engineering,
Sun Yat-sen(Zhongshan) University, Guangzhou 510275, China)

Abstract: Branched polyethylene containing primarily methyl and long branches was synthesized with a novel (α-diimine) nickel (Ⅱ) complex of 2, 3-bis (2, 6-dimethylphenyl)-butanediimine nickel dichloride {[2,6—$(CH_3)_2C_6H_3$—N=C(CH_3)C(CH_3)=N—2,6-$(CH_3)_2C_6H_3$]$NiCl_2$} (1) activated by methylaluminoxane (MAO) via ethylene homopolymerization. The influences of varying polymerization temperature and Al/Ni molar ratio on catalytic activity, as well as molecular weight, degree of branching and branch length of polyethylene were investigated. The results of GPC characterization, indicate that the resultant polymers have weight average molecular weight ranged from 1.7×10^5 to 6.0×10^5 and rather narrow molecular weight distributions, showing the characteristic of ethylene polymerization catalyzed by single active species. The degree of branching rapidly increased with increasing polymerization temperature, giving rise to polymers ranging from highly crystalline to amorphous. The addition of triiosbutylaluminum (TIBA) to 1/MAO system could reduce the amount of MAO and leaded to significant enhancement of polymerization activity, while the polymer microstructure and molecular weight was slightly changed.

Key words: late transition metal catalyst; (α-Diimine) nickel (Ⅱ) complex; methylaluminoxane; polyethylene; branched polyethylene

---

(上接第 39 页)

Digitized Brushless DC Motor Intelligent Control Servo System

LI Xian-xiang[1], MAI Yi-jia[1], SI Yan-yue[2]

(1. Engineering School, Foshan University, Foshan, Guangdong 528000, China;
2. Department of Automatic Control Engineering, South China University of Technology, Guangzhou 510640, China)

Abstract: A digitized brushless DC motor intelligent control system is designed by using DSP. It fully utilizes the wealthy periphery and high-speed calculation function of DSP, and intelligent control strategy is employed in position control. Experimental results show that the system has a compact structure and good dynamic and static performances.

Key words: DSP; brushless DC motor; intelligent control

扁窦形短指软珊瑚 Sinularia depressa 的甾醇和甾醇甙*

张广文,马祥全,苏镜娱,曾陇梅

(中山大学化学与化学工程学院,广东 广州 510275)

摘 要: 首次报道采自海南三亚附近海域的扁窦形短指软珊瑚 Sinularia depressa Tixier-Durivault 的化学成分,从中分离鉴定出 5 种甾醇化合物经波谱分析确定它们分别为豆甾-5-烯-3β-醇-3-O-β-D-吡喃葡萄糖甙,(24S)-麦角甾-5-烯-3β,7α-二醇,柳珊瑚甾醇,此外还有胸腺嘧啶和鲨肝醇。

关键词: 软珊瑚;扁窦形短指软珊瑚 Sinularia depressa;甾醇;甾醇甙

中图分类号: O629.6　　**文献标识码:** A　　**文章编号:** 0529-6579(2003)02-0056-03

软珊瑚属腔肠动物门 Coelenterata,海鸡冠目 Alcyonacea 中一种在热带及亚热带常见的低等海洋生物。20 世纪 70 年代以来,通过对珊瑚的生理活性的研究,已经发现了许多结构新颖的生理活性物质。其中主要为萜类化合物、多羟基化合物、酯类化合物、前列腺素和神经酰胺[1]。

在对软珊瑚生物活性物质的系列研究中,我们首次研究了从采自海南三亚附近海域的扁窦形短指软珊瑚 Sinularia depressa Tixier-Durivault 的化学成分,从中分离鉴定出三种甾醇化合物豆甾-5-烯-3β-醇-3-O-β-D-吡喃葡萄糖甙(**1**),(24S)-麦角甾-5-烯-3β,7α-二醇(**2**),柳珊瑚甾醇(**3**),此外还有胸腺嘧啶(**4**)和鲨肝醇(**5**)。

1 实验部分

1.1 样品

扁窦形短指软珊瑚于 2000 年 10 月采自海南三亚海域,由中国科学院海洋研究所唐质灿研究员进行分类鉴定,标本(编号:00-MZ-33)存放于广州中山大学化学与化工学院有机天然物研究室。

1.2 仪器与试剂

熔点用北京泰克光学仪器有限公司 X-6 型显微熔点仪测定(温度未校正);红外光谱用 Bruker EQUINOX-55 红外仪测定(KBr 压片);质谱由 VG ZAB-HS 质谱仪测得;核磁共振光谱(^{1}H,^{13}C,DEPT)在 Varian Unity INOVA-500 核磁共振仪上测定,内标为 TMS。

薄层色谱(TLC)用预制硅胶 60 F254 玻璃片和层析用硅胶 H 均为青岛海洋化工集团公司产品。所有溶剂均为广州化学试剂厂的分析纯产品。

1.3 提取与分离

将新鲜的软珊瑚(干质量 1.2 kg)用 φ = 95% 的乙醇在室温下浸泡 3 次,每次 2 周,合并提取液,减压浓缩后得到深褐色浸膏 45 g。浸膏用 φ = 30% 的甲醇溶解后,依次用石油醚、乙酸乙酯、正丁醇分配萃取各 3 次,每次 1 L,乙酸乙酯提取液

---

* **收稿日期:** 2002-09-13
　基金项目: 国家自然科学基金资助项目(29932030)
　作者简介: 张广文(1975年生),男,博士研究生;**通讯联系人:** 曾陇梅;E-mail: ceszlm@zsu.edu.cn

合并后经减压浓缩后得棕黑色浓缩物 25 g。经真空液相层析（VLC），以石油醚/乙酸乙酯溶剂梯度洗脱，从 $\varphi=15\%$ 的乙酸乙酯中得到 **3** (20 mg)，从 $\varphi=25\%$ 的乙酸乙酯中得到 **2** (30 mg)，从 $\varphi=35\%$ 的乙酸乙酯中得到 **5** (70 mg)，从 $\varphi=70\%$ 的乙酸乙酯中得到 **4** (15 mg) 和从 $\varphi=80\%$ 的乙酸乙酯中得到 **1** (20 mg)。

1.4 物理常数与波谱数据

化合物 **1**，为白色粉末，θ_{mp} 271 ~ 273 ℃（丙酮），FAB-MS m/z：577 $[M+H]^+$。

^{1}H NMR (CDCl$_3$) δ：5.35(1H, dd, J = 2.0, 2.5 Hz, H - 6), 5.07(1H, d, J = 7.5 Hz, H - 1′), 4.57(1H, dd, J = 2.5, 11.5 Hz, H - 6′), 4.40(1H, dd, J = 6.5, 11.5 Hz, H - 6′), 4.30(1H, m, H - 3′), 4.30(1H, m, H - 4′), 4.06(1H, t, J = 7.0 Hz, H - 2′), 3.94(1H, m, H - 5′), 3.94(1H, m, H - 3), 0.99(3H, d, J = 7.0 Hz, Me - 21), 0.95(3H, s, Me - 19), 0.89(3H, d, J = 5.0 Hz, Me - 29), 0.88(3H, d, J = 7.0 Hz, Me - 27), 0.85(3H, s, Me - 26), 0.67(3H, s, Me - 18)。

^{13}C NMR(Pyridine-d$_5$) δ：37.5(t, C - 1), 30.3(t, C - 2), 78.2(d, C - 3), 40.0(t, C - 4), 141.0(s, C - 5), 121.9(d, C - 6), 32.1(d, C - 7), 32.2(t, C - 8), 50.4(d, C - 9), 37.0(s, C - 10), 21.3(t, C - 11), 39.4(t, C - 12), 42.5(s, C - 13), 56.9(d, C - 14), 24.5(t, C - 15), 28.6(t, C - 16), 56.3(d, C - 17), 12.0(q, C - 18), 19.4(q, C - 19), 36.4(d, C - 20), 19.0(q, C - 21), 34.3(t, C - 22), 26.5(t, C - 23), 46.1(d, C - 24), 29.5(d, C - 25), 19.2(q, C - 26), 20.0(q, C - 27), 23.4(t, C - 28), 12.2(q, C - 29), 102.6(d, C - 1′), 71.7(d, C - 2′), 75.3(d, C - 3′), 78.5(d, C - 4′), 78.6(d, C - 5′), 62.9(t, C - 6′)。

化合物 **2** 为无色针状结晶，θ_{mp} 216 ~ 218 ℃（丙酮），FABMS m/z：416 $[M]^+$。

^{1}H NMR(CDCl$_3$) δ：5.61(1H, d, J = 5.0 Hz, H - 6), 3.86(1H, br s, H - 7β), 3.58(1H, m, H - 3α), 2.34(1H, ddd, J = 2.0, 5.5, 13.0 Hz, H - 4α), 2.28(1H, br dd, J = 11.0, 13.0 Hz, H - 4β), 1.00(3H, s, Me - 19), 0.93(3H, d, J = 6.5 Hz, Me - 21), 0.85(3H, d, J = 7.0Hz, Me - 26), 0.78(3H, d, J = 7.0 Hz, Me - 27), 0.77(3H, d, J = 7.0 Hz, Me - 28), 0.70(3H, s, Me - 18)。

^{13}C NMR(CDCl$_3$) δ：37.9(t, C - 1), 31.9(t, C - 2), 71.4(d, C - 3), 42.0(t, C - 4), 146.8(s, C - 5), 125.9(d, C - 6), 65.4(d, C - 7), 38.5(t, C - 8), 42.3(d, C - 9), 37.4(s, C - 10), 21.3(t, C - 11), 39.1(t, C - 12), 42.2(s, C - 13), 49.8(d, C - 14), 24.3(t, C - 15), 28.7(t, C - 16), 55.7(d, C - 17), 18.6(q, C - 18), 11.6(q, C - 19), 36.4(d, C - 20), 19.9(q, C - 21), 33.7(t, C - 22), 30.4(t, C - 23), 39.2(d, C - 24), 31.5(d, C - 25), 17.6(q, C - 26), 20.7(q, C - 27), 15.5(q, C - 28)。

化合物 **3** 为无色针状结晶，θ_{mp} 185 ~ 187 ℃（乙酸乙酯）；EIMS m/z：426($[M]^+$, 60%), 4.8, 383, 355, 328, 314(95%), 299, 283, 281, 273, 271(100%), 255, 241, 232, 229, 213。

^{1}H NMR (CDCl$_3$) δ：5.37(1H, d, J = 6.5 Hz, H - 6), 3.53(1H, m, H - 3α), 1.01(3H, s, Me - 19), 1.01(3H, d, J = 6.5 Hz, Me - 21), 0.95(3H, d, J = 6.0 Hz, H - 27), 0.94(3H, d, J = 6.0 Hz, H - 26), 0.90(3H, s, Me - 29), 0.86(3H, d, J = 6.5 Hz, Me - 28), 0.66(3H, s, Me - 18), 0.45(1H, dd, J = 4.0, 9.0 Hz, H - 24), 0.25(1H, m, H - 30a), 0.18(1H, m, H - 22), - 0.12(1H, dd, J = 4.5, 6.0 Hz, H - 30b)。

^{13}C NMR (CDCl$_3$) δ：37.2(t, C - 1), 35.8(t, C - 2), 71.7(d, C - 3), 42.4(t, C - 4), 140.8(s, C - 5), 121.7(d, C - 6), 31.8(t, C - 7), 31.9(d, C - 8), 50.1(d, C - 9), 36.5(s, C - 10), 21.2(t, C - 11), 39.8(t, C - 12), 42.6(s, C - 13), 56.6(d, C - 14), 24.6(t, C - 15), 28.2(t, C - 16), 56.0(d, C - 17), 12.0(q, C - 18), 19.4(q, C - 19), 35.7(d, C - 20), 22.4(q, C - 21), 32.3(d, C - 22), 23.9(s, C - 23), 50.8(d, C - 24), 32.3(d, C - 25), 22.4(q, C - 26), 21.4(q, C - 27), 14.3(q, C - 28), 15.3(q, C - 29), 21.2(t, C - 30)。

2 结果与讨论

化合物 **1** 为白色无定形粉末，θ_{mp} 271 ~ 273 ℃。由 FAB-MS m/z 577 $[M+H]^+$ 得知相对分子质量为 576，结合 ^{13}C NMR、DEPT 谱推断出该化合物的分子式为 $C_{35}H_{60}O_6$，不饱和度为 6。Libermann-Burchand 反应呈墨绿色，Molish 实验呈现紫色环，表明为甾体甙。^{1}H NMR 谱中 δ 0.99(3H, d), 0.95(3H, s), 0.89(3H, d), 0.88(3H, d), 0.85(3H, s), 0.67(3H, s) 和 ^{13}C NMR 谱中 δ 20.0(q), 19.4(q), 19.2(q), 19.0(q), 12.2(q), 12.0(q) 是典型的甾醇特征。^{1}H NMR 谱 δ 3.94(1H, m), 5.35(1H, br J = 5.0 Hz) 为 Δ^5-3β-OH-甾醇的特征信号，^{13}C NMR δ 141.0(t), 121.9(d) 证实了双键的存在。经对照，化合物 **1** 的 ^{13}C 谱与谷甾醇十分相似，推断该化合物的甙元部分是一个谷甾醇。化合物(**1**)除去甾体部分还多出 $C_6H_{11}O_6$，应为一个六碳糖，^{13}C NMR 谱显示除了谷甾

醇部分,还有 6 个连氧的碳信号 δ 102.6(d),78.6(d),78.5(d),75.3(d),71.7(d),62.9(t),结合 ^{1}H NMR 异头碳上氢信号 δ 5.07(1H,d,J=7.5 Hz)及 δ 4.57(1H,dd,J=2.5,11.5 Hz),4.40(1H,dd,J=6.5,11.5 Hz),4.30(2H,m),4.06(1H,t),3.94(1H,m),证明该糖元是一个 β-D-吡喃葡萄糖。

因此推测该化合物为豆甾-5-烯-3β-醇-3-O-β-D-吡喃葡萄糖甙。该化合物的 ^{13}C NMR 数据与文献[2]的基本一致,确定为豆甾-5-烯-3β-醇-3-O-β-D-吡喃葡萄糖甙。

化合物 2 为无色针状结晶,θ_{mp} 216~218 ℃,对 Lieberman-Burchard 试剂呈正性反应,初步表明它是甾醇类化合物,MS m/z 416 [M]$^+$,而其 ^{13}C NMR 显示有 28 个碳,再结合 DEPT 显示的 6 个甲基,9 个亚甲基和 10 个次甲基,可确定其分子式为 $C_{28}H_{48}O_2$,不饱和度为 5。在 ^{1}H NMR 谱中除 δ 0.70(3H,s,Me-18),1.00(3H,s,Me-19)2 个角甲基信号外,还有 2 个异丙甲基信号 δ 0.78(3H,d,J=7.0 Hz),0.85(3H,d,J=7.0 Hz),2 个叔甲基 δ 0.77(3H,d,J=7.0 Hz,Me-28),0.93(3H,d,J=6.5 Hz),^{1}H NMR δ 3.58(1H,m),3.86(1H,br s)和 ^{13}C NMR δ 71.4(d),65.4(d)表明化合物有 2 个与羟基相连的叔碳。^{1}H NMR 谱中 δ 5.61(1H,d)和 ^{13}C NMR 谱中 δ 146.8(s),125.9(d)显示分子中有 1 个三取代双键。推测其为(24S)-麦角甾-5-烯-3β,7α-二醇。将 ^{1}H NMR 和 ^{13}C NMR 数据与文献[3]对比,基本一致。确定该化合物为(24S)-麦角甾-5-烯-3β,7α-二醇。

化合物 3 为无色针状结晶,θ_{mp} 185~187 ℃(乙酸乙酯),对 Lieberman-Burchard 试剂呈正性反应,表明它是甾醇类化合物。EIMS 显示相对分子质量为 426([M]$^+$,60%),结合 ^{13}C NMR DEPT 可确定其分子式为 $C_{30}H_{50}O$,不饱和度为 6。^{1}H NMR (CDCl$_3$) δ 1.01(3H,s),0.66(3H,s)是典型的甾醇的 19 位甲基和 18 位甲基的质子信号,δ 3.53(1H,m)表明有 3β 羟基,该化合物与胆甾醇的甾核 ^{1}H NMR 数据一致,^{13}C NMR δ 140.8(s),121.7(d)表明分子中有双键的存在,其侧链上尚余 5 个甲基和 1 个环。^{1}H NMR δ 0.25(1H,m),0.18(1H,m),-0.12(1H,dd,J=6.0,4.5 Hz)表明分子中含有环丙烷结构特征。该化合物的 ^{13}C NMR 数据与柳珊瑚甾醇[4]的完全一致。

化合物 4 为无色针状结晶,θ_{mp} 297~299 ℃(甲醇)。其 MS,IR,NMR 等波谱数据与胸腺嘧啶[5]的完全一致,鉴定该化合物为胸腺嘧啶。

化合物 5 为无色鳞片状结晶,θ_{mp} 68~70 ℃(丙酮)。TLC 显示它与鲨肝醇标准品 R_f 值一致且与鲨肝醇标准样品混合熔点不下降。所有的波谱数据也与文献中鲨肝醇的波谱数据[6]一致,鉴定该化合物为鲨肝醇。

参考文献:

[1] 曾陇梅. 海洋天然产物研究新进展[J]. 有机化学, 1989,9:402.

[2] ADOLFO M I, ALICIA P. Components of baichinia candicans [J]. J Nat Prod, 1983,46(5),752-753.

[3] KOBAYASHI M, KRISHNA M M, HARIBABU B, et al. Marine sterols. XXV. Isolation of 23-demethylgorgost-7-ene-3β,5α,6β-triol and (24S)-ergostane-3β,5α,6β,7β,15β-pentol from soft corals of the Andaman and Nicobar Coasts[J]. Chem Pharm Bull,1993,41(1):87-89.

[4] 李瑞声,赖作企,龙康侯. 中国软珊瑚化学成分的研究(七)[J]. 中山大学学报(自然科学版),1982,21(1):78-81.

[5] 孟艳辉,苏镜娱,曾陇梅. 南海软肉芝珊瑚的化学成分研究[J]. 中国海洋药物,1999,71(3):1.

[6] 王贵阳生,刘青,曾陇梅. 中国南海软珊瑚 Cladiella densa 的化学成分研究[J]. 中山大学学报(自然科学版),1995,34(1):110.

Sterols from the Soft Coral *Sinularia depressa* Tixier-Durivault

ZHANG Guang-wen, MA Xiang-quan, SU Jing-yu, ZENG Long-mei

(School of Chemistry and Chemical Engineering, Sun Yat-sen University, Guangzhou 510275, China)

Abstract: Five sterols were isolated and identified from the soft coral *Sinularia depressa* Tixier-Durivault collected from Sanya bay in Hainan province China. On the basis of spectroscopic data, their chemical structures were elucidated as stigmast-5-en-3β-ol-3-O-β-D-glucopyranoside, (24S)-ergost-5-en3β,7α-diol, gorgosterol, thymine and batyl alcohol.

Key words: soft coral; *Sinularia depressa*; sterols

Self-assembly of Silver Triflate and 1,4-Bis(imidazol-1-yl) Xylene (bix) in the Presence of A Diphosphine: Discrete Metallomacrocycle Versus 2D Coordination Polymer[*]

LÜ Xing-qiang, ZHANG Li, CHEN Chun-long, TAN Hai-yan, KANG Bei-sheng

(School of Chemistry and Chemical Engineering, Sun Yat-sen University, Guangzhou 510275, China)

Abstract: Assembly of silver triflate with 1,4-bis(imidazol-1-yl)xylene in the presence of a diphosphine $Ph_2P(CH_2)_nPPh_2$ (n =1 or 2) provided complexes [$Ag_4(bix)_2(dppm)_4(CF_3SO_3)_2$](**1**)($CF_3SO_3$)$_2$·2DMF·2$H_2O$ and [Ag(bix)(dppe)]$_n$ (**2**) (CF_3SO_3)$_n$·nDMF·nCH$_3$OH, where the cation **1** is a discrete 34-membered metallomacrocycle and **2** a polymeric 2D (4,4) grid network. The backbone $(CH_2)_n$ of the diphsophine obviously plays the major role in the varied architectures.

Keywords: silver(I) complex; 1,4-bis(imidazol-1-yl)xylene; diphosphine; crystal structure; ESI-MS

CLC number: O641.4   **Document code**: A   **Article ID**: 0529-6579(2004)06-0109-04

Interests in metal-organic assemblies have been developed by leaps and bounds owing to the propensity of incorporating interesting functions such as catalytic, magnetic, electronic, and optical properties[1-3]. A plethora of composite organic/inorganic architectures, ranging from discrete molecular entities such as cages and metallomacrocycles to extended 1D, 2D, and 3D coordination polymers, have been reported. Though a completely rational design of such structures is not yet possible since there are so many factors such as the counter anion, solvent, temperature and the molar ratio of the precursor influencing the results, a rather effective strategy, the building-block approach[4,5], was put forward to partly solve the problem. Ditopic ligands with an arene core have been widely used as building blocks for constructing novel metal-organo-inorganic hybrid frameworks. For example, 1,4-bis(imidazol-1-yl)xylene (bix) has been reported to construct interpenetrating 2D or 3D coordination polymers[6-9]. It would be interesting to study the effect of the auxiliary ligand, such as diphosphines, which might be critical to the control of the shape and size of the molecular structures that formed. Herein, the construction of two nanosized complexes [Ag_4(bix)$_2$(dppm)$_4$(CF_3SO_3)$_2$](**1**)(CF_3SO_3)$_2$·2DMF·2H_2O and [Ag(bix)(dppe)]$_n$ (**2**)(CF_3SO_3)$_n$·nDMF·nCH$_3$OH are reported.

1 Experimental

1.1 Synthesis

The ligand bix was synthesized according to the literature[6].

Complexes [**1**](CF_3SO_3)$_2$·2DMF·2H_2O and [**2**](CF_3SO_3)$_n$·nDMF·nCH$_3$OH were prepared by a similar method: A solution of 0.1 mmol of bix·2H_2O (0.027 g) in 5 mL of CH_3OH was added dropwise to a stirred solution of 0.1 mmol of $AgCF_3SO_3$ (0.026 g) in 5 mL of CH_3OH at room temperature. White precipitate formed immediately and the solution was filtered after stirring for 0.5 hr. The precipitate collected was then added with 5 mL of DMF, and then to the solution was added 0.1 mmol of diphosphine (dppm for **1** or dppe for **2**) with stirring for another 0.5 hr. It was filtered again and Et_2O was diffused into the filtrate slowly over several weeks at room temperature to give colorless cubic crystals of the product in 30% yield. Analyses calculate for $C_{69}H_{67}Ag_2F_6N_5O_8P_4S_2$ (**1**·(CF_3SO_3)$_2$·2DMF·2H_2O) $w/\%$: C, 51.41; H, 4.19; N, 4.34. Found: C, 51.69; H, 4.13; N, 4.18%. IR (cm^{-1}, KBr): 3 053, 1 482, 1 434, 1 270, 1 222, 1 148, 1 098, 1 029, 745, 696, 637. Analyses calculate for $C_{45}H_{49}AgF_3N_5O_5P_2S$ (**2**·(CF_3SO_3)$_n$·nDMF·nCH$_3$OH) $w/\%$: C, 54.12; H, 4.94; N, 7.01. Found: C, 54.77; H, 4.61; N, 7.34%. IR (cm^{-1}, KBr): 3 056, 1 510, 1 436, 1 264, 1 227, 1 154, 1 103, 1 080, 1 029, 731, 697, 636.

1.2 X-Ray Crystallography

Diffraction data of the single crystals of the complexes were collected on a Bruker SMART CCD diffractometer with graphite monochromated Mo Kα radiation ($\lambda = 0.071\ 073$ nm). Absorption corrections

---

[*] 收稿日期：2004-08-13
基金项目：国家自然科学基金资助项目(200273085)；高等学校博士学科点专项科研基金资助项目(20020558027)
作者简介：吕兴强(1971年生)，男，博士生；通讯联系人：康北笙，博士生导师；E-mail:cedc34@zsu.edu.cn

were performed using the SADABS program.

The structures were solved by direct methods using the SHELXS-97 program and refined with SHELXL by full-matrix least-squares methods against F^2. Crystallographic data for $\mathbf{1} \cdot (CF_3SO_3)_2 \cdot 2DMF \cdot 2H_2O$, triclinic, $P\bar{1}$, $M_r = 1612.02$, $a = 1.3398(10)$, $b = 1.6078(12)$, $c = 1.7437(13)$ nm, $\alpha = 79.512(14)°$, $\beta = 85.537(13)°$, $\gamma = 84.752(13)°$, $V = 3.671(5)$ nm^3, $Z = 2$, $D_c = 1.458$ Mg/m^3, $\mu = 0.748$ mm^{-1}, $R = 0.0601$, $wR = 0.1370$. Crystallographic data for $\mathbf{2} \cdot (CF_3SO_3)_n \cdot nDMF \cdot nCH_3OH$, triclinic, $P\bar{1}$, $M_r = 998.76$, $a = 1.1850(5)$, $b = 1.4219(6)$, $c = 1.4879(6)$ nm, $\alpha = 91.012(7)°$, $\beta = 91.930(7)°$, $\gamma = 112.393(6)°$, $V = 2.3155(17)$ nm^3, $Z = 2$, $D_c = 1.433$ Mg/m^3, $\mu = 0.611$ mm^{-1}, $R = 0.0815$, $wR = 0.2358$. Crystallographic data for $\mathbf{1} \cdot 2CF_3SO_3 \cdot 2DMF \cdot 2H_2O$ and $\mathbf{2} \cdot nCF_3SO_3 \cdot nDMF \cdot nCH_3OH$ have been deposited with the cambridge crystallographic data center (CCDC No.215680 and 236432).

2 Results and Discussion

As shown in Scheme 1, complexes $\mathbf{1} \cdot (CF_3SO_3)_2 \cdot 2DMF \cdot 2H_2O$ and $\mathbf{2} \cdot (CF_3SO_3)_n \cdot nDMF \cdot nCH_3OH$ were prepared from the reaction of $AgCF_3SO_3$, bix $\cdot 2H_2O$ and diphosphines (dppm for $\mathbf{1}$ and dppe for $\mathbf{2}$) in $1:1:1$ molar ratio.

The formation processes of $\mathbf{1}$ and $\mathbf{2}$ can be elucidated by electrospray mass spectral analyses (ESI-MS). The precipitate in DMF collected from the reaction of bix $\cdot 2H_2O$ and $AgCF_3SO_3$ exhibits main peaks for the fragments $\{Ag_2(bix)_2(CF_3SO_3)\}^+$ ($\mathbf{a}$, m/z 841, 100%), $\{Ag_2(bix)(CF_3SO_3)\}^+$ ($\mathbf{b}$, m/z 603, 14%), $\{Ag(bix)_2\}^+$ ($\mathbf{c}$, m/z 583, 27%) and $\{Ag(bix)\}^+$ ($\mathbf{d}$, m/z 345, 62%).

The polymeric $\{Ag_n(bix)_n\}^{n+}$ chain in $\mathbf{2}$ could be formed either by the ring-opening polymerization of $\mathbf{a}^{[10]}$ or by the end-to-end polymerization of $\mathbf{d}$. After the addition of diphosphine, the assembly of the fragment $\mathbf{b}$ and dppm provided $\mathbf{1}$, and that of the fragment $\{Ag_n(bix)_n\}^{n+}$ and dppe gave rise to $\mathbf{2}$.

The structure of the cation $[Ag_4(bix)_2(dppm)_4(CF_3SO_3)_2]^{2+}$ $\mathbf{1}$ is shown in Fig.1. A pair of dppm coordinated to two silver atoms Ag1 and Ag2 provides the ring unit $Ag_2(dppm)_2$ with the Ag···Ag distance of 0.3432 nm, which is further bridged with the other unit $Ag_2(dppm)_2$ by two anti-conformational bix ligands to produce a 34-membered nanosized metallomacrocyclic $Ag_4C_{18}N_8P_4$ ring with the Ag···Ag distance across bix of 1.256 nm. Each Ag(I) is tetrahedrally coordinated by P_2NO, with the two P atoms from two dppm, an N atom from one bix and an O from one $CF_3SO_3^-$. Each of the $CF_3SO_3^-$ anions weakly bridge two Ag(I) ions in the $Ag_2(dppm)_2$ unit with Ag···O distances of 0.283 nm and 0.265 nm and is situated inside the nanoporous metallomacrocycle, thus stabilizing the molecular cavity.

The 2D cation $[Ag(bix)(dppe)]_n^{n+}$ $\mathbf{2}$ with each Ag(I) tetrahedrally coordinated by P_2N_2 from two anti-dppe and two anti-bix as shown in Fig.2, is formed by the crisscrossing polymeric chains $Ag_n(dppe)_n$ and $Ag_n(bix)_n$ with the Ag(I) ions at the nodes in the shape of a $(4,4)$ grid sheet containing a series of 36-membered nanosized metallomacrocycles $Ag_4C_{20}N_8P_4$, with the Ag···Ag distance across the bix of 1.422 nm and that across the dppe of 0.738 or 0.762 nm (Fig.3).

The two structures are shaped by different diphsophines. The dppm ligand with odd numbered backbone ($n=1$) is easy to doubly bridge two Ag(I) atoms to form the closed $Ag_2(dppm)_2$ unit while the dppe ligand with even numbered backbone tends to link Ag(I) atoms head-to-tail (singly bridges the Ag(I)) to

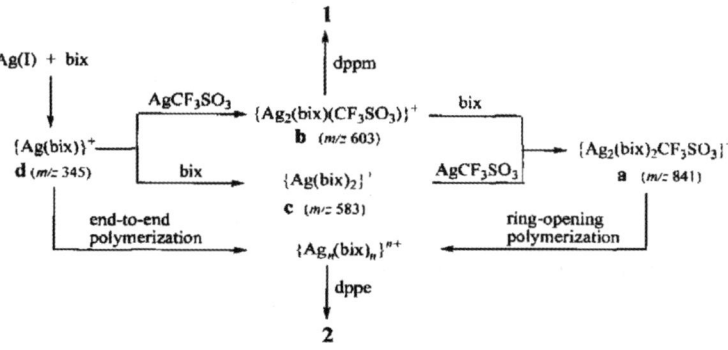

Scheme 1 Formation processes of $\mathbf{1}$ and $\mathbf{2}$

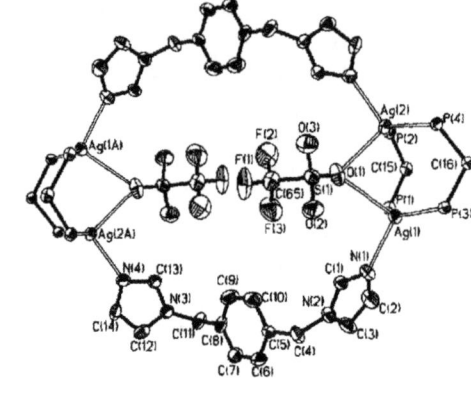

Fig.1 View of the cation $[Ag_4(bix)_2(dppm)_4(CF_3SO_3)_2]^{2+}$ (**1**) with atomic labeling scheme.

The phenyl rings of dppm and hydrogen atoms were omitted for clarity. Selected atomic distances (nm) and bond angles (°): Ag1—N1 0.2363(8), Ag1—N2 0.2339(8), Ag1—O1 0.283(1), Ag1—O2 0.265(2), Ag1—P1 0.2481(3), Ag2—P2 0.2462(3), Ag1—P3 0.2455(3), Ag2—P2 0.2432(3), N1—Ag1—P3 11.19(2), Ni—Ag1—P1 10.06(2), P1—Ag1—P3 13.458(9), N4—Ag2—P4 11.407(18), P2—Ag2—P4 12.425(9)

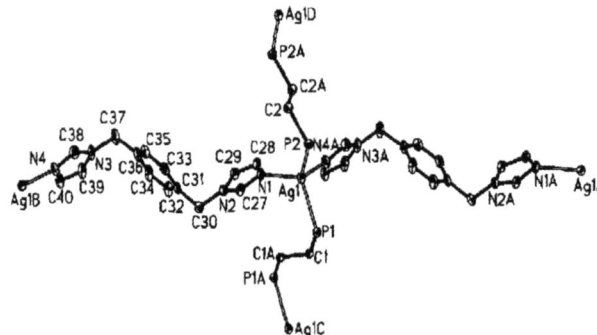

Fig.2 View of a fragment of $[Ag(bix)(dppe)]_n^{n+}$ (**2**) with atomic labeling showing the metal coordination environment

The phenyl rings of dppe and hydrogen atoms were omitted for clarity. Selected atomic distances (nm) and bond angles (°): Ag1—N1 0.233 4(7), Ag1—N4 0.239 6(8), Ag1—P1 0.248 9(2), Ag1—P2 0.244 4(2), Ni—Ag1—N4 9.66(3), P1—Ag1—N4 9.73(2), P1—Ag1—P2 12.032(8), N1—Ag1—P2 11.54(2)

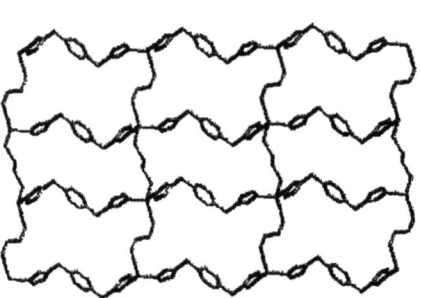

Fig.3 View of the 2D network of the cation $[Ag(bix)(dppe)]_n^{n+}$ (**2**)

form the polymeric $Ag_n(dppe)_n$ chain[11]. With the short backbone of dppm, the strong nucleophile $CF_3SO_3^-$ can loosely bridge the two Ag(I) atoms in the $Ag_2(dppm)_2$ unit via one of the O atoms, thus favoring the formation of the discrete anion-stabilized tetranuclear metallomacrocycle $Ag_4(bix)_2(dppm)_4(CF_3SO_3)_2$ of **1**. However, with the longer backbone ($n=2$) of dppe, these functions are not favorable. The IR spectra also showed that the absorptions at 1 264 cm^{-1} for the free $CF_3SO_3^-$ anions are found in **2**, and those at 1 270 cm^{-1} for the partly coordinated $CF_3SO_3^-$ anions are found in **1**.

In summary, complexes of bix-Ag(I) of different non-interpenetrating structures can be obtained by the mediation of a diphosphine as an auxiliary ligand. By suitable selection of auxiliary ligands, further investigation will be carried out to understand other assembly processes of transition metals with bix.

References:

[1] TOMINAGA M, TASHIRO S, AOYAGI M, et al. Dynamic aspects in host-guest complexation by coordination nanotubes [J]. Chem Commun, 2002:2038—2039.

[2] JOUAITI A, HOSSEINI M W, KYRITSAKAS N. Molecular tectonics: infinite cationic double stranded helical coordination networks [J]. Chem Commun, 2003: 472—473.

[3] PRIOR T J, BRADSHAW D, TEAT S J, et al. Designed layer assembly: a three-dimensional framework with 74% extra-framework volume by connection of infinite two-dimensional sheets[J]. Chem Commun, 2003: 500—501.

[4] BURKHOLDER E, GOLUB V, O'CONNOR C J, et al. A building block approach to the synthesis of organic-inorganic oxide materials: the hydrothermal synthesis and network

structure of [{Ni$_4$(tpypyz)$_3$Mo$_5$O$_{15}$(O$_3$PCH$_2$CH$_2$PO$_3$)}$_2$]·23H$_2$O(tpypyz = tetra-2-pyridylpyrazine)[J]. Chem Commun, 2003: 2128-2129.

[5] TONG M L, KITAGAWA S, CHANG H C, et al. Temperature-controlled hydrothermal synthesis of a 2D ferromagnetic coordination bilayered polymer and a novel 3D network with inorganic Co$_3$(OH)$_2$ ferrimagnetic chains [J]. Chem Commun, 2004: 418-419.

[6] HOSKIN B F, ROBSON R, SLIZYS D A. An Infinite 2D polyrotaxane network in Ag$_2$(bix)$_3$(NO$_3$)$_2$ (bix = 1, 4-bis(imidazol-1-ylmethyl)benzene)[J]. J Am Chem Soc, 1997, 119: 2952-2953.

[7] HOSKIN B F, ROBSON R, SLIZYS D A. The structure of [Zn(bix)$_2$(NO$_3$)$_2$]·4.5H$_2$O (bix = 1, 4-bis (imidazol-1-ylmethyl) benzene): a new type of two-dimensional polyrotaxane[J]. Angew Chem Int Ed Engl, 1997, 36: 2336-2338.

[8] ABRAHAMS B F, HOSKIN B F, ROBSON R, et al. α-Polonium coordination networks constructed from bis (imidazole) ligands [J]. Cryst Eng Comm, 2002, 4: 478-483.

[9] CARLUCCI L, CIANI G, PROSERPIO D M. A new type of entanglement involving one-dimensional ribbons of rings catenated to a three-dimensional network in the nanoporous structure of [Co(bix)$_2$(H$_2$O)$_2$](SO$_4$)·7H$_2$O [J]. Chem Commun, 2004: 380-381.

[10] SHIN D M, LEE I S, LEE Y A, et al. Self-assembly between silver(I) and di- and tri-pyridines with flexible spacer: formation of discrete metallocycle versus coordination polymer[J]. Inorg Chem, 2003, 42: 2977-2982.

[11] BRANDYS M C, PUDDEPHATT R J. Ring, polymer and network structures in silver(I) complexes with dipyridyl and diphosphine ligands [J]. Chem Commun, 2001: 1508-1509.

三氟甲基磺酸银与1, 4-二咪唑基二甲苯 (bix) 在双膦配体参与下的自组装: 零维金属大环配合物或二维配位聚合物

吕兴强, 张 利, 陈春龙, 谭海燕, 康北笙

(中山大学化学与化学工程学院, 广东 广州 510275)

摘 要: AgCF$_3$SO$_3$ 与 1, 4-二咪唑基-二甲苯 (bix) 在双膦配体 dppm 或 dppe 参与下通过自组装得到结构迥然不同的两个配合物: 零维金属大环配合物 [Ag$_4$(bix)$_2$(dppm)$_4$(CF$_3$SO$_3$)$_2$] (1) ·2CF$_3$SO$_3$·2DMF·2H$_2$O 及具有二维(4,4)格子的聚合物 [Ag(bix)(dppe)]$_n$(2)·nCF$_3$SO$_3$·nDMF·nCH$_3$OH, 表明双膦配体的链上亚甲基的数目对配合物的结构有重要影响。

关键词: 银(I)配合物; 1, 4-二咪唑基-二甲苯; 双膦配体; 晶体结构; 电喷雾—质谱

中图分类号: O641.4 **文献标识码**: A **文章编号**: 0529-6579 (2004) 06-0109-04

# 叔丁基苯咔唑衍生物发光材料的合成与性能研究*

池振国,黎小芳,周 林,李海银,许炳佳,
周 炜,张 艺,许家瑞

(中山大学化学与化学工程学院//聚合物复合材料及功能材料教育部重点实验室//
广东省教育厅高分子化学与物理重点实验室//光电材料与技术国家重点实验室,广东 广州 510275)

摘 要:采用 Wittig-Horner 反应合成了叔丁基苯咔唑衍生物。核磁共振氢谱、红外光谱、质谱和元素分析等表征手段对产物的化学结构进行了确认。利用紫外吸收光谱仪、荧光发射光谱仪、热重分析仪、示差扫描量热仪和电化学工作站对这些化合物的光物理性能、热性能和电化学性能进行了初步表征。实验结果表明:所合成的化合物无论在溶液状态还是固体状态均能发射强烈荧光;化合物具有较高的溶液荧光量子产率(77%~54%);它们的能隙较窄,约为 2.9 eV;在紫外吸收光谱和荧光发射光谱上,化合物的最大吸收和发射波长与连接基团有明显的关系;合成的产物均具有非常高的热稳定性,热失重 5% 的温度(T_d)超过 470 ℃,玻璃化温度(T_g)超过 220 ℃。所合成的化合物可望成为高性能发光材料应用于发光器件。

关键词:有机发光材料;叔丁基苯咔唑衍生物;热稳定性;荧光量子产率
中图分类号:O621.3   **文献标志码**:A   **文章编号**:0529-6579(2010)06-0068-06

Synthesis and Properties of *tert*-Butylphenyl Carbazole Derivatives with High Thermal Stabilities and High Fluorescent Quantum Yields

CHI Zhenguo, LI Xiaofang, ZHOU Lin, LI Haiyin, XU Bingjia,
ZHOU Wei, ZHANG Yi, XU Jiarui

(PCFM and DSAPM Lab//FCM Institute//State Key Laboratory of Optoelectronic Materials and Technologies//
The School of Chemistry and Chemical Engineering, Sun Yat-sen University, Guangzhou 510275, China)

Abstract: The novel *tert*-butylphenyl carbazole derivatives were synthesized by Wittig-Horner reactions. The chemical structures of the derivatives were determined by ^{1}H NMR, IR, MS and EA analyses, and their properties were investigated by UV, PL, TGA, DSC and CV methods. The results showed that ① the synthesized compounds could emit strong fluorescence either in solutions or in solid states and their fluorescent quantum yields ranged from 77% to 54%; ② the compounds possessed high thermal stabilities, and their thermal decomposition temperatures and glass transition temperatures were higher than 470 ℃ and 220 ℃, respectively; ③ their maximum absorption and fluorescence emission wavelengths were related to the linking groups.

Key words: organic luminescent materials; *tert*-butylphenyl carbazole derivatives; high thermal stabilities; high fluorescent quantum yields

有机发光材料是有机电致发光二极管(OLED)器件的重要组成部分[1-4],它的性能直接影响到器件的性能,如发光效率和使用寿命等,是 OLED 器件能否真正大规模产业化的关键因素之

---

* 收稿日期:2010-04-15
基金项目:国家自然科学基金资助项目(50773096,51073177);广东省发展平板显示产业财政扶持资金资助项目;
广东省科技计划洽用项目(2007A010500001-2);中山大学引进人才启动基金资助项目;光电材料与技术国家重点实验室开放基金资助项目
作者简介:池振国(1968年生),男,副教授;E-mail: chizhg@ mail.sysu.edu.cn

一。OLED 器件的使用寿命与发光材料的热稳定性特别是玻璃化转变温度（T_g）密切相关。低 T_g 的有机发光材料在 OLED 器件的使用过程容易发生聚集态结构的改变，导致器件性能的老化，缩短器件的使用寿命。因此，研究开发高稳定性和高发光效率的有机发光材料，具有重要的理论意义和应用价值。

近年来，许多咔唑衍生物受到了人们高度重视。因为咔唑衍生物往往具有优异的载流子传输性能、发光性能和高的热稳定性[5-9]，有望成为一类性能优异的发光材料和载流子传输材料。为了进一步提高咔唑衍生物的 T_g，本论文把具有较大空间位阻的叔丁基苯引入到咔唑结构的 3- 和 6- 位，合成叔丁基苯咔唑苯甲醛，再与相应的膦酸酯叶立德试剂进行 Wittig-Horner 反应合成具有 H 型结构的叔丁基苯咔唑衍生物（合成路线如图 1 所示），并对它们的热性能和光物理性能进行了初步的表征。

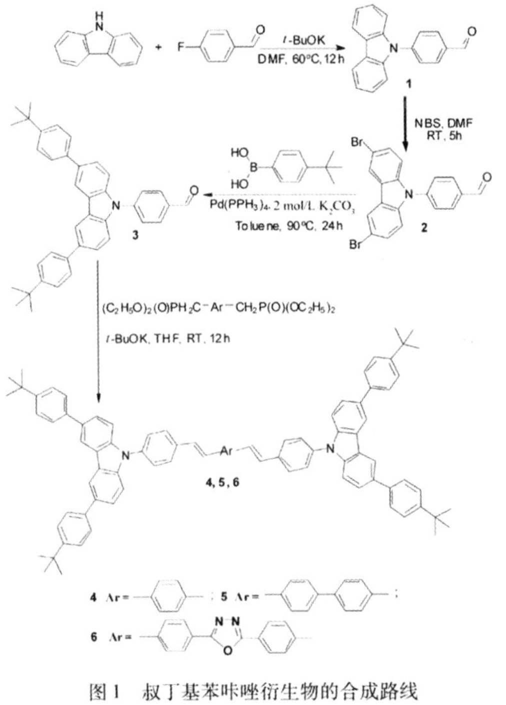

酸购自 Alfa Aesar 公司。亚磷酸三乙酯（Fluka），纯度≥95%；4,4′-二（氯甲基）联苯（江苏省宝应县中宝云鹏化工有限公司），纯度≥98%。三氯氧磷（天津市福晨化学试剂厂），分析纯；其它分析纯试剂和溶剂购自广州化学试剂厂。除特别说明纯化外，购得的试剂均直接使用，没有作进一步纯化处理。溶剂 N,N-二甲基甲酰胺（DMF）使用前经过分子筛干燥并减压重蒸；四氢呋喃（THF）在金属钠存在下干燥蒸馏。对咔唑基苯甲醛（**1**）按文献[5]的方法合成；3,6-二溴代对咔唑苯甲醛（**2**）按文献[10]的方法制备；3 个膦酸酯叶立德试剂分别按文献[11-13]的方法制备。

核磁共振氢谱（^{1}H NMR）在 Mercury-plus 300 核磁共振波谱仪（美国 Varian）上测定，以氘代氯仿（$CDCl_3$）做溶剂；红外光谱（FT-IR）在 Nexus 670 红外光谱分析仪（美国 Nicolet 公司）上测定，KBr 压片；高分辨质谱（HR-MS）在 MAT95XP-HRMS 质谱仪上测定（Thermo spectrometers），快原子轰击源（FAB）；元素分析（EA）在 Vario EL 元素分析仪（德国 Elementar 公司）上进行；利用 UV-3150 紫外可见分光光度计（日本岛津）测定产物的紫外可见吸收谱（UV），样品溶于二氯甲烷中，配成适当浓度，以纯溶剂二氯甲烷作参比；荧光发射光谱（PL）在 Cary Eclipse 荧光分光光度计（澳洲 Varian 公司）上进行，试样溶于二氯甲烷中，配成适当浓度，用 UV 谱上获得的最大吸收波长进行激发。以 9,10-二苯基蒽为标准，测定荧光量子产率（Φ_{FL}）[14]。热重分析（TGA）在 TGA Q50 热重分析仪（美国 TA 公司）进行，升温速率为 20 ℃/min，氮气气氛；示差扫描量热法（DSC）的测定在 Q10 示差扫描量热仪（美国 TA 公司）上进行，升温和降温速率为 10 ℃/min，测试温度范围为 50 ~ 400 ℃，氮气气氛；利用循环伏安法（CV）测定分子的 HOMO 能级，CHI660C 电化学工作站（上海辰华仪器公司），二茂铁为标准。

图 1 叔丁基苯咔唑衍生物的合成路线
Fig.1 Synthetic route of the *tert*-butylphenyl carbazole derivatives

1 实验部分

1.1 试剂与表征

咔唑、4-氟苯甲醛、叔丁醇钾、N-溴代丁二酰亚胺（NBS）、四（三苯基膦）钯、4-叔丁基苯硼酸、1,4-二（溴甲基）苯和 4-甲基苯甲

1.2 3,6-二对叔丁基苯对咔唑苯甲醛（**3**）的合成

在三颈瓶中加入 3,6-二溴代对咔唑苯甲醛 2 g（4.7 mmol），对叔丁基苯硼酸 1.92 g（10.8 mmol），2 mol/L 的 K_2CO_3 水溶液 60 mL，甲苯 90 mL，相转移剂 Aliquat 336 0.1 g。搅拌下通氩气 30 min 后，加入四（三苯基膦）钯 0.01 g。加热至 90 ℃在氩气保护下搅拌反应 24 h。停止反应，分液取

上层甲苯层,加入少量无水硫酸钠干燥后过滤,减压下旋蒸除去甲苯。粗产物利用硅胶柱层析方法进行提纯,V(二氯甲烷):V(正己烷) = 2:1 的混合溶剂作淋洗剂。得到黄色粉末 1.75 g,产率 71.1%。

^{1}H NMR(300 MHz, CDCl$_3$) δ:1.41(s, 18H), 7.39 ~ 7.77(m, 12H), 7.79 ~ 7.91(d, 2H), 8.09 ~ 8.23(d, 2H), 8.32 ~ 8.42(s, 2H), 10.13(s, 1H);m/z:535(M$^+$);EA 测定值(计算值)C$_{39}$H$_{37}$NO(w/%):C 87.21 (87.44), H 6.92(6.96), N 2.65(2.61)。

1.3 利用 Wittig-Horner 反应合成终产物

在三颈瓶中加入中间体醛(3)0.7 g(1.3 mmol)和相应的膦酸酯叶立德试剂 0.6 mmol。加入 20 mL 干燥 THF 搅拌使其完全溶解后,一次性加入叔丁醇钾 0.17 g(1.5 mmol),在氩气保护下室温(RT)搅拌反应 12 h。将反应混合物倒入约 100 mL 无水乙醇中进行沉淀。抽滤,无水乙醇淋洗 3 次,真空干燥得目标产物:1, 4-[4-(3, 6-二叔丁基苯咔唑基)苯乙烯基]苯(4);4, 4'-[4-(3, 6-二叔丁基苯咔唑基)苯乙烯基]联苯(5);2, 5-二{4-[4-(3, 6-二叔丁基苯咔唑基)苯乙烯基]苯基}-1, 3, 4-噁二唑(6)。

产物(4)为黄色粉末,产率 70.5%。^{1}H NMR(300 MHz, CDCl$_3$) δ:1.42(s, 36H), 7.42 ~ 7.55(m, 12H), 7.55 ~ 7.74(m, 24H), 7.75 ~ 7.83(d, 4H), 8.38(d, 4H);IR(KBr) ν/cm^{-1}:3 025, 2 959, 1 602, 1 507, 1 477, 1 367, 1 267, 1 226, 810;m/z:1142(M$^+$);EA 测定值(计算值)C$_{86}$H$_{80}$N$_2$(w/%):C 90.26(90.48), H 7.02(7.06), N 2.41(2.45)。

产物(5)为黄色粉,产率 70.6%。^{1}H NMR(300 MHz, CDCl$_3$) δ:1.42(s, 36H), 7.27 ~ 7.32(d, 4H), 7.46 ~ 7.58(m, 12H), 7.59 ~ 7.75(m, 24H), 7.75 ~ 7.85(d, 4H), 8.39(d, 4H);IR(KBr) ν/cm^{-1}:3 029, 2 960, 1 607, 1 507, 1 472, 1 361, 1 266, 1 230, 806;m/z:1218(M$^+$);EA 测定值(计算值)C$_{92}$H$_{84}$N$_2$(w/%):C 90.71(90.75), H 6.89(6.95), N 2.33(2.30)。

产物(6)为黄色粉末,产率 93.8%。^{1}H NMR(300 MHz, CDCl$_3$) δ:1.42(s, 36H), 7.48 ~ 7.56(m, 12H), 7.62 ~ 7.79(m, 24H), 7.78 ~ 7.84(m, 8H), 8.39(d, 4H);IR(KBr) ν/cm^{-1}:3 029, 2 954, 1 602, 1 512, 1 477, 1 356, 1 266, 1 226, 805;m/z:1286(M$^+$);EA 测定值(计算值)C$_{94}$H$_{84}$N$_4$O(w/%):C 87.78(87.81), H 6.52(6.59), N 2.31(4.36)。

2 结果与讨论

该系列的 3 个化合物的结构如图 1 所示。从它们的结构式可以看到,该系列化合物的结构特点是咔唑的 3-和 6-位连接了叔丁基苯形成叔丁基苯基咔唑这样的结构。两个叔丁基苯基咔唑通过 9-位由不同的芳环桥连接起来,成为一个 H 型的对称结构。这样的分子结构设计是为了利用咔唑基的刚性结构来提高化合物的热稳定性;同时,引入叔丁基则是为了提高所合成化合物的溶解性,便于溶液加工。这 3 个化合物的区别在于中间连接桥基团 Ar 的不同。

2.1 紫外吸收和荧光发射光谱

图 2 是化合物 4、5 和 6 的紫外吸收光谱(UV)。从图中可以看到,4、5 和 6 在二氯甲烷溶液中 UV 吸收光谱分别在 300 和 380 nm 附近有两个明显的吸收带。紫外最大吸收波长分别为 386, 376 和 380 nm。从化合物 4 和 5 的分子结构看,前者 Ar 基团是单个苯环,后者是联苯。从表面上看,似乎是后者的共轭结构更长。理论上讲,共轭结构越长,紫外吸收波长越长。但是比较它们的 UV 吸收谱可以看到,化合物 4 的最大吸收波长比 5 长约 10 nm,实验结果似乎与理论不相符。

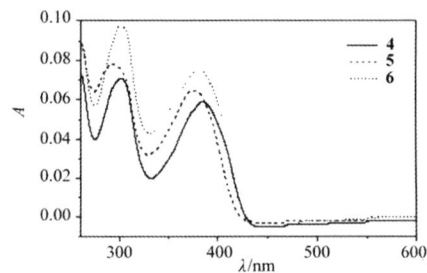

图 2 化合物 4、5 和 6 的紫外吸收光谱图
Fig. 2 UV spectra of compounds 4、5 and 6

因此,利用 ChemOffice 的 MM2 对这 3 个化合物进行能量最小化处理,得到它们的最稳定构象(图 3)。从图中可以看到,化合物 5 的联苯桥的两个苯环相互偏转一定的角度呈扭曲状态,两苯环之间的二面角为 37.9°。由此可见,在这里,联苯并不能有效地增加共轭结构的长度,这种扭曲结构反

而使整个分子的共轭程度不如单苯连接的化合物 **4**，这就很好地解释了上述测得的化合物 **4** 的最大吸收波长要比 **5** 长的实验结果。

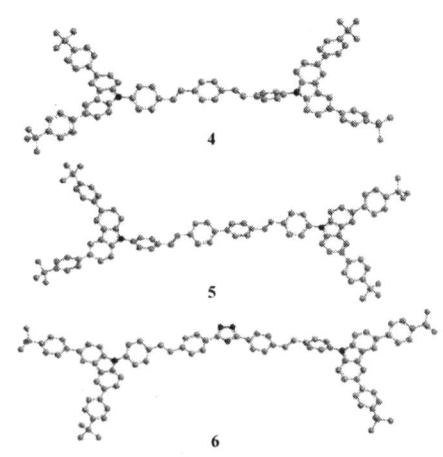

图3 化合物 **4**、**5** 和 **6** 的最稳定构象（MM2 模拟，为清楚起见略去了氢原子）

Fig. 3 The lowest-energy conformer optimized conformation using the MM2 force field for the compound (Hydrogen atoms are omitted for clarity)

对于化合物 **6**，由于它含有噁二唑结构，而噁二唑这种电子受体结构（Acceptor, A）和咔唑这种电子给体结构（Donor, D）形成了 D-π-A-π-D 推拉电子效应，这种效应往往使紫外吸收波长往长波方向移动；另外，从分子结构的最稳定构象看，桥上的两个苯环和噁二唑环具有很好的平面性，使得共轭程度提高，从而使紫外吸收波长往长波方向移动。

图4 和图5 是化合物 **4**、**5** 和 **6** 分别在溶液状态和固体粉末状态下的荧光发射谱图。从图中可以看到，化合物 **4**、**5** 和 **6** 的二氯甲烷溶液的最大荧光发射波长分别为 462，456 和 489 nm。可见在二氯甲烷溶液中，前两者发射的是蓝色荧光，后者则发射蓝绿色荧光。在固体粉末状态下，**4**、**5** 和 **6** 样品的最大荧光发射波长分别是 480、470 和 481 nm。与溶液荧光相比，前两者最大荧光发射波长发生了明显的红移，分别红移了 18 和 14 nm。但是对于含噁二唑结构的化合物 **6** 则蓝移了 8 nm。对于一般的有机发光材料，往往固体比溶液的荧光发射波长要长。这是因为在固体状态下，分子间的作用力比较强，有利于分子间的 π-π 堆砌，使带隙变窄，导致荧光发射波长红移。

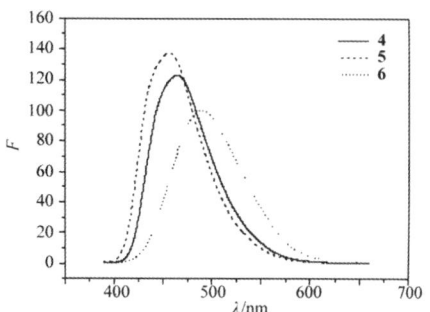

图4 化合物 **4**、**5** 和 **6** 在二氯甲烷溶液中荧光发射光谱图

Fig. 4 PL spectra of compounds **4**, **5** and **6** in dichloromethane

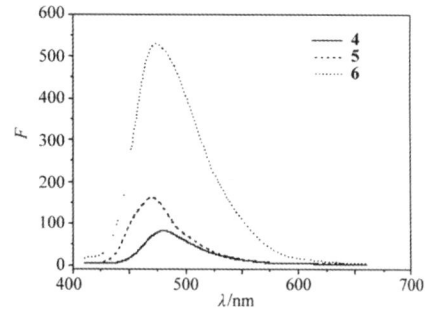

图5 化合物 **4**、**5** 和 **6** 的固体粉末荧光发射光谱图

Fig. 5 PL spectra of compounds **4**, **5** and **6** in solid powders

对于化合物 **5** 的荧光发射波长比 **4** 短，同样也可以从图3 的分子模拟结果得到解释，因为 **5** 的分子共轭程度不如 **4** 高，因此 **5** 无论在溶液还是固体状态荧光发射波长都比 **4** 短。对于 **6** 的反常现象，我们认为固体的堆砌状态可能对 D-π-A-π-D 推拉电子效应有一定的影响，另外，由于这个分子的极性较大，溶剂化程度与前两者应有较大的差别，这些综合因素的作用导致其固体荧光发射波长蓝移。

以 9，10-二苯基蒽为标准，测得化合物 **4**、**5** 和 **6** 的二氯甲烷溶液（浓度为 10^{-6} mol/L）的荧光量子产率 Φ_{FL} 分别为 77%、69% 和 54%，说明所合成的化合物具有较高的溶液荧光量子产率。尽管化合物 **6** 的 Φ_{FL} 达到 54%，具有较高的荧光量子产率，但是与前两者相比，引入噁二唑结构对于合成高荧光量子产率化合物不是很有利。化合物 **4** 的荧光量子产率比 **5** 高，主要原因前者的共轭程度比较高，能隙比较窄，有利于提高荧光量子产率。

2.2 热性能

从化合物 **4**、**5** 和 **6** 的热失重图可以看到（图 6），它们失重 5% 的温度（T_d）分别为 491、484 和 478 ℃。可见这些化合物的热失重温度都非常高，说明它们具有很高的热稳定性；另外，它们的热失重温度依次降低，这似乎和连接桥 Ar 的长度有关，Ar 越长，热失重温度越低，热稳定性越差。

图 7 是化合物 **4**、**5** 和 **6** 的升温 DSC 图。从图中可以看到，这三个化合物具有非常高的玻璃化转变温度（T_g），分别为 231、214 和 245 ℃。而一般的发光化合物，玻璃化转变温度往往在 100 ℃ 左右，例如，商品化的蓝光材料二苯乙烯基联苯（DPVBi）的 T_g 只有 64 ℃。众所周知，高 T_g 发光材料对于制备高稳定性的发光器件是十分重要的。

比较这三者的 T_g 可以发现，引入噁二唑结构对于提高材料的 Tg 非常有利，可能是由于噁二唑基团的强极性，导致其分子间作用力增大；另外，从分子模拟的结果看，这个分子的平面性比较好，有利于分子紧密堆砌，因此化合物 **6** 的 T_g 在三者中是最高的。化合物 **4** 的 T_g 比 **5** 高，同样可以从分子的平面性得到解释。从图 3 的模拟结果看，由于联苯的扭曲结构，化合物 **4** 稳定构象的平面性比化合物 **5** 高，因此其分子堆砌的紧密程度要比后者高，因此前者具有较高的 T_g。

另外，在整个升温过程中，在 DSC 曲线上都没有出现熔融转变峰，说明这 3 个化合物很难结晶。从分子结构看，它们不仅具有非常刚性的结构，而且叔丁基苯取代的咔唑基团的空间位阻非常大，这样的分子结构使得其很难规整排列而结晶，因此在 DSC 升温曲线上看不到熔融转变。

2.3 分子能级水平

有机发光材料的能级水平对构建高性能发光器件非常重要。通过循环伏安曲线上的氧化起始电位（图 8），我们通过计算得到了最高占有分子轨道（HOMO）的能级水平。化合物 **4**、**5** 和 **6** 的 HOMO 能级分别是 5.39、5.44 和 5.43 eV。从紫外吸收光谱得到它们的能隙分别是 2.89、2.93 和 2.89 eV，这 3 化合物具有较窄的能隙结构。因此，它们的 LUMO 能级分别是 2.50、2.51 和 2.54 eV。而且从循环伏安曲线上也可以看到这 3 个化合物的氧化还原过程具有较好的可逆性。

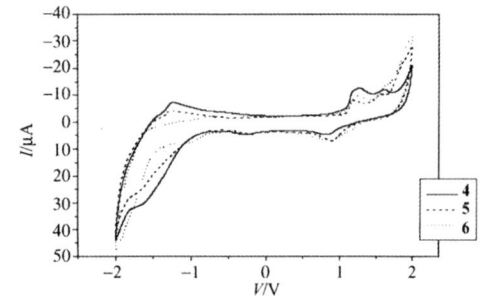

图 8 化合物 **4**、**5** 和 **6** 的循环伏安曲线

Fig. 8 CV curves of compounds **4**, **5** and **6** in dichloromethane

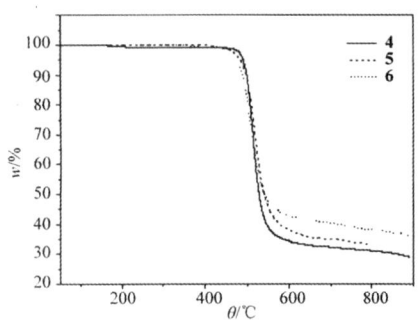

图 6 化合物 **4**、**5** 和 **6** 的 TGA 曲线

Fig. 6 TGA curves of compounds **4**, **5** and **6**

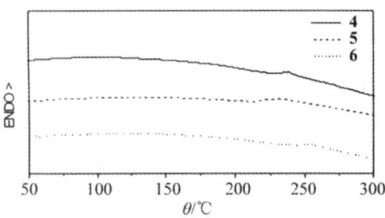

图 7 化合物 **4**、**5** 和 **6** 的 DSC 图

Fig. 7 DSC curves for compounds **4**, **5** and **6** at scan rates 10°C/min.

3 结 论

合成了 3 个含叔丁基苯基咔唑结构的 H 型衍生物，这些化合物在溶液和固体状态均能发射强烈荧光，其中两个在二氯甲烷溶液中发射蓝色荧光，一个发射蓝绿色荧光，它们在固体状态均发射蓝绿色荧光；化合物都具有较高的荧光量子产率；它们的能隙结构较窄，小于 3.0 eV，约为 2.9 eV；在紫外吸收光谱上，化合物的最大吸收波长与连接基团有明显的关系，我们用分子模拟的结果解释了由单苯环连接和联苯连接的化合物在紫外吸收和荧光发射波长上的差异。各产物的荧光发射均具有一定的规律性：中间连接基团为苯环结构的化合物其固体状态较溶液状态荧光发射波长红移；中间连接基团含有噁二唑结构的化合物其固体状态较溶液状态荧光发射波长蓝移,这种差异主要是由它们分子结构的差异造成的;合成的产物均具有非常高的热稳定性,它们的 T_d 超过 470 ℃,T_g 超过 220 ℃。通过循环伏安法可以测得各产物的氧化还原电位,并计算出它们的 HOMO 值,从各产物的循环伏安图上可以看到它们的氧化还原过程都是可逆的。

参考文献:

[1] SHI J, TANG C W. Doped organic electroluminescent devices with improved stability [J]. Applied Physics Letters, 2002, 80: 3201 - 3203.

[2] CULLIGAN S W, CHEN A C A, WALLACE J U, et al. Effect of hole mobility through emissive layer on temporal stability of blue organic light-emitting diodes [J]. Advanced Functional Materials, 2006, 16: 1481 - 1487.

[3] CHAO T C, LIN Y T, YANG C Y, et al. Highly efficient UV organic light-emitting devices based on bi(9,9-diarylfluorene)s [J]. Advanced Materials, 2005, 17: 992 - 996.

[4] KIM Y H, JEONG H C, KIM S H, et al. High-purity-blue and high-efficiency electroluminescent devices based on anthracene [J]. Advanced Functional Materials, 2005, 15: 1799 - 1805.

[5] WU J Y, PAN Y L, ZHANG X J, et al. Synthesis, photoluminescence and electrochemical properties of a series of carbazole-functionalized ligands and their silver(I) complexes [J]. Inorganica Chimica Acta, 2007, 360: 2083 - 2091.

[6] FU H Y, WU H R, HOU X Y, et al. N-Aryl carbazole derivatives for non-doped red OLEDs [J]. Synthetic Metals, 2006, 156: 809 - 814.

[7] FENG G L, LAI W Y, JIA S J, et al. Synthesis of novel star-shaped carbazole-functionalized triazatruxenes [J]. Tetrahedron Letters, 2006, 47: 7089 - 7092.

[8] CHA S W, JIN J I. A field-dependent organic LED consisting of two new high T_g blue light emitting organic layers: a possibility of attainment of a white light source [J]. J Materials Chemistry, 2003, 13: 479 - 484.

[9] JUSTIN THOMAS K R, LIN J T, TAO Y T, et al. Light-emitting carbazole derivatives: potential electroluminescent materials [J]. J American Chemical Society, 2001, 123: 9404 - 9411.

[10] WONG W Y, LIU L, CUI D M, et al. Synthesis and characterization of blue-light-emitting alternating copolymers of 9,9-dihexylfluorene and 9-arylcarbazole [J]. Macromolecules, 2005, 38: 4970 - 4976.

[11] 郑新友,吴有智,朱文清,等. 联苯乙烯类蓝色发光材料 DPVBi 的合成及发光性质研究[J]. 发光学报, 2003, 24(03): 265 - 269.

[12] 胡建立,郭芳茹,李云霞. 新型荧光增白剂的合成和表征[J]. 郑州大学学报:理学版, 2005, 137: 92 - 94.

[13] ZHU X Q, QIAN Y, LU Z F. Synthesis and characterization of 2,5-bis[4-(2-arylvinyl)phenyl]-1,3,4-oxadiazoles with two-photon fluorescence properties [J]. Frontiers of Chemical Engineering in China, 2007, 1: 381 - 384.

[14] INOUE M, SUZUKI T, NAKADA M. Asymmetric catalysis of nozaki-hiyama allylation and methallylation with a new tridentate bis(oxazolinyl) carbazole ligand [J]. J American Chemical Society, 2003, 125: 1140 - 1141.

白光 LED 用高亮度橙色高温相 $Ca_3SiO_4Cl_2$：Eu^{2+} 荧光粉

丁唯嘉[1,2]，林委青[1]，张 梅[3]，王 静[2]，苏 锵[2]

(1. 华南农业大学 理学院生物材料研究所，广东 广州 510642；
2. 中山大学 化学与化学工程学院，广东 广州 510275；
3. 五邑大学 功能材料研究所，广东 江门 529020)

摘 要：采用高温固相法合成了高亮度橙色高温相 $Ca_{2.99}Eu_{0.01}SiO_4Cl_2$ 荧光粉，进行了发光特性表征并探索了其在 LED 上的应用。Eu^{2+} 离子在 $Ca_3SiO_4Cl_2$ 基质中可被 300~450 nm 光有效激发发出橙黄光，发射光谱是 Eu^{2+} 离子的特征 $4f^65d^1 \rightarrow 4f^7$ 跃迁发射带。测量得到的 Eu^{2+} 离子的荧光寿命为微秒量级，分别是 $\tau_1 = 1.53$ μs 和 $\tau_2 = 7.29$ μs。用该荧光粉制备了 395 nm 近紫外芯片基和 460 nm 蓝光芯片基发光二极管，并测试了它们的发光性能，表明高温相 $Ca_{2.99}Eu_{0.01}SiO_4Cl_2$ 荧光粉适合于用作白光 LED 的红黄色组分。

关键词：白光 LED；碱土卤硅酸盐；稀土
中图分类号：O482.31 **文献标志码**：A **文章编号**：0529-6579(2011)02-0062-05

An Intense Orange High-temperature Phase $Ca_3SiO_4Cl_2$: Eu^{2+} Phosphor for White LEDs

DING Weijia[1,2], LIN Weiqing[1], ZHANG Mei[3], WANG Jing[2], SU Qiang[2]

(1. Institute of Biomaterial, College of Science, South China Agricultural University,
Guangzhou 510642, China;
2. School of Chemistry and Chemical Engineering, Sun Yat-sen University, Guangzhou 510275, China;
3. Institute of Functional materials, Wuyi University, Jiangmen 529020, China)

Abstract: An intense orange high-temperature phase $Ca_3SiO_4Cl_2$: Eu^{2+} phosphor was synthesized by high-temperature solid-state reactions and investigated by photoluminescence excitation, emission spectroscopies and lifetime. The excitation and emission spectra showed that the phosphor could be efficiently excited by the incident light of 300~450 nm, well matched with the emission band of 395 nm-emitting InGaN chip, and emitted an intense orange light. The fluorescence lifetimes values of Eu^{2+} ion were determined to be 1.53 μs and 7.29 μs, respectively. By combining the phosphor with a 395 nm-emitting InGaN chip, an intense orange LED was fabricated. Under 20 mA forward-bias current, its CIE chromaticity coordinates were (0.533, 0.446). The result showed that high-temperature phase $Ca_3SiO_4Cl_2$: Eu^{2+} was a promising orange phosphor for n-UV InGaN-based white LED.

Key words: white LED; alkali earth chlorosilicates; rare earth

---

* 收稿日期：2010-10-04
基金项目：国家自然科学基金面上资助项目（20501023）；广东高校优秀青年创新人才培养计划（育苗工程）资助项目（LYM09031）；华南农业大学 211 工程重点学科建设资助项目（2009B010100001）；华南农业大学校长科学基金资助项目（2007K031）
作者简介：丁唯嘉（1979 年生），女，讲师；通讯作者：苏锵，王静；E-mail: ceswj@mail.sysu.edu.cn

白光 LED 半导体固体照明技术被认为是21世纪的新一代光源。随着半导体芯片研究理论和技术的发展，芯片的发射波长已经从蓝光移到紫光和近紫外区，能够为荧光粉提供更高的激发能量，提高光效，并使可选择的荧光化合物范围更大，同时也对荧光粉性能提出了更高的要求。目前，文献报道的紫光芯片波长范围在 390~410 nm 之间，相关的三基色荧光粉主要还是传统的荧光粉，如：蓝粉 $BaMgAl_{10}O_{17}$: Eu^{2+}，绿粉 ZnS: (Cu^+, Al^{3+})，红粉 Y_2O_2S: Eu^{3+} 等[1]。然而，与蓝粉相比，红粉和绿粉发光效率较低，基质不稳定，容易潮解，并产生有害硫化物气体。

最近，针对紫外 LED 用红色荧光粉的研究热点主要集中在相关氧化物体系中三价铕离子的发光性能上[2-6]。比如，碱金属稀土钼酸盐、碱金属稀土钛酸盐和氧化钇铕铋等体系。它们在 ~400 nm 的吸收归因于 Eu^{3+} 在 ~395 nm 处 $^7F_0 \rightarrow {}^5L_6$ 的跃迁吸收，其红光发射峰位于 616 nm，对应于 Eu^{3+} 离子的 $^5D_0 \rightarrow {}^7F_2$ 跃迁。由于 f-f 跃迁都是线谱比较窄，为了更好地与近紫外光 LED 芯片的发射波长 (~400 nm) 相匹配，扩大其在 ~400 nm 附近的激发波长范围，提高化合物中 Eu^{3+} 在 ~400 nm 光激发下的发光强度。以上化合物体系采取了一系列的优化措施，结果表明得到了明显的改善，其中引入 Sm^{3+} 的作用是加强拓宽荧光粉在 400 nm 附近的激发，因为 Sm^{3+} 在 ~405 nm 处有很强的 $^6H_{5/2} \rightarrow {}^4K_{11/2}$ 跃迁吸收；引入 Bi^{3+} 的作用在于它是一种很好的敏化剂，能够敏化 Eu^{3+} 来提高荧光粉发射强度或拓宽其在 400 nm 附近的激发波段；而通过 Li^+、K^+ 替代部分 Na^+ 离子，则可能会使基质的微观结构发生一定的变化，导致 Eu^{3+} 离子的对称性发生变化，使得荧光粉的发光发生变化。

尽管如此，由于光谱选择定律和外电层屏蔽的作用，三价铕离子的吸收强度仍然很低，其吸收峰半宽仍然很窄，小于几个纳米，很难有效吸收紫外芯片的发射，很难适应紫外芯片波长的波动。所以，目前寻找研究新的能被 ~400 nm 紫外光有效激发的高效 LED 用红粉就显得十分紧迫且意义重大。

Czaya 等[7] 合成了 $Ca_3SiO_4Cl_2$ 单晶，它属于单斜晶系，空间群为 P21/c，晶胞参数分别为 a = 9.782, b = 6.738, c = 10.799, β = 106.012°, Z = 4，由 Cl^- 和 SiO_4^{4-} 排列组成的立方密堆积结构，Ca^{2+} 离子占据八面体格位，形成类似 NaCl 构型的扭曲结构。$Ca_3SiO_4Cl_2$ 可认为是由 Ca_2SiO_4 和 $CaCl_2$ 构成的复合化合物。叶瑞伦等[8] 认为 $Ca_3SiO_4Cl_2$ 晶体属于岛硅酸盐结构，由和 Ca-O 多面体相连的孤立的 $[SiO_4]$ 四面体构成。Ca-O 多面体沿着与 a 轴垂直的方向，为层状结构。Wanmaker 等[9] 研究了 $Ca_3SiO_4Cl_2$: Pb^{2+} 和 $Ca_3SiO_4Cl_2$: Eu^{2+} 的发光性质，在 254 nm 紫外光的激发下，$Ca_3SiO_4Cl_2$: Pb^{2+} 的发射峰位于 ~360 nm 处，量子效率大约为 60%；而 $Ca_3SiO_4Cl_2$: Eu^{2+} 的发射峰位于 ~510 nm 处，量子效率大约为 25%。Liu 等[10-11] 认为 $Ca_3SiO_4Cl_2$: Eu^{2+} 存在两种相，即低温相和高温相，其中低温相 $Ca_3SiO_4Cl_2$: Eu^{2+} 在理论上是一种能够应用于白光 LED 的绿色荧光粉，而高温相 $Ca_3SiO_4Cl_2$: Eu^{2+} 是一种能够应用于白光 LED 的橙色荧光粉。

本文用高温固相反应法合成了高温相的 $Ca_3SiO_4Cl_2$: Eu^{2+} 荧光粉，研究了它的光谱性质、荧光寿命，并首次制备了 395 nm 近紫外芯片基和 460 nm 蓝光芯片基发光二极管。

1 实验部分

按一定的化学计量比称取 $CaCO_3$ (AR)、SiO_2 (AR)、$CaCl_2$ (AR)、Eu_2O_3 (w = 99.99%) 原料，于玛瑙研钵中充分研磨均匀，装入刚玉坩埚，置于管式炉中，通还原气氛 ($\varphi = 25\%$ $H_2/\varphi = 75\%$ N_2)，在 1 273 K 下保温 5 h。反应完毕后，让样品在炉中自然冷却。取出研细即得到高温相的 $Ca_3SiO_4Cl_2$: Eu^{2+} 荧光粉。样品的物相在 Rigaku D/max 2200 衍射仪 (Cu 靶，40 kV, 30 mA) 上测试；激发和发射光谱在 Fluorolog-3 荧光光谱仪 (Jobin Yvon Inc/specx) 上测试；荧光衰减曲线在 FLS920 时间分辨稳态光谱仪 (Edinburgh Instruments) 上测试。将荧光粉与环氧树脂按一定的质量比混合均匀，涂覆在装好电极引线的 395 nm 近紫外 LED 和 460 nm 蓝光 LED 芯片上，烘干后再用透明的环氧树脂封装、固化和老化后即得到荧光粉转换 LED。LED 的电致发光谱和色坐标用美国 Labsphere Inc. 公司的 LED-1100 Spectral/Goniometric Analyzer 测定，通常情况下 LED 的工作电压和驱动电流分别为 3.6 V 和 20 mA。

2 结果与讨论

低温和高温产物 $Ca_{2.99}Eu_{0.01}SiO_4Cl_2$ 的 X 射线衍射如图 1 所示。图 1 (b) 为 1 273 K 得到的产物

$Ca_{2.99}Eu_{0.01}SiO_4Cl_2$ 的 XRD，依据材料所涉及的 4 种元素，通过 Jade 程序检索并对比了可能出现的相关化合物，发现所得产物主相的衍射峰与卡片库里的任何标准卡片都不吻合。与低温相产物 $Ca_{2.99}Eu_{0.01}SiO_4Cl_2$ 的 XRD（a）（标准卡片 JCPDS 24-0032）相比，二者主峰的相对强度和位置基本上相同，由此推测高温产物 $Ca_{2.99}Eu_{0.01}SiO_4Cl_2$ 很可能是高温相的 $Ca_{2.99}Eu_{0.01}SiO_4Cl_2$，这一推测与文献报道的相一致[11]。

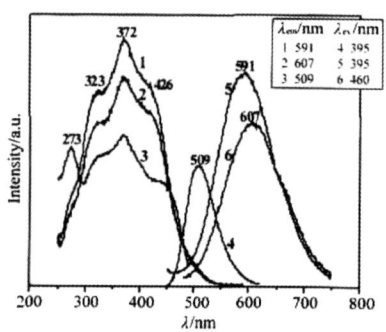

图 2 低温相（曲线 3、4）和高温相 $Ca_{2.99}Eu_{0.01}SiO_4Cl_2$（曲线 1、2 和 5、6）的激发光谱和发射光谱

Fig. 2 PL and PLE spectra of low-temperature phase $Ca_{2.99}Eu_{0.01}SiO_4Cl_2$ (curves 3, 4) and high-temperature phase $Ca_{2.99}Eu_{0.01}SiO_4Cl_2$ (curves 1, 2, 5, 6)

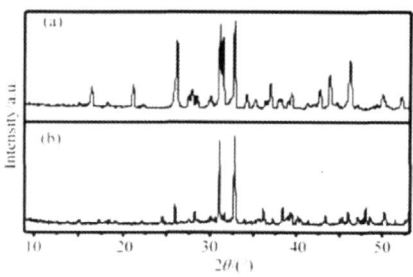

图 1 低温（a）和高温（b）产物 $Ca_{2.99}Eu_{0.01}SiO_4Cl_2$ 的 XRD 图

Fig. 1 XRD patterns of low-temperature phase $Ca_{2.99}Eu_{0.01}SiO_4Cl_2$ (a) and high-temperature phase $Ca_{2.99}Eu_{0.01}SiO_4Cl_2$ (b)

低温相和高温相 $Ca_{2.99}Eu_{0.01}SiO_4Cl_2$ 的激发光谱和发射光谱如图 2 所示。二者的激发光谱呈现宽谱特征（曲线 1、2、3），其形状和位置基本相同，包括 3 个宽的吸收带，位置分别在 ~273，~323，~372 和 ~430 nm 的肩峰处，这是由于 Eu^{2+} 离子的 $4f^7 \to 4f^65d^1$ 跃迁吸收所致。在 395 nm 紫外光激发下，高温相 $Ca_{2.99}Eu_{0.01}SiO_4Cl_2$ 的发射光谱呈现的是 Eu^{2+} 离子的特征宽带发射，即 Eu^{2+} 离子的 $4f^65d^1 \to 4f^7$ 跃迁发射，发射峰位置大约为 591 nm（曲线 5），半宽为 122 nm；在 460 nm 蓝光激发下，发射峰位置大约为 607 nm（曲线 6），半宽为 128 nm。不同激发波长导致不同的发射波长，这可能是由于 Eu^{2+} 离子在高温相 $Ca_{2.99}Eu_{0.01}SiO_4Cl_2$ 中占据了两种不同的八面体 Ca^{2+} 格位所致。而在低温相 $Ca_{2.99}Eu_{0.01}SiO_4Cl_2$ 中，Eu^{2+} 离子只占据了一种八面体 Ca^{2+} 格位。另外，在发射光谱图中未观察到 Eu^{3+} 离子的线状发射，表明 Eu^{3+} 已被完全还原。

高温相 $Ca_{2.99}Eu_{0.01}SiO_4Cl_2$ 中 Eu^{2+} 离子的荧光衰减曲线如图 3 所示。荧光衰减曲线由快衰减和慢衰减两部分组成，它能用双指数衰减方程 $I(t) = I_0 + A\exp(-t/\tau_1) + B\exp(-t/\tau_2)$，（其中 I 和 I_0 为发光强度，A 和 B 是常数，t 为时间，τ_1 和 τ_2 是衰减时间）较好地进行拟合，拟合得到的结果分别是 $\tau_1 = 1.53$ μs 和 $\tau_2 = 7.29$ μs。由跃迁选律可知，Eu^{2+} 离子的 $f \to d$ 跃迁是宇称允许的跃迁，具有大的吸光系数，发光衰减时间短，应该为微秒数量级，实际测得的 Eu^{2+} 离子荧光寿命与其吻合。

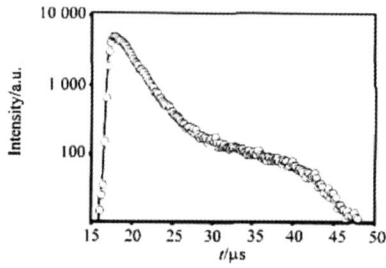

图 3 高温相 $Ca_{2.99}Eu_{0.01}SiO_4Cl_2$ 中 Eu^{2+} 离子的荧光衰减曲线（$\lambda_{ex} = 395$ nm，$\lambda_{em} = 591$ nm）

Fig. 3 The decay curves of high-temperature phase $Ca_{2.99}Eu_{0.01}SiO_4Cl_2$ ($\lambda_{ex} = 395$ nm，$\lambda_{em} = 591$ nm)

高温相 $Ca_{2.99}Eu_{0.01}SiO_4Cl_2$ 与紫光 LED 和蓝光 LED 封装后的电致发光光谱如图 4 所示。图 4 曲线 1 中 380～420 nm 的发射峰为 InGaN 芯片本身所发出的近紫外-紫蓝光。曲线 2 中 618 nm 的宽峰为荧光粉中 Eu^{2+} 的发射峰，它是吸收 InGaN 芯片所发出的部分近紫-紫蓝光，受激发而产生的 Eu^{2+} 的橙黄光发射。结果表明在涂管前后，高温相

$Ca_{2.99}Eu_{0.01}SiO_4Cl_2$ 荧光粉的最大发射峰位置从 591 nm 位移至 618 nm。至于这个现象，我们推测荧光粉和环氧树脂之间很可能发生了相互作用。因为在 LED 的制作过程中，荧光粉和环氧树脂要在 150 ℃ 下固化几个小时。从两条曲线的对比很明显观察到，~395 nm 的 InGaN 芯片所发出的紫光几乎被高温相 $Ca_{2.99}Eu_{0.01}SiO_4Cl_2$ 荧光粉完全吸收，同时又被下转换为 ~618 nm 的强橙黄光发射。因此，整个 LED 的发光过程，实际上就是 InGaN 芯片的电致发光与荧光粉在驱动电流下的光致发光相结合的一个过程。此发光光谱的 CIE 色度坐标值为 $x = 0.533, y = 0.446$，如图 5 所示位于橙黄光区（以 ★ 号标记）。用肉眼可以观察到此二极管发出强烈的橙黄光，LED 的发光强度为 2 369.7mcd，而未涂布荧光粉的 InGaN LED 本身发出紫蓝光。由曲线 3 和曲线 4 对比可知，380~510 nm 的发射峰为 InGaN 芯片本身发出而未被荧光粉吸收的蓝光；630 nm 左右的峰为荧光粉吸收 InGaN 芯片所发出的部分蓝光，受激发而产生的发射峰，由图可见该荧光粉对于 ~460 nm 蓝光的激发效率不高，LED 的 CIE 色度坐标值为 $x = 0.230, y = 0.128$，如图 5 所示落在了蓝区（以 ▲ 号标记）。

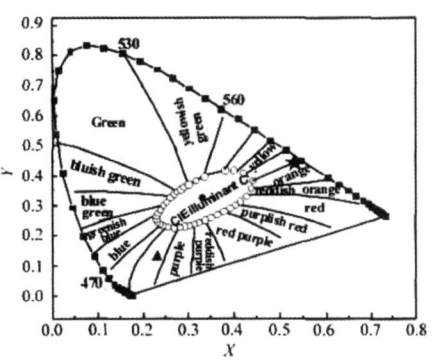

图 5　高温相 $Ca_{2.99}Eu_{0.01}SiO_4Cl_2$ 与紫光 LED 和蓝光 LED 封装制作的 LED 发射光谱在 CIE 1931 色坐标图上的位置（分别以 ★ 和 ▲ 号标记）

Fig. 5　The CIE 1931 chromaticity diagram of the as-fabricated LEDs based on UV-chip and blue-chip with high-temperature phase $Ca_{2.99}Eu_{0.01}SiO_4Cl_2$

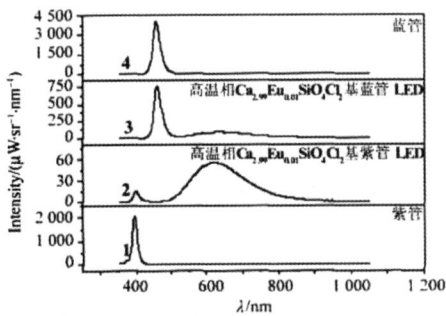

图 4　高温相 $Ca_{2.99}Eu_{0.01}SiO_4Cl_2$ 与紫光 LED 和蓝光 LED 封装后的电致发射光谱

Fig. 4　The electroluminescence spectra of the as-fabricated LED based on UV-chip and blue-chip with high-temperature phase $Ca_{2.99}Eu_{0.01}SiO_4Cl_2$

从图 4 还可以看出，高温相 $Ca_{2.99}Eu_{0.01}SiO_4Cl_2$ 荧光粉对 InGaN 芯片所发出的近紫外-紫蓝光并没有完全吸收，这有利于该荧光粉应用于白光 LED 上。我们认为单一色的荧光粉应用于白光 LED 必须满足以下几点：①荧光粉对 LED 所发出的光必须有很好的吸收，但不能将之完全吸收，否则会影响其它组分的荧光粉对 LED 所发出光的吸收；②荧光粉吸收 LED 所发出的光后必须有很强的发射；③荧光粉所发出的光必须具有很好的色纯度，这样有利于获得显色指数较高的白光。综上所述，我们合成的高温相 $Ca_{2.99}Eu_{0.01}SiO_4Cl_2$ 荧光粉适合于用作白光 LED 的红黄色组分。

3　结　论

利用高温固相法合成了一种高亮度橙色高温相 $Ca_{2.99}Eu_{0.01}SiO_4Cl_2$ 荧光粉，利用激发光谱、发射光谱和荧光寿命研究了荧光粉的发光性能。300~450 nm 范围的激发光都可以有效地激发荧光粉发出明亮的橙黄光，测量得到 Eu^{2+} 离子的荧光寿命分别为 1.53 μs 和 7.29 μs。将该荧光粉封装在 InGaN LED 芯片上制作了发光二极管并测试了它们的发光性能，表明高温相 $Ca_{2.99}Eu_{0.01}SiO_4Cl_2$ 荧光粉适合于用作白光 LED 的红黄色组分。

参考文献：

[1] NEERAJ S, KIJIMA N, CHEETHAM A K. Novel red phosphors for solid-state lighting: the system $NaM(WO_4)_{2-x}(MoO_4)_x:Eu^{3+}$ (M = Gd, Y, Bi) [J]. Chem Phys Lett, 2004, 387: 2-6.

[2] WANG Z L, LIANG H B, ZHOU L Y, et al. Luminescence of $(Li_{0.333}Na_{0.334}K_{0.333})Eu(MoO_4)_2$ and its application in near UV InGaN-based light-emitting diode [J]. Chem Phys Lett, 2005, 412: 313-316.

（下转第 69 页）

步发生氧化降解。亲脂性单萜可与微生物细胞膜上的磷脂双分子层作用,可改变细胞膜的结构和功能,是"有毒的",但由于细胞膜具有动态调节能力,维持膜结构,它能通过膜上酶活性的调节,对萜类进行氧化转化,进行"解毒"。细胞膜上的酶是复杂多样的,它们的活性变化,尤其是氧化酶活力的增强,将直接影响到正常的代谢活动,结果必将导致代谢产物的组成和含量改变。本研究结果表明单萜 α-蒎烯可以作为一个有效的诱导子,能引起微生物的过敏反应,可提高微生物次生代谢物的产量。

天然单萜,资源极其丰富。微生物培养操作简单、条件温和、无毒、环境友好。研究单萜底物对海洋微生物代谢产物的调控机制,并最终实现可人为调控的有用物质的高效率可持续性规模化生产,也为丰富的天然单萜资源的开发与利用提供新的途径和方法,无疑具有广阔的基础理论研究和应用前景。

参考文献:

[1] 苏镜娱,龙康侯,彭唐生,等. 中国软珊瑚化学成分的研究 12. 一种新颖独特的四萜酯——扭曲肉芝甲酯的结构测定[J]. 化学学报,1985,43(8): 796 - 797.

[2] SU J Y, LONG K H, PENG T S, et al. The structure of methyl isosartuoate, a novel tetracyclic tetraterpenoid from the soft coral *Sarcophyton tortuosum* [J]. Journal of the American Chemical Society, 1986, 108(1): 177 - 178.

[3] ZENG L M, LAN W J, SU J Y, et al. Two new cytotoxic tetracyclic tetraterpenoids from the soft coral *Sarcophyton tortuosum* [J]. Journal of Natural Products, 2004, 67(11): 1915 - 1918.

[4] LAN W J, LI H J, YAN S J, et al. New tetraterpenoid from the soft coral *Sarcophyton tortuosum* [J]. Journal of Asian Natural Products Research, 2007, 9(3): 267 - 271.

[5] LAN W J, WANG S L, LI H J. Additional new tetracyclic tetraterpenoid, methyl tortuoate D from soft coral *Sarcophyton tortuosum* [J]. Natural Product Communications, 2009, 4(9): 1193 - 1196.

[6] LI H J, CAI Y T, CHEN Y Y, et al. Metabolites of marine fungus *Aspergillus* sp. collected from soft coral *Sarcophyton tortuosum* [J]. Chemical Research in Chinese Universities, 2010, 26(3): 415 - 419.

[7] 蓝文健,李厚金,蔡创华,等. 海洋细菌 *Aeromonas hydrophila* 和 *Vibrio vulnificus* 对单萜柠檬烯的生物转化产物分析[J]. 中山大学学报:自然科学版,2006,45(2): 126 - 128.

[8] 李厚金,蓝文健,蔡创华,等. 海洋细菌对柠檬烯的生物转化及萜类产物鉴定[J]. 分析化学,2006,34(7): 946 - 950.

(上接第 65 页)

[3] WANG Z L, LIANG H B, WANG J, et al. Red-light-emitting diodes fabricated by near-ultraviolet InGaN chips with molybdate phosphors [J]. Appl Phys Lett, 2006, 89(7): 071921/1 - 071921/3.

[4] SOHN K S, PARK D H, CHO S H, et al. Computational evolutionary optimization of red phosphor for use in tricolor white LEDs [J]. Chem Mater, 2006, 18(7): 1768 - 1772.

[5] CHI L S, LIU R S, LEE B J. Synthesis of Y_2O_3: Eu, Bi red phosphors by homogeneous coprecipitation and their photoluminescence behaviors [J]. J Electrochem Soc, 2005, 152: J93 - J98.

[6] 张新民,梁宏斌,余瑞金,等. 一种新型发红光材料 $SrGdGa_3O_7$: Eu^{3+} 及其性质研究[J]. 中山大学学报:自然科学版,2008,47(2): 62 - 64.

[7] CZAYA R. Preparation and crystallographic data of calcium silicate calcium chloride [J]. Zeitschrift fuer Anorganische und Allgemeine Chemie, 1970, 375(2): 124 - 127.

[8] 叶瑞伦,吴伯麟,曾科,等. 高温型 $Ca_2SiO_4 \cdot CaCl_2$ 的晶体结构[J]. 硅酸盐学报,1984,12(4): 504 - 507.

[9] WANMAKER W L, VERRIET J G. Luminescence of phosphors with tricalcium monosilicate dichloride as the host lattice [J]. Philips Research Reports, 1973, 28(1): 80 - 83.

[10] LIU J, LIAN H Z, SUN J Y, et al. Characterization and properties of green emitting $Ca_3SiO_4Cl_2$: Eu^{2+} power phosphor for white light-emitting diodes [J]. Chem Lett, 2005, 34(10): 1340 - 1341.

[11] LIU J, LIAN H Z, SHI C S, et al. Eu^{2+} - doped high-temperature phase $Ca_3SiO_4Cl_2$ a yellowish orange phosphor for white light-emitting diodes [J]. J Electrochem Soc, 2005, 152(11): G880 - G884.

以生物质快速裂解液制备酚醛树脂泡沫塑料

汤健钊[1]，容 腾[2]，容敏智[1]，章明秋[1]

(1. 中山大学化学与化学工程学院材料科学研究所//聚合物复合材料及功能材料
教育部重点实验室，广东 广州 510275；
2. 广州市质量监督检测研究院，广东 广州 510725)

摘 要：生物质资源经过快速裂解得到的液体生物油，是未来替代石油的重要资源之一。该文以木焦油为原料，采用萃取法提纯浓缩制得酚类物质量分数超过85%的木杂酚，其主要成分为邻甲氧基苯酚、对甲基苯酚等。这些物质与甲醛有良好的反应性；进而用 $w = 50\%$ 的木杂酚替代苯酚制备了木杂酚改性酚醛树脂泡沫塑料，经正交试验确定反应的最佳条件。研究表明，NaOH 催化剂的用量是制备甲阶酚醛树脂的关键因素，同时必须采用硫酸为催化剂才能制得该树脂泡沫塑料。利用不同的催化剂用量和发泡工艺可调节泡沫塑料的力学性能。在最佳条件下，可制得泡孔直径200 μm 左右，压缩强度为1 003.8 kPa，压缩模量25.37 MPa 的泡沫材料，达到了国家酚醛泡沫塑料相关标准的要求。

关键词：生物油；木焦油；木杂酚；酚醛树脂泡沫塑料；力学性能

中图分类号：TB332　**文献标志码**：A　**文章编号**：0529 - 6579 (2014) 04 - 0094 - 08

Preparation of Phenolic Foam Plastics Based on Fast Paralytic Oil of Biomass

TANG Jianzhao[1], RONG Teng[2], RONG Minzhi[1], ZHANG Mingqiu[1]

(1. Key Laboratory for Polymeric Composite & Functional Materials of Ministry of
Education of China// Materials Science Institute, School of Chemistry and Chemical Engineering,
Sun Yat-sen University, Guangzhou 510275, China;
2. Guangzhou Quality Supervision and Testing Institute, Guangzhou 510725, China)

Abstract: Liquid bio-oil converted from renewable biomass is one of the important alternatives to petroleum in the future. In this work, wood creosote with more than 85% enrichment phenolic compounds was obtained by extraction purification of the wood tar. The main ingredients of the creosote include guaiacol, para-cresol, etc., which have good reactivity with formaldehyde. Then, $w = 50\%$ of the wood creosote was used to substitute phenol for manufacturing wood creosote modified phenolic foam. The optimum conditions for preparing A-stage phenolic resin were determined by orthogonal test. It was found that the amount of NaOH catalyst was a key factor of preparing A-stage phenolic resin, and the curing of the foam plastics needed to use sulfuric acid as the catalyst. The foams'mechanical properties could be tailored by using different foaming processes. The amount of curing agent, foaming agents and foaming time and temperature exerted great influence on the foams properties. Under optimum conditions, a kind of foam with cell diameter of 200 μm, compressive strength of 1 003.8 kPa and modulus of 25.37 MPa was obtained, which satisfied the requirement of phenolic foam plastics of national standards.

Key words: bio-oil; wood tar; wood creosote; phenolic foam; mechanical properties

---

* 收稿日期：2014 - 03 - 07
基金项目：广东省高等学校科技创新重点资助项目 (cxzd1001)；广东省科技计划资助项目 (2011A091102001)
作者简介：汤健钊 (1988 年生)，男，**研究方向**：高分子材料及其复合材料；**通讯作者**：容敏智，E-mail: cesrmz@mail.sysu.edu.cn

随着经济的快速发展，人类面临越来越严重的能源危机，寻找化石资源的替代品已成为当今社会最迫切的课题之一[1]。由木材、秸秆、树皮等可再生的生物质通过快速裂解生产的生物质油有望成为下一代生物质能源的代表。生物质油是由生物质材料经过高温裂解气化、快速冷却而得到的粘稠状液体[2-5]。生物质油经清水萃取分层后，水层为木醋液、含有大量的小分子直链酸类、醇类、醛类等；油层为有机层，称为木焦油。目前，生物质油主要用于高压锅炉的燃料。然而，由于它的含水量和含氧量较高，导致其燃烧热值很低。此外，生物质油含有大量酚类等活性有机物，直接燃烧时会因燃烧不完全而污染环境，并且带来资源的浪费。根据生物质油中酚类含量较高的特点，人们开始研究利用生物质油中酚类替代苯酚来制备酚醛树脂，一方面可提高生物油资源的利用率，另一方面可降低酚醛树脂的成本[6-9]。

Chum[10]等利用针叶材、阔叶材和树皮的快速热解油替代部分苯酚制备了酚醛树脂人造板。Giroux等[11-12]用生物质热解液化产物部分替代苯酚制备酚醛树脂，其生物油质量分数达30%~80%。郑凯也开展了利用落叶松树快速裂解油制备酚醛树脂粘胶剂的研究[13]。然而，至今尚未见到利用生物质快速裂解液制备改性酚醛树脂泡沫塑料的报道。为此，本工作以酚类含量较高的木焦油为原料，通过提纯浓缩得到富含酚类的木焦油（称为木杂酚），并研究其与甲醛的反应性。随后，将木杂酚与苯酚混合后与甲醛反应制备酚醛树脂及其泡沫塑料，探索此类材料的合成方法、最佳工艺，以及泡沫塑料结构与性能的关系等。

1 实验材料及方法

1.1 主要原料

木焦油，CP，广州迪森热能技术股份有限公司；甲醇，GR，天津市医药公司；$NaHCO_3$，AR，广州化学试剂厂；乙酸乙酯（EA），AR，广州化学试剂厂；无水硫酸镁，AR，广州化学试剂厂；苯酚，AR，广州化学试剂厂；甲醛溶液（φ = 37%），AR，广州化学试剂厂。

1.2 木焦油中酚类的浓缩与提纯

称取一定质量的木焦油，用足量的乙酸乙酯溶解后静置分层，上层为木焦油的乙酸乙酯溶液、中层为水溶液、下层为灰分和机械杂质。取上层溶液减压过滤除去不溶物，以体积比为1∶1的$NaHCO_3$饱和水溶液萃取滤液，分层后用无水硫酸镁干燥有机层，减压蒸馏除去乙酸乙酯，得到富含酚类的木杂酚。

1.3 木杂酚改性酚醛树脂（CP-PF）的制备

木杂酚和苯酚置于250 mL圆底烧瓶，开动搅拌器，逐步加入定量的w = 50% NaOH水溶液，在50 ℃左右搅拌10 min。然后滴加甲醛溶液，30 min内滴加完毕，温度控制在70 ℃以下。滴加完毕后升温至70 ℃反应20 min，再升温至85 ℃，反应一定时间出料。所得产品以稀盐酸中和后于70 ℃下减压脱水至含水量在5%左右，得最终产物，称为甲阶木杂酚改性酚醛树脂（A-CP-PF）。

1.4 木杂酚改性酚醛树脂泡沫塑料的制备

称取计量的CP-PF、表面活性剂吐温-80（3 phr）、发泡剂正戊烷（2~6 phr），搅拌均匀后加入催化剂浓度为φ = 50% 的H_2SO_4，快速搅拌30 s后将物料倒入模具中自由发泡，当泡沫上升结束后放入60 ℃烘箱中后固化3~4 h，制得木杂酚改性酚醛树脂泡沫塑料。

1.5 测试与表征

采用日本岛津公司QP5000气质联用仪表征木焦油和木杂酚中的化学成分。酚醛树脂中的游离甲醛和苯酚含量按GB/T 14074—2006标准测定。CP-PF泡沫塑料和未发泡的酚醛树脂基体的表观密度按GB6343—1995标准测定。微观泡孔平均尺寸按GB/T12811—91所规定的方法测试。用日立S-520型扫描电子显微镜对CP-PF泡沫塑料的微观形貌进行观察，样品需预先经干燥除尘和喷金处理。泡沫塑料的压缩性能按GB 8813—88标准测定，从发泡样品中切取带侧面结皮的圆柱体，其直径约为（22.0±1）mm，高度为（10.0±1）mm，采用广州试验机厂的LWK-5型电子万能试验机，加载速度为2 mm/min。用屈服点的应力表征压缩强度；当泡沫塑料样品在压缩试验过程中没有发生屈服时，用10%应变时的应力表征压缩强度。压缩模量取应力-应变曲线起始部分直线的斜率来表示。由于泡沫塑料的力学性能和泡沫塑料的表观密度有很大关系，因此，本论文用比压缩强度和比压缩模量表征泡沫塑料的压缩力学性能[14-15]。

2 结果与讨论

2.1 木杂酚的提纯与反应性分析

首先对酚类含量较高的木焦油进行提纯分离，以得到富含酚类的木杂酚。具体方法是：利用乙酸乙酯为溶剂溶解木焦油，减压过滤除去炭等不溶物，再用碳酸氢钠饱和水溶液为萃取剂萃取浓缩生物质油中的酚类物质,得到富含酚类的木焦油。由于酚类物质微溶于饱和 $NaHCO_3$ 水溶液,因此乙酸乙酯滤液经过饱和 $NaHCO_3$ 水溶液萃取可除去木焦油中的小分子直链酸组分和大部分水溶性较好组分,经萃取浓缩后的组分应富含酚类物质和木焦油中的中性物质。图 1 为木焦油和木杂酚的气相色谱-质谱联用仪(GC-MS)所得谱图,经计算机质谱数据系统检索,结合保留时间,对各个成分进行定性分析;然后,将总色谱离子峰的面积总量归一化积分,将各个峰面积除以总面积,得出各色谱峰对应成分的相对百分质量分数(w)。由此可知,木焦油中各个组分的 w 分别为酸类 21%,酚类 40%,醇类 10%,醛类 15%,酯类 5%。木焦油中含有 w 约为 40% 的酚类,为利用木焦油替代苯酚制备酚醛树脂提供一定的可行性。经过浓缩提纯后得到的木杂酚中酚类物质的 w 超过 85%,主要为邻甲氧基苯酚、对甲基苯酚等。但邻对位双取代的 2,6-二甲氧基和 2-甲氧基-4-甲基苯酚等组分的存在也表明它们与甲醛反应时难以生成大分子量的树脂,即木杂酚无法完全替代苯酚以制备酚醛树脂。

的。由木杂酚与甲醛直接反应生成的木杂酚乙阶酚醛树脂的谱图可知,$\delta 1.2$ 处的吸收峰面积明显增大,且变成两个四重峰,说明甲醛的加入生成了 $—CH_2—$;而在 $\delta 3.58$ 处的吸收峰来源于苯环之间的亚甲基键($Ar—CH_2—Ar$);谱图中 $\delta 4.60$ 处的吸收峰来源于苯环上生成的羟甲基($—CH_2OH$)。

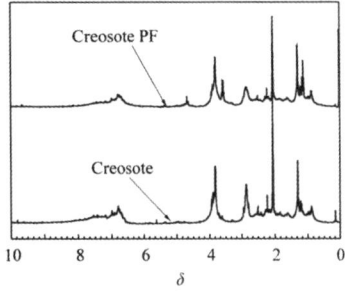

图 2 木杂酚原料以及木杂酚与甲醛反应所得乙阶酚醛树脂的 ^1H NMR 谱图

Fig.2 ^1H NMR spectra of creosote and B-stage phenolic resin obtained by the reaction between creosote and formaldehyde.

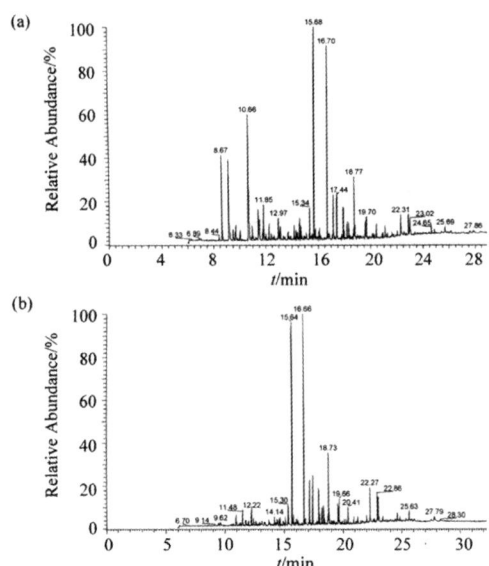

图 1 木焦油(a)和木杂酚(b)的 GC-MS 总离子色谱图

Fig.1 Total ion chromatogram of (a) wood tar and (b) creosote

木杂酚中酚类物质取代基的种类可以从其 ^1H NMR 谱图(图 2)确定。在 $\delta 1.2$ 处的吸收峰归于苯环上取代的 $—CH_3$,$\delta 2.08$ 是溶剂吸收峰;$\delta 3.82$ 是苯酚上邻甲氧基($—OCH_3$)引起的多重峰;而 $\delta 6.5 \sim 7.5$ 中的多重峰是由苯环的氢产生

为了进一步考察木杂酚与甲醛反应产物的分子结构,测试了木杂酚乙阶酚醛树脂产物的 FTIR 谱(图 3)。图中 3 300 ~ 3 400 cm^{-1} 处是苯酚 —OH 的伸缩振动吸收峰,表明乙阶树脂中还有大量的酚羟基;2 940 cm^{-1} 的峰是次甲基 $—CH_2—$ 的伸缩振动峰;1 400 ~ 1 700 cm^{-1} 处出现的系列峰是苯酚环上的 $C=C—H$ 的面外弯曲振动产生的吸收峰;1 259 cm^{-1} 处的吸收峰是苯环与氧连接键($Ph—O$)的伸缩振动引起的;1 101 cm^{-1} 峰是苯酚上羟甲基缩合生成的醚键($Ph—CH_2—O—CH_2—Ph$)的对称伸缩振动峰;1 030 cm^{-1} 处的吸收峰是羟甲基($—CH_2OH$)的 $C—O$ 伸缩振动峰,而 820 cm^{-1} 峰是苯环邻位-对位连接的亚甲基($—CH_2—$)上 $C—H$ 的面外弯曲振动吸收峰。由此证明木杂酚乙阶酚醛树脂的连接方式主要是苯环的邻位与对位的连接,这与木杂酚中主要酚类在邻位都普遍存在一定的取代基有关。由此可见,由于木杂酚中的苯酚上存在的取代基导致木杂酚中酚类与甲醛反应的活性降低,只能生成邻位-对位连接的线性分子。由于木杂酚中苯酚衍生物官能度为 1 ~ 2,使其与甲醛反应只能形成线性酚醛树脂,不能形成交联的热固性树脂,所以必须加入官能度为 3 的苯酚作为交联剂。

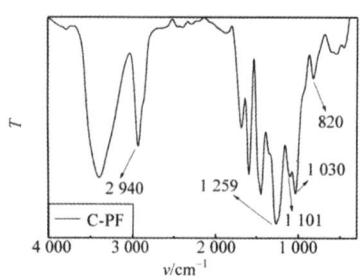

图 3 木杂酚乙阶酚醛树脂的红外光谱图
Fig. 3 FTIR spectrum of B-stage phenolic resin obtained by the reaction between creosote and formaldehyde

2.2 木杂酚改性酚醛树脂正交试验

以木杂酚取代 $\varphi=50\%$ 苯酚（木杂酚中酚的体积与纯苯酚的体积比为 1∶1），采用正交实验考察体系与甲醛的反应规律，设计苯酚与甲醛的摩尔比、反应温度、催化剂（NaOH）用量和反应时间为 4 因素，每个因素取 4 水平。共设计了 16 组实验，选择正交试验表 L16（4^4），表 1 为详细的工艺参数及其结果。

由表 1 可知，对于木杂酚取代苯酚与甲醛的反应，催化剂的用量是影响甲阶酚醛树脂中游离甲醛量和游离苯酚量的关键因素，NaOH 的用量与游离醛和游离苯酚的含量成反比。甲醛为易挥发的有毒物质，且甲醛的含量直接影响甲阶酚醛树脂的后固化速度和固化放热的大小，所以在保持树脂可发泡的前提下，应提高 NaOH 的用量，以减少游离甲醛含量。另一方面，苯酚对人体和器皿有一定的腐蚀性，且苯酚的价格较高，因此，应尽量减少游离苯酚含量以提高苯酚的转化率。本实验中较优的合成工艺为第 3 组和 10 组实验，游离醛和酚的质量分数都在 0.2% 以下。由于第 10 组实验中的甲阶酚醛树脂黏度太高，不适合发泡黏度要求，所以最佳反应工艺为：反应温度为 85 ℃，催化剂用量为 10%，反应时间为 4 h，酚醛摩尔比为 1∶1.6。

表 1 木杂酚改性酚醛树脂正交试验设计和结果
Table 1 Orthogonal test design and results of wood creosote modified phenolic resin

试验号	n(苯酚)∶n(甲醛)	w(NaOH)/%	θ/℃	t/h	w(游离苯酚)/%	w(游离甲醛)/%
1	1.0	0.5	65	2	1.21	0.61
2	1.3	1	75	3	1.04	0.08
3	1.6	10	85	4	0.20	0.22
4	2.0	30	95	5	0.001	0.01
5	1.0	1	85	5	1.12	0.36
6	1.3	0.5	95	4	1.21	0.90
7	1.6	30	65	3	0.41	0.49
8	2.0	10	75	2	0.48	0.42
9	1.0	10	95	3	0.66	0.21
10	1.3	30	85	2	0.20	0.07
11	1.6	0.5	75	5	2.35	1.73
12	2.0	1	65	4	1.85	1.68
13	1.0	30	75	4	0.65	0.28
14	1.3	10	65	5	0.91	0.53
15	1.6	1	95	2	1.52	1.28
16	2.0	0.5	85	3	2.02	1.65

2.3 木杂酚改性酚醛树脂固化性能研究

采用甲阶木杂酚改性酚醛树脂制备泡沫塑料材料时，树脂的固化速度要与发泡速度相匹配，否则将难以制备性能较好的泡沫塑料。在室温下选用一定量树脂，加入 20 phr $\varphi=50\%$ 的磷酸、硫酸和对甲基苯磺酸后快速搅拌，其固化放热性能如表 2 所示。用磷酸和苯磺酸作为催化剂，体系的凝胶时间都长于 30 min，固化速度太慢，难以匹配物理发泡过程。而硫酸催化的树脂快速固化，其凝胶时间在 3 min 左右，固化最高温度（T_p）大于 100 ℃，说明硫酸对体系有良好的催化作用。而体系的固化需要加入强无机酸作为催化剂，说明木杂酚的加入降低了甲阶酚醛树脂的固化的活性，必须通过降低体系的 pH 值才能有效促进羟甲基之间的缩水固化过程。

表2 不同酸催化对甲阶 CP-PF 固化行为的影响

Table 2 The influence of various acid catalysts on the curing behavior of A-stage CP-PF

酸催化剂($\varphi=50\%$)	酸的加入量/phr	t/min	T_p/℃
硫酸	20	3	120
磷酸	20	30	60
硫酸	20	>60	40

图4为催化剂硫酸的加入量对树脂体系固化放热性能的影响。硫酸加入量超过15 phr，体系产生自加速现象，固化过快，温度迅速升高至100 ℃以上并在2 min内凝胶固化，同时导致体系中水分汽化形成无法控制的水汽泡孔。为了防止体系温度过高，硫酸的加入量应控制在10~14 phr之间，体系的温度可控制在60~80 ℃，凝胶时间可控制在4~8 min之间。

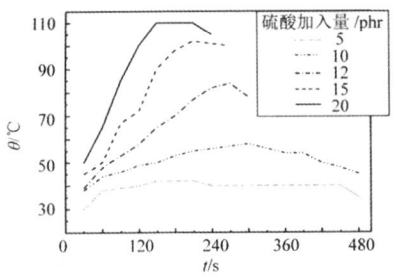

图4 室温下催化剂（$\varphi=50\%$ 的硫酸）的用量对 A-CP-PF 固化放热性能的影响

Fig. 4 Effect of catalyst content ($\varphi=50\%$ sulfuric acid) on the curing exothermic property of A-CP-PF at room temperature

2.4 催化剂用量对泡沫塑料性能的影响

催化剂的加入量主要是影响树脂体系固化放热的量和体系温度高低，进而影响气泡生成的快慢和尺寸（图5），并对泡沫塑料的力学性能产生较大影响。当硫酸用量小于10 phr 时，体系固化速度过慢，凝胶时间超过10 min，发泡剂挥发流失严重，所以无法形成致密的泡孔，体系的发泡率和孔隙率都很低（表3）。硫酸的加入量为12%~20%之间，能得到泡孔直径为（230±30）μm 的泡沫塑料，泡沫塑料的孔隙率基本保持在70%~79%之间。随着催化剂加入量的增大，树脂体系的固化速度加快，凝胶时间缩短，泡孔的生长时间缩短，所以泡孔尺寸呈下降趋势，但泡孔的分布也变得不均匀。当催化剂用量较大时（>16%），体系温度过高，汽化过快造成并泡而形成大气泡或泡孔破裂形成缺陷。由此可见，为得到泡孔致密而均一的泡沫材料，硫酸的加入量应控制在12~16 phr 之间，酚醛树脂固化放热平缓，基本维持在（60±10）℃之间，有利于正戊烷泡孔的生长和成型。

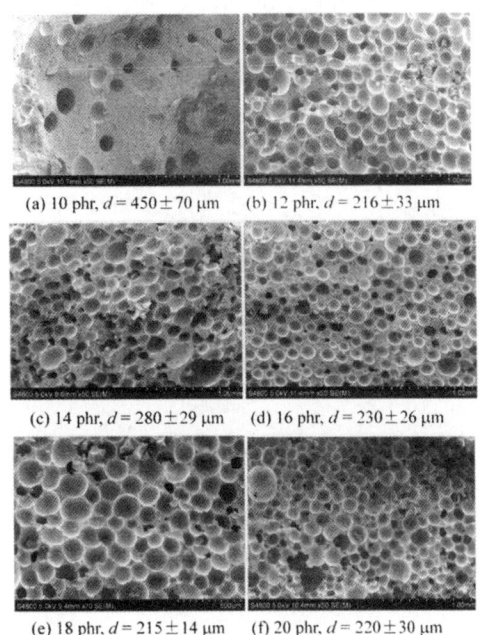

图5 常温下不同催化剂用量（$\varphi=50\%$ 硫酸）制备 CP-PF 泡沫塑料的泡孔形态和尺寸

Fig. 5 Typical surface morphologies and sizes of CP-PF foams prepared using different catalyst contents ($\varphi=50\%$ sulfuric acid) at room temperature.

表3 催化剂（$\varphi=50\%$ 的硫酸）用量对泡沫塑料孔隙率的影响

Table 3 Effect of catalysts dosages ($\varphi(H_2SO_4)=50\%$) on the porosities of CP-PF foams

H_2SO_4加入量 /phr	ρ(foam)/ (g·cm^{-3})	ρ(resin)/ (g·cm^{-3})	孔隙率/%
10	0.859 3	1.050 0	18.16
12	0.220 0	1.057 0	79.19
14	0.251 7	1.048 0	75.98
16	0.436 8	1.053 0	58.52
18	0.261 4	1.055 5	75.23
20	0.410 4	1.039 5	70.49

泡沫塑料的宏观力学性能与泡沫塑料的泡孔尺寸和孔隙率密切相关。随着硫酸用量的增加，泡沫塑料的比压缩强度和比压缩模量呈现先下降后上升的趋势。当硫酸的用量为10 phr 时，由于体系固化速度太慢，使正戊烷流失严重，发泡率不大，不

能成为泡沫塑料。当催化剂用量为 12 phr 时，材料的力学性能最好，并表现出明显的屈服过程。与此相反，催化剂用量为 14 phr 时，材料的力学性能最差，没有屈服过程，表现出韧性泡沫的特征（图6）。这与其较大的泡孔尺寸和不均匀泡孔的形态相一致（图5（c））。

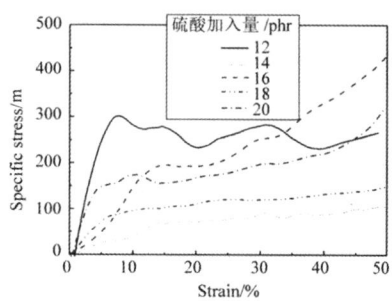

图 6　常温下不同催化剂用量（50% 硫酸）制备 CP-PF 泡沫塑料的典型应力-应变曲线

Fig. 6　Typical specific compressive stress-strain curves of CP-PF foams prepared using different catalyst contents (sulfuric acid of 50% concentration) at room temperature.

2.5　发泡工艺对泡沫性能的影响

由于本工作采用低沸点的溶剂正戊烷作为发泡剂，可以通过改变发泡体系的温度，以调节发泡速度与体系的固化速度相匹配，这是决定能否制备出性能良好的泡沫塑料的关键因素之一。为此，本工作采用 12 phr 的硫酸为催化剂，分别在 30 和 40 ℃下发泡，发泡时间为 3 和 12 min 两种（发泡后放置于 60 ℃烘箱熟化），以考察发泡工艺的影响。

不同的发泡温度和发泡时间对泡沫塑料的泡孔结构和材料的孔隙率有非常明显的影响（图7和表4）。对于 30 或 40 ℃下发泡 3 min 的体系，由于发泡剂正戊烷汽化吸热降低了体系温度，增加了树脂的凝胶时间，导致熟化阶段树脂基体尚未完全凝胶，使其在 60 ℃熟化工艺中继续发泡，所以形成了两种直径不同的泡孔：泡孔直径在 100～200 μm 的泡孔是体系在 30 或 40 ℃下发泡产生的，而泡孔为 1 000 μm 左右的大泡孔是由于熟化阶段粘度降低，体系中的正戊烷继续剧烈发泡或者是体系小泡孔并泡产生的，因此可发现在大泡孔周围分布着小泡孔的现象，这种泡孔结构导致材料的密度明显降低，孔隙率明显增大（表4）。如果延长发泡时间至 12 min，则树脂体系在熟化前已经凝胶，不会进一步发泡，可以获得均匀的泡孔结构。比较而言，升高温度有利于树脂的固化放热，降低体系的粘度，缩短树脂的凝胶时间，同时有利于提高发泡剂的气化速度，所以 40 ℃比 30 ℃下制备的泡沫塑料泡孔较小。

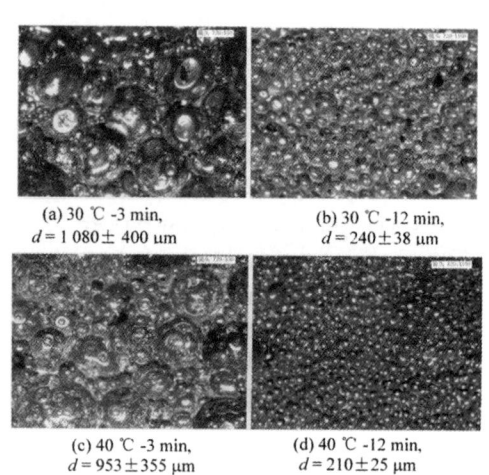

(a) 30 ℃ -3 min, $d = 1\,080 \pm 400$ μm
(b) 30 ℃ -12 min, $d = 240 \pm 38$ μm
(c) 40 ℃ -3 min, $d = 953 \pm 355$ μm
(d) 40 ℃ -12 min, $d = 210 \pm 25$ μm

图 7　发泡工艺对 CP-PF 泡沫塑料泡孔形态和尺寸的影响

Fig. 7　Effect of foaming processes on the typical surface morphology and sizes of CP-PF foams.

表 4　发泡工艺对泡沫塑料孔隙率的影响

Table 4　Effect of foaming processes on the porosities of CP-PF foams

发泡工艺	ρ (foam) / (g·cm^{-3})	ρ (resin) / (g·cm^{-3})	孔隙率/%
30 ℃ - 3 min	0.163 8	1.041 9	84.28
30 ℃ - 12 min	0.221 0	1.052 0	78.99
40 ℃ - 3 min	0.178 8	1.054 8	83.04
40 ℃ - 12 min	0.255 8	1.049 8	76.49

泡沫塑料的力学性能受材料的密度、泡孔大小等因素影响，因而发泡工艺的差异必然带来材料压缩性能的差异（图7）。在同一温度下采用不同的发泡时间，会导致材料中产生直径大小不同的泡孔。发泡时间为 3 min 时产生异常大的泡孔，导致材料的比压缩强度和比压缩模量都明显下降。当发泡温度为 40 ℃时，对体系黏度影响不大，而发泡温度大于正戊烷的沸点（36.1 ℃），有利于促进发泡剂的汽化成泡而形成更加均匀又密的泡孔，泡沫塑料的压缩性能更好。

2.6　发泡剂浓度对泡沫性能的影响

本工作采用正戊烷作为发泡剂，优点是可以在常温或稍高于室温的条件下发泡，且发气量大，残留物少。发泡剂浓度会直接影响树脂基发泡的速率

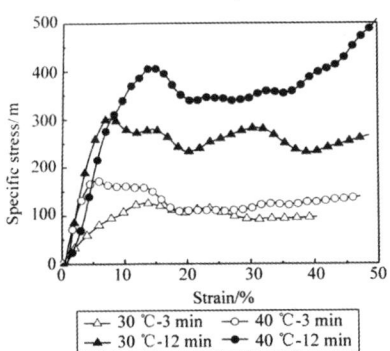

图 8 发泡工艺对 CP-PF 泡沫塑料典型应力 - 应变曲线的影响

Fig. 8 Effect of foaming processes on typical specific compressive stress-strain curves of CP-PF foams.

和发泡量的大小，在相同的发泡条件下，材料的泡孔直径随着发泡剂浓度的增加而增加（图9），同时孔隙率也随着这发泡剂的用量而增大。当正戊烷的浓度为 2 phr 时，由于发泡剂浓度太低，产生的气体不足，泡孔直径为 120 μm 左右，泡孔分布较为稀疏，材料的孔隙率只有 20%。与此相反，若发泡剂的浓度太大（6 phr），由于气体剧烈汽化，造成气泡破裂和并泡，而使泡孔直径剧增甚至造成穿孔或者缺陷。只有控制正戊烷浓度在 3~4 phr 时，汽化量适中，形成均匀而致密泡孔，泡孔直径在 150~250 μm，孔隙率可达 80% 左右，发泡效果较为理想。

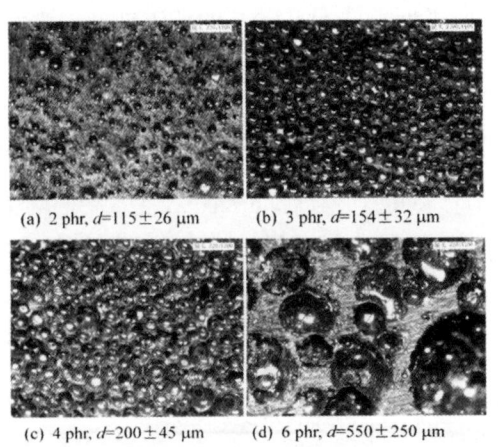

(a) 2 phr, d=115±26 μm
(b) 3 phr, d=154±32 μm
(c) 4 phr, d=200±45 μm
(d) 6 phr, d=550±250 μm

图 9 发泡剂浓度对 CP-PF 泡沫塑料泡孔形态和尺寸的影响

Fig. 9 Effect of foaming agent dosage on the typical surface morphologies and sizes of CP-PF foams

发泡剂的用量对泡沫塑料压缩性能的影响见图10，随着发泡剂浓度的增大，泡沫塑料的比压缩强度和比压缩模量降低，说明材料的压缩性能与泡沫塑料中泡孔直径和孔隙率成反比。当正戊烷浓度控制在 3~4 phr 时，孔隙率为 80% 左右，发泡效果较为理想，比压缩强度在（350±20）m，比压缩模量为（7±2）km。该性能达到国家绝热用硬质酚醛树脂制品标准的要求（泡沫塑料的密度为 30~250 kg/m³，比压缩强度 >120 m）。

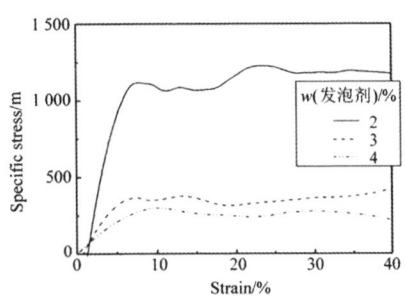

图 10 发泡剂浓度对 CP-PF 泡沫塑料典型应力 - 应变曲线的影响

Fig. 10 Effect of foaming agent dosage on the typical specific compressive stress-strain curves of CP-PF foams

3 结 论

本工作以价廉的木焦油为原料，采用萃取法获得了酚类物质质量分数超过 85% 的木杂酚，并证明了木杂酚与甲醛的反应性。采用正交实验方法，考查了木杂酚取代 φ=50% 苯酚树脂体系与甲醛反应的规律性，并获得了木杂酚改性甲阶酚醛树脂的最佳制备条件为：反应温度为 85 ℃，NaOH 催化剂用量为 10%，反应时间为 4 h，酚醛摩尔比为 1:1.6。由于木杂酚的反应活性不如苯酚，因此上述甲阶酚醛树脂的固化需要 φ=50% 的硫酸作为催化剂。催化剂的加入量对泡沫塑料泡孔大小和压缩性能有重要影响，最佳用量为 12 phr，泡孔直径为（200±30）μm，比压缩强度为 343.03 m，比压缩模量为 4.0 km。有关发泡工艺的研究表明，发泡时间需要 12 min 左右，才能保证泡沫材料完全凝胶。发泡剂的浓度在 3~4 phr 时，所形成的泡孔较为均匀，泡孔直径在 150~250 μm，孔隙率可达 80% 左右，比压缩强度在（350±20）m，比压缩模量为（7±2）km，达到了国家绝热用硬质酚醛树脂制品标准的要求。

（下转第106页）

酯为首次检到。经二级质谱分析指认,所检测到的杂质均为脂肪酸类物质或克林霉素与脂肪酸的结合物,他们是盐酸克林霉素棕榈酸酯合成过程中所产生的副产物,在产品的质量控制中,必须对其进行监控。

本文采用 UFLC-Q-TOF-MS/MS 技术对盐酸克林霉素棕榈酸酯分散片中的杂质进行鉴定,将液相色谱的高效在线分离能力与质谱的高选择性、高灵敏度的检测能力相结合,具有分辨率高、灵敏度高、分析时间短的特点[5-7],能检测到更多的杂质,为进一步加强药品生产工艺过程的质量控制提供了依据。在有关物质的分离与鉴定中,具有巨大的优越性,值得推广应用。

参考文献:

[1] 王建,王红波,洪利娅. 梯度洗脱 HPLC 法测定盐酸克林霉素棕榈酸酯及制剂的有关物质[J]. 药物分析杂志,2012,32(2):314-317.

[2] 王建,王红波,洪利娅. HPLC-ESI-MS 法分离和鉴定盐酸克林霉素棕榈酸酯原料药中的10种杂质[J]. 药物分析杂志,2012,32(12):2213-2220.

[3] BHARATHI C H, JAYARAM P, SUNDER R J, et al. Identification, isolation and characterization of impurities of clindamycin palmitate hydrochloride[J]. Journal of Pharmaceutical and Biomedical Analysis, 2008, 48(4): 1211-1218.

[4] 范姣姣,文红梅,单晨啸,等. 基于 UFLC-Q-TOF/MS 技术的八月札化学成分研究[J]. 中草药,2013,44(23):3282-3288.

[5] LIU M H, TONG X, WANG J X, et al. Rapid separation and identification of multiple constituents in traditional Chinese medicine formula Shenqi Fuzheng Injection by ultra-fast liquid chromatography combined with quadrupole-time-of-flight mass spectrometry[J]. Journal of Pharmaceutical and Biomedical Analysis, 2013, 74(2): 141-155.

[6] 唐诚芳,蒋思萍,陈彬,等. LC-MS/MS 法分析西藏不同产地大花红景天中主要化学组成[J]. 中山大学学报:自然科学版,2013,52(6):99-103.

[7] CAO G, ZHANG Y, FENG J, et al. A Rapid and sensitive assay for determining the main components in processed Fructus corni by UPLC-Q-TOF-MS[J]. Chromatographia, 2011, 73(1/2): 135-141.

(上接第100页)

参考文献:

[1] 曾汉民. 先进材料设计的若干前瞻性思考[J]. 材料导报,2002,16(4):1-7.

[2] 廖艳芬,王树荣,谭洪,等. 生物质热裂解制取液体燃料技术的发展[J]. 能源工程,2002(2):1-5.

[3] 刘康,贾青竹,王昶. 生物质热解技术研究进展[J]. 化学工业与工程,2008,25(5):459-463.

[4] VELDEN M V, BAEYENS J, BREMS A, et al. Fundamentals, kinetics and endothermicity of the biomass pyrolysis reaction[J]. Renewable Energy, 2009, 35(1): 232-242.

[5] LU Q, LI W Z, ZHU X F. Overview of fuel properties of biomass fast pyrolysis oils[J]. Energy Conversion and Management, 2009, 50(5): 1376-1383.

[6] 马路,赵勇,日振,等. 落叶松树皮热解油酚醛树脂胶黏剂的制备与性能表征[J]. 林产工业,2007,34(1):35-37.

[7] MD KAWSER J, FARID NASIRH A. Oil palm shell as a source of phenol[J]. Journal of Oil Palm Research, 2000,12(1):86-94.

[8] 王树荣,骆仲泱,董良杰,等. 几种农林废弃物热裂解制取生物油的研究[J]. 太阳能学报,2004,20(2):24-29.

[9] 杨素文,丘克强. 基于生物质真空热解液化技术的生物油制备[J]. 农业机械学报,2009,40(5):107-111.

[10] CHUM H L, BLACK S K, DIEBOLD J P, et al. Phenolic compounds containing neutral fractions extract and products derived therefrom from fractionated fast-pyrolysis oils: US, 5223601[P]. 1993-06-29.

[11] GIROUX R, FREEL B, GRAHAM R. Natural resin formulations: US, 6326461[P]. 2001-09-04.

[12] GIROUX R, FREEL B, GRAHAM R. Natural resin formulations: US, 6555649[P]. 2003-04-29.

[13] 郑凯. 落叶松树皮热解油改性酚醛树脂的研究[D]. 北京:北京林业大学,2007.

[14] QIU J F, ZHANG M Q, RONG M Z, et al. Highly loaded CoO/graphene nanocomposites as lithium-ion anodes with superior reversible capacity[J]. Journal of Materials Chemistry A, 2013,1:2533-2542.

[15] WANG H J, RONG M Z, ZHANG M Q, et al. Biodegradable foam plastics based on castor oil[J]. Biomacromolecules, 2008, 9: 615-623.

南海红树林内生真菌 Phomopsis sp.ZZF08 酰胺类次级代谢产物*

陶移文[1]，凌惠平[1]，张建业[1]，佘志刚[2]，林永成[2]

(1. 广州医科大学药学院，广东 广州 511436；
2. 中山大学化学与化学工程学院，广东 广州 510275)

摘 要：采用色谱技术对红树林内生真菌 Phomopsis sp. ZZF08 代谢产物进行分离纯化，MS、NMR、X-单晶衍射及与文献数据比对等方法确定其结构，MTT 法考察其对体外人鼻咽癌细胞 KB 和 KBv200 的毒性作用。结果表明，由红树林内生真菌 Phomopsis sp. ZZF08 培养液中分离得到 12 个酰胺类化合物，经鉴定，分别为 viridicatol (**1**)、cytochalasin H (**2**)、cytochalasin IV (**3**)、葡萄糖神经酰胺 (**4**)、$\Delta^{4(5)}$ (E) -鞘氨醇-正十六碳酰胺 (**5**)、尿囊素 (**6**)、胸腺嘧啶 (**7**)、尿嘧啶 (**8**)、环 (亮-甘) 二肽 (**9**)、环 (亮-丙) 二肽 (**10**)、环 (苯丙-甘)) 二肽 (**11**) 和环 (苯丙-丙) 二肽 (**12**)，其中，化合物 **1**，**2**，**3**，**4**，**5** 为首次从湛江红树林内生真菌 Phomopsis sp. 中发现。体外细胞毒性实验表明化合物 **2**，**3** 对 KB 细胞和 KBv200 细胞有较强细胞毒性。

关键词：红树林；内生真菌；拟茎点霉菌；酰胺类次级代谢产物
中图分类号：O621.2   **文献标志码**：A   **文章编号**：0529-6579 (2017) 05-0073-07

Amide metabolites of the mangrove endophytic fungus Phomopsis sp. ZZF08 from the South China Sea

TAO Yiwen[1], LING Huiping[1], ZHANG Jianye[1], SHE Zhigang[2], LIN Yongcheng[2]

(1. School of Pharmaceutical Sciences, Guangzhou Medical University, Guangzhou 511436, China;
2. School of Chemistry and Chemical Engineering, Sun Yat-sen University, Guangzhou 510275, China)

Abstract: The amide metabolites of Phomopsis sp. ZZF08 from the South China Sea were isolated and purified by chromatography. Their structures were determined by MS, NMR, X-ray diffraction data and comparison with the literature data. Cytotoxicity *in vitro* was performed by tetrazolium (MTT) assay. Twelve amide compounds were isolated, which were viridicatol (**1**), cytochalasin H (**2**), cytochalasin IV (**3**), glucosylceramide (**4**), ceramide (**5**), allantoin (**6**), thymine (**7**), pyridine (**8**), cyclo-(Leu-Gly) (**9**), cyclo-(Leu-Ala) (**10**), cyclo-(Phe-Gly) (**11**), and cyclo-(Phe-Ala) (**12**). Compounds **1**, **2**, **3**, **4** and **5** were isolated firstly from Phomopsis sp. collected from the mangrove bark of the Zhanjiang. In our cytotoxicity assays, compounds **2** and **3** exhibited strong cytotoxicity toward KB cells and KBv200 cells.

Key words: mangrove; endophytic fungus; Phomopsis sp.; amide metabolites

---

* **收稿日期**：2017-05-08
基金项目：广东省自然科学基金 (2016A030313588)；广东省科技计划项目 (2013B021100021)；广州市教育局项目 (1201610155)
作者简介：陶移文 (1975 年生)，男；**研究方向**：天然药物化学；E-mail: yywentao@ aliyun.com

红树林内生真菌因其独特的生存环境而产生了独特的代谢方式,为其产生结构新颖,活性出众的次级代谢产物提供了可能[1-3]。拟茎点霉属 Phomopsis(Sacc.) Bubak 在分类学上属于半知菌亚门,腔孢纲、球壳孢目、球壳孢科,其种类多、分布广,活性代谢产物丰富[4-7]。

Phomopsis sp. ZZF08 为广东省湛江红树林植物树皮内生真菌,其代谢产物丰富。对该菌进行大规模发酵后,分离得到12个酰胺类化合物。运用现代波谱技术,单晶衍射技术以及文献比对等方法,确定这些化合物为 viridicatol(**1**)、cytochalasin H(**2**)、cytochalasin Ⅳ(**3**)、葡萄糖神经酰胺(**4**)、$\Delta^{4(5)}$(E)-鞘氨醇-正十六碳酰胺(**5**)、尿囊素(**6**)、胸腺嘧啶(**7**)、尿嘧啶(**8**)、环(亮-甘)二肽(**9**)、环(亮-丙)二肽(**10**)、环(苯丙-甘)二肽(**11**)和环(苯丙-丙)二肽(**12**),结构式见图1。

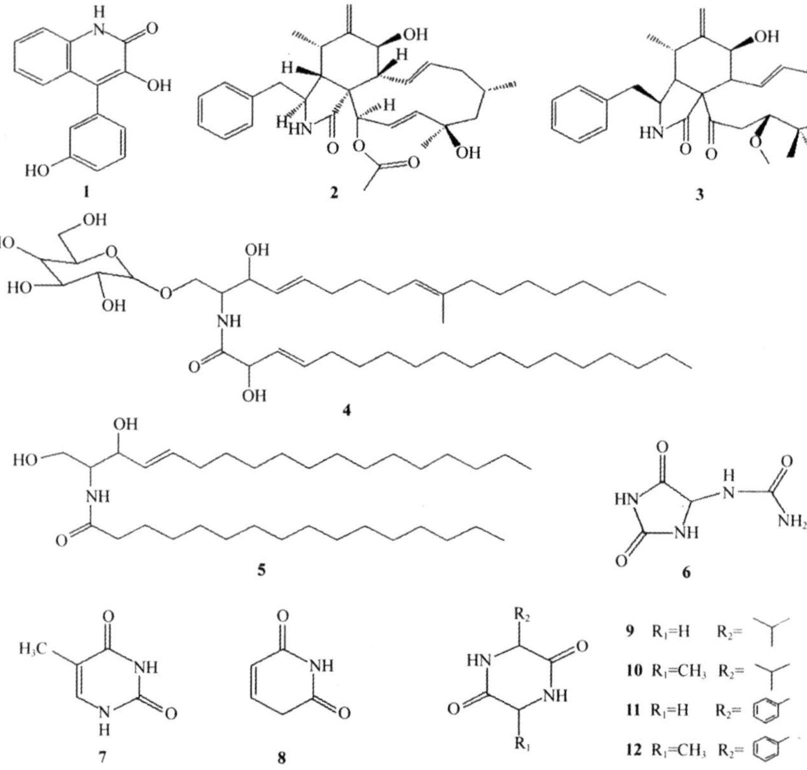

图 1 化合物的结构式
Fig. 1 The structures of compounds

1 仪器与材料

Varian INOVA 500NB/400NB/300NB 核磁共振波谱仪(美国 Varian 公司);VG ZAB-HS 双聚焦质谱仪(英国 VG 公司);VG Autospec-500 质谱(英国 VG 公司);EQUINOX55 红外仪(德国 Bruker 公司);UV-2501PC 紫外-可见分光光度计(日本岛津公司);Vario EL CHNS-O 元素分析仪(德国 Elementar 公司);Bruker XSCANS 衍射仪(德国 Bruker 公司);Polaptronic HNQW5 型旋光仪(德国 Schmidt-Haensch 公司);北京 X-4 型显微熔点仪;Agilent 1100 型高效液相色谱仪(美国 Agilent 公司)。薄层色谱硅胶 GF_{254} 和柱色谱用硅胶(青岛海洋化工厂有限公司);常规试剂均为 AR。

2 提取与分离

发酵培养基为 GYP 为:φ(葡萄糖)= 1%,φ(蛋白胨)= 0.2%,φ(酵母膏)= 0.1%,φ(粗海

盐）= 0.2%，pH 7.0；室温静置培养30 d。

用纱布过滤发酵液，分离菌体和发酵液。发酵液浓缩至5 L，用乙酸乙酯萃取3次；菌体晾干，甲醇浸泡至无色。将萃取物和浸提物合并，经硅胶柱层析、高效液相色谱、重结晶等操作，获得12个纯化合物。

3 结构鉴定

化合物1：白色块状固体，θ_{mp} 250～252 ℃，HR EI MS m/z 253.072 9，结合 ^{1}H 和 ^{13}C NMR 数据可确定该化合物分子式为 $C_{15}H_{11}NO_3$，不饱和度 $U=11$ 提示分子中可能存在芳香环。红外光谱数据（35 44，3 423，3 239，1 654和1 245 cm^{-1}）暗示分子中有羟基、酰胺和芳环存在。^{1}H NMR（DMSO-d_6，500 MHz）δ：9.06（1H，s），7.34（1H，dd，$J=1.0, 8.0$ Hz），7.07（1H，ddd，$J=1.0, 8.0, 8.0$ Hz），7.32（1H，dt，$J=1.0, 8.0$ Hz），7.09（1H，dd，$J=1.0, 8.0$ Hz），6.71（1H，dd，$J=1.5, 2.5$ Hz），6.82（1H，ddd），7.29（1H，dd，$J=8.0, 8.0$ Hz），6.72（1H，ddd，$J=1.0, 1.5, 8.5$ Hz），12.16（1H，s），9.55（1H，s）；^{13}C NMR（DMSO-d_6，125 MHz）δ：158.3，157.3，142.2，134.9，133.1，129.5，126.5，124.5，124.2，122.2，120.9，120.4，116.8，115.3，114.7。^{1}H NMR显示该化合物含8个芳香区质子峰和三个可交换的质子信号（δ_H = 9.06，9.55，12.16），其中 δ_H = 12.16 应为螯合羟基质子峰。^{13}C NMR 和 DEPT 135°谱图表明化合物存在8个芳香CH（129.5、126.5、124.5、122.2、120.4、116.8、115.3 和 114.7），6个芳香季碳（120.9、124.2、133.1、134.9、142.2 和 157.3）以及1个酰胺基团（δ_C = 158.3）。这些基团对应8个不饱和度，相对于11个不饱和度来说分子中还剩3个不饱和度，暗示化合物结构中应该含3个环。一维氢谱和^{1}H-^{1}H COSY谱图表明一组4个芳香次甲基质子依次连接在一起的，另一组3个芳香质子也是依次连接在一起的。综合上述信息，推导出该化合物的初步结构是苯酚取代的异喹啉结构，经文献查阅后确定化合物1为viridicatol[8]。X-单晶衍射进一步证实其结构，其单晶结构见图2。

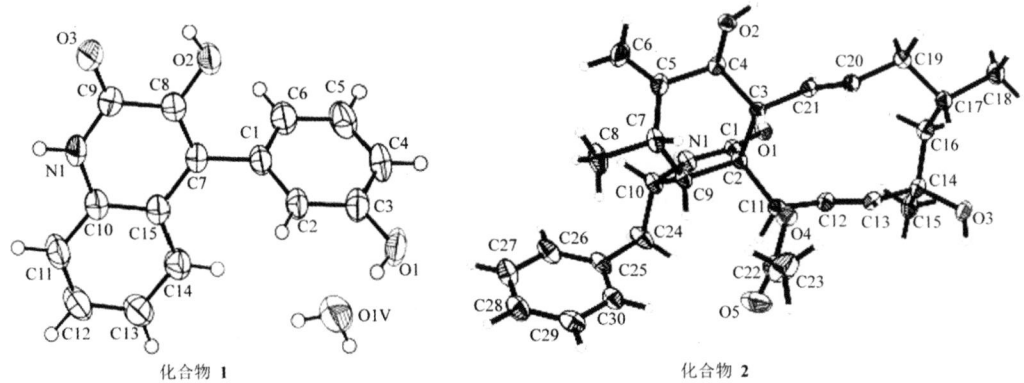

图2　化合物1和2的分子结构图
Fig. 2　Molecular structures of compounds 1 and 2

化合物2：无色块状晶体，θ_{mp} 272～273 ℃，HR EI MS m/z 493.285 1，结合 ^{1}H 和 ^{13}C NMR 数据可确定该化合物分子式为 $C_{30}H_{39}NO_5$。^{1}H NMR（DMSO-d_6，500 MHz）δ：5.68（1H，s），3.24（1H，m），2.11（1H，t），2.76（1H，m），3.81（1H，d，$J=11.0$ Hz），2.92（1H，t），2.64（1H，dd，$J=8.5, 13.5$ Hz），2.84（1H，dd，$J=4.5, 13.5$ Hz），0.97（3H，d，$J=6.5$ Hz），5.09（1H，s），5.33（1H，s），5.72（1H，ddd，$J=1.0, 10.5, 15.5$ Hz），5.38（1H，m,），1.8（1H，m），2.03（1H，m），1.77（1H，m），1.55（1H，dd，$J=3.0, 14.0$ Hz），1.86（1H，dd，$J=3.0, 14.0$ Hz），5.84（1H，dd，$J=3.0, 13.5$ Hz），5.52（1H，dd，$J=2.5, 13.5$ Hz），5.54（1H，s），1.03（3H，d），1.32（3H，s），2.26（3H，s），7.13（2H，d），7.31（2H，dd），7.23（1H，t），2.08（1H，s）；^{13}C NMR（DMSO-d_6，125 MHz）δ：174.2，170.1，147.9，138.6，138.1，137.3，129，

128.9,127.1,127.0,125.9,114.0,77.4,74.2, 69.7,53.7,53.7,51.7,50.3,47.1,45.5,42.7, 32.8,31.1,28.4,26.4,20.8,14.0。通过 ^{1}H NMR、^{13}C NMR 及 2D NMR 确定了 **2** 的结构为 cytochalasin H[7]。该结构经 X - 单晶衍射证实，其单晶结构见图 2。

化合物 **3**：白色晶体，θ_{mp} 124 ~ 126 ℃，EI MS m/z 481。^{1}H NMR (DMSO - d_6, 500 MHz) δ：7.99 (1H, d, J = 8.5 Hz),6.55 (1H, d, J = 8.5 Hz), 3.82 (1H, dd, J = 5, 10 Hz), 2.43 (1H, m), 2.70 (2H, m), 1.15 (3H, s), 3.63 (3H, s), 7.56 (1H, d, J = 8.5 Hz),6.55 (1H, d, J = 8.5 Hz), 3.93 (1H, d, J = 10 Hz), 2.43 (1H, m), 2.46 (2H, m), 3.63 (3H, s), 1.08 (3H, s), 11.34 (1H, br s), 11.62 (1H, br s), 2.05 (2H, br s), 13.76 (2H, br s); ^{13}C NMR (DMSO - d_6, 125 MHz) δ：188.43,188.43,179.92,179.12, 170.99,170.92,162.22,159.98,159.87, 157.22,141.94,141.87,118.31,116.70, 110.13,108.33,107.69,107.51,103.00, 102.73,86.08,86.08,77.06,76.8,53.07, 52.98,36.77,36.66,30.87,30.87,18.24, 18.10。将核磁数据与文献[9]相对照，证实 **3** 为 cytochalasin Ⅳ。

化合物 **4**：白色粉末状固体，θ_{mp} 178 ~ 180 ℃。 LC MS m/z 754.4 [M + 1]$^+$。结合 ^{1}H、^{13}C NMR 推断分子式为 $C_{43}H_{79}NO_9$，不饱和度 U = 5。^{1}H NMR (DMSO - d_6, 500 MHz) δ：3.55 (1H, dd, J = 10.5, 4.5 Hz), 3.91 (1H, dd, J = 10.5, 6.0 Hz), 3.81 (1H, m), 4.01 (1H, ddd, J = 7.0, 6.0, 6.0 Hz), 5.40 (1H, dd, J = 15.0, 6.0 Hz), 5.59 (1H, dt, J = 15.0, 6.0 Hz), 1.97 (2H, m), 1.85 (2H, m), 1.98 (2H, m), 5.09 (1H, t, J = 7.0 Hz), 1.93 (m, 2H), 1.28 (m, 12H), 1.28 (2H, m), 0.84 (3H, t, J = 7.5 Hz), 1.51 (3H, s), 7.29 (1H, d, J = 9.0 Hz), 5.60 (1H, d, J = 5.0 Hz), 4.80 (1H, d, J = 7.0 Hz), 4.30 (1H, ddd, J = 5.5, 5.0, 1.5 Hz), 5.46 (1H, dd, J = 16.0, 5.5 Hz), 5.69 (1H, ddt, J = 16.0, 7.5, 1.5 Hz), 1.96 (2H, m), 1.35 (2H, m), 1.28 (20H, m), 1.28 (2H, m), 0.84 (3H, t, J = 7.5 Hz), 4.12 (1H, d, J = 8.0 Hz), 2.98 (1H, ddd, J = 8.0, 8.0, 4.5 Hz), 3.20 (1H, m), 3.08 (1H, m), 3.09 (1H, m), 3.45 (1H, ddd, J = 11.0, 5.5, 6.0 Hz), 3.67 (1H, ddd, J = 11.0, 6.0, 2.0 Hz), 4.79 (1H, d, J = 4.5 Hz), 4.74 (1H, d, J = 4.5 Hz), 4.73 (1H, d, J = 5.0 Hz), 4.34 (1H, t, J = 6.0 Hz); ^{13}C NMR (DMSO - d_6, 125 MHz) δ：171.9,134.7,130.8 130.7,130.7,128.9,123.3,103.3,76.7,76.5, 73.2,71.8,70.5,70,68.3,61.0,52.9,38.8, 31.9,31.0,28.5 - 31.4,28.5 - 31.4,28.4, 27.2,27.1,21.8,21.8,15.5,13.6,13.6。通过与文献[10]数据比对，确定化合物 **4** 为 (3'E,4E) - 1 - (β - D - 吡喃葡萄糖基) - 3 - 羟基 - 2 - [(2' - 羟基十八碳酰基)氨基] - 10 - 甲基 - 3',4,9 - 十八碳三烯，即葡萄糖神经酰胺。

化合物 **5**：白色固体，θ_{mp} 95 ~ 97 ℃，FAB MS m/z 583 [M + 1]$^+$。^{1}H NMR (CDCl$_3$, 300 MHz) δ：6.36 (1H, d, J = 5.5 Hz), 5.78 (1H, dt, J = 16.0, 6.0 Hz), 5.30 (1H, dd, J = 16.0, 6.5 Hz), 4.32 (1H, t, J = 5.0 Hz), 3.95 (1H, dd, J = 11.0, 4.0 Hz), 3.91 (1H, dd, J = 3.5 Hz), 3.71 (1H, dd, J = 11.0, 3.5 Hz), 2.25 (2H, m, J = 7.5 Hz), 2.05 (2H, q, J = 6.0 Hz), 1.64 (2H, m), 1.35 (2H, t, J = 7.5 Hz), 1.26 (44H, br s), 0.88 (6H, t, J = 6.5 Hz); ^{13}C NMR (CDCl$_3$, 75 MHz) δ：173.1,134.3,128.8,74.6, 62.5,54.5,36.9,32.6,31.9,29.4 ~ 29.9,25.8, 22.7,14.0。化合物的波谱数据与文献[11]比较，确定化合物 **5** 为 $\triangle^{4(5)}$ (E) - 鞘氨醇 - 正十六碳酰胺。

化合物 **6**：白色细簇状晶体，θ_{mp} 236 ~ 237 ℃; FAB MS m/z：159 [M + 1]。^{1}H NMR (DMSO - d_6, 300 MHz) δ：10.48 (1H, s), 7.98 (1H, s), 6.85 (1H, d, J = 8.0 Hz), 5.71 (2H, s), 5.24 (1H, dd, J = 8.0, 1.0 Hz); ^{13}C NMR (DMSO,75 MHz) δ：173.5,157.3,156.7,62.4；这与尿囊素的波谱数据相符合，单晶数据进一步确证了其结构。

化合物 **7**：黄色固体；θ_{mp} 233 ~ 235 ℃; ^{1}H NMR (DMSO - d_6, 300 MHz) δ：1.70 (3H, s), 7.20 (1H, d, J = 2.0 Hz), 10.48 (1H, s), 10.91 (1H, s)。其外观、TLC 和氢谱与实验室常见化合物库中的胸腺嘧啶相符，所以可确定 **7** 为胸腺嘧啶。

化合物 **8**：泥黄色固体，θ_{mp} > 265 ℃（升华）；^{1}H NMR (DMSO - d_6, 300 MHz) δ：5.43 (1H, dd, J = 1.0, 7.5 Hz), 7.23 (1H, d, J = 7.5 Hz), 10.72 (1H, s), 10.92 (1H, s)。外观、TLC 和氢谱与实验室常见化合物库中的尿嘧啶一致，确定化合物 **8** 为尿嘧啶。

化合物 9：白色粉末，θ_{mp} 224～226 ℃；^{1}H NMR (DMSO-d_6, 300 MHz) δ：8.20 (1H, br s), 7.91 (1H, br s), 3.79 (1H, m), 3.63 (2H, m), 1.77 (1H, m), 1.52 (2H, t, J = 6.9 Hz), 0.89 (3H, d, J = 6.9 Hz), 0.87 (3H, d, J = 6.9 Hz)；^{13}C NMR (DMSO-d_6, 75 MHz) δ：165.95, 168.31, 52.82, 44.23, 42.14, 23.78, 23.05, 21.96。参照标准谱图[12]，化合物 9 可确定为环(甘-亮)二肽。

化合物 10：白色粉末，在 210～220 ℃ 升华。FAB MS m/z 185 [M+1]。^{1}H NMR (DMSO-d_6, 300 MHz) δ：8.11 (1H, s), 8.09 (1H, s), 3.86 (1H, m), 3.76 (1H, m), 1.82～1.86 (1H, m), 1.61～1.66 (1H, m), 1.71～1.76 (1H, m), 1.44 (3H, d, J = 7.0 Hz), 0.97 (3H, d, J = 6.5 Hz), 0.96 (3H, d, J = 6.5 Hz)；^{13}CNMR (DMSO-d_6, 75 MHz) δ：171.5, 170.9, 60.9, 54.8, 45.1, 25.3, 23.5, 22.1, 20.9。根据^{1}H NMR, ^{13}C NMR 和 MS 及与文献[13]对照可确定化合物 10 为环(丙-亮)二肽。

化合物 11：白色粉末，加热到 165～170 ℃ 升华；FAB MS m/z 205 [M+1]$^+$；^{1}H NMR (DMSO-d_6, 300 MHz) δ：8.09 (1H, br s), 7.81 (1H, br s), 7.17～7.27 (5H, m), 4.06 (1H, m), 3.38 (1H, d, J = 16.8 Hz), 3.15 (1H, dd, J = 12.9, 5.4 Hz), 3.02 (1H, dd, J = 12.9, 5.4 Hz), 2.81 (1H, d, J = 16.8 Hz)；^{13}C NMR (DMSO, 75 MHz) δ：166.9, 165.5, 135.1, 129.7, 127.6, 126.1, 55.6, 43.7, 39.0。根据^{1}H NMR, ^{13}C NMR 和 MS，可确定化合物 11 为环(甘-苯丙)二肽，其数据与文献[14]基本一致。

化合物 12：白色粉末，θ_{mp} > 270 ℃，FAB MS m/z 218。^{1}H NMR (DMSO-d_6, 300 MHz) δ：8.09 (1H, br s), 8.00 (1H, br s), 7.15～7.29 (5H, m), 4.16～4.17 (1H, m), 3.60～3.62 (1H, m), 3.06～3.10 (1H, dd, J = 13.5, 4.5 Hz), 3.18～3.21 (1H, dd, J = 13.5, 4.5 Hz), 0.77 (3H, d, J = 7.0 Hz)；根据^{1}H NMR, MS 及与文献[15]比对，确定 12 为环(苯丙-丙)二肽。

4 结果与讨论

在 *Phomopsis* sp. ZZF08 中共分得 12 个酰胺类化合物，并对其结构进行了解析，证明其有产生大量酰胺类化合物的潜力。化合物 1, 2, 3, 4, 5 为首次从湛江红树林树皮内生真菌 *Phomopsis* sp. 中分离得到。

此外，我们采用了 MTT 法做了所有化合物对人鼻咽癌细胞株 KB 和人鼻咽癌细胞耐药株 KBv200 的体外肿瘤细胞毒性实验。用酶标仪以试验波长为 570 nm，参比波长为 450 nm 测定 A 值。

$$\text{杀伤率} = \frac{\text{对照孔 } A \text{ 值} - \text{药物孔 } A \text{ 值}}{\text{对照孔 } A \text{ 值}}$$

绘制剂量反应回归曲线，计算半数杀伤浓度 IC_{50}，结果见表 1。

化合物 2, 3 对 KB 细胞株和 KBv200 细胞株表现出了良好的抑制活性，其 IC_{50} 不高于 1.41 μg/mL，其抗肿瘤作用机制有待进一步研究。

表 1　12 个化合物对 KB、KBv200 细胞的 IC_{50}
Table 1　*In vitro* IC_{50} value (μg/mL) of 12 compounds against KB and KBv200 cells　　μg/mL.

化合物	KB	KBv200
1	28	16.8
2	<1.28	<1.28
3	<1.28	1.41
4,5,6,7,8,9,10,11,12	>50	>50

致谢：本文的核磁共振谱、质谱等测试均在中山大学化学与化学工程学院或测试中心完成。

参考文献：

[1] DESHMUKHS K, VEREKAR S A, BHAVE S V. Endophytic fungi: a reservoir of antibacterials[J]. Frontiers in Microbiology, 2015, 5: 715.

[2] CHOWDHARY K, KAUSHIK N. Fungal endophyte diversity and bioactivity in the indian medicinal plant *Ocimum sanctum* Linn [J]. Plos One, 2015, 10(11): e141444.

[3] MARTINEZ-LUIS S, CHERIGO L, HIGGINBOTHAM S, et al. Screening and evaluation of antiparasitic and *in vitro* anticancer activities of Panamanian endophytic fungi [J]. Int Microbiol, 2011, 14(2): 95-102.

[4] CHITHRA S, JASIM B, JYOTHIS M, et al. Endophytic *Phomopsis* sp. colonization in Oryza sativa was found to result in plant growth promotion and piperine production [J]. Physiol Plant, 2017, 22. doi: 10.1111/ppl.12556. [Epub ahead of print]

[5] ZHONG L Y, ZOU L, TANG X H, et al. Community of endophytic fungi from the medicinal and edible plant *Fagopyrum tataricum* and their antimicrobial activity[J]. Tropical J Pharmaceutical Res, 2017, 16(2): 387-396.

[6] TAO Y W, ZENG X J, MOU C B, et al. ^{1}H and ^{13}C NMR assignments of three nitrogen containing compounds from the mangrove endophytic fungus (ZZF08)[J]. Magn Reson Chem, 2008, 46(5): 501-505.

[7] TAO Y W, MOU C B, ZENG X J, et al. ^{1}H and ^{13}C NMR assignments of two new diaryl ethers phomopsin B and C from the mangrove endophytic fungus (ZZF08)[J]. Magn Reson Chem, 2008, 46: 761 - 764.

[8] TAO Y W, WANG Y. 3-Hydroxy-4-(3-hydroxyphenyl)-2-quinolone monohydrate[J]. Acta Cryst, 2011, E67: o2195 - o2196.

[9] BUCHANAN M, HASHIMOTO T, ASAKAWA Y. Five 10-phenyl-[11]-cytochalasans from a *Daldinia fungal species*[J]. Phytochemistry, 1995, 40(1): 135 - 140.

[10] LIN Y C, WU X Y, FENG S, et al. A novel N-cinnamoylcyclopeptide containing an allenic ether from the fungus *Xylaria* sp. (strain #2508) from the South China Sea[J]. Tetrahedron Lett, 2001, 42(3): 449 - 451.

[11] 匡云艳, 苏镜娱, 曾陇梅. 新的田野甾醇阿拉伯糖苷[J]. 中山大学学报(自然科学版), 2002, 41(2): 64 - 67.
KUANG Y Y, SU J Y, ZENG L M. A new campesterol arabinside[J]. Acta Scientiarm Naturalium Universitis Sunyatseni, 2002, 41(2): 64 - 67.

[12] 李德海, 顾谦群, 朱伟明. 海洋放线菌 11014 中抗肿瘤活性成分的研究 I. 环二肽.[J]. 中国抗生素杂志, 2005, 30(8): 449 - 452.
LI D H, GU Q Q, ZHU W M, et al. Antitumor components from marine actinomycete 11014 I. Cyclic dipeptides[J]. Chinese J Antibiotics, 2005, 30(8): 449 - 452.

[13] 杨建香, 黄日明, 邱声祥, 等. 南海红树林内生真菌 GX-3 代谢产物研究[J]. 湖北农业科学, 2013, 52(11): 2558 - 2561.
YANG J X, HUANG R M, QIU S X, et al. Study on the metabolites of mangrove endophytic fungus GX-3 from the South China Sea[J]. Hubei Agricultural Sciences, 2013, 52(11): 2558 - 2561.

[14] 郭琼, 王剑, 姚俊华, 等. 一株南海珊瑚细菌 L-4 抗肿瘤活性次生代谢产物研究[J]. 中山大学学报(自然科学版), 2013, 52(3): 77 - 82.
GUO Q, WANG J, YAO J H, et al. Anti-tumour secondary metabolites from the coral-derived bacteria L-4 of South China Sea[J]. Acta Scientiarm Naturalium Universitis Sunyatseni, 2013, 52(3): 77 - 82.

[15] 邓芸, 胡谷平, 陈小洁, 等. 南海珊瑚内生细菌 *Pelomonas puraquae* sp. nov(B-2)中环二肽类次生代谢产物研究[J]. 中山大学学报(自然科学版), 2015, 54(3): 80 - 85.
DENG Y, HU G P, CHEN X J, et al. Research on cyclo-dipeptides from the coral-derived endophytic bacteria *Pelomonas puraquae* sp. nov of South China Sea[J]. Acta Scientiarm Naturalium Universitis Sunyatseni, 2015, 54(3): 80 - 85.

(上接第 72 页)

[15] ZHANG X, SUN G, SHEN L, et al. Compression of encrypted images with multilayer decomposition[J]. Multimed Tools Appl, 2013, 78(3): 1 - 13.

[16] ZHANG X, REN Y, SHEN L, et al. Compressing encrypted images with auxiliary information[J]. IEEE Trans on Multimedia, 2014, 16(5): 1327 - 1336.

[17] WANG C, NI J. Compressing encrypted images using the lifting scheme[C]//Proc 11th Int Conf Intelligent Information Hiding and Multimedia Signal Processing, 2015.

[18] KANG X, PENG A, XU X, et al. Performing scalable lossy compression on pixel encrypted images[J]. Eurasip Journal on Image and Video Processing 2013, 2013: 1 - 6.

[19] HU R, LI X, YANG B. A new lossy compression scheme for encrypted gray-scale images[C]// Proc of Intl Conf on Acoustic, Speech and Signal Processing 2014, 2014: 7387 - 7390.

[20] ZHOU J, AU O, ZHAI X G, et al. Scalable compression of stream cipher encrypted images through context-adaptive sampling[J]. IEEE Trans on Inf Forensics and Security, 2014, 9(1): 39 - 50.

[21] KAMACI N, ALTUNBASAK Y, MERSEREAU R M. Frame bit allocation for the H.264_AVC video coder via Cauchy-density-based rate and distortion models[J]. IEEE Trans on Circuit System and Video Tech, 2005, 15(8): 994 - 1006.

[22] KANG W, LIU N. Compressing encrypted data and permutation cipher[J]. Computer Science, 2014: 1 - 17.

[23] KANG W, LIU N. Compressing encrypted data: a permutation approach[C]//Proceedings of the 50th Annual Allerton Conference on Communications, Control and Computing, 2012: 1.

[24] 谢小兰. DCT 域分布式视频编码中相关噪声模型研究[D]. 广州: 华南理工大学, 2013.
XIE X L. Research on correlation noise model in DCT domain distributed video coding[D]. Guangzhou: South China University of Technology, 2013.

[25] 王员根, 梁凡, 肖明明. 一种彩色图像 DC 系数的自适应水印算法[J]. 中山大学学报(自然科学版), 2010, 49(4): 43 - 48.
WANG Y G, LIANG F, XIAO M M. Color image watermarking adaptively in DC coefficients[J]. Acta Scientiarum Naturalium Universitatis Sunyatseni, 2010, 49(4): 43 - 48.

不同相容剂改性 PLA/微米 CaCO₃ 的结晶与力学性能

李美¹，谭嘉礼¹，卢智伟¹，李浩楠¹，伍泽雄²，麦堪成²

(1. 广东轻工职业技术学院//广东高校高分子材料加工工程技术开发中心//
广东省高分子材料先进加工工程技术研究中心，广东 广州 510300；
2. 中山大学化学学院材料科学研究所//聚合物基复合材料及功能材料教育部重点实验室//
广东省高性能树脂基复合材料重点实验室，广东 广州 510275)

摘 要：为增加 PLA/微米 CaCO₃ 复合材料的界面作用，提高 PLA 韧性，采用 POE-g-MAH 和 EVA-g-MAH 增容改性 PLA/微米 CaCO₃ 复合材料，并对比研究了两种相容剂对 PLA/微米 CaCO₃ 复合材料的结晶和力学性能的影响。DSC 和 XRD 结果证实采用 POE-g-MAH 增容 PLA/微米 CaCO₃ 明显提高 PLA 的结晶速率和结晶度，当微米 CaCO₃ 填充量为 $w=40\%$ 时，PLA 的结晶度从 2.0% 提高到 45.8%；而采用 EVA-g-MAH 增容 PLA/微米 CaCO₃ 对 PLA 结晶性能影响不大。力学实验表明采用 EVA-g-MAH 增容 PLA/微米 CaCO₃ 复合材料增韧效果优于 POE-g-MAH 增容 PLA/微米 CaCO₃ 复合材料。

关键词：聚乳酸；微米 CaCO₃；大分子相容剂；增韧；复合材料

中图分类号：O631.2 **文献标志码**：A **文章编号**：0529-6579(2019)03-0071-08

Crystallization and mechanical properties of PLA/micro-CaCO₃ modified with different compatibilizers

LI Mei¹, TAN Jiali¹, LU Zhiwei¹, LI Haonan¹, WU Zexiong², MAI Kancheng²

(1. School of Chemical Engineering and Technology, Guangdong Industry Technical College//
Technology Development Center for Polymer Processing Engineering of
Guangdong Colleges and Universities//Advance Technology Development
Center for Polymer Processing Engineering of Guangdong, Guangzhou 510300, China;
2. Materials Science Institute, School of Chemistry, Sun Yat-sen University//Key Laboratory of
Polymeric Composites and Functional Materials of Ministry of Education//Guangdong Provincial Key
Laboratory of High Performance Resin-based Composites, Guangzhou 510275, China)

Abstract: In order to strength the interfacial effect of PLA/micro-CaCO₃ and improve the toughness of PLA, PLA/micro-CaCO₃ composites were prepared with POE-g-MAH and EVA-g-MAH. The crystallization and mechanical properties of the PLA/micro-CaCO₃ composites modified with different compatibilizers were compared. DSC and XRD results suggest that the addition of POE-g-MAH remarkably improve the crystallization rate and crystallinity of PLA/micro-CaCO₃ composites. When the filling content of micro-CaCO₃ reach 40%, the crystallinity of PLA can be improved from 2.0% to 45.8%. While the addition of EVA-g-MAH has little effect on the crystallization of PLA/micro-CaCO₃. Mechanical tests indicate

---

收稿日期：2018-03-30
基金项目：2017年度广东轻工职业技术学院人才类项目（KYRC2017-0013）；广东省教育厅项目（2017GkQNCX005）
作者简介：李美（1987年生），女；**研究方向**：聚合物复合材料理论和应用基础；E-mail: 2016103058@gdip.edu.cn

that EVA-g-MAH has better effect than POE-g-MAH on toughing the PLA/micro-CaCO$_3$ composites.

Key words: PLA; micro-CaCO$_3$; compatibilizers; toughness; composites

聚乳酸（PLA）是一种以可再生资源为原料经化学合成制备的生物可降解高分子材料。由于其强度和模量较高，且具有良好的生物相容性和可降解性，是替代石油基高分子材料的理想材料，在航空、电子电器、汽车、包装和生物医用材料等方面具有广泛的应用前景[1]。但 PLA 具有结晶速率慢、结晶度低、韧性差、耐热性低和价格昂贵等缺点，限制了其应用范围[2-3]。因此，对 PLA 进行增韧改性和提高其结晶速率成为近年来研究的热点。

目前，PLA 的增韧改性主要包括共聚改性和共混改性。其中，共混改性具有工艺简单和经济的特点，是主要的改性方式[4-12]。PLA 的增韧剂主要包括脂肪族聚酯如聚己内酯、聚对苯二甲酸丁二醇酯、聚碳酸丙烯酯等，弹性体及橡胶和无机粒子等。众所周知，无机粒子填充改性聚合物是增强增韧聚合物和降低生产成本简单有效方法。其中，碳酸钙是来源丰富、应用广泛和价格低廉的无机填料。虽然有关碳酸钙改性聚乳酸的研究已有报道[2,13-14]，但采用不同大分子相容剂改性 PLA/CaCO$_3$ 的研究未见报道。本文采用 EVA-g-MAH 和 POE-g-MAH 两种大分子相容剂改性 PLA/微米 CaCO$_3$，对比研究了两种相容剂对 PLA/微米 CaCO$_3$ 复合材料的结晶和力学性能的影响。

1 实验部分

1.1 材料

聚乳酸（PLA）：2002D，粒料，MFI（210 ℃，以2.16 kg 计）为 6.0 g（以 10 min 计），Natureworks LLC。微米碳酸钙：平均粒径为 120 目，广东省连州市凯恩斯纳米材料有限公司。POE-g-MAH（AR）和 EVA-g-MAH（OV）的 MFR（190 ℃，以2.16 kg 计）分别为 9.8 g（以 10 min 计）和 0.38 g（以 10 min 计），接枝率为 1%，广东麓山化工股份有限公司。

1.2 材料制备

将 PLA 和 CaCO$_3$ 以及两种大分子相容剂干燥后按表 1 配比，在高速混合机中混合均匀。将混合料在广州市普同实验分析仪器有限公司生产的剖分式双螺杆挤出造粒机（MEDI-35/40）于 155～175 ℃挤出，拉条水冷造粒。粒料干燥后采用震德塑料机械厂有限公司生产的 CJ110E 型卧式注塑机注塑成标准测试样条，注塑温度和压力分别为 160 ℃和 30 MPa。注塑样条在室温条件下（25±3）℃放置 48 h 后进行力学测试。

表 1 不同组分 PLA/CaCO$_3$ 复合材料的配比
Table 1 Scheme of PLA/CaCO$_3$ composites as a function of mass fraction

PLA/CaCO$_3$	PLA/OV/CaCO$_3$	PLA/AR/CaCO$_3$
100/0	90/10/0	90/10/0
90/10	80/10/10	80/10/10
80/20	70/10/20	70/10/20
70/30	60/10/30	60/10/30
60/40	50/10/40	50/10/40

1.3 测试与表征

在氮气气氛下，采用美国 TA 公司 Q2000 型差示扫描量热仪（DSC）对力学测试样条的结晶与熔融特性进行表征。准确称量约 5 mg 样品，以 30 ℃/min 升到 190 ℃，去除热历史，然后恒温 3 min，10 ℃/min 降到 20 ℃，保温 1 min，再以 10 ℃/min 升到 190 ℃，记录降温曲线和二次升温曲线。采用日本 Rigaku 公司 D/max 2200 vpc 型粉末 X 射线衍射仪（XRD）在常温下对 DSC 样品的结晶形态进行表征。管压为 40 kV，管流为 20 mA，Cu K$_\alpha$-射线，扫描速度为 4°/min，扫描范围 5°～40°。其中为了使测试结果与 DSC 一致，对测试样品进行热处理，处理方法与 DSC 一致。采用 CMT4204 型微控制万能试验机（美特斯工业系统中国有限公司）进行弯曲、拉伸和冲击测试。拉伸性能和弯曲性能分别按照 GB/T 1040.2-2006[15]和 GB/T 9341-2008[16]标准测试。其中拉伸速度和弯曲速度分别为 50 和 2 mm/min。缺口冲击强度按 GB/T 1843-2008[17]标准进行测试。测试温度为 25 ℃，每个样品平行测试 5 次，求平均值。采用日本日立公司 S4800 型扫描电镜（SEM）观察 PLA 及其复合材料的冲击断面，扫描电压为 10 kV，电流为 20 μA。

2 结果与讨论

2.1 微米碳酸钙填充 PLA 的结晶与熔融行为

图 1 是不同用量的微米 CaCO$_3$ 填充 PLA 的二

次熔融曲线,相应的 DSC 数据见表2。在实验条件下,PLA 及其微米 $CaCO_3$ 填充 PLA 复合材料在降温过程中均不结晶,二次升温过程中出现明显的冷结晶峰和熔融双峰。当微米 $CaCO_3$ 用量低于 $w = 20\%$ 时,PLA 的玻璃化转变温度(T_g)、冷结晶温度(T_{cc})和熔融温度(T_{m1}^p 和 T_{m2}^p)随着微米 $CaCO_3$ 用量的增加向低温方向移动,且结晶度略有增加。微米 $CaCO_3$ 的质量分数不大于20% 的复合材料中 PLA 的链段运动能力更强,有利于更多 PLA 链段排入晶格。随着微米 $CaCO_3$ 含量进一步增加,过多的无机粒子与 PLA 树脂发生缠结,限制了 PLA 的链段运动导致其结晶完善程度有所下降。

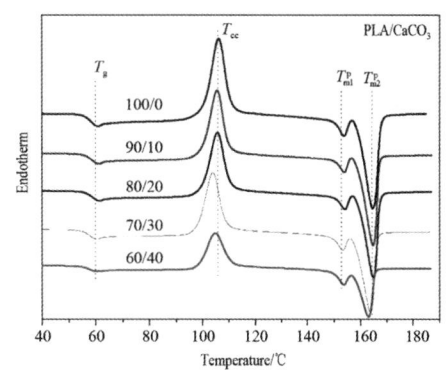

图 1 微米 $CaCO_3$ 填充 PLA 的熔融曲线

Fig. 1 Melting curves of micro-$CaCO_3$ filled PLA composites

表 2 微米 $CaCO_3$ 填充 PLA 的 DSC 数据

Table 2 DSC data of miro-$CaCO_3$ filled PLA

Sample	T_g/℃	T_{cc}/℃	ΔH_{cc}/(J·g^{-1})	T_{m1}^p/℃	T_{m2}^p/℃	ΔH_m^p/(J·g^{-1})	X_c/%
100/0	59.2	107.2	37.2	154..3	165.4	39.1	2.0
90/10	59.1	106.0	33.4	153.9	164.6	35.3	2.0
80/20	59.1	105.6	36.6	154.2	164.9	38.8	2.4
70/30	58.5	104.5	40.4	153.7	164.4	43.1	2.9
60/40	58.0	105.3	33.3	153.7	163.4	35.5	2.4

2.2 不同相容剂改性 PLA/微米 $CaCO_3$ 的结晶与熔融行为

图 2(a)和 2(b)是 POE-g-MAH 改性 PLA/$CaCO_3$ 复合材料(PLA/AR/$CaCO_3$)的结晶和熔融曲线,相应的 DSC 数据见表3。可见,PLA 和 PLA/AR 共混物在实验条件下不结晶。而 PLA/AR/$CaCO_3$ 复合材料出现明显的结晶峰,当其比例为 80/10/10 时,只有一个高温结晶峰。微米碳酸钙的用量大于 $w = 10\%$ 时,PLA/AR/$CaCO_3$ 结晶曲线出现一个低温结晶峰和一个高温结晶峰,都归属为 PLA 的 α-晶结晶峰。且随着微米 $CaCO_3$ 填充量的增加,PLA 的结晶度显著提高。如纯 PLA 的结晶度为 2.0%,而 PLA/AR/$CaCO_3$(50/40/10)复合材料的结晶度为 45.8%,提高了 43.8%。XRD 测试结果也证实了这一点,如图 2(d)所示,PLA 及 PLA/AR 共混物均未出现衍射峰,而加入微米 $CaCO_3$ 后,在 16.7°~16.9°出现 PLA 的 α-晶特征衍射峰,归结于 PLA 在(200)/(100)晶面的特征衍射峰。而且,随着微米 $CaCO_3$ 填充量的增加,PLA 的 α-晶衍射峰强度增强。

有趣的是,EVA-g-MAH 增容 PLA/$CaCO_3$ 复合材料(PLA/OV/$CaCO_3$)与 PLA/AR/$CaCO_3$ 不同,PLA/OV/$CaCO_3$ 结晶曲线为直线,基本不结晶。PLA/OV/$CaCO_3$ 熔融曲线出现一个冷结晶峰和熔融双峰,如图 2(c)。随着微米 $CaCO_3$ 填充量的增加,玻璃化转变温度和熔融温度都向低温方向移动,这表明微米 $CaCO_3$ 的加入促进了 PLA 的链段运动。PLA 与 OV 共混,提高了 PLA 的结晶度,PLA/OV(90/10)的结晶度提高到 3.5%。然而,加入微米 $CaCO_3$ 后,PLA 复合材料的结晶度降低,这可能归结于 PLA 与 EVA-g-MAH 相容性较好,与 PLA 分子链缠结严重,微米 $CaCO_3$ 的加入进一步阻碍了 PLA 的链段运动,从而导致结晶能力降低,结晶度降低。

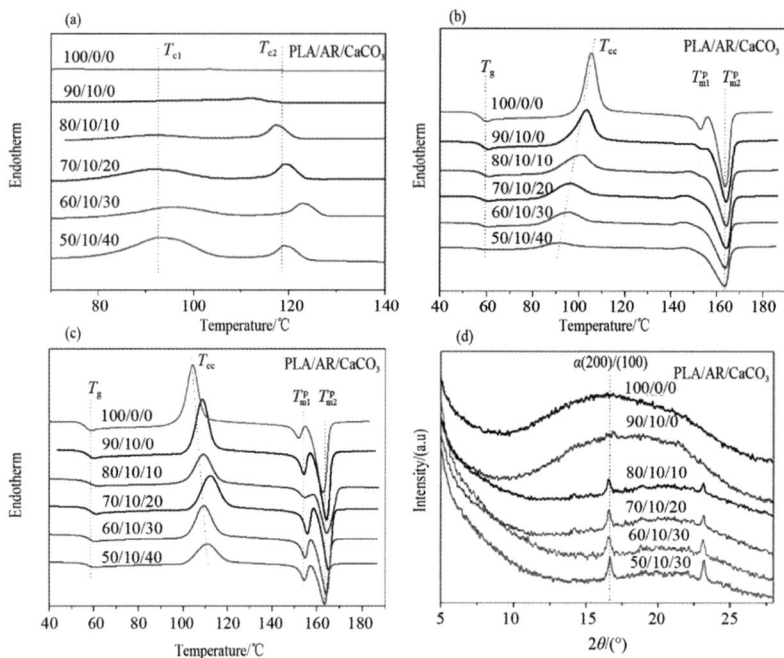

图 2 不同相容剂改性 PLA/微米 CaCO₃ 的 DSC 和 XRD 曲线
Fig. 2 DSC and XRD curves of PLA/micro-CaCO₃ composites modified by different compatilizers

表 3 不同相容剂改性 PLA/微米 CaCO₃ 的 DSC 数据
Table 3 DSC data of PLA/micro-CaCO₃ modified with different compatilizers

Sample	PLA/Compatilizers/mCaCO₃	T_g/℃	T_{cc}/℃	ΔH_{cc}/(J·g⁻¹)	T_{m1}^p/℃	T_{m2}^p/℃	ΔH_m^p/(J·g⁻¹)	X_c/%
PLA	100/0/0	59.6	107.2	37.2	154.8	165.4	39.1	2.0
	90/10/0	58.5	103.7	34.4	153.5	164.7	41.0	7.1
	80/10/10	59.0	101.2	29.8	—	164.6	42.3	13.4
PLA/AR/CaCO₃	70/10/20	58.4	96.7	25.6	—	164.8	47.1	23.1
	60/10/30	59.1	95.0	24.3	—	164.1	47.5	24.9
	50/10/40	59.7	92.0	15.2	—	164.5	57.8	45.8
	90/10/0	59.5	110.3	39.9	155.8	165.9	40.6	0.7
	80/10/10	60.4	109.3	36.3	154.5	164.4	39.6	3.5
PLA/OV/CaCO₃	70/10/20	59.6	112.4	42.1	156.3	165.5	42.9	0.9
	60/10/30	59.3	109.8	45.2	155.5	164.8	46.8	1.7
	50/10/40	57.6	111.5	39.8	155.1	164.2	41.2	1.5

2.3 PLA 及其复合材料的力学性能

图 3 是不同用量的微米 CaCO₃ 填充聚乳酸复合材料的冲击强度和断裂伸长率,相应的力学数据见表4。可见,随着微米 CaCO₃ 填充量的增加,PLA 复合材料的冲击强度和断裂伸长率先升高后降低。PLA 的冲击强度和断裂伸长率分别为 2.2 J/m² 和 5.1%,$w=20\%$ 微米 CaCO₃ 填充 PLA 复合材料的冲击强度为 3.7 J/m²,提高了约 1.7 倍;而当微米 CaCO₃ 的用量超过 $w=40\%$ 时,PLA 的冲击强度和断裂伸长率降低。这归结于少量的微米 CaCO₃ 对 PLA 可以起到增韧的作用,当微米 CaCO₃ 的填充量超高于 $w=20\%$,无机粒子在 PLA 基体中分散效果不好,大量团聚,当受到外力时,会造成应力集中,冲击性能下降[2]。随着微米 CaCO₃ 填充量的增加,PLA 的拉伸强度和模量以及弯曲强度显著下降,这

归结于无机粒子与 PLA 界面粘结作用较差。然而，PLA 的弯曲模量随着微米 $CaCO_3$ 填充的增加而增大，这归结于微米 $CaCO_3$ 无机粒子对 PLA 具有增刚作用。

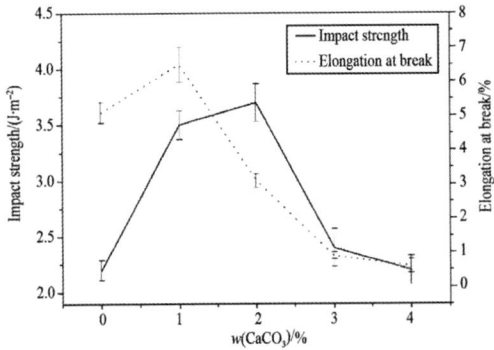

图 3 微米 $CaCO_3$ 填充 PLA 复合材料的
冲击强度和断裂伸长率

Fig. 3 Impact strength and elongation at break of micro-$CaCO_3$ filled PLA composites

为了提高微米 $CaCO_3$ 与 PLA 树脂基体间的界面粘结作用，提高复合材料的力学性能，采用两种大分子相容剂 EVA-g-MAH 和 POE-g-MAH 增容改性 PLA/$CaCO_3$ 复合材料。图 4 是采用 $w=10\%$ 两种单一相容剂改性 PLA/$CaCO_3$ 复合材料的冲击强度(图 4a)和断裂伸长率(图 4b)，其相应的力学数据见表 4。可见，纯 PLA 的冲击强度为 2.2 J/m², $w=10\%$ EVA-g-MAH 和 POE-g-MAH 与 PLA 共混物的冲击强度分别为 3.5 和 3.2 J/m²。这表明两种大分子相容剂对 PLA 都具有一定的增韧作用。随着微米 $CaCO_3$ 填充量的增加，大分子相容剂对 PLA/$CaCO_3$ 复合材料的增韧作用先增大后减小。当微米 $CaCO_3$ 的填充量为 $w=30\%$ 时，PLA/$CaCO_3$、PLA/OV/$CaCO_3$ 和 PLA/AR/$CaCO_3$ 的冲击强度分别为 2.4、3.4 和 2.4 J/m²。这表明大分子相容剂提高了 PLA 与微米 $CaCO_3$ 的界面粘结作用，提高了 PLA 的冲击强度。两种大分子相容剂对 PLA 断裂伸长率的改性呈现相似的变化规律。其中，采用 EVA-g-MAH 改性 PLA/$CaCO_3$ 增韧作用更好。然而，两种大分子相容剂的加入都降低了 PLA/$CaCO_3$ 复合材料的拉伸强度和模量及弯曲强度和模量。这归结于大分子相容剂中 EVA 和 POE 较低的拉伸强度和模量，导致复合材料的拉伸强度和模量降低。

表 4 不同相容剂改性 PLA/微米 $CaCO_3$ 复合材料的力学性能[1]

Table 4 mechanical properties of PLA/micro-$CaCO_3$ modified with different compatibilizers

Compatilizers	PLA/Compatilizers/mCaCO₃	拉伸强度/MPa	拉伸模量/GPa	弯曲强度/MPa	弯曲模量/GPa	断裂伸率/%	冲击强度/(J·m⁻²)
-	100/0/0	61.7 ± 0.6	3.5 ± 0.3	86.7 ± 1.7	3.2 ± 0.15	5.1 ± 0.3	2.2 ± 0.1
	90/0/10	54.2 ± 0.5	3.1 ± 0.3	78.0 ± 1.7	3.3 ± 0.09	6.5 ± 0.5	3.5 ± 0.1
	80/0/20	52.9 ± 0.3	3.0 ± 0.1	75.3 ± 1.3	4.0 + 0.08	3.1 ± 0.2	3.7 ± 0.2
	70/0/30	43.0 ± 1.1	2.6 ± 0.2	58.0 ± 1.3	4.8 + 0.12	0.9 ± 0.1	2.4 ± 0.1
	60/0/40	37.1 ± 0.8	2.4 ± 0.2	37.9 ± 0.98	5.0 + 0.07	0.6 ± 0.2	2.2 + 0.1
EVA-g-MAH	90/10	50.9 ± 0.9	2.3 ± 0.2	67.6 ± 1.9	2.8 ± 0.08	11.7 ± 1.1	3.5 ± 0.1
	80/10/10	34.4 ± 0.6	2.1 ± 0.2	54.7 ± 0.5	2.3 ± 0.02	14.0 ± 1.8	3.6 ± 0.1
	70/10/20	32.3 ± 0.3	2.2 ± 0.2	47.0 ± 0.7	2.1 ± 0.05	19.2 ± 1.9	3.6 ± 0.1
	60/10/30	29.7 ± 0.4	2.0 ± 0.2	42.1 ± 0.8	2.1 ± 0.06	7.7 ± 1.3	3.4 ± 0.1
	50/10/40	28.0 ± 0.3	1.9 ± 0.1	32.5 ± 1.0	1.9 ± 0.04	6.9 ± 0.7	2.2 + 0.1
POE-g-MAH	90/10	45.1 ± 0.9	2.6 ± 0.2	65.0 ± 1.0	2.7 ± 0.13	13.8 ± 1.2	3.2 ± 0.1
	80/10/10	34.4 ± 0.6	2.5 ± 0.2	55.8 ± 1.7	2.7 ± 0.06	10.0 ± 1.9	3.4 ± 0.3
	70/10/20	32.3 ± 0.3	2.1 ± 0.2	52.0 ± 1.6	2.7 ± 0.03	4.1 ± 0.7	3.2 ± 0.2
	60/10/30	27.7 ± 0.5	2.0 ± 0.2	44.1 ± 0.8	2.6 ± 0.07	3.5 ± 0.5	2.4 ± 0.1
	50/10/40	26.9 ± 0.8	1.9 ± 0.1	33.9 ± 1.6	2.5 ± 0.07	2.6 ± 0.6	2.2 ± 0.1

1) "-"表示无相容剂

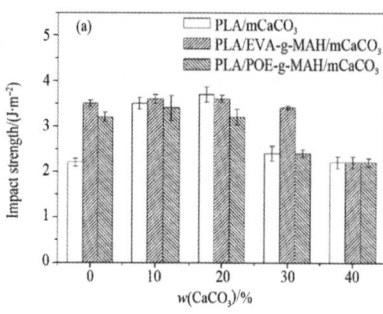
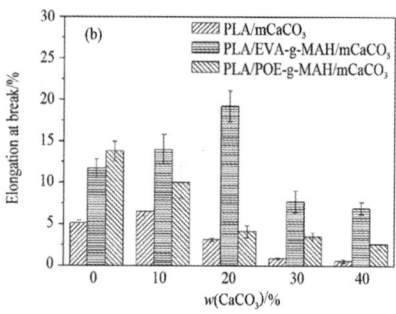

图 4 不同相容剂改性 PLA/微米 CaCO₃ 复合材料的冲击强度（a）和断裂伸长率（b）
Fig. 4 Impact strength (a) and elongation at break (b) PLA/micro-CaCO₃ composites modified with different compatibilizers

2.4 PLA 及其复合材料的断面形貌

为进一步探究微米 $CaCO_3$ 和大分子相容剂对 PLA 冲击性能的影响，本文采用 SEM 观察了不同填充量的微米 $CaCO_3$ 和两种相容剂改性 PLA 冲击断面形貌。图 5 是 PLA 及不同用量的微米 $CaCO_3$ 填充 PLA 复合材料的冲击断面。可见，PLA 冲击断面比较平整，沟壑较少。而微米 $CaCO_3$ 填充 PLA 复合材料的冲击断面比较粗糙，且随着填充量的增加，PLA/$CaCO_3$ 复合材料的冲击断面粗糙度先增大后减小，这与力学测试结果是一致的。图 6 是不同的相容剂改性 PLA 的冲击断面，从图 6 中可以看出 OV 与 PLA 相容性较好，在 PLA 基体中均匀分布；而 AR 改性 PLA 冲击断面呈现典型的"海岛结构"，且 AR 在 PLA 基体中的粒径明显大于 OV，这表明 OV 与 PLA 的相容性优于 AR。图 7 是不同的大分子相容剂改性 PLA/$CaCO_3$ 复合材料的冲击断面。可见，PLA/OV/$CaCO_3$（60/10/30）冲击断面有较多的褶皱和沟壑，而 PLA/AR/$CaCO_3$（60/10/30）复合材料冲击断面较为平整，这也证实了采用 OV 改性 PLA/$CaCO_3$ 复合材料韧性更好，与力学测试结果一致。

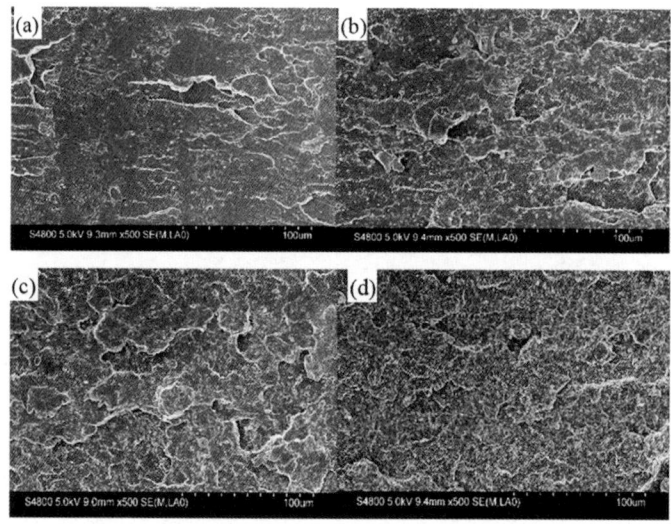

图 5 不同用量的微米 CaCO₃ 填充 PLA 复合材料的冲击断面
(a) PLA; (b) PLA/CaCO₃ (90/10); (c) PLA/CaCO₃ (80/20); (d) PLA/CaCO₃ (70/30)
Fig. 5 Impact morphologies of micro-CaCO₃ filled PLA composites
(a) PLA; (b) PLA/CaCO₃ (90/10); (c) PLA/CaCO₃ (80/20); (d) PLA/CaCO₃ (70/30)

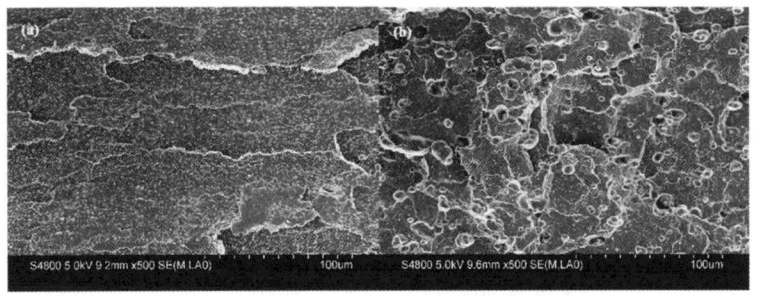

图 6 不同相容剂改性 PLA 共混合的冲击断面
(a) PLA/OV (90/10); (b) PLA/AR (90/10)
Fig. 6 Impact morphologies of PLA mixed with different compatibilizers
(a) PLA/OV (90/10); (b) PLA/AR (90/10)

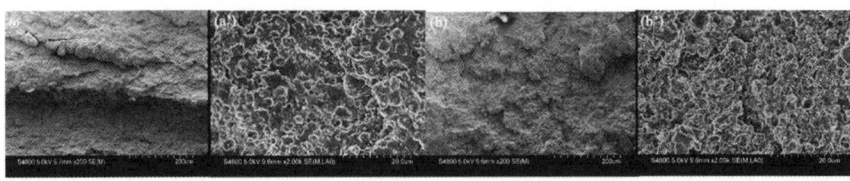

图 7 不同的相容剂改性 PLA/CaCO₃ 复合材料的冲击断面
(a, a′) PLA/OV/CaCO$_3$ (60/10/30); (b, b′) PLA/AR/ CaCO$_3$ (60/10/30)
Fig. 7 Impact morphologies of PLA/CaCO$_3$ modified with different compatibilizers
(a, a′) PLA/OV/CaCO$_3$ (60/10/30); (b, b′) PLA/AR/ CaCO$_3$ (60/10/30)

3 结 论

1) 微米 CaCO$_3$ 对 PLA 的结晶温度和结晶度影响不大,采用不同大分子相容剂改性 PLA/CaCO$_3$ 复合材料,复合材料的结晶行为不同。

2) 采用 10 phr POE-g-MAH 改性 PLA/CaCO$_3$ 复合材料明显提高了 PLA 的结晶度。当微米 CaCO$_3$ 填充量为 $w = 40\%$ 时,PLA 的结晶度从 2% 提高了 45.8%。而 10 phr EVA-g-MAH 改性 PLA/CaCO$_3$ 复合材料虽然也降低了 PLA 的冷结晶温度和熔融温度,但对 PLA 的结晶度影响不大。

3) PLA 的冲击强度和断裂伸长率随着微米 CaCO$_3$ 填充量的增加先升高后降低。加入大分子相容剂后,增加了 PLA 与微米 CaCO$_3$ 界面粘结作用,冲击强度和断裂伸长率进一步提高,特别是微米 CaCO$_3$ 填充量大于等于 $w = 30\%$ 时,相容剂增容作用更为显著。采用 EVA-g-MAH 增容 PLA/CaCO$_3$ 复合材料的力学性能优于 POE-g-MAH 增容 PLA/CaCO$_3$ 复合材料。

参考文献:

[1] 王利平,侯家瑞,段咏欣,等. 界面增容剂对丁腈橡胶增韧聚乳酸体系性能的影响[J]. 高分子学报, 2017 (7): 914 - 921.
WANG L P, HOU J R, DUAN Y X, et al. Influence of interfacial compatibelizers on the properties of nitrile butadiene rubber toughening poly(L-lactide) system [J]. Acta Polymerica Sinica, 2017(7): 914 - 921.

[2] 贾仕奎,朱艳,王忠,等. POE-g-MA 对纳米 CaCO$_3$/聚乳酸复合材料热及流变性能影响[J]. 复合材料学报,2017, 34(2): 256 - 262.
JIA S K, ZHU Y, WANG Z, et al. Influences of POE-g-MA on the thermal and rheological properties of nano-CaCO$_3$/PLA composites [J]. Acta Materiae Compositae Sinica, 2017, 34 (2): 256 - 262.

[3] LV S, GU J, TAN H, et al. Modification of wood flour/PLA composites by reactive extrusion with maleic an-

[4] JI D, LIU Z, LAN X, et al. Morphology, rheology, crystallization behavior, and mechanical properties of poly (lactic acid)/poly(butylene succinate)/dicumyl peroxide reactive blends [J]. Journal of Applied Polymer Science, 2014, 131(3): 39580-39588.

[5] OSTAFINSKA A, FORTELN Y I, HODAN J, et al. Strong synergistic effects in PLA/PCL blends: Impact of PLA matrix viscosity [J]. Journal of the Mechanical Behavior of Biomedical Materials, 2017, 69: 229-241.

[6] LIM S W, CHOI M C, JEONG J H, et al. Toughening poly(lactic acid) (PLA) through in situ reactive blending with liquid polybutadiene rubber (LPB) [J]. Composite Interfaces, 2016, 23(8): 807-818.

[7] KANZAWA T, TOKUMITSU K. Mechanical properties and morphological changes of poly(lactic acid)/polycarbonate/poly(butylene adipate-coterephthalate) blend through reactive processing [J]. Journal of Applied Polymer Science, 2011, 121: 2908-2918.

[8] YUAN D, CHEN K, XU C, et al. Crosslinked bicontinuous biobased PLA/NR blends via dynamic vulcanization using different curing systems [J]. Carbohydrate Polymers, 2014, 113: 438-445.

[9] 樊国栋, 刘荣利. 聚乳酸/无机纳米粒子复合材料研究进展 [J]. 科技导报, 2013, 31(26): 68-73.
FAN G D, LIU R L. Progress in the modification of poly (lactic acid) inorganic particles nanocomposites [J]. Science & Technology Review, 2013, 31(26): 68-73.

[10] SHAYAN M, AZIZI H, GHASEMI I, et al. Effect of modified starch and nanoclay particles on biodegradability and mechanical properties of cross-linked poly lactic acid [J]. Carbohydrate Polymers, 2015, 124: 237-244.

[11] KUMAR R, YAKABU M K, ANANDJIWALA R D. Effect of montmorillonite clay on flax fabric reinforced poly lactic acid composites with amphiphilic additives [J]. Composites Part A: Applied Science and Manufacturing, 2010, 41: 1620-1627.

[12] 赵楠, 揣成智, 王彪. PBS-g-GMA 对 PLA/PBS 共混体系的增容性 [J]. 高分子材料科学与工程, 2011, 27(11): 65-68.
ZHAO N, CHUAI C Z, WANG B. Compatibility of PLA/PBS/PBS-g-GMA blends [J]. Polymer Materials Science and Technology, 2011, 27(11): 65-68.

[13] 周凯, 顾书英, 邹存洋. 碳酸钙填充聚乳酸复合材料的制备和性能研究 [J]. 中国塑料, 2009, 23(6): 27-30.
ZHOU K, GU S Y, ZOU C Y. Preparation and properties of poly(lactic acid)/$CaCO_3$ composites [J]. China Plastics, 2009, 23(6): 27-30.

[14] KIM H S, PARK B H, CHOI J H, et al. Mechanical properties and thermal stability of poly(L-lactide)/calcium carbonate composites [J]. Journal of Applied Polymer Science, 2008, 109: 3087-3092.

[15] 全国塑料标准化技术委员会方法和产品分会. 塑料拉伸性能的测定第2部分: 模塑和挤塑塑料的试验条件: GB/T 1040.2-2006 [S]. 北京: 中国标准出版社, 2006.

[16] 全国塑料标准化技术委员会. 塑料弯曲强度的测定: GB/T 9341-2008 [S]. 北京: 中国标准出版社, 2008.

[17] 全国塑料标准化技术委员会. 塑料悬臂梁冲击强度的测定: GB/T 1843-2008 [S]. 北京: 中国标准出版社, 2008.

(责任编辑　张　冰)